U0285605

国家科学技术学术著作出版基金资助出版

抗 震 工 程 学

Aseismic Engineering

（第二版）

沈聚敏　周锡元
高小旺　刘晶波等　编著

中国建筑工业出版社

图书在版编目(CIP)数据

抗震工程学/沈聚敏，周锡元，高小旺等编著. —2版.—北京：
中国建筑工业出版社，2014.8
ISBN 978-7-112-17045-6

Ⅰ.①抗… Ⅱ.①沈…②周…③高… Ⅲ.①抗震结构—结构工程
Ⅳ.①TU352.104

中国版本图书馆CIP数据核字(2014)第141962号

本书涉及抗震工程学的各个领域。第一篇介绍了地震地面运动特性、地震动随机过程、地震区划、场地和抗震设计反应谱等。第二篇介绍了结构地震反应分析的理论基础与实用分析方法，包括结构动力学原理、线性和非线性地震反应和结构随机振动分析方法、土-结构相互作用和周期反复荷载作用下钢筋混凝土材料和构件的性能。第三篇为结构抗震设计方法与抗震加固技术、结构基础隔震和消能减震以及结构抗震试验等，对抗震设计原则、各类结构的震害与抗震性能及抗震设计方法进行了介绍。

本书的读者对象为工程抗震学研究者、土木工程专业的研究生、本科生以及工程抗震设计人员等。

责任编辑：王　跃　聂　伟
责任设计：李志立
责任校对：张　颖　赵　颖

国家科学技术学术著作出版基金资助出版

抗 震 工 程 学

Aseismic Engineering

（第二版）

沈聚敏　周锡元
高小旺　刘晶波等　编著

*

中国建筑工业出版社出版、发行（北京西郊百万庄）
各地新华书店、建筑书店经销
北京红光制版公司制版
北京圣夫亚美印刷有限公司印刷

*

开本：787×1092毫米 1/16　印张：57　字数：1384千字
2015年2月第二版　2020年6月第四次印刷
定价：**135.00**元

ISBN 978-7-112-17045-6
（25237）

第二版前言

《抗震工程学》2000年出版以来，受到了读者的好评，此外，网络版图书给读者的使用提供了方便。近十几年来，我国的抗震工程无论是在科学研究还是在新技术推广方面都取得了很大的进展。这期间我国经历了2008年的四川汶川地震、2010年的青海玉树地震和2013年的四川芦山地震等。地震震害经验极大丰富了抗震工程的经验和促进了抗震工程科学研究的深入开展。因此，编者根据最近的抗震技术研究成果及现行《建筑抗震设计规范》等，对《抗震工程学》进行了修订。

《抗震工程学》主要是由沈聚敏老师和周锡元老师精心编著的，书中内容体现了他们几十年在抗震工程方面的研究成果和对该领域有关研究成果与工程应用的总结。他们所写的内容是非常经典的，这也反映了他们二人在抗震工程科学研究的造诣和所具有的崇高威望。非常不幸的是二位老师先后离开了我们。在商讨该书修编时，作为两位老师的学生和同事，我们深感责任重大，但同时也有信心做好这项工作，并以此纪念两位老师。

《抗震工程学》（第二版）除根据现行《建筑抗震设计规范》进行修订以外，还对以下内容进行了增补：增加了基础隔震与消能减震；在土-结构相互作用分析的一种直接法中补充了近年来的研究成果；在抗震设计原则中增加了不同重要性建筑抗震设防目标和设防标准的探讨；在混凝土结构、钢结构、砌体结构、底部框架-抗震墙房屋等章中增加了四川汶川地震等震害总结；在钢-混凝土组合结构中增加了抗震分析设计的内容；在建筑抗震鉴定中增加了按今后使用30年、40年和50年的A、B、C类建筑抗震鉴定的要求与相关内容等。

本书共23章。其中第1～4、20章为周锡元老师的原稿，由苏经宇和彭凌云修编；第5～7、11章由刘晶波修编；第8、13、14、16、17、21、22章由高小旺修编，第9章由王巍修编；第10、12、23章基本为沈聚敏老师的原稿，其中第10章由徐春锡修编，第12、23章由高小旺修编；第15章由高小旺、易方民和张晋勋编写；第18章由易方民编写；第19章由聂建国修编。本书由高小旺定稿。在本书的编写过程中得到了林文修、尹宝江、贺军等的帮助，刘佳、高炜、刘智星、李清洋、蔡志等编写和校对了本书的部分例题和章节。

作者虽然长期从事工程抗震科研工作，但限于水平和知识面的局限性难免有疏漏和不妥之处，敬请读者批评指正。

第一版前言

我国是一个多地震的国家，海城、唐山等强烈地震给人民的生命财产造成了巨大损失。对于地震灾害，应贯彻预防为主的方针，而其中最根本的预防措施为搞好抗震设防，提高工程结构的抗震能力。因此，提高工程技术人员和工程结构专业大学生、研究生的工程抗震理论和实际应用能力，对于搞好工程抗震的科研，提高工程抗震的设计水平和工程质量具有重要的意义。

本书是一本抗震工程学专著，注重理论的系统性和应用的可操作性。作者力图以建筑抗震设计为主线将抗震工程学的主要内容有机地联系起来，并自成系统，使读者对抗震工程学的学科体系、理论方法和主要内容有清晰和深入的了解，并可在此基础上从事有关的科学研究和工程实践活动。本书编写期间正逢建筑抗震设计规范修订，部分作者还是修订组的主要成员，也就很自然地将有关的修订内容纳入书中，这对于读者学习和掌握新规范的内容也是很有帮助的。

以往涉及抗震工程的书籍可分为两类：一类为地震工程理论，主要讲述地震学原理、地震发生模型及其影响、结构地震反应，抗震分析方法、设计和工程实践方面的内容涉及较少；另一类为结构抗震设计，如砌体结构抗震设计、单层厂房以及高层建筑抗震设计等。本书在一定程度上弥合了两者之间的空缺，将地震和地面运动，结构地震反应，结构抗震设计理论、原则，结构损伤评估与抗震加固，结构模型试验技术有机地结合起来，促进抗震工程的研究和应用。

本书涉及了国内外工程抗震学科重点研究的几个方面：结构随机振动分析，主要是结构非线性随机地震反应分析；地震作用下材料与构件性态的控制；抗震设计原则和各类结构抗震性能评价以及隔震与减震等。本书力图把工程抗震理论与工程应用方面的研究成果和实际经验结合起来，以便于理解和应用。希望有助于提高工程抗震科研和设计的理论水平，为进一步搞好工程抗震的科学研究、提高工程抗震能力和减轻地震灾害做出贡献。

本书的写作框架和大纲由沈聚敏教授提出。第1～4章由周锡元执笔，第5～7章和第11章由刘晶波执笔，第8章、第14章、第19～21章和第23、24章由高小旺执笔，第10章、第12、13章和25章由沈聚敏执笔，第15～17章由沈聚敏和高小旺共同完成，第22章由聂建国执笔，第18章由张晋勋执笔，第9章由王巍执笔。本书由周锡元、高小旺定稿。张梅丽为整理、抄写沈聚敏的书稿花费了大量的劳动，肖伟、王菁、王金妹、孟钢、周晓夫为本书的一些算例和一些插图等做了大量工作。

作者虽然长期从事工程抗震科研工作，但限于水平和知识面的局限性难免有疏漏之处，敬请读者批评指正。

目　　录

第一篇　强震地面运动和设计反应谱

第1章　地震与地震区划

第2章　地震动的随机过程描述

第3章　强震地面运动的一般特性和反应谱

第4章 地震动参数和设计反应谱

第二篇 结构地震反应分析

第5章 多自由度体系的线性反应分析

第6章 具有分布参数体系的线性分析

第7章 实用振动分析

第8章　线性结构随机振动分析

第9章　结构非线性地震反应分析

第10章　结构物的弹塑性随机响应分析

第11章　土-结构相互作用

第12章　周期反复荷载作用下钢筋混凝土材料及构件的性能

第三篇　结构抗震设计与抗震加固

第13章　抗震设计原则

第14章　地震作用和结构抗震验算

第15章　多层和高层钢筋混凝土房屋

第16章 多层砌体房屋

第17章 底部框架-抗震墙砌体房屋

第18章 多层和高层钢结构房屋

第19章 钢-混凝土组合结构

第 20 章　基础隔震和消能减震

第 21 章　建筑的抗震鉴定

第 22 章　现有建筑的抗震加固技术

第 23 章　结 构 抗 震 试 验

第一篇　强震地面运动和设计反应谱

第1章　地震与地震区划

1.1　地震成因与地震类型

地震是我们栖居的星球——地球上的自然现象，它与地球本身的构造，尤其是它的表面结构，密切相关。

地球的半径约6400km，简单地可分地壳、地幔、地核三部分（图1.1.1）。前二者平均厚度分别约为30～40km与2850km，半径约3500km之内为地核部分。这三者的重力密度分别为27～30N/cm^3、33～55N/cm^{3}与97～123N/cm^3，平均重力密度约为55N/cm^3，地球内部的温度是随距地表面深度增加而递增的，深度每增加1km温度约升高30℃，但增长率随深度增加而减小。经推算，在地下20km深处的温度约为600℃，100km处约为1000～1500℃；700km处约为2000℃。地球内部的压力也是随距地表面的深度增加而增加的，有资料表明，地幔外部的压力约为90kN/cm^2（相当于9t/cm^2），地核外部的压力约为14000kN/cm^2，地核中的压力约为37000kN/cm^2。这些差别必将引起地壳的局部变形，变形积累到一定程度，将引起突变——爆发地震，一般表现三种类型的突变。

第一种突变：已有许多科学论据表明，全球地壳由六大板块组成，即欧亚大陆、太平洋、美洲大陆、非洲大陆、印澳与南极板块。各大板块内还可以划分为较小的板块。由于地壳的缓慢变形，各板块之间发生顶撞、插入等突变，形成地壳的振动，此即构造地震之一，它都发生在各板块的边缘或沿海的岛屿。我国的台湾岛和日本都位于大板块的交界处，所以是多地震的地区。

第二种突变：由于地球内外层构造的巨大差异，地区之间也有很大差别，板块内部也产生不均匀的应变，首先在地质构造不均匀处或薄弱处发生地层的错动或崩裂而形成地震。这是另一种构造地震。

这二种地震是最主要的，占地震总数中的绝大多数，释放的能量影响范围也很广。第一种地震主要发生在大陆的边缘，有很多是发生在大洋或海底，这种地震的破坏影响比起第二种地震要小。而后者多发生在大陆内部，通常称为板内地震，分布面比较广，不确定性大，虽然发生的概率较低，但有时其强度很大，如果发生在人口密集的大城市及其周边地区，其破坏性极大。如1976年的唐山大地震，在几十秒钟时间内，将一座用了近百年时间才建设起来的工业城市几乎夷为平地。

第三种突变：某些地壳薄弱点，发生火山喷射，也能造成地震，即所谓的火山地震。

这就是第三种构造地震。以上三种地震均是由于地壳的缓慢变化，能量积累到一定程度引起的破坏性地震。第三种地震相对于前两者来说，其能量与影响均要小很多。

第四种是塌陷地震：它的成因不外乎两种，一是由于岩层受地下水的侵袭形成溶洞；二是由古旧砂坑，当它们大到一定程度，将形成局部地层塌落，造成地面震动。如 1954 年至 1985 年间在四川省自贡市发生多次地震，它的能量较小，震源浅，波及范围也小。此外还有爆炸地震和水库地震等。下面主要介绍一下构造地震的发生与发展过程。

地壳是由各种岩层构成的，大量事实说明，地壳是在很长的地质年代中连续地变动着，广大地区或在上升，或在下沉，或在倾斜。由于地球在它作用下使原始水平状态的岩层（图 1.1.2*a*）发生形变，当作用力只能使岩层产生弯曲而没有丧失其连续完整时，岩层只发生褶皱（图 1.1.2*b*）；但当岩层脆弱部分岩石强度承受不了强大力的作用时，岩层便产生了断裂和错动（断层，图 1.1.2*c*）。在这种地壳岩层构造状态的改变（称为构造变动）过程中，地壳岩层处在复杂的地应力作用状态之下，随着地壳运动的不断变化，地应力的作用逐渐加强，构造变动也随之加剧，当地应力的作用超过某处岩层的强度极限而发生突然的断裂和猛烈的错动时就会引起振动，它以弹性波的形式传到地面，地面也随之运动，这就是地震。地震使得构造运动过程中积累起来的应变得到释放，地震波只是地震能量的一小部分，大部分变为热能。关于地震成因还有其他一些学说，但在地壳或地幔上部岩层由于力的作用达到极限时，岩石发生破裂引起地震这一点上是基本一致的。

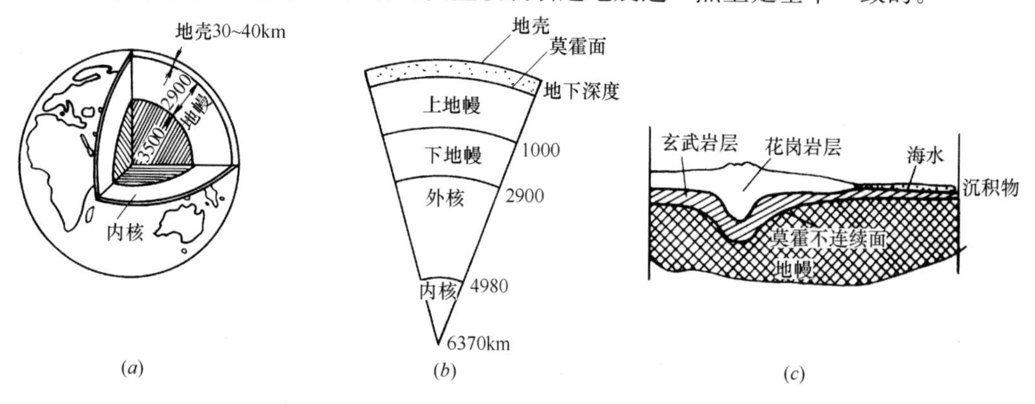

图 1.1.1　地球内部的分层构造

（*a*）地球断面；（*b*）分层结构；（*c*）地壳剖面

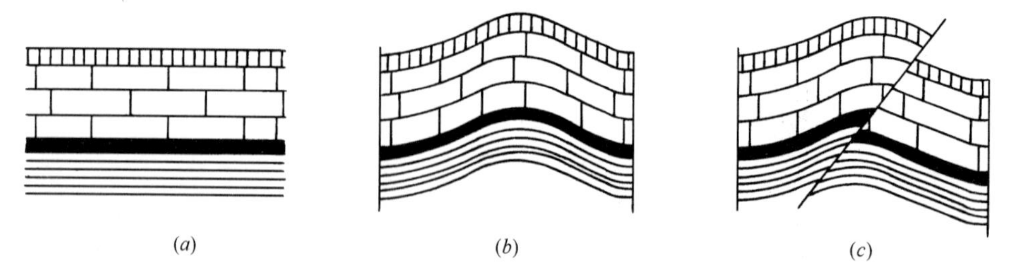

图 1.1.2　构造地震形成示意图

（*a*）岩层原始状态；（*b*）受力后发生变形；（*c*）岩层断裂产生震动

那么引起地壳构造变动的巨大作用力是如何产生的呢？一般认为这可能有地球内部物质中的放射性元素在蜕变过程中释放的热能，天体，特别是太阳和月亮对地球的引力以及地球自转过程中产生的回转能等所引起的。

从上面已经知道，地震的发生与地质构造密切相关，那么哪些部位比较易于产生地震呢？一般说来，许多地震都集中发生在活动性大断裂带的两端和拐弯的部位、两条活动断裂的交汇处，以及现代断裂差异运动变化剧烈的大型隆起的和凹陷的转换地带。这些地方是地应力比较集中、构造比较脆弱的地段，往往易于发生强烈地震。

以上是关于地震类型和构造地震成因及其与地质构造关系的简单介绍，更详细的叙述可参考文献［1］～［3］。

1.2　地震波与地震观测

地震引起的振动以波的形式从震源向各个方向传播，这就是地震波，地震波可以看作是一种弹性波，它主要包含可以通过地球本体的两种“体波”和只限于在地面附近传播的两种“面波”。下面分别介绍体波和面波的一些主要特性。关于地震波更详细的介绍参见6.4～6.7节中的叙述。

1.2.1　体波

体波包括“纵波”与“横波”两种类型。

纵波是由震源向外传递的胀缩波，质点的振动方向与波的前进方向一致，在空气里纵波就是声波，一般表现出周期短、振幅小；横波是由震源向外传递的剪切波，质点的振动方向与波的前进方向相垂直，一般表现为周期较长、振幅较大（见图1.2.1），应指出，横波只能在固体里传播，而纵波在固体、液体里都能传播。

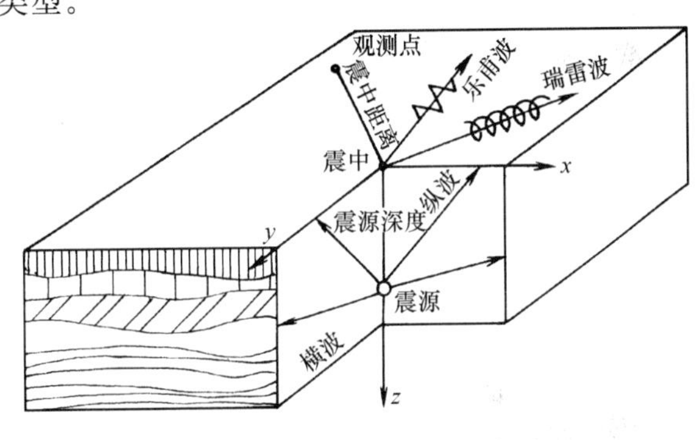

图1.2.1　震源、震中示意图

纵波与横波的传播速度可分别用下列公式计算：

$$V_{\mathrm{P}}=\sqrt{\frac{E(1-\nu)}{\rho(1+\nu)(1-2\nu)}} \tag{1.2.1}$$

$$V_{\mathrm{S}}=\sqrt{\frac{E}{2\rho(1+\nu)}}=\sqrt{\frac{G}{\rho}} \tag{1.2.2}$$

式中：V_{P}是纵波速度；V_{S}是横波速度；E是介质的弹性模量；ρ是介质的密度；ν是介质的泊松比，随介质不同而有一定幅度的变化。在一般情况下，当$\nu=0.22$时，

$$V_{\mathrm{P}}=1.67V_{\mathrm{S}} \tag{1.2.3}$$

由此可知，纵波比横波的传播速度要快，在仪器观测到的记录图上，纵波要先于横波到达。因此，通常也把纵波叫“P波”（即初波），把横波叫“S波”（即次波）。体波在地球内部的传播速度随深度增加而增大，如图1.2.2所示，表1.2.1给出了S波在一些介质中的传播速度值。

S 波的传播速度（m/s） 表 1.2.1

砂	人工填土	砂质黏土	黏　土	含砂砾石	饱和砂土	砾　石	第三纪岩层
60	100	100～200	250	300～400	340	600	1000 以上

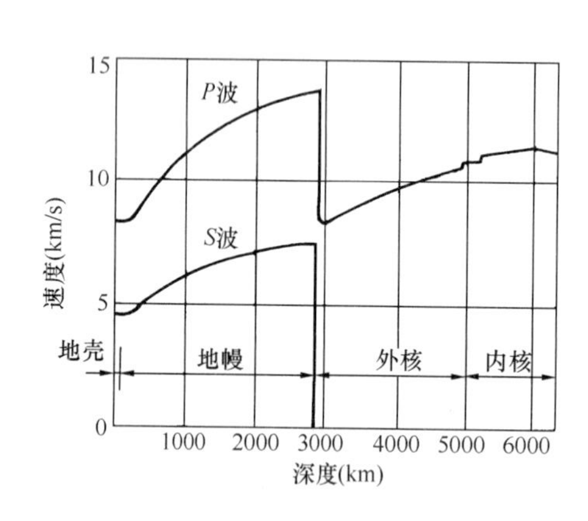

图 1.2.2 体波在地球内传播速度的变化

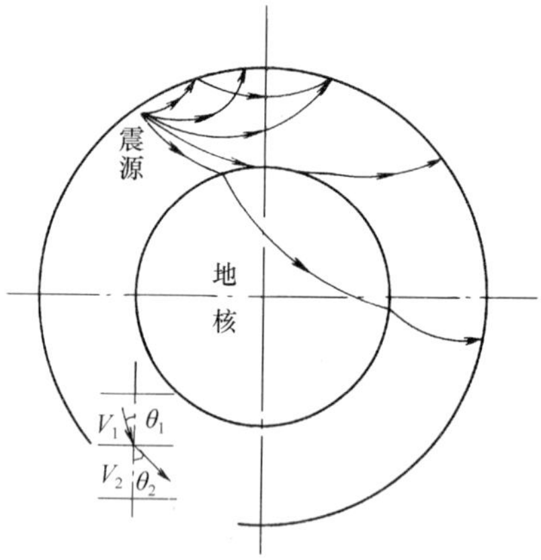

图 1.2.3 地震波射线的途径

由于地球是层状构造，因此体波通过分层介质，在界面上将产生折射；若波的射线由震源出发时与垂直方向的夹角是 θ_1，波速是 V_1，折射后的夹角是 θ_2，波速是 V_2（图 1.2.3），则有下列关系：

$$\frac{V_1}{\sin\theta_1}=\frac{V_2}{\sin\theta_2} \tag{1.2.4}$$

由于速度一般是随着深度增加而增大的，即 $V_2>V_1$，故由式（1.2.4）可知，射线要逐渐向水平方向弯曲，直到速度增大到 $V_2=V_1/\sin\theta_1$ 时，射线弯到了水平方向，然后，射线还可以继续往上弯，直到地面（图 1.2.3）。一般接近地表，由于土层变软地震波传播速度变慢，由式（1.2.4）可知在地表附近地震波的进程近于铅直方向，因此在地表面，对纵波（P 波）感觉是上下动，而对横波（S 波）感觉是水平动。

当地震波遇到一个界面，不但产生折射而且还发生反射；当一个 P 波入射到一个界面时，不但产生折射和反射的 P 波而且还发生折射和反射 S 波，同样当 S 波入射到一个边界时也是如此，此外由震源发出的振动首先通过岩层传到基岩表面（此间 S 波速度变化不大），然后，基岩表面的振动再经基岩以上的地层传到地表面，在此过程中由于重复反射，地表面的振动常常得到放大。

1.2.2 面波

面波只限于沿着地球表面传播，一般可以说是体波经地层界面多次反射形成的次生波，它包含瑞雷波和乐甫波两种类型。

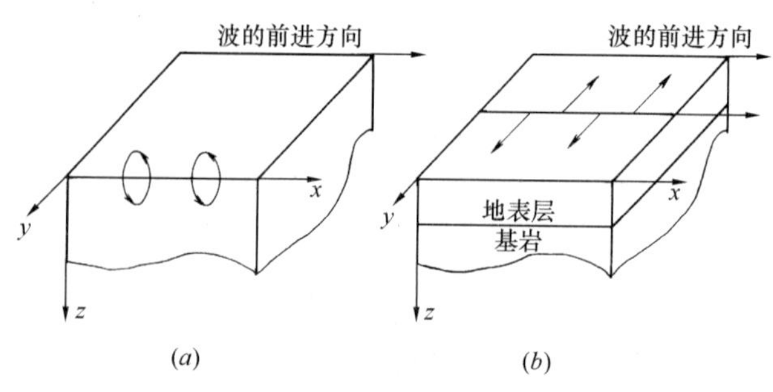

图 1.2.4 面波质点振动示意图

（a）瑞雷波质点振动；（b）乐甫波质点振动

瑞雷波传播时，质点在波的传播方向和自由面（即地表面）法向组成的平面内（图 1.2.4 中的 xz

平面）作椭圆运动，而与该平面垂直的水平方向（y 方向）没有振动，它在地面上呈滚动形式（图 1.2.1）。

乐甫波只是在与传播方向相垂直的水平方向（图 1.2.4b）运动，即地面水平运动或者在地面上呈蛇形运动形式（图 1.2.1）。

瑞雷波的传播速度（V_R）比 S 波稍微慢一点，它们的比值为：

$$K_1=\frac{V_R}{V_S} \tag{1.2.5}$$

与介质的泊松比有关，可按下式确定：

$$\frac{1}{8}K_1^6-K_1^4+\frac{2-\nu}{1-\nu}K_1^2-\frac{1}{1-\nu}=0 \tag{1.2.6}$$

当 $\nu=0.22$ 的情况下，$K_1=0.914$，即：

$$V_R=0.914V_S \tag{1.2.7}$$

乐甫波在层状介质中的传播速度介于最上层横波速度与最下层横波速度之间。

瑞雷波是由靠近震源出射的 P 波和 S 波而产生的，但震中附近并不发生瑞雷波，其发生的范围是在

$$\frac{V_R}{\sqrt{V_P^2-V_R^2}}h(P\text{ 波}) \tag{1.2.8}$$

$$\frac{V_R}{\sqrt{V_S^2-V_R^2}}h(S\text{ 波}) \tag{1.2.9}$$

以远的地区（式中 h 是震源深度）。当 $\nu=0.22$ 时，这个范围是 $0.65h$ 和 $2.25h$。

综上所述，地震波的传播以纵波最快，横波次之，面波最慢。所以在地震记录图上，纵波最先到达，横波到达较迟，面波在体波之后到达（图 1.2.5）。当横波或面波到达时地面振动才趋于猛烈。一般认为地震动在地表面引起的破坏力主要是 S 波和面波的水平和竖向振动。

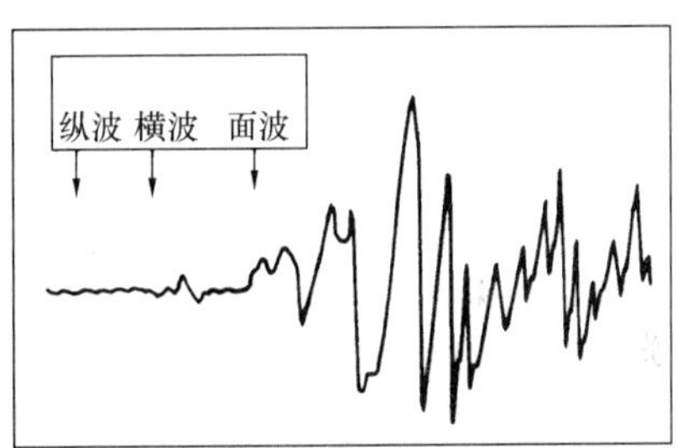

图 1.2.5　地震波记录图

1.2.3　地震观测

观测记录地震动的仪器叫做地震仪。早在公元 132 年（东汉），我国古代科学家张衡首先创造了世界上第一台地震仪——张衡地动仪，安置在当时的京城洛阳。6 年后甘肃发生了一次地震，地动仪正西方向的龙吐出一珠，使张衡首先知道正西方向发生地震，开创了人类用仪器记录地震的先河[4]。近代的地震仪发端于 18 世纪 80 年代，一般包括拾震器（传感器）、放大器和记录装置三个系统。拾振器通常是一个具有一定周期和阻尼的单自由度振动子，选择适当的参数再配备积分和微分装置后可以记录位移、速度和加速度。地震仪通常以观测弱震位移和速度为主。传统的地震仪主要采用模拟记录，各个台站独立进行记录，但可按统一时标进行分析。进入 20 世纪 80 年代以后才发展了由不同频带的记录仪器组成的多点记录、有线和无线传输的数字化地震台网[5]。在我国的数字地震台网（CDSN）中采用了短周期（SP）、宽频带（BB）、长周期（LP）和甚长周期（VLP）等 4 种仪器相互配合，实现了宽频带、可控增益的数字化记录，从而大大提高了观测精度和测报

能力。

1.2.4 强震观测

我国的强震观测开始于20世纪60年代，主要目的是记录强震地面运动加速度，作为抗震设计的依据[6]。早期的强震仪是动圈式加速度计，机械触发，只具有相对时标的光记录仪器，其代表性型号是哈尔滨工程力学研究所研制的多道强震仪，在1975年海城和1976年唐山地震中记录到若干中强地震记录，其中以1976年11月15日宁河6.9级地震中在天津医院得到的加速度记录最为著名，通常被称为天津波，这是一个在很厚的软土场地上的记录。进入20世纪80年代以后我国的强震仪已从单一的多道光记录发展到多种光记录，模拟磁带和数字磁带记录[7]，其主要技术性能见表1.2.2。其中GQ-Ⅲ是工力所研制的直接光记录式强震仪，具有使用维护方便，成本低，环境适应性较强的特点。模拟磁带记录强震仪GQ-Ⅳ由加速度计和回放装置两部组成。记录仪采用脉冲调宽技术，动态范围50dB以上，具有绝对时标。上海同济大学研制的CQZ-1型强震仪也具有类似的性能。

SCQ-1型强震仪是数字磁带记录的三分量加速计，由以下三部分组成：（1）WJL-1型微功耗力平衡伺服加速度计；（2）数字磁带记录装置，具有绝对时码，预存储器，动态范围102dB；（3）回放装置。SCQ-1型强震仪的特点是：抗干扰能力强，触发装置可靠，适用范围广。有关该仪器回放和数据处理方法见文献[8]。

国内新型强震加速度仪的主要性能　　表1.2.2

性　能	GQI	GQⅡA	GQ-Ⅲ	GQ-ⅢA	GQ-Ⅳ	SCQ-1	GDQJ-1A	GDQJ-2
记录通道	9	10	3	3	3	3	3	3
传感器类型	动圈式	动圈式	光-机械式	伺服式	伺服式	伺服式	伺服式	伺服式
频带（Hz）	0.25～50	0.5～50	0～20，0～28	0～20	0.1～50	0～50（0～25）	0～50	0～80
满量程	可调（6档）	可调（6档）	1g，0.5g	1g，0.5g	1g	2g	2g	2g
触发器型式	机/电阈值	电阈值	电阈值	电阈值	电阈值	横拟 STA/LTA	多制式	多制式
记录方式	电流计记录	电流计记录	直接光记录	直接光记录	脉冲调宽	数字	数字	数字
记录介质	190mm胶卷	200mm相纸	80mm电胶卷	80mm电胶卷	盒式磁带	盒式，四轨	CMOS SRAM	CMOS SRAM
动态范围		有2档自动衰减	34dB	34 dB	50dB	102dB	90dB	135dB
起动延迟（ms）	<100	<200	<100	<50	<200		0	0
记录时间	10min（10m胶卷）	6min（20m胶卷）	14min（10m胶卷）	15min（10m胶卷）	15min	22min	40min	>48min
时　标	5个/s	10个/s	2个/s	2个/s	编码钟 3×10^{-5}	编码钟 5×10^{-7}	GPS或编码钟	GPS式编码钟
等待耗电	200μA		150μA	150/500μA		<40mA	<3W	<3W
迹线宽度（mm）	0.4	1	0.3	0.3				
电　源	±8.4 VDC	12.5VDC	±6.25 VDC	±6.25 VDC	±15 VDC	±12VDC	2×6V，12AH	12V，12AH
使用温度	−10～40℃		−10～40℃	−10～40℃	−10～40℃	0～40℃	−20～+50℃	−10～+50℃
每道预存						16k（5.12s）	250sps（0～40s）	200sps（0～40s）
采样率						100/200	62.5～500	50～400

20 世纪 90 年代哈尔滨工程力学研究所研究生产的 GDQJ-1A 固态存储地震动强度记录仪是一个三分量数字强震仪。仪器输入幅度为±2.5V（最大±2g）。动态范围 90dB，自动触发，带预存储装置，存储时间 40s，采样率 62.5sps、125sps、250sps 和 500sps 可调，可配备回放装置 RS232，并在现场或用调制解调器（MODEM）遥控使用。由于采用 RAM 模块存储，信号不易丢失，其信能明显优于盒式数字磁带记录仪器，该仪器的监控程序使用全汉字菜单，可在 DOS 和 WINDOWS95 以上版本的软件环境下使用。

1.3 震源、震级和震中

地震是地壳中板块发生顶撞、错动、断裂等产生的振动，产生这种振动的地点称震源。随其发震地点的深度又可分为浅震（震源深度 $h<70$km）和中深震（$70\leqslant h<700$km）。强烈地震的能量大大超过最大的人造振动——原子弹爆炸。后者能对一个城市的地面建筑造成严重破坏，前者不仅对一个城市的地上地下产生毁灭性破坏，对周围地区也具有很大的破坏力。例如唐山地震时，对将近 100km 以外的天津市的地上设施产生了严重的破坏，地下也引起许多地基失效、喷砂、冒水等现象；对 150km 之外的北京市也产生了许多破坏。震源在地表面上的垂直投影称为震中。

地震学家通常用震级这一名词来衡量地震的大小或规模，它与地震产生破坏力的能量有关。震级标度（单位）通常应用美国地震学家里克特（C. F. Richter）提出的以下计算公式：

$$M=\lg A(\Delta)-\lg A_0(\Delta) \tag{1.3.1}$$

式中 A——待定震级的地震记录的最大振幅；

A_0——标准地震在同一震中距上的最大振幅。

$-\lg A_0(\Delta)$ 是震中距的函数，即零级地震在不同震中距的振幅对数值，称作起算函数，或标定函数。对不同的测定区域可以列出随震中距变化的 $[-\lg A_0(\Delta)]$ 数值表。里克特规定：用标准地震仪（伍德——安德森扭摆式地震仪，放大倍率为 2800 倍），在震中距（Δ）为 100km 处，记录最大振幅的地动位移（A_0）为 10^{-3}mm（μm）时相应的震级为零。

一次地震释放的能量（E_s）与震级的关系可用以下公式来表达：

$$\lg E_s=1.5M+11.8 \tag{1.3.2}$$

上式表明，震级增加 1 级，地震波的振幅值增加 10 倍，地震所释放出的能量约增加 30 倍。震级标度给人们的一般概念是：4 级以下地震为有感地震，5、6 级地震将造成一定的破坏，7 级以上地震将造成严重破坏。这个概念不很确切，事实上除震级以外震源深度对地面上的破坏也将产生重要影响。

如上所述，震级与震源处在地震过程中释放的能量有关。就对地面上造成的破坏而言，相同震级的地震，随震源的深度不同将有较大的差别，随着距震中（针对震源的地面称震中）的远近更有明显的差别。地震学家将地面上的破坏程度用烈度来表达。一次地震的震级只有一个，地面上的烈度则是因地而异的，一般都有若干个。关于烈度及其随震级和震中距的变化规律将在 1.6 节中讨论。

1.4 地震宏观破坏现象与震害

地震发生时及发生后，将引起人们有震动的感觉、自然和人工环境的变化，通常称之为地震后的宏观现象（地震影响），常可概括为四类：人们的感觉、人工结构物的损坏、物体的反应和自然界状态的变化。研究这些现象，不仅可以理解地震作用本质，更主要的是防止或减少地震所产生的破坏与人民生命财产的损失。所以人工结构物的损坏，应该说是最值得研究的宏观现象。通过对它的研究，不仅能定性地理解地震现象，而且可以总结经验教训，为制定和改进抗震设计规范以及制定抗震防灾对策措施提供依据。

1.4.1 地表破坏

强烈的地震常常伴生许多地表破坏现象，其中包括地面沿发震断裂产生错动并造成永久性的移位，强烈的震动造成山体崩塌和滑坡泥石流，严重的还造成堵塞河流，形成地震堰塞湖而使山河改观[9]。

1.4.2 建筑物的典型震害

多层砖房的典型震害为外墙外闪、倾倒，纵、横墙墙面出现 *X* 裂缝，纵横墙开裂和屋顶塌落等等。

多高层钢筋混凝土房屋的典型震害为梁柱节点破坏，柱子上混凝土保护层脱落，钢筋外崩，呈灯笼状，特别是当箍筋的数量不足时这种情况更是常见。钢筋混凝土墙的破坏形态与砖墙差不多，主要差别是裂缝比较分散，缝宽比较窄[10]。

底层空旷（柔性底层）的房屋，包括底部框架砖房和底部框架支承的钢筋混凝土抗震墙和框架抗震墙房屋在历次地震中破坏都很严重。如果多高层房屋中间某一层的强度和刚度比上下层小得比较多时，破坏也会集中在这一层中[10]。日本 1995 年阪神地震中许多房屋的中间层倒塌通常属于这种情况。钢筋混凝土厂房的破坏形态有屋面板掉落，柱顶连接破坏，阶形柱上段破坏折断，导致屋顶塌落。平面和体形不规则的房屋如果处理不适当，地震中的破坏也是比较严重的。在 1999 年 10 月 17 日土耳其 7.4 级地震中某街道两边的底层柔性商业建筑都倒向街心方向，其原因除底部形成薄弱层外，还与前面的柱和后面的墙刚度相差悬殊，沿纵向产生明显的偏心和扭转作用有关[11]。

1.4.3 其他结构和设施的震害

在强烈地震中，城市和区域的基础设施，其中包括道路桥梁，电力通信，给水排水，煤气热力，港口码头、水利设施、航空设施等常常也会遭到破坏，与房屋建筑一样，构筑物、管线和各种设施的受灾破坏程度除了决定于其自身的抗震能力以外，还受到场地地基和周围环境的影响。限于篇幅这里就不一一列举各种结构和设施的典型震害特征了。

1.5 地震烈度与震害指数

地震烈度是指某一地区地面和各类建筑物遭受一次地震影响的强弱程度。

为了说明某一次地震的影响程度，总结震害经验和分析，比较建筑物的抗震性能，都需要我们根据一定的标准来确定某一地区的烈度；同样，为了对地震区的工程建设进行抗震设防，也要求研究预测某一地区在今后一定期限的烈度，作为强度验算和采取抗震措施的根据。因此可以说，与震级相比较，烈度与抗震工作有着更为密切的关系。

前面已经提到对应于一次地震，表示地震大小的震级只有一个，然而由于同一次地震对不同地点的影响是不一样的，因此烈度也就随震中距离的远近而有差异。一般来说，距震中愈远，地震影响愈小，烈度就愈低；反之，愈靠近震中，烈度就愈高。震中点的烈度称为“震中烈度”。对于浅源地震，震级与震中烈度大致成对应关系，如经验公式

(1.5.1）和表 1.5.1 所示。

$$M=0.58I+1.5 \tag{1.5.1}$$

震中烈度与震级的大致关系　　表 1.5.1

震级（M）	2	3	4	5	6	7	8	8 以上
震中烈度（I）	1～2	3	4～5	6～7	7～8	9～10	11	12

既然地震烈度是表示地震影响程度的一个尺度，就需要有一个评定烈度的标准，这个标准称为烈度表。烈度表的内容包括：宏观现象描述（人的感觉、器物反应、建筑物的破坏和地表现象等）和定量指标。目前的烈度表主要以前者为主。历年来各国陆续编制和修订过的烈度表有几十种，目前国际上普遍采用的是划分为 12 度的烈度表，也有一些国家沿用划分为 10 度的（如欧洲一些国家）和 8 度的（如日本）烈度表。现在各国使用的几种主要烈度表有：

1.5.1　中国的地震烈度表

我国最早的地震烈度表是 1956 年中国科学院地球物理研究所谢毓寿教授及其领导的编制组根据我国地震调查的经验、建筑特点和历史资料并参照国外的烈度表编制的。这个烈度表于 1957 年正式公布。进入 20 世纪 70 年代以后，在中国科学院哈尔滨工程力学研究所刘恢先教授主持下对 1957 年烈度表进行了全面的修订，该表在继承了 1957 年烈度表中的宏观震害描述的基础上列入了震害指数，地面运动加速度和速度等定量指标，同时也保持了与国际上通用的 MM 烈度表的协调对应关系。这就是 1980 年颁布的烈度表。

随着防震减灾标准化工作的深入开展，我国的地震烈度表列入了国家标准化系列，按照国家标准对 1980 年烈度表进行了修订，颁布了 1999 年地震烈度表，全名为《中国地震烈度表》GB/T 17742—1999。烈度表的实施在地震烈度评定中发挥了重要作用，随着国家经济发展，近年来我国城乡房屋结构发生了很大变化，抗震设防的建筑比例增加，同时旧式民房仍然存在，这些都需要在地震烈度评定中予以考虑。因此，经对 1999 年地震烈度表重新修订，2008 年颁布实施了新的《中国地震烈度表》GB/T 17742—2008，新的烈度表保持了与原地震烈度表的一致性和继承性，增加了评定地震烈度的房屋类型，修改了在地震现场不便操作或不常出现的评定指标。

中国地震烈度表 GB/T 17742—2008　　**表 1.5.2**

地震烈度	人的感觉	房屋震害			其他震害现象	水平向地面运动	
		类型	震害程度	平均震害指数		峰值加速度（m/s^2）	峰值速度（m/s）
Ⅰ	无感	—	—	—	—	—	—
Ⅱ	室内个别静止中人有感觉	—	—	—	—	—	—
Ⅲ	室内少数静止中人有感觉	—	门、窗轻微作响	—	悬挂物微动	—	—
Ⅳ	室内多数人、室外少数人有感觉，少数人梦中惊醒	—	门、窗作响	—	悬挂物明显摆动，器皿作响	—	—

续表

地震烈度	人的感觉	房屋震害			其他震害现象	水平向地面运动	
		类型	震害程度	平均震害指数		峰值加速度（m/s^2）	峰值速度（m/s）
Ⅴ	室内绝大多数、室外多数人有感觉，多数人梦中惊醒	—	门窗、屋顶、屋架颤动作响，灰土掉落，个别房屋抹灰出现细微细裂缝，个别檐瓦掉落，个别屋顶烟囱掉砖	—	悬挂物大幅度晃动，不稳定器物摇动或翻倒	0.31（0.22～0.44）	0.03（0.02～0.04）
Ⅵ	多数人站立不稳，少数人惊逃户外	A	少数中等破坏，多数轻微破坏或基本完好	0～0.11	家具和物品移动；河岸和松软土出现裂缝，饱和砂层出现喷砂冒水；个别独立砖烟囱轻度裂缝	0.63（0.45～0.89）	0.06（0.05～0.09）
		B	个别中等破坏，少数轻微破坏，多数基本完好				
		C	个别轻微破坏，大多数基本完好	0～0.08			
Ⅶ	大多数人惊逃户外，骑自行车的人有感觉，行驶中的汽车驾乘人员有感觉	A	少数毁坏或严重破坏，多数中等或轻微破坏	0.09～0.31	物体从架子上掉落；河岸出现塌方，饱和砂层常见喷水冒砂，松软土地上地裂缝较多；大多数独立砖烟囱中等破坏	1.25（0.90～1.77）	0.13（0.10～0.18）
		B	少数毁坏，多数严重或中等破坏				
		C	个别毁坏，少数严重破坏，多数中等或轻微破坏	0.07～0.22			
Ⅷ	多数人摇晃颠簸，行走困难	A	少数毁坏，多数严重或中等破坏	0.29～0.51	干硬土上出现裂缝，饱和砂层绝大多数喷砂冒水；大多数独立砖烟囱严重破坏	2.50（1.78～3.53）	0.25（0.19～0.35）
		B	个别毁坏，少数严重破坏，多数中等或轻微破坏				
		C	少数严重或中等破坏，多数轻微破坏	0.20～0.40			
Ⅸ	行动的人摔倒	A	多数严重破坏和毁坏	0.49～0.71	干硬土上多处出现裂缝，可见基岩裂缝、错动，滑坡、塌方常见；独立砖烟囱多数倒塌	5.00（3.54～7.07）	0.50（0.36～0.71）
		B	少数毁坏，多数严重或中等破坏				
		C	少数毁坏或严重破坏，多数中等或轻微破坏	0.38～0.60			
Ⅹ	骑自行车的人会摔倒，处不稳状态的人会摔离原地，有抛起感	A	绝大多数毁坏	0.69～0.91	山崩和地震断裂出现；基岩上拱桥破坏；大多数独立砖烟囱从根部破坏或倒毁	10.00（7.08～14.14）	1.00（0.72～1.41）
		B	大多数毁坏				
		C	多数毁坏或严重破坏	0.58～0.80			

续表

地震烈度	人的感觉	房屋震害			其他震害现象	水平向地面运动	
		类型	震害程度	平均震害指数		峰值加速度（m/s²）	峰值速度（m/s）
Ⅺ	—	A	绝大多数毁坏	0.89～1.00	地震断裂延续很大，大量山崩滑坡	—	—
		B					
		C		0.78～1.00			
Ⅻ	—	A	—	1.00	地面剧烈变化，山河改观	—	—
		B					
		C					

注：1. 评定烈度时，Ⅰ～Ⅴ度以地面上人的感觉及其他震害现象为主；Ⅵ～Ⅹ度以房屋震害为主，参照其他震害现象；Ⅺ、Ⅻ度应综合房屋震害和地表震害现象。

1）在高楼上人的感觉要比地面上室内人的感觉明显，应适当降低评定值。

2）表中房屋类型说明：A类为木构架和土、石、砖墙建造的旧式房屋；B类为未经抗震设计的单层或多层砖砌体房屋；C类为按照Ⅶ度抗震设防的单层或多层砖砌体房屋。

3）表中的平均震害指数是各类房屋的震害调查和统计得出的，反映破坏程度的数值指标，0表示无震害，1表示全部毁坏。平均震害指数可以在调查区域内用普查或随机抽查的方法确定。

4）农村可以按自然村为单位，城镇可以街区为单位进行烈度的评定，面积以1km² 左右为宜。

5）表中给出的“峰值加速度”和“峰值速度”是参考量，括号内给出的是变动范围。

2. 表中数量词说明：个别为10%以下；少数为10%～45%；多数为40%～70%；大多数为60%～90%；绝大多数为80%以上。

1.5.2 修订的末卡利（Mercalli）地震烈度表（简称MM烈度表）

此表是1931年伍德和纽曼在末卡利-肯肯尼烈度表（MCS）基础上修订的，为美国、加拿大和拉丁美洲各国所采用。1956年里希特对此表又进行了一次修订。在表1.5.3中给出了MM烈度表的简表。

MM 烈 度 简 表 **表1.5.3**

MM烈度简表
Ⅰ 无感
Ⅱ 安静的人或楼上的人有感觉
Ⅲ 吊物摆动或轻微震动
Ⅳ 振动如重型货车，门窗、碗碟响动，静止的汽车摇动
Ⅴ 户外有感，睡觉者震醒，小物体坠落，镜框移动
Ⅵ 人人有感，家具移位。损坏物件包括：玻璃破碎，架上东西坠落，抹灰层裂
Ⅶ 行动和汽车中的人有感，站立者失稳，教堂鸣钟，损坏结构包括：烟囱与建筑装饰破裂，抹灰脱落，抹灰与石墙普遍开裂，土坯有倒塌
Ⅷ 行动汽车难驾驶，树枝断落，饱和土中裂缝。破坏结构包括：高架水塔、纪念塔、土坯房，结构包括砖结构、构架房（未锚固于基础的）、灌溉工程、堤坝
Ⅸ 饱和粉砂中出现“砂坑”、滑坡地裂。破坏的结构包括：无筋砖结构。严重至轻微损坏的结构包括：不良的钢筋混凝土结构，地下管道

续表

Ⅹ 普遍滑坡与地基损坏，破坏结构包括：桥梁、隧道、一些钢筋混凝土结构。损坏结构包括：许多房屋、坝、铁轨
Ⅺ 永久地变形
Ⅻ 几乎全毁

1.5.3　苏联地球物理所的烈度表

此表是1952年由麦德维捷夫修订的。其中6～9度列为苏联国家标准，表中除有宏观描述外，还规定在有地震计的地方，烈度以此地震计的球面弹性摆（周期0.25s，阻尼对数衰减率0.5）的最大相对位移值 x 确定；Ⅴ，Ⅵ，Ⅶ，Ⅷ，Ⅸ，Ⅹ度的 x 值分别为0.5～1，1～2，2～4，4～8，8～16，16～32mm。

1.5.4　日本气象厅烈度（JMA）

此表是日本气象厅1949年制订的，把烈度分为8度。

上述1、2、3种烈度表都是划分为12度。它们的内容相仿，大体相当，一般说来，1～6度主要以人的感觉和器物的反应为标志，6度时房屋建筑开始有轻微的损坏，7～10度以上以建筑物的破坏为主要标志，其他现象作参考，11度和12度在历史上是罕见的。第4种烈度表把烈度区分为8度，它与前三种12度烈度表的大体对应关系是：

$$I_M = 1 + 1.5 I_K \tag{1.5.2}$$

其中 I_M 和 I_K 分别代表MM烈度表和日本气象厅烈度表的烈度。

根据各种烈度表对每一烈度等级的描述，并做相应比较之后，可把几种主要烈度表的大致对应关系给在表1.5.4中。一些学者也曾致力于研究各个国家采用的烈度表之间的关系，试图逐渐统一各国现行的烈度标准。例如1964年就曾提出了一种麦维捷夫-斯普休尔-卡尼克（MSK）地震烈度，在苏联和东欧某些国家中试用。这个烈度表与MM烈度表没有本质上的差别。

几种地震烈度表的对照　　表1.5.4

新的中国地震烈度表（1999）	美国修订的烈度表（MM）（1981）	苏联地球物理研究所烈度表（1952）	MCK-1964烈度表	欧洲烈度表（MSC表）（1917）	欧洲Rossi-Forel烈度表（1873）	日本烈度表（JMA）（1952）
1	1	1	1	1	1	0
2	2	2	2	2	2	1
3	3	3	3	3	3	2
4	4	4	4	4	4	2～3
5	5	5	5	5	5～6	3
6	6	6	6	6	7	4
7	7	7	7	7	8	4～5
8	8	8	8	8	9	5
9	9	9	9	9	10	6
10	10	10	10	10	10	6
11	11	11	11	11	10	7
12	12	12	12	12	10	7

三种烈度表的对应关系 **表 1.5.5**

<table>
<tr><th>名　称</th><th colspan="16">烈　度　等　级</th></tr>
<tr><td>日本烈度表</td><td></td><td colspan="3">Ⅰ</td><td colspan="2">Ⅱ</td><td colspan="2">Ⅲ</td><td>Ⅳ</td><td colspan="2">Ⅴ</td><td colspan="2">Ⅵ</td><td colspan="3">Ⅶ</td></tr>
<tr><td>苏联烈度表</td><td>Ⅰ</td><td colspan="2">Ⅱ</td><td colspan="3">Ⅲ</td><td colspan="2">Ⅳ</td><td>Ⅴ</td><td>Ⅵ</td><td>Ⅶ</td><td>Ⅷ</td><td>Ⅸ</td><td>Ⅹ</td><td>Ⅺ</td><td>Ⅻ</td></tr>
<tr><td>美国烈度表</td><td colspan="2">Ⅰ</td><td colspan="3">Ⅱ</td><td colspan="2">Ⅲ</td><td>Ⅳ</td><td>Ⅴ</td><td>Ⅵ</td><td>Ⅶ</td><td>Ⅷ</td><td>Ⅸ</td><td>Ⅹ</td><td>Ⅺ</td><td>Ⅻ</td></tr>
</table>

在1970年云南通海地震中，以胡聿贤教授为首的研究人员，在地震烈度表基础上，通过宏观调查，在实践中提出来了“震害指数法”。此法把建筑物分成若干类型，对震区的各类建筑逐栋进行调查，统计各类建筑不同破坏程度的百分率，然后求其震害指数并与烈度相对照。它适宜用于震区居民点较多、同一居民点中房屋类型与结构数量足够多的情形。在这次地震的调查中首先将当地房屋按结构形式分为若干类，例如穿斗木骨架、木柱木桁架；再将房屋的破坏程度分为若干等级（例如Ⅰ到Ⅵ级），给予一定的震害等级 i（0～1）

Ⅰ——全部倒塌，$i=1$；

Ⅱ——墙倒架歪，$i=0.8$；

Ⅲ——墙倒架正，$i=0.6$；

Ⅳ——局部墙倒，$i=0.4$；

Ⅴ——裂缝，$i=0.2$；

Ⅵ——基本完好，$i=0$。

用 n_i 表示遭受 i 级破坏的房屋间数，$N=\sum n_i$ 表示这类房屋的总间数，则这类房屋（例如穿斗房）的震害指数 I 按下式计算：

$$I=\sum in_i/N \tag{1.5.3}$$

这样计算的 I 值在1到0之间。震害指数的物理意义是表示这一类房屋的平均震害程度，并可用来表示大小构造、质量、地基等都差不多的同类房屋，在一次地震作用下这样的振动下可能受到的震害程度，比如，$I=0.78$ 就表示这类房屋的破坏程度在Ⅱ、Ⅲ级之间接近Ⅱ级，即墙倒普遍、屋架倾斜明显，但未倒塌。

计算出每类房屋的震害指数，就可以对比各类房屋之间抗震性能的优劣。

其次，为了使建筑物破坏情况与烈度建立起一种对应关系，可以进一步把不同类型房屋的震害指数换算到同一个标准上来统计，求出每个自然村或居民区的“综合震害指数”。就上面所举的例子，假定以木柱房屋为标准来统计，则综合震害指数

$$I_{综合}=\frac{\sum I^i_{木柱}N_i}{\sum N_i} \tag{1.5.4}$$

$I^i_{木柱}$ 代表穿斗房或砖柱房以木柱房为标准换算的指数，一般可以从曲线图中求出（图1.5.1）。

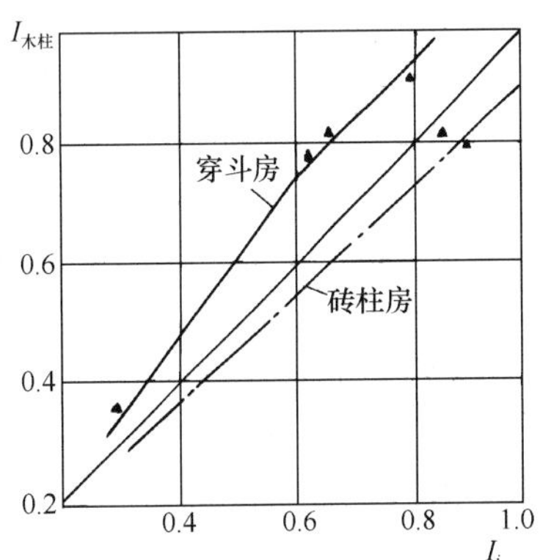

图 1.5.1　穿斗房、砖柱房的指数 I_i 与木柱房的 $I_{木柱}$ 关系

有了一个地点的综合指数，按烈度与指数的对应关系（表1.5.6），即可作为评定该点烈度的依据之一。表1.5.7是一个点的统计示例。

震害指数与宏观烈度的对应关系　　表 1.5.6

烈　度	6	7	8	9	10
综合指数 $I_{综合}$	<0.1	0.1～0.3	0.3～0.5	0.5～0.7	>0.7

震 害 指 数 统 计 表　　表 1.5.7

房屋类型	各类破坏的房间数						房间总数	I	换算的 $I_{木柱}$	$I_{综合}$	烈 度
	Ⅰ	Ⅱ	Ⅲ	Ⅳ	Ⅴ	Ⅵ					
穿斗房	27	54	29	6	0	0	116	0.78	0.92	0.78	10
木柱木屋架	181	183	42	11	0	0	417	0.86	0.86		
砖柱木屋架	246	39	24	21	0	0	330	0.91	0.82		

从以上讨论中可以见到，震害指数的概念最初是在地震灾害调查中用来评价不同类型建筑震害百分率与宏观烈度对应关系的相对指标。但是后来很快被用于单体结构的易损性分析或震害预测。尹之潜根据砖结构房屋的震害与楼层抗力的调查资料给出了某一楼层 S 的震害指数 D_s 与该层抗力 R_s 的以下关系[12]：

$$
\begin{aligned}
&7\text{ 度地震}\quad D_s(7)=1.977-0.006R_s\\
&8\text{ 度地震}\quad D_s(8)=1.975-0.005R_s\\
&9\text{ 度地震}\quad D_s(9)=1.866-0.004R_s\\
&10\text{ 度地震}\quad D_s(10)=1.74-0.003R_s
\end{aligned}
\tag{1.5.5}
$$

$$R_s=\alpha\frac{\sum F_{sk}}{2A_s}R_\tau \tag{1.5.6}$$

式中　F_{sk}——第 s 层楼第 k 片墙的断面积（cm^2）；$\sum$表示对 k 求和；

A_s——第 s 层楼的楼面面积（cm^2）；

α——楼层地震剪力折算系数，由式（1.5.7）计算；

R_τ——墙体抗剪强度（$\times 10N/cm^2$），由式（1.5.8）计算。

地震剪力折算系数为：

$$\alpha=\frac{2n+1}{3\sum_{s}^{n}i} \tag{1.5.7}$$

式中　i——楼层序号；

n——楼层总数；

R_τ——砌体的抗剪强度应考虑正压力影响，可按如下公式计算：

$$R_\tau=0.14(n-s+1)+0.0014R_m+0.5 \tag{1.5.8}$$

考虑到结构的质量和设计标准等因素对结构抗震能力的影响，式（1.5.5）的计算结果，应按下式修正。

$$D_{sm}(I)=D_S(I)\left[1+\sum C_i\right] \tag{1.5.9}$$

式中　C_i——修正系数可由表 1.5.8 确定；

$D_{sm}(I)$——修正后的 S 楼层的震害指数。

这样得到的 $D_{sm}(I)$ 就是对给定砖结构房屋当遭受地震烈度 I 第 s 层的震害程度的一种预测。在表 1.5.9 中给出了预测的震害指数与震害等级的关系。

砖结构的修正系数 C_i 值　　表 1.5.8

条件	修正系数 C_i	
	满足	不满足
（1）墙的间距符合抗震规范要求	0	0.10
（2）刚性楼板，刚性屋面	0	0.15
（3）结构无明显质量问题	0	0.20
（4）平面和立面规整	0	0.10
（5）符合《工业与民用建筑抗震设计规范》TJ 11—78	−0.35	0
（6）符合《工业与民用建筑抗震设计规范》TJ 11—74 要求，不符合（5）	0.20	0

震害等级对应的震害指数的中值和上下限　　表 1.5.9

震害等级	定义的震害指数（D）	指数的上下限	震害等级	定义的震害指数（D）	指数的上下限
基本完好	0	$D<0.1$	严重破坏	0.7	$0.55<D<0.85$
轻微破坏	0.2	$0.1<D<0.3$	毁　坏	1.0	$0.85<D$
中等破坏	0.4	$0.3<D<0.55$			

为了使对式（1.5.9）的修正不受零值和负值的影响，式（1.5.5）的计算结果中如有等于或小于零的数值时，在使用式（1.5.9）修正时均取 0.05 计算。

对于单层厂房和多层钢筋混凝土房屋也已建立了基于震害指数的易损性分析方法，详细内容见参考文献[12]。

1.6　烈度衰减规律

从上面的介绍中我们已经知道，由于随震中距离的增加，地震波的能量逐渐被吸收，因而标志破坏强弱程度的地震烈度也必然随震中距离的增大而衰减，实际宏观调查得到的等震线图完全证实了这一点。但是烈度的衰减究竟按着什么规律进行呢？许多人根据大量的实际资料，结合理论分析对这一问题作了研究，这里只介绍基本概念。

通常采用的烈度衰减公式是：

$$I_0-I_i=2S\log\frac{r}{h}\qquad(r>h)\tag{1.6.1}$$

式中：I_0 为震中烈度；I_i 为各条等震线（等烈度线）的烈度；h 是震源深度；r 是等震线半径；S 称为烈度衰减系数，根据实际的地震烈度分布资料（等震线），可按上式确定出每一次地震的烈度衰减系数 S。

系数 S 的大小标志着地震烈度（I_i）衰减的快慢，因此它是研究烈度分布，确定地震影响的重要参数。地震影响场是地震破坏作用在地表的分布。研究表明：

（1）对不同的地区，系数 S 会有些差异，一般说来山区的 S 大（即衰减快），平原地区 S 小（即衰减慢）。

（2）S 随震级 M 的增大而略有增大。

（3）对于浅源地震，S 随 h 的变化不甚明显。

式（1.6.1）是建立在点震源、各向同性的均匀介质模型的基础之上，故计算出的地

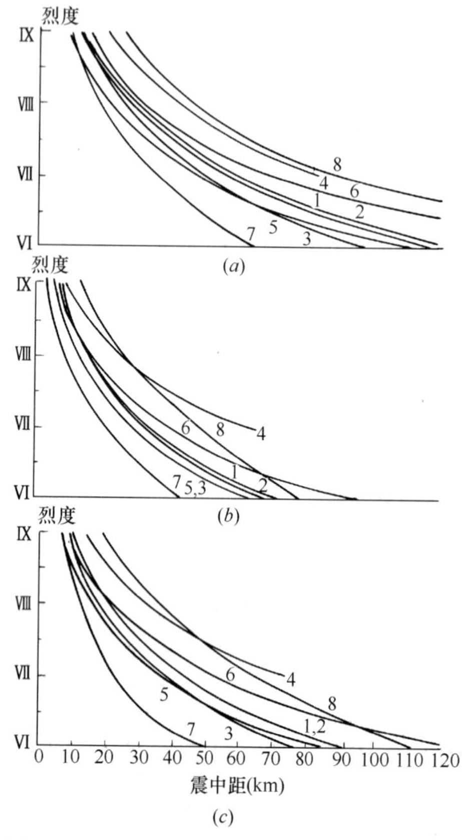

图 1.6.1　我国不同地区的地震烈度衰减关系

(a) 沿长轴的衰减；(b) 沿短轴的衰减；

(c) 沿等效圆半径的衰减

1. 全国；2. 东部；3. 西部；4. 台湾；5. 华南；

6. 华北；7. 川滇；8. 新疆

震等震线是一组同心圆，显然这与一般实际的等震线有所差异，于是又出现了位错模型，并按等震线近似椭圆的形式来研究烈度衰减规律，下列的衰减公式是其中之一[4]：

$$
\begin{aligned}
I_0-I_i(r,\ \theta) &= d_3\ln r(1-e_i\cos\theta)+d_1 \\
&= d_3\ln r[1-(d_4+d_5I_i) \\
&\quad \cos\theta]+d_1
\end{aligned}
\tag{1.6.2}
$$

式中：r 为椭圆的矢径；

$$
e_i=\sqrt{1-\frac{b^2}{a^2}}
$$

为各条等震线所围椭圆的偏心率，其中 a 为长轴半径，b 为短轴半径；系数 d_1、d_4、d_5 可根据大量实际等震线资料确定；d_3 为烈度衰减系数，对应一个地震可取四个特定方向（$\theta=0°$，$90°$，$180°$，$270°$），求其各自方向上的衰减系数 d_3，而后取其平均值作为该地震的衰减系数。

椭圆形烈度衰减规律除用公式表达以外，还可以用列表或衰减曲线的方式来表示。在表 1.6.1 中给出了我国华北和华南地区的烈度衰减规律，表中 a 为长轴半径，b 为短轴半径，r 为等效圆形等烈度线的半径。在图 1.6.1 给出了当震中烈度为Ⅸ度时，不同地区的地震烈度衰减曲线。需要指出的是在地震现场调查中得出的等烈度线通常是烈度达到一定值的等烈度区的外边界线或外包线，在该等烈度区内明显高于或低于该区烈度的点通常称为烈度常点。根据历史地震等烈度线统计和回归得到的烈度衰减规律也具有外包线的特点。

在以上椭圆形衰减需要应用长、短轴方向的二个参数，文献[32]、[33]中提出应用至等价发震断裂两端点的平均距离作为参数，从而只需要一个参数就能给出椭圆形的等烈度曲线了。关于烈度衰减的更详细资料参见文献[1]、[25]。

华北、华南地震烈度衰减关系（km）　　**表 1.6.1**

I_0 \ 烈度 I	地震区	Ⅹ			Ⅸ			Ⅷ			Ⅶ			Ⅵ		
		a	b	r	a	b	r	a	b	r	a	b	r	a	b	r
Ⅹ	华　北	11	5	7	22	13	17	48	32	40	102	78	89	219	191	204
	华　南	19	15	17	36	29	32	71	58	64	138	115	126	269	229	248
Ⅸ	华　北				12	6	8	29	15	21	69	39	52	166	100	129
	华　南				8	5	6	19	12	15	47	28	36	122	66	90
Ⅷ	华　北							4	3	3	9	6	8	20	13	16
	华　南							7	5	6	20	11	15	56	26	38

续表

烈度 I		Ⅹ			Ⅸ			Ⅷ			Ⅶ			Ⅵ		
I_0	地震区	a	b	r	a	b	r	a	b	r	a	b	r	a	b	r
Ⅶ	华 北										6	4	5	19	12	15
	华 南										7	5	6	17	13	15
Ⅵ	华 北													7	4	5
	华 南													8	4	6

1.7　场地因素对烈度的影响

基本烈度所提供的是面上普遍遭遇的烈度，具体到建筑物所在地点的地震影响与面上的平均烈度有所不同，一般认为这是由于小区域因素的影响所造成的。大家知道，震源的特性、区域性地质构造和地形特征的影响总是大面积的，因而将影响总的烈度分布，而局部地区的烈度差异则是由于局部地质（小范围内的浅层地质）地形条件的差异所造成的，这些局部的因素统称为小区域因素。但是，深层地质、传播途径等有时也可能是造成小区域异常的原因。由于在地震工程中，目前还不可能详细地考虑这些深层和大面积特性的影响，因此我们暂时还只能局限于考虑场地因素的影响。这一影响往往用场地烈度来加以概括，但是对场地烈度的具体理解却不尽一致。一种理解来源于国外研究者提出的地震烈度小区域划分方法。该法的原始资料是在宏观调查中获得的相距很近的各种典型地基土（大体上都是均匀土层）上烈度差异的几十个比组，从这些原始资料出发，苏联有人认为如果以一般中等强度的地基土作为标准，则基岩上的烈度可以降低一度，而软弱地基应提高一度，并以此为界限，制定了各种单一土层的烈度调整幅度。当为多层土时将各单层土的烈度调整值按土层厚度加权平均。此外还考虑了地下水位影响，认为地下水位接近地表时烈度可提高半度，这种方法忽视了不同结构在不同地基上有不同的反应，对地基失效引起破坏与振动引起的结构破坏作用不加以区分。因此，我们认为可以采用另一种比较广义的理解，即认为所谓场地烈度问题就是建筑场地的地质构造、地形、地基土等工程地质条件对建筑物震害的影响。许多地震调查与强震观测资料以及科学研究的成果都表明，这种影响是不能用简单的烈度调整来概括的。比较合理的做法是尽量弄清楚这些因素的影响，并在工程实践中加以适当考虑。下面我们对局部地质构造、地形和地基土等三方面的影响进行一些讨论。

地质构造主要是指断裂的影响。断裂是地质构造上的薄弱环节，多数的浅源强地震都与断裂活动有关；深大断裂，一般与当地的地震活动性有密切关系，是确定基本烈度应当考虑的主要因素之一。这一类具有潜在地震活动的断层通常称为发震断层，不属场地烈度问题所考虑的范围。有一些活动断层，在地震影响下可能产生新的错动，使建筑物遭到破坏，这在地震区建设中是应该尽量避免的。关于发震断层的避让距离和上覆土层对断层破裂影响隔离作用，近十年来开展了许多工作，主要包括对断层破裂影响的评价和分析以及离心机试验等[34,35]。对发震断裂的错动影响一般限于 8 度和 8 度以上地震区避让距离可限于数百米的范围以内。不少观测资料表明在发震断裂带 2～3km 范围内，地面运动有明显高于周围地区的趋势[36]。为了考虑这一影响在美国规范中引入了近场增大系数。发震断裂地面错动和地震动增强作用的范围总是比较小的。工程上最常遇到的是非发震断层。这类断层与当地的地震活动性并没有成因上的联系，在地震作用下一般也不会发生新的错动（断层位移）。对于非发震断层，过去往往都比较保守的认为在强烈地震影响下在其破碎带上可能会出现较高的烈度。在1970年云南通海地震以后，以胡聿贤教授为首的考察组对小区域烈度异常进行了详细的宏观调查和统计。在这次地震的极震区中，有几十个自然村或其一部分恰好位于非发震断层上，经过详细的震害统计之后，结果发现在这些老断层通过的地带，震害明显加重的例子和未加重甚至减轻的例子都不少，非发震断层对烈度的影响的规律性很不明显[1]。从多数的例子中所反映的趋势来看，目前我们可以不考虑非发震断层对烈度的增减影响。

关于局部地形条件的影响，从国内几次大地震的宏观调查资料来看，岩质地形与非岩质地形有所不同。在云南通海地震中大量的宏观调查表明，在基岩地基上地形的影响并不明显，例如有些位于基岩陡坡上的村子与坡脚平地上的村子相比，地震动和震害是差不多的，只是在非常高耸突出的小山包（例如高度达40m以上、高宽比大于1时）顶部才看到烈度有加重的现象。对于非岩质场地，一般来讲，陡坡和小山包等都是不利的地形，地震动和震害有加重的趋势，这一影响因素除了作为地震区建设场地选择时的参考以外，在设计地震动参数也宜做相应的调整。

地基土质条件对于建筑物震害的影响看来是很明显的。但是这个问题十分复杂，很难用简单的规律来概括。这是因为地震时地面的震动是以地震波的形式从震源通过复杂的中间介质，又经过许多层次的地基土的反射、折射和滤波作用，而将震动的能量传给建筑物，引起建筑物的震动和破坏；另一方面，当建筑物发生振动以后又将一部分振动能量回输到地基中去，这样建筑物和地基土就形成了一个复杂的动力学系统。建筑物在地震作用下的破坏现象是这个复杂的动力学系统的综合反应，与建筑物和分层地基土的动力特性都有关系。例如，在1976年委内瑞拉地震中，加拉加斯高层建筑的破坏有非常明显的地区性，主要集中在市内冲积层最厚的地方。在覆盖层为中等厚度的一般地基土上，中等高度的一般房屋，破坏得比高层建筑物严重，而在基岩上各类房屋的破坏普遍较轻。在这次地震以后，有人对加拉加斯市受到破坏的建筑物作了统计，根据调查结果，将不同层数的破坏率与冲积层厚度（到基岩）的关系列于表1.7.1。

1967年加拉加斯地震中不同层数房屋的破坏率与冲积层厚度的关系　　表1.7.1

层数＼地基土层	到基岩为止的冲积层深度（m）				
	0～45	45～90	90～160	160～230	230～300
5～9	8/230=0.03	27/285=0.1	7/130=0.05	4/60=0.07	6/70=0.09
10～14	3/148=0.02	9/124=0.07	5/62=0.08	9/31=0.29	14/48=0.29
14～24	3/90=0.03	1/17=0.06	1/15=0.07	6/8=0.75	12/15=0.80

注：在算破坏率的式子中，分子表示破坏的房屋数，分母表示房屋总数。

从表中可以看到，当冲积层的厚度大于160m时，14层以上的建筑物破坏显著加重，在基岩或薄的冲积层上的高层建筑几乎未遭到破坏。在这次地震中不同层数的房屋的破坏率与土层厚度的关系还可以用图表示出来（图1.7.1）[13]。从图1.7.1中可以看到，当土层厚度为 50m 时，3～5 层房屋破坏率最高，当土层厚度为 70m 时，5～9 层房屋的破坏率最高，9 层以上房屋的破坏率随土层厚度增加，特别是当层数大于 14 层时更为明显，而 10～14 层的房屋当土层厚度大于 200m 时，破坏率就不再增加了。在 1963 年南斯拉夫斯克普里地震中也有某些类似的情况。特别值得注意的是有人按苏联麦德维捷夫的方法对斯克普里进行过小区域划分，结果与这次地震的震害分布情况并不符合。在 1923 年日本关东地震中，有人对东京的木房屋和砖房屋在不同地基上的破坏率作了详细的统计，结果发现木房屋的破坏随着冲积层厚度的增加而增加，砖房屋的破坏率随着冲积层厚度的增加反而略有减小，但没有木房屋那样明显。在我国的几次大地震中也作过详细的震害调查。特别是在 1970 年云南通海地震中，几乎对极震区中每一个村子的房屋破坏都作了详细统计，并用了上面介绍的震害指数来表示宏观烈度，与地基土条件作了对比。除海城、唐山地震以外，我国地震大多发生在农村，房屋的类型比较简单，多为常见的土墙承重房屋、砖结构房屋和木结构房屋。根据这些房屋的震害调查的结果，一般认为基岩上破坏比较轻，烈度约比一般土上降低半度至 1 度，在软弱土上房屋破坏比较严重，地震烈度比一般土增加将近一度。不过应该指出，上述结果只是一种倾向性的意见，并不能作为普遍的结论。例如在国内的宏观调查中基岩上震害一般是比较轻的，但是在 1965 年四川的一次地震中，有些基岩上的砖房屋破坏也是很重的。此外，如果对软弱地基上房屋破坏的原因加以分析，往往可以发现地基失效也起了相当大的作用。地震破坏后果是地震烈度、房屋结构的特性以及地基土变形等许多因素的综合反应。

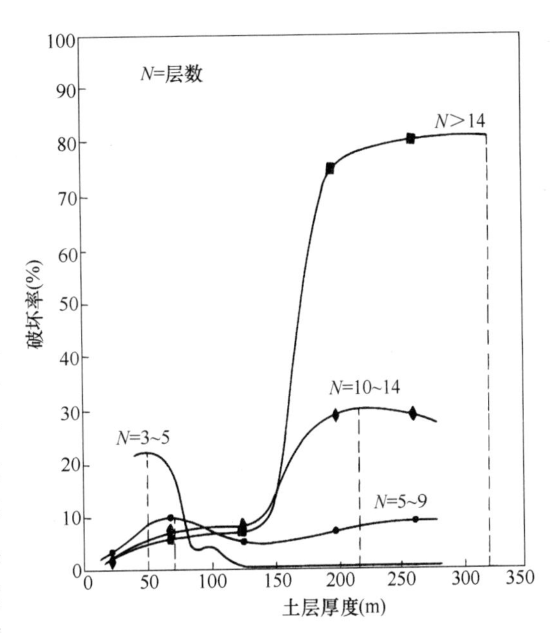

图 1.7.1　1967 年加拉加斯地震中不同层数房屋的破坏率与土层厚度的关系

在场地条件对地震烈度的影响方面，自 1985 年 9 月 19 日墨西哥地震以来又积累了许多资料，同时也深化了对这一问题的认识[14]。在这一节中我们将结合震例加以探讨。1985 年墨西哥地震发生在离海岸线附近海域中，震级为 $M_s8.1$，在太平洋沿岸离震中 30km 左右的地方到最大加速度为 $0.24g$，烈度为 7～8 度，远离震中 400km 的墨西哥市内基岩，土二个台站和约 30m 厚的软黏土场地上的地面运动加速度分别为 $0.04g$，$0.034g$～$0.044g$ 和 $0.095g$～$0.168g$，软黏土场地上的地震烈度达 8～9 度。在这个震例中，约 30m 厚的软黏土场地上的烈度明显高于基岩和硬土场地。另一个震例是 1988 年 12 月 7 日发生在亚美尼亚的 $M_s6.8$ 级地震。在这次地震中距发震断层 25km 的 Leninakan 镇的震害比距发震断层 10km 的 Kirovakan 镇的破坏严重得多。调查和分析表明 Leninakan 镇位于一个 6km 左右宽的盆地的边缘部位，而 Kirovakan 镇则位于山谷中，覆盖层厚度只有几米。从这个震例看，盆地中的烈度高于周围基岩场地上的烈度。在 1988 年亚美尼亚地震中，这二个镇上都没有强震记录。根据距发震断层 25km 的另一个镇上峰值为 $0.2g$ 的地

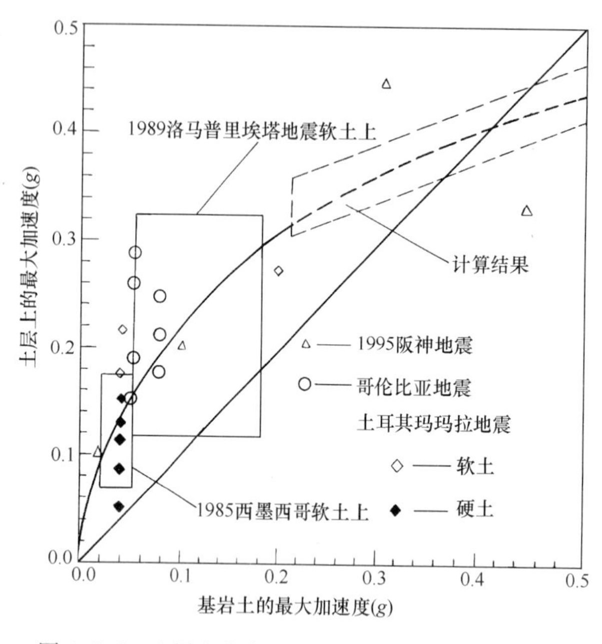

图 1.7.2 土层和基岩上地面运动峰值加速度的比较

面运动加速记录反到基岩上以后作为盆地输入地震波的分析结果证实了该盆地对地震烈度的放大作用[15,16]。在美国加州 1989 年 Loma Prieta M7.1 级地震中取得了有关场地条件对烈度和地震动参数影响的许多仪器记录。在这次地震之后美国学者进行了详细的分析，图 1.7.2 中所示为在 1989 年 Loma Prieta 地震中，旧金山地面运动加速度为 $0.08g \sim 0.1g$，软土层上约放大到 $0.3g$。在以上几次地震记录到地面运动加速度大致在 $0.02g \sim 0.2g$，土的变形基本上处于弹性范围以内，对于特定的土层剖面，地表面较基岩上有较大的加速度放大。Idriss 等人分析计算表明，随着基岩加速的增加，由于非线性的影响土层对加速度或烈度的放大效应减弱，甚至出现减小的现象[17]。在图 1.7.2 中给出了软土场地和基岩场地上加速度比值随基岩加速度的变化情况。需要指出的是这里所说的软土和基岩都是很模糊的划分，详细的讨论需要区分不同的地层结构和剪切波速随深度的变化情况，从而需要更多的观测数据和地质资料。随着强震观测数据的积累以及对比分析和计算验证，对场地因素影响的推断将会更加具体和明确。

1.8 中国的地震与地震区划

中国位于世界两大地震带：太平洋地震带与欧亚地震带的中间地带，西部地区位于欧亚板块内部，其中的地震大多数属于板内地震；南部受到印度洋板块的俯冲作用；东南沿海，特别是台湾海峡两岸位于欧亚板块的东南端，受到太平洋板块和印度洋板块的挤压，地质构造情况比较复杂。我国内陆地震大多集中在已知的条带及其邻近地区。带内地震的时空分布很不均匀；中部（又称南北带）和东部地震带上的活动特点是震级大，中小地震发生的频度相对偏低。西藏、四川、云南部分地区和台湾的大部分地区的地震活动频度高，中强地震时有发生。

中国最早的有文字可考的地震灾害记载，可回溯到 4500 多年以前。据“竹书纪年”所载推算：公元前 2597 年曾发生强烈地震。关于地震的直接记载，一般认为开始于公元前 1831 年发生的泰山地震。从 20 世纪 50 年代开始，地震部门已将我国的地震资料编目成册[18]~[20]，供有关人员研究使用。一般来讲年代愈久远，记载愈不完整，遗漏较多，此外也随地区有所不同，中部和东部地区的历史记载较早、较全，边缘地区则缺失较多。

自 20 世纪以来我国共发生破坏性地震约 2700 次，其中 6 级以上破坏性地震 560 余次，平均每年 5~6 次，8 级以上地震 11 次，见表 1.8.1。在此期间经历 5 个地震活动高潮，其中尤以 1966~1976 年间的地震活动最为强烈，其间发生了邢台、通海、海城、炉霍、唐山、龙陵等带来严重灾害的大地震。表 1.8.2 中给出了 20 世纪后 50 年内发生在我国境内的若干 7 级以上强震的灾害统计结果[21]。

20 世纪以来的 11 次 M8 强震统计表 **表 1.8.1**

序　　号	发　震　时　间	地　震　名　称	震　级（M）
1	1902.8.22	新疆阿图什	8.3
2	1906.12.23	新疆马纳斯	8.0
3	1920.6.5	台湾花莲东南海中	8.0
4	1920.12.16	宁夏海源	8.5
5	1927.5.23	甘肃古浪	8.0
6	1931.8.11	新疆富蕴	8.0
7	1950.8.15	西藏察隅	8.5
8	1951.11.18	西藏当雄	8.0
9	1972.1.25	台湾新港东海中	8.0
10	2001.11.14	新疆昆仑山口	8.1
11	2008.5.12	四川汶川	8.0

我国建国以来造成严重破坏的 M7 以上地震有 14 次，受灾面积达 28.42 万 km^2，伤亡人数达 49.0 万多人，震毁房屋达 896.8 万多间（见表 1.8.2）。

中国大陆 17 次 M7 以上强震灾害统计表 **表 1.8.2**

序号	地　震	发震时间	震级（M）	震中烈度	受灾面积（km^2）	死亡人数（人）	伤残人数（人）	倒塌房屋（间）
1	康定	1955.4.14	7.5	9	5000	84	224	636
2	乌恰	1955.4.15	7.0	9	16000	18	—	200
3	邢台	1966.3.22	7.2	10	23000	7938	8613	1191643
4	渤海	1969.7.18	7.4	—	—	9	300	15290
5	通海	1970.1.5	7.7	10	1777	15621	26783	338456
6	炉霍	1973.2.6	7.9	10	6000	2199	2743	47100
7	永善	1974.5.11	7.1	9	2300	1641	1600	66000
8	海城	1975.2.4	7.3	9	920	1328	4292	1113515
9	龙陵	1976.5.29	7.6	9	—	73	279	48700
10	唐山	1976.7.28	7.8	11	32000	242769	164851	3219186
11	松潘	1976.8.16	7.2	8	5000	38	34	5000
12	乌恰	1985.8.23	7.4	8	526	70	200	30000
13	耿马	1988.11.6	7.2，7.6	9	91732	748	7751	2242800
14	丽江	1996.2.3	7.0	9	10900	311	3706	480000
15	汶川	2008.5.12	8.0	11	>100000	69227	374643	7286400
16	玉树	2010.4.14	7.1	8	35862	2698	12135	60226
17	雅安	2013.4.20	7.0	9	15720	196	12211	72400

地震区划是对给定区域（一个国家或地区）按照其在一定时间内可能经受的地震影响强弱程度的划分，通常用图来表示。这里所说的地震可以是表示地震作用的强度和特征，

也可以用可能造成的破坏后果来表示。这涉及地震区划的目的、用途和某些概念性的问题。在此我们将结合我国的实际情况对地震区划的发展概况和基本方法作概要的介绍。

我国的地震区划工作开始于20世纪50年代初，在地球物理研究所李善邦先生主持下于1957年完成了第一个中国地震区域划分图[22]。由于对地震发生的规律还不能充分掌握以及所使用的资料没有考虑地震发生频率的情况下采用了以下两条编图原则：

1. 曾经发生过地震的地区，同样强度的地震还可能重演；

2. 地质条件（或称地质特点）相同的地区，地震活动性亦可能相同。

以地震烈度为指标的区划结果示于图1.8.1中，从表面上看这个图是缺乏时间概念的，实际隐含的则是有历史地震记载的时间跨度，这个时间跨度对不同地区是不一致的。关于地质条件的认识则有很大的模糊性。这张图上给出的地震烈度称为基本烈度。由于图中给出的烈度比较高，如果全面按此图抗震设防，当时普遍感觉在经济上承受不了，因此要求在进一步研究的基础上缩小强震区的范围，其中的理由之一是所考虑的时间跨度可以缩短。为此工程力学所刘恢先教授对基本烈度作以下说明：

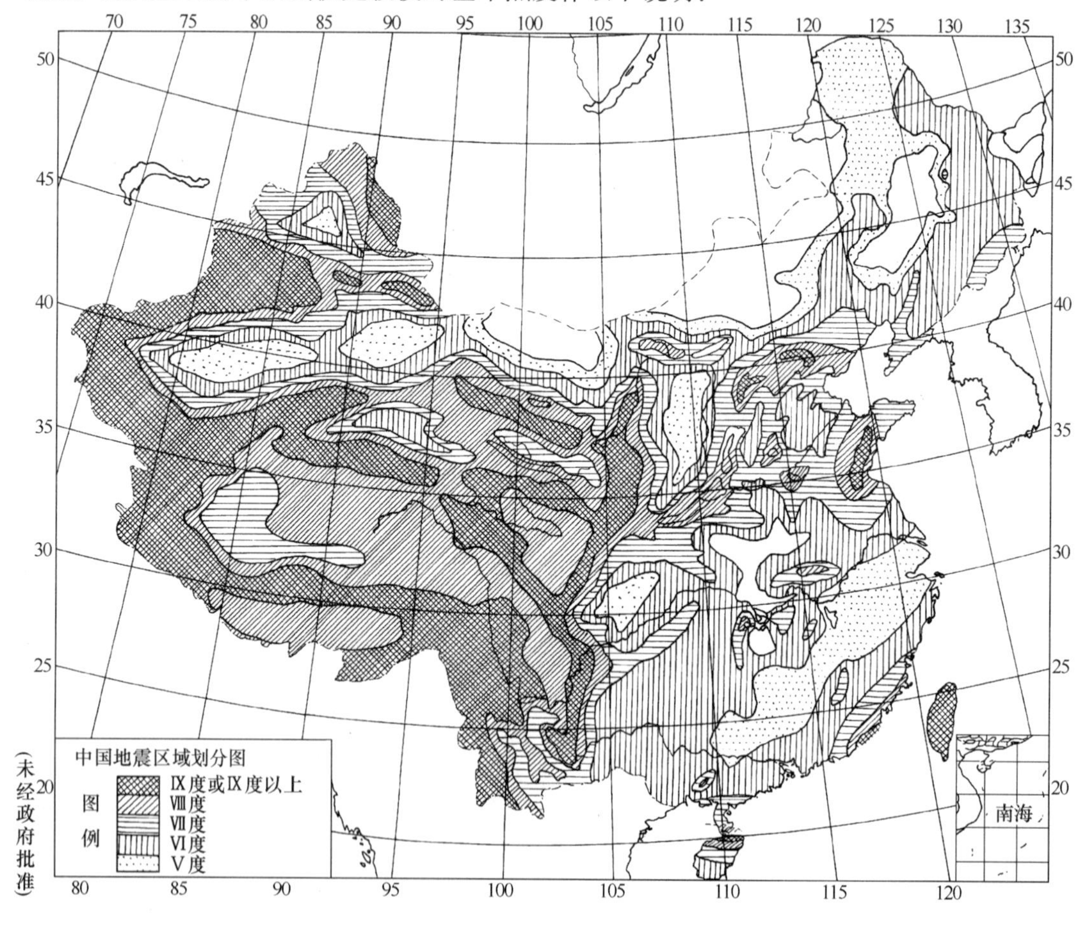

图1.8.1　1957年地震烈度区划概要图

基本烈度是指某地区今后一定期限内，在一般场地条件下可能普遍遭遇的最大烈度，也就是预报未来一定时间里某一地区可能遭受的最大地震影响程度，实际上是一个中长期地震预报的问题。结构抗震强度验算与构造措施的采取都以基本烈度为基础，并根据建筑物的重要性按抗震规范作适当的调整，经调整后的烈度，即抗震设计中实际采用的烈度。

基本烈度的时间概念以往是不太严格的，近年来随着地震研究的进步和工程要求的提高，普遍强化了时间的概念，一般是以 50 年或 100 年为期限；基本烈度所指的地区，并非是一个具体的工程建筑物场地，而是指一个较大的范围（例如一个区、县或更大的范围）的地区而言，因此基本烈度也叫区域烈度。至于具体工程场地局部浅层构造、地基土和地形、地貌等对烈度的影响因素（有时也叫场地烈度或小区域烈度），在鉴定基本烈度不易完全包括，需要另行考虑。

基于上述定义，我国于 20 世纪 70 年代初对地震烈度区划图进行了修订[23]，基本烈度区划的原则是：

1. 根据区域地震活动、地震地质条件的共同特征和相互影响程度，划分地震区（带），作为研究的基本单元；

2. 分析各地震区（带）内地震活动的发展过程，在时间、空间和强度方面的特征和规律，评价出各区（带）未来 100 年内的最大震级和各级地震的次数；

3. 分析各地震区（带）内不同强度地震发生的地质构造条件，研究各级强度地震的发震构造标志；

4. 综合上述地震活动性和地震地质条件的分析结果，判定各区（带）未来 100 年内可能发生各级地震的地点，勾划出地震危险区；

5. 依据我国历史地震震级与震中烈度的经验关系，将危险区的震级换算成相应的震中烈度；烈度分布范围则根据所在地震区（带）的烈度衰减统计数据圈定，在特殊情况下，类比历史地震影响场确定。

总之，基本烈度的鉴定是在有足够的地震资料与地质资料的基础上，并经过分析研究其活动性和地质背景之后确定的。按照以上原则编制的烈度区划图于 1977 年公布，并正式成为我国工程建设抗震设防的依据，并被称为第二代地震区划图。这个区划图上给出的基本烈度是 100 年以内该地区可能遭遇的最大烈度。其中虽然加上了“可能”两个字，但是并没有给出明确的概率意义。在 20 世纪 80 年代中期，中国建筑科学研究院工程抗震研究所鲍霭斌等应用地震危险性分析方法对 1977 年地震烈度区划图进行了概率标定[24]，认为区划图所给出的烈度在 50 年内超越概率约为 13%，与国际上通用的 10%的超越概率比较接近。为了适应以设计基准期内一定超越概率为基础的抗震设计，国家地震局应用综合概率方法编制出版了重现期为 475 年（即 50 年内 10%的超越概率）的烈度区划图[25,30]。这张图已立足于基本烈度的概率定义，并于 1990 年开始使用。在图 1.8.2 中给出了 1990 年地震区划图的缩尺结果。

地震区划作为工程结构抗震设防的主要依据，应该明确地给出抗震设计所需要的参数，目前在抗震设计中应用的最主要的参数至少应该包括地面运动加速度（或加速度反应谱的最大值 α_{max}）和反应谱的特征周期 T_g，进一步讲还需要可以用来确定输入地震加速度时程的地震动强度、频谱特性（包括 T_g 值）和持续时间等，这三项通常被称为强震地面运动的三要素。另外，从不同工程的使用寿命来看，还要求给出未来 20、50、100、200 年内地震动三要素的不同概率估计。应用基于地震危险性分析的地震区划对满足以上要求在原则上是完全可以做到的。目前面临的最大困难还是基础资料在数量和质量方面往往都还不能满足分析的要求，而资料的积累又需要很长的时间。地震动参数区划作为一个

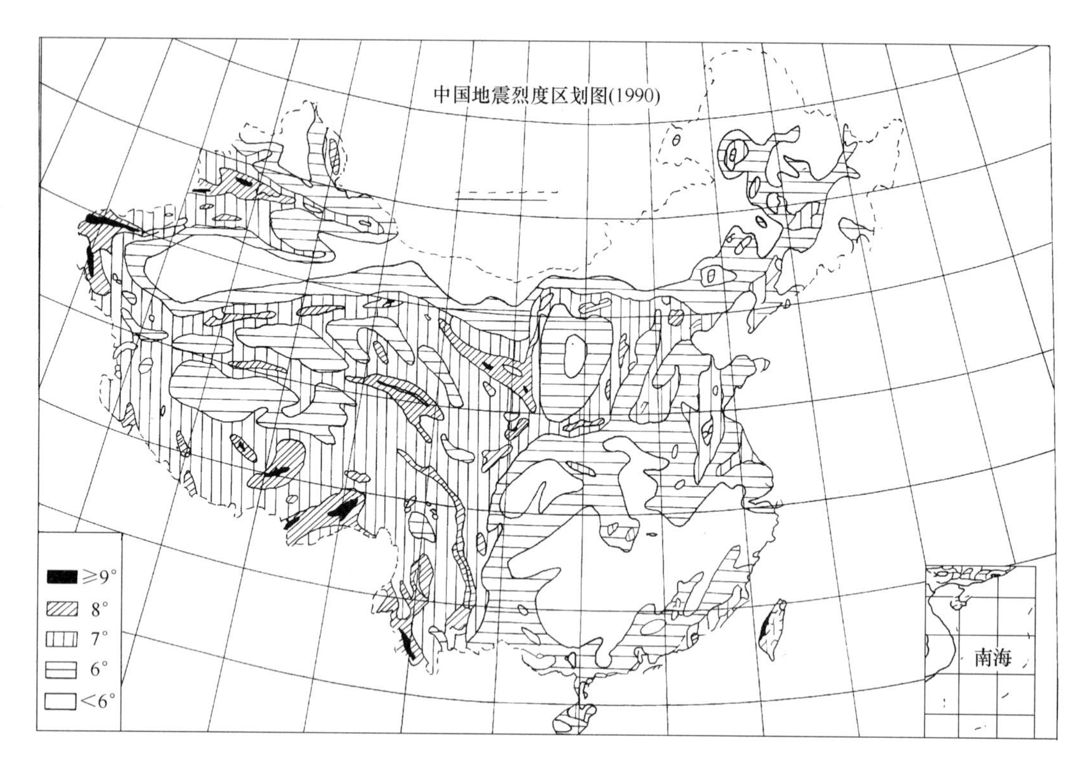

图 1.8.2　1990 年地震烈度区划概要图

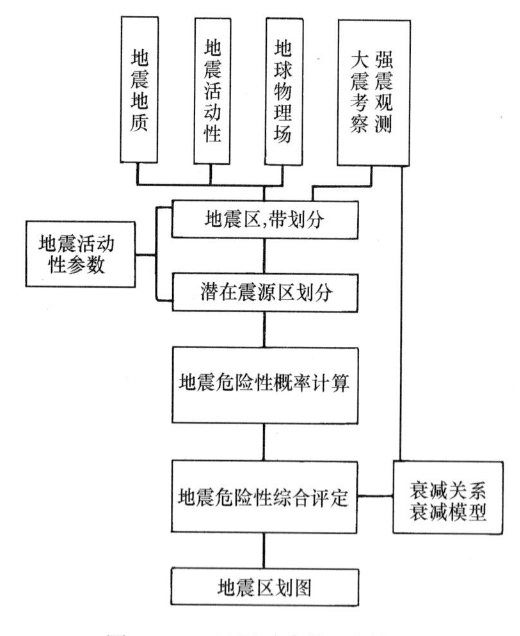

图 1.8.3　地震动参数区划框图

发展方向正在逐步走向实用化。

我国 2001 年颁布的新的地震动参数区划图有 2 个独立参数，即：地震动加速度 A 和反应谱特征周期 T_g，其主要内容可以概括为两图、一表。

（1）Ⅱ类场地 50 年超越概率为 10%的峰值加速度区划图（图 1.8.4）。

分区值分别为 $<0.05g$、$0.05g$、$0.10g$、$0.20g$、$0.30g$、$\geqslant 0.40g$。形式上相当于在烈度分区中增加了Ⅶ度半、Ⅷ度半两档。采取上述分区形式是为了更好的与《中国地震烈度区划图（1990）》相衔接，并能够较顺利的与各行业规范和抗震设计标准相衔接。这种分区方式能够满足面大量广的一般工业、民用建筑的需要。

（2）Ⅱ类场地阻尼比为 0.05 的加速度反应谱特征周期 T_g 区划图（图 1.8.5）。

特征周期的定义是地震动峰值加速度 v 与峰值加速度 A 的比，即 $T_g=2\pi v/A$，其分区值为 0.30s、0.35s 和 0.40s 三档。该分区考虑了地震环境或大小远近对反应谱形状的影响，用以取代过去抗震设计规范中关于近震、远震的规定。本次提出的分区图将会增强

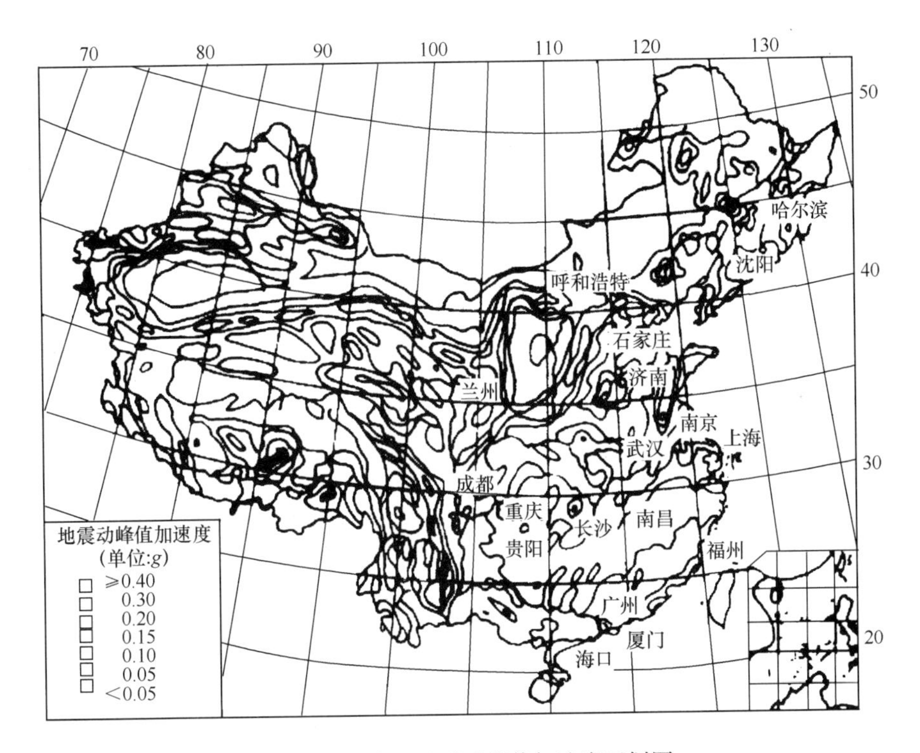

图 1.8.4　中国地震动峰值加速度区划图

城市里大量涌现的十几层和更高层房屋的抗震水平。

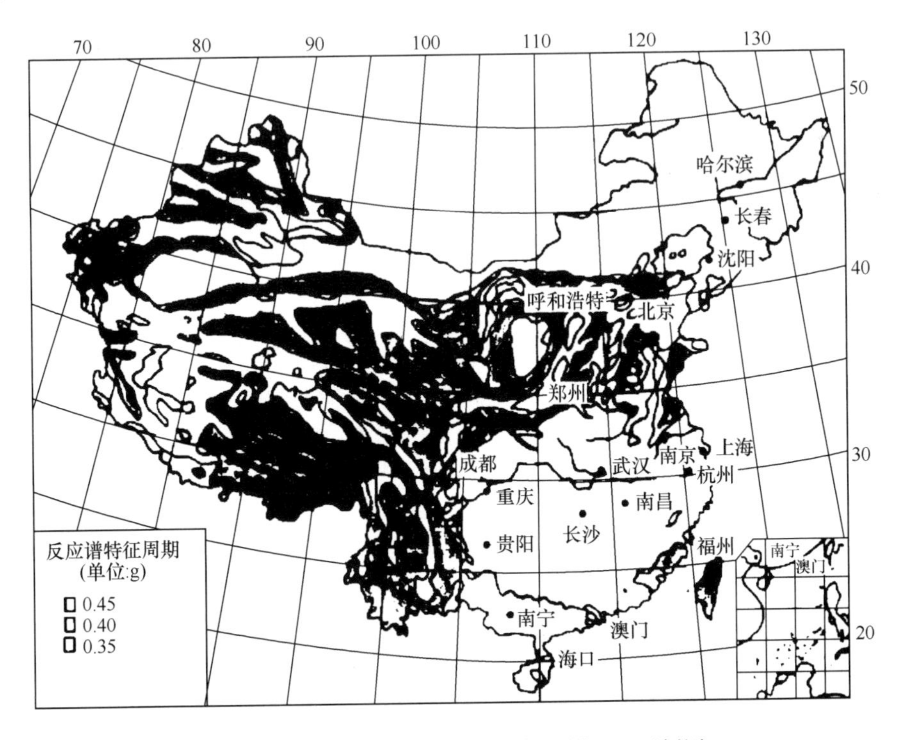

图 1.8.5　中国地震动反应谱特征周期 T_g 区划图

两图分别如图 1.8.4 和图 1.8.5 所示，“一表” 为 T_g 值图层调整表，见表 1.8.3。

不同场地土和反应谱分区的拐点周期 T_g（s）值 **表 1.8.3**

特征周期分区	场地类型划分			
	坚硬	中硬	中软	软弱
Ⅰ区	0.25	0.30	0.45	0.65
Ⅱ区	0.30	0.35	0.55	0.75
Ⅲ区	0.35	0.40	0.65	0.90

2008年汶川地震后，根据国务院《汶川地震灾后恢复重建条例》的要求，中国地震局对灾区地震动区划图进行了局部修订。在区划图修订范围内进行工程场地建设时，应按照修订后的地震动参数进行设计。

地震动参数区划的基本工作的框图如图1.8.3所示。由于其基本步骤是潜在震源区识别和划分，各震源区地震活动性参数（年发生率和震级频度关系）和震级上限的确定，各大区地震参数（峰值加速度和反应谱）衰减规律的确定，计算点网格划分，各网格点上不同烈度峰值加速度和反应谱的概率计算和对比，等值线和分区图的绘制等所应用的基础资料除了上述地震活动性参数和衰减规律以外，还包括了大地构造和地球物理场资料、历史地震资料和有仪器记录的近代地震的震源机制解、发震标志和模式识别结果、大震的复发和迁移规律、地震活动水平的时间变化规律、平稳和高潮期的划分以及场地影响资料等。地震危险性分析的基本概念和初等算法见参考文献[26]、[27]。更详细论述参见参考文献[1]。有关地震小区化的方法和实用应用参见参考文献[28]～[31]。

参 考 文 献

1 胡聿贤. 地震工程学. 北京：地震出版社，1988

2 中国科学院地质研究所. 中国地震地质概论. 北京：科学出版社. 1974

3 李善邦. 中国地震. 北京：地震出版社，1981

4 地震工程概论编写组. 地震工程概论（第二版）. 北京：科学出版社，1985

5 国家地震局震害防御司. 地震工作手册. 北京：地震出版社，1990

6 谢礼立，彭克中. 中国强震观测的发展. 中国工程抗震研究四十年. 魏琏，谢君斐主编. 北京：地震出版社，1989

7 徐增标. 强震仪的研制. 中国工程抗震研究四十年. 魏琏，谢君斐主编. 北京：地震出版社，1989

8 李沙白. SCQ-1强震仪数字回放软件设计. 地震工程与工程振动. 12（4），1992

9 国家地震局地质研究所. 中国八大地震震害摄影图集. 北京：地震出版社，1983

10 中国建筑科学研究院编. 1976年唐山大地震房屋建筑震害图片集. 北京：中国学术出版社，1986

11 C. Scawthorn，The Marmara，Turrkey Earthquake of August 17，1999，Reconnaissance Report，Technical Report MCEER-00-001，Multidisciplinary Center for Earthquake Engineering Research，March 23，2000

12 尹之潜. 地震灾害与损失预测方法. 北京：地震出版社，1996

13 H. B. Seed and I. M. Idriss，Ground Motion and Liquefaction During Earthquake，Earthguake Engineering Research Institute，1982

14 东京大学生产技术研究所田村研究室. Mexico地震震害调查报告. 1986，11

15 Yegian and V. G. Ghahraman，The Armenia Earthquake of Dec 1998，Northeastern University，Boston，Massichusetts，Oct，1992

16 A. H. Hadjian, The Spitak, Armenia Earthquake of December 1988-Why so Much Destruction, SDEE V. 12 No, 1, 1993
17 R. Dobry et al, New Site Coefficient and Site Classification System Used in Recent Building Seismic Code Provisions Earthquake Spectra V. 16 No. 1, 2000
18 顾功叙主编. 中国地震目录（公元前1831～公元1969）. 北京：科学出版社，1983
19 顾功叙主编. 中国地震目录（1970～1979）. 北京：地震出版社，1983
20 时振梁主编. 中国地震考察. 北京：科学出版社，第一卷1987. 第二卷1990
21 陈寿梁，魏琏主编. 抗震防灾对策. 洛阳：河南科学技术出版社. 1988
22 李善邦. 中国地震烈度区划说明. 地球物理学报，V. 6，2，1957
23 国家地震局. 中国地震烈度区划工作报告. 北京：地震出版社，1981
24 鲍霭斌，李中锡，高小旺，周锡元. 我国部分地区基本烈度的概率标定. 地震学报，(7) 1，1985
25 国家地震局震害防御司编. 中国地震区划文集. 北京：地震出版社，1993
26 龚思礼等. 建筑抗震设计新发展. 北京：中国建筑工业出版社，1992
27 胡聿贤，时振梁主编. 重要工程中的地震问题. 北京：地震出版社，1987
28 章在墉. 地震危险性分析及其应用. 上海：同济大学出版社，1996
29 蒋溥等. 地震小区划概论. 北京：地震出版社，1990
30 胡聿贤主编. 地震危险性分析中的综合概率法. 北京：地震出版社，1990
31 周锡元. 场地·地基·设计地震. 北京：地震出版社，1990
32 周锡元等. 地震动衰减规律中距离参数的新定义及其在地震危险性分析中的应用. 地震工程与工程振动，(7) 2，1987
33 周锡元，苏经宇，王广军. 以断层破裂模式为基础的烈度衰减规律. 地震学报，(9) 4，1987
34 董津城. 发震断裂的安全距离规定简介. 工程抗震，1999，2
35 刘守华，徐光明，董津城. 发震断裂上覆土层厚度影响离心模型试验研究. 工程抗震2000年增刊，2000年7月
36 王国权，周锡元，马宗晋，马东辉. 921台湾地震近断层强地面运动反应谱与中美规范的对比研究. 工程抗震2000年增刊，2000年7月

第 2 章　地震动的随机过程描述

2.1　强震地面运动的一维概率分布

假如某地在很早以前就安装了强震仪，并已记录到许许多多地面运动加速度随时间变化的曲线，也就是加速度记录或加速度时程。每个加速度记录都是时间的确定性函数，可以称为一次观测结果，一次实现或样本函数。由于这些地面运动加速度是由于发生在不同的震源处的不同震级的地震对该地造成的影响，每次地震的发震模式或机制不同，地震波从震源到场地的传播途径也不相同，因此这些记录都不相同。尽管我们已经获得了大量的记录，下一次地震记录将会是一个什么样时间变化过程呢？对此我们仍然是不知道的，或者说是不确定的。因此，这些记录的集合可以看作是随机函数或随机过程。作为示例，在图 2.1.1 中描绘了若干这样的记录或样本函数，这些纪录都是时间变量的不同的函数，因此是随机函数，而确定函数的每个样本函数都是相同的。随机过程中的每个样本函数虽然是不确定的，但是我们还是可以通过对大量样本函数的统计分析来寻找样本集合的统计特性或概率特征。在讨论强震地面运动的统计特性以前，我们不妨先注意一下它的以下特点：①每个加速度记录都有起始点 t_s（t_s 通常也可以取为 0）和终止点 t_e，其差值 $t_d=t_e-t_s$ 即是其持续时间，简称持时。每个样本的持时都不相同，因此 t_d 也是一个随机变量。②每个记录都是一个由许多波峰，波谷组成的复杂的时间函数，但其平均值都等于零，其基线就是时间轴。这时正负方向的加速度分布是对称的，因为这个平均值就是加速度时程在 t_s 到 t_d 之间的积分，也就是 t_d 点的速度。由于地震结束时，地面总是会恢复到静止状态的，因此在 t_d 点上的地面运动速度应为零。③每个强震地面运动加速度记录的峰值都有一个从上升到衰减的过程，中间可能经历多次起伏，但最后都会减小到零。这说明地震动强度在时间轴上不是平均分布的，这就是通常所说的非平稳性，具有这种特性的随机过程称为非平稳过程。在这一章中我们将按照非平稳过程的一般特性来讨论强震地面运动随机特征的概率描述，然后将它们简化为平稳化过程，简要地讨论其统计特征。关于强震地面运动随机特性和结构反应的更详细的叙述参见文献[1] ～ [3]、[16] ～ [19]和第 8 章。在本章的讨论中常常把随机过程简称为过程，

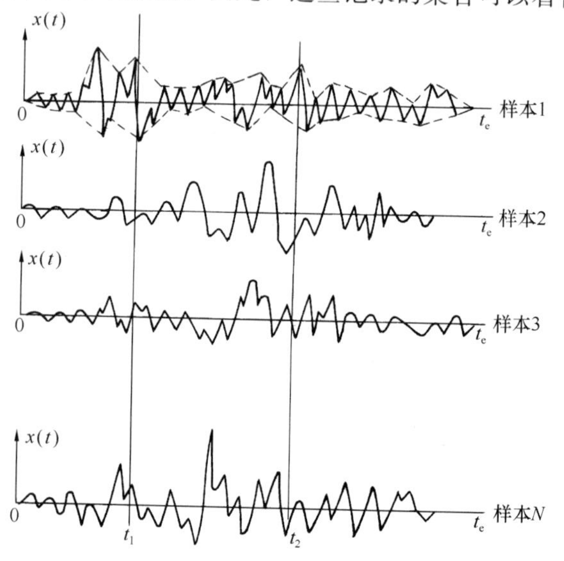

图 2.1.1　同一台站上的地震加速度记录样本集合

对此，读者可从上下中加以识别。

随机过程的不确定性表现在许多方面，先看任意时刻 t_1 上的加速度值，由于各样本函数的时间平均值都等于零，各个样本在 t_1 点上的平均值也等于零。随机过程在给定时刻 t_1 上的值显然是一个随机变量，它的概率密度分布，通常可以用统计方法确定，结果得到图 2.1.2 中所示的形如山峰状的曲线，图中的横坐标 x 表示地面运动加速度，$p(x)=\lim\limits_{\Delta x\to 0}\dfrac{P(x\leqslant X\leqslant x+\Delta x)}{\Delta x}$，因此有 $P(x\leqslant X\leqslant x+\Delta x)=P(x)\Delta x$，这里的 $P(x\leqslant X\leqslant x+\Delta x)$就是$X$取 x 与 $x+dx$ 之间取值的概率。用同样的方法可以得到随机过程在时刻 t_2 上的概率密度曲线。这些给定时刻上的概率分布从图 2.1.2 中可以看到在 t_1，t_2 点上加速度的平均值虽然都等于零，但分散的程度是不同的。从图 2.1.2 和图 2.1.3 上可以看到，当 x 相等时，t_2 点上的超过概率比 t_1 点更大一些。

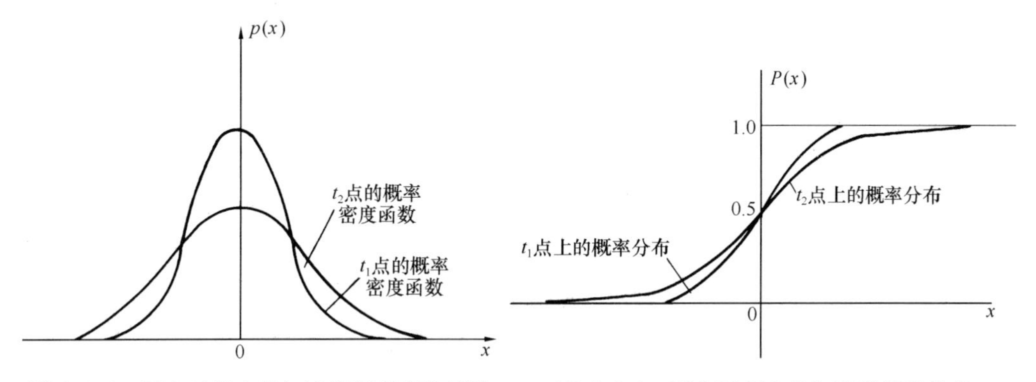

图 2.1.2　两个时刻上的加速度概率密度函数　　　图 2.1.3　两个时刻上的加速度概率分布

由于震动加速度的各个样本都是沿时间轴正负两个方向对称分布的，而且具有加速度绝对值愈大，概率愈小的特点，因此图 2.1.2 中的曲线通常符合正态分布或高斯分布。正态分布概率密度函数一般可写为：

$$p(x)=\frac{1}{\sigma_x\sqrt{2\pi}}\exp\left[-\frac{1}{2}\left(\frac{x-m_x}{\sigma_x}\right)^2\right]\quad(-\infty<x<\infty) \tag{2.1.1}$$

式中：m 和 σ 分别为数学期望（或平均值）和标准差。他们可以分别按以下公式确定：

$$m_x=\bar{x}=E[x]=\int_{-\infty}^{\infty}xp(x)\mathrm{d}x \tag{2.1.2}$$

$$\begin{aligned}\sigma_x&=\overline{(x-m_x)^2}=E[(x-m_x)^2]=V_{ar}[x-m_x]\\&=\int_{-\infty}^{\infty}(x-m_x)^2p(x)\mathrm{d}x\end{aligned} \tag{2.1.3}$$

式（2.1.2）和式（2.1.3）中字母上的一横和符号 E 都表示对集合求平均值或计算数学期望的运算。m_x 也称为一阶中心矩，它所表示的是随机变量的重心位置。σ_x^2 也称为二阶中心矩或离散，其意义如同力学中的惯性矩。式（2.1.1）所示概率密度函数的积分称为概率分布函数：

$$p(X \leqslant x) = p(x) = \int_{-\infty}^{x} p(x)\mathrm{d}x \tag{2.1.4}$$

与图 2.1.2 中概率密度函数相对应的概率分布函数如图 2.1.3 所示，由式（2.1.4）可知

$$p(x) = \frac{\mathrm{d}p(x)}{\mathrm{d}x} \tag{2.1.5}$$

式(2.1.1)和式(2.1.4)所代表的是随机过程的一阶或一维概率分布，一般来讲它们同时也是时间 t 的函数，可记为 $p(x, t)$和 $P(x, t)$，此时式(2.1.5)中的导数应改为偏导数。

有时也用 $\mu=\frac{\sigma_x}{m_x}$来表示随机变量相对于均值的偏离程度，称为变异系数。由于对地震动加速度 $m_x=0$，变异系数 $\mu=\infty$。此外还可以写出 3 阶、4 阶以及更高阶的矩，并且可以用这些矩来表示随机变量 x 的概率特征。不过在工程应用中，通常只需要考虑 1、2 阶矩，可以证明，对于正态分布，用 1、2 阶矩便可代表其全部概率特征了。当样本数量比较少时，用统计方法求出的 m_x 和 σ_x 都包含有不确定性，因此所得到结果只是一种估计值。但是随着样本数量的增加，估计值将愈来愈接近其准确值。因此从理论上讲随机变量 x 的 m_x，σ_x 和高阶矩都是确定性的量，它们所代表的就是随机变量的统计特性或概率特征。当地震动加速度符合正态分布，且 $m_x=0$ 时，任意时刻上的加速度作为一个随机变量其概率特征只需要用一个参数来描述，就已足够了，这就是标准差 σ。对于非平稳随机过程，σ 是时间 t 的函数，可记为 $\sigma(t)$（$t_s \leqslant t \leqslant t_d$）。假如地震动加速度是正态随机过程，其一维概率密度函数 $p_t(x)$可由 $\sigma(t)$完全确定。在图 2.1.4 中给出了 $\sigma(x)$和 $p(x)$随时间变化的过程。它们只能反映地震动加速度的幅值或强度变化，完全不能反映其周期(或频谱)特性。为说明这一点我们不妨考虑这样的非平稳随机正态过程，它是一个 $\sigma_s=1$ 的正态随机变量 s 和 $\sigma(x)$的乘积。

$$y(t) = s \cdot \sigma_x(t) \tag{2.1.6}$$

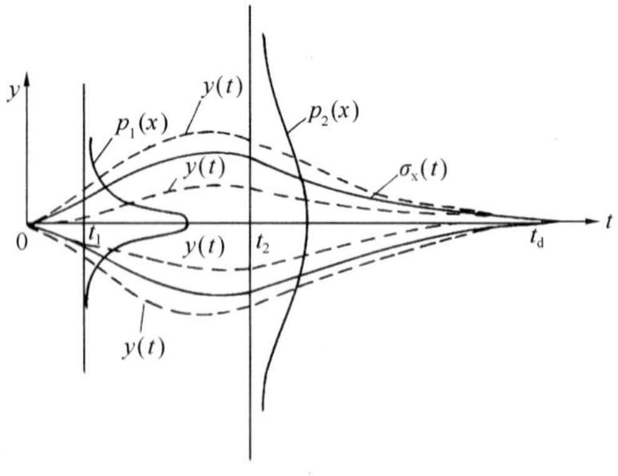

图 2.1.4　地面运动加速度的标准差和一维概率密度函数随时间的变化

它的每一次实现都具有与 $\sigma_x(t)$同样的时间变化规律(形状)，只是幅值有所不同(见图 2.1.4 中的虚线所示的时程变化)，并满足 $\sigma_y(t)=\sigma_x(t)$的条件，也就是说 $y(t)$与标准差为 $\sigma_x(t)$的实际地震动加速度具有相同的一维概率结构。然而，我们不难发现当 t_d 很大时，$y(t)$所代表的实际上是一种静力荷载，完全不能反映地震的动力作用。造成这种情况的原因是在统计各个时刻上加速度的概率分布时是当作相互独立的随机变量来处理的，完全忽略了不同时刻上振动过程的相关性。这样统计得到的 $\sigma(t)$虽然是时间 t 的函数。但还只是一阶概率分布中的统计参数。为了较好地反映随机过程的统计特性，还需要进一步研究二阶和高阶联合分布和相关性。

2.2 非平稳随机过程的二维联合概率分布和相关特性

现在我们将给定场地上获得的许多强震加速度记录看作是非平稳随机过程的实现或样本集合。设在任意时刻 t_1 和 t_2 上的随机函数（加速度）的取值分别为 x_1 和 x_2，或二维随机向量，其联合概率密度为 $p(x_1,\ x_2,\ t_1,\ t_2)$，由于它是同一随机过程在 2 个不同时刻上的相应随机变量 x_1 和 x_2 的联合概率，因此称为二维或二阶联合概率密度函数，它是一个二维概率分布，在一定程度上反映了 t_1 和 t_2 点上地震动的相关性。随机变量 x_1 和 x_2 的联合概率密度函数可以用图 2.2.1 中的曲面来表示。这是一个具有一个高峰的钟形曲面。图中的画影线的小柱子就随机变量$X_1=x_1$，$X_2=x_2$ 时的联合概率，并可表示为：

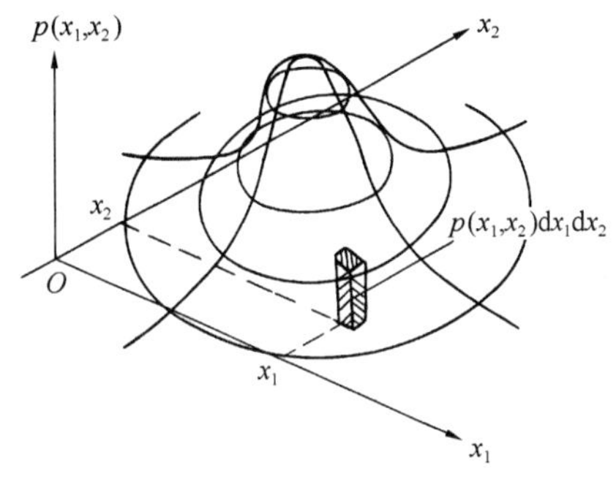

图 2.2.1　随机变量 x_1 和 x_2 的联合概率密度

$$P[x_1 \leqslant X_1 \leqslant x_1+\mathrm{d}x_1, x_2 \leqslant X_2 \leqslant x_2+\mathrm{d}x_2] = P(x_1,\ t_1;x_2,\ t_2)\mathrm{d}x\mathrm{d}y \tag{2.2.1}$$

在这里我们用大写字母表示随机变量，用小写字母表示它的取值。$p(x_1,\ x_2)$称为联合概率密度函数。由于 X_1 和 X_2 的取值范围都是$-\infty$到∞，因此有：

$$\int_{-\infty}^{\infty}\int_{-\infty}^{\infty} p(x_1,t_1;x_2,t_2)\mathrm{d}x_1\mathrm{d}x_2 = 1 \tag{2.2.2}$$

在这里我们是将随机过程在两个不同时刻 t_1，t_2 上的值 x_1，x_2 作为相互关联的随机变量来处理的，并定义了它们的联合概率密度 $p\ (x_1,\ t_1;\ x_2,\ t_2)$，有了这个联合概率密度就可以定义以下的相关函数了，即：

$$\begin{aligned} r_{x_1x_2}(t_1,t_2) &= E[x_1(t_1)\times x_2(t_2)] \\ &= \int_{-\infty}^{\infty}\int_{-\infty}^{\infty} x_1x_2p(x_1,t_1;x_2,t_2)\mathrm{d}x_1\mathrm{d}x_2 \end{aligned} \tag{2.2.3}$$

如果随机函数在 t_1 和 t_2 上的值 x_1 和 x_2 是相互独立的，它们的二维联合概率密度可以写成各自的一维概率密度函数的乘积，即：

$$p(x_1,\ x_2)=p(x_1)\cdot p(x_2) \tag{2.2.4}$$

对于上面讲到的正态随机过程，二个给定时刻上的随机变量的二维联合概率密度函数一般可写为：

$$p(x_1,x_2)=\frac{1}{2\pi\sigma_{x_1}\sigma_{x_2}\sqrt{1-\rho^2}}\times\exp\left\{\frac{-1}{2(1-\rho^2)}\left[\frac{(x_1-m_{x_1})^2}{\sigma_{x_1}}+\frac{(x_2-m_{x_2})^2}{\sigma_{x_2}} - \frac{2\rho(x_1-m_{x_1})(x_2-m_{x_2})}{\sigma_{x_1}\sigma_{x_2}}\right]\right\} \tag{2.2.5}$$

式中：m_{x_1} 和 m_{x_2} 分别是 x_1 和 x_2 的平均值，ρ 是由下式定义的规准化相关系数。

$$\rho=\frac{R_{x_1x_2}(t_1,\ t_2)}{\sigma_{x_1}\sigma_{x_2}} \tag{2.2.6}$$

上式中 σ_{x_1} 和 σ_{x_2} 分别是 t_1 和 t_2 时刻上随机变量的标准差，可按式（2.1.3）确定，一

般 $R_{x_1x_2}$（t_1，t_2）称为随机变量 x_1，x_2 的自相关系数，可按下式确定：

$$\begin{aligned}R_{(x_1,x_2)}(t_1,t_2)&=E[(x_1(t_1)-m_{x_1})(x_2(t_2)-m_{x_2})]\\&=\int_{-\infty}^{\infty}\int_{-\infty}^{\infty}[x(t_1)-m_{x_1}][x_2(t_2)-m_{x_2}]\\&\quad\times p(x_1,x_2;t_1,t_2)\mathrm{d}x_1\mathrm{d}x_2\end{aligned} \tag{2.2.7}$$

对于强震地面运动，我们有

$$m_{x_1}=m_{x_2}=0,$$

$$R_{x_1x_2}(t_1,t_2)=E[x_1x_2]=E[x(t_1)x(t_2)]=r_{x_1x_2}(t_1,t_2)$$

按照由式（2.2.7）给出的定义，自相关函数具有如下对称性，即：

$$r_{x_1x_2}(t_1,\ t_2)=r_{x_2x_1}(t_2,\ t_1) \tag{2.2.8}$$

对于具有 N 个记录的样本 $x_i(t)$，$i=1$，2，…，N，自相关函数可以用下式估计。

$$r_{x_1x_2}(t_1,\ t_2)=\frac{1}{N-1}\sum_{i=1}^{N}x_i(t_1)\cdot x_i(t_2) \tag{2.2.9}$$

设 $\tau=t_2-t_1$，固定 t_2 和 t_1 的中间值，并取为 t，则 $t_1=t-\frac{\tau}{2}$，$t_2=t+\frac{\tau}{2}$，这样非平稳随机过程的自相关函数可表示为：

$$r_{xx}(t,\ \tau)=E\left[x\left(t+\frac{\tau}{2}\right)x\left(t-\frac{\tau}{2}\right)\right] \tag{2.2.10}$$

采用这种形式的自相关函数对于任意时刻 t 都具有对偶性，即：

$$r_{xx}=(t,\ +\tau)=r_{xx}(t,\ -\tau) \tag{2.2.11}$$

当 $r_{xx}=$（t，$+\tau$）$=0$ 时，即当 x_1 和 x_2 不相关，或为独立随机变量时，对正态分布不相关即意味着互相独立，二维概率密度等于两个一维概率密度的乘积，自相关函数也可以简称为相关函数。但是对于由多个随机函数组成的随机函数组，由于需要区分单个随机函数自身的相关性以及该函数与组内其他随机函数的相关性，这个“自”字就不能省略了。

令式（2.2.5）中 $\rho=0$，即得独立正态随机变量 x_1，x_2 的联合分布：

$$\begin{aligned}p(x_1,\ x_2)&=\frac{1}{2\pi\sigma_{x_1x_2}}\exp-\frac{1}{2}\left[\frac{(x_1-m_{x_1})^2}{\sigma_{x_1}}+\frac{(x_2-m_{x_2})^2}{\sigma_{x_2}}\right]\\&=p(x_1)p(x_2)\end{aligned} \tag{2.2.12}$$

相反，当 $\rho=\pm1$ 时表示完全相关，按照式（2.2.5），当 $x_1=x_2$ 时，有 p（x_1，x_2）$=\infty$，x_1 与 x_2 之间存在确定的关系。二维联合概率分布 P（x_1，x_2）与概率密度函数 p（x_1，x_2）之间存在以下关系：

$$P(x_1;x_2)=P(x_1\leqslant x_1,x_2\leqslant x_2)=\int_{-\infty}^{x_1}\int_{-\infty}^{x_2}p(x_1;x_2)\mathrm{d}x_1\mathrm{d}x_2 \tag{2.2.13}$$

$$p(x_1t_1;x_2t_2)=\frac{\partial^2P(x_1,x_2)}{\partial x_1\,\partial x_2} \tag{2.2.14}$$

需要注意的是式（2.2.10）所表示的相关函数名义上是只包含二个自变量 t 和 τ 的二组函数，但是由于 t 和 τ 的取值范围都涵盖随机过程的持时，即 $0\sim t_d$ 的范围，把实际强震加速度的 $r_{xx}(t,\ \tau)$用数学公式来表示出来是很困难的，因此常常需要把 t 和 τ 离散化为

N 个等间距的离散变量，随机函数 $x(t)$ 在这些点上的值退化为随机变量，而 $x(t)$ 也就退化为 N 维随机向量。此时在各离散点 $i\Delta t(i=1, 2, \cdots, N)$ 将为 $N\times N$ 阶方程。假如 N 维随机向量 $x=[x_1, x_2, \cdots, x_N]^T$ 如同原随机过程一样符合正态分布，它同样也可以由相关矩阵 $r_{xx}(t_i, \tau_i)(i,j=1, 2, \cdots, N)$ 完全确定。

至此，我们已经引入了 N 维正态分布的概率。为了将二维正态分布推广为 n 维正态分布的一般表达式，需要先将式（2.2.5）变换为适合于 N 维随机向量应用的更一般化的形式。为此我们先定义一个相关矩阵：

$$\mu=\begin{bmatrix}\mu_{11} & \mu_{12}\\ \mu_{21} & \mu_{22}\end{bmatrix}=\begin{bmatrix}E[(x_1-x_{m_1})^2] & E[(x_1-m_{x_1})(x_2-m_{x_2})]\\ E[(x_2-m_{x_2})(x_1-m_{x_1})] & E[(x_2-x_{m_2})^2]\end{bmatrix}$$

$$=\begin{bmatrix}E[(x_1-x_{m_1})^2] & R_{x_1x_2}(t_1t_2)\\ R_{x_2x_1}(t_2t_1) & E[(x_2-x_{m_2})^2]\end{bmatrix}=\begin{bmatrix}\sigma_{x_1}^2 & \sigma_{x_1}\sigma_{x_2}\rho\\ \sigma_{x_1}\sigma_{x_2}\rho & \sigma_{x_2}^2\end{bmatrix} \tag{2.2.15}$$

以上矩阵的行列式为：

$$|\mu|=\sigma_{x_1}^2\sigma_{x_2}^2-E[(x_1-m_{x_1})(x_2-m_{x_2})]=\sigma_{x_1}^2\sigma_{x_2}^2(1-\rho) \tag{2.2.16}$$

μ 的逆矩阵可写为：

$$\mu^{-1}=\frac{1}{\sigma_{x_1}^2\sigma_{x_2}^2-\{E[(x_1-m_{x_1})(x_2-m_{x_2})]\}^2}\times$$

$$\begin{bmatrix}\sigma_{x_1}^2 & -E[(x_1-m_{x_1})(x_2-m_{x_2})]\\ -E[(x_2-m_{x_2})(x_1-m_{x_1})] & \sigma_{x_2}^2\end{bmatrix} \tag{2.2.17}$$

现在我们将 x_1，x_2 定义为一个二维向量 $(x-m_x)=\begin{Bmatrix}x_1-m_{x_1}\\ x_2-m_{x_2}\end{Bmatrix}$，这样式（2.2.5）就可以写为对 N 维向量也适用的一般形式：

$$p(x_1, x_2, \cdots, x_N)=\frac{1}{(2\pi)^{\frac{N}{2}}|\mu|^{\frac{1}{2}}}\exp\left[-\frac{1}{2}(x-M_x)^T\mu^{-1}(x-M_x)\right](N=2) \tag{2.2.18}$$

不难看到上式对任意的 N 维向量也是适用的，只需要令向量

$$(X-M_x)=\begin{Bmatrix}x_1-m_{x_1}\\ x_2-m_{x_2}\\ \cdots\\ x_N-m_{x_N}\end{Bmatrix}$$就可以了。

2.3 平稳和平稳化随机过程的统计特性

尽管强震地面运动具有明显的非平稳性，但是由于对非平稳随机过程的统计分析是一件很困难的工作，因此在地震工程的实际应用中一般都将它们简化为平稳随机过程和平稳化随机过程来处理的。若随机过程的统计特性或概率特征不随时间变化，则称这样的随机过程为平稳过程。如果随机过程只能保证其标准差 $\sigma_x(t)$ 与时间 t 无关，自相关函数 $r_{xx}(t_1, t_2)$ 只与时间差 $\tau=t_1-t_2$ 有关，则称此随机过程为弱平稳过程，若所有高阶矩和概率密度函数都只与时间差 τ 有关则称为强平稳过程。在地震工程中通常只考虑弱平稳过程。对于正态随机过程，如果满足了弱平稳条件，同时也就满足了强平稳条件。对于弱平

稳随机过程，如果忽略平均值的影响（对于地面运动速度，平均值等于零），其统计特性可用离散和相关函数来表示：

$$E[x^2(t)]=\overline{x^2(t)}=\text{常数} \tag{2.3.1}$$

$$E[x(t_1)x(t_2)]=\overline{x(t_1)x(t_2)}=R_x(t_1-t_2)=R_x(\tau) \tag{2.3.2}$$

并有 $R_x(0)=E[x^2(t)]=$常数，因此相关函数常常被写成无量纲的形式，即：

$$r_x(\tau)=\frac{R_x(\tau)}{R_x(0)}$$

从理论上讲，平稳随机过程是一种既无起点又无终点的无休止的振动过程，那么它的许多个样本函数是否可以看作是从一个很长很长的实现中分段以后的结果呢？这样看来，当一个样本函数足够长时，式（2.2.9）和式（2.2.10）中对集合的求期望值或平均值的计算是否可以用对时间的平均来代替呢？结论是肯定的，但需要满足一个叫做各态历经（Ergodic）的条件。满足这个条件的平稳随机过程叫做各态历经平稳随机过程。在这样的过程中，按集合确定的概率密度函数和统计特性 σ_x，$R_x(\tau)$与按一次样本函数用对时间求平均的方法得到的结果是一致的。这样，对于各态历经的平稳随机过程，应用一个足够长的样本函数就可以计算其统计特征（或数字特征）了。对于不可能获得许多样本函数的情况，这实在是很令人鼓舞的。要验证平稳随机过程的各态历经性，并不是很容易的，但是在工程应用中，只要一个样本函数足够长，一般都可以将平稳过程当作是各态历经的。因此在以后的讨论中，我们不再区分对集合和对时间的平均。如果不加说明一般都将用对时间的平均来代替对集合的平均。这样，相关函数就可表示为：

$$R_x(\tau)=\frac{1}{T-\tau}\int_0^{T-\tau} x(t)x(t+\tau)\mathrm{d}t \tag{2.3.3}$$

并有 $\sigma_x^2(t)=R_x(0)=$常数。

上面已经讲过，平稳随机过程是概率特性可随时变化的，既无起始点又无终止点的随机过程，这比较接近于环境脉动（Ambiant vibration），与强震地面运动加速度则相距甚远。若作为非平稳过程处理，无论在样本来源和分析处理方法方面都存在许多问题，看来暂时还有相当大的困难，在这种情况下在研究工作和实际应用中广泛使用的还是平稳化过程，它实际是一个确定性的时间函数 $f(t)$与一个平稳随机过程 $y(t)$的乘积，即：

$$x(t) = f(t)y(t) \tag{2.3.4}$$

式中的 $f(t)$也称为包络函数，通常可取以下几种形式[2,20]：

1. $f(t)=1$，$0\leqslant t\leqslant T_d$（$T_d$ 为持续时间） (2.3.5)

2. $f(t)=a\dfrac{t}{t_p}e^{1-\frac{t}{t_p}}$ (2.3.6)

3. $f(t)=(a+bt)e^{-ct}$ (2.3.7)

4. $f(t)=e^{-\alpha t}-e^{-\beta t}$ (2.3.8)

5. $$f(t)=\begin{cases}(t/T_b)^2, & t\leqslant T_b\\ 1, & T_b<t<T_c\\ \exp[-c(t-T_c)/(T_d-T_c)], & T_c\leqslant t\leqslant T_d\end{cases} \tag{2.3.9}$$

$T_d=10^{(M-2.5)/3.23}$(s)

$T_c=[0.54-0.04(M-6)]T_d$

$T_b=[0.16-0.04(M-6)]T_d$

式中：M为震级，其余参数除已有规定外，均按实际强震记录的包络线进行拟合。在以上平稳化表示方法都只考虑了地震动强度的非平稳性，而未考虑频率特性的非平稳性。不难证明平稳化过程的自相关函数为：

$$R_x(t_1,t_2)=f(t_1)f(t_2)R_y(t) \tag{2.3.10}$$

平稳化过程$x(t)$的周期特性还是决定于平稳过程$y(t)$的统计特性，通常可用相关函数$R_y(t)$和功率谱密度来表示。关于功率谱密度与相关函数的关系，将在下一节中加以讨论。

2.4 谱密度及其与自相关函数的关系

在定义谱密度之前，先考虑一个可用傅里叶（Fourier）级数表达的平稳随机过程$x(t)$。

$$x(t)=a_0+\sum_{n=1}^{\infty}a_n\cos n\omega t+\sum_{n=1}^{\infty}b_n\sin n\omega t \tag{2.4.1}$$

这里$\omega=2\pi/T$，也就是与T相对应的最低圆频率。式（2.4.1）中的各常数由下列积分确定：

$$\left.\begin{aligned} a_0&=\frac{1}{T}\int_{-T/2}^{T/2}x(t)\mathrm{d}t \\ a_n&=\frac{2}{T}\int_{-T/2}^{T/2}x(t)\cos n\omega t\,\mathrm{d}t \qquad (n\geqslant 1) \\ b_n&=\frac{2}{T}\int_{-T/2}^{T/2}x(t)\sin n\omega t\,\mathrm{d}t \end{aligned}\right\} \tag{2.4.2}$$

对强震地面运动加速度，$x(t)$的平均值为零，则$a_0=0$。系数a_n与b_n可用一系列的间距为ω的纵坐标来表示（图2.4.1）。当T增大时，频率ω将变小，因而图2.4.1中的各个纵坐标将相互接近；对$T\to\infty$，它们便彼此相连。对此情况我们知道：函数x就须用傅里叶积分来描述，以代替用离散的傅里叶级数。

表示傅里叶级数的更一般的方法是使用复数记号。这通过下列替换就可实现：

$$\cos n\omega t=\frac{1}{2}[\exp(in\omega t)+\exp(-in\omega t)]$$

及

$$\sin n\omega t=[\exp(in\omega t)-\exp(-in\omega t)]/2i$$

于是给出：

$$x(t)=a_0+\sum_{n=1}^{\infty}[c_n\exp(in\omega t)+d_n\exp(-in\omega t)] \quad n=1,2,\cdots \tag{2.4.3}$$

式中：$c_n=(a_n-ib_n)/2$，$d_n=(a_n+ib_n)/2$。这两个系数也可写为：

$$\left.\begin{aligned} c_n&=\frac{1}{T}\int_{-T/2}^{T/2}x(t)\exp(-in\omega t)\mathrm{d}t \\ d_n&=\frac{1}{T}\int_{-T/2}^{T/2}x(t)\exp(in\omega t)\mathrm{d}t \end{aligned}\right\} \quad n=1,2,\cdots \tag{2.4.4}$$

我们现在引入记号$d_n=c_{-n}$，用意是对所有系数都用c_n来定义，即

$$x(t)=\sum_{n=-\infty}^{\infty}c_n\exp(in\omega t) \quad n=0,\pm1,\pm2,\cdots \tag{2.4.5}$$

这是复数形式的傅里叶级数，带有 $x(t)$的傅里叶系数 c_n。

将 c_n 代入式（2.4.5），便可写出：

$$x(t)=\omega\sum_{n=-\infty}^{\infty}\left[\frac{1}{2\pi}\int_{-T/2}^{T/2}x(t)\exp(-in\omega t)\mathrm{d}t\right]\times\exp(in\omega t)$$

$$=\omega\sum_{n=-\infty}^{\infty}F(n\omega)\exp(in\omega t) \tag{2.4.6}$$

这里，$1/T$ 已被 $\omega/2\pi$ 所代替。

现在可把 $F(n\omega)$解释为一函数对于不同 ω 值（ω，2ω，3ω，4ω 等）的纵坐标，如图 2.4.2 所示。要注意，图中每块都有一个底 ω 及纵标 $F(n\omega)$。当 ω 变小时，我们可用 $\delta\omega$ 来代替 ω，这样，横轴上的值就变为 $\delta\omega$，$2\delta\omega$，$3\delta\omega$ 等。若 $\delta\omega\rightarrow0$（且 $T\rightarrow\infty$），我们便有连续变化的 ω，从而可用积分来代替求和，于是得到：

$$x(t)=\int_{-\infty}^{\infty}\frac{1}{2\pi}\left[\int_{-\infty}^{\infty}x(t)\exp(-i\omega t)\mathrm{d}t\right]\times\exp(i\omega t)\mathrm{d}\omega \tag{2.4.7}$$

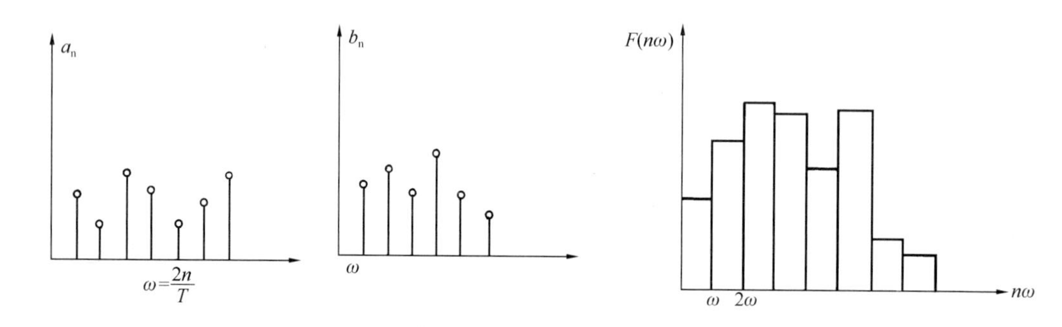

图 2.4.1　傅里叶级数的频域表示

图 2.4.2　F（$n\omega$）函数的离散表示法

注意，方括号内的积分是一个 ω 的函数，可以表示为 X，即 x 的傅里叶变换。

$$X(i\omega)=\int_{-\infty}^{\infty}x(t)\exp(-i\omega t)\mathrm{d}t \tag{2.4.8}$$

于是可把式（2.4.7）中的 x（t）写成：

$$x(t)=\frac{1}{2\pi}\int_{-\infty}^{\infty}X(i\omega)\exp(i\omega t)\mathrm{d}\omega \tag{2.4.9}$$

$x(t)$与 $X(i\omega)$叫做一个傅里叶变换对(上式中的 2π 是任意放置的，可置于这个积分中亦可置于式(2.4.8)中，或者在式(2.4.8)和式(2.4.9)所表示的变换对的前面都放置$\frac{1}{\sqrt{2\pi}}$，以保持变换对的对称性，这完全取决于使用者的意愿。我们这里的表示法也是常用的一种)。式(2.4.8)将时间域中的一个平稳随机过程 $x(t)$变换为频率域中的另一个随机过程 $X(i\omega)$。利用它们可以表示同一过程。需要注意的是 $x(i\omega)$不再是零均值的平稳随机过程，它的每一个样本都具有图 2.4.2 中直方图的当 $\omega\rightarrow0$ 时平均化形状。

现在考虑过程 $x(t)$的均方值，即：

$$\langle x^2\rangle=\lim_{T\rightarrow\infty}\frac{1}{T}\int_{-T/2}^{T/2}x(t)x(t)\mathrm{d}t \tag{2.4.10}$$

按前面的傅里叶变换的定义：

$$\langle x^2 \rangle = \lim_{T\to\infty} \frac{1}{2\pi} \frac{1}{T}\int_{-T/2}^{T/2} x(t)\left[\int_{-\infty}^{\infty} X(i\omega) \times \exp(i\omega t)\,\mathrm{d}\omega\right]\mathrm{d}t$$

$$= \int_{-\infty}^{\infty} X(i\omega)\left[\lim_{T\to\infty} \frac{1}{2\pi} \frac{1}{T} \int_{-T/2}^{T/2} x(t) \times \exp(i\omega t)\,\mathrm{d}t\right]\mathrm{d}\omega \tag{2.4.11}$$

上式右端方括号内的积分是 x（t）的离散傅里叶变换，只是以 $+i$ 代替了 $-i$，即它是 X 的复共轭，在后文中我们将以 X^* 表示之。注意，当 $T\to\infty$时，X^* 也将趋于连续的傅里叶变换，我们现在将上式可写成：

$$\langle x^2 \rangle = \lim_{T\to\infty} \frac{1}{2\pi} \frac{1}{T}\int_{-\infty}^{\infty} X(i\omega)X(i\omega)^*\,\mathrm{d}\omega$$

$$= \lim_{T\to\infty} \frac{1}{2\pi} \frac{1}{T}\int_{-\infty}^{\infty} |X(i\omega)|^2\mathrm{d}\omega \tag{2.4.12}$$

$$= \frac{1}{2\pi}\int_{-\infty}^{\infty}\left(\lim_{T\to\infty}\frac{1}{T}|X(i\omega)|^2\right)\mathrm{d}\omega \tag{2.4.13}$$

括号中的项称为该过程 x 的功率谱密度函数，简称为谱密度函数或谱密度

$$S_{xx}(\omega) = \lim_{T\to\infty}\frac{1}{T}|X(i\omega)|^2 \tag{2.4.14}$$

注意，$S_{xx}(\omega)$可理解为关于频率 ω 对$\langle x^2\rangle$的贡献，它类似于具有连续变化的傅里叶级数的系数，即傅里叶变换在给定频率上的幅值或傅里叶谱。由此看来，除了一个常系数外，傅里叶谱模的平方的期望值(平均值)即为谱密度函数。需要注意的是，由于式(2.4.14)中的 $S_{xx}(\omega)$是在很长的时间 T 以内平均的结果，已不再具有随机性，另外由于这样的平均是对 $X(i\omega)$模的平方进行的，$S_{xx}(\omega)$不再是复数，这些都是谱密度与傅里叶谱不同的地方。

我们来考虑过程 x 自相关的定义：

$$R_{xx}(\tau) = E[x(t)x(t+\tau)] = \lim_{T\to\infty}\frac{1}{T}\int_0^T x(t)x(t+\tau)\mathrm{d}t \tag{2.4.15}$$

要注意，下面的傅里叶变换对是关于函数 x（$t+\tau$）的，即：

$$X = \int_{-\infty}^{\infty} x(t+\tau)\exp(-i\omega t)\mathrm{d}t\exp(-i\omega t)$$

$$x(t+\tau) = \frac{1}{2\pi}\int_{-\infty}^{\infty} X(i\omega)\exp[i\omega(t+\tau)]\mathrm{d}\omega \tag{2.4.16}$$

这两个关系式是正确的，因为，在平稳过程中将起始时间取为 t 或取为 $t+\tau$ 没有任何差异。还需要注意的是按式（2.4.15）定义的自相关函数对确定性的过程和平稳随机过程都能适用，按此式计算的结果都将是确定性的函数。

现在可把自相关函数写成：

$$R_{xx}(\tau) = \lim_{T\to\infty}\frac{1}{T}\int_{-T/2}^{T/2} x(t)\frac{1}{2\pi}\int_{-\infty}^{\infty} X(i\omega)\times\exp[i\omega(t+\tau)]\mathrm{d}\omega\mathrm{d}t$$

$$= \frac{1}{2\pi}\int_{-\infty}^{\infty}\lim_{T\to\infty}\frac{1}{T}\left[X(i\omega)\int_{-T/2}^{T/2} x(t)\times\exp(i\omega t)\mathrm{d}t\right]\exp(i\omega\tau)\mathrm{d}\omega$$

$$= \frac{1}{2\pi}\int_{-\infty}^{\infty}\lim_{T\to\infty}\frac{1}{T}X(i\omega)X^*(i\omega)\exp(i\omega\tau)\mathrm{d}\omega$$

$$= \frac{1}{2\pi}\int_{-\infty}^{\infty} S_{xx}(\omega)\exp(i\omega\tau)\mathrm{d}\omega \tag{2.4.17}$$

这就是说，自相关函数 $R_{xx}(\tau)$是过程 x 的谱密度的傅里叶变换。同理，x 的谱密度还可表达为：

$$S_{xx}(\omega)=\int_{-\infty}^{\infty}R_{xx}(\tau)\exp(-i\omega\tau)\mathrm{d}\tau \tag{2.4.18}$$

这最后的两个公式叫做维纳—辛钦（Weiner—Khichin）公式。

注意，自相关与谱密度分别是 τ 与 ω 的偶函数。

$$\begin{aligned}R(\tau)&=R(-\tau)\\S(\omega)&=S(-\omega)\end{aligned} \tag{2.4.19}$$

于是我们可写为：

$$\begin{aligned}R_{xx}(\tau)&=\frac{1}{\pi}\int_{0}^{\infty}S_{xx}(\omega)\exp(+i\omega\tau)\mathrm{d}\omega\\S_{xx}(\omega)&=2\int_{0}^{\infty}R_{xx}(\tau)\exp(-i\omega\tau)\mathrm{d}\tau\end{aligned} \tag{2.4.20}$$

应当特别注意的是，对 $\tau=0$，有下列结果：

$$R_{xx}(0)=\frac{1}{\pi}\int_{0}^{\infty}G_{xx}(\omega)\mathrm{d}\omega=\frac{1}{\pi}\int_{0}^{\infty}S_{xx}(\omega)\mathrm{d}\omega=\sigma^2 \tag{2.4.21}$$

这就是说，平稳过程的均方值是 S_{xx}（ω）曲线下的面积（图 2.4.3）。

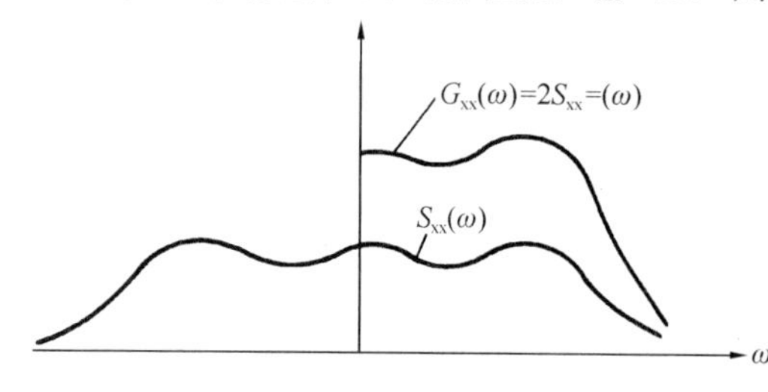

图 2.4.3　功率谱密度和单边功率谱密度

需要注意的是从 $-\infty$ 到 0 的对 $S_{xx}(\omega)$ 积分与从 0 到∞的相应积分是相等的。因此，实际应用时可不使用负频率，而用正频率的两倍来定义谱密度，这就是式(2.4.21)中的 $G(\omega)$，称为单边谱密度函数或单边功率谱(图 2.4.3)。平稳随机过程按其谱密度函数所覆盖的频率范围常可分为窄频带过程和宽频带过程。图 2.4.4(a)所示便是一个具有窄频带的谱密度函数，它的极限形式便是位于 ω_0 上的单位脉冲函数 $\delta(\omega_0)$，相应于一个具有随机振幅的正弦波，其规准化相关函数即是 $\cos\omega_0 t$。图 2.4.4(b)是宽带谱密度的例子，其极限形式即是白噪声谱，它在 ω 的 0 到∞范围内取恒定值 S_0。白噪声谱的标准差为无穷大，相关函数 $R_{xx}(\tau)=2\pi S_0\delta(\tau)$。窄频带和宽频带随机过程由于比较容易分析，因此得到了广泛的应用。强震地面运动属于中、宽频带随机过程，结构地震反应特别是小阻尼结构的反应属于窄频带随机过程，中心频度（或特征频率）为 ω_0 带宽为 $\Delta\omega$ 的平稳过程及其一、二阶导数的均方差分别为 $\sigma_{xx}^2\approx 2S_0\Delta\omega$，$\sigma_{xx}\approx 2S_0\omega_0^2\Delta\omega$ 和 $\sigma_{\dot{x}\dot{x}}^2=2S_0\omega_0^4\Delta\omega$。因此有 $\omega_0^2\approx\sigma_{\dot{x}\dot{x}}^2/\sigma_{xx}$。

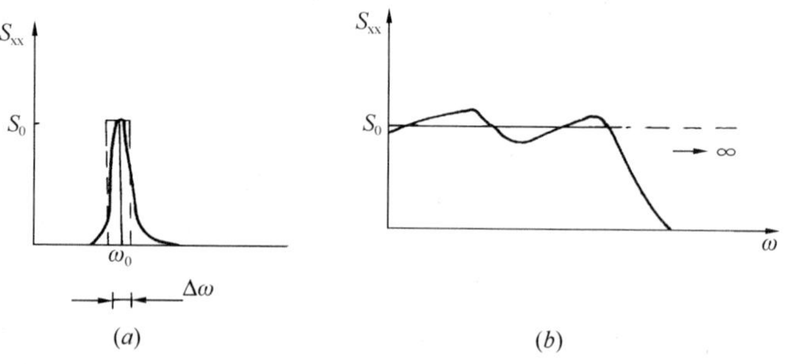

图 2.4.4　窄频带和宽频带谱密度

从以上讨论中我们已经知道平稳随机过程 $x(t)$的统计特性可以用相关函数 $R(\tau)$和谱密度来表示，现在来看 $x(t)$的一阶和二阶导数的统计特性。为此先考虑相关函数对时间的导数。

$$\begin{aligned}\frac{dR_{xx}(\tau)}{d\tau}&=\int_{-\infty}^{\infty}x(t)\frac{dx(t+\tau)}{d\tau}dt\\&=\int_{-\infty}^{\infty}x(t)\frac{dx(t+\tau)}{d(t+\tau)}\frac{d(t+\tau)}{d\tau}dt\\&=\int_{-\infty}^{\infty}x(t)\dot{x}(t+\tau)dt\end{aligned}\tag{2.4.22}$$

对平稳过程，上式同样也可写为：

$$\frac{dR_{xx}(\tau)}{d\tau}=\int_{-\infty}^{\infty}x(t-\tau)\dot{x}(t)dt\tag{2.4.23}$$

再对上式求导，得：

$$\begin{aligned}\frac{d^2R_{xx}(\tau)}{d\tau^2}&=-\int_{-\infty}^{\infty}\dot{x}(t-\tau)\dot{x}(t)dt\\&=-R_{\dot{x}\dot{x}}(\tau)\end{aligned}\tag{2.4.24}$$

按维纳—辛钦关系

$$R_{xx}(\tau)=\int_{-\infty}^{\infty}S_{xx}(\omega)\exp(i\omega\tau)d\omega\tag{2.4.25}$$

求导二次后上式成为：

$$\frac{d^2R_{xx}(\tau)}{d\tau^2}=-\int_{-\infty}^{\infty}\omega^2S_{xx}(\omega)\exp(i\omega\tau)d\omega\tag{2.4.26}$$

从式(2.4.24)与式(2.4.26)比较中可以看到：

$$R_{\dot{x}\dot{x}}(\tau)=\int_{-\infty}^{\infty}\omega^2S_{xx}(\omega)\exp(i\omega\tau)d\omega\tag{2.4.27}$$

按照定义

$$R_{\dot{x}\dot{x}}(\tau)=\int_{-\infty}^{\infty}S_{\dot{x}\dot{x}}(\omega)\exp(i\omega\tau)d\omega\tag{2.4.28}$$

因此有 $S_{\dot{x}\dot{x}}=\omega^2S_{xx}(\omega)$。

容易证明随机过程 $x(t)$的第 n 阶导数 $x^{(n)}(t)$的自相关函数与谱密度函数分别为：

$$\left.\begin{aligned}R_n(\tau)&=(-1)^n\frac{d^{2n}}{dt^{2n}}R(\tau)\\S_n(\omega)&=\omega^{2n}S(\omega)\end{aligned}\right\}\tag{2.4.29}$$

2.5 互相关矩阵与互谱密度矩阵

对于多维平稳随机过程 x_i (t) ($i=1$, 2, …, N)（注意：这是多个随机过程，而不是同一随机过程的几次取样），或随机向量过程，具有 N 个分量。任意两个分量之间的互相关函数与互谱密度可以分别写为矩阵形式。

$$\underline{R}(\tau)=\begin{bmatrix}R_{11}(\tau)&R_{12}(\tau)&\cdots\cdots\\R_{21}(\tau)&R_{22}(\tau)&\cdots\cdots\\\vdots&\vdots&\vdots\\\vdots&\vdots&\vdots\\R_{N1}(\tau)&&R_{NN}(\tau)\end{bmatrix}\tag{2.5.1}$$

$$\underline{S}(i\omega)=\begin{bmatrix} S_{11}(i\omega) & S_{12}(i\omega) & \cdots\cdots \\ S_{21}(i\omega) & S_{22}(i\omega) & \cdots\cdots \\ \vdots & \vdots & \vdots \\ \vdots & \vdots & \vdots \\ S_{N1}(i\omega) & & S_{NN}(i\omega) \end{bmatrix} \tag{2.5.2}$$

互相关函数 $R_{ij}(\tau)$ 与相应的互谱度密 $S_{ij}(i\omega)$ 也满足式(2.4.17)和式(2.4.18)的互为傅里叶变换的关系。矩阵对角线上的项即为自相关函数与自谱密度。

根据互相关函数定义，可以证明：

$$R_{ij}(\tau)=R_{ij}(-\tau)$$

由此可见，自相关函数 $R_{ii}(\tau)=R_{ii}(-\tau)$ 是偶函数，而互相关函数则不是偶函数。根据谱密度与相关函数的关系可知：

$$\begin{aligned} S_{ij}(i\omega) &= \int_{-\infty}^{\infty} R_{ij}(\tau)\mathrm{e}^{-i\omega\tau}\mathrm{d}\tau \\ &= \int_{-\infty}^{\infty} R_{ij}(\tau)\cos\omega\tau\,\mathrm{d}\tau - i\int_{-\infty}^{\infty} R_{ij}(\tau)\sin\omega\tau\,\mathrm{d}\tau \end{aligned} \tag{2.5.3}$$

由于互相关函数 R_{ij}（τ）不是偶函数，所以上式右边第二项不等于零，因此互谱密度是复函数。另外，容易证明

$$R_{ij}^2(0)\leqslant R_i(0)R_j(0) \tag{2.5.4}$$

与之相应的谱密度关系为：

$$\left|\int_{-\infty}^{\infty} S_{ij}(i\omega)\mathrm{e}^{i\omega\tau}\mathrm{d}\omega\right|^2 \leqslant \int_{-\infty}^{\infty} S_i(i\omega)\mathrm{d}\omega \int_{-\infty}^{\infty} S_j(i\omega)\mathrm{d}\omega \tag{2.5.5}$$

随机向量过程不仅可用来表示任意场地上地面运动的 3 个方向的平动和 3 个方向的转动分量，还可以用来表示相邻场地的地面运动，即可把多维地震动和随机场定义为多维随机过程。多维随机过程的凝聚函数或相干函数是一个有用的概念，其定义为：

$$\gamma_{ij}^2(\omega)=\frac{|S_{ij}(i\omega)|^2}{S_i(\omega)S_j(\omega)} \qquad (0\leqslant\gamma_{ij}^2(\omega)\leqslant 1) \tag{2.5.6}$$

其物理意义可以说明如下。假设 $x_1(t)$ 与 $x_2(t)$ 分别为一线性体系的输入和输出，$z(t)$ 为噪声或其他输入对输出 $x_2(t)$ 的影响，可以证明

$$S_z(\omega)=S_2(\omega)[1-\gamma_{12}^2(\omega)] \tag{2.5.7}$$

由此可知，当 $\gamma_{12}^2(\omega)=1$ 时，表示在此频率 ω 处噪声谱 $S_z(\omega)$ 为零，$S_2(\omega)$ 完全来自 $S_1(\omega)$，即输入与输出完全相关；反之 $\gamma_{12}^2(\omega)=0$，则 $S_z(\omega)=S_2(\omega)$，表示在此 ω 处输出 $S_2(\omega)$ 完全是噪声谱，即输入与输出完全无关。

2.6 谱参数及其物理意义

设 $x(t)$ 为一平稳随机过程，均值为零，方差为 σ^2，自相关函数为 $R(\tau)$，自谱密度为 $S(\omega)$，由于自谱密度是偶函数，可以只计算 $0<\omega<\infty$ 这一部分，然后加倍，这就是上面所说的单边谱密度 $G(\omega)=2S(\omega)$。现定义单边谱密度的谱矩 λ_i 为：

$$\lambda_i=\frac{1}{2\pi}\int_0^{\infty}\omega^i G(\omega)\mathrm{d}\omega \quad (i=0,1,2\cdots) \tag{2.6.1}$$

最常用的是前三个谱矩 λ_0，λ_1，λ_2，本节所要讨论的几个谱参数 σ，p，q 都可以通过这三个谱矩来表示。

由式（2.4.21）可知

$$\sigma^2 = R(0) = \frac{1}{2\pi}\int_0^\infty G(\omega)\mathrm{d}\omega = \lambda_0 \tag{2.6.2}$$

为了方便起见，引入参数 p_i（$i=1$，2）和 q 如下：

$$p_i = (\lambda_i/\lambda_0)^{1/i} \qquad i = 1,2 \tag{2.6.3}$$

$$q_1 = \left(1-\frac{\lambda_1^2}{\lambda_0\lambda_2}\right)^{1/2} \qquad q_2 = \left(1-\frac{\lambda_2^2}{\lambda_0\lambda_4}\right)^{1/2} \tag{2.6.4}$$

q_1 早已应用于随机振动分析，q_2 则是 Longuet-Higgins 首先提出并加以应用的[6]。下面先在频域和时域中解释这些参数的物理意义，然后介绍其应用。

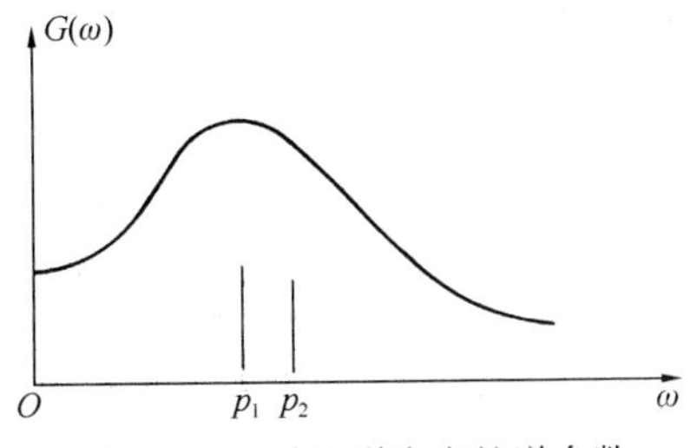

图 2.6.1　单边谱密度的谱参数

从式（2.6.2）可知，$\lambda_0=\sigma^2$ 是单边谱密度曲线 G（ω）下的面积的$\frac{1}{2\pi}$倍，如图 2.6.1 所示；而

$$p_1 = \lambda_1/\lambda_0 = \int_0^\infty \omega G(\omega)\mathrm{d}\omega \Big/ \int_0^\infty G(\omega)\mathrm{d}\omega$$

则为 G（ω）对 ω 轴所包围的面积重心处的频率，也可称为中心频率或特征频率。同样，也可以知道，p_2 为此面积的回转半径，表示谱的宽窄或胖瘦。q_1 和 q_2 都可以用来表示谱密度函数在其重心两侧的分散程度。它们都是介于 0 与 1 之间的数，q_1 值愈小，$G(\omega)$的图形愈窄。$q_2=0$ 时代表具有随机振幅的正弦波，$q_1=1$ 则代表白噪声。q_2 也是表示谱密度分散性的指标，取值范围也在 0 与 1 之间，但其含义与 q_0 和 q_1 不同。关于 q_2 的物理意义，将在 2.7 节中做进一步的说明。

式(2.4.29)给出了随机过程 $x(t)$的 n 阶导数的相关函数和谱密度。按该式中的第 2 个公式可知，速度 $\dot{x}(t)$的谱密度即为：

$$G_{\dot{x}}(\omega)=\omega^2 G(\omega) \tag{2.6.5}$$

将上式代入式（2.6.1）和式（2.6.2）后可知：

$$\lambda_2 = \frac{1}{2\pi}\int_0^\infty \omega^2 G(\omega)\mathrm{d}\omega = \frac{1}{2\pi}\int_0^\infty G_{\dot{x}}(\omega)\mathrm{d}\omega = \sigma_{\dot{x}}^2 \tag{2.6.6}$$

$$p_2 = (\lambda_2/\lambda_0)^{1/2} = \sigma_{\dot{x}}/\sigma \tag{2.6.7}$$

即 λ_2 为$\dot{x}(t)$的方差，而 p_2 为过程$\dot{x}(t)$与 $x(t)$的标准差之比。

关于谱参数的进一步应用将在下一节中加以讨论。

2.7　平稳过程的最大值分布

在这一节中我们将在正态分布的假定之下研究零均值窄频带平稳随机过程在单位时间内穿过或跨越给定值的平均次数即穿过率问题或最大值分布[4~6]。为此需要考虑 $x(t)$和 $\dot{x}(t)$的联合分布和互相关系数 $R_{x\dot{x}}$。$R_{x\dot{x}}$ 的规准化形式为：

$$\rho_{x\dot{x}} = \frac{E[x(t)\dot{x}(t)]}{\sigma_x\sigma_{\dot{x}}} \tag{2.7.1}$$

由于

$$E[x(t)\dot{x}(t)]=\left.\frac{\mathrm{d}R_{xx}(\tau)}{\mathrm{d}\tau}\right|_{\tau=0}=i\int_{-\infty}^{+\infty}\omega S_{xx}(\omega)\mathrm{d}\omega \tag{2.7.2}$$

由于 $S_{xx}(\omega)$是偶函数，上式的被积函数为奇函数，积分后结果为零。这表明 $\rho_{xx}=0$。这样零平均正态平稳过程 $x(t)$与 $\dot{x}(t)$的联合概率密度为：

$$p(x,\ \dot{x})=p(x)p(\dot{x})=\frac{1}{2\pi\sigma_{xx}\sigma_{\dot{x}\dot{x}}}\exp\left[-\frac{1}{2}\left(\frac{x^2}{\sigma_{xx}^2}+\frac{\dot{x}^2}{\sigma_{\dot{x}\dot{x}}^2}\right)\right] \tag{2.7.3}$$

现在来分析给定时间 T 以内随机过程 $x(t)$跨越 a 值(图 2.7.1)的平均次数。由于具有零均值的平稳过程是对时间轴 t 对称的，因此只需考虑在 $\dot{x}(t)>0$ 时，穿越给定值 a 的情况。又因为该过程是平稳的，每单位时间内的跨越 a 的期望次数是一个常数。设以正斜率跨越 a 的平均频率为 n_a^+。为推算 n_a^+，考虑一个时间增量 $\mathrm{d}t$(图 2.7.2)，并假若在 $\mathrm{d}t$ 内存在一个跨越点，则 x 在时刻 t 的最小坡度须为：

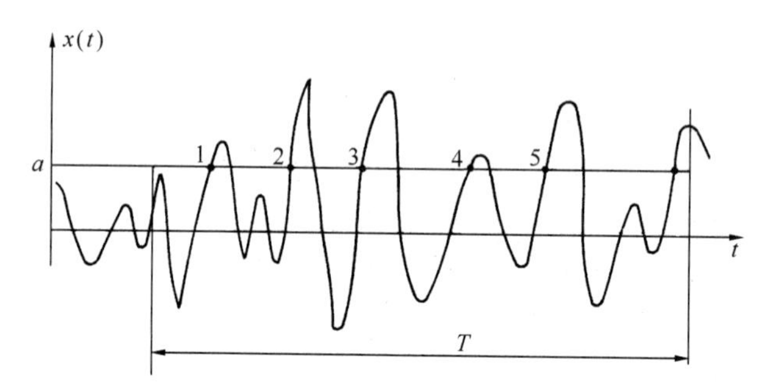

图 2.7.1　平稳随机过程样本在时段 T 以内以正速度跨越 a 值的记录

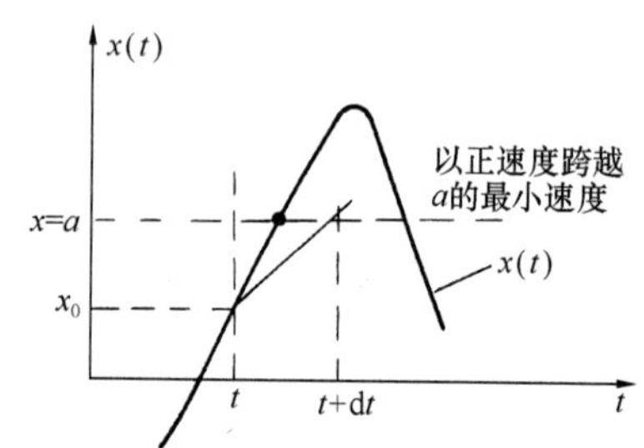

图 2.7.2　以正速度跨越给定值的过程分析

$$\frac{a-x_0}{\mathrm{d}t} \tag{2.7.4}$$

因此，在 $\mathrm{d}t$ 内存在正速度跨越的条件是：

$$x_0<a$$

$$\dot{x}>\frac{a-x_0}{\mathrm{d}t} \tag{2.7.5}$$

为确定这种跨越有多大的可能性，需要考虑一下 x 与 $\dot{x}$ 的联合概率密度函数，并将它表示在图 2.7.3 中。不难发现图中画影线的三角区域就是发生正速度穿越的所有可能的 x 和 $\dot{x}$ 值范围，其界限角的正切为：

$$\tan\alpha=\frac{a-x_0}{\dot{x}} \tag{2.7.6}$$

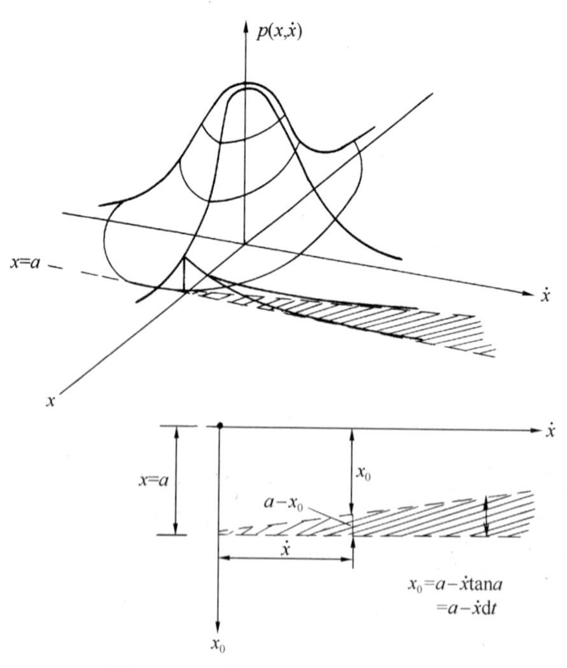

图 2.7.3　存在正斜率穿越的条件

在 $\mathrm{d}t$ 时段内，x 和 $\dot{x}$ 落在三角区域内的概率为：

$$\mathrm{d}p = P_{\mathrm{rob}}(\text{在时段 } \mathrm{d}t \text{ 内以正速度跨越 } a \text{ 值})$$
$$\approx \int_0^{\infty}\left[\int_{x_0}^{a} p(x,\dot{x})\mathrm{d}x\right]\mathrm{d}\dot{x} \tag{2.7.7}$$

当 $\mathrm{d}t \to 0$ 时，且在 t 和 $t+\mathrm{d}t$ 之间跨越时，$x_0 \to a$，则

$$\int_{x_0}^{a} p(x,\dot{x})\mathrm{d}x \to p(a,\dot{x})\mathrm{d}x$$

考虑到 $\mathrm{d}x = \frac{\mathrm{d}x}{\mathrm{d}t}\mathrm{d}t = \dot{x}\mathrm{d}t$ 的关系式（2.7.7）就成为

$$\mathrm{d}p = \int_0^{\infty}[p(a,\dot{x})\dot{x}\mathrm{d}t]\mathrm{d}\dot{x} = \mathrm{d}t\left[\int_0^{\infty} p(a,\dot{x})\dot{x}\mathrm{d}\dot{x}\right] \tag{2.7.8}$$

因为式（2.7.8）所给出的概率也就是在 $\mathrm{d}t$ 时间段内以正速度跨越 a 的平均次数 $n_a^+\mathrm{d}t$，因此有：

$$n_a^+ = \int_0^{\infty} p_p(a,\dot{x})\dot{x}\mathrm{d}\dot{x} \tag{2.7.9}$$

将式（2.7.3）代入上式，完成积分后得：

$$n_a^+ = \frac{1}{2\pi}\frac{\sigma_{\dot{x}\dot{x}}}{\sigma_{xx}}\exp(-a^2/2\sigma_{xx}^2) \tag{2.7.10}$$

当 $a=0$ 时，上式所代表的便是过程 $x(t)$ 的跨零频率（单位时间内的平均跨零次数）。

$$n_0^+ = \frac{\sigma_{\dot{x}\dot{x}}}{2\pi\sigma_{xx}} \tag{2.7.11}$$

注意到式（2.6.2）、式（2.6.1）所示的关系，上式也可以用谱矩 λ_i 表示为：

$$n_0^+ = \frac{1}{2\pi}\sqrt{\frac{\lambda_2}{\lambda_0}} \tag{2.7.12}$$

对特征频率为 ω_0 的窄频带平稳随机过程，上式成为：

$$n_0^+ = \frac{\omega_0}{2\pi} \tag{2.7.13}$$

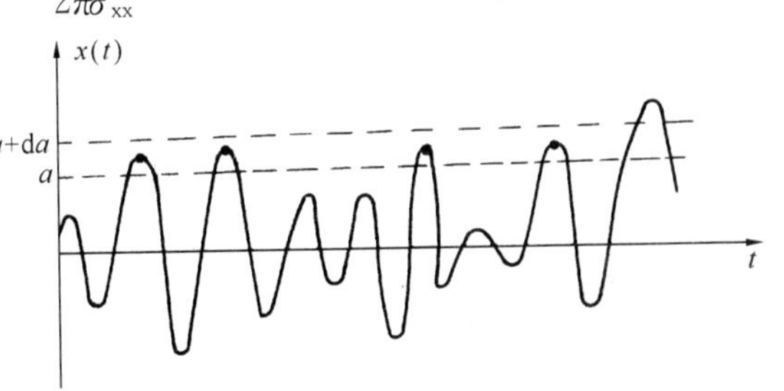

图 2.7.4　出现在 a 和 $a+\mathrm{d}a$ 间的最大值

有了以上 n_0^+ 和 n_0^- 就不难讨论最大值分布了。事实上，假如平稳随机过程 $x(t)$ 在 a 和 $a+\mathrm{d}a$ 之间出现峰值的概率为 $p_p(a)\mathrm{d}a$（图 2.7.4），那么，超过峰值（或最大值）a 的概率就是

$$\int_a^{\infty} p_a(a)\mathrm{d}a \tag{2.7.14}$$

由于对一个窄频带过程，在时间 T 内有 n_0^+T（n_0^+ 表示以正斜率穿越零线的平均次数）个循环，而超过 a 的只有 n_a^+T 个循环，因此峰值超过 a 的循环所占的比例为 n_a^+/n_0^+，这就是超过 a 的峰值概率，即：

$$\int_a^{\infty} p_p(a)\mathrm{d}a = \frac{n_a^+}{n_0^+} \tag{2.7.15}$$

对 a 求导，得：

$$-p_p(a) = \frac{1}{n_0^+}\frac{\mathrm{d}n_a^+}{\mathrm{d}a} \tag{2.7.16}$$

若 $x(t)$是正态随机过程，根据式（2.7.10）和式（2.7.11），得：

$$
\begin{aligned}
-p_{\mathrm{p}}(a) &= -\frac{\mathrm{d}}{\mathrm{d}a}\exp(-a^2/2\sigma_{\mathrm{xx}}^2) \\
&= \frac{a}{\sigma_{\mathrm{xx}}^2}\exp(-a^2/2\sigma_{\mathrm{xx}}^2) \qquad (0 \leqslant a \leqslant \infty)
\end{aligned}
\tag{2.7.17}
$$

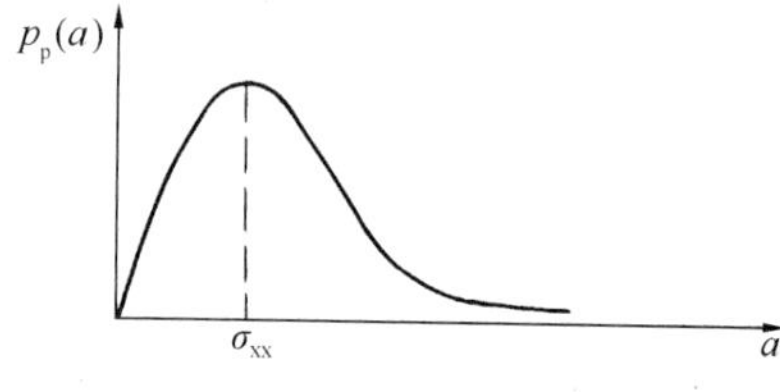

图 2.7.5 用瑞雷函数表示的峰值分布

此概率密度函数符合瑞雷分布（图 2.7.5），它具有单个峰点，发生在 $a=\sigma_{\mathrm{xx}}$处。

在以上讨论中我们只考虑了窄频带过程，现在来看一下窄带过程中峰值的出现频率，大家都知道时间函数 $x(t)$ 出现最大值的条件为：

$$\dot{x}=0 \text{ 和 } \ddot{x}<0$$

对于窄频带过程，跨越零的频率 n_0^+ 与跨越最大值的频率 n_{m}^+ 相同。现在称 $\dot{x}=0$ 的频率为 $n_{\dot{x}=0}^+$，它与最大值的频率 n_{m} 相同，即 $n_{\mathrm{m}}=n_{\dot{x}=0}^+$。由此看来，为求 n_{m} 时仍可以应用式（2.7.11），只需用 $\dot{x}$ 代替 x 就是了，因此有

$$n_{\mathrm{m}}=\frac{1}{2\pi}\frac{\sigma_{\ddot{x}\ddot{x}}}{\sigma_{\dot{x}\dot{x}}} \tag{2.7.18}$$

注意到式（2.6.1）和式（2.6.2）所表示的关系，上式可改写为：

$$n_{\mathrm{m}}=\frac{1}{2\pi}\left(\frac{\lambda_4}{\lambda_2}\right)^{1/2} \tag{2.7.19}$$

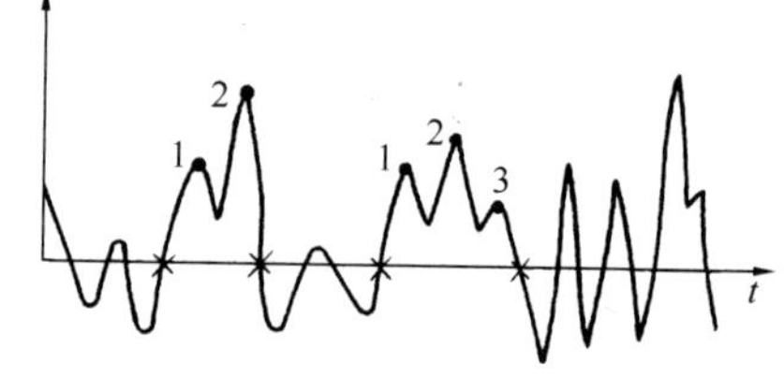

图 2.7.6 宽频带过程一次穿零后可能产生的多个最大值

需要指出的，对于窄频带平稳随机函数$x(t)$，由于它的时间变化过程接近于变幅正弦振动，每次穿零都只产生一个最大值，因此有 $n_{\mathrm{m}}\approx n_0$，当谱密度函数覆盖的频率范围较宽时，一次穿零可能出现多于一个的峰值（图 2.7.6），因此有 $n_{\mathrm{m}}>n_0^+$。这样看来 n_{m} 与 n_0^+ 的比值可以用来反映频带的宽窄，此值愈大，频带愈宽，当 $n_{\mathrm{m}}/n_0^+\rightarrow 1$ 时，频带变窄。

从式（2.7.17）中我们已经知道一个窄频带过程的最大值分布服从瑞雷分布。为了确定宽频带平稳随机过程峰值（或最大值）分布需要考虑三维联合分布 $p(x, \dot{x}, \ddot{x})$，当为正态分布时它决定于以下相关矩阵。

$$M=\begin{bmatrix} E[x^2] & E[x\dot{x}] & E[x\ddot{x}] \\ E[\dot{x}x] & E[\dot{x}^2] & E[\dot{x}\ddot{x}] \\ E[\ddot{x}x] & E[\ddot{x}\dot{x}] & E[\ddot{x}^2] \end{bmatrix} \tag{2.7.20}$$

对于平稳过程，矩阵中的各元素均为与时间无关的常数。考虑到谱密度和期望值的关系以及式（2.6.1）所定义的谱，式（2.7.20）可改写为：

$$M=\begin{vmatrix} \lambda_0 & 0 & -\lambda_2 \\ 0 & \lambda_2 & 0 \\ -\lambda_2 & 0 & \lambda_4 \end{vmatrix} \tag{2.7.21}$$

其系数行列式为：

$$|M|=\lambda_2\lambda_0\lambda_4-\lambda_2^3=\lambda_2\Delta \tag{2.7.22}$$

$$\Delta = \lambda_0\lambda_4 - \lambda_2^2 \tag{2.7.23}$$

根据式（2.2.18）对 N 维向量的推广形式，三维联合分布可写为：

$$p(x,\dot{x},\ddot{x}) = \frac{1}{(2\pi)^{3/2}(\lambda_2\Delta)^{1/2}} \times \exp\left[-\frac{1}{2}\left(\frac{\dot{x}^2}{\lambda_2} + \frac{\lambda_4 x^2 + 2\lambda_2 x\ddot{x} + \lambda_0 \ddot{x}}{\Delta}\right)\right] \tag{2.7.24}$$

现在来计算 $\mathrm{d}t$ 区间内最大值的概率分布。在 t 和 $t+\mathrm{d}t$ 区间内发生出现最大值的条件为 $\dot{x}=0$ 和 $\ddot{x}<0$。在 x，$\dot{x}$，$\ddot{x}$ 空间中符合这一条件的范围如图 2.7.7 所示。按此图，沿 x 方向在 x 至 $x+\mathrm{d}x$ 的区域内出现最大值 x 的概率为：

$$\begin{aligned} &\int_{-\infty}^{0}[p(x,\dot{x},\ddot{x})\mathrm{d}x\mathrm{d}\dot{x}]\mathrm{d}\ddot{x} \\ &= \left[\int_{-\infty}^{0}[p(x,0,\ddot{x})\mathrm{d}x \mid \ddot{x} \mid \mathrm{d}\ddot{x}]\mathrm{d}t\right] \end{aligned} \tag{2.7.25}$$

它等于出现最大值 x 的平均频率 $n_\mathrm{m}(x)$ 乘以 x 至 $x+\mathrm{d}x$ 区间内的 $\mathrm{d}t$，因此有

$$n_\mathrm{m}(x) = \int_{-\infty}^{0} p(x,0,\ddot{x}) \mid \ddot{x} \mid \mathrm{d}\ddot{x} \tag{2.7.26}$$

将上式对 x 求积，即得所有最大值的平均频率：

$$n_\mathrm{m} = \int_{-\infty}^{0}\left[\int_{-\infty}^{0} p(x,0,\ddot{x}) \mid \ddot{x} \mid \mathrm{d}\ddot{x}\right]\mathrm{d}x \tag{2.7.27}$$

将式（2.7.23）代入上式完成积分后即得式（2.7.19），这表明两种方法所得到的结果是一致的。

由于最大值的概率密度函数可以用以下频率比来代替。

$$p_\mathrm{m}(x) = \frac{n_\mathrm{m}(x)}{n_\mathrm{m}} \tag{2.7.28}$$

将式（2.7.23）、式（2.7.25）和式（2.7.19）代入上式，并引入无量纲参数

$$\eta = \frac{x}{\sqrt{\lambda_0}} \tag{2.7.29}$$

可得以下峰值分布：

$$p_\mathrm{m}(\eta) = \frac{1}{\sqrt{2\pi}}\left[q_2 \mathrm{e}^{-\eta^2/2q_2^2} + (1-q_2^2)^{1/2}\eta \mathrm{e}^{-\eta^2/2}\int_{-\infty}^{[\eta(1-q_2^2)^{1/2}]/q_2} \mathrm{e}^{-y^2/2}\mathrm{d}y\right] \tag{2.7.30}$$

式中的谱参数 q_2 已在 2.6 节中用式（2.6.4）加以定义。不同 q_2 的峰值分布曲线如图 2.7.8 所示。需要指出的是，当 $q_2 \to 0$ 时，相应于窄频带过程，其波形如同具有随机振幅的正弦波，此时式（2.7.30）简示为式（2.7.17）所表示的瑞雷分布。还可以证明，对于白噪声和有限带宽白噪声随机过程，$q_2=2/3$，而 $q_2=1$ 的极限情况则相应于在一个较低频率的有限带宽的白噪声过程上叠加一个强度极大，频率极高的随机振幅正弦波，此时 $p(\eta)$ 趋于正态分布。对 $p(\eta)$ 积分得到的累积概率分布如图 2.7.9 所示。

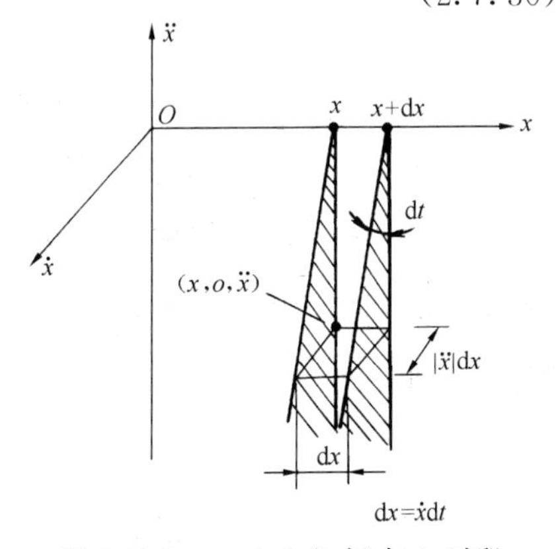

图 2.7.7　$x,\dot{x},\ddot{x}$ 空间中 $\mathrm{d}t$ 时段内在 x 和 $x+\mathrm{d}x$ 区间出现最大值的条件

还需指出，在以上分析中所计算的最小值既可

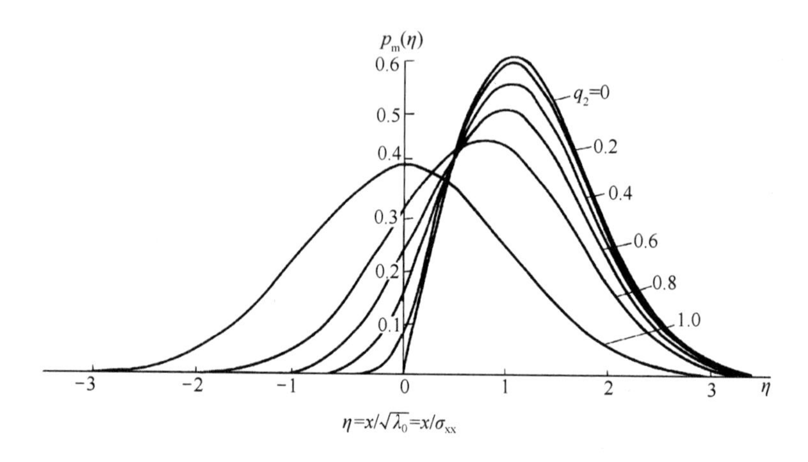

图 2.7.8 最大值（$\xi=x/\sqrt{\lambda_0}$）的概率分布 p（η）的曲线图（关于不同的谱宽 q_2 值）

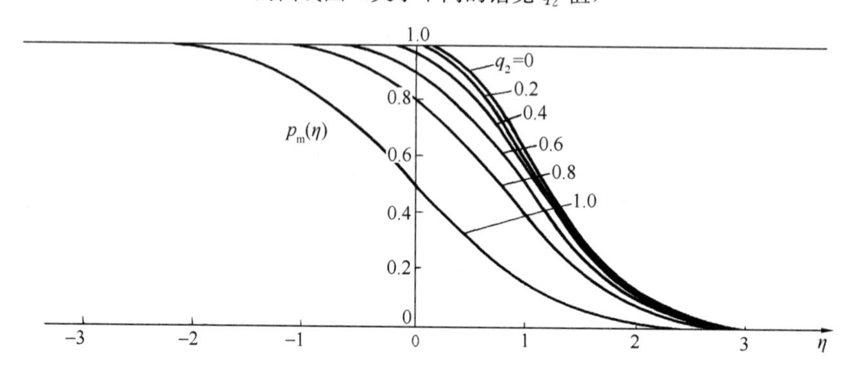

图 2.7.9 关于不同 q 值的累积概率 p_m（η）的曲线图

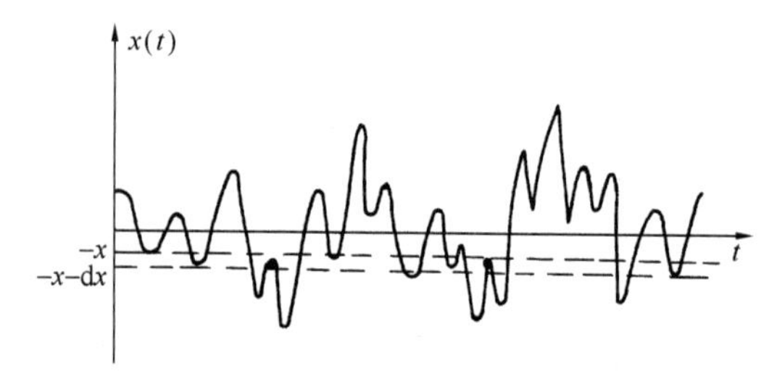

图 2.7.10 在 $-x$ 与 $-x-dx$ 之间出现的最小值

以是正的，也可以是负的，图 2.7.10 所表示的即是在 $-x$ 和 $-x-dx$ 范围内的最小值。峰值取负值的概率便是图 2.7.9 中 $\eta=0$的概率，亦即 $p(0)=\int_{-\infty}^{0}p(\eta)d\eta$。积分显然是与 q_2 有关的。有意思的是应用这种关系还可以找到一种确定 q_2 值的简便方法。用此法只需取一段时间足够长的平稳过程的样本，若此样本的均值不等于零，可先进行基线调整，即减去这个平均值，从而得到一个零均值过程。然后逐个数出正、负峰值的数目，假设它们分别为 N_+ 和 N_-，计算负峰值在总数 N 中的值 $r=\frac{N_-}{N_++N_-}$。由于 $r=\int_{-\infty}^{0}p(\eta)d\eta\approx\frac{1}{2}(1+\sqrt{1-q_2^2})$，$q_2$ 可按下式计算，即：

$$q_2=2\sqrt{r\ (1-r)} \tag{2.7.31}$$

2.8 条件概率分布及其应用

现以二维联合概率密度函数为例来说明条件概率分布及其在地震工程中的应用。设

$x(t)$为一零均值平稳高斯随机过程，均方差为σ_x^2，规准化相关函数$r(\tau)=\left(\frac{R_x(\tau)}{\sigma_x^2}\right)^{1/2}$。图2.8.1所示为$x(t)$的一个样本，它在任意选择的时间坐标0和$\tau$上的两个截口$x(0)$和$x(\tau)$简记为$x_0$和$x_\tau$，组成一个二维随机变量，其联合概率密度为：

$$f(x_0,x_\tau)=\frac{1}{2\pi\sigma_x\sqrt{1-[r(\tau)]^2}}\exp\left[-\frac{1}{2[1-r(\tau)^2]}(x_0^2-2r(\tau)x_0x_\tau+x_\tau^2)\right] \tag{2.8.1}$$

它也就是第2.2节中的式（2.2.5），只是表达方式稍有不同。当x_0取给定值时的条件概率密度可用以下公式来定义，即：

$$f(x_\tau \mid x_0)=\frac{f(x_0,x_\tau)}{\int_{-\infty}^{\infty}f(x_0,z)\mathrm{d}z} \tag{2.8.2}$$

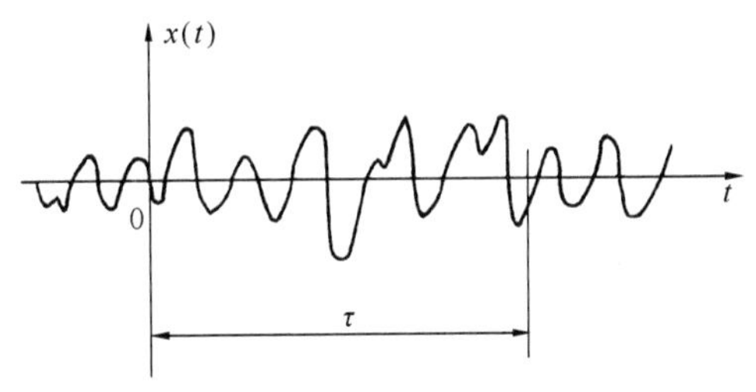

图2.8.1 平稳随机过程样本函数和时间坐标的设置

将式（2.8.1）代入上式，完成分母中的积分后得：

$$f(x_\tau \mid x_0)=\frac{1}{\sqrt{2\pi[1-[r(\tau)]^2]}}e^{-\frac{(x_\tau-r(\tau)x)}{2[1-r(\tau)^2]}} \tag{2.8.3}$$

相应的条件概率分布为：

$$P(x_\tau \mid x_0)=\frac{\int_0^{x_\tau}f(x_0,z)\mathrm{d}z}{\int_{-\infty}^{\infty}f(x_0,z)\mathrm{d}z}$$

以上条件概率分布的概念早已在地震工程中不自觉地加以应用。在20世纪30年代日本学者高桥浩一郎曾建议使用主谱量法从结构的地脉动反应曲线（structural ambiant vibration response）中确定结构的自振周期和阻尼[7]。由于这种方法比较简单，在计算机广泛使用以前是很受欢迎的。具体做法为：首先从结构的地脉动响应曲线中截取同样长度的许多段，将每段的头尾都对齐，通过改变各条曲线的正负方向使每段曲线的起点都取正值，组成一个样本集，然后将各条曲线沿时间坐标按照统一的分割点离散化，对每个离散点对集合求平均，结果将得到一条接近按指数衰减的余弦曲线，其平均周期就是结构的基本周期，阻尼比也可按对数衰减率换算。现在我们在正态分布的假定之下来论证用这种方法得到的是一条什么样的曲线。

首先不难发现在$t=0$的点上，按上述方法计算得到的即是x_0只取正值时的平均值：

$$E[x_0>0]=\int_0^{\infty}x_0f(x_0)\mathrm{d}x_0 \tag{2.8.4}$$

此处

$$f(x_0)=\int_{-\infty}^{\infty}f(x_0,x_\tau)\mathrm{d}x_\tau \tag{2.8.5}$$

为边际分布，将式（2.8.1）代入上式，得：

$$f(x_0)=\frac{1}{\sigma\sqrt{2\pi}}e^{-\frac{x_0^2}{2\sigma_x^2}} \tag{2.8.6}$$

将上式代入式（2.8.4）完成积分后得：

$$E[x_0>0]=\frac{\sigma}{\sqrt{2\pi}} \tag{2.8.7}$$

其余各时间点上的平均值则为：

$$E[x_\tau \mid x_0>0]=\int_0^{\infty} f(x_0)\int_{-\infty}^{\infty} x_\tau f(x_\tau \mid x_0)\mathrm{d}x_\tau \mathrm{d}x_0 \tag{2.8.8}$$

将式（2.8.6）和式（2.8.3）代入上式完成积分后得：

$$E[x_\tau \mid x_0>0]=\frac{r(\tau)\sigma}{\sqrt{2\pi}} \tag{2.8.9}$$

由此可见，集合平均所得到的曲线与 $E[x_0>0]$ 的比值即是相关函数 $r(\tau)$。用此方法计算相关函数只需要做加法，按照常规方法计算则需要先做乘法后做加法，因此能够大大减少计算工作量。事实上，如果环境脉动是白噪声平稳过程，单自由度结构反应过程的相关函数接近衰减余弦，因此可以从中确定单自由度结构的自振周期和阻尼比。当多自由度体系以 1 振型反应为主时也可以得到 1 振型周期和阻尼比的近似值。这一方法虽然早就为人们知晓，但高桥本人和这一方法的引用者都未对其所依据的理论基础作出过解释。以上分析结果是我们在 20 世纪 60 年代初期做出的。在文献［7］中应用统计学原理对这一方法做了详细的论证，指出它对非平稳随机过程和非正态过程也是适用的。

2.9 地震动的随机过程模型

首先用随机振动模型表示地震动是豪斯纳（Housner）和罗森布罗斯[8,9]，他们将地震动当作是随时间随机分布的速度脉冲，后来的研究表明这一模型等价于白噪声，其谱密度函数是强度为 S_0 的水平线。到目前为止最常用的随机振动模型还是过滤白噪声，它实际就是具有一定自振频率和阻尼比的振子对的噪声转入的反应过程。这种形式的功率谱是由金井清、田治见[10]等人发展的。他们采用的表达式有些不同，但意思都差不多，以下是一种常用的谱密度表达式：

$$S_{\ddot{x}y}(\omega)=\frac{[1+4\gamma_g^2(\omega/\omega_g)^2]S_0}{[1-(\omega/\omega_g)^2]^2+4\gamma_g^2(\omega/\omega_g)^2} \tag{2.9.1}$$

式中：S_0 是一个表示扰动强度的常数；ω_g 是地面特征频率，$\omega_g=5-6\pi$ rad/s；γ_g 是所考虑地点的地面特征阻尼比，对于硬土地层，典型的值为 0.6～0.7。

与金井清、田治见模型类同的还有巴尔斯坦[11]提出的过滤白噪声地震动平稳随机模型，其相关函数与谱密度函数为：

$$\begin{aligned} R(\tau)&=R_0 e^{-\alpha(\tau)}(\cos\beta\tau+M\sin\beta\tau) \\ S(\omega)&=\frac{2R_0}{\pi}\frac{(\alpha-M\beta)\omega^2+(\alpha+M\beta)(\beta^2+\alpha^2)}{\omega^4-2(\beta^2-\alpha^2)\omega^2+(\beta^2+\alpha^2)^2} \end{aligned} \tag{2.9.2}$$

如果将上式中参数 α，β，M 值选择如下：

$$\alpha=\zeta_g\omega_g$$

$$\beta^2=(1-\zeta_g^2)\omega_g^2$$

$$M=\frac{1-4\zeta_g^2}{1+4\zeta_g^2}\frac{\zeta_g^2}{1-\zeta_g^2}$$

并适当地选择 R_0，式（2.9.2）即可变换为与式（2.9.1）类似的形式。因此式

(2.9.1) 与式 (2.9.2) 并无本质上的差异，这二个模型都很简单实用，但是其谱密度对高频和低频段的描述都不能代表地震动的实际情况。为改善这些情况，我国研究者做了许多工作，例如在文献[3]中曾在巴尔斯坦的谱密度函数中引入修正低频段的附加项。后来欧进萍等对金井清谱中的高频段引入修正项[15,16]，杜修力等[12,13]则提出了对高低频都加以修正的方案。为了使金井清能适合于不同的烈度和场地条件，孙景江、江近仁、欧进萍[13][14]提供了一种按照抗震设计规范中的设计反应谱标定参数的方法，这些工作可供地震模拟和抗震可靠度分析参考。

参 考 文 献

1 R. W. Clough and J. Penzien, Dynamics of Structares, Second Edition, McGraw-Hill, Inc, 1993
2 胡聿贤. 地震工程学. 北京：地震出版社，1988
3 胡聿贤，周锡元. 地震力统计理论评价. 中国科学院土木建筑研究所. 地震工程研究报告集（第一集）. 北京：科学出版社，1962
4 D. E. Gartwight and M. S. Longuet-Higgins, The Statistical Distribution of the Maxima of a Random Function, Proc. R. Soc. (series A), 237 pp212—232, 1956
5 A. G. Davenport, Note on the Distribution of the Largest Value of a Random Function with Application to Gust Loading, Proc. Inst, CIV, Eng.; vol 28, pp187—196, 1964
6 M. S. Longuet-Higgins, On the Statistical Distribution of the Height of Sea Waves, J. Marine Res. II: 245-266, 1952
7 王光远，周锡元. 回归方程的两个定理在回归分析和求相关函数中的应用. 应用数字与计算数学，(2) 1, 1965
8 G. W. Housner, Characteristics of Strong Motion of Earthquakes, BSSA, Vol. 37, No. 1, pp. 19-31, 1947
9 E. Rosenbluth, Probabilistic Design to Resist Earthquakes, Proc. ASCE, 90 (EMS), pp. 189-219, 1964
10 K. Kanai, Semi-Empirical Formular for the Seismic Characteristics of Ground Motion, 东京大学地震研究所, V35, No. 2, 1957
11 M. F. Barstein, Application of Probability Methods for Design the Effect of Seismic Forces on Engineering Structures, Proc. 2nd World Conf. on Earthquake Eng, 1960
12 杜修力，陈厚群. 地震动随机模拟及其参数确定方法. 地震工程与工程振动，1994，14 (4)
13 杜修力，胡晓，陈厚群. 强震地运动随机过程模拟. 地震学报，1995，17 (1)
14 孙景江，江近仁. 与规范反应谱相对应的金井谱的谱参数. 世界地震工程，1990 (1)
15 欧进萍，牛荻涛，杜修力. 设计用随机地震动模型及其参数的确定. 地震工程与工程振动，1991，11 (3)
16 欧进萍，王光远. 结构随机振动. 北京：高等教育出版社，1998
17 朱位秋. 随机振动. 北京：科学出版社，1992
18 陈英俊，甘幼深，于希哲. 结构随机振动. 北京：人民交通出版社，1993
19 庄表中，王行新. 随机振动概论. 北京：地震出版社，1992

第3章　强震地面运动的一般特性和反应谱

3.1　单质点体系的地震反应

图3.1.1中所示为一单质点体系，它可以近似地代表一个单层房屋或水塔等结构。所谓单质点结构，就是将结构中参与振动的质量全部集中在一点上，用无重量的弹性杆件系统支承在地面上。为了简单起见，我们假定地面运动和结构振动只是单方向的水平平移运动，不发生扭转。我们知道，地震时实际地面运动是三分向的，所以在设计中应该考虑两个水平分量和一个竖向分量。由于竖向分量一般只相当于自重的增减，而结构在竖向的强度储备一般是比较大的。此外，地震时结构一般并不会正好处在满负载状态，所以除特别规定外，一般都不予考虑。

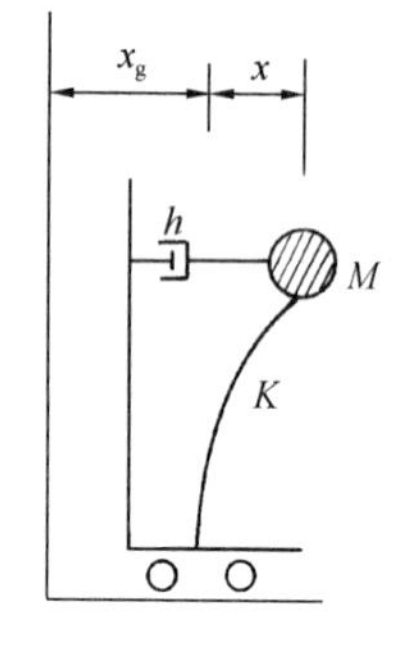

图3.1.1　单质点振动体系

现在我们来分析一下单质点系在水平横向地面运动 x_g（t）影响下的振动。为了便于进行分析，我们通常都假定地基是刚性平面，结构是坐落在这个刚性平面上的弹性系统。这样就形成了如图3.1.1所示的计算简图，它的基底按 x_g（t）的规律发生运动，这时 x_g（t）可以看作是地震时地面位移的一次实际记录。在这样的地面运动影响下质点将发生振动。为了建立质点的运动方程式，我们可以把这个质点与其支承结构分割开来，使之成为一个割离体。这样根据牛顿定律，当质点处在运动状态时，作用力 F 与加速度 a 之间具有以下的关系式，即：

$$F = Ma \tag{3.1.1}$$

式中：M 为质点的质量。

上式也可以写为 $F-Ma=0$ 的形式，式中 $-Ma$ 称为惯性力，亦即加上惯性力以后该质点将处于假想的平衡状态。这一形式的动力方程式通常称为达朗培尔原理。

在我们的情况下

$$F = -Kx - h\frac{dx}{dt} \tag{3.1.2}$$

式中：$-Kx$ 为弹性恢复力；$-h\dfrac{dx}{dt}$为阻尼力。由于这些力的方向都与质点的运动方向相反，所以都带负号，并有

$$a = \frac{d^2}{dt^2}(x + x_g) \tag{3.1.3}$$

式中：d^2x/dt^2 为质点相对于地面的加速度；d^2x_g/dt^2 为地面运动加速度。这两部分之和就是质点的绝对加速度。将式（3.1.2）、式（3.1.3）代入式（3.1.1），我们可得质点 M 在地震作用下的运动方程式：

$$M\frac{d^2}{dt^2}(x + x_g) = -h\frac{dx}{dt} - Kx = 0 \tag{3.1.4}$$

这是一个二阶常系数线性微分方程式。上式移项以后，可以改写为：

$$-M\frac{\mathrm{d}^2}{\mathrm{d}t^2}(x+x_g)-h\frac{\mathrm{d}x}{\mathrm{d}t}-Kx=0 \tag{3.1.5}$$

式中：x 是质点M 对于地面的相对位移，它是时间 t 的函数。上式移项后，可写为：

$$M\ddot{x}+h\dot{x}+Kx=-M\ddot{x}_g \tag{3.1.6}$$

从上式中可以看出地面运 动$\ddot{x}_g(t)$ 的影响就是在质点上作用一个大小等于 $M\ddot{x}_g(t)$ 而方向相反的动荷载。由此我们知道，地震对建筑物的作用是地面位移 x_g（t）的二次导数，即地面加速度$\ddot{x}_g$（t），而不是地面位移本身。上式经过整理以后，可以写为：

$$\ddot{x}+2\zeta\omega\dot{x}+\omega^2x=-\ddot{x}_g \tag{3.1.7}$$

其中

$$\omega^2=\frac{K}{M}$$

$$\zeta=\frac{h}{2\sqrt{KM}}=\frac{h}{2\omega M}$$

式(3.1.5)～式(3.1.7)就是单质点系地面在地震地面运动影响下的运动方程式。

为了求出式（3.1.7）的一般解答，我们可以先从自由振动出发。所谓自曲振动就是当体系不受任何外来干扰时的振动，在我们的问题中这相应于式（3.1.7）中右边部分等于零的情形，即：

$$\ddot{x}+2\zeta\omega\dot{x}+\omega^2x=0 \tag{3.1.8}$$

下式可用常系数线性微分方程式的一般解法来求解。也就是说，我们可以假设下列形式的解答：

$$x=e^{st} \tag{3.1.9}$$

式中：e 是自然对数的底；t 是时间；s 是待定常数。将上式代入式（3.1.8）中，得：

$$s^2+2\zeta\omega s+\omega^2=0$$

上式一般称为特征方程，这是一个二次方程式，它的两个根为：

$$s=-\zeta\omega\pm\sqrt{\zeta^2-1}\omega \tag{3.1.10}$$

现在考虑 $\zeta<1$ 的情况，这相应于阻尼较小的情况。这时根号下面的数值是负的，也就是说我们得到一对复根：

$$s_1=-\zeta\omega+\sqrt{1-\zeta^2}\omega i$$

$$s_2=-\zeta\omega-\sqrt{1-\zeta^2}\omega i$$

将这些根代入方程式（3.1.9）中，可得式（3.1.8）的两个特解。由于这两个特解都满足线性方程式（3.1.8），所以它们的线性联合（乘以任意常数以后的和或差）也能满足方程式（3.1.8）。这样根据欧拉公式，我们可以得到以下两个解答：

$$x_1=\frac{c_1}{2}(\mathrm{e}^{s_1t}+\mathrm{e}^{s_2t})=c_1\mathrm{e}^{-\zeta\omega t}\cos\sqrt{1-\zeta^2}\omega t$$

$$x_2=\frac{c_2}{2i}(\mathrm{e}^{s_1t}-\mathrm{e}^{s_2t})=c_2\mathrm{e}^{-\zeta\omega t}\sin\sqrt{1-\zeta^2}\omega t$$

将以上两式相加，即得式（3.1.8）的一般解。

$$x=\mathrm{e}^{-\zeta\omega t}(c_1\cos\omega' t+c_2\sin\omega' t) \tag{3.1.11}$$

其中 $\omega'=\sqrt{1-\zeta^2}\omega$ 是有阻尼自振频率，当 ζ 很小时，可取 $\omega\approx\omega'$，c_1 与 c_2 是任意常数，可按照问题的初始条件来确定。当阻尼等于零时，即 $\zeta=0$ 时，上式可简化为：

$$x = c_1\cos\omega t + c_2\sin\omega t \tag{3.1.12}$$

这就是无阻尼单质点系的一般解答，此解答代表简谐运动，其中 $\omega=\sqrt{\dfrac{K}{M}}$ 是无阻尼自振频率。对比式（3.1.11）与式（3.1.12）可知，与无阻尼体系相比，有阻尼体系的自由振动为按指数函数衰减的简谐振动，其振动频率为 $\omega'=\sqrt{1-\zeta^2}\omega$，所以 ω' 称为有阻尼频率。

现在按照体系运动的初始条件来确定常数 c_1 与 c_2，假定当 $t=0$ 时，$x=x_0$，$\dot{x}=\dot{x}_0$，其中 x_0 与 $\dot{x}_0$ 分别为初始位移与初始速度。将上述初始位移代入式（3.1.11）中，我们得到 $x_0=c_1$。将式（3.1.11）对时间 t 求导数，并将 $t=0$ 时 $\dot{x}=\dot{x}_0$ 代入此式，即得：

$$c_2=(\dot{x}_0+\zeta\omega x_0)/\sqrt{1-\zeta^2}\omega$$

将所求得的 c_1 与 c_2 代入式（3.1.11）后，得：

$$x = e^{-\zeta\omega t}\left(x_0\cos\omega' t + \frac{\dot{x}_0+\zeta\omega x_0}{\omega'}\sin\omega' t\right) \tag{3.1.13}$$

现在假设

$$x_0 = A\sin\alpha$$

$$\frac{\dot{x}_0+\zeta\omega x_0}{\omega'} = A\cos\alpha$$

亦即用幅值 A 与相位角 α 来代替式（3.1.13）中的 x_0 与 $\dot{x}_0$。通过以上两式可以解出 A 与 α 为：

$$A=\sqrt{x_0^2+\left(\frac{\dot{x}_0+\zeta\omega x_0}{\omega'}\right)^2}$$

$$\alpha=\tan^{-1}\frac{\omega' x_0}{\dot{x}_0+\zeta\omega x_0}$$

将以上 A 与 α 代入式（3.1.13）中，稍加整理后，即得：

$$x=Ae^{-\zeta\omega t}\sin(\omega' t+\alpha) \tag{3.1.14}$$

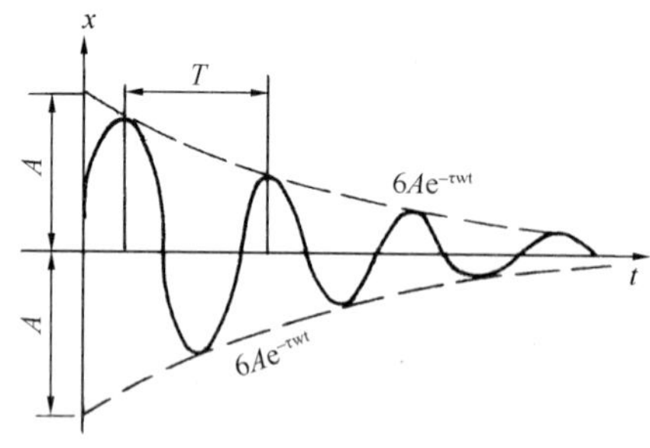

图 3.1.2　衰减自由振动

上式代表如图 3.1.2 所示的衰减简谐运动。这是因为当 $t\to\infty$ 时，$x\to 0$（由于 $e^{-\zeta\omega t}\to 0$），所以振动是逐渐衰减的。另外从式（3.1.14）还可以知道，当 $\omega' t_i+\alpha=i\pi$，即 $t_i=\dfrac{i\pi-\alpha}{\omega'}$（$i=0$，1，2，…）时，$\sin(\omega' t+\alpha)=0$，因而 $x=0$，即振动经过平衡位置，所以它又是振动的，先后两次经过平衡位置的时间差 $t_i-t_{i-1}=\dfrac{\pi}{\omega'}$，即为自振周期的一半，所以有 $T=\dfrac{2\pi}{\omega'}$。

现在再来看当 $\zeta>1$ 的情况，这时特征方程的两个根都是实数，相应的解答具有指数函数的形式，这时不再包含式(3.1.11)中的简谐振动项。因为当阻尼大到 $\zeta=1$ 时，体系从衰减振动的情况转变为不发生振动的纯衰减运动，所以这时的体系是处于临界状态。$\zeta=1$ 时体系的阻尼一般称为临界阻尼，而 ζ 则是与临界阻尼的比值。所以通常称 ζ 为临界阻尼比，简称为阻尼比。

为了求出方程式(3.1.7)的一般解答，我们可以从上面讨论的自由振动出发进行求解。按照式(3.1.13)或式(3.1.14)，单质点体系在初始速度 $\dot{x}_g$ 影响下的自由振动解为：

$$x(t)=\frac{\dot{x}_g}{\omega'}e^{-\zeta\omega t}\sin\omega' t \tag{3.1.15}$$

现在把图 3.1.3 中所示的地面加速度分成无数个竖直的窄条小面积，图中画影线的小面积表示其中的一条，其横坐标为$t=\tau$，纵坐标为 $\ddot{x}_g(\tau)$，宽度 $\Delta\tau$ 很小，在此范围内的加速度可以看作是常量，其面积为 $\ddot{x}_g(\tau)\Delta\tau$。由于加速度图的面积代表速度，所以我们可以把每一个窄条的面积看作是在这一时刻地面施加给结构的速度增量，结构在地震时的振动则是这些速度增量连续作用的结果。这样在每一瞬时结构都获得一个速度增量 $\Delta\dot{x}=\ddot{x}_0(\tau)\Delta\tau$。上述速度增量 $\Delta\dot{x}$ 可以当作结构在瞬时 τ 所获得的初速度。按式（3.1.15），可以推得质点 M 在任一时刻 t 由于此增量所引起的相对位移为：

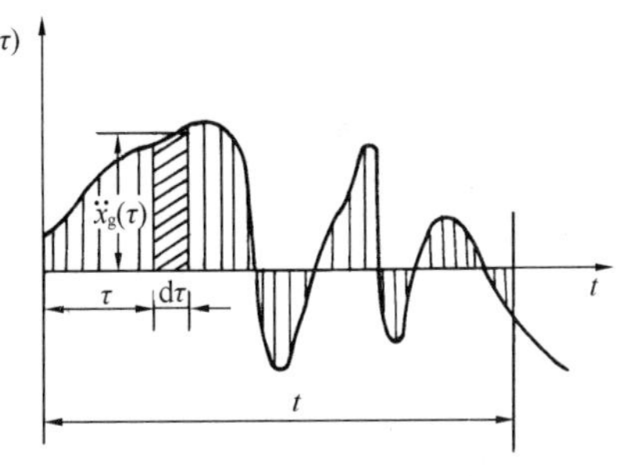

图 3.1.3 加速度记录分解为连续作用的速度脉冲

$$\Delta x=e^{-\zeta\omega(t-\tau)}\frac{\ddot{x}_g\Delta\tau}{\omega'}\sin\omega'(t-\tau)$$

式中的 $t-\tau$ 相应于把起始坐标从 0 移到 τ，图 3.1.3 中所有各窄条小面积所产生的速度增量都可以用上式来表示，只是起始坐标 τ 有所不同。这样在地面加速度 $\ddot{x}_g$ 连续作用下结构所得到的总位移为：

$$x(t)=-\sum\frac{1}{\omega'}e^{-\zeta\omega(t-\tau)}\ddot{x}_g(\tau)\sin\omega'(t-\tau)\Delta\tau$$

由于方程式（3.1.7）的右端部分带负号，所以上式中也带负号。上式所表示的叠加过程可参看图 3.1.4。当 $\Delta\tau$ 趋于零时，取极限后，上式变为积分的形式，即：

$$x(t)=-\frac{1}{\omega'}\int_0^t\ddot{x}_g(\tau)e^{-\zeta\omega(t-\tau)}\sin\omega'(t-\tau)d\tau \tag{3.1.16}$$

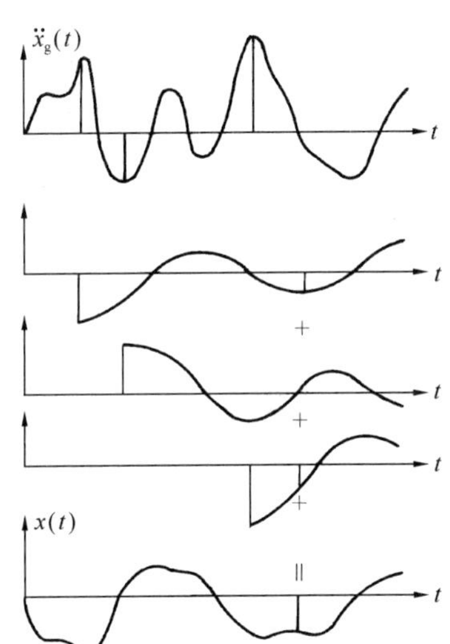

图 3.1.4 地震反应的叠加过程

这就是单质点系在零初始条件下地震反应的积分表达式。式中 $\omega'=\sqrt{1-\zeta^2}\omega$，当 ζ 很小时可取 $\omega'\approx\omega$。当阻尼等于零时，式（3.1.16）可简化为：

$$x(t)=-\frac{1}{\omega}\int_0^t\ddot{x}_g(\tau)\sin\omega(t-\tau)d\tau \tag{3.1.17}$$

式（3.1.14）与式（3.1.16）的和就是单质点系在任意初始条件下的解答。不过由于阻尼的作用，自由振动很快就会衰减，式（3.1.14）的影响常常可以忽略不计。

3.2 地震反应谱

在上一节中，我们已经得到了单质点弹性体系相对位移地震反应的一般公式（式3.1.16）。有了这个一般公式，对于任何一个自振频率为 ω、临界阻尼比为 ζ 的单质点体系，在给定地震加速度 $\ddot{x}_g(t)$ 影响下的相对位移反应都可以计算出来，结果是一个时间 t 的函数。由于地震加速度 $\ddot{x}_g(t)$（一般称为输入）是不规则的时间函数，一般不能用简单的数学公式来表达，因此，式（3.1.16）所表示的积分公式 $x(t)$（通常称为反应或输出）一般也是不能用简单的解析式子来表达的，因此，只能用数值积分的方法来求出它的时间变化过程。在电子计算机被广泛利用之前，式（3.1.16）中的积分一般是用表格法、图解法、机械模拟和电模拟方法进行计算的，现在则通常用电子计算机进行计算。例如，在图3.2.1中列举了三个不同周期的单质点系对于1952年7月21日塔夫特（Taft）地震加速度记录按式（3.1.16）计算出的加速度反应[1]。从图中可以看到，在同样的地面加速度 $\ddot{x}_0(t)$ 作用下，自振频率 ω（或周期 T）不同的单质点反应是不同的时间函数。从不同自振周期的反应曲线中，可以发现它们的峰值和频率特性都不相同。从这些曲线的外形上来看，当自振周期较长时，反应中长周期的分量较大；当自振周期较短时，反应中的短周期的分量较大。关于这一点，下面还要作进一步的说明。在抗震设计中最关心的是最大反应，对于相对位移反应，也就是 $x(t)$ 的最大值 x_{max}，它可以从反应时间函数 $x(t)$ 中找出来。当阻尼比 ζ 给定时，对于不同的自振周期 T，都可以求出相应的最大位移 x_{max}。这样，相对位移最大反应就可以看作是时间 t 的函数，对于每一个地震加速度记录，都可以计算出一条 $\Delta=x_{max}$ 与 T 之间的关系曲线，这就是相对位移反应谱。又如，在图3.2.2中给出了两个地震记录的相对位移反应谱。有了这个反应谱，任何单质点系（自振周期为 T，阻尼比为 ζ）的最大位移反应都可以直接从图中查出，实际应用起来是比较方便的。

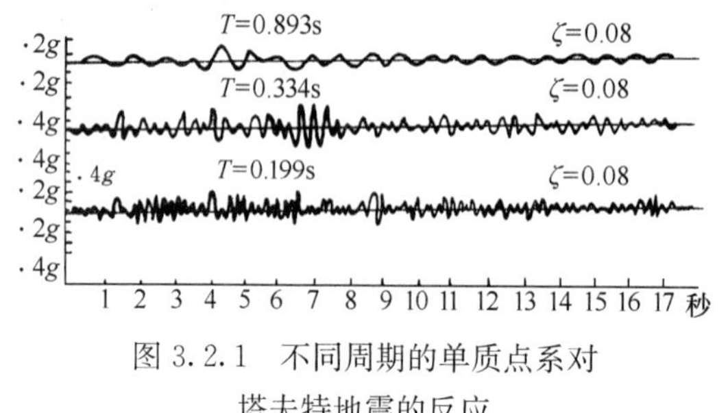

图3.2.1 不同周期的单质点系对塔夫特地震的反应

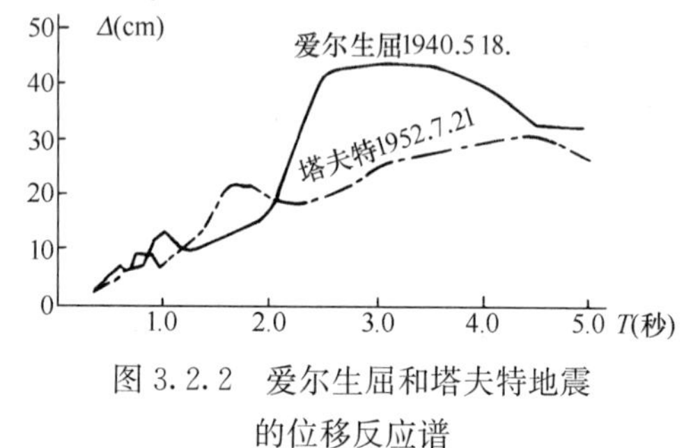

图3.2.2 爱尔生屈和塔夫特地震的位移反应谱

上面讨论了相对位移反应谱。对于单质点弹性体系，如果已知相对位移最大反应，相应的应力状态也就可以计算出来了。但是，在结构抗震设计中更广泛采用的是地震荷载的概念，亦即通过荷载来计算内力和选择截面。某些结构还可以采用能量的概念进行设计。这时，相对位移反应谱就显得不够用了。因此，还需要讨论速度和加速度反应谱，以及这些反应谱之间的相互关系[2]。

假如忽略阻尼 ζ 的高次项影响，式（3.1.16）可以改写为如下的形式：

$$x(t) = -\frac{1}{\omega}\int_0^t e^{-\zeta\omega(t-\tau)}\ \ddot{x}_g(\tau)(\sin\omega t\cos\omega\tau - \cos\omega t\sin\omega\tau)d\tau \tag{3.2.1}$$

引入下面的符号

$$\left.\begin{aligned} A(t,\omega) &= \int_0^t e^{-\zeta\omega(t-\tau)}\ \ddot{x}_g(\tau)\cos\omega\tau d\tau \\ B(t,\omega) &= \int_0^t e^{-\zeta\omega(t-\tau)}\ \ddot{x}_g(\tau)\sin\omega\tau d\tau \end{aligned}\right\} \tag{3.2.2}$$

式（3.2.1）可写为：

$$x(t) = -\frac{1}{\omega}(A\sin\omega t - B\cos\omega t) \tag{3.2.3}$$

现在再假设

$$\left.\begin{aligned} A &= S\cos\varphi \\ B &= S\sin\varphi \end{aligned}\right\} \tag{3.2.4}$$

由此可知

$$\left.\begin{aligned} S &= \sqrt{A^2+B^2} \\ \varphi &= \tan^{-1}\frac{B}{A} \end{aligned}\right\} \tag{3.2.5}$$

这样，式（3.2.3）可进一步改写为：

$$x(t) = -\frac{1}{\omega}S\sin(\omega t - \varphi) \tag{3.2.6}$$

由于S与φ一般表现为缓慢变化的时间函数，因此上式所表示的相对位移反应$x(t)$通常是振幅和相位（或频率）缓慢变化的简谐振动，它的平均频率就是此体系的自振频率ω。这一特性可以用来解释为什么在图3.2.1中不同周期的反应过程的主要频率分量有所不同。从式（3.2.6）中可以知道，它们的平均频率分别等于其自振频率。

为了得到相对速度反应，我们可以将式（3.1.16）对时间t求导数，假如忽略ζ的高次项影响，结果可以得到：

$$\dot{x} = \zeta\int_0^t e^{-\zeta\omega(t-\tau)}\ \ddot{x}_g(\tau)\sin\omega(t-\tau)d\tau - \int_0^t e^{-\zeta\omega(t-\tau)}\ \ddot{x}_g(\tau)\cos\omega(t-\tau)d\tau \tag{3.2.7}$$

引用式（3.2.2）中的符号以后，上式可改写为：

$$\dot{x} = S[\zeta\sin(\omega t - \varphi) - \cos(\omega t - \varphi)] \approx -S\cos(\omega t - \alpha) \tag{3.2.8}$$

式中

$$\alpha = \tan^{-1}\frac{B}{A} - \tan^{-1}\zeta = \tan^{-1}\frac{\frac{B}{A} - \zeta}{1 + \zeta\frac{B}{A}} \tag{3.2.9}$$

我们知道，绝对加速度等于相对加速度$\ddot{x}$与地面加速度$\ddot{x}_g$之和，根据式（3.1.7），

$$\ddot{x} + \ddot{x}_g = -\omega^2 x - 2\zeta\omega\dot{x}$$

将式（3.2.6）与式（3.2.8）代入上式，忽略ζ的高次项以后，可以得到[1]

$$\ddot{x} + \ddot{x}_g = \omega S[\sin(\omega t - \varphi) + 2\zeta\cos(\omega t - \varphi)] = \omega S\sin(\omega t - \beta) \tag{3.2.10}$$

---

[1] 将式（3.2.7）对时间求导数后与$\ddot{x}_g$相加，也可获得与式（3.2.10）同样的结果。

式中

$$\beta=\tan^{-1}\frac{B}{A}-\tan^{-1}2\zeta=\tan^{-1}\frac{\frac{B}{A}-2\zeta}{1+2\zeta\frac{B}{A}} \tag{3.2.11}$$

式（3.2.9）与式（3.2.11）所确定的 α 与 β 也是时间 t 的慢变函数。在阻尼等于零的特殊情况下

$$\alpha=\beta=\varphi$$

式（3.2.6）、式（3.2.8）与式（3.2.10）给出了位移、速度、加速度反应之间的相互关系。

从以上讨论中可以知道，所谓反应谱，即是单质点系在给定地震加速度作用下的最大反应随自振周期变化的曲线，它同时也是阻尼的函数。作为一个例子，在图 3.2.3 中给出了 1976 年 11 月 15 日宁河地震时天津医院地下室记录❶的位移、速度和加速度反应谱，从图中可以看到阻尼对反应谱的影响。

现在再来研究体系的能量。单质点系的势能为：

$$V=\frac{1}{2}Kx^2$$

将式（3.2.6）代入上式后，我们得到：

$$V=\frac{1}{2}K\frac{S^2}{\omega^2}\sin^2(\omega t-\varphi)=\frac{M}{2}S^2\sin^2(\omega t-\varphi)$$

相对动能为：

$$T=\frac{1}{2}M\dot{x}^2$$

将式（3.2.8）代入上式得：

$$T=\frac{1}{2}MS^2\cos^2(\omega t-\alpha)$$

总能量为：

$$T+V=\frac{1}{2}MS^2\left[\sin^2(\omega t-\varphi)+\cos^2(\omega t-\alpha)\right]$$

经过简单的变换以后，上式可以改写为下面的形式：

$$T+V=\frac{1}{2}MS^2\left[1+\sin(\alpha-\varphi)\sin(2\omega t-\alpha-\varphi)\right] \tag{3.2.12}$$

从式（3.2.9）与式（3.2.5）中可以看到，当 ζ 很小时，$\alpha\approx\varphi$，亦即 $\sin(\alpha-\varphi)\approx 0$。这样，地震时的输入体系的总能量近似为：

$$T+V=\frac{1}{2}MS^2=\frac{1}{2}M(A^2+B^2)$$

其最大值为：

$$(T+V)_{\max}=\frac{1}{2}MS_v^2$$

---

❶ 这个记录引自中国科学院工程力学研究所的强震观测资料。

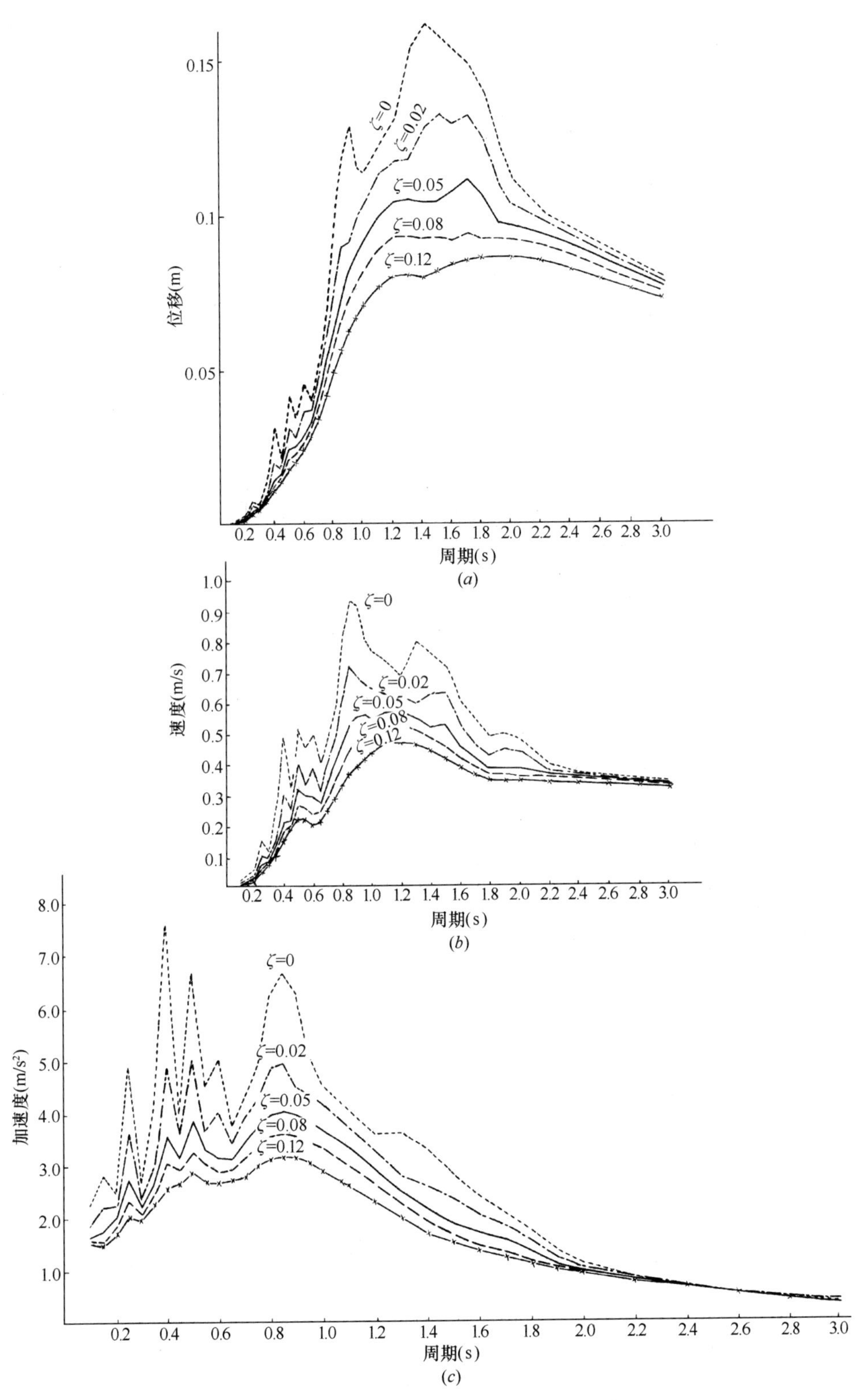

图 3.2.3 天津医院加速度记录的反应谱

(*a*) 相对位移反应谱；(*b*) 相对速度反应谱；(*c*) 绝对加速度反应谱

式中

$$S_v^2=(A^2+B^2)_{max}$$

由此可知，单质点结构每单位质量所获得的最大能量为 $S_v^2/2$。

由于振幅 S，相位 φ、α 与 β 都是时间 t 的慢变函数，质量 M 在地震中的最大相对位移，速度与绝对加速度可以近似用下式来表示。

$$\left.\begin{aligned}S_D&=x_{max}=\frac{1}{\omega}S_v\\S_v&=\dot{x}_{max}\\S_A&=(\ddot{x}+\ddot{x}_g)_{max}=\omega S_v\end{aligned}\right\}\tag{3.2.13}$$

上面的这些公式给出了几种反应谱之间的相互关系。根据式（3.2.13）所表示的关系，我们可以用对数坐标把位移、速度和加速度反应谱画在一张图上，通常称之为三坐标反应谱。在图 3.2.4 中列举了爱尔生屈（El Centro）地震的三坐标反应谱或三联谱[3]。

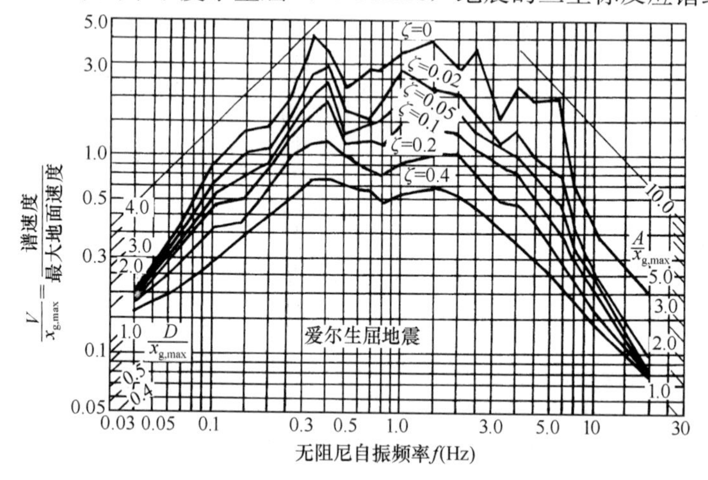

图 3.2.4　三坐标反应谱

地震时，作用在结构上的最大剪力为：

$$Q=Kx_{max}=K\frac{1}{\omega}S_v=\sqrt{KM}S_v\tag{3.2.14}$$

作用在单质点结构上的最大惯性力，即地震作用为：

$$F=M(\ddot{x}+\ddot{x}_g)_{max}=MS_A=\sqrt{KM}S_v\tag{3.2.15}$$

由此可以看到，在单质点系中基底剪力与地震作用相同。

在以上推导中，结构的最大反应是用 S_v 来表示，它等于式（3.2.5）中 S 的最大值。为了方便起见，往往采用式（3.2.6）的最大值作为 S_v/ω。从式（3.2.6）中可以看到，这样做法可能低估了 S_v 的值，不过，一般来讲误差不太大。

为了应用方便起见，式（3.2.15）也可以写为如下的形式。

$$F=k\beta W$$

式中

$$k=\frac{|\ddot{x}_g|_{max}}{g}\tag{3.2.16}$$

$$\beta=\frac{|\ddot{x}+\ddot{x}_0|_{max}}{|\ddot{x}_g|_{max}}$$

$$g=\text{重力加速度}$$

这是单质点系地震作用的基本公式，式中 k 称为地震系数，即以重力加速度作为单位的地面运动最大加速度；β 称为动力系数，即以地面最大加速度作为单位的加速度反应谱。

3.3 地震傅里叶谱

我们知道，周期函数都可以通过分解为傅里叶（Fourier）级数的方法来分析它是由那些谐波分量所组成的。由于强震加速度 $\ddot{x}_g(t)$ 是非周期函数，我们应该将它表为傅里叶积分的形式：

$$\ddot{x}_g(t)=\frac{1}{\pi}\int_0^{\omega}\mathrm{d}\omega\int_{-\omega}^{\omega}\ddot{x}_0(\tau)\cos\omega(t-\tau)\mathrm{d}\tau \tag{3.3.1}$$

假如地震的持续时间为从 $t=0$ 到 $t=t_1$，则上式可改写为

$$\ddot{x}_g(t)=\frac{1}{\pi}\int_0^{\infty}G(\omega)\mathrm{d}\omega \tag{3.3.2}$$

式中
$$G(\omega)=\int_0^{t_1}\ddot{x}_g(\tau)\cos\omega(t-\tau)\mathrm{d}\tau \tag{3.3.3}$$

即为地面加速度中频率等于 ω 的谐波分量。

另一方面，如果我们将式（3.1.17）对时间求导数，结果得到

$$\dot{x}(t)=-\int_0^{t}\ddot{x}_g(\tau)\cos\omega(t-\tau)\mathrm{d}\tau \tag{3.3.4}$$

上式给出了频率等于 ω 的单质点系在任意时刻 t 的相对速度反应。比较式（3.3.3）与式（3.3.4）不难看到，傅里叶谱 G（ω）就是在地震结束时（即 $t=t_1$ 时）无阻尼单质点系的速度反应，符号相反。既是这样，我们能不能把反应谱看作是傅里叶谱的一种形式呢？为了解答这个问题，我们得把傅里叶谱的概念再推广一下。事实上，在式（3.3.3）与式（3.3.4）中我们是把整个加速度记录 $\ddot{x}_g(t)$ 展开为傅里叶积分的，假如我们将时间从零开始考虑到任意中间时刻 t，即将加速度记录从 0 到 t 的一段展开为傅里叶谱，这样的傅里叶谱可以称为即时谱，即：

$$G(\omega,t)=\int_0^{t}\ddot{x}_g(\tau)\cos\omega(t-\tau)\mathrm{d}\tau \tag{3.3.5}$$

它显然是时间 t 和频率 ω 的函数，积分的结果，可以得到由 t，ω，G（t，ω）构成的直角坐标系中的一个曲面。这个曲面与 ω 轴垂直平面的交线，就是频率等于 ω 的无阻尼单质点系的速度反应时程曲线，这条曲线上的最大值就是速度反应谱的谱值。这样看来，速度反应谱可以看作是即时傅里叶谱在时间 t 上的最大值。因此，无阻尼反应谱和傅里叶谱都是强震加速度频率特性的表达形式，它们是地面运动的特性，并不是结构的特性。

如果将式(3.3.5)作简单的变换，我们还可以把傅里叶谱 $G(\omega)$ 改写为如下的形式：

$$G(\omega,t)=A(\omega,t)\cos(\omega t-\varphi)$$

式中 $$A(\omega,t)=\sqrt{\left(\int_0^t \ddot{x}_g(\tau)\cos\omega\tau\mathrm{d}\tau\right)^2+\left(\int_0^t \ddot{x}_g(\tau)\sin\omega\tau\mathrm{d}\tau\right)^2} \tag{3.3.6}$$

通常称它为即时傅里叶振幅谱，有时也简称为傅里叶谱。

$$\varphi(\omega,t)=\tan^{-1}\frac{\int_0^t \ddot{x}_g(\tau)\sin\omega\tau\mathrm{d}\tau}{\int_0^t \ddot{x}_g(\tau)\cos\omega\tau\mathrm{d}\tau} \tag{3.3.7}$$

通常称为即时傅里叶相位谱。地震结束时，即 $t=t_1$ 时的即时傅里叶谱，就是通常的傅里叶谱。所以，我们有

$$G(\omega,t)=A(\omega)\cos(\omega t-\varphi) \tag{3.3.8}$$

式中 $$A(\omega)=\sqrt{\left(\int_0^{t_1} \ddot{x}_g(\tau)\cos\omega\tau\mathrm{d}\tau\right)^2+\left(\int_0^{t_1} \ddot{x}_g(\tau)\sin\omega\tau\mathrm{d}\tau\right)^2} \tag{3.3.9}$$

$$\varphi(\omega)=\tan^{-1}\frac{\int_0^{t_1} \ddot{x}_g(\tau)\sin\omega\tau\mathrm{d}\tau}{\int_0^{t_1} \ddot{x}_g(\tau)\cos\omega\tau\mathrm{d}\tau} \tag{3.3.10}$$

从式(3.3.8)中不难看到 $G(\omega)$ 是振幅为 $A(\omega)$，相位为 $\varphi(\omega)$ 的简谐波，即为式(3.3.2)所示加速度记录中频率等于 ω 的谐波分量。

现在，我们再讨论一下无阻尼速度反应谱与傅里叶振幅谱的物理意义。我们知道，无阻尼单质点系的总能量为：

$$E(\omega,t)=\frac{1}{2}Mx^2+\frac{1}{2}Kx^2$$

它显然是自振频率 ω 和 t 的函数，将式（3.1.17）与式（3.3.4）代入上式后，可得[1]：

$$E(\omega,t)=\frac{1}{2}M\left[\left(\int_0^t \ddot{x}_g(\tau)\sin\omega\tau\mathrm{d}\tau\right)^2+\left(\int_0^t \ddot{x}_g(\tau)\cos\omega\tau\mathrm{d}\tau\right)^2\right] \tag{3.3.11}$$

---

[1] $$E(\omega,t)=\frac{M}{2}\left[\left(\int_0^t \ddot{x}_g(\tau)\cos\omega(t-\tau)\mathrm{d}\tau\right)^2+\left(\int_0^t \ddot{x}_g(\tau)\sin\omega(t-\tau)\mathrm{d}\tau\right)^2\right]$$
$$=\frac{M}{2}\left\{\left[\cos\omega t\int_0^t \ddot{x}_g(\tau)\cos\omega\tau\mathrm{d}\tau+\sin\omega t\int_0^t \ddot{x}_g(\tau)\sin\omega\tau\mathrm{d}\tau\right]^2\right.$$
$$\left.+\left[\sin\omega t\int_0^t \ddot{x}_g(\tau)\cos\omega\tau\mathrm{d}\tau-\cos\omega t\int_0^t \ddot{x}_g(\tau)\sin\omega\tau\mathrm{d}\tau\right]^2\right\}$$

设 $A=\int_0^t \ddot{x}_g(\tau)\cos\omega\tau\mathrm{d}\tau$

$B=\int_0^t \ddot{x}_g(\tau)\sin\omega\tau\mathrm{d}\tau$

则 $$E(\omega,t)=\frac{M}{2}\{A^2\cos^2\omega t+B^2\sin^2\omega t+2AB\sin\omega t+A^2\sin^2\omega t+B^2\cos^2\omega t$$
$$-2AB\sin\omega t\cos\omega t\}=\frac{M}{2}[A^2+B^2]$$

这样，单位质点上所得能量的两倍方根为：

$$\sqrt{\frac{2E(\omega,t)}{M}}=\left[\left(\int_0^t \ddot{x}_g(\tau)\sin\omega\tau \mathrm{d}\tau\right)^2+\left(\int_0^t \ddot{x}_g(\tau)\cos\omega\tau \mathrm{d}\tau\right)^2\right]^{\frac{1}{2}} \tag{3.3.12}$$

比较式（3.3.10）与式（3.3.12）的右边部分，即可知：

$$\sqrt{\frac{2E(\omega,t)}{M}}=A(\omega,t) \tag{3.3.13}$$

由此可知，即时傅里叶谱就是单位质量的能量谱，无阻尼反应谱则是它在时间 t 上的最大值。由此我们还可以知道，地震结束时单位质点所得到的总能量的两倍方根

$$\sqrt{\frac{2E(\omega,t_1)}{M}}=A(\omega,t_1)=A(\omega) \tag{3.3.14}$$

就是傅里叶振幅谱。

上面我们讨论了无阻尼速度反应谱与傅里叶谱之间的相互关系。如果将傅里叶谱的概念稍加推广，还可以与有阻尼的反应谱建立类似的关系[4]。为了比较起见，在图 3.3.1 中列举了塔夫特地震的无阻尼反应谱和傅里叶振幅谱[5]。从图中可以看到，在同样的频率上速度反应谱的值总是大于或等于傅里叶谱的，另外，还削平了傅里叶谱的某些峰点。从以上讨论中我们还可以知道，反应谱和傅里叶谱都可以用来表示强震地面运动的特征，但是比较起来，反应谱更能适用于计算结构的地震反应，特别是它还可以考虑阻尼的影响，因此，在地震工程中广泛地采用反应谱的概念来反映地面运动特性，阻尼可以作为它的一个参数。应该指出，反应谱从形式上讲，虽能反映整个地震地面运动的特性，但是实际计算的经验表明，它主要决定于地震加速度记录中最强烈的一段。由此看来，反应谱的概念并不能很好地反映地震的持续时间。地震破坏现象表明，持续时间也是影响结构破坏程度的重要因素。这一点可以看作是反应谱的一个缺点。此外，反应谱当然只是弹性范围内的概念，不能很好地反映结构反应的非弹性特性。

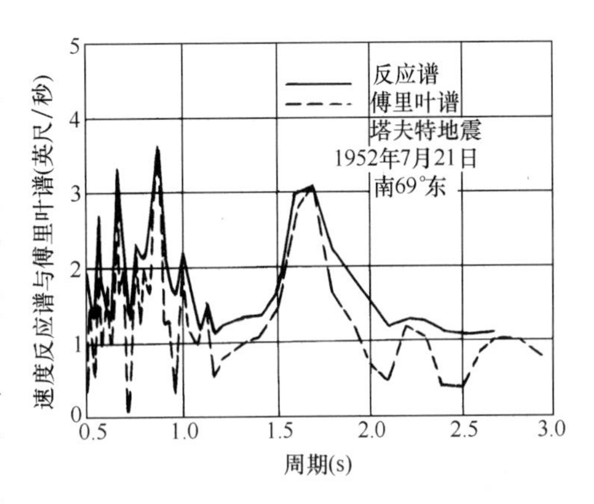

图 3.3.1　无阻尼速度反应谱与傅氏谱的对比

3.4　强地震运动的一般特征和影响因素

在以上讨论中，我们都假定地震时的地面加速度 $\ddot{x}_g(t)$ 随时间的变化规律是给定的。在这种情况下，只需要知道单质点系的自振频率 ω 和阻尼比 ζ，相应的反应便可算出，根据不同周期的最大反应还可以画出这个地震加速度记录的反应谱。由于目前还不可能正确地预估地面加速度记录，因此，暂时还只能将过去记录到的强震记录的某些主要特性和影响因素作一些研究，以便在抗震设计中适当考虑。这里我们将先研究一下强震加速度及其反应谱的一般特点，某些因素的影响和设计上的考虑将在以下几节中加以讨论。

初看起来，强震加速度记录似乎是极不规则的。但是，在比较了许多这种记录之后，还是可以发现一些共同的特点。这些特点主要表现在以下几个方面。

首先，从外形（或包线）上来看，所有强震记录都有一个从开始震动，逐步增强，然后再衰减而趋于零的过程。一般可将这一现象称为地震的不平稳性。也就是说，地面运动的强度在时间上的分布是不均匀的，在某些地震记录中，还可以发现这种上升与减小的过程可能不止一次。地震的持续时间一般为几十秒钟。进一步研究后还可以发现，这种外形上的特点主要决定于震源特性、震中距离、传播介质和途径的特性，例如发震断层的长度、错位方式和大小以及冲击次数等对持续时间都有较大的影响。因为大地震往往伴随着很大的断层破裂运动，因此，持续时间也比较长。一个很长的地震记录中的几个高峰则可能对应于几次连续的震源冲击。另外，在离开震中比较远的地区或覆盖层很厚的地区，由于地震波的多次反射和折射，也可能使持续时间增长。从震相方面来看，如前所述，加速度记录中开头的一段一般是纵波，随后到达的震动强度较大的波则是横波和表面波。

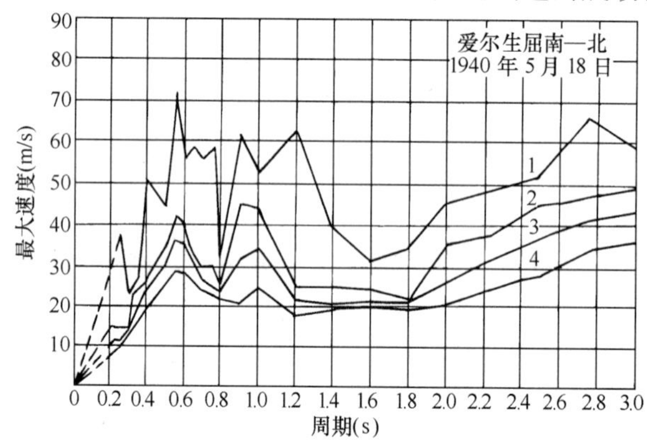

图 3.4.1 爱尔生屈地震的速度反应谱

1. $\zeta=0$；2. $\zeta=0.02$；3. $\zeta=0.05$；4. $\zeta=0.10$

上面已经讲到，地面运动的持续时间对结构的破坏程度有较大的影响。有些宏观现象表明，结构的破坏是由于几次地震所引起的微小破坏积累而造成的。相反，另有一些地震虽然震动十分强烈，但是由于持续时间较短，破坏很轻。

从周期特性上来看，强震记录也有某些共同的特点。地震加速度记录的周期特性一般可以用反应谱来反映。有时作为一种粗略的估计，也可以把地面加速度记录中两个相邻的零点之间的间隔作为半周期，并把相应的峰值加速度看作为振幅。加速度记录中峰值最大的波和相应的周期对结构的地震反应影响较大，有时它们与加速度反应谱上的峰点周期大致相对应。在图 3.4.1 和图 3.4.2 中，列举了美国爱尔生屈地震的反应谱。其他地震的反应谱也有类似的形状，这里就不再一一列举了。从许多强震加速度记录的反应谱中，大致可以发现以下几个特点[5,6]。

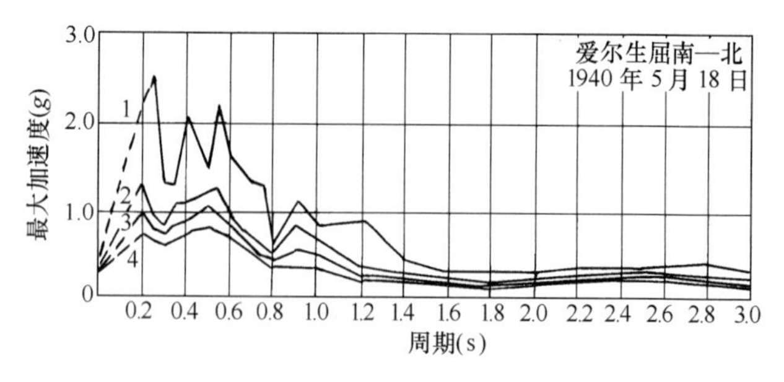

图 3.4.2 爱尔生屈地震的加速度反应谱

1. $\zeta=0$；2. $\zeta=0.02$；3. $\zeta=0.05$；4. $\zeta=0.10$

1. 地震反应谱是多峰点的曲线，其外形并不象在正弦形外力作用下的共振曲线那样简单，这是由于地震地面运动的不规则性所造成的。当阻尼等于零时，反应谱的谱值最大，峰点突出，但较小的阻尼（例如 $\zeta=0.02$）就能使反应谱的峰点削平很多。

2. 加速度反应谱在短周期部分上下跳动比较大，但是当周期稍长时，就显示出随周期增大逐渐减小的趋势。

3. 速度反应谱随周期的变化显然也是多峰点波动的，但是在相当宽的周期范围内，它的平均值接近于水平直线。

以上特点是从许多地震反应谱中所看到的共同趋势。假如对照两个不同地震的反应谱，有时我们可能会发现它们之间的差别是很大的。事实上，地震加速度的周期性受到许多因素，其中主要包括震源的特性、地震波传播过程所经过的中间介质的特性，以及局部地质条件的影响。一般来讲，震级大，断层错位的冲击时间长，震中距离远，地基土松软，厚度大的地方加速度反应谱的主要峰点的周期较长；相反，震级较小，断层错位的冲击时间短，震中距离近，地基土坚硬，厚度薄的地方加速度反应谱的主要峰点则一般偏于较短的周期。以上特点也只是一般趋势，由于以上种种因素的影响，有时可使不同地区的地震加速度记录差别比较大。目前一般认为美国加利福尼亚州的加速度记录的反应谱的主要峰点周期大致在 0.1s 与 0.8s 之间。而罗马尼亚 1977 年地震中布加勒斯特的加速度反应高峰周期约为 1.5s。墨西哥的地震反应谱高峰周期为 2～2.5s，秘鲁利马和智利圣地亚哥的加速度记录高频分量较多，反应谱的峰点周期较短。我国从 1962 年广东河源地震以来记录到的许多中强震记录的周期多数也是偏短的，而在 1976 年唐山地震中北京和天津某些台站上的记录中则包含有明显的长周期分量。在 1988 年 11 月云南澜沧—耿马地震中获得的加速度记录周期也偏长，硬土上强余震（M6.7）反应谱高峰约在 0.45s 上[7]。

此外，即使是同一个地震加速度记录，不同时段的周期特性也有所不同。一般来讲，在加速度记录的开头一段，即对应于纵波的一段，高频分量比较多；后面一段，即振动逐渐衰减而趋于零的一段，低频分量比较多；振动最强烈的一段，即中间的一段，中频分量比较多。这说明强震加速度记录不仅在外形（包线）上具有不平稳性，在周期特性上也具有某种不平稳性。当地震加速度的包线随时间的变化比较平稳时，不同时段上周期特性的这种差别，有时可能造成自振周期不同的结构在不同的时间上先后发生破坏，即短周期的结构在最初的振动中先发生破坏，长周期的结构有时在地震将结束时才发生破坏。地震加速度周期特性的这种不平稳性还有待于进一步研究。

最后，我们再简单地研究一下地震反应谱在短周期和长周期端的极限值问题。从理论上讲，单质点系的自振周期等于零的情况，表示它是一个绝对刚体，这时质点与地面之间无相对运动，即质点的相对速度等于零。绝对加速度就等于地面加速度。由于加速度仪在短周期部分（例如周期小于 0.2s 时）失真比较大，所以在这一段上误差较大，有时就不画出来了。但是，当周期等于零时，相对速度反应谱等于零，加速度反应谱等于地面加速度这一点却是肯定的，在图 3.4.1 与图 3.4.2 中将这一段反应谱用了虚线来表示。另外，当周期 T 很大时（与地震加速度中的长周期分量相比），这相当于质点和地面之间的弹性联系很弱，这样，质点将基本上处于静止状态，即质点对地面的相对位移接近于地面位移，于是位移谱接近于地面最大位移。根据相对速度、绝对加速度与相对位移之间的近似关系式（3.2.13）可知，速度反应谱将趋于$\frac{2\pi}{T}x_{\mathrm{gmax}}$，加速度反应谱将趋于$\frac{4\pi^2}{T^2}x_{\mathrm{gmax}}$。

3.5 弹塑性反应谱及其应用

在以上讨论中我们假定结构是线性弹性的，也就是说结构的弹性恢复力与位移之间的关系为一直线。实际结构并不是完全的线性弹性体，不过，当振幅很小（即所谓微幅振动）时，线性弹性的假定是可以适用的。在这样的假定下，由于叠加原理可以适用，问题的解答比较简单。当结构的变形比较大时，实际结构一般都表现出明显的非线性和弹塑性。假如恢复力与位移之间虽然不成正比，但仍然保持单值函数的关系（图 3.5.1），这种特性通常称为非线性弹性。

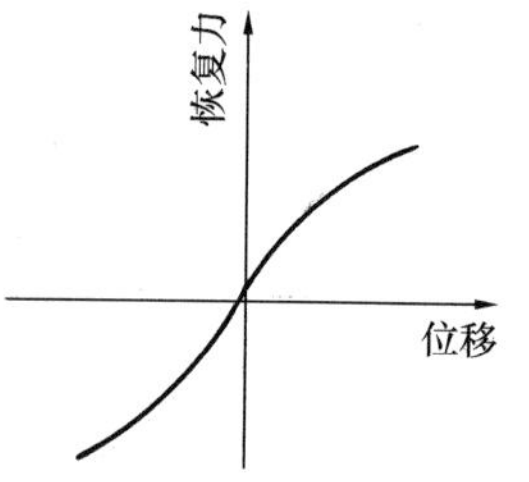

图 3.5.1　非线性弹性模型

如图 3.5.1 所示恢复力位移曲线的斜率（即弹性系数或结构的刚度），随着变形的增加而减小，这种特性通常称为软弹簧特性。经验表明，即使是变形比较小时，结构物也具有一定的非线性。建筑结构的非线性特性一般都是软弹簧形式的。为了简化分析，一般都不考虑弹性阶段的非线性影响，并把线性弹性体系简称为弹性体系。实际结构和材料的试验研究都表明，当变形比较大时恢复力和位移之间不再保持单值关系，即在卸荷时变形不再退回到零点，总是存在一定的残余变形或塑性变形。当结构在一定限度（即所谓弹性极限）内保持弹性，超过此极限出现塑性时，通常称为弹塑性。最简单的弹塑性模型如图 3.5.2（a）所示，此模型中用了两段直线来逼近图中的曲线（例如使它们的面积相等）。假如位移 x 在弹性极限 x_y 以内，结构的刚度系数为 K，当超过此极限时，刚度系数降低到 K'（当 $K'=0$ 时）即是所谓理想弹塑性的情况，如图 3.5.2（b）所示，在卸荷时刚度系数又回复到 K，但是出现了塑性变形 $\left(1-\dfrac{K'}{K}\right)(A-x_y)$，当反向荷载达到弹性极限时，结构又一次进入塑性区，当荷载继续变化时，依次按此规律变化。这样，在弹塑性体系中位移 x 和恢复力 S 之间不再保持单值函数关系。与某一位移 x 相对应的恢复力不仅与当前的位移有关，同时也与其以前所经历的位移和恢复力状态有关。如此，弹塑性体系将沿顺时针方向形成环状曲线或折线，因此通常称为滞变回线，滞回圈或滞回特性。

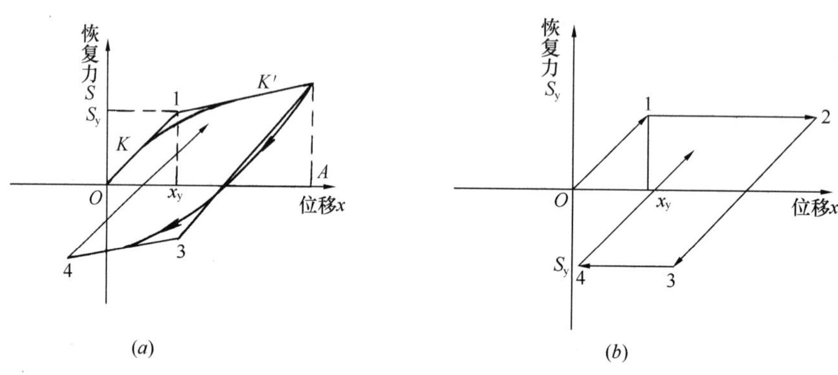

图 3.5.2　弹塑性体系的滞回特性

（a）双线型弹塑性；（b）理想弹塑性

现在，我们来讨论一下理想弹塑性（图 3.5.2）单质点系的地震反应谱与弹性反应谱相比有哪些特点。我们知道，对于弹性体系，当阻尼给定时，我们可以根据一次地震的加速度记录计算出一条反应谱。在弹塑性系统中，除了结构的刚度和阻尼以外，又增加了一个新的参数，这就是屈服极限。这样，对于不同的屈服极限，我们可以计算出不同的反应谱。例如，在图 3.5.3 中，我们列举了爱尔生屈地震的弹塑性反应谱。在图中我们用了延性系数 μ 作为参数，它是最大相对位移反应（即位移谱）x_{max} 与屈服位移 x_y 的比值，即

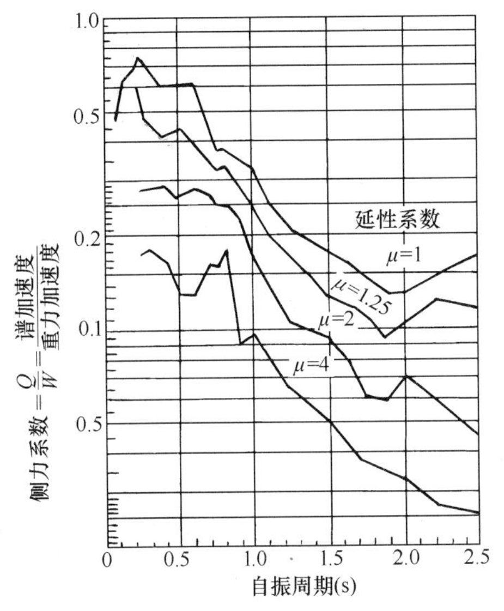

图 3.5.3　爱尔生屈地震的弹塑性反应谱

$\mu=x_{\max}/x_{y}$；μ 值愈大，表示塑性变形愈大。假如已知相应于不同屈服位移 x_{y} 的反应谱，经过简单的变换就可以得到以 μ 作为参数的反应谱，这就是图 3.5.3 所示的结果。图中$\mu=1$的曲线显然就是弹性反应谱。从该图中可以看到，随着延性系数增大，地震荷载有所降低。由此可知，假如容许一定的塑性变形，地震荷载将折减很多。

在 3.2 节中，我们讨论了弹性体系位移、速度和加速度反应谱之间的近似关系，并指出，根据式（3.2.13）我们可以把三种反应谱画在同一个三坐标图上（图 3.2.4）。在弹塑性的情况下，式（3.2.13）的关系一般来讲不再成立。但是，从弹塑性体系的振动方程式及图 3.5.2（b）可以知道，假如忽略阻尼的影响，$(\ddot{x}+\ddot{x}_{g})_{\max}\approx\frac{K}{M}x_{y}=\omega^{2}x_{y}$，并定义谱速度 $S_{v}=\omega x_{y}$，我们就可以得到如下的关系：

$$S_{Dy}=x_{y}=\frac{S_{v}}{\omega}$$

$$S_{A}=(\ddot{x}+\ddot{x}_{g})_{\max}=\omega S_{v} \tag{3.5.1}$$

在这样的定义之下，我们仍然可以把三种反应谱画在同一个三坐标图上。图 3.5.4 中列举了爱尔生屈地震的弹塑性反应谱。从图中可以直接读出不同周期的屈服位移 x_{y} 与最大加速度反应，体系的最大位移反应等于延性系数 μ 与屈服位移 x_{y} 的乘积。不过应该指出，按照定义 $S_{v}=\omega x_{y}$，所以从图 3.5.5 中不能给出最大速度反应。相应于最大位移的反应谱

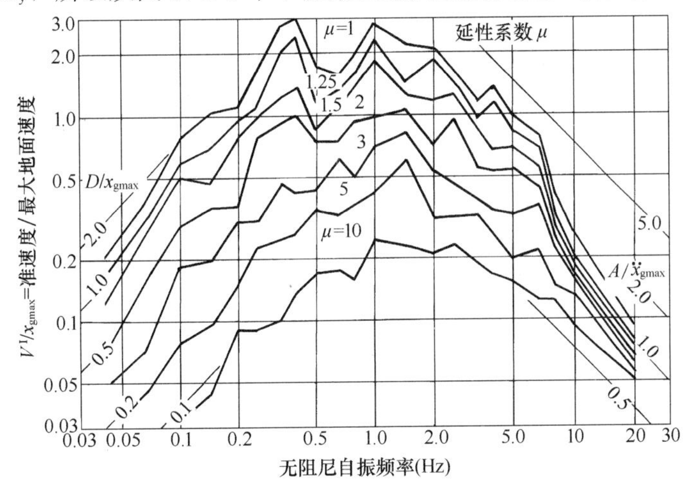

图 3.5.4　爱尔生屈地震的弹塑性反应谱

画在图 3.5.5 中，它是将图 3.5.4 中的纵坐标乘延性系数以后得到的。从图 3.5.5 中可以看到，在低频段（当频率小于 2Hz 时），对于不同的延性系数，总位移最大反应大致相同，甚至随延性系数增大略有减小，当频率进一步减小并小于 0.3Hz 时，总位移趋近于

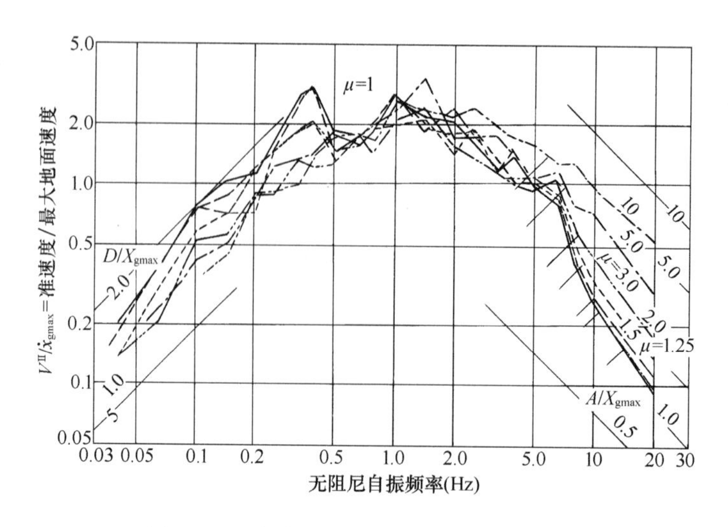

图 3.5.5 相应于最大位移的弹塑性反应谱

地面位移。在高频段（当频率大于 20 或 30Hz 时），对于不同的延性系数，加速度近似相等，并趋于地面加速度。在中频段（2～6Hz），一般可以近似地认为输入能量相等，即假定对于不同的延性系数 μ，速度反应谱相同。此外，从图 3.5.4 与图 3.5.5 中我们还可以看到，在中频段和高频段之间还存在一个相当宽的过渡阶段（6～30Hz），在这个过渡阶段上，逐步从速度反应谱近似相同转变为加速度反应谱近似相同的情况。在 3.4 节中我们曾经指出，速度反应谱在相当宽的频率范围内，可以近似地用一条水平线来表示。当出现塑性变形时，结构的刚度显著降低，与弹性阶段相比，可以近似地看作自振周期延长，但是，由于速度反应谱接近于水平线，这对于最大速度反应并无多大影响。另外，由于塑性变形使结构的阻尼增大，速度反应谱反而可能略有减小。由此看来，在中频段近似采取速度反应谱等于常数可能是偏于安全的。从某些地震的弹塑性分析结果来看，随着塑性变形的增大（屈服极限降低），地震的输入能量略有减小的趋势[8]。这也说明，在中频段可以假定弹塑性位移反应谱等于弹性位移反应谱。

上面我们以爱尔生屈地震作为例子，讨论了弹塑性反应谱的某些特性。对于其他强震记录，也有类似的特性，只是在高频、中频和低频的界限上有些不同，这里不就再一一列举了。此外，还应指出对于双直线型滞回特性（硬化弹塑性）的情况，上述特性大致上还是正确的。在资料[9]中研究了双直线型滞回特性的地震反应，结果表明，硬化刚度对结构最大位移的影响不大，不过随着硬化刚度的增大，残余变形减小，最大加速度有所增加。

现在，我们再根据弹塑性反应谱的上述特性来讨论一下地震作用的变化。为此，我们可以先从低频段的情况开始。从弹塑性体系的振动方程式和恢复力—变形图（图 3.5.6）上我们知道，弹塑性结构的最大地震荷载不能超过屈服荷载 F_y，即：

$$F_{塑} = F_y = Kx_y = \frac{Kx_{max}}{\mu}$$

从上面的讨论中我们知道，在低频段弹塑性结构的最大位移与对应弹性结构的最大位移近似相等，这样 $F_{弹} \approx Kx_{max}$，因此，上式可改写为：

$$F_{塑} = F_{弹}/\mu$$

式中：$F_{弹}$ 是对应弹性结构的地震荷载。由此我们知道，对于低频的结构，假如容许

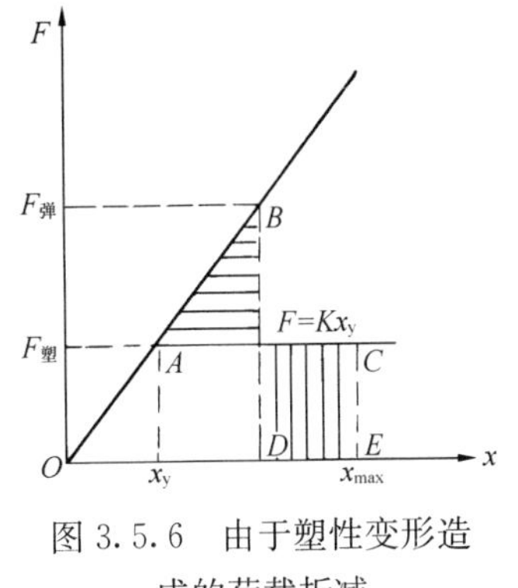

图 3.5.6　由于塑性变形造成的荷载折减

一定的塑性变形（图 3.5.6 中塑性变形＝（$\mu-1$）x），地震作用可以折减 μ 倍。

现在再来看中频的结构。从上面的讨论中我们知道对于中频的弹性和弹塑性结构，地震时输入结构的最大能量大致相等。假如不考虑阻尼耗能，输入总能量全部转化为结构的应变能。对于弹性结构，输入总能量全部转化为弹性应变能，对于弹塑性结构，则包括弹性应变能与塑性耗能两部分。从图 3.5.6 中可以看到，当最大位移等于 x_{max} 时，弹塑性结构所吸取的总能量等于图中 $OACEO$ 所包围的面积，假如同样的能量为对应弹性结构所吸收，也就是说，使图 3.5.6 中 $OBDO$ 所包围的面积与 $OACEO$ 所包围的面积相等，我们就不难得到对应弹性结构的地震作用。

$$F_{弹}=\sqrt{2\mu-1}F_{y}$$

由此我们知道，在这种情况下

$$F_{塑}=\frac{F_{弹}}{\sqrt{2\mu-1}}$$

亦即在中频段，弹塑性结构的地震作用可比对应弹性结构折减$\sqrt{2\mu-1}$倍。

最后，我们再来看高频的结构，从上面的讨论中我们知道，在这种情况下，弹塑性结构和对应弹性结构的最大加速度近似相等，并趋近于地面加速度，因此可得：

$$F_{塑}=F_{弹}\approx M\ddot{x}_{gmax}$$

也就是说，只有在这种情况下弹塑性结构的地震作用不折减。上述结果可以用图 3.5.7 来表示。图中画影线的范围，表示从中频段到高频段之间相当宽的过渡阶段，相应的荷载折减在 1 到$\frac{1}{\sqrt{2\mu-1}}$之间。

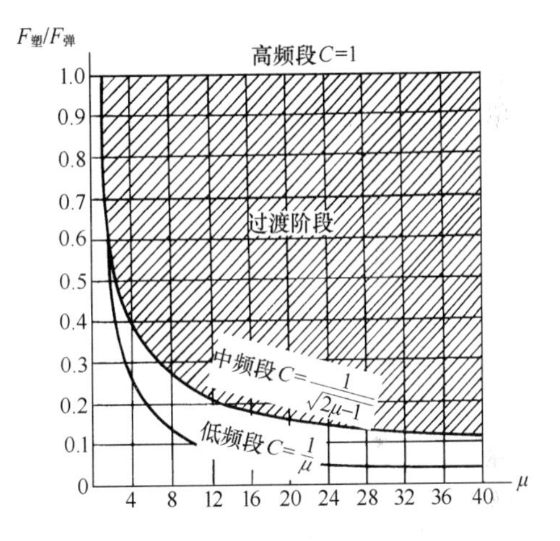

图 3.5.7　不同延性系数的地震荷载折减

由于大多数结构都属于低频和中频结构，因此，假如结构容许出现较大塑性变形而不致发生破坏，地震荷载可以比对应弹性结构折减$\sqrt{2\mu-1}$到 μ。由此看来，结构的延性系数是抗震能力的重要指标之一。事实上，对于脆性材料，假如超过弹性极限就要发生破坏的话，延性系数 $\mu=1$，即需要按弹性结构的地震荷载进行设计。反之，假如在超过弹性极限以后，结构还可以忍受很大塑性变形，即 $\mu\gg1$，那么地震作用就可以比对应弹性结构折减很多，从而导致经济的设计。在抗震规范中，一般都采用了比较小的地震作用，对结构的延性自然也有相应的要求。这是在使用抗震规范中需注意的问题。结构的延性与材料性能、节点构造等因素有关，μ 值一般在 1～10 的范围以内。

参　考　文　献

1　刘恢先．工业与民用建筑地震荷载的计算．建筑学报，1961，8

2 刘恢先．论地震力．土木工程学报，(5) 2，1958

3 N. M. Newmark and W. J. Hall，Earthquake Spectra and Design，Earthquake Engineering Research Institute，1982

4 F. E. Udwadia and M. D. Trifunal，Damped Fourier Spectrum and Response Spectra，Bulletin of Seismological Society of America，Vol. 63，No. 5，1973

5 R. L. Wiegel，Earthquake Engineering，Prentice-Hall，Inc. Englewood Cliffs，N. J. 1970

6 G. W. Housner，R. R. Martel，J. I. Alford，Spectrum Analysis of Strong-Motion Earthquakes，Bulletin of Seismological Society of America，Vol. 43，No. 2，1953

7 王亚勇，刘小弟．澜沧-耿马强震观测与数据分析．云南澜沧-耿马地震震害文集（陈达生等主编），北京：科学出版社，1991

8 N. M. Newmark and W. J. Hall，A Rational Approach to Seismic Design Standards of Structures，Proc. of 5th World Conference on Earthquake Engineering，No. 283，1973

9 王前信，李荷，杜瑞明，廖振鹏．弹塑性反应谱．中国科学院工程力学研究所．地震工程研究报告集（第二集），北京：科学出版社，1965

第4章 地震动参数和设计反应谱

4.1 地震动参数衰减规律

4.1.1 地震动参数衰减公式和回归方法

从工程应用方面考虑，反应谱是最重要的强震地面运动参数。由于在位移、速度和加速度反应谱之间近似存在式（3.2.13）所表示的简单关系，因此有了以上三个物理量中任意一个的衰减规律，其他两个物理量的衰减规律也都可以确定了。这里将着重讨论加速度反应谱的衰减规律。所谓衰减规律就是给定震级时地震动参数随距离的衰减函数。研究反应谱的衰减规律时通常将其在给定周期上的值作为一个独立的地震动参数进行回归分析。而峰值加速度也就是周期等于零时的谱加速度，这样看来它可以看作是加速度反应谱上的零周期分量。地震动特性除了随震级和距离变化以外，还有发震断层的破裂模式（如走滑和逆滑型断层破裂模式），场地条件等因素有关。在有些衰减规律中已考虑了这些因素的影响。统计地震动衰减规律的基础是强震观测资料，这些资料美国最多。因此这里将介绍Boore等人对美国强震加速度记录和反应谱统计得到的衰减规律[1,2]。在统计衰减规律时应用了美国西部自1940年5月19日以来23次5.5级以上浅源地震的强震加速度反应谱资料，阻尼比均为0.05。这里所说的浅源地震是指断层破裂都在地表以下20km的范围以内的地震。加速度记录总数为271个，除极少数台站外，每个记录都包含2个水平分量和一个竖向分量。Boore等人采用的地震动参数衰减公式为：

$$\ln Y=b_1+b_2\ (M-6)^2+b_3\ (M-6)^2+b_5\ln r+b_v\ln\frac{V_s}{V_A} \tag{4.1.1}$$

此处

$$r=\sqrt{r_{jb}^2+h^2}$$

$$b_1=\begin{cases}b_{1SS}\text{—— 对走滑型地震；}\\ b_{1RS}\text{—— 对逆滑型地震；}\\ b_{1ALL}\text{—— 不考虑发震断层破裂机制。}\end{cases}$$

式（4.1.1）中的震动参数Y是以g为单位的谱加速度和地面运动峰加速度（也就是周期为零时的谱加速度），震级M系用矩震级。关于矩震级的定义及其与其他震级的关系可参见文献［32］中的介绍。距离r_{jh}是从台站到地表破裂的距离，以km为单位。V_s是地面以下30m范围内的剪切波速，以m/s计。h是虚拟深度以km计，用回归方法确定。这样式（4.1.1）中的待定系数包括b_{1SS}、b_{1RS}、b_{1ALL}、b_2、b_3、b_5、h、b_v和V_A。其中b_2、b_3是震级影响系数，b_5是距离衰减系数，b_v是场地影响系数，以上方程中的系数是采用二阶段加权回归方法确定的。第一阶段对一定范围内的地震建立谱加速度与距离和V_s的关系，第二阶段再对震级进行回归。由式（4.1.1）确定的地震动参数是给定震级距离和场地条件下的对数值的平均值，考虑到对重要工程采用保证概率只有50%的平均值是不够的。当保证概率要求达到85%时可采用如下公式：

$$\ln Y_{85\%}=\ln Y_{50\%}+\sigma_{\ln Y} \tag{4.1.2}$$

此处 $\sigma_{\ln Y}$ 是回归公式中总的离散度的方根，即有：

$$\sigma_{\ln Y}^2=\sigma_r^2+\sigma_e^2 \tag{4.1.3}$$

其中 σ_e^2 代表由于不同震级的地震带来的方差，可以从第二阶段的回归分析中得到，σ_r^2 代表由于其他因素造成的方差。假设这二部分方差来源是相互独立的，因此式（4.1.3）得以成立。σ_r^2 是第一阶段回归中确定的 σ_l^2 和二个水平分量方向随机性造成的离散之和，即有

$$\sigma_r^2=\sigma_l^2+\sigma_c^2 \tag{4.1.4}$$

在推导随机方向上的水平向地震动参数的衰减方程时，Boore 等人采用了两个水平方向地震动参数的几何平均值。这样处理看来是比较合理的。但是在第一阶段回归中计算得到的 σ_l^2 没有考虑采用二个随机的水平分量的几何平均带来的离散性，而这样得到的 σ_l^2 是偏小的。因此 Boore 等人认为在第一阶段回归的总的方差 σ_r^2 除了 σ_l^2 外尚应增加因随机水平分量取几何平均产生的附加的方差 σ_c^2，这就是式（4.1.4）所表示的意思。他们认为 σ_c^2 可按下式确定。

$$\sigma_c^2=\frac{1}{nrecs}\sum_{j=1}^{nrecs}\frac{(\ln Y_{1j}-\ln Y_{2j})}{2} \tag{4.1.5}$$

此外 Y_{ij} 是第 j 个记录中地震动参数的第 i 个分量，（$i=1$，2），求和遍及所有具有二个水平分量的记录，也就是说只有一个水平分量的记录不包括在内。在回归分析中加速度反应谱的周期范围取为0～2s，共取46个离散周期值（不包括周期等于零的点），这些点大致按对数均匀分布在2s以内，震级范围为5.5～7.5，距离范围为0～80km。不同周期点谱加速度计算公式（式4.1.1）中系数见表4.1.1。

Boore 衰减公式中的系数 **表 4.1.1**

周期	b_{1SS}	b_{1RS}	b_{1ALL}	b_2	b_3	b_5	b_V	V_A	h	σ_l	σ_c	σ_r	σ_e	$\sigma_{\ln Y}$
0.000	−0.313	−0.117	−0.242	0.527	0.000	−0.778	−0.371	1396	5.57	0.431	0.226	0.486	0.184	0.520
0.100	1.006	1.087	1.059	0.753	−0.226	−0.934	−0.212	1112	6.27	0.440	0.189	0.479	0.000	0.479
0.110	1.072	1.164	1.130	0.732	−0.230	−0.937	−0.211	1291	6.65	0.437	0.200	0.481	0.000	0.481
0.120	1.109	1.215	1.174	0.721	−0.233	−0.939	−0.215	1452	6.91	0.437	0.210	0.485	0.000	0.485
0.130	1.128	1.246	1.200	0.711	−0.233	−0.939	−0.221	1596	7.08	0.435	0.216	0.486	0.000	0.486
0.140	1.135	1.261	1.208	0.707	−0.230	−0.938	−0.228	1718	7.18	0.435	0.223	0.489	0.000	0.489
0.150	1.128	1.264	1.204	0.702	−0.228	−0.937	−0.238	1820	7.23	0.435	0.230	0.492	0.000	0.492
0.160	1.112	1.257	1.192	0.702	−0.226	−0.935	−0.248	1910	7.24	0.435	0.235	0.495	0.000	0.495
0.170	1.090	1.242	1.173	0.702	−0.221	−0.933	−0.258	1977	7.21	0.435	0.239	0.497	0.000	0.497
0.180	1.063	1.222	1.151	0.705	−0.216	−0.930	−0.270	2037	7.16	0.435	0.244	0.499	0.002	0.499
0.190	1.032	1.198	1.122	0.709	−0.212	−0.927	−0.281	2080	7.10	0.435	0.249	0.501	0.005	0.501
0.200	0.999	1.170	1.089	0.711	−0.207	−0.924	−0.292	2118	7.02	0.435	0.251	0.502	0.009	0.502
0.220	0.925	1.104	1.019	0.721	−0.198	−0.918	−0.315	2158	6.83	0.437	0.258	0.508	0.016	0.508
0.240	0.847	1.033	0.941	0.732	−0.189	−0.912	−0.338	2178	6.62	0.437	0.262	0.510	0.025	0.511
0.260	0.764	0.958	0.861	0.744	−0.180	−0.906	−0.360	2173	6.39	0.437	0.267	0.513	0.032	0.514
0.280	0.681	0.881	0.780	0.758	−0.168	−0.899	−0.381	2158	6.17	0.440	0.272	0.517	0.039	0.518
0.300	0.598	0.803	0.700	0.769	−0.161	−0.893	−0.401	2133	5.94	0.440	0.276	0.519	0.048	0.522
0.320	0.518	0.725	0.619	0.783	−0.152	−0.888	−0.420	2104	5.72	0.442	0.279	0.523	0.055	0.525

续表

周期	B_{1SS}	B_{1RS}	B_{1ALL}	B_2	B_3	B_5	B_V	V_A	h	σ_l	σ_c	σ_r	σ_e	σ_{lnY}
0.340	0.439	0.648	0.540	0.794	−0.143	−0.882	−0.438	2070	5.50	0.444	0.281	0.526	0.064	0.530
0.360	0.361	0.570	0.462	0.806	−0.136	−0.877	−0.456	2032	5.30	0.444	0.283	0.527	0.071	0.532
0.380	0.286	0.495	0.385	0.820	−0.127	−0.872	−0.472	1995	5.10	0.447	0.286	0.530	0.078	0.536
0.400	0.212	0.423	0.311	0.831	−0.120	−0.867	−0.487	1954	4.91	0.447	0.288	0.531	0.085	0.538
0.420	0.140	0.352	0.239	0.840	−0.113	−0.862	−0.502	1919	4.74	0.449	0.290	0.535	0.092	0.542
0.440	0.073	0.282	0.169	0.852	−0.108	−0.858	−0.516	1884	4.57	0.449	0.292	0.536	0.099	0.545
0.460	0.005	0.217	0.102	0.863	−0.101	−0.854	−0.529	1849	4.41	0.451	0.295	0.539	0.104	0.549
0.480	−0.058	0.151	0.036	0.873	−0.097	−0.850	−0.541	1816	4.26	0.451	0.297	0.540	0.111	0.551
0.500	−0.122	0.087	−0.025	0.884	−0.090	−0.846	−0.553	1782	4.13	0.454	0.299	0.543	0.115	0.556
0.550	−0.268	−0.063	−0.176	0.907	−0.078	−0.837	−0.579	1710	3.82	0.456	0.302	0.547	0.129	0.562
0.600	−0.401	−0.203	−0.314	0.928	−0.069	−0.830	−0.602	1644	3.57	0.458	0.306	0.551	0.143	0.569
0.650	−0.523	−0.331	−0.440	0.946	−0.060	−0.823	−0.622	1592	3.36	0.461	0.309	0.554	0.154	0.575
0.700	−0.634	−0.452	−0.555	0.962	−0.053	−0.818	−0.639	1545	3.20	0.463	0.311	0.558	0.166	0.582
0.750	−0.737	−0.562	−0.661	0.979	−0.046	−0.813	−0.653	1507	3.07	0.465	0.313	0.561	0.175	0.587
0.800	−0.829	−0.666	−0.760	0.992	−0.041	−0.809	−0.666	1476	2.98	0.467	0.315	0.564	0.184	0.593
0.850	−0.915	−0.761	−0.851	1.006	−0.037	−0.805	−0.676	1452	2.92	0.467	0.320	0.567	0.191	0.598
0.900	−0.993	−0.848	−0.933	1.018	−0.035	−0.802	−0.685	1432	2.89	0.470	0.322	0.570	0.200	0.604
0.950	−1.066	−0.932	−1.010	1.027	−0.032	−0.800	−0.692	1416	2.88	0.472	0.325	0.573	0.207	0.609
1.000	−1.133	−1.009	−1.080	1.036	−0.032	−0.798	−0.698	1406	2.90	0.474	0.325	0.575	0.214	0.613
1.100	−1.249	−1.145	−1.208	1.052	−0.030	−0.795	−0.706	1396	2.99	0.477	0.329	0.579	0.226	0.622
1.200	−1.345	−1.265	−1.315	1.064	−0.032	−0.794	−0.710	1400	3.14	0.479	0.334	0.584	0.235	0.629
1.300	−1.428	−1.370	−1.407	1.073	−0.035	−0.793	−0.711	1416	3.36	0.481	0.338	0.588	0.244	0.637
1.400	−1.495	−1.460	−1.483	1.080	−0.039	−0.794	−0.709	1442	3.62	0.484	0.341	0.592	0.251	0.643
1.500	−1.552	−1.538	−1.550	1.085	−0.044	−0.796	−0.704	1479	3.92	0.486	0.345	0.596	0.256	0.649
1.600	−1.598	−1.608	−1.605	1.087	−0.051	−0.798	−0.697	1524	4.26	0.488	0.348	0.599	0.262	0.654
1.700	−1.634	−1.668	−1.652	1.089	−0.058	−0.801	−0.689	1581	4.62	0.490	0.352	0.604	0.267	0.660
1.800	−1.663	−1.718	−1.689	1.087	−0.067	−0.804	−0.679	1644	5.01	0.493	0.355	0.607	0.269	0.664
1.900	−1.685	−1.763	−1.720	1.087	−0.074	−0.808	0.667	1714	5.42	0.493	0.359	0.610	0.274	0.669
2.000	−1.699	−1.801	−1.743	1.085	−0.085	−0.812	−0.655	1795	5.85	0.495	0.362	0.613	0.276	0.672

4.1.2 统计分析结果

按照上述两阶段回归分析方法可以得到式（4.1.1）中各个系数在不同周期点上的值。由于其中的每一个系数都和周期 T 有关，这样式（4.1.1）中各待定系数在不同周期上的值组成一个系数矩阵。根据这些值就可以确定在一定震级、V_s 值和距离时的平均反应谱以及不同周期上的方差。在图 4.1.1 中给出了 $M=7.5$，$V_s=310$m/s（典型土层）距离为 0，10，20，40 和 80km 时的平均速度反应谱，阻尼比取为 0.05。图中用小圆圈表示的点是直接根据回归得到的系数按式（4.1.1）计算得到的速度反应谱。由这些点连成的曲线具有起伏波动

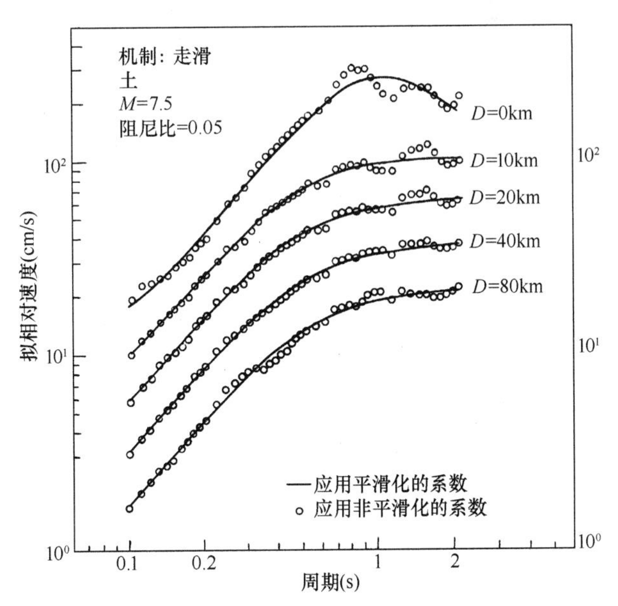

图 4.1.1　7.5 级走滑地震的随机水平分量的拟速度反应谱

的特点，Boore 等希望得到平滑化的反应谱。因此他们按照周期 T 的三次多项式来逼近这些起伏波动的曲线，并用平滑化曲线来代替他们。再按照平滑化曲线来修改式（4.1.1）的系数矩阵中的相应参数。将符合平滑化要求的按式（4.1.1）计算的加速度反应谱的系数矩阵列于表 4.1.1 中。该系数矩阵是 Boore 等 1994 年获得的结果。按照表 4.1.1 中周期等于零时的系数可以计算不同震级时加速度随距离的衰减曲线。在图 4.1.2 中给出了 $M=7.5$，6.5 时不考虑震源机制影响的加速度衰减曲线。图中虚线所示为按照 Joyner 和 Boore 1982 年提出的衰减规律计算的结果[3]。两者的主要差别是在新的结果中补充了 1989 年 10 月 18 日 Loma Prieta M6.9 地震，1992 年 4 月 25 日 Petrolia M7.1 地震和 1992 年 1 月 28 日 Landers M7.3 地震。加入以上三次地震以后，同样震级和距离时，峰值加速度略有增加。当距离为零时按式（4.1.1）和表 4.1.1 计算得到的 M7.5 和 M6.5 地震的速度反应谱如图 4.1.3 所示。图中用虚线表示了按 Joyner 和 Boore 1982 年提出的相应公式计算的结果[3]。从此图中可以看到，加入以上三次地震以后，谱的长周期分量反而有所减小。当震级为 6.5，距离为 20km 时，土和基岩上的类似的比较如图 4.1.4 所示。不过在他的场地调整方案中未能考虑当震级和距离不同时，场地条件对反应谱影响的差异，因此不能反映大震级近场地震动对土层造成的非线性影响。按照他们提出的衰减规律，在同样震级和距离条件下，给定周期为 T 和折算剪切波速为 V_s 的谱加速度 SA（T，V_s）与当 $V_s=500$m/s 时的相应的比值可表示为：

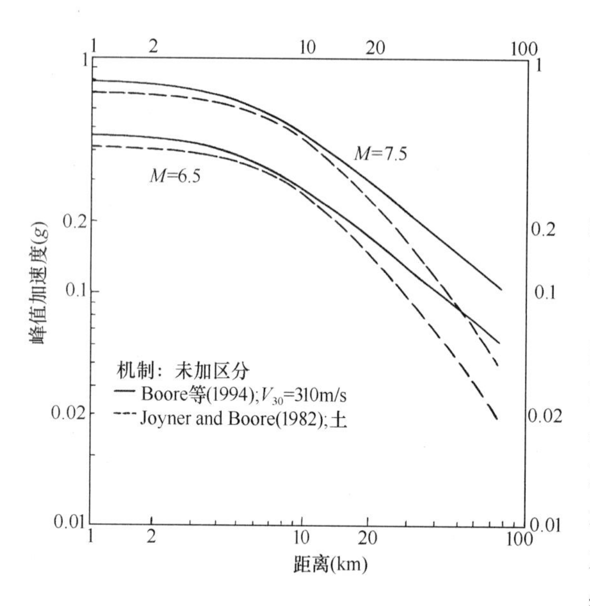

图 4.1.2　6.5 和 7.5 级地震的加速度随距离的变化

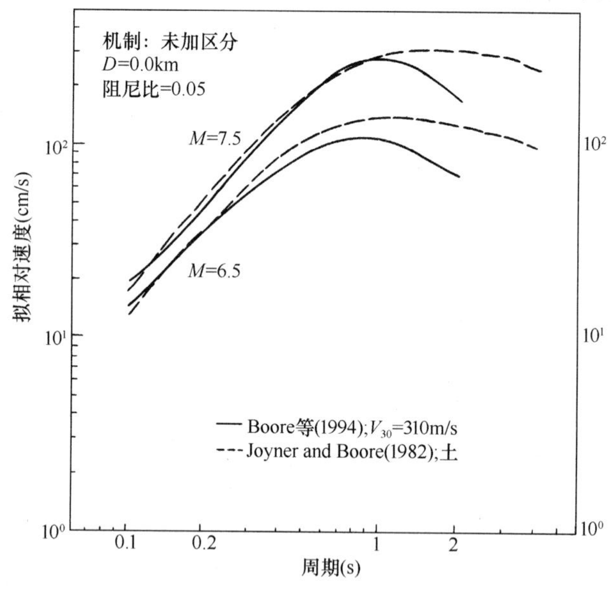

图 4.1.3　6.5 和 7.5 级地震的拟速度反应谱

注：V_{30} 表示地表 30m 以内的剪切波速。

$$\frac{SA(T,V_s)}{SA(T,500)}=\left(\frac{V_s}{500}\right)^{bv(T)} \tag{4.1.6}$$

利用表 4.1.1 中的数据可将按上式计算得到的相应于不同 V_s 的比值 SA（T，V_s）/SA（T，500）描绘出图 4.1.5 中所示的曲线。曲线上 $T=0$ 时的值即是相应峰值加速度的比值。

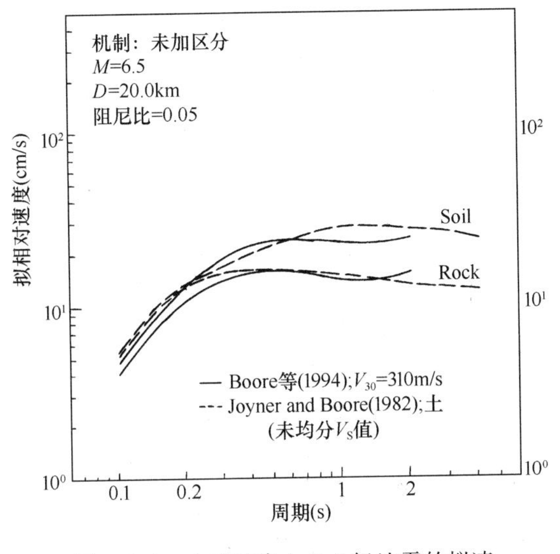

图 4.1.4　土和基岩上 6.5 级地震的拟速度反应谱的对比

从图 4.1.5 可以看到随着 V_s 值的变小，PGA（即 SA（0，V_s））增加，加速度反应谱的长周期分量增加更大，这意味着在同样震级和距离条件下随着场地土折算剪切波速的减小，加速度反应谱的最大值 a_{max} 和 T_g 值均有所增加。由于以上结果是从美国具有代表性的许多记录中经回归分析得到的结果，因此能够反映不同 V_s 的土层上 PGA 的变化规律。在图 4.1.5 中的对比中，我们以 V_s＝500m/s 作为标准，其原因是在我国的抗震规范中将 $V_s \geqslant$ 500m/s 的地层作为基岩看待了。不过这只能说是坚硬土层或软基岩。图 4.1.5 中的结果表明，在硬基岩上 PGA 和谱加速度均比软基岩上小。

以上介绍的是 Boore 等人 1994 年发表的回归分析结果。他们所用的震级和距离定义以及场地影响的考虑方法等与其他研究者有些不同。如何处理这些问题目前尚无一致的看法。关于距离，Campbell 采用的定义是台站至发震断裂的最近距离[4]，此外也还采用震中距等。关于震级的标度也存在一些不同的意见，在有些地震动衰减规律中在短距离上采用了比长距离上小的震级标度，在我国震级一般都以面波震级 M_s 为标准。在工程界感兴趣的震级范围内 M_s 与矩震级 M_w 是很接近的。

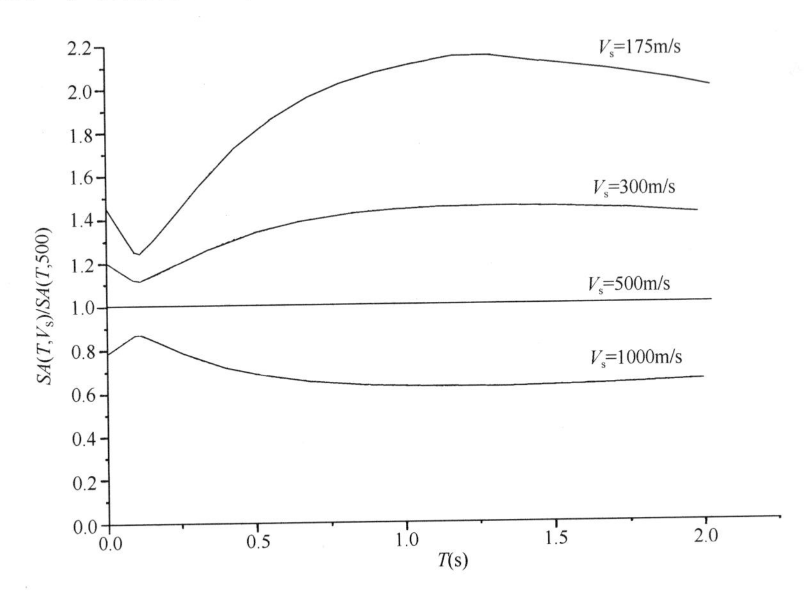

图 4.1.5　不同周期与折算剪切波速下谱加速度的比值

在我国，由于强震观测记录比较少，在统计衰减规律时往往将国内的资料和美国的资料混在一起分析[5~7]。郭玉学根据 1975 年海城和 1976 年唐山地震及其余震的基岩和土层上的反应谱资料以及美国西部地区的相应资料用稳健回归法得到了以下加速度反应谱衰减规律[8]。

$$SA(T)=a(T,S)e^{b(T,S)M}(R+20)^{c(T,S)} \tag{4.1.7}$$

表4.1.2中给出了阻尼比为0.05时式（4.1.7）中的系数矩阵，表中T为反应谱的周期（s）；a（T，S），b（T，S），c（T，S）为回归系数，决定于周期T和场地条件（分基岩和土层两种情况）。为便于对比，在图4.1.6中画出了不同震级、距离时基岩和土的加速度反应谱。从图中可以看出当距离一定时，随震级增大，谱值增大，而且其中的长周期分量也随之增大；当震级一定时，谱值随距离增大而减小，但其中的长周期分量也相对提高。

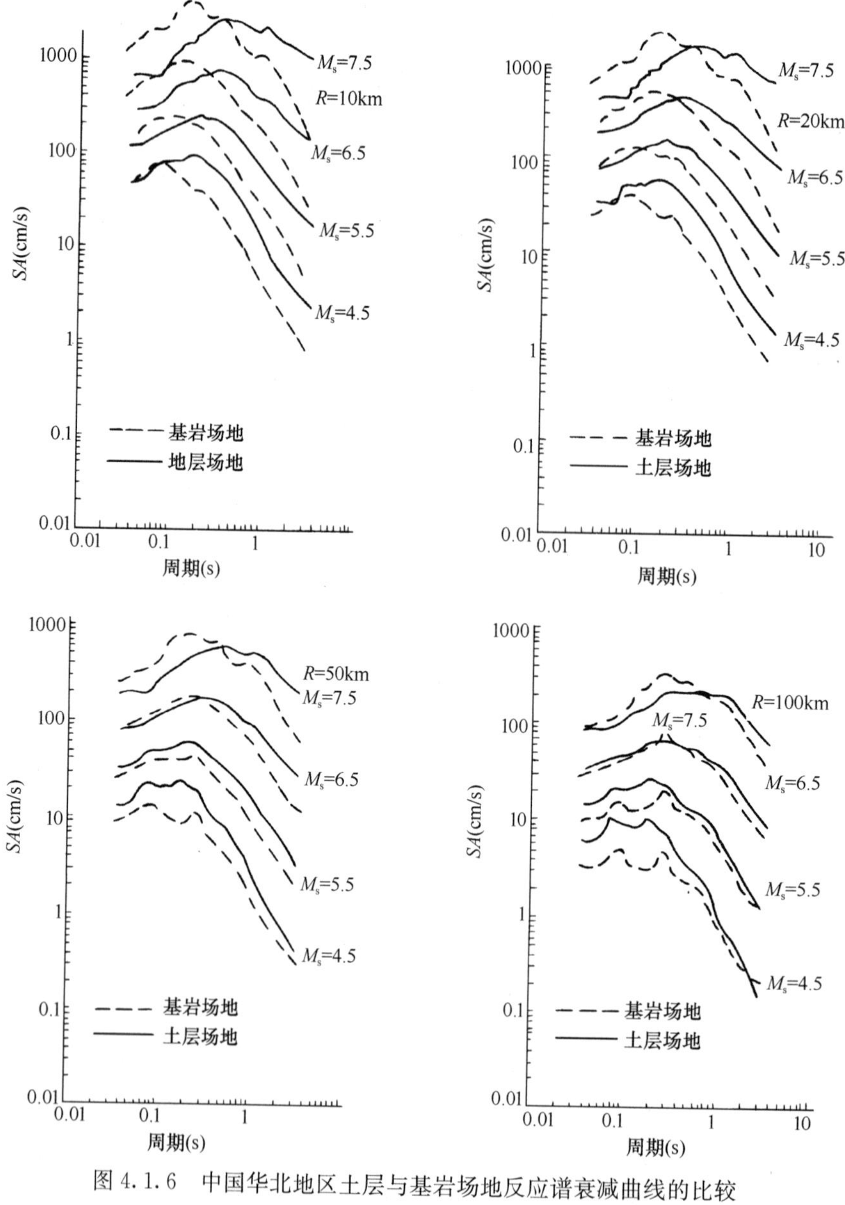

图4.1.6　中国华北地区土层与基岩场地反应谱衰减曲线的比较

华北地区地震动参数的回归系数 **表 4.1.2**

场地	T (s)	a (GCi)	b (GCi)	c (GCi)	$\sigma_{\ln}$	γ
基岩	0.03	366.0	0.905	−1.780	0.609	0.863
	0.04	407.0	0.948	−1.850	0.624	0.867
	0.05	643.0	0.950	−1.930	0.680	0.842
	0.06	938.0	0.928	−1.960	0.670	0.843
	0.07	1110.0	0.899	−1.940	0.611	0.849
	0.08	1270.0	0.938	−2.020	0.580	0.872
	0.09	1180.0	0.986	−2.060	0.602	0.866
基岩	0.10	800.0	1.090	−2.120	0.604	0.897
	0.12	507.0	1.200	−2.170	0.594	0.907
	0.14	330.0	1.310	−2.230	0.590	0.911
	0.16	186.0	1.310	−2.090	0.619	0.911
	0.18	139.0	1.350	−2.080	0.649	0.923
	0.20	98.6	1.360	−2.000	0.673	0.919
	0.22	65.6	1.310	−1.820	0.681	0.909
	0.26	95.9	1.260	−1.860	0.783	0.894
	0.30	62.5	1.370	−1.950	0.754	0.907
	0.40	32.0	1.440	−1.940	0.802	0.887
	0.50	19.9	1.390	−1.820	0.836	0.873
	0.60	11.0	1.380	−1.710	0.848	0.864
	0.70	5.46	1.460	−1.690	0.841	0.874
	0.80	2.78	1.510	−1.650	0.835	0.884
	0.90	1.42	1.610	−1.660	0.824	0.895
	1.00	0.818	1.650	−1.610	0.837	0.896
	1.50	0.345	1.660	−1.560	0.802	0.899
	2.00	0.184	1.620	−1.440	0.765	0.901
	3.00	0.094	1.570	−1.350	0.797	0.887
	A_P	384	1.061	−2.040	0.602	0.882
土层	0.03	92.1	0.824	−1.33	0.733	0.817
	0.04	91.1	0.855	−1.37	0.725	0.888
	0.05	111.0	0.829	−1.37	0.711	0.820
	0.06	158.0	0.780	−1.36	0.725	0.809
	0.07	328.0	0.666	−1.33	0.767	0.711
	0.08	331.0	0.713	−1.39	0.736	0.790
	0.09	318.0	0.774	−1.46	0.723	0.850
	0.10	352.0	0.773	−1.46	0.729	0.785
	0.12	254.0	0.856	−1.49	0.725	0.803
	0.14	208.0	0.880	−1.46	0.750	0.801
	0.16	255.0	0.846	−1.44	0.798	0.782
	0.18	207.0	0.932	−1.52	0.811	0.798
	0.20	150.0	0.956	−1.47	0.786	0.811
	0.22	102.0	0.996	−1.44	0.755	0.820
	0.26	87.2	1.02	−1.44	0.764	0.843
	0.30	67.9	1.13	−1.55	0.786	0.850
	0.40	39.3	1.23	−1.60	0.799	0.863
	0.50	14.7	1.28	−1.49	0.798	0.879
	0.60	6.88	1.35	−1.45	0.802	0.881
	0.70	4.66	1.37	−1.40	0.805	0.880
	0.80	2.49	1.42	−1.36	0.754	0.889
	0.90	1.09	1.53	−1.35	0.765	0.898
	1.00	0.731	1.62	−1.41	0.799	0.901
	1.50	0.186	1.68	−1.29	0.806	0.907
	2.00	0.157	1.72	−1.41	0.820	0.902
	3.00	0.092	1.86	−1.59	0.824	0.903
	A_P	76.2	0.919	−1.41	0.733	0.838

4.2 抗震设计反应谱

抗震设计用的加速度反应谱在我国的抗震设计规范中称为地震影响系数 α 曲线，它取决于设防烈度或基本烈度，场区的地震动地质环境（震源分布，地震震级，震中距离和传播途径等）以及场地条件。我国抗震设计规范中应用的设计反应谱早在 1964 年地震区建筑规范草案中就已奠定了基础，这就是 α_{max}决定于烈度，谱形状决定于场地条件的场地相关反应谱。美国在 1978 年以后也开始采用按照场地条件区分反应谱类型的方法，其概念首先是由希特（H. B. Seed）等于 1976 年提出来的。现行《建筑抗震设计规范》中的设计反应谱已有许多文献介绍并已为我国工程界熟悉。《建筑抗震设计规范》GB 50011—2001 和 GB 50011—2010 继续保留 GBJ 11—89 规范[9]设计反应谱的基本框架，只是在周期范围、T_g 值的界定、长周期段的取值、阻尼影响以及相应的场地分类标准等方面作了调整[10,11]。

《建筑抗震设计规范》GB 50011—2010 将反应谱的适用范围延长至 6s，这是因为随着强震加速度记录数据处理技术的提高和数字化强震仪的出现，在 10s 以内反应谱的精度是有保障的，但是对于房屋建筑延长到 6s 已经足够了。谱曲线仍由 4 段组成，但拟将下降段延长到 $5T_g$，其后采用下斜直线，取代 GBJ 11—89 规范中最小值为 $0.2a_{max}$ 的下平台（图 4.2.1）。修改后的谱形状更符合不同条件下实际强震加速度反应谱的平均变化趋势。

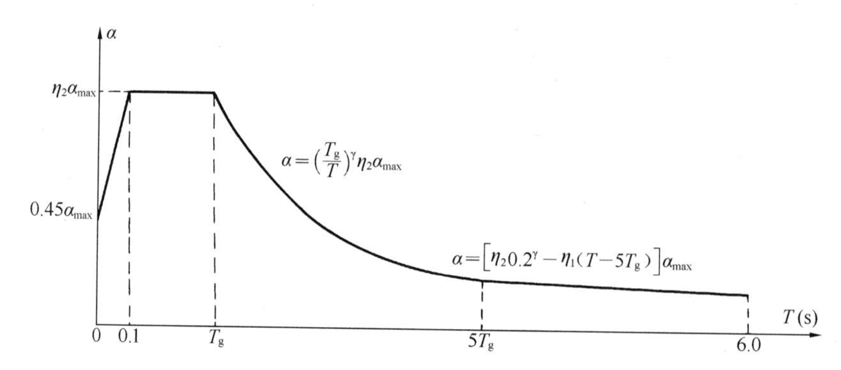

图 4.2.1 地震影响系数曲线

α——地震影响系数；α_{max}——地震影响系数最大值；γ——衰减指数；η_1——直线下降段的下降斜率调整系数；T——结构自振周期；η_2——阻尼调整系数；T_g——特征周期

图 4.2.1 中的 T_g 值决定于场地类别和地震动特征分区，后者由新的地震区划图提供并将用一般场地（Ⅱ类场地）的特征周期来表示，详见表 4.2.1 中的划分。

反应谱特征周期随场地类别和地震动特征区划的变化（s） **表 4.2.1**

场地类别 / 地震动特征区划	$Ⅰ_0$	$Ⅰ_1$	Ⅱ	Ⅲ	Ⅳ
一区	0.20	0.25	0.35	0.45	0.65
二区	0.25	0.30	0.40	0.55	0.75
三区	0.35	0.35	0.45	0.65	0.90

从表 4.2.1 中可以看到从一区Ⅰ到Ⅲ类场地的特征周期 T_g 值与原规范相比增加了 0.05s，这是因为考虑到经济方面的承受能力，原规范中 T_g 值取得偏小，与先进国家的规范相比这一点也是比较明显的。在新的地震区划图的编制工作中，根据地震危险性分析结果，中国地震局方面也认为有必要适当延长。表 4.2.1 中的结果是在有关研究结果的基础上经综合考虑后采取的值。

由于在抗震工程中应用机械阻尼器愈来愈多，今后建筑结构的阻尼比大于 0.05 的情况会比较多，其变化范围还会比较大，而对于钢结构和预应力混凝土结构，阻尼值通常都小于 0.05，这些情况都要求在规范中给出不同阻尼比的反应谱调整方法，因此，在规范修订稿中规定了阻尼比不等于 0.05 时反应谱的调整方法，具体包括以下两个方面：

1. 下降段的衰减指数按下式确定：

$$\gamma=0.9+\frac{0.05-\zeta}{0.3+6\zeta} \tag{4.2.1}$$

式中 γ——下降段减衰指数；

ζ——阻尼比。

2. 倾斜段的下降斜率 η_1 是按下式确定：

$$\eta_1=0.02+\frac{0.05-\zeta}{4+32\zeta} \tag{4.2.2}$$

当 $\eta_1<0$ 时，取为零，否则将出现向上倾斜的情况。

当阻尼比为 0.05 时水平向地震作用最大值按表 4.2.2 采用。

α_{max} 的取值 表 4.2.2

地震影响	烈度			
	6	7	8	9
多遇地震	0.04	0.08 (0.12)	0.16 (0.24) .	0.32
罕遇地震	0.28	0.5 (0.72)	0.90 (1.20)	1.410

表中括号中的数字相应于设计基本加速度为 0.15g 和 0.3g 时的地震作用影响系数，不带括号的 a_{max} 与 6，7，8，9 度地震相应的设计基本加速度分别为 0.05g，0.1g，0.15g，0.2g，0.3g，0.4g。

当阻尼比不等于 0.05 时，表 4.2.2 中的 a_{max} 值应乘以下列调整系数。

$$\eta_2=1+\frac{0.05-\zeta}{0.08+1.6\zeta} \tag{4.2.3}$$

阻尼影响修正公式（式 4.2.2）和式（4.2.3）是中国建筑科学研究院抗震所戴国莹研究员根据文献［12］等研究结果综合分析后提出的。

4.3 场地分类方法及其在抗震设计规范中的应用

4.3.1 国内外场地分类研究的概况

现行《建筑抗震设计规范》中的场地分类标准和相应设计反应谱的规定，是在 1974 年发布的《工业与民用建筑抗震设计规范》中有关场地相关反应谱的基础上修改形成的。有关规定的背景材料见文献［13］～［15］。需要指出的是，抗震设计反应谱的相对形状与许多因素有关，如震源特性、震级大小、震中距离、传播途径和方位以及场地条件等。

在这些因素中，震级大小和震中距离以及场地条件是相对容易考虑的因素，这两个因素的影响在现行的建筑抗震设计规范中已有所反映，震级和震中距离的影响涉及区域的地震活动性，应该属于大区划的范畴。GBJ 11—89 规范中的设计近震，设计远震是按由所在场地的基本烈度是否可能是由于邻区震中烈度比该地区基本烈度高 2 度的强震影响为准则加以区分的，这显然只是一种粗略的划分。划分设计近震、设计远震实际是根据场地周围的地震环境对设计反应谱的特征周期加以调整。关于地震环境对反应谱特征周期的影响，将由新的地震动参数区划图按照表 4.2.1 来考虑。

关于场地条件对反应谱峰值 a_{max}形状（T_g 值）的影响，也是一个非常复杂的问题，其实质是要预测不同场地对基盘输入地震波的强度和频率特性的影响。首先，如何确定输入基准面或基盘面就是很困难的，在现行建筑抗震设计规范中，将剪切波速大于 500m/s 的硬土层定义为基岩，可以说是迁就钻探深度的一种不得已的做法。在美国的建筑抗震设计规范中，剪切波速度大于 760m/s 的地层才算作是软基岩，而软基岩和硬基岩对地震波的反应特性也是有区别的。另外，土层的剪切波速分布千变万化，如何将其对反应谱的影响准确地加以分类同样也很困难。在各国的抗震设计规范中，尽管大家都承认考虑场地影响的重要性，可以说都还没有找到满意的方法。美国关于场地相关反应谱的研究始于 1976 年[16]，1978 年以后才开始进入抗震设计规范。1985 年墨西哥地震以后，美国规范增加了剖面中存在软黏土的 S4 类场地。这一分类标准从定义到分类方法都有一些含糊不清的地方[17]。进入 20 世纪 90 年代以后，美国根据 1989 年 Loma Prieta 等地震中不同场地上的强震观测记录和土层地震反应分析比较结果，提出了一个以表层 30m 范围内的等价剪切波速为主要参数的场地分类标准和相应的设计反应谱调整方案 NEHRP[18]，在这一方案中同时考虑了场地类型对反应谱峰值（a_{max}）和谱特性（T_g）的影响[19]。为适应美国东部地区的地震动特征，林辉杰等对这一方案作了一些调整[20]。NEHRP[21] 方案已基本上被美国 2000 年建筑草案接受[21]。按照这一方案，对低烈度区（≤7 度）最软场地上的 α_{max}将是坚硬场地的 2.5 倍，对高烈度区在软硬场地上的 α_{max}值保持不变，中间的情况大体上是依次逐渐变化的。场地条件对反应谱 T_g 值的影响，在美国规范中是用周期为 1s 的谱加速度值来表示的。或者说场地条件对反应谱形状的影响是用周期为 1s 和 0.2s 的谱加速度比值来表示，此值实际就是我们所说的特征周期 T_g，其数值范围为 0.4～1.0s。考虑到地震环境的影响，T_g 值尚应作进一步的调整，调整幅度与场地类别和周期为 1s 时的谱加速度有关。美国 2000 年建筑规范中设计反应谱随场地条件的变化幅度，比以前的规范有所扩大。从统计意义上看，这样的调整也许是合理的，问题是目前使用的由场地类别确定的场地相关反应谱还很难与预期值相适应。

日本 1980 年颁布的建筑抗震设计规范将场地简单地分为三类，即硬土和基岩、一般土和软弱土，相应的 T_g 分别为 0.4s，0.6s 和 0.8s。从文献［21］中可以看到，目前各国抗震设计规范中所采用的场地分类方案大多比较简单，相应的反应谱 T_g 值范围一般都在 0.2～1.0s 之间，只有墨西哥城是一个例外，那里采用的反应谱特征周期有大致为 2.0～2.5s 的情况。这是由于特殊的地震和地质环境造成的。我国的地震以板内地震为主，地震动的主要频率考虑在 1.0～10Hz 之间看来是合适的。关于场地类别对地震地面运动强度的影响，在 1995 年日本阪神地震以后日本学者也十分重视。他们从对规范 3 类场地上峰值加速度和速度比值的统计结果中发现，2、3 类场地的峰值加速度平均约为 1 类场地的 1.5 倍，2、3 类场地平均速度为 1 类场地的 2 倍和 2.5 倍[22]。

4.3.2 场地分类方法

从理论上讲，对于水平层状场地，当其岩土柱状包括其非线性特性以及入射地震波均为已知时，场地反应问题是可以解决的。目前的问题是关于输入和介质的信息都很不完备，由此很难满足工程设计的要求。抗震设计规范中只能应用目前在工程设计时可能得到的岩土工程资料，对场地土层的地震效应作粗略的划分，以便估计反应谱特征的一般性变化趋势。众所周知，对于均匀的单层土，土层基本周期为：

$$T=4H/v_s \tag{4.3.1}$$

此式表明覆盖土层 H 愈厚，剪切波速 v_s 愈小，基本周期愈长。值得注意的是，这一基本周期主要适用于岩土波速比远大于 1.0 的情况，且有 v_s 和 H 这样两个评价指标。

当主要考虑垂直向上传播的剪切波的影响时，周期为 T 的剪切波的波长 $\lambda=v_sT$。这样式（4.3.1）也可以改变为：

$$H=\lambda/4 \tag{4.3.2}$$

上式表明，为了不漏掉可能的土层共振影响，所考虑的土层深度不应小于波长的1/4。式（4.3.2）中的 H 有时也称为影响深度，v_s 愈大，T 值愈长，影响深度愈大。

式（4.3.1）仅适合于单层土的情况，对于多层土，当地震波主要以垂直向上传播的 S 波为主时，其基本周期为：

$$T=4\sum_i \frac{h_i}{v_{si}} \tag{4.3.3}$$

式中：v_{si} 和 h_i 是第 i 层土的 S 波速度和厚度，土层总厚度为 $H=\sum_i h_i$，其下应为基岩。由于在基岩和土之间没有明确界限，H 考虑得愈深，T 值愈大。

根据式（4.3.1）和式（4.3.3），我们可以把多层土按照基本周期相等的条件等价为单层土。为此可将式（4.3.1）中的 v_s 看作是等价单层土的折算值，记为 v_{se}，按等价条件可得：

$$\frac{H}{v_{se}}=4\sum_i \frac{h_i}{v_{se}} \tag{4.3.4}$$

由此得：

$$v_{se}=\frac{\sum_i h_i}{\sum_i \frac{h_i}{v_{se}}} \tag{4.3.5}$$

上式中 v_{se} 为周期等价意义上的平均剪切波速，也称为折算剪切波速。由于场地土层剪切波速一般都有具有随深度增加的趋势，用一般工程勘察深度范围内实测剪切波速的某种平均值来表示场地的相对刚度，应该说是比较合理的。考虑到当平均波速 v_{se} 相同时，由于覆盖层厚度 H 不同，基本周期也将有很大的差异，因此在我国规范中增加了覆盖层厚度的指标，并由此产生了双参数的场地类别划分的构想，按照 H 愈大，v_{se} 愈小，T_g 值愈大的一般规律将场地划分为Ⅳ类，应用可能得到的强震反应谱进行分类统计，获得了各类场地平均设计值。

式（4.3.1）中的 H 也称为评定场地类别用的计算深度，可取覆盖层厚度和 20m 两者中的较小值。

式（4.3.5）在文献［13］、［14］中就已经提到，在现行规范中考虑到我国工程界的习惯，采用了按厚度加权的算法。在文献［14］中还曾比较过两种算法的差异。在多数情况下按式（4.3.5）计算的土层等效剪切波速比按现行规范中公式的计算结果偏小。考虑到实际需要和规范分类的延续性，在修订中将计算深度从15m增加到达20m以后，按现行规范中的公式和式（4.3.5）计算的土层的等价剪切波速就比较接近了。

工程场地覆盖层厚度的确定方法为：

1. 在一般情况下应按地面至剪切波速大于500m/s的坚硬土层或岩层顶面的距离确定。

2. 当地面5m以下存在剪切波速大于相邻上层土相应值2.5倍的下卧土层，且该下卧土层及其以下岩土的剪切波速不小于400m/s时，可取地面至该下卧层顶面的距离和地面至剪切波速大于500m/s的坚硬土层或岩层顶面距离两者中的较小值。

3. 场地土剪切波速大于500m/s的孤石和硬透镜体应视为周围土层。

4. 剪切波速大于500m/s的岩浆岩硬夹层当作绝对刚体看待，从而可以从土层柱状中扣除[23]。

按 v_{se} 和 H 值划分场地类别的标准见表4.3.1。四类场地的特征周期一般可按照表4.2.1采用。

4.3.3 关于场地类别对 a_{max} 的影响

在以上场地分类中未涉及场地类别对谱加速度最大值或 α_{max}（表4.2.2）的影响。我国自1974年《建筑抗震设计规范》正式颁布以来一直保持了只考虑场地类别对反应谱 T_g 值影响的立场。采取这一立场并不是否认场地条件对 α_{max} 的影响，而是因为这一影响比较复杂，很难用简单的场地分类方法来加以预测，同时也因为实际强震观测数据比较少。在软土层上一般建筑出现高烈度异常的震害实例虽然是很多的，但往往都缺乏详细的土层剪切波速柱状分布的资料，再加上因地基失效可能导致的震害加重的因素。关于在软土层上是不是需要增大地震作用和如何调整的问题一直在考虑之中。美国在1989年Loma Prieta地震以前，也都不考虑场地条件对 α_{max} 的影响。但这次地震以后有了变化，即认为当基岩加速度比较小时（例如小于0.3）软土层对基岩输入加速度还具有放大作用（图4.3.1）并已开始在抗震设计规范中考虑这一因素的影响（参见4.3.1节中的介绍）。在Loma Prieta地震中他们发现在若干位于软土层的台站上的强震记录在短周期和长周期段都比基岩上大。在图4.3.1中给出的基岩和软土层的平均反应谱清楚地反映了这一事实。在1989年亚美尼亚地震，1992年土耳其Ezinca地震中也有软土层对地震动强度有放大效应的报道。这种情况一般发生在接近地表的软土层不太厚，其以下为硬土层且基岩地震动不太强烈时的情况。这种情况一般可以应用SHAKE程序通过分析计算进行预测[24]。根据不完全的地质资料划分得到的Ⅰ，Ⅱ，Ⅲ，Ⅳ类场地上 a_{max} 的比值离散性是很大的，变化趋势也不会很一致。例如，强震区当Ⅲ、Ⅳ类场地中包含有较厚的软夹层，a_{max} 可能比Ⅰ、Ⅱ类场地小。

《建筑抗震设计规范》GB 50011—2010中的场地分类，尽量保持了GBJ 11—89和GB 50011—2001的延续性，在以等效剪切波速和覆盖层厚度作为评定指标的双参数分类方法的基础上，考虑到新研究成果和与有关规范标准的协调性，其场地类别的划分标准见表4.3.1。

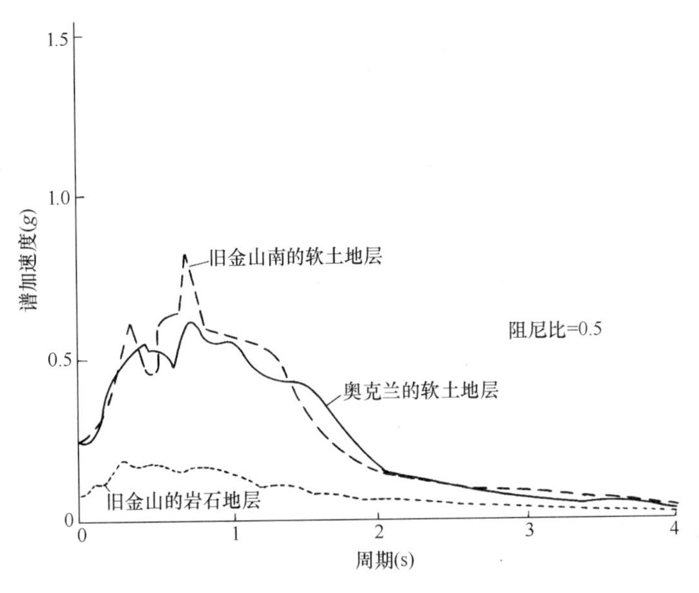

图 4.3.1 Loma Prieta 地震中旧金山（San Francisco）海湾地区基岩和土层的谱加速度

建筑场地类别划分 **表 4.3.1**

等效剪切波速（m/s）	场地类别				
	I_0类	I_1类	Ⅱ类	Ⅲ类	Ⅳ类
$v_s>800$	0				
$500<v_s\leqslant800$		0			
$250<v_s\leqslant500$		<5m	≥5m		
$150<v_s\leqslant250$		<3m	3～50m	>50m	
$v_s\leqslant150$		<3m	3～15m	>15～8m	>80m

注：表中 v_s 为岩石的剪切波速。

在运用该场地类别的划分标准时，应注意以下方面：

（1）Ⅰ类场地细分为两个情况，其中剪切波速大于 800m/s 为 I_0 类，剪切波速介于 500～800m/s 时为 I_1 类。

（2）中软土与软土的等效剪切波速分界值由原规范 140m/s 调整为 150m/s。

（3）工程场地覆盖层厚度的确定方法调整为：

1）在一般情况下应按地面至剪切波速大于 500m/s 且其下卧各层岩土的剪切波速均不小于 500m/s 的土层顶面的距离确定。

2）当地面 5m 以下存在剪切波速大于其上部各土层剪切波速 2.5 倍的土层，且该层及其下卧各层岩土的剪切波速均不小于 400m/s 时，可按地面至该土层顶面的距离确定。

3）场地土剪切波速大于 500m/s 的孤石和硬土透镜体应视同周围土层。

4）土层中的火山岩硬夹层，应视为刚体，其厚度应从覆盖土层中扣除。

（4）本次修改了在大面积的初勘阶段，测量剪切波速的钻孔不宜少于 3 个。

（5）对丁类建筑及层数不超过 10 层且高度不超过 24m 的多层建筑，当无实测剪切波速时，可根据岩土名称和性状，按表 4.3.2 划分土的类型，再利用当地经验在表 4.3.2 的剪切波速范围内估计各土层剪切波速。

（6）当有可靠的剪切波速、覆盖层厚度等数据且处于两类场地边界时，允许运用插入方法求得场地的特征周期。

场地土类型 表 4.3.2

土的类型	岩土名称和状态	土层剪切波速（m/s）
岩石	坚硬、较硬且完整的岩石	$v_s>800$
坚硬土或软质岩石	破碎和较破碎的岩石或软和较软的岩石，密实的碎石土	$500<v_s\leqslant800$
中硬土	中密、稍密的碎石土，密实、中密的砾、粗、中砂，$f_{ak}>150$kPa 的黏性土和粉土，坚硬黄土	$250<v_s\leqslant500$
中软土	稍密的砾、粗、中砂，除松散外的细、粉砂，$f_{ak}\leqslant150$kPa 的黏性土和粉土，$f_{ak}>130$kPa 的填土，可塑黄土	$150<v_s\leqslant250$
软弱土	淤泥和淤泥质土，松散的砂，新近沉积的黏性土和粉土，$f_{ak}\leqslant130$kPa 的填土，流塑黄土	$v_s\leqslant150$

注：f_{ak}为地基土静承载力特征值（kPa）；v_s 为岩石的剪切波速。

4.3.4 关于场地反应谱特征周期的连续化问题

由于与场地类别有关的设计反应谱特征周期 T_g 愈大，中长周期结构的地震作用也将增大，设防投资一般也相应增加。从提高设防投资效果的要求出发，场地分类和 T_g 值的划分和确定似乎愈细愈好。但就目前的资料基础是做不到的。即使是像现行规范这样的粗略分档，在实际地震中也难以保证不出现偏差。未来地震中反应谱的 α_{max} 和 T_g 值与预期值相比有较大差异是不足为奇的。因此过细的分档和连续化划分只能满足人们心理上的精度要求。因此，我们并不主张这样做。但是经修改以后的场地分类标准和相应的 T_g 取值并不排斥连续化地的运用，只要运用插入方法即可。为简单起见，在插入过程中可以考虑以下基本原则和约定：

1. $H-v_{se}$平面上相邻场分界线上的 T_g 值取平均值，即设在Ⅰ－Ⅱ类场地、Ⅱ－Ⅲ类场地和Ⅲ－Ⅳ类场地分界线上的 T_g 值分别为 0.30，0.40，0.55s；

2. 将 T_g 等值线细分到 0.01s，即分辨到两位小数；

3. 为简单起见，优先考虑采用线性插入或等步长划分。为减少相邻 T_g 等值线间距的跳跃变化，在等值线间距可能造成突变的区段内采用步距递增或递减的非线性插入；

4. 在 $H-v_{se}$图上，《建筑抗震设计规范》规定的场地类别分界线均呈台阶状，因此插入后的 T_g 等值线也可用台阶状折线来表示。由于Ⅲ－Ⅳ类场地分界线是一步台阶，而Ⅱ－Ⅲ类场地的分界线是二步台阶，为使之连续化，可将过渡区一部分中的 T_g 等值线取为一步台阶，另一部分取为二步台阶，一步和二步台阶区域范围按等间距的原则划分，两部分的 T_g 值分界线取为 0.5s；

5. 插值范围包括从覆盖层厚度 $d_{ov}=0.5\sim100$m，等效剪切波速 $v_{se}=0\sim700$m/s 的区域，相应的 T_g 值范围为 0.25～0.72s；按照以上原则和约定，在图 4.3.2 中给出了修订中的建筑抗震设计规范拟采用的场地类别分界线和相应的 T_g 值的等值线。按此图很容易根据 d_{ov}和 v_{se}值按以上原则确定相应的 T_g 值（可分辨到两位小数）。

按以上原则和方法划分得到的 T_g 等值线，不仅保持了在场地类别分界线上与建筑抗

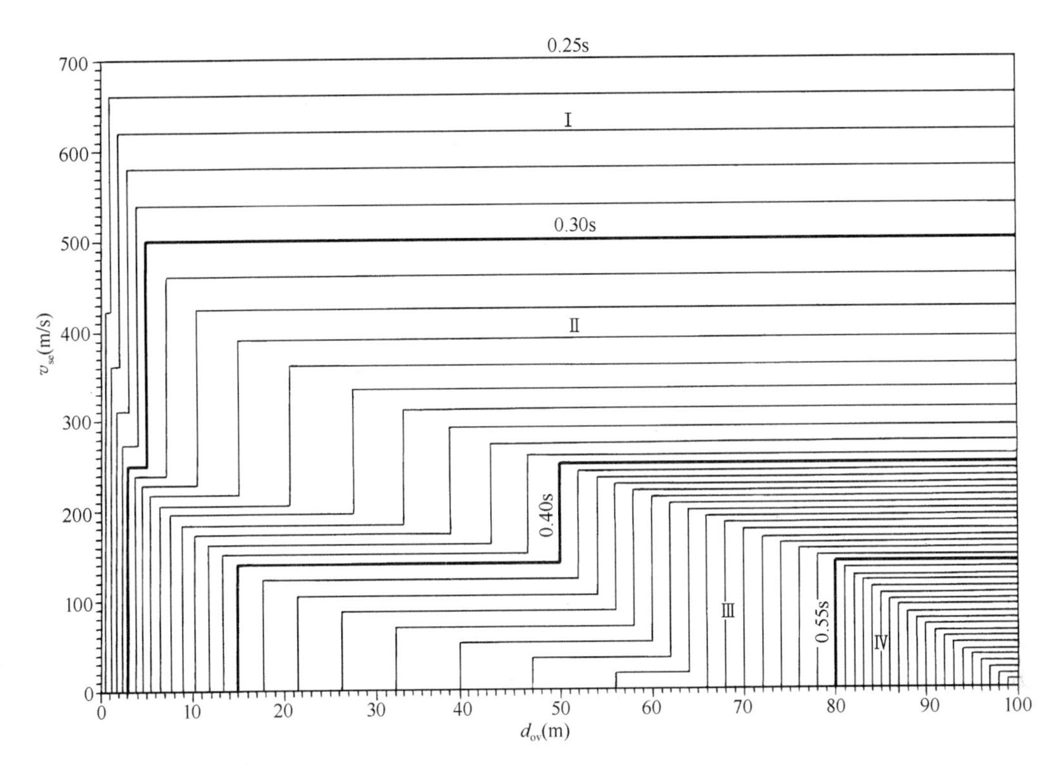

图 4.3.2　$d_{ov}-v_{se}$平面上的 T_g 等值线图

（图中相邻 T_g 等值线的差值均为 0.01s）

震设计规范的规定完全一致，同时也基本满足了相邻等值线间距渐变的要求，不失为一种较好的连续化划分方案。需要再次指出的是，由于反应谱的场地分类目前还只是一种粗略的划分，所有的 T_g 值连续化划分都只是一种形式上的细分，并不能真正改善设计用 T_g 值的准确性。

因此，在一般情况下按规范规定的场地类别选择 T_g 值已经足够，只是当 H 和 v_{se}值都有准确数据和特殊要求时，才可考虑 T_g 值的连续化取值。

在设计规范中，剪切波速大于 500m/s 的硬土和坚硬岩石都属于 I 类场地，实际上软基岩和硬基岩的地震反应也是有区别的。如果以 II 类场地作为一般场地或标准场地，6、7 度区和部分 8 度地震区的硬基岩上 a_{max} 可能会减小，而 III、IV 类场地上可能增大，看来这是 a_{max} 随场地类型变化一般趋势。在图 4.3.3 中集中展示了若干典型的观

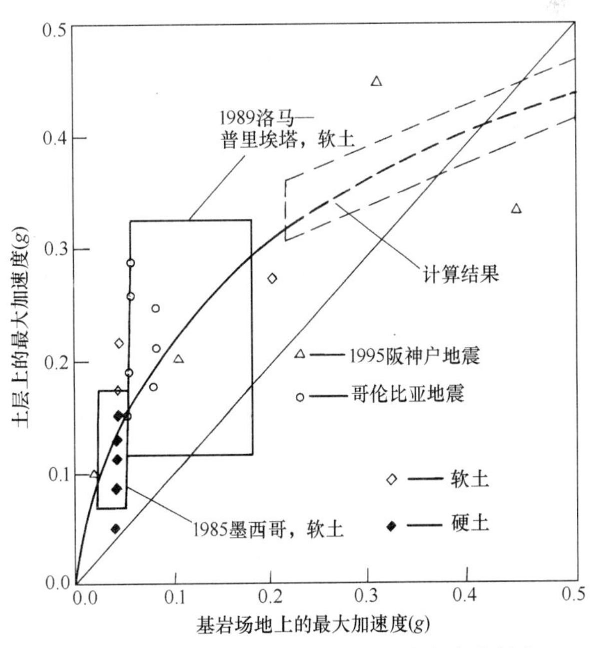

图 4.3.3　土层和基岩上峰值加速度的变化趋势

测结果。图中横坐标代表基岩的水平向峰值加速度（PGA），纵坐标代表土层上的相应值。如果基岩和土层上 PGA 无明显差异，记录的数据点将沿对角线分布。图中的两个矩形框分别代表 1985 年墨西哥地震和 1989 年美国 Loma Prieta 地震中基岩和土层上测得的 PGA 值的分布区域。因为数据点较多，图中只给出了一个范围。图中菱形符号是 1999 年土耳其（Marmara 或 Izmir）地震中软土和硬土地层上观测到的 PGA 与附近基岩上的对比资料；小圆圈所表示的是 1999 年哥伦比亚中部地震中 5 个台站上岩石和土层上 PGA 的对比资料，小三角是根据 1995 年日本阪神地震中的观测资料绘制的基岩和土层上 PGA 的对比资料。为了比较起见，图中还给出了按层状土模型进行的非线性地震反应分析的结果。如图中右上方的虚线所示。根据这些资料如果想反映一下场地类别对 a_{max} 的影响，采用表 4.3.3 中的调整方案也许是合适的。

不同类型场地上 a_{max} 的调整系数　　**表 4.3.3**

场地类别	Ⅰ	Ⅱ	Ⅲ	Ⅳ
a_{max} 的调整系数	0.7	1.0	1.3	1.2

表 4.3.3 中建议的调整系数只适用于 6、7 度区和 8 度区中地震加速度为 0.2g 的地区。其中的调整幅度要比图 4.3.3 中实际记录得到的比值偏小一些，原因是多数记录台站都没有关于场地土层情况的详细描述和 v_s 随深度变化的数据，因此很难判断其场地类别。在这种情况下由于只能反映一种变化趋势，在这种情况下调整幅度不宜太大。

4.4 设计地震的选择

一般来讲，设计地震是抗震设计中实际考虑的地震地面运动。设计中实际采用的地震参数习惯上称为设计地震，并作为专门名词保留下来了。但是最近有直接改用设计地震动的发展趋势。确定设计地震已成为重大工程抗震设计中的例行程序和重要环节。由于未来地震的不确定性和结构在地震中一旦发生破坏时后果的严重性，在这个重要环节上时常会引起一些争论。确定重要工程设计地震的目的是要把未知性和不确定性相当大的地震作用以比较简单的形式加以明确定量，供设计应用。在目前的科学水平和设计水平上，设计地震的确定实际是在充分考虑了结构在未来地震中的安全性和建造时投资的经济性以后进行的决策和选择。由于不同的工程对象和设计方法要求采用和提供不同水平和类型的设计地震参数。为了研究和使用上的方便，已经出现了几个不同的概念。例如，在核电站工程的抗震设计中常常用安全停堆烈度 SSE（Sefety Shutdown Earthquake）和运行基准烈度 OBE（Operation Basic Earthquake）的概念，前者相应于在罕见的大地震中能保障核电站的安全、避免事故发生的抗震设计水平，后者则是保证在发生频度较高的中等地震影响下核电站能正常运行的设计地震动参数。在高层建筑和其他重要工程项目中也有类似的标准，但在概念上有些不同，常用的有最大可信地震（Maximum Cradible Earthquake）、抗震安全评定地震（Seismic Safety Earthquake）和工程抗震设计地震或工程分析地震（Seismic Engineering Design Earthquake or Engineering Analysis Earthquake）。下面对这些概念分别作些说明。

最大可信地震通常被定义为在工程场地周围地质构造环境中可以合理估计的最大地震

地面运动。这样大的地震在某些地区可能相应于几百年的重现期，而在另外一些地区可能相应于几万年的重现期。一般情况下应该考虑几千年的重现期。最大可信地震确定包含着相当多专家的判断，但是这些判断仅限于在地震地质和地震学家之间进行，通常他们是不考虑工程本身以及社会经济影响方面的问题的，而是在工程所在场地上能够认识中的最大地震。

抗震安全评定地震（或地震安全性评定地震）是结构应该能经受的最大地震。在活动性很强的地震区，特别是当工程场地离发震断层很近时抗震安全评定烈度应等于最大可信地震，在一般情况下则可以低于最大可信地震。在确定抗震安全评定地震时需要考虑如下几个因素。

（1）在结构使用期内地震发生的频度和震级；

（2）在不同地段发生不同频度和震级的地震影响下场区内的一般地震危险性；

（3）与拟建工程有关的附加地震危险性，失事和过度破坏的后果以及补救能力；

（4）社会及其代表人物能够接受的危险性水平；

（5）低估地震危险性可能带来的后果，一般可用结构严重破坏的概率来衡量；

（6）高估地震危险性可能带来的后果，其结果不外乎取消这个工程项目（从而也就无得益）或者准备付出更高的代价去换取应有的效益。

由此看来，决定抗震安全评定地震需要更多的判断，它是在最大可信地震的基础上综合考虑社会、经济效益和可能接受的危险性水平以后作出的决策性选择。这样确定的设计地震可作为最大的自由场地震动（Maximum Free Field Earthquake Motion），基本上不考虑结构本身的特性和抗震或工程分析方法的差别。

工程抗震设计地震或工程分析地震是工程技术人员在计算分析中用来评价结构（特别是大型复杂结构）安全度的地震地面运动，有时也简称为设计地震动（Design Earthquke Motion）。确定这一水准的设计地震需要在抗震安全评定地震的基础上进一步考虑以下因素：①所使用的分析方法及其保守程度；②结构的阻尼，着重应该注意结构分析中所选用的阻尼值以及在结构本身可以接受的阻尼水准；③结构的埋置深度以及在结构分析中是否考虑了地震动随深度变化的影响；④土与结构的相互作用，特别是当在设计时未曾考虑土结构相互作用时，这一因素应该在设计地震中加以考虑；⑤结构分析中使用的材料特性；⑥强震地面运动的空间变化规律；⑦荷载与地面运动各分量的组合关系；⑧结构的强度和延性变化，特别是当暂态应力超过结构件和单元强度时的后果；⑨可接受的破坏程度。从上面所列举的因素中可以明显地看到应用于工程分析中的工程抗震设计地震动的确定要求有强震地面运动的反应、材料特性、分析方法、设计方法等各方面的知识，更重要的还需具有不同类型结构在实际地震中的性状和设计指标的经验。为圆满地解决这方面的问题，地震专家和结构工程师的密切合作是必不可少的。

在某些情况下，例如在用基于现场观测的经验方法估计液化势时，工程抗震设计地震应该与地震安全评定地震在数值上相一致，因为这种方法本身就是从给定地震动水平的现场调查经验中得来的；反之，当用弹性反应谱分析方法设计短周期钢筋混凝土结构时，以上两种地震可以有很大的差别。这种差别决定于有经验的工程师小组的判断。事实上，即使是对同一个工程项目，对具有不同的材料和形式的结构也可以分别采用不同的设计地震。

工程抗震设计地震与抗震安全评定地震的差别还决定于采用什么样的抗震设计方法。通常所用的方法愈先进，两种水平的地震动就愈接近。当选择拟静力方法进行设计时，工程抗震设计地震往往可用侧力系数来表示，其取值可以比由抗震安全评定地震确定的值小得多。此法往往采用 $0.1g\sim0.4g$ 的侧力去抵御 $0.5g\sim0.8g$ 的峰值加速度。理论和实践经验都表明这种方法在许多情况下仍然是可行的。尽管在这方面常常可能引起一些误解，但这正好反映了抗震安全评定地震和工程抗震设计地震之间的差别，即在这种情况下抗震设计指标可以比结构在自由场地上的由地震所决定的最大值低很多，其主要根据是结构的超安全储备和建筑物经受强烈地震考验的实际设计经验。

现行抗震设计规范中的多遇地震与上面介绍的运行基准地震（烈度）比较接近，由于它要求结构基本上处于弹性阶段工作，所以也叫做弹性设计地震。规范中的罕遇地震接近于最大可信地震但又有不同。其在 50 年内的超越概率约为 2.5%，它与基本烈度的差异是因地而异的。目前规范中的罕遇地震一般比基本烈度高 1 度，9 度时还不到 1 度，其实已失去了其原有的概率定义，因此应该叫做最大考虑地震（Maximum considered earthquake）。最大考虑地震的概念已在美国新的抗震设计规范中采用。

4.5 强震地面运动的模拟

在重要工程的抗震设计中，除了应用反应谱振型分解法进行抗震验算以外，通常要求进行输入地面运动加速度波的时程反应分析。应用这一方法时重要的问题是如何模拟工程结构在其服役期内可能遭受的强震地面运动加速度时程。由于抗震设计反应谱是最常用的设计标准，于是以拟合设计反应谱为目标的强震地面运动模拟就成了地震动模拟中的重要方面和中心问题之一。模拟得到的加速度时程（或加速度图）称为人造地震波。这方面的工作起始于 20 世纪 70 年代初期，我国宋稚桐、陈永祁等是较早从事人造地震波研究的代表[25,26]。有关地震动模拟的研究和应用情况在参考文献［27］～［29］中已有综述，限于篇幅在本节主要将介绍地震动模拟的常规方法。其基本思想是用一组三角级数之和来构造一个近似的平稳高斯随机过程，然后乘以强度包线，以得到近似的非平稳地面运动加速度时程。为此可采用以下三角级数来表示平稳化以后的随机地面运动加速度。

$$X(t)=\sum_{i=1}^{N}a_i\cos(\omega t+\varphi_i) \tag{4.5.1}$$

式中 φ_i 是在 $0\sim2\pi$ 之间内均匀分布的独立随机变量。式（4.5.1）中的其他参数为：

$$\left.\begin{aligned} a_i^2 &= FS(\omega_i)=4S_x(\omega_i)\Delta\omega \\ \omega_i &= 2\pi i/T \\ \Delta\omega &= 2\pi/T \end{aligned}\right\} \tag{4.5.2}$$

上式中的 T 为随机过程的总持时；S_x（ω）为随机过程 x（t）的功率谱密度；FS（ω_i）$=a_i$ 为傅里叶振幅谱。以上参数除 φ_i 为均匀分布随机量外，其余均为确定性的量，因此不难证明：

$$E[x(t)]=0$$

$$\text{和 } R_x(t)=E[x(t)x(t+\tau)]$$

$$=\sum_{i=1}^{N}\sum_{j=1}^{N}a_ia_jE[\cos(\omega_it+\varphi_i)\cos(\omega i_jt+\omega_jt+\varphi_jt)]$$

$$=2\sum_{i=1}^{N}S_x(\omega_i)\Delta\omega\cos\omega_it\,d\omega \tag{4.5.3}$$

上式仅与时间差 t 有关，因此 $x(t)$ 是平稳过程。当 N 足够大（例如大于1024）时，上式成为：

$$R_x(t)=2\int_0^{\infty}S_x(\omega)\cos\omega t\,d\omega \tag{4.5.4}$$

虽然平稳高斯过程还可以用其他形式的三角级数来模拟，式（4.5.1）是最简单的一种，应用也最广。用以上方法得到平稳随机过程的样本以后只需要乘以非稳化函数 $f(t)$ 或包络函数即得所需要的地震动模拟结果。不过在以上算法中所应用的功率谱并不是我们的目标谱。为此需要先将设计反应谱转换为功率谱，这一过程通常应用 Kaul[33] 提供的以下近似关系。

$$S_x(\omega)=\frac{\zeta}{\pi\omega}[SA^t(\omega)]^2\frac{1}{Ln\left[\frac{-\pi}{\omega T}\ln(1-p)\right]} \tag{4.5.5}$$

式中：$SA^t(\omega)$ 是给定的目标反应谱；ζ 为阻尼比；p 为反应的超越概率，一般可取0.05～0.1。由于式（4.5.5）表示的反应谱与功率谱之间的关系是近似的，由式（4.5.4）表示的相关函数和功率谱关系也是近似的，因此采用式（4.5.5）提供的数据按式（4.5.1）计算得到的地震动（常称为初始地震动）也只是符合目标谱的一个初步结果。如果将这个结果按常规方法计算反应谱，将会发现它与目标谱之间有较大的差异。为减小这种差异，通常应用逐次逼近方法。假如第 k 次计算得到第 i 个分量的反应谱为 $SA_c^k(\omega_i)$，而相应目标谱为 $SA^t(\omega_i)$ 则可用以下公式对第 k 轮计算中所用的傅氏振幅谱进行修正，按以下公式得到新一轮（$k+1$）傅氏振幅谱：

$$FS^{k+1}(\omega_i)=\frac{SA^t(\omega_i)}{SA_c^k(\omega_it)}FS^k(\omega_i) \tag{4.5.6}$$

根据上式进行新一轮的拟合，这无疑是一个迭代的过程，直至人造波的反应谱的每一分量 $SA(\omega_i)$ 都达到所需求的精度才结束迭代。有时为了减小迭代次数还可以在式（4.5.6）的右边乘以大于1的加速因数。这实际是一种矫枉过正的措施。在以上迭代调整过程中相位谱一般是不变的。在实际应用中常常发现当要求拟合的精度较高时（例如小于5%）简单应用这一方法不容易收敛。其原因在于上述一般频域拟合方法对最大反应发生时间及其正负号都是不加考虑的，幅值调整具有一定的盲目性。另外把相位谱简单按均匀分布随机变量考虑往往不能反映实际强震记录的相位特性和包络线。为了克服以上缺点，胡聿贤、何训发展了对振幅和相位谱进行调整的精细方法[29]。刘小第、苏经宇等建议从实际强震记录中提取相位谱[30]，袁建力等研究了与建筑抗震设计规范中四类场地相对应的人工地震波的基本参数[31]。

参 考 文 献

1 Boore D. M., Joyner W. B. and Fumal T. E. Estimation of Response Spectra and Acceleration from Western North American Earthquakes: An Interim Report, Part 2, U. S. Geol, Surv. Open-File Re-

port, 94-127. 40pp 1994
2 Boore D. M. , Jogner W. B. and Fumal T. E. Equations for Estimating Horizontal Response Spectra and Peak Acceleration from Western North American Earthquakes: A Summary of Recent Work, Seismological Research Letters, V 01. 68, No. 1, 128-153 Jan/Feb 1997.
3 Joyner W. B. and Boore D. M. Prediction of Earthquake Response Spectra, U. S. Geol, Sur. Open-File Rept. 82-977, 16pp 1982.
4 Campbell K. W. and Bozorgnia Y. Near-Source Attenuation of Peak Horizontal Acceleration from Worldwide Accelerograms Recorded from 1957 to 1993, Proc. Fifth U. S. National Conference on Earthquake Engineering 3, Chicago, Illinois, July 10-14, 283-292 1994.
5 田启文，廖振鹏，孙平善．根据烈度资料估算我国地震动衰减规律．地震工程与工程振动，16（1），1986
6 胡聿贤等．参考唐山地震确定的华北地区地震动衰减关系．土木工程学报，（19）3，1986
7 霍俊荣．近场强地面运动衰减规律的研究．国家地震局工程力学研究所博士论文，哈尔滨，1989，12
8 郭王学．中国华北地震动参数衰减规律及其应用．中国地震区划文集（国家地震局震害防御司主编）．北京：地震出版社，1993
9 中华人民共和国国家标准．建筑抗震设计规范 GBJ 11—89. 北京：中国建筑工业出版社，1989
10 王亚勇等．关于地震作用和结构抗震验算的修订动向．工程抗震，1999，2
11 周锡元，樊水荣，苏经宇．场地分类和设计反应谱的特征周期．工程抗震，1999，4
12 马东辉等．阻尼比对设计反应谱的影响分析．工程抗震，1995，4
13 周锡元，王广军，苏经宇．场地・地基・设计地震．北京：地震出版社，1991
14 周锡元，王广军，苏经宇．多层场地土分类与抗震设计反应谱．中国建筑科学研究院报告，1983
15 周锡元．土质条件对建筑物所受地震荷载的影响．中国科学院工程力学研究所．地震工程研究报告集（二）．北京：科学出版社，1965
16 H. B. Seed, C. Ugas and J. Lysmer, Site Dependent Spectra for Earthquake Resistant Design, Bull, Seis. Soc. Am. , Vol. 66, 221-244, 1976.
17 R. V. Whitman, Workshop on Ground Motion Parameter for Seismic Hazard Mapping, Technical Report NCEER-890038, NCEER, State University of New York at Buffalo, N. Y, 1989.
18 R. D. Borcherd, Estimates of Site-Dependent Response Spectra for Design Methodology and Justification, Earthquake Spectra, Vol. 10, No. 4, PP. 617-653, 1994.
19 FEMA, NEHRP Recommended Provisions for Seismic Regullation for New Buildingn, 1994 Edition, Federal Emergency Management Agency, Washington D. C1995.
20 H. Lin, H. M. Hwang and J-R Huo, a Study on Site Coefficients for New Site Categories Specified in the NEHRP Provisions, CERI, The Universiry of Memphis, 1996.
21 International Association for Earthquake Engineering (IAEE), Regulations for Seismic Design, A World List, 1996.
22 日本建筑学会．动的外乱に对する设计の展望．2. 耐震设计，1996
23 赵松戈，马东辉，周锡元．具有岩浆岩硬夹层场地的地震反应分析以及场地类别评价原则的研究．工程地震（增刊），2000
24 廖振鹏，李小军．地表土层地震反应的等效线性化方法．地震小区划理论与实践（廖振鹏主编）．北京：地震出版社，1989
25 宋雅桐．人造地震波的研究．南京工学院学报，1980，2
26 陈永祁，龚思礼．拟合标准反应谱的人工地震波．建筑结构学报，1981，4

27　廖振鹏．强震地面运动模拟．中国工程抗震四十年（魏琏，谢君斐主编）．北京：地震出版社，1989
28　廖振鹏，魏颖．设计地震加速度的合成．中国工程抗震四十年．北京：地震出版社，1989
29　胡聿贤，何训．考虑相位谱的人造地震动反应谱拟合．地震工程与工程振动，(6) 2，1986
30　刘小弟，苏经宇．具有天然地震特征的人工地震波研究．工程抗震，1992，3
31　袁建力，樊华．人工地震波场地土参数模型的研究．工程抗震，1999，3
32　蒋溥等．地震小区划概论．北京：地震出版社，1990

第二篇　结构地震反应分析

第5章　多自由度体系的线性反应分析

多自由度体系的线性反应是指结构体系在外力作用下，结构的变形与外力变化保持线性关系，外力去除后，结构体系的变形能完全恢复到原始状态。结构线性动力反应分析的基础是结构动力学和数值计算方法。最基本的多自由度体系线性动力反应分析方法有三类：时域分析方法、频域分析方法和振型叠加法。当仅对结构的最大地震反应感兴趣时可以采用振型分解反应谱法分析。

5.1　集中质量法

在连续结构体系的动力反应过程中，惯性力由结构的运动产生，反过来结构的运动又受惯性力大小的影响，只能直接把问题用微分方程表示来解决这个循环的因果关系。此外，因为连续结构的质量在结构中是连续分布的，如果要确定全部的惯性力，则必须确定结构上每一个点的位移和加速度。此时，因为沿结构各点的位置及时间都必须看作独立变量，故分析必须用偏微分方程来描述。

另一方面，如果结构的质量被集中于一系列离散的点或块，例如对于质量连续分布的悬臂梁，将分布的质量集中于梁中有限点之上而形成一个悬臂梁似的串联质点系模型，则分析能大大地简化，因为仅能在这些集中质量点产生惯性力。在这种情况下，只需确定这些离散点的位移和加速度。

集中质量法是最早提出来的离散化方法。它用相对简单的代数方程组代替质量连续分布结构的微分方程，因而使计算得到大大简化。

5.2　有限单元法

有限单元法，或称有限元法，可以从数学观点和物理观点两方面来建立公式。从物理的观点看，有限单元法就是把连续结构体离散化。具体地说，就是把结构分成很多小的部分，每个部分称为一个单元，这些单元的形状、大小可以任意选择，但都是有限小，而不是无限小，故称为有限单元。各单元在其相邻边界点上相连接，即有限元法把连续结构体离散化为只在有限个点上有联系的离散模型，而这些连接点称为节点。通常以节点广义位移作为未知量，按节点的平衡条件建立运动方程式。一般用位移法，当然也可以采用力法建立方程式，在结构动力反应问题中一般采用位移法。

有限元法是目前流行的分析方法，它提供了既方便又可靠的体系理想化模型，而且对用计算机分析来说特别有效。有限单元法的理想化模型适用于一切的结构形式：由一维构件（梁、柱等）集合组成的框架结构；由二维构件构成的平面应力或平板或壳形结构；以及一般的三维固体结构。

对任何结构，例如连续梁，有限单元理想模型化的第一步工作是把结构分成适当数量的部分或单元。它们的尺寸是任意的。它们可以完全同一尺寸，也可以完全不相同。采用节点的位移作为结构的广义坐标。

整个结构的变形可以利用这些节点广义位移，借助于一组适当假定的位移函数来表示。这些位移函数被称作插值函数，因为这些函数确定了指定节点位移之间的形状。原则上，这些插值函数可以是内部连续并满足节点位移所带来的几何位移条件的任意曲线。有限元法的优点如下：

（1）只要把结构分成适当数量的单元，即可引入所需的任意数目的待求未知量。

（2）因为每一分段所选择的位移函数可以是相同的，故计算得以简化。

（3）因为每个节点位移仅影响其邻近的单元，所以这个方法所导得的方程大部分是非耦合的，因此解方程式的过程大大地简化。

一般来说，有限单元法提供了最有效的、用一系列的离散坐标表示任意结构位移的方法。用有限单元法计算结构动力反应的步骤如下：

1. 将结构连续体划分为一系列有限单元，单元的形状、大小及其数量，由计算对象的性质及要求的精确度决定。划分单元的一般准则为：

（1）要求的计算精确度越高，则单元划分需越细。

（2）各单元的形状、大小可以相同，也可以不同。一般说来，应力梯度比较大的部分，单元划分需较细。

（3）复杂边界及其附近部分，单元划分需较细。

2. 选择节点的自由度，即节点位移参数。节点的自由度必须包括节点适当的位移分量，甚至其偏导数，一般取偏导数的阶比应变能表达式中出现的偏导数低一阶，通常只取至位移的一阶偏导数（转角）。也就是说，节点自由度通常仅指节点的位移，最多包括转角。当然也可以包括更多的项，如二阶偏导数（曲率）等。所有节点的位移参数是有限元法分析结构连续体的基本变量。

3. 根据结构连续体的实际变形情况，选择表示单元中各点位移的函数，即插值函数。选择位移插值函数的一般准则是：

（1）应具有与单元自由度总和一样多的未知常数。

（2）能反映单元的刚体位移。每个单元的位移一般由两部分组成：一是由该单元的变形引起的位移，称为变形位移；二是由其他单元的变形而引起该单元的牵连位移，与该单元的变形无关，称为刚体位移。刚体位移常常在单元位移中占主要部分，因此，为了正确反映单元的位移特征，位移插值函数必须能反映单元的刚体位移。

（3）能反映单元的常应变。每个单元的应变一般可分为两个部分：一是与位置坐标无关，在单元中各点相同的，称为常应变；二是与该单元中各点的位置坐标有关，是各点不同的，称为高阶应变。在很多情形中，常应变占主要部分。特别是当单元尺寸很小时，单元应变将接近于常应变。因此，为了能反映单元变形特征，位移插值函数必须能反映单元的常应变。

（4）应尽可能反映位移的连续性。在连续结构中，变形是连续的，两相邻部分的位移既不会脱离，也不会重叠。为了使单元内部的位移保持连续，位移插值函数必须为坐标的单值连续函数。为了使相邻单元的位移保持连续，不仅需要公共节点上的位移相同，而且在公共边界上的位移也要相同。这样才能使得相邻单元在受力以后既不会脱离，也不会重叠，而代替原为连续弹性体的离散结构仍保持为连续弹性体。因此，我们在选取位移插值函数时，还是应尽可能使它反映出位移的连续性。

理论和实践都已证明：为了使当单元尺寸逐渐变小时有限元法的解能收敛于精确解，位移插值函数具有与单元自由度总和一样多的未知常数，能反映刚体位移和常应变是必要条件，加上反映相邻单元位移的连续性，就是充分条件。

4. 根据节点位移参数及位移插值函数，联立在局部坐标系中单元的力学性质，包括单元刚度矩阵、质量矩阵和等效节点力向量及其相互关系。

5. 由单元力学性质形成总结构的力学性质。该方法是对于每个节点，叠加各个与之有关的单元刚度、质量及节点力，从而得到整个结构的总刚度矩阵、总质量矩阵及总节点力向量。

6. 建立结构运动方程并求解。

5.3 广义坐标法

集中质量模型提供了一个限制自由度的简单办法，对处理大部分质量实际上集中在几个离散点上的体系，该法是特别有效的。在建立集中质量模型时，首先在结构中确定出一系列离散的集结点，然后，假设支承这些集结点的结构，其质量也全部包含在这些集结质点里，而把结构本身看作是无重的。

但是，假如体系的质量处处都相当均匀地分布，这时为了限制自由度，可取另一较佳的方法。这个方法是假定结构的饶曲线形状可用一系列规定的位移曲线的和来表达，而这些曲线则成为结构的位移坐标。这种描述结构挠曲线方法的一个简单例子就是用三角级数来表示简支梁的挠曲线。此时，挠曲线用独立的正弦函数的和表示。一般来说，与所述支承条件相适应的任意形状，都可用正弦波分量的无穷级数来表达。正弦波形状的幅值可被当作体系的坐标，而实际梁的无限个自由度则用级数中无限项来表示。这个方法的优点是，实际梁的形状可用有限项正弦函数的级数很好地近似表示。例如，对于具有三个自由度体系的反应可用仅有三项的级数来表示，其余类推。

这个概念可被进一步推广，因为在这个例子里作为假定位移曲线的正弦函数形状是任意选择的。一般来说，任何与所述几何支承条件相适应而且具有内部位移连续性的形状函数 $\phi_n(x)$ 都可被采用。于是，对于任何一维结构的位移 $u(x)$，其广义表达式可写作 $u(x)=\Sigma Z_n\phi_n(x)$。对于任何假定的一组位移形函数 $\phi_n(x)$，所形成的结构形状依赖于幅值 Z_n。Z_n 被称为广义坐标。所假设的位移形函数的数目代表在这个理想化形式中所考虑的自由度数。通常对于一个给定自由度数目的动力分析，用理想化的形状函数法比用集中质量法更为精确。但是，也必须承认，当用广义坐标法计算时，对于每个自由度将会有较多的计算工作量。

对比广义坐标法和有限元法可发现，有限元法也属于广义坐标法的一种。与一般的广义坐标法相比，有限元法采用统一的位移形函数（插值函数），并以节点位移作为结构的广义坐标，因而具有直观的物理背景和统一的计算格式。

5.4 时域分析方法

对于一个多自由度体系，采用有限元方法离散化，可以得到体系的动力平衡方程。

$$[M]\{\ddot{u}\}+[C]\{\dot{u}\}+[K]\{u\}=\{p\} \tag{5.4.1}$$

式中：$[M]$、$[C]$ 和 $[K]$ 分别为体系的质量、阻尼和刚度矩阵；$\{\ddot{u}\}$、$\{\dot{u}\}$、$\{u\}$ 和 $\{p\}$ 分别表示结构体系的加速度、速度、位移和荷载向量。质量矩阵和刚度矩阵可以由有限元法直接生成，但阻尼矩阵一般难以直接用有限元法形成，需要按不同的计算方法按不同的阻尼假设进行处理，例如比例阻尼和模态阻尼。对于荷载是时间的周期函数的稳态反应，可以直接求解式（5.4.1），若荷载为非周期性的，例如地震作用，在求解结构体系的瞬态反应时，还应给出初始条件

$$\left.\begin{aligned}\{\dot{u}\}&=\{\dot{u}_0\}\\\{u\}&=\{u_0\}\end{aligned}\right\} \tag{5.4.2}$$

式中：$\{\dot{u}_0\}$ 和 $\{u_0\}$ 是常向量，它们分别表示初始时刻结构体系的速度和位移，对于结构地震反应问题，一般为零初始条件。

式（5.4.1）和式（5.4.2）构成了典型的微分方程组的初值问题。式（5.4.1）为二阶常微分方程组，目前人们已发展了一系列有效的时域直接积分法求解。所谓直接积分法是指不通过坐标变换，直接用数值方法积分动力平衡方程式（式 5.4.1）。这类方法的实质是基于以下两种思想：第一，将本来在任何连续时刻都应满足动力平衡方程的位移 $\{u(t)\}$，代之以仅在有限个离散时刻 t_0，t_1，t_2，…，满足这一方程的位移 $\{u(t)\}$，从而获得有限个时刻上的近似动力平衡方程；第二，在时间间隔 $\Delta t_i=t_{i+1}-t_i$ 内，以假设的位移、速度和加速度的变化规律代替实际未知的情况，所以真实解与近似解之间总有某种程度差异，误差决定于积分每一步所产生的截断误差和舍入误差以及这些误差在以后各步计算中的传播情况。前者决定了解的收敛性，后者则与算法本身的数值稳定性有关。

使用中一般取等距时间间隔，从初始时刻 $t_0=0$ 到某一指定时刻 $t_n=T$，逐步积分求得动力平衡方程的解。把区间 $[0, T]$ n 等分后有 $\Delta t=T/n$，相应的 $n+1$ 个离散时刻为 $t_i=i\Delta t$（$i=0, 1, \cdots, n$）。

常见的直接积分法有中心差分法、线性加速度法、Wilson-θ 法、Newmark-β 法和 Houbolt 法等。这里仅介绍最常用的两种方法：Newmark-β 法和 Wilson-θ 法。

5.4.1 Newmark-β 法

直接积分法的重要特征表现在，给定初始时刻的位移、速度和加速度后，可求得 t_1 时刻的位移、速度和加速度，而后逐步求得 t_2，t_3，…，t_n 时刻的解。所以推导算法时，只需从 t 时刻的解 $\{u_t\}$、$\{\dot{u}_t\}$ 和 $\{\ddot{u}_t\}$ 推导出求解 $\{u_{t+\Delta t}\}$、$\{\dot{u}_{t+\Delta t}\}$ 和 $\{\ddot{u}_{t+\Delta t}\}$ 的计算公式，实际上就建立了计算所有离散时刻反应值的算法。

在时刻 $t+\Delta t$ 的反应值应满足动力平衡方程：

$$[M]\{\ddot{u}_{t+\Delta t}\}+[C]\{\dot{u}_{t+\Delta t}\}+[K]\{u_{t+\Delta t}\}=\{p_{t+\Delta t}\} \tag{5.4.3}$$

为了导出所需要的公式，必须假设时间区间 $[t, t+\Delta t]$ 上加速度的变化规律从而找出 t 时刻与 $t+\Delta t$ 时刻位移、速度和加速度之间的关系。Newmark-β 法的特点是假定加速度为介于 $\{\ddot{u}_t\}$ 和 $\{\ddot{u}_{t+\Delta t}\}$ 之间的某一常向量，记为 $\{\ddot{u}\}$，即所谓的常平均速度假设。根据这

一假设，$\{\ddot{u}\}$ 可表示为：

$$\{\ddot{u}\}=(1-\gamma)\{\ddot{u}_{t}\}+\gamma\{\ddot{u}_{t+\Delta t}\} \tag{5.4.4}$$

其中 γ 是控制参数，它满足 $0\leqslant\gamma\leqslant1$。为了获得稳定高精度的算法，$\{\ddot{u}\}$ 也可用另一控制参数 $0\leqslant\beta\leqslant1/2$ 表示为：

$$\{\ddot{u}\}=(1-2\beta)\{\ddot{u}_{t}\}+2\beta\{\ddot{u}_{t+\Delta t}\} \tag{5.4.5}$$

以 t 时间为原点，通过积分可获得 $t+\Delta t$ 时刻的速度和位移分别为：

$$\{\dot{u}_{t+\Delta t}\}=\{\dot{u}_{t}\}+\Delta t\{\ddot{u}\} \tag{5.4.6}$$

$$\{u_{t+\Delta t}\}=\{u_{t}\}+\Delta t\{\dot{u}_{t}\}+\frac{1}{2}\Delta t^{2}\{\ddot{u}\} \tag{5.4.7}$$

把式（5.4.4）和式（5.4.5）分别代入式（5.4.6）和式（5.4.7）可得：

$$\{\dot{u}_{t+\Delta t}\}=\{\dot{u}_{t}\}+(1-\gamma)\{\ddot{u}_{t}\}\Delta t+\gamma\{\ddot{u}_{t+\Delta t}\}\Delta t \tag{5.4.8}$$

$$\{u_{t+\Delta t}\}=\{u_{t}\}+\Delta t\{\dot{u}_{t}\}+\left(\frac{1}{2}-\beta\right)\Delta t^{2}\{\ddot{u}_{t}\}+\beta\Delta t^{2}\{\ddot{u}_{t+\Delta t}\} \tag{5.4.9}$$

从式（5.4.8）和式（5.4.9）可解得以 $\{u_{t+\Delta t}\}$、$\{\ddot{u}_{t}\}$、$\{\dot{u}_{t}\}$ 和 $\{u_{t}\}$ 所表示的 $\{\ddot{u}_{t+\Delta t}\}$ 和 $\{\dot{u}_{t+\Delta t}\}$，即：

$$\{\ddot{u}_{t+\Delta t}\}=\frac{1}{\beta\Delta t^{2}}(\{u_{t+\Delta t}\}-\{u_{t}\})-\frac{1}{\beta\Delta t}\{\dot{u}_{t}\}-\left(\frac{1}{2\beta}-1\right)\{\ddot{u}_{t}\} \tag{5.4.10}$$

$$\{\dot{u}_{t+\Delta t}\}=\frac{\gamma}{\beta\Delta t}(\{u_{t+\Delta t}\}-\{u_{t}\})+\left(1-\frac{\gamma}{\beta}\right)\{\dot{u}_{t}\}+\left(1-\frac{\gamma}{2\beta}\right)\{\ddot{u}_{t}\}\Delta t \tag{5.4.11}$$

把式（5.4.10）和式（5.4.11）代入式（5.4.3），经整理可得关于 $\{u_{t+\Delta t}\}$ 的方程：

$$[\hat{K}]\{u_{t+\Delta t}\}=\{\hat{p}_{t+\Delta t}\} \tag{5.4.12}$$

其中 $[\hat{K}]$ 为等效刚度矩阵，它与时间无关。

$$[\hat{K}]=[K]+\frac{1}{\beta\Delta t^{2}}[M]+\frac{\gamma}{\beta\Delta t}[C] \tag{5.4.13}$$

$\{\hat{p}\}$ 为等效载荷向量，它与时间有关。

$$\begin{aligned}\{\hat{p}_{t+\Delta t}\}=\{p_{t+\Delta t}\}&+\left[\frac{1}{\beta\Delta t^{2}}\{u_{t}\}+\frac{1}{\beta\Delta t}\{\dot{u}_{t}\}+\left(\frac{1}{2\beta}-1\right)\{\ddot{u}_{t}\}\right][M]\\&+\left[\frac{\gamma}{\beta\Delta t}\{u_{t}\}+\left(\frac{\gamma}{\beta}-1\right)\{\dot{u}_{t}\}+\frac{\Delta t}{2}\left(\frac{\gamma}{\beta}-2\right)\{\ddot{u}_{t}\}\right][C]\end{aligned} \tag{5.4.14}$$

解线性方程组（式 5.4.12）求得 $\{u_{t+\Delta t}\}$，然后根据式（5.4.10）和式（5.4.11）求得 $\{\ddot{u}_{t+\Delta t}\}$ 和 $\{\dot{u}_{t+\Delta t}\}$。

Newmark-β 法的求解过程如下：

1. 初始计算

（1）形成刚度矩阵 $[K]$、质量矩阵 $[M]$ 和阻尼矩阵 $[C]$。

（2）确定初值 $\{u_0\}$、$\{\dot{u}_0\}$ 和 $\{\ddot{u}_0\}$。

（3）选择时间步长 Δt、参数 β 和 γ，并计算积分常数。

$a_0=\dfrac{1}{\beta\Delta t^{2}}$；　$a_1=\dfrac{\gamma}{\beta\Delta t}$；　$a_2=\dfrac{1}{\beta\Delta t}$；　$a_3=\dfrac{1}{2\beta}-1$；　$a_4=\dfrac{\gamma}{\beta}-1$；

$a_5=\dfrac{\Delta t}{2}\left(\dfrac{\gamma}{\beta}-2\right)$；　$a_6=\Delta t\ (1-\gamma)$；　$a_7=\gamma\Delta t$

（4）形成等效刚度矩阵 $[\hat{K}]$

$[\hat{K}] = [K] + a_0 [M] + a_1 [C]$

2. 对每一离散时刻 $t=0$，Δt，$2\Delta t$，…，$n\Delta t$ 进行计算

（1）计算 $t+\Delta t$ 时刻的等效载荷

$$\{\hat{p}_{t+\Delta t}\} = \{p_{t+\Delta t}\} + (a_0\{u_t\} + a_2\{\dot{u}_t\} + a_3\{\ddot{u}_t\})[M] + (a_1\{u_t\} + a_4\{\dot{u}_t\} + a_5\{\ddot{u}_t\})[C]$$

（2）求解 $t+\Delta t$ 时刻的位移

$$[\hat{K}]\{u_{t+\Delta t}\} = \{\hat{p}_{t+\Delta t}\}$$

（3）计算 $t+\Delta t$ 时刻的加速度和速度

$$\{\ddot{u}_{t+\Delta t}\} = a_0(\{u_{t+\Delta t}\} - \{u_t\}) - a_2\{\dot{u}_t\} - a_3\{\ddot{u}_t\}$$

$$\{\dot{u}_{t+\Delta t}\} = \{\dot{u}_t\} + a_6\{\ddot{u}_t\} + a_7\{\ddot{u}_{t+\Delta t}\}$$

在 Newmark-β 法中，参数 β 和 γ 的取值影响着算法的精度和稳定性。为保证算法具有不低于二阶精度，要求参数 γ 取值为 1/2；一般情况下，参数 $\gamma=1/2$、$\beta=1/8\sim1/4$ 即可获得稳定性的解。当取

$$\gamma = \frac{1}{2}, \quad \beta = \frac{1}{6}$$

时，Newmark-β 法成为线性加速度法，算法为有条件稳定。当取

$$\gamma = \frac{1}{2}, \quad \beta = \frac{1}{4}$$

时，Newmark-β 法成为平均常加速度法，算法为无条件稳定。而当取

$$\gamma = \frac{1}{2}, \beta = 0$$

时，Newmark-β 法等价为中心差分法，算法为条件稳定。

5.4.2 Wilson-θ 法

Wilson-θ 法是线性加速度的推广。线性加速度法假设加速度在时间区间 $[t, t+\Delta t]$ 内线性变化，由此导出的算法是有条件稳定的。Wilson 通过引入控制参数 θ（$\theta\geqslant1$），假设加速度在 $[t, t+\theta\Delta t]$ 上是时间的线性函数，并证明当 $\theta\geqslant1.37$ 时，所获得的积分方法是无条件稳定的。

设 $0\leqslant\tau\leqslant\theta\Delta t$，由线性加速度假设，加速度向量在区间 $[t, t+\theta\Delta t]$ 上可表示为：

$$\{\ddot{u}_{t+\tau}\} = \{\ddot{u}_t\} + \frac{\tau}{\theta\Delta t}(\{\ddot{u}_{t+\theta\Delta t}\} - \{\ddot{u}_t\}) \tag{5.4.15}$$

上式积分后，得到速度和位移：

$$\{\dot{u}_{t+\tau}\} = \{\dot{u}_t\} + \tau\{\ddot{u}_t\} + \frac{\tau^2}{2\theta\Delta t}(\{\ddot{u}_{t+\theta\Delta t}\} - \{\ddot{u}_t\}) \tag{5.4.16}$$

$$\{u_{t+\tau}\} = \{u_t\} + \tau\{\dot{u}_t\} + \frac{\tau^2}{2}\{\ddot{u}_t\} + \frac{\tau^3}{6\theta\Delta t}(\{\ddot{u}_{t+\theta\Delta t}\} - \{\ddot{u}_t\}) \tag{5.4.17}$$

当 $\tau=\theta\Delta t$ 时，式（5.4.16）与式（5.4.17）成为：

$$\{\dot{u}_{t+\theta\Delta t}\} = \{\dot{u}_t\} + \theta\Delta t\{\ddot{u}_t\} + \frac{\theta\Delta t}{2}(\{\ddot{u}_{t+\theta\Delta t}\} - \{\ddot{u}_t\}) \tag{5.4.18}$$

$$\{u_{t+\theta\Delta t}\}=\{u_t\}+\theta\Delta t\{\dot{u}_t\}+\frac{(\theta\Delta t)^2}{6}(\{\ddot{u}_{t+\theta\Delta t}\}+2\{\ddot{u}_t\}) \tag{5.4.19}$$

由式（5.4.18）和式（5.4.19）可解得用 $\{u_{t+\theta\Delta t}\}$ 表示的 $\{\ddot{u}_{t+\theta\Delta t}\}$ 和 $\{\dot{u}_{t+\theta\Delta t}\}$。

$$\{\ddot{u}_{t+\theta\Delta t}\}=\frac{6}{(\theta\Delta t)^2}(\{u_{t+\theta\Delta t}\}-\{u_t\})-\frac{6}{\theta\Delta t}\{\dot{u}_t\}-2\{\ddot{u}_t\} \tag{5.4.20}$$

$$\{\dot{u}_{t+\theta\Delta t}\}=\frac{3}{\theta\Delta t}(\{u_{t+\theta\Delta t}\}-\{u_t\})-2\{\dot{u}_t\}-\frac{\theta\Delta t}{2}\{\ddot{u}_t\} \tag{5.4.21}$$

在 $t+\theta\Delta t$ 时刻，系统的运动方程应满足

$$[M]\{\ddot{u}_{t+\theta\Delta t}\}+[C]\{\dot{u}_{t+\theta\Delta t}\}+[K]\{u_{t+\theta\Delta t}\}=\{p_{t+\theta\Delta t}\} \tag{5.4.22}$$

其中外载荷向量 $\{p_{t+\theta\Delta t}\}$ 可用线性外推获得。

$$\{p_{t+\theta\Delta t}\}=\{p_t\}+\theta(\{p_{t+\Delta t}\}-\{p_t\}) \tag{5.4.23}$$

把式（5.4.20）、式（5.4.21）和式（5.4.23）代入式（5.4.22），得到关于 $\{u_{t+\theta\Delta t}\}$ 的方程。

$$[\hat{K}]\{u_{t+\theta\Delta t}\}=\{\hat{p}_{t+\theta\Delta t}\} \tag{5.4.24}$$

其中

$$[\hat{K}]=[K]+\frac{6}{(\theta\Delta t)^2}[M]+\frac{3}{\theta\Delta t}[C]$$

$$\{\hat{p}_{t+\theta\Delta t}\}=\{p_t\}+\theta(\{p_{t+\Delta t}\}-\{p_t\})+\left[\frac{6}{(\theta\Delta t)^2}\{u_t\}+\frac{6}{\theta\Delta t}\{\dot{u}_t\}+2\{\ddot{u}_t\}\right][M]$$

$$+\left[\frac{3}{\theta\Delta t}\{u_t\}+2\{\dot{u}_t\}+\frac{\theta\Delta t}{2}\{\ddot{u}_t\}\right][C]$$

将求解式（5.4.24）得到的 $\{u_{t+\theta\Delta t}\}$ 代入式（5.4.20）中，求得 $\{\ddot{u}_{t+\theta\Delta t}\}$，再把 $\{\ddot{u}_{t+\theta\Delta t}\}$ 代入式（5.4.15）中，并取 $\tau=\Delta t$，有

$$\{\ddot{u}_{t+\Delta t}\}=\frac{6}{(\theta\Delta t)^2}(\{u_{t+\theta\Delta t}\}-\{u_t\})-\frac{6}{\theta\Delta t}\{\dot{u}_t\}+\left(1-\frac{3}{\theta}\right)\{\ddot{u}_t\} \tag{5.4.25}$$

把式（5.4.15）代入式（5.4.16）和式（5.4.17）中，取 $\tau=\Delta t$，又可求得 $t+\Delta t$ 时刻的速度和位移。

$$\{\dot{u}_{t+\Delta t}\}=\{\dot{u}_t\}+\frac{\Delta t}{2}(\{\ddot{u}_{t+\Delta t}\}+\{\ddot{u}_t\}) \tag{5.4.26}$$

$$\{u_{t+\Delta t}\}=\{u_t\}+\Delta t\{\dot{u}_t\}+\frac{\Delta t^2}{6}(\{\ddot{u}_{t+\Delta t}\}+2\{\ddot{u}_t\}) \tag{5.4.27}$$

Wilson-θ 法的逐步求解过程如下：

1. 初始计算

（1）形成刚度矩阵［K］、阻尼矩阵［C］和质量矩阵［M］。

（2）确定初值 $\{u_0\}$、$\{\dot{u}_0\}$ 和 $\{\ddot{u}_0\}$。

（3）选取参数 θ，选择时间步长 Δt，计算积分常数。

$$a_0=\frac{6}{(\theta\Delta t)^2};\qquad a_1=\frac{3}{\theta\Delta t};\qquad a_2=2a_1;$$

$$a_3 = \frac{\theta\Delta t}{2}; \qquad a_4 = \frac{a_0}{\theta}; \qquad a_5 = -\frac{a_2}{\theta};$$

$$a_6 = 1 - \frac{3}{\theta}; \qquad a_7 = \frac{\Delta t}{2}; \qquad a_8 = \frac{\Delta t^2}{6}$$

（4）形成等效刚度矩阵

$$[\hat{K}] = [K] + a_0 [M] + a_1 [C]$$

2. 对每一时刻 $t=0$，Δt，$2\Delta t$，…，$n\Delta t$ 进行下列计算

（1）计算案效载荷

$$\{\hat{p}_{t+\theta\Delta t}\} = \{p_t\} + \theta(\{p_{t+\Delta t}\} - \{p_t\}) + [a_0\{u_t\} + a_2\{\dot{u}_t\} + 2\{\ddot{u}_t\}][M] + [a_1\{u_t\} + 2\{\dot{u}_t\} + a_3\{\ddot{u}_t\}][C]$$

（2）计算 $t+\theta\Delta t$ 时刻的位移

$$[\hat{K}]\ \{u_{t+\theta\Delta t}\} = \{\hat{p}_{t+\theta\Delta t}\}$$

（3）计算 $t+\Delta t$ 时刻的加速度、速度和位移

$$\{\ddot{u}_{t+\Delta t}\} = a_4(\{u_{t+\theta\Delta t}\} - \{u_t\}) + a_5\{\dot{u}_t\} + a_6\{\ddot{u}_t\}$$

$$\{\dot{u}_{t+\Delta t}\} = \{\dot{u}_t\} + a_7(\{\ddot{u}_{t+\Delta t}\} + \{\ddot{u}_t\})$$

$$\{u_{t+\Delta t}\} = \{u_t\} + \Delta t\{\dot{u}_t\} + a_8(\{\ddot{u}_{t+\Delta t}\} + 2\{\ddot{u}_t\})$$

在 Wilson-θ 法中，参数 $\theta>1.37$ 时，算法为无条件稳定。目前对一般工程问题进行时程分析时，常取 $\theta=1.4$。当 $\theta=1$ 时，Wilson-θ 法退化为线性加速度法。

5.5 频域分析方法

对于线性结构系统，由于存在叠加原理，其时域解与频域解是完全等价的。频域分析方法的基本思路是利用傅氏（Fourier）分析原理，首先计算结构体系的频域传递函数，由此求得问题的频域解，最后叠加获得问题的时域解。20 世纪 70 年代以来，频域分析方法得到了迅速的发展，在具有频变参数的线性体系的确定性地震反应分析、线性结构的随机地震反应分析等领域中都得到了广泛的应用。

传递函数是频域分析中的一个重要概念。频域传递函数是指当结构体系受到一简谐输入（力或位移）激励时，体系的稳态输出（反应）与输入的比值。下面先利用单自由度体系介绍频域传递函数的概念。

单自由体系的运动方程为：

$$m\ddot{u}(t) + c\dot{u}(t) + ku(t) = p(t) \tag{5.5.1}$$

式中：m、c 和 k 分别为体系的质量、阻尼和刚度；$\ddot{u}(t)$、$\dot{u}(t)$、$u(t)$ 和 $p(t)$ 分别表示结构质点的加速度、速度、位移和已知荷载。

对式（5.5.1）两边作关于时间 t 的傅氏变换可得：

$$(-m\omega^2 + ic\omega + k)U(\omega) = P(\omega) \tag{5.5.2}$$

式中

$$U(\omega) = \int_{-\infty}^{\infty} u(t)\exp(-i\omega t)\mathrm{d}t \tag{5.5.3}$$

$$P(\omega) = \int_{-\infty}^{\infty} p(t)\exp(-i\omega t)\mathrm{d}t \tag{5.5.4}$$

以上两式分别为体系位移 $u(t)$ 和已知荷载 $p(t)$ 的傅氏谱。则频域传递函数为：

$$H(i\omega)=\frac{1}{-m\omega^2+ic\omega+k} \tag{5.5.5}$$

上式是一复函数。$H(i\omega)$ 也可以直接利用频域传递函数的定义，将输入激励 $p(t)=\exp(i\omega t)$ 代入式（5.5.1）求得。

体系的频域解可以用传递函数表示：

$$U(\omega)=H(i\omega)P(\omega) \tag{5.5.6}$$

利用体系的传递函数，由式（5.5.6）求得体系的频域解后，由傅氏逆变换

$$u(t)=\frac{1}{2\pi}\int_{-\infty}^{\infty}U(\omega)\exp(i\omega t)\mathrm{d}\omega \tag{5.5.7}$$

即可获得单自由度结构体系的时域解。在实际分析中，式（5.5.4）和式（5.5.7）的傅氏变换计算可以采用快速傅氏变换（FFT）完成。

由以上论证可知，用频域分析方法进行线性结构体系动力反应分析的基本步骤是：

（1）根据体系运动方程求出频域传递函数 $H(i\omega)$；

（2）采用快速傅氏变换（FFT）技术求出荷载的傅氏谱 $P(\omega)$；

（3）应用频域传递函数和荷载的傅氏谱计算体系每一频率分量的频域解 $U(\omega)$；

（4）采用快速傅氏逆变换将频域解转化为时域解 $u(t)$。

当输入荷载为地震动时，单自由度体系的运动方程为：

$$m\ddot{u}(t)+c\dot{u}(t)+ku(t)=-m\ddot{u}_{\mathrm{g}}(t) \tag{5.5.8}$$

式中：$\ddot{u}_{\mathrm{g}}(t)$ 为地面加速度时程，而 $u(t)$ 为体系的相对位移反应。此时，体系相对位移 $u(t)$ 对地震动输入 $\ddot{u}_{\mathrm{g}}(t)$ 的频域传递函数为：

$$H(i\omega)=\frac{m}{m\omega^2-ic\omega-k} \tag{5.5.9a}$$

如果令 $\omega_0=\sqrt{k/m}$，$\zeta=c/2m\omega_0$，由式（5.5.9a）给出的传递函数为：

$$H(i\omega)=\frac{1}{\omega^2-\omega_0^2-2i\zeta\omega_0\omega} \tag{5.5.9b}$$

对于多自由度体系的频域分析方法与上述单自由体系的步骤是相同的。新的特殊性在于多自由度体系一般是多输入、多输出系统，因此，频域传递函数具有交叉性，结构体系的传递函数变为传递函数矩阵。例如，当自由度为 N 时，体系完整的频域传递函数具有如下形式：

$$[H(i\omega)]=\begin{bmatrix} H_{11}(i\omega) & H_{12}(i\omega) & \cdots & H_{1\mathrm{k}}(i\omega) & \cdots & H_{1\mathrm{N}}(i\omega) \\ H_{21}(i\omega) & H_{22}(i\omega) & \cdots & H_{2\mathrm{k}}(i\omega) & \cdots & H_{2\mathrm{N}}(i\omega) \\ \vdots & \vdots & \ddots & \vdots & \cdots & \vdots \\ H_{l1}(i\omega) & H_{l2}(i\omega) & \cdots & H_{l\mathrm{k}}(i\omega) & & H_{l\mathrm{N}}(i\omega) \\ \vdots & \vdots & & \vdots & \ddots & \vdots \\ H_{\mathrm{N}1}(i\omega) & H_{\mathrm{N}2}(i\omega) & \cdots & H_{\mathrm{Nk}}(i\omega) & \cdots & H_{\mathrm{NN}}(i\omega) \end{bmatrix} \tag{5.5.10}$$

式中：$H_{l\mathrm{k}}(i\omega)$ 是指在第 k 个自由度处输入单位简谐激励时所引起的第 l 个自由度

的输出反应值。

对多自由度体系运动方程式（式 5.4.1）两边作傅氏变换可得：

$$(-\omega^2[M]+i\omega[C]+[K])\{U(\omega)\}=\{P(\omega)\} \tag{5.5.11}$$

为求得多自由度体系的传递函数矩阵，可令式（5.5.11）中右边激励振幅 $\{P(\omega)\}$ 中的某一项为1，而其余项为0，比如令第 k 项为1，这相当于在第 k 个自由度处输入单位简谐激励，由式（5.5.11）即可以求出在第 k 个自由度处输入单位简谐激励时体系第1至 N 自由度上的输出反应值，即得到了 H_{1k}（$i\omega$），H_{2k}（$i\omega$），…，H_{Nk}（$i\omega$）。重复以上工作即可以得到多自由度体系的传递函数矩阵。

仔细分析以上求解过程可以发现，多自由度体系的频域传递函数矩阵实际由下式给出。

$$[H(i\omega)]=(-\omega^2[M]+i\omega[C]+[K])^{-1} \tag{5.5.12}$$

在获得结构体系的频域传递函数矩阵后，多自由度体系的频域解可以用传递函数矩阵表示为：

$$\{U(\omega)\}=[H(i\omega)]\{P(\omega)\} \tag{5.5.13}$$

如果激励是一维地震作用，多自由度体系的运动方程为：

$$[M]\{\ddot{u}\}+[C]\{\dot{u}\}+[K]\{u\}=-[M]\{I\}\ddot{u}_g \tag{5.5.14}$$

式中：$\{I\}$ 为与地震作用有关的向量，当结构是一维串联多自由度体系时，$\{I\}$ 成为单位向量。对式（5.5.14）两边作傅氏变换，从而得到：

$$(-\omega^2[M]+i\omega[C]+[K])\{U(\omega)\}=-[M]\{I\}\ddot{U}_g(\omega) \tag{5.5.15}$$

将体系的频域解写成用传递函数表示的形式，如式（5.5.16）所示。

$$\{U(\omega)\}=[H(i\omega)]\ddot{U}_g(\omega) \tag{5.5.16}$$

则体系相对位移 $\{u(t)\}$ 对地震动输入 $\ddot{u}_g$ (t) 的频域传递函数矩阵为：

$$[H(i\omega)]=-(-\omega^2[M]+i\omega[C]+[K])^{-1}[M]\{I\} \tag{5.5.17}$$

上面给出了频域传递函数的表达式，在实际计算传递函数时，必须求解联立方程组（式 5.5.11 或式 5.5.10），这是一项很费机时的工作。

在利用频域传递函数矩阵求得多自由度体系的频域解后，利用傅氏逆变换即可算出体系相应的时域反应 $\{u(t)\}$。

采用频域传递函数概念进行多自由度体系频域分析的优点在于它提供了一个一般的理论框架，就具体计算而言，这种分析相当繁琐。因此，实际应用中往往利用振型分解法，即先将多自由度体系转化为一系列等效单自由度体系，然后计算每一单自由度体系的反应，最后应用振型叠加原理给出体系的总体反应。

5.6 振型叠加法与反应谱理论

线性体系的时域分析方法与频域分析方法都是从对输入的离散化着手进行体系动力反应的分析。振型叠加法则通过对结构振动特征的离散化来实现体系动力反应的离散化。振型叠加法又称为模态叠加法，它以系统无阻尼的振型（模态）为坐标基，通过坐标变换使体系运动方程式（式 5.4.1 或式 5.5.14）解耦，进而通过叠加各阶振型的贡献以求得体系的反应。在振型叠加法中首先要进行体系的振型分析。

5.6.1 振型分析

对多自由度线性体系求取自振频率和振型的工作也叫做自振特性或模态分析。无阻尼多自由度线性体系的自由振动方程为：

$$[M]\{\ddot{u}(t)\}+[K]\{u(t)\}=\{0\} \tag{5.6.1}$$

设体系的位移反应为：

$$\{u(t)\}=\{U\}\sin(\omega t+\theta) \tag{5.6.2}$$

式中：$\{U\}$ 为仅与位置坐标有关的向量；ω 和 θ 为两常系数，一般称为频率和相角。

将式（5.6.2）代入式（5.6.1）并利用 $\sin(\omega t+\theta)$ 不恒为零的条件可以得到运动方程的特征方程。

$$([K]-\omega^2[M])\{U\}=\{0\} \tag{5.6.3}$$

式（5.6.3）是一个关于 $\{U\}$ 的齐次线性方程组，根据线性代数的知识，特征方程存在非零解的充分必要条件是系数行列式等于零，即：

$$|[K]-\omega^2[M]|=0 \tag{5.6.4}$$

上式是关于 ω 的多项式方程，叫做频率方程。对于稳定结构体系，其质量与刚度矩阵具有实对称性和正定性，所以相应的频率方程的根都是正实根。对于 N 个自由度的体系，频率方程是一个关于 ω^2 的 N 次方程，由此可以解得 N 个根（ω_1^2，ω_2^2，ω_3^2，…，ω_N^2），ω_j（$j=1$，2，…，N）即为体系的自振频率，其中量值最小的频率 ω_1 叫基本频率。

根据式（5.6.3），对应于每一个自振频率 ω_j，都存在特征方程的一个非零解 $\{U\}_j$，称为振型向量（或模态）。由于特征方程的齐次性质，这个振型向量是不定的，只有人为地给定向量中的某一个值才能确定振型向量的其余值。换句话说，振型向量的幅值是任意的，只有振型的比例形状是唯一的。因此，振型定义为结构位移形状保持不变的振动形式。根据式（5.6.2）可知，若结构体系按某一振型振动，则体系的所有质点将按其自振频率作简谐振动。

为了对不同自振频率的振型进行形状上的比较，需要将其化为无量纲形式，这种转化过程称为振型的归一化。振型归一化的方法可以采用下述三种方法之一：

（1）特定坐标的归一化方法：指定振型向量中某一坐标值为 1，其他元素值按比例确定；

（2）最大位移值的归一化方法：将振型向量各元素分别除以其中的最大值；

（3）正交归一化方法；令

$$\{\Phi\}_j=\{U\}_j/\sqrt{M_j},j=1,2,\cdots,N \tag{5.6.5}$$

式中

$$M_j=\{U\}_j^{\mathrm{T}}[M]\{U\}_j,j=1,2,\cdots,N \tag{5.6.6}$$

在以下分析中，体系的振型均采用其归一化的形式，用 $\{\phi\}_1$，$\{\phi\}_2$，…，$\{\phi\}_N$ 表示。归一化振型仍满足特征方程式（5.6.3）。

自振频率不等的振型两两加权正交，权因子可以是刚度、质量等形式。对离散体系，可证明如下：

对于任意两振型 $\{\Phi\}_n$、$\{\Phi\}_m$ 满足运动的特征方程式（5.6.3）。

$$[K]\{\Phi\}_n=\omega_n^2[M]\{\Phi\}_n \tag{5.6.7}$$

$$[K]\{\Phi\}_{\mathrm{m}} = \omega_{\mathrm{m}}^2[M]\{\Phi\}_{\mathrm{m}} \tag{5.6.8}$$

将式（5.6.7）两边乘以$\{\Phi\}_{\mathrm{m}}{}^{\mathrm{T}}$，式（5.6.8）两边乘以$\{\Phi\}_{\mathrm{n}}{}^{\mathrm{T}}$，即有：

$$\{\Phi\}_{\mathrm{m}}^{\mathrm{T}}[K]\{\Phi\}_{\mathrm{n}} = \omega_{\mathrm{n}}^2\{\Phi\}_{\mathrm{m}}^{\mathrm{T}}[M]\{\Phi\}_{\mathrm{n}} \tag{5.6.9}$$

$$\{\Phi\}_{\mathrm{n}}^{\mathrm{T}}[K]\{\Phi\}_{\mathrm{m}} = \omega_{\mathrm{m}}^2\{\Phi\}_{\mathrm{n}}^{\mathrm{T}}[M]\{\Phi\}_{\mathrm{m}} \tag{5.6.10}$$

注意到上式两端皆为一标量，转置后其值不变，而$[K]$、$[M]$均为对称矩阵，故转置后等于自身。对式（5.6.10）两端做转置运算后有：

$$\{\Phi\}_{\mathrm{m}}^{\mathrm{T}}[K]\{\Phi\}_{\mathrm{n}} = \omega_{\mathrm{m}}^2\{\Phi\}_{\mathrm{m}}^{\mathrm{T}}[M]\{\Phi\}_{\mathrm{n}} \tag{5.6.11}$$

式（5.6.11）减去式（5.6.9）得：

$$(\omega_{\mathrm{m}}^2 - \omega_{\mathrm{n}}^2)\{\Phi\}_{\mathrm{m}}^{\mathrm{T}}[M]\{\Phi\}_{\mathrm{n}} = 0 \tag{5.6.12}$$

若$m \neq n$，则有：

$$\{\Phi\}_{\mathrm{m}}^{\mathrm{T}}[M]\{\Phi\}_{\mathrm{n}} = 0 \quad (m \neq n) \tag{5.6.13}$$

将上式代入式（5.6.9）则有：

$$\{\Phi\}_{\mathrm{m}}^{\mathrm{T}}[K]\{\Phi\}_{\mathrm{n}} = 0 \quad (m \neq n) \tag{5.6.14}$$

式（5.6.13）与式（5.6.14）即为振型的加权正交表达式。

振型的正交性说明它们具备作为一类线性空间基的基本条件。事实上，由振型向量所形成的线性空间正是一般动力反应空间，在这空间中的任一点表示一个特定的动力反应，并且这一点的坐标值可由关于基（振型）的广义坐标给出。

应该注意，振型向量是加权正交的，各振型向量构成加权正交函数系，而振型向量本身并不正交。

5.6.2 动力反应的振型分解

由于体系的自振振型为完备正交系，所以结构体系的动力反应都可以用其振型展开。下面首先以无阻尼体系为例，介绍多自由度体系动力反应的振型分解。将体系的相对位移向量用振型向量表示为：

$$\{u(t)\} = \sum_{j=1}^{N}\{\Phi\}_j q_j(t) \tag{5.6.15}$$

式中：q_j（t）是表示振型幅值变化的广义坐标，反映了在时间t第j振型对体系总体运动贡献的大小，由于q_j（t）随时间变化，所以同一振型在不同时刻对总运动贡献的大小是不一样的。

无阻尼体系的运动方程可令式（5.4.1）中的阻尼阵为0得到：

$$[M]\{\ddot{u}(t)\} + [K]\{u(t)\} = \{p(t)\} \tag{5.6.16}$$

将式（5.6.15）代入运动方程式（5.6.16），并将等式两边同时前乘$\{\Phi\}_j^{\mathrm{T}}$，根据振型正交条件，原来耦联的运动方程组将转化为等效的广义单自由度运动方程。

$$M_j\ddot{q}_j(t) + K_j q_j(t) = p_j(t), \quad j = 1,2,\cdots,N \tag{5.6.17}$$

式中：M_j、K_j和p_j（t）分别为广义质量、广义刚度和为广义荷载，具体表达式为：

$$\left.\begin{aligned} M_j &= \{\Phi\}_j^{\mathrm{T}}[M]\{\Phi\}_j \\ K_j &= \{\Phi\}_j^{\mathrm{T}}[K]\{\Phi\}_j \\ p_j(t) &= \{\Phi\}_j^{\mathrm{T}}\{p(t)\} \end{aligned}\right\} \tag{5.6.18}$$

解耦单自由度方程式（5.6.17）对应于一个质量为 M_j，刚度为 K_j 的单自由度体系。多自由度体系运动方程的解耦使分析工作大为简化。式（5.6.17）的解可以直接用单自由度体系分析方法，例如Duhamel积分给出。

无阻尼运动方程可以实现解耦的根本原因在于振型关于质量矩阵和刚度矩阵的加权正交特性，因此，对于有阻尼多自由度体系，运动方程能实现解耦的条件将要求振型关于阻尼阵正交，即满足

$$\{\Phi\}_m^T[C]\{\Phi\}_n = 0 \quad (m \neq n) \tag{5.6.19}$$

此条件称为阻尼正交性条件。阻尼正交假定多种多样，最简单的是Rayleigh阻尼，即假定

$$[C] = a[M] + b[K] \tag{5.6.20}$$

式中：a 和 b 为两常系数，可由选定体系的两个振型阻尼比和相应的自振频率确定。

下面将讨论地震作用下多自由度体系反应问题的振型分解，体系的运动方程由式（5.5.14）给出。同样利用式（5.6.15）将体系的相对位移向量用振型向量表示，将式（5.6.15）代入式（5.5.14）并采用类似于无阻尼体系的处理办法，可得相应的广义单自由度方程为：

$$M_j\ddot{q}_j(t) + (aM_j + bK_j)\dot{q}_j(t) + K_jq_j(t) = -\{\Phi\}_j[M]\{I\}\ddot{u}_g(t), \quad j = 1,2,\cdots,N \tag{5.6.21}$$

式中，广义质量、广义刚度表达式同式（5.6.18）。用广义质量 M_j 除各项，并令

$$\omega_j^2 = \frac{K_j}{M_j} \tag{5.6.22}$$

$$\zeta_j = \frac{a}{2\omega_j} + \frac{b\omega_j}{2} \tag{5.6.23}$$

$$\gamma_j = \frac{\{\Phi\}_j^T[M]\{I\}}{\{\Phi\}_j^T[M]\{\Phi\}_j} \tag{5.6.24}$$

则可将式（5.6.21）写为：

$$\ddot{q}_j(t) + 2\zeta_j\omega_j\dot{q}_j(t) + \omega_j^2q_j(t) = -\gamma_j\ddot{u}_g(t), \quad j = 1,2,\cdots,N \tag{5.6.25}$$

式中：ω_j 即为结构体系的第 j 阶自振频率（这一点可通过式（5.6.3）证明）；ζ_j 为第 j 阶振型的振型阻尼比；γ_j 被称为第 j 阶振型的振型参与系数，可以认为 γ_j 是对地震作用 $\ddot{u}_g(t)$ 的一种分解，反映了第 j 阶振型地震反应在体系总体反应中所占比例的大小。容易证明：

$$\sum_{j=1}^{N}\gamma_j\{\Phi\}_j = \{I\} \tag{5.6.26}$$

式中：$\{I\}$ 为单位向量。

式（5.6.25）给出了振型反应的运动方程，它相应于一有阻尼等效单自由度体系，其解仍可以用Duhamel积分给出（假定初始条件为 $q_j(0)=0$，$\dot{q}_j(0)=0$），积分公式为：

$$q_j(t) = -\frac{\gamma_j}{\omega_{Dj}}\int_0^t \ddot{u}_g(\tau)\exp[-\zeta_j\omega_j(t-\tau)]\sin\omega_{Dj}(t-\tau)d\tau \tag{5.6.27}$$

式中：$\omega_{Dj}=\sqrt{1-\zeta_j^2}\omega_j$。

由于地震加速度时程 $\ddot{u}_g(t)$ 为非规则时间函数，在实际求解式（5.6.25）时，通常

是利用关于线性单自由度体系的时域分析方法或频域分析方法。

5.6.3 振型叠加法

式（5.6.15）既是动力反应的分解式，也是动力反应的合成式。利用振型分解原理，将耦合的运动方程化为解耦的等效单自由度方程分别求解，然后将各振型反应叠加起来，获得体系的总动力反应，这就是振型叠加法。

根据广义坐标的时间特性，在不同的时刻，同一振型对总运动贡献的大小是不一样的。一般说来，由于高振型的振幅依次低于较低振型的振幅，因此在体系的整个运动过程中，具有较低自振频率的几个振型所起的贡献较大，在不同时刻，前几个低阶振型的运动将在总运动中依次占主导地位。因此在用振型叠加法求解线性结构的地震反应时，要首先确立选取多少个振型参与叠加。对于大量的较低的一般性建筑或动力自由度较少的问题，一般只用前1～3个振型分析即够用，对于高层建筑或动力自由度较多的问题，一般可选取前9～15个振型，而对于大跨桥梁，由于结构自振频率密集，则需要采用更多的振型。在采用有限元法分析时，由于可能存在对结构整体动力反应影响不大、自振频率又相对不高的局部振型，也需采用更多的振型分析，以保证在分析中有数目足够的低阶整体振型。

式（5.6.15）是关于位移的振型分解叠加关系式。对于其他反应参数，例如各种结构构件中的内力和应力都能直接由位移求出。一般对于线性多自由度体系，其弹性内力的计算公式可表示为

$$\{f_e(t)\} = [K_e]\{u(t)\} \tag{5.6.28}$$

式中：$\{f_e(t)\}$表示由结构构件内力组成的向量；$[K_e]$ 为与构件刚度有关的矩阵，它是$M\times N$维的，M为待求构件内力数目，N为体系自由度数。将式（5.6.15）代入式（5.6.28）并取叠加振型数为n，则得到弹性内力的振型叠加关系式为：

$$\{f_e(t)\} = \sum_{j=1}^{n}[K_e]\{\Phi\}_j q_j(t) \tag{5.6.29}$$

上述两式均可用于求解结构弹性内力。如果记

$$\{f\}_j = [K_e]\{\Phi\}_j \tag{5.6.30}$$

则结构弹性内力为：

$$\{f_e(t)\} = \sum_{j=1}^{n}\{f\}_j q_j(t) \tag{5.6.31}$$

可见振型内力叠加式（5.6.31）与振型位移叠加式（5.6.15）具有相同的形式，故称$\{f\}_j$为线性体系相应于第j阶振型的振型内力。式（5.6.31）和式（5.6.15）可统一写作

$$\{s(t)\} = \sum_{j=1}^{n}\{s(t)\}_j = \sum_{j=1}^{n}\{X\}_j q_j(t) \tag{5.6.32}$$

式（5.6.32）即是最一般的振型叠加公式，$\{s(t)\}$表示结构总的内力反应或相对位移反应；$\{s(t)\}_j$表示第j阶振型对总反应的贡献。$\{X\}_j$表示结构按第j阶振型发生变形时的结构内力或相对变位。

利用振型叠加法计算线性多自由度结构体系的地震反应，可以用时域方法或频域方法作为计算等效单自由度体系动力反应的手段，由此演化出振型时域分析法和振型频域分析法。

1. 时域分析法

时域分析法可遵循下列步骤进行：

（1）建立体系运动方程，进行体系自振特性分析，获得自振频率 ω_j 和振型 $\{\Phi\}_j$，$j=1, 2, \cdots, N$；

（2）计算广义质量 M_j、广义刚度 K_j、振型参与系数 γ_j，确定振型阻尼比 ζ_j；

（3）按体系初始条件计算相应于各振型的初始条件；

$$\{q(0)\}_j = \{\Phi\}_j^{\mathrm{T}}[M]\{u(0)\}/M_j$$

$$\{\dot{q}(0)\}_j = \{\Phi\}_j^{\mathrm{T}}[M]\{\dot{u}(0)\}/M_j$$

（4）按第 5.4 节所述的任一种逐步积分法计算各等效单自由度体系的位移反应，也可以采用数值积计方法计算等效单自由度体系的 Duhamel 积分求得位移反应 $q_j(t)$；

（5）按式（5.6.15）叠加各振型位移反应给出总体位移反应，并由位移反应计算内力反应。

2. 频域分析法

频域分析法的前后处理步骤与上述时域法基本类同，差别仅仅在于计算位移反应 $q_j(t)$的方法，具体步骤如下：

（1）建立体系运动方程，求解体系自振特性；

（2）计算体系广义质量、广义刚度、振型参与系数，确定振型阻尼比；

（3）计算第 j 振型的频域传递函数 $H_j(i\omega)$；

（4）采用快速傅氏变换技术将输入 $\ddot{u}_g(t)$分解为频域上的函数 $\ddot{U}_g(\omega)$；

（5）利用频域传递函数 $H_j(i\omega)$和输入地震动的傅氏谱 $\ddot{U}_g(\omega)$计算振型频域反应$Q_j(\omega)$；

（6）用快速傅氏逆交换技术将 $Q_j(\omega)$转化为时域振型反应 $q_j(t)$；

（7）按式（5.6.15）叠加各振型位移反应得到体系位移反应，并按此位移反应计算内力反应。在用频域分析法时，一般采用零初始条件假设。

5.6.4 振型分解反应谱理论

振型叠加法给出的是全时程动力反应，即振型叠加是针对每一个时刻进行的。而工程上往往最关心的是结构最大动力反应，尤其是地震内力的最大值。此时可以应用振型分解反应谱理论，用较少的计算量求取结构体系的这种最大反应。振型分解反应谱理论的基本假设是：

（1）结构的地震反应是线弹性的，可以采用叠加原理进行振型组合；

（2）结构的基础是刚性的，所有支承处地震动完全相同；

（3）结构物最不利地震反应为其最大地震反应；

（4）地震动过程是平稳随机过程。

以上假设中，第（1）、（2）项实际上是振型叠加法的基本要求，第（3）项是需要采用反应谱分析法的前提，而第（4）项是振型分解反应谱理论的自身要求。

1. 基本原理

在振型分解反应谱法中，首先采用振型分解法，由式（5.6.15）将多自由度体系的相对位移向量$\{u(t)\}$用振型向量表示，即：

$$\{u(t)\} = \sum_{j=1}^{N} \{\Phi\}_j q_j(t)$$

这样，将地震作用下多自由度体系运动方程式（5.5.14）转化为如式（5.6.25）所示的解耦的广义单自由度动力方程，即：

$$\ddot{q}_j(t) + 2\zeta_j\omega_j\dot{q}_j(t) + \omega_j^2 q_j(t) = -\gamma_j\ddot{u}_g(t) \quad j = 1,2,\cdots,N$$

为把上式转化成单自由度体系在地震动 $\ddot{u}_g(t)$ 作用下的标准运动方程，做下面变量代换：

$$q_j(t) = \gamma_j\delta_j(t) \quad j = 1,2,\cdots,N \tag{5.6.33}$$

将式（5.6.33）代入式（5.6.25），得到用广义坐标 $\delta_j(t)$ 表示的运动方程：

$$\ddot{\delta}_j(t) + 2\zeta_j\omega_j\dot{\delta}_j(t) + \omega_j^2\delta_j(t) = -\ddot{u}_g(t), \quad j = 1,2,\cdots,N \tag{5.6.34}$$

式（5.6.34）即是自振频率为 ω_j、阻尼比为 ζ_j 的单自由度体系在地震动 $\ddot{u}_g(t)$ 作用下的标准运动方程。

将式（5.6.33）代入振型叠加公式（式 5.6.15），得到用 $\delta_j(t)$ 表示的体系的相对位移

$$\{u(t)\} = \sum_{j=1}^{N} \gamma_j\{\Phi\}_j\delta_j(t) \tag{5.6.35}$$

在用式（5.6.34）求得 $\delta_j(t)$ 后，利用式（5.6.33）和式（5.6.32），即得到结构体系反应的一般振型叠加公式。

$$\{s(t)\} = \sum_{j=1}^{n} \{s(t)\}_j = \sum_{j=1}^{n} \{X\}_j\gamma_j\delta_j(t) \tag{5.6.36}$$

式中：n 为选定叠加振型数。

振型反应谱方法的着眼点在于上述振型反应的最大值，并采用反应谱来计算这个最大值。为此，设振型反应 $\{s(t)\}_j$ 的最大值为 $\{S\}_j$，即令：

$$\{S\}_j = |\{X\}_j\gamma_j\delta_j(t)|_{\max} = \{X\}_j\gamma_j|\delta_j(t)|_{\max} \tag{5.6.37}$$

由于 $\delta_j(t)$ 满足单自由度体系在地震动 $\ddot{u}_g(t)$ 作用下的标准运动方程，因此 $|\delta_j(t)|_{\max}$ 即等于相对位移反应谱 $S_d(\omega_j, \zeta_j)$。则振型反应最大值 $\{S\}_j$ 可以用反应谱表示为：

$$\{S\}_j = \{X\}_j\gamma_j S_d(\omega_j,\zeta_j) \tag{5.6.38}$$

利用相对位移反应谱 $S_d(\omega_j, \zeta_j)$ 与绝对加速度反应谱 $S_a(\omega_j, \zeta_j)$ 之间的关系式：

$$S_d(\omega_j,\zeta_j) = \frac{1}{\omega_j^2}S_a(\omega_j,\zeta_j)$$

$\{S\}_j$ 也可以用绝对加速度反应谱表示：

$$\{S\}_j = \{X\}_j\gamma_j S_a(\omega_j,\zeta_j)/\omega_j^2 \tag{5.6.39}$$

当地震动过程是平稳随机过程时，随机振动理论指出，结构动力反应最大值 $\{S\}$ 与各振型反应最大值 $\{S\}_j$ 的关系可用如下振型组合公式近似描述

$$S = \sqrt{\sum_{i=1}^{n}\sum_{j=1}^{n}\rho_{0,ij}S_iS_j} \tag{5.6.40a}$$

式中：S 为 $\{S\}$ 的任一分量；S_i，S_j 分别为振型反应 $\{S\}_i$，$\{S\}_j$ 中相应于 S 的分量；$\rho_{0,ij}$ 为振型互相关函数，可按下式近似解计算：

$$\rho_{0,ij}=\frac{8(\omega_i\zeta_i+\omega_j\zeta_j)(\omega_i\omega_j)^{3/2}(\zeta_i\zeta_j)^{1/2}}{2(\omega_i\zeta_i+\omega_j\zeta_j)^2(\omega_i^2+\omega_j^2)+(\omega_i^2-\omega_j^2)^2} \tag{5.6.41}$$

通常，若体系自振频率满足下列关系式

$$\omega_i<\frac{0.2}{0.2+\zeta_i+\zeta_j}\omega_j,i<j \tag{5.6.42}$$

则可认为体系自振频率相隔较远，此时，可取 $\rho_{0,ij}=0$（$i\neq j$），而振型自相关系数等于1，于是，振型组合式（5.6.40a）变为

$$S=\sqrt{\sum_{j=1}^{n}S_j^2} \tag{5.6.40b}$$

式（5.6.40b）也称为平方和开平方公式。

式（5.6.38）与式（5.6.40）构成了按振型分解反应谱方法计算结构最大地震内力或位移的基本公式。其中式（5.6.40a）用于振型密集型结构，如考虑平移、扭转耦联振动的线性结构系统；式（5.6.40b）用于主要振型的周期均不相近的场合，如串联多自由度体系。

2. 地震作用

实际工程中，习惯于用地震作用计算振型地震内力，这样可以把地震作用作为一个荷载加于结构上，然后像处理静力问题一样计算振型地震内力，最后按式（5.6.40）加以组合，给出结构总体的最大地震内力分布。与这一做法相对应，工程实际中往往采用与平均反应谱相对应的地震影响系数 α 谱曲线作为计算地震作用的依据。地震影响系数 α 与地震动绝对加速度反应谱 S_a 之间关系为：

$$\alpha(\omega,\zeta)=S_a(\omega,\zeta)/g \tag{5.6.43}$$

式中：g 为重力加速度。

所谓地震作用，就是地震动在结构上引起的惯性力。根据动力学原理，地震作用等于体系质量与绝对加速度的乘积的负值，即：

$$\{f(t)\}=-[M][\ddot{u}\{(t)\}+\{I\}\ddot{u}_g(t)] \tag{5.6.44}$$

将式（5.6.35）代入式（5.6.44），并利用关系式

$$\sum_{j=1}^{N}\gamma_j\{\Phi\}_j=\{I\}$$

可得：

$$\{f(t)\}=-\sum_{j=1}^{N}[M]\{\Phi\}_j\gamma_j(\ddot{\delta}_j(t)+\ddot{u}_g(t)) \tag{5.6.45}$$

记$\{f(t)\}_j$ 为相应于第 j 振型的地震作用，则可将上式写为：

$$\{f(t)\}=-\sum_{j=1}^{N}\{f(t)\}_j \tag{5.6.46}$$

而

$$\{f(t)\}_j=[M]\{\Phi\}_j\gamma_j(\ddot{\delta}_j(t)+\ddot{u}_g(t)) \tag{5.6.47}$$

取$\{f(t)\}_j$ 的最大值为 $\{F\}_j$，则：

$$\{F\}_j=[M]\{\Phi\}_j\gamma_j\mid\ddot{\delta}_j(t)+\ddot{u}_g(t)\mid_{\max} \tag{5.6.48}$$

$$j=1,2,\cdots,N$$

而 $|\ddot{\delta}_j(t)+\ddot{u}_g(t)|_{max}$ 即等于地震动绝对加速度反应谱 $S_a(\omega_j, \zeta_j)$，再利用地震影响系数 α 谱与 S_a 之间的关系式（式 5.6.43），最大振型地震作用为：

$$\{F\}_j = [G]\{\Phi\}_j\gamma_j\alpha_j, \quad j=1,2,\cdots,N \tag{5.6.49}$$

式中

$$\alpha_j = \alpha_j(\omega_j, \zeta_j) \tag{5.6.50}$$

是当频率 ω 等于体系自振频率 ω_j 时，地震影响系数的值；$[G]$ 为与质量矩阵相应的重量矩阵

$$[G] = [M]g \tag{5.6.51}$$

式（5.6.49）为一般计算第 j 振型最大地震作用的公式。对于地震作用，不存在类似于式（5.6.40）那样的振型组合式。这是因为对于一般情况，总的地震作用最大值与各振型地震作用最大值之间不存在这种类似关系。因此，应该特别强调，振型反应谱法是针对结构体系的反应进行组合的，而不应对地震作用进行组合。应用上述地震作用求地震内力时，要先针对每一振型求地震作用 $\{F\}_j$，再按静力法计算相应的地震反应 S_j（内力或位移），最后按式（5.6.40）进行振型组合，给出结构体系总体的最大反应。

3. 计算步骤

规范给出的反应谱是由阻尼比确定的，以周期 T 为自变量的地震影响系数 $\alpha(T)$。此时，采用反应谱法计算多自由度体系地震反应时，可按下列步骤进行：

（1）首先进行模态分析，求出结构的前 n 阶自振周期 T_j（$T_j=2\pi/\omega_j$）、振型 $\{\Phi\}_j$ 和振型参与系数 γ_j；

（2）由地震影响系数 α 谱曲线确定与 T_j 相应的前 n 个 α_j；

（3）由 $\{F\}_j=[G]\{\Phi\}_j\gamma_j\alpha_j$ 求得相应的振型地震作用的标准值；

（4）将 $\{F\}_j$ 施加在结构上，用静力学方法求得各振型地震反应 $\{S\}_j$；

（5）用式（5.6.40）完成振型组合获得结构总体地震反应的最大值。

以上是一般书籍所述步骤。对于自由度较多的结构体系，如果机械地按上述步骤进行计算，则实际工作量会增加很大，因为在第（4）步时需要求解 n 个形如

$$[K]\{S\}_j = \{F\}_j, \quad j=1,2,\cdots,n$$

的联立方程组，相当于求解 n 个与之等价的静力问题。实际计算过程中可以避免求解联立方程组，参照式（5.6.39）给出的公式，将第（3）、（4）步改为：

（3）′由 $\{U\}_j=\gamma_j(\alpha_j/\omega_j^2)g\{\Phi\}_j(j=1, 2, \cdots, n)$，求得相应于各振型位移反应最大值；

（4）′根据各振型位移求各振型内力及所有需要的振型地震反应 $\{S\}_j$。

采用后面的计算方法避免了求联立方程组，使计算量下降。

参 考 文 献

1 刘晶波，杜修力．结构动力学．北京：机械工业出版社，2005

2 Clough，R. W. and Penzien，J. 著，王光远等译．结构动力学．北京：高等教育出版社，2006

3 Chopra，Anil K.，Dynamics of Structures：Theory and applications to earthquake engineering，Prentice Hall，Inc.，2011

4 胡聿贤．地震工程学．北京：地震出版社，1988

5 李杰，李国强. 地震工程学导论. 北京：地震出版社，1992
6 徐稼轩，郑铁生. 结构动力分析的数值方法. 西安：西安交通大学出版社，1983
7 王松涛，曹资. 现代抗震设计方法. 北京：中国建筑工业出版社，1987
8 李桂青，抗震结构计算理论和方法. 北京：地震出版社，1985
9 王光远. 应用分析动力学. 北京：人民教育出版社，1981
10 户川隼人著，殷荫龙等译. 振动分析的有限元法. 北京：地震出版社，1985
11 Newmark，N. M，A method of computation for structural dynamics，ASCB，Vol. 85，EM. 3，1959
12 李德葆. 关于复模态理论的数学方法、物理概念及其与实模态的统一性. 清华大学学报，1985（3）
13 朱镜清. 论结构动力分析中的数值稳定性. 力学学报，1983（4）
14 金瑞椿，徐植信. 加权全量法和一种新的逐步积分格式. 同济大学学报，1982（1）
15 孙焕纯. 关于非线统性结构振动方程的求解-二级近似加速度逐步积分法. 大连工学院学报，1980（3）
16 刘季. 结构多维地震反应的组合问题. 哈尔滨建工学院学报，1987（2）
17 Mario Paz 著，李裕澈等译. 结构动力学-理论与计算. 北京：地震出版社，1993

第 6 章　具有分布参数体系的线性分析

第 5 章介绍了具有离散坐标的多自由度体系结构动力反应分析的方法，具有离散坐标的结构模型为动力荷载作用下结构分析提供了方便而实用的方法。然而，由于采用有限数目的位移坐标来描述体系的运动，得到的只能是近似解。虽然增加分析中考虑的自由度数目，可以使结果的精度达到要求的程度，但是，对于具有连续分布特性的真实结构，原则上要取无限多个坐标才可以收敛于精确解。

研究具有连续分布参数结构动力反应的数学方法是用微分方程，其中取位置坐标为独立变量。因为在动力问题中时间也是一个独立变量，所以按此途径形成运动方程时将得到偏微分方程。连续体系可按描绘它们物理性质的分布所需的独立自变量数来分类。例如，对于均匀剪切梁和弯曲梁，其物理性质（质量、刚度等）可用单独一个尺度，即沿梁轴线的位置来描述，它们为一维结构；地震学和地球物理学中的一般波动问题可以属于三维问题。

本章将运用偏微分运动方程，研究具有连续分布参数体系的动力理论和特性。首先研究了最简单的具有连续分布参数的结构—剪切直梁，以说明建立连续体偏微分运动方程的方法，并研究了其动力性质；然后讨论了弯曲梁问题；最后简单介绍了三维波动方程，地震波的类型及波的折射和反射等。由于偏微分方程的积分一般比离散动力系统的常微分方程的求解更复杂，连续体系的动力分析在实际应用中受到限制。尽管如此，连续体系的某些简单结构的分析并不需要做更多的工作，但其结果在评估基于离散模型的近似方法时确是非常重要的。

6.1　具有均匀分布质量的剪切梁

具有均匀分布质量的剪切变形直梁模型如图 6.1.1 所示（下称均直剪切梁）。直梁的物理参数是剪切刚度 K（当梁的横截面上剪应力分布均匀时，K 等于剪切模量 G 与梁横截面积之积），直梁单位长度的质量 m。在梁上作用随空间位置和时间变化的横向荷载 $p(x,t)$。剪切变形直梁的横截面仅在与梁轴线垂直的方向上平移，在平移过程中截面形状和大小保持不变（图 6.1.1）。因此，梁的运动状态完全由直梁轴线横向位移 u 描述。

$$u = u(x,t) \tag{6.1.1}$$

式中：空间坐标 x 固定在未变形状态的梁轴上；t 为时间坐标。剪切变形直梁的运动学参数可以由式（6.1.1）导出。例如，剪应变 γ 由下式定义（见图 6.1.1）：

$$\gamma = \partial u(x,t)/\partial x \tag{6.1.2}$$

由于均直剪切梁只有剪切变形，它的受力状态可以用作用于横截面上的剪力 F 描述（图 6.1.1），它也是一维空间坐标 x 和时间 t 的函数。

$$F = F(x,t) \tag{6.1.3}$$

对于弹性剪切变形梁，本构方程可用剪力 F 和剪应变 γ 的对应关系表示为：

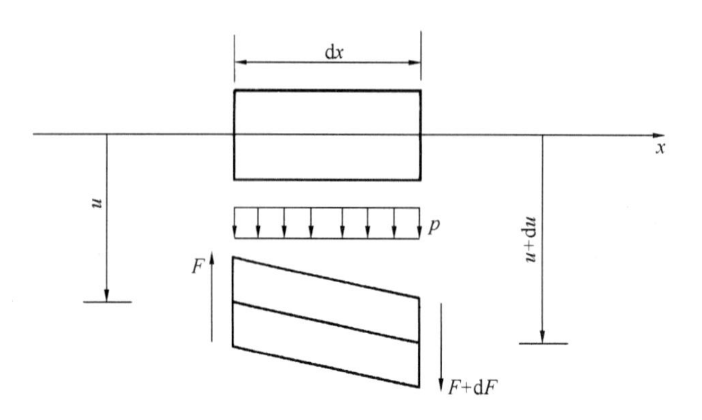

图 6.1.1　均直剪切梁的横向运动

$$F = K\gamma \tag{6.1.4}$$

这是应力与应变成正比的线性本构关系，是虎克（Hooke）定律的一维表达式。

为建立均直剪切梁的运动方程，考虑图 6.1.1 中梁的微单元隔离体，其长度为 dx，边界平面与未变形状态的梁轴线垂直，作用于单元上的内力如图所示，它们是剪力 F 和 $F+(\partial F/\partial x)dx$；横向荷载 pdx；惯性力 $(mdx)\partial^2 u/\partial t^2$。其中 $p=p(x, t)$ 为梁上单位长度的分布荷载。均直剪切梁的运动方程可通过单元 dx（图 6.1.1）上合力为零条件得到：

$$\left(F+\frac{\partial F}{\partial x}dx-F\right)+pdx=mdx\frac{\partial^2 u}{\partial t^2} \tag{6.1.5}$$

将本构关系式（6.1.4）代入式（6.1.5）并利用式（6.1.2）得到均直剪切梁的运动方程为：

$$K\frac{\partial^2 u(x,t)}{\partial x^2}=m\frac{\partial^2 u(x,t)}{\partial t^2}-p(x,t) \tag{6.1.6}$$

令剪切梁上分布荷载 $p=0$，式（6.1.6）可改写成如下形式：

$$\frac{\partial^2 u(x,t)}{\partial t^2}=c^2\frac{\partial^2 u(x,t)}{\partial x^2} \tag{6.1.7}$$

其中

$$c=\sqrt{K/m} \tag{6.1.8}$$

式（6.1.7）即为均直剪切梁的自由振动微分方程；在弹性波动理论中为一维标准波动方程，而参数 c 被称为波速。

均直剪切梁的运动方程（式 6.1.6）或一维标准波动方程（式 6.1.7）及其赖以建立的力学模型很简单，但却很有用。因为，在一定条件下，这个简单模型抓住了问题的关键。例如，研究在水平地震动作用下多层框架房屋的整体地震反应时可以采用这一力学模型。严格地说，水平地震动引起的框架房屋的变形很复杂：不仅有楼层间的错动，而且楼层的横梁和楼板要变形，立柱也会发生纵向变形。然而在许多情况下层间柱子的抗剪刚度远小于其纵向刚度，而楼板及横梁变形对结构整体变形的影响不大，因此，框架房屋的整体变形主要受层间错动控制。由于作用在房屋上的水平地震力主要取决于整体运动，因此，就估计作用在多层框架房屋上的水平地震力而言，剪切变形梁是一个合理的模型。对多层框架房屋自振周期的实测结果表明，实测整体自振频率非常接近于理论模型的推测值。因此，这个简单模型就估计房屋整体水平方向的运动而言具有相当高的精确性。

为研究均直剪切梁的动力特性，需要分析梁的自由振动微分方程（式 6.1.7）。其分析方法有两种：振动分析方法和波动分析方法。振动分析方法将给出剪切梁的固有自振频率和振型；而波动分析方法可给出梁对振动的传播性能，即波动特性。下面先用振动分析方法研究剪切梁的自振特性。

6.1.1 均直剪切梁的自振特性

振动分析方法采用分离变量方法。与多自由度体系类似，为讨论体系的自振特性，设剪切梁的位移反应为如下形式：

$$u(x,t)=U(x)\sin(\omega t+\theta) \tag{6.1.9}$$

式中：$U(x)$、ω 和 θ 分别为振型函数、自振频率和相角。

将式（6.1.9）代入式（6.1.7）可得：

$$\frac{\mathrm{d}^2U(x)}{\mathrm{d}x^2}+\kappa^2U(x)=0 \tag{6.1.10}$$

式中

$$\kappa^2=\frac{m}{K}\omega^2=(\omega/c)^2 \tag{6.1.11}$$

而

$$\omega=\kappa\sqrt{\frac{K}{m}} \tag{6.1.12}$$

式（6.1.10）为一常微分方程，其解为：

$$U(x)=A\sin\kappa x+B\cos\kappa x \tag{6.1.13}$$

式中：A、B 为两积分常数，由边界条件确定。

对于实际工程问题，剪切梁为有限长，利用梁端给出的两个边界条件，可建立关于常系数 A、B 和 κ（或 ω）的两个方程。由此两方程可确定常数 A、B 中的一个，或其比例关系，同时给出求解 κ 或频率 ω 的频率方程。由频率方程可解得在特定边界条件下剪切梁的自振频率；再将求得的自振频率和常数 A 与 B 的关系代入式（6.1.13）又可得到结构的振型函数 $U(x)$。下面以悬臂均直剪切梁的自由振动说明确定体系自振特性的方法。而悬臂均直剪切梁的研究也具有实际意义，许多建筑及构筑物的横向振动都可采用这种计算简图进行分析。

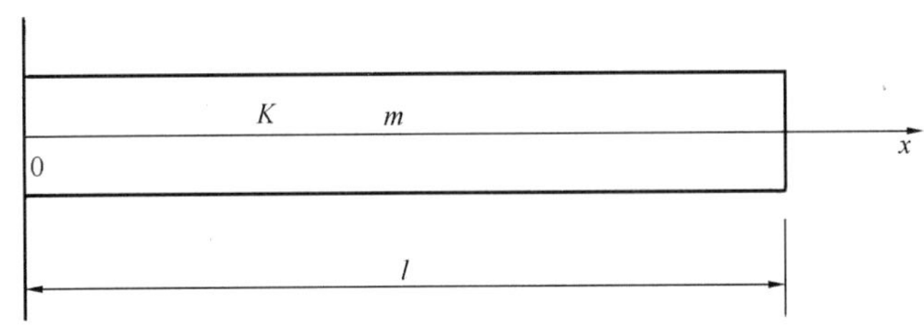

图 6.1.2 悬臂均直剪切梁模型

悬臂均直剪切梁模型和坐标如图 6.1.2 所示，梁长为 l，梁两端的边界条件为一端固定，另一端自由。

$$\left.\begin{aligned}&u(x,t)\big|_{x=0}=0\\&\left.\frac{\partial u(x,t)}{\partial x}\right|_{x=l}=0\end{aligned}\right\} \tag{6.1.14}$$

将式（6.1.9）代入式（6.1.14），得到用 $U(x)$ 表示的边界条件为：

$$\left.\begin{aligned} U(x)\big|_{x=0} &= 0 \\ \frac{\mathrm{d}U(x)}{\mathrm{d}x}\bigg|_{x=l} &= 0 \end{aligned}\right\} \tag{6.1.15}$$

将式（6.1.13）代入边界条件式（6.1.15）可解得 $B=0$ 和

$$\cos\kappa l = 0 \tag{6.1.16}$$

因为 $A\neq0$，否则得到的是表示体系不振动的零解。式（6.1.16）即为频率方程，其解为：

$$\kappa_j l = \frac{(2j-1)\pi}{2} \qquad j=1,2,3,\cdots \tag{6.1.17a}$$

即

$$\kappa_j = \frac{(2j-1)\pi}{2l} \qquad j=1,2,3,\cdots \tag{6.1.17b}$$

再利用式（6.1.12）得悬臂剪切梁的自振频率为：

$$\omega_j = \frac{(2j-1)\pi}{2l}\sqrt{\frac{K}{m}} \qquad j=1,2,3,\cdots \tag{6.1.18}$$

由此可知，并不是对任意给定频率，剪切梁都可以作稳态自由振动，稳态自由振动仅出现在特定的频率 $\omega=\omega_j$。ω_j 称为 j 阶固有圆频率，$f_j=\omega_j/2\pi$ 和 $T_j=1/f_j$ 分别称为 j 阶固有频率和固有周期。当 $j=1$ 时，T_1 和 f_1 分别称为基本周期和基本频率。就悬臂均直剪切梁而言，$f_1:f_2:f_3:\cdots=1:3:5:\cdots$。一些较为规则的多层框架房屋振动特性测量结果表明，它们的自振频率几乎精确地符合这一比例关系，因此，简单的均直剪切梁有时是分析建筑物整体地震反应的一个很好的力学模型。对于每一自振圆频率 ω_j，梁的自由振动形式可以由 κ_j 代入式（6.1.13）得到：

$$U_j(x) = A_j\sin\frac{(2j-1)\pi}{2l}x \tag{6.1.19a}$$

常量因子 A_j 可是任意数，可以令 $A_j=(2/ml)^{1/2}$ 使振型函数归一化，用 Φ_j 表示归一化振型函数，则得第 j 阶归一化振型函数为：

$$\Phi_j(x) = \left(\frac{2}{ml}\right)^{1/2}\sin\frac{(2j-1)\pi}{2l}x \tag{6.1.19b}$$

对于任何封闭的线弹性系统均可通过考察稳态自由振动用类似方法引入自振频率 ω_j 和振型函数 Φ_j 的概念。不过，在一般情形下 $\Phi_j(x)$ 为位置矢量 x 的矢量函数。封闭线弹性系统的振型函数有两个基本性质：正交性和完备性。

振型函数的正交性是指对于任意两个不同的振型函数 $\Phi_i(x)$ 和 $\Phi_j(x)$，满足

$$\int_0^l m(x)\Phi_i(x)\Phi_j(x)\mathrm{d}x = 0, i\neq j \tag{6.1.20}$$

上式可以直接应用 Betti 定理得到。在一般情形下，式（6.1.20）中 $m(x)$ 表示介质的质量密度，可以是空间位置的函数，式中的积分则表示沿整个封闭系统求积，而乘积 $\Phi_i(x)\Phi_j(x)$ 应理解为点积。此式的物理含意是封闭的线弹性系统按任一振型振动时的惯性力在另一振型位移上作的功为零，因此，任意两个不同振型的固有振动之间没有能量交换。利用式（6.1.20）也可以容易地证明振型关于刚度 $K(x)$ 的正交性，$K(x)$ 表示刚度可以随空间位置变化。

振型函数的完备性可表示为：

$$u(x,t) = \sum_{j}^{\infty}\Phi_j(x)q_j(t) \tag{6.1.21}$$

其含意是任何满足边界条件和运动学状态限制的位移场 u（x，t）都可以表示成振型的线性组合，即任意位移场 u（x，t）可以理解为以振型函数 Φ_j（x）为坐标基矢量的多维或无穷维线性空间中的一点，此点的位置由广义坐标 q_j（t），$j=1$，2，… 确定。

对于这里讨论的均直剪切梁，振型函数的上述性质可以直接验证。例如，为了看出正交性，将式（6.1.19b）代入式（6.1.20）得到：

$$\int_0^l m\Phi_i(x)\Phi_j(x)\mathrm{d}x = \begin{cases}0 & i \neq j \\ 1 & i = j\end{cases} \tag{6.1.22}$$

就式（6.1.19）给出的振型函数而言，利用傅氏变换容易证明其完备性，即任何满足运动状态约束条件的直梁位移皆可以用式（6.1.19）给出的坐标基矢量表示为线性空间中的一点。至于一般封闭线弹性体系情形，对这两个性质可作如下理解：如果体系是有限自由度系统，在一般振动教科书内均可找到上述性质的证明；如果体系是连续的，它可以看作离散的有限自由度弹性系统的极限情形，因此，振型函数的上述性质也存在。正交性和完备性是封闭弹性系统的两个极其重要的普遍性质。根据完备性，我们可以用振型函数作为坐标基，并用相应的广义坐标表示体系运动学状态，根据正交性，系统的动力反应分析可以简化为单自由度振子的动力反应的计算和叠加。振型函数的正交性和完备性是地震工程中广泛运用的反应谱方法的理论基础。

利用振型函数的正交性，可以采用第 5 章中处理多自由度体系的振型叠加法同样的原理，根据式（6.1.21），用振型函数对梁的剪切位移 u（x，t）展开。将式（6.1.21）代入剪切梁的运动方程（式 6.1.6），利用振型函数之间的正交性式（6.1.22），可以得到一系列独立的关于广义坐标 q_j（t）的二阶常微分方程。这些二阶常微分方程类似于第 5 章介绍的单自由度体系的运动方程，因此可以采用逐步积分法或 Duhamel 积分求得广义坐标反应 q_j（t）。将 q_j（t）代入式（6.1.21）则得到在任意横向荷载 p（x，t）作用下的解。实际计算时可取有限个振型函数。这样，就把偏微分方程问题化为常微分方程求解。

通过以上分析，可以得到一般均直剪切直梁自振特性，总结如下：

1. 均直剪切梁具有无限多个离散的自振频率及相应的振型函数。对于封闭的线弹性系统，其振型函数具有正交性和完备性。

2. 悬臂均直剪切梁的自振频率为：

$$\omega_j = \frac{(2j-1)\pi}{2l}\sqrt{\frac{K}{m}} \qquad j = 1,2,3,\cdots$$

对于其他边界条件，一般可表示为：

$$\omega_j = \kappa_j\sqrt{\frac{K}{m}} = \frac{\alpha_j}{l}\sqrt{\frac{K}{m}}$$

式中：κ_j 为频率方程的根，而 $\alpha_j=l\kappa_j$（l 为梁长），α_j 只与边界条件有关。

3. 剪切梁沿截面不同方向的自振频率是相同的，例如对矩形截面而言，沿长轴和短轴向的自振频率相同。这是因为梁的剪切刚度 K 仅与剪切模量 G 与梁横截面积有关，而与截面方向无关。

第 3 条结论有时很重要。在工程实践中，常将这一结论作为判断结构的变形究竟是属于弯曲变形，还是剪切变形的一个主要准则。弯曲自由振动的频率与抗弯刚度 EI 有关（在 6.3 节将看到）。因此，只要沿截面二个主轴方向的 EI 不同，则沿此二方向的弯曲自由振动频率也就不同。如果在结构动力特性现场测量中发现，结构沿两个不同方向上的抗弯刚度不同，但自振频率却是相同或极为接近，则一般可以断定这种结构的变形，从整体上说，不是以弯曲变形为主，而是以剪切变形为主。

6.1.2 均直剪切梁的波动性质

在波动分析方法中，式（6.1.7）的一般解可以用初等方法求出。作如下变量代换

$$\left.\begin{aligned}\xi &= x - ct \\ \eta &= x + ct\end{aligned}\right\} \tag{6.1.23}$$

用链式微分法则容易证明：

$$\left.\begin{aligned}\frac{\partial^2 u}{\partial x^2} &= \frac{\partial^2 u}{\partial \xi^2} + 2\frac{\partial^2 u}{\partial \xi \partial \eta} + \frac{\partial^2 u}{\partial \eta^2} \\ \frac{\partial^2 u}{\partial t^2} &= c^2\left(\frac{\partial^2 u}{\partial \xi^2} - 2\frac{\partial^2 u}{\partial \xi \partial \eta} + \frac{\partial^2 u}{\partial \eta^2}\right)\end{aligned}\right\} \tag{6.1.24}$$

将式（6.1.24）代入式（6.1.7）得：

$$\frac{\partial^2 u}{\partial \xi \partial \eta} = 0 \tag{6.1.25}$$

上式的积分为：

$$u(x,t) = f(x - ct) + g(x + ct) \tag{6.1.26}$$

一般解式（6.1.26）中 f（•）和 g（•）是两个任意函数。文献中称式（6.1.26）为达朗贝尔（D' AIembert）解。函数 f（•）和 g（•）的具体形式需要由边界条件和初始条件确定。函数 f（•）和 g（•）的自变量是空间坐标 x 和时间坐标 t 的特殊组合，$x-ct$ 和 $x+ct$ 为波动自变量或波的行进特征，它是任何波动现象的本质表征，透彻地理解波动自变量的运动学含义极其重要。下面将利用波动自变量分析标准波动方程一般解的含义。首先考虑式（6.1.26）中的第一项，设 $u(x,t)=f(x-ct)$。在 $t=0$ 时刻，位移形状，也称波形为 $u(x,0)=f(x)$；在任意时刻 t 的波形即为 $u(x, t)=f(x-ct)$。如果建立一个动坐标系 X，设动坐标系 X 与固定坐标系 x 的关系为 $x=X+ct$，由数学知识可知，这是一个坐标平移变换，相当于动坐标系沿 x 轴的正向平移了一段距离 ct。在 $t=0$ 时，两个坐标系重和，在任意时间 t，X 坐标系沿 x 的移动距离是 ct，说明 X 坐标系是以速度 c 沿 x 轴的正向移动。下面我们在动坐标系 X 中观察波形的变化，在 $t=0$ 时刻，两坐标系重合，在 X 坐标系中观察到的波形为 $u(X,0)=f(X)$，在任意时刻 t，将坐标平移变换关系式 $x=X+ct$ 代入 $u(x, t)=f(x-ct)$，得到波形为 $u(X, t)=f(X)$，这说明在 X 坐标系中于不同时刻看到的波形是不变的。换言之，固定的波形 f（X）随着坐标系 X 以相同速度 c 沿着 x 轴正方向移动。用类似方法可以看出，g（$x+ct$）表示沿着负 x 轴方向以速度 c 传播的波动。由此可见，波动方程（式 6.1.7）中的常数 c 表示波形传播速度。

波动也可以理解为振动的传播。考虑在固定点 $x=x_1$ 上质点的运动

$$u(x_1,t) = f(x_1 - ct) \tag{6.1.27}$$

在另一固定点 $x=x_2$（$x_2>x_1$）上质点的运动可以写成：

$$u(x_2,t)=f(x_2-ct)=f\left[x_1-c\left(t-\frac{x_2-x_1}{c}\right)\right] \tag{6.1.28}$$

比较式（6.1.28）和式（6.1.27）可得质点 x_2 和质点 x_1 运动的关系。

$$u(x_2,t)=u[x_1,t-(x_2-x_1)/c] \tag{6.1.29}$$

上式表示在点 x_2 和点 x_1 处 u 随时间的变化规律完全相同，仅在时间上滞后（x_2-x_1）/c，即波穿过点 x_1 和 x_2 这段距离需用的时间。因此，波速 c 亦表示质点振动的传播速度。任何一点的振动要传到另一点需要一定时间，这是波动现象所具有的本质特征。这一特征就是用波动自变量来反映的。只要一个物理量可以表示成波动自变量的函数，那么，该量的振动和波形就以波速 c 传播。由于 f（·）和 g（·）为任意函数，波动自变量方程的一般解式（6.1.26）也可以写成其他形式，例如：

$$u(x,t)=f\left(t-\frac{x}{c}\right)+g\left(t+\frac{x}{c}\right) \tag{6.1.30}$$

除均直剪切梁外，在其他连续介质模型中也存在不同类型的波动传播，表 6.1.1 给出了若干常见的一维波动模型，包括固体介质中的波动，空气中的声波和电磁波等各种物理性质极为不同的波动，它们的运动微分方程均与均直剪切梁的自由振动微分方程（式 6.1.7）相同。

常见的一维波动模型[1] **表 6.1.1**

波动模型	u 的物理意义	波　速　c	波动模型	u 的物理意义	波　速　c
均匀剪切梁横向运动	横向位移	$\sqrt{K/m}$，K—剪切刚度，m—单位长质量	均匀弹性介质平面剪切波	横向位移	$\sqrt{\mu/\rho}$，μ—剪切模量，ρ—质量密度
均匀弦线横向运动	横向位移	$\sqrt{T/m}$，T—弦内张力，m—单位长质量	均匀弹性介质平面压缩波	纵向位移	$\sqrt{(\lambda+2\mu)/\rho}$，$\lambda$，$\mu$—拉梅常数，$\rho$—质量密度
均匀直杆纵向运动	纵向位移	$\sqrt{E/\rho}$，E—杨氏模量，ρ—质量密度	平面电磁波	电场强度或磁场强度	光速（$\approx 3\times10^8$ m/s）（真空）
均匀直杆扭转运动	扭转角	$\sqrt{K_T/J}$，K—扭转刚度，J—截面转动惯量	平面声波	压力	声速（≈332m/s）（标准状态下的空气）

6.2 具有非均匀分布质量的剪切梁

这里所说的非均匀分布质量是指沿梁轴上剪切梁单位长度的质量 m 不再是常数，而是位置的函数 $m=m(x)$，通常这是由于剪切梁的横截面积非均匀引起的，下面也称为变截面剪切梁。由于梁的截面发生变化，剪切刚度 K 也成为空间位置的函数 $K=K(x)$。采用与 6.1 节相同的方法，并注意到剪切刚度 K 不再是常数，可以得到非均匀剪切梁的运动方程为：

$$\frac{\partial}{\partial x}\left[K(x)\frac{\partial u(x,t)}{\partial x}\right]=m(x)\frac{\partial^2 u(x,t)}{\partial t^2}-p(x) \tag{6.2.1}$$

对于变截面剪切梁，设梁的横截面积为 $A(x)$，可随空间位置变化；G 和 ρ 分别为介质的剪切模量和密度，为常数。则剪切梁单位长度的质量 m 和剪切刚度 K 为：

$$\left.\begin{aligned}m(x)&=\rho A(x)\\K(x)&=GA(x)\end{aligned}\right\} \tag{6.2.2}$$

在本节将主要讨论非均匀剪切梁的振动特性。为此可令 $p(x)=0$，并利用式（6.2.2）得到变截面剪切梁自由振动方程为：

$$\frac{\partial^2 u(x,t)}{\partial x^2}+\frac{1}{A(x)}\frac{dA(x)}{dx}\frac{\partial u(x,t)}{\partial x}=\frac{\rho}{G}\frac{\partial^2 u(x,t)}{\partial t^2} \tag{6.2.3}$$

设剪切梁的简谐振动为：

$$u(x,t)=\Phi(x)\sin(\omega t+\theta) \tag{6.2.4}$$

将式（6.2.4）代入式（6.2.3）可得变截面剪切梁的振型函数 Φ（x）的微分方程为：

$$\frac{d^2\Phi(x)}{dx^2}+\frac{1}{A(x)}\frac{dA(x)}{dx}\frac{d\Phi(x)}{dx}+\frac{\rho\omega^2}{G}\Phi(x)=0 \tag{6.2.5}$$

对比式（6.2.5）和式（6.1.10）可知，由于梁的横截面不再是常数，使得梁的振型函数的微分方程—特征方程变得复杂，无法得到梁的横截面积 A（x）为任意函数的统一解式，而只能对具体的 A（x）按简单函数式求解。下面给出横截面积 A（x）按两种函数—幂函数和指数规律变化时的解。这两种函数式虽然简单，但对于工程中的高耸、高层及桁架等结构，可以通过适当选择函数中的系数较好地描述实际问题。

6.2.1 截面积 A（x）按幂函数规律变化

设 $A(x)$按如下幂函数规律变化

$$A(x)=A_0(1+bx)^n \tag{6.2.6}$$

式中：A_0 为 $x=0$ 时梁的横截面积；n 为任意正整数；b 为常数，可调整用于模拟不同截面的变化规律。

做变量代换

$$y=1+bx \tag{6.2.7}$$

将式（6.2.6）代入式（6.2.5）并利用式（6.2.7）可得：

$$\frac{d^2\Phi}{dy^2}+\frac{n}{y}\frac{d\Phi}{dy}+\lambda^2\Phi=0 \tag{6.2.8}$$

式中

$$\lambda^2=\frac{\rho}{Gb^2}\omega^2 \tag{6.2.9}$$

如果令

$$\left.\begin{aligned}\Phi&=(\lambda y)^{\nu}Z\\ \nu&=\frac{1-n}{2}\end{aligned}\right\} \tag{6.2.10}$$

则特征方程式（6.2.8）可化为：

$$\frac{d^2Z}{dy^2}+\frac{1}{y}\frac{dZ}{dy}+\left((\lambda^2-\frac{\nu^2}{y^2}\right)Z=0 \tag{6.2.11}$$

式（6.2.11）为 ν 阶贝塞尔（Bessel）方程，其通解为：

$$Z=C_1J_{\nu}(\lambda y)+C_2J_{-\nu}(\lambda y) \tag{6.2.12}$$

式中：J_{ν}（•）为第一类 ν 阶贝塞尔函数；C_1 和 C_2 为两待定常数，将由剪切梁的边界条件确定。

下面分别就不同的 n 值，即就梁的不同的截面积变化规律求频率方程及振型函数。

1. n 为偶数（即 ν 不为整数及零）

振型函数的通解为：

$$\Phi(x)=(1+bx)^{\nu}\{C_1J_{\nu}[\lambda(1+bx)]+C_2J_{-\nu}[\lambda(1+bx)]\} \tag{6.2.13}$$

悬臂剪切梁的边界条件为：

$$\left.\begin{aligned}\Phi(x)\big|_{x=0}=0\\ \frac{\mathrm{d}\Phi(x)}{\mathrm{d}x}\bigg|_{x=l}=0\end{aligned}\right\} \tag{6.2.14}$$

由以上边界条件，并利用贝塞尔函数之间的如下关系式：

$$\frac{\mathrm{d}J_{\nu}(x)}{\mathrm{d}x}=-J_{\nu+1}(x)+\frac{\nu J_{\nu}(x)}{x}$$

$$\frac{\mathrm{d}J_{\nu}(x)}{\mathrm{d}x}=J_{\nu-1}(x)-\frac{\nu J_{\nu}(x)}{x}$$

可得

$$\left.\begin{aligned}C_1J_{\nu}(\lambda)+C_2J_{-\nu}(\lambda)=0\\ C_1J_{\nu-1}[\lambda(1+bl)]-C_2J_{1-\nu}[\lambda(1+bl)]=0\end{aligned}\right\} \tag{6.2.15}$$

由方程有非零解的条件要求，式（6.2.15）的系数行列式为零，则：

$$J_{\nu}(\lambda)J_{1-\nu}[\lambda(1+bl)]+J_{-\nu}(\lambda)J_{\nu-1}[\lambda(1+bl)]=0 \tag{6.2.16}$$

式（6.2.16）即为频率方程。

由式（6.2.16）可解得一系列λ_j（$j=1, 2, \cdots$），代入式（6.2.9）可得到变截面悬臂剪切梁的自振频率。

$$\omega_j=b\lambda_j\sqrt{\frac{G}{\rho}} \tag{6.2.17}$$

而振型函数为：

$$\Phi_j(x)=(1+bx)^{\nu}\left\{J_{\nu}[\lambda_j(1+bx)]-\frac{J_{\nu}(\lambda_j)}{J_{-\nu}(\lambda_j)}J_{-\nu}[\lambda_j(1+bx)]\right\} \tag{6.2.18}$$

2. n为奇数（即ν为整数）

采用同样分析方法可得，悬臂剪切梁的频率方程为：

$$J_{\nu}(\lambda)Y_{\nu}[\lambda(1+bl)]-Y_{\nu}(\lambda)J_{\nu}[\lambda(1+bl)]=0 \tag{6.2.19}$$

振型函数为：

$$\Phi_j(x)=(1+bx)^{\nu}\left\{J_{\nu}[\lambda_j(1+bx)]-\frac{J_{\nu}(\lambda_j)}{Y_{\nu}(\lambda_j)}Y_{\nu}[\lambda_j(1+bx)]\right\} \tag{6.2.20}$$

式中：Y_{ν}（·）为第二类ν阶贝塞尔函数。

3. $n=2$（即$\nu=-1/2$）

当$n=2$时，剪切梁的横截面积按圆面积变化，可用于具有圆形截面的剪切型结构，例如烟囱等结构的动力特性分析。下面我们直接从式（6.2.18）出发进行推导。令式（6.2.18）中的$n=2$，且设$Z=y\Phi$，则该式转为常系数微分方程：

$$\frac{\mathrm{d}^2Z}{\mathrm{d}y}+\lambda^2Z=0 \tag{6.2.21}$$

从而得到振型函数的通解为：

$$\Phi(x)=\frac{1}{1+bx}\{C_1\sin\lambda(1+bx)+C_2\cos\lambda(1+bx)\} \tag{6.2.22}$$

式（6.2.22）也可以直接在式（6.2.13）中令 $\nu=-1/2$，并利用贝塞尔函数的性质

$$J_{1/2}(x)=\sqrt{\frac{2}{\pi x}}\sin x$$

$$J_{-1/2}(x)=\sqrt{\frac{2}{\pi x}}\cos x$$

直接得到。

悬臂剪切梁的频率方程由边界条件式（6.2.14）求得：

$$\mathrm{tg}\lambda bl=\lambda(1+bl) \tag{6.2.23}$$

式（6.2.23）是一超越方程，用数值方法可以求解其根 λ_j（$j=1,2,\cdots$）。

振型函数为：

$$\Phi_j(x)=\frac{1}{1+bx}\sin\lambda_j bx \tag{6.2.24}$$

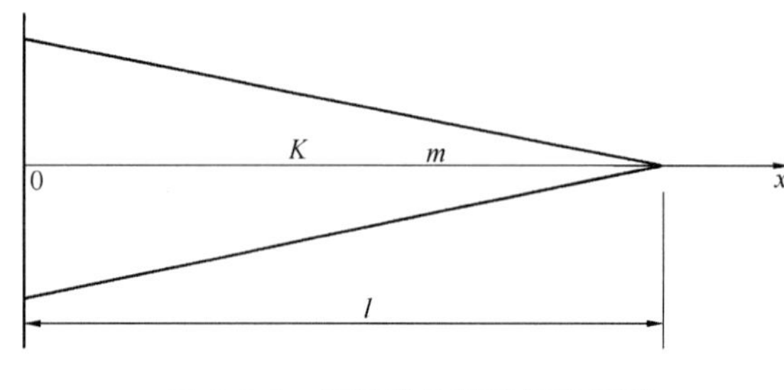

图 6.2.1　圆锥形悬臂剪切梁模型

将 λ_j 代入式（6.2.17）即得到剪切梁的自振频率 ω_j（$j=1,2,\cdots$）。

如果令 $b=-1/l$，得到圆锥形悬臂剪切梁的情形（图 6.2.1）

此时可直接将 $b=-1/l$ 代入式（6.2.23）得到圆锥形悬臂剪切梁的频率方程为：

$$\sin(-\lambda)=0 \tag{6.2.25}$$

由式（6.2.25）可解得：

$$\lambda_j=-j\pi \qquad j=1,2,\cdots \tag{6.2.26}$$

将式（6.2.26）分别代入式（6.2.17）和式（6.2.24），得到圆锥形悬臂剪切梁的自振频率和振型函数为：

$$\omega_j=\frac{j\pi}{l}\sqrt{\frac{G}{\rho}} \tag{6.2.27}$$

$$\Phi_j(x)=\frac{l}{l-x}\sin\frac{j\pi x}{l} \tag{6.2.28}$$

6.2.2　截面积 A（x）按指数规律变化

设 $A(x)$按如下指数规律变化

$$A(x)=A_0\exp\left(-b\frac{x}{l}\right) \tag{6.2.29}$$

式中：A_0 为 $x=0$ 时梁的横截面积；b 为可调常数。

将式（6.2.29）代入式（6.2.5），得一个常微分方程为：

$$\frac{\mathrm{d}^2\Phi(x)}{\mathrm{d}x^2}-\frac{b}{l}\frac{\mathrm{d}\Phi(x)}{\mathrm{d}x}+\lambda^2\Phi(x)=0 \tag{6.2.30}$$

式中

$$\lambda^2=\frac{\rho}{G}\omega^2 \tag{6.2.31}$$

当 $4\lambda^2-b^2/l^2\leqslant 0$ 时，不难由边界条件证明式（6.2.30）的解只是一个零解（$\Phi\equiv$

0)；当 $4\lambda^2-b^2/l^2>0$ 时，式（6.2.30）的解为：

$$\Phi(x)=\exp\left(\frac{bx}{2l}\right)\left(C_1\cos\frac{\eta x}{l}+C_2\sin\frac{\eta x}{l}\right) \tag{6.2.32}$$

式中

$$\eta=\frac{l}{2}\sqrt{4\lambda^2-\frac{b^2}{l^2}} \tag{6.2.33}$$

悬臂剪切梁的频率方程可将式（6.2.32）代入边界条件式（6.2.14）得到：

$$\mathrm{tg}\eta=-\frac{2}{b}\eta \tag{6.2.34}$$

此频率方程可用数值方法求根。在求得 η_j（$j=1, 2, \cdots$）后，将 η_j 代入式（6.2.33）和式（6.2.32）可得到悬臂剪切梁的自振频率和振型函数为：

$$\omega_j=\frac{1}{l}\sqrt{\eta_j^2+\left(\frac{b}{2}\right)^2}\sqrt{\frac{G}{\rho}} \tag{6.2.35}$$

$$\Phi_j(x)=\exp\left(\frac{bx}{2l}\right)\sin\frac{\eta_j x}{l} \tag{6.2.36}$$

6.3 具有分布质量的弯曲梁

本节介绍的梁的弯曲计算基于通常工程中使用的简单弯曲理论。该分析方法基于著名的伯努利—欧拉（Bernoulli-Euler）的力学模型。这一模型对大多数梁的横向运动是一个很好的近似。按照这一模型，弯曲梁的受力状态可用在横截面上的弯矩 M 和剪力 V 的作用描述；运动状态则用梁中心线的横向位移 u（x，t）描述，假定 u（x，t）为小量，且横截面在运动过程中保持平面且形状和大小不变，同时，只考虑横截面的转动变形。依据对受力状态和运动状态的以上限制，利用线弹性本构关系可得出受力状态与运动状态之间的如下关系：

$$M=-EI\frac{\partial^2 u}{\partial x^2} \tag{6.3.1}$$

式中：E 为杨氏弹性模量；I 是横截面积相对于过形心中心轴的惯性矩。EI 也称为弯曲刚度。

考虑图 6.3.1 中梁的微单元隔离体图，微元长为 $\mathrm{d}x$，边界平面与梁轴线垂直，作用于该单元的内力和弯矩如图所示，它们是剪力 V 和 $V+$（$\partial V/\partial x$）$\mathrm{d}x$；弯矩 M 和 $M+$（$\partial M/\partial x$）$\mathrm{d}x$；横向荷载 $p\mathrm{d}x$；惯性力（$m\mathrm{d}x$）$\partial^2 u/\partial t^2$。其中 m 为单位长度的质量，$p=p$（x，t）为单位长度的荷载。如果梁的挠度很小，梁段在无荷载位置的倾斜也很小。在这些条件下，垂直于变形梁 x 轴方向的运动方程可通过隔离体（图 6.3.1）对垂直于梁轴向的合力为零求得，即

$$\frac{\partial V}{\partial x}=m\frac{\partial^2 u}{\partial t^2}-p(x,t) \tag{6.3.2}$$

应用对微单元隔离体中心合力矩为零

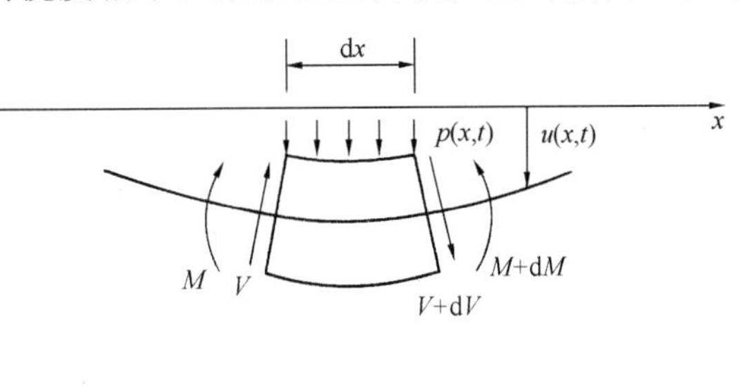

图 6.3.1　弯曲梁微单元隔离体图

条件，并略去高阶小量，可得：

$$V = \frac{\partial M}{\partial x} \tag{6.3.3}$$

对均匀梁，合并式（6.3.1）、式（6.3.2）和式（6.3.3）得：

$$EI\frac{\partial^4 u}{\partial x^4} + m\frac{\partial^2 u}{\partial t^2} = p(x,t) \tag{6.3.4}$$

$$V = -EI\frac{\partial^3 u}{\partial x^3} \tag{6.3.5}$$

式（6.3.4）是四阶偏微分方程，它是一个近似的方程，仅考虑剪力引起的横向弯曲变形，而由横截面转动（转动惯性）导致的惯性力和剪力引起的变形被忽略了。运动方程中包含剪切变形和转动惯性将大大增加问题的复杂性。考虑剪切变形和转动惯性的方程就是著名的铁木辛柯（Timoshenko）方程。微分方程（式 6.3.4）也不包含作用于梁上的轴力产生的弯曲效应。

6.3.1 自由振动的一般解

在式（6.3.4）中由 $p(x, t)=0$ 得到弯曲梁的自由振动微分方程

$$EI\frac{\partial^4 u}{\partial x^4} + m\frac{\partial^2 u}{\partial t^2} = 0 \tag{6.3.6}$$

自由振动的解仍设为如下简谐振动的形式

$$u(x,t) = \Phi(x)\sin(\omega t + \theta)$$

把上式代入式（6.3.6）得：

$$\frac{\mathrm{d}^4\Phi(x)}{\mathrm{d}x^4} - a^4\Phi(x) = 0 \tag{6.3.7}$$

其中

$$a^4 = \frac{m\omega^2}{EI} \tag{6.3.8}$$

式（6.3.7）可以通过

$$\Phi(x) = C\exp(sx) \tag{6.3.9}$$

求解。把式（6.3.9）代入式（6.3.7）得：

$$(s^4 - a^4)C\exp(sx) = 0 \tag{6.3.10}$$

因此，对非零解，需要有

$$(s^4 - a^4) = 0 \tag{6.3.11}$$

式（6.3.11）的根为：

$$\left.\begin{aligned} s_1 &= a \\ s_2 &= ai \\ s_3 &= -a \\ s_4 &= -ai \end{aligned}\right\} \tag{6.3.12}$$

其中 $i=\sqrt{-1}$。把这些根代入式（6.3.9）得式（6.3.7）的解，通解则由这 4 个可能解的叠加给出，即：

$$\Phi(x)=C_1\exp(ax)+C_2\exp(-ax)+C_3\exp(iax)+C_4\exp(-iax) \tag{6.3.13}$$

式中：C_1、C_2、C_3 和 C_4 是积分常数。式（6.3.13）中的指数函数可以通过关系式

$$\left.\begin{aligned}\exp(\pm ax)&=\cosh ax\pm\sinh ax\\ \exp(\pm iax)&=\cos ax\pm i\sin ax\end{aligned}\right\}$$

用三角函数和双曲函数来表示。把这些关系式代入式（6.3.13）得到：

$$\Phi(x)=A\sin(ax)+B\cos(ax)+C\sinh(ax)+D\cosh(ax) \tag{6.3.14}$$

其中，A，B，C 和 D 是新的积分常数。这四个积分常数确定了梁的振型，这些常数通过梁端边界条件来确定。下面通过具体的边界条件讨论梁的振型和自振频率。

6.3.2 弯曲悬臂梁的振型和自振频率

在悬臂梁的固定端（$x=0$），位移和转角为零；在悬臂梁的自由端（$x=l$），弯矩和剪力为零。因此悬臂梁的边界条件为：

在 $x=0$ 处

$$\left.\begin{aligned}\Phi(x)\big|_{x=0}&=0\\ \frac{d\Phi(x)}{dx}\bigg|_{x=0}&=0\end{aligned}\right\} \tag{6.3.15}$$

在 $x=l$ 处

$$\left.\begin{aligned}\frac{d^2\Phi(x)}{dx^2}\bigg|_{x=l}&=0\\ \frac{d^3\Phi(x)}{dx^3}\bigg|_{x=l}&=0\end{aligned}\right\} \tag{6.3.16}$$

把式（6.3.14）代入这些边界条件得：

$$\Phi(x)\big|_{x=0}=B+D=0 \tag{6.3.17a}$$

$$\frac{d\Phi(x)}{dx}\bigg|_{x=0}=a(A+C)=0 \tag{6.3.17b}$$

$$\frac{d^2\Phi(x)}{dx^2}\bigg|_{x=l}=a^2[-A\sin(al)-B\cos(-al)+C\sinh(al)+D\cosh(al)]=0 \tag{6.3.17c}$$

$$\frac{d^3\Phi(x)}{dx^3}\bigg|_{x=l}=a^3[-A\cos(al)+B\sin(-al)+C\cosh(al)+D\sinh(al)]=0 \tag{6.3.17d}$$

由式（6.3.17）的系数行列式为零，得到悬臂梁的频率方程。

$$\cos(al)\cosh(al)+1=0 \tag{6.3.18}$$

由式（6.3.18）可求得一系列根 a_j（$j=1, 2, \cdots$），再由式（6.3.8）得到每一个根对应的自振频率。

$$\omega_j = a_j^2 \sqrt{\frac{EI}{m}} \tag{6.3.19}$$

悬臂梁的标准振型为：

$$\Phi_j(x) = [\cosh(a_j x) - \cos(-a_j x)] - \frac{\cos(a_j l) + \cosh(a_j l)}{\sin(a_j l) + \sinh(a_j l)}[\sinh(a_j x) - \sin(a_j x)] \tag{6.3.20}$$

以上给出了弯曲悬臂梁的自振频率和振型，对于其他边界条件，例如简支边界、固定边界，自由边界，以及组合边界条件可以采用相同的方法求解梁的动力特性。

对于弯曲梁可以证明振型的正交性，对于任意荷载 $p(x, t)$ 作用下的动力反应问题，同样可以采用振型叠加法求解。

6.4 三维波动方程

以上各节讨论了一维连续介质中的振动，并用简单的匀直剪切梁模型介绍了波动的概念以及波动与振动的关系。这对建立波动问题的基本概念是有用的。对于连续地球介质的动力问题一般采用波动分析方法研究。在地球介质中波动问题变得更复杂，下面主要讨论相对简单的均匀连续介质中波动的一些基本问题。

考虑一个质量密度为 ρ 的线性弹性、均匀、各向同性体。采用直角坐标系 x，y，z，相应的位移为 u，v，w；单位体积力为 p_x，p_y，p_z。则弹性体的运动方程为：

$$\left.\begin{aligned}
&\frac{\partial \sigma_x}{\partial x} + \frac{\partial \tau_{xy}}{\partial y} + \frac{\partial \tau_{xz}}{\partial z} + \left(p_x - \rho \frac{\partial^2 u}{\partial t^2}\right) = 0 \\
&\frac{\partial \tau_{yx}}{\partial x} + \frac{\partial \sigma_y}{\partial y} + \frac{\partial \tau_{yz}}{\partial z} + \left(p_y - \rho \frac{\partial^2 v}{\partial t^2}\right) = 0 \\
&\frac{\partial \tau_{zx}}{\partial x} + \frac{\partial \tau_{zy}}{\partial y} + \frac{\partial \sigma_z}{\partial z} + \left(p_z - \rho \frac{\partial^2 w}{\partial t^2}\right) = 0
\end{aligned}\right\} \tag{6.4.1}$$

式中：σ 代表正应力；τ 代表剪应力。这个方程可以直接从达朗贝尔（D' AIembert）原理导得。

弹性介质的应力—应变关系为：

$$\left.\begin{aligned}
&\sigma_x = \lambda\Theta + 2\mu\varepsilon_x \\
&\sigma_y = \lambda\Theta + 2\mu\varepsilon_y \\
&\sigma_z = \lambda\Theta + 2\mu\varepsilon_z \\
&\tau_{yz} = \tau_{zy} = 2\mu\gamma_{yz} \\
&\tau_{zx} = \tau_{xz} = 2\mu\gamma_{zx} \\
&\tau_{xy} = \tau_{yx} = 2\mu\gamma_{xy}
\end{aligned}\right\} \tag{6.4.2}$$

式中：ε 为正应变；γ 为剪应变；而

$$\Theta = \varepsilon_x + \varepsilon_y + \varepsilon_z \tag{6.4.3}$$

为体积应变，是材料单位体积的变化，它与坐标系选择无关；λ 和 μ 称为拉梅（Lame）常数，为介质的弹性常数。

连续介质小变形的几何关系为：

$$\left.\begin{aligned}\varepsilon_x &= \frac{\partial u}{\partial x}\\ \varepsilon_z &= \frac{\partial w}{\partial z}\\ \varepsilon_y &= \frac{\partial v}{\partial y}\\ \gamma_{yz} &= \frac{1}{2}\left(\frac{\partial w}{\partial y}+\frac{\partial v}{\partial z}\right)\\ \gamma_{zx} &= \frac{1}{2}\left(\frac{\partial u}{\partial z}+\frac{\partial w}{\partial x}\right)\\ \gamma_{xy} &= \frac{1}{2}\left(\frac{\partial v}{\partial x}+\frac{\partial u}{\partial y}\right)\end{aligned}\right\} \tag{6.4.4}$$

将式（6.4.2）、式（6.4.3）和式（6.4.4）代入式（6.4.1），并令体积力等于零，即得到一般三维波动方程为：

$$\left.\begin{aligned}\rho\frac{\partial^2 u}{\partial t^2} &= (\lambda+\mu)\frac{\partial\Theta}{\partial x}+\mu\nabla^2 u\\ \rho\frac{\partial^2 v}{\partial t^2} &= (\lambda+\mu)\frac{\partial\Theta}{\partial y}+\mu\nabla^2 v\\ \rho\frac{\partial^2 w}{\partial t^2} &= (\lambda+\mu)\frac{\partial\Theta}{\partial z}+\mu\nabla^2 w\end{aligned}\right\} \tag{6.4.5}$$

式中：∇^2 是拉普拉斯微分算子。

$$\nabla^2 = \frac{\partial^2}{\partial x^2}+\frac{\partial^2}{\partial y^2}+\frac{\partial^2}{\partial z^2} \tag{6.4.6}$$

方程（式 6.4.5）是线弹性介质中的一般三维波动方程，由方程（式 6.4.5）可以解出地震学中各种典型的波，其中一些将在下面讨论。

赋予 Lame 常数以特殊值，可以得到特殊的理想介质。例如，$\mu=\infty$ 表示物体是刚体；如果 $0<\mu<\infty$，物体是弹性固体；如果 $\mu=0$，则为理想流体。Lame 常数也常用其他力学参数来代替，其关系如下：

$$\left.\begin{aligned}\lambda &= \frac{\nu E}{(1+\nu)(1-2\nu)} \qquad \mu = \frac{E}{2(1+\nu)}\\ E &= \frac{\mu(3\lambda+2\mu)}{\lambda+\mu} \qquad \nu = \frac{\lambda}{2(\lambda+\mu)}\end{aligned}\right\} \tag{6.4.7}$$

式中：E 是杨氏弹性模量；ν 是泊松比；$\mu=G$ 也称为剪切模量。

6.5 体波

地震波的种类很多，最基本的波包括体波和面波，体波可以在无限介质体内传播，而面波只沿连续介质的界面传播。最基本的体波包括两类：P 波和 S 波，而 S 波又分为 SV 波和 SH 波。

6.5.1 P波

P波又称为纵波、压缩波或无旋波等。P波的特点是介质的振动方向与波的传播方向平行，P波只产生拉伸和压缩，而不产生旋转。根据P波的特点，介质的位移场应满足以下关系。

$$\left.\begin{aligned}\Omega_x &= \frac{1}{2}\left(\frac{\partial w}{\partial y}-\frac{\partial v}{\partial z}\right)=0\\ \Omega_y &= \frac{1}{2}\left(\frac{\partial u}{\partial z}-\frac{\partial w}{\partial x}\right)=0\\ \Omega_z &= \frac{1}{2}\left(\frac{\partial v}{\partial x}-\frac{\partial u}{\partial y}\right)=0\end{aligned}\right\} \tag{6.5.1}$$

式中：Ω_x，Ω_y，Ω_z 分别为介质微元体绕 x，y，z 轴的旋转分量。根据这一条件，介质的位移应取为：

$$\left.\begin{aligned}u &= \frac{\partial \phi}{\partial x}\\ v &= \frac{\partial \phi}{\partial y}\\ w &= \frac{\partial \phi}{\partial z}\end{aligned}\right\} \tag{6.5.2}$$

式中：$\phi=\phi(x, y, z, t)$ 是位移势函数。将式（6.5.2）代入式（6.5.1）可以证明由此确定的位移场 u，v，w 满足无旋条件。

由式（6.4.3）、式（6.4.4）和式（6.5.2）可得到体积应变 Θ 与位移势函数 ϕ 的关系。

$$\Theta = \nabla^2\phi \tag{6.5.3}$$

将式（6.5.2）和式（式6.5.3）代入波动方程（式6.4.5），可以证明，如果位移势函数 ϕ 满足方程

$$\frac{\partial^2\phi}{\partial t^2} = c_p^2\nabla^2\phi \tag{6.5.4}$$

则由位移势函数 ϕ 确定的位移场 u，v，w 满足波动方程。式（6.5.4）中

$$c_p = \sqrt{\frac{\lambda+2\mu}{\rho}} \tag{6.5.5}$$

对式（6.5.4）的两边分别对坐标 x，y，z 求偏导，并考虑式（6.5.2）也可以得到P波的位移分量所满足的波动方程。

$$\left.\begin{aligned}\frac{\partial^2 u}{\partial t^2} &= c_p^2\nabla^2 u\\ \frac{\partial^2 v}{\partial t^2} &= c_p^2\nabla^2 v\\ \frac{\partial^2 w}{\partial t^2} &= c_p^2\nabla^2 w\end{aligned}\right\} \tag{6.5.6}$$

以上分析表明，P波的三维波动方程仅由一个参数 c_p 控制，c_p 即是P波的传播速度。

下面给出简要的证明。假设波动是一维的，传播方向平行于 x 轴，由于质点的振动方向与 P 波的传播方向平行，因此，位移分量为：

$$\left.\begin{aligned} u &= u(x,t) \\ v &= 0 \\ w &= 0 \end{aligned}\right\}$$

将上式代入式（6.5.6），得到一维 P 波的波动方程为：

$$\frac{\partial^2 u}{\partial t^2} = c_p^2 \frac{\partial^2 u}{\partial x^2} \tag{6.5.7}$$

这是一维标准波动方程。根据本章 6.1 节可知，c_p 即为 P 波传播的波速，它与 Lame 常数和介质密度有关。

6.5.2 S 波

S 波又称为剪切波、横波或等容波等。S 波的特点是介质的振动方向与波的传播方向垂直，S 波只产生剪切变形，而不产生体积应变，即体积应变 $\Theta=0$。对于 S 波也可以用位移势函数 ψ 表示，ψ 是矢量势，$\psi=\{\psi_x(x, y, z, t), \psi_y(x, y, z, t), \psi_z(x, y, z, t)\}$。S 波的位移分量 u，v，w 与位移势函数 ψ 之间的关系为：

$$\left.\begin{aligned} u &= \frac{\partial \psi_z}{\partial y} - \frac{\partial \psi_y}{\partial z} \\ v &= \frac{\partial \psi_x}{\partial z} - \frac{\partial \psi_z}{\partial x} \\ w &= \frac{\partial \psi_y}{\partial x} - \frac{\partial \psi_x}{\partial y} \end{aligned}\right\} \tag{6.5.8}$$

由式（6.5.8）确定的位移场满足等容条件 $\Theta=0$。

与 P 波的推导过程类似，S 波的波动方程可用下式代替。

$$\left.\begin{aligned} \frac{\partial^2 \psi_x}{\partial t^2} &= c_s^2 \nabla^2 \psi_x \\ \frac{\partial^2 \psi_y}{\partial t^2} &= c_s^2 \nabla^2 \psi_y \\ \frac{\partial^2 \psi_z}{\partial t^2} &= c_s^2 \nabla^2 \psi_z \end{aligned}\right\} \tag{6.5.9}$$

其中

$$c_s = \sqrt{\frac{\mu}{\rho}} \tag{6.5.10}$$

根据式（6.5.8）和式（6.5.9）可以得到 S 波的位移分量需满足的波动方程。

$$\left.\begin{aligned} \frac{\partial^2 u}{\partial t^2} &= c_s^2 \nabla^2 u \\ \frac{\partial^2 v}{\partial t^2} &= c_s^2 \nabla^2 v \\ \frac{\partial^2 w}{\partial t^2} &= c_s^2 \nabla^2 w \end{aligned}\right\} \tag{6.5.11}$$

实际上可以将 S 波满足的等容条件 $\Theta=0$ 直接代入三维波动方程（式 6.4.5）得到式

(6.5.11)。

应当注意的是，式（6.5.11）仅是一个必要条件，任意一个S波均满足式（6.5.11）给出的波动方程；但满足式（6.5.11）的位移场可能并不满足等容条件 $\Theta=0$，即不满足波动方程（式6.4.5）。例如，设如下形式的位移场

$$\left.\begin{aligned} u &= 0 \\ v &= f\left(t - l_{\mathrm{x}}\frac{x}{c_{\mathrm{s}}} - l_{\mathrm{y}}\frac{y}{c_{\mathrm{s}}} - l_{\mathrm{z}}\frac{z}{c_{\mathrm{s}}}\right) \\ w &= 0 \end{aligned}\right\}$$

而方向余弦满足

$$l_{\mathrm{x}}^2 + l_{\mathrm{y}}^2 + l_{\mathrm{z}}^2 = 1$$

当 l_{y} 不等于零时，如此定义的位移场可以满足式（6.5.11），但并不满足等容条件 $\Theta=\partial u/\partial x+\partial v/\partial y+\partial w/\partial z=0$，因此也不满足波动方程（式6.4.5）。在实际问题求解时，可以通过先求位移势函数，再通过位移势函数求位移场的步骤获得问题的解。对于P波问题也存在相似的情况。

式（6.5.11）即是S波的三维波动方程（必要条件）。根据S波的特点，采用与P波类似的证明方法，可以证明式（6.5.11）给出的 c_{s} 为S波的波速。对比式（6.5.6）和式（6.5.11），可见，P波与S波的波动方程具有同样的形式，不同的是它们的波速。

在地震学中又把S波分为SV波和SH波两种。如果把波的传播方向射线和垂直于地球表面的竖直线构成的平面为参考面，则当S波的质点振动方向在参考面内时，称为SV波；当波的振动方向与参考面垂直时为SH波。因此也称SV波为平面内波动，SH波为平面外波动。从以上定义可知，SH波质点的振动方向与地面平行。

由式（6.5.5）和式（6.5.10）得到P波和S波的波速比为：

$$\frac{c_{\mathrm{p}}}{c_{\mathrm{s}}} = \sqrt{\frac{\lambda+2\mu}{\mu}} = \sqrt{\frac{2(1-\nu)}{1-2\nu}} \tag{6.5.12}$$

可见，P波的波速大于S波，这也是将这两种类型的波称为P波（Primary wave）和S波（Secondary wave）的原因。当泊松比 $\nu=0.25$ 时，$c_{\mathrm{p}}/c_{\mathrm{s}}=\sqrt{3}$。对于地壳中的大多数岩石，$\nu=0.25$ 这个假定具有良好的精度。

在离开震源足够远的观测点处，可以把体波看作平面波。对于地震学中的很多问题，这个看法都是适合的，因为与震源尺度相比，到场地的距离常常很大。

值得注意的是，c_{p} 和 c_{s} 与波的频率无关。因此，一旦P波和S波变成平面波，它们在弹性、均匀介质中传播时，将不再发生畸变或频散。在介质没有能量耗散的假定下，这是正确的。在黏弹性介质中，衰减和波速，或者至少其中之一，是频率的函数。因此，即使是平面波，在黏弹性介质中传播时，也要改变形状。

在均匀、各项同性、弹性介质的内部，不同类型的体波可以彼此无关地在介质中传播而不发生耦联。这一点对于在自由表面或不同介质的界面附近并非总是正确，在这些地方，为满足介质界面上的应力平衡和位移连续条件，体波可能产生耦合，同时可能产生其他类型的波，除体波外，还可能存在瑞利（Rayleigh）波、洛夫（Love）波和其他类型的面波。

6.6 面波

面波是指沿介质表面（地面）或介质的交界面传播的波。由于地壳表面物质形成的年代不同等原因，地壳呈层状结构，很容易产生面波，所以面波是地震波研究中的主要内容之一。在地震工程中常考虑的面波是 Rayleigh 波和 Love 波。地震面波是离开震中一定距离以后，由体波入射到地面或介质界面时产生的转换波。面波的特点是其能量局限在地表面或界面附近的区域，波动振幅随深度或离开界面距离的增加而减小。

6.6.1 Rayleigh 波

将直角坐标系的原点设于地表面，z 轴竖直向下。设 Rayleigh 波沿 x 轴正向传播，则 Rayleigh 波具有如下形式：

$$\left.\begin{aligned} u &= u(x,z,t) \\ v &= 0 \\ w &= w(x,z,t) \end{aligned}\right\} \tag{6.6.1}$$

可见 Rayleigh 波的位移限于 x-z 平面内。对于一般的成层介质结构，Rayleigh 波的位移场在地表及各层界面上需要满足应力平衡条件及位移连续条件，与前述具有分布质量的一维结构类似，通过这些界面条件可以建立求解 Rayleigh 波振型函数及波速—频率的特征方程组。求解特征方程组即可得到 Rayleigh 波的解。本节仅介绍弹性半空间情况，对于成层介质情形可参阅专门的教科书[2]。Rayleigh 波的解也同样可以采用位移势函数的方法获得，与体波不同的是，Rayleigh 波既有等容波也有无旋波，其位移与势函数 ϕ 和 ψ 均有关。仔细观察式（6.6.1）、式（6.5.2）和式（6.5.8），可得用位移势函数 ϕ 和 $\psi=\{0,\ \psi_y(x,\ z,\ t),\ 0\}$ 表示的 Rayleigh 波位移为：

$$\left.\begin{aligned} u &= \frac{\partial \phi}{\partial x} - \frac{\partial \psi_y}{\partial z} \\ v &= 0 \\ w &= \frac{\partial \phi}{\partial z} + \frac{\partial \psi_y}{\partial x} \end{aligned}\right\} \tag{6.6.2}$$

设位移势函数为：

$$\left.\begin{aligned} \phi(x,z,t) &= f(z)\exp[i(kx-\omega t)] \\ \psi_y(x,z,t) &= g(z)\exp[i(kx-\omega t)] \end{aligned}\right\} \tag{6.6.3}$$

式中：$k=\omega/c_R$，c_R 为 Rayleigh 波的传播速度；ω 为圆频率；$f(z)$ 和 $g(z)$ 为待求函数。式（6.6.3）中的变量 $kx-\omega t=\omega\ (x/c_R-t)$ 是另外一种形式的波动自变量。

将式（6.6.3）的两个方程分别代入式（6.5.4）和式（6.5.9），得到以下两个微分方程。

$$\left.\begin{aligned} \frac{d^2 f}{dz^2} - (k^2-k_p^2)f &= 0 \\ \frac{d^2 g}{dz^2} - (k^2-k_s^2)f &= 0 \end{aligned}\right\} \tag{6.6.4}$$

式中

$$\left.\begin{aligned} k_p &= \omega/c_p \\ k_s &= \omega/c_s \end{aligned}\right\} \tag{6.6.5}$$

当考虑到 $z\to\infty$ 处，振幅必须有限这一条件，$f(z)$ 和 $g(z)$ 的解为：

$$\left.\begin{aligned}f(z)&=A\exp(-\sqrt{k^2-k_\mathrm{p}^2}z)\\g(z)&=B\exp(-\sqrt{k^2-k_\mathrm{s}^2}z)\end{aligned}\right\}\tag{6.6.6}$$

式中：A、B 为待定常数。将式（6.6.6）代入式（6.6.3）得到位移势函数 ϕ 和 ψ_y。

$$\left.\begin{aligned}\phi(x,z,t)&=A\exp(-\sqrt{k^2-k_\mathrm{p}^2}z)\exp[i(kx-\omega t)]\\\psi_\mathrm{y}(x,z,t)&=B\exp(-\sqrt{k^2-k_\mathrm{s}^2}z)\exp[i(kx-\omega t)]\end{aligned}\right\}\tag{6.6.7}$$

再由式（6.6.2）和式（6.6.7）得到 Rayleigh 波的位移为：

$$\left.\begin{aligned}u&=\left[ik\exp(-\sqrt{k^2-k_\mathrm{p}^2}z)A+\sqrt{k^2-k_\mathrm{s}^2}\exp(-\sqrt{k^2-k_\mathrm{s}^2}z)B\right]\exp[i(kx-\omega t)]\\w&=\left[-\sqrt{k^2-k_\mathrm{p}^2}\exp(-\sqrt{k^2-k_\mathrm{p}^2}z)A+ik\exp(-\sqrt{k^2-k_\mathrm{s}^2}z)B\right]\exp[i(kx-\omega t)]\end{aligned}\right\}\tag{6.6.8}$$

由此也可以得到各应力分量。

自由地表处的边界条件为：

$$\left.\begin{aligned}\sigma_\mathrm{z}\mid_{z=0}&=0\\\tau_\mathrm{xz}\mid_{z=0}&=0\end{aligned}\right\}\tag{6.6.9}$$

由此得到：

$$\left.\begin{aligned}(2k^2-k_\mathrm{s}^2)A+2ik\sqrt{k^2-k_\mathrm{s}^2}B&=0\\-2ik\sqrt{k^2-k_\mathrm{p}^2}A+(2k^2-k_\mathrm{s}^2)B&=0\end{aligned}\right\}\tag{6.6.10}$$

上式中 A 与 B 有非零解的条件为系数行列式为零，即：

$$(2k^2-k_\mathrm{s}^2)^2-4k^2\sqrt{k^2-k_\mathrm{p}^2}\sqrt{k^2-k_\mathrm{s}^2}=0\tag{6.6.11}$$

式（6.6.11）左边的函数式也称为 Rayleigh 函数。将式（6.6.5）和 $k=\omega/c_\mathrm{R}$ 代入上式得：

$$\left(\frac{2}{c_\mathrm{R}^2}-\frac{1}{c_\mathrm{s}^2}\right)^2-\frac{4}{c_\mathrm{R}^2}\sqrt{\frac{1}{c_\mathrm{R}^2}-\frac{1}{c_\mathrm{p}^2}}\sqrt{\frac{1}{c_\mathrm{R}^2}-\frac{1}{c_\mathrm{s}^2}}=0\tag{6.6.12}$$

式（6.6.12）与频率无关，说明弹性半空间中的 Rayleigh 波是无频散的。再令

$$\eta=c_\mathrm{s}^2/c_\mathrm{R}^2\tag{6.6.13}$$

代入式（6.6.12），则有

$$(2\eta-1)^2-4\eta\sqrt{\eta-(c_\mathrm{s}/c_\mathrm{p})^2}\sqrt{\eta-1}=0\tag{6.6.14}$$

由式（6.5.12）可知，式（6.6.14）仅与泊松比有关。当泊松比 $\nu=0.25$ 时，$(c_\mathrm{s}/c_\mathrm{p})^2=1/3$，由式（6.6.14）可以得到一个满足条件的解为：

$$\eta=\frac{3+\sqrt{3}}{4}$$

由此可以得到 Rayleigh 波速为：

$$c_\mathrm{R}=c_\mathrm{s}/\sqrt{\eta}\approx0.92c_\mathrm{s}\tag{6.6.15}$$

由此可见，Rayleigh 波速略小于 S 波速。

Rayleigh 波位移场的实部可为如下形式：

$$
\left.\begin{aligned}
u &= A\left[2\frac{c_s^2}{c_R^2}\exp(-\sqrt{k^2-k_p^2}z)+\left(1-2\frac{c_s^2}{c_R^2}\right)\exp(-\sqrt{k^2-k_s^2}z)\right]\sin(kx-\omega t)\\
w &= DA\left[\left(1-2\frac{c_s^2}{c_R^2}\right)\exp(-\sqrt{k^2-k_p^2}z)+2\frac{c_s^2}{c_R^2}\exp(-\sqrt{k^2-k_s^2}z)\right]\cos(kx-\omega t)
\end{aligned}\right\} \tag{6.6.16}
$$

式中：$D=2\sqrt{1-c_R^2/c_p^2}/(2-c_R^2/c_s^2)$ 是常数，等于地面上竖直和水平位移分量振幅比；A 为待定常数。

图 6.6.1 绘出泊松比 $\nu=0.25$ 时弹性半空间 Rayleigh 波竖直和水平分量振幅随深度 z 变化曲线（取 $A=1$）和质点运动轨迹，图中 λ 为 Rayleigh 波的波长。可见在自由地表附近，Rayleigh 波的运动轨迹为逆进椭圆，在地面上（$z=0$）竖直和水平振幅之比为 1.468，波的振幅沿深度衰减很快，在一个波长后即衰减到 1/5 左右。Rayleigh 波是由 S 体波以超临界角入射时产生的，在震中附近并不出现，大约在震中距大于 $hc_s/\sqrt{c_p^2-c_s^2}$ 后才出现（h 为震源深度）。

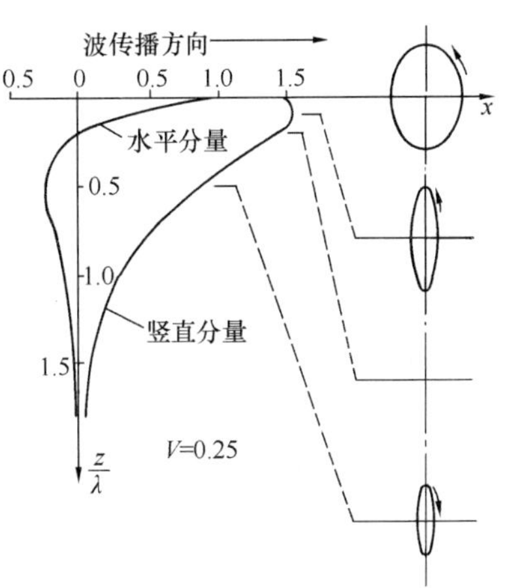

图 6.6.1 Rayleigh 波竖直和水平分量振幅

6.6.2 Love 波

在地震波中存在外一种与 Rayleigh 波不同的面波——Love 波，它的质点振动方向平行于地表面且与波动的传播方向垂直，这种面波先在地震观测中发现，后由 Love 从理论上证明其存在。如果弹性半无限空间之上存在一厚度均匀的覆盖层，且覆盖层的剪切波速小于半空间时，则存在 Love 面波，Love 波是一种 SH 型面波。

设均匀覆盖层厚度为 H，直角坐标系的原点设于自由地表面，z 轴竖直向下，Love 波沿 x 轴正向传播，其位移场具有如下形式：

$$
\left.\begin{aligned}
u &= 0\\
v &= f(z)\exp[i(kx-\omega t)]\\
w &= 0
\end{aligned}\right\} \tag{6.6.17}
$$

直接将式（6.6.17）代入三维波动方程（式 6.4.5）得到 Love 波应满足的波动方程：

$$
\frac{d^2 f}{dz^2}-(k^2-k_s^2)f=0 \tag{6.6.18}
$$

式（6.6.18）的一般解为：

$$
f(z)=A\exp(-\sqrt{k^2-k_s^2}z)+B\exp(\sqrt{k^2-k_s^2}z) \tag{6.6.19}
$$

式中：$k=\omega/c_L$，c_L 为 Love 波速；$k_s=\omega/c_s$；A，B 为待定常数。

由式（6.6.17）和式（6.6.19）可知 Love 波有如下形式的解。

$$
\left.\begin{aligned}
v &= [A_1\exp(-\sqrt{k^2-k_{s1}^2}z)+B_1\exp(\sqrt{k^2-k_{s1}^2}z)]\exp[i(kx-\omega t)],0\leqslant z\leqslant H\\
v &= [A_2\exp(-\sqrt{k^2-k_{s2}^2}z)+B_2\exp(\sqrt{k^2-k_{s2}^2}z)]\exp[i(kx-\omega t)],H\leqslant z
\end{aligned}\right\} \tag{6.6.20}
$$

式中：$k_{s1}=\omega/c_{s1}$，$k_{s2}=\omega/c_{s2}$，其中 c_{s1} 和 c_{s2} 分别是覆盖层和弹性半空间中剪切波速；

A_1、B_1、A_2 和 B_2 为待定常数。

Love 波需满足的边界条件为：在自由地表（$z=0$），剪应力为零；在 $z\to\infty$ 时，振幅有界；在覆盖层与半空间交界面上（$z=H$），满足力的平衡和位移连续条件。这些边界条件可用如下形式给出。

$$\left.\begin{aligned}\mu_1\left.\frac{\partial v}{\partial z}\right|_{z=0}&=0\\ v\big|_{z\to\infty}&=0\\ \mu_1\left.\frac{\partial v}{\partial z}\right|_{z=H-0}&=\mu_2\left.\frac{\partial v}{\partial z}\right|_{z=H+0}\\ v\big|_{z=H-0}&=v_{z=H+0}\end{aligned}\right\}\tag{6.6.21}$$

式中：μ_1、μ_2 为剪切模量。由式（6.6.21）给出的第一个边界条件得 $A_1=B_1$；第二个边界条件得 $B_2=0$；由其余两个 $z=H$ 处力的平衡和位移连续边界条件给出剩下两个待定系数必需满足的方程如下：

$$\left.\begin{aligned}&2\cos(i\sqrt{k^2-k_{s1}^2}H)A_1-\exp(-\sqrt{k^2-k_{s2}^2}H)A_2=0\\ &2i\mu_1\sqrt{k^2-k_{s1}^2}\sin(i\sqrt{k^2-k_{s1}^2}H)A_1-\mu_2\sqrt{k^2-k_{s2}^2}\exp(-\sqrt{k^2-k_{s2}^2}H)A_2=0\end{aligned}\right\}\tag{6.6.22}$$

由式（6.6.22）的系数行列式为零，得到：

$$\tan(\sqrt{k_{s1}^2-k^2}H)=\frac{\mu_2\sqrt{k^2-k_{s2}^2}}{\mu_1\sqrt{k_{s1}^2-k^2}}\tag{6.6.23}$$

式（6.6.23）也可以用波速表示：

$$\tan\left(\omega H\sqrt{\frac{1}{c_{s1}^2}-\frac{1}{c_L^2}}\right)=\frac{\mu_2\sqrt{\frac{1}{c_L^2}-\frac{1}{c_{s2}^2}}}{\mu_1\sqrt{\frac{1}{c_{s1}^2}-\frac{1}{c_L^2}}}\tag{6.6.24}$$

由式（6.6.24）可以发现，只有当 Love 波速 c_L 大于覆盖层中的剪切波速 c_{s1}，但又小于半空间中的剪切波速 c_{s2} 时，式（6.6.24）才有解，即仅当波速满足 $c_{s1}<c_L<c_{s2}$ 时，Love 波才存在。

用式（6.6.24）解得 Love 波速 c_L 后，并将 $A_1=B_1$ 和 $B_2=0$ 代入式（6.6.20）得到 Love 波位移为：

$$\left.\begin{aligned}&v=2A_1\cos\left(\omega\sqrt{\frac{1}{c_{s1}^2}-\frac{1}{c_L^2}}z\right)\exp\left[i\omega\left(\frac{x}{c_L}-t\right)\right],0\leqslant z\leqslant H\\ &v=2A_1\cos\left(\omega\sqrt{\frac{1}{c_{s1}^2}-\frac{1}{c_L^2}}H\right)\exp\left(-\omega\sqrt{\frac{1}{c_L^2}-\frac{1}{c_{s2}^2}}(z-H)\right)\exp\left[i\omega\left(\frac{x}{c_L}-t\right)\right],H\leqslant z\end{aligned}\right\}\tag{6.6.25}$$

式（6.6.24）和式（6.6.25）表明，Love 以波速 c_L 传播，波动传播方向与质点振动方向垂直；其波速为频率的函数，即 Love 波是频散的；振幅在覆盖层内为一余弦函数，而在半空间中随深度呈指数衰减。图 6.6.2 绘出 Love 波振幅及传播图。

Love 波实际有无限多组振型函数，这一点可从对方程（式 6.6.24）的详细分析获得，限于篇幅不再赘述，更详细的讨论可参阅参考文献[3]。

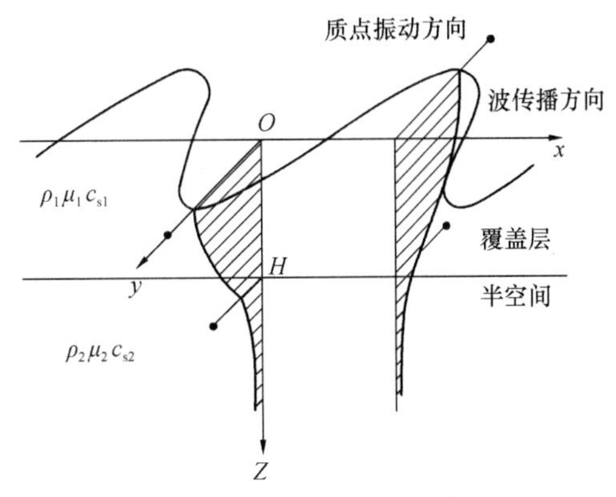

图 6.6.2　Love 波振幅及传播图

6.7　波的反射与折射

在均匀介质中体波沿直线传播，当波入射到不同介质的交界面或自由表面时，将产生反射波和折射波（也称为透射波）。对复杂情况下波的反射与折射规律的研究，例如波在弯曲界面上反射、折射规律是复杂的，最简单的情形是平面波在平直界面上的反射与折射规律，在一般情况下这可以满足地震工程研究工作的要求。

采用直角坐标系，x 和 y 轴位于不同介质的交界面或自由表面内，z 轴与界面垂直。设入射平面波的射线在 x-z 平面内，则反射平面波与折射平面波的射线均在 x-z 平面内，称 x-z 平面为入射面。通常，一个入射 P 波可以产生两种 P、SV 反射波和两种 P、SV 折射波；而一个入射 SV 波也可以产生两种 P 和 SV 反射与折射波；但入射波为 SH 波时，反射和折射波仅是 SH 波。这三种可能的入射、反射和折射类型如图 6.7.1 所示。图中符号的定义如表 6.7.1 所示。

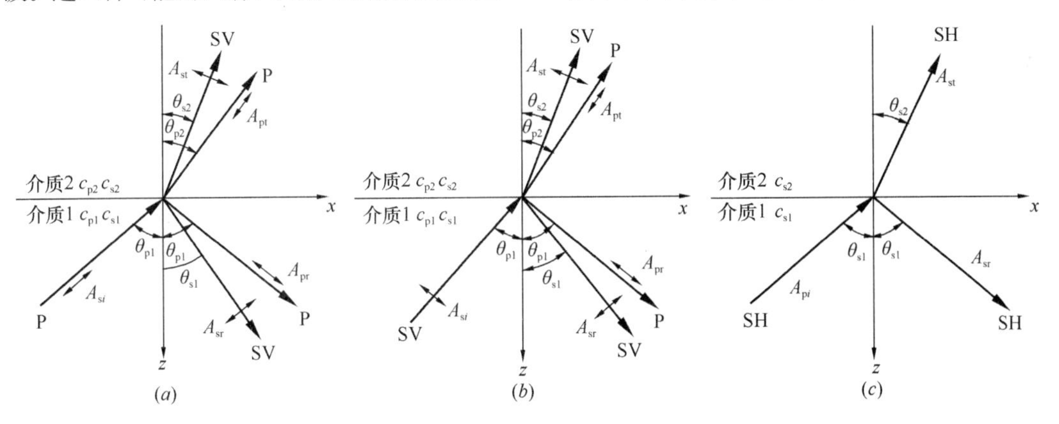

图 6.7.1　波的三种入射、反射和折射类型
（a）P 波入射；（b）SV 波入射；（c）SH 波入射

波的反射与折射规律分析中符号的定义　　**表 6.7.1**

符　号	定　义	符　号	定　义
P、S、SV、SH	代表 P 波、S 波、SV 波和 SH 波	θ	波传播射线与界面法线之间的夹角
c_p、c_s	P 波和 S 波的传播速度	下标 i、r、t	代表入射波、反射波和折射波
A	波的振幅	下标 1 和 2	表示位于界面的入射一侧和折射一侧的介质

各种波的入射角、反射角和折射角 θ 之间的关系由斯内尔（Snell）定律给出。

$$\frac{c_{p1}}{\sin\theta_{p1}}=\frac{c_{s1}}{\sin\theta_{s1}}=\frac{c_{p2}}{\sin\theta_{p2}}=\frac{c_{s2}}{\sin\theta_{s2}} \tag{6.7.1}$$

因此，只要已知波的入射角和介质的波速，则波的反射角和折射角即可由 Snell 定律确定。

在入射波已知时（即入射角 θ 和振幅 A_i 已知），由于波的反射角和折射角由式（6.7.1）确定，因此波的反射和折射规律仅需确定反射波和折射波的振幅。这将由界面上的应力平衡和位移连续条件确定。下面介绍平面波的反射和折射规律。

6.7.1 P 波的反射和折射

已知 P 波的入射角 θ_{p1} 和振幅 A_{pi}，入射 P 波的位移为：

$$\begin{Bmatrix} u_{pi} \\ w_{pi} \end{Bmatrix}=\begin{Bmatrix} \sin\theta_{p1} \\ -\cos\theta_{p1} \end{Bmatrix}A_{pi}\exp\left[i\omega\left(\frac{\sin\theta_{p1}}{c_{p1}}x-\frac{\cos\theta_{p1}}{c_{p1}}z-t\right)\right] \tag{6.7.2a}$$

同理，反射 P 波和 SV 波的位移为：

$$\begin{Bmatrix} u_{pr} \\ w_{pr} \end{Bmatrix}=\begin{Bmatrix} \sin\theta_{p1} \\ \cos\theta_{p1} \end{Bmatrix}A_{pr}\exp\left[i\omega\left(\frac{\sin\theta_{p1}}{c_{p1}}x+\frac{\cos\theta_{p1}}{c_{p1}}z-t\right)\right] \tag{6.7.2b}$$

$$\begin{Bmatrix} u_{sr} \\ w_{sr} \end{Bmatrix}=\begin{Bmatrix} \sin\theta_{p1} \\ -\cos\theta_{p1} \end{Bmatrix}A_{sr}\exp\left[i\omega\left(\frac{\sin\theta_{s1}}{c_{s1}}x+\frac{\cos\theta_{s1}}{c_{s1}}z-t\right)\right] \tag{6.7.2c}$$

折射 P 波和 SV 波的位移为：

$$\begin{Bmatrix} u_{pt} \\ w_{pt} \end{Bmatrix}=\begin{Bmatrix} \sin\theta_{p2} \\ -\cos\theta_{p2} \end{Bmatrix}A_{pt}\exp\left[i\omega\left(\frac{\sin\theta_{p2}}{c_{p2}}x-\frac{\cos\theta_{p2}}{c_{p2}}z-t\right)\right] \tag{6.7.2d}$$

$$\begin{Bmatrix} u_{st} \\ w_{st} \end{Bmatrix}=\begin{Bmatrix} -\sin\theta_{p2} \\ -\cos\theta_{p2} \end{Bmatrix}A_{st}\exp\left[i\omega\left(\frac{\sin\theta_{s2}}{c_{s2}}x-\frac{\cos\theta_{s2}}{c_{s2}}z-t\right)\right] \tag{6.7.2e}$$

式（6.7.2）中下标的含义见表 6.7.1。

界面 $z=0$ 处的边界条件为：

$$\left.\begin{aligned} u_{pi}+u_{pr}+u_{sr}&=u_{pt}+u_{st} \\ w_{pi}+w_{pr}+w_{sr}&=w_{pt}+w_{st} \\ \sigma_{zpi}+\sigma_{zpr}+\sigma_{zsr}&=\sigma_{zpt}+\sigma_{zst} \\ \tau_{xzpi}+\tau_{xzpr}+\tau_{xzsr}&=\tau_{xzpt}+\tau_{xzst} \end{aligned}\right\} \tag{6.7.3}$$

而应力由下式确定：

$$\left.\begin{aligned} \sigma_z&=\lambda\Theta+2\mu\frac{\partial w}{\partial z}=\rho\left[(c_p^2-2c_s^2)\Theta+2c_s^2\frac{\partial w}{\partial z}\right] \\ \tau_{xz}&=\mu\left(\frac{\partial u}{\partial z}+\frac{\partial w}{\partial x}\right)=\rho c_s^2\left(\frac{\partial u}{\partial z}+\frac{\partial w}{\partial x}\right) \end{aligned}\right\} \tag{6.7.4}$$

将式（6.7.2）、式（6.7.4）代入边界条件式（6.7.3），得到关于反射和折射波振幅与已知入射 P 波振幅比的方程组。

$$\begin{bmatrix} \sin\theta_{p1} & \cos\theta_{s1} & -\sin\theta_{p2} & \cos\theta_{s2} \\ -\cos\theta_{p1} & \sin\theta_{s1} & -\cos\theta_{p2} & -\sin\theta_{s2} \\ \sin 2\theta_{p1} & \dfrac{c_{p1}}{c_{s1}}\cos 2\theta_{s1} & \dfrac{\rho_2 c_{s2}^2 c_{p1}}{\rho_1 c_{s1}^2 c_{p2}}\sin 2\theta_{p2} & -\dfrac{\rho_2 c_{s2}^2 c_{p1}}{\rho_1 c_{s1}^2 c_{p2}}\cos 2\theta_{s2} \\ -\cos 2\theta_{s1} & \dfrac{c_{s1}}{c_{p1}}\sin 2\theta_{s1} & \dfrac{\rho_2 c_{p2}}{\rho_1 c_{p1}}\cos 2\theta_{s2} & \dfrac{\rho_2 c_{s2}}{\rho_1 c_{p1}}\sin 2\theta_{s2} \end{bmatrix} \begin{Bmatrix} \dfrac{A_{pr}}{A_{pi}} \\ \dfrac{A_{sr}}{A_{pi}} \\ \dfrac{A_{pt}}{A_{pi}} \\ \dfrac{A_{st}}{A_{pi}} \end{Bmatrix} = \begin{Bmatrix} -\sin\theta_{p1} \\ -\cos\theta_{p1} \\ \sin 2\theta_{p1} \\ \cos 2\theta_{s1} \end{Bmatrix} \tag{6.7.5}$$

当界面是自由表面时，可以采用式（6.7.5）后两个式子表示应力平衡的条件，并通过令 $\rho_2=0$，得到计算反射波振幅的方程。此时可解得：

$$\left.\begin{aligned} \frac{A_{pr}}{A_{pi}} &= \frac{c_{s1}^2\sin 2\theta_{s1}\sin 2\theta_{p1} - c_{p1}^2\cos^2 2\theta_{s1}}{c_{s1}^2\sin 2\theta_{s1}\sin 2\theta_{p1} + c_{p1}^2\cos^2 2\theta_{s1}} \\ \frac{A_{sr}}{A_{pi}} &= \frac{2c_{p1}c_{s1}\cos 2\theta_{s1}\sin 2\theta_{p1}}{c_{s1}^2\sin 2\theta_{s1}\sin 2\theta_{p1} + c_{p1}^2\cos^2 2\theta_{s1}} \end{aligned}\right\} \tag{6.7.6}$$

6.7.2 SV 波的反射和折射

对于 SV 波入射，采用与 P 波入射时相同的方法，可以得到关于反射和折射波振幅与已知入射 SV 波振幅比的方程组

$$\begin{bmatrix} \cos\theta_{s1} & \sin\theta_{p1} & \cos\theta_{s2} & -\sin\theta_{p2} \\ \sin\theta_{s1} & -\cos\theta_{p1} & -\sin\theta_{s2} & -\cos\theta_{p2} \\ \cos 2\theta_{s1} & \dfrac{c_{s1}}{c_{p1}}\sin 2\theta_{p1} & -\dfrac{\rho_2 c_{s2}}{\rho_1 c_{s1}}\cos 2\theta_{s2} & \dfrac{\rho_2 c_{s2}^2}{\rho_1 c_{p2} c_{s1}}\sin 2\theta_{p2} \\ \sin 2\theta_{s1} & -\dfrac{c_{p1}}{c_{s1}}\cos 2\theta_{s1} & \dfrac{\rho_2 c_{s2}}{\rho_1 c_{s1}}\sin 2\theta_{s2} & \dfrac{\rho_2 c_{p2}}{\rho_1 c_{s1}}\cos 2\theta_{s2} \end{bmatrix} \begin{Bmatrix} \dfrac{A_{sr}}{A_{si}} \\ \dfrac{A_{pr}}{A_{si}} \\ \dfrac{A_{st}}{A_{si}} \\ \dfrac{A_{pt}}{A_{si}} \end{Bmatrix} = \begin{Bmatrix} \cos\theta_{s1} \\ -\sin\theta_{s1} \\ -\cos 2\theta_{s1} \\ \sin 2\theta_{s1} \end{Bmatrix} \tag{6.7.7}$$

当界面为自由表面时

$$\left.\begin{aligned} \frac{A_{sr}}{A_{si}} &= \frac{c_{s1}^2\sin 2\theta_{s1}\sin 2\theta_{p1} - c_{p1}^2\cos^2 2\theta_{s1}}{c_{s1}^2\sin 2\theta_{s1}\sin 2\theta_{p1} + c_{p1}^2\cos^2 2\theta_{s1}} \\ \frac{A_{pr}}{A_{si}} &= \frac{2c_{p1}c_{s1}\sin 2\theta_{s1}\cos 2\theta_{s1}}{c_{s1}^2\sin 2\theta_{s1}\sin 2\theta_{p1} + c_{p1}^2\cos^2 2\theta_{s1}} \end{aligned}\right\} \tag{6.7.8}$$

6.7.3 SH 波的反射和折射

对于 SH 波入射，反射和折射波也是 SH 波。波动位移场为 $\{0, v, 0\}$，即仅有垂直于入射面的位移分量，波的反射和折射规律研究将大为简化，可得到反射、折射波与入射波振幅比为：

$$\left.\begin{aligned}\frac{A_{sr}}{A_{si}}&=\frac{\rho_1 c_{s1}\cos\theta_{s1}-\rho_2 c_{s2}\cos\theta_{s2}}{\rho_1 c_{s1}\cos\theta_{s1}+\rho_2 c_{s2}\cos\theta_{s2}}\\\frac{A_{st}}{A_{si}}&=\frac{2\rho_1 c_{s1}\cos\theta_{s1}}{\rho_1 c_{s1}\cos\theta_{s1}+\rho_2 c_{s2}\cos\theta_{s2}}\end{aligned}\right\}\tag{6.7.9}$$

当界面为自由表面时（令 $\rho_2=0$），反射波与入射波振幅比为：

$$\frac{A_{sr}}{A_{si}}=1\tag{6.7.10}$$

当 SH 波向自由表面入射，不存在折射波，而反射波与入射波振幅相等，称为全反射。此时，与入射波比，自由表面位移放大二倍，这一点从式（6.7.9）的第二式也可以发现。对于两种介质中波速和质量密度的一定组合，可存在一个入射角，在该入射角，没有反射波 SH 波。

用 Snell 定律（式 6.7.1）可以说明 Rayleigh 波出现的原因和条件。根据 Snell 定律，SV 波入射时，P 波的反射角满足 $\sin\theta_{p1}=(c_{p1}/c_{s1})\sin\theta_{s1}$，由于 $c_{p1}/c_{s1}>1$，当 SV 波的入射角 θ_{s1} 大于某一量值时，将出现 $\sin\theta_{p1}>1$，表明 θ_{p1} 为虚数。此时反射 P 波成为非均匀波，振幅沿深度衰减，这就是 Rayleigh 波产生的原因。而 $\sin\theta_{p1}=1$ 是 Rayleigh 波产生的临界条件，即当 $\sin\theta_{s1}\geqslant c_{s1}/c_{p1}$ 时，将产生 Rayleigh 波，这是 Rayleigh 波产生的条件。如果震源深度为 h，震中矩为 $\triangle$，则用简单的几何关系可以将 Rayleigh 波产生的条件 $\sin\theta_{s1}\geqslant c_{s1}/c_{p1}$ 改写为 $\triangle\geqslant hc_{s1}/\sqrt{c_{p1}^2-c_{s1}^2}$，在 6.6.1 节曾给出了这一条件。同样应用 Snell 定律也可以证明 P 波入射时，不会产生 Rayleigh 波。

参考文献

1 廖振鹏. 工程波动理论导引（第二版）. 北京：科学出版社，2002

2 Kennett，B. L. N.. Seismic Wave Propagation in Stratified Media. Cambridge University Press，New York，1983

3 Aki，K. and Richards，P. G. 著，李钦祖等译. 定量地震学—理论和方法. 北京：地震出版社，1986

第7章　实 用 振 动 分 析

7.1　概述

在弹性范围内求解多自由度体系动力反应的过程中，振型叠加法无疑是行之有效的。一般来说，在确定前几阶模态和频率之后，任何线性结构动力反应的近似解都很容易求得。应该说明，我们所面临的结构范围十分广泛，从只有几个自由度的高度简化了的数学模型，只需要考虑一、二阶模态就能求得动力反应的近似解，一直到包含几百甚至几千个自由度的高度复杂的有限单元模型，其中可能有 50 或 100 阶模态对反应有重要影响。显然，要求解各类结构要求阶数的模态和频率，完全利用行列式方程的解法是行不通的。从数学的观点看，求解各类结构的模态和频率属于矩阵特征值问题，自然地，可以利用矩阵特征值的求解方法来处理求解结构模态和频率的问题。本章将介绍这些在实践中证明行之有效的振动分析方法[1][2]。

首先介绍的是基于矩阵迭代的振动分析方法，包括基本模态的迭代方法和高阶模态的迭代方法，然后介绍在结构广义坐标和能量守恒原理基础上建立起来的瑞利（Rayleigh）和瑞利—里兹（Rayleigh-Ritz）法，最后简要介绍一种估算系统基频的简单方法，即邓克莱（S. Dunkerley）方法。

7.2　基本模态的迭代方法

运用矩阵迭代法来分析结构的基本模态是一种非常古老的方法，这种方法最初以其创始者命名为 Stodola 法。现在矩阵迭代法被认为是矩阵结构力学分支的一部分，它的应用以式（7.2.1）所示的无阻尼自由振动方程为出发点，即：

$$K\hat{u}_{n} = \omega_{n}^{2}M\hat{u}_{n} \tag{7.2.1}$$

式（7.2.1）表明由于系统变形产生的弹性恢复力必须与由于质量运动导致的惯性力相平衡，显然，只有位移向量 $\hat{u}_n$ 表示一个真实的模态时，式（7.2.1）才得以满足，令方程右边的惯性力为：

$$f_{I_n} = \omega_{n}^{2}M\hat{u}_{n} \tag{7.2.2}$$

通过求解静力挠曲方程可得到位移向量

$$\hat{u}_{n} = K^{-1}f_{I_n} \tag{7.2.3}$$

或者利用式（7.2.1）

$$\hat{u}_{n} = \omega_{n}^{2}K^{-1}M\hat{u}_{n} \tag{7.2.4}$$

式（7.2.4）中 $K^{-1}M$ 代表结构所有的动力特性，称之为动力矩阵 D，即：

$$D \equiv K^{-1}M$$

引入 D，式（7.2.4）变为：

$$\hat{u}_{n} = \omega_{n}^{2}D\hat{u}_{n} \tag{7.2.5}$$

在运用迭代法分析结构基本模态时，先假设一个经过标准化的初时位移向量 $u_1^{(0)}$，其中下标 1 表示基本模态，上标（0）表示假设的初始位移向量；把该向量代入式（7.2.5）的右面，得到一个新的向量，即：

$$u_1^{(1)} = \omega_1^2 D u_1^{(0)} \tag{7.2.6}$$

式中上标（1）表示第一次迭代循环后的结构模态。一般说，如果假设的初始位移向量不是一个真实的模态，则新向量与初始向量是不一样的，定义

$$\overline{u}_1^{(1)} \equiv D u_1^{(0)} \tag{7.2.7}$$

通过标准化向量 $\overline{u}_1^{(1)}$ 可得到改进后的迭代向量，即将 $\overline{u}_1^{(1)}$ 除以其最大分量 max（$\overline{u}_1^{(1)}$），即：

$$u_1^{(1)} = \frac{\overline{u}_1^{(1)}}{\max(\overline{u}_1^{(1)})}$$

现在假设计算得到的位移向量与初始位移向量相同，则可以得到基本频率的近似值，由式（7.2.6）和式（7.2.7）

$$u_1^{(1)} = \omega_1^2 \overline{u}_1^{(1)} \cong u_1^{(0)}$$

考虑任意第 k 个自由度的位移，则结构基本频率的近似值可表示为：

$$\omega_1^2 \cong \frac{u_{k1}^{(0)}}{\overline{u}_{k1}^{(1)}} \tag{7.2.8}$$

若假设的位移向量是一个真实的模态，则考虑结构每一个自由度的位移后得到的频率是相同的。一般说，计算得到的位移向量 $u_1^{(1)}$ 与 $u_1^{(0)}$ 是不同的，则采用结构不同自由度位移计算得到的频率也不相同。由此，结构真实基本频率应位于式（7.2.8）所求的最大值与最小值之间，即：

$$\left(\frac{u_{k1}^{(0)}}{\overline{u}_{k1}^{(1)}}\right)_{\min} \leqslant \omega_1^2 \leqslant \left(\frac{u_{k1}^{(0)}}{\overline{u}_{k1}^{(1)}}\right)_{\max} \tag{7.2.9}$$

因此，用取平均值的方法能求得一个较好的频率近似值。通常取平均值的最好方法是把质量分布作为一个加权因子，即写出式（7.2.8）的向量等式，在两边前乘 $(\overline{u}_1^{(1)})^{\mathrm{T}}M$，解出 ω_1^2 为：

$$\omega_1^2 \cong \frac{(\overline{u}_1^{(1)})^{\mathrm{T}} M u_1^{(0)}}{(\overline{u}_1^{(1)})^{\mathrm{T}} M \overline{u}_1^{(1)}} \tag{7.2.10}$$

一般说，式（7.2.10）表示从任意假定的向量 $u_1^{(0)}$ 出发，迭代一次以后所求得的最佳近似频率值。然而，与原始假定 $u_1^{(0)}$ 比较，计算得到的向量 $u_1^{(1)}$ 更接近第一振型。因此，假如在式（7.2.8）或式（7.2.10）中用 $u_1^{(0)}$ 和它导得的向量 $\overline{u}_1^{(2)}$，那么求得的频率近似值会比按初始假定求得的值精确一些。多次重复这个过程，就能够把基本模态的近似解改善到所要求的精度标准。换言之，s 次循环以后

$$\overline{u}_1^{(s)} = \frac{1}{\omega_1^2} u_1^{(s-1)} \cong \frac{1}{\omega_1^2}\phi_1 \tag{7.2.11}$$

其中 $\overline{u}_1^{(s)}$ 和 $\overline{u}_1^{(s-1)}$ 间的比例数可以精确到任意指定的小数位数。

当迭代收敛到此程度时，任何自由度上的位移比都能够得出真正的频率，但是，最好的结果是通过选取具有最大位移的自由度求得，于是频率可表示为

$$\omega_1^2 = \frac{\max(u_1^{(s-1)})}{\max(\overline{u}_1^{(s)})} = \frac{1}{\max(\overline{u}_1^{(s)})} \tag{7.2.12}$$

式（7.2.12）表明结构基本频率等于最后迭代步中所用标准化因子的倒数，当迭代完全收敛时，就没有必要用式（7.2.10）的平均方法来改善所得的结果。

从基本模态迭代法的计算过程可以证明它必定收敛到基本模态，多数参考书给出了其物理上的解释，即首先计算与假设的位移向量对应的惯性力，并计算由这些力产生的挠度，再计算由算得的挠度而产生的惯性力等。本节重点介绍基本模态迭代方法收敛于基本模态的数学证明。

设

$$u_1^{(0)} = \phi Y^{(0)} = \sum_{i=1}^{n} \phi_i Y_i^{(0)} \tag{7.2.13}$$

且 $Y^{(0)} \neq \{0\}$，则经过 s 次迭代可得：

$$\begin{aligned} u_1^{(s)} &= Du_1^{(s-1)} / \max(Du_1^{(s-1)}) = \cdots \\ &= D^s u_1^{(0)} / \max(Du_1^{(s-1)}) \max(Du_1^{(s-2)}) \cdots \max(Du_1^{(0)}) \end{aligned} \tag{7.2.14}$$

式（7.2.14）右边项分母是一个常数，而向量 $u_1^{(s)}$ 与向量 $D^s u_1^{(0)}$ 差一个常数因子，而 $u_1^{(s)}$ 的最大分量为 1，故有：

$$u_1^{(s)} = D^s u_1^{(0)} / \max(D^s u_1^{(0)}) \tag{7.2.15}$$

将式（7.2.13）代入式（7.2.15），当 $s \to \infty$ 时，有：

$$u_1^{(s)} = \frac{\phi_1 Y_1^{(0)} + \sum_{i=2}^{n} Y_i^{(0)} \left(\frac{\omega_1}{\omega_i}\right)^{2s} \phi_i}{\max\left(\phi_1 Y_1^{(0)} + \sum_{i=2}^{n} Y_i^{(0)} \left(\frac{\omega_1}{\omega_i}\right)^{2s} \phi_i\right)} \to \frac{\phi_1}{\max(\phi_1)} \tag{7.2.16}$$

而且

$$\bar{u}_1^{(s)} = Du_1^{(s-1)} = \frac{D \cdot D^{(s-1)} u_1^{(0)}}{\max(D^{(s-1)} u_1^{(0)})}$$

$$\begin{aligned} \max(\bar{u}_1^{(s)}) &= \frac{\max(D^s u_1^{(0)})}{\max(D^{(s-1)} u_1^{(0)})} \\ &= \frac{1}{\omega_1^2} \cdot \frac{\max\left(\phi_1 Y_1^{(0)} + \sum_{i=2}^{n} Y_i^{(0)} \left(\frac{\omega_1}{\omega_i}\right)^{2s} \phi_i\right)}{\max\left(\phi_1 Y_1^{(0)} + \sum_{i=2}^{n} Y_i^{(0)} \left(\frac{\omega_1}{\omega_i}\right)^{(2s-2)} \phi_i\right)} \to \frac{1}{\omega_1^2} \end{aligned} \tag{7.2.17}$$

式（7.2.16）和式（7.2.17）说明 max（$\bar{u}_1^{(s)}$）收敛于$\frac{1}{\omega_1^2}$，而 $u_1^{(s)}$ 收敛于对应$\frac{1}{\omega_1^2}$规范化了的特征向量，即收敛于结构的基本模态。

7.3 高阶模态的迭代方法

7.3.1 二阶模态的迭代方法

前面对基本模态迭代方法的收敛性证明也表明了可以按照指出的步骤计算较高阶模态。式（7.2.16）中如果假设在假定位移中基本模态的贡献为零（$Y_1^{(0)} = \{0\}$），那么对位移贡献起支配作用的将会是结构的二阶模态，即迭代过程将收敛于二阶模态。类似地，如果 $Y_1^{(0)}$ 和 $Y_2^{(0)}$ 都为零，则迭代过程将收敛于三阶模态，可以一般地表示为如果 $Y_1^{(0)}$，$Y_2^{(0)}$，…，$Y_i^{(0)}$ 都为零，则迭代过程将收敛于 $i+1$ 阶模态。在仅仅计算结构的二阶模态时，假设的初始位移向量 $\widetilde{u}_2^{(0)}$ 不包括基本模态分量（符号上面的～表示不包含基本模态贡献的一个向量）。

正交条件提供了从任意假定的二阶模态中消除基本模态分量的方法。随意假定一个二阶模态向量，用模态分量表示如下：

$$u_2^{(0)}=\phi Y^{(0)} \tag{7.3.1}$$

用 $\phi_1^{\mathrm{T}}M$ 前乘此式两边，并引入模态正交条件

$$\phi_1^{\mathrm{T}}Mu_2^{(0)}=\sum_{i=1}^{n}\phi_1^{\mathrm{T}}M\phi_iY_i^{(0)}=\phi_1^{\mathrm{T}}M\phi_1Y_1^{(0)} \tag{7.3.2}$$

由式（7.3.2）可得 $u_2^{(0)}$ 中基本模态分量的幅值

$$Y_1^{(0)}=\frac{\phi_1^{\mathrm{T}}Mu_2^{(0)}}{\phi_1^{\mathrm{T}}M\phi_1}=\frac{\phi_1^{\mathrm{T}}Mu_2^{(0)}}{M_1}$$

如果从假定的位移向量中消去这个分量，则剩下的向量可以说成是经过净化了的：

$$\widetilde{u}_2^{(0)}=u_2^{(0)}-\phi_1Y_1^{(0)} \tag{7.3.3}$$

现在，这个净化了的初始向量在迭代过程中向二阶模态收敛。然而，由于在数值运算中产生的舍入误差会引起基本模态分量在初始向量中再现，因此必须在迭代求解的每一步中重复净化运算以保证收敛到二阶模态。

在初始向量中消除基本模态分量常用的办法是应用所谓的淘汰矩阵，将式（7.3.2）代入式（7.3.3）可得：

$$\widetilde{u}_2^{(0)}=u_2^{(0)}-\frac{1}{M_1}\phi_1\phi_1^{\mathrm{T}}Mu_2^{(0)}\equiv S_1u_2^{(0)} \tag{7.3.4}$$

这里称 S_1 为基本模态的淘汰矩阵，记为

$$S_1\equiv I-\frac{1}{M_1}\phi_1\phi_1^{\mathrm{T}}M \tag{7.3.5}$$

由式（7.3.4）可知，用基本模汰的淘汰矩阵前乘任意的初始向量，则得到的是消除基本模态分量后的向量，以此向量为迭代初始向量，则迭代收敛于二阶模态，即：

$$\frac{1}{\omega_2^2}u_2^{(1)}=D\widetilde{u}_2^{(0)} \tag{7.3.6}$$

将式（7.3.4）代入（7.3.6），得：

$$\frac{1}{\omega_2^2}u_2^{(1)}=DS_1u_2^{(0)}\equiv D_2u_2^{(0)}$$

式中

$$D_2\equiv DS_1$$

是一个新的动力矩阵，它从任何初始向量 $u_2^{(0)}$ 中消除基本模态分量，并自动向二阶模态收敛。当采用 D_2 时，二阶模态的分析与上面讨论的基本模态分析完全一样。因此可以用与式（7.2.10）等价的式子近似地计算频率：

$$\omega_2^2\cong\frac{(\overline{u}_2^{(1)})^{\mathrm{T}}Mu_2^{(0)}}{(\overline{u}_2^{(1)})^{\mathrm{T}}M\overline{u}_2^{(1)}} \tag{7.3.7}$$

式中

$$\overline{u}_2^{(1)}=D_2u_2^{(0)}$$

分析也可进行到所要求的收敛程度，用这个方法确定二阶模态以前，显然必须先求得

基本模态。再则，如果想要得到满意的结果，在计算淘汰矩阵 S_1 时，用到的基本模态 ϕ_1 必须具有非常高的精度。二阶模态的精度比基本模态大致上降低一位有效数字。

7.3.2 三阶模态和更高阶模态的迭代方法

我们可以将同样的淘汰过程推广到从初始向量中清除基本模态和二阶模态分量，由此迭代过程将向三阶模态收敛。类似于式（7.3.3），净化了的三阶模态初始向量可表示为：

$$\tilde{u}_3^{(0)} = u_3^{(0)} - \phi_1 Y_1^{(0)} - \phi_2 Y_2^{(0)} \tag{7.3.8}$$

利用 $\tilde{u}_3^{(0)}$ 正交于 ϕ_1 和 ϕ_2 的条件

$$\phi_1^{\mathrm{T}} M \tilde{u}_3^{(0)} = 0 = \phi_1^{\mathrm{T}} M u_3^{(0)} - M_1 Y_1^{(0)}$$

$$\phi_2^{\mathrm{T}} M \tilde{u}_3^{(0)} = 0 = \phi_2^{\mathrm{T}} M u_3^{(0)} - M_2 Y_2^{(0)}$$

推导出初始向量 $u_3^{(0)}$ 中基本模态和二阶模态幅值的表达式

$$Y_1^{(0)} = \frac{1}{M_1} \phi_1^{\mathrm{T}} M u_3^{(0)} \tag{7.3.9a}$$

$$Y_2^{(0)} = \frac{1}{M_2} \phi_2^{\mathrm{T}} M u_3^{(0)} \tag{7.3.9b}$$

将上式代入式（7.3.8）中，可得：

$$\tilde{u}_3^{(0)} = u_3^{(0)} - \frac{1}{M_1} \phi_1 \phi_1^{\mathrm{T}} M u_3^{(0)} - \frac{1}{M_2} \phi_2 \phi_2^{\mathrm{T}} M u_3^{(0)}$$

或

$$\tilde{u}_3^{(0)} = \left[I - \frac{1}{M_1} \phi_1 \phi_1^{\mathrm{T}} M - \frac{1}{M_2} \phi_2 \phi_2^{\mathrm{T}} M \right] u_3^{(0)} \tag{7.3.10}$$

式（7.3.10）表明，只要从式（7.3.5）给出的基本模态淘汰矩阵中减去二阶模态的项，就能得到从 $u_3^{(0)}$ 中同时消除基本模态和二阶模态分量的淘汰矩阵 S_2，即：

$$S_2 = S_1 - \frac{1}{M_2} \phi_2 \phi_2^{\mathrm{T}} M \tag{7.3.11}$$

这里淘汰矩阵的作用表示为：

$$\tilde{u}_3^{(0)} = S_2 u_3^{(0)} \tag{7.3.12}$$

由此可以写出分析三阶模态的迭代关系式：

$$\frac{1}{\omega_3^2} u_3^{(1)} = D \tilde{u}_3^{(0)} = D S_2 u_3^{(0)} \equiv D_3 u_3^{(0)} \tag{7.3.13}$$

因此，这个修正的动力矩阵 D_3 起到了从初始向量 $u_3^{(0)}$ 中消除基本模态和二阶模态分量的作用，并向三阶模态收敛。

显然同样的过程能继续推广用来分析体系更高的模态。例如求四阶模态，计算淘汰矩阵 S_3 如下：

$$S_3 = S_2 - \frac{1}{M_3} \phi_3 \phi_3^{\mathrm{T}} M \tag{7.3.14}$$

这里它起的作用是

$$\tilde{u}_4^{(0)} = S_3 u_4^{(0)} \tag{7.3.15}$$

相应的动力矩阵是

$$D_4 = D S_3$$

依次类推，很容易得到适合于计算任意阶模态的矩阵，即：

$$S_n = S_{n-1} - \frac{1}{M_n}\phi_n\phi_n^T M$$

$$D_{n+1} = DS_n$$

显然这个方法最重要的限制条件是在求任意指定的高阶模态以前，必须先计算所有较低阶的模态。还有一点是如要使高阶模态的淘汰矩阵行之有效，必须用很高精度计算较低阶的模态。

7.3.3 最高阶模态的迭代方法

有的时候我们需要估计结构的最高阶振动频率，显然应用逐步淘汰矩阵的方法来求结构最高阶模态是不经济的。这就要求有直接求解结构最高阶模态的方法。

结构无阻尼自由振动的方程可写为：

$$\frac{1}{\omega^2}\widehat{u} = \widetilde{f}\, M\widehat{u}$$

用 $\omega^2 M^{-1} K$ 前乘上式可得：

$$\omega^2 \widehat{u} = E\widehat{u} \tag{7.3.16}$$

式中

$$E \equiv M^{-1}K \equiv D^{-1}$$

现在这个矩阵中包含了体系的动力特性。如果代入最高（第 N 阶）模态的初始向量，式（7.3.16）变成：

$$\omega_N^2 u_N^{(1)} = Eu_N^{(0)} \tag{7.3.17}$$

类似于式（7.2.8）和式（7.2.10），给出第 N 阶模态频率的近似值为：

$$\omega_N^2 \cong \frac{\overline{u}_{kN}^{(1)}}{u_{kN}^{(0)}} \tag{7.3.18a}$$

或

$$\omega_N^2 \cong \frac{(\overline{u}_N^{(1)})^T M\overline{u}_N^{(1)}}{(\overline{u}_N^{(1)})Mu_N^{(0)}} \tag{7.3.18b}$$

式中

$$\overline{u}_N^{(1)} = Eu_N^{(0)}$$

此处计算得的向量 $\overline{u}_N^{(1)}$ 是一个比初始向量好一些的最高阶模态近似解；如果把它作为新的迭代初始向量，并且重复上述迭代过程足够多次，就能按所要求的近似程度确定最高阶模态。

类似地，完全可以应用证明基本模态迭代收敛的方法来证明最高阶模态迭代收敛，这里不再赘述。

7.4 Rayleigh 法

Rayleigh 法的基本原理是能量守恒定律，因此对任意的保守系统，其振动频率可根据 Rayleigh 法由运动过程中最大应变能与最大动能相等求得。对于具有任意自由度的结构体系，用 Rayleigh 法求其基频有两种处理方式，一种是把结构看成连续体系，通过假设结构在基本模态中的变形形状和运动幅值（广义坐标）变化规律，将连续的结构体系化为单自由度体系，利用运动过程中最大应变能与最大动能相等的原则求结构基频；另一种处理方式则是在多自由度离散坐标系中应用同样的方法求解结构基频。本节将重点介绍 Rayleigh 法在多自由度离散坐标系中的原理和应用。

首先把结构的位移用假设的形状和广义坐标幅值来表示。

$$V(t)=\psi Z(t)=\psi Z_0\sin\omega t \tag{7.4.1a}$$

式中：ψ 是假定的形状向量；Z（t）是表示它幅值的广义坐标。自由振动中的速度向量是

$$\dot{V}(t)=\psi\omega Z_0\cos\omega t \tag{7.4.1b}$$

用矩阵形式，给出结构最大动能为：

$$T_{max}=\frac{1}{2}\dot{V}_{max}^{T}M\dot{V}_{max} \tag{7.4.2a}$$

最大位能为：

$$E_{max}=\frac{1}{2}V_{max}^{T}KV_{max} \tag{7.4.2b}$$

当从式（7.4.1）得到位移和速度的最大值，并代入式（7.4.2）中，则：

$$\begin{aligned}T_{max}&=\frac{1}{2}Z_0^2\omega^2\psi^{T}M\psi\\E_{max}&=\frac{1}{2}Z_0^2\psi^{T}K\psi\end{aligned} \tag{7.4.3}$$

然后使最大动能等于最大位能求得基频，于是

$$\omega^2=\frac{\psi^{T}K\psi}{\psi^{T}M\psi}\equiv\frac{k^*}{m^*} \tag{7.4.4}$$

显然，若假设的初始形状 ψ 与结构基本模态一致，则由式（7.4.4）求得的频率为结构基频的精确值。事实上，在求出基频之前是不大可能得知结构正确的基本模态的。但是，我们可以从理论上证明用一个不太精确的初始向量通过 Rayleigh 法得到较为精确的基频近似值。

Rayleigh 驻值原理指出：由下式所确定的 Rayleigh 熵

$$Re(\psi)=\frac{\psi^{T}K\psi}{\psi^{T}M\psi} \tag{7.4.5}$$

在主模态处取驻定值，也就是说，当初始位移向量 ψ 接近基本模态时，由式（7.4.5）所确定的 Rayleigh 熵将非常接近于结构基频的平方，即：

$$Re(\psi)=\frac{\psi^{T}K\psi}{\psi^{T}M\psi}\cong\omega_1^2 \tag{7.4.6}$$

再把选取的初始向量 ψ 表示为结构固有模态向量的线性组合，即：

$$\psi=\sum_{i=1}^{n}\phi_iY_i=\phi Y \tag{7.4.7}$$

式中：ϕ 是质量归一化后的模态矩阵；Y 为相应的广义坐标向量。将式（7.4.7）代入式（7.4.6）所示的 Rayleigh 熵式，并引入模态正交条件，得到：

$$Re(\psi)=\frac{Y^{T}\phi^{T}K\phi Y}{Y^{T}\phi^{T}M\phi Y}=\frac{\sum_{i=1}^{n}Y_i^2\omega_i^2}{\sum_{i=1}^{n}Y_i^2} \tag{7.4.8}$$

假定任选初始向量 ψ 与基本模态向量只有微小差别，即在式（7.4.7）的展开式中，Y_i（$i\neq1$）与 Y_1 相比非常之小，可以表达为：

$$Y_i=\varepsilon_i Y_1(i=2,3,\cdots n) \tag{7.4.9}$$

其中 ε_i 是一个远小于1的量。用 Y_1^2 去除式（7.4.8）的分子和分母，得到

$$Re(\psi)=\frac{\omega_1^2+\sum_{i=2}^{n}\omega_i^2\varepsilon_i^2}{1+\sum_{i=2}^{n}\varepsilon_i^2}\cong\omega_1^2+\sum_{i=2}^{n}(\omega_i^2-\omega_1^2)\varepsilon_i^2 \tag{7.4.10}$$

结合式（7.4.7）、式（7.4.9）和式（7.4.10）进行比较，可见当初始向量 ψ 与基本模态向量的差别为一阶小量时，用 Rayleigh 法求出的基频的误差为二阶小量，由此从理论上保证了我们可以用一个不太精确的初始向量得到较为精确的基频近似值。

由式（7.4.10）可看出，不论什么样的初始向量，用 Rayleigh 熵所求得的近似频率将是基频的上限。再则，从 Rayleigh 熵的计算公式中可以直观地看到，Rayleigh 熵将随着 M 和 K 变化而变化，可以证明，当增强结构的刚性或减弱结构惯性时，基频增高，反之降低。

7.5 Rayleigh-Ritz 法

在许多结构中，虽然用 Rayleigh 法能对结构基频提供令人满意的近似解，但是在动力分析中，为了得到足够精确的结果，常常需要一阶以上的模态和频率。Rayleigh 法的 Ritz 扩展可以求得系统前若干阶固有频率的近似值，同时还可获得相应阶数的模态。

设已知 s 个线性独立的列向量 ψ_1，ψ_2，…，ψ_s，组成一个 $n\times s$ 阶矩阵

$$\psi=[\psi_1,\psi_2,\cdots,\psi_s]\qquad(s<n) \tag{7.5.1}$$

它构成 n 阶多自由度系统的假设模态集。系统作自由振动时，设其可能位移向量 ψ 可以用上述假设模态的线性组合来表示，即：

$$V=\psi Z=\sum_{i=1}^{s}\psi_i Z_i \tag{7.5.2}$$

将式（7.5.2）代入式（7.4.2）中，得到体系最大动能和最大位能的表达式：

$$\begin{aligned}T_{\max}&=\frac{1}{2}\omega^2 Z^{\mathrm{T}}\psi^{\mathrm{T}}M\psi Z\\E_{\max}&=\frac{1}{2}Z^{\mathrm{T}}\psi^{\mathrm{T}}K\psi Z\end{aligned} \tag{7.5.3}$$

然后令它们相等，导得频率表达式

$$\omega^2=\frac{Z^{\mathrm{T}}\psi^{\mathrm{T}}K\psi Z}{Z^{\mathrm{T}}\psi^{\mathrm{T}}M\psi Z}=\frac{\widetilde{K}(Z)}{\widetilde{M}(Z)} \tag{7.5.4}$$

当然，式（7.5.4）不是振动频率的显式；分子和分母都是迄今未知的广义坐标幅值 Z 的函数。计算这些值还要利用 Rayleigh 分析法，它可以提供固有频率的上限。换言之，由假设的形状求得的频率比真实的频率要高，所以对形状的最佳逼近，就是说对 Z 的最好选择就使得频率最小。

这样，把频率表达式对任何一个广义坐标 Z_n 微分，并令其为零，给出

$$\frac{\partial\omega^2}{\partial Z_n}=\frac{\widetilde{M}(\partial\widetilde{K}/\partial Z_n)-\widetilde{K}(\partial\widetilde{M}/\partial Z_n)}{\widetilde{M}^2}=0 \tag{7.5.5}$$

但是从式（7.5.4）知 $\widetilde{K}=\omega^2\widetilde{M}$；因此从式（7.5.5）得：

$$\frac{\partial \widetilde{K}}{\partial Z_n}-\omega^2\frac{\partial \widetilde{M}}{\partial Z_n}=0 \tag{7.5.6}$$

现在根据式（7.5.4）给的定义得：

$$\frac{\partial \widetilde{K}}{\partial Z_n}=2Z^T\psi^T K\psi\frac{\partial}{\partial Z_n}(Z)=2Z^T\psi^T K\psi_n \tag{7.5.7a}$$

类似地

$$\frac{\partial \widetilde{M}}{\partial Z_n}=2Z^T\psi^T M\psi_n \tag{7.5.7b}$$

把式（7.5.7）代入式（7.5.6），并转置，得：

$$\psi_n^T K\psi Z-\omega^2\psi_n^T M\psi Z=0 \tag{7.5.8}$$

依次对每一个广义坐标使频率最小，则对每一个形状向量 ψ_n 得到一个式（7.5.8）那样的方程式，这样整组方程可表示为：

$$\psi^T K\psi Z-\omega^2\psi^T M\psi Z=0$$

采用符号

$$\begin{aligned}K^* &= \psi^T K\psi\\ M^* &= \psi^T M\psi\end{aligned} \tag{7.5.9}$$

则得

$$(K^*-\omega^2 M^*)\hat{Z}=0 \tag{7.5.10}$$

这里 $\hat{Z}$ 代表满足这个特征方程的每一个特征向量（Z 的相对值）。

由式（7.5.10）可以看出，Rayleigh-Ritz 分析法有着减少体系自由度的效果，它将用几何坐标 V 表示的 N 个自由度体系转化为用 s 个广义坐标 Z 和相应的假设形状表示的 s 个自由度的体系。式（7.5.2）是坐标变换，式（7.5.9）是广义质量和广义刚度（$s\times s$ 维的）。这些矩阵的每一个元素是一个广义质量或广义刚度项，即：

$$\begin{aligned}k_{mn}^* &= \psi_m^T K\psi_n\\ m_{mn}^* &= \psi_m^T M\psi_n\end{aligned} \tag{7.5.11}$$

假设的形状 ψ_n 一般不具有真实振型的正交特性，因此这些广义质量和广义刚度矩阵中的非对角线项不为零；然而适当选择假设的形状会使得非对角线项非常小。总之，用数目减少了的 s 个坐标求解动力反应总是要比按原始 N 个方程容易得多。

可以认为，Rayleigh-Ritz 法实质上是对原系统施加了一组约束变换，用受约束系统的主模态来近似地描述原系统的主模态。Rayleigh 约束原理指出，对于承受 s 个独立的线性约束系统，有

$$\omega_r\leqslant P_r^s\leqslant\omega_{r+s}\quad(r=1,2,\cdots,n-s) \tag{7.5.12}$$

其中 P_r^s 表示受到 s 个线性约束系统的第 r 阶固有频率。Rayleigh 约束原理表明，受 s 个线性约束系统的 $n-s$ 个频率均不低于原系统阶数相同的频率，但也不超过原系统阶数比它大 s 的那个频率。

Rayleigh-Ritz 法的步骤可以简述如下：

（1）建立假设模态集 $\psi=[\psi_1,\psi_2,\cdots\psi_s](s<n)$，并设 $V=\psi Z$。通常将假设模态中的各列向量称为 Ritz 基；

（2）作变换 $K^* = \psi^T K\psi$ 和 $M^* = \psi^T M\psi$，得到缩减了的矩阵 K^* 和 M^*；

（3）解矩阵 K^* 和 M^* 的特征值问题（式 7.5.10），得 s 个特征值 $\omega_1^2, \omega_2^2, \cdots, \omega_s^2$ 和对应的特征向量 $\hat{Z}_1, \hat{Z}_2, \cdots, \hat{Z}_s$；

（4）求得系统的固有频率 ω_i，固有模态 $V_i = \psi \hat{Z}_i$（$i=1，2，\cdots s$）。

7.6 Dunkerley 法

在本章的最后，简要介绍一种估算系统基频下限的简单方法，即所谓 Dunkerley（邓克莱）法。

对于特征值问题

$$\left(D - \frac{1}{\omega^2} I\right)\hat{u} = 0 \tag{7.6.1}$$

其特征行列式为

$$\begin{vmatrix} d_{11} - \lambda & d_{12} & \cdots & d_{1n} \\ d_{21} & d_{22} - \lambda & \cdots & d_{2n} \\ \vdots & & & \vdots \\ d_{n1} & \cdots & \cdots & d_{nn} - \lambda \end{vmatrix} = 0 \tag{7.6.2}$$

式中：d_{ij} 是动力矩阵 D 的元素；$\lambda = \frac{1}{\omega^2}$，且 $\lambda_1 \geqslant \lambda_2 \geqslant \cdots \geqslant \lambda_n$。展开上述行列式可得：

$$\lambda^n - (d_{11} + d_{22} + \cdots + d_{nn})\lambda^{n-1} + \cdots = 0 \tag{7.6.3}$$

根据代数知识可知，上述 n 次方程的各根之和等于方程中 λ^{n-1} 项系数的负值。

记上述方程的根为 λ_i（$i=1，2，\cdots n$），则：

$$\lambda_1 + \lambda_2 + \cdots + \lambda_n = \sum_{i=1}^{n} d_{ii} = trD \tag{7.6.4}$$

即

$$\frac{1}{\omega_1^2} + \sum_{i=2}^{n} \frac{1}{\omega_i^2} = trD \tag{7.6.5}$$

令基频的近似值为 $\omega_D = \sqrt{\frac{1}{trD}}$，则由上式可见 $\frac{1}{\omega_1^2} < \frac{1}{\omega_D^2}$ 成立，亦即 $\omega_D < \omega_1$。

综上所述，Dunkerley 法取矩阵 D 迹的倒数的平方根作为基频的近似值 ω_D，它总是低于真实的固有频率。换言之，S. Dunkerley 法计算的基频近似值是系统基频的下限，显然，它和估算基频上限的 Rayleigh 法相结合就可以方便地得到所求频率的区间范围。

参 考 文 献

1 Clough, R. W., Penzien, J.. Dynamics of Structures, Second Edition. MCGraw-Hill, Inc, 1993

2 R. W 克拉夫，J. 彭津著．王光远等译．结构动力学．北京：高等教育出版社，2006

第 8 章　线性结构随机振动分析

结构地震作用的分析方法可归结为两类，一类是确定性分析方法，另一类是随机振动分析方法。所谓确定性分析方法是指地震地面运动的加速度 $\ddot{x}_g(t)$ 是时间 t 的已知和确定的函数，根据确定的地震作用求出结构反应 $x(t)$，也是时间 t 的确定函数。所谓随机振动分析方法，是指地震地面运动的加速度 $\ddot{x}_g(t)$ 不是时间 t 的确定函数，对任何一个固定的 t，$\ddot{x}_g(t)$ 为一个随机变量，其地面加速度 $\ddot{x}_g(t)$ 为随机过程，而结构反应也是一个随机过程。

对于已经发生过的地震，并有该地震的时程记录，研究这次地震引起的结构反应，显然应该采用确定性的分析方法。对于未来的某一次地震，还不能确切给出其地面加速度 $\ddot{x}_g(t)$，研究结构的反应应采用随机振动的方法。

目前地震作用分析所采用的反应谱方法，基本上属于确定性分析方法，因为它是根据过去的地震记录 $\ddot{x}_g(t)$，按确定性分析方法求得反应谱，由于抗震设计反应谱是几百条地震波的平均值给予平滑化，因此它也部分地考虑了地震作用的随机性，但是仅用结构最大反应平均值的反应谱还不能体现结构反应的离散性，也就给不出抗震设计取值的可靠性。

8.1　随机过程的定义和数学描述

与确定性地震反应分析相比，随机地震反应分析的突出特点在于，只能确定反应量的概率分布和统计特征。这是问题的概率性特征所决定的。因此，当已知地震动输入的概率分布或概率统计特征后，确定结构反应（输出）的概率分布或概率统计特征是随机振动分析要解决的问题。

8.1.1　随机变量的概率统计特征[1]

1. 一维随机变量

概率表示随机事件出现的可能性的统计规律。因此，若能把随机变量在可能取值范围内的概率情况搞清楚，就可认为该随机变量为已知。随机变量的特征可以用其概率密度函数或概率分布函数来描述。

设 X 为一随机变量，则概率密度函数 $f_x(x)$ 表示变量 X 发生于 $(x, x+\mathrm{d}x)$ 区间中的概率，即 X 出现的可能性；则概率分布函数 $F(x)$ 为：

$$F(x)=\int_{-\infty}^{x} f_x(x)\mathrm{d}x \quad (-\infty<x<+\infty) \tag{8.1.1}$$

则表示小于等于随机变量 X 概率。

随机变量 X 的数学期望 u_x 为：

$$u_x=E[X]=\int_{-\infty}^{\infty} x f_x(x)\mathrm{d}x \tag{8.1.2}$$

除数学期望外，还用到其他一系列特征量来描述分析的性质，最常用的是矩。矩在力学中广泛应用，概率论中采用了力学中同样的定义，较常用原点矩和中心矩两种形式。

n 阶原点矩的定义为：

$$E[X^{n}]=\int_{-\infty}^{\infty}x^{n}f_{x}(x)\mathrm{d}x \tag{8.1.3}$$

显然 n 阶原点矩也可看作对 x^{n} 取数学期望。

n 阶中心矩的定义为：

$$E[(X-u_{x})^{n}]=\int_{-\infty}^{\infty}(x-u_{x})^{n}f_{x}(x)\mathrm{d}x \tag{8.1.4}$$

其二阶中心矩为：

$$\begin{aligned}E[(X-u_{x})^{2}]&=\int_{-\infty}^{\infty}(x-u_{x})^{2}f_{x}(x)\mathrm{d}x\\&=\int_{-\infty}^{\infty}(x^{2}-2xu_{x}+u_{x}^{2})f_{x}(x)\mathrm{d}x\\&=E[X^{2}]-2u_{x}E[X]+u_{x}^{2}\\&=E[X^{2}]-u_{x}^{2}\\&=\sigma_{x}^{2}\end{aligned} \tag{8.1.5}$$

二阶中心矩 $E[(X-u_{x})^{2}]$ 称为 x 的方差，它的正平方根 σ_{x} 称为 x 的标准差。

2. 多维随机变量

多维随机变量的概率分布函数定义为：

$$F_{x_1x_2\cdots x_n}(x_1,x_2,\cdots,x_n)=p[(X_1\leqslant x_1)\cap(X_2\leqslant x_2)\cdots\cap(X_n\leqslant x_n)] \tag{8.1.6}$$

相应的联合概率密度函数定义为：

$$f_{x_1x_2\cdots x_n}(x_1,x_2,\cdots x_n)=\frac{\partial^{n}}{\partial x_1\partial x_2\cdots\partial x_n}F_{x_1x_2\cdots x_n}(x_1,x_2,\cdots,x_n) \tag{8.1.7}$$

对于多维随机变量有联合矩或者称相关矩。现以二多维随机变量 X、Y 为例，给出（$n+m$）阶联合原点矩的定义：

$$E[X^{n}Y^{m}]=\int_{-\infty}^{\infty}\int_{-\infty}^{\infty}x^{n}y^{m}f_{xy}(x,y)\mathrm{d}x\mathrm{d}y \tag{8.1.8}$$

当 $n=1$，$m=0$ 时

$$\begin{aligned}E[X]&=\int_{-\infty}^{\infty}\int_{-\infty}^{\infty}xf_{xy}(x,y)\mathrm{d}x\mathrm{d}y\\&=\int_{-\infty}^{\infty}xf_{x}(x)\mathrm{d}x=\mu_{x}\end{aligned}$$

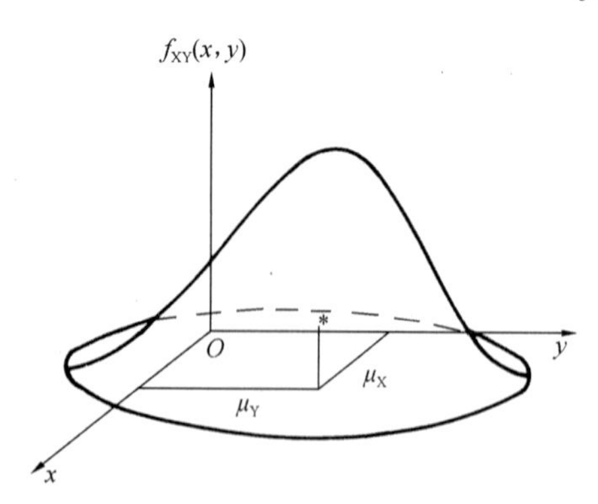

图 8.1.1 二维随机变量 μ_{x} 和 μ_{y} 的几何意义

同样，当 $n=0$，$m=1$ 时

$$\begin{aligned}E[Y]&=\int_{-\infty}^{\infty}\int_{-\infty}^{\infty}yf_{xy}(x,y)\mathrm{d}x\mathrm{d}y\\&=\mu_{y}\end{aligned}$$

显然，μ_{x}、μ_{y} 表示二维随机变量 X、Y 的联合概率密度函数曲线下面体积质量的质心位置，如图 8.1.1 所示。

当 $n=2$，$m=0$ 时

$$\begin{aligned}E[X^{2}]&=\int_{-\infty}^{\infty}\int_{-\infty}^{\infty}x^{2}f_{xy}(x,y)\mathrm{d}x\mathrm{d}y\\&=\int_{-\infty}^{\infty}x^{2}f_{x}(x)\mathrm{d}x\end{aligned}$$

它是体积质量绕 Oy 轴的惯性矩。

同样，当 $n=0$，$m=2$ 时：

$$E[y^2]=\int_{-\infty}^{\infty}\int_{-\infty}^{\infty}y^2 f_{xy}(x,y)\mathrm{d}x\mathrm{d}y=\int_{-\infty}^{\infty}y^2 f_{y}(y)\mathrm{d}y$$

是体积质量绕 Ox 轴的惯性矩。

当 $n=1$，$m=1$ 时，得到 X、Y 之间的相关矩。

$$E[XY]=\int_{-\infty}^{\infty}\int_{-\infty}^{\infty}xyf_{xy}(x,y)\mathrm{d}x\mathrm{d}y \tag{8.1.9}$$

它是体积质量绕 Ox、Oy 轴的惯性矩。当随机变量 X 和 Y 相互独立时，

$$f_{xy}(x,y)=f_x(x)f_y(y)$$

因此

$$\begin{aligned}E[XY]&=\int_{-\infty}^{\infty}xf_x(x)\mathrm{d}x\int_{-\infty}^{\infty}yf_y(y)\mathrm{d}y\\&=E[X]E[Y]=\mu_x\mu_y\end{aligned} \tag{8.1.10}$$

由此得到结论：互相独立的随机变量的乘积的数学期望等于各自数学期望值的乘积。这个结论可以推广到多个互相独立随机变量乘积的情况。

如果

$$E[XY]=0 \tag{8.1.11}$$

则称随机变量 X 和随机变量 Y 是正交的。

对于（$n+m$）阶联合中心矩的定义为：

$$\begin{aligned}&E[(X-\mu_x)^n(Y-\mu_y)^m]\\&=\int_{-\infty}^{\infty}\int_{-\infty}^{\infty}(x-\mu_x)^n(y-\mu_y)^m f_{xy}(x,y)\mathrm{d}x\mathrm{d}y\end{aligned} \tag{8.1.12}$$

当 n 和 m 取相应值时，可得到：

$$E[X-\mu_x]=E[Y-\mu_y]=0$$

$$E[(X-\mu_x)^2]=E[X^2]-{\mu_x}^2=\sigma_x^2$$

$$E[(Y-\mu_y)^2]=E[Y^2]-\mu_y^2=\sigma_y^2$$

$$\begin{aligned}&E[(X-\mu_x)(Y-\mu_y)]\\&=\int_{-\infty}^{\infty}\int_{-\infty}^{\infty}(x-\mu_x)(y-\mu_y)f_{xy}(x,y)\mathrm{d}x\mathrm{d}y\\&=\int_{-\infty}^{\infty}\int_{-\infty}^{\infty}(xy-x\mu_y-y\mu_x+\mu_x\mu_y)f_{xy}(x,y)\mathrm{d}x\mathrm{d}y=E[XY]-\mu_x\mu_y\\&=K_{xy}\end{aligned} \tag{8.1.13}$$

K_{xy} 为随机变量 X 和随机变量 Y 之间的协方差，它反映两个随机变量之间的关联情况。

对于多维随机变量，协方差是其一个很重要的数字特征。在一般情况下，它是不等于零的。如果两个随机变量的协方差为零，即：

$$K_{xy}=0 \tag{8.1.14}$$

就称随机变量 X 和随机变量 Y 之间是不相关的。

根据协方差的定义，两个互相独立的随机变量是不相关的。这是由于两个互相独立的随机变量 $E[XY]=\mu_x\mu_y$，使得 $K_{xy}=0$。这里要指出的是，不相关并不能保证两个随机

变量互相独立。因此，不相关与互相独立是两个既有联系又相区别的概念。

常用无量纲的相关系数表示两个随机变量之间的相关程度。相关系数的定义为：

$$\rho_{xy} = \frac{K_{xy}}{\sigma_x \sigma_y} \tag{8.1.15}$$

相关系数 ρ_{xy} 反映了 X 和 Y 随机变量是线性相关的程度。如果完全线性相关，则 $\rho_{xy}=\pm 1$；完全不相关，则 $\rho_{xy}=0$；部分相关，则 $-1<\rho_{xy}<1$。

3. 随机变量的特征函数

虽然各阶矩能描述随机变量概率密度函数的特征，但从理论上说，只知道少数几个矩时还不能唯一地确定出概率密度函数。为此，要想法找到一个函数，它和概率密度函数之间存在一一对应关系，并且经过一定的运算又可方便地得到同样的矩。这类函数中的一种是特征函数。

（1）特征函数的定义

对连续随机变量 X，称复随机变量 $e^{\theta ix}$ 的数学期望 $E[e^{\theta ix}]$ 为 X 的特征函数 $M_x(\theta)$，即

$$M_x(\theta) = E[e^{\theta ix}] = \int_{-\infty}^{\infty} e^{i\theta x} f_x(x) dx \tag{8.1.16}$$

式中：θ 是实数；i 为虚数单位。

显然，上式可以看成是 $f(x)$ 和 $M_x(\theta)$ 之间的一个傅里叶变换。根据 $f(x)$ 的性质：非负函数在 $-\infty<x<\infty$ 上的积分等于 1。这符合经典傅里叶变换存在的绝对可积条件。因此，上述变换式对每个随机变量总存在。那么，按傅里叶变换理论可得到另一个变换式即逆变换

$$f_x(x) = \frac{1}{2\pi}\int_{-\infty}^{\infty} M_x(\theta) e^{-i\theta x} d\theta \tag{8.1.17}$$

对离散随机变量 X，用 δ 函数表示它的概率密度函数时，

$$f_x(x) = \sum_j p_j \delta(x - x_j)$$

根据 δ 函数的性质，可得到它的特征函数是一个傅里叶级数，即

$$\begin{aligned} M_x(\theta) &= \int_{-\infty}^{\infty} e^{i\theta x}\left[\sum_j p_j \delta(x - x_j)\right] dx \\ &= \sum_j p_j e^{i\theta x j} \end{aligned} \tag{8.1.18}$$

显然，这种特征函数的逆变换也是存在的。

由此可见，特征函数能唯一地确定概率密度函数。在实际问题中，有时正是利用特征函数的这种性质，先求出它，再经傅里叶变换得到概率密度函数。这种做法常常比直接确定概率密度函数要方便。

（2）特征函数与矩

特征函数的另一个重要性质是它同概率密度函数各阶矩的简单关系。为了建立这种关系，把 $M_x(\theta)$ 在 $\theta=0$ 处展成泰勒级数，又称麦克劳林（Maclaurin）级数。

$$M_x(\theta) = M_x(0) + \theta \frac{dM_x(0)}{d\theta} + \frac{\theta^2}{2!}\frac{d^2 M_x(0)}{d\theta^2} + \cdots \tag{8.1.19}$$

其中 $$\frac{d^n M_x(0)}{d\theta^n}=\frac{d^n M_x(0)}{d\theta^n}\bigg|_{\theta=0}$$

根据式（8.1.16）得到：

$$M_x(0)=\int_{-\infty}^{\infty} f_x(x)dx=1$$

$$\frac{dM_x(0)}{d\theta}=i\int_{-\infty}^{\infty} xf_x(x)dx=iE[X] \tag{8.1.20a}$$

$$\frac{d^2M_x(0)}{d\theta^2}=i^2\int_{-\infty}^{\infty} x^2f_x(x)dx=i^2E[X^2] \tag{8.1.20b}$$

$$\vdots$$

$$\frac{d^nM_x(0)}{d\theta^n}=i^n\int_{-\infty}^{\infty} x^nf_x(x)dx=i^nE[X^n] \tag{8.1.20c}$$

如果这些都存在，代入式（8.1.19），得：

$$M_x(\theta)=1+\sum_{n=1}^{\infty}\frac{(i\theta)^n}{n!}-E[X^n] \tag{8.1.21}$$

因为 $f(x)$ 由 $M_x(\theta)$ 唯一确定，所以从上式可知，要通过概率密度函数的各阶矩来描述一个随机变量，一般说来需要从一阶到无穷阶矩才能完整。但实际上高阶矩难于统计得到，因而只用少数几个低阶矩来描述随机变量总是近似的，除非随机变量是高斯的。

（3）多维随机变量的特征函数

上述特征函数的概念可以推广到多维随机变量的情况。现以二维随机变量 X、Y 的特征函数为例，其定义为：

$$\begin{aligned}M_{xy}(\theta,\beta)&=E[e^{i(\theta x+\beta y)}]\\&=\int_{-\infty}^{\infty}\int_{-\infty}^{\infty} f_{xy}(x,y)e^{i(\theta x+\beta y)}dxdy\end{aligned} \tag{8.1.22}$$

把上式看成二维情况下的傅里叶变换，那么存在逆变换

$$f_{xy}(x,y)=\frac{1}{(2\pi)^2}\int_{-\infty}^{\infty}\int_{-\infty}^{\infty} M_{xy}(\theta,\beta)e^{-i(\theta x+\beta y)}d\theta d\beta \tag{8.1.23}$$

因此，二维特征函数也能唯一地确定二维概率密度函数。

如果二维随机变量的 n 阶联合矩存在，那么其特征函数 n 阶混合偏导数也存在，即

$$\frac{\partial^n M_{xy}(\theta,\beta)}{\partial\theta^{(n-k)}\partial\beta^k}=i^nE[X^{(n-k)}Y^ke^{i(\theta x+\beta y)}]$$

式中：$k=0$，1，…，n。由此得到联合矩与混合偏导数的关系式：

$$\begin{aligned}M_{xy}(\theta,\beta)&=\int_{-\infty}^{\infty}\int_{-\infty}^{\infty} f_{xy}(x,y)e^{i(\theta x+\beta y)}dxdy\\&=\int_{-\infty}^{\infty} f_x(x)e^{i\theta x}dx\int_{-\infty}^{\infty} f_y(y)e^{i\beta y}dy\\&=M_x(\theta)M_y(\beta)\end{aligned} \tag{8.1.24}$$

若令式（8.1.22）中的 $\theta=\beta$，就可得到两个随机变量和的特征函数，即 $Z=X+Y$

$$M_z(\theta)=M_{xy}(\theta,\theta)=E[e^{i\theta(x+y)}] \tag{8.1.25}$$

当式中 X 和 Y 互相独立，则：

$$M_z(\theta) = M_x(\theta)M_y(\theta) \tag{8.1.26}$$

8.1.2 随机过程的定义及其描述[2]

在前面关于随机变量的讨论中，是没有考虑它与某些参数如时间、地点等有依赖关系。可是在许多实际问题中，不仅需要独立地研究随机变量，而且更重要地要研究它随某种参数变化的演变过程，揭示在演变过程中的概率规律。例如随机地震激励下的结构振动反应等。对于这类问题的研究，发展形成了随机过程论。物理上比较习惯地把演变过程看作是随时间变化的过程，为此下面总把参数看成是时间（t），实际上参数的含义还可以表示地点的坐标或其他物理量。而且阐述的数目可以同时有好几个，不仅是时间，而且还有三个空间坐标都是其参数，有所谓随机场。为了简单，今后只讨论单参数的情况。

1. 随机过程的定义

对随机变量 X 作多次连续地观测记录，得到一个 X（t），即使观测的条件完全相同，而这个时间函数在重复测量中却都不一样，就称它为时间的随机函数。凡是观测结果由随机函数来表示的物理过程称为随机过程。把随机函数看作是物理的随机过程的数学表示之后，可以认为这两个名词有着同一含义，在叙述中能够混用。至于就某一固定时刻如 $t=t_1$ 的随机函数的值来说，因为重复测量的记录都不同，所以 X（t_1）就是通常意义下的随机变量，工程上常称为随机过程的状态。把一次观测得到的时间函数记录称为随机过程的样本函数或实现。就这个样本函数而言，它是时间 t 的确定函数。随机函数的随机性是通过各个样本之间的区别，以及这种区别的不可预测来体现的。因此，要有许许多多以至无穷的样本组成的总体才能完整地表示随机函数。也就是说，只有通过分析样本总体才能掌握随机过程的统计规律。图 8.1.2 表示随机函数的不同样本。

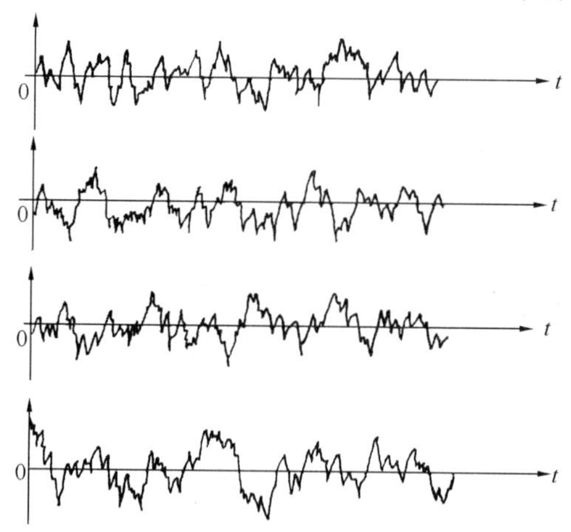

图 8.1.2 随机过程的不同样本

按上面的分析，随机函数即随机过程 X（t）可以看成是状态变量 x 和时间变量 t 的二元函数。在给定的范围上，对具体的 x 和 t 就是具体确定概率的随机变量。

根据在每个时刻的随机变量是离散的或连续的，以及它是参数 t 的离散或连续函数，随机过程可以分成下述 4 种：

（1）离散变量的离散函数随机过程；

（2）离散变量的连续函数随机过程；

（3）连续变量的离散函数随机过程；

（4）连续变量的连续函数随机过程。

根据随机振动的需要，主要讨论第 4 种，而其原理对其他类型也完全适用。

上述分类方法是按取值的形式分类。更深入的分类是按过程的概率结构的特点，这主要根据两个方面：过程在统计规律上的均匀一致性以及记忆性如何。

按均匀一致性，过程可以分为：

（1）平稳随机过程；

（2）非平稳随机过程。

按记忆性，过程可以分为：

（1）纯粹随机过程；

（2）马尔可夫过程等。

按照定义，随机过程也可以看作是由一系列固定时刻上的随机变量，即 $X(t_1)$、$X(t_2)$、…等所构成的多维随机变量。于是，有关多维随机变量的许多概念和处理方法，在这里都能推广应用。

2. 随机过程的概率结构

一般随机过程 $X(t)$ 的概率结构是由下列的一些量所构成的：

$$\left.\begin{array}{l} f_{\{x\}}(x_1, t_1) \\ f_{\{x\}}(x_1, t_1; x_2, t_2) \\ f_{\{x\}}(x_1, t_1; x_2, t_2; \cdots; x_n, t_n) \end{array}\right\} \tag{8.1.27}$$

式中：t_1、t_2、$\cdots t_n \in T$。这些量分别称为随机过程的一阶、二阶、…、n 阶概率密度函数。一般，当 t_1、t_2、…、t_n 变化时这些函数是不同的。因此，它们不仅是状态变量 x_1、x_2、…、x_n 的函数，而且还是 t_1、t_2、…、t_n 的函数。

显然，一阶概率密度函数只描述了随机过程在各个孤立时刻状态的统计特性，它不能反映随机过程在不同时刻状态之间的联系，因此需要二阶以至更高阶的概率密度函数。

由于多维概率密度函数经过积分可以得到其维数较低的概率密度函数，即

$$\begin{aligned} &\int_{-\infty}^{\infty} \cdots \int_{-\infty}^{\infty} f_{\{x\}}(x_1, t_1, \cdots; x_{n-k}, t_{n-k}; \cdots; x_n, t_n) \mathrm{d}x_{n-k+1} \cdots \mathrm{d}x_n \\ &= f_{\{x\}}(x_1, t_1; x_2, t_2; \cdots; x_{n-k} t_{n-k}) \end{aligned} \tag{8.1.28}$$

因而，掌握的联合概率密度函数的维数越高，随机过程就被描述得越完全。

对于由两个随机函数 $X(t)$ 和 $Y(u)$ 所构成的联合随机过程，为描述它所需要的联合概率密度函数序列为：

$$\left.\begin{array}{l} f_{\{x\}\{y\}}(x_1, t_1; y_1, u_1) \\ f_{\{x\}\{y\}}(x_1, t_1; x_2, t_2; y_1, u_1) \\ f_{\{x\}\{y\}}(x_1, t_1; y_1, u_1; y_2, u_2) \\ f_{\{x\}\{y\}}(x_1, t_1; x_2, t_2; y_1, u_1; y_2, u_2) \end{array}\right\} \tag{8.1.29}$$

3. 随机过程的特征函数

随机过程也可以用概率密度函数的傅里叶变换—特征函数序列来描述，即

$$\left.\begin{aligned} M_{\{x\}}(\theta_1, t_1) &= E[\mathrm{e}^{i\theta_1 x(t_1)}] \\ &= \int_{-\infty}^{\infty} \mathrm{e}^{i\theta_1 x_1} f_{\{x\}}(x_1, t_1) \mathrm{d}x_1 \\ M_{\{x\}}(\theta_1, t_1; \theta_2, t_2) &= E\{\mathrm{e}^{i[\theta_1 x(t_1) + \theta_2 x_2(t_2)]}\} \\ &= \int_{-\infty}^{\infty}\int_{-\infty}^{\infty} \mathrm{e}^{i(\theta_1 x_1 + \theta_2 x_2)} f_{\{x\}}(x_1, t_1; x_2, t_2) \mathrm{d}x_1 \mathrm{d}x_2 \\ M_{\{x\}}(\theta_1, t_1; \cdots \theta_n, t_n) &= E\{\mathrm{e}^{i[\theta_1 x + \cdots + \theta_n \cdot t_n]}\} \\ &= \int_{-\infty}^{\infty} \cdots \int_{-\infty}^{\infty} \mathrm{e}^{i(\theta_1 x_1 + \cdots + \theta_n x_n)} f_{\{x\}}(x_1, t_1; \cdots; x_n, t_n) \mathrm{d}x_1 \cdots \mathrm{d}x_n \end{aligned}\right\} \tag{8.1.30}$$

由此可见，要完整地描述一个随机过程，需要所有各阶矩函数，而在实际应用中多半只是一阶、二阶矩函数。

$$E[X(t)] = \mu_x(t) \tag{8.1.31}$$

称为随机过程 $X(t)$ 的均值函数。

$$E[X(t_1)X(t_2)] = \Phi_{xx}(t_1, t_2) \tag{8.1.32}$$

称为随机过程 $X(t)$ 的自相关函数。这里之所以称为自相关函数，是因为 $X(t_1)$ 和 $X(t_2)$ 属于同一个随机函数的。

当 $t_1 = t_2 = t$ 时，自相关函数就成为随机过程 $X(t)$ 的均方函数，即

$$E[X^2(t)] = \Phi_{xx}(t, t) \tag{8.1.33}$$

在由两个随机函数构成的联合随机过程中，就会有分别属于两个随机函数的随机变量之间的相关函数，其定义为：

$$\begin{aligned} E[X(t_1)Y(t_2)] &= \int_{-\infty}^{\infty}\int_{-\infty}^{\infty} xy f_{\{x\}\{y\}}(x, t_1; y, t_2)\mathrm{d}x\mathrm{d}y \\ &= \Phi_{xy}(t_1, t_2) \end{aligned} \tag{8.1.34}$$

称为随机过程 $X(t)$ 和随机过程 $Y(t)$ 之间的互相关函数。

除了原点矩函数之外，还有各阶中心矩函数，其中最主要的是二阶中心矩函数，其定义为：

$$\begin{aligned} & E\{[X(t_1) - \mu_x(t_1)][X(t_2) - \mu_x(t_2)]\} \\ &= \int_{-\infty}^{\infty}\int_{-\infty}^{\infty} [x_1 - \mu_x(t_1)][x_2 - \mu_x(t_2)] f_{\{x\}}(x, t_1; x_2, t_2)\mathrm{d}x_1\mathrm{d}x_2 \\ &= \Phi_{xy}(t_1, t_2) - \mu_x(t_1)\mu_x(t_2) \\ &= K_{xx}(t_1, t_2) \end{aligned} \tag{8.1.35}$$

称为随机过程 $X(t)$ 的自协方差函数或协方差函数。

当 $t_1 = t_2 = t$ 时，自协方差函数就成为相应的方差函数，并以 $\sigma_x^2(t)$ 标记。

$$\begin{aligned} K_{xx}(t, t) &= E\{[X(t) - \mu_x(t)]^2\} \\ &= \sigma_x^2(t) \end{aligned} \tag{8.1.36}$$

同样，在不同的随机过程之间有二阶联合中心矩函数，其定义为：

$$\begin{aligned} & E\{[X(t_1) - \mu_x(t_1)][Y(t_2) - \mu_y(t_2)]\} \\ &= \int_{-\infty}^{\infty}\int_{-\infty}^{\infty} [x_1 - \mu_x(t_1)][y_2 - \mu_y(t_2)] f_{\{x\}\{y\}}(x_1, t_1; y_2, t_2)\mathrm{d}x_1\mathrm{d}y_2 \\ &= \Phi_{xy}(t_1, t_2) - \mu_x(t_1)\mu_y(t_2) = K_{xy}(t_1, t_2) \end{aligned} \tag{8.1.37}$$

称为随机过程 $X(t)$ 和 $Y(t)$ 之间的互协方差函数。

标准化的协方差函数称为相关系数函数，其符号和定义如下：

$$\begin{aligned} \rho_{xx}(t_1, t_2) &= \frac{K_{xx}(t_1, t_2)}{\sigma_x(t_1)\sigma_x(t_2)} \\ \rho_{xy}(t_1, t_2) &= \frac{K_{xy}(t_1, t_2)}{\sigma_x(t_1)\sigma_y(t_2)} \end{aligned} \tag{8.1.38}$$

在这里要再强调一下随机过程的一阶、二阶统计特性的重要性，正如在随机变量中的数学期望和方差那样。首先，对有些随机过程如工程上常使用的高斯随机过程，完全由它的一阶、二阶统计特性描述；其次，从随机现象的实际观测记录，要得到比较准确的二阶

以上的统计特征性比较困难。所以，实际上往往要依靠一阶、二阶统计特性来描述随机过程的概率规律。一般随机过程的均值函数常为零或某一常数，于是相关函数或协方差函数就成为随机过程的最重要的描述。因此，在研究结构对随机激励的反应时特别强调二阶统计特性。

8.2 单自由度线性体系的随机激励反应

线性体系的随机振动理论已经发展得比较成熟，尤其是平稳随机激励下的反应分析。在本节我们讨论单自由度线性体系的随机激励反应。

8.2.1 单自由度线性体系随机激励反应的一般表达式

单自由度线性体系受到的激励不再是确定的力函数 $f(t)$，而是随机过程 $F(t)$，则体系的运动也就不再是确定函数 $X(t)$，而是随机过程 $X(t)$。但是，该体系的运动微分方法在形式上仍与确定性的方程式一样，即

$$\ddot{X}(t)+2\zeta\omega_0\dot{X}(t)+\omega_0^2X(t)=\frac{F(t)}{m} \tag{8.2.1}$$

然而，在性质上式（8.2.1）已经是一个随机微分方程。

通常自由振动的运动由于阻尼的作用而逐渐消失，所以我们只关心激励引起的强迫反应。当采用脉冲反应函数法计算时，其激励引起的强迫反应为：

$$\begin{aligned}X(t)&=\int_{-\infty}^{\infty}F(\tau)h(t-\tau)\mathrm{d}x\\&=\int_{-\infty}^{\infty}F(t-\tau)h(t)\mathrm{d}x\end{aligned} \tag{8.2.2}$$

要完整地描述一个随机过程，需要它的一整套概率结构，实际上这是得不到的，一般只是通过某些统计的数字特征量如矩函数，把过程的主要随机特征反映出来。将式（8.2.2）代入随机积分的数字特征公式中，就可得到 X（t）的 n 阶矩函数：

$$\begin{aligned}&E[X(t_1)X(t_2)\cdots X(t_{\mathrm{n}})]\\&=\int_{-\infty}^{\infty}\cdots\int_{-\infty}^{\infty}E[F(\tau_1)F(\tau_2)\cdots F(\tau_{\mathrm{n}})]h(t_1-\tau_1)h(t_2-\tau_2)\\&\quad\cdots h(t_{\mathrm{n}}-\tau_{\mathrm{n}})\mathrm{d}\tau_1\mathrm{d}\tau_2\cdots\mathrm{d}\tau_{\mathrm{n}}\end{aligned} \tag{8.2.3}$$

如果式（8.2.3）中的积分存在，则反应过程的矩函数是存在的。

式（8.2.3）是单自由度系统在随机激励下反应的统计特性的一般表达式。它把激励过程的统计特性与反应过程的统计特性联系起来了。显然，要求得系统的随机反应的统计特性，必须已知系统本身的振动特性——脉冲反应函数或频率反应函数，以及激励的统计特性。

根据概率论中论证过的中心极限定理，在多种随机因素共同作用下的过程，其概率规律是渐近于高斯的，所以工程上在处理实际问题时，常常把许多激励过程假设为高斯过程，以简化处理的复杂性，而同时使得分析结果仍然具有一定的精度。因为高斯过程经过线性变换之后仍然是高斯的，所以线性系统受到高斯过程的激励作用时，其反应也必然是高斯的。即使对于非高斯过程，它的头两阶矩函数也提供了关于过程的最重要的统计信息，它们在判断系统受到随机激励时的可靠性估计中还是很有用的。为此，一般所说的随机响应分析主要指响应过程的一阶及二阶统计特性的分析计算。式（8.2.3）的一阶和二阶矩函数为：

$$E[X(t)]=\int_{-\infty}^{\infty}E[F(\tau)]h(t-\tau)\mathrm{d}\tau$$

$$=\int_{-\infty}^{\infty}E[F(t-\tau)]h(\tau)\mathrm{d}\tau \tag{8.2.4}$$

$$E[X(t_1)X(t_2)]=\int_{-\infty}^{\infty}\int_{-\infty}^{\infty}E[F(\tau_1)F(\tau_2)]h(t_1-\tau_1)h(t_2-\tau_2)\mathrm{d}\tau_1\mathrm{d}\tau_2$$

$$=\int_{-\infty}^{\infty}\int_{-\infty}^{\infty}E[F(t-\tau_1)F(t_2-\tau_2)]h(\tau_1)h(\tau_2)\mathrm{d}\tau_1\mathrm{d}\tau_2 \tag{8.2.5}$$

8.2.2 单自由体系线平稳随机激励的反应

随机激励的平稳性是处理许多实际工程问题时的一个假定，这是因为在许多随机现象的观察中发现，当一些能够加以控制的影响因素保持基本稳定时，记录到的随机过程常常具有平稳性。

当激励 $F(t)$是平稳随机过程时，其过程的均值应该是常数，而自相关函数应该是时间差的函数，即

$$E[F(\tau)]=E[F(t-\tau)]=\mu_F \tag{8.2.6}$$

$$E[F(\tau_1)F(\tau_2)]=R_{FF}(\tau_1-\tau_2)=R_{FF}(\tau_2-\tau_1)$$

$$E[F(t_1-\tau_1)F(t_2-\tau_2)]=R_{FF}(t_1-t_2-\tau_1+\tau_2)$$

$$=R_{FF}(t_2-t_1+\tau_1-\tau_2) \tag{8.2.7}$$

对于这样的激励，下面来讨论不考虑激励起点影响、考虑激励起点影响以及白噪激励 3 种情况下随机反应的计算。

1. 不计激励起点影响的情况

由于系统中阻尼的作用，一般激励起点的影响在经过一定时间之后就会消失，因此可以不计激励起点的影响。而这间隔的长短取决于阻尼等系统的性质和初始条件，为了包括各种可能，常把这种情况用激励从 $t=-\infty$时起就已作用到系统上来表示的。于是，将式 (8.2.6) 代入式 (8.2.4) 得：

$$E[X(t)]=\int_{-\infty}^{\infty}\mu_F h(t-\tau)\mathrm{d}\tau=\int_{-\infty}^{\infty}\mu_F h(\tau)\mathrm{d}\tau$$

$$=\mu_F\int_{-\infty}^{\infty}h(\tau)\mathrm{d}\tau$$

$$H(\omega=0)=\int_{-\infty}^{\infty}h(\tau)\mathrm{d}\tau$$

$$E[X(t)]=H(0)\mu_F \tag{8.2.8}$$

这表明反应的均值也是一个常数，并且它同激励力均值的比等于 H (0)。若激励力的均值 μ_F 为零，则反应的均值也为零。一般为了方便，假定激励力的均值为零，倘若实际的均值并不为零，可运用线性体系的迭加原则来处理。这样，使得分析工作主要集中在反应的二阶矩特征上。

将式 (8.2.7) 代入式 (8.2.5) 得：

$$E[X(t_1)X(t_2)]=\int_{-\infty}^{\infty}\int_{-\infty}^{\infty}R_{FF}(t_1-t_2-\tau_1+\tau_2)h(\tau_1)h(\tau_2)\mathrm{d}\tau_1\mathrm{d}\tau_2 \tag{8.2.9}$$

上式右边的积分结果是 t_1-t_2 的函数，所以反应过程的自相关函数与时间的具体值无关，仅仅取决于时间差。因而得到反应自相关函数与激励自相关系式为

$$R_{XX}(t_1-t_2)=\int_{-\infty}^{\infty}\int_{-\infty}^{\infty}R_{FF}(t_1-t_2-\tau_1+\tau_2)h(\tau_1)h(\tau_2)\mathrm{d}\tau_1\mathrm{d}\tau_2 \tag{8.2.10}$$

根据式（8.2.9）和式（8.2.10），反应过程的均值是常数，自相关函数仅仅是时间差的函数。由此可见，线性体系受到一个平稳随机过程的激励，并且不计激励起点影响时，其反应过程也是平稳随机过程。

由于平稳随机过程的自相关函数同功率谱密度函数之间构成一对傅里叶变换，则激励力反应过程分别为：

$$S_{FF}(\omega)=\frac{1}{2\pi}\int_{-\infty}^{\infty}R_{FF}(\tau)e^{-i\omega\tau}d\tau \tag{8.2.11}$$

$$S_{XX}(\omega)=\frac{1}{2\pi}\int_{-\infty}^{\infty}R_{XX}(\tau)e^{-i\omega\tau}d\tau \tag{8.2.12}$$

令 $\tau=t_1-t_2$，将式（8.2.10）代入式（8.2.12），并改变积分次序可得：

$$\begin{aligned}S_{XX}(\omega)&=\frac{1}{2\pi}\int_{-\infty}^{\infty}e^{-i\omega\tau}\left[\int_{-\infty}^{\infty}\int_{-\infty}^{\infty}R_{FF}(\tau-\tau_1+\tau_2)h(\tau_1)h(\tau_2)d\tau_1d\tau_2\right]d\tau\\&=\int_{-\infty}^{\infty}e^{-i\omega\tau_1}h(\tau_1)d\tau_1\int_{-\infty}^{\infty}e^{i\omega\tau_2}h(\tau_2)d\tau_2\ \frac{1}{2\pi}\int_{-\infty}^{\infty}R_{FF}(\tau-\tau_1+\tau_2)e^{-i\omega(\tau-\tau_1+\tau_2)}d\tau\\&=H(\omega)H^*(\omega)S_{FF}(\omega)\end{aligned} \tag{8.2.13}$$

式中：$H^*(\omega)$为 $H(\omega)$的共轭复数。由于

$$\left|H(\omega)\right|^2=H(\omega)H^*(\omega)$$

所以

$$S_{XX}(\omega)=\left|H(\omega)\right|^2S_{FF}(\omega) \tag{8.2.14}$$

上式表明线性系统在平稳随机激励下，反应的功率谱密度函数与激励的功率密度函数之间存在着简单的关系。通常称 $|H(\omega)|^2$ 为传递函数，以描述各种频率的能量通过系统传递的能力。如图 8.2.1 所示为平稳的激励谱密度与其反应的谱密度函数的关系。

根据反应的功率谱密度函数 $S_{XX}(\omega)$能计算出均方反应：

$$\begin{aligned}E[X^2(t)]=R_{xx}(0)&=\int_{-\infty}^{\infty}S_{XX}(\omega)d\omega\\&=\int_{-\infty}^{\infty}\left|H(\omega)\right|^2S_{FF}(\omega)d\omega\end{aligned} \tag{8.2.15}$$

把单自由度体系的 $H(\omega)$ 代入，则：

$$E[X^2(t)]=\int_{-\infty}^{\infty}\frac{S_{FF}(\omega)}{m^2[(\omega_0-\omega^2)^2+4\zeta^2\omega_0^2\omega^2]}d\omega \tag{8.2.16}$$

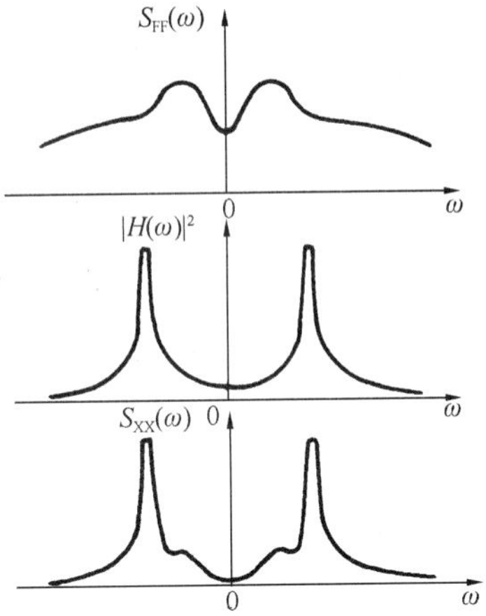

假如激励过程不仅平稳而且是高斯的，那么线性系统的反应过程亦是高斯的。因此，在已知反应过程的均值和均方值，就完全确定了它的概率密度函数。

图 8.2.1　平稳的激励谱密度与反应谱密度函数关系

另外，对反应同激励之间的互相关函数和互谱密度函数，也可建立相应的关系式。根据定义，激励和反应之间的互相关函数为：

$$E[F(t_1)X(t_2)]=E[F(t_1)\int_{-\infty}^{\infty}F(t_2-\tau_1)h(\tau_1)d\tau_1]$$

$$=\int_{-\infty}^{\infty} E[F(t_1)F(t_2-\tau_1)]h(\tau_1)\mathrm{d}\tau_1$$

$$=\int_{-\infty}^{\infty} R_{FF}(t_2-t_1-\tau_1)h(\tau_1)\mathrm{d}\tau_1 \tag{8.2.17}$$

令 $\tau=t_2-t_1$，对平稳随机激励情况，则：

$$R_{FX}(\tau)=\int_{-\infty}^{\infty} R_{FF}(\tau-\tau_1)h(\tau_1)\mathrm{d}\tau_1 \tag{8.2.18}$$

对上式两边作傅里叶变换，并根据

$$S_{FX}(\omega)=\frac{1}{2\pi}\int_{-\infty}^{\infty} R_{FX}(\tau)\mathrm{e}^{-i\omega\tau}\mathrm{d}\tau \tag{8.2.19}$$

于是

$$S_{FX}(\omega)=\frac{1}{2\pi}\int_{-\infty}^{\infty}\mathrm{e}^{-i\omega\tau}\left[\int_{-\infty}^{\infty} R_{FF}(\tau-\tau_1)h(\tau_1)\mathrm{d}\tau_1\right]\mathrm{d}\tau$$

$$=\int_{-\infty}^{\infty}\mathrm{e}^{-i\omega\tau_1}h(\tau_1)\left[\frac{1}{2\pi}\int_{-\infty}^{\infty} R_{FF}(\tau-\tau_1)\mathrm{e}^{-i\omega(\tau-\tau_1)}\mathrm{d}\tau\right]\mathrm{d}\tau_1 \tag{8.2.20}$$

因而得到

$$S_{FX}(\omega)=H(\omega)S_{FF}(\omega) \tag{8.2.21}$$

由于 $S_{FF}(\omega)$总是一个实值函数，而 $H(\omega)$是个复函数，所以一般 $S_{FX}(\omega)$也总是个复函数。

根据互相关函数的性质

$$R_{XF}(\tau)=R_{FX}(-\tau)$$

于是还可以得出下述关系式：

$$S_{XF}(\omega)=S_{FX}^{*}(\omega)=H^{*}(\omega)S_{FF}(\omega) \tag{8.2.22}$$

2. 考虑激励起点影响的情况

假定激励过程本身是平稳的，它始终存在着，只是 $t=0$ 时刻起作用在系统上，现在来分析从作用后系统的反应。在这种情况下式（8.2.9）积分下限由$-\infty$变为 0，即

$$E[X(t_1)X(t_2)]=\int_0^{t_1}\int_0^{t_2} R_{FF}(t_1-t_2-\tau_1+\tau_2)h(\tau_1)h(\tau_2)\mathrm{d}\tau_1\mathrm{d}\tau_2 \tag{8.2.23}$$

用 $S_{FF}(\omega)$的傅里叶变换代替 $R_{FF}(t_1-t_2-\tau_1+\tau_2)$得到：

$$E[X(t_1)X(t_2)]$$

$$=\int_0^{t_1}\int_0^{t_2}\int_{-\infty}^{\infty} S_{FF}(\omega)\mathrm{e}^{i\omega(t_1-t_2-\tau_1+\tau_2)}h(\tau_1)h(\tau_2)\mathrm{d}\tau_1\mathrm{d}\tau_2\mathrm{d}\omega$$

$$=\int_{-\infty}^{\infty} S_{FF}(\omega)\mathrm{e}^{i\omega(t_1-t_2)}\left[\int_0^{t_1}h(\tau_1)\mathrm{e}^{-i\omega\tau_1}\mathrm{d}\tau_1\right]\left[\int_0^{t_2}h(\tau_2)\mathrm{e}^{-i\omega\tau_2}\mathrm{d}\tau_2\right]\mathrm{d}\omega \tag{8.2.24}$$

线性系统对弱平稳随机激励的反应，当考虑激励起点的影响时，开始是非平稳的。对于足够大的 t_1 和 t_2，则：

$$E[X(t_1)X(t_2)]\rightarrow R_{xx}(t_1-t_2)=\int_{-\infty}^{\infty}\left|H(\omega)\right|^2 S_{FF}(\omega)\mathrm{e}^{i\omega(t_1-t_2)}\mathrm{d}\omega$$

因而

$$S_{XX}(\omega)=\left|H(\omega)\right|^2 S_{FF}(\omega)$$

而且对于足够大的 t

$$E[X^2(t)]\to R_{xx}(0)=\int_{-\infty}^{\infty}\left|H(\omega)\right|^2 S_{FF}(\omega)\mathrm{d}\omega$$

说明系统受到弱平稳随机激励足够时间之后，运动会由非平稳逐步过渡到弱平稳的。不管系统起初是否处于静止，这个结论都是对的。因为初始条件的影响，在稳定系统中会随着时间的增加而消失。

在 $t=0$ 时

$$E[X^2(t)]=0$$

因为原先假设系统起初处于静止，所以得到这个结论是必然的。

关于非平稳阶段要持续多长时间，对于一定的初始激励的条件，显然主要取决于系统中阻尼的大小。在不同阻尼情况下的各种具体非平稳的过渡阶段可参考图 8.2.2。只有在这个时间之后，把系统的响应作为弱平稳随机过程来处理才是正确的。认识到这点很有意义，尤其对于正确进行随机振动测量、试验。在试验中刚加上弱平稳随机激励，或者中途改变激励情况，都要注意到会有一个非平稳的过渡阶段，只有经过一定时间之后，才能得到具有弱平稳性质的记录。这点与一般激励实验中需要有一个稳定阶段，以便自由振动衰减很相似。

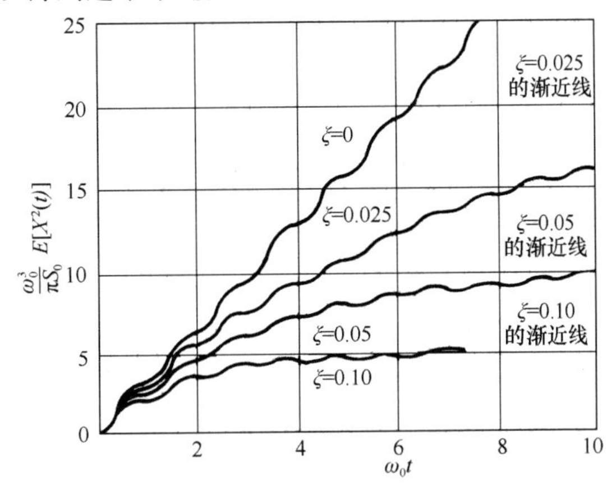

图 8.2.2 不同阻尼情况下的非平稳过渡

3. 白噪声激励下的响应

白噪声是指在 $-\infty\sim\infty$ 的整个频率范围上功率谱密度保持常数的平稳随机过程，它的自相关函数仅仅在时间差为零（即 $\tau=0$）处存在一个 δ 函数。假如线性系统受到功率谱密度为 S_0 的白噪声激励，根据式（8.2.15）可得到不计激励起点影响的均方响应为

$$E[X^2(t)]=S_0\int_{-\infty}^{\infty}\left|H(\omega)\right|^2\mathrm{d}\omega \tag{8.2.25}$$

这时计算得到了明显的简化，但是，白噪声在物理上是不存在的，仅仅是在相当宽的频率范围上具有几乎相同功率谱密度函数实际过程的一种数学抽象。

8.3 多自由度线性体系对平稳随机激励的反应

n 自由度系统在随机激励下的运动微分方程为

$$[M]\{\ddot{X}(t)\}+[C]\{\dot{X}(t)\}+[K]\{X(t)\}=\{F(t)\} \tag{8.3.1}$$

假定系统的无阻尼的各阶固有频率及其正则化了的振型向量已经求得，分别为 ω_1，ω_2，…，ω_n 和 $\{A_N^{(1)}\}$，$\{A_N^{(2)}\}$，…，$\{A_N^{(n)}\}$。并且认为系统的阻尼是正交阻尼，比如有一种正交阻尼的形式是比例阻尼，即

$$[C]=\alpha[M]+\beta[K] \tag{8.3.2}$$

式中：α 和 β 是由系统特性确定的常数。

作上述方程的变换，令

$$\{X(t)\} = [A_{\mathrm{N}}]\{Q(t)\} \tag{8.3.3}$$

其中

$$[A_{\mathrm{N}}] = [\{A_{\mathrm{N}}^{(1)}\},\{A_{\mathrm{N}}^{(2)}\},\cdots,\{A_{\mathrm{N}}^{(n)}\}]$$

这就是说，每个随机过程 $X_j(t)$ 可以表示成随机过程向量 $\{Q(t)\}$ 的线性组合，即

$$X_j(t) = \sum_{r=1}^{n} A_{\mathrm{N}}^{(r)} Q_{\mathrm{r}}(t) \tag{8.3.4}$$

于是就有：

$$\{\ddot{Q}(t)\} + [2\zeta\omega]\{\dot{Q}(t)\} + [\omega^2]\{Q(t)\} = [A_{\mathrm{N}}]^{\mathrm{T}}\{F(t)\} \tag{8.3.5}$$

这是 n 个互相独立的方程，每个方程在形式上都同单自由度系统的完全一样，其中第 j 个元素的方程为：

$$\ddot{Q}_j(t) + 2\zeta_j\omega_j\dot{Q}_j(t) + \omega_j^2 Q_j(t) = \{A_{\mathrm{N}}^{(j)}\}^{\mathrm{T}}\{F(t)\} \tag{8.3.6}$$

显然，随机响应 $Q_j(t)$ 可用单自由度系统的公式来计算，在不考虑激励起点影响的情况下

$$\begin{aligned} Q_j(t) &= \int_{-\infty}^{\infty} h_j(t-\tau)\{A_{\mathrm{N}}^{(j)}\}^{\mathrm{T}}\{F(\tau)\}\mathrm{d}\tau \\ &= \int_{-\infty}^{\infty} h_j(\tau)\{A_{\mathrm{N}}^{(j)}\}^{\mathrm{T}}\{F(t-\tau)\}\mathrm{d}\tau \end{aligned} \tag{8.3.7}$$

其中

$$h_j(t) = \frac{1}{\omega_j\sqrt{1-\zeta_j^2}} \mathrm{e}^{-\zeta_j\omega_j t} \sin\sqrt{1-\zeta_j^2}\,\omega_j t \tag{8.3.8}$$

这样就得到以矩阵表示的随机过程 $\{Q_j(t)\}$ 为：

$$\{Q(t)\} = \int_{-\infty}^{\infty} [h(\tau)][A_{\mathrm{N}}]^{\mathrm{T}}\{F(t-\tau)\}\mathrm{d}\tau \tag{8.3.9}$$

因为式（8.3.5）表示的是一个互相不耦合的方程组，相应的脉冲响应函数也是互相独立的，所以由它们构成的脉冲响应函数矩阵应该是一个对角阵，即

$$[h(t)] = \begin{bmatrix} h_1(t) & 0 & \cdots & 0 \\ 0 & h_2(t) & \cdots & 0 \\ \vdots & \vdots & \ddots & \vdots \\ 0 & 0 & \cdots & h_{\mathrm{n}}(t) \end{bmatrix}$$

将式（8.3.9）代入式（8.3.3），就得到通过系统的各阶正则坐标表达式的随机响应过程的矩阵公式。

$$\{X(t)\} = [A_{\mathrm{N}}]\int_{-\infty}^{\infty} [h(\tau)][A_{\mathrm{N}}]^{\mathrm{T}}\{F(t-\tau)\}\mathrm{d}\tau \tag{8.3.10}$$

利用式（8.3.10），可以计算反应过程的一阶、二阶统计特性为：

$$E[\{X(t)\}]=[A_N]\int_{-\infty}^{\infty}[h(\tau)][A_N]^T E[\{F(t-\tau)\}]d\tau \tag{8.3.11}$$

$$\begin{aligned} & E[\{X(t_1)\}\{X(t_2)\}^T] \\ & =[A_N]\int_{-\infty}^{\infty}\int_{-\infty}^{\infty}[h(\tau_1)][A_N]^T \\ & E[\{F(t_1-\tau_1)\}\{F(t_2-\tau_2)\}^T][A_N][h(\tau_2)]d\tau_1 d\tau_2[A_n]^T \end{aligned} \tag{8.3.12}$$

如果激励随机过程是弱平稳的，则可得到：

$$E[\{X(t)\}]=[A_N]\int_{-\infty}^{\infty}[h(\tau)]d\tau[A_N]^T\{\mu_F\} \tag{8.3.13}$$

$$\begin{aligned} E[\{X(t_1)\}\{X(t_2)\}^T] & =[R_{xx}(t_1-t_2)] \\ & =[A_N]\int_{-\infty}^{\infty}\int_{-\infty}^{\infty}[h(\tau_1)][A_N]^T[R_{FF}(t_1-t_2-\tau_1+\tau_2)] \\ & [A_N][h(\tau_2)]d\tau_1 d\tau_2[A_n]^T \end{aligned} \tag{8.3.14}$$

对式（8.3.14）两边作傅里叶积分变换，就得到反应的功率谱密度函数矩阵和激励的功率谱密度函数矩阵之间的关系式为

$$[S_{XX}(\omega)]=[A_N][H(\omega)][A_N]^T[S_{FF}(\omega)][A_N][H^*(\omega)][A_N]^T \tag{8.3.15}$$

其中，$[H(\omega)]$ 是系统经变换后的频率响应函数矩阵，它与 $[H(\tau)]$ 构成傅里叶变换对，即

$$[H(\omega)]=\begin{bmatrix} H_1(\omega) & 0 & \cdots & 0 \\ 0 & H_2(\omega) & \cdots & 0 \\ \vdots & \vdots & \ddots & \vdots \\ 0 & 0 & \cdots & H_n(\omega) \end{bmatrix}$$

$$=\int_{-\infty}^{\infty}[h(\tau)]e^{-i\omega\tau}d\tau$$

利用反应功率谱密度函数矩阵 $[S_{xx}(\omega)]$ 中的对角元素，即各个位移反应的自谱密度函数，就可求得的各个自由度的均方反应函数。令

$$\begin{aligned} [A_{Nj}] & =[A_{Nj}^{(1)},A_{Nj}^{(2)},\cdots,A_{Nj}^{(n)}] \\ E[X_j^2(t)] & =Rx_ix_j(0) \\ & =[A_{Nj}]\int_{-\infty}^{\infty}[H(\omega)][A_N]^T[S_{FF}(\omega)][A_N][H^*(\omega)]d\omega[A_N]^T \end{aligned} \tag{8.3.16}$$

8.4 随机影响的门槛交叉及峰值分布问题

前边讨论了随机反应的一阶、二阶统计特性，对单自由度系统是均值 μ_X、相关函数 $R_{XX}(\tau)$ 及均方值 $E[X^2]$；对多自由度系统是均值矢量 $\{\mu_{XX}\}$、相关函数矩阵 $[R_{XX}(\tau)]$（其中包括各个自由度上反应的均方值）。如果激励过程还是高斯的，根据高斯过程线性变换后仍然是高斯的性质，则线性系统的反应必定还是高斯的。因此，这种情况下的一阶、二阶统计特性也就完全确定了反应过程的概率结构。然而，对于一般的结构设计而言，求

得这些统计信息，还并不是作随机反应分析的最终目的。在结构反应分析中采用随机过程理论的最终目的，是要能判断为承受随机激励而设计的结构的可靠性，也就是可靠概率。

任何一个工程结构，总存在着比较薄弱的环节，其破坏一般有以下两种形式：

1. 结构的反应一次达到结构承载能力（或变形能力）的限值，结构就发生破坏，称为首次偏移破坏。

2. 结构反应比较小或中等，但出现多次，当累积损伤的总数达到某个限值时就发生破坏，称为疲劳破坏。

针对这两种破坏形式，要判断结构是否达到了破坏，除了要恰当地给出反应的最大值或者损伤积累的总量外，都涉及随机反应过程在一定时间内波动的大小与次数。因此，下面分别来讨论，随机反应过程与某一门槛值交叉的次数的概率特性，即所谓门槛值交叉问题，以及超过一定水平的峰数（或谷数）的概率特性，即所谓峰分布问题。至于反应的最大值或损伤积累限值应该取多少，应在大量试验的基础上，综合考虑了许多因素之后确定。

8.4.1 随机响应的门槛值交叉问题

为一般起见，设有一随机过程 $X(t)$，它是一个连续取值的，对于参数 t 也是连续并且均方可微的过程，其中两个样本函数如图 8.4.1 所示。现在要研究在某个时间间隔（t_1、t_2）内过程 $X(t)$ 自下而上或自上而下越过门槛值 $x=a$ 的次数的统计特性。越过在图上表示为样本函数 $X(t)$ 与水平线 $x=a$ 的相交，越过次数就是交点的数目。显然，在同一时间间隔内，对于一定的门槛值来说，不同样本函数的越过次数是不同的，它是一个随机变量。而对于不同的门槛值和时间间隔来说，它就是一个随机过程。下面先以比较直观的方法，讨论一下在单位时间间隔里自下而上即以正斜率越过门槛值的交叉期望值（若讨论自上而下即以负斜率越过门槛值的情况）。

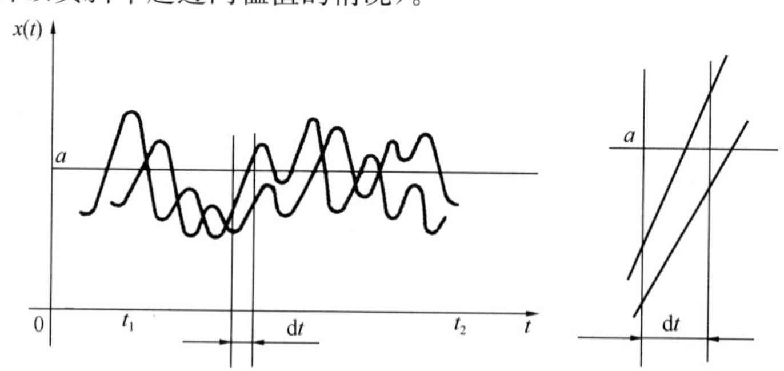

图 8.4.1 两个样本函数超越门槛值的情况

首先考虑在 t 时刻的取值，按照图 8.4.1，可以想象在所有样本函数中，显然只有一部分样本的取值小于 a。并且在这样本函数中，在 dt 间隔内能与 $x=a$ 的水平线相交的又只是其中的一部分。现在来分析一下，能够交叉的条件。由于 dt 取得很小，样本函数在这范围内都可以近似看成直线，从图上的几何关系很容易得到样本函数在 t 时刻的正斜率必须满足下述关系式：

$$\dot{x}(t) \geqslant \frac{a-x(t)}{\mathrm{d}t} \tag{8.4.1}$$

它才能保证与 $x=a$ 的水平线相交。这个条件在 $x(t)$ 和 $\dot{x}(t)$ 的取值平面（常称相平面）上确定了一个变化范围，如图 8.4.2（b）所示。如图所示已知了随机过程 $x(t)$ 和 $\dot{x}(t)$ 的联合概率密度函数 $f_{\{x\}\{\dot{x}\}}(x, \dot{x}, t)$，通过在这范围上的积分，就能求得在 $\mathrm{d}t$ 间隔内对应的概率值，这个概率也就是相应以正斜率交叉的期望值。令单位时间内的正斜率交叉的期望值为 $E[n^+(a, t)]$，其中上角标"+"表示以正斜率交叉，则这积分为：

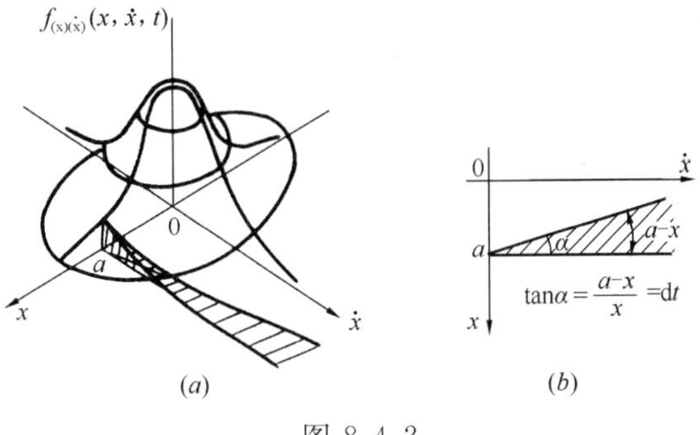

图 8.4.2

$$E[n^+(a,t)]\mathrm{d}t = \int_{-\infty}^{\infty}\mathrm{d}\dot{x}\int_{-\infty-x\dot{x}\mathrm{d}t}^{\infty} f_{\{x\}\{\dot{x}\}}(x,\dot{x},t)\mathrm{d}x \tag{8.4.2}$$

上式中的积分限是根据图 8.4.2（a）确定的。由于 $\mathrm{d}t$ 很小，其中第二重积分可足够正确地等于 $f_{\{x\}\{\dot{x}\}}(a, \dot{x}, t)\mathrm{d}x$。于是，两边除 $\mathrm{d}t$，并令 $\mathrm{d}t \to 0$，就得到：

$$E[n^+(a,t)] = \int_0^{\infty} \dot{x} f_{\{x\}\{\dot{x}\}}(a,\dot{x},t)\mathrm{d}\dot{x} \tag{8.4.3}$$

为了使讨论更深入，不仅要能确定交叉率的期望值，还要确定它的相关函数等，这里用一个计数随机过程 $N(a, t_1, t_2)$ 来表示 $X(t)$ 在间隔 (t_1, t_2) 内与门槛值 $x=a$ 的交叉数。要具体写出这个计数过程，根据其物理含义，先设计一个随机过程 $Y(t)$ 如下：

$$Y(t) = U[X(t) - a] \tag{8.4.4}$$

其中 $U[\quad]$ 是单位阶跃函数，它有如下性质

$$Y(t) = \begin{cases} 1 & X(t) > a \\ \dfrac{1}{2} & X(t) = a \\ 0 & X(t) < a \end{cases} \tag{8.4.5}$$

现在让随机过程 $Y(t)$ 在形式上对 t 取导数，并引进单位阶跃函数的导数为相应的 δ 函数，得到：

$$\begin{aligned} \dot{Y}(t) &= \frac{\mathrm{d}}{\mathrm{d}t}U[X(t) - a] \\ &= \dot{X}(t)\delta[X(t) - a] \end{aligned} \tag{8.4.6}$$

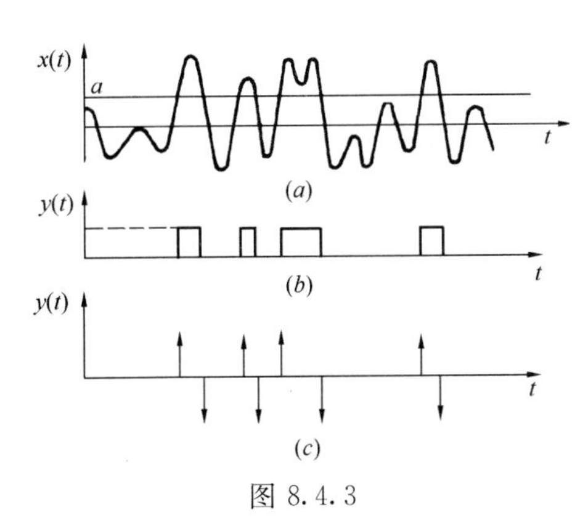

图 8.4.3

对于某个样本函数来说，$x(t)$ 和 $y(t)$，$\dot{y}(t)$ 的关系如图 8.4.3 所示。它表示当样本函数 $x(t)$ 越过门槛值时，在 $y(t)$ 上出现一个单位高度的矩形函数，而在 $\dot{y}(t)$ 图上在对应各个交叉点处出现一系列单位脉冲，正脉冲表示自下而上交叉，负脉冲表示自上而下交叉。如果不计脉冲的正负，累积在时间间隔 (t_1, t_2) 上脉冲的数目，就对应交叉点的数目 $N(a, t_1, t_2)$。这样就可以把计数过程表达为：

$$N(a,t_1,t_2)=\int_{t_1}^{t_2}|\dot{X}(t)|\delta[X(t)-a]\mathrm{d}t \tag{8.4.7}$$

这里要注意，对于一个具体样本函数来说，$\dot{x}$（t）的作用仅给出一个正负，但对整个样本函数的总体即过程来说，它还包含着具体数值的大小。另外，从物理上考虑单位时间内不可能发生无穷多次交叉，这在数学上反映为被积函数是一个有界函数，因而对积分区间不必去追究是开区间还是闭区间。

现在可以利用上式来求计数随机过程N（a，t_1，t_2）的统计特性，它的数学期望为：

$$\begin{aligned}E[N(a,t_1,t_2)]&=\int_{t_1}^{t_2}E\{|\dot{X}(t)|\delta[X(t)-a]\}\mathrm{d}t\\&=\int_{t_1}^{t_2}\int_{-\infty}^{\infty}\int_{-\infty}^{\infty}|\dot{x}(t)|\delta[x(t)-a]f_{\{X\}\{\dot{X}\}}(x,\dot{x},t)\mathrm{d}x\mathrm{d}\dot{x}\mathrm{d}t\end{aligned} \tag{8.4.8}$$

根据δ函数的性质，可以先对x作积分，而得到：

$$E[N(a,t_1,t_2)]=\int_{t_1}^{t_2}\int_{-\infty}^{\infty}|\dot{x}(t)|f_{\{X\}\{\dot{X}\}}(a,\dot{x},t)\mathrm{d}\dot{x}\mathrm{d}t \tag{8.4.9}$$

把单位时间内门槛值交叉率定义为n（a，t），则

$$N(a,t_1,t_2)=\int_{t_1}^{t_2}n(a,t)\mathrm{d}t \tag{8.4.10}$$

比较式（8.4.7）和式（8.4.10），显然得到：

$$n(a,t)=|\dot{X}(t)|\delta[X(t)-a] \tag{8.4.11}$$

那么n（a，t）的期望值如果存在，则为：

$$\begin{aligned}E[n(a,t)]&=E\{|\dot{X}(t)|\delta[X(t)-a]\}\\&=\int_{-\infty}^{\infty}|\dot{x}(t)|f_{\{x\}\{\dot{x}\}}(a,\dot{x},t)\mathrm{d}\dot{x}\end{aligned} \tag{8.4.12}$$

利用式（8.4.11）还可求得门槛交叉率n（a，t）的相关函数。

$$\begin{aligned}&E[n(a,t_1)n(a,t_2)]\\&=\int_{-\infty}^{\infty}\int_{-\infty}^{\infty}|\dot{x}_1||\dot{x}_2|f_{\{X\}\{\dot{X}\}}(a,\dot{x},t_1;a,\dot{x}_2,t_2)\mathrm{d}\dot{x}_1\mathrm{d}\dot{x}_2\end{aligned} \tag{8.4.13}$$

其中

$$|\dot{x}_1|=|\dot{x}(t_1)|$$
$$|\dot{x}_2|=|\dot{x}(t_2)|$$

$f_{\{X\}\{\dot{X}\}}$（x_1，$\dot{x}_1$，t_1；x_2，$\dot{x}_2$，t_2）是X（t）和$\dot{X}$（t）在两个不同时刻t_1和t_2的联合概率密度函数。

从上面的分析可知，要计算反应过程X（t）的门槛值交叉率，必须知道X（t）和$\dot{X}$（t）的有关联合概率密度函数。在前面几节的随机反应分析中，在已知了弱平稳随机激励过程的统计特征的前提下，能求得的只是弱平稳随机响应的一阶和二阶统计特性。但是，在一般情况下利用这两阶统计特性还不能确定出上述联合概率密度函数，这点从特征函数与各阶矩的关系中看得很清楚。而只有反应过程是高斯过程时，它的联合概率密度函数才完全由它的一阶和二阶矩函数确定。

设$X(t)$是具有零均值而方差为σ_x的平稳高斯过程。对平稳随机过程来说，同一时刻

的 $X(t)$和$\dot{X}(t)$互相正交。

$$R_{x\dot{x}}(0)=0$$

即它们互不相关。对于高斯过程互不相关等价于互相独立，这就意味着两个随机过程的联合概率密度函数是等于各自概率密度函数的乘积。又由于平稳随机过程的一阶概率密度函数是与时间无关的函数。因此得到：

$$\begin{aligned} f_{\{X\}\{\dot{X}\}}(x,\dot{x}) &= f_{(X)}(x)f_{(\dot{X})}(\dot{x}) \\ &= \frac{1}{2\pi\sigma_{x}\sigma_{\dot{x}}}\exp\left(-\frac{x^{2}}{2\sigma_{x}^{2}}-\frac{\dot{x}^{2}}{2\sigma_{\dot{x}}^{2}}\right) \end{aligned} \tag{8.4.14}$$

其中 σ_x、$\sigma_{\dot{x}}$ 都可以由随机反应分析求得。式（8.4.14）的交零率期望值为：

$$\begin{aligned} E[n^{+}(a)] &= \int_{0}^{\infty}\dot{x}\frac{1}{2\pi\sigma_{x}\sigma_{\dot{x}}}\exp\left(-\frac{a^{2}}{2\sigma_{x}^{2}}-\frac{\dot{x}^{2}}{2\sigma_{\dot{x}}^{2}}\right)\mathrm{d}\dot{x} \\ &= \frac{1}{2\pi}\frac{\sigma_{\dot{x}}}{\sigma_{x}}\exp\left(-\frac{a^{2}}{2\sigma_{x}^{2}}\right) \end{aligned} \tag{8.4.15}$$

当把门槛值取作为零，即：

$$a=0$$

就得到所谓零值交叉问题，尤其对于均值为零的平稳高斯过程，把这个条件代入式（8.4.15），得到以正斜率交叉率的期望值为：

$$E[n^{+}(0)]=\frac{1}{2\pi}\frac{\sigma_{\dot{x}}}{\sigma_{x}} \tag{8.4.16}$$

如果把 σ_x 和 $\sigma_{\dot{x}}$ 用功率谱密度函数表示，则：

$$E[n^{+}(0)]=\frac{1}{2\pi}\left[\frac{\int_{-\infty}^{\infty}\omega^{2}S_{xx}(\omega)\mathrm{d}\omega}{\int_{-\infty}^{\infty}S_{xx}(\omega)\mathrm{d}\omega}\right]^{\frac{1}{2}} \tag{8.4.17}$$

8.4.2 随机反应的峰值分布问题

所谓峰值分布问题，是讨论在随机过程的样本函数总体中关于峰值的概率分布。从物理含义上它同交叉问题有联系，但又有区别。门槛值交叉率只说明在单位时间反应值超过某个门槛值次数的期望值，至于超过门槛值后会达到多大并没有反映。而现在的峰值分布就是要指出单位时间内到达一定值的峰数的概率密度函数。

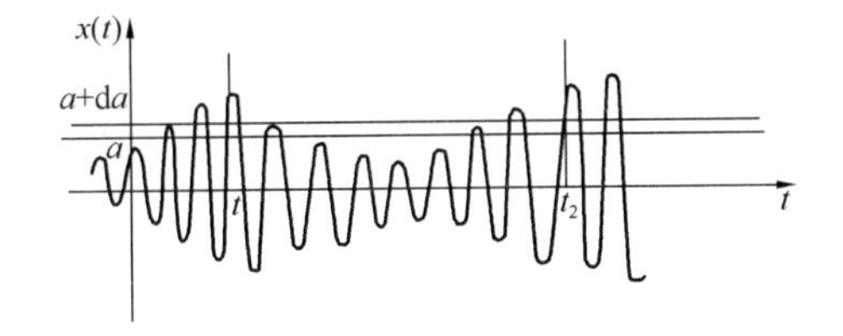

图 8.4.4

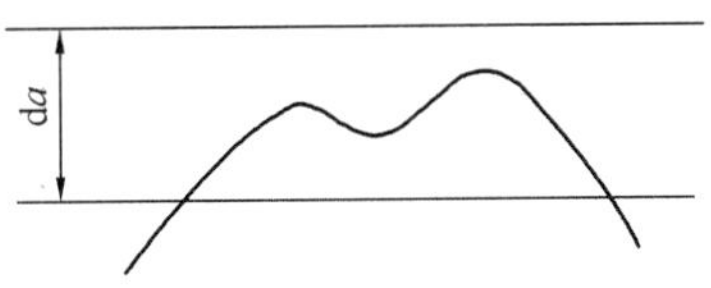

图 8.4.5

设图 8.4.4 表示随机过程 $X(t)$ 的一个样本 $x(t)$，在（t_1，t_2）间隔上同水平线 $x=a$ 有一系列交叉点，每个正斜率交叉点至少表示有一个高度超过 a 的峰，一般这些峰的高度不会都 一样。现在再取小量 $\mathrm{d}a$ 作另一条水平线，峰值刚好落在这两条水平线之间又只占那些峰中的一部分，当 $\mathrm{d}a$ 取得很小，可忽略在这范围内出现波谷的情况，即图 8.4.5 所示的情况。于是在（t_1，t_2）间隔上越过门槛值 $a+\mathrm{d}a$ 的交叉数与越过门槛值 a 的交叉数之间的差就应该等于落在 $\mathrm{d}a$ 范围内的峰值。当把这个峰数与总峰数之比，并在样本总体上取平均，就得到对应在（t_1，t_2）间隔上峰值落在（a，$a+\mathrm{d}a$）范围内的概率。由于一般反应过程大多是窄带过程，可以认为总的峰数等于零值交叉数。当把时间间隔取作单位时间，则得到下述关系

$$f_{\mathrm{p}}(a,t)=\frac{E[n^{+}(a,t)]-E[n^{+}(a+\mathrm{d}a,t)]}{E[n^{+}(0,t)]}=\frac{1}{E[n^{+}(0,t)]}\frac{\mathrm{d}}{\mathrm{d}a}\{E[n^{+}(a,t)]\}\mathrm{d}a \tag{8.4.18}$$

式中：f_{p}（a，t）表示在 t 时刻峰值 $p=a$ 的概率密度函数。假如反应过程是零均值的平稳高斯过程，式（8.4.18）中的门槛值交叉率 E［n^{+}（a，t）］可按式（8.4.15）计算，经过微分等运算后得到

$$f_{\mathrm{p}}(a)=\frac{a}{\sigma_{\mathrm{x}}^{2}}\exp\left(-\frac{a^{2}}{2\sigma_{\mathrm{x}}^{2}}\right) \tag{8.4.19}$$

在概率论中，称这概率密度函数为瑞利分布。这就是说，线性系统密度是服从相应的瑞利分布的。这结果极为重要。

参　考　文　献

1　张炳根，赵玉芝编．科学与工程中的随机微分方程．北京：海洋出版社，1980
2　郑兆昌，丁奎元主编．机械振动（中册）．北京：机械工业出版社，1986

第9章 结构非线性地震反应分析

为了认识结构从弹性到弹塑性，逐渐开裂、损坏直至倒塌的全过程，研究控制破坏程度的条件，进而寻找防止结构倒塌的措施，需要进行结构的弹塑性地震反应分析。众所周知，地震作用的主要特点就是随机性。为此，在各国的抗震设计规范中，所采取的设计方法及对策不仅要考虑计算成本，同时还要兼顾结构的安全性和经济性，有针对性的采取适当的计算措施，以满足抗震设计的基本原则，即“小震不坏，大震不倒”。此外，除了要进行结构在“小震”作用下的弹性分析之外，在有必要时还需进行“大震”作用下的弹塑性动力反应分析。

对于地震作用下的 n 自由度的非线性结构，其二阶微分方程可写为：

$$[M]\{\ddot{u}\}+[K]\{u\}+\{f(\dot{u},u)\}=-[M]\{\ddot{u}_g(t)\} \tag{9.0.1}$$

式中：$[M]$ 为质量阵；$[K]$ 为线性刚度阵；$\{u\}$ 为未知的空间变位向量；$f(\dot{u},u)$ 为非线性恢复力向量（为 $\{u\}$ 的函数）；$\{\ddot{u}_g(t)\}$ 为输入地震动。其中，$[M]$、$[K]$ 为正定实矩阵。

从式（9.0.1）可以看出，为了较准确地研究结构的弹塑性动力反应问题，需要解决的重点及难点问题有：地面运动，结构的恢复力模型，结构计算模型的选取，动力方程的数值解法等。其中，地面运动研究详见本书第1～4章，下面将对式（9.0.1）其余部分进行阐述。

9.1 恢复力模型

9.1.1 恢复力特性

根据材性试验曲线，材料可以分为弹塑性、脆性材料两种，脆性材料构成的结构为脆性结构，表现在加载曲线中无明显的屈服段。弹塑性材料构成的结构也可能表现出脆性破坏，这主要是由于构造措施等采取不当，比如轴压比较大等情况造成的。因此，在各国抗震规范中，都对构造措施提出了严格要求，以作为应用规范进行设计的前提条件。

恢复力模型是进行结构非线性分析的基础，由于地震作用过程具有变形速度不快、反复多次循环加载等特点，因此，可以在结构恢复力特性的试验研究基础上，加以综合、理想化从而形成特定的恢复力计算模型。到目前为止，确定恢复力模型的试验方法主要有三种，分别是反复静荷载试验法、周期循环动荷载试验法和振动台试验法。各国规范目前多采用反复静荷载试验法来确定恢复力曲线。

通过试验可以看出，恢复力模型主要由两部分组成，一是骨架曲线，二是具有不同特性的滞回曲线。骨架曲线是指各次滞回曲线峰值点的连线。试验证明，这一峰值点连线与单调加载时的力一变形曲线很相近。一般来说，滞回环所围成的面积代表了塑性耗能能力。

构件的恢复力模型分为曲线型和折线型两种。曲线型恢复力模型给出的刚度是连续变化的，与工程实际较为接近，但在刚度的确定及计算方法上不足。目前较为广泛使用的是折线型模型。折线型模型主要分为7种，分别是双线型、三线型、四线型（带负刚度段）、退化二线型、退化三线型、指向原点型和滑移型。

一般来说钢结构多采用双线型，对于钢筋混凝土结构来说，由于裂缝的出现、塑性区的逐步形成过程、多个塑性阶段等因素的影响，一般采用三线型，其中第一次刚度变化发生在出现裂缝时，如图9.1.5（b）中的M_c位置。

上述的各种恢复力模型均为单轴加载的恢复力模型，双向或复杂应力状态下的恢复力模型将表现为恢复面。

1. 双线型模型[1]

双线型模型主要分为四种：理想弹塑性模型（包括刚塑性模型）、线性强化弹塑性模型、刚塑性模型和具有负刚度特性的弹塑性模型。

双线型模型对于模拟钢构件及简单钢框架的恢复力特性具有较高的精度。

（1）理想弹塑性力学模型（图9.1.1）

材料为脆性材料如低碳钢时，可以采用理想弹塑性模型。

$$\begin{cases}\sigma = E\varepsilon & \varepsilon \leqslant \varepsilon_s \\ \sigma = E\varepsilon_s & \varepsilon > \varepsilon_s\end{cases} \tag{9.1.1}$$

（2）线性强化弹塑性模型（图9.1.2）

$$\begin{cases}\sigma = E\varepsilon & \varepsilon \leqslant \varepsilon_s \\ \sigma = \sigma_s + E_1(\varepsilon - \varepsilon_s) & \varepsilon > \varepsilon_s\end{cases} \tag{9.1.2}$$

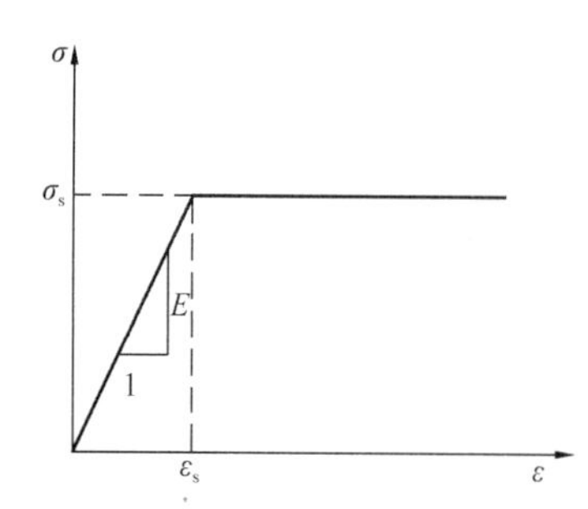

图9.1.1 理想弹塑性力学模型

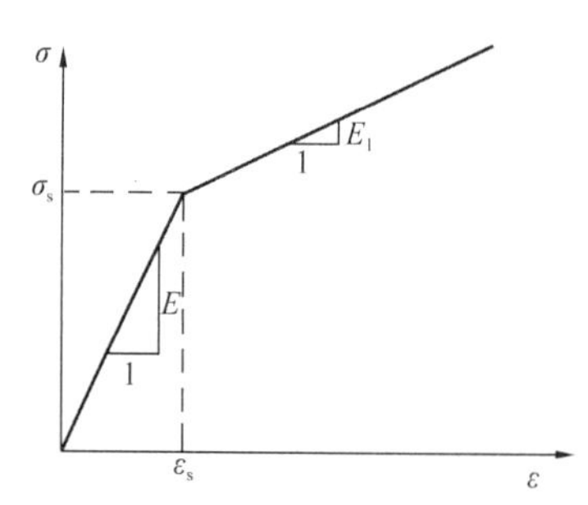

图9.1.2 线性强化弹塑性模型

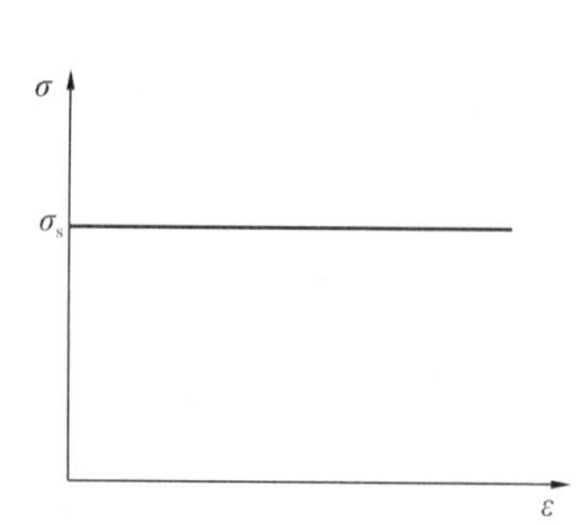

图9.1.3 刚塑性模型

（3）刚塑性模型（图9.1.3）

当弹性应变相对于塑性应变可以忽略时，可以简化为刚塑性模型。

（4）负刚度弹塑性模型（图9.1.4）

所谓负刚度，是指屈服后增量刚度或切线刚度$\mathrm{d}K = \frac{\mathrm{d}F}{\mathrm{d}\delta} < 0$的现象，如混凝土材性曲线，对于不具有负刚度材性的钢材来说，由于$P-\delta$效应、支撑屈服等因素的影响，其滞回曲线也同样会出现负刚度现象。

为简化问题，可以定义负刚度系数β为：

$$\beta = \frac{K_2}{K_1} \tag{9.1.3}$$

β受轴压比、剪跨比等诸多因素影响。当$0 < \beta \leqslant 1$时，可以由试验确定；当$\beta = 0$时，

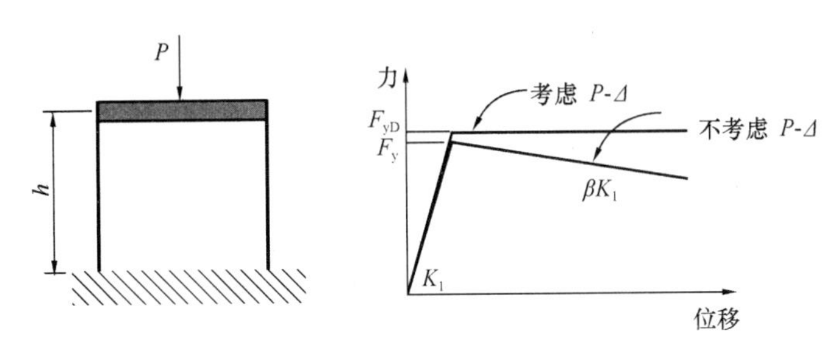

图 9.1.4 负刚度

相当于理想塑性模型；当 $\beta=1$ 时，相当于脆性材料或结构。

2. 三线型模型

三线型模型与双线型模型相比，是在屈服之前增加一个开裂点，这一处理方法对大变形后的结构性质影响不大，因此该开裂点后的骨架曲线仍然可以按双线型处理。下面针对恢复力模型中的滞回曲线的几种不同特性加以说明。

（1）刚度退化

对滞回圈的研究表明，刚度退化对于具有较大位移（挠度或转角）的单元杆来说较明显。为了模拟刚度退化，假定所有的卸载路径均指向同一个点，其刚度 K^* 为：

$$K^* = \frac{M_{\max} - \alpha M_{\mathrm{P}}}{\phi_{\max} - \frac{\alpha M_{\mathrm{P}}}{K}} \tag{9.1.4}$$

上式中各变量的说明如图 9.1.5（a）所示。其中 α 为参数，表明刚度退化的程度，可以通过试验及参数识别的方法确定。

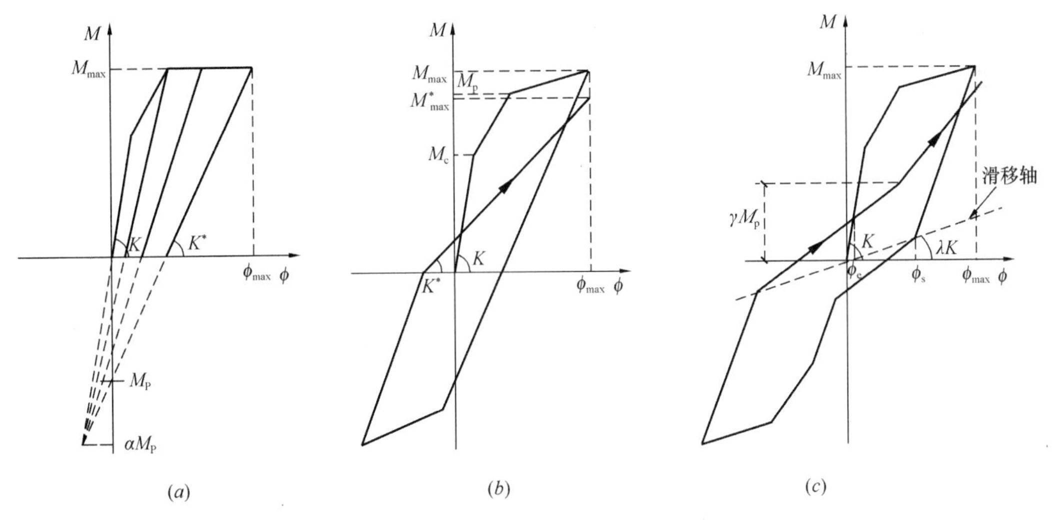

图 9.1.5 退化三线型（M_c 为开裂荷载，M_p 为屈服荷载）

（a）刚度退化；（b）强度退化；（c）滑移及捏缩效应

（2）强度退化

$$M^*_{\max} = M_{\max}(1 - \beta_1 E_{loop}) \tag{9.1.5}$$

式中：E_{loop} 为每一滞回环所耗散的能量，再次正向加载时，加载路径指向（$M^*_{\max}$，

ϕ_{max}），从而使得再次加载的强度降低，如图 9.1.5（b）所示。

（3）滑移及捏缩效应

对于许多试件来说，裂缝的开展及闭合运动会导致捏缩效应。为将其模型化，首先确立滑移轴，如图 9.1.5（c）所示，滑移轴从原点出发，斜率为 λK，K 为初次加载的弹性模量，λ 为斜率系数。对于再次加载交于滑移轴时，目标点变为（γM_p，ϕ_p），γ 为捏缩系数，定义了捏缩量的大小。

同时可以定义构件上产生滑移及捏缩效应的区域长度 L 为：

$$L = \zeta(\phi_s - \phi_e) \tag{9.1.6}$$

式中：ϕ_s、ϕ_e 的定义如图 9.1.5（c）所示，ζ 为长度系数。γ、ζ 可以通过试验确定。

3. 曲线型恢复力模型

（1）幂强化弹塑性模型（图 9.1.6）

$$\sigma = A\varepsilon^{n} \tag{9.1.7}$$

式中：n 为幂强化系数，取值范围为 0 到 1，当 $n=1$ 时，为线弹性，当 $n=0$ 时，为理想刚塑性，n 为其他值时，为非线弹性，适用于应变较大的情况。

（2）Ramberg-Osgood 模型

非线性公式为：

$$\varepsilon = \sigma/E + (\sigma/\sigma_0)^{m} \tag{9.1.8}$$

式中：σ 为真应力；ε 为对数应变；σ_0、m 为待定常数，σ_0 与 σ 同量纲；E 为弹性模量。σ_0、m 可以根据试验采用最小二乘法确定。由于试验点为名义应力和应变，要根据体积不变原则转化为真应力、对数应变。

（3）Masing 模型（图 9.1.7）

Masing 模型的卸载及加载遵循以下公式[2]：

$$\frac{f-f'}{2} = f_1(x)\left(\frac{x-x'}{2}\right) \tag{9.1.9}$$

式中：f' 和 x' 分别为最近一次所经历的荷载反向点的力和变形；$f_1(x)$ 为骨架曲线方程。同时规定，如按上式的变形途径与前一循环的回线相交时，则以后沿该回线的路径变形。

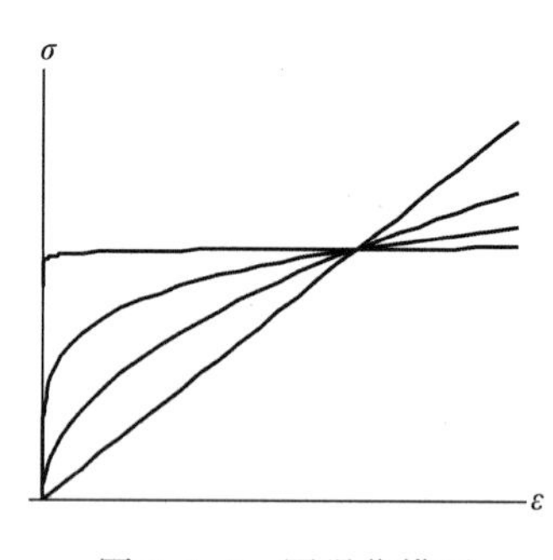

图 9.1.6　幂强化模型

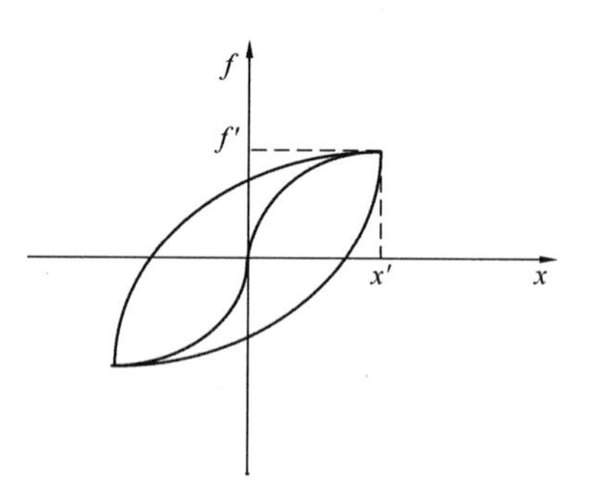

图 9.1.7　Masing 模型

9.1.2　钢筋混凝土结构

1. 单轴的三线型恢复力模型和钢筋粘结滑移模型

9.1.1 节对三线型模型作了简要的说明，下面介绍钢筋混凝土结构的退化三线型恢复力模型。

根据实测的弯矩-曲率关系和弯矩-粘结滑移转角滞回曲线的特征，可以简化得到如图 9.1.8 所示的退化三线型恢复力模型。

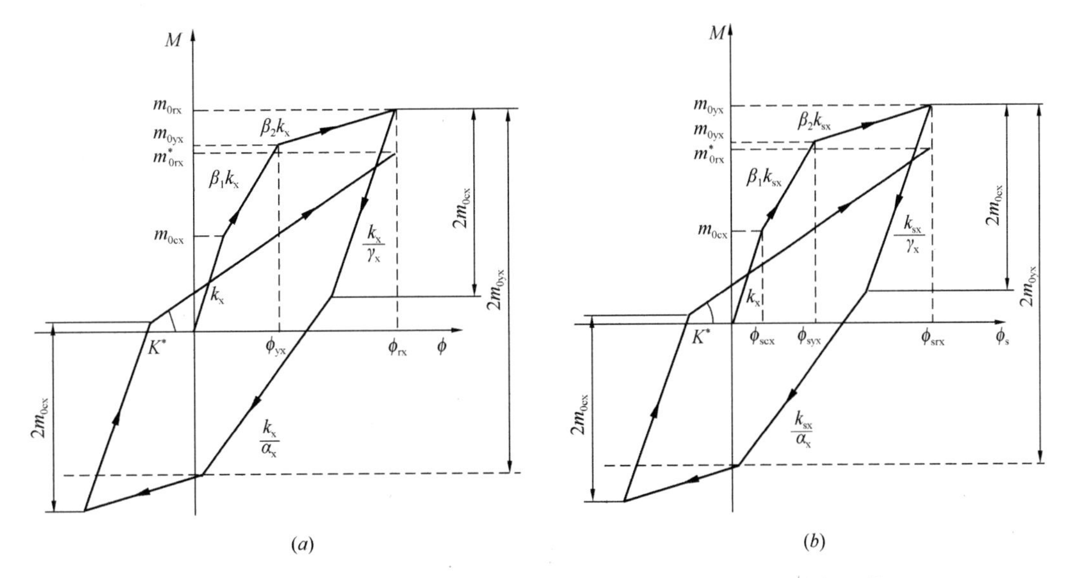

图 9.1.8　钢筋混凝土退化三线型恢复力模型和钢筋粘结滑移恢复力模型

(a) 钢筋混凝土退化三线型恢复力模型；(b) 钢筋粘结滑移恢复力模型

(1) 屈服前加载刚度

$$k_x = 0.85 E_c I_{ox} \tag{9.1.10}$$

式中：I_{ox}为对 x 轴的惯性矩。

$$I_{ox} = \frac{bh^3}{12}\left(1 + \frac{6E_s}{E_c}\frac{A_s}{bh}\right) \tag{9.1.11}$$

式中：E_s、E_c分别为钢筋、混凝土的弹性模量；b、h 为截面沿 x、y 轴方向的尺寸；A_s为截面纵筋总面积。

$$k_{sx} = \frac{m_{ocx}}{\phi_{scx}} \tag{9.1.12}$$

(2) 屈服后加载刚度系数 r_x、r_{sx}

$$r_x = \left(\frac{\phi_{rx}}{\phi_{yx}}\right)^{\rho} \tag{9.1.13a}$$

$$r_{sx} = \left(\frac{\phi_{srx}}{\phi_{syx}}\right)^{\rho_s} \tag{9.1.13b}$$

式中：ϕ_{rx}、ϕ_{yx} 的意义如图 9.1.8 所示，ρ、ρ_s为刚度退化系数。

$$I_{ox} = \frac{bh^3}{12}\left(1 + \frac{6E_s}{E_c}\frac{A_s}{bh}\right) \tag{9.1.14}$$

式中：E_s、E_c分别为钢筋、混凝土的弹性模量；b、h 为截面沿 x、y 轴方向的尺寸；A_s为截面纵筋总面积。

(3) 反向再加载刚度系数 α_x

$$\alpha_x = \frac{k_{(s)x}(\phi^+_{(sx)} - \phi^-_{(sx)}) - 2r_{(s)x}m_{0cx}}{m^+_x - m^-_x - 2m_{0cx}} \tag{9.1.15}$$

式中：m_x^+ 、m_x^- 分别为加载历史上达到的正、反向最大弯矩；ϕ^+ 、ϕ^- 分别为加载历史上达到的正、反向最大曲率。

模型的特征系数可采用式（9.1.16）。

$$\left.\begin{aligned}\rho = 1.15 \quad \rho_s = 0.354 \\ \theta_{syx} = (1.2 + 4.0\xi) \times 10^{-3} \\ \theta_{sux} = (11.0 - 7.0\xi) \times 10^{-3} \\ \theta_{scx} = \frac{\theta_{syx}}{6} \\ \xi = \mu\frac{f_y}{f_{mc}} - \mu'\frac{f'_y}{f_{mc}} + \frac{N}{f_{mc}bh_0}\end{aligned}\right\} \tag{9.1.16}$$

式中：μ、μ' 分别为受拉、受压钢筋的含钢率；f_y、f'_y 分别为受拉、受压钢筋的屈服强度；f_{mc}为混凝土弯曲抗压强度；N 为轴向力；h_0为截面的有效高度。

2. 双轴的截面恢复力模型和钢筋粘结滑移模型

利用塑性理论中的正交流动法则和 Mroz 硬化规则，将单轴的恢复力模型扩展成双轴的恢复力模型，并且考虑两轴间恢复力特性的相互耦合影响。

在加载过程中，构件截面有三种受力状态：弹性状态、开裂状态和屈服状态。在弯矩空间可用开裂加载曲面和屈服加载曲面来表示这三种受力状态。这三种受力状态分别对应于卸载、反向再加载和沿骨架曲线加载。

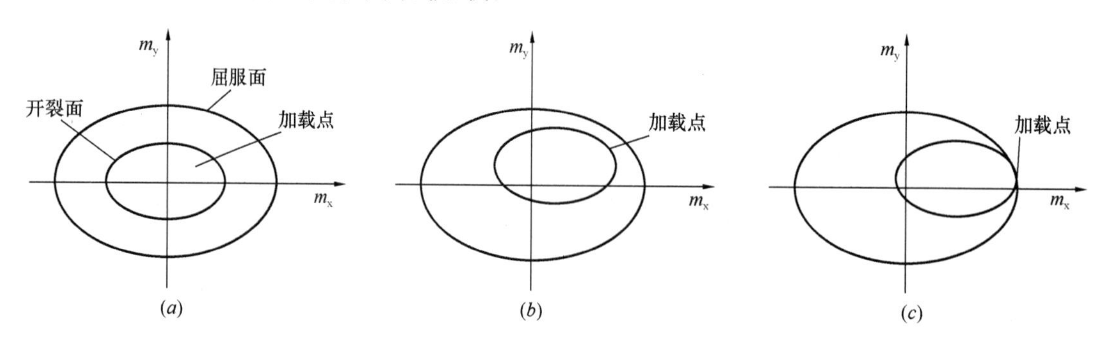

图 9.1.9 截面的受力状态

（a）弹性状态；（b）开裂状态；（c）屈服状态

（1）加载曲面函数

1）屈服加载曲面函数

$$F_y = \left(\frac{|m_x - m_x^y|}{m_{0x}^y}\right)^n + \left(\frac{|m_y - m_y^y|}{m_{0y}^y}\right)^n - 1 = 0 \tag{9.1.17}$$

式中：m_x、m_y 分别为 x 轴和 y 轴的弯矩；m_x^y、m_y^y 为屈服加载曲面中心坐标，随屈服加载曲面的移动而改变，m_{0x}^y、m_{0y}^y 分别为单轴加载时 x 轴和 y 轴的屈服弯矩；n 为曲面指数。

2）开裂加载曲面函数

$$F_c = \left(\frac{|m_x - m_x^c|}{m_{0x}^c}\right)^n + \left(\frac{|m_y - m_y^c|}{m_{0y}^c}\right)^n - 1 = 0 \tag{9.1.18}$$

式中：m_x、m_y 分别为 x 轴和 y 轴的弯矩；m_x^c、m_y^c 为开裂加载曲面中心坐标，随开裂加载曲面的移动而改变；m_{0x}^{c}、m_{0y}^{c} 分别为单轴加载时 x 轴和 y 轴的开裂弯矩；n 为曲面指数。

虽然 F_c 所表示的曲面为开裂加载曲面，但其实际作用是规定卸载范围。因此没有必要将 m_{0x}^{c}、m_{0y}^{c} 取为实际的开裂弯矩，可以取 $m_{0x}^{c}=m_{0x}^{y}/3$，$m_{0y}^{c}=m_{0y}^{y}/3$。

（2）加载曲面的移动规则

当加载点位于开裂加载曲面内时，截面处于弹性受力状态。当加载点到达开裂加载曲面上，截面开始开裂。若继续加载，开裂曲面与加载点一起运动。当加载点到达屈服面时，截面发生屈服。此时，开裂曲面内切屈服面于加载点处。如果继续加载，则两个曲面与加载点一起运动。

加载曲面的运动服从随动硬化规则，即加载曲面运动时，它的形状和大小不发生变化，仅发生移动，随动硬化规则能够较好地模拟 Bauschinger 效应。

为了定义截面变形和钢筋粘结滑移的硬化性能，根据 Mroz 硬化规则可以得到加载曲面中心移动增量向量表达式[3]，如式（9.1.19）、式（9.1.20）所示。

$$\{dM_y\}=\frac{(\{M\}-\{M_y\})\frac{\partial F_y}{\partial\{M\}}\{dM\}}{\left(\frac{\partial F_y}{\partial\{M\}}\right)^{T}(\{M\}-\{M_y\})} \tag{9.1.19}$$

$$\{dM_c\}=\frac{[([M_u]-[I])\{M\}-([M_u]\{M_c\}-\{M_y\})]\frac{\partial F_c}{\partial\{M\}}\{dM\}}{\left(\frac{\partial F_c}{\partial\{M\}}\right)^{T}(\{M\}-\{M_y\})[([M_u]-[I])\{M\}-([M_u]\{M_c\}-\{M_y\})]} \tag{9.1.20}$$

式中：$\{dM\}$ 为弯矩增量向量，$\{dM\}=\begin{Bmatrix}dm_x\\dm_y\end{Bmatrix}$；$\{dM_c\}$ 为开裂加载曲面中心移动增量向量，$\{dM_c\}=\begin{Bmatrix}dm_x^{c}\\dm_y^{c}\end{Bmatrix}$；$\{dM_y\}$ 为屈服加载曲面中心移动增量向量，$\{dM_y\}=\begin{Bmatrix}dm_x^{y}\\dm_y^{y}\end{Bmatrix}$；$[M_u]=diag\left[\frac{m_{0x}^{y}}{m_{0x}^{c}},\frac{m_{0y}^{y}}{m_{0y}^{c}}\right]$；$\frac{\partial F_i}{\partial\{M\}}$ 为屈服加载曲面中心移动增量向量，$\frac{\partial F_i}{\partial\{M\}}=\begin{Bmatrix}\frac{\partial F_i}{\partial m_x}\\\frac{\partial F_i}{\partial m_y}\end{Bmatrix}$（$i=c$ 或 y）。

（3）塑性流动法则

假定塑性流动沿加载曲面上加载点处的法向方向，而塑性变形为加载点所在加载曲面产生的塑性变形之和，因此可以得到式（9.1.21）。

$$\{dv_p\}=\left[\sum_i\frac{\left(\frac{\partial F_i}{\partial\{M\}}\right)\left(\frac{\partial F_i}{\partial\{M\}}\right)^{T}}{\left(\frac{\partial F_i}{\partial\{M\}}\right)^{T}[K_{vi}]\left(\frac{\partial F_i}{\partial\{M\}}\right)}\right]\{dM\}\qquad(i=c\text{ 或 }y) \tag{9.1.21}$$

式中：$\{dv_p\}$ 为总塑性变形增量向量；$[K_{vi}]$ 为塑性刚度阵。

（4）本构关系

截面变形或钢筋粘结滑移角等于弹性分量和塑性分量之和。因此，根据上式可得到不同受力状态的本构关系表达式。

1）弯矩曲率本构关系[3]

弹性状态

$$\{d\phi\}=[K_e]^{-1}\{dM\} \tag{9.1.22}$$

开裂状态

$$\{d\phi\}=\left[[K_e]^{-1}+\frac{\left(\frac{\partial F_c}{\partial \{M\}}\right)\left(\frac{\partial F_c}{\partial \{M\}}\right)^T}{\left(\frac{\partial F_c}{\partial \{M\}}\right)^T[K_c]\left(\frac{\partial F_c}{\partial \{M\}}\right)}\right]\{dM\} \tag{9.1.23}$$

屈服状态

$$\{d\phi\}=\left[[K_e]^{-1}+\frac{\left(\frac{\partial F_c}{\partial \{M\}}\right)\left(\frac{\partial F_c}{\partial \{M\}}\right)^T}{\left(\frac{\partial F_c}{\partial \{M\}}\right)^T[K_c]\left(\frac{\partial F_c}{\partial \{M\}}\right)}+\frac{\left(\frac{\partial F_y}{\partial \{M\}}\right)\left(\frac{\partial F_y}{\partial \{M\}}\right)^T}{\left(\frac{\partial F_y}{\partial \{M\}}\right)^T[K_y]\left(\frac{\partial F_y}{\partial \{M\}}\right)}\right]\{dM\} \tag{9.1.24}$$

式中：$\{d\phi\}$ 为截面曲率增量向量；$[K_c]$ 为截面开裂塑性刚度阵；$[K_y]$ 为截面屈服塑性刚度阵。

$$\left.\begin{aligned}[K_c]&=diag[k_x^c,k_y^c]\\ [K_y]&=diag[k_x^y,k_y^y]\end{aligned}\right\} \tag{9.1.25}$$

将式（9.1.22）、式（9.1.23）、式（9.1.24）代入单轴加载时的恢复力模型，可得：

$$\left.\begin{aligned}[K_e]&=diag[r_x^{-1}k_x,r_y^{-1}k_y]\\ [K_c]&=diag[(\alpha_x-r_x)^{-1}k_x,(\alpha_y-r_y)^{-1}k_y]\\ [K_y]&=diag[(p_x-\alpha_x)^{-1}k_x,(p_y-\alpha_y)^{-1}k_y]\end{aligned}\right\} \tag{9.1.26}$$

式中：r_x、r_y 可按式（9.1.13）计算；α_x、α_y 可按式（9.1.15）计算。

双向弯曲作用时，截面的受力性能是相当复杂的，某一轴的恢复力特性对另一正交轴的恢复力特性有较大的影响。为了考虑这种影响，用 r'_x、r'_y、α'_x、α'_y 分别代替上式中的 r_x、r_y、α_x、α_y。

$$\left.\begin{aligned}r'_x&=r'_y=\max(r_x,r_y)\\ \alpha'_x&=\alpha_x+q\alpha_y\\ \alpha'_y&=\alpha_y+q\alpha_x\end{aligned}\right\} \tag{9.1.27}$$

式中：q 为截面的双轴恢复力特性耦合系数。

式（9.1.27）的意义在于：①当一个轴的卸载刚度退化时，即使截面在另一正交轴的变形很小，没有超过单轴加载时的屈服变形，该轴的卸载刚度也发生退化，且两轴的卸载刚度退化程度相同；②截面在两轴上的变形历史是相互影响的，可利用系数 q 来修正单轴的 α_x 和 α_y 值，以此来考虑这种影响。

因此式（9.1.26）可改写成：

$$\left.\begin{aligned}[K_e]&=diag[(r'_x)^{-1}k_x,(r'_y)^{-1}k_y]\\ [K_c]&=diag[(\alpha'_x-r'_x)^{-1}k_x,(\alpha'_y-r'_y)^{-1}k_y]\\ [K_y]&=diag[(p_x-\alpha'_x)^{-1}k_x,(p_y-\alpha'_y)^{-1}k_y]\end{aligned}\right\} \tag{9.1.28}$$

2）弯矩-粘结滑移转角本构关系

弹性状态

$$\{d\phi_s\} = [K_{se}]^{-1}\{dM\} \tag{9.1.29}$$

开裂状态

$$\{d\phi_s\} = \left[[K_{se}]^{-1} + \frac{\left(\frac{\partial F_c}{\partial \{M\}}\right)\left(\frac{\partial F_c}{\partial \{M\}}\right)^T}{\left(\frac{\partial F_c}{\partial \{M\}}\right)^T [K_{sc}]\left(\frac{\partial F_c}{\partial \{M\}}\right)} \right] \{dM\} \tag{9.1.30}$$

屈服状态

$$\{d\phi_s\} = \left[[K_{se}]^{-1} + \frac{\left(\frac{\partial F_c}{\partial \{M\}}\right)\left(\frac{\partial F_c}{\partial \{M\}}\right)^T}{\left(\frac{\partial F_c}{\partial \{M\}}\right)^T [K_{sc}]\left(\frac{\partial F_c}{\partial \{M\}}\right)} + \frac{\left(\frac{\partial F_y}{\partial \{M\}}\right)\left(\frac{\partial F_y}{\partial \{M\}}\right)^T}{\left(\frac{\partial F_y}{\partial \{M\}}\right)^T [K_{sy}]\left(\frac{\partial F_y}{\partial \{M\}}\right)} \right] \{dM\} \tag{9.1.31}$$

式中：$\{d\phi_s\}$ 为粘结滑移转角增量向量。

$$\left.\begin{aligned} [K_{se}] &= diag[(r'_{sx})^{-1}k_{sx},(r'_{sy})^{-1}k_{sy}] \\ [K_{sc}] &= diag[(\alpha'_{sx}-r'_{sx})^{-1}k_{sx},(\alpha'_{sy}-r'_{sy})^{-1}k_{sy}] \\ [K_{sy}] &= diag[(p_{sx}-\alpha'_{sx})^{-1}k_{sx},(p_{sy}-\alpha'_{sy})^{-1}k_{sy}] \end{aligned}\right\} \tag{9.1.32a}$$

$$\left.\begin{aligned} r'_{sx} &= r'_{sy} = \max(r_{sx},r_{sy}) \\ \alpha'_{sx} &= \alpha_{sx} + q_s\alpha_{sy} \\ \alpha'_{sy} &= \alpha_{sy} + q_s\alpha_{sx} \end{aligned}\right\} \tag{9.1.32b}$$

式中：q_s 为粘结滑移双轴恢复力特性耦合系数。r_{sx} 按式（9.1.13）计算，式（9.1.33）为考虑双轴恢复力特性耦合作用的情况。如果不考虑此耦合作用，则用 r_x、r_y、α_x、α_y 分别代替式中的 r'_x、r'_y、α'_x、α'_y。

（5）加载和卸载的判断准则

根据 Drucker 塑性假定，可以得到加载和卸载的判断准则。

$$\left(\frac{\partial F_i}{\partial \{M\}}\right)^T [K_{e\Delta}]\{d\Delta\} \begin{cases} >0 & \text{加载} \\ =0 & \text{中性变载} \\ <0 & \text{卸载} \end{cases} \tag{9.1.33}$$

式中：$[K_{e\Delta}]$ 为弹性刚度；$\{d\Delta\}$ 为变形增量向量。

9.1.3 钢结构

钢材本身并不具有负刚度特性，但是钢框架由于 P-δ 效应、支撑屈服等因素的影响，其滞回曲线也同样会出现负刚度现象。同时，受钢筋混凝土构件滞回特性的影响，混合结构中的钢框架剪力墙结构在强震作用下，也会出现明显的捏缩效应。因此，对钢结构（包括混合结构中的钢结构部分）恢复力特性的研究主要包括 6 个方面：刚度退化、强度退化、捏缩效应、Bauschinger 效应、应变强化、负刚度。

弹塑性模型是建立在弹塑性理论基础上的本构模型，它将应变分为弹性和塑性，分别采用弹性理论和塑性增量理论计算。塑性增量理论包括：屈服面理论、流动规则和强化准则理论。对建筑钢材而言，初始屈服面满足 Mises 屈服准则，流动规则为 Prantl-Ruses 规则已成为共识；而对强化准则，各国学者提出了不同见解，归纳起来可分为 3 种类型：各向同性强化、随动强化和复合强化准则。

Hill 较早提出了各向同性强化理论，在应力空间中该理论允许屈服面膨胀、收缩。各向同性强化只适用于单调加载情况，不能反映循环塑性中的包辛格效应。

为了提高循环荷载下结构分析的精度，Ishlinsky 和 Prager 首先提出了随动强化理论，后经 Ziegler 修正。该理论假定屈服面在应力空间中平移，但不能转动、膨胀及收缩。随动强化理论比各向同性强化理论有所进步，但对于单轴应力循环，它预测一个循环之后即达到循环稳定状态，而试验结果是数个循环之后才能达到稳定状态，且随动强化只能反映微小的应变强化。

对复杂加载情况，各向同性强化和随动强化都不能真实描述循环滞回特性。许多学者致力于对以上两种理论的改进，分别提出了不同的模型，如多表面模型、多屈服面模型、中等应变界面模型及其他适用于有塑性平台的材料和不同强化准则的模型。然而，这些模型较复杂，不便于数值分析，因此有必要提出一种既能客观地反映钢材循环塑性性能，又便于应用的本构模型。

建筑结构中，抗侧力构件基本为二维杆件，因此，结构的恢复力模型主要分为折线型和曲线型两种。折线型为分段线性，但是，实际结构尤其是钢结构其恢复力关系为非线性关系，而不是分段线性关系，因此这种假定就会给结构的弹塑性动力反应分析带来误差。此外，由于分段线性假定自身特性影响，在进行时程分析时，假定的折线刚度发生突变时，会对该时段的分析产生较大误差，从而影响整个时程分析过程。

1. 构件单元模型

杆件的弹塑性单元刚度分析是框架结构弹塑性静力和动力分析中的核心问题。对于钢框架结构，梁柱的弹塑性刚度一般采用 Clough 双分量模型进行分析，该模型将在 9.5 节中加以介绍。

双分量模型存在一些缺陷。首先，钢杆件截面实际的弯矩-曲率关系并不是双线性关系，而为非线性关系，如图 9.1.11 所示，这之间的差别会给结构的弹塑性分析带来误差。其次，按双分量模型进行结构弹塑性分析时，在杆件从弹性状态到弹塑性状态的转化区段，由于杆件计算刚度发生突变，会使该区段的分析产生较大的误差，进而影响结构全过程的分析结果。如果采用分割区段的方法来减小刚度突变带来的误差，又会使计算工作量大大增加。

为了克服上述双分量模型的缺陷，可以引入弹塑性铰的概念，并基于此建立了钢框架结构弹塑性单元刚度的连续化分析方法，可应用于钢框架结构弹塑性静力分析或动力分析。

2. 考虑 Bauschinger 效应的滞回模型

对于框架柱，只要在框架梁的基础上考虑柱的轴向变形刚度和几何刚度即可。

对于无轴力平面受力杆件，定义屈服函数[4]（式 9.1.34）和曲率参数（式 9.1.35）。

$$\Gamma = \left|\frac{M}{M_{\mathrm{p}}}\right| \tag{9.1.34}$$

$$\phi = \left|\frac{\Phi}{\Phi_{\mathrm{p}}}\right| \tag{9.1.35}$$

式中：M、Φ 分别为杆件截面的弯矩和曲率；M_{p}、Φ_{p} 为杆件截面一次加载完全屈服弯矩及与其对应的曲率。在反复加载下，可建立杆件 Γ 与 ϕ 的非线性滞回模型，如图

9.1.10 所示。图中，$\Gamma_{s,n}$、$\Gamma_{s,n+1}$分别为杆件第 n、$n+1$ 次加载的初始屈服函数值；$\Gamma_{p,n}$、$\Gamma_{p,n+1}$分别为杆件第 n、$n+1$ 次加载时的完全屈服函数值；$\Gamma_{u,n}$为杆件第 n 次卸载时的屈服函数值。由于 Bauschinger 效应，有 $\Gamma_{s,n+1}<\Gamma_{s,n}$；由于应变强化效应，有 $\Gamma_{p,n}<\Gamma_{p,n+1}$；由于强度退化效应，有 $\Gamma_{p,n+1}<\Gamma_{u,n}$。

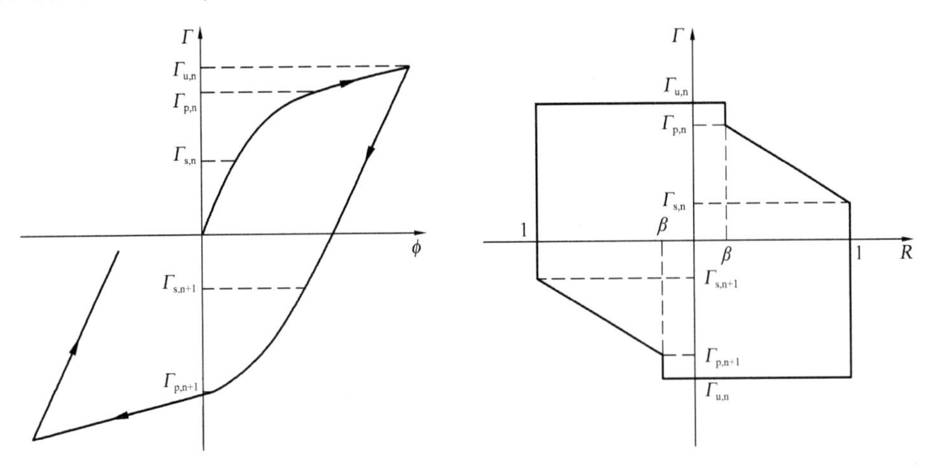

图 9.1.10 Γ-ϕ 滞回关系　　　　图 9.1.11 Γ-R 滞回关系

$$\left.\begin{aligned}\Gamma_{s,n+1}&=\Gamma_s-\lambda(\Gamma_{b,n+1}-1)\\\Gamma_{p,n+1}&=1+\eta(\Gamma_{b,n+1}-1)\\\Gamma_{b,n+1}&=\begin{cases}\Gamma_{u,n} & \Gamma_{u,n}>\Gamma_{b,n}\\\Gamma_{b,n} & \Gamma_{u,n}\leqslant\Gamma_{b,n}\end{cases}\end{aligned}\right\}\tag{9.1.36}$$

式中：$\Gamma_{b,n}$为杆件第 n 次加载时屈服函数的特征值，杆件首次加载的屈服函数特征值 $\Gamma_{b,1}=1$；λ 为 Bauschinger 效应系数，$0<\lambda<1$；η 为强度退化系数，$0<\eta<1$。参数 λ、η 可以通过试验和参数识别技术确定。Γ_s 为杆件首次加载时的初始屈服函数值。

$$\Gamma_s=\left|\frac{M_s}{M_p}\right|\tag{9.1.37}$$

式中：M_s 为杆件截面一次加载的初始屈服弯矩。

定义无轴力平面受力杆件的恢复力参数为：

$$R=\frac{M_p\Phi_s}{M_s\Phi_p}\frac{d\Gamma}{d\phi}\tag{9.1.38}$$

对于第 n 次加载：

$$R=\begin{cases}1 & \Gamma<\Gamma_{s,n}\\\beta & \Gamma>\Gamma_{p,n}\\1-\dfrac{\Gamma-\Gamma_{s,n}}{\Gamma_{p,n}-\Gamma_{s,n}} & \Gamma_{s,n}\leqslant\Gamma\leqslant\Gamma_{p,n}\end{cases}\tag{9.1.39}$$

式中：β 为材料应变强化系数，图 9.1.11 表示了 Γ 与 R 的滞回关系。

对于有轴力平面受力杆件，其屈服函数为：

$$\Gamma=\left|\frac{M}{M_p}\right|+c\left|\frac{N}{N_p}\right|^{\alpha}\tag{9.1.40}$$

式中：N_p为杆件屈服轴力；c、α 为参数，由杆件截面屈服方程确定；Γ 表征杆件截面的屈服程度，与有无轴力关系不大。因此如图 9.1.11 所示的 Γ-R 滞回关系仍适用于轴力平面受力杆件的情况。

设杆件已处于图 9.1.12 所示的状态。在杆端力增量式（9.1.41）作用下，杆端产生位移增量（式 9.1.42）。

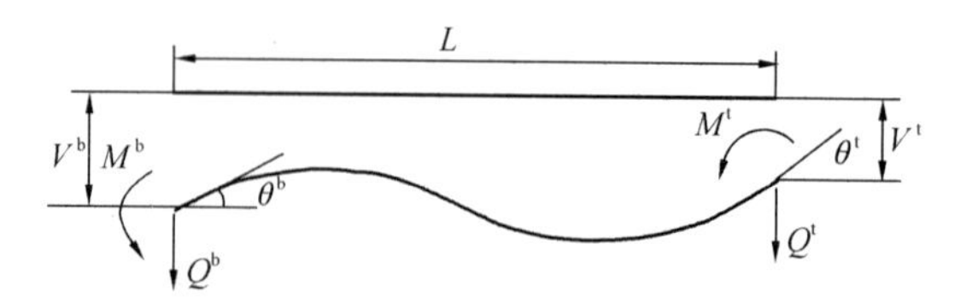

图 9.1.12　杆件受力变形状态

$$\{df\}=[dQ^l,dM^l,dQ^r,dM^r]^T \tag{9.1.41}$$

$$\{d\delta\}=[dV^l,d\theta^l,dV^r,d\theta^r]^T \tag{9.1.42}$$

在杆件的任意受力状态下，杆端变形增量包含弹性变形增量和塑性变形增量两部分。

$$\{d\delta\}=\{d\delta_e\}+\{d\delta_p\} \tag{9.1.43}$$

即认为杆端恒为弹塑性铰。将杆端变形按杆端表示为：

$$\left.\begin{aligned}\{d\delta\}&=[\{d\delta^l\}^T,\{d\delta^r\}^T]^T\\ \{d\delta^l\}&=[dV^l,d\theta^l]^T\\ \{d\delta^r\}&=[dV^r,d\theta^r]^T\end{aligned}\right\} \tag{9.1.44}$$

注意到

$$\left.\begin{aligned}\{d\delta_p^l\}&=[0,d\theta_p^l]^T=[g]\{1\}d\theta_p^l\\ \{d\delta_p^r\}&=[0,d\theta_p^r]^T=[g]\{1\}d\theta_p^r\end{aligned}\right\} \tag{9.1.45}$$

$$\left.\begin{aligned}[g]&=\begin{bmatrix}0&0\\0&1\end{bmatrix}\\ \{1\}&=[1,1]^T\end{aligned}\right\} \tag{9.1.46}$$

将杆端力增量也分解为两个分量 $\{df_t\}$ 、$\{df_n\}$ ，即：

$$\{df\}=\{df_t\}+\{df_n\} \tag{9.1.47}$$

其中

$$\left.\begin{aligned}\{df_t\}&=[\{df_t^l\}^T,\{df_t^r\}^T]\\ \{df_t^l\}&=[dQ^l,0]\\ \{df_t^r\}&=[dQ^r,0]\end{aligned}\right\} \tag{9.1.48}$$

$$\left.\begin{aligned}\{df_n\}&=[\{df_n^l\}^T,\{df_n^r\}^T]\\ \{df_n^l\}&=[0,dM^l]^T\\ \{df_n^r\}&=[0,dM^r]^T\end{aligned}\right\} \tag{9.1.49}$$

显然 $\{df_t\}$ 、$\{df_n\}$ 为 $\{df\}$ 相互正交的两个分量。杆端力增量 $\{df\}$ 与杆端弹性变形增量 $\{d\delta_e\}$ 间保持不变的关系。

$$\{df\}=[K_e]\{d\delta_e\} \tag{9.1.50}$$

同时，令

$$\{df_n\}=[K_n]\{d\delta_n\} \tag{9.1.51}$$

其中

$$[K_n]=\begin{bmatrix}[K_n^l] & 0\\ 0 & [K_n^r]\end{bmatrix} \tag{9.1.52}$$

$$[K_n^s]=\begin{bmatrix}B_1^s & 0\\ 0 & B_2^s\end{bmatrix} \quad s=b,\ t \tag{9.1.53}$$

$$B_i^s=\alpha_s k_{eii}^{ss} \qquad i=1,\ 2;\ s=l,\ r \tag{9.1.54}$$

式中：k_{eii}^{ll}、k_{eii}^{rr} 分别为矩阵 $[K_e^{ll}]$、$[K_e^{rr}]$ 中的第 i 行第 i 列元素；α_l、α_r 分别为杆件 l 端和 r 端的弹塑性铰参数。

$$\alpha_s=\frac{R_s}{1-R_s} \quad s=l,\ r \tag{9.1.55}$$

式中：$[K_e]$ 为杆件的弹性刚度矩阵。

将式（9.1.50）写成分块的形式。

$$\begin{Bmatrix}\{df^l\}\\ \{df^r\}\end{Bmatrix}=\begin{bmatrix}[K_e^{ll}] & [K_e^{lr}]\\ [K_e^{rl}] & [K_e^{rr}]\end{bmatrix}\begin{Bmatrix}\{d\delta_e^l\}\\ \{d\delta_e^r\}\end{Bmatrix} \tag{9.1.56}$$

则有：

$$\begin{aligned}\{df_t\}=\{df\}-\{df_n\}&=\begin{bmatrix}[K_e^{ll}] & [K_e^{lr}]\\ [K_e^{rl}] & [K_e^{rr}]\end{bmatrix}\begin{Bmatrix}\{d\delta_e^l\}\\ \{d\delta_e^r\}\end{Bmatrix}-\begin{bmatrix}[K_n^l] & 0\\ 0 & [K_n^r]\end{bmatrix}\begin{Bmatrix}\{d\delta_p^l\}\\ \{d\delta_p^r\}\end{Bmatrix}\\ &=\begin{bmatrix}[K_e^{ll}] & [K_e^{lr}]\\ [K_e^{rl}] & [K_e^{rr}]\end{bmatrix}\left\langle\begin{Bmatrix}\{d\delta^l\}\\ \{d\delta^r\}\end{Bmatrix}-\begin{Bmatrix}\{d\delta_p^l\}\\ \{d\delta_p^r\}\end{Bmatrix}\right\rangle-\begin{bmatrix}[K_n^l] & 0\\ 0 & [K_n^r]\end{bmatrix}\begin{Bmatrix}\{d\delta_p^l\}\\ \{d\delta_p^r\}\end{Bmatrix}\\ &=\begin{bmatrix}[K_e^{ll}] & [K_e^{lr}]\\ [K_e^{rl}] & [K_e^{rr}]\end{bmatrix}\begin{Bmatrix}\{d\delta^l\}\\ \{d\delta^r\}\end{Bmatrix}-\begin{bmatrix}[K_n^l]+[K_e^{ll}] & [K_e^{lr}]\\ [K_e^{rl}] & [K_n^r]+[K_e^{rr}]\end{bmatrix}\begin{Bmatrix}\{d\delta_p^l\}\\ \{d\delta_p^r\}\end{Bmatrix}\end{aligned} \tag{9.1.57}$$

由于向量 $\{d\delta_p\}$ 与向量 $\{df_n\}$ 平行，则 $\{d\delta_p\}$ 与向量 $\{df_t\}$ 正交。即：

$$\left.\begin{aligned}\{d\delta_p^l\}^T\{df_t^l\}=([g]\{1\}d\theta_p^l)^T\{df_t^l\}=d\theta_p^l\ \{1\}^T\ [g]^T\{df_t^l\}=0\\ \{d\delta_p^r\}^T\{df_t^r\}=([g]\{1\}d\theta_p^r)^T\{df_t^r\}=d\theta_p^r\ \{1\}^T\ [g]^T\{df_t^r\}=0\end{aligned}\right\} \tag{9.1.58}$$

下面就构件实际承载过程中可能发生的情况进行分别讨论。

（1）杆件 r、l 两端均屈服

$$d\theta_p^l\neq 0, d\theta_p^r\neq 0 \tag{9.1.59}$$

则

$$\left.\begin{aligned}\{1\}^T\ [g]^T\{df_t^l\}=0\\ \{1\}^T\ [g]^T\{df_t^r\}=0\end{aligned}\right\} \tag{9.1.60}$$

将式（9.1.57）代入上式得：

$$\left.\begin{aligned}&\{1\}^T\ [g]^T([K_e^{ll}]+[K_n^l])[g]\{1\}d\theta_p^l+\{1\}^T\ [g]^T[K_e^{lr}][g]\{1\}d\theta_p^r=\\ &\{1\}^T\ [g]^T[K_e^{ll}]\{d\delta^l\}+\{1\}^T\ [g]^T[K_e^{lr}]\{d\delta^r\}\\ &\{1\}^T\ [g]^T([K_e^{rr}]+[K_n^r])[g]\{1\}d\theta_p^r+\{1\}^T\ [g]^T[K_e^{rl}][g]\{1\}d\theta_p^l=\\ &\{1\}^T\ [g]^T[K_e^{rr}]\{d\delta^r\}+\{1\}^T\ [g]^T[K_e^{rl}]\{d\delta^l\}\end{aligned}\right\} \tag{9.1.61}$$

由此可解得：

$$\begin{Bmatrix} d\theta_p^l \\ d\theta_p^r \end{Bmatrix} = \begin{bmatrix} k^{ll} & k^{lr} \\ k^{rl} & k^{rr} \end{bmatrix}^{-1} \begin{bmatrix} [H^{ll}] & [H^{lr}] \\ [H^{rl}] & [H^{rr}] \end{bmatrix} \begin{Bmatrix} \{d\theta^l\} \\ \{d\theta^r\} \end{Bmatrix} \tag{9.1.62}$$

$$\left.\begin{aligned} k^{ll} &= \{1\}^T[g]^T([K_e^{ll}]+[K_n^l])[g]\{1\}, \quad k^{lr} = \{1\}^T[g]^T[K_e^{lr}][g]\{1\} \\ k^{rr} &= \{1\}^T[g]^T([K_e^{rr}]+[K_n^r])[g]\{1\}, \quad k^{rl} = \{1\}^T[g]^T[K_e^{rl}][g]\{1\} \\ [H^{ll}] &= \{1\}^T[g]^T[K_e^{ll}], \quad [H^{lr}] = \{1\}^T[g]^T[K_e^{lr}] \\ [H^{rr}] &= \{1\}^T[g]^T[K_e^{rr}], \quad [H^{rl}] = \{1\}^T[g]^T[K_e^{rl}] \end{aligned}\right\} \tag{9.1.63}$$

令

$$[G] = \begin{bmatrix} [g] & [0] \\ [0] & [g] \end{bmatrix}, \qquad [E] = \begin{bmatrix} [1] & [0] \\ [0] & [1] \end{bmatrix} \tag{9.1.64}$$

$$[L^{lr}] = \begin{bmatrix} k^{ll} & k^{lr} \\ k^{rl} & k^{rr} \end{bmatrix}^{-1} \tag{9.1.65}$$

则由式（9.1.45）、式（9.1.62）、式（9.1.63）可得：

$$\{d\delta_p\} = [G][E][L^{lr}][E]^T[G]^T[K_e]\{d\delta\} \tag{9.1.66}$$

将式（9.1.43）、式（9.1.66）代入式（9.1.50）可得：

$$\{df\} = ([K_e] - [K_e][G][E][L^{lr}][E]^T[G]^T[K_e])\{d\delta\} \tag{9.1.67}$$

由此得到杆件两端均屈服时的弹塑性刚度矩阵为：

$$[K_p] = [K_e] - [K_e][G][E][L^{lr}][E]^T[G]^T[K_e] \tag{9.1.68}$$

（2）杆件仅 l 端屈服

$$d\theta_p^l \neq 0, d\theta_p^r = 0 \tag{9.1.69}$$

此时，由式（9.1.58）、式（9.1.61）可得：

$$\begin{aligned} &\{1\}^T[g]^T([K_e^{ll}]+[K_n^l])[g]\{1\}d\theta_p^l \\ &= \{1\}^T[g]^T[K_e^{lr}]\{d\delta^r\} + \{1\}^T[g]^T[K_e^{ll}]\{d\delta^l\} \end{aligned} \tag{9.1.70}$$

$$d\theta_p^l = \frac{1}{k^{ll}}(\{1\}^T[g]^T[K_e^{ll}]\{d\delta^l\} + \{1\}^T[g]^T[K_e^{lr}]\{d\delta^r\}) \tag{9.1.71}$$

写成矩阵形式为：

$$\begin{Bmatrix} d\theta_p^l \\ d\theta_p^r \end{Bmatrix} = \begin{bmatrix} \frac{1}{k^{ll}} & 0 \\ 0 & 0 \end{bmatrix} \begin{bmatrix} [H^{ll}] & [H^{lr}] \\ [H^{rl}] & [H^{rr}] \end{bmatrix} \begin{Bmatrix} \{d\delta^l\} \\ \{d\delta^r\} \end{Bmatrix} \tag{9.1.72}$$

令

$$[L^l] = \begin{bmatrix} \frac{1}{k^{ll}} & 0 \\ 0 & 0 \end{bmatrix} \tag{9.1.73}$$

则同样可得杆件仅 l 端屈服时的弹塑性刚度矩阵为：

$$[K_p] = [K_e] - [K_e][G][E][L^l][E]^T[G]^T[K_e] \tag{9.1.74}$$

（3）杆件仅 r 端屈服

$$d\theta_p^l = 0, d\theta_p^r \neq 0 \tag{9.1.75}$$

类似地，令

$$[L^{r}]=\begin{bmatrix}0 & 0\\ 0 & \dfrac{1}{k^{rr}}\end{bmatrix} \tag{9.1.76}$$

则同样可得杆件仅 r 端屈服时的弹塑性刚度矩阵为：

$$[K_{p}]=[K_{e}]-[K_{e}][G][E][L^{r}][E]^{T}[G]^{T}[K_{e}] \tag{9.1.77}$$

综上所述，杆件的弹塑性刚度矩阵恒可表示为：

$$[K_{p}]=[K_{e}]-[K_{e}][G][E][L][E]^{T}[G]^{T}[K_{e}] \tag{9.1.78}$$

其中矩阵［L］分别按下列情形确定：

杆件两端均未屈服

$$[L]=\begin{bmatrix}0 & 0\\ 0 & 0\end{bmatrix} \tag{9.1.79}$$

杆件仅 l 端屈服

$$[L]=\begin{bmatrix}\dfrac{1}{k^{ll}} & 0\\ 0 & 0\end{bmatrix} \tag{9.1.80}$$

杆件仅 r 端屈服

$$[L]=\begin{bmatrix}0 & 0\\ 0 & \dfrac{1}{k^{rr}}\end{bmatrix} \tag{9.1.81}$$

杆件两端均屈服

$$[L]=\begin{bmatrix}k^{ll} & k^{lr}\\ k^{rl} & k^{rr}\end{bmatrix}^{-1} \tag{9.1.82}$$

9.2 非线性问题的数值解法

对于非线性静力问题，求解非线性方程组的方法有迭代法和增量法。对于非线性动力问题，求解方法有数学规划法和数值积分法。

数值积分法要求在每一个增量步内进行结构的变形形态判断，识别各构件的力学状态，及时修改刚度阵。数学规划法则避免了刚度阵的修正，代之以抵抗塑性变形的自平衡力的计算。目前最常用的方法仍然是数值积分方法。

无论是层间模型还是杆系模型，都要利用二阶微分方程式（9.0.1），将其改写成式（9.2.1）。

$$[M]\{\ddot{u}\}+[C]\{\dot{u}\}+[K]\{u\}=-[M]\{\ddot{u}_{g}(t)\} \tag{9.2.1}$$

对于整个加载过程，刚度阵［K］为非线性的，但是如果将式（9.2.1）改写成增量方程的形式，则在逐步积分的每一个增量步内可以将［K］当作线性矩阵，从而简化了计算。式（9.2.1）的增量形式如下式所示。

$$[M]\{\mathrm{d}\ddot{u}\}+[C]\{\mathrm{d}\dot{u}\}+[K]\{\mathrm{d}u\}=-[M]\{\mathrm{d}\ddot{u}_{g}(t)\} \tag{9.2.2}$$

9.2.1 非线性阻尼阵的处理

从式（9.2.2）中可以看出，求解非线性方程的核心问题在于对非平衡力的处理，目的是要在每一个增量步内寻找一组位移向量｛u｝使得非平衡力为零。问题的另一个难点在于阻尼阵［C］的处理，为此有如下三种方法：

（1）假定高振型的阻尼较小，认为阻尼阵与质量阵成正比：

$$[C]=\alpha[M] \tag{9.2.3}$$

（2）假定阻尼随频率的提高而加大，阻尼阵与刚度阵成正比：

$$[C]=\beta[K] \tag{9.2.4}$$

（3）Releigh 阻尼假定，认为阻尼$[C]$为$[M]$、$[K]$的函数，即：

$$[C]=\alpha[M]+\beta[K] \tag{9.2.5}$$

为了计算 α 及β，利用模态分析所得到的前二阶圆频率及阻尼比。

$$\alpha+\beta\omega_1^2=2\omega_1\xi_1 \tag{9.2.6}$$

$$\alpha+\beta\omega_2^2=2\omega_2\xi_2 \tag{9.2.7}$$

联立求解可得：

$$\begin{cases}\alpha=\dfrac{2(\omega_2^2\omega_1\xi_1-\omega_1^2\omega_2\xi_2)}{(\omega_2^2-\omega_1^2)}\\[2ex]\beta=\dfrac{2(\omega_2\xi_2-\omega_1\xi_1)}{(\omega_2^2-\omega_1^2)}\end{cases} \tag{9.2.8}$$

9.2.2 结构静力非线性方程组的解法

静力非线性问题可写为：

$$\bar{K}(\bar{U})\bar{U}=\bar{P} \tag{9.2.9}$$

求解非线性方程的算法是将其线性化，主要有两种方法，即迭代法和增量法。迭代法比较有代表性的是牛顿-拉夫生（Newton-Raphson）算法，增量法比较有代表性的是欧拉-柯西（Euler-Cauchy）算法。

1. 牛顿-拉夫生（Newton-Raphson）算法

定义非平衡力：

$$\bar{F}(\bar{U})=\bar{R}(\bar{U})-\bar{P} \tag{9.2.10}$$

内部节点力向量 $\bar{R}$ 是结构位移向量的函数。

$$\bar{R}(\bar{U})=\bar{K}(\bar{U})\bar{U} \tag{9.2.11}$$

式中：$\bar{K}(\bar{U})$ 为割线刚度阵。利用 Taylor 公式在第 n 个增量步内按照 $\bar{U}_n$ 展开，同时注意到在每一个增量步内，非平衡力为 0，可得：

$$\bar{F}(\bar{U}_{n+1})=\bar{F}(\bar{U}_n)+\left[\frac{\partial\bar{F}(\bar{U})}{\partial\bar{U}}\right]_n(\Delta\bar{U}_n)=0 \tag{9.2.12}$$

其中

$$\bar{U}_{n+1}=\bar{U}_n+\Delta\bar{U}_n \tag{9.2.13}$$

由于三类非线性问题中除了边界非线性中的 $\bar{P}$ 为 $\bar{U}$ 的函数外，对于材料非线性和几何非线性来说，$\bar{P}$ 与 $\bar{U}$ 无关。因此对于材料非线性和几何非线性问题来说，利用式（9.2.9）及式（9.2.10）可得：

$$\left[\frac{\partial\bar{F}(\bar{U})}{\partial\bar{U}}\right]_n=\left[\frac{\partial\bar{R}(\bar{U})}{\partial\bar{U}}\right]_n=\bar{K}(\bar{U}_n) \tag{9.2.14}$$

上式中，很明显 $\bar{K}(\bar{U}_n)$ 为切线刚度阵。由式（9.2.11）及式（9.2.13）可得：

$$(\Delta\bar{U}_n) = -(\bar{K}(\bar{U}_n))^{-1}\bar{F}(\bar{U}_n) \tag{9.2.15}$$

利用式（9.2.9）及式（9.2.10）可得：

$$\bar{K}(\bar{U}_n)\Delta\bar{U}_n - \bar{P} = 0 \tag{9.2.16}$$

从而有

$$\Delta\bar{U}_n = (\bar{K}(\bar{U}_n))^{-1}\bar{P} \tag{9.2.17}$$

式（9.2.16）即为 Newton-Raphson 迭代公式。但是，在荷载增量步的每一次迭代中，都要根据结构的变形而重新修改刚度阵并作三角形分解。对于一个大型结构来说，三角化过程要占用大量的时间，此时可以将式（9.2.16）中的 $\bar{K}(\bar{U}_n)$ 变换为某一不变的刚度阵如 $\bar{K}(\bar{U}_0)$，于是就得到修正的 Newton-Raphson 公式，即：

$$\Delta\bar{U}_n = (\bar{K}(\bar{U}_0))^{-1}\bar{P} \tag{9.2.18}$$

Newton-Raphson 迭代公式及修正的 Newton-Raphson 公式求解非线性方程的过程如图 9.2.1 和图 9.2.2 所示。

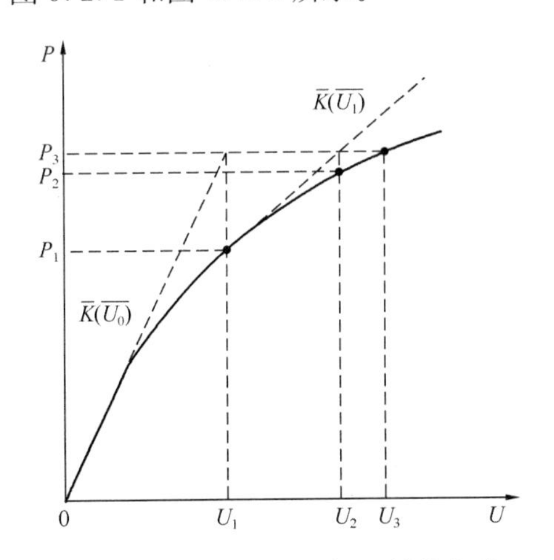

图 9.2.1　Newton-Raphson 迭代公式

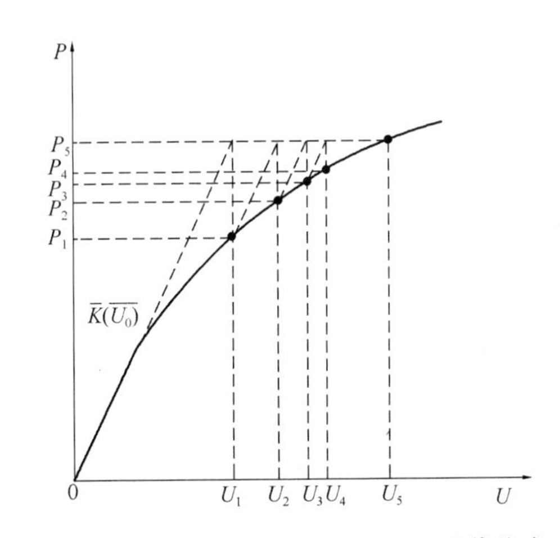

图 9.2.2　修正的 Newton-Raphson 迭代公式

图中：（P，U）点为求解的目标点，假定迭代初值为（0，0）。

2. 欧拉-柯西（Euler-Cauchy）算法

选取一个不变的参考荷载 $\bar{P}_0$，定义荷载变化系数为：

$$\bar{P} = \lambda\bar{P}_0 \tag{9.2.19}$$

于是有

$$\bar{F}(\bar{U}) = \bar{R}(\bar{U}) - \lambda\bar{P}_0 = 0 \tag{9.2.20}$$

将式（9.2.19）对 λ 微分，则

$$\frac{\partial\bar{R}(\bar{U})}{\partial\bar{U}}\frac{\mathrm{d}\bar{U}}{\mathrm{d}\lambda} - \bar{P}_0 = \{0\} \tag{9.2.21}$$

利用式（9.2.13），并将式（9.2.20）两端同乘以 dλ，则

$$\bar{K}(\bar{U})\mathrm{d}\bar{U} = \mathrm{d}\lambda\bar{P}_0 = \mathrm{d}\bar{P} \tag{9.2.22}$$

从而有

$$\mathrm{d}\bar{U} = (\bar{K}(\bar{U}))^{-1}\mathrm{d}\bar{P} \tag{9.2.23}$$

写成增量形式，则

$$\Delta\bar{P}_i = \Delta\lambda_i\bar{P}_0 \tag{9.2.24}$$

$$\Delta\bar{U}_i = (\bar{K}(\bar{U}_i))^{-1}\Delta\bar{P}_i \tag{9.2.25}$$

$$\bar{U}_{i+1} = \bar{U}_i + \Delta\bar{U}_i \tag{9.2.26}$$

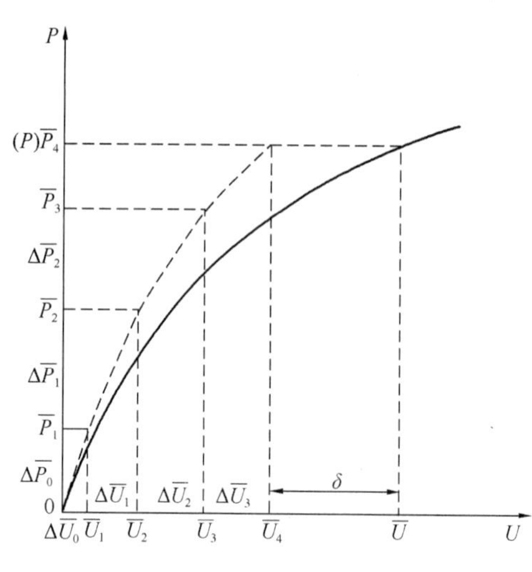

图 9.2.3 Euler-Cauchy 公式求解过程

式（9.2.25）即为 Euler-Cauchy 公式。运用 Euler-Cauchy 公式求解非线性方程的过程如图 9.2.3 所示。

迭代的目标点是（P，U）点，当 P_i 沿 P 坐标达到 P 值时，如果 $\delta \leqslant$ 容许误差，则求解过程结束，否则修改迭代步长，继续进行迭代过程直至满足 $\delta \leqslant$ 容许误差。

9.2.3 收敛准则

采用迭代方法求解非线性方程组时，必须在各个增量步中针对平衡路径给出一个收敛判据即容许误差范围，在迭代过程中如果结构进入了这一误差范围，则认为迭代已经收敛，于是终止本增量步的迭代过程。如果假定的误差过大，则计算出的结构平衡路径可能成为波浪形，而且以前迭代增量步中累计的误差较大并影响本增量步内的迭代过程，甚至导致最终计算结果不收敛。

目前，常用的收敛准则有三种：

1. 位移判据

$$\frac{\| \{\Delta U\}_{\mathrm{n}} \|}{\| \{U\}_{\mathrm{n}} \|} \leqslant \alpha_{\mathrm{D}} \tag{9.2.27}$$

其中范数 ‖ • ‖ 常取 Euclid 范数 $\| \cdot \|_2$，其定义为：

$$\| \{S\}_{\mathrm{n}} \|_2 = \left(\sum_{i=1}^{m} |S_{\mathrm{n}i}|^2\right)^{\frac{1}{2}} \tag{9.2.28}$$

式中：m 表示节点自由度总数；α_{D} 为收敛容差，常取为：

$$0.1\% \leqslant \alpha_{\mathrm{D}} \leqslant 5\% \tag{9.2.29}$$

当结构或构件硬化严重时，此时结构很小的变形将引起相当大的外部荷载。此外，当相邻两次迭代的位移增量范数之比跳动较大时，将把一个本来收敛的问题判定为不收敛。在此类情况下不能采用位移判据。

2. 非平衡力判据

$$\frac{\| \{ F(\bar{U}_n) \} \|}{\| \{ \bar{P} \} \|} \leqslant \alpha_D \tag{9.2.30}$$

式中：各函数的定义见式（9.2.18）、式（9.2.19）。

当结构或构件软化严重或材料为理想塑性时，结构在很小的荷载作用下将产生较大的变形，此时不能采用非平衡力判据作为收敛依据。

3. 能量判据

相比较而言，比较好的判据是能量判据，因为它能同时控制位移增量和非平衡力，通过计算出迭代过程中内能的增量即非平衡力在位移增量上所作的功，并将其与初始内能增量相比较，即：

$$\frac{(\Delta \bar{U}_n)^T \bar{F}(\bar{U}_n)}{(\Delta \bar{U}_1)^T \bar{F}(\bar{U}_1)} \leqslant \alpha_D \tag{9.2.31}$$

9.2.4 结构动力问题的数值积分方法

数值积分法的原理是将时间划分为足够小的若干时间段，将上一时间段末计算出的结果作为本次时间段计算的初始条件，根据体系的运动方程，计算出本时间段内的刚度阵，并认为刚度阵在本时间段内保持不变，计算得本时间段末的结构反应，重复上述过程，使结构经过整个动力历程。

运动方程式（9.2.1）可写为增量形式：

$$[M]\{\Delta \ddot{u}\} + [C]\{\Delta \dot{u}\} + [K]\{\Delta u\} = -[M]\{\Delta \ddot{u}_g(t)\} \tag{9.2.32}$$

为简化起见，将上式中的非线性恢复力、阻尼力、惯性力函数曲线Δt时间段内的割线斜率以切线斜率代替，将造成非平衡力，非平衡力的处理将在下节进一步说明。

增量方程式（9.2.32）的求解方法有线性加速度法、中点加速度法以及 Wilson-θ 法等。

1. 线性加速度法

在实际计算过程中，线性加速度法应用较多，但是计算为有条件稳定，当Δt较大时，结果容易发散。假定 $\ddot{u}(t)$ 在时间段 Δt 中为线性变化的，则：

$$\Delta \dot{u}(t) = \ddot{u}(t)\Delta t + \Delta \ddot{u}(t)\frac{\Delta t}{2} \tag{9.2.33}$$

$$\Delta u(t) = \dot{u}(t)\Delta t + \ddot{u}(t)\frac{\Delta t^2}{2} + \Delta \ddot{u}(t)\frac{\Delta t^2}{6} \tag{9.2.34}$$

将增量位移 $\Delta u(t)$ 作为基本变量，则：

$$\Delta \ddot{u}(t) = \frac{6}{\Delta t^2}\Delta u(t) - \frac{6}{\Delta t}\dot{u}(t) - 3\ddot{u}(t) \tag{9.2.35}$$

$$\Delta \dot{u}(t) = \frac{3}{\Delta t}\Delta u(t) - 3\dot{u}(t) - \frac{\Delta t}{2}\ddot{u}(t) \tag{9.2.36}$$

将式（9.2.33）～式（9.2.36）代入式（9.2.32）得：

$$\Delta u(t) = \frac{-[M]\{\Delta \ddot{u}_g(t)\} + M[\frac{6}{\Delta t}\dot{u}(t) + 3\ddot{u}(t)] + C(t)[3\dot{u}(t) + \frac{\Delta t}{2}\ddot{u}(t)]}{K_T(t) + \frac{6}{\Delta t^2}M + \frac{3}{\Delta t}C(t)} \tag{9.2.37}$$

综上所述，线性加速度法首先利用式（9.2.37）求得 $\Delta u(t)$，然后依次求得 $\Delta\dot{u}(t)$、$\Delta\ddot{u}(t)$，再进行下一个时间段的计算。

2. 中点加速度法

中点加速度法与线性加速度法相比，结果稳定，对于长周期振型，结果不如线性加速度法精确，但完全满足工程要求。中点加速度法求解运动方程的基本思路就是假定 Δt_{i+1} 时间段内加速度保持不变，为 t_i 和 t_{i+1} 两时刻的加速度均值，可得以下关系式：

$$\ddot{u}=\frac{1}{2}(\ddot{u}_i+\ddot{u}_{i+1}) \tag{9.2.38}$$

$$\dot{u}_{i+1}=\dot{u}_i+\ddot{u}_i\frac{\Delta t_{i+1}}{2}+\ddot{u}_{i+1}\frac{\Delta t_{i+1}}{2} \tag{9.2.39}$$

$$u_{i+1}=u_i+\dot{u}_i\Delta t_{i+1}+\ddot{u}_i\frac{\Delta t_{i+1}{}^2}{4}+\ddot{u}_{i+1}\frac{\Delta t_{i+1}{}^2}{4} \tag{9.2.40}$$

整理以上三式可得 Δt_{i+1} 时间段内加速度增量、速度增量和位移增量的关系式为：

$$\Delta\dot{u}=\dot{u}_{i+1}-\dot{u}_i=-2\dot{u}_i+\Delta u\frac{2}{\Delta t_{i+1}} \tag{9.2.41}$$

$$\Delta\ddot{u}=\ddot{u}_{i+1}-\ddot{u}_i=-2\ddot{u}_i-\dot{u}_i\frac{4}{\Delta t_{i+1}}+\Delta u\frac{4}{\Delta t_{i+1}{}^2} \tag{9.2.42}$$

采用 Releigh 阻尼，将式（9.2.5）、式（9.2.41）、式（9.2.42）代入式（9.2.32）中，可得：

$$\left[\left(\frac{4}{\Delta t_{i+1}{}^2}+\frac{2\alpha}{\Delta t_{i+1}}\right)[M]+\left(\frac{2\beta}{\Delta t_{i+1}}+1\right)[K_T]\right]\cdot\{\Delta u\}=\{\Delta P\}+2\beta[K_T]\{\dot{u}_i\}+[M]\left\{2\ddot{u}_i+\frac{4}{\Delta t_{i+1}}\dot{u}_i+2\alpha\dot{u}_i\right\} \tag{9.2.43}$$

可计算得到 $\{\Delta u\}$，其余参数的计算过程同线性加速度法。

此外，还有 Wilson-θ 法，这是一种修正的线性加速度法，设加速度线性变化的范围扩大到计算步长 $\tau=\theta\Delta t$，当 $\theta>1.37$ 时为无条件稳定。

9.2.5 Push-over 计算方法

1. Push-over 计算方法原理

如上节所示，动力时程分析法对于研究在强烈地震作用下结构的非线性反应具有很明显的优点，但是计算过程复杂、耗时耗力。近年来，由于 Push-over 方法计算原理清晰，并且能在相当程度上给出强震作用下结构物的弹塑性反应情况，已经越来越得到工程界的认可。

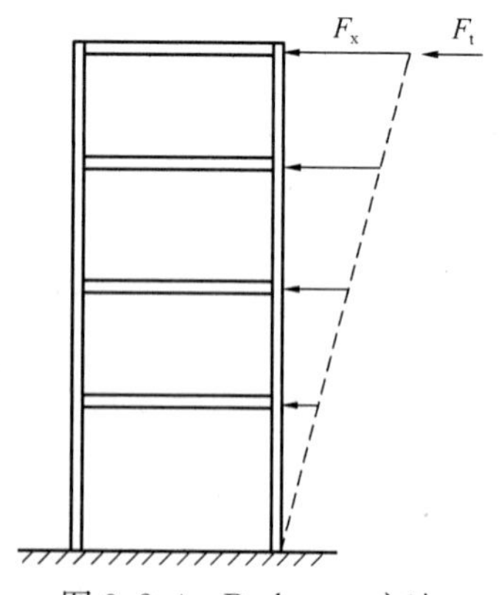

图 9.2.4 Push-over 方法

Push-over 计算方法主要用于对框架结构进行静力线性或非线性分析，一般采用塑性铰假定，并且假定塑性铰发生在整个截面而非截面的某一区段上。Push-over 的控制方法大体上有两种：一是倒塌控制，当结构物产生足够的塑性铰从而形成机构时停止分析；二是位移或荷载控制，当结构中的控制点按照假定的模态达到预先给定的位移或力时停止分析。

在分析过程中，假定某一地震位移反应模态，在结构上按高度在各层楼板的质量中心处施加水平分布荷载以代表地震作用产生的惯性力，荷载按照假定的模态单调增加，直到结构进入塑性，以某一框架为例，假定地震作用 F_x 沿框架高度线性分布，F_t 为附加于顶层的力，用以表示高阶模态对顶层的影响。F_x 从 0 开始单调增加直到达到某一事先定义好的侧向最大荷载，此时整个 Push-over 过程结束，因此无法考虑此后结构最大位移的发生情况。

2. Push-over 过程

（1）结构离散化

将实际结构离散化，求出结构在竖向荷载作用下的内力。按照弹性动力分析方法计算出结构的基本周期 T_i 及侧向刚度 K_i。

将离散化的结构转化为单自由度体系，将恢复力关系简化为两折线关系，求出该单自由度体系的屈服强度 V_y，将 V_y 的 60%作为底部剪力，求出此时体系的有效侧向刚度 K_{eff}，从而可以得到体系的有效基本周期：

$$T_{eff} = T_i \sqrt{\frac{K_i}{K_{eff}}} \tag{9.2.44}$$

（2）选择位移模态

所选定的控制点的目标位移应该能够代表设计地震作用下结构所能发生的最大变形，方法之一是可以根据弹塑性反应谱加以确定，如 FEMA 设计指针中的方法。也可以选取若干条有代表性的地震波，将其输入到简化后的单自由度体系中以求得控制点的目标位移。

（3）施加水平荷载

对于规则框架，水平力的分配可以按照以下公式进行。

$$F_x = C_{vx} V \tag{9.2.45}$$

式中：F_x 为楼层剪力；V 为底部剪力。

$$C_{vx} = \frac{W_x h_x^k}{\sum_{i=1}^{n} W_i h_i^k} \tag{9.2.46}$$

式中：n 为总层数；W 为楼层重力荷载；h 为楼层高度；k 的确定方法为：

$$\begin{aligned} &\text{当 } T_{eff} \leqslant 0.5\text{s 时，} k = 1.0 \\ &\text{当 } T_{eff} \geqslant 2.5\text{s 时，} k = 2.5 \end{aligned} \tag{9.2.47}$$

当 T_{eff} 为其他值时可以通过插值求得。

（4）单调增加水平荷载直到结构屈服，这一过程中应该将已经屈服的杆件从体系中如刚度阵中去掉。

（5）非对称结构

对于非规则框架来说，应在结构的两个方向施加侧向力，并取两者中最大变形及内力包络作为设计依据。

（6）复杂恢复力关系

对于梁单元来说，采用双分量假定，将整个梁单元划分成弹性梁、塑性梁两部分，如果不考虑轴向变形及梁截面两个方向上弯矩的耦合作用，塑性梁可以采用塑性铰假定及双线性恢复力模型，由于 Push-over 过程中荷载为单调增加而非循环加载的，因此不考虑刚度退化。

如果考虑轴向变形及梁截面两个方向上弯矩的耦合作用，则恢复力关系为四维空间上的超曲面，对于框架来说，屈服面方程可写为：

$$\left[\frac{M_i}{M_i^{\max}}\right]^2+\left[\frac{M_j}{M_j^{\max}}\right]^2+\left[\frac{T}{T^{\max}}\right]^2+[AF^2+BF+C]=1 \tag{9.2.48}$$

式中：$M_i^{\max}$、$M_j^{\max}$、$T^{\max}$ 分别为屈服面上相应弯矩及扭矩的最大值；A、B、C 为参数，可以取屈服面上最大拉伸屈服力、最大压缩屈服力、两个方向上弯矩及扭矩的最大值对应的轴力中任意三个计算得到。

由于计算方式明确，结果收敛稳定，目前 push-over 计算已整合于各类设计、计算软件中，在工程中得到广泛应用。

9.3 非平衡力及拐点的处理

1. 非平衡力的处理

造成非平衡力的主要原因有两个：一是由于计算过程中，将式（9.2.32）中非线性恢复力、阻尼力、惯性力函数曲线Δt 时间段内的割线斜率以切线斜率代替，二是在程序的时程计算中，假定每个时间段 Δt 中，结构刚度矩阵保持不变，以计算出个节点在 Δt 时间段内的位移增量。如果在 Δt 时间段内结构中所有单元的弹塑性状态都不发生改变，假定成立。如果在 Δt 时间段内结构中某些单元发生屈服或由屈服状态卸载恢复弹性，则这些单元根据已知的节点位移增量计算得到的杆端力增量将不等于程序计算所分配的外力，即结构的刚度将发生变化，结构变形实际承担的外力 $\{\Delta F_{nl}\}$ 与程序计算所分配的外力 $\{\Delta F_l\}=[K_{\mathrm{T}}]\{\Delta X\}$ 将不相等，增量动平衡方程不再成立。

为避免积分数步之后，由于这些不平衡力累积所造成的误差，程序在每积分一步后，计算出各单元的未平衡力之和 $\{\Delta F_{\mathrm{u}}\}=\{\Delta F_l\}-\{\Delta F_{nl}\}$，并加到下一步的外力增量中去。

2. 拐点的处理

所谓拐点，就是在体系的变形过程中，体系速度为零的点，在拐点处恢复力反向，体系的刚度发生很大的变化。

一般来说，在时程积分过程中，在某一个时间段 Δt 内，如果速度发生反向，则必须修改 Δt 步长以考虑拐点。此时步长由 Δt 修改为 $p\Delta t\ (0<p<1)$。

为了确定 p 值，可以采用对分法对 $u(t)$ 在$(t,t+\Delta t)$ 范围内求解令 $\dot{u}(t)=0$ 的点，也可以采用下述方法求解。

$$\dot{u}(t+pt)=\dot{u}(t)+\Delta\dot{u}(pt)=0 \tag{9.3.1}$$

$$\Delta\dot{u}(p\Delta t)=-\dot{u}(t)=\ddot{u}(t)(p\Delta t)+\frac{\ddot{u}(t)}{\Delta t}\frac{(p\Delta t)^2}{2} \tag{9.3.2}$$

从而求得新的计算步长 $p\Delta t$，如果仍然不满足 $\dot{u}(t+p\Delta t)=0$，可以重复上述过程，在 $(t,t+p\Delta t)$ 范围内求解新的 $p_{\mathrm{next}}\Delta t$，直到精度满足要求为止。

9.4 串联多自由度体系

目前，对结构动力反应计算多采用串联多自由度体系模型。

1. 多自由度运动方程

为了研究结构在地震作用下的动力反应，首先采取一定的假定，将结构离散化形成如下的微分方程：

$$[M]\{\ddot{u}(t)\}+[C]\{\dot{u}(t)\}+\{f(u(t))\}=-[M]\{\ddot{u}_{g}(t)\} \tag{9.4.1}$$

式中：$u(t)$ 为相对位移向量；$[M]$ 为质量阵；$[C]$ 为阻尼阵；$\{f(u(t))\}$ 为与加载历史有关的非线性内力。

由于所采用的简化模型不同，建立基本刚度阵的方法也有所区别。

为了求解该方程，将反应过程按照一定的时间步长离散，在每一个时间步长内假定为线性问题，该步长内的刚度性质由该时段开始时的变形条件确定，从而逐步形成结构的总体刚度阵，即 9.2 节中的逐步积分法，可以采用线性加速度法或以线性加速度法为基础改进的中点加速度法或 Wilson-θ 法。

2. 单元模型的选取

根据问题的不同需要采用层间模型或杆系模型。

（1）层间剪切模型

这种模型是目前使用最多的时程分析法的计算结构模型。其总体思路是假设刚性楼板即不考虑出平面自由度，每层形成一个集中质量、一个平面内自由度，得到的计算结果是层间综合剪力和层间综合剪切位移的弹塑性关系。其主要特点是：

1）每个楼层的全部柱子及墙体合并组成一个总的层间平均抗剪构件，采用一个恢复力曲线来确定弹塑性恢复力，可以求出综合的初始刚度、开裂层间剪力、屈服层间剪力及开裂后刚度降低系数。

初始刚度按照武藤清的 D 值法确定，屈服层间剪力为：

$$V_{\mathrm{y}}=\sum(V_{\mathrm{y}}^{柱}+V_{\mathrm{y}}^{墙}) \tag{9.4.2}$$

式中：$V_{\mathrm{y}}^{柱}$、$V_{\mathrm{y}}^{墙}$ 分别为该层柱或墙的等效层间屈服剪力。

开裂层间剪力为：

$$V_{\mathrm{c}}=average\left(\frac{M_{\mathrm{c}}}{M_{\mathrm{E}}}V_{\mathrm{E}}\right) \tag{9.4.3}$$

式中：M_{c}、M_{E}、V_{E} 分别为该层各柱或墙的开裂弯矩、弹性弯矩及剪力。

层开裂后刚度降低率可采用各构件开裂后刚度降低率的平均值。

2）刚度阵和阻尼阵均为三对角阵。

3）计算量较少。由于这一模型忽略了楼层转动自由度的影响，因而对于低矮的建筑物或梁柱刚度比较大的结构较为合理，但对于高层建筑，由于不能忽略弯曲变形的影响，因而不能采用层间剪切模型。

（2）层间弯剪模型

这种模型是在层间剪切模型的基础上，引进了弯曲弹簧刚度，用以表示上、下层侧向位移的相互关系。

层间剪力可用剪切弹簧力 $Q_{\mathrm{s}i}$ 和弯曲弹簧力 $Q_{\mathrm{b}i}$ 表示。

$$\left.\begin{aligned}Q_{1}&=Q_{\mathrm{s}1}+b_{1}Q_{\mathrm{b}1}\\Q_{i}&=Q_{\mathrm{s}i}-a_{i-1}Q_{\mathrm{b}i-1}+b_{i}Q_{\mathrm{b}i}\\&\quad(i=2\sim n-1)\\Q_{\mathrm{n}}&=Q_{\mathrm{sn}}-a_{\mathrm{n}-1}Q_{\mathrm{bn}-1}\end{aligned}\right\} \tag{9.4.4}$$

式中：$a_i + b_i = 1$。

$$\frac{a_i}{b_i} = \frac{u_i}{u_{i+1}} \tag{9.4.5}$$

式中：u_i 为剪切模型中 i 层的层间位移。

（3）杆系模型

这种模型以构件作为基本分析单元，将梁、柱简化为以中性轴表示的无质量杆，将质量集中于各节点，利用构件连接处的变形协调条件建立各构件变形关系，如 9.1.2 节中所述。再利用构件的恢复力特性集成整个结构的弹塑性刚度。然后采用数值积分方法对结构进行地震反映分析。

它通常是由带刚域的线性杆件所组成的等效平面框架结构，其主要特点是：

1）取框架的每个杆件作为计算的基本构件，弹塑性分析时，除需要弹性分析时的杆件刚度外，还要每个杆端的开裂弯矩、屈服弯矩和体现弹塑性状态的状态参数。

2）每个楼层的侧移只有一个，但每个节点有三个自由度，不考虑梁的轴向变形。

3）可求出地震作用下每个杆件进入开裂或屈服的先后次序和程度。

其刚度阵的集成过程如下：

1）根据不同的杆件模型（如单分量模型、双分量模型）形成单元刚度阵。将杆件的单元刚度阵通过坐标变换由局部坐标转到整体坐标下。

2）将单元刚度按顺序排列成 $5n-2$ 阶对角阵（n 为柱子数）：

$$[\widetilde{K}_i] = Diag[K_{i1}^{c}, K_{i2}^{c}, \cdots, K_{in}^{c}, K_{i1}^{G}, K_{i2}^{G}, \cdots, K_{in-1}^{G}] \tag{9.4.6}$$

式中：c 表示柱子；上标 G 表示梁，$Diag$ 表示对角阵。

3）建立杆件变形与层间单元节点位移之间的转换阵 $[A_i]$，从而形成层间刚度阵。

$$[K_i] = [A_i]^{T}[\widetilde{K}_i][A_i] \tag{9.4.7}$$

9.5 平面框架体系

目前，虽然设计、计算软件综合集成了以往的研究成果，无需手工择取，但是对于设计人员来说，在一定程度上了解计算原理仍有着重要意义。

9.1 节中给出了钢筋混凝土结构和钢结构的恢复力特性，对于平面框架来说，具有以下特点：

①框架由梁柱两类受力构件组成，梁主要承受弯曲、剪切作用，柱承受弯曲、剪切、轴力作用；

②梁、柱构成的框架抵抗侧向力；

③忽略几何大变形的影响；

④杆件之间为刚性连接或铰接。

将平面框架离散化，大体上可分为层间模型和杆系模型两类。

（1）层间剪切模型

这种模型以武藤清的 D 值法为主要代表，假设刚性楼板，即不考虑出平面自由度，每层形成一个集中质量、一个自由度，得到的计算结果是层间综合剪力和层间综合剪切位移的弹塑性关系。

（2）层间弯剪模型

这种模型是在层间剪切模型的基础上，引进了弯曲弹簧刚度，用以表示上、下层侧向位移的相互关系。

（3）杆系模型

这种模型以构件作为基本分析单元，将梁、柱简化为以中性轴表示的无质量杆，将质量集中于各节点，利用构件连接处的变形协调条件建立各构件变形关系，如 9.1.2 节中所述。再利用构件的恢复力特性集成整个结构的弹塑性刚度，然后采用数值积分方法对结构进行地震反映分析。

杆件的非线性化主要有 Clough 的双分量模型、青山博之的三分量模型、Giberson 的单分量模型等。

下面以 Clough 的双分量模型加以说明。

所谓双分量模型，即认为杆件由平行的两部分组成，一部分为理想弹塑性杆件，当杆端弯矩超过该杆的屈服弯矩时，在该杆端形成塑性铰；另一部分为无限弹性杆件，双分量模型如图 9.5.1 所示。

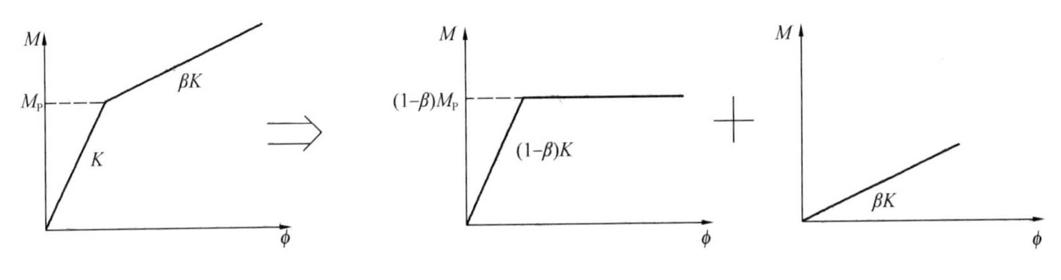

图 9.5.1　双分量模型

弹性梁在任何情况下都保持刚度 βK，β 为刚度退化因子，其弯矩增量与转角增量的关系为：

$$\Delta M_i = \beta K(\Delta\phi_i + 0.5\Delta\phi_j) \tag{9.5.1}$$

构件的弯矩-转角关系可写为：

$$\begin{Bmatrix} \Delta M_i \\ \Delta M_j \end{Bmatrix} = \begin{bmatrix} S_{ii} & S_{ij} \\ S_{ij} & S_{jj} \end{bmatrix} \begin{Bmatrix} \Delta\phi_i \\ \Delta\phi_j \end{Bmatrix} \tag{9.5.2}$$

Clough 模型本构关系参数　　　**表 9.5.1**

	S_{ii}	S_{ij}	S_{jj}
i、j 端均无塑性铰	aK	bK	aK
塑性铰在 i 端	$a\beta K$	$b\beta K$	$\left[a-(1-\beta)\dfrac{b^2}{a}\right]K$
塑性铰在 j 端	$\left[a-(1-\beta)\dfrac{b^2}{a}\right]K$	$b\beta K$	$a\beta K$
i、j 端均出现塑性铰	$a\beta K$	$b\beta K$	$a\beta K$

注：$a=\dfrac{2+\gamma}{1+2\gamma}$；$b=\dfrac{1-\gamma}{1+2\gamma}$；$K=\dfrac{2EI}{l}$；$\gamma=\dfrac{6EI}{AGl^2}$；$A$ 为杆件截面面积；l 为杆件计算长度。

9.6　高层建筑偏心支撑钢框架

随着社会经济的发展，钢结构以其内在的优良抗震性能，在建筑中尤其是超高层建筑中得到越来越多应用。其主要的结构形式有抗弯框架（纯框架）、中心支撑框架和偏心支撑框架等（如图 9.6.1 所示）。其中，抗弯框架（图 9.6.1*a*）具有较大的延性和一定的耗能能力——其耗能主要是通过梁端塑性弯曲铰的非弹性变形来实现的，但这种结构形式的刚度较低。中心支撑框架（图 9.6.1*b*）在小震作用下有着很好的性能，主要是由于它具有较大刚度和强度，但在大震作用下，支撑易屈曲失稳，造成刚度及耗能能力急剧下降，直接影响结构的整体性能。偏心支撑框架（图 9.6.1*c*）是一种比较理想而经济的结构形式，它的支撑至少有一端偏离梁柱节点，而是直接连在梁上，则支撑与柱之间的一段梁即为耗能连梁，如图 9.6.1（*c*）的 d_i 段。这种形式的框架较好地结合了前两者的长处，与抗弯框架相比，它每层加有支撑，具有更大的抗侧刚度及极限承载力。与中心支撑框架相比，它在支撑的一端有耗能连梁，在大震作用下，耗能连梁在巨大剪力作用下，先发生剪切屈服，从而保证支撑的稳定，使得结构的延性好，滞回环稳定，具有良好的耗能能力。近年来，偏心支撑钢框架由于其固有的优良抗震性能，在美国的高烈度地震区，已被数十栋高层建筑采用作为主要抗震结构。

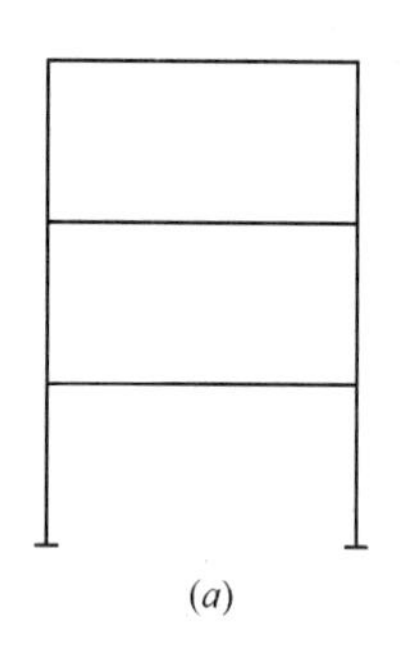
(*a*)

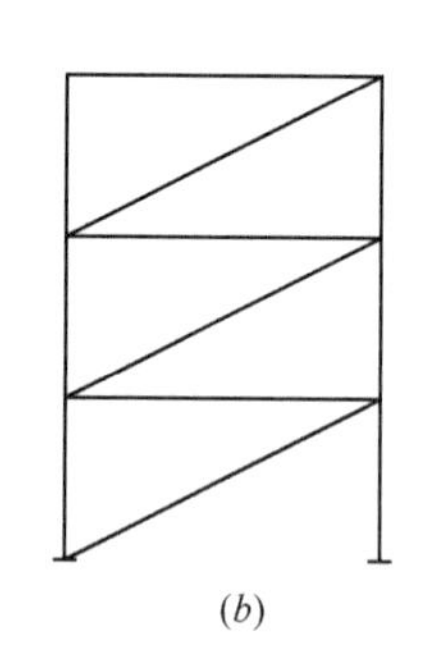
(*b*)

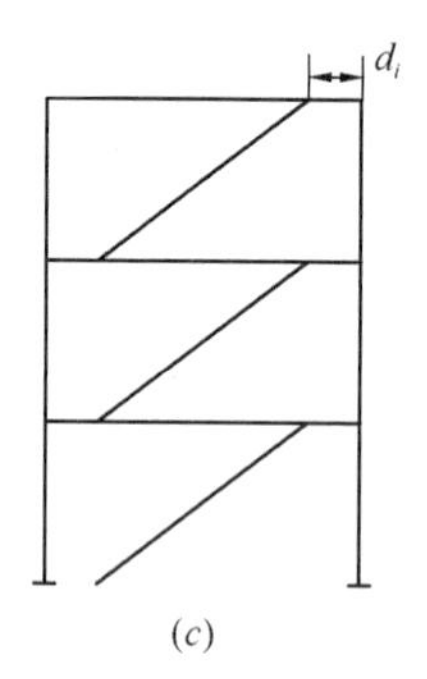

(*c*)

图 9.6.1　几种不同的框架形式

（*a*）纯框架结构；（*b*）中心支撑框架结构；（*c*）偏心支撑框架

9.6.1　偏心支撑框架中耗能连梁的弹塑性性能

偏心支撑框架体系的性能很大程度上取决于耗能连梁。耗能连梁不同于普通的梁，其跨度小，高跨度比大，轴力相对较小，但承受着较大的剪力和弯矩。其屈服形式、剪力 V 和弯矩 M 的相互关系以及屈服后的性能均较复杂。

1. 耗能连梁的理想弹塑性性能

在复杂应力作用下，材料进入塑性状态时的关系式很复杂。对于同时承受较大剪力和弯矩的耗能连梁，在不同的假定条件下，能推导出不同的关系式。Neal 给出了一种简化了的（M-V）相互作用关系曲线图，如图 9.6.2（*a*）所示，其曲线可近似地用式（9.6.1）、式（9.6.2）表示。图 9.6.2（*a*）中的曲线表示，当截面的 M、V 坐标点在曲线内时，截面仍处于弹性状态；当坐标点到达曲线时，截面进入塑性状态。此时如果 $M > M_p^*$，相当于长梁，塑性流在弯矩方向上的梯度大，可近似看作形成弯曲铰；如果 $M < M_p^*$，塑性流在剪切方向上的梯度大，可近似看作形成剪切铰。

$$V \approx V_p \qquad (M \leqslant M_p^*) \tag{9.6.1}$$

$$\left(\frac{M-M_p^*}{M_p-M_p^*}\right)^2+\left(\frac{V}{V_p}\right)^2=1 \qquad (M \geqslant M_p^*) \tag{9.6.2}$$

对于工字型截面梁

$M_p = \sigma_y Z$　　（塑性极限弯矩）

$M_p^* = \sigma_y (d-t_f)(b_f-t_w)t_f$　　（剪力作用下的塑性极限弯矩）

$V_p = \frac{\sigma_y}{\sqrt{3}}(d-t_f)t_w$　　（塑性极限剪力）

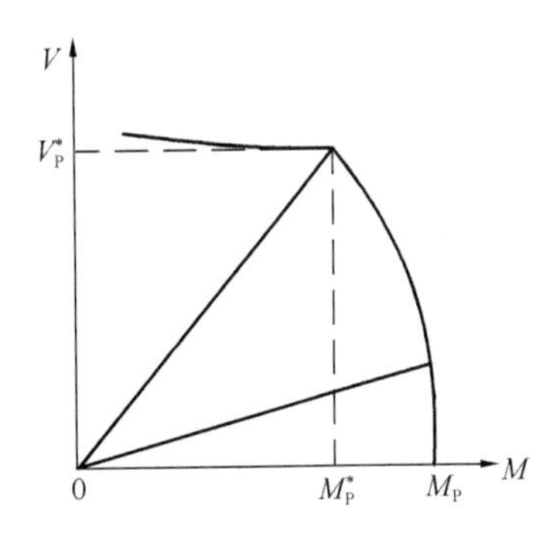

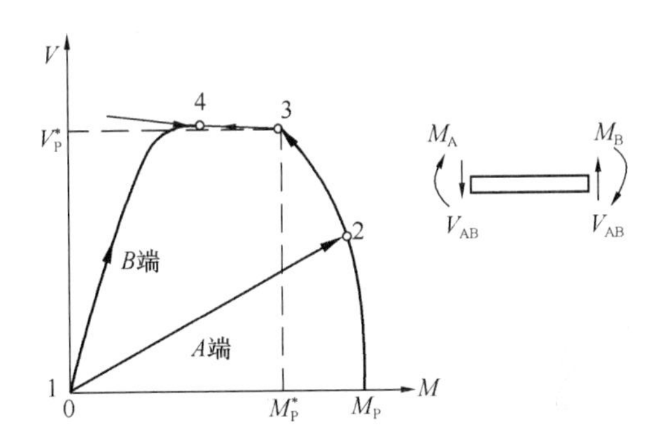

图 9.6.2　耗能连梁理想的弹塑性模型

(*a*) *M*、*V* 相互作用关系；(*b*) V_{AB}、M_A、M_B 三者由弹性进入塑性的变化过程

图 9.6.2 (*b*) 表示一耗能连梁典型的理想弹塑性性能。当 *A* 端状态由 1 点到 2 点，即到达相互作用曲线时，*A* 截面先进入塑性。由于此时 $V_{AB} < V_p$，则外力作用下剪力 V_{AB} 可能将继续增大，而 M_A 将减少，由于剪力与弯矩的静力关系，另一端弯矩 M_B 将增大。当 *A* 端状态到达 3 点时，V_{AB} 等于 V_p^*，此后剪力 V_{AB} 基本保持不变，M_A 急剧减少，M_B 继续增大。当到达 4 点时，进入极限状态；此时，$V_{AB} \approx V_p$，$M_A = M_B$。

2. 建议的屈服模型

上述的理论推导以及在其基础上建立起来的简化公式不能很好地解释一些试验现象，应用在分析中也较为困难。大量试验表明，工字型耗能连梁屈服时，弯矩与剪力的相互影响并不明显，并且剪切屈服后的耗能连梁由于应变硬化效应剪切承载能力将继续增加，而弯曲屈服后的梁端弯矩将保持不变。因此采用了图 9.6.3 (*a*) 中简化了的弯矩-剪力相互作用关系曲线。

如图 9.6.3 (*b*) 所示为梁的几种可能屈服及塑性铰出现顺序[5]。情况 1 对应的连梁长度很短，连梁发生剪切屈服后，由于应变硬化效应，剪力继续增大。但由于梁长度很短，当连梁发生破坏时，两端仍未发生弯曲屈服。情况 2 对应的连梁长度较短，连梁先发生剪切屈服。由于应变硬化效应，剪切承载力继续增加，同时两端弯矩继续增加。由于梁长度较短，当梁剪切变形超过极限变形时，只有一端发生了弯曲屈服。情况 3 对应一般的连梁，梁先发生剪切屈服后，剪力及两端弯矩仍继续增加，并且两端先后发生弯曲屈服，进入极限状态。情况 4 对应梁较长，梁在一端先发生弯曲屈服，然后出现剪切铰，直到另一端也发生弯曲屈服。情况 5 对应于长梁，在极限状态，梁只在两端发生弯曲屈服。在偏心支撑体系的塑性设计中，应合理地选择连梁长度，最好使其长度对应于情况 3。

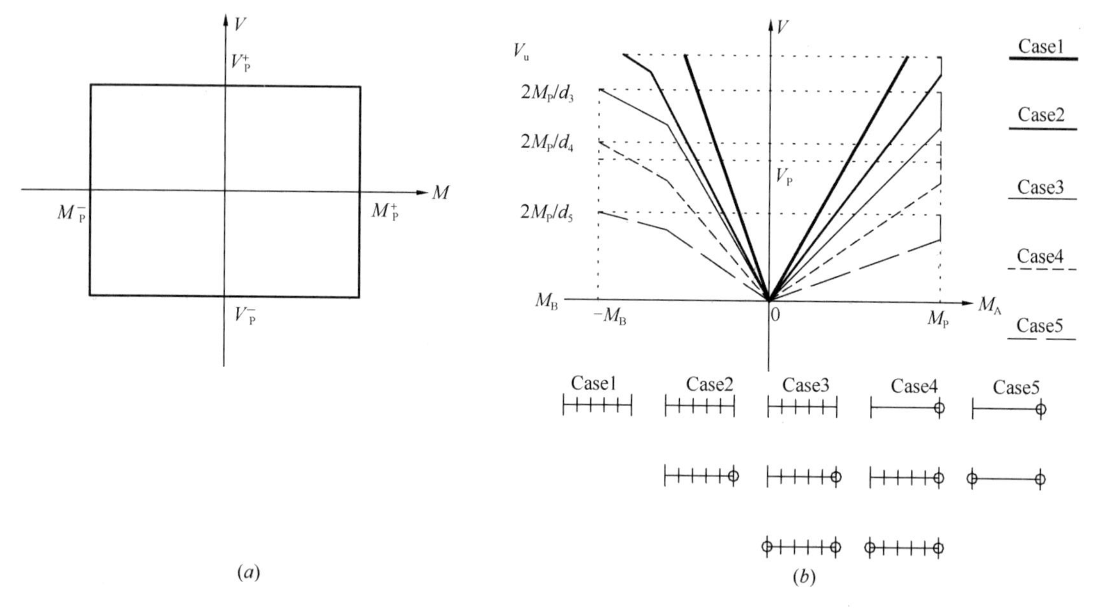

图 9.6.3 耗能连梁的简化弹塑性模型

(*a*) 简化的 *M*、*V* 相互作用关系；(*b*) 塑性铰的形成过程

3. 耗能连梁在不同屈服状态下的耗能计算方法

在偏心支撑框架体系中，主要是利用耗能连梁的塑性变形来吸收能量。在不同的屈服状态下其耗能计算方法也不一样。

(1) 剪切屈服并且两端都弯曲屈服时[5]（如图 9.6.4*a* 所示）

$$W_I = M_A\theta'_A + M_B\theta'_B + V_{AB}\gamma_{AB}d \tag{9.6.3}$$

式中：θ'_A、θ'_B 分别为 *A* 端和 *B* 端的转角；*d* 为梁的长度；γ_{AB} 为梁的剪切变形角；V_{AB} 为极限状态下连梁中的剪力，即应变硬化后的剪力，$V_{AB} = (M_A + M_B)/d > V_P$。将 V_{AB} 代入上式后，整理得：

$$W_I = M_A(\theta'_A + \gamma_{AB}) + M_B(\theta'_B + \gamma_{AB}) = M_A\theta_A + M_B\theta_B \tag{9.6.4}$$

式中：θ_A、θ_B 分别为 *A* 端和 *B* 端变形角。

(2) 剪切屈服并且其中一端发生弯曲屈服时[5]（假设 *A* 端屈服，如图 9.6.4*b* 所示）

$$W_I = M_A(\theta'_A - \theta'_B) + V_{AB}(\theta'_B d + \Delta) = M_A\theta_A + V_{AB}d\gamma_{AB} \tag{9.6.5}$$

式中：θ'_A 为 *A* 端的转角；θ'_B 为 *B* 端的转角；Δ 为连梁两端的相对竖向位移；θ_A 为 *A* 端实际的塑性变形角。

(3) 剪切屈服但两端都未发生弯曲屈服（如图 9.6.4*c* 所示）

$$W_I = V_{AB}\gamma_{AB}d = V_{AB}\Delta \tag{9.6.6}$$

9.6.2 弹塑性时程分析程序

已有的平面结构弹塑性时程分析程序适用范围小，功能有限，无法对高层钢结构中的一些新型构件单元进行有效地模拟计算。为了准确的把握偏心支撑框架结构的地震反应，不仅需要模拟计算由梁、柱等常见单元组成的结构体系，还应该计算包括耗能连梁等新型单元的偏心支撑框架。在弹塑性时程分析程序中关于耗能连梁单元的屈服模型采用了前述的简化屈服模型，即弯矩与剪力并不相互影响，有弯曲屈服和剪切屈服两种屈服形式。在

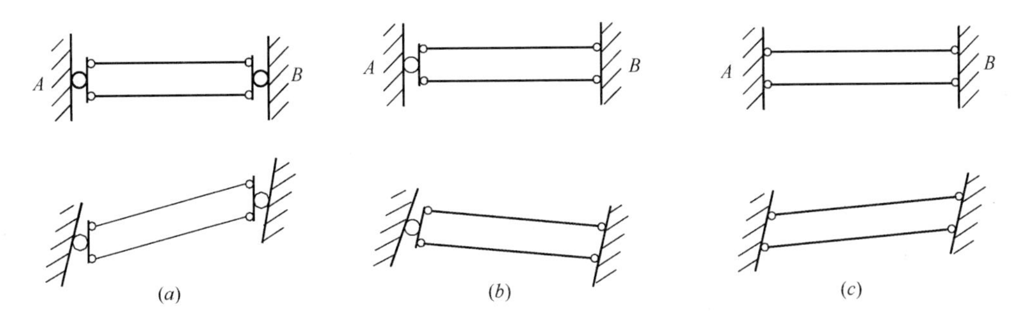

图 9.6.4　各种屈服状态及相应的塑性变形

(a) 剪切屈服且两端都弯曲屈服；(b) 剪切屈服且 A 端发生弯曲屈服；(c) 剪切屈服但两端都未弯曲屈服

程序中，采用了以下方法对这种单元进行卸载判断。

1. 剪切铰的卸载判断

在 t_i 时刻，如果单元发生了剪切屈服且在 A、B 端同时发生弯曲屈服（如图 9.6.4a 所示），则 $\{\Delta t_{i+1}\}$ 时间段内连梁单元继续保持剪切铰屈服状态，除非梁端的弯曲铰恢复弹性。

在 t_i 时刻，如果单元发生了剪切屈服且在 A 端发生弯曲屈服（如图 9.6.4b 所示），则当 t_i 时刻的杆中剪力 V_y 与 $\{\Delta t_{i+1}\}$ 时间段内 B 端的转角增量 $\Delta\theta_B$ 满足式（9.6.7）时，连梁单元的剪切铰恢复弹性，反之继续保持剪切屈服状态。同理可判断剪切屈服且在 B 端发生弯曲屈服的情况。

$$V_y \cdot \Delta\theta_B < 0 \tag{9.6.7}$$

在 t_i 时刻，如果连梁单元仅发生了剪切屈服（如图 9.6.4c 所示），则当 t_i 时刻的杆中剪力 V_y 与 $\{\Delta t_{i+1}\}$ 时间段内 A、B 端的转角增量 $\Delta\theta_A$ 、$\Delta\theta_B$ 满足式（9.6.8）时，连梁单元的剪切铰恢复弹性，反之继续保持剪切屈服状态。

$$V_y \cdot (\Delta\theta_A + \Delta\theta_B) < 0 \tag{9.6.8}$$

2. 弯曲铰的卸载判断

（1）耗能连梁未发生剪切屈服

在 t_i 时刻，如果单元仅在 A 端发生弯曲屈服，则当 t_i 时刻的杆端弯矩 M_{Ay} 与 $\{\Delta t_{i+1}\}$ 时间段内两端的转角增量 $\Delta\theta_A$ 、$\Delta\theta_B$ 满足式（9.6.9）时，单元恢复弹性，反之继续保持屈服状态。在 t_i 时刻，如果单元仅在 B 端发生弯曲屈服，同样判断。

$$M_{Ay} \cdot \left(\Delta\theta_A + \frac{b}{a}\Delta\theta_B\right) < 0 \tag{9.6.9}$$

式中：$a = \dfrac{2+\gamma}{1+2\gamma}$；$b = \dfrac{1-\gamma}{1+2\gamma}$；$\gamma = \dfrac{6EI}{GA_0 l^2}$。

在 t_i 时刻，如果单元在 A、B 两端同时发生弯曲屈服，则当 t_i 时刻的杆端弯矩 M_{Ay} 与 $\{\Delta t_{i+1}\}$ 时间段内杆端的转角增量 $\Delta\theta_A$ 满足关系式 $M_{Ay} \cdot \Delta\theta_A < 0$ 时，单元恢复弹性，反之继续保持屈服状态，同理可判断 B 端。

（2）耗能连梁同时发生剪切屈服

此时连梁单元的弯曲铰卸载判断方法与连梁未发生剪切屈服时基本相同，不同之处在于：如果在 t_i 时刻连梁发生了剪切屈服，则式（9.6.9）中的 $\gamma = \dfrac{6EI}{\lambda GA_0 l^2}$，$\lambda$ 为剪切应变硬化系数，以剪切模量的比值给出。

通过对多个算例的计算结果进行分析，可得到在同等数量材料的情况下，将支撑设为偏心支撑时可以有效的降低地震作用；耗能连梁的存在有效地保护了支撑，避免了由于支撑失稳退出工作而造成刚度急剧下降；同时由于连梁良好的延性，结构的滞回环将非常稳定，具有很好的耗能能力。即在同样材料的情况下，偏心支撑框架的抗震性能要好于中心支撑框架的抗震性能。

9.7 多维地震动下的框架结构

对于一般的建筑，只考虑单向水平地震动输入就可以了。然而，实际的地震地面运动是复杂、多维的，即一点的地震动有六个分量，不仅有两个水平方向的运动分量，还有竖向运动分量和转动分量。各种分量的相互关系与地震的震源机制、传播途径有关，既十分复杂，又有明显的随机性和不确定性。对于一般的建筑物来说，可以只考虑水平地震作用，将其转化为等效的侧向力，各国的规范都给出了基于设计反应谱的计算方法。但对重要的建筑，则要考虑多分量地震动的共同作用。

由于柯氏耦合效应的存在，叠加原理不再适用。这里不考虑柯氏耦合效应（即不考虑地面转角速度及角位移），而只考虑地震动角加速度分量，并假设楼板无限刚，则 n 层结构的运动方程为：

$$[M]\{\ddot{U}\}+[C]\{\dot{U}\}+[K]\{U\}=-[M][R]\{U_{gg}\} \tag{9.7.1}$$

式中：$\{U\}=\{\{u_x\}\{u_y\}\{u_z\}\}^T$，为结构相对位移向量；$\{U_{gg}\}=\{\ddot{x}_{gg},\ddot{y}_{gg},\ddot{z}_{gg},\ddot{\phi}^x_{gg},\ddot{\phi}^y_{gg},\ddot{\phi}^z_{gg}\}$，为地面运动加速度向量；$[M]$、$[C]$ 和 $[K]$ 分别为体系的集中质量矩阵、瑞雷阻尼矩阵和刚度矩阵，$[K]$ 可用分块矩阵表示为：

$$[K]=\begin{bmatrix}[K_{xx}] & [K_{xy}] & [K_{xz}]\\ [K_{yx}] & [K_{yy}] & [K_{yz}]\\ [K_{zx}] & [K_{zy}] & [K_{zz}]\end{bmatrix} \tag{9.7.2}$$

矩阵 $[R]$ 可表示为：

$$[R]=\begin{bmatrix}\{I\} & \{0\} & \{0\} & \{0\} & \{z_c\} & -\{y_c\}\\ \{0\} & \{I\} & \{0\} & -\{z_c\} & \{0\} & \{x_c\}\\ \{0\} & \{0\} & \{I\} & \{y_c\} & -\{x_c\} & \{0\}\end{bmatrix} \tag{9.7.3}$$

式中：$\{I\}=\{1,1,1,\cdots,1\}^T$；$\{x_c\}=\{x_{1c},x_{2c},\cdots,x_{nc}\}^T$；$\{y_c\}=\{y_{1c},y_{2c},\cdots,y_{nc}\}^T$；$\{z_c\}=\{z_{1c},z_{2c},\cdots,z_{nc}\}^T$，$x_{ic}$、$y_{ic}$ 和 z_{ic} 为第 i 层楼板质心在总体坐标系中的坐标。

为了将基本方程解耦，将 $\{U\}$ 按振型分解：

$$\{U\}=[H]\{q\}=\sum_{j=1}^{3n}[\{H_j\}\{q_j(t)\}] \tag{9.7.4}$$

$$\begin{Bmatrix}u_{Jx}\\ u_{Jy}\\ u_{Jz}\end{Bmatrix}=\sum_{j=1}^{3n}\begin{Bmatrix}H_{Jx}\\ H_{Jy}\\ H_{Jz}\end{Bmatrix}\{q_j(t)\} \tag{9.7.5}$$

$$
\{H_j\}^{\mathrm{T}}[M]\sum_{j=1}^{3n}[\{H_j\}\{\ddot{q}_j(t)\}]+\{H_j\}^{\mathrm{T}}[C]\sum_{j=1}^{3n}[\{H_j\}\{\dot{q}_j(t)\}]
$$

$$
+\{H_j\}^{\mathrm{T}}[K]\sum_{j=1}^{3n}[\{H_j\}\{q_j(t)\}]=-\{H_j\}^{\mathrm{T}}[M][R]\{U_{\mathrm{gg}}\} \tag{9.7.6}
$$

式中：$[H]$ 为振型矩阵；$\{q(t)\}$ 为广义坐标向量。根据振型正交性，可得广义坐标方程为：

$$
\ddot{q}_j+2\omega_j\xi_j\ddot{q}_j+\omega_j^2 q_j=-[\eta_j]^{\mathrm{T}}\{U_{\mathrm{gg}}\} \tag{9.7.7}
$$

式中：ω_j 为第 j 振型圆频率，ξ_j 为第 j 振型阻尼比；$\{\eta_j\}^{\mathrm{T}}=\{\eta_j(x)、\eta_j(y)、\eta_j(z)、\eta_j(zy)、\eta_j(xz)、\eta_j(yx)\}$，为第 j 振型参与系数向量，其中：

$$
\left.
\begin{aligned}
\eta_j(x)&=\frac{\sum_{i=1}^{n}m_i H_{j\mathrm{x}}(i)}{D_j}\\
\eta_j(y)&=\frac{\sum_{i=1}^{n}m_i H_{j\mathrm{y}}(i)}{D_j}\\
\eta_j(z)&=\frac{\sum_{i=1}^{n}m_i H_{j\mathrm{z}}(i)}{D_j}\\
\eta_j(zy)&=\frac{\sum_{i=1}^{n}m_i(H_{j\mathrm{z}}(i)y_{i\mathrm{c}}-H_{j\mathrm{y}}(i)z_{i\mathrm{c}})}{D_j}\\
\eta_j(xz)&=\frac{\sum_{i=1}^{n}m_i(H_{j\mathrm{z}}(i)z_{i\mathrm{c}}-H_{j\mathrm{x}}(i)x_{i\mathrm{c}})}{D_j}\\
\eta_j(yx)&=\frac{\sum_{i=1}^{n}m_i(H_{j\mathrm{y}}(i)x_{i\mathrm{c}}-H_{j\mathrm{x}}(i)y_{i\mathrm{c}})}{D_j}\\
D_j&=\sum_{i=1}^{n}m_i(H^2{}_{j\mathrm{x}}(i)+H^2{}_{j\mathrm{y}}(i)+H^2{}_{j\mathrm{z}}(i))
\end{aligned}
\right\} \tag{9.7.8}
$$

式中：$\eta_j(x)、\eta_j(y)、\eta_j(z)$ 分别为 j 振型 x、y 和 z 方向的振型参与系数：$\eta_j(zy)$、$\eta_j(xz)$、$\eta_j(yx)$ 分别为 j 振型 zy、xz 和 yx 方向对转动分量 ϕ_{x}、ϕ_{y} 和 ϕ_{z} 的耦合振型参与系数。

式（9.7.8）的解可表示为：

$$
q_j(t)=\sum_{k}\eta_j(k)\delta_{jk}(t)\qquad(k=x,y,z,zy,xz,yx) \tag{9.7.9}
$$

式中

$$
\delta_{j\mathrm{k}}(t)=\int_0^t U_{\mathrm{gg}}(\tau)h_j(t-\tau)\mathrm{d}\tau=-\frac{1}{\omega_j}\int_0^t U_{\mathrm{gg}}(\tau)e^{-\xi_j\omega_j(t-\tau)}\sin[\omega_j(t-\tau)]\mathrm{d}\tau \tag{9.7.10}
$$

因此，位移反应为：

$$
\{U\}=\sum_{j=1}^{3n}\sum_{k}\{H_j\}\eta_j(k)\delta_{j\mathrm{k}}(t) \tag{9.7.11}
$$

9.8 结构倒塌反应分析

结构在强烈地震作用下，往往处于大变形的弹塑性状态，抗震设计的一个重要原则是保证大震不倒。

从目前研究状况看，对于多自由度结构的弹塑性反应分析，一般都把限制结构内部构件不超过其承载力极限状态及构件变形要求作为计算前提，而结构“破坏”的定义常描述为：某构件或结构某一部分的变形达到一预先假定的值。但是研究表明，结构内杆件达到极限状态后可能导致结构反应出现不稳定现象，而不稳定的结构动力反应将不同于在稳定状态下的一般弹塑性反应；另外，即使结构内的某些重要构件达到或超过极限状态，也不意味着整个结构达到了破坏。因此，结构动力分析中采用的杆件屈服但不达到或超过极限状态的假定，对灾难性大地震下的结构倒塌反应计算或结构内薄弱部件的诊断可能会带来不正确的评估。

9.8.1 结构在不稳定状态下的动力反应

为了考虑体系的不稳定状态，单自由度弹塑性体系的层间恢复力模型具有负刚度段特性，如图 9.8.1 所示。带有下降负刚度的弹塑性有阻尼体系任意时刻运动方程的增量形式为[6]：

$$m\Delta\ddot{w}+c\Delta\dot{w}+k(w)\Delta w=0 \tag{9.8.1}$$

上式的特征根为：

$$r_{1,2}=-n\pm\sqrt{n^2-p} \tag{9.8.2}$$

式中：$n=\dfrac{c}{m}$；$p=\dfrac{k(w)}{m}$。

当层间位移 $w>w_y$时，$k(w)=k_2<0$，即 p 为负值，则式（9.8.2）表示了两个不相等的实数根，其值为一正一负。此时式（9.8.1）有如下解：

$$\Delta w=c_1e^{r_1\Delta t}+c_2e^{r_2\Delta t} \tag{9.8.3}$$

上式说明结构此时不表现振动特性，而是处于变形持续加大的不稳定状态，如图 9.8.2 所示。

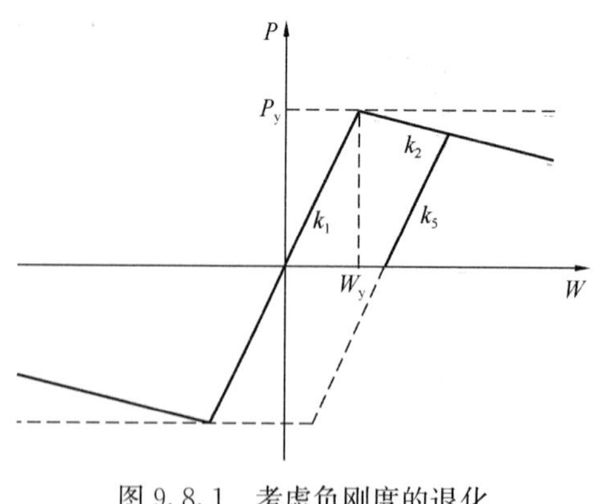

图 9.8.1 考虑负刚度的退化二线型恢复力模型

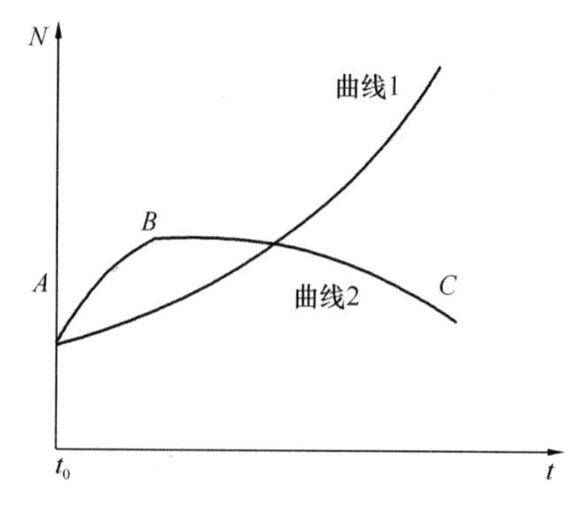

图 9.8.2 位移时程曲线

由于体系处于不稳定状态，因此会产生随时间不断增长的位移，直到倒塌，如图

9.8.2 中曲线 1。但结构也可能出现曲线 2 所示的位移状态，线段 AB 是由于初始速度 $\dot{w}$（t_0）>0 而产生的。式（9.8.3）的形式为曲线 ABC，但很明显 BC 段并非体系的真实解，因为当结构位移减小时，k（w）已不再等于下降负刚度 k_2，而应是大于 0 的卸载刚度 k_3，显然此时式（9.8.1）又有了振动解。

总之，当体系处于不稳定状态的自由振动时，可能会因产生持续增大的位移而倒塌，也可能恢复到弹塑性振动，这主要取决于进入不稳定状态时的初始条件以及结构的阻尼、刚度的动力特性。

对于强迫振动，结构在不稳定状态下受到冲击也会有上述两种变形途径，这将主要取决于荷载的大小和方向。

9.8.2 计算假定和基本方程

在计算中采取了下列基本假定：

（1）采用 9.1.2 节中的钢筋混凝土退化三线型恢复力模型和钢筋粘结滑移恢复力模型。

如图 9.8.3 所示，杆件单元屈服后分为两种区段，即弹性和塑性铰区，塑性铰区又分为屈服塑性铰（$M_y \leqslant M \leqslant M_u$）和极限塑性铰（$M$ 进入负刚度段）。

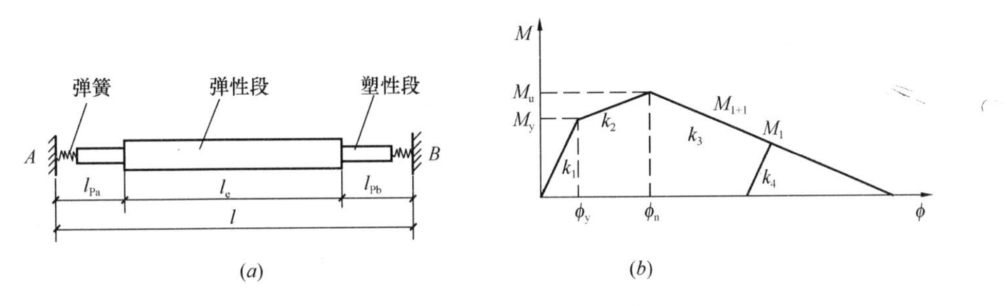

图 9.8.3 单元模型和滞回规则

（2）当杆端弯矩 M 达到极限弯矩 M_u 而进入下降负刚度段 k_3 后，若杆段弯矩 $|M_i+1|<|M_i|$（i 为时间步数），则恢复到主动卸载段 k_4，否则仍在负刚度段 k_3 被动卸载。若弯矩已沿 k_3 被动卸载至 0，则杆件为只受轴力的桁架单元，以后杆端弯矩一直为 0。

在计算中，将结构水平位移展开为以下的级数形式[7]：

$$w(s,t)=\sum_{i=1}^{n}T_i(t)f_i(s) \tag{9.8.4}$$

式中：$f_i(s)$ 为单位水平位移函数，它表述了结构的单位水平位移图形，仅与位置坐标 s 有关；$T_i(t)$ 为广义位移函数，仅与时间 t 有关，它表述了结构位移随时间的变化规律。

同样可以将弯矩 M、剪力 Q 和轴力 N 展开成类似的级数形式[7]：

$$\begin{cases} M(s,t)=\sum_{i=1}^{n}T_i(t)M_i(s) \\ Q(s,t)=\sum_{i=1}^{n}T_i(t)Q_i(s) \\ N(s,t)=\sum_{i=1}^{n}T_i(t)N_i(s) \end{cases} \tag{9.8.5}$$

式中：$M_i(s)$、$Q_i(s)$、$N_i(s)$ 分别为单位弯矩、剪力、轴力函数，它们表述了结构在

单位位移 $f_i(s)$ 作用下的内力图形，仅与位置坐标 s 有关。

根据虚位移原理，可得结构在地震作用下的虚功方程为：

$$\int_0^L m\frac{\partial^2 W}{\partial t^2}f_j \mathrm{d}s+\int_0^L c\frac{\partial W}{\partial t}f_j \mathrm{d}s+\int_0^L\left(M\frac{M_j}{EI}+Q\frac{Q_j}{GA}+N\frac{N_j}{EA}\right)\mathrm{d}s=-\int_0^L m\ddot{W}_{\mathrm{g}}f_j \mathrm{d}s \tag{9.8.6}$$

将式（9.8.4）、式（9.8.5）代入式（9.8.6）中可得：

$$\sum_{i=1}^{n}[m_{ji}\ddot{T}_i+C_{ji}\dot{T}_i+K_{ji}T_i]=q_j \tag{9.8.7}$$

$$\left.\begin{aligned}
m_{ji}&=\int_0^L mf_if_j\mathrm{d}s\\
c_{ji}&=\int_0^L cf_if_j\mathrm{d}s\\
K_{ji}&=\int_0^L\frac{M_iM_j}{EI}\mathrm{d}s+\int_0^L\frac{Q_iQ_j}{GA}\mathrm{d}s+\int_0^L\frac{N_iN_j}{EA}\mathrm{d}s\\
q_j&=-\int_0^L m\ddot{W}_{\mathrm{g}}f_j\mathrm{d}s
\end{aligned}\right\} \tag{9.8.8}$$

式中：$\ddot{W}_{\mathrm{g}}$ 为地面运动加速度纪录。

对于非线性结构，运动方程式（9.8.7）可写为如下的增量形式：

$$[m]\{\Delta\ddot{T}\}+[c(t)]\{\Delta\dot{T}\}+[k(t)]\{\Delta T\}=\{\Delta q(t)\} \tag{9.8.9}$$

在计算中，单位位移函数的选取可以是任意的，但它们之间必须线性独立，并且应满足边界条件。单位位移函数的个数取决于结构体系的自由度数目。结构边界的变形连续条件将由下述结构刚度方程保证。

$$[k]\{\delta\}_i=0 \tag{9.8.10}$$

式中　$[k]$ ——由单元刚度矩阵集成的结构静力总刚度矩阵；

$\{\delta\}_i$ ——相应于 $f_i(s)$ 的结构结点变形向量。

一般情况下，可选择第 i 单位位移状态在相应楼层 k 处（$k=i$）产生的水平位移为 1，其他楼层的水平位移均为 0。此时，广义位移函数 T_i 就是在楼层 k 处（$k_i=i$）的位移值。

9.9　地震行波效应对大跨度结构地震响应的影响

地震动的空间效应是指地震传播过程中的行波效应、相干效应和局部场地效应对于大跨度空间结构的地震效应有不同程度的影响。其中，以行波效应和场地效应的影响较为明显，一般情况下可不考虑相干效应的影响。目前在研究空间结构的动力反应时，通常采用一致输入法，即假定结构所有支座的地震输入是相同的。对于平面尺寸较小的建筑物，可以忽略地震动的空间变化，采用“一致激励”假定进行分析，能够满足此类结构的抗震设计要求。但随着人类技术、文明的发展和人们对空间需求的增大，大跨度空间结构得到了迅猛的发展，且一般都是重要的公共建筑设施，其地震安全性对于设施的正常运行乃至公众的生命财产都至关重要。故此类大跨度空间结构的抗震设计必须考虑地震动空间效应的影响，以保证此类建筑的抗震安全性能。

地震行波效应是指由于地震波传输距离的不同，造成地震波到达结构不同激发点处的时间不同造成的激励相位差，使结构地震反应的增大，对于大跨度空间结构的地震响应有明显的影响。行波效应与潜在震源、传播路径、场地的地震地质特性有关。

行波效应即多点输入反应，其计算方法可分为三类：时程分析法、随机振动法和反应谱法。时程分析法可直接采用运动方程进行计算，不必将结构位移向量分解，原理简单，计算准确，能得到任意时刻的结构响应，且可用于弹塑性分析。目前大多有限元软件均能进行准确的时程计算，应用广泛。但时程分析法受制于地震动输入的准确性，往往需采用多条地震波进行计算，计算量较大。随机振动法从概率的角度分析结构的响应，是理论上的精确解，但由于计算量过大，难以用于实际工程计算。在随机振动理论的基础上，建立考虑地震地面运动行波效应、部分相干效应和局部场地效应的反应谱方法。但是该方法计算动力响应分量时需要进行四重求和，计算量非常大。

9.9.1 时程分析法

地震行波效应的时程分析方法是将有相位差的地震波输入结构，直接求解二阶运动微分方程，在计算过程中可不必将结构位移向量分解，其计算原理简单，结果准确，并能够得到任意时刻的结构响应，且可应用于结构的弹塑性分析。目前，大多数有限元软件均能进行准确的时程计算，应用广泛。但是，时程分析方法受制于地震动输入的准确性，故将需要采用多条地震波进行计算，其计算量较大。该方法在实际应用中占有主导地位。

结构在一致激励地震作用下的运动方程为：

$$M\ddot{y} + C\dot{y} + Ky = -M\ddot{y}_b \tag{9.9.1}$$

式中：M、C、K 分别代表结构的质量矩阵、阻尼矩阵和刚度矩阵；y 、$\ddot{y}_b$ 分别代表节点的位移向量和地面运动加速度向量。

对于非一致激励影响的结构，需要通过基底不同相位地震波的输入来实现结构的地震激励，其运动方程可用下式表达：

$$\begin{bmatrix} M_s & M_{sb} \\ M_{bs} & M_b \end{bmatrix}\begin{bmatrix} \ddot{y}_s \\ \ddot{y}_b \end{bmatrix} + \begin{bmatrix} C_s & C_{sb} \\ C_{bs} & C_b \end{bmatrix}\begin{bmatrix} \dot{y}_s \\ \dot{y}_b \end{bmatrix} + \begin{bmatrix} K_s & K_{sb} \\ K_{bs} & K_b \end{bmatrix}\begin{bmatrix} y_s \\ y_b \end{bmatrix} = \begin{bmatrix} 0 \\ F \end{bmatrix} \tag{9.9.2}$$

式中：M_s 、C_s 、K_s 分别代表上部结构部分的质量矩阵、阻尼矩阵和刚度矩阵；M_b 、C_b 、K_b 分别代表结构各支座部分的质量矩阵、阻尼矩阵和刚度矩阵；y_s、y_b 分别代表上部结构位移和各支座位移。

将运动方程式（9.9.2）左边第一式展开，可以得到：

$$M_s\ddot{y}_s + C_s\dot{y}_s + K_s y_s = -(M_{sb}\ddot{y}_b + C_{sb}\dot{y}_b + K_{sb}y_b) \tag{9.9.3}$$

由于计算过程中，阻尼矩阵的 C_{sb} 项很难确定，且阻尼力相对于惯性力而言可以忽略不计，阻尼力 $C_{sb}\dot{y}_b$ 常常可以忽略，故上式可以简化为：

$$M_s\ddot{y}_s + C_s\dot{y}_s + K_s y_s = -(M_{sb}\ddot{y}_b + K_{sb}y_b) \tag{9.9.4}$$

由于已知地震动输入，故式（9.9.4）中右端为已知量，可按常微分方程求解。以上各式即为行波效应下的运动平衡方程。

同时，由于结构在地震动行波效应影响下，需要基底不同相位的地震波输入，而非针对结构上部质量的地震波输入，故在求解过程中将有不同的求解方法。

1. 拟静力位移法

引入拟静力位移概念，将其表达为地面位移的表达式，消减一个未知量，求解关于动态相对位移与地面位移的方程。

为简化计算，可将运动方程式（9.9.2）中的绝对位移分解为拟静力位移和相对动力位移，即：

$$\begin{bmatrix} y_s \\ y_b \end{bmatrix} = \begin{bmatrix} y_s^s \\ y_b \end{bmatrix} + \begin{bmatrix} y_s^d \\ 0 \end{bmatrix} \tag{9.9.5}$$

其中，拟静力位移是假定由支座位移产生的静力位移，用上标 s 表示。忽略动力项，按照力学平衡原理，可得：

$$K_s y_s^s = -K_{sb} y_b \tag{9.9.6}$$

故：

$$y_s^s = -K_s^{-1} K_{sb} y_b \tag{9.9.7}$$

可取 $A = K_s^{-1} K_{sb}$，故 $y_s^s = -A y_b$

代入式（9.9.4），可得：

$$M_s \ddot{y}_s^d + C_s \dot{y}_s^d + K_s y_s^d = (M_s A - M_{sb}) \ddot{y}_b + C_s A \dot{y}_b \tag{9.9.8}$$

按式（9.9.7）和式（9.9.8）可求得结构的拟静力位移和相对动力位移，按式（9.9.5）求得结构总地震响应。按式（9.9.7）求得的拟静力位移响应结果反应了支座运动不一致对结构响应的影响。

2. 大刚度法

大刚度法是将地震激励方向的约束转换成弹簧支座，弹簧刚度 K_c 取为结构总刚度的 $10^3 \sim 10^8$ 倍，地震位移时程以等效力施加在支座节点上，再以位移传给结构。

等价力 $F(t) = -K_c v_c$，v_c 为地震波的位移时程。当考虑地震波的行波效应时，$F_1(t) = -K_c v_c(t)$，$F_2(t) = -K_c v_c(t - \Delta t)$，以此来模拟地震波的非一致性输入。

3. 大质量法

大质量法是把地震激励方向的约束释放，增加与结构刚度匹配的大质量块 M，将地震加速度时程直接施加在质量上，间接传给结构，通常大质量块的重量取结构总重的 $10^4 \sim 10^8$ 倍。该方法与试验振动台激励的机理较为相似。

由于节点质量远大于结构的自重，大质量与集中力的结合将在需要的方向准确获得所需的加速度。将一个质量很大的集中质量附着于各支座处，然后释放支座激励方向的自由度，同时在集中质量上施加与激励方向相同的力 F，其中：

$$F = M \ddot{y}_0$$

式中：M 为集中大质量；$\ddot{y}_0$ 为输入加速度。

将虚拟集中大质量引入实际运动方程，可得[9]

$$\begin{bmatrix} M_s & M_{sb} \\ M_{bs} & M_b \end{bmatrix} \begin{bmatrix} \ddot{y}_s \\ \ddot{y}_b \end{bmatrix} + \begin{bmatrix} C_s & C_{sb} \\ C_{bs} & C_b \end{bmatrix} \begin{bmatrix} \dot{y}_s \\ \dot{y}_b \end{bmatrix} + \begin{bmatrix} K_s & K_{sb} \\ K_{bs} & K_b \end{bmatrix} \begin{bmatrix} y_s \\ y_b \end{bmatrix} = \begin{bmatrix} 0 \\ M \ddot{y}_0 \end{bmatrix} \tag{9.9.9}$$

其中，$M_b = M$ 即大质量块。由于 M 比其他质量大几个数量级，故：$\ddot{y}_b \approx \ddot{y}_0$，可简化相应的求解过程。

4. 强迫运动法

强迫运动法基于运动方程，在不同支座直接施加具有相位差的加速度时程。这是与结构实际情况最符合的方法，在 MSC 和 MIDAS 有限元软件中有相应的计算模块可以选择。

5. 其他方法

其他方法包括 Lagrange 乘子法、强迫位移法等。其中 Lagrange 乘子法是在拟静力位移法的基础上，增加一个系数加速计算收敛；强迫位移法是在结构支座上直接对结构施加位移时程。

9.9.2 随机振动法

随机振动法从概率的角度分析结构的响应，是理论上的精确解，由于计算量过大，难以用于实际工程计算。林家浩等提出的虚拟激励法，从一定程度上改善了随机振动分析效率低下的问题，但推广仍存在困难，难以用于非线性分析。

随机振动法是在考虑了地震动在时间和空间上发生的统计特性，采用相关函数描述各点动力响应的相关性，被认为是一种较先进合理的分析方法，已经被一些国外的抗震规范采用。这种方法从 Fourier 变换开始，是以功率谱密度为核心的方法，又称为功率谱法。由于传统算法的约束，随机振动的方法只能处理简单的结构，随机振动方法的统计特性很具有吸引力，但由于其计算过程复杂，难以被结构工程师接收。随机振动方法的优点在于能够较充分地考虑地震发生的统计概率特性。

其运动方程为：

$$M\ddot{y}+C\dot{y}+Ky=-MI\ddot{y}_{b} \tag{9.9.10}$$

不考虑外力 P，只考虑支撑点的地震动 $\ddot{y}_{b}(t)$ 。将上式进行傅里叶变换，得：

$$(-\omega^{2}M+iC\omega+K)Y(i\omega)=-MI\ddot{Y}_{g}(i\omega) \tag{9.9.11}$$

也可以写成如下形式：

$$Y(i\omega)=H(i\omega)I\ddot{Y}_{g}(i\omega) \tag{9.9.12}$$

式中：传递函数矩阵 $H(i\omega)$ 为简谐振动输入 $\ddot{y}_{b}(t)=e^{i\omega x}$ 时，体态的稳态反应 $y=Y^{0}(i\omega)e^{i\omega x}$ 与输入之比，即：

$$H(i\omega)=Y^{0}(i\omega) \tag{9.9.13}$$

求得了反应的傅里叶变换 $Y(i\omega)$ 之后，用逆傅里叶变换即可求得反应的时域表示 $y(t)$。

对于随机过程 $y(t)$ 经过一般的线性变换 L 之后，其随机过程 $u(t)=Ly(t)$ 与原过程 $y(t)$ 的关系可表示为 $u(t)=L(y(t))$。其中，L 为一般线性变换算子。

当 $\ddot{y}_{b}(t)=e^{i\omega x}$ 时，线性变换后的结果为：

$$u(t,\omega)=H(i\omega,t)e^{i\omega x} \tag{9.9.14}$$

这里将传递函数 $H(i\omega,t)$ 写为非平稳的形式，是为了考虑在平稳过程开始作用于一体系时，由于初始条件带来的非平稳性。按叠加原理可以得 $u(t)$ 的线性变换为：

$$u(t)=\frac{1}{2\pi}\int_{-\infty}^{\infty}Y(i\omega)H(i\omega,t)e^{i\omega t}\mathrm{d}\omega \tag{9.9.15}$$

如果不考虑初始条件的影响，或者由于阻尼、初始条件的影响会随着时间增大而消失，此时 $u(t)$ 会达到平稳状态，这时线性变换的传递函数为 $H(i\omega,t)=H(i\omega)$，而稳态解 $u(t)$ 的相关函数变为：

$$R_{u}(\tau)=\frac{1}{2\pi}\int_{-\infty}^{\infty}H(i\omega)H^{*}(i\omega)S_{y}(\omega)e^{i\omega t}\mathrm{d}\omega=\frac{1}{2\pi}\int_{-\infty}^{\infty}S_{u}(\omega)e^{i\omega t}\mathrm{d}\omega \tag{9.9.16}$$

故：

$$S_{u}(\omega)=H(i\omega)H^{*}(i\omega)S_{y}(\omega) \tag{9.9.17}$$

9.9.3 反应谱法

在随机振动理论的基础上，建立考虑地震地面运动行波效应[9]、部分相干效应和局部场地效应的反应谱方法，将多自由度体系的多点激励简化成多个单自由度体系的一致激励，再根据合理的耦合法则进行耦合。

频域计算中的诸方法，都基于多自由度结构体系随机振动反应的研究。其中传统的随机振动法在数学处理上非常复杂，计算量过大，只能用于较少自由度体系，难以运用到实际工程中；基于随机振动的虚拟激励法则克服了传统随机振动方法计算量庞大的问题，可以得到精确有效的结果，只是还没有常用的有限元软件纳入此方法，需自行编程。对于大空间结构应用相关有限元软件计算时，建议直接采用时程分析的方法进行多点输入分析，以考虑地震波行波效应对结构的影响，保证结构的抗震安全。

参 考 文 献

1 陈德斌，高小旺. 考虑节点板剪切变形时高层钢框架结构的分析方法. 1990.10

2 易方民，高小旺，张维嶽等. 高层建筑偏心支撑钢框架构件参数的研究. 建筑科学，2000.3

3 高小旺. 地震作用下多层剪切型结构弹塑性位移反应的实用计算方法. 土木工程学报，17 (3)，1984.9

4 冯世平，沈聚敏. 钢筋混凝土框架结构的地震倒塌反应. 地震工程与工程振动，(9)，1，1989

5 易方民. 高层建筑偏心支撑钢框架抗震性能和设计参数的研究. 中国建筑科学研究院博士学位论文，2000 年 5 月

6 王巍，程绍革. 大型三向振动台基础动力反应的研究. 工程抗震，2003

7 王巍，翟传明等. 钢结构中异型柱角柱若干问题的研究. 工业建筑，2009

8 王巍，易方民等. 高层钢结构塔式住宅结构体系的研究. 钢结构产业，2003

9 王巍，康艳博，杨沈等. 结构抗震计算考虑行波效应的研究. 自然科学基金课题报告，2013

第 10 章　结构物的弹塑性随机响应分析

10.1　概述

近些年来，关于随机振动分析的研究日益引起土木工程界的兴趣和关注。由于在强烈地震作用下，大多数结构物实际上发生相当大的塑性变形。因此，结构物的弹塑性随机振动分析的研究成了受到广泛重视的热点之一[1,2]。

与一般的非线性但非滞回的系统有所不同，结构物的弹塑性地震响应表现出很大的滞回特性，因而为这一类系统的统计地震响应分析带来了很大的困难。这是由于在 δ 相关的随机过程激励下，非线性但非滞回系统的响应为 Markov 过程，而且到目前为止关于非线性随机响应的研究也是以 Markov 过程为其基本前提的。多年来经过很多研究者的努力，这一问题得到了很多近似解决方法。其中 Wen、小堀、南井、浅野、石丸等人的研究使得这个问题的研究得到了很大的进展[3~15]。他们研究的重点和方法有所不同，但在处理结构物的弹塑性滞回特性时所采用方法的基本点是一致的，那就是通过引入辅助状态变量的方法，在数学上将弹塑性恢复力用非线性但非滞回的函数系统来描述以便应用有关 Markov 过程的理论。

等价线性化方法和 Fokker-Planck 方法被证明在非线性随机振动分析中是非常有效的，被广泛应用，但是，值得研究和改善的地方仍然不少。首先要选择适当的辅助变量，使这一辅助变量的响应为高斯过程的假设不至带来很大的误差，对一些常见的非退化恢复力特性，如双线型这一点不难做到，然而对一些刚度退化型恢复力特性，由于不得不引入恢复力本身作为其辅助变量之一，不可否认其响应为高斯性的假设是勉强的，粗糙的。其次 Fokker-Planck 方法虽被证明是有效的，且精度颇高，然而对各种类型的结构系统由于其数学处理上的复杂性，应用受到很大限制。以上这些问题正是这一领域中正在解决和完善的地方。Fokker-Planck 方法和等价线性化方法虽然有所不同，但在一般情况下系统的响应假设是 Markov-Gauss 的，而且方程推导的结果都是导致响应量的协方差函数的一阶微分方程组。研究结果表明，这两种方法是等价的[21]。这使等价线性化方法在理论上更加完善。

等价线性化方法可较方便地运用于具有各种不同弹塑性恢复力特性的结构系统中进行随机响应分析。由于在高斯白噪声激励下的线性系统的响应为高斯性的，利用等价线性化方法可以方便地推导出系统响应协方差函数的一阶常微分方程组，从而得到响应的统计量。

数值模拟或 Monte-Carlo 方法从理论上讲是非常基本的解决非线性问题的方法，可以适用于求解任何复杂的多自由度系统的平稳或非平稳响应。它的基本方法是产生一个激励样本，计算相应的反应样本，并经统计可获得响应的统计值。这种方法的弊端是耗时太大，一般仅用在比较和检验其他方法的近似性上。

10.2 弹塑性恢复力的傅里叶积分描述

当进行结构物的统计地震响应分析时，利用引入辅助状态变量的方法可将结构物的非线性弹塑性恢复力用非滞回的函数去描述，并且通过傅里叶变换最终可以表示为具有至少一阶偏导可微的单值连续函数。这样，对具有弹塑性恢复力特性的结构系统在随机过程激励下的统计地震响应问题可以用如 Fokker-Planck 方法和等价线性化法等手段加以分析和解决[9,16]。本节讨论双线型、退化双线型、顶点指向型、滑移型、顶点指向和滑移特性的结合型恢复力模型的傅里叶积分描述。

10.2.1 双线型恢复力模型

弹塑性恢复力的傅里叶积分描述需要借助于 Dirac-δ 函数和阶跃函数，根据超越函数理论，它们可以用如下的傅里叶积分来表示：

$$\left.\begin{aligned}\delta(x) &= \frac{1}{2\pi}\int_{-\infty}^{\infty}\exp(i\beta x)\mathrm{d}\beta; i^2=-1\\ H(x) &= \frac{1}{2}\left[1+\frac{1}{\pi i}\int_{-\infty}^{\infty}\frac{1}{\beta}\exp(i\beta x)\mathrm{d}\beta\right]\\ H(-x) &= \frac{1}{2}\left[1-\frac{1}{\pi i}\int_{-\infty}^{\infty}\frac{1}{\beta}\exp(i\beta x)\mathrm{d}\beta\right]\end{aligned}\right\} \tag{10.2.1}$$

式中：δ（x）和 H（x）分别表示 Dirac-δ 和阶跃函数。

如果分析如图 10.2.1 所示函数，其函数值显然可由以下的积分加以描述[9]：

$$p(x)=\int_{-\infty}^{\infty}H(W)p_{0,\eta_0}(x-W)\mathrm{d}W \tag{10.2.2}$$

p_{0,η_0}（x）如图 10.2.2 所示，在 $0\leqslant x\leqslant\eta_0$ 范围内具有强度为 1 的矩型脉冲函数。

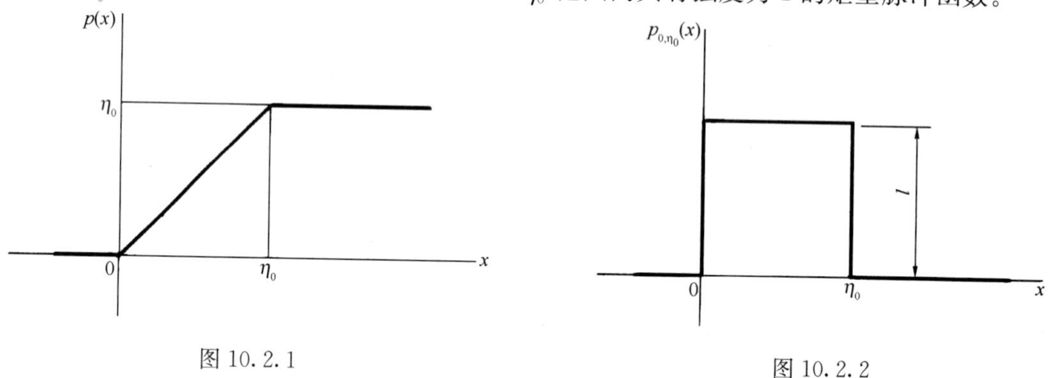

图 10.2.1

图 10.2.2

于是，如图 10.2.3 所示的函数可由如下的积分加以描述：

$$Q(y)=\int_{-\infty}^{\infty}H(W)p_{0,\eta_0}(y-W)\mathrm{d}W - \int_{-\infty}^{\infty}H(-W)p_{-\eta_0,0}(y-W)\mathrm{d}W \tag{10.2.3}$$

为了能够用式（10.2.3）描述如图 10.2.4 所示的理想弹塑性恢复力，设式（10.2.3）中的变量 y 为辅助状态变量，并令其具有如下性质：$|y|>\eta_0$，且 $v=\mathrm{d}x/\mathrm{d}t=0$ 时，变量 y 从图中的 D，C 点分别跳跃到 B，A 点，并且这一跳跃瞬时完成。如果令图 10.2.3 和图 10.2.4 中的 A、B、C、D 各点完全对应，不难发现图 10.2.3 所示函数恰好能够在

时程分析中代替图 10.2.4 中的函数去描述弹塑性恢复力。

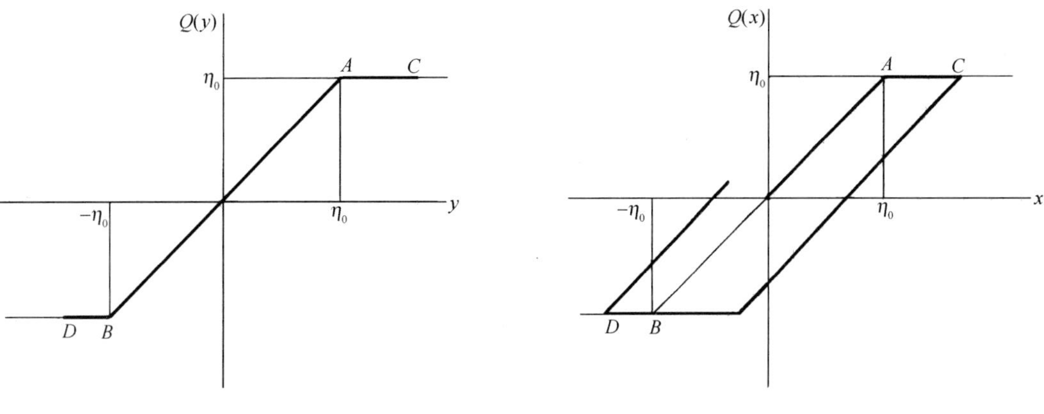

图 10.2.3

图 10.2.4　双线型恢复力模型

辅助状态变量 y 的上述性质可用如下微分方程加以描述：

$$\mathrm{d}y/\mathrm{d}t=\dot{y}=v+2[Q(y)-y]\delta(v) \tag{10.2.4}$$

式中的第二项表示上述 y 的跳跃量。

式（10.2.4）的正确性可由下述讨论加以证实：如图 10.2.3 所示，A 与 C 之间 $Q(y)=\eta_0$，所以

$$Q(y)-y=-(y-\eta_0) \tag{10.2.5}$$

并且 D 与 B 之间由于 $Q(y)=-\eta_0$，因而

$$Q(y)-y=-(y+\eta_0) \tag{10.2.6}$$

即，式（10.2.5）、式（10.2.6）分别表示 C 点到 A 点、D 点到 B 点的跳跃量。

由 Dirac-δ 函数的性质，对于任意无限小的量 ε 均有

$$\int_{t_0-\varepsilon}^{t_0+\varepsilon}\Phi(t)\delta(t-t_0)\mathrm{d}t=\Phi(t)\Big|_{t=t_0} \tag{10.2.7}$$

因此，若设 t_0 为上述 C 到 A 的跳跃时刻，则 y 的变化量 Δy 为：

$$\begin{aligned}\Delta y&=\int_{t_0-\varepsilon}^{t_0+\varepsilon}v\mathrm{d}t+2\int_{t_0-\varepsilon}^{t_0+\varepsilon}[Q(y)-y]\delta(v)\mathrm{d}t\\&=2[Q(y)-y]\Big|_{t=t_0}\end{aligned} \tag{10.2.8}$$

由于 $t=t_0$ 时刻辅助状态变量 y 不连续，根据超越函数理论

$$[Q(y)-y]\Big|_{t=t_0}=\frac{1}{2}(\eta_0-y_c) \tag{10.2.9}$$

因此

$$\Delta y=2[Q(y)-y]\Big|_{t=t_0}=\eta_0-y_c \tag{10.2.10}$$

即 Δy 恰好为 $t=t_0$ 时刻 y 从 C 到 A 的跳跃量。式（10.2.4）中第二项的系数 2 就是为了考虑上述时刻 y 的不连续性而引入的。当 y 从 D 跳跃到 B 点时，不难证实式（10.2.4）的正确性。

将式（10.2.1）代入式（10.2.3）和式（10.2.4），即得 $Q(y)$ 和 $\mathrm{d}y/\mathrm{d}t$ 的傅里叶积分表达式：

$$Q(y)=\frac{1}{\pi i}\int_{-\infty}^{\infty}\frac{\sin\beta\eta_0}{\beta^2}\exp(i\beta y)\mathrm{d}\beta \tag{10.2.11}$$

$$\mathrm{d}y/\mathrm{d}t=v+\frac{1}{\pi^2 i}\int_{-\infty}^{\infty}\int_{-\infty}^{\infty}\frac{\sin\beta\eta_0}{\beta^2}\exp(i\beta y+i\gamma v)\mathrm{d}\beta\mathrm{d}\gamma$$
$$-\frac{1}{\pi}\int_{-\infty}^{\infty}y\exp(i\gamma v)\mathrm{d}\gamma \tag{10.2.12}$$

对于第一分支刚度与第二分支刚度比 $r\neq0$ 的一般情况，其恢复力表达式为

$$Q(x,y)=rx+\frac{(1-r)}{\pi i}\int_{-\infty}^{\infty}\frac{\sin\beta\eta_0}{\beta^2}\exp(i\beta y)\mathrm{d}\beta \tag{10.2.13}$$

10.2.2 退化双线型恢复力模型

为了在结构弹塑性随机响应分析中利用简单的恢复力模型去代替相对复杂的恢复力模型，以便使随机响应分析变得可能和简便，徐春锡曾提出如图 10.2.5 所示退化双线型恢复力模型[14]。

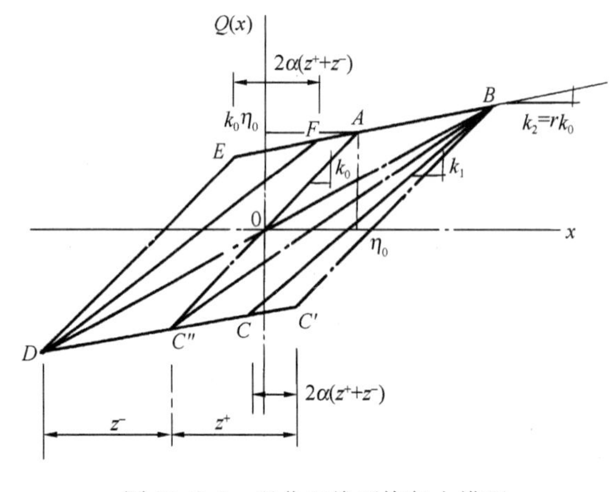

图 10.2.5 退化双线型恢复力模型

这一退化双线型恢复力模型的刚度 k_1 由下式给出：

$$k_1=k_0\frac{r\alpha(z^++z^-)+\eta_0}{\alpha(z^++z^-)+\eta_0} \tag{10.2.14}$$

其中 α、z^+ 和 z^- 分别为刚度退化参数和正负方向最大塑性变形量，其值随着响应同时变化。r 和 η_0 分别为第一分支刚度与第二分支刚度比值和最大弹性变形量。

刚度 k_1 虽然随着最大塑性变形量的增加相应地退化，但其基本特征由刚度退化参数 α 来确定。如 α 取 0 和 0.5 时该模型相应简化为双线型和顶点指向型恢复力模型。就是说，该模型通过给定适当的参数值 α 来确定模型的退化程度，α 值在 0 到 0.5 之间。

Clough 双线型退化模型能量吸收能力介于双线型和顶点指向型之间。在窄带域响应中，尤其在平稳响应中由于恢复力滞回时程曲线趋于稳定，利用能量吸收能力等效的原则来确定适当的 α 值，可用退化双线型恢复力模型近似地代替 Clough 双线型退化模型以进行响应分析。可以证明当给定 α 如下参数值时

$$\alpha=\begin{cases}(\eta_0-rz^+)/(4\eta_0);\mathrm{d}Q/\mathrm{d}x<0\\(\eta_0-rz^-)/(4\eta_0);\mathrm{d}Q/\mathrm{d}x>0\end{cases} \tag{10.2.15}$$

对于平稳响应，上述两个恢复力模型的能量吸收能力相等。实际上当由式（10.2.15）给定 α 值时，图 10.2.6 中 Clough 双线型模型所给出的滞回曲线轨迹（OABCD$''$EFB）和退化双线型的轨迹（OABDEGB）所包络的面积相等。

Clough 双线型退化模型恢复力的傅里叶积分描述的困难在于加载和卸载时其刚度的折线性变化使得不得不增设更多的辅助状态变量。当然，这并不是说这一描述是不可能的。但由于结构弹塑性恢复力模型的多样性，只在数学处理上下功夫并不是唯一可取的。

另一方面，能量法或能量原理是力学中的有力手段。实际上现在经常采用的各种恢复力模型也是将大量的实验数据进行整理，并用能量原理进行模型化即简化的结果。

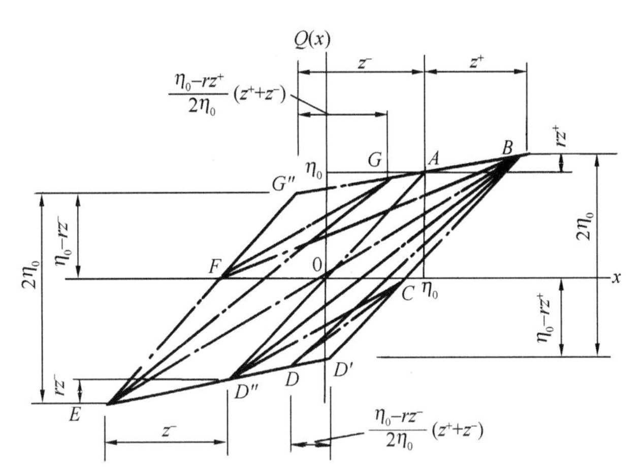

图 10.2.6　退化双线型和 Clough 双线型退化模型能量吸收能力的比较

由于在统计地震响应分析中一般情况下假设窄带域响应是可以接受的，当由式（10.2.15）给定 α 值时，可以期望由双线型退化模型去代替 Clough 双线型退化模型。图 10.2.7 为具有这两种恢复力特性的单自由度系统在白噪声激励下响应的几个统计量之间的比较。可以认为上述所建议的近似方法是可行的，并且给出偏于安全的结果。

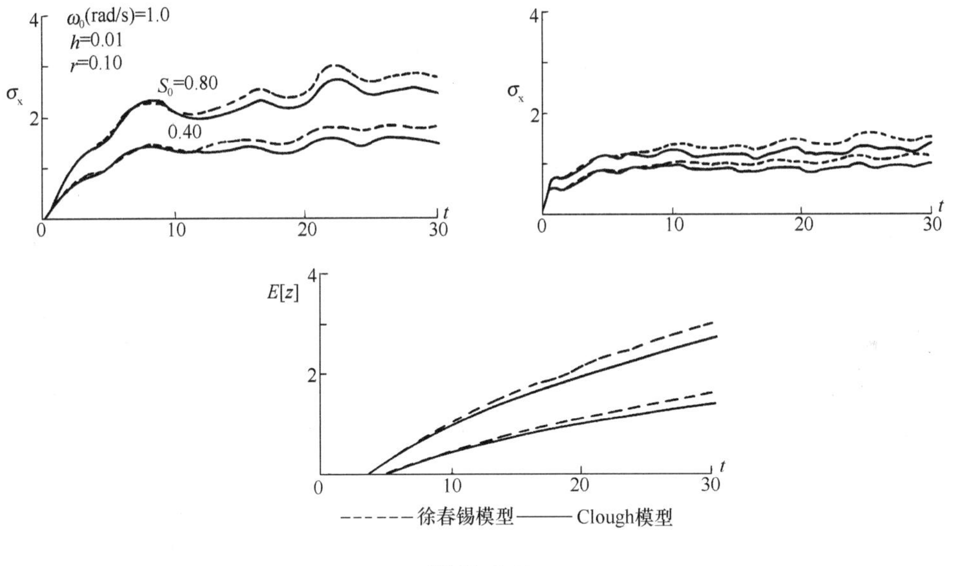

图 10.2.7

利用与处理双线型恢复力模型完全相同的方法可以很方便地对双线型退化恢复力模型进行傅里叶积分描述。

辅助状态变量 y 的变化率 $\mathrm{d}y/\mathrm{d}t$ 由下面的一阶微分方程给出：

$$\mathrm{d}y/\mathrm{d}t = v + 2\left\{\frac{[\alpha(z^+ + z^-) + \eta_0]}{\eta_0}Q(y) - y\right\}\delta(v) \tag{10.2.16}$$

恢复力 Q（y）表示为：

$$Q(y) = \frac{\eta_0}{\alpha(z^+ + z^-) + \eta_0}\left\{\int_{-\infty}^{\infty} H(W)P_{0,[\alpha(z^+ + z^-)+\eta_0]}(y - W)\mathrm{d}W - \int_{-\infty}^{\infty} H(-W)P_{-[\alpha(z^+ + z^-)+\eta_0],0}(y - W)\mathrm{d}W\right\} \tag{10.2.17}$$

利用式（10.2.1），由式（10.2.16）、式（10.2.17）最终可以导出 $\mathrm{d}y/\mathrm{d}t$ 和 Q（y）

的傅里叶积分表达式：

$$\mathrm{d}y/\mathrm{d}t = v + \frac{1}{\pi^2 i}\int_{-\infty}^{\infty}\int_{-\infty}^{\infty}\frac{\sin\beta[\alpha(z^+ + z^-)+\eta_0]}{\beta^2}\exp[i(\beta y+\gamma v)]\mathrm{d}\beta\mathrm{d}\gamma - \frac{1}{\pi}\int_{-\infty}^{\infty} y\exp(i\gamma v)\mathrm{d}\gamma \tag{10.2.18}$$

$$Q(y) = \frac{\eta_0}{\pi i[\alpha(z^+ + z^-)+\eta_0]}\int_{-\infty}^{\infty}\int_{-\infty}^{\infty}\frac{\sin\{\beta[\alpha(z^+ + z^-)+\eta_0]\}}{\beta^2}\exp(i\beta y)\mathrm{d}\beta \tag{10.2.19}$$

与双线型恢复力模型不同，由于在双线型退化模型恢复力的傅里叶积分描述中引入最大塑性变形量为其参变量，式（10.2.18）、式（10.2.19）中包含 z^+、z^-。最大塑性变形量 z^+、z^- 属于加法过程一类的随机过程，因而与通常可假设为高斯过程的位移、速度、辅助状态变量 y 完全不同，为此可用如下方法进行统计意义上的近似处理。

首先 z^+、z^- 的变化率 $\mathrm{d}z^+/\mathrm{d}t$，$\mathrm{d}z^-/\mathrm{d}t$ 可表示为：

$$\left.\begin{aligned}\mathrm{d}z^+/\mathrm{d}t &= \dot{z}^+ = vH(v)H[x-(z^+ + \eta_0)]\\ \mathrm{d}z^-/\mathrm{d}t &= \dot{z}^- = -vH(v)H[-x-(z^- + \eta_0)]\end{aligned}\right\} \tag{10.2.20}$$

式（10.2.20）可作如下解释：以 $\dot{z}^+$ 为例，由于 z^+ 是正方向最大塑性变形量，仅当 $x \geqslant z^+ + \eta_0$ 且 $v \geqslant 0$ 时 z^+ 的变化率与 x 的变化率相同，其他情况下其变化率为零。$\dot{z}^-$ 的解释与以上解释相类似，不再赘述。

为了克服确定最大塑性变形量的概率结构所带来的困难，当进行理论推导和数值积分时，经常采用以其期望值去近似的方法。当进行逐步数值积分时，设时间间隔 Δt 为很小，则第 i 步逐步积分的 z^+、z^- 的期望值可以表示为：

$$\left.\begin{aligned}E[z_i^+] &= E[z_{i-1}^+] + \frac{1}{2}\Delta t(E[\dot{z}_{i-1}^+] + E[\dot{z}_i^+])\\ E[z_i^-] &= E[z_{i-1}^-] + \frac{1}{2}\Delta t(E[\dot{z}_{i-1}^-] + E[\dot{z}_i^-])\end{aligned}\right\} \tag{10.2.21}$$

若用最大塑性变形量的期望值近似表达其变化率公式（式 10.2.20），则有：

$$\left.\begin{aligned}\mathrm{d}z^+/\mathrm{d}t &= \dot{z}^+ \approx vH(v)H[x-(E[z^+]+\eta_0)]\\ \mathrm{d}z^-/\mathrm{d}t &= \dot{z}^- \approx -vH(-v)H[-x-(E[z^-]+\eta_0)]\end{aligned}\right\} \tag{10.2.22}$$

令

$$\left.\begin{aligned}\bar{\eta}_0^+ &= \eta_0 + E[z_{i-1}^+] + \frac{1}{2}\Delta t E[\dot{z}_{i-1}^+]\\ \bar{\eta}_0^- &= \eta_0 + E[z_{i-1}^-] + \frac{1}{2}\Delta t E[\dot{z}_{i-1}^-]\end{aligned}\right\} \tag{10.2.23}$$

并对式（10.2.22）两边取期望值，则有：

$$\left.\begin{aligned}E[\dot{z}_i^+] &\approx E\left[vH(v)H\left\{x-\left(\bar{\eta}_0^+ + \frac{\Delta t}{2}E[\dot{z}_i^+]\right)\right\}\right]\\ E[\dot{z}_i^-] &\approx E\left[-vH(-v)H\left\{-x-\left(\bar{\eta}_0^- + \frac{\Delta t}{2}E[\dot{z}_i^-]\right)\right\}\right]\end{aligned}\right\} \tag{10.2.24}$$

如果第 $i-1$ 步积分已经完成，由式（10.2.24）即可算出第 i 步的最大塑性变形量变化率的期望值。这是由于式（10.2.23）所表示的$\bar{\eta}_0^+$，$\bar{\eta}_0^-$ 只与 t_{i-1}时刻及以前的响应量有关。并且，如果第 i 步的 x，v 的联合概率密度函数 f（x，$v \mid i\Delta t$）为已知，则：

$$\left.\begin{aligned} E[\dot{z}_i^+] &= \int_0^{\infty} \mathrm{d}v \left[\int_0^{\infty} \mathrm{d}x - \int_0^{\bar{\eta}_0^+} \mathrm{d}x - \int_{\bar{\eta}_0^+}^{\bar{\eta}_0^+ + \frac{\Delta t}{2}E[\dot{z}_i^+]} \mathrm{d}x\right] v f(x,v \mid i\Delta t) \\ E[\dot{z}_i^-] &= -\int_{-\infty}^{0} \mathrm{d}v \left[\int_{-\infty}^{0} \mathrm{d}x - \int_{-\bar{\eta}_0^-}^{0} \mathrm{d}x \right. \\ &\quad \left. - \int_{-(\bar{\eta}_0^- + \frac{\Delta t}{2}E[\dot{z}_i^-])}^{-\bar{\eta}_0^-} \mathrm{d}x\right] v f(x,v \mid i\Delta t) \end{aligned}\right\} \tag{10.2.25}$$

如果各状态变量 x，v，y 等的初始值为零，并且激励是期望值为零的散粒噪声，则可方便地假设各状态变量是期望值为零的高斯过程。在这种情况下，为了不失一般性，可设$\dot{z}_0^+=\dot{z}_0^-=0$。在上述假设前提下由式（10.2.25）不难看出，$E[\dot{z}_i^+]$ 与 $E[\dot{z}_i^-]$，进而 $E[z_i^+]$ 与 $E[z_i^-]$，$\bar{\eta}_0^+$ 与$\bar{\eta}_0^-$ 均可取相同的值，以下均记为 $E[\dot{z}_i]$，$E[z_i]$、$\bar{\eta}_0$。这样，式（10.2.25）中的两式可以统一写成

$$E[\dot{z}_i] = \int_0^{\infty} \mathrm{d}v \left[\int_0^{\infty} \mathrm{d}x - \int_0^{\bar{\eta}_0} \mathrm{d}x - \int_{\bar{\eta}_0}^{\bar{\eta}_0 + \frac{\Delta t}{2}E[\dot{z}_i]} \mathrm{d}x\right] v f(x,v \mid i\Delta t) \tag{10.2.26}$$

因假设 Δt 充分小，用积分中值定理，由式（10.2.26）可得 $E[\dot{z}_i]$ 的计算公式：

$$\left.\begin{aligned} E[\dot{z}_i] &= A_i/B_i \\ A_i &= \frac{\sigma_v}{2\sqrt{2\pi}}\left\{1 - 2\mathrm{erf}\left(\frac{\bar{\eta}_0}{\sigma_x\sqrt{1-\rho_{xv}^2}}\right) + \rho_{xv}\exp\left(-\frac{\bar{\eta}_0^2}{2\sigma_x^2}\right)\left[1 + 2\mathrm{erf}\left(\frac{\rho_{xv}\bar{\eta}_0}{\sigma_x\sqrt{1-\rho_{xv}^2}}\right)\right]\right\} \\ B_i &= 1 + \frac{\Delta t}{2}\left\{\frac{\sqrt{1-\rho_{xv}^2}}{2\pi}\frac{\sigma_v}{\sigma_x}\exp\left(-\frac{\bar{\eta}_0^2}{2\sigma_x^2(1-\rho_{xv}^2)}\right) + \frac{\rho_{xv}\bar{\eta}_0\sigma_v}{2\sigma_x^2\sqrt{2\pi}}\right. \\ &\quad \left.\times\exp\left(-\frac{\bar{\eta}_0^2}{2\sigma_x^2}\right)\left[1 + 2\mathrm{erf}\left(\frac{\rho_{xv}\bar{\eta}_0}{\sigma_x\sqrt{1-\rho_{xv}^2}}\right)\right]\right\} \end{aligned}\right\} \tag{10.2.27}$$

式中：σ_x、σ_v、σ_{xv}分别为 x、v 标准差及相关系数函数。

$E[z_i]$，$\bar{\eta}_0$ 分别由下式计算：

$$E[z_i] = E[z_{i-1}] + \frac{\Delta t}{2}(E[\dot{z}_{i-1}] + E[\dot{z}_i]) \tag{10.2.28}$$

$$\bar{\eta}_0 = \eta_0 + E[z_{i-1}] + \frac{\Delta t}{2}E[\dot{z}_{i-1}] \tag{10.2.29}$$

当进行数值积分时，先算出第 i 步的 σ_x、σ_v 和 ρ_{xv}，再由式（10.2.27）、式（10.2.28）、式（10.2.29）分别算出第 i 步的 $E[\dot{z}_i]$、$E[z_i]$ 以及为第 $i+1$ 步计算的 $\bar{\eta}_0$ 值。

10.2.3 顶点指向型恢复力模型

石丸曾研究过顶点指向型和滑移型恢复力模型[10]。他在论文中指出，若以塑性变形累积量作为参变量（同时引入辅助状态变量 y），不难对顶点指向型和滑移型模型的恢复

力进行傅里叶积分描述。文献［15］指出，由于对上述两个模型来说最大塑性变形量和塑性变形累积量是同一量（塑性变形累积量等于正方向和负方向最大塑性变形量之和的一半）。在有些情况下并不需要引入辅助状态变量即可对其恢复力进行傅里叶积分描述。

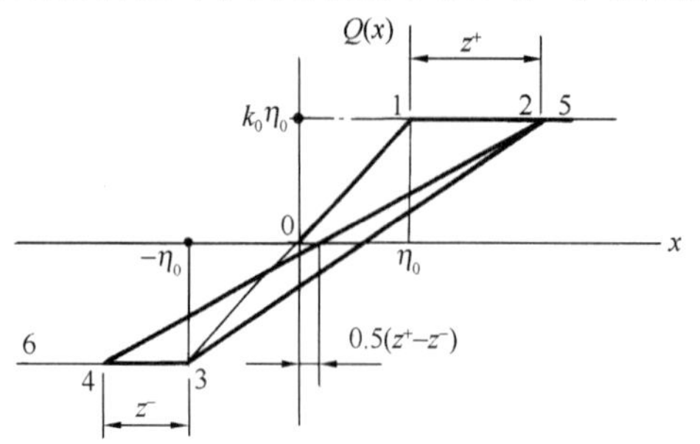

图 10.2.8　顶点指向型恢复力模型

对于如图 10.2.8 所示顶点指向型恢复力 $Q(x)$，若最大塑性变形量 z^{+}，z^{-} 已给定，则其第一分支刚度 k_1 为：

$$k_1=\frac{\eta_0}{0.5(z^{+}+z^{-})+\eta_0}k_0 \tag{10.2.30}$$

且其骨架曲线为 6-4-3-1-2-5。

如果注意到 $Q(x)$ 骨架曲线对称于 $x=0.5(z^{+}-z^{-})$ 点，不难用与前两节完全相同的方法对 $Q(x)$ 进行傅里叶积分描述。利用阶跃函数和矩型脉冲函数，$Q(x)$ 可以表示为：

$$Q(x)=\frac{k_0\eta_0}{0.5(z^{+}+z^{-})+\eta_0}\Big[\int_{-\infty}^{\infty}H(W-0.5(z^{+}-z^{-}))P_{0.5(z^{+}-z^{-}),\eta_0+z^{+}}(x-W)\mathrm{d}W$$
$$-\int_{-\infty}^{\infty}H(0.5(z^{+}-z^{-})-W)P_{-(z^{-}+\eta_0),0.5(z^{+}-z^{-})}(x-W)\mathrm{d}W\Big] \tag{10.2.31}$$

由于在前一节中所讨论的条件下，正方向和负方向最大塑性变形量的期望值相同，若用最大塑性变形量去近似式（10.2.31）或图 10.2.8 中 $Q(x)$ 的骨架曲线就可以发现式（10.2.31）中的 $0.5(z^{+}-z^{-})$ 一项全部消失，且骨架曲线亦近似地对称于原点。

考虑到上述情况并利用阶跃函数的傅里叶积分表达式，则顶点指向型模型的恢复力 $Q(x)$ 的傅里叶积分表达式为：

$$Q(x)=\frac{k_0\eta_0}{E[z]+\eta_0}\cdot\frac{1}{\pi i}\int_{-\infty}^{\infty}\frac{\sin[\beta(E[z]+\eta_0)]}{\beta^2}\exp(ix\beta)\mathrm{d}\beta \tag{10.2.32}$$

对于顶点指向型和下面将要讨论的滑移型恢复力模型，$E[z]$ 的计算公式与前述式（10.2.27）、式（10.2.28）、式（10.2.29）完全相同。

10.2.4　滑移型恢复力模型

如前所述，在我们所讨论的范围内，滑移型恢复力模型的傅里叶积分描述不需要引入辅助状态变量。

如图 10.2.9 所示，设恢复力时程路线为 0-1-2-3-0-4-5-6-0-3-2 等，考虑到正方向和负方向最大塑性变形量期望值的相同，滑移型模型的恢复力可以用下式表示：

$$Q(x)=\int_{-\infty}^{\infty}H(W-E[z])P_{E[z],E[z]+\eta_0}(x-W)\mathrm{d}W$$
$$-\int_{-\infty}^{\infty}H(-W+E[z])P_{-(E[z]+\eta_0),-E[z]}(x-W)\mathrm{d}W \tag{10.2.33}$$

因此，滑移型模型恢复力的傅里叶积分描述如下：

$$Q(x)=\frac{1}{\pi i}\int_{-\infty}^{\infty}\frac{\sin[\beta(E[z]+\eta_0)]-\sin[\beta E[z]]}{\beta^2}\exp(ix\beta)\mathrm{d}\beta \tag{10.2.34}$$

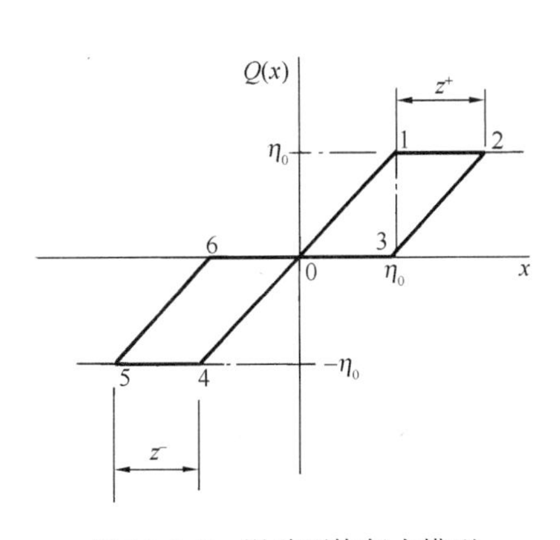

图 10.2.9　滑移型恢复力模型

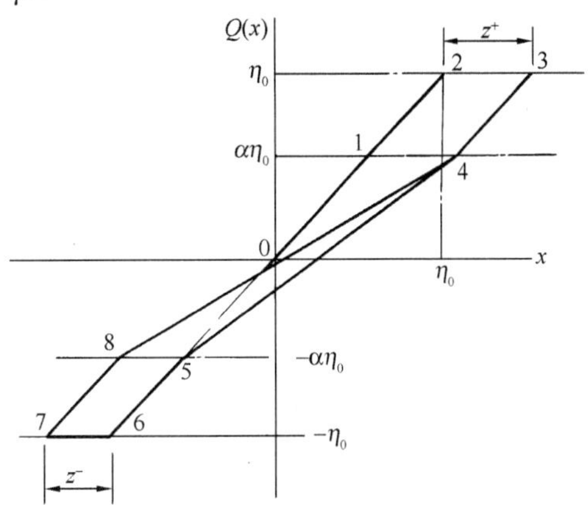

图 10.2.10　结合型恢复力模型

10.2.5　顶点指向和滑移特性结合型恢复力模型

类似图 10.2.10 所示的恢复力模型在结构地震响应分析中经常被采用，它具有顶点指向和滑移两种特性，为此在本书中称之为顶点指向和滑移结合型恢复力模型，或简称为结合型。

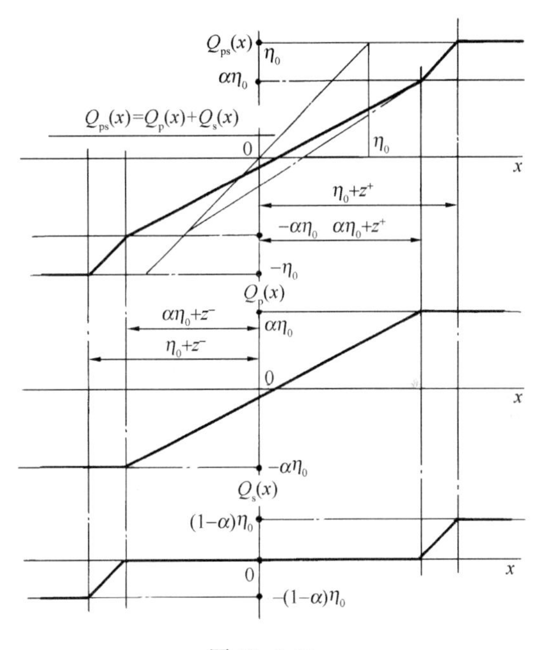

图 10.2.11

参照图 10.2.11 不难对结合型恢复力进行傅里叶积分描述。很明显，图 10.2.11 所表示的结合型恢复力骨架曲线可以分解为顶点指向型和滑移型的线性组合，这样 $Q(x)$ 可写成：

$$\begin{aligned}Q(x)=&\frac{\alpha\eta_0}{0.5(z^++z^-)+\alpha\eta_0}\Big[\int_{-\infty}^{\infty}H(W-0.5(z^++z^-))P_{0.5(z^+-z^-),\alpha\eta_0+z^+}(x-W)\mathrm{d}W-\int_{-\infty}^{\infty}H(0.5(z^+-z^-)-W)P_{-(z^-+\alpha\eta_0),0.5(z^+-z^-)}(x-W)\mathrm{d}W\Big]\\&+\int_{-\infty}^{\infty}H(W-(\alpha\eta_0+z^+))P_{\alpha\eta_0+z^+,\eta_0+z^+}(x-W)\mathrm{d}W\\&-\int_{-\infty}^{\infty}H((\alpha\eta_0+z^-)-W)P_{-(\eta_0+z^-),-(\alpha\eta_0+z^-)}(x-W)\mathrm{d}W\end{aligned} \tag{10.2.35}$$

利用最大塑性变形量的期望值近似表示上式中的 z^+、z^-，结合型的恢复力 $Q(x)$ 傅里叶积分描述最终可以表示为：

$$Q(x)=\frac{\alpha\eta_0}{E[z]+\alpha\eta_0}\cdot\frac{1}{\pi i}\int_{-\infty}^{\infty}\frac{\sin[\beta(E[z]+\alpha\eta_0)]}{\beta^2}\exp(ix\beta)\mathrm{d}\beta$$

$$+\frac{1}{\pi i}\int_{-\infty}^{\infty}\frac{\sin[\beta(E[z]+\eta_0)]-\sin[\beta(E[z]+\alpha\eta_0)]}{\beta^2}\exp(i\beta x)\mathrm{d}\beta \tag{10.2.36}$$

10.2.6 公式汇总和几点讨论

前面讨论了双线型、退化双线型、顶点指向型、滑移型和结合型模型恢复力的傅里叶积分描述方法。

双线型和退化双线型模型恢复力的傅里叶积分描述中需要引入辅助状态变量 y，其变化率的傅里叶积分表达式为：

双线型

$$\mathrm{d}y/\mathrm{d}t=\dot{y}=v+\frac{1}{\pi^2 i}\int_{-\infty}^{\infty}\int_{-\infty}^{\infty}\frac{\sin\beta\eta_0}{\beta^2}\exp(i\beta y+i\gamma v)\mathrm{d}\beta\mathrm{d}\gamma$$
$$-\frac{1}{\pi}\int_{-\infty}^{\infty}y\exp(i\gamma v)\mathrm{d}\gamma \tag{10.2.37a}$$

退化双线型

$$\mathrm{d}y/\mathrm{d}t=v+\frac{1}{\pi^2 i}\int_{-\infty}^{\infty}\int_{-\infty}^{\infty}\frac{\sin\beta[\alpha E[z]+\eta_0]}{\beta^2}\exp(i\beta y+i\gamma v)\mathrm{d}\beta\mathrm{d}\gamma$$
$$-\frac{1}{\pi}\int_{-\infty}^{\infty}y\exp(i\gamma v)\mathrm{d}\gamma \tag{10.2.37b}$$

对于第一分支刚性和第二分支刚性比 $r\neq0$ 的一般情况，需要把恢复力分解为线性部分和 $r=0$ 的弹塑性部分。为此，考虑到 $r\neq0$ 的一般情况，前几节所讨论的弹塑性恢复力的傅里叶积分表达式需略加修改，它们最后为：

双线型

$$Q(x,y)=rx+\frac{1-r}{\pi i}\int_{-\infty}^{\infty}\frac{\sin\beta\eta_0}{\beta^2}\exp(i\beta y)\mathrm{d}\beta \tag{10.2.38a}$$

退化双线型

$$Q(x,y)=rx+\frac{(1-r)\eta_0}{\pi i(2\alpha E[z]+\eta_0)}\int_{-\infty}^{\infty}\frac{\sin[\beta(2\alpha E[z]+\eta_0)]}{\beta^2}\exp(i\beta y)\mathrm{d}\beta \tag{10.2.38b}$$

顶点指向型

$$Q(x)=rx+\frac{k_0(1-r)\eta_0}{\pi i(E[z]+\eta_0)}\int_{-\infty}^{\infty}\frac{\sin[\beta E[z]+\eta_0]}{\beta^2}\exp(ix\beta)\mathrm{d}\beta \tag{10.2.39a}$$

滑移型

$$Q(x)=rx+\frac{1-r}{\pi i}\int_{-\infty}^{\infty}\frac{\sin[\beta(E[z]+\eta_0)]-\sin[\beta E[z]]}{\beta^2}\exp(ix\beta)\mathrm{d}\beta \tag{10.2.40a}$$

结合型

$$Q(x)=rx+\frac{(1-r)\alpha\eta_0}{\pi i(E[z]+\alpha\eta_0)}\int_{-\infty}^{\infty}\frac{\sin[\beta(E[z]+\alpha\eta_0)]}{\beta^2}\exp(ix\beta)\mathrm{d}\beta$$
$$+\frac{1-r}{\pi i}\int_{-\infty}^{\infty}\frac{\sin[\beta(E[z]+\eta_0)]-\sin[\beta(E[z]+\alpha\eta_0)]}{\beta^2}\exp(ix\beta)\mathrm{d}\beta \tag{10.2.41a}$$

值得指出的是，式（10.2.32）、式（10.2.34）和式（10.2.36）是在不引入辅助状态变量 y 的情况下推导得出的顶点指向型、滑移型及其结合型恢复力模型的傅里叶积分表达式。如果引入辅助状态变量 y 时，上述恢复力模型的傅里叶积分描述分别与该三式具有完全相同的形式，只需把式中的所有 x 改成 y 即可。因此，在引入辅助状态变量时，则将式（10.2.39a）、式（10.2.40a）和式（10.2.41a）右端第二项的 x 改成 y，就可得到以下三种恢复力模型的傅里叶积分表达式。

顶点指向型

$$Q(x,y)=rx+\frac{k_0(1-r)\eta_0}{\pi i(E[z]+\eta_0)}\int_{-\infty}^{\infty}\frac{\sin[\beta E[z]+\eta_0]}{\beta^2}\exp(i\beta y)\mathrm{d}\beta \quad (10.2.39b)$$

滑移型

$$Q(x,y)=rx+\frac{1-r}{\pi i}\int_{-\infty}^{\infty}\frac{\sin[\beta(E[z]+\eta_0)]-\sin[\beta E[z]]}{\beta^2}\exp(i\beta y)\mathrm{d}\beta \quad (10.2.40b)$$

结合型

$$\begin{aligned}Q(x,y)=&rx+\frac{(1-r)\alpha\eta_0}{\pi i(E[z]+\alpha\eta_0)}\int_{-\infty}^{\infty}\frac{\sin[\beta(E[z]+\alpha\eta_0)]}{\beta^2}\exp(i\beta y)\mathrm{d}\beta\\&+\frac{1-r}{\pi i}\int_{-\infty}^{\infty}\frac{\sin[\beta(E[z]+\eta_0)]-\sin[\beta(E[z]+\alpha\eta_0)]}{\beta^2}\exp(i\beta y)\mathrm{d}\beta\end{aligned} \quad (10.2.41b)$$

毫无疑问，由于增加辅助状态变量相当于增加体系的刚度，两者的响应量的分析结果是有差异的[1]。上述三种恢复力模型辅助状态变量 y 的一阶微分方程具有完全相同的形式：

$$\begin{aligned}\mathrm{d}y/\mathrm{d}t=&v-2[y-(z+\eta_0)]H[y-(z+\eta_0)]\delta(v)\\&-2[y+(z+\eta_0)]H[-y-(z+\eta_0)]\delta(v)\end{aligned} \quad (10.2.42)$$

因而辅助状态变量 y 的变化率的傅里叶积分描述式也完全相同，即：

$$\begin{aligned}\mathrm{d}y/\mathrm{d}t=&v+\frac{1}{\pi^2 i}\int_{-\infty}^{\infty}\int_{-\infty}^{\infty}\frac{\sin[\beta(E[z]+\eta_0)]}{\beta^2}\cdot\exp(i\beta y+i\gamma v)\mathrm{d}\beta\mathrm{d}\gamma\\&-\frac{y}{\pi}\int_{-\infty}^{\infty}\exp(i\gamma v)\mathrm{d}\gamma\end{aligned} \quad (10.2.43)$$

上述模型最大塑性变形量的期望值公式完全相同，均可用式（10.2.27）、式（10.2.28）、式（10.2.29）进行数值积分。值得注意的是，由于最大塑性变形量的期望值只能用逐步积分方法计算，并且作为参变量它被引进了大部分恢复力表达式中，因此在平稳响应分析中也只有用逐步积分方法才能得到平稳响应的各统计量的近似值。

值得注意的另一点是，在推导最大塑性变形量期望值的逐步积分公式时假定了各状态变量是高斯过程。因为即使在高斯激励下，非线性结构的响应量也是非高斯的，所以这一假定只是出于一种“使分析成为可能”的需要。但是在本章所讨论的范围内，因为设激励为散粒噪声，这一假定是可以接受的。

10.3 Fokker-Planck 方法

散粒噪声激励下的多自由度结构系统弹塑性随机响应分析可以利用 Fokker-Planck 方法。只是到目前为止这一系统仅限于剪切型串联多自由度系统。如前所述，由于引入辅助状态变量等，弹塑性恢复力可由光滑的至少一阶偏导可微的单值函数（如傅里叶积分表示法）描述，因而在散粒噪声激励下的结构系统的响应量，如位移、速度及辅助状态变量为 Markov 过程。如果这些响应量可以假设为高斯的，则通过傅里叶变换可以得到响应量二阶统计量的一阶常微分方程组。

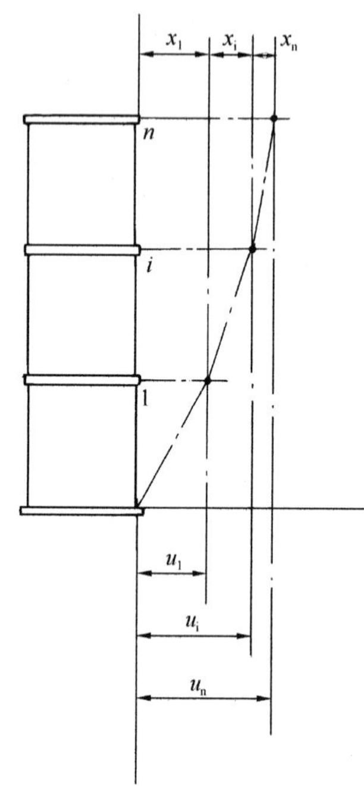

图 10.3.1

10.3.1 剪切型多自由度系统的运动方程

为了应用 Fokker-Planck 方法，需要对系统的运动方程进行线性变换。如图 10.3.1 所示，该系统的运动方程是众所周知的：

$$\ddot{\boldsymbol{M}} + \boldsymbol{C}\dot{\boldsymbol{U}} + \boldsymbol{K}_{\mathrm{h}}(t)\boldsymbol{U} = \boldsymbol{P}(t) \tag{10.3.1}$$

式中：$\boldsymbol{M}$，$\boldsymbol{C}$，$\boldsymbol{K}_{\mathrm{h}}$（$t$），$\boldsymbol{U}$，$\boldsymbol{P}$（$t$）分别为质量、阻尼、剪切刚度矩阵及位移、荷载向量。

注意到式（10.3.1）中 $\boldsymbol{U}$ 为相对于地面的总坐标位移向量，设层间位移向量为 $\boldsymbol{X}$，则有

$$\boldsymbol{U} = \boldsymbol{T}\boldsymbol{X} \tag{10.3.2}$$

其中 $\boldsymbol{T}$ 为转换矩阵：

$$\boldsymbol{T} = \begin{bmatrix} 1 & 1 & \cdots & 1 \\ & 1 & \cdots & 1 \\ & & \ddots & \vdots \\ & & & 1 \end{bmatrix} \tag{10.3.3}$$

将式（10.3.2）代入式（10.3.1）并在等式两边同时乘 $\boldsymbol{T}^{\mathrm{T}}$ 最终可得：

$$\ddot{\boldsymbol{X}} + \overline{\boldsymbol{M}}\boldsymbol{C}^{*}\dot{\boldsymbol{X}} + \overline{\boldsymbol{M}}\boldsymbol{K}_{\mathrm{h}}^{*}(t)\boldsymbol{X} = \overline{\boldsymbol{M}}P(t) \tag{10.3.4}$$

其中

$$\overline{\boldsymbol{M}} = (\boldsymbol{T}^{\mathrm{T}}\boldsymbol{M}\boldsymbol{T})^{-1} \tag{10.3.5}$$

$$\boldsymbol{C}^{*} = \boldsymbol{C}^{\mathrm{T}}\boldsymbol{C}\boldsymbol{T} = \begin{bmatrix} C_{\mathrm{n}} & & & & \\ & \ddots & & & \\ & & C_i & & \\ & & & \ddots & \\ & & & & C_1 \end{bmatrix} \tag{10.3.6}$$

$$\boldsymbol{K}_{\mathrm{h}}^{*} = \boldsymbol{T}^{\mathrm{T}}\boldsymbol{K}_{\mathrm{h}}(t)\boldsymbol{T} = \begin{bmatrix} k_{\mathrm{n}}(t) & & & & \\ & \ddots & & & \\ & & k_i(t) & & \\ & & & \ddots & \\ & & & & k_1(t) \end{bmatrix} \tag{10.3.7}$$

对地面运动响应，可以证明：

$$\overline{M}P(t) = A(t) \tag{10.3.8}$$

$$A(t) = \begin{Bmatrix} 0 \\ \vdots \\ 0 \\ \ddot{u}_g(t) \end{Bmatrix} \tag{10.3.9}$$

式中：$\ddot{u}_g(t)$ 为地面运动加速度。

由于在弹塑性响应过程中某一层的层间剪切刚度 k_i（t）只与该层层间位移的时程有关，若引入辅助状态变量 y，则可令

$$k_{hi}(t)x_i = k_i Q_i(x_i, y_i, t) \tag{10.3.10}$$

式中：k_i 为初始刚度；Q_i（x_i，y_i，t）为前面所述的屈服强度在 $\eta_0 = 1$（并非一定要用 1，只需标准化即可）时的弹塑性恢复力。

这样，剪切型多自由度系统对地面运动的响应方程可以写成

$$\ddot{X} + \overline{M}C^* \dot{X} + \overline{M}K^* Q(t) = A(t) \tag{10.3.11}$$

其中

$$K^* = \begin{bmatrix} k_n & & & & \\ & \ddots & & & \\ & & k_i & & \\ & & & \ddots & \\ & & & & k_1 \end{bmatrix} \tag{10.3.12}$$

$$Q(t) = \begin{bmatrix} Q_n(x_n, y_n, t) & & & & \\ & \ddots & & & \\ & & Q_i(x_i, y_i, t) & & \\ & & & \ddots & \\ & & & & Q_1(x_1, y_1, t) \end{bmatrix} \tag{10.3.13}$$

当在恢复力傅里叶积分描述中需要引入辅助状态变量时，运动方程中需要增加辅助状态变量的微分方程，为了不失一般性，此时运动方程可记作：

$$\left.\begin{aligned} V &= dX/dt \\ dV/dt + \overline{M}C^* V + \overline{M}K^* Q(t) &= A(t) \\ dY/dt &= L \end{aligned}\right\} \tag{10.3.14}$$

10.3.2 Fokker-Planck 方程

设 A（k）为散粒噪声，即

$$\left.\begin{aligned} E[A(t)] &= 0 \\ E[A(t_1)A^T(t_2)] &= W(t_1)\delta(t_2 - t_1) \end{aligned}\right\} \tag{10.3.15}$$

则由式（10.3.14）所描述系统的响应为 Markov 过程，因而满足以下 Fokker-Planck 方程：

$$\frac{1}{2}\left[\left(\frac{\partial}{\partial \boldsymbol{X}}\right)^{\mathrm{T}}(\boldsymbol{B}_{\mathrm{XX}}f)\frac{\partial}{\partial \boldsymbol{X}}+\left(\frac{\partial}{\partial \boldsymbol{V}}\right)^{\mathrm{T}}(\boldsymbol{B}_{\mathrm{VV}}f)\frac{\partial}{\partial \boldsymbol{V}}+\left(\frac{\partial}{\partial \boldsymbol{Y}}\right)^{\mathrm{T}}(\boldsymbol{B}_{\mathrm{YY}}f)\frac{\partial}{\partial \boldsymbol{Y}}\right]$$
$$+\left[\left(\frac{\partial}{\partial \boldsymbol{X}}\right)^{\mathrm{T}}(\boldsymbol{B}_{\mathrm{XV}}f)\frac{\partial}{\partial \boldsymbol{V}}+\left(\frac{\partial}{\partial \boldsymbol{X}}\right)^{\mathrm{T}}(\boldsymbol{B}_{\mathrm{XY}}f)\frac{\partial}{\partial \boldsymbol{Y}}+\left(\frac{\partial}{\partial \boldsymbol{V}}\right)^{\mathrm{T}}(\boldsymbol{B}_{\mathrm{VY}}f)\frac{\partial}{\partial \boldsymbol{Y}}\right]$$
$$-\left[\left(\frac{\partial}{\partial \boldsymbol{X}}\right)^{\mathrm{T}}(\boldsymbol{A}_{\mathrm{X}}f)+\left(\frac{\partial}{\partial \boldsymbol{V}}\right)^{\mathrm{T}}(\boldsymbol{A}_{\mathrm{V}}f)+\left(\frac{\partial}{\partial \boldsymbol{Y}}\right)^{\mathrm{T}}(\boldsymbol{A}_{\mathrm{Y}}f)\right]=\frac{\partial f}{\partial t} \tag{10.3.16}$$

其中 f 为推移概率密度函数，$f=P_{\mathrm{c}}$（$\boldsymbol{X}$，$\boldsymbol{V}$，$\boldsymbol{Y}$ | $\boldsymbol{X}_0$，$\boldsymbol{V}_0$，$\boldsymbol{Y}_0$）。$\boldsymbol{A}_{\mathrm{X}}$，$\boldsymbol{A}_{\mathrm{V}}$，$\boldsymbol{A}_{\mathrm{Y}}$，$\boldsymbol{B}_{\mathrm{XX}}$，$\boldsymbol{B}_{\mathrm{VV}}$，$\boldsymbol{B}_{\mathrm{YY}}$，$\boldsymbol{B}_{\mathrm{XV}}$，$\boldsymbol{B}_{\mathrm{XY}}$，$\boldsymbol{B}_{\mathrm{VY}}$由下式定义：

$$\left.\begin{aligned}
\boldsymbol{A}_{\mathrm{X}} &= \lim_{\Delta t\to 0}\frac{1}{\Delta t}E[\Delta\boldsymbol{X} \mid \boldsymbol{X},\boldsymbol{V},\boldsymbol{Y},t]\\
\boldsymbol{A}_{\mathrm{V}} &= \lim_{\Delta t\to 0}\frac{1}{\Delta t}E[\Delta\boldsymbol{V} \mid \boldsymbol{X},\boldsymbol{V},\boldsymbol{Y},t]\\
\boldsymbol{A}_{\mathrm{Y}} &= \lim_{\Delta t\to 0}\frac{1}{\Delta t}E[\Delta\boldsymbol{Y} \mid \boldsymbol{X},\boldsymbol{V},\boldsymbol{Y},t]\\
\boldsymbol{B}_{\mathrm{XX}} &= \lim_{\Delta t\to 0}\frac{1}{\Delta t}E[\Delta\boldsymbol{X}\Delta\boldsymbol{X}^{\mathrm{T}} \mid \boldsymbol{X},\boldsymbol{V},\boldsymbol{Y},t]\\
\boldsymbol{B}_{\mathrm{VV}} &= \lim_{\Delta t\to 0}\frac{1}{\Delta t}E[\Delta\boldsymbol{V}\Delta\boldsymbol{V}^{\mathrm{T}} \mid \boldsymbol{X},\boldsymbol{V},\boldsymbol{Y},t]\\
\boldsymbol{B}_{\mathrm{YY}} &= \lim_{\Delta t\to 0}\frac{1}{\Delta t}E[\Delta\boldsymbol{Y}\Delta\boldsymbol{Y}^{\mathrm{T}} \mid \boldsymbol{X},\boldsymbol{V},\boldsymbol{Y},t]\\
\boldsymbol{B}_{\mathrm{XV}} &= \lim_{\Delta t\to 0}\frac{1}{\Delta t}E[\Delta\boldsymbol{X}\Delta\boldsymbol{V}^{\mathrm{T}} \mid \boldsymbol{X},\boldsymbol{V},\boldsymbol{Y},t]\\
\boldsymbol{B}_{\mathrm{XY}} &= \lim_{\Delta t\to 0}\frac{1}{\Delta t}E[\Delta\boldsymbol{X}\Delta\boldsymbol{Y}^{\mathrm{T}} \mid \boldsymbol{X},\boldsymbol{V},\boldsymbol{Y},t]\\
\boldsymbol{B}_{\mathrm{VY}} &= \lim_{\Delta t\to 0}\frac{1}{\Delta t}E[\Delta\boldsymbol{V}\Delta\boldsymbol{Y}^{\mathrm{T}} \mid \boldsymbol{X},\boldsymbol{V},\boldsymbol{Y},t]
\end{aligned}\right\} \tag{10.3.17}$$

对于上述所讨论的系统，可以证明：

$$\left.\begin{aligned}
&\boldsymbol{A}_{\mathrm{X}} = \boldsymbol{V}\\
&\boldsymbol{A}_{\mathrm{V}} = -\overline{\boldsymbol{M}}\boldsymbol{C}^{*}\boldsymbol{V}-\overline{\boldsymbol{M}}\boldsymbol{K}^{*}\boldsymbol{Q}(t)\\
&\boldsymbol{A}_{\mathrm{Y}} = \boldsymbol{L}\\
&\boldsymbol{B}_{\mathrm{XX}} = \boldsymbol{B}_{\mathrm{YY}} = \boldsymbol{B}_{\mathrm{XV}} = \boldsymbol{B}_{\mathrm{XY}} = \boldsymbol{B}_{\mathrm{VY}} = \boldsymbol{0}\\
&\boldsymbol{B}_{\mathrm{VV}} = \boldsymbol{W}(t)
\end{aligned}\right\} \tag{10.3.18}$$

10.3.3 Fokker-Planck 方程的傅里叶变换

由于非线性系统的 Fokker-Planck 方程很难求解，Sveshnikov、小堀等学者[6,17]发展了如下简称为 Fokker-Planck 方法的近似方法：在响应为高斯的假设前提下对 Fokker-

Planck 方程进行多重傅里叶变换，最终求出有关响应二阶统计量的常微分方程组。这一方法对我们所讨论的问题也是适用的。

设系统的响应是高斯的，且其初值为零，则其特征函数可由下式表示：

$$\Phi = \exp\left(-\frac{1}{2}\boldsymbol{S}^{\mathrm{T}}\boldsymbol{K}_{\mathrm{XVY}}\boldsymbol{S}\right) \tag{10.3.19}$$

其中 $\boldsymbol{K}_{\mathrm{XVY}}$ 为响应量 $\boldsymbol{X}$，$\boldsymbol{V}$，$\boldsymbol{Y}$ 的协方差函数矩阵：

$$\boldsymbol{K}_{\mathrm{XVY}} = \begin{bmatrix} \boldsymbol{K}_{\mathrm{XX}} & \boldsymbol{K}_{\mathrm{XV}} & \boldsymbol{K}_{\mathrm{XY}} \\ \boldsymbol{K}_{\mathrm{VX}} & \boldsymbol{K}_{\mathrm{VV}} & \boldsymbol{K}_{\mathrm{VY}} \\ \boldsymbol{K}_{\mathrm{YX}} & \boldsymbol{K}_{\mathrm{YV}} & \boldsymbol{K}_{\mathrm{YY}} \end{bmatrix} \tag{10.3.20}$$

对 Fokker-Planck 方程式（10.3.16）进行 n 重傅里叶积分变换，通过非常繁复的推导和整理，最终可以得出关于协方差函数的常微分方程组：

$$\left.\begin{aligned}
&\frac{\mathrm{d}}{\mathrm{d}t}\boldsymbol{K}_{\mathrm{XX}} - \boldsymbol{K}_{\mathrm{XV}} - \boldsymbol{K}_{\mathrm{VX}} = \boldsymbol{0} \\
&\frac{\mathrm{d}}{\mathrm{d}t}\boldsymbol{K}_{\mathrm{VV}} + \boldsymbol{E}_1\boldsymbol{K}_{\mathrm{XV}} + \boldsymbol{K}_{\mathrm{VX}}\boldsymbol{E}_1^{\mathrm{T}} + \boldsymbol{E}_2\boldsymbol{K}_{\mathrm{VV}} + \boldsymbol{K}_{\mathrm{VV}}\boldsymbol{E}_2^{\mathrm{T}} + \boldsymbol{E}_3\boldsymbol{K}_{\mathrm{YV}} + \boldsymbol{K}_{\mathrm{VY}}\boldsymbol{E}_3^{\mathrm{T}} = \boldsymbol{W}(t) \\
&\frac{\mathrm{d}}{\mathrm{d}t}\boldsymbol{K}_{\mathrm{YY}} - \boldsymbol{\xi}_{\mathrm{Y}}\boldsymbol{K}_{\mathrm{YY}} - \boldsymbol{K}_{\mathrm{YY}}\boldsymbol{\xi}_{\mathrm{Y}} - \boldsymbol{\xi}_{\mathrm{V}}\boldsymbol{K}_{\mathrm{VY}} - \boldsymbol{K}_{\mathrm{YV}}\boldsymbol{\xi}_{\mathrm{V}} = \boldsymbol{0} \\
&\frac{\mathrm{d}}{\mathrm{d}t}\boldsymbol{K}_{\mathrm{XV}} - \boldsymbol{K}_{\mathrm{VV}} + \boldsymbol{E}_1\boldsymbol{K}_{\mathrm{XX}} + \boldsymbol{E}_2\boldsymbol{K}_{\mathrm{VX}} + \boldsymbol{E}_3\boldsymbol{K}_{\mathrm{YX}} = \boldsymbol{0} \\
&\frac{\mathrm{d}}{\mathrm{d}t}\boldsymbol{K}_{\mathrm{XY}} - \boldsymbol{K}_{\mathrm{VY}} - \boldsymbol{K}_{\mathrm{XY}}\boldsymbol{\xi}_{\mathrm{Y}} - \boldsymbol{K}_{\mathrm{XV}}\boldsymbol{\xi}_{\mathrm{V}} = \boldsymbol{0} \\
&\frac{\mathrm{d}}{\mathrm{d}t}\boldsymbol{K}_{\mathrm{VY}} + \boldsymbol{E}_1\boldsymbol{K}_{\mathrm{XY}} + \boldsymbol{E}_2\boldsymbol{K}_{\mathrm{VY}} + \boldsymbol{E}_3\boldsymbol{K}_{\mathrm{YY}} - \boldsymbol{K}_{\mathrm{VV}}\boldsymbol{\xi}_{\mathrm{V}} - \boldsymbol{K}_{\mathrm{VY}}\boldsymbol{\xi}_{\mathrm{Y}} = \boldsymbol{0}
\end{aligned}\right\} \tag{10.3.21}$$

上式中

$$\left.\begin{aligned}
\boldsymbol{E}_1 &= \overline{\boldsymbol{M}}\boldsymbol{K}^{*}\boldsymbol{\beta}_{\mathrm{X}} \\
\boldsymbol{E}_2 &= \overline{\boldsymbol{M}}\boldsymbol{C}^{*} \\
\boldsymbol{E}_3 &= \overline{\boldsymbol{M}}\boldsymbol{K}^{*}\boldsymbol{\beta}_{\mathrm{Y}}
\end{aligned}\right\} \tag{10.3.22}$$

此处 β_{X}，β_{Y}，ξ_{V}，ξ_{Y} 分别是以 β_{xi}，β_{yi}，ξ_{vi}，ξ_{yi} 为其对角线元素的对角矩阵，它们与所采用的结构恢复力模型及其傅里叶积分描述方式有关。对于退化双线型恢复力模型，它们分别为

$$\left.\begin{aligned}
\beta_{\mathrm{x}_i} &= r_i \\
\beta_{\mathrm{y}_i} &= \frac{2(1-r_i)\eta_{0_i}}{2\alpha_i E[z_i] + \eta_{0_i}}\mathrm{erf}\left(\frac{2\alpha_i E[z_i] + \eta_{0_i}}{\sigma_{\mathrm{y}_i}}\right) \\
\xi_{\mathrm{v}_i} &= 1 - \frac{\rho_{\mathrm{v}_i y_i}\sigma_{\mathrm{y}_i}}{\sigma_{\mathrm{v}_i}}\xi_{\mathrm{y}_i} \\
\xi_{\mathrm{y}_i} &= \frac{2}{\sqrt{2\pi}\sigma_{\mathrm{v}_i}}\left[2\mathrm{erf}\left(\frac{2\alpha_i E[z_i] + \eta_{0_i}}{\sigma_{\mathrm{y}i}\sqrt{1-\rho_{\mathrm{y}_i\mathrm{v}_i}}}\right) - 1\right]
\end{aligned}\right\} \tag{10.3.23}$$

式（10.3.23）也适用于双线型和顶点指向型恢复力模型，当取 $\alpha_i=0$ 和 $\alpha_i=0.5$ 时分别对应于双线型和顶点指向型。

当不需要引入辅助状态变量 Y 时，协方差函数的常微分方程组（式 10.3.21）变得相

对简单：

$$\left.\begin{aligned}&\frac{\mathrm{d}}{\mathrm{d}t}\boldsymbol{K}_{\mathrm{XX}}-\boldsymbol{K}_{\mathrm{XV}}-\boldsymbol{K}_{\mathrm{VX}}=\boldsymbol{0}\\&\frac{\mathrm{d}}{\mathrm{d}t}\boldsymbol{K}_{\mathrm{VV}}+\boldsymbol{E}_1\boldsymbol{K}_{\mathrm{XV}}+\boldsymbol{K}_{\mathrm{VX}}\boldsymbol{E}_1^{\mathrm{T}}+\boldsymbol{E}_2\boldsymbol{K}_{\mathrm{VV}}+\boldsymbol{K}_{\mathrm{VV}}\boldsymbol{E}_2^{\mathrm{T}}=\boldsymbol{W}(t)\\&\frac{\mathrm{d}}{\mathrm{d}t}\boldsymbol{K}_{\mathrm{VX}}-\boldsymbol{K}_{\mathrm{VV}}+\boldsymbol{E}_1\boldsymbol{K}_{\mathrm{XX}}+\boldsymbol{E}_2\boldsymbol{K}_{\mathrm{VX}}=\boldsymbol{0}\end{aligned}\right\}\tag{10.3.24}$$

对于顶点指向型、滑移型和结合型恢复力模型，β_{x_i} 分别由下式计算：
顶点指向型

$$\beta_{\mathrm{x}_i}=r_i+\frac{2(1-r_i)\eta_{0_i}}{E[z_i]+\eta_{0_i}}\mathrm{erf}\left(\frac{E[z_i]+\eta_{0_i}}{\sigma_{\mathrm{x}_i}}\right)\tag{10.3.25}$$

滑移型

$$\beta_{\mathrm{x}_i}=r_i+2(1-r_i)\left[\mathrm{erf}\left(\frac{E[z_i]+\eta_{0_i}}{\sigma_{\mathrm{x}_i}}\right)-\mathrm{erf}\left(\frac{E[z_i]}{\sigma_{\mathrm{x}_i}}\right)\right]\tag{10.3.26}$$

结合型

$$\beta_{\mathrm{x}_i}=r_i+2(1-r_i)\left[\mathrm{erf}\left(\frac{E[z_i]+\eta_{0_i}}{\sigma_{\mathrm{x}_i}}\right)-\frac{E[z_i]}{E[z_i]+\alpha_i\eta_{0_i}}\mathrm{erf}\left(\frac{E[z_i]+\alpha_i\eta_{0_i}}{\sigma_{\mathrm{x}_i}}\right)\right]\tag{10.3.27}$$

上述公式中的最大塑性变形量的期望值需要用式（10.2.27）、式（10.2.28）和式（10.2.29）计算。

10.4 等价线性化方法

Fokker-Planck 方法被认为具有相当好的精度，然而由于它的复杂性，其应用范围受到很大限制。因而等价线性化方法是非常有效的近似手法，具有概念清楚、应用范围广等特点。为了比较 Fokker-Planck 方法和等价线性化方法，这里讨论如何将等效线性化方法用于前述的剪切型多自由度系统，以及得到怎样的结果。

10.4.1 等价线性化方法

由于运动方程式（10.3.14）中的 $\boldsymbol{Q}(t)$，$\mathrm{d}\boldsymbol{Y}/\mathrm{d}t$ 均可由至少一阶偏导可微的光滑单值函数（傅里叶积分）描述，它的等价线性化运动方程便可由下式确定[10~18]：

$$\begin{aligned}&\boldsymbol{V}=\mathrm{d}\boldsymbol{X}/\mathrm{d}t\\&\mathrm{d}\boldsymbol{V}/\mathrm{d}t+\overline{\boldsymbol{M}}\boldsymbol{C}^*\boldsymbol{V}+\overline{\boldsymbol{M}}\boldsymbol{K}^*\boldsymbol{C}_1\boldsymbol{X}+\overline{\boldsymbol{M}}\boldsymbol{K}^*\boldsymbol{C}_2\boldsymbol{Y}=\boldsymbol{A}(t)\\&\mathrm{d}\boldsymbol{Y}/\mathrm{d}t+\boldsymbol{C}_3\boldsymbol{V}+\boldsymbol{C}_4\boldsymbol{Y}=\boldsymbol{0}\end{aligned}\tag{10.4.1}$$

其中 C_1，C_2，C_3，C_4 由下式确定：

$$\boldsymbol{C}_1=E\left[\frac{\partial}{\partial\boldsymbol{X}}\boldsymbol{Q}^{\mathrm{T}}(t)\right]$$

$$C_2 = E\left[\frac{\partial}{\partial \boldsymbol{Y}}\boldsymbol{Q}^{\mathrm{T}}(t)\right]$$

$$C_3 = -E\left[\frac{\partial}{\partial \boldsymbol{V}}\boldsymbol{L}^{\mathrm{T}}\right] \tag{10.4.2}$$

$$C_4 = -E\left[\frac{\partial}{\partial \boldsymbol{Y}}\boldsymbol{L}^{\mathrm{T}}\right]$$

10.4.2 响应量协方差函数的常微分方程

由于非线性随机微分方程式（10.3.28）难以直接求解，一般可通过变换得到相应的协方差函数常微分方程。为了推导的方便和书写的简练，将式（10.4.1）改写成如下形式：

$$\frac{\mathrm{d}}{\mathrm{d}t}\boldsymbol{U} + \boldsymbol{G}\boldsymbol{U} = \boldsymbol{F}(t) \tag{10.4.3}$$

其中

$$\left.\begin{aligned} &\boldsymbol{U}^{\mathrm{T}} = (\boldsymbol{X}^{\mathrm{T}} \quad \boldsymbol{V}^{\mathrm{T}} \quad \boldsymbol{Y}^{\mathrm{T}}) \\ &\boldsymbol{G} = \begin{bmatrix} \boldsymbol{0} & -\boldsymbol{I} & \boldsymbol{0} \\ \overline{\boldsymbol{M}}\boldsymbol{K}^{*}\boldsymbol{C}_1 & \overline{\boldsymbol{M}}\boldsymbol{C}^{*} & \overline{\boldsymbol{M}}\boldsymbol{K}^{*}\boldsymbol{C}_2 \\ \boldsymbol{0} & \boldsymbol{C}_3 & \boldsymbol{C}_4 \end{bmatrix} \\ &\boldsymbol{F}^{\mathrm{T}}(t) = (\boldsymbol{0}^{T} \quad \boldsymbol{A}^{\mathrm{T}}(t) \quad \boldsymbol{0}^{\mathrm{T}}) \end{aligned}\right\} \tag{10.4.4}$$

式中：$\boldsymbol{I}$ 为单位矩阵。

对式（10.4.3）右乘 $\boldsymbol{U}^{\mathrm{T}}$，得：

$$\frac{\mathrm{d}\boldsymbol{U}}{\mathrm{d}t}\boldsymbol{U}^{\mathrm{T}} + \boldsymbol{G}\boldsymbol{U}\boldsymbol{U}^{\mathrm{T}} = \boldsymbol{F}(t)\boldsymbol{U}^{\mathrm{T}} \tag{10.4.5}$$

对式（10.4.5）进行转置变换，得：

$$\boldsymbol{U}\left(\frac{\mathrm{d}\boldsymbol{U}}{\mathrm{d}t}\right)^{\mathrm{T}} + \boldsymbol{U}\boldsymbol{U}^{\mathrm{T}}\boldsymbol{G}^{\mathrm{T}} = \boldsymbol{U}\boldsymbol{F}^{\mathrm{T}}(t) \tag{10.4.6}$$

式（10.4.5）和式（10.4.6）相加，并对等式两边取期望值，则有：

$$E\left[\frac{\mathrm{d}}{\mathrm{d}t}(\boldsymbol{U}\boldsymbol{U}^{\mathrm{T}})\right] + \boldsymbol{G}E[\boldsymbol{U}\boldsymbol{U}^{\mathrm{T}}] + E[\boldsymbol{U}\boldsymbol{U}^{\mathrm{T}}]\boldsymbol{G}_{\mathrm{T}} = E[\boldsymbol{F}(t)\boldsymbol{U}^{\mathrm{T}} + \boldsymbol{U}\boldsymbol{F}^{\mathrm{T}}(t)] \tag{10.4.7}$$

如设 $\boldsymbol{F}(t)$ 中 $\boldsymbol{A}(t)$ 为式（10.3.15）所定义的期望值为零的散粒噪声，则系统的响应量的期望值可设为零（当初值为零时可以证明），则：

$$E[\boldsymbol{U}\boldsymbol{U}^{\mathrm{T}}] = \boldsymbol{K}_{\mathrm{XVY}} \tag{10.4.8}$$

其中 $\boldsymbol{K}_{\mathrm{XVY}}$ 的定义与式（10.3.20）完全相同，且可以证明[19]

$$E[\boldsymbol{F}(t)\boldsymbol{U}^{\mathrm{T}} + \boldsymbol{U}\boldsymbol{F}^{\mathrm{T}}(t)] = \boldsymbol{W}^{*}(t) \tag{10.4.9}$$

其中

$$\boldsymbol{W}^{*}(t) = \begin{bmatrix} \boldsymbol{0} & \boldsymbol{0} & \boldsymbol{0} \\ \boldsymbol{0} & \boldsymbol{W}(t) & \boldsymbol{0} \\ \boldsymbol{0} & \boldsymbol{0} & \boldsymbol{0} \end{bmatrix} \tag{10.4.10}$$

因而式（10.4.7）可以写成：

$$\frac{\mathrm{d}}{\mathrm{d}t}\boldsymbol{K}_{\mathrm{XVY}}+\boldsymbol{G}\boldsymbol{K}_{\mathrm{XVY}}+\boldsymbol{K}_{\mathrm{XVY}}\boldsymbol{G}^{\mathrm{T}}=\boldsymbol{W}^{*}(t) \tag{10.4.11}$$

由于在散粒噪声激励下线性系统的响应是高斯的，对于本章中所讨论的所有恢复力模型，利用式（10.4.2）进行推导可以证明 $\boldsymbol{C}_1$，$\boldsymbol{C}_2$，$\boldsymbol{C}_3$，$\boldsymbol{C}_4$ 分别等于 Fokker-Planck 方法中所定义的 $\boldsymbol{\beta}_{\mathrm{X}}$，$\boldsymbol{\beta}_{\mathrm{V}}$，$\boldsymbol{\xi}_{\mathrm{V}}$，$\boldsymbol{\xi}_{\mathrm{Y}}$，即[20]：

$$\boldsymbol{C}_1=\boldsymbol{\beta}_{\mathrm{X}};\boldsymbol{C}_2=\boldsymbol{\beta}_{\mathrm{Y}};\boldsymbol{C}_3=\boldsymbol{\xi}_{\mathrm{V}};\boldsymbol{C}_4=\boldsymbol{\xi}_{\mathrm{Y}} \tag{10.4.12}$$

注意式（10.4.12），并仔细比较式（10.4.11）和式（10.3.21）不难发现对所讨论的系统，Fokker-Planck 方法和等价线性化方法得到完全相同的协方差常微分方程。因此，由于等价线性化方法概念清楚、推导过程简练，因而得到广泛应用。尤其在下面讨论的剪弯型多自由度系统的弹塑性随机响应分析中将会看到等价线性化方法是非常有效的。

10.4.3 Monte-Carlo 模拟计算与解析解的比较

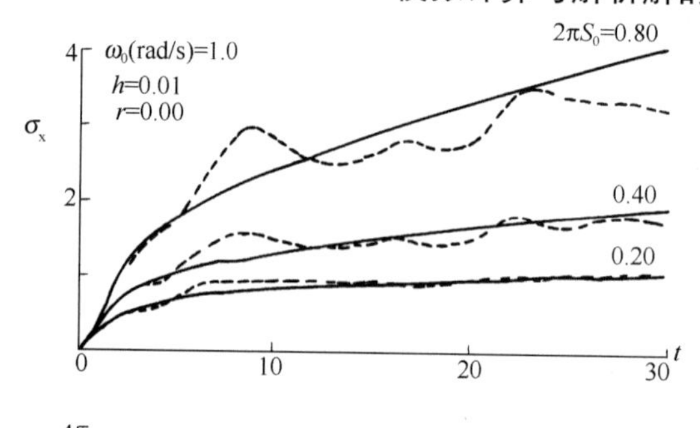

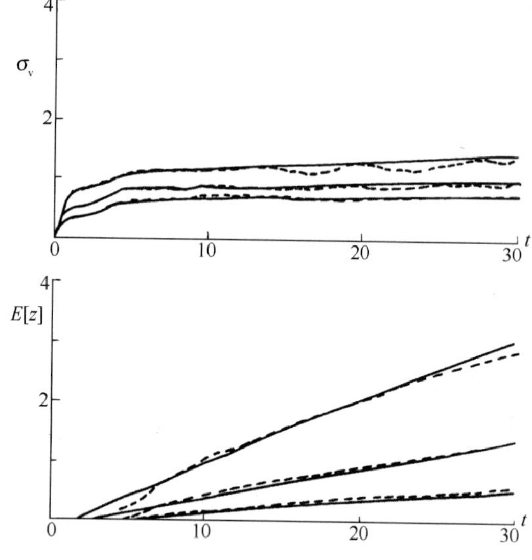

图 10.4.1　解析解与模拟计算结果的比较（1）

为了说明本章所讨论方法的合理性，下面仅举单自由度系统随机响应分析结果与单自由度系统的 Monte-Carlo 模拟计算结果的比较。

协方差函数非线性方程式（10.3.21）或式（10.4.11）用龙格-库塔法求解。$t=0$时的初值为：

$$\left.\begin{aligned}&k_{\mathrm{xx}}=k_{\mathrm{yy}}=k_{\mathrm{vv}}=k_{\mathrm{xy}}\\&\quad=k_{\mathrm{xv}}=k_{\mathrm{vy}}=0\\&\beta_{\mathrm{x}}=r;\beta_{\mathrm{y}}=(1-r)\\&\xi_{\mathrm{y}}=0;\xi_{\mathrm{v}}=1\\&E[z]=0\end{aligned}\right\} \tag{10.4.13}$$

时间间隔 $\Delta t=0.01\mathrm{s}$，激励为白噪声。

人工地震波由后藤方法[21,22]产生，其功率谱密度在 $0\sim10\pi$（rad/s）范围内取定值，在其他域内为零（即有限带域白噪声）。余弦波的累加数为 300，模拟时间为 30s，以此构成一个地震波的样本函数。以此样本函数作为激励对系统进行一次动态分析便可得各响应量的一个样本函数。进行多次动态分析（每次在不同地震波的样本函数激励下）取得大量响应量的样本函数之后对其进行统计处理，便可得 Monte-Carlo 模拟计算的系统响应量的各阶统计量。用于统计的样本数取 200。

1. 退化双线型恢复力模型

对于单自由度系统，设圆频率 $\omega_0=1$，阻尼比 $h=0.01$，$\eta_0=1$，第一分支刚度和第二分支刚度比 r 取 0.1、0.2 和 0.3。白噪声功率谱密度 $2\pi S_0$ 分别取 0.8、0.4、0.2。图 10.4.1、图 10.4.2、图 10.4.3 分别表示 $r=0$、$r=0.1$ 和 $r=0.3$ 时的分析比较结果，实

线和点线分别表示解析解和 Monte-Carlo 模拟计算结果。作为统计分析比较来说，除了 $r=0.3$ 和功率谱密度 S_0 较大（$2\pi S_0=0.8$）的情况下解析解多少偏离模拟计算结果以外，可以认为总的吻合程度是良好的，尤其是最大塑性变形量的期望值，无论在什么情况下均显示出相当良好的吻合性。

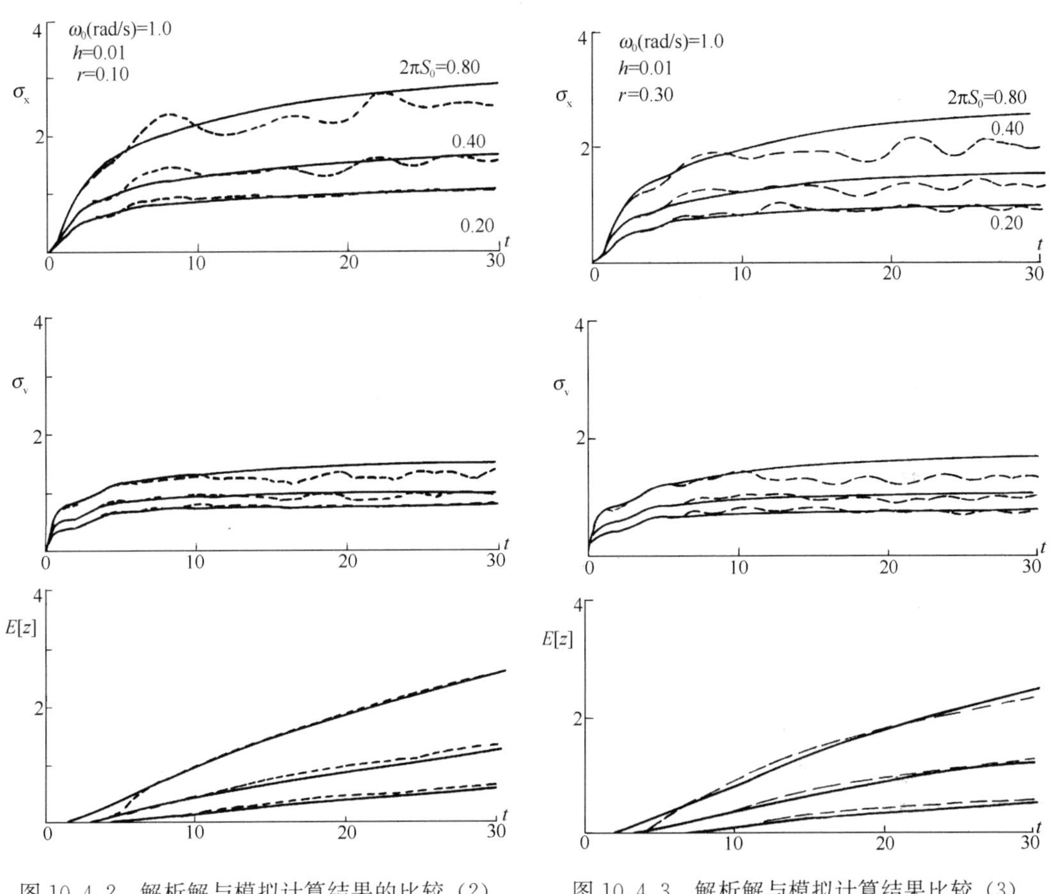

图 10.4.2　解析解与模拟计算结果的比较（2）

图 10.4.3　解析解与模拟计算结果比较（3）

2. 顶点指向型恢复力模型

图 10.4.4 和图 10.4.5 分别为当 $r=0.1$ 和 0.3 时，具有顶点指向型恢复力特性的单自由度体系随机响应解析解和 Monte-Carlo 模拟数值解的比较。该单自由度体系参数同上述算例。求解过程中没有引入辅助状态变量。如图所示，解析解略大于模拟数值解，尤其当 $r=0.1$ 时较为明显。这一结果表明，上述模型的傅里叶积分描述比真实模型具有较小的能量吸收能力。当引入辅助状态变量时，这一现象将得到改善。

3. 顶点指向和滑移结合型恢复力模型

图 10.4.6 和图 10.4.7 分别为 $r=0.1$ 和 0.3 时具有顶点指向和滑移结合型恢复力模型的单自由度体系随机响应解析解和 Monte-Carlo 模拟数值解的比较。该体系参数同前述算例，并取 $\alpha=0.5$。求解过程同样未引入辅助状态变量。从上述两图中的结果表明，在采用这种恢复力模型下解析解也略大于模拟数值解，尤其当 $r=0.1$ 时。若引入辅助状态变量，则二者吻合程度将会得到改善。

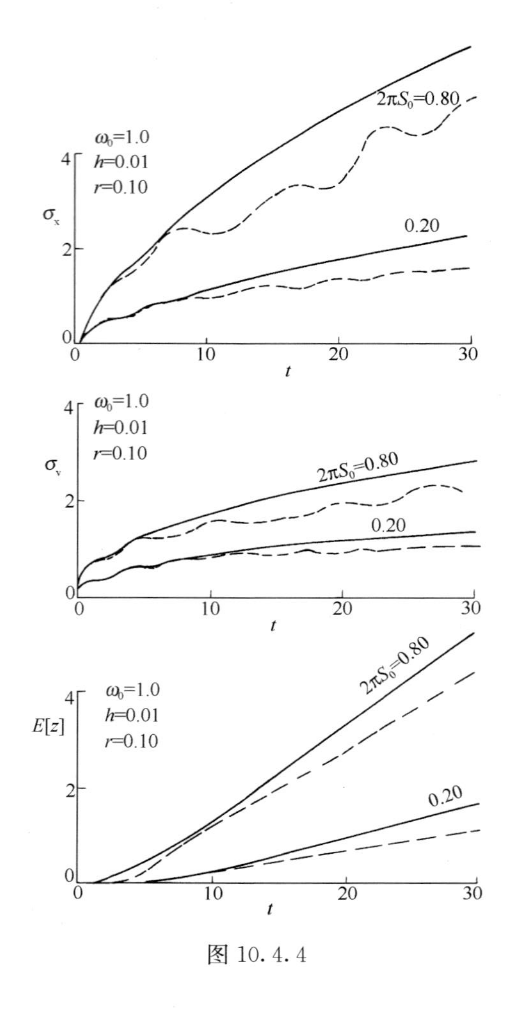

ω_0=1.0
h=0.01
r=0.10
σ_x
$2\pi S_0$=0.80
0.20
t
σ_v
$E[z]$

图 10.4.4

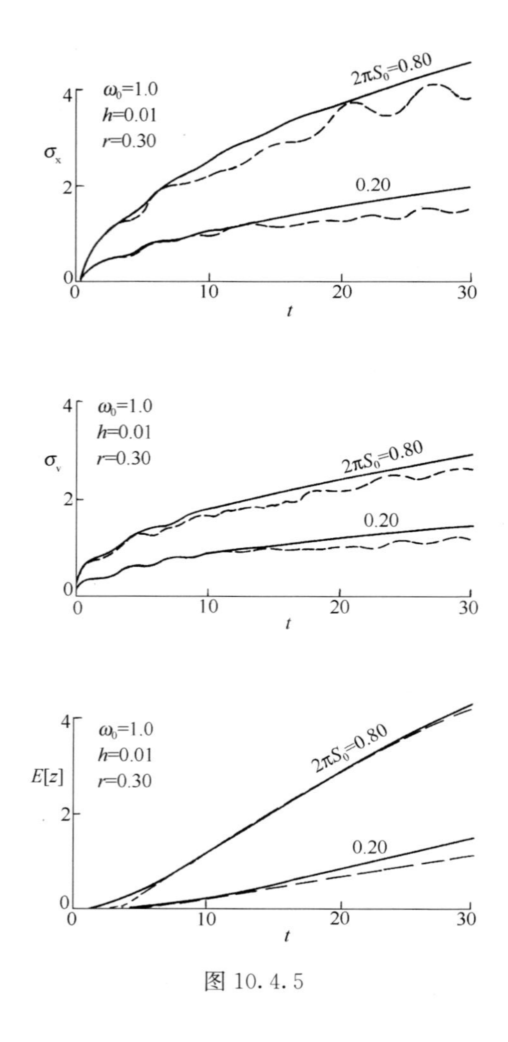

ω_0=1.0
h=0.01
r=0.30
σ_x
$2\pi S_0$=0.80
0.20
t
σ_v
$E[z]$

图 10.4.5

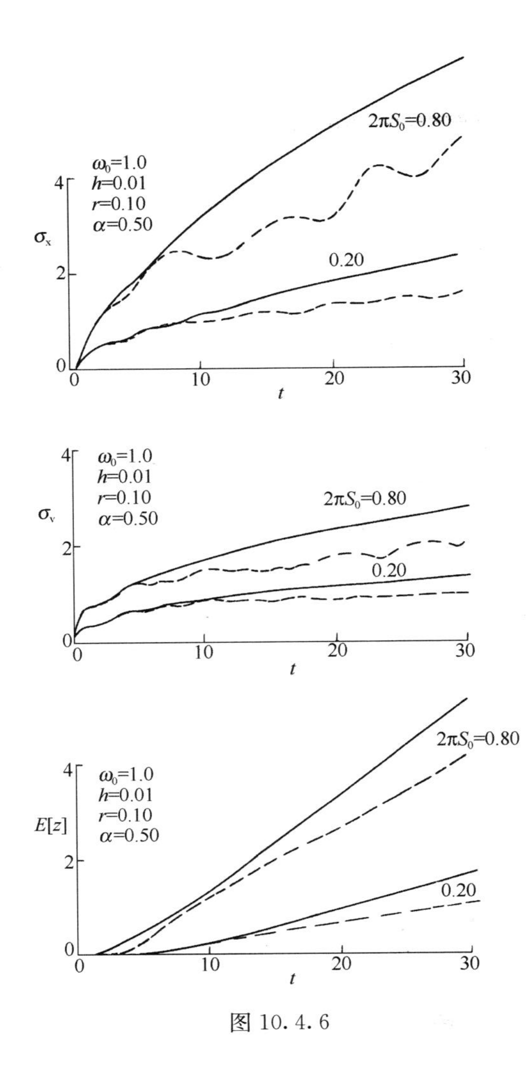
ω0=1.0
h=0.01
r=0.10
α=0.50
σx
2πS0=0.80
0.20
σv
E[z]
t
0
2
4
10
20
30

图 10.4.6

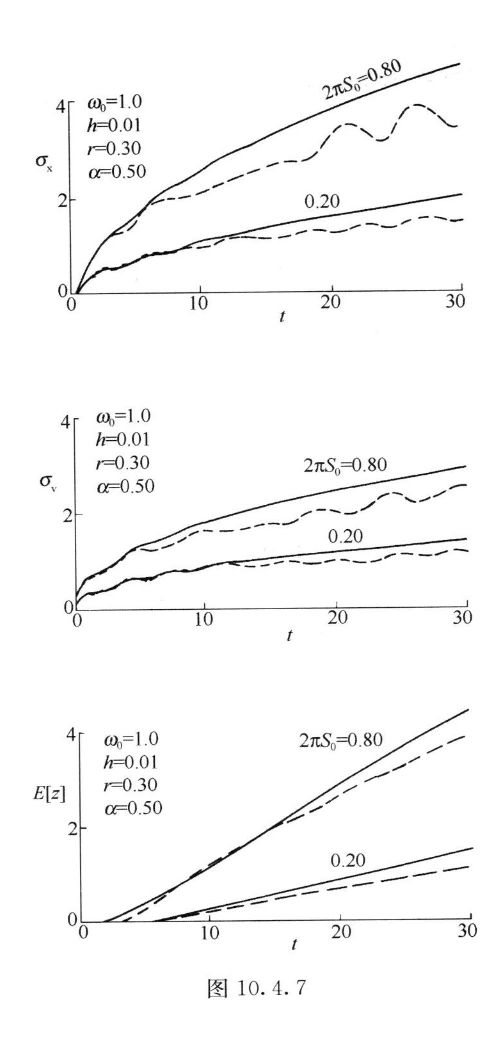
ω0=1.0
h=0.01
r=0.30
α=0.50
σx
2πS0=0.80
0.20
σv
E[z]
t
0
2
4
10
20
30

图 10.4.7

10.5 剪弯型多自由度系统非线性随机响应分析

在很多实际工程中由于采用剪切型多自由度简化模型带来较大的误差，往往不得不借助于剪弯型多自由度简化模型来进行抗震分析。因而在以安全性和可靠性评价为其最终目标的结构非线性随机响应分析研究中，有必要对剪弯型多自由系统的非线性随机响应分析加以关注，但由于问题的复杂性，这一方面的进展极少。尽管如此，本节下面讨论的内容和分析结果将表明如果假设剪弯型多自由系统的弯曲刚度在响应中一直保持在弹性阶段，而只有剪切刚度是弹塑性的，那么这一系统的非线性随机响应分析是可能的。并且需要指出的是，在很多情况下，如高层建筑的抗震分析中上述假设是可以接受的。

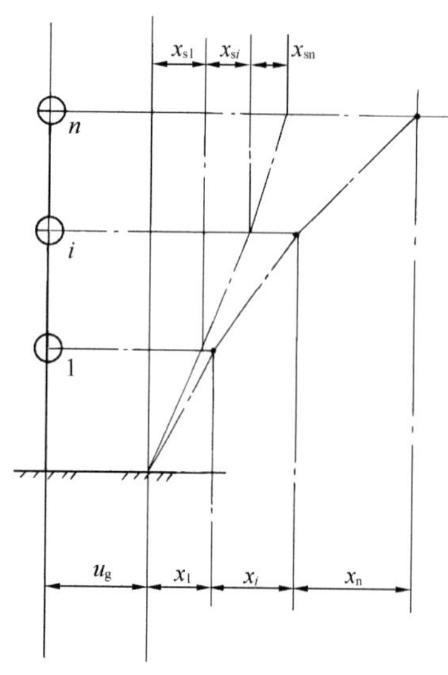

图 10.5.1 剪弯型多自由度结构系统

10.5.1 剪弯型多自由度系统的运动方程

对如图 10.5.1 所示的剪弯型多自由度系统可以用与建立剪切型多自由度系统运动方程完全相同的方法建立以层间相对位移为基本未知量的系统运动方程，且可以写成：

$$\ddot{\boldsymbol{X}}+\overline{\boldsymbol{M}}\boldsymbol{C}^{*}\dot{\boldsymbol{X}}+\overline{\boldsymbol{M}}\boldsymbol{K}_{\mathrm{h}}^{*}(t)\boldsymbol{X}_{\mathrm{s}}=\overline{\boldsymbol{M}}\boldsymbol{P}(t) \tag{10.5.1}$$

或者

$$\ddot{\boldsymbol{X}}+\overline{\boldsymbol{M}}\boldsymbol{C}^{*}\dot{\boldsymbol{X}}+\overline{\boldsymbol{M}}\boldsymbol{K}^{*}\boldsymbol{Q}(t)=\boldsymbol{A}(t) \tag{10.5.2}$$

上式中 $\boldsymbol{X}$ 为层间总相对位移，它由层间相对弯曲位移 $\boldsymbol{X}_{\mathrm{M}}$ 和层间相对剪切位移 $\boldsymbol{X}_{\mathrm{S}}$ 两部分组成，即：

$$\boldsymbol{X}=\boldsymbol{X}_{\mathrm{M}}+\boldsymbol{X}_{\mathrm{S}} \tag{10.5.3}$$

其他符号规定与前述剪切型多自由度系统完全相同。

如设由弯曲变形引起的总楼层位移为 $\boldsymbol{U}_{\mathrm{M}}$，节点转角为 $\boldsymbol{\theta}_{M}$，相应的节点荷载为 $\boldsymbol{F}$，则节点荷载和弯曲变形之间的关系可由下式表示：

$$\begin{bmatrix}\boldsymbol{K}_{\theta\theta} & \boldsymbol{K}_{\theta\mathrm{u}}\\ \boldsymbol{K}_{\mathrm{u}\theta} & \boldsymbol{K}_{\mathrm{uu}}\end{bmatrix}\begin{Bmatrix}\boldsymbol{\theta}\\ \boldsymbol{U}_{\mathrm{M}}\end{Bmatrix}=\begin{Bmatrix}\boldsymbol{0}\\ \boldsymbol{F}\end{Bmatrix} \tag{10.5.4}$$

上式中 $\boldsymbol{K}_{\theta\theta}\sim\boldsymbol{K}_{\mathrm{uu}}$ 为由弯曲刚度组成的子刚度矩阵，与一般只考虑弯曲变形的弯曲型多自由度系统刚度矩阵相同。因而总楼层弯曲位移 $\boldsymbol{U}_{\mathrm{M}}$ 可由下式给出：

$$\boldsymbol{U}_{\mathrm{M}}=(\boldsymbol{K}_{\mathrm{uu}}-\boldsymbol{K}_{\mathrm{u}\theta}\boldsymbol{K}_{\theta\theta}^{-1}\boldsymbol{K}_{\theta\mathrm{u}}^{-1})\boldsymbol{F} \tag{10.5.5}$$

另一方面节点荷载应相等于相邻层间剪力之差，即

$$\begin{aligned}\boldsymbol{F}&=\begin{bmatrix}1 & & & \\ -1 & 1 & & \\ & \ddots & \ddots & \\ & & -1 & 1\end{bmatrix}\begin{Bmatrix}k_{\mathrm{n}}Q_{\mathrm{n}}(x_{s_{\mathrm{n}}},y_{\mathrm{n}},t)\\ k_{\mathrm{n-1}}Q_{\mathrm{n-1}}(x_{s_{\mathrm{n-1}}},y_{\mathrm{n-1}},t)\\ \vdots\\ k_{1}Q_{1}(x_{s_{1}},y_{1},t)\end{Bmatrix}\\ &=(\boldsymbol{T}^{-1})^{\mathrm{T}}\boldsymbol{K}^{*}\boldsymbol{Q}(t)\end{aligned} \tag{10.5.6a}$$

注意到

$$\boldsymbol{U}_{\mathrm{M}}=\boldsymbol{T}\boldsymbol{X}_{\mathrm{M}} \tag{10.5.7}$$

将式 (10.5.6a)、式 (10.5.7) 代入式 (10.5.5)，得：

$$\boldsymbol{X}_{\mathrm{M}} = \boldsymbol{A}_{\mathrm{M}}^{-1}\boldsymbol{K}^{*}\boldsymbol{Q}(t) \tag{10.5.8a}$$

上式中

$$\boldsymbol{A}_{\mathrm{M}} = \boldsymbol{A}_{\mathrm{M}}^{\mathrm{T}} = \boldsymbol{T}^{\mathrm{T}}(\boldsymbol{K}_{\mathrm{uu}} - \boldsymbol{K}_{\mathrm{u}\theta}\boldsymbol{K}_{\theta\theta}^{-1}\boldsymbol{K}_{\theta\mathrm{u}})\boldsymbol{T} \tag{10.5.9}$$

式（10.5.1）、式（10.5.6a）及式（10.5.8a）也可表示为：

$$\boldsymbol{F} = (\boldsymbol{T}^{-1})^{T}\boldsymbol{K}_{\mathrm{h}}^{*}(t)\boldsymbol{X}_{\mathrm{S}} \tag{10.5.6b}$$

$$\boldsymbol{X}_{\mathrm{M}} = \boldsymbol{A}_{\mathrm{M}}^{-1}\boldsymbol{K}_{\mathrm{h}}^{*}(t)\boldsymbol{X}_{\mathrm{S}} \tag{10.5.8b}$$

将式（10.5.8b）代入式（10.5.3）可得：

$$\boldsymbol{X}_{\mathrm{S}} = (\boldsymbol{I} + \boldsymbol{A}_{\mathrm{M}}^{-1}\boldsymbol{K}_{\mathrm{h}}^{*}(t))^{-1}\boldsymbol{X} \tag{10.5.10}$$

将式（10.5.10）代入式（10.5.1）得：

$$\ddot{\boldsymbol{X}} + \overline{\boldsymbol{M}}\boldsymbol{C}^{*}\dot{\boldsymbol{X}} + \overline{\boldsymbol{M}}\boldsymbol{K}_{\mathrm{h}}^{*}(t)(\boldsymbol{I} + \boldsymbol{A}_{\mathrm{M}}^{-1}\boldsymbol{K}_{\mathrm{h}}^{*}(t))^{-1}\boldsymbol{X} = \overline{\boldsymbol{M}}\boldsymbol{P}(t) \tag{10.5.11}$$

式（10.5.11）、式（10.5.10）可用于系统的 Monte-Carlo 模拟计算。

下面讨论系统在统计意义上的等价线性化。由于对系统的等价线性化实际上是对弹塑性恢复力的等价线性化，令

$$\boldsymbol{Q}(t) = \boldsymbol{C}_{1}\boldsymbol{X}_{\mathrm{S}} + \boldsymbol{C}_{2}\boldsymbol{Y} \tag{10.5.12}$$

$$\mathrm{d}\boldsymbol{Y}/\mathrm{d}t + \boldsymbol{C}_{3}\boldsymbol{V}_{\mathrm{S}} + \boldsymbol{C}_{4}\boldsymbol{Y} = \boldsymbol{0} \tag{10.5.13}$$

式中：$\boldsymbol{Y}$ 为辅助状态变量；$\boldsymbol{V}_{\mathrm{S}} = \mathrm{d}\boldsymbol{X}_{\mathrm{S}}/\mathrm{d}t$ 为层间相对剪切位移的变化率，即速度。根据前述等价线性化方法，$\boldsymbol{C}_{1}$ 至 $\boldsymbol{C}_{4}$ 由式（10.4.2）确定。

将式（10.5.12）代入式（10.5.8a），并注意到式（10.5.3）可得：

$$\boldsymbol{X}_{\mathrm{S}} = (\boldsymbol{K}^{*}\boldsymbol{C}_{1} + \boldsymbol{A}_{\mathrm{M}})^{-1}(\boldsymbol{A}_{\mathrm{M}}\boldsymbol{X} - \boldsymbol{K}^{*}\boldsymbol{C}_{2}\boldsymbol{Y}) \tag{10.5.14}$$

将式（10.5.14）对时间求导，有：

$$\mathrm{d}\boldsymbol{X}_{\mathrm{S}}/\mathrm{d}t = \boldsymbol{V}_{\mathrm{S}} = (\boldsymbol{K}^{*}\boldsymbol{C}_{1} + \boldsymbol{A}_{\mathrm{M}})^{-1}(\boldsymbol{A}_{\mathrm{M}}\dot{\boldsymbol{X}} - \boldsymbol{K}^{*}\boldsymbol{C}_{2}\dot{\boldsymbol{Y}}) \tag{10.5.15}$$

将式（10.5.12）、式（10.5.14）代入式（10.5.2），又将式（10.5.15）代入式（10.5.13），经过整理可得剪弯型多自由度系统的等价线性化随机微分方程：

$$\frac{\mathrm{d}}{\mathrm{d}t}\boldsymbol{U} + \boldsymbol{G}\boldsymbol{U} = \boldsymbol{F}(t) \tag{10.5.16}$$

式中

$$\left.\begin{aligned}
\boldsymbol{U}^{\mathrm{T}} &= (\boldsymbol{X}^{\mathrm{T}} \quad \boldsymbol{V}^{\mathrm{T}} \quad \boldsymbol{Y}^{\mathrm{T}}) \\
\boldsymbol{G} &= \begin{bmatrix} \boldsymbol{0} & -\boldsymbol{I} & \boldsymbol{0} \\ \boldsymbol{S}_{\mathrm{X}} & \boldsymbol{C} & \boldsymbol{S}_{\mathrm{Y}} \\ \boldsymbol{0} & \boldsymbol{R}_{\mathrm{V}} & \boldsymbol{R}_{\mathrm{Y}} \end{bmatrix} \\
\boldsymbol{F}^{\mathrm{T}}(t) &= [\boldsymbol{0}^{\mathrm{T}} \quad \boldsymbol{A}^{\mathrm{T}}(t) \quad \boldsymbol{0}^{\mathrm{T}}] \\
\boldsymbol{S}_{\mathrm{X}} &= \overline{\boldsymbol{M}}\boldsymbol{K}^{*}\boldsymbol{C}_{1}(\boldsymbol{K}^{*}\boldsymbol{C}_{1} + \boldsymbol{A}_{\mathrm{M}})^{-1}\boldsymbol{A}_{\mathrm{M}} \\
\boldsymbol{C} &= \overline{\boldsymbol{M}}\boldsymbol{C}^{*} \\
\boldsymbol{S}_{\mathrm{Y}} &= \overline{\boldsymbol{M}}\boldsymbol{K}^{*}[\boldsymbol{I} - \boldsymbol{C}_{1}(\boldsymbol{K}^{*}\boldsymbol{C}_{1} + \boldsymbol{A}_{\mathrm{M}})^{-1}\boldsymbol{K}^{*}]\boldsymbol{C}_{2} \\
\boldsymbol{R}_{\mathrm{V}} &= [\boldsymbol{I} - \boldsymbol{C}_{3}(\boldsymbol{K}^{*}\boldsymbol{C}_{1} + \boldsymbol{A}_{\mathrm{M}})^{-1}\boldsymbol{K}^{*}\boldsymbol{C}_{2}]^{-1}\boldsymbol{C}_{3}(\boldsymbol{K}^{*}\boldsymbol{C}_{1} + \boldsymbol{A}_{\mathrm{M}})^{-1}\boldsymbol{A}_{\mathrm{M}} \\
\boldsymbol{R}_{\mathrm{Y}} &= [\boldsymbol{I} - \boldsymbol{C}_{3}(\boldsymbol{K}^{*}\boldsymbol{C}_{1} + \boldsymbol{A}_{\mathrm{M}})^{-1}\boldsymbol{K}^{*}\boldsymbol{C}_{2}]^{-1}\boldsymbol{C}_{4}
\end{aligned}\right\} \tag{10.5.17}$$

10.5.2 散粒噪声激励下的响应分析

在式（10.3.15）所定义的期望值为零的散粒噪声激励下，由式（10.5.16）所描述的等价线性化剪弯型多自由度系统的响应是高斯的。响应量的协方差函数常微分方程可用与前述式（10.4.11）的推导完全相同的方法得到，并且与式（10.4.11）具有完全相同的形式：

$$\frac{\mathrm{d}}{\mathrm{d}t}\boldsymbol{K}_{\mathrm{XVY}}+\boldsymbol{G}\boldsymbol{K}_{\mathrm{XVY}}+\boldsymbol{K}_{\mathrm{XVY}}\boldsymbol{G}^{\mathrm{T}}=\boldsymbol{W}^{*}(t) \tag{10.5.18a}$$

式（10.5.18a）也可表示为以下具体的形式：

$$\left.\begin{aligned}
&\frac{\mathrm{d}}{\mathrm{d}t}\boldsymbol{K}_{\mathrm{XX}}-\boldsymbol{K}_{\mathrm{XV}}-\boldsymbol{K}_{\mathrm{VX}}=0\\
&\frac{\mathrm{d}}{\mathrm{d}t}\boldsymbol{K}_{\mathrm{VV}}+\boldsymbol{S}_{\mathrm{X}}\boldsymbol{K}_{\mathrm{XV}}+\boldsymbol{K}_{\mathrm{VX}}\boldsymbol{S}_{\mathrm{X}}^{\mathrm{T}}+\boldsymbol{C}\boldsymbol{K}_{\mathrm{VV}}+\boldsymbol{K}_{\mathrm{VV}}\boldsymbol{C}^{\mathrm{T}}+\boldsymbol{S}_{\mathrm{Y}}\boldsymbol{K}_{\mathrm{YV}}+\boldsymbol{K}_{\mathrm{VY}}\boldsymbol{S}_{\mathrm{Y}}^{\mathrm{T}}=\boldsymbol{W}(t)\\
&\frac{\mathrm{d}}{\mathrm{d}t}\boldsymbol{K}_{\mathrm{YY}}+\boldsymbol{R}_{\mathrm{V}}\boldsymbol{K}_{\mathrm{VY}}+\boldsymbol{R}_{\mathrm{Y}}\boldsymbol{K}_{\mathrm{YY}}+\boldsymbol{K}_{\mathrm{YV}}\boldsymbol{R}_{\mathrm{V}}^{\mathrm{T}}+\boldsymbol{K}_{\mathrm{YY}}\boldsymbol{R}_{\mathrm{Y}}^{\mathrm{T}}=\boldsymbol{0}\\
&\frac{\mathrm{d}}{\mathrm{d}t}\boldsymbol{K}_{\mathrm{XV}}+\boldsymbol{K}_{\mathrm{XX}}\boldsymbol{S}_{\mathrm{X}}^{\mathrm{T}}-\boldsymbol{K}_{\mathrm{VV}}+\boldsymbol{K}_{\mathrm{XV}}\boldsymbol{C}^{\mathrm{T}}+\boldsymbol{K}_{\mathrm{XY}}\boldsymbol{S}_{\mathrm{Y}}^{\mathrm{T}}=\boldsymbol{0}\\
&\frac{\mathrm{d}}{\mathrm{d}t}\boldsymbol{K}_{\mathrm{XY}}-\boldsymbol{K}_{\mathrm{VY}}+\boldsymbol{K}_{\mathrm{XV}}\boldsymbol{R}_{\mathrm{V}}^{\mathrm{T}}+\boldsymbol{K}_{\mathrm{XY}}\boldsymbol{R}_{\mathrm{Y}}^{\mathrm{T}}=\boldsymbol{0}\\
&\frac{\mathrm{d}}{\mathrm{d}t}\boldsymbol{K}_{\mathrm{VY}}+\boldsymbol{S}_{\mathrm{X}}\boldsymbol{K}_{\mathrm{XY}}+\boldsymbol{C}\boldsymbol{K}_{\mathrm{VY}}+\boldsymbol{S}_{\mathrm{Y}}\boldsymbol{K}_{\mathrm{YY}}+\boldsymbol{K}_{\mathrm{VV}}\boldsymbol{R}_{\mathrm{V}}^{\mathrm{T}}+\boldsymbol{K}_{\mathrm{VY}}\boldsymbol{R}_{\mathrm{Y}}^{\mathrm{T}}=\boldsymbol{0}
\end{aligned}\right\} \tag{10.5.18b}$$

式（10.5.18a）或式（10.5.18b）为协方差函数的非线性常微分方程，因而需要用龙格-库塔法等常微分方程数值解法求解。由于恢复力 $\boldsymbol{Q}(t)$ 与层间相对剪切位移 $\boldsymbol{X}_{\mathrm{S}}$ 和它的变化率 $\boldsymbol{V}_{\mathrm{S}}$ 有关，需要计算 $\boldsymbol{X}_{\mathrm{S}}$，$\boldsymbol{V}_{\mathrm{S}}$，$\boldsymbol{Y}$ 的协方差函数，并用于 $\boldsymbol{C}_1\sim\boldsymbol{C}_4$ 诸系数矩阵和最大塑性剪切变形量的计算中。

将式（10.5.13）代入式（10.5.14），并在式（10.5.14）中消去 $\mathrm{d}\boldsymbol{Y}/\mathrm{d}t$ 项，整理可得：

$$\boldsymbol{V}_{\mathrm{S}}=\boldsymbol{A}_{\mathrm{S}}(\boldsymbol{A}_{\mathrm{M}}\boldsymbol{V}+\boldsymbol{K}^{*}\boldsymbol{C}_2\boldsymbol{C}_4\boldsymbol{Y}) \tag{10.5.19}$$

且

$$\boldsymbol{A}_{\mathrm{S}}=[\boldsymbol{I}-(\boldsymbol{K}^{*}\boldsymbol{C}_1+\boldsymbol{A}_{\mathrm{M}})^{-1}\boldsymbol{K}^{*}\boldsymbol{C}_2\boldsymbol{C}_3]^{-1}(\boldsymbol{K}^{*}\boldsymbol{C}_1+\boldsymbol{A}_{\mathrm{M}})^{-1} \tag{10.5.20}$$

利用式（10.5.14）、式（10.5.19）可以得到 $\boldsymbol{X}_{\mathrm{S}}$，$\boldsymbol{V}_{\mathrm{S}}$，$\boldsymbol{Y}$ 的协方差函数如下：

$$
\left.\begin{aligned}
\boldsymbol{K}_{X_SX_S} &= \boldsymbol{E}[\boldsymbol{X}_S\boldsymbol{X}_S^T] \\
&= (\boldsymbol{K}^*\boldsymbol{C}_1+\boldsymbol{A}_M)^{-1}(\boldsymbol{A}_M\boldsymbol{K}_{XX}\boldsymbol{A}_M-\boldsymbol{K}^*\boldsymbol{C}_2\boldsymbol{K}_{YX}\boldsymbol{A}_M \\
&\quad -\boldsymbol{A}_M\boldsymbol{K}_{XY}\boldsymbol{C}_2\boldsymbol{K}^*+\boldsymbol{K}^*\boldsymbol{C}_2\boldsymbol{K}_{YY}\boldsymbol{C}_2\boldsymbol{K}^*)(\boldsymbol{K}^*\boldsymbol{C}_1+\boldsymbol{A}_M)^{-1} \\
\boldsymbol{K}_{V_SV_S} &= E[\boldsymbol{V}_S\boldsymbol{V}_S^T] \\
&= \boldsymbol{A}_S(\boldsymbol{A}_M\boldsymbol{K}_{VV}\boldsymbol{A}_M+\boldsymbol{A}_M\boldsymbol{K}_{VY}\boldsymbol{C}_4\boldsymbol{C}_2\boldsymbol{K}^* \\
&\quad +\boldsymbol{K}^*\boldsymbol{C}_2\boldsymbol{C}_4\boldsymbol{K}_{YV}\boldsymbol{A}_M+\boldsymbol{K}^*\boldsymbol{C}_2\boldsymbol{C}_4\boldsymbol{K}_{YY}\boldsymbol{C}_4\boldsymbol{C}_2\boldsymbol{K}^*)\boldsymbol{A}_S^T \\
\boldsymbol{K}_{X_SV_S} &= E[\boldsymbol{X}_S\boldsymbol{V}_S^T] \\
&= (\boldsymbol{K}^*\boldsymbol{C}_1+\boldsymbol{A}_M)^{-1}(\boldsymbol{A}_M\boldsymbol{K}_{XV}\boldsymbol{A}_M-\boldsymbol{K}^*\boldsymbol{C}_2\boldsymbol{K}_{YV}\boldsymbol{A}_M \\
&\quad +\boldsymbol{A}_M\boldsymbol{K}_{XY}\boldsymbol{C}_4\boldsymbol{C}_2\boldsymbol{K}^*-\boldsymbol{K}^*\boldsymbol{C}_2\boldsymbol{K}_{YY}\boldsymbol{C}_4\boldsymbol{C}_2\boldsymbol{K}^*)\boldsymbol{A}_S^T \\
\boldsymbol{K}_{X_SY} &= E[\boldsymbol{X}_S\boldsymbol{Y}^T] \\
&= (\boldsymbol{K}^*\boldsymbol{C}_1+\boldsymbol{A}_M)^{-1}(\boldsymbol{A}_M\boldsymbol{K}_{XY}-\boldsymbol{K}^*\boldsymbol{C}_2\boldsymbol{K}_{YY}) \\
\boldsymbol{K}_{V_SY} &= E[\boldsymbol{V}_S\boldsymbol{Y}^T] \\
&= \boldsymbol{A}_S(\boldsymbol{A}_M\boldsymbol{K}_{VY}+\boldsymbol{K}^*\boldsymbol{C}_2\boldsymbol{C}_4\boldsymbol{K}_{YY})
\end{aligned}\right\} \qquad (10.5.21)
$$

10.5.3 算例和讨论

为了验证本章中讨论的剪弯型串联多自由度系统的非线性随机响应分析方法的可靠性，进行了与 Monte-carlo 模拟数值计算结果的比较。比较了不同恢复力模型、刚度比 r、质量 M 和弯曲刚度 EI 等因素的影响。

算例中的结构均为具有二个侧移自由度的双层剪弯型串联多自由度系统。

人工地震波的形成和模拟的方法与 10.4.3 所述的相同。

数值积分的时间步长为 0.02s。

1. 双线型恢复力模型

具有双线型剪切恢复力特性的剪弯型串联多自由度系统的随机响应分析共举三例。结构系统的参数和激励水平分别列于各表中，且各参数表中：

M——集中质量；

EI——弯曲刚度；

C——阻尼；

GA——初始剪切刚度（第一分支刚度）；

H——层高；

r——剪切第一分支刚度和第二分支刚度之比；

η_0——剪切弹性极限位移；

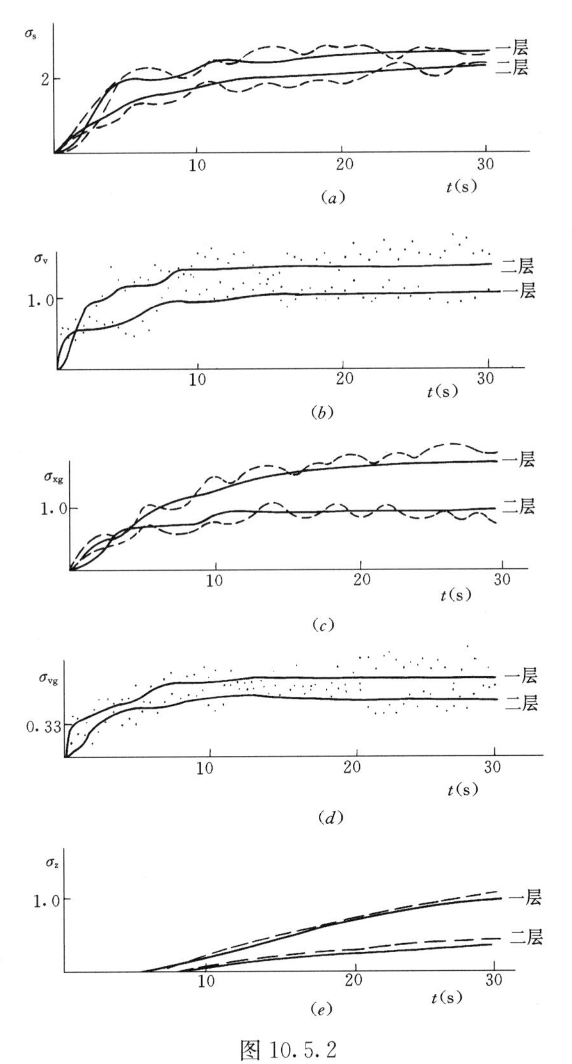

图 10.5.2

S_0——地震动功率谱密度。

各算例的结果绘于图 10.5.2～图 10.5.4。图中实线表示解析解，点线表示 Monte-Carlo 模拟数值解。

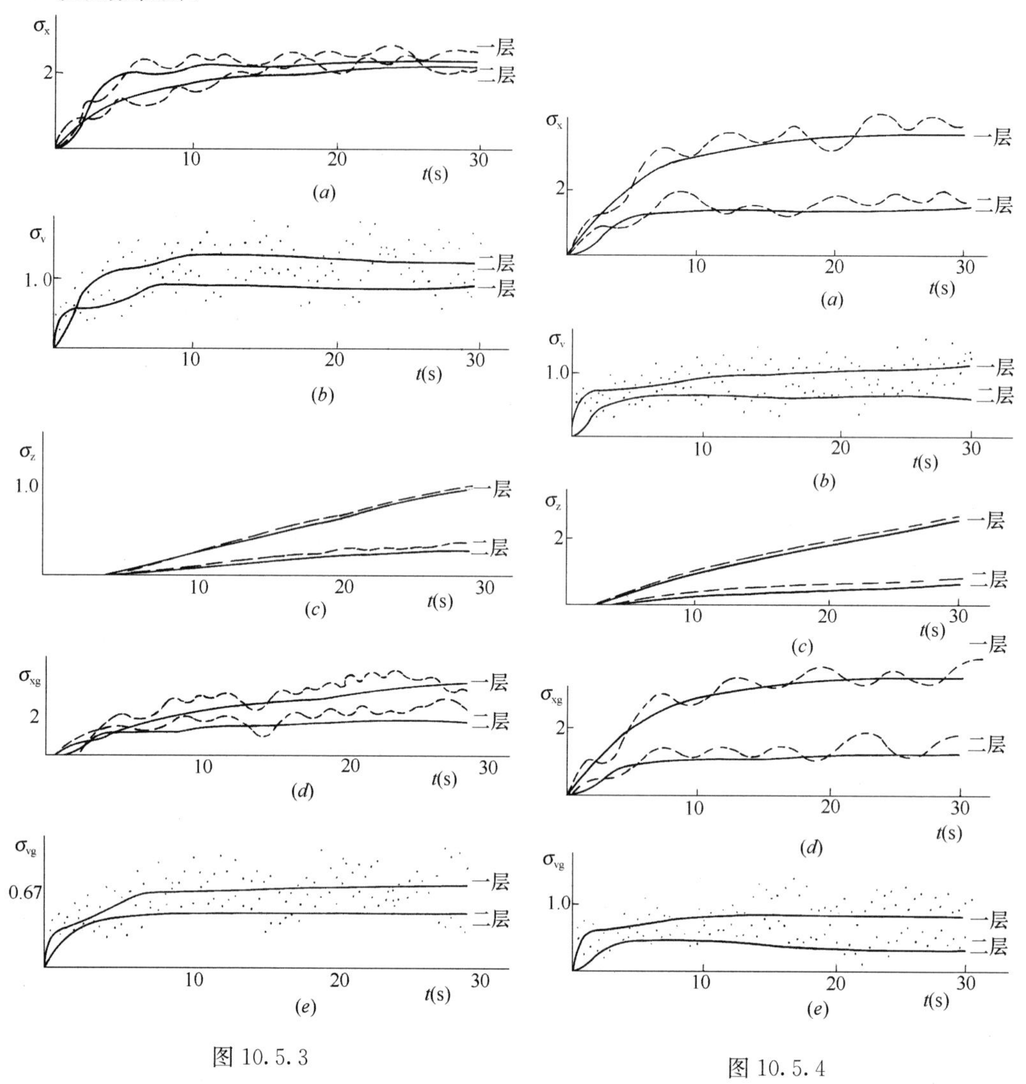

图 10.5.3

图 10.5.4

例 1. 参数如表 10.5.1 所示，计算和比较结果如图 10.5.2 所示。

结构和计算参数 **表 10.5.1**

层　数	M	EI	C	GA	r	η_0	H	$2\pi S_0$
1	1.531	10	0.01	5	0.1	1	2	0.5
2	1.225	10	0.01	4	0.1	1	2	

例 2. 参数如表 10.5.2 所示，计算和比较的结果如图 10.5.3 所示。本例中改变 r 为 0.0，其他参数与例 1 相同。

例 3. 参数如表 10.5.3 所示，计算和比较的结果如图 10.5.4 所示。与其他算例不同之处是增大了弯曲刚度。

结构和计算参数　　表 10.5.2

层数	M	EI	C	GA	r	η_0	H	$2\pi S_0$
1	1.531	10	0.01	5	0	1	2	0.5
2	1.225	10	0.01	4	0	1	2	

结构和计算参数　　表 10.5.3

层数	M	EI	C	GA	r	η_0	H	$2\pi S_0$
1	3.062	100	0.01	5	0.1	1	2	0.5
2	2.450	100	0.01	4	0.1	1	2	

2. 顶点指向和滑移结合型恢复力模型

具有顶点指向和滑移结合型的剪切恢复力模型的剪弯型串联多自由度系统的随机响应分析亦共举四例。与双线型恢复力特性相比，结合型恢复力特性需要增加在恢复力特性中顶点指向型特性所占比例的参数，在下列各表中以 α 代表。

顶点指向和滑移结合型恢复力特性的傅里叶积分描述如前节所述有两种方法。本例中采用引入辅助状态变量的方法，这是因为如前所讨论的那样，当采用没有引入辅助状态变量的傅里叶积分描述时，解析解和模拟数值解相比，其结果略显偏大。

例 4. 参数如表 10.5.4 所示，计算和比较结果如图 10.5.5 所示。

结构和计算参数　　表 10.5.4

层数	M	EI	C	GA	r	η_0	α	H	$2\pi S_0$
1	3	20	2	4	0.01	1	0.5	2	0.5
2	3	20	2	4	0.01	1	0.5	2	

例 5. 参数如表 10.5.5 所示，计算和比较结果如图 10.5.6 所示。本例中增大了弯曲刚度，其他参数与例 4 相同。

结构和计算参数　　表 10.5.5

层数	M	EI	C	GA	r	η_0	α	H	$2\pi S_0$
1	3	200	2	4	0.01	1	0.5	2	0.5
2	3	200	2	4	0.01	1	0.5	2	

例 6. 参数如表 10.5.6 所示，计算和比较结果如图 10.5.7 所示。本例中改变 α 为 0.3，其他参数与例 4 相同。

结构和计算参数　　表 10.5.6

层数	M	EI	C	GA	r	η_0	α	H	$2\pi S_0$
1	3	20	2	4	0.01	1	0.3	2	0.5
2	3	20	2	4	0.01	1	0.3	2	

例 7. 参数如表 10.5.7 所示，计算和比较结果如图 10.5.8 所示。本例中改变 α 为 0.7，且增大弯曲刚度为 200，其他参数与例 6 相同。

结构和计算参数 **表 10.5.7**

层　数	M	EI	C	GA	r	η_0	α	H	$2\pi S_0$
1	3	200	2	4	0.01	1	0.7	2	0.5
2	3	200	2	4	0.01	1	0.7	2	

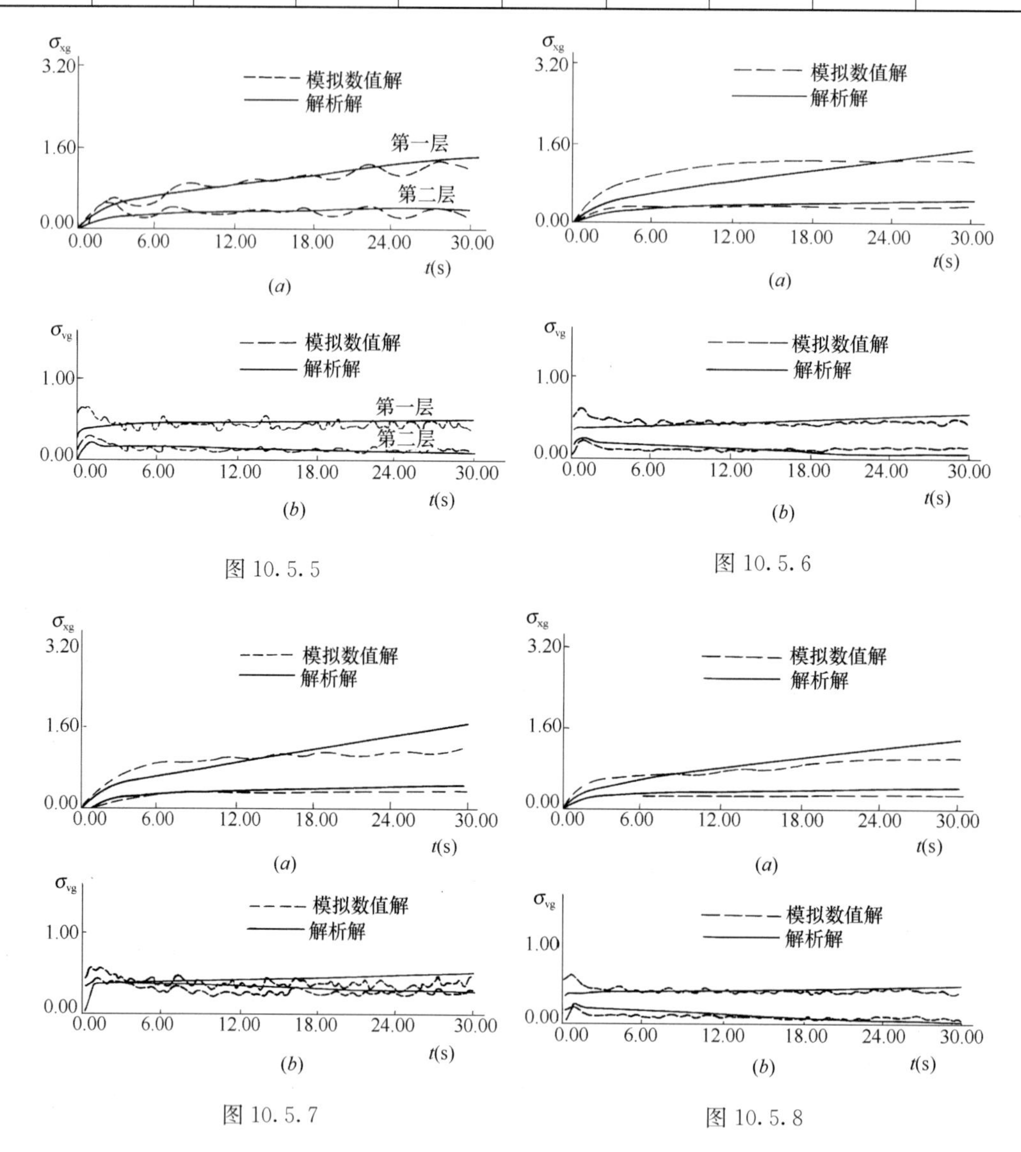

图 10.5.5

图 10.5.6

图 10.5.7

图 10.5.8

参　考　文　献

1　徐春锡，沈聚敏等．核电站结构的可靠性分析．国家核安全局“七·五”国家重点科技攻关项目 75—19—03—51，专题研究总结报告．北京：清华大学，1990

2　徐春锡．结构物的弹塑性统计地震响应分析．见：清华大学结构工程与振动开放研究实验室，结构工程与振动研究报告集第 1 集．北京：清华大学出版社，1992.1～23

3　Y. K. Wen. Method for Random Vibration of Hysteretic systems, J. eng. mech. div. ASCE, 102, No. EM2, 4, 1976

4 Y. K. Wen. Random Vibration of hysteretic, Degrading Systems, J. eng. mech. div. ASCE, 107, No. EM6, 12, 1981
5 T. T. Baber and Y. K. Wen. Stochastic Response of Multistory Yielding Frames, J. of Earthquake Eng. and Struc. Dynamics, Vol. 10, 1982
6 小堀，南井，浅野．履歴塑性变形领域における一质点构造物の定常ランダム応答について．日本建筑学会论文报告集，第 226 号，1974 年 12 月
7 浅野幸一郎．弹塑性履历特性を有する质点构造物の确率统计的地震応答（その1）．日本建筑学会论文报告集，第 247 号，1976 年 9 月
8 浅野幸一郎．弹塑性履历特性を有する质点构造物の确率统计的地震応答（その4）．日本建筑学会论文报告集，第 258 号，1977 年 8 月
9 石丸辰治．履历系の统计的地震応答（その1）．日本建筑学会论文报告集．第 265 号，1978 年 3 月
10 石丸辰治．履历系の统计的地震応答（その2）．日本建筑学会论文报告集．第 267 号，1978 年 5 月
11 石丸辰治．履历系の统计的地震応答（その3）．日本建筑学会论文报告集．第 271 号，1978 年 9 月
12 Suzuki Y. and Minai R., Application of Stochastic Differential Equations to Seismic Reliability Analysis of Hysteretic Structures. Probabilistic Engineering Mechanics, Vol. 3, No. 1, 1987
13 Suzuki Y. and Minai R., Seismic Reliability Analysis of Hysteretic Structures Based on Stochastic. Differential Equations. Proc. of 4th International Conference on Struc. Safety and Reliability, 5, 1985
14 徐春锡，前田润滋，牧野稔．履历系の统计的地震応答解析に关する研究——Clough の 刚性低下型モテルについて——．日本九州大学工学集报，第 59 卷第 2 号，1986 年 3 月
15 徐春锡，前田润滋，牧野稔．最大塑性变形量をパラメ-タにした履历系の统计的地震応答——peak-oriented 刚性低下型、Slip 型及びその结合型そテルについて——．日本建筑学会大会学术讲演梗概集，1985 年 10 月
16 Y. K. Wen. Equivalent Linearization for Hysteretic Systems under Random Excitation. J. Appl. Mech, ASME, Vol. 47, 1980
17 A. A. Sveshnikov. Application of Continuous Markov Processes to Solutions of Nonlinear Problems of Applied Cyroscopy. Proc of the 5th International Conference on Nonlinear Oscillations, Vol. 3, 1970 (in Russian)
18 T. S. Atalik and S. Utku. Stochastic linear ization of Multi-degree-of-Freedom Non-Linear Systems. J. of earthquake Eng. and Struc. Dynamics, Vol. 4, 1976
19 Y. K. Lin, Probabilistic of Structural Dynamics, McGraw-Hill, 1967
20 Chun-Shi Hsu, Stochastic Seismic Response Analysis for Hysteretic Systems. P3C-10, Proc. of 9WCEE, 1988
21 星谷胜．确率论手法による振动解析，1971
22 徐藤尚男．电子计算机による耐震设计の人工地震波に关する研究，日本地震学会シンポジウム，1966

第 11 章　土-结构相互作用

11.1　基本概念和研究方法

11.1.1　土-结构相互作用的基本概念

土-结构相互作用是近年来得到广泛关注的研究课题，它的研究对象涉及高层建筑、大型桥涵、海洋结构、地下工程、核电站、高水坝等与地基相连，并在动力荷载作用下与地基有相互作用影响的各种结构体系。20 世纪 50 年代，当具有相对柔性和轻型的结构物建于坚硬的地基上时，往往假定地基为刚性，即以刚性地基模型对结构反应进行分析和计算，这一假设在当时还是基本上符合实际情况的。自 20 世纪 50 年代以来，大型核电站、大型水坝、地铁以及超高层建筑等重大工程相继修建，与以往的建筑结构物比较，这类建筑则具有刚度、重量、跨度都很大而地基则往往相对较为柔性的特点。这时，刚性地基假设不再合理，必须计入土-结构动力相互作用的影响。

土-结构动力相互作用问题的研究涉及岩土动力学与结构动力学。岩土动力学与结构动力学之间在许多方面有相同之处，但同时也存在着很大的差异。结构动力学主要讨论有限体系，而岩土动力学是主要处理半无限体系的力学，并且在能源的来源和转化问题上波动的传播起着非常重要的作用；而且，与大多数结构材料相比，土或岩石还具有强烈的非线性性质。由于这些和其他一些原因，结构动力学的许多研究分析方法不能直接用于岩土动力学，因而这一领域现在已发展成为一门独立的学科。严格地说，无论是岩石地基还是土地基，它们都属于非线性材料，但是由于问题的复杂性，目前土-结构动力相互作用问题的研究仍多限于在线弹性、黏弹性或等效线性假设的基础之上进行。

土-结构动力相互作用问题是结构动力学与岩土动力学的结合物，它为结构与岩土地基的工程抗震提供设计依据。在 20 世纪 60 年代以前，结构工程的抗震设计主要是沿用静力法或拟静力法进行，地基工程的抗震设计则主要是依靠经验性方法并借助于求解弹性地基的解析模型来实现。自 20 世纪 60 年代计算机与有限元等数值方法问世以来，这一课题迅速得到广泛而深入的研究。今天，已能近似地分析各类复杂形状的结构与地基、各类地基介质特性、各类波场作用下的土-结构动力相互作用问题；而且，一些研究成果已为各种工程，特别是核电站、海洋平台工程的抗震设计提供定量依据。然而，在总结与评价已取得成果的同时，展望未来，仍有许多问题迫切需要解决，例如：地震作用的输入问题；非线性相互作用问题；地基材料的阻尼机制问题；大跨度结构-地基相互作用问题；包括结构与地基的几何与材料的非线性问题；多相介质的相互作用问题，如土-水-结构相互作用，与饱和土-结构相互作用问题；强震观测验证问题等，这些课题都还只处于初始认识阶段，需要通过不断的努力以获得突破性的进展[1]。

土-结构动力相互作用问题研究的理论工作可以上溯到 20 世纪 30 年代，研究工作的开展则主要开始于 20 世纪 50 年代。研究工作的发展过程大体上可以划分为三个阶段[2]。

20 世纪 50～60 年代为第一阶段，属于基本理论的准备阶段。这一时期研究工作的主要内容是求解无限地基上刚性基础的动力阻抗矩阵，建立振动力和位移的关系。虽然 Reissner 在 1936 年已经得到了刚性圆盘在竖直向振动时的稳态解，但在平移和转动情况下的稳态解直到 1956 年才由 Bycroft 给出。Tnomson 等在 1963 年得到了矩形基础的解。上述问题都是在对基础下的应力分布进行假设的基础上所得到的应力边值问题的解。更为严密的基础下为已知位移，基础外为已知力边界的混合边值问题的解是稍后才得到的。1965～1971 年期间，Awojobi，Robertson，Karasudhi，Luco 和 Veletsos 得到了放松边界条件的解，即在竖直和转动振动荷载作用时，假定基础和地基接触面是光滑无摩擦的；而在水平振动荷载作用时，假定接触面上不存在竖直向的力分量。完全结合边界条件下混合边值问题的解（主要为二维问题）由 Luco 等在 1972 年得出；Wong 和 Luco 在 1976 年给出了任意形状基础在完全结合边界条件下的解。这些解一般都假定地基是均匀、无限的，同时基础直接放置在地基表面上。这些工作为相互作用的研究建立了必要的理论基础。1967 年 Parmelee 利用上述 Bycroft 在 1956 年的解建立了土-结构动力相互作用的基本方程，反映了结构和地基之间在振动时的能量传递机制，初步揭示了动力相互作用现象的一些基本规律。

20 世纪 70～80 年代中期为第二阶段，即相互作用分析计算方法的发展阶段。这一时期的特点是除了应用解析方法求解地基动力刚度矩阵继续深入外，由于有限元方法、边界元方法（包括边界元法和有限元法相耦合的混合法）和有限差方法等数值方法的引入，使相互作用的解题范围大大拓宽。这一时期相互作用研究内容的广泛性可以从以下情况中看出。在基础方面，包括基础形状、埋深、基础板柔性的影响，基础与地基介质间发生提离和脱离的影响以及桩基础的分析等。在地基方面，包括地基分层、地基刚度随深度变化以及地形、地质条件发生不规则变化的影响。在上部结构方面，包括相邻建筑物的相互作用影响以及强震时某些部位可能进入塑性状态等。在地震波的输入方面，包括 P 波、SV 波、SH 波和表面波等不同波型以及不同的入射方向等。在分析方法方面，子结构方法和整体方法都得到发展，在子结构法中结构和近场地基用有限元等数值方法进行离散和模拟，远场地基则通过近场和远场交界面上地基的动力阻抗函数进行模拟。由于离散的范围比较小，所以计算相对简单，计算量小，并且地基的无限特性也能得到比较良好的反映。但是，由于远场地基动力阻抗函数的求解比较困难，所以它主要用于水平成层弹性或黏弹性等比较简单的地基模型，同时，在这一阶段主要进行频域分析。在整体方法中将结构连同地基整体进行离散，用有限元方法进行分析，这有利于考虑地基非线性等多种因素的影响，同时便于进行时域分析。由于整体方法只能包括有限的地基范围，所以，地基周围的边界应采用人工边界或能量传递边界。许多作者提出了各种类型的人工边界，有的适用于时域分析，有的则只能用于频域分析。人工边界当前存在的主要问题是计算精度和计算稳定性等问题。由于空间域单元尺寸和时域步长的取值不协调，可能发生低通滤波和高频振荡等现象，导致误差。除了人工边界外，对于无限远场的模拟还发展了其他方法，例如半解析方法和动力无限元方法等；但是，这两种方法基本上属于频域分析方法，对于不同频率的波采用不同的解析函数或无限元的特性参数，因而进行时域分析时工作量十分巨大。总的来说，这一阶段相互作用的研究成果已经使其从单纯理论研究进而向工程实际应用方面前进了一大步。

20世纪80年代中期以后属于第三阶段，即相互作用研究的进一步深化阶段。这一时期有两个值得注意的动向。其一是大规模的模型试验和现场观测的发展，目的是取得必要的实际数据，检验各种相互作用计算模型的可靠性，研究各种因素如埋深、地基土非线性、相邻建筑物等对相互作用的影响，研究相互作用产生的效果，如对建筑物周期、模态、阻尼以及作用于建筑物上的动土压力分布所引起的变化等。其中日本原子力工学试验中心在日本福岛第一原子力发电所所建的1/5和1/5.4比例尺的BWR和PWR型核反应堆建筑物模型进行了序列的相互作用试验，历时8年。美国电力研究所EPRI与我国台湾电力公司合作，利用台湾的天然地震条件在洛通建有1/4和1/12比例尺的核电站钢筋混凝土安全壳模型，进行了迫振试验并受到多次实际地震作用，震级4.5～7.0，最大PGA＝0.21g。总而言之，这种试验规模比较大，要花费大量的人力、物力和时间。但是，由于受到许多实际因素的限制，仍然难以获得理想的结果。例如，迫振产生的功率难以使结构达到强震的效果。这些试验主要是在软土地基上进行的，地基土表现有强烈的非线性特性，而目前相互作用的计算模型则主要是在弹性和黏弹性基础上建立的。这一阶段的另一动向是时域分析方法的发展，这是为了适应相互作用分析从线性问题转向非线性问题的需要。因为强震时结构反应可能进入非线性阶段，结构和地基接触面上可能发生提离、滑移和脱开现象，同时结构近场也可能发生非线性反应等。对于这类问题，结构及其近场可能进入非线性工作状态，但含无限域的远场仍可认为在线性范围内工作，目前的时域分析方法都是以这一假定为前提的。对于大范围地基都处于非线性工作状态的相互作用问题，目前还没有很有效的求解方法。

总的来说，土-结构动力相互作用问题情况复杂，计算工作量大，而且试验检验困难，不易获得实际资料，不同的计算模型给出的计算结果可能有相当大的差别。为了使相互作用在实际工程中得到广泛的应用，仍需作大量的工作。

土-结构动力相互作用与波动在介质中的传播有密切的关系。在无限域中，波动主要以压缩波和剪切波这两类体波在介质中进行传播；在半无限域中，除这两类体波外，还将在半空间表面产生面波，包括Rayleigh波和Love波。地震时地面运动和结构物的基础振动主要是以这几种波的形式使能量在地基内进行传播的。从理论意义上讲，土-结构动力相互作用就是波动在结构—地基系统内进行传播时引起的结构和地基的动力反应问题。

11.1.2 土-结构动力相互作用问题的分析方法

研究土-结构动力相互作用的方法可概括为理论方法、原型测量和室内实验三类。其中室内实验主要是对地基土的物理力学性质的测定，以确定理论分析模型的参数。由于对无限地基辐射阻尼模拟的困难，模型试验方法并未得到显著的发展。原型测量包括激振试验和强震观测两个方面，近年来得到了一定的发展，但在验证土-结构动力相互作用的理论模型方面的研究成果还不多。在理论方法中按求解方法分，主要有解析法、数值法以及数值—解析结合法等。由于解析法要求简单规则的边界条件及均匀（或简单层状）的介质特性，与工程实际相比，有一定的局限性，这样就使数值法和数值—解析结合法成为更加广泛应用的手段。而数值法又可分为很多种，如：有限元法、边界元法、嫁接法、有限差分法、离散元法等，以及它们之间、它们与解析法之间的各类耦合方法。

在进行土-结构动力相互作用问题分析时，可以采用解析方法、数值方法或它们的组合方法。对于一些简单的介质条件、载荷条件和结构条件，例如均匀弹性半平面或半空间上受简谐荷载作用的圆形刚性基础板的振动，存在解析解，但绝大多数实际的工程问题都必须借助于数值解。土-结构动力相互作用问题的另一重要特点是它与无限域的辐射阻尼有关，而且无限域的地基动力刚度是激振频率的复杂函数。因此，土-结构动力相互作用问题的求解在频域内进行具有一定的优越性。但是，众所周知，频域方法一般只适用于线弹性或粘弹性系统而不适用于非线性或弹塑性系统。因此，对于具有非线性特性的土地基来说，解决结构—地基动力相互作用问题只能借助于整体时域方法，或采用等效线性方法。对于地基为线弹性，结构为非线弹性，也可以采用集中参数法。

分析土-结构动力相互作用问题的数值方法包括有限元法、边界元法、有限差分法、有限条法、离散元法、嫁接法等。

1. 有限元法（Finite Element Method）

用有限元法分析土-结构动力相互作用起源于20世纪60年代末，Wilson和Lysmer较早将有限元法应用于这一领域。

有限元法是大家最熟悉的数值计算方法之一，其优点是数学过程简单、物理概念清楚、计算程序编制具有有序性和一致性以及很好的适用性和高度的灵活性，并由于计算机技术的高度发展而使其得到迅速发展和广泛应用。目前，有限元法已在地震工程、地球物理、热力学、流体力学、空气动力学等众多领域中发挥着重要作用，而且是今后可能应用到更广泛范围内最有效的数值计算方法。在土-结构动力相互作用问题中，将波动方程简化成以节点广义位移为未知量的代数方程组，编制程序用计算机求解，使用者只需对计算对象剖分单元，给出介质参数和地震动输入，即可使用有限元方法求解波动方程。

有限元解法可以分为两大类：频域有限元法和时域有限元法。频域有限元法是将对应于不同频率的稳态波解叠加，得到时域内的波动过程，既可直接用输入波频谱求解，也可通过传递函数过渡求解。著名的用于考虑土-结构动力相互作用，计算结构地震反应的程序FLUSH，用的便是频域方法。尽管很多人在程序编制过程中，想了很多办法用来压缩总刚度矩阵和质量矩阵的存储量，然而对于真实的介质和场地地形等条件，结构地震计算都需要划分相当多的单元，这时，刚度阵、质量阵所占的存储空间是相当可观的；同时，在频域内求解，对应于每一频率必然要求解一很大的方程组，求解所需时间与自由度数目基本成2～3次方关系增长，致使在解尺度比较大的实际工程问题时，所需要的计算机内存和机时往往大到现有中、小型计算机无法实现的地步。频域解法的另一个限制是，为了使用叠加原理，模型只能是线弹性或黏弹性的，而土地基则是非线性的。由于存在以上的缺点，频域法应用受到了一定的限制。相对而言，用时域有限元法求解波动方程最为直接，可以很好地模拟波动的传播过程。对质点运动的时间过程作不同的假设，得到的时域算法又可以有多种，常见的有Newmark法，Wilson-θ法，中心差分法等。

用有限元法分析土-结构相互作用问题有两个缺点：①单元的网格尺寸由于受输入波频率的影响，往往单元要划得很细，这增加了计算的费用；②无法直接模拟无限地基的辐射阻尼，因此，需要引入各种人工边界才能得到正确的结构反应。

2. 边界元法（Boundary Element Method）

边界元法用区域积分方程代替质点运动微分方程，经过一定的数学运算，将区域积分方程化为边界积分方程，通过对边界实现离散化，化边界积分方程为一代数方程组，由此代数方程组可以得到问题的解。

边界元法只需对边界进行离散化，因此，它可使问题的维数至少降低一维，因而待求未知量少，计算数据准备工作量小；并且由于边界元法能自动地满足远场的条件，无需引入人工边界，因此在土-结构动力相互作用研究中得到了比较广泛的应用。

这一应用包括：求解地基动力刚度和基础反应，地形对地震波的散射效应以及地下结构的动力反应等方面。Dominguez 首先将边界元法用于求解二维与三维地基（表面式与嵌入式）的动力刚度与波动反应；Wolf 发展了将频域地基动力刚度转换为时域动力刚度的方法；在地形对地震波的散射效应方面，Wong 等人用各种边界元法研究了不规则地形对地震波散射的影响，并且，近年来模型的应用已由二维发展到三维；地下结构与围岩相互作用问题也是边界元法应用的一个方面，Niwa 等人是最早使用频域法研究这一问题的，而在时域边界元法应用于地下结构分析方面，则应提到 Manolis，Rice 等人的工作。

利用边界元和有限元的耦合是分析结构—地基动力相互作用的有利形式。有限元可用于离散结构，而边界元则适用于离散地基，如采用时域逐步积分，则结构与近域地基的非线性也可考虑。

3. 离散元法（Discrete Element Method）

离散元法是由 Cundall 在 20 世纪 70 年代初提出的一种适用于岩质地基分析的数值模型方法。其最大特点是，假定岩体由互相切割的刚性块体组成，单元间以虚拟弹簧接触传递相互作用力，从刚体动力学出发，用显式松弛法进行迭代计算。因此可以分析岩体的大变形和失稳过程。

离散元法目前主要应用于地下结构围岩以及岩质边坡的失稳分析。将这一模型应用到动力分析的是 Dowding 等，他们采用离散元和有限元的耦合模型分析地下洞室的动力行为，并引入人工透射边界以消除波的反射。我国引入离散元方法是在 20 世纪 80 年代，王泳嘉、魏群等应用离散元分析节理岩体的静力稳定，王光纶、张楚汉等将离散元用于分析地震边坡稳定，并进行了动力实验验证工作。总的来说，离散元是一种岩土地基模型，目前尚未广泛应用到结构—地基动力相互作用分析中。

4. 有限差分法（Finite Difference Method）

有限差分法与有限元法同属于有限体系模型，用于模拟无限地基的辐射阻尼时都需要在边界上施加人工透射边界条件，或将地基的离散范围取得很大，使虚假反射波抵达之前，地面的反应分析已经完成。有限差分法曾用于地震地面运动分析，Alterman、Boore、Aki 等人的工作是典型的代表。Joyner 曾用有限差分法研究地面运动的非线性反应问题。但这一方法在地基动力分析中有被有限元法或边界元法取代的趋势。

5. 嫁接法（Cloning Method）

嫁接法实际上是有限元法的派生物，其原理是在有限域模型中计入无限域的辐射条件，从而使无限地基的动力刚度可以用由有限单元体的动力刚度构成的微分方程来表示。这一方法适于计算嵌入式开挖地基的频域动力刚度。它是由 Dasgupta 在 20 世纪 80 年代初提出的，Wolf 与宋崇明等对这一方法进行了改进。目前，这一方法已初步应用于土-结构动力相互作用分析中。

6. 有限条法（Finite Strip Method）

有限条法是由 Y. K. Cheung 提出的一种半解析数值方法，其基本思想是在结构或介质的一个方向上采用有限元、边界元或其他离散单元，而另一个方向或两个方向上采用解析方法，例如级数展开等方法。曹志远等将其应用于地下结构的动力分析及结构—地基动力相互作用计算，王复明等用于计算成层非均匀地基的动力刚度。这一方法对规则成层地基的动力反应具有一定的优点，但由于需截取很大的地基范围，至今尚未广泛应用到土-结构动力相互作用分析中。

在土-结构动力相互作用三种最主要的分析方法（直接动力方法、子结构方法和试验研究方法）中，时域直接动力分析方法属于整体分析方法，它将结构和周围地基作为一整体加以分析，可以合理地考虑地基和结构非线性、弹塑性性质，结构与地基间滑移和提离影响，研究动力相互作用对地基承载力和结构稳定性的影响等。它是研究这一问题的有效和强有力的方法。在土-结构动力相互作用的直接动力分析方法中，涉及两个基本问题：地震波动的有效输入和地基无限性的模拟。下面将围绕这两个基本问题介绍土-结构动力相互作用的直接时域方法。土-结构动力相互作用模型如图 11.1.1 所示由两部分组成：结构系统和地球介质。结构系统可以是广义结构，包括建筑结构和局部的不规则地质构造；而地球介质部分可简化为水平成层半空间的无限域模型。时域直接动力分析方法可以采用有限元法。

11.2 透射边界

用有限元法分析土-结构动力相互作用时，需从半无限的地球介质中切取出感兴趣的有限计算区。在切取的边界上需建立人工边界以模拟连续介质的辐射阻尼，保证由结构产生的散射波从有限计算区内部穿过人工边界而不发生反射。建立人工边界的方法，可广义地分为两大类：精确边界和局部边界[3]。第一类方法使人工边界满足无限介质的场方程、物理边界条件和辐射条件。这类边界在有限元的意义上是精确的，并能设置在不规则构造物和周围介质的界面上。这类精确方法在许多场合下是有效的，然而，除了其他局限性外，这类方法最大的缺点是使人工边界上所有节点运动耦联，这将导致对计算机存储量提出更高要求并耗费较长的计算时间。而局部边界的显著特征是其良好的实用性，人工边界上任一节点的运动与其他节点（除邻近节点外）解耦，因而计算机存储量小，计算时间短。现在比较成熟的人工边界有以下几种：黏性边界、黏弹性边界、一致边界、叠加边界、旁轴边界、透射边界、动力映射无限元等。文献[4]、[5]对多种人工边界进行了对比分析。在这些边界中，黏性边界、黏弹性边界、旁轴边界、透射边界属时域局部人工边界，而透射边界具有较高的精度。

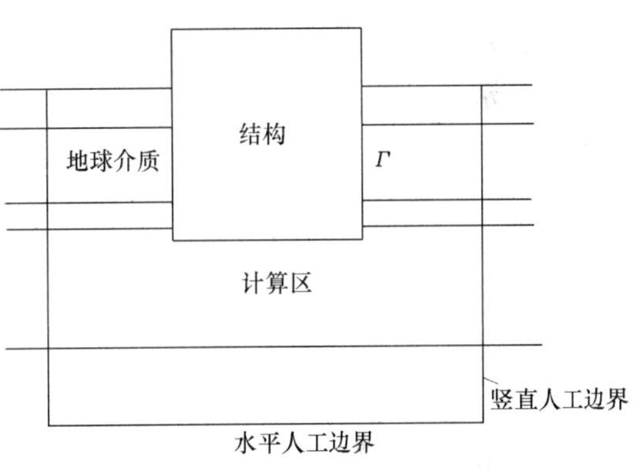

图 11.1.1 土-结构动力相互作用模型

11.2.1 透射边界的基本思想和公式

在实际地球介质中人工边界并不存在，建立这一虚拟人工边界最自然的办法是直接在边界上模拟波从有限计算模型的内部穿过人工边界向外透射的过程。下面用平面波的传播条件导出人工边界的透射公式。

设平面波 $u(x, y, t)$ 以入射角 θ 和波速 c 射向人工边界，因为人工边界事实上不存在，入射波应完全射出人工边界。取人工边界上任一点 b 处的局部坐标轴 x 沿该点的外法

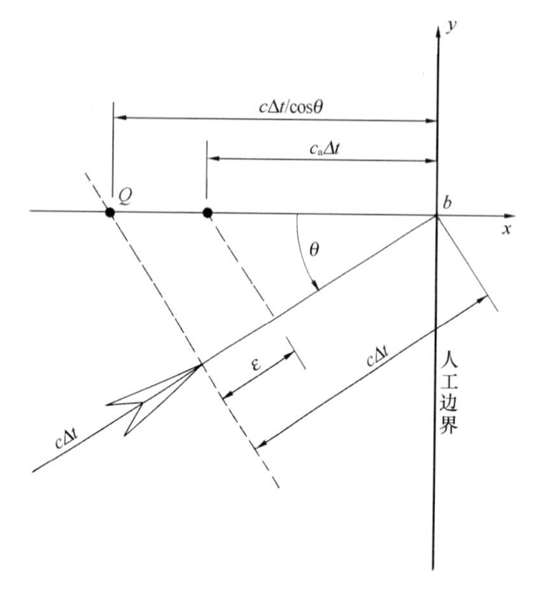

图 11.2.1　透射边界示意图

线方向（图 11.2.1），入射波沿 x 轴的视传播可以表示为：

$$u(x, y, t) = f(ct - x\cos\theta, y) \tag{11.2.1}$$

式中：$f(\cdot)$ 为任一函数。由式（11.2.1）可得

$$u(x, y, t+\Delta t) = u(x - c\Delta t/\cos\theta, y, t) \tag{11.2.2}$$

其中 Δt 为时间离散步长。式（11.2.2）表明，如果点 b 在时刻 $t+\Delta t$ 的位移用点 Q（图 11.2.1）在时刻 t 的位移代替，则入射波将穿过人工边界而不发生任何反射。

为了导出与入射角 θ 无关的透射公式，假设式（11.2.2）用

$$u(x,y,t+\Delta t) \approx u(x - c_a\Delta t, y, t) \tag{11.2.3}$$

近似。其中 c_a 为人工波速，是一选定的常数，采用人工波速的目的是为了在包含不同物理波速的波动问题中导出统一的透射公式。

由式（11.2.3）这一假定引起的误差为：

$$\Delta^1 u(x,y,t+\Delta t) = u(x,y,t+\Delta t) - u(x - c_a\Delta t, y, t) \tag{11.2.4}$$

根据式（11.2.1），式（11.2.4）可以写成

$$\Delta^1 u(x,y,t+\Delta t) = f[c(t+\Delta t) - x\cos\theta, y] - f[c(t+\Delta t) - x\cos\theta - \varepsilon, y] \tag{11.2.5}$$

其中

$$\varepsilon = (c - c_a\cos\theta)\Delta t$$

当 $\varepsilon=0$ 时，$\Delta^1 u(\cdot)=0$，近似式（11.2.3）成为严格等式，一般情况下，$\Delta^1 u(\cdot)$ 与 θ 和 c_a 有关。对比式（11.2.5）和式（11.2.1）发现，$\Delta^1(\cdot)$是与原入射波传播方向和传播速度相同的波，称为一阶误差波。对一阶误差波继续采用与原入射波相同的近似（式 11.2.3）：

$$\Delta^1 u(x,y,t+\Delta t) \approx \Delta^1 u(x - c_a\Delta t, y, t)$$

从而产生二阶误差波。重复上述处理 m 次，式（11.2.3）推广为：

$$\Delta^m u(x,y,t+\Delta t) \approx \Delta^m u(x - c_a\Delta t, y, t) \tag{11.2.6}$$

式（11.2.6）说明：任意阶误差波 $\Delta^m u(\cdot)$在任一点（x，y）和任一时刻 t 的值可以通过将 x 和 t 分别倒退 $c_a\Delta t$ 和 Δt 来近似。这一近似的误差为：

$$\Delta^{m+1} u(x,y,t+\Delta t) = \Delta^m u(x,y,t+\Delta t) - \Delta^m u(x - c_a\Delta t, y, t) \tag{11.2.7}$$

令 $x=x_b$，$y=y_b$，（x_b，y_b）为人工边界点，由式（11.2.4）和式（11.2.7）可得 N 阶透射公式。

$$u(x_b,y_b,t+\Delta t) \approx u(x_b - c_a\Delta t, y_b, t) + \sum_{m=1}^{N-1} \Delta^m u(x_b - c_a\Delta t, y_b, t) \tag{11.2.8}$$

式（11.2.8）中的高阶误差波可以利用递推公式（11.2.7）及式（11.2.4）得到。

$$\Delta^{m}u(x_{b}-c_{a}\Delta t,y_{b},t)=\sum_{n=1}^{m+1}(-1)^{n+1}C_{n-1}^{m}u[x_{b}-nc_{a}\Delta t,y_{b},t-(n-1)\Delta t] \tag{11.2.9}$$

其中 C_{n-1}^{m} 为二项式系数。将式（11.2.9）代入式（11.2.8），整理后得：

$$u(x_{b},y_{b},t+\Delta t)\approx\sum_{n=1}^{N}(-1)^{n+1}C_{n}^{N}u[x_{b}-nc_{a}\Delta t,y_{b},t-(n-1)\Delta t] \tag{11.2.10}$$

二项式系数

$$C_{n}^{N}=\frac{N!}{(N-n)!n!}$$

对于其他类型的波（例如，面波、球面波等）以及由多种类型及不同传播方向的波所构成的混合波可以得到与式（11.2.10）完全相同的透射公式。式（11.2.10）即是暂态波分析中的统一透射公式。式（11.2.10）具有下列基本特征：第一，它对波传播过程的模拟与入射角无关，任一坐标为 x_{b}，y_{b} 的人工边界点 b（图 11.1.1）在 $t+\Delta t$ 时刻的位移，可以用内部点（$x_{b}-nc_{a}\Delta t$，y_{b}）在 t 和 t 以前若干时刻的位移来计算。第二，对于给定的数值计算精度，人工波速 c_{a} 允许在一定的范围内变动，一般情况下，c_{a} 可以调整为与多种物理波速中的一种相近或相等。第三，它对波动传播过程的模拟是直接以离散形式完成的。

透射公式（11.2.10）的有效性已得到了证明[6]，式（11.2.10）误差的量级为$[(\Delta x/\lambda)^{N}]$，其中 λ 为简谐平面波的波长，Δx 为有限元法或有限差分法中土介质的空间离散步距。因此，透射人工边界式（11.2.10）的精度可以和任何有限元法或有限差分法的精度相匹配。

11.2.2 直接用于有限元离散模型的透射公式

由于透射公式（11.2.10）中涉及的计算点与离散模型的节点往往不重合，为了将透射公式直接用于有限元计算，必须用插值方法将它改写成用离散模型节点运动表示的形式。在众多可供选择的插值方案中，一种优良的内插方法由文献[7]结出，利用此内插方法透射公式可以改写成：

$$u_{J}^{p+1}=\sum_{n=1}^{N}(-1)^{n+1}C_{n}^{N}\overline{T}_{n}U_{n} \tag{11.2.11}$$

式中：正整数 N 为透射阶数；u_{J}^{p+1} 表示人工边界节点 J（图 11.2.2）在 $t=(p+1)\Delta t$ 时刻的位移，简称节点 J 在 $p+1$ 时刻的位移，p 为正整数；列向量 U_{n} 表示节点 J 及与节点 J 相邻的若干节点在 $p-n+1$ 时刻的位移。

$$U_{n}=[u_{J}^{p-n+1},u_{J-1}^{p-n+1},\cdots,u_{J-2n}^{p-n+1}]^{T} \tag{11.2.12}$$

行向量

$$\overline{T}_{n}=[T_{1},T_{2},\cdots,T_{m}] \tag{11.2.13}$$

式（11.2.13）中

$$T_{m}=\Sigma t_{k_{1}}t_{k_{2}}\cdots t_{k_{n}},m=1,2,\cdots,2n+1 \tag{11.2.14}$$

式（11.2.14）中记号Σ表示对所有满足条件：

$$k_{1}+k_{2}+\cdots+k_{n}=m+n-1,\qquad k_{1},k_{2},\cdots,k_{n}=1,2,3,\cdots,n \tag{11.2.15}$$

的项求和。式（11.2.14）和式（11.2.15）是计算行向量 $\overline{T}_{\mathrm{n}}=[T_1, T_2, \cdots, T_{2n+1}]$的一般公式。下面给出当 $n=1$，2，3 时，$\overline{T}_{\mathrm{n}}$ 中各分量的具体值

$$
\left.\begin{array}{ll}
\text{当 } n=1 \text{ 时} & T_1=t_1,\ T_2=t_2,\ T_3=t_3 \\
\text{当 } n=2 \text{ 时} & T_1=t_1^2,\ T_2=2t_1t_2,\ T_3=2t_1t_3+t_2^2 \\
 & T_4=2t_2t_3,\ T_5=t_3^2 \\
\text{当 } n=3 \text{ 时} & T_1=t_1^3,\ T_2=3t_1^2t_2,\ T_3=3t_1t_2^2+3t_1^2t_3 \\
 & T_4=6t_1t_2t_3+t_2^3,\ T_5=3t_1t_3^2+3t_2^2t_3 \\
 & T_6=3t_2t_3^2,\ T_7=t_3^3
\end{array}\right\} \tag{11.2.16}
$$

而

$$
\left.\begin{array}{l}
t_1=(2-s)(1-s)/2 \\
t_2=s(2-s) \\
t_3=s(s-1)/2
\end{array}\right\} \tag{11.2.17}
$$

式（11.2.17）中：

$$
s=\frac{c_{\mathrm{a}}\Delta t}{\Delta x} \tag{11.2.18}
$$

式中：Δx 为空间步距；c_{a} 为人工波速，c_{a} 的取值范围为$\leqslant 2c_{\min}$，但不宜过小，$c_{\min}$是最小物理波速。

由式（11.2.6）给出的 T_{m} 可以用来构造透射阶数为 $N=1$，2，3 的一至三阶透射公式，对于科学研究和工程问题，二阶或三阶透射边界将给出具有足够精度的模拟结果。

计算时可以将人工边界条件式（11.2.11）合并到有限元计算中以模拟向量波（平面内波动或三维波动）或标量波（SH 波或声波）的传播。

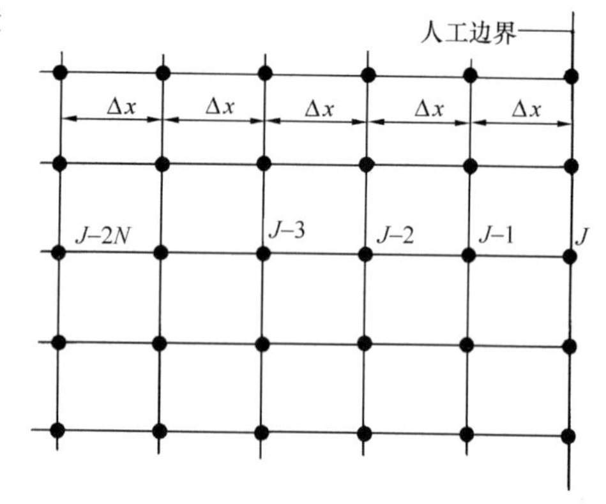

图 11.2.2　人工边界节点及式(11.2.11)涉及的节点编号

11.2.3　透射边界的稳定性和精度

在土-结构动力相互作用问题时域直接分析方法中，存在两种数值稳定性问题：一是节点运动方程逐步积分格式的稳定性，二是由人工边界引起的稳定性。对于节点运动方程逐步积分格式的稳定性一般可以通过减小时间离散步长 Δt 的方法解决，而人工边界的稳定性与逐步积分格式的稳定性不尽相同，不少学者对人工边界本身的稳定性问题进行了分析。由于在地震波动数值模拟中人工边界和内节点运动方程相互耦合，分别保证两者的稳定性并不足以保证耦合后的稳定性。本节将从这一耦合观点讨论引入人工边界后的稳定性问题。其次，我们将看到人工边界条件的稳定性问题与精度问题密切相关，我们必须同时达到数值模拟的精度和稳定性两方面的要求。因此，本节讨论的另一观点就是将地震波动数值模拟的稳定实现和保证透射人工边界的精度两个方面联系起来。关于地震波动数值模拟的稳定性和精度已经进行了不少研究，取得了有实用价值的结果，本节将简要介绍主要的研究结果供读者参考。

1. 透射边界数值积分的稳定性

本节将用简单的一维模型阐明透射边界失稳的物理机理。考虑如图 11.2.3 所示一维纵波的半无限模型及其离散网格，设人工边界节点的坐标为 $x=J\Delta x$，则离散模型由节点 0，1，…，J 构成。采用集中质量有限元法形成的相应离散模型的内节点 $j=0$，1，…，$J-1$ 的运动方程由式下式给出。

$$u_j^{p+1}=2u_j^p-u_j^{p-1}+\Delta\tau^2(u_{j+1}^p-2u_j^p+u_{j-1}^p)\tag{11.2.19}$$

$$\Delta\tau=\frac{c_0\Delta t}{\Delta x}\tag{11.2.20}$$

式中：c_0 为连续纵波波速；$u_j^p=u(j\Delta x,p\Delta t)$，离散时间点 $p=0$，1，…。人工边界节点 J 的运动方程可由式（11.2.11）和式（11.2.12）给出。若给定节点 0 的运动，则在零初始条件下通过逐步积分式（11.2.19）和式（11.2.11）两组方程可得计算区 $[0,J\Delta x]$ 内任一节点的数值解。数值计算结果取决于 $\Delta\tau=c_0\Delta t/\Delta x$ 和 $s=c_a\Delta t/\Delta x$ 两个无量纲参数。由于在此模型中只有一个物理波速 $c=c_0$，我们用变动比值 α（$=c_a/c_0$）模拟出现多个物理波速的情形。图 11.2.4 实线表示一组数值结果。图中注明了选用的模型参数，输入 0 点的运动具有脉冲形式。图 11.2.4(*a*)表示数值模拟中出现的高频振荡失稳。经仔细考察数值计算中失稳的过程发现，失稳确实从人工边界开始，然后逐步向计算区内扩展。这一现象是预期的，因为内节点运动方程数值积分的稳定性已由 $\Delta\tau$ 的取值（$\Delta\tau\leqslant1$）得到保证。如图 11.2.4 所示的高频振荡失稳的特征可归纳如下：①振荡失稳现象并非必然出现（图 11.2.4*b*）；②振荡失稳的频率接近有限元离散模型的截止频率，即失稳的频率超出波动离散模拟有意义的频段；③透射边界的阶数愈高（即透射公式中的 N 值愈大）失稳愈早。这些特征在大量地震波动问题的数值模拟中是典型的。下面分析上述高频振荡失稳现象。

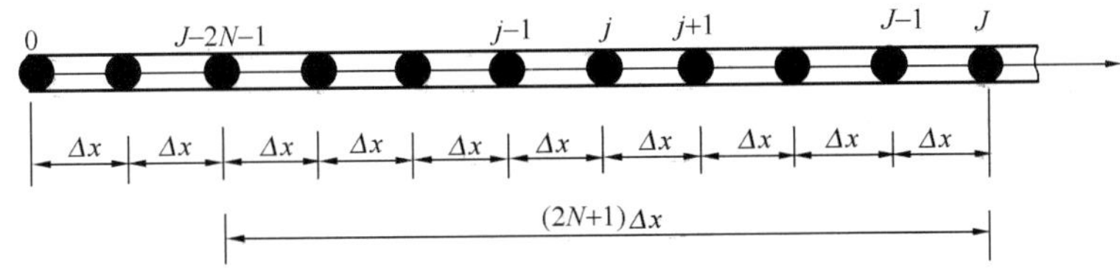

图 11.2.3　一维纵波模型及其离散网格

(1) 离散模型中人工边界的反射系数

为了在推导人工边界反射系数时计入离散模型的影响，首先给出离散模型中波动的解析解。设向人工边界入射的简谐波为：

$$u_j^p=U_j^I\exp(i\omega p\Delta t)\tag{11.2.21}$$

式中：ω 为入射简谐波的圆频率，U_j^I 为入射简谐波的位移振幅。将式（11.2.21）代入式（11.2.19），经分析可得离散模型中波动的解析解为[8]：

$$U_j^I=U_0^I\exp(-ijk\Delta x),\quad 0\leqslant\omega\leqslant\omega_u\tag{11.2.22}$$

$$=U_0^I(-\rho)^j,\quad \omega_u\leqslant\omega\leqslant\omega_N\tag{11.2.23}$$

$$k\Delta x=2\text{arc sin}\frac{\sin[(\omega/\omega_u)\text{arc sin}\Delta\tau]}{\Delta\tau},\quad 0\leqslant\omega\leqslant\omega_u\tag{11.2.24}$$

$$\rho=\{\sin[(\omega/\omega_u)\text{arc sin}\Delta\tau]/\Delta\tau-[(\sin(\omega/\omega_u)\text{arc sin}\Delta\tau/\Delta\tau)^2-1]^{1/2}\}^2$$
$$\omega_u\leqslant\omega\leqslant\omega_N\tag{11.2.25}$$

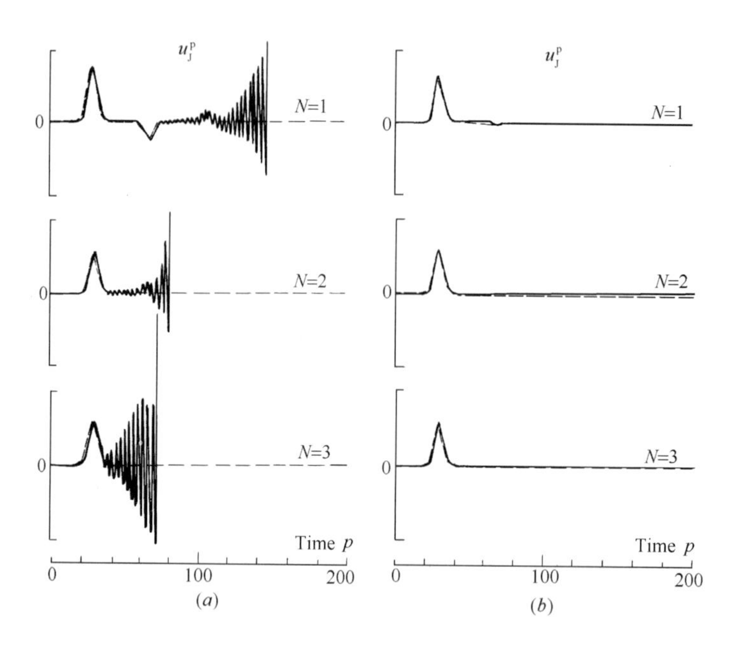

图 11.2.4 一维模型透射边界节点运动的数值解

(a) $c_a/c_0=2.0$；(b) $c_a/c_0=1.2$ ($J=20$，$\Delta x=20\text{m}$，$\Delta t=0.01\text{s}$，$c_0=2000\text{m/s}$)

式中

$$\omega_u=(2/\pi)\omega_N \arcsin\Delta\tau \tag{11.2.26}$$

为有限元离散模型的截止频率，而奈奎斯特（Nyquist）圆频率 $\omega_N=\pi/\Delta t$。设人工边界反射波产生的位移为 $U_j^R\cdot\exp(i\omega p\Delta t)$，则节点 j 的总位移振幅可以表示成

$$U_j=U_j^I+U_j^R,\quad j=0,1,\cdots,J \tag{11.2.27}$$

根据半无限离散模型中的精确解式（11.2.22）～式(11.2.25)，则：

$$U_j^I=a^{J-j}U_j^I \tag{11.2.28}$$

$$U_j^R=a^{j-J}U_j^R \tag{11.2.29}$$

$$\left.\begin{aligned} a&=\exp(ik\Delta x),\quad 0\leqslant\omega\leqslant\omega_u\\ &=-1/\rho,\qquad \omega_u\leqslant\omega\leqslant\omega_N\end{aligned}\right\} \tag{11.2.30}$$

由式（11.2.27）～式(11.2.29）和频域透射公式（11.2.11）可得：

$$R_J=U_J^R/U_J^I=-f^N \tag{11.2.31}$$

$$f=\frac{1-d_I\exp(-i2(\omega/\omega_u)\arcsin\Delta\tau)}{1-d_R\exp(-i2(\omega/\omega_u)\arcsin\Delta\tau)} \tag{11.2.32}$$

$$d_I=t_1+t_2a+t_3a^2,\ d_R=t_1+t_2a^{-1}+t_3a^{-2} \tag{11.2.33}$$

式中：t_1，t_2 和 t_3 为 $\Delta\tau$ 和 $\alpha=c_a/c_0$ 的函数，见式（11.2.17）。由式（11.2.31）及有关公式给出的反射系数考虑了时空离散化、透射边界及两者耦合的影响。

（2）频域精确解

现在考虑给定端节点的简谐振动 $u_0=U_0\exp(i\omega p\Delta t)$在有限区间［0，$J\Delta x$］内产生的波动。如果将从波源出发的波动，经由人工边界节点 J 的反射，再返回到节点 0 的过程称为一个波动循环，则经过第 M 次波动循环后节点 j 的总位移可以表示成：

$$U_j = \sum_{m=1}^{M} U_j(m) \tag{11.2.34}$$

式中：$U_j(m)$为第 m 个波动循环的总位移，由式（11.2.27）～式(11.2.29）和式（11.2.31），得：

$$U_j(m) = (a^{J-j} - a^{j-J} f^N) U_J^I(m) \tag{11.2.35}$$

由于波动由一循环转入下一循环时节点 0 相当于固定端，由此可知在相邻两个循环中节点 J 的入射波位移有如下递推关系：

$$U_J^I(m+1) = a^{-2J} f^N U_J^I(m) \tag{11.2.36}$$

将式（11.2.35）代入式（11.2.34），利用式（11.2.36）和等比级数求和公式可得：

$$U_j = \frac{(1 - a^{2(j-J)} f^N)[1 - (a^{-2J} f^N)^M]}{1 - a^{-2J} f^N} U_j^I(1) \tag{11.2.37}$$

式中

$$U_j^I(1) = U_0 a^{-j} \tag{11.2.38}$$

式（11.2.37）给出了经历 M 个波动循环的精确解。此解答对 $0 \leqslant \omega \leqslant \omega_N$ 的整个频段有效，因此，它是有限一维离散模型中波动的全面描述。

（3）失稳的机理

上述一维模型的稳定准则可由精确解式（11.2.37）当 M 趋于无穷时为有限的条件导出。由这一条件可知

$$|a^{-2J} f^N| < 1 \tag{11.2.39}$$

不难验证，在 $\omega_u \leqslant \omega \leqslant \omega_N$ 的频段上，式（11.2.39）总是满足的。因此，当入射波为寄生振荡时不会出现失稳。失稳只可能出现在入射波为行进波动的频段 $0 \leqslant \omega < \omega_u$。由于在这一频段上 $|a| = 1$，稳定条件式（11.2.39）成为

$$|f| < 1, \qquad 0 \leqslant \omega \leqslant \omega_u \tag{11.2.40}$$

图 11.2.5 的曲线表示 $|f|$ 随 ω/ω_u 的变化。利用此图可以解释上述高频振荡失稳的典型特征。首先，图 11.2.4(a)出现振荡失稳是由于当 $\alpha = 2$ 时出现 $|f| > 1$ 的频段，而当 $\alpha = 1.2$ 时（图 11.2.4b），在整个 $0 \leqslant \omega < \omega_u$ 的频段内 $|f| < 1$，故不出现失稳。第二，出现 $|f| > 1$ 的频段接近 ω_u，因此振荡失稳仅在波动离散模拟无意义的高频段出现。最后，利用式（11.2.31）和式（11.2.39）不难看出，透射公式的透射阶数愈高，振荡失稳愈早且愈严重。综上所述，人工边界高频失稳的机理是人工边界对高频行波的放大效应（$|R| > 1$ 或 $|f| > 1$）以及放大的误差波动在有限网格内的多次反射和多次放大。由于这样的放大和多次放大仅出现在接近截止频率的高频段，引起振荡失稳的高频波动对有限元模拟是无意义的。但是，这些不希望出现的高频波动在数值模拟中是不可避免的，它们不仅可能来自物理方面，而且必然通过数值计算的舍入误差引入。为了获得稳定的数值模拟结果，必须采用适当措施消除这些无意义的高频波动，同时这样的措施应不影响在有意义的低频段内波动离散模拟的精度。

2. 稳定实现多次透射公式的措施

在地震波动数值模拟中制定稳定实现透射边界条件的措施，通常是从理解失稳机理加以猜测着手，然后通过数值试验和严格的理论分析进行论证并加以改进。例如，消除高频

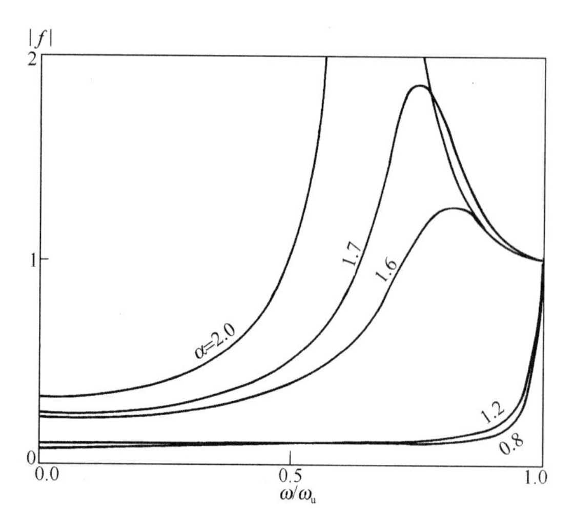

图 11.2.5　$|f|$ 随 ω/ω_u 的变化（$\Delta\tau=1$）

振荡失稳的要点是采取某种高频滤波措施。由于失稳是从人工边界及其邻近区域开始的，这样的措施应在边界的邻近区域内实现。下面考虑在宽度为 $L\Delta x$ 的人工边界区内建立稳定措施，L 为一个不大的正整数。下面给出两种可供参考的稳定措施。这类稳定措施均旨在消除失稳，但不影响在低频段内波动模拟的精度。为了简要说明其要点，仍采用图 11.2.3 所示一维波动模型。

（1）平滑方法

设人工边界区的宽度为 $L=2N+1$，N 为透射公式的阶数。所谓平滑方法是在每一时刻 $t=p\Delta t$ 运用透射公式计算人工边界点在 $t=(p+1)\Delta t$ 时刻的运动之前，将边界区$[(J-2N-1)\Delta X, J\Delta X]$内节点的位移 u_j^p 用 $\tilde{u}_j^p$ 替换。

$$\tilde{u}_j^p = \beta u_j^p + \frac{1-\beta}{2}(u_{j-1}^p + u_{j+1}^p),\quad j = J-1,\cdots,J-2N \tag{11.2.41}$$

式中：参数 β 用于控制平滑程度。当 $\beta=1$ 时无平滑效应；当 $\beta=0.5$ 时式（11.2.41）为汉宁（Hanning）数字滤波公式，按 0.25，0.50 和 0.25 进行加权平均，作为该点平滑后的位移值。为了减少平滑对精度的影响，建议 β 在区间［0.5，1］内取值，并在保证数值积分稳定条件下使 β 尽可能接近于 1。采用平滑措施后的人工边界反射系数 R 定义为

$$R = U_{J-2N-1}^{R}/U_{J-2N-1}^{I} \tag{11.2.42}$$

式中：U_{J-2N-1}^{I} 和 U_{J-2N-1}^{R} 分别为入射波和反射波在节点 $J-2N-1$ 处的简谐振动振幅。反射系数 R 可由半无限区［$-\infty,(J-2N-1)\Delta x$］内入射波与反射波的关系及边界区$[(J-2N-1)\Delta x, J\Delta x]$内节点的运动方程导出。在上述半无限区内，注意到

$$U_j = U_j^I + U_j^R,\quad j = J-2N-1,\quad J-2N-2 \tag{11.2.43}$$

由式（11.2.28）和式（11.2.29）可得：

$$\left.\begin{aligned} U_{J-2N-2}^{I} &= aU_{J-2N-1}^{I} \\ U_{J-2N-2}^{R} &= a^{-1}U_{J-2N-1}^{R} \end{aligned}\right\} \tag{11.2.44}$$

式中 a 由式（11.2.30）给出。由式（11.2.42）～式(11.2.44）可得：

$$\left.\begin{aligned} U_{J-2N-1} &= (R+1)U_{J-2N-1}^{I} \\ U_{J-2N-2} &= (a+a^{-1}R)U_{J-2N-1}^{I} \end{aligned}\right\} \tag{11.2.45}$$

将以上两式相除并解得 R。

$$R = \frac{a - a^2(U_{J-2N-1}/U_{J-2N-2})}{U_{J-2N-1}/U_{J-2N-2} - a} \tag{11.2.46}$$

式（11.2.46）中 U_{J-2N-1}/U_{J-2N-2} 可由平滑措施、边界区内节点的动力平衡条件及人工边界条件确定。平滑措施提供 $2N$ 个方程，节点 $j=J-2N-1$，…，$J-1$ 的动力平衡条件提供 $2N+1$ 个方程，人工边界条件提供一个方程，共有 $4N+2$ 个方程。这些方程将

U_{J-2N-2}，…，U_J 和 $\widetilde{U}_{J-2N}$，…，$\widetilde{U}_{J-1}$ 共 $4N+3$ 个未知量线性地联系起来。因此，由这组方程可解出 U_{J-2N-1}/U_{J-2N-2}。对于给定的近似阶数 N 和无量纲时间步距 Δt，可以用上述方法得到 α 和 β 的函数 $|R|$。若 β 和 α 在区间 $\beta \in [0.5, 1.0]$ 和 $\alpha \in [0, 2]$ 上取值，则可在 $\alpha-\beta$ 平面上用 $|R|<1$ 和 $|R|>1$ 判断稳定区和不稳定区。图 11.2.6 为有代表意义的两组计算结果，图中阴影区表示不稳定区域。由此图可知：①高阶近似（$N=2$ 或 3）较之一阶近似（$N=1$）的阴影区略有增大，但通过适当地选取 β 值，稳定地实现高阶透射边界模拟是可能的；②随着 β 值从 1 开始减小（$\beta=1$ 相当于未加平滑措施），α 的失稳范围缩小；③不稳定区的范围随 $\Delta\tau$ 减小而有所减小。数值试验结果表明，当参数对（α，β）落入不稳定区时，发生高频振荡失稳，反之则不发生失稳。例如，图 11.2.4(*a*)为采用平滑措施后的数值计算结果（虚线），平滑参数 β 取用图 11.2.6(*a*)当 $\alpha=2.0$ 时稳定区的最大值。可以看出，此措施消除了高频振荡但对有意义频段内的模拟结果影响很小。

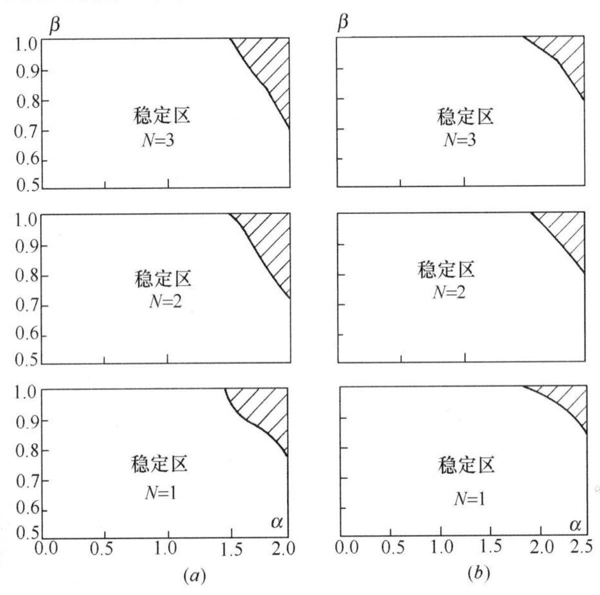

图 11.2.6　一维离散模型人工边界稳定性准则

（*a*）$\Delta\tau=1.0$；（*b*）$\Delta\tau=0.8$

为了说明平滑措施式（11.2.41）的作用是抑制接近截止频率 ω_u 的高频波动，而对低频段波动的影响很小，我们考虑单频波动

$$\left.\begin{aligned} u_j^p &= U_j \exp(i\omega p \Delta t) \\ U_j &= U_0 \exp(-ijk\Delta x) \end{aligned}\right\} \quad j = 1, 2, \cdots \tag{11.2.47}$$

将上式代入式（11.2.41）得到：

$$\widetilde{U}_j = \beta U_j + \frac{1-\beta}{2}(U_{j-1} + U_{j+1}) \tag{11.2.48}$$

定义滤波系数

$$B = \widetilde{U}_j / U_j$$

由以上公式可得：

$$B = 1 - 2(1-\beta)\left[\frac{\sin((\omega/\omega_u)\text{arc }\sin\Delta\tau)}{\Delta\tau}\right]^2 \tag{11.2.49}$$

如图 11.2.7 所示为滤波系数 B 相对于 ω/ω_u 的变化。

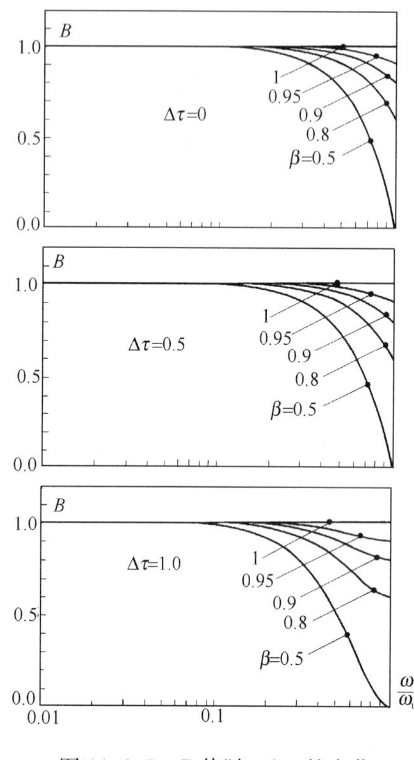

图 11.2.7　B 值随 ω/ω_u 的变化

（2）边界阻尼层

在人工边界上或其附近施加阻尼是处理人工边界的一种方法。这种边界能够有效地吸收各种类型的波动并容易编制程序。但是，若阻尼集中加在人工边界上，即早期常用的黏性人工边界，其精度与一阶透射边界近似相当；若阻尼施加在一边界层内，则层厚与被吸收的入射波动的频率相关，对于低频波动将要求很大的层厚。区别于上述阻尼人工边界，这里的边界阻尼层是作为一种稳定实现透射边界的措施提出的，旨在消除不希望出现的高频波动，而低频外行波动则用透射边界模拟。边界阻尼层是在人工边界附近宽度为 $L=2N$ 的很薄边界区内附加与应变速度成正比的粘性阻尼，即令有限单元阻尼矩阵为：

$$\boldsymbol{c}^e = \gamma\omega_N^{-1}\boldsymbol{k}^e \tag{11.2.50}$$

式中：$\boldsymbol{c}^e$ 和 $\boldsymbol{k}^e$ 分别为单元阻尼矩阵和刚度矩阵；ω_N 为奈奎斯特圆频率；γ 为无量纲阻尼系数。初步研究结果表明，此附加阻尼层能够有效地抑制高频波动而对低频波动的影响很小，因而可以达到消除高频振荡并保持透射边界精度的目的。此外，这一稳定措施容易在计算机上实现。事实上，整个地震波动数值模拟可以按照有阻尼介质情形的逐步积分公式统一编制程序。这一措施除具有物理概念清楚和编程容易外，就高维地震波动的数值模拟而言，它还具有抑制其他方向（例如，与人工边界平行方向）高频波动的能力。

11.3　地震波输入

土-结构动力相互作用问题中，地震波动输入是实现地震波动模拟的关键环节，它将直接影响计算结果的精度及其可信程度。在边界元法中，波动的输入问题一般并不十分困难，通过把输入地震动转化为直接作用于边界上的等效荷载等方法可以解决这一问题。而在有限元法（或有限差分法）中，由于需要引入格外的人工边界，在人工边界上实现波动输入时，不同的人工边界条件有时会对输入方法产生影响。本节介绍用透射人工边界时土-结构动力相互作用计算中波动的输入问题，首先介绍波动输入时涉及的波场类型，由某一观察点的记录，通过对入射波动的假设，实现描述全部输入波场的公式，然后介绍几种实现波动输入的方法。当然，其中的一些基本原理和方法对采用其他人工边界时也是适用的。

11.3.1　波场的类型

地震波是由不同类型的波组成的混合体。由于影响地震波动的因素（如震源因素、传播途径和工程场地条件）极为复杂，而使得地震波动本身也变得极为复杂。试图将实际地震记录中含有的不同类型的波分离开是不可能的，即使对其中各种类型波的性质已有透彻的了解。因此，往往根据对震源、传播途径等因素的分析来假设波场的类型。例如，在工程中，当震源距离工程场地较远时，一般把地震波假设为竖直向上入射的体波。在地震波动问题的理论研究中还常常采用倾斜入射的平面体波以及水平入射的面波做为输入波场。当然，也可以考虑其他类型的波，象柱面波或球面波等。然而，对于分析一个局部场地的地震波动问题，往往不考虑入射波的几何衰减效应，即一般不必考虑柱面波或球面波。局部工程场地以外的半无限横向均匀区的力学模型如图 11.3.1 所示，为水平成层半空间。设在弹性半空间上覆盖多层均匀介质，介质层和层界面（包括自由地表）用 1，2，…表示，而层界面位置用坐标 y_1，y_2，…表示，ρ_n、c_{pn}和 c_{sn}分别是第 n 层介质的质量密度和 P 波及 SV 波波速，$n=N$ 时表示下卧弹性半空间。入射波场即通过如图 11.3.1 所示的横向均匀区输入到包含结构、地基系统的计算区中。水平成层半空间中存在的波场可以是 SH、SV 和 P 平面体波，也可以是 Love 或 Rayleig 面波。下面简要介绍这些输入波场。

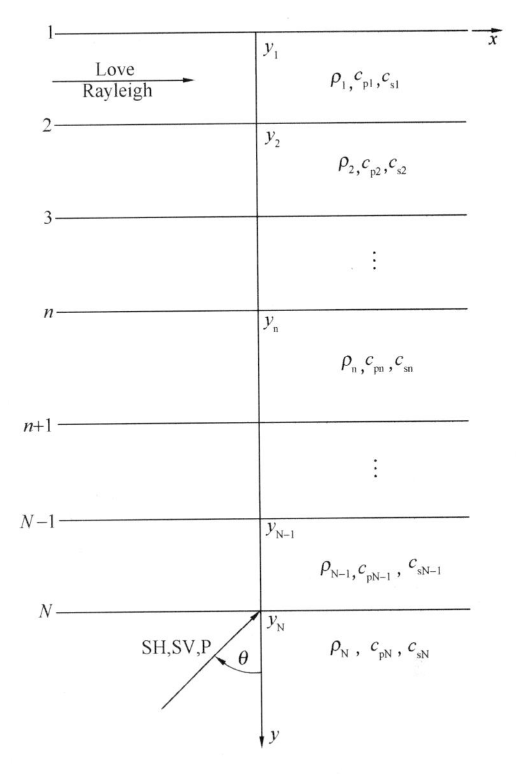

图 11.3.1　传输入射波场的成层介质模型

1. 斜入射 SH 波

不失一般性，仅设入射波均由人工边界左侧（或左下侧）的水平成层半空间向计算区入射。当下卧弹性半空间中 SH 波的入射分量的时程 $w_i(x, y, t)$和入射角 θ 已知时，可以通过对随频率变化的传递函数 $S(y,\omega)$的加权叠加求得全部输入位移场 w_f。

$$w_f(x,y,t)=\frac{1}{2\pi}\int_{-\infty}^{\infty}W_i(\omega)S(y,\omega)\exp[i(\omega t-kx)]\mathrm{d}\omega \tag{11.3.1}$$

式中：$W_i(\omega)$为入射分量 $w_i(0,y_N,t)$的 Fourier 谱，$w_i(0,y_N,t)$是 $w_i(x,y_N,t)$在点$(0,y_N)$处的值；传递函数 $S(y,\omega)$定义为：下卧弹性半空间中单位幅值的入射谐波［即 $W_i(\omega)=1$］引起的成层半空间中的反应；k 为谐波的水平向视波数，对于平面波，k 与圆频率 ω 有如下关系

$$k=\omega\sin\theta/c_{sN} \tag{11.3.2}$$

式中：c_{sN}为下卧弹性半空间中的剪切波波速。

当下卧弹性半空间中入射波时程 $w_i(0,y_N,t)$未知时，可以由某一参考点的时程确定 $w_i(0,y_N,t)$或 $W_1(\omega)$。不妨假设点$(0,y_p)$的时程为：

$$w_f(x, y_p, t) = w_f^*(t) \tag{11.3.3}$$

w_f^* (t) 的 Fourier 谱为：

$$W_f^*(\omega) = \int_{-\infty}^{\infty} w_f^*(t)\exp(-i\omega t)\mathrm{d}t \tag{11.3.4}$$

所以 $w_f(0, y_p, t)$ 也可以表示成：

$$w_f(x, y_p, t) = \frac{1}{2\pi}\int_{-\infty}^{\infty} W_f^*(\omega)\exp(i\omega t)\mathrm{d}\omega \tag{11.3.5}$$

对比式（11.3.1）与式（11.3.5）可以得到：

$$W_f^*(\omega) = W_i(\omega)S(y_p, \omega) \tag{11.3.6}$$

式（11.3.6）即是传递函数的定义。由式（11.3.6）可以根据任一参考点时程的 Fourier 谱得到 $W_i(\omega)$，应用 FFT 技术，可以通过式（11.3.4）、式（11.3.6）和式（11.3.1）得到成层半空间中任一点的位移场，即输入波场。

传递函数可从有关的教科书中，例如文献[9]中查到。当 $N=1$ 时，成层半空间退化为弹性半空间，传递函数为：

$$S(y, \omega) = 2\cos\left(\frac{y\cos\theta}{c_s}\omega\right) \tag{11.3.7}$$

式中：c_s 为弹性半空间中 SH 波波速。如果已知点（0，0）位移时程 $w_f^*(t)=w_0(t)$，则利用式（11.3.4）、式（11.3.6）、式（11.3.1），可以得到弹性半空间中 SH 波的输入波场为：

$$w_f(x, y, t) = \frac{1}{2}\{w_0[t-(x\sin\theta - y\cos\theta)/c_s] + w_0[t-(x\sin\theta + y\cos\theta)/c_s]\} \tag{11.3.8}$$

式（11.3.8）中第一项为入射波，第二项为由自由表面产生的反射波。

2. 斜入射 P 或 SV 波

当下卧弹性半空间中只有 P 波入射时，全部的输入波场也可以通过对传递函数的加权叠加求得。

$$\left.\begin{aligned} u_f(x, y, t) &= \frac{1}{2\pi}\int_{-\infty}^{\infty} G_i(\omega)P_1(y, \omega)\exp[i(\omega t - kx)]\mathrm{d}\omega \\ v_f(x, y, t) &= \frac{1}{2\pi}\int_{-\infty}^{\infty} G_i(\omega)P_2(y, \omega)\exp[i(\omega t - kx)]\mathrm{d}\omega \end{aligned}\right\} \tag{11.3.9}$$

式中：u_f 和 v_f 为输入波场的水平和竖直位移分量；$G_i(\omega)$ 为下卧半空间入射 P 波在点 $(0, y_N)$ 处法向（波振面的法线）位移的 Fourier 谱；P_1 和 P_2 分别为 P 波入射时相应于水平和竖直位移的传递函数；水平视波数 k 为：

$$k = \omega\sin\theta / c_{pN} \tag{11.3.10}$$

式中：θ 和 c_{pN} 分别为下卧半空间中入射 P 波的入射角和波速。

根据下卧半空间入射 P 波的入射角和时程，可以由 FFT 得到 $G_i(\omega)$，利用式（11.3.9）可得到全部输入波场，当 $N=1$（弹性半空间）时

$$
\left.\begin{aligned}
P_1(y,\omega) &= \sin\theta\left[\exp\left(i\frac{\omega\cos\theta}{c_p}y\right)+P_p\exp\left(-i\frac{\omega\cos\theta}{c_p}y\right)\right] \\
&\quad + \cos\phi\cdot P_s\exp\left(-i\frac{\omega\cos\phi}{c_s}y\right) \\
P_2(y,\omega) &= -\cos\theta\left[\exp\left(i\frac{\omega\cos\theta}{c_p}y\right)-P_p\exp\left(-i\frac{\omega\cos\theta}{c_p}y\right)\right] \\
&\quad - \sin\phi\cdot P_s\exp\left(-i\frac{\omega\cos\phi}{c_s}y\right)
\end{aligned}\right\} \tag{11.3.11}
$$

式中：c_p 和 c_s 为弹性半空间中 P 波和 SV 波波速；P_p 和 P_s 为单位幅值 P 波入射到弹性半空间自由表面时产生的反射 P 波和 SV 波的波幅系数。

$$
\left.\begin{aligned}
P_p &= \frac{c_s^2\sin2\theta\sin2\phi - c_p^2\cos^2 2\phi}{c_s^2\sin2\theta\sin2\phi + c_p^2\cos^2 2\phi} \\
P_s &= \frac{2c_pc_s\sin2\theta\cos2\phi}{c_s^2\sin2\theta\sin2\phi + c_p^2\cos^2 2\phi}
\end{aligned}\right\} \tag{11.3.12}
$$

式中：ϕ 为 SV 波的反射角，可由下式确定。

$$
\sin\phi = (c_s/c_p)\sin\theta \tag{11.3.13}
$$

设在点（0，0）处入射角为 θ 的入射 P 波的位移时程为 $g(t)$，则由式（11.3.9）、式（11.3.11）可以得到弹性半空间中的全部波场。

$$
\begin{aligned}
\begin{Bmatrix} u_f(x,y,t) \\ v_f(x,y,t) \end{Bmatrix} &= \begin{Bmatrix} \sin\theta \\ -\cos\theta \end{Bmatrix} g[t-(x\sin\theta - y\cos\theta)/c_p] \\
&\quad + \begin{Bmatrix} \sin\theta \\ \cos\theta \end{Bmatrix} P_p g[t-(x\sin\theta + y\cos\theta)/c_p] \\
&\quad + \begin{Bmatrix} \cos\phi \\ -\sin\phi \end{Bmatrix} P_s g[t-(x\sin\phi + y\cos\phi)/c_s]
\end{aligned} \tag{11.3.14}
$$

采用相同的方法，也可以得到下卧弹性半空间中 SV 波入射时全部的输入波场。

$$
\left.\begin{aligned}
u_f(x,y,t) &= \frac{1}{2\pi}\int_{-\infty}^{\infty} G_i(\omega)S_1(y,\omega)\exp[i(\omega t - kx)]\mathrm{d}\omega \\
v_f(x,y,t) &= \frac{1}{2\pi}\int_{-\infty}^{\infty} G_i(\omega)S_2(y,\omega)\exp[i(\omega t - kx)]\mathrm{d}\omega
\end{aligned}\right\} \tag{11.3.15}
$$

式中：$G_i(\omega)$为下卧半空间入射 SV 波在点（0，y_N）处切向（波振面的切线）位移的 Fourier 谱；S_1 和 S_2 分别为 SV 波入射时水平和竖直位移的传递函数，而

$$
k = \omega\sin\phi/c_{sN} \tag{11.3.16}
$$

式中：ϕ 和 c_{sN}分别为下卧半空间入射 SV 波的入射角和波速。当 $N=1$ 时：

$$
\left.\begin{aligned}
S_1(y,\omega) &= \cos\phi\left[\exp\left(i\frac{\omega\cos\phi}{c_s}y\right)+S_s\exp\left(-i\frac{\omega\cos\phi}{c_s}y\right)\right] \\
&\quad + \sin\theta\cdot S_p\exp\left(-i\frac{\omega\cos\theta}{c_p}y\right) \\
S_2(y,\omega) &= \sin\phi\left[\exp\left(i\frac{\omega\cos\phi}{c_s}y\right)-S_s\exp\left(-i\frac{\omega\cos\phi}{c_s}y\right)\right] \\
&\quad + \cos\theta\cdot S_p\exp\left(-i\frac{\omega\cos\theta}{c_p}y\right)
\end{aligned}\right\} \tag{11.3.17}
$$

波幅系数

$$\left.\begin{aligned}S_s &= \frac{c_s^2\sin2\theta\sin2\phi - c_p^2\cos^2 2\phi}{c_s^2\sin2\theta\sin2\phi + c_p^2\cos^2 2\phi}\\ S_P &= \frac{2c_pc_s\sin2\phi\cos2\phi}{c_s^2\sin2\theta\sin2\phi + c_p^2\cos^2 2\phi}\end{aligned}\right\} \tag{11.3.18}$$

而 ϕ 和 θ 的关系仍由式（11.3.13）确定。全部输入波场可以写成

$$\begin{aligned}\begin{Bmatrix}u_f(x,y,t)\\ v_f(x,y,t)\end{Bmatrix} &= \begin{Bmatrix}\cos\phi\\ \sin\phi\end{Bmatrix}g[t-(x\sin\phi - y\cos\phi)/c_s]\\ &+\begin{Bmatrix}\cos\phi\\ -\sin\phi\end{Bmatrix}S_sg[t-(x\sin\phi + y\cos\phi)/c_s]\\ &+\begin{Bmatrix}\sin\theta\\ \cos\theta\end{Bmatrix}S_pg[t-(x\sin\theta + y\cos\theta)/c_p]\end{aligned} \tag{11.3.19}$$

3. Love 波入射

成层弹性半空间中输入的 Love 波场可以通过对振型函数的加权叠加得到。

$$w_f(x,y,t) = \sum_{m=0}^{\infty}\frac{1}{2\pi}\int_{-\infty}^{\infty}A_m(\omega)L_m(y,\omega)\exp[i(\omega t - k_mx)]d\omega \tag{11.3.20}$$

式中：$L_m(y,\omega)$为第 m 阶 Love 波振型函数，相应于第 m 阶振型的水平波数 k_m 和圆频率 ω 之间有频散关系

$$k_m = k_m(\omega) \tag{11.3.21}$$

无限多组振型函数 $L_m(y,\omega)$和频散关系式（11.3.21）可以通过求解水平成层介质的本征问题获得[9]，式（11.3.20）中加权函数 $A_m(\omega)$可由某一参考点，例如自由表面上点（0，0）的位移时程确定。当然，这是一个不完备的问题，只有对振型函数 $L_m(y,\omega)$作进一步假设后才能求得 $A_m(\omega)$。一般情况下，由于面波中以基阶振型（相应于 $m=0$）为主，因此在工程中通常假定面波全部由基阶振型构成，即式（11.3.20）的求和中仅取 $m=0$ 一项。

如果自由表面点（0，0）处位移时程为：

$$w_f(0,0,t) = w_f^*(t) \tag{11.3.22}$$

采用前述对 SH 波入射时相似的处理方法，可得权函数：

$$A_0(\omega) = W_f^*(\omega)/L_0(0,\omega) \tag{11.3.23}$$

式中：$W_f^*(\omega)$为 $w_f^*(t)$的 Fourier 谱。由式（11.3.23）、式（11.3.20），根据已知点（0，0）的运动时程，得到全部输入 Love 波场。

4. Rayleigh 波入射

Rayleigh 波输入波场可以写成

$$\left.\begin{aligned}u_f(x,y,t) &= \sum_{m=0}^{\infty}\frac{1}{2\pi}\int_{-\infty}^{\infty}A_{m1}(\omega)R_{m1}(y,\omega)\exp[i(\omega t - k_mx)]d\omega\\ v_f(x,y,t) &= \sum_{m=0}^{\infty}\frac{1}{2\pi}\int_{-\infty}^{\infty}A_{m2}(\omega)R_{m2}(y,\omega)\exp[i(\omega t - k_mx)]d\omega\end{aligned}\right\} \tag{11.3.24}$$

式中：$R_{m1}(y,\omega)$和 $R_{m2}(y,\omega)$分别为第 m 阶 Rayleigh 波振型函数的水平分量和竖直分

量，振型函数以及波数-频率关系 $k_m(\omega)$ 可由相应的本征问题解出。权函数 $A_{m1}(\omega)$ 和 $A_{m2}(\omega)$ 可以根据介质中某一参考点的某一方向上的时程确定。在 Rayleigh 波的暂态波动分析中，一般也假定仅有 $m=0$ 的基阶振型存在，如果再假定已知自由表面上点（0，0）处的水平位移时程为：

$$u_f(0,0,t) = u_f^*(t) \tag{11.3.25}$$

采用与处理 SH 波相似的方法可以得到权函数。

$$\left.\begin{aligned} A_{01}(\omega) &= U_f^*(\omega)/R_{01}(0,\omega) \\ A_{02}(\omega) &= V_f^*(\omega)/R_{02}(0,\omega) \end{aligned}\right\} \tag{11.3.26}$$

式中：$U_f^*(\omega)$ 为水平位移 $u_f^*(t)$ 的 Fourier 谱，而竖向位移的 Fourier 谱 $V_f^*(\omega)$ 可以根据 Rayleigh 波水平和竖直位移之间的对应关系确定。

$$\left.\begin{aligned} V_f^*(\omega) &= i\frac{R_{02}(0,\omega)}{R_{01}(0,\omega)}U_f^*(\omega), & \omega \geqslant 0 \\ V_f^*(\omega) &= \overline{V}_f^*(-\omega), & \omega < 0 \end{aligned}\right\} \tag{11.3.27}$$

式（11.3.27）中 $\overline{V}_f^*$ 为 V_f^* 的共轭。

当成层半空间退化为弹性半空间时，半空间中仅存在基阶 Rayleigh 面波，其振型函数为：

$$\left.\begin{aligned} R_{01}(y,\omega) =& \left(1-2\frac{c_s^2}{c_R^2}\right)\exp\left(-\frac{|\omega|}{c_R}y\sqrt{1-c_R^2/c_s^2}\right) \\ &+2\frac{c_s^2}{c_R^2}\exp\left(-\frac{|\omega|}{c_R}y\sqrt{1-c_R^2/c_p^2}\right) \\ R_{02}(y,\omega) =& -D\left[\left(1-2\frac{c_s^2}{c_R^2}\right)\exp\left(-\frac{|\omega|}{c_R}y\sqrt{1-c_R^2/c_p^2}\right)\right. \\ &\left.+2\frac{c_s^2}{c_R^2}\exp\left(-\frac{|\omega|}{c_R}y\sqrt{1-c_R^2/c_s^2}\right)\right] \end{aligned}\right\} \tag{11.3.28}$$

式中：c_R 为弹性半空间中 Rayleigh 波波速；D 为常数。

$$D = 2\sqrt{1-c_R^2/c_p^2}/(2-c_R^2/c_s^2)$$

弹性半空间中 Rayleigh 波是无频散的，波数—频率关系为：

$$k_0 = \omega/c_R \tag{11.3.29}$$

将式（11.3.28）、式（11.3.27）代入式（11.3.26）可得权函数为：

$$\left.\begin{aligned} A_{01}(\omega) &= U_f^*(\omega) \\ A_{02}(\omega) &= iU_f^*(\omega), \omega \geqslant 0 \\ A_{02}(\omega) &= -i\overline{U}_f^*(\omega), \omega < 0 \end{aligned}\right\} \tag{11.3.30}$$

将式（11.3.29）、式（11.3.30）代入式（11.3.24），并利用等式 $U_f^*(-\omega)=\overline{U}_f^*(\omega)$，可得弹性半空间 Rayleigh 波场为：

$$\left.\begin{aligned} u_f(x,y,t) &= \frac{1}{\pi}\mathrm{Re}\left\{\int_0^\infty U_f^*(\omega)R_{01}(y,\omega)\exp[i\omega(t-x/c_R)]\mathrm{d}\omega\right\} \\ v_f(x,y,t) &= \frac{-1}{\pi}\mathrm{Im}\left\{\int_0^\infty U_f^*(\omega)R_{02}(y,\omega)\exp[i\omega(t-x/c_R)]\mathrm{d}\omega\right\} \end{aligned}\right\} \tag{11.3.31}$$

式中：Re 和 Im 表示取实部和取虚部；R_{01} 和 R_{02} 由式（11.3.28）给出。

为了简便地获得弹性半空间中 Rayleigh 波场。设 Rayleigh 波在自由表面上点（0，0）处的水平位移分量为：

$$u_{\mathrm{f}}^{*}(t)=\frac{\zeta_0^2(\zeta_0^2-t^2)}{\pi(t^2+\zeta_0^2)^2},\quad \zeta>0 \tag{11.3.32}$$

其 Fourier 谱为：

$$U_{\mathrm{f}}^{*}(\omega)=\zeta_0^2\omega\exp(-\zeta_0\omega),\quad \omega>0 \tag{11.3.33}$$

ζ_0 为任意给定的正常数，频谱 $U_{\mathrm{f}}^{*}(\omega)$ 的卓越频率为 $\omega_0=1/\zeta_0$，可以通过参数 ζ_0 的选取控制输入波动的频率成分。

将式（11.3.33）代入式（11.3.31），完成积分运算后可得：

$$\left.\begin{aligned}u(x,y,t)&=\frac{\zeta_0^2}{\pi}\left\{\frac{(\zeta_0+m_1y)^2-\zeta^2}{[(\zeta_0+m_1y)^2+\zeta^2]^2}A+\frac{(\zeta_0+m_2y)^2-\zeta^2}{[(\zeta_0+m_2y)^2+\zeta^2]^2}B\right\}\\ v(x,y,t)&=\frac{2D\zeta_0^2}{\pi}\left\{\frac{\zeta_0+m_2y}{[(\zeta_0+m_2y)^2+\zeta^2]^2}A+\frac{\zeta_0+m_1y}{[(\zeta_0+m_1y)^2+\zeta^2]^2}B\right\}\zeta\end{aligned}\right\} \tag{11.3.34}$$

式中：$\zeta=t-x/c_{\mathrm{R}}$；$A=1-2(c_{\mathrm{s}}/c_{\mathrm{R}})^2$；$B=2(c_{\mathrm{s}}/c_{\mathrm{R}})^2$；$m_1=\sqrt{1-c_{\mathrm{R}}^2/c_{\mathrm{s}}^2}/c_{\mathrm{R}}$；$m_2=\sqrt{1-c_{\mathrm{R}}^2/c_{\mathrm{p}}^2}/c_{\mathrm{R}}$。

11.3.2 透射边界中的波动输入方法

目前已提出多种在人工边界上实现波动输入的方法。波动的输入方法有时会受到人工边界具体形式的影响。对于透射人工边界，模拟的是由计算区内射向人工边界的外行波，而在计算区中的总波场中既有由不规则区产生的外行散射波，又存在已知的入射地震波，因此需要采用一定的技术完成地震波动输入。下面介绍几种实用的透射边界中波动输入方法。采用这些输入方法，既不需要增加格外的计算区，又可以保证实行波动输入的精度，其有效性已由实例得到验证。这几种方法都是基于波场分离技术，在理论研究中所采用的波场分离方法可以概括为三种：第一种波场分离方法将总波场分解为自由波场和散射波场，所谓自由波场就是 11.3.1 节给出的不考虑局部不规则区存在时的波场。因此，这种波场分离方法成立的条件是局部不规则区以外左、右两侧的均匀弹性半空间或成层弹性半空间完全相同。第二种波场分离方法将总波场分解为入射波场和散射波场，此处的入射波场是指在均匀弹性全空间中传播的入射波，即为不考虑覆盖层和下卧半空间界面影响时的波场。第三种波场分离方法为分区实行波场分离，即把计算区划分为几个子区域，在不同的子区域中可以采用第一种或第二种波场分离方法或者在不同子区域中定义不同的散射波场。这里所讲的散射波场是指在总波场中扣除已知的入射波场或自由波场后的部分。

采用第三种分离方法可以有效地克服第一、二种方法的局限性，例如，当周围介质为均匀弹性半空间时，一、二种方法都有效；当周围介质为均匀水平成层弹性半空间时，第一种方法较为有效；而当包含结构在内局部不规则区两侧的水平成层弹性半空间不相同时（见图 11.3.2），采用第三种方法，通过对计算区实行分区，则可以圆满地处理这一问题。下面将结合上述波场分离方法，介绍几种实用的波动输入方法。

散射分析中力学模型如图 11.3.2 所示，一包含结构在内的局部不规则区位于弹性成层半空间内，不规则区左、右两侧的成层半空间可以不相同。输入波场由不规则区的左侧（或左下方）入射。用如图 11.3.2 所示的 $ABCD$ 人工边界从半无限地球介质中切取出有限的计算区，计算区应取适当大小，使得在人工边界附近有足够大小的规则计算区，以保证能使用透射人工边界。显然，由图 11.3.2 给出的力学模型是一个比较复杂的模型，一般在地震波动问题中遇到的模型都是如图 11.3.2 所示模型的简化结果。

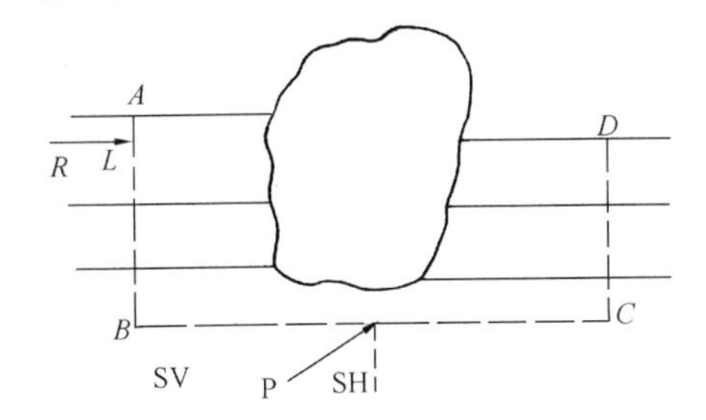

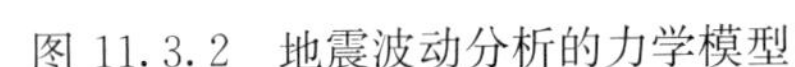
图 11.3.2　地震波动分析的力学模型

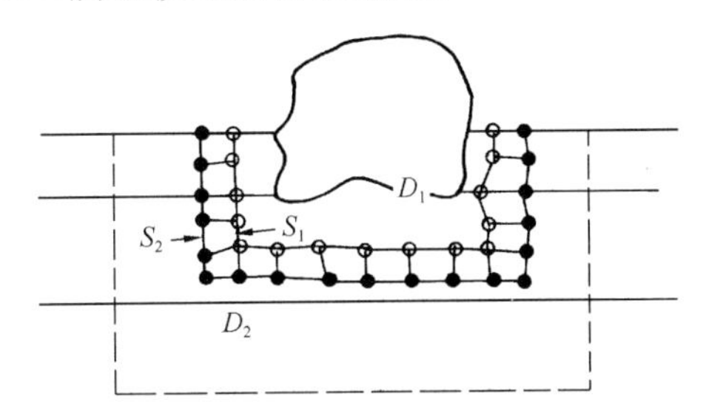

图 11.3.3　第一、二种波动输入方法中计算区的划分

为清楚起见，定义 u_f 为自由波场，即为第 11.3.1 节中介绍的输入波场，u_i 为不考虑界面反射影响的入射波场，而 u 为总波场。

1. 波动输入方法之一

设包括结构系统在内的不规则区之外介质区为均匀的水平成层介质。将计算区分为两部分（见图 11.3.3）：D_1 和 D_2，D_1 中包括所有的局部不规则区，D_2 中仅由水平成层介质组成。分区界面为 S_1 和 S_2，其中界面 S_1 也位于水平成层介质中，而在 S_1 和 S_2 之间没有计算点（或节点）。应当注意的是，这里实行分区的目的是把总的节点系分成两部分，所以这里采用的分区方法与连续介质分析中的方法是不同的，在两个介质区之间有两条分界面而不是一条公用的界面。在区域 D_1 和 D_2 中的位移场分别记为 $\{u_1\}$ 和 $\{u_2\}$，则总位移场 $\{u\}$ 为：

$$\{u\} = \{u_1, u_2\}^{\mathrm{T}} \tag{11.3.35}$$

实行波场分离，总波场与自由波场和散射波场的关系为：

$$u = u_f + u_s \tag{11.3.36}$$

式（11.3.36）适用于计算区 D_2 和界面 S_1 上的计算点。

用有限元法求解，地震波动问题的节点系运动方程为：

$$[M]\{\ddot{u}\} + [C]\{\dot{u}\} + [K]\{u\} = \{0\} \tag{11.3.37}$$

式中：$[M]$、$[C]$ 和 $[K]$ 分别为质量、阻尼和刚度矩阵。式（11.3.37）是除人工边界上节点以外所有节点的运动方程，人工边界上节点的运动由人工边界条件确定。

根据计算区的划分，可将式（11.3.37）改写为如下形式：

$$\begin{bmatrix} M_{11} & M_{12} \\ M_{21} & M_{22} \end{bmatrix}\begin{Bmatrix} \ddot{u}_1 \\ \ddot{u}_2 \end{Bmatrix} + \begin{bmatrix} C_{11} & C_{12} \\ C_{21} & C_{22} \end{bmatrix}\begin{Bmatrix} \dot{u}_1 \\ \dot{u}_2 \end{Bmatrix} + \begin{bmatrix} K_{11} & K_{12} \\ K_{21} & K_{22} \end{bmatrix}\begin{Bmatrix} u_1 \\ u_2 \end{Bmatrix} = \begin{Bmatrix} 0 \\ 0 \end{Bmatrix} \tag{11.3.38}$$

由式（11.3.36）可得，在 D_2 中

$$u_2 = u_{2f} + u_{2s} \tag{11.3.39}$$

式中：u_{2f} 和 u_{2s} 分别为 D_2 中的自由波场和散射波场。将式（11.3.39）代入式（11.3.38）得：

$$\begin{bmatrix} M_{11} & M_{12} \\ M_{21} & M_{22} \end{bmatrix}\begin{Bmatrix} \ddot{u}_1 \\ \ddot{u}_{2s} \end{Bmatrix} + \begin{bmatrix} C_{11} & C_{12} \\ C_{21} & C_{22} \end{bmatrix}\begin{Bmatrix} \dot{u}_1 \\ \dot{u}_{2s} \end{Bmatrix} + \begin{bmatrix} K_{11} & K_{12} \\ K_{21} & K_{22} \end{bmatrix}\begin{Bmatrix} u_1 \\ u_{2s} \end{Bmatrix}$$

$$
=-\begin{bmatrix}[M_{12}]\{\ddot{u}_{2f}\}+[C_{12}]\{\dot{u}_{2f}\}+[K_{12}]\{u_{2f}\}\\ [M_{22}]\{\ddot{u}_{2f}\}+[C_{22}]\{\dot{u}_{2f}\}+[K_{22}]\{u_{2f}\}\end{bmatrix} \tag{11.3.40}
$$

注意到 u_f 满足式（11.3.38）中运动方程。

$$
[M_{22}]\{\ddot{u}_{2f}\}+[C_{22}]\{\dot{u}_{2f}\}+[K_{22}]\{u_{2f}\}=-([M_{21}]\{\ddot{u}_{1f}\}+[C_{21}]\{\dot{u}_{1f}\}+[K_{21}]\{u_{1f}\})
$$

将上式代入式（11.3.40）整理后得：

$$
\begin{aligned}
&\begin{bmatrix}M_{11} & M_{12}\\ M_{21} & M_{22}\end{bmatrix}\begin{Bmatrix}\ddot{u}_1\\ \ddot{u}_{2s}\end{Bmatrix}+\begin{bmatrix}C_{11} & C_{12}\\ C_{21} & C_{22}\end{bmatrix}\begin{Bmatrix}\dot{u}_1\\ \dot{u}_{2s}\end{Bmatrix}+\begin{bmatrix}K_{11} & K_{12}\\ K_{21} & K_{22}\end{bmatrix}\begin{Bmatrix}u_1\\ u_{2s}\end{Bmatrix}\\
&=\begin{bmatrix}0 & -M_{12}\\ M_{21} & 0\end{bmatrix}\begin{Bmatrix}\ddot{u}_{1f}\\ \ddot{u}_{2f}\end{Bmatrix}+\begin{bmatrix}0 & -C_{12}\\ C_{21} & 0\end{bmatrix}\begin{Bmatrix}\dot{u}_{1f}\\ \dot{u}_{2f}\end{Bmatrix}+\begin{bmatrix}0 & -K_{12}\\ K_{21} & 0\end{bmatrix}\begin{Bmatrix}u_{1f}\\ u_{2f}\end{Bmatrix}
\end{aligned} \tag{11.3.41}
$$

由式（11.3.41）右端项系数矩阵可知，实际计算中仅需界面 S_1 和 S_2 上节点的自由场运动分量，而在此节点上，自由场运动存在，因为自由场运动预先给定。由式（11.3.41）即可以由已知的输入自由场运动计算 D_1 中的总位移场 $\{u_1\}$ 和 D_2 中除人工边界点以外的散射位移 $\{u_{2s}\}$，通过补充人工边界条件则可得 D_2 中总的散射位移场 $\{u_{2s}\}$，由式（11.3.39）则可得 D_2 中的总位移场 $\{u_2\}$，这样就得到计算区中的全部位移。

对比节点运动方程式（11.3.38）和式（11.3.41）可以看出，式（11.3.41）相当于在界面 S_1 和 S_2 上施加了外荷载，因此，通过上述分析方法，已将波动的输入问题转化成波源问题。

2. 波动输入方法之二

第一种波动输入方法从理论上证明了波动的输入问题可以转换成内部波源问题。在使用这种方法时，首先要计算作用于界面 S_1 和 S_2 上的等效外荷载，然后才可以计算节点的运动。在有限元计算中，当采用时域的显式逐步积分法时，可以在每一步的递推计算过程中自动完成波动输入，而不需要计算等效荷载的显式表达，这就是将要介绍的第二种波动输入方法。这种波动输入方法本质上与第一种方法完全相同，但由于采用了特殊的技巧，使得波动输入问题变得更容易，并且可以适应更复杂的情况。

计算区的分区方法可以用与第一种波动输入方法相同的方式。当采用显式的逐步积分公式时，可由 p 及 p 以前若干时刻的运动外推 $p+1$ 时刻的运动，递推公式可以写为

$$
\{u\}^{p+1}=F(\{u\}^{p},\{u\}^{p-1},\cdots) \tag{11.3.42}
$$

时间 $t=p\Delta t$，Δt 为时间步长，$p=0$，1，2，…，F 表示某种函数关系，$\{u\}^p$ 表示 p 时刻的运动。

入射波场 u_f 通过 D_2 和 D_1 的交界面，即 S_2 和 S_1 输入，在界面 S_2 和 S_1 可以实行如式（11.3.36）所示的波场分离，现在要求解的问题是：根据已知的输入波场 $\{u_f\}$，通过递推公式（式 11.3.42）计算 D_2 中的散射波场 $\{u_{2s}\}$ 和 D_1 中的总波场 $\{u_1\}$。

根据所述分区方法和有限元方法的特点可知，当要计算 D_2 中在 $p+1$ 时刻的位移时，只需已知 D_2 中 p 及 p 以前时刻的位移和 D_2 相邻节点的位移，即界面 S_1 上的 p 和 p 以前时刻位移。对于 D_1 中位移场的计算也是相同的。设 D_2 中的散射波场 $\{u_{2s}\}^p$，$\{u_{2s}\}^{p-1}$，…已求得，而 D_1 中的总波场 $\{u_1\}^p$，$\{u_1\}^{p-1}$，…也已求得，则可以按以下步骤计算 $p+1$ 时刻 D_2 中的散射波场 $\{u_{2s}\}^{p+1}$ 和 D_1 中的总波场 $\{u_1\}^{p+1}$。

(1) 计算 D_2 中的散射波场 $\{u_{2s}\}^{p+1}$

在界面 S_1 上，从总波场中减去已知的入射波场，可以得到 p 及 p 以前若干时刻的散射波场，则应用式（11.3.42）可以得到 $p+1$ 时刻 D_2 中的散射波场 $\{u_{2s}\}^{p+1}$。

(2) 计算 D_1 中的总波场 $\{u_1\}^{p+1}$

在界面 S_2 上，在散射波场上叠加已知的入射波场可以得到 p 及 p 以前时刻的总波场，则应用式（11.3.42）可得到 $p+1$ 时刻 D_1 中的总波场 $\{u_1\}^{p+1}$。

通过第（1）、（2）步完成了一次递推运算，在进行第（2）步计算时，应注意第（1）步运算对界面 S_1 上运动的影响，应保证在 p 和 p 以前时刻 S_1 上的波场为总波场。

比较第一种和第二种波动输入方法，第二种方法不必具体计算分区界面上的等效荷载，而是通过对分区界面的运动反复叠加或减去已知的自由波场的方法完成了波动输入，因而不需要附加计算等效荷载的公式，比第一种方法更简便易行。第二种波动输入方法还有另外一个优点，当采用第三种波场分离方法，即分区实行波场分离时（这种分离方法有时是很有用的，并且在某些情况下可使计算结果保持更高的精度），用第二种波动输入方法可以很容易地计算分区界面上节点的运动，并完成不同计算区中的不同类型位移场的计算。

仔细分析这种输入方法的计算过程可以发现，这种方法并不要求各计算区（D_1 和 D_2）均采用显式的递推计算公式，例如，当 D_2 中用显式公式，而 D_1 中采用隐式公式时，可以利用先计算 D_2 然后计算 D_1 中波场的顺序来完成运算。

3. 波动输入方法之三

第三种波动输入方法直接在人工边界上实现波动输入，特别适用于采用透射人工边界时的波动输入问题。原则上讲这种方法不必像一、二种输入方法那样把总区域划分为若干个子区域，因为第三种方法可以直接计算除人工边界外的总位移场，但为叙述方便仍在有能量输入的人工边界附近划分出部分区域称为输入边界区，这一划分并不影响到内部计算区的计算公式或计算方法。

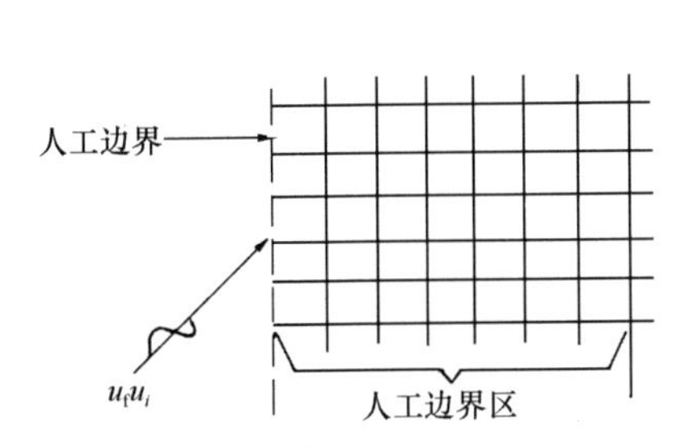

图 11.3.4 第三种波动输入方法的人工边界区及入射波场

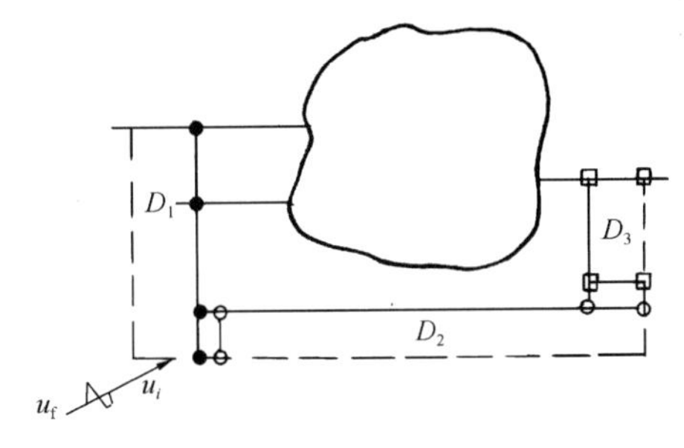

图 11.3.5 可用于第三种波动输入方法的分区方法

由于波动直接通过人工边界输入，因此仅在有波动能量输入的人工边界附近取一部分计算区阐述第三种波动输入的基本思想。人工边界右侧为计算区（图 11.3.4）。入射波从人工边界的左侧射入计算区，入射波可以是 u_f 或 u_i（但应保证由总波场中扣除 u_i 后的散射波向人工边界之外传播）。在边界区划出一部分区域为人工边界区，它的大小（或宽度）应保证透射公式的正确实施。如果在 p 及 p 以前时刻计算区的总位移场已知，则实行以下计算步骤可以自动完成波动输入并求得 $p+1$ 时刻的总位移。为简化叙述，仅取输入波

场为 u_f，当输入场为 u_i 时，将相应关系式中的 u_f 改为 u_i 即可。

(1) 在人工边界区根据已知的总位移场 $\{u\}^p$，$\{u\}^{p-1}$ 和入射位移场 $\{u_f\}^p$，$\{u_f\}^{p-1}$，…，可求得 p 及 p 以前时刻的散射位移场 $\{u_s\}^p$，$\{u_s\}^{p-1}$，…。

(2) 由于散射位移场是从计算区之内向外射出的波，可以应用透射公式计算 $p+1$ 时刻人工边界上的散射波场 $\{u_s\}^{p+1}$。

(3) 将人工边界上的 $\{u_s\}^{p+1}$ 叠加上已知的 $p+1$ 时刻输入波场 $\{u_f\}^{p+1}$ 则可以得到 $p+1$ 时刻人工边界上的总波场。

(4) 利用内部节点有限元计算公式，可以得到 $p+1$ 时刻除人工边界点外所有其余节点的总波场。

循环 (1)～(4) 计算步骤可以实现波动输入和完成运算。从以上计算步骤还可以看到，使用第三种波动输入方法时，内部波场的计算不限于使用显式递推计算公式，因为在 $p+1$ 时刻人工边界上的总波场可以首先得到，因而，计算内部点总波场时也可以采用隐式的递推计算公式。

与第二种波动输入方法类似，第三种输入方法也可以采用第三种波场分离方法，例如，对图 11.3.5 所示力学模型，当体波由左下侧入射时，人工边界区可以分成三种类型的子区域 D_1、D_2 和 D_3（图 11.3.5）。在 D_1 区中采用第一种波场分离方法，D_2 区中采用第二种波场分离方法，D_3 区中由于没有从人工边界外入射能量，可以不进行波场分离。采用第三种波动输入方法时，在各个子区域中的波场均为总波场，因此，计算内部节点位移时不受区域划分的影响，而不必像第二种输入方法那样，必须在各子区域分别进行运算并要考虑各子区域间波场的相互关系。

以上系统地介绍了地震波动问题分析中的波动输入问题。首先介绍了理论研究中经常采用的入射波类型以及根据一参考点的运动时程确定整个输入波场的方法；然后，详细地介绍了三种实现波动输入的实用方法，这三种方法均可以在不增加有限元计算区的前提下，直接在时域完成长持时波动的输入。从实现波动输入的意义上讲，这三种方法均属于精确的输入方法，其误差也仅来自入射波场取自于连续介质模型而不是相应的有限元离散模型，即连续介质中的解与离散模型中解之间的差别，但这种误差仅出现在分区界面之上（第一、二种输入方法）或输入人工边界区之内（第三种输入方法），当有限元离散满足离散化准则时，这种误差可以忽略不计。第一种输入方法已经从数学上证明：波动的散射问题可以转化为波源问题，而第二、三种方法实质上也完成了这一转换，只不过是采用一种隐式，或间接的方法。

11.4 土-结构相互作用分析的一种直接法

前面几节系统介绍了土-结构动力相互作用分析中的透射边界和相应的实现地震波动输入方法，由此可以结合有限元进行土-结构动力相互作用问题计算。下面将给出土-结构动力相互作用分析的另外一种直接有限元方法[10]。这一方法采用物理元件构成的人工边界，具有良好的低频稳定性，不但可以完成地震作用下土-结构动力反应计算，也可用于土-结构系统的模态分析。

11.4.1 黏弹性动力人工边界

黏弹性动力人工边界可以分为二维黏弹性动力人工边界和三维黏弹性动力人工边界，

是分别基于无限空间中的柱面波理论和球面波理论推导出的[11,12]。

1. 二维黏弹性动力人工边界

为获得切向人工边界，基于单侧波动概念，考查扩散的柱面剪切波。在柱面坐标系中，按照质点运动方向的不同，柱面剪切波可以分为平面内剪切波和出平面剪切波，其位移场的近似解均可以表示为：

$$u(r,t)=\frac{1}{\sqrt{r}}f(r-c_{\mathrm{s}}t) \tag{11.4.1}$$

根据式（11.4.1），可以确定介质中任一点的剪应力，对于出平面剪切波：

$$\tau(r,t)=G\frac{\partial u}{\partial r}=G[-\frac{1}{2r\sqrt{r}}f(r-c_{\mathrm{s}}t)+\frac{1}{\sqrt{r}}f'(r-c_{\mathrm{s}}t)] \tag{11.4.2}$$

对于平面内剪切波：

$$\tau(r,t)=G(\frac{\partial u}{\partial r}-\frac{u}{r})=G[-\frac{3}{2r\sqrt{r}}f(r-c_{\mathrm{s}}t)+\frac{1}{\sqrt{r}}f'(r-c_{\mathrm{s}}t)] \tag{11.4.3}$$

两种剪切波的速度场可以统一表示为：

$$\dot{u}(r,t)=\frac{\partial u(r,t)}{\partial t}=-\frac{c_{\mathrm{s}}}{\sqrt{r}}f'(r-c_{\mathrm{s}}t) \tag{11.4.4}$$

式中：G 表示介质剪切模量。分别联合式（11.4.1）、式（11.4.2）、式（11.4.4）和式（11.4.1）、式（11.4.3）、式（11.4.4）可得在 $r=R$ 处：

出平面切向
$$\tau(R,t)=-\frac{G}{2R}u(R,t)-\rho c_{\mathrm{s}}\dot{u}(R,t) \tag{11.4.5}$$

平面内切向
$$\tau(R,t)=-\frac{3G}{2R}u(R,t)-\rho c_{\mathrm{s}}\dot{u}(R,t) \tag{11.4.6}$$

式（11.4.5）、式（11.4.6）均可等效为在截断边界 $r=R$ 上设置连续分布的并联弹簧-阻尼器系统，如图 11.4.1 所示，图中各物理元件参数的计算公式如下：

出平面切向
$$K_{\mathrm{b}}=\frac{G}{2R} \tag{11.4.7a}$$

$$C_{\mathrm{b}}=\rho c_{\mathrm{s}} \tag{11.4.7b}$$

平面内切向
$$K_{\mathrm{b}}=\frac{3G}{2R} \tag{11.4.8a}$$

$$C_{\mathrm{b}}=\rho c_{\mathrm{s}} \tag{11.4.8b}$$

为获得法向人工边界，考查扩散的柱面压缩波，其位移势函数的近似解可以表示为：

$$\phi(r,t)=\frac{1}{\sqrt{r}}f(r-c_{\mathrm{p}}t) \tag{11.4.9}$$

式中：c_{p} 为压缩波波速；ϕ 为位移势函数。根据式（11.4.9），位移解可以表示为：

$$u_{\mathrm{r}}=\frac{\partial\phi}{\partial r} \tag{11.4.10}$$

利用式（11.4.11）：

$$\sigma_{\mathrm{r}}(r,t)=2\mu\frac{\partial u}{\partial r}(r,t)+\lambda(\frac{u}{r}(r,t)+\frac{\partial u}{\partial r}(r,t)) \tag{11.4.11}$$

可得在柱面 $r=R$ 上：

$$\sigma_r + \frac{2R}{c_p}\frac{\partial \sigma_r}{\partial t} = -\frac{2\mu}{R}\left(u_r + \frac{2R}{c_p}\frac{\partial u_r}{\partial t} + \frac{R^2}{c_p^2}\frac{\lambda + 2\mu}{\mu}\frac{\partial^2 u_r}{\partial t^2}\right) \tag{11.4.12}$$

式（11.4.12）可以等效为如图 11.4.2 所示的质点-弹簧-阻尼器系统。

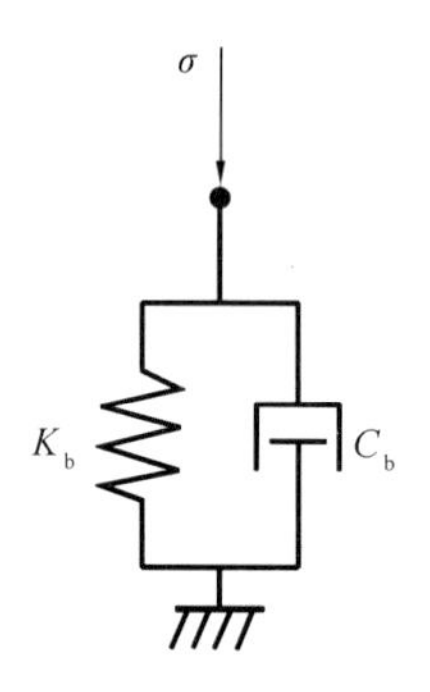

图 11.4.1　切向人工边界等效物理系统

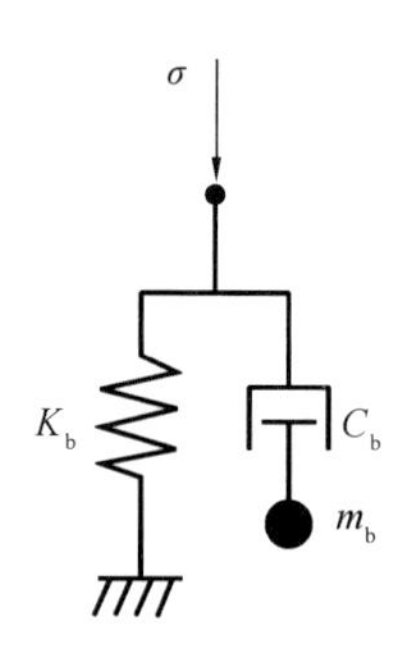

图 11.4.2　法向人工边界等效物理系统

图 11.4.2 中各物理元件的参数如下：

$$K_b = \frac{2G}{R} \tag{11.4.13a}$$

$$C_b = \rho c_p \tag{11.4.13b}$$

$$m_b = 2\rho R \tag{11.4.13c}$$

显然，质量 m_b 与阻尼器相连组成了一个不稳定的系统。为了克服实际计算时可能引起的不便，将质量 m_b 忽略，并将与质量 m_b 相连的阻尼器的一端固定，从而形成与图 11.4.1 一致的弹簧-阻尼器系统。研究表明这种简化并不明显影响人工边界的精度，但为实际应用带来了极大的方便。

简化以后，二维法向和切向人工边界均可以等效为连续分布的弹簧-阻尼器系统，如图 11.4.1 所示，称为二维黏（黏性阻尼器）弹（弹簧）性动力人工边界（Viscous-Spring Dynamic Boundary），其中弹簧刚度系数和阻尼器阻尼系数参照式（11.4.6）、式（11.4.7）、式（11.4.13a）、式（11.4.13b）计算。

值得一提的是，为考虑问题的方便，在应用二维法向黏弹性动力人工边界时直接用弹性模量 E 和压缩波速 C_p 分别替换平面切向边界中的剪切模量 G 和剪切波速 C_s，仍然具有良好的精度，这在一定程度上说明二维黏弹性动力人工边界具有良好的鲁棒性。

2. 三维黏弹性动力人工边界

为获得三维切向人工边界，考查球面剪切波。在球坐标系中，扩散球面剪切波的位移近似解可以表示为：

$$u(r,t) = \frac{1}{r}f(r - c_s t) \tag{11.4.14}$$

与二维黏弹性动力人工边界的推导过程类似，根据式（11.4.14）可得：

$$\dot{u} = \frac{\partial u(r,t)}{\partial t} = -\frac{c_s}{r}f'(r - c_s t) \tag{11.4.15}$$

$$\tau(r,t) = G\gamma = G\left[-\frac{2}{r^2}f(r - c_s t) + \frac{1}{r}f'(r - c_s t)\right] \tag{11.4.16}$$

根据式（11.4.15）、式（11.4.16），在球面 $r=R$ 上：

$$\tau(R,t)=-\frac{2G}{R}u(R,t)-\rho c_{\mathrm{s}}\dot{u}(R,t) \tag{11.4.17}$$

显然式（11.4.17）同样等效为如图 11.4.1 所示的并联弹簧-阻尼器系统，物理元件的参数分别为：

$$K_{\mathrm{b}}=\frac{2G}{R} \tag{11.4.18a}$$

$$C_{\mathrm{b}}=\rho c_{\mathrm{s}} \tag{11.4.18b}$$

为获得三维法向人工边界，考查球面压缩波。在球坐标系中，扩散球面压缩波位移势函数的近似解可以表示为：

$$\phi(r,t)=\frac{1}{r}f(r-c_{\mathrm{P}}t) \tag{11.4.19}$$

根据式（11.4.19）可得：

法向位移
$$u_{\mathrm{r}}=\frac{\partial\phi}{\partial r}=\frac{1}{r}f'(r-c_{\mathrm{p}}t)-\frac{1}{r^2}f(r-c_{\mathrm{p}}t) \tag{11.4.20}$$

法向应力
$$\sigma_{\mathrm{r}}=(\lambda+2\mu)\frac{\partial u}{\partial r}+2\lambda\frac{u}{r} \tag{11.4.21}$$

式中：λ、μ 为拉梅常数。根据式（11.4.20）及式（11.4.21）可得，在球面 $r=R$ 上：

$$\sigma_{\mathrm{r}}+\frac{R}{c_{\mathrm{p}}}\dot{\sigma}_{\mathrm{r}}=-\frac{4\mu}{R}\left[u+\frac{R}{c_{\mathrm{p}}}\dot{u}+\frac{\rho R^2}{4\mu}\ddot{u}\right] \tag{11.4.22}$$

式（11.4.22）同样可以等效为如图 11.4.2 所示的物理系统，各元件参数如下：

$$K_{\mathrm{b}}=\frac{4G}{R} \tag{11.4.23a}$$

$$C_{\mathrm{b}}=\rho c_{\mathrm{p}} \tag{11.4.23b}$$

$$m_{\mathrm{b}}=\rho R \tag{11.4.23c}$$

根据上文所述，黏弹性动力人工边界可以等效为在人工截断边界上设置连续分布的并联弹簧-阻尼器系统，其中弹簧刚度系数和阻尼器的阻尼系数为：

$$K_{\mathrm{b}}=\alpha\frac{G}{R} \tag{11.4.24a}$$

$$C_{\mathrm{b}}=\rho c \tag{11.4.24b}$$

式中：ρ、G 分别表示介质的质量密度和剪切模量；R 表示散射波源至人工边界的距离；c 表示介质中的波速，法向人工边界 c 取 P 波波速 c_{p}，切向人工边界取 S 波波速 c_{s}；参数 α 为黏弹性人工边界参数。

由于上述黏弹性人工边界是基于全空间波动理论推导得出的，直接用于半空间问题时，黏弹性动力人工边界的刚度系数会偏大，需要进行调整。大量数值计算表明，黏弹性人工边界具有良好的鲁棒性，人工边界参数 α 在一定范围内取值均可以得出良好的计算结果，经过大量算例分析推荐使用表 11.4.1 中的数据。

参数 α 根据表 11.4.1 取值。当 α 取零或 R 趋于无穷大时，刚度系数 $K_{\mathrm{b}}=0$，此时，黏弹性动力人工边界退化为黏性动力人工边界。

黏弹性动力人工边界中参数 α 的取值 **表 11.4.1**

类型	方向	取值范围	推荐系数
二维人工边界	切向	0.35～0.65	1/2
	法向	0.8～1.2	2/2
三维人工边界	切向	0.5～1.0	2/3
	法向	1.0～2.0	4/3

3. 黏弹性边界单元

黏弹性人工边界在具体使用时采用离散的弹簧和阻尼器模拟，本质上是一种集中黏弹性人工边界。在黏弹性人工边界概念的基础上，可以推导出与黏弹性人工边界具有相同精度并且在大型结构分析软件中更易于实现和施加的一致黏弹性边界单元[13,14]。

(1) 等效二维一致黏弹性边界单元

等效黏弹性人工边界单元的实现方法是在已建立的有限元模型的边界上沿法向延伸一层相同类型的单元，并将外层边界固定，通过定义等效单元的材料性质使其作用等价于一致黏弹性人工边界单元。下面使用四节点矩形单元来模拟二维一致黏弹性边界，如图 11.4.3 所示，单元的形函数为：

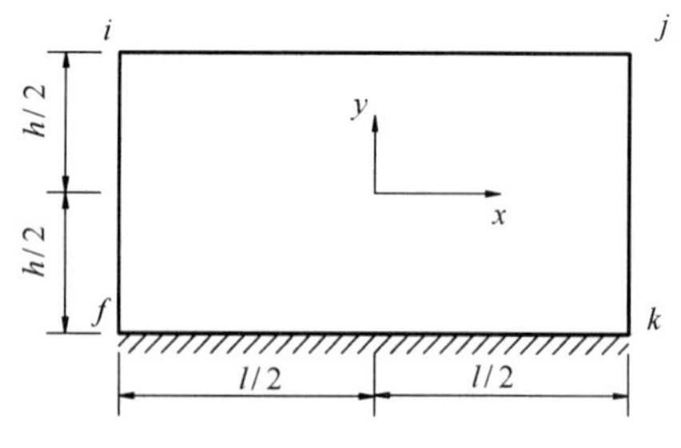

图 11.4.3 矩形单元

$$\begin{cases} N_i = \frac{1}{4}\left(1-\frac{2x}{l}\right)\left(1+\frac{2y}{h}\right) & N_j = \frac{1}{4}\left(1+\frac{2x}{l}\right)\left(1+\frac{2y}{h}\right) \\ N_k = \frac{1}{4}\left(1+\frac{2x}{l}\right)\left(1-\frac{2y}{h}\right) & N_f = \frac{1}{4}\left(1-\frac{2x}{l}\right)\left(1-\frac{2y}{h}\right) \end{cases} \tag{11.4.25}$$

式中：l 为单元边长；h 为单元延伸的厚度；i、j，k、f 为单元的节点，其中 i，j 为前述一致黏弹性人工边界单元的节点。

边界单元的等效剪切模量和弹性模量为：

$$\begin{cases} \tilde{G} = hK_{\mathrm{BT}} = \alpha_{\mathrm{T}} h \frac{G}{R} \\ \tilde{E} = \frac{(1+\tilde{v})(1-2\tilde{v})}{(1-\tilde{v})} hK_{\mathrm{BN}} = \alpha_{\mathrm{N}} h \frac{G}{R} \cdot \frac{(1+\tilde{v})(1-2\tilde{v})}{(1-\tilde{v})} \end{cases} \tag{11.4.26}$$

式中：$\tilde{G}$、$\tilde{E}$ 和 $\tilde{v}$ 分别为等效黏弹性边界单元的等效剪切模量、等效弹性模量和等效泊松比；h 为等效单元的厚度；R 为波源至人工边界点的距离；G 为介质剪切模量；α_{T} 与 α_{N} 为切向和法向人工边界参数，按表 11.4.1 取值。

设：

$$\alpha = \alpha_{\mathrm{N}}/\alpha_{\mathrm{T}} \tag{11.4.27}$$

则黏弹性边界单元等效泊松比可以按下式取值。

$$\tilde{v} = \begin{cases} \frac{\alpha - 2}{2(\alpha - 1)} & \alpha \geqslant 2 \\ 0 & \text{其他} \end{cases} \tag{11.4.28}$$

可以采用与刚度成正比的阻尼形成等效边界单元的阻尼矩阵，令：

$$[C]=[\eta][K] \tag{11.4.29}$$

其中

$$[\eta]=\begin{bmatrix}\eta_{BT} & 0 & 0 & 0\\ 0 & \eta_{BN} & 0 & 0\\ 0 & 0 & \eta_{BT} & 0\\ 0 & 0 & 0 & \eta_{BN}\end{bmatrix}$$

式中：η_{BT}、η_{BN}分别为与切向和法向刚度相关的比例系数。将一致黏弹性人工边界的刚度阵和阻尼阵代入式（11.4.29）并比较等式两边可以得到[13]：

$$\eta_{BT}=\frac{C_{BT}}{K_{BT}}=\frac{\rho c_s R}{\alpha_T G} \tag{11.4.30}$$

$$\eta_{BN}=\frac{C_{BN}}{K_{BN}}=\frac{\rho c_p R}{\alpha_N G} \tag{11.4.31}$$

由于大多数软件只能设置各向同性的材料阻尼系数，为了简便实现边界单元，可以将阻尼系数设置为二个方向系数的平均值：

$$\tilde{\eta}=\frac{\rho R}{2G}\left(\frac{c_s}{\alpha_T}+\frac{c_p}{\alpha_N}\right) \tag{11.4.32}$$

式中：R 为波源至人工边界点的距离；c_s 和 c_p 分别为 S 波和 P 波的波速；G 为介质剪切模量；ρ 为介质质量密度；α_T 与 α_N 为与表 11.4.1 对应的人工边界参数。

（2）等效三维一致黏弹性边界单元

三维一致黏弹性边界可以用最简单的八节点六面体单元来模拟，如图 11.4.4 所示。

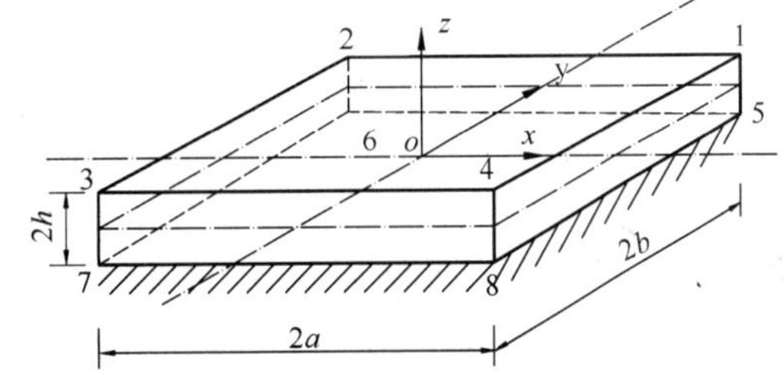

图 11.4.4　一致边界单元示意图

边界单元的等效剪切模量和弹性模量为：

$$\begin{cases}\tilde{G}=hK_{BT}=\alpha_T h\dfrac{G}{R}\\ \tilde{E}=\dfrac{(1+\tilde{v})(1-2\tilde{v})}{(1-\tilde{v})}hK_{BN}=\alpha_N h\dfrac{G}{R}\cdot\dfrac{(1+\tilde{v})(1-2\tilde{v})}{(1-\tilde{v})}\end{cases} \tag{11.4.33}$$

式中：K_{BN}、K_{BT}分别为弹簧法向与切向刚度。

设与刚度成正比的阻尼矩阵为：

$$[C]=[\eta][K]=[\eta]\int[B]^T[D][B]\mathrm{d}A \tag{11.4.34}$$

式中：$[\eta]$ 为阻尼系数矩阵。

与二维单元的推导相似，设 η_{BT}、η_{BN}分别为与切向和法向刚度相关的比例系数。

$$\eta_{BT}=\frac{C_{BT}}{K_{BT}}=\frac{\rho c_s R}{\alpha_T G} \tag{11.4.35}$$

$$\eta_{\mathrm{BN}}=\frac{C_{\mathrm{BN}}}{K_{\mathrm{BN}}}=\frac{\rho c_{\mathrm{p}} R}{\alpha_{\mathrm{N}} G} \tag{11.4.36}$$

由于大多数软件只能设置各向同性的材料阻尼系数，为了简便实现边界单元，可以将阻尼系数设置为三个方向系数的平均值：

$$\widetilde{\eta}=\frac{\rho R}{3G}\left(2\frac{c_{\mathrm{s}}}{\alpha_{\mathrm{T}}}+\frac{c_{\mathrm{p}}}{\alpha_{\mathrm{N}}}\right) \tag{11.4.37}$$

式中：R 为波源至人工边界点的距离；c_{s} 和 c_{p} 分别为 S 波和 P 波的波速；G 为介质剪切模量；ρ 为介质质量密度；α_{T} 与 α_{N} 为与表 11.4.1 对应的人工边界参数。

11.4.2 地震波动输入方法

对于黏弹性人工边界上的波动输入问题，采用将波动散射问题转化为波源问题的方法来实现，即通过在人工边界上施加等效荷载实现波动输入。

下文以二维黏弹性人工边界节点上的波动输入为例来介绍散射问题的波动输入方法，图 11.4.5 为黏弹性人工边界节点上等效输入荷载计算的示意图。

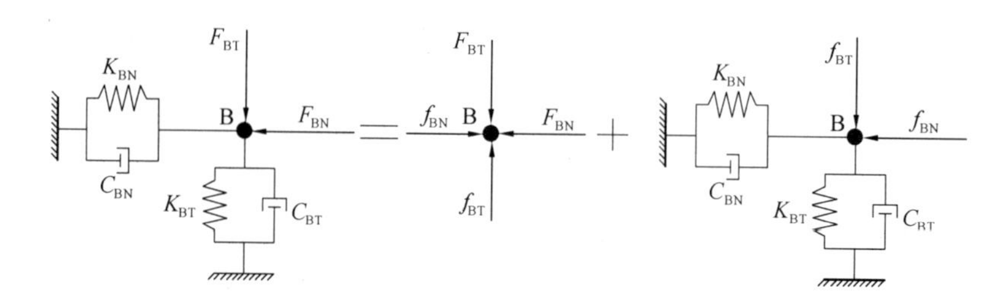

图 11.4.5 地震波在黏弹性人工边界上的输入示意图

设已知入射波在边界节点 B 产生的法向和切向位移分别为 $u_0(x_{\mathrm{B}}, y_{\mathrm{B}}, t)$ 和 $v_0(x_{\mathrm{B}}, y_{\mathrm{B}}, t)$，法向应力和切向应力分别为 $\sigma_0(x_{\mathrm{B}}, y_{\mathrm{B}}, t)$ 和 $\tau_0(x_{\mathrm{B}}, y_{\mathrm{B}}, t)$，黏弹性人工边界上的弹簧和阻尼器产生的法向和切向应力分别表示为 $f_{\mathrm{BN}}(x_{\mathrm{B}}, y_{\mathrm{B}}, t)$ 和 $f_{\mathrm{BT}}(x_{\mathrm{B}}, y_{\mathrm{B}}, t)$。设在人工边界节点 B 的法向和切向施加的等效应力分别为 F_{BN} 和 F_{BT}，对应的等效节点荷载表示为 P_{BN} 和 P_{BT}，且存在以下关系：

$$P_{\mathrm{BN}}(t)=F_{\mathrm{BN}}(t)\cdot\sum_i A_i,\ P_{\mathrm{BT}}(t)=F_{\mathrm{BN}}(t)\cdot\sum_i A_i \tag{11.4.38}$$

式中：$\sum_i A_i$ 为边界节点 B 所代表的面积。

为实现波动输入，必须满足以下关系：

$$u(x_{\mathrm{B}}, y_{\mathrm{B}}, t)=u_0(x_{\mathrm{B}}, y_{\mathrm{B}}, t),\ v(x_{\mathrm{B}}, y_{\mathrm{B}}, t)=v_0(x_{\mathrm{B}}, y_{\mathrm{B}}, t) \tag{11.4.39}$$

$$\sigma(x_{\mathrm{B}}, y_{\mathrm{B}}, t)=\sigma_0(x_{\mathrm{B}}, y_{\mathrm{B}}, t),\ \tau(x_{\mathrm{B}}, y_{\mathrm{B}}, t)=\tau_0(x_{\mathrm{B}}, y_{\mathrm{B}}, t) \tag{11.4.40}$$

式中：x_{B}、y_{B} 是人工边界节点 B 的坐标。

人工边界节点 B 的应力可以表示为：

$$\begin{cases}\sigma(x_{\mathrm{B}}, y_{\mathrm{B}}, t)=F_{\mathrm{BN}}(t)-f_{\mathrm{BN}}(t)\\ \tau(x_{\mathrm{B}}, y_{\mathrm{B}}, t)=F_{\mathrm{BT}}(t)-f_{\mathrm{BT}}(t)\end{cases} \tag{11.4.41}$$

而黏弹性人工边界产生的应力可由式（11.4.42）确定。

$$\begin{cases}f_{\mathrm{BN}}(t)=C_{\mathrm{BN}}\dot{u}_0(x_{\mathrm{B}}, y_{\mathrm{B}}, t)+K_{\mathrm{BN}}u_0(x_{\mathrm{B}}, y_{\mathrm{B}}, t)\\ f_{\mathrm{BT}}(t)=C_{\mathrm{BT}}\dot{v}_0(x_{\mathrm{B}}, y_{\mathrm{B}}, t)+K_{\mathrm{BT}}v_0(x_{\mathrm{B}}, y_{\mathrm{B}}, t)\end{cases} \tag{11.4.42}$$

式中：速度场 $\dot{\boldsymbol{u}}_0$ 可以根据已知入射波位移场 $\boldsymbol{u}_0$ 采用中心差分法求得。

由式（11.4.39）～式（11.4.42）可以得到施加于人工边界节点 B 的等效应力为：

$$\begin{cases}F_{\mathrm{BN}}(t)=\sigma_0(x_{\mathrm{B}},y_{\mathrm{B}},t)+C_{\mathrm{BN}}\dot{u}_0(x_{\mathrm{B}},y_{\mathrm{B}},t)+K_{\mathrm{BN}}u_0(x_{\mathrm{B}},y_{\mathrm{B}},t)\\ F_{\mathrm{BT}}(t)=\tau_0(x_{\mathrm{B}},y_{\mathrm{B}},t)+C_{\mathrm{BT}}\dot{v}_0(x_{\mathrm{B}},y_{\mathrm{B}},t)+K_{\mathrm{BT}}v_0(x_{\mathrm{B}},y_{\mathrm{B}},t)\end{cases}\tag{11.4.43}$$

将式（11.4.43）代入式（11.4.38），可得：

$$\begin{cases}P_{\mathrm{BN}}(t)=\left[\sigma_0(x_{\mathrm{B}},y_{\mathrm{B}},t)+\rho c_{\mathrm{p}}\dot{u}_0(x_{\mathrm{B}},y_{\mathrm{B}},t)+\alpha_{\mathrm{N}}\dfrac{G}{R}u_0(x_{\mathrm{B}},y_{\mathrm{B}},t)\right]\sum\limits_i A_i\\ P_{\mathrm{BT}}(t)=\left[\tau_0(x_{\mathrm{B}},y_{\mathrm{B}},t)+\rho c_{\mathrm{s}}\dot{v}_0(x_{\mathrm{B}},y_{\mathrm{B}},t)+\alpha_{\mathrm{T}}\dfrac{G}{R}v_0(x_{\mathrm{B}},y_{\mathrm{B}},t)\right]\sum\limits_i A_i\end{cases}\tag{11.4.44}$$

采用表 11.4.1 中的三维人工边界参数 α_{T} 与 α_{N} 时，式（11.4.44）可以推广应用于三维黏弹性人工边界。

为实现上述的波动输入方法，必须首先得到自由波场的应力、速度和位移时程。对于地震波竖直入射的自由波场已有成熟的计算方法和计算程序，如 SHAKE91、EERA 和 RSLNLM 等。对于地震波斜入射的自由波场可采用一维化时域有限元方法进行计算[15~18]。

1. SH 波一维化时域有限元算法

(1) 计算区域的有限元离散化方案和运动方程

设 x 轴为水平方向，y 轴为竖直方向，SH 波的入射角即波动传播方向与 y 轴的夹角 θ。在均匀弹性介质中，体波沿直线传播，当入射到不同介质的交界面或自由表面时，将产生反射波和折射波。当入射波为出平面 SH 波时，反射波和折射波均为 SH 波，如图 11.4.6 所示。

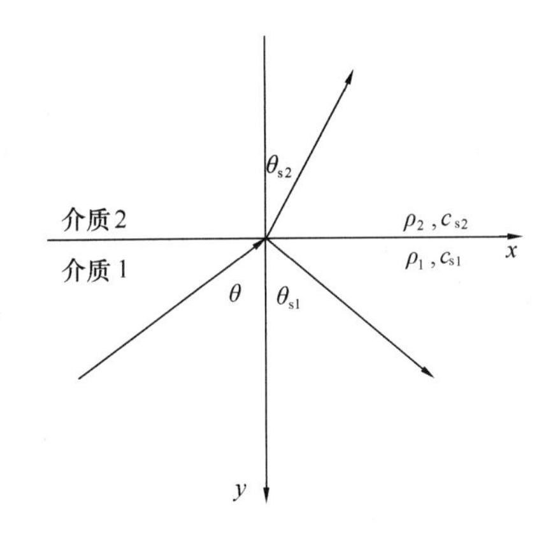

图 11.4.6　SH 波在介质交界面上的反射和折射

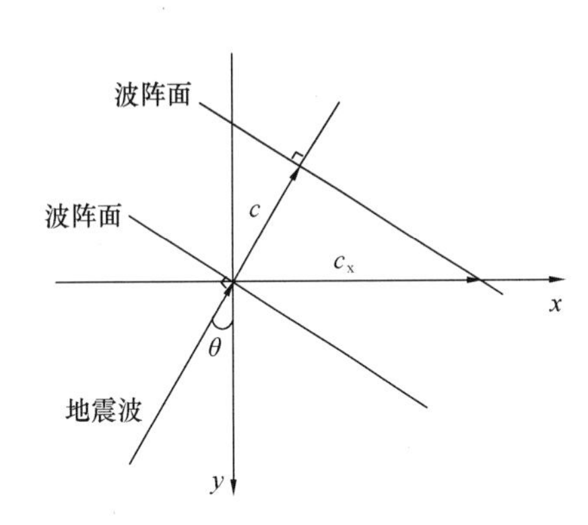

图 11.4.7　波速和水平视波速的关系

如果介质为水平成层介质，则由 Snell 定律可知，同一平面波由下卧弹性半空间入射引起的各土层中的水平视波速相等，并等于下卧半空间入射波的水平视波速 c_{x}，且：

$$c_{\mathrm{x}}=\frac{c_{\mathrm{s1}}}{\sin\theta}\tag{11.4.45}$$

对于弹性介质，当SH波斜入射时，沿水平方向（x轴方向）的波动为行波，传播速度为视波速c_x，如图11.4.7所示。因此，自由波场可以表示为：

$$u(x,y,t)=u\left(0,y,t-\frac{x}{c_x}\right) \tag{11.4.46}$$

若将时间离散步长表示为Δt，则由式（11.4.46）可以得到如下关系式：

$$u(x+jc_x\Delta t,y,t)=u(x,y,t-j\Delta t)\quad j\in(-\infty,\infty) \tag{11.4.47}$$

如图11.4.8所示，水平成层半空间模型由下卧弹性半空间和其上L层介质构成，各层的质量密度和剪切波速分别为ρ_l和c_{sl}（$l=1$，2，…，L）。采用有限元方法离散化，竖向网格尺寸为Δy，水平向网格尺寸为Δx，将坐标为（$m\Delta x$，$n\Delta y$）的节点记为（m，n），并将该节点在$t=p\Delta t$时刻的自由场位移记为$u_{m,n}^{p}$，即$u_{m,n}^{p}=u(m\Delta x,n\Delta y,p\Delta t)$。

在集中质量有限元法中，节点（m，n）在$p\Delta t$时刻的运动方程为：

$$\sum_{i=m-1}^{m+1}\sum_{j=n-1}^{n+1}(M_{i,j}\ddot{u}_{i,j}^{p}+C_{i,j}\dot{u}_{i,j}^{p}+K_{i,j}u_{i,j}^{p})=0 \tag{11.4.48}$$

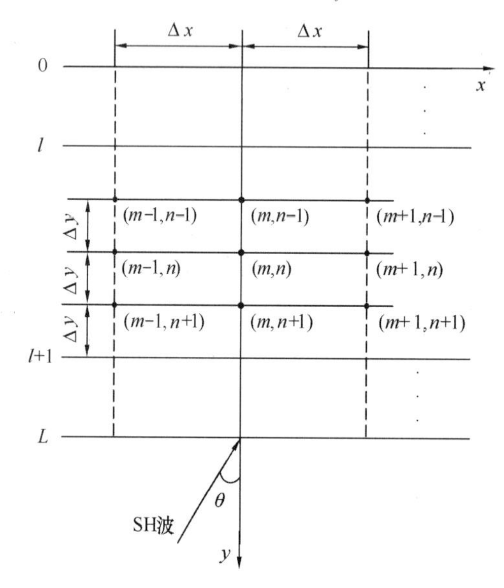

图11.4.8　水平成层半空间的有限元离散化模型

式中：M、C和K分别表示节点的质量、阻尼和刚度。

由式（11.4.48）可知，节点（m，n）的运动只和该节点及与该节点直接相连的节点运动有关。根据平面波在弹性介质中的传播规律和显式有限元法的特点确定以下的有限元离散化方案，即：竖向网格尺寸Δy（Δy可以不同，为表示方便，统一用Δy表示）取任意值，而沿水平x轴的网格尺寸相等，均为Δx，且：

$$\Delta x=c_x\Delta t \tag{11.4.49}$$

则根据式（11.4.47），当$j=\pm1$时：

$$\begin{cases}u_{m-1,n}^{p}=u_{m,n}^{p+1}\\u_{m+1,n}^{p}=u_{m,n}^{p-1}\end{cases} \tag{11.4.50}$$

依此类推，可以得到：

$$\begin{cases}u_{m-1,n-1}^{p}=u_{m,n-1}^{p+1}\\u_{m+1,n-1}^{p}=u_{m,n-1}^{p-1}\end{cases},\qquad\begin{cases}u_{m-1,n+1}^{p}=u_{m,n+1}^{p+1}\\u_{m+1,n+1}^{p}=u_{m,n+1}^{p-1}\end{cases} \tag{11.4.51}$$

同理，节点的速度和加速度同样存在上述关系。因此，式（11.4.48）可以写为：

$$\sum_{j=n-1}^{n+1}\left(\sum_{k=p-1}^{p+1}(\overline{M}_{m,j}\ddot{u}_{m,j}^{k}+\overline{C}_{m,j}\dot{u}_{m,j}^{k}+\overline{K}_{m,j}u_{m,j}^{k})\right)=0 \tag{11.4.52}$$

由式（11.4.52）可见，节点（m，n）在$p\Delta t$时刻的运动方程只包含竖直方向上相邻节点在相邻时刻的运动，因此可以得到第m列节点的运动。实际计算中不妨取$m=0$，在求得第0列节点（即y轴上节点）运动后，就可以根据式（11.4.46）确定全部自由波场。这样，斜入射自由波场计算的二维问题就转化为一维问题。

（2）人工边界和波动输入

由于黏性边界具有使用方法简单、直观，概念清晰的特点，已经在许多波动问题中得到了广泛应用，也是我国核电厂抗震设计规范中建议使用的两种人工边界之一，所以在计算区域的底部设置了黏性边界。

黏性边界条件相当于在人工边界上设置一系列阻尼器以模拟无限地基的辐射阻尼。对于 SH 波入射的出平面问题，黏性阻尼器系数的表达式为：

$$C_{BT}=\rho c_s \tag{11.4.53}$$

式中：C_{BT} 为人工边界节点上出平面切向的阻尼器系数；ρ 为介质质量密度；c_s 为介质剪切波速。

对于一般的散射问题，由于散射波的方向不确定而不能精确设置阻尼器，以致于反射波不能完全消除。但是对于地震波的输入问题，入射角 θ 唯一确定，因此根据黏性边界反射系数的定义，将阻尼器系数修正为：

$$C_{BT}=\rho c_s\cos\theta \tag{11.4.54}$$

显然，此时的反射系数 $R=0$，即反射波被完全消除。

通过将地震波动输入问题转化为波源问题，即将输入地震动转化为作用于人工边界上的等效荷载，可以准确地模拟任意角度的地震行波输入。

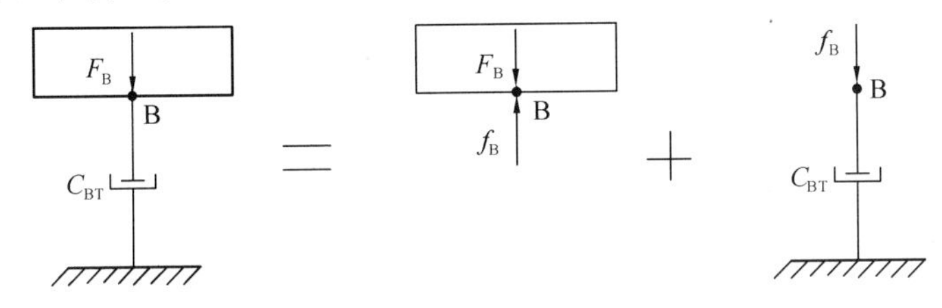

图 11.4.9　黏性边界及其脱离体示意图

设由下卧弹性半空间入射的 SH 波在黏性人工边界节点 B 上产生的位移为 $u_0(x_B, y_B, t)$，应力为 $\tau_0(x_B, y_B, t)$，黏性人工边界的阻尼器在节点 B 上产生的应力为 $f_B(x_B, y_B, t)$，边界节点 B 的总位移和应力分别为 $u(x_B, y_B, t)$ 和 $\tau(x_B, y_B, t)$。

为实现波动输入，要求在人工边界上施加的等效荷载所引起的位移和应力与入射波场相同，如图 11.4.9 所示，即：

$$u(x_B,y_B,t)=u_0(x_B,y_B,t) \tag{11.4.55a}$$

$$\tau(x_B,y_B,t)=\tau_0(x_B,y_B,t) \tag{11.4.55b}$$

设在人工边界节点 B 输入的等效应力为 $F_B(t)$，则：

$$\tau(x_B,y_B,t)=F_B(t)-f_B(x_B,y_B,t) \tag{11.4.56}$$

由式（11.4.55）和式（11.4.56），可得：

$$F_B(t)=\tau_0(x_B,y_B,t)+f_B(x_B,y_B,t) \tag{11.4.57}$$

根据行波传播的特点，可以得到：

$$\tau_0(x_B,y_B,t)=\rho c_s\dot{u}_0(x_B,y_B,t)\cos\theta \tag{11.4.58}$$

而：

$$f_B(x_B,y_B,t)=C_{BT}\dot{u}_0(x_B,y_B,t)=\rho c_s\cos\theta\dot{u}_0(x_B,y_B,t) \tag{11.4.59}$$

所以，等效荷载 F_B 可以表示为：

$$F_B(t)=2\rho c_s\cos\theta\dot{u}_0(x_B,y_B,t) \tag{11.4.60}$$

因此，只要在边界节点的出平面切向施加上述的等效荷载，即可以完成边界上的波动输入。

2. P 波和 SV 波一维化时域有限元算法

（1）计算区域的有限元离散化方案和运动方程

设 x 轴为水平方向，y 轴为竖直方向，P 波或 SV 波的入射角分别为 θ_{pi} 和 θ_{si}，A_{pi} 和 A_{si} 表示入射波的振幅。当 P 波或 SV 波斜入射时，在两种介质交界面同时产生反射和折射的 P 波和 SV 波，如图 11.4.10 所示。

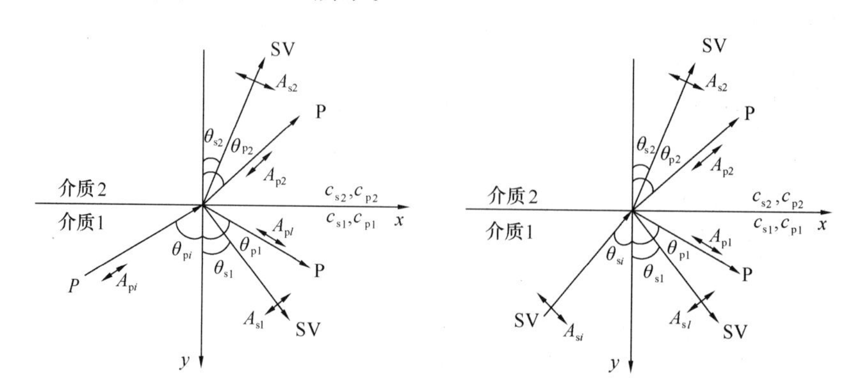

图 11.4.10 P 波和 SV 波在介质分界面的反射和折射

在弹性介质中，沿水平方向（x 轴方向）传播的平面波为行波，速度为视波速 c_x，下面给出了具体的表达式。

P 波斜入射时：

$$c_x = \frac{c_{p1}}{\sin\theta_{pi}} \tag{11.4.61a}$$

SV 波斜入射时：

$$c_x = \frac{c_{s1}}{\sin\theta_{si}} \tag{11.4.61b}$$

式中：c_{s1} 和 c_{p1} 分别为 S 波和 P 波在介质 1 中的传播速度；c_x 为水平视波速。

根据 Snell 定律，当 P 波或 SV 波斜入射时，在介质交界面产生的反射波和折射波满足以下规律：

$$\frac{c_{s1}}{\sin\theta_{s1}} = \frac{c_{p1}}{\sin\theta_{p1}} = \frac{c_{s2}}{\sin\theta_{s2}} = \frac{c_{p2}}{\sin\theta_{p2}} = c_x \tag{11.4.62}$$

在成层半空间中，P 波或 SV 波斜入射时产生的自由波场可以表示为：

$$\boldsymbol{u}(x,y,t) = \boldsymbol{u}\left(0,y,t-\frac{x}{c_x}\right) \tag{11.4.63}$$

若时间离散步长为 Δt，则由式（11.4.63）可以得到如下关系式：

$$\boldsymbol{u}(x+jc_x\Delta t,y,t) = u(x,y,t-j\Delta t) \quad j \in (-\infty,\infty) \tag{11.4.64}$$

采用与 SH 波斜入射问题相同的思路，确定以下有限元离散化方案：竖向网格尺寸 Δy 取满足精度要求的任意值，而沿水平 x 轴的网格尺寸相等，均为 Δx，且：

$$\Delta x = c_x\Delta t \tag{11.4.65}$$

当 P 波或 SV 波斜入射时，自由场节点位移均为矢量。下面将坐标为（$m\Delta x$，$n\Delta y$）的节点记为（m，n），并将该节点在 $t = p\Delta t$ 时刻的自由场位移矢量记为 $\boldsymbol{u}_{m,n}^{p}$，即 $\boldsymbol{u}_{m,n}^{p} = \boldsymbol{u}(m\Delta x, n\Delta y, p\Delta t)$。

在有限元法中，节点（m，n）在 $p\Delta t$ 时刻的运动方程为：

$$\sum_{i=m-1}^{m+1}\sum_{j=n-1}^{n+1}(\boldsymbol{M}_{i,j}\ddot{\boldsymbol{u}}_{i,j}^{\mathrm{p}}+\boldsymbol{C}_{i,j}\dot{\boldsymbol{u}}_{i,j}^{\mathrm{p}}+\boldsymbol{K}_{i,j}\boldsymbol{u}_{i,j}^{\mathrm{p}})=0 \tag{11.4.66}$$

式中：$\boldsymbol{M}$、$\boldsymbol{C}$ 和 $\boldsymbol{K}$ 分别为 2×2 阶的质量矩阵、阻尼矩阵和刚度矩阵。

根据式（11.4.64），当 $j=\pm1$ 时，有：

$$\begin{cases}\boldsymbol{u}_{\mathrm{m-1,n}}^{\mathrm{p}}=\boldsymbol{u}_{\mathrm{m,n}}^{\mathrm{p+1}}\\ \boldsymbol{u}_{\mathrm{m+1,n}}^{\mathrm{p}}=\boldsymbol{u}_{\mathrm{m,n}}^{\mathrm{p-1}}\end{cases} \tag{11.4.67}$$

依此类推，可以得到：

$$\begin{cases}\boldsymbol{u}_{\mathrm{m-1,n-1}}^{\mathrm{p}}=\boldsymbol{u}_{\mathrm{m,n-1}}^{\mathrm{p+1}}\\ \boldsymbol{u}_{\mathrm{m+1,n-1}}^{\mathrm{p}}=\boldsymbol{u}_{\mathrm{m,n-1}}^{\mathrm{p-1}}\end{cases},\quad \begin{cases}\boldsymbol{u}_{\mathrm{m-1,n+1}}^{\mathrm{p}}=\boldsymbol{u}_{\mathrm{m,n+1}}^{\mathrm{p+1}}\\ \boldsymbol{u}_{\mathrm{m+1,n+1}}^{\mathrm{p}}=\boldsymbol{u}_{\mathrm{m,n+1}}^{\mathrm{p-1}}\end{cases} \tag{11.4.68}$$

同理，节点的速度和加速度同样存在上述关系。因此，式（11.4.66）可以写为：

$$\sum_{j=n-1}^{n+1}\left(\sum_{k=p-1}^{p+1}(\overline{\boldsymbol{M}}_{\mathrm{m},j}\ddot{\boldsymbol{u}}_{\mathrm{m},j}^{\mathrm{k}}+\overline{\boldsymbol{C}}'_{\mathrm{m},j}\dot{\boldsymbol{u}}_{\mathrm{m},j}^{\mathrm{k}}+\overline{\boldsymbol{K}}'_{\mathrm{m},j}\boldsymbol{u}_{\mathrm{m},j}^{\mathrm{k}})\right)=0 \tag{11.4.69}$$

这样，采用与 SH 波斜入射问题相同的思路，P 波或 SV 波斜入射自由波场计算的二维问题就转化为一维问题。

（2）人工边界和波动输入

半空间内向无穷远处传播的外行波由平面 P 波和平面 SV 波构成，两者的势函数可以分别表示为：

$$\phi_{\mathrm{P}}^{\mathrm{o}}=g_{\mathrm{P}}^{\mathrm{o}}(x\sin\theta_{\mathrm{P}}+y\cos\theta_{\mathrm{P}}-c_{\mathrm{P}}t) \tag{11.4.70}$$

$$\phi_{\mathrm{S}}^{\mathrm{o}}=g_{\mathrm{S}}^{\mathrm{o}}(x\sin\theta_{\mathrm{S}}+y\cos\theta_{\mathrm{S}}-c_{\mathrm{S}}t) \tag{11.4.71}$$

式中：上标 o 表示外行波；$g_{\mathrm{P}}^{\mathrm{o}}$ 和 $g_{\mathrm{S}}^{\mathrm{o}}$ 为任意波形函数；t 表示时间；$c_{\mathrm{P}}=\sqrt{(\lambda+2G)/\rho}$ 和 $c_{\mathrm{S}}=\sqrt{G/\rho}$ 分别是 P 波波速和 SV 波波速；θ_{P} 和 θ_{S} 分别为 P 波和 SV 波的传播方向与 y 轴的夹角。根据斯奈尔定律，波动传播的水平视波速为：

$$c_{\mathrm{x}}=\frac{c_{\mathrm{P}}}{\sin\theta_{\mathrm{P}}}=\frac{c_{\mathrm{S}}}{\sin\theta_{\mathrm{S}}} \tag{11.4.72}$$

当 P 波入射时，$\theta_{\mathrm{P}}=\theta$，可由式（11.4.72）确定 θ_{S}；当 SV 波入射时，$\theta_{\mathrm{S}}=\theta$，可由式（11.4.72）确定 θ_{P}。

位移的势函数表达式为：

$$\begin{Bmatrix}u_{\mathrm{x}}\\ u_{\mathrm{y}}\end{Bmatrix}=\begin{Bmatrix}-\dfrac{\partial}{\partial y}\\ \dfrac{\partial}{\partial x}\end{Bmatrix}\phi_{\mathrm{S}}+\begin{Bmatrix}\dfrac{\partial}{\partial x}\\ \dfrac{\partial}{\partial y}\end{Bmatrix}\phi_{\mathrm{P}} \tag{11.4.73}$$

对于外行波，将式（11.4.70）和式（11.4.71）代入式（11.4.73），得到位移向量 $\boldsymbol{u}^{\mathrm{o}}=\{u_{\mathrm{x}}^{\mathrm{o}}\quad u_{\mathrm{y}}^{\mathrm{o}}\}^{\mathrm{T}}$ 为：

$$\boldsymbol{u}^{\mathrm{o}}=\begin{bmatrix}-\cos\theta_{\mathrm{S}} & \sin\theta_{\mathrm{P}}\\ \sin\theta_{\mathrm{S}} & \cos\theta_{\mathrm{P}}\end{bmatrix}\begin{Bmatrix}g^{\mathrm{o}\prime}{}_{\mathrm{S}}\\ g^{\mathrm{o}\prime}{}_{\mathrm{P}}\end{Bmatrix} \tag{11.4.74}$$

式中：上标撇号表示波形函数的导数。

对式（11.4.74）求时间偏导数，得到速度向量为：

$$\dot{\boldsymbol{u}}^{\mathrm{o}}=\begin{bmatrix}c_{\mathrm{S}}\cos\theta_{\mathrm{S}} & -c_{\mathrm{P}}\sin\theta_{\mathrm{P}}\\ -c_{\mathrm{S}}\sin\theta_{\mathrm{S}} & -c_{\mathrm{P}}\cos\theta_{\mathrm{P}}\end{bmatrix}\begin{Bmatrix}g_{\mathrm{S}}^{\mathrm{o}\prime\prime}\\ g_{\mathrm{P}}^{\mathrm{o}\prime\prime}\end{Bmatrix} \tag{11.4.75}$$

式中：变量上方的点号表示时间导数。

弹性均匀介质的应力-位移本构关系为：

$$\tau_{xy}=G\left(\frac{\partial u_x}{\partial y}+\frac{\partial u_y}{\partial x}\right) \tag{11.4.76a}$$

$$\sigma_y=\lambda\frac{\partial u_x}{\partial x}+(\lambda+2G)\frac{\partial u_y}{\partial y} \tag{11.4.76b}$$

对于外行波，将式（11.4.74）代入式（11.4.76）得到应力向量 $\boldsymbol{\sigma}^o=\{\tau_{xy}^o \quad \sigma_y^o\}^T$ 为：

$$\boldsymbol{\sigma}^o=\begin{bmatrix}G(\sin^2\theta_S-\cos^2\theta_S) & 2G\sin\theta_P\cos\theta_P\\ 2G\sin\theta_S\cos\theta_S & \lambda+2G\cos^2\theta_P\end{bmatrix}\begin{Bmatrix}g_S^{o\prime\prime}\\ g_P^{o\prime\prime}\end{Bmatrix} \tag{11.4.77}$$

联立式（11.4.75）和式（11.4.77），消去波形函数得：

$$\boldsymbol{\sigma}^o=-\boldsymbol{S}\dot{\boldsymbol{u}}^o \tag{11.4.78}$$

其中，阻抗矩阵为：

$$\boldsymbol{S}=-\begin{bmatrix}G(\sin^2\theta_S-\cos^2\theta_S) & 2G\sin\theta_P\cos\theta_P\\ 2G\sin\theta_S\cos\theta_S & \lambda+2G\cos^2\theta_P\end{bmatrix}\begin{bmatrix}c_S\cos\theta_S & -c_P\sin\theta_P\\ -c_S\sin\theta_S & -c_P\cos\theta_P\end{bmatrix}^{-1}\Bigg\} \tag{11.4.79}$$

在人工边界处，式（11.4.78）是精确的人工边界条件，它由边界速度计算得到半空间作用于成层介质的应力。在有限元计算中，该边界条件可以采用集中离散方式实现。可以看到，对于不同的人工边界节点，本书边界条件是空间解耦的；但对于每个节点的两个自由度，边界条件是耦联的，这一点与黏性边界不同，正是耦联特性保证边界条件能够精确地同时吸收外行 P 波和 SV 波。

1）平面 P 波入射情况

入射平面 P 波的势函数为：

$$\phi_P^i=g_P^i(x\sin\theta-y\cos\theta-c_Pt) \tag{11.4.80}$$

式中：上标 i 表示入射波；g_P^i 是任意波形函数。

对于入射波，将式（11.4.80）代入式（11.4.73）并求时间导数，得到速度向量 $\dot{\boldsymbol{u}}^i=\{\dot{u}_x^i \quad \dot{u}_y^i\}^T$ 为：

$$\dot{\boldsymbol{u}}^i=-c_P\begin{Bmatrix}\sin\theta\\ -\cos\theta\end{Bmatrix}g_P^{i\prime\prime} \tag{11.4.81}$$

如果规定入射波合速度的正方向与入射波传播方向一致，则在人工边界和 y 轴交点处已知的入射 P 波合速度时程可以表示为：

$$\dot{u}_{P0}(t)=-c_Pg_P^{i\prime\prime}\quad x=0,y=\sum_{n=1}^{N}h_n \tag{11.4.82}$$

联立式（11.4.81）和式（11.4.82），消去波形函数得：

$$\dot{\boldsymbol{u}}^i=\begin{Bmatrix}\sin\theta\\ -\cos\theta\end{Bmatrix}\dot{u}_{P0}(t) \tag{11.4.83}$$

对于入射波，将式（11.4.80）代入式（11.4.73），然后再代入式（11.4.76），得入射波作用下半空间作用于成层介质的应力向量 $\boldsymbol{\sigma}^i=\{\tau_{xy}^i \quad \sigma_y^i\}^T$ 为：

$$\boldsymbol{\sigma}^i=\begin{Bmatrix}-2G\sin\theta\cos\theta\\ \lambda+2G\cos^2\theta\end{Bmatrix}g_P^{i\prime\prime}\qquad x=0,y=\sum_{n=1}^{N}h_n \tag{11.4.84}$$

联立式（11.4.82）和式（11.4.84），消去波形函数得：

$$\boldsymbol{\sigma}^i = -\frac{1}{c_P}\begin{Bmatrix}-2G\sin\theta\cos\theta \\ \lambda + 2G\cos^2\theta\end{Bmatrix}\dot{u}_{P0}(t) \tag{11.4.85}$$

2) SV 波入射情况

入射平面 SV 波的势函数为：

$$\phi_S^i = g_S^i(x\sin\theta - y\cos\theta - c_S t) \tag{11.4.86}$$

式中：上标 i 表示入射波；g_S^i 是任意波形函数。

对于入射波，将式（11.4.86）代入式（11.4.73）并求时间导数，得到速度向量 $\dot{\boldsymbol{u}}^i = \{\dot{u}_x^i \quad \dot{u}_y^i\}^T$ 为：

$$\dot{\boldsymbol{u}}^i = -c_S\begin{Bmatrix}\cos\theta \\ \sin\theta\end{Bmatrix}g_S^{i\prime\prime} \tag{11.4.87}$$

如果规定入射波合速度的正方向为入射波传播方向顺时针旋转 90°角的方向，则在人工边界和 y 轴交点处已知的入射 SV 波合速度时程可以表示为：

$$\dot{u}_{S0}(t) = -c_S g_S^{i\prime\prime} \qquad x = 0, y = \sum_{n=1}^{N} h_n \tag{11.4.88}$$

联立式（11.4.87）和式（11.4.88），消去波形函数得：

$$\dot{\boldsymbol{u}}^i = \begin{Bmatrix}\cos\theta \\ \sin\theta\end{Bmatrix}\dot{u}_{S0}(t) \tag{11.4.89}$$

对于入射波，将式（11.4.86）代入式（11.4.73），然后再代入式（11.4.76），得入射波作用下半空间作用于成层介质的应力向量 $\boldsymbol{\sigma}^i = \{\tau_{xy}^i \quad \sigma_y^i\}^T$ 为：

$$\boldsymbol{\sigma}^i = \begin{Bmatrix}-G(\cos^2\theta - \sin^2\theta) \\ -2G\sin\theta\cos\theta\end{Bmatrix}g_S^{i\prime\prime} \qquad x = 0, y = \sum_{n=1}^{N} h_n \tag{11.4.90}$$

联立式（11.4.88）和式（11.4.90），消去波形函数得：

$$\boldsymbol{\sigma}^i = \frac{1}{c_S}\begin{Bmatrix}G(\cos^2\theta - \sin^2\theta) \\ 2G\sin\theta\cos\theta\end{Bmatrix}\dot{u}_{S0}(t) \tag{11.4.91}$$

3. 自由波场的扩展求解

前面介绍了地震波斜入射时水平成层半空间自由波场计算的一维化时域有限元方法，应用该方法可以方便地获得有限元模型中竖向一列节点的运动。根据行波传播的规律，可将求得的一列节点的运动扩展到整个自由波场。

（1）二维问题

如图 11.4.11 所示，地震波的入射角即传播方向和 y 轴的夹角为 θ。有限元模型的整体尺寸为 $L \times H$，水平方向和竖直方向的单元尺寸分别为 Δx 和 Δy（Δx 和 Δy 可以不同）。设 Δt 为离散时间步长，二维模型中任

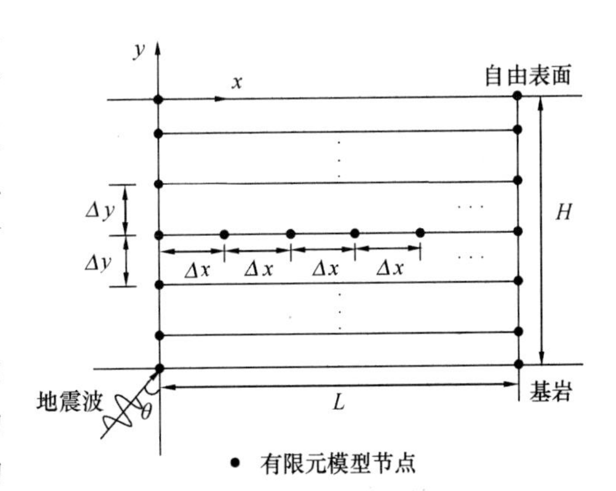

图 11.4.11　二维模型中自由波场扩展求解示意图

一坐标为 (x_i, y_j) 的节点在 $t=p\Delta t$ 时刻的位移表示为 $\boldsymbol{u}(x_i, y_j, p\Delta t)(p=0, 1, 2\cdots)$，其中 $\boldsymbol{u}=\{u_x, u_y\}^T$。

首先采用一维化时域有限元方法得到 y 轴上节点的位移，表示为 $\boldsymbol{u}_0(y_j, m\Delta t)(m=0,1,2\cdots)$，其中 $\boldsymbol{u}_0=\{u_{0x}, u_{0y}\}^T$。根据行波传播的特点，节点 (x_i, y_j) 的位移可以表示为：

$$\boldsymbol{u}(x_i, y_j, p\Delta t)=\boldsymbol{u}_0\left(y_j, p\Delta t-\frac{x_i}{c_x}\right) \tag{11.4.92}$$

式中：c_x 为平面波的水平视波速，$c_x=c/\sin\theta$，c 为入射波波速。

如果 $p\Delta t-x_i/c_x\in(m\Delta t, (m+1)\Delta t)$，则采用线性内插法可以得到：

$$\boldsymbol{u}(x_i, y_j, p\Delta t)=\boldsymbol{u}_0(y_j, m\Delta t)+\frac{(p\Delta t-x_i/c_x)-m\Delta t}{\Delta t}[\boldsymbol{u}_0(y_j, (m+1)\Delta t)-\boldsymbol{u}_0(y_j, m\Delta t)] \tag{11.4.93}$$

根据上述方法即可以由一维化时域有限元分析方法得到的一列节点的运动递推得到整个二维模型中所有节点的运动，即得到全部二维自由波场。

(2) 三维问题

如图 11.4.12 (*a*) 所示，地震波的入射方向与 z 轴的夹角为 θ，与 x 轴的夹角为 φ，r 表示地震波在水平面内的传播方向。三维有限元模型的整体尺寸为 $L\times B\times H$，x、y 和 z 方向的单元尺寸分别为 Δx、Δy 和 Δz（Δx、Δy 和 Δz 均可以不同）。图 11.4.12 (*b*) 表示 $z=z_k$ ($k=0, 1, 2, \cdots$) 处的 x-y 平面图。设 Δt 为离散时间步长，则三维模型中任一坐标为 (x_i, y_j, z_k) 的节点在 $t=p\Delta t$ 时刻的位移可表示为 $\boldsymbol{u}(x_i, y_j, z_k, p\Delta t)(p=0, 1, 2, \cdots)$，其中 $\boldsymbol{u}=\{u_x, u_y, u_z\}^T$。

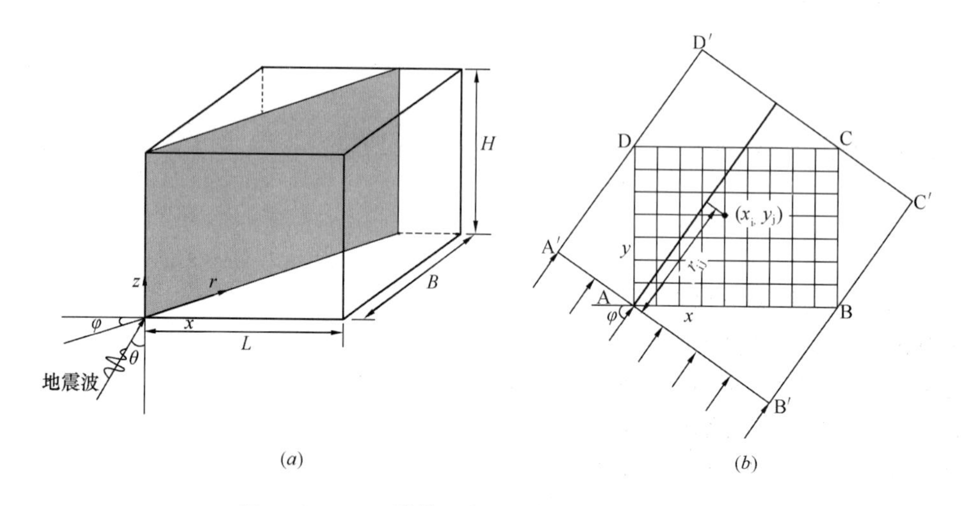

图 11.4.12　三维模型中自由波场扩展求解示意图

与二维问题相同，首先采用一维化时域算法得到 z 轴上节点的位移，表示为 $\boldsymbol{u}_0(z_k, m\Delta t)(m=0, 1, 2,\cdots)$，其中 $u_0=\{\boldsymbol{u}_{0r}, u_{0z}\}^T$。

将平面中任一节点 (x_i, y_j, z_k) 在 r 方向上的投影半径表示为 r_{ij}，则：

$$r_{ij}=x_i\cos\varphi+y_j\sin\varphi \tag{11.4.94}$$

根据行波传播的特点，节点 (x_i, y_j, z_k) 的位移可以表示为：

$$
\begin{cases}
u_x(x_i, y_j, z_k, p\Delta t) = u_{0r}\left(z_k, p\Delta t - \dfrac{r_{ij}}{c_r}\right)\cos\varphi \\
u_y(x_i, y_j, z_k, p\Delta t) = u_{0r}\left(z_k, p\Delta t - \dfrac{r_{ij}}{c_r}\right)\sin\varphi \\
u_z(x_i, y_j, z_k, p\Delta t) = u_{0z}\left(z_k, p\Delta t - \dfrac{r_{ij}}{c_r}\right)
\end{cases}
\tag{11.4.95}
$$

式中：c_r 为平面波沿 r 方向的水平视波速，$c_r = c/\sin\theta$。

如果 $p\Delta t - r_{ij}/c_r \in (m\Delta t, (m+1)\Delta t)$，则：

$$
\begin{cases}
u_x(x_i, y_j, p\Delta t) = \{u_{0r}(z_k, m\Delta t) \\
\quad + \dfrac{(p\Delta t - r_{ij}/c_r) - m\Delta t}{\Delta t}[u_{0r}(z_k, (m+1)\Delta t) - u_{0r}(z_k, m\Delta t)]\}\cos\varphi \\
u_y(x_i, y_j, p\Delta t) = \{u_{0r}(z_k, m\Delta t) \\
\quad + \dfrac{(p\Delta t - r_{ij}/c_r) - m\Delta t}{\Delta t}[u_{0r}(z_k, (m+1)\Delta t) - u_{0r}(z_k, m\Delta t)]\}\sin\varphi \\
u_z(x_i, y_j, p\Delta t) = \{u_{0z}(z_k, m\Delta t) \\
\quad + \dfrac{(p\Delta t - r_{ij}/c_r) - m\Delta t}{\Delta t}[u_{0z}(z_k, (m+1)\Delta t) - u_{0z}(z_k, m\Delta t)]\}
\end{cases}
\tag{11.4.96}
$$

根据上述方法即可以将一维化时域有限元分析方法得到的一列节点的运动递推得到整个三维模型中所有节点的运动，即得到全部三维自由波场。

参 考 文 献

1 张楚汉. 结构—地基动力相互作用问题. 结构与介质相互作用理论及其应用. 南京:河海大学出版社，1993 年 6

2 林皋. 结构和地基相互作用体系的地震反应及抗震设计. 中国地震工程研究进展. 北京:地震出版社,1992

3 廖振鹏. 法向透射边界条件. 中国科学(E 辑),(26)2,185—192,1996

4 Kausel,E. ,Local transmitting boundaries,J. Engng. Mech. ,Vol. 114,No. 6,1011—1027,1988

5 Wolf,P. J. ,A comparison of time-domain transmitting boundaries,Earthq. Engng. Struct. Dyn. ,Vol. 14,655-673,1986

6 廖振鹏. 工程波动理论导引(第二版). 北京:科学出版社,2002

7 廖振鹏. 黄孔亮,杨柏坡,袁一凡. 暂态波透射边界. 中国科学,A 辑,(27)6,556-564,1984

8 廖振鹏,刘晶波. 波动有限元模拟的基本问题. 中国科学,B 辑,(35)8,874-882,1992

9 Kennett,B. L. N. ,Seismic Wave Propagation in Stratified Media,Cambridge University Press,New York,1983

10 刘晶波,吕彦东. 结构-地基动力相互作用问题分析的一种直接方法. 土木工程学报,(31)3,1998

11 刘晶波，王振宇，杜修力等. 波动问题中的三维时域黏弹性人工边界. 工程力学，2005，22(6):46-51

12 刘晶波，李彬. 三维黏弹性静-动力统一人工边界 . 中国科学(E 辑)，2005，35(9):966-980

13 刘晶波，谷音，杜义欣. 一致黏弹性人工边界及黏弹性边界单元. 岩土工程学报，2006，28(9):1070-1075

14 谷音，刘晶波，杜义欣. 三维一致黏弹性人工边界及等效黏弹性边界单元. 工程力学，2007，24(12):

31-37
15 刘晶波，王艳. 成层半空间出平面自由波场的一维化时域算法. 力学学报，2006，38(2)：219-225
16 刘晶波，王艳. 成层介质中平面内自由波场的一维化时域算法. 工程力学，2007，24(7)：16-22
17 赵密，杜修力，刘晶波等. P-SV 波斜入射时成层半空间自由场的时域算法 . 地震工程学报，2013，35(1)：84-90
18 LIU Jing-bo，WANG Yan. A 1D time-domain method for in-plane wave motions in a layered hal-space. Acta Mechanica Sinica，2007，23：673-680

第12章　周期反复荷载作用下钢筋混凝土材料及构件的性能

12.1　钢材

12.1.1　钢材的强度和变形

钢筋混凝土结构所用的钢筋可分为两类：有明显流幅的钢筋和没有明显流幅的钢筋。有明显流幅钢筋的典型应力-应变曲线如图12.1.1所示。图中a点以前，应力-应变为直线关系，a点的应力称为比例极限。超过a点以后，应变急剧增加，应力基本不变，到达b点进入屈服阶段，b点为屈服上限，由于受到许多因素的影响，屈服上限是不稳定的。应力到达屈服下限c点时，应力保持稳定不变，应变增长形成屈服台阶或流幅cf，因此一般以屈服下限c点的应力作为钢筋的屈服强度。过f点以后，进入强化阶段，应力-应变关系表现为上升的曲线。到达d点后，钢筋产生颈缩现象，应力开始下降，但应变仍能增长，到e点钢筋被拉断。d点的应力称为抗拉强度，或极限强度。

在计算分析中，通常可认为比例极限a点和屈服强度c点接近相等。屈服台阶cf的大小因钢筋品种而异，对应于e点的横坐标称为延伸率δ_5或δ_{10}（即标距为5倍或10倍钢筋试件直径），它是衡量钢筋塑性性能的一个指标。含碳量越低的钢筋，屈服台阶越长，延伸率也越大，塑性性能越好。

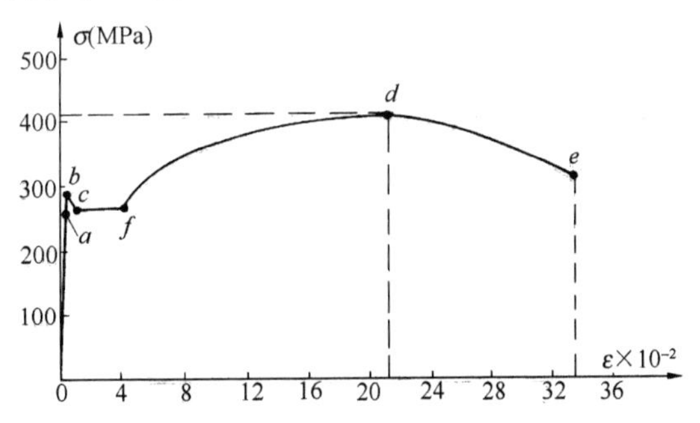

图12.1.1　有明显流幅钢筋的应力-应变曲线

在钢筋混凝土结构计算中，一般取屈服点作为钢筋强度的设计依据，这是因为当钢筋应力达到屈服点以后，将产生很大的塑性变形，而且在卸荷时这部分变形是不可恢复的，这将使构件出现很大的变形和不可闭合的裂缝，以致不能使用。

含碳量高的钢筋没有明显的流幅，它的强度比低碳钢筋为高，但延伸率大为减少，塑性性能降低。通常取相应于残余应变为0.2%的应力$\sigma_{0.2}$作为没有明显流幅钢筋的假定屈服强度，或条件流限。图12.1.2给出了我国常用的Ⅰ（HPB235）、Ⅱ（HRB335）、Ⅲ（HRB400）、Ⅳ（HRB500）级热轧钢筋的应力-应变曲线。从图中可见，随着钢筋屈服强度的提高，屈服台阶越益变短。若以延伸率δ_5作为衡量钢筋塑性性能的一个指标，Ⅰ、Ⅱ、Ⅲ、Ⅳ级钢筋和高碳钢丝的延伸率相应为25%、16%、14%、10%和2%。

塑性好的钢筋，延伸率大，能给出拉断前的预兆，属于延性破坏；塑性差的钢筋，延伸率小，拉断前缺乏足够的预兆，破坏是突然的具有脆性的特征。为了保证构件破坏前有足够的预兆，对于钢筋品种的选择需要考虑强度和塑性两方面的要求。尤其对于抗震结

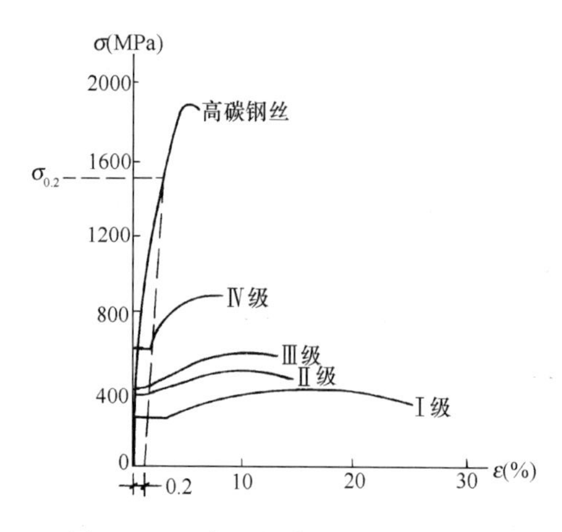

图 12.1.2 各级钢筋的应力-应变曲线

构，设计中要求结构在强震下“裂而不倒”，应有足够的延性，钢筋需具有良好的塑性。

为了使钢筋在加工成形时不发生断裂，要求钢筋具有一定的冷弯性能，冷弯是反映钢筋塑性性能的另一个指标。冷弯试验就是检验钢筋绕一钢辊能弯转多大的角度而不断裂。钢辊的直径越小，弯转角度越大，钢筋的塑性就越好。冷弯与延伸率对钢筋塑性的标志是一致的。

钢筋的化学成分除铁元素外，还含有少量的碳、锰、硅、磷、硫等元素。钢筋的力学性能主要取决于它的成分，其中铁是主要成分，但强度低，需在冶炼过程中控制其他元素的含量来提高钢的强度。增加含碳量可提高钢的强度，但使塑性和可焊性降低。一般低碳钢如 Q235 钢的含碳量小于等于 0.22%，高碳钢含碳量大于 0.6%。锰、硅可提高钢的强度，并保持一定的塑性。磷、硫是有害元素，含量超过一定限度时，使钢筋易于脆断，塑性显著降低，而且对焊接质量也有不利影响。普通低合金钢除上述元素外，还加入少量合金元素。图 12.1.2 为各级钢筋和碳素钢丝的应力-应变曲线，由图可知，随钢材强度的提高其塑性性能降低。因此，在抗震结构中，普通钢筋宜优先采用延性、韧性和焊接性较好的钢筋；普通钢筋的强度等级，纵向受力钢筋宜选用符合抗震性能指标的不低于 HRB400 级的热轧钢筋，也可采用符合抗震性能指标的 HRB335 级热轧钢筋；箍筋宜选用符合抗震性能指标的不低于 HRB335 级热轧钢筋，也可选用 HPB300 级热轧钢筋。同时对钢筋抗拉强度与屈服强度的比值也有一定的要求，一般不小于 1.25[1]。

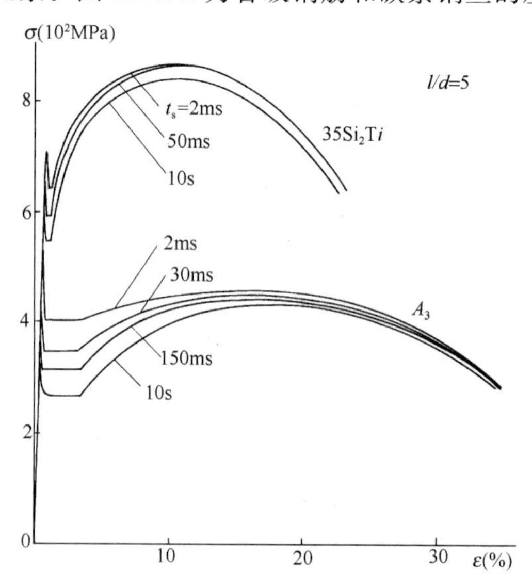

图 12.1.3 应变速度对不同品种钢材应力-应变的影响

钢筋按其外形特征可分为光圆钢筋和带肋钢筋两类。光圆钢筋与混凝土的粘结强度较低，带肋钢筋由于凸出的肋与混凝土的机械咬合作用具有较高的粘结强度。带肋钢筋过去长期采用的是纵肋与横肋相交的螺旋纹外形，为了克服这种钢筋在轧制工艺和使用性能上的缺点，近年来新研制成一种纵肋与横肋不相交的月牙纹钢筋。目前在变形钢筋的生产和应用中，月牙纹钢筋已经占较大的比例。

钢结构钢材与钢筋类似，通常采用低碳钢、低合金高强度钢和热处理低合金高强度钢。钢结构所用材料不但要强度高，弹性好，并应有较好的塑性、韧性、可焊性和冷弯性等重要的机械力学性能。

12.1.2 应变速度对应力-应变曲线的影响[2]

钢材的屈服强度随加载速度的提高而提高，但随着钢材设计强度的提高，其提高值则逐渐减少，钢材的塑性性能（如屈服台阶长短、极限延伸率等）则变化不大。

应变速度用从开始加载到屈服的时间 t_s 表示。图 12.1.3 表示了Ⅰ级热轧钢 Q235 和合金钢（$35Si_2Ti$）的应力-应变曲线随应变速度的变化。t_s 相应为 10s、50ms、2ms，从图中可见，A_3 屈服强度提高了 50%，$35Si_2Ti$ 提高了 17%，而两种钢材的极限强度和延伸率变化不大。

图 12.1.4 给出了我国建筑用热轧钢的屈服强度受应变速度影响的实测结果，它反映出同样的强度提高规律。用不同应变速度时的屈服强度与标准静载下的屈服强度的比值 K_c 表示同一类型钢材的强度提高比。当 t_s 为 100～2ms 时，Ⅰ级钢筋的强度提高比为 1.16～1.45，Ⅱ级为 1.07～1.20，Ⅲ级为 1.05～1.15，Ⅳ级为 1.04～1.13。

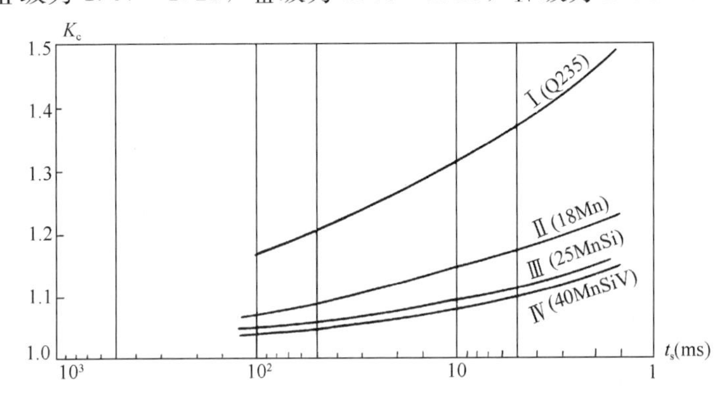

图 12.1.4 热轧钢材强度提高比与应变速度的关系

地震作用下钢筋混凝土结构中受力钢筋，从开始受到附加的地震作用直至屈服的时间一般较长，因而强度的提高比通常不超过 1.1，塑性性能变化不大。故在抗震设计中，仍采用标准静力拉伸试验所得的钢材强度与变形指标。

12.1.3 钢材的应力软化[3~5]

由于地震区的房屋建筑需要考虑地震的作用，因此在低周反复荷载作用下的钢材力学性能，日益受到重视。

当一单轴受拉或受压构件，如果只承受单向重复荷载，即受拉或受压时，其加载、卸载在破坏前的应力-应变曲线，如图 12.1.5 所示。卸载时应力-应变曲线为直线，与加载时弹性的应力-应变直线相平行，而再加载时，则将沿着卸载时的直线上升，然后沿单调加载下的骨架线前进。

承受反复拉压荷载时的钢材，当应力达到塑性阶段时，其反复荷载下的应力-应变曲线如图 12.1.6 所示。当应力超过弹性变形 A 到达 B 时开始卸载，卸载时应力-应变曲线与弹性变形时应力-应变曲线平行，但反向受压时，其弹性极限到达 c 点后，即开始塑性变形，此时的弹性极限较未受反复荷载时的受压弹性极限低，反映了钢材的应力软化现象，这就是通常所称的包兴格（BauSchinger）效应。

早在 1887 年，德国包兴格通过对钢材拉压试验揭示出钢材软化现象，认为经过拉伸（或受压）超过弹性变形产生塑性变形后，其反向受压（或受拉）的弹性极限，将显著降

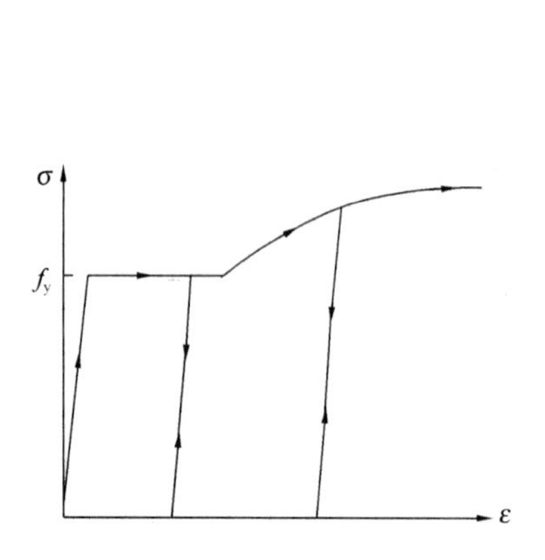

图 12.1.5 承受单向重复荷载时钢材的应力-应变曲线

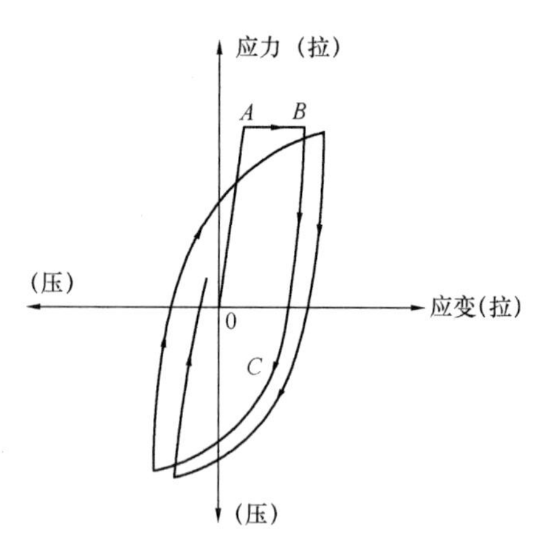

图 12.1.6 钢材承受反复拉压荷载下，应力达到塑性阶段时的应力-应变曲线

低，荷载超过弹性极限愈高，则反向受力时的弹性极限降低愈多。因此，反复荷载下的应力-应变曲线由三部分组成，即骨架线、卸载段和包兴格效应的软化段。同时，试验结果表明，反复加载下钢材应力-应变曲线的骨架线（即包络线）可近似地视为单调加载下应力-应变曲线的一部分。

影响包兴格效应的因素很多，除加载历史的影响外，还有钢材的原始性能，不同类型钢材晶粒大小，加载速度以及退火、回火等因素。

根据金相学原理，产生钢材应力软化的原因是由于金属中各晶体取向不同，因此各晶粒受力和变形不同。在拉应力作用下，部分晶粒发生弹性变形，有的晶粒处于弹塑性变形状态，卸载后，发生过弹塑性变形的晶粒不能恢复原状，仍然处于拉伸状态，这些晶体力图要恢复原状，就要压缩周围晶粒。因此，虽然外荷载已除去，一些晶体仍存在残余拉应力，而另一些晶粒则有残余压应力。当承受反向荷载作用时，有助于原拉伸晶粒恢复原状，或进一步反向变形，但对有残余压应力的晶粒，则在作用小于初始受压弹性比例极限的压应力下，即从弹性变形过渡到塑性变形，发生了应力软化现象。因此，包兴格效应实质上是由于晶粒内残余应力的存在而引起的，若采取措施，使钢材中的残余应力消除，则包兴格效应亦将消失。

在地震作用下，结构发生偏离静止位置而反复振动，钢筋混凝土结构中的受力钢筋，就可能在反复应力作用下工作。配置塑性性能良好的钢筋，利用钢筋的软化，即塑性变形能力，可使构件吸收大量的地震能量，这是钢材在抗震设计中的一种重要性质。但从另一方面看，因为钢筋的塑性变形的不可恢复性，使得钢筋混凝土构件的裂缝不断扩展，造成结构地震破坏后修复的困难。

12.2 混凝土的变形

12.2.1 混凝土的应力-应变曲线

混凝土受压的应力-应变曲线，通常采用 $h/b=3\sim4$ 的柱体试件来测定。当采用等应力加载方法在普通压力机上进行试验时，应力到达最大值 f_c 以后，试件将突然破坏，只能测出应力-应变曲线的上升段。上升段的特征如下所述，当$\sigma \leqslant f_c/3$时应-力应变接近于直线关系（OA），混凝土处于弹性阶段工作。当应力$\sigma > f_c/3$后，随应力的增大，应力-应变曲线越来越偏离直线。任一点的应变ε可分为弹性应变和塑性应变两部分。

应力越大，塑性应变在总应变中所占的比例就越大。当应力达到临界应力σ为（0.7～0.9）f_c（B点）后，内裂缝进入非稳定发展阶段，塑性变形显著增大，应力-应变曲线的斜率急剧减小。当应力达到最大应力f_c时（C点），内裂缝已延伸扩展成若干连通的裂缝，σ-ε曲线的斜率已接近于水平，相应的峰值应变ε_0随混凝土强度的不同可在$(1.5\sim2.5)\times10^{-3}$之间波动，通常取平均值$\varepsilon_0$约为$2\times10^{-3}$。

如果采用控制应变速度的特殊措施，即使试件直至破坏前始终保持等应变加载状态，防止试验机的回弹对试件的冲击造成突然破坏。在此情况下，当到达最大应力后，混凝土试件不致发生突然破坏，且随试件变形的增大，试件的应力随之逐渐稳定地下降，可以测得如图 12.2.1 所示有下降段的应力-应变全曲线。

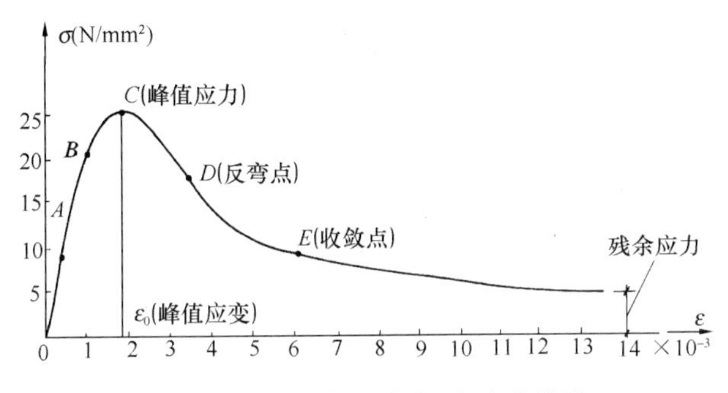

图 12.2.1　混凝土应力-应变全曲线

由图 12.2.1 中的应力-应变曲线可见，到达峰值应力（即最大应力f_c）C点后，混凝土的强度并不完全丧失，而是随应变的增长逐渐减小。当承载力开始下降时，试件表面出现一些不连续的纵向裂缝，应力下降较快，当下降到反弯点D，应力-应变曲线的斜率变号。当应变ε为$(4\sim6)\times10^{-3}$时，应力下降减缓进入收敛段，最后趋向于稳定，保持一定的残余应力。应力-应变曲线的下降段反映了混凝土沿裂缝面上的剪切滑移和骨料处粘结裂缝的不断延伸扩大。进入下降段后试件的承载力主要是由滑移面上的摩擦咬合力和为裂缝所分割成的混凝土小柱体的残余强度所提供。

图 12.2.2 为采用相同品种水泥和骨料配制的不同强度混凝土的应力-应变全曲线。由图可见，随强度的提高，峰值应变ε_0变化不大，上升段曲线的形状是相似的；但下降段的曲线形状差别很大。高强度混凝土下降段的坡度较陡，残余应力相对较低；低强度混凝土下降段的坡度较平缓，残余应力相对较高。这说明高强度混凝土的延性较差。

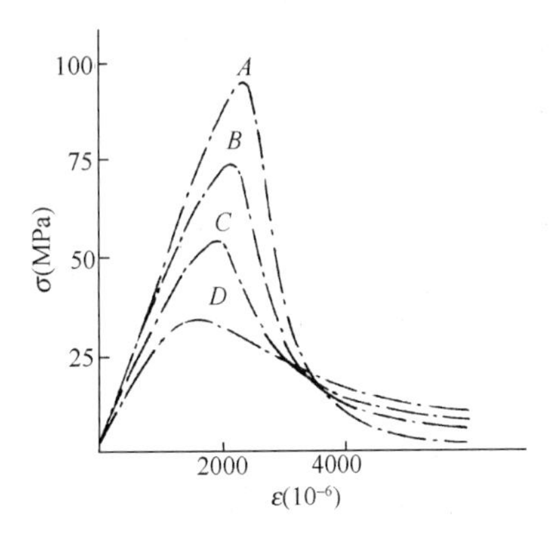

图 12.2.2　不同等级混凝土的应力-应变全曲线

单轴受压混凝土应力-应变全曲线的数学表达式曾有过不同的经验公式，但较为广泛采用的是以上升段和下降段分别表述的以下形式（图 12.2.3）：

$$\left.\begin{aligned}\frac{\sigma}{f_c}&=2\left(\frac{\varepsilon}{\varepsilon_0}\right)-\left(\frac{\varepsilon}{\varepsilon_0}\right)^2 &&(0\leqslant\varepsilon\leqslant\varepsilon_0)\\ \frac{\sigma}{f_c}&=1-d\,\frac{\varepsilon-\varepsilon_0}{\varepsilon_{cu}-\varepsilon_0} &&(\varepsilon\geqslant\varepsilon_0)\end{aligned}\right\}\tag{12.2.1}$$

式中：ε_{cu}——混凝土极限应变值；

α——混凝土强度下降系数。

欧洲标准 1992 中的欧洲规范 2《混凝土结构设计》[6]，建议单轴受压混凝土应力-应变关系采用下列表达式（图 12.2.4）：

$$\frac{\sigma}{f_c}=\frac{k\left(\frac{\varepsilon}{\varepsilon_0}\right)-\left(\frac{\varepsilon}{\varepsilon_0}\right)^2}{1+(k-2)\left(\frac{\varepsilon}{\varepsilon_0}\right)}\tag{12.2.2}$$

式中：$k=\frac{1.1E_c\varepsilon_0}{f_c}$，此处 E_c 为 $\sigma=0.4f_c$ 时的割线模量。

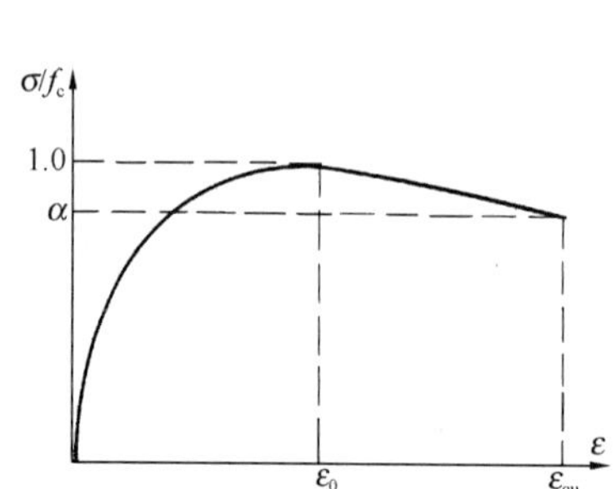

图 12.2.3 单轴受压混凝土应力-应变全曲线

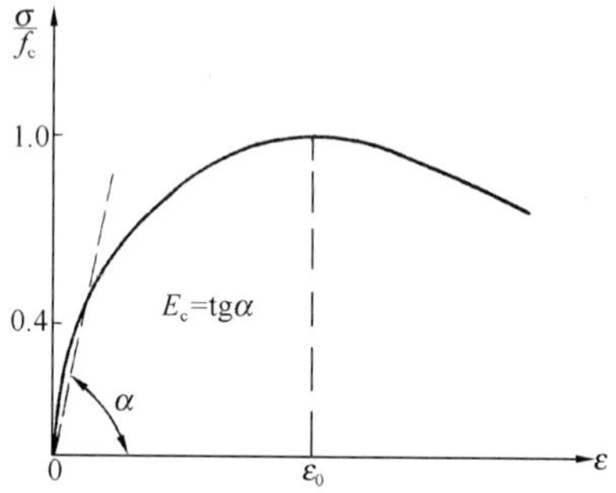

图 12.2.4 单轴受压混凝土应力-应变曲线

12.2.2 混凝土的弹性模量和变形模量

当计算钢筋混凝土构件应力分布、变形，预应力混凝土构件的预压应力以及由于动力作用、温度变化、支座沉降产生内力时，都需引用一个材料常数（弹性模量）。混凝土的应力应变关系，只是在快速加荷或应力小于 $f_c/3$ 时才接近于直线。一般情况下，应力与应变间为曲线关系，因此联系应力与应变关系的材料常数并不是常数，而是个变数，这就产生了怎样恰当地给定“模量”的取值问题。通过原点 0 的应力-应变曲线切线的斜率 $\mathrm{tg}\alpha$ 被定义为混凝土的弹性模量 E_c 或称初始弹性模量，但是它的稳定数值不易从试验中测定。

目前我国《混凝土结构设计规范》中给出的弹性模量 E_c 值是用下述方法测定的：试验采用棱柱体试件，取应力上限 $\sigma=0.5f_c$ 反复加荷 5～10 次。由于混凝土的非弹性性质，每次卸荷至零时，变形不能完全恢复，存在残余变形。但随荷载重复次数的增加，残余变形逐渐减小，重复 5～10 次以后，变形已基本趋于稳定，应力-应变曲线接近于直线，该直线的斜率即作为混凝土弹性模量的取值。根据不同强度等级混凝土弹性模量试验值的统计结果给出 E_c 的经验公式：

$$E_c=\frac{10^5}{2.2+\frac{34.74}{f_{cu}}}(\mathrm{N/mm^2})\tag{12.2.3a}$$

式中 f_{cu}——混凝土立方体（15cm×15cm×15cm）的抗压强度。

如果将 $f_c=0.67f_{cu}$代入，则上式为

$$E_c=\frac{10^5}{2.2+\frac{23.28}{f_c}}(\mathrm{N/mm^2}) \tag{12.2.3b}$$

上述弹性模量 E_c 的经验公式所统计的数据主要取自低于 C40 的混凝土。对于高强混凝土，按式（12.2.3a）确定的混凝土弹性模量 E_c 值偏低，不能很好反映出高强混凝土弹性模量的增长规律。

从工程应用角度出发，高强度混凝土的 E_c 值可按以下经验公式确定[8]：

$$E_c=(0.26\sqrt{f_{cu}}+1.8)\times10^4(\mathrm{N/mm^2}) \tag{12.2.4}$$

当所用骨料坚硬及砂率较低时，上式 E_c 值可增大 10%～20%，当采用引气剂或砂率较高时，上式 E_c 值要降低 10%～15%。

有些国家则采用应力上限为 $f_c/3$ 经 5～10 次重复荷载后的应力-应变关系作为使用阶段弹性模量的取值。

欧洲规范 2《混凝土结构设计》规定，以 $\sigma=0.4f_c$ 处的割线模量 E_c 作计算标准，其经验公式表达如下：

$$E_c=9.5(f_c+8)^{\frac{1}{3}} \tag{12.2.5}$$

上式中 f_c 以"$\mathrm{N/mm^2}$"计，E_c 以"$\mathrm{kN/mm^2}$"计。

混凝土的弹性模量 E_c 值与所用粗骨料品种及其单位体积的含量有很大的关系。骨料愈坚硬，砂率愈低，则 E_c 值愈高。同时 E_c 值与试验方法关系极大，按照一次连续加载得到的应力-应变曲线所求得的 E_c 值往往偏小，而在某一应力范围内反复加卸载若干次后所获得的则偏大。图 12.2.5 给出了不同粗骨料的混凝土弹性模量 E_c 随混凝土等级的变化规律[7]，图中 f'_c 为混凝土圆柱体抗压强度，$f'_c=1.19f_c$。

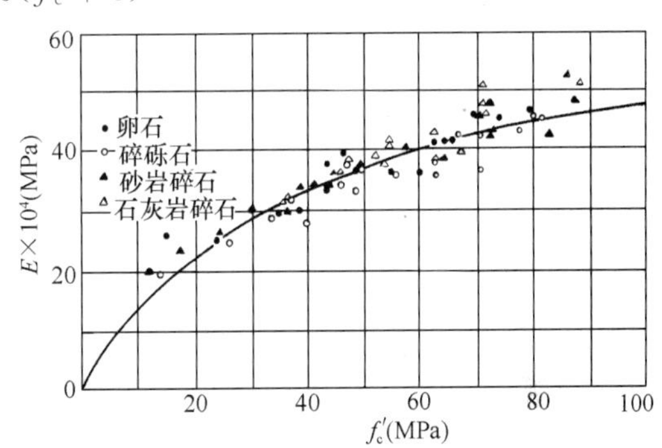

图 12.2.5 圆柱体抗压强度 f'_c 与弹性模量 E_c 的关系

12.2.3 应变速度对峰值应力及应变的影响

试验结果表明，轴心受压混凝土的强度随应变速度的提高而增加，弹性模量的增加更为明显，但棱柱（或圆柱）体的峰值应变变化不大。

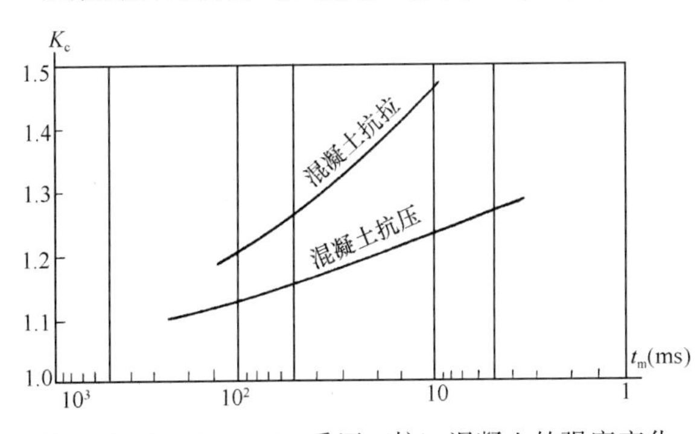

图 12.2.6 C25～C40 受压（拉）混凝土的强度变化

我国在建筑工程中常用的混凝土强度等级为 C25～C40。图 12.2.6 表示了 C25～C40 混凝土的抗压强度和抗拉强度随应变速度变化的增长规律[2]。图中 K_c 代表快速加载下的强度与静载强度的比值；t_m 代表应变速度的变化。当 t_m 由 400ms 加快到

3ms，K_c 抗压强度的提高系数仅由 1.1 提高到 1.3。当 t_m 由 100ms 加快到 10ms 时，抗拉强度提高系数则由 1.2 增大到 1.45。不少研究者还对比了钢筋混凝土梁的静载与快速加载试验结果，发现受压区边缘混凝土的最大应变与加载速度无关。

地震作用下结构中受压混凝土的强度，由于受到结构自振周期的限制，加载速度并不快，因而强度的增长幅度较小。所以，抗震设计时仍可近似采用静载下的受压混凝土强度指标及其应力-应变关系。

12.3 约束混凝土

12.3.1 箍筋的约束效应与约束混凝土的破坏特征

当柱子承受纵向压力时，混凝土发生横向伸长变形，箍筋因核芯混凝土的往外挤压而承受拉应力，如图 12.3.1（a）所示。核芯混凝土则受箍筋的约束，在周边作用横向压应力时处于三轴受压应力状态，如图 12.3.1（b）所示。箍筋和核芯混凝土之间的相互作用力的数值及其分布规律，将随箍筋的数量、形式和混凝土应力大小等因素的变化而变化。因而，由于箍筋的约束作用，约束混凝土的强度和延性都有不同程度的提高和改善。

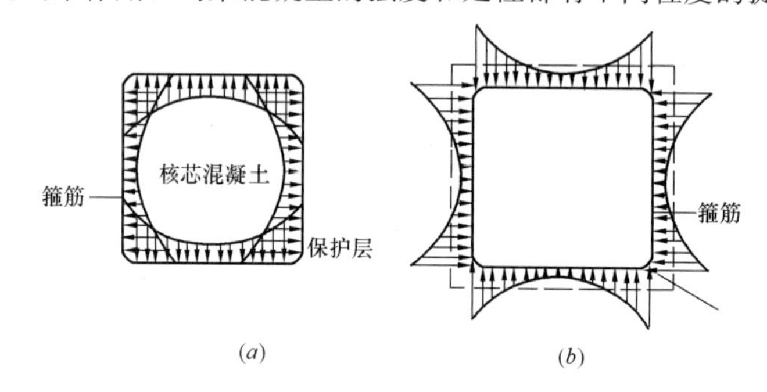

图 12.3.1 核芯混凝土和箍筋的相互作用

图 12.3.2 表示了素混凝土和约束混凝土的应力-应变全曲线。当试件应力较小时，混凝土的纵向应变小，泊松比为常数，故核芯混凝土往外膨胀变形很小，箍筋的拉应力和约束作用很低，约束混凝土和素混凝土的这一段曲线差别不大，基本一致。但当应力增大后，混凝土的纵向应变和泊松比都以更快的速度增长，使核芯混凝土的横向变形和箍筋应力显著增加，而约束应力的增大使三轴受压的核芯混凝土的强度和延性得到了提高。这一段内约束混凝土和素混凝土的应力-应变曲线差别逐渐加大。当箍筋达到屈服强度后应力不再增加，约束作用为最大，约束混凝土和素混凝土的曲线基本保持平行。图中曲线 K-C 系将约束混凝土的应力-应变曲线减去素混凝土的应力-应变曲线而得到的，它表示了箍筋为核芯约束混凝土所提供的强度和变形。配筋特征值 λ_s 可用式（12.3.1）计算。

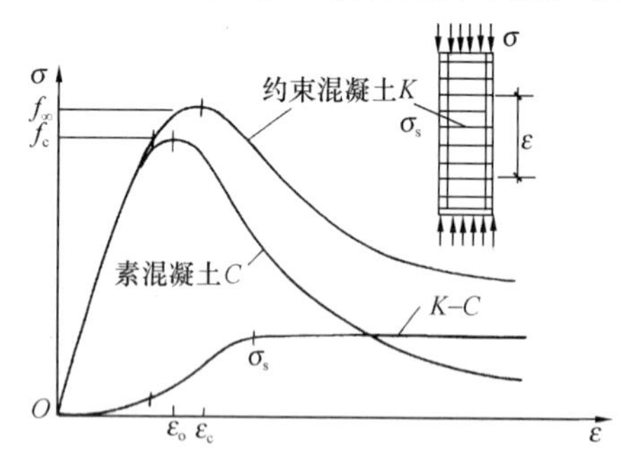

图 12.3.2 素混凝土和约束混凝土的应力-应变曲线的比较

影响箍筋约束混凝土性能的最主要因素显然是配箍特征值。配箱特征值 λ_s 用式（12.3.1）计算。

$$\lambda_s = \rho_s \frac{f_y}{f_c} \tag{12.3.1}$$

式中 ρ_s——体积配箍率，即钢箍体积和其外皮（或中—中）所包围混凝土体积之比；

f_y——箍筋屈服强度；

f_c——混凝土棱柱体抗压强度。

图 12.3.3（a）、（b）相应地给出配置矩形箍筋和复合箍筋的约束混凝土试件的应力-应变全曲线。从图中曲线可见，随配箍特征值 λ_s 的加大，约束混凝土的强度 f_{cc} 和峰值应变 ε_c 逐渐增大，且后者的增长速度大于前者，下降段曲线的变化最为显著，也随配箍特征值 λ_s 的加大而渐趋平缓，曲线下面积渐趋饱满，延性明显改善。这是因为箍筋的存在延缓了裂缝的扩展，箍筋的约束作用提高了裂缝面的摩擦咬合力，使应力下降减缓，改善了混凝土的后期变形能力。因此，承受地震作用的构件（如梁、柱）和节点区，采用间距较密的箍筋约束混凝土可以有效地提高构件的延性。

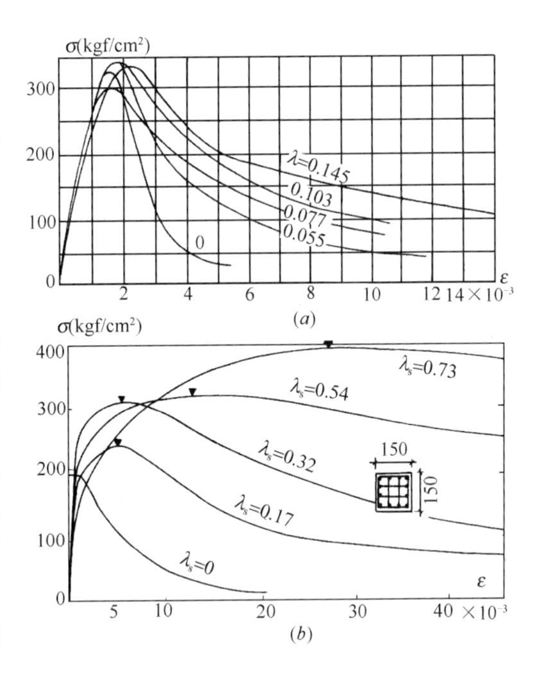

图 12.3.3 约束混凝土的应力-应变全曲线

（a）普通方形钢箍；（b）复合箍筋

12.3.2 配箍特征值与约束混凝土强度和变形的关系

对于配箍量不大（$\lambda_s \leqslant 0.3$）的约束混凝土试件，应力-应变全曲线有明显的尖峰。当试件的应力较小时（$\sigma \leqslant 0.4 f_{cc}$），应变几乎按比例增长。应力增加后，混凝土出现塑性变形并逐渐发展，应力、应变曲线呈上凸状，直至峰点。随着试件配箍量（λ_s）的增大，约束混凝土的强度稍有增加，而相应应变（ε_c）则有明显增长，曲线的顶部趋向平缓。此时箍筋的应变约为 0.0009～0.0012，仍处弹性阶段。第一条可见裂缝短而细，一般沿纵筋外缘发生。此时试件的纵向应变约为（0.85～1.10）ε_c。配箍少的试件开裂出现在曲线的下降段。曲线进入下降段后，已有裂缝的扩展和新裂缝的相继出现，使试件的横向应变和箍筋应变一起加快发展。试件纵向应变达 0.003～0.0045 时，箍筋开始屈服，在曲线上为相应于下降段的拐点。试件应变继续增加至 0.004～0.006 时，纵向的短裂缝贯通，形成临界斜向裂缝。再增大试件应变，临界剪面的破裂带逐渐加宽，斜面发生错动。跨过斜面的箍筋依次屈服，应力不变而应变继续猛增。纵向应变达 0.01～0.012 时，箍筋外缘的混凝土保护层开始剥落，纵筋压屈造成掉角。箍筋受核芯混凝土的挤压发生水平方向的弯曲，破裂带处的纵筋和箍筋逐渐外露。试件的斜剪面上，除了核芯混凝土的摩阻力和残存的粘结力外，还有箍筋约束力存在，残余承载力缓缓下降。试件的纵向应变达 0.024 时结束试验，但仍保持有一定残余承载力。核芯混凝土内密布纵向裂纹，沿斜剪面有碾碎的砂浆碴片，粗骨料一般没有破碎。箍筋的中间部分外凸成圆弧状，而弯钩部分仍牢固地埋在四角混凝土内。部分试件的箍筋被拉断，断口有明显的颈缩现象。

对于配置较多箍筋（λ_s＝0.36～0.85）的试件，在到达极限强度 f_{cc}之前，已产生很大应变，而下降段很平缓，全曲线无明显尖峰。当第一条裂缝出现，箍筋开始屈服和保护层开始剥落时试件纵向应变值与前述条件 $\lambda_S \leqslant 0.3$ 相近。但由于峰值应变很大，第一条裂缝出现和箍筋开始屈服都发生在应力上升段。应力达峰值 f_{cc}时，保护层开始剥落。随后，曲线转入下降段，核芯混凝土横向变形急剧增加，纵筋逐根压屈，箍筋明显向外弯曲，经强化段而拉断。最后，核芯混凝土发生形变和流动现象，局部成鼓状。

所以，棱柱体轴心受压试验的整个过程表明，试件的破坏经历了保护层沿加载方向的纵裂，保护层边缘压酥，保护层剥落伴随着箍筋间纵筋压屈，全部纵筋压屈的同时箍筋发生出平面的胀鼓以及箍筋拉断等不同阶段。

与素混凝土试件相比较，虽然约束混凝土的塑性显著发展也发生在纵向裂缝的形成以后，但由于箍筋对核芯混凝土的约束作用，很少见到核芯混凝土发生明显的纵裂，因此在达到峰值应力 f_{cc}前，约束混凝土有较长的塑性发展阶段，它的峰值应力及其应变较素混凝土试件均有较大提高。并且随着含箍特征值 λ_s 的增加而提高得更加明显。

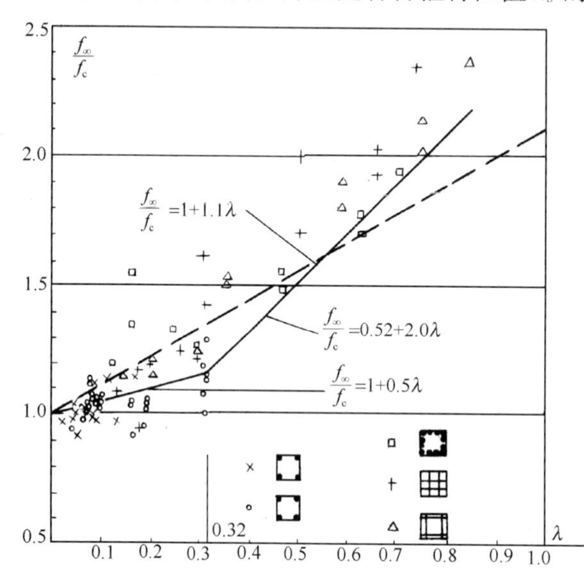

图 12.3.4 约束混凝土强度 f_{cc}与配箍特征值 λ_s 的关系[11]

当配箍量不大（$\lambda_s < 0.3$）时，约束混凝土的应力-应变全曲线有明显的尖峰，到达峰值应力前箍筋的应力低，且随 λ_s 值的增加而增大，但都低于箍筋的屈服强度，进入下降段后箍筋才逐渐屈服，约束作用才明显发挥。而当配箍量较高（$\lambda_s > 0.36$）时，约束混凝土的全曲线顶部平缓，尖峰不明显，在到达峰值应力前箍筋已经屈服，故箍筋的约束作用在上升段曲线中已充分发挥。由此可见，配箍特征值 λ_s＝0.3～0.35 为过渡阶段，在此情形下这些试件到达峰值应力和箍筋屈服几乎同时发生。因此，可定义一临界配箍特征值 λ_{sc}，相应于约束混凝土达峰值应变时，箍筋刚好屈服的情况。根据试验结果统计，可取

$$\lambda_{sc} = 0.32$$

约束混凝土强度 f_{cc}与配箍特征值 λ_s 的关系如图 12.3.4 所示。箍筋约束混凝土强度 f_{cc}随配箍特征值 λ_s 的变化规律可表达为以下经验公式：

$$\left.\begin{aligned} f_{cc} &= f_c(1+0.5\lambda_s) \qquad (\text{当 } \lambda_s \leqslant 0.32 \text{ 时}) \\ f_{cc} &= f_c(0.52+2.0\lambda_s) \qquad (\text{当 } \lambda_s \geqslant 0.32 \text{ 时}) \end{aligned}\right\} \tag{12.3.2}$$

约束混凝土强度随配箍特征值 λ_s 的变化规律也可简化成如下单一的公式：

$$f_{cc} = f_c(1+1.1\lambda_s) \tag{12.3.3}$$

箍筋约束混凝土的峰值应变 ε_c 与配箍特征值 λ_s 的关系如图 12.3.5 所示。约束混凝土峰值应变 ε_c 随配箍特征值 λ_s 的变化规律可表达为如下经验公式：

$$\left.\begin{aligned}\varepsilon_c &= \varepsilon_0(1+2.5\lambda_s) \quad (\text{当}\lambda_s \leqslant 0.32\text{时})\\ \varepsilon_c &= \varepsilon_0(-6.2+25\lambda_s) \quad (\text{当}\lambda_s \geqslant 0.32\text{时})\end{aligned}\right\} \tag{12.3.4}$$

约束混凝土峰值应变随配箍特征值 λ_s 的变化规律也可简化成如下单一的公式：

$$\varepsilon_c = \varepsilon_0 \times 35\lambda_s \tag{12.3.5}$$

试验结果表明，如果将实测应力-应变曲线下降段的拐点定义为箍筋约束混凝土的极限应变 ε_{cu}，则在箍筋间距约为 6～8 倍纵筋直径条件下，当相同的 λ_s 值时，复合箍较普通方箍可望获得较高的相对残余强度，而它的极限变形延性比（$\varepsilon_{cu}/\varepsilon_c$）却低于普通方箍。由试验结果分析可见，在复合箍的平面内，由于附加箍筋减少了箍筋的无支长度，有力地约束了核芯混凝土的横向变形，限制了纵向裂缝的发展，从而在达到极限时较普通方箍有较高的残余强度，而变形的延性却反而减小。

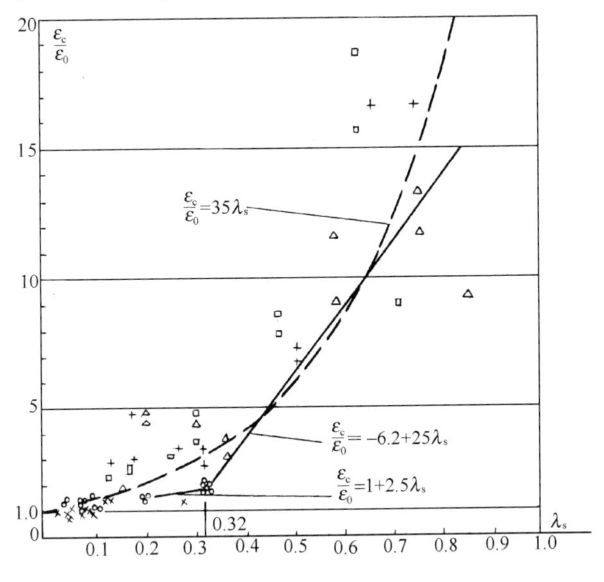

图 12.3.5 约束混凝土峰值应变 ε_c 与配箍特征值 λ_S 的关系[11]

值得指出的是，箍筋形式对结构承载力与变形性能改善的这种差别，只是在其配置的间距约达到（6～8）d（纵筋直径）时才能充分显示出来，而在箍筋间距超出上述范围时，试验结果表明，箍筋形式的影响表现得很不明显。

12.3.3 箍筋不同构造的影响

各种不同形式的箍筋，对混凝土核芯的约束作用是不相同的。试验证明，螺旋箍筋的作用较矩形箍为好。这主要是由于螺旋箍筋对混凝土可产生均匀连续的侧向压力，而矩形箍筋只能在四个转角区域对混凝土产生有效的约束，在直段上，侧压力可以使钢箍外拱，从而减小了约束力，如图 12.3.6 所示。

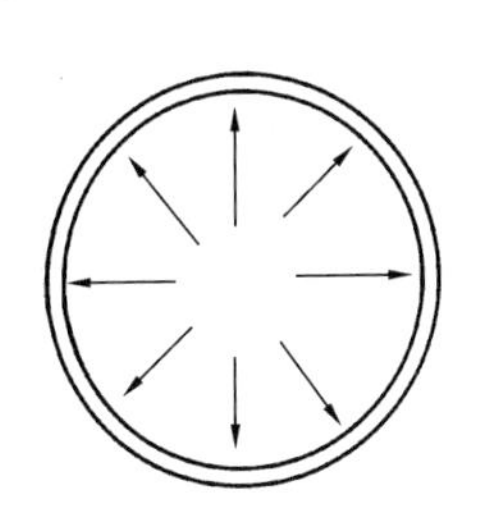

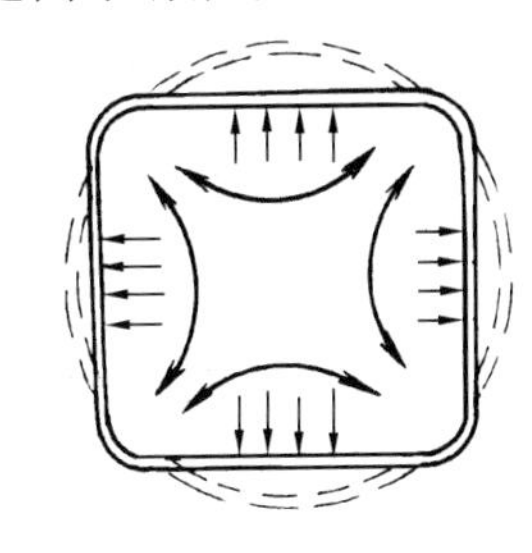

图 12.3.6 圆形箍与矩形箍的比较

螺旋箍筋效果虽好，但施工复杂，除非特殊需要，在一般情况下很少采用。一般情况下，可以通过对矩形箍筋形式的改进以获得较好的约束效果。图 12.3.7 是几种改进后的箍筋形式。

加拿大多伦多大学曾对前面四种箍筋形式进行过试验对比，试验结果表明，图 12.3.7 中的 a 型效果最差，b、c 型效果中等，d 型效果最好，主要原因是当箍筋拐角增多，或增加拉结而使箍筋自由长度减小时，对混凝土的约束作用增大；同时，由于纵向钢筋增多，纵向钢筋与横向钢筋形成了网格，更可加强对混凝土的约束。图 12.3.8 是加拿

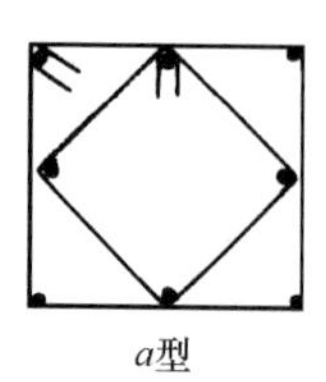
a型

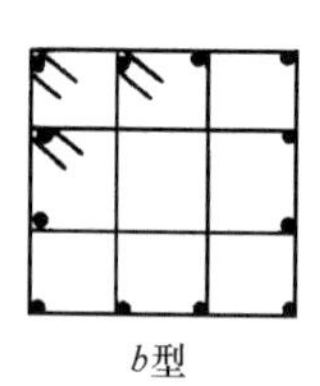
b型

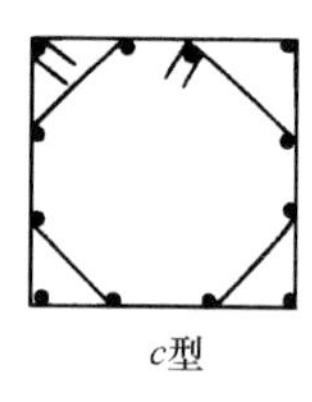
c型

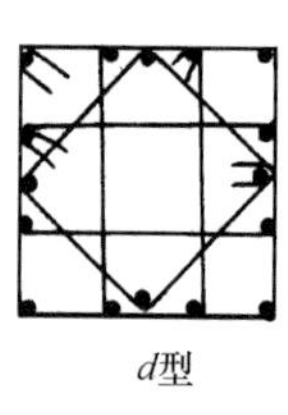
d型

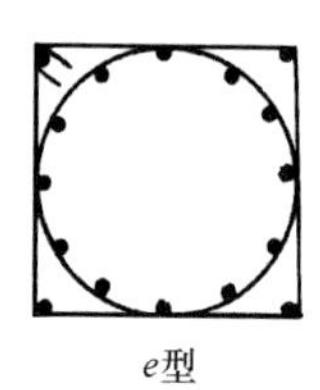
e型

图 12.3.7　几种箍筋形式

大多伦多大学试验得到的结果，图中对比了具有不同箍筋形式柱子的荷载与截面平均应变关系曲线。

图 12.3.9 为配置方箍和复合箍试件的应力-应变曲线的比较，不同箍筋形式的二个试件的配箍率是相同的，其配箍特征值均为 $\lambda_S=0.7$。从图中同样可见，复合箍明显改善了试件的变形性能，并对混凝土强度也有较大的提高。

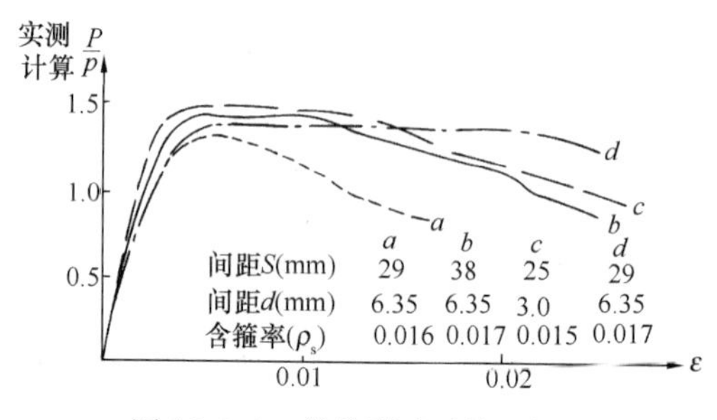

图 12.3.8　箍筋形式对柱延性的影响（加拿大多伦多大学）

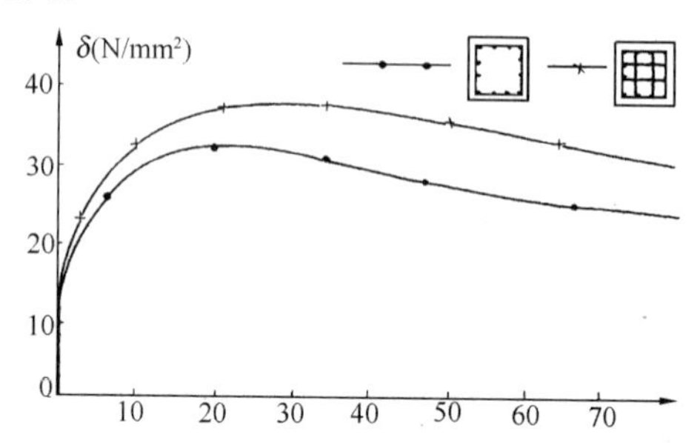

图 12.3.9　配有复合箍的棱柱体 σ-ε 曲线图

试件尺寸：15×15×45cm；纵向配筋：12 根，$d=3.5$mm；箍距：$S=5.7d$；含箍特征值 $\lambda_S=0.7$

图 12.3.7*e* 型是日本鹿岛建设公司提出的箍筋类型，称为鹿岛式，除圆形螺旋箍外，在四角还有纵向筋及矩形箍筋。显然，鹿岛式箍筋约束效果很好。鉴于螺旋箍筋施工较为困难，很多地方已将它修改为圆形箍筋（最好用焊接搭接）加矩形箍筋，也取得了较好效果。

箍筋间距对约束混凝土性能的影响见另一组试件的对比，如图 12.3.10 所示。试件 GB4 和 GB11 的配箍量（λ_S）相差一倍，但箍筋间距都是 140mm，大于试件的横向尺寸

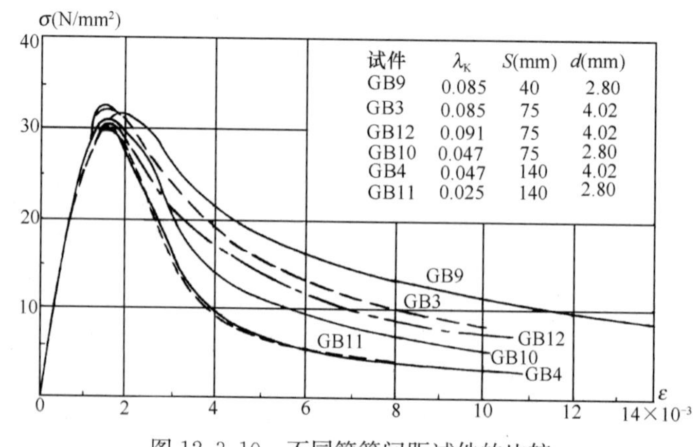

图 12.3.10　不同箍筋间距试件的比较

（边长 100mm），对核芯混凝土几乎没有约束作用。而试件 GB3 与 GB10 的配箍也相差一倍，但箍筋间距（7.5cm）小于试件截面边长，二者的应力-应变全曲线有明显差异。还有，试件 GB9 和 GB3，GB10 和 GB4 各有相同的配箍特征值，由图 12.3.10 可见，箍筋间距较小的 GB9 和 GB10 具有较高的应力下降段曲线，即较大的残余强度。

部分试件的箍筋是焊接成圈的，图 12.3.10 中的试件 GH12，其应力-应变全曲线与配箍量相等的绑扎钢箍试件 GB3 没有明显差异。这表明按照结构抗震要求构造的箍筋（135°弯钩，伸长 $10d$）能保证锚固，发挥箍筋的约束作用。

因此应特别注意，任何形式箍筋都必须做成封闭式，而且做成 135°弯钩，如图 12.3.11，否则约束效果很差。

此外，试验也表明，当配箍率相同时，采用较小直径、间距加密的钢箍将会获得更好的效果，但此时应注意纵向钢筋间距即钢箍的无支长度不能太大，否则约束效果也会减小。其原因是明显的，箍筋间距加密和纵筋为箍筋提供较小的无支长度，将会产生更加均匀的约束力。

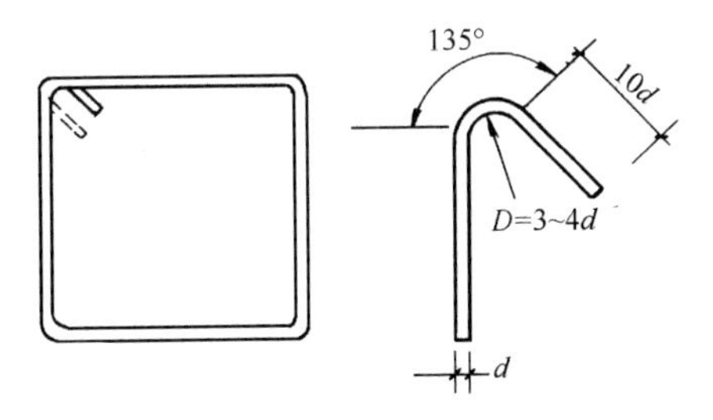

图 12.3.11　钢箍弯钩形式

同时，试验研究表明[11]，在不同荷载方式（单调加载、等应变增量加卸载和等应变循环加卸载）作用下，箍筋约束混凝土试件的变形增长，裂缝发展和破坏过程都十分相似。试件在反复荷载下的应力-应变包络线与单调荷载下的全曲线一致，约束混凝土的强度 f_{cc} 和峰值应变 ε_c 随配箍特征值 λ_S 的变化也相同。

12.4　钢筋的粘结和锚固

对构件进行钢筋布置时，还要考虑的一个重要问题是钢筋与混凝土的粘结、锚固以及有关的配筋构造。钢筋与混凝土的粘结是影响钢筋混凝土构件的破坏性能（强度）和使用性能的重要因素，钢筋强度的充分利用取决于它与外围混凝土的可靠锚固。如图12.4.1所示悬臂梁，纵向钢筋伸入支座必须有足够的“锚固长度 l_a”，通过沿锚固长度上粘结应力的积累，才能使钢筋支座边缘截面发挥其全部设计强度；又如当纵向钢筋在跨间受力不需要处截断时，必须要有最低限度的“延伸长度 L_d”，才能保证钢筋在其强度被充分利用的截面上建立起所需的拉力。在工程实践中，往往由于钢筋长度不够，或出于构造要求需设置施工缝，则在钢筋接头处应有足够的搭接长度，才能使钢筋强度充分发挥作用。因此，需要了解钢筋与混凝土之间的粘结强度及其机理。

12.4.1　单调荷载下粘结强度与机理

光圆钢筋与带肋钢筋具有不同的粘结机理。

光圆钢筋与混凝土的粘结作用由三部分所组成：①混凝土中水泥胶体与钢筋表面的化学胶结力；②钢筋与混凝土接触上的摩擦力；③钢筋表面粗糙不平产生的机械咬合作用。其中胶结力所占比例很小，发生相对滑动后，粘结力主要由摩擦力和咬合力所提供。钢筋的粘结强度通常采用拔出试验来测定。图 12.4.2 给出了无锈和有锈光圆钢筋由拔出试验测得的平均粘结应力 τ 与加载端滑移量 S_L 的关系曲线。

从图 12.4.2 中可见，光圆钢筋的粘结强度 τ_u 较低，约等于（0.4～1.4）f_t（混凝土

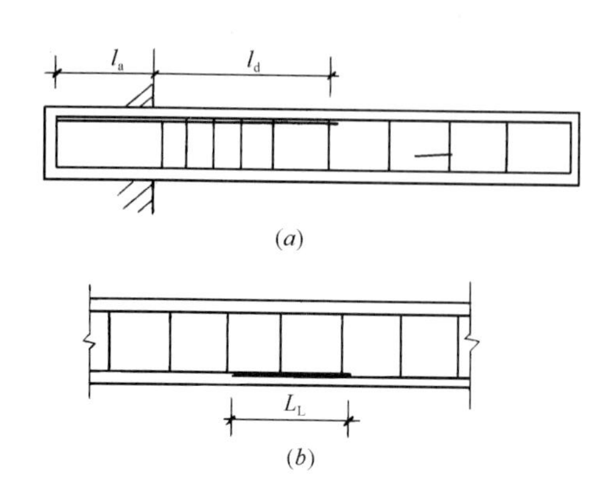

图 12.4.1 钢筋的锚固与搭接

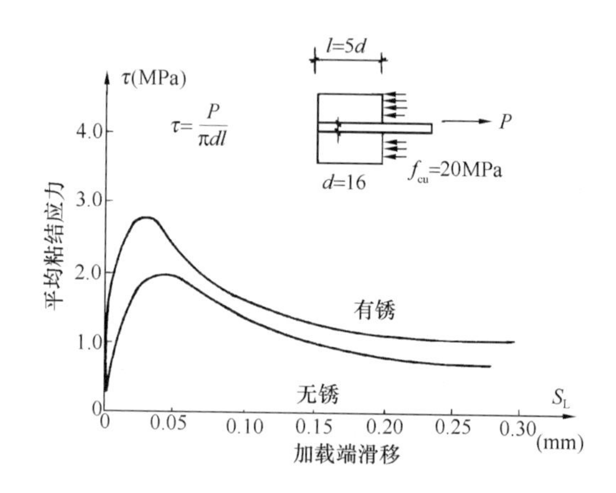

图 12.4.2 光圆钢筋拔出试件的 τ-s 曲线

抗拉强度），到达最大平均粘结应力后，滑移急剧增大，τ-s 曲线出现下降段，这是因为接触面上混凝土细颗粒磨平，磨阻力减小。光圆钢筋拔出试验的破坏形态是钢筋自混凝土被拔出的剪切破坏。光圆钢筋的粘结强度，很大程度上取决于钢筋的表面状况。试验表明钢筋表面严重锈蚀的、表面凸凹达 0.1mm 的粘结强度可达 $1.4f_t$；而未经锈蚀的新轧制钢筋的粘结强度仅为 $0.4f_t$。光圆钢筋粘结的主要问题是强度低，滑移量大。因此，很多国家采用一定滑移量（如 0.25mm）下的 τ 值作为允许粘结应力。

带肋钢筋改变了钢筋与混凝土间相互作用的方式，显著提高了粘结强度。虽然胶结力和摩擦力仍然存在，但带肋钢筋的强度主要为钢筋表面凸出的肋与混凝土的机械咬合作用。肋对混凝土的斜向挤压力形成了滑动阻力，斜向挤压力沿钢筋轴向的分力使肋与肋间混凝土有如一伸臂梁受弯、受剪；斜向挤压力的径向分力使外围混凝土有如受内压力的管壁，产生环向拉力。因此，带肋钢筋的外围混凝土处于极其复杂的三向应力状态，剪应力及纵向拉应力使肋处混凝土产生如图 12.4.3（a）所示的内部斜裂缝；环向拉应力使混凝土产生内部径向裂缝（图 12.4.3b）。加载初期，相对滑移的产生是由于挤压力作用下肋处混凝土的局部变形，而内裂缝的出现和发展，使钢筋有可能沿混凝土挤碎后粉末物堆积形成的新滑移面，产生较大的相对滑动，如图 12.4.4 所示。

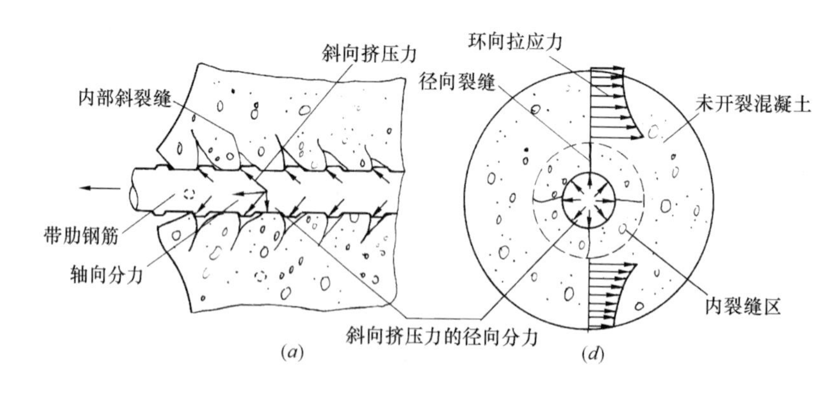

图 12.4.3 带肋钢筋外围混凝土的内裂缝

图 12.4.5 为清华大学所做的一组带肋钢筋拔出试件的平均粘结应力 τ 与加载端滑移 S 的关系曲线。将图 12.4.5 中 τ-s 曲线，与混凝土柱体轴心受压试件的 σ-ε 曲线对比，

可以看到二者有很多共同的特征。加载初期 τ 与 s 接近于直线关系。当 τ 值到达约 $0.4\tau_u$ 时（τ_u 为极限粘结强度），曲线逐渐偏离直线，曲线斜率的改变表明试件内肋处混凝土开始出现内裂缝并逐步发展。随荷载增大，钢筋肋对混凝土的挤压力增大，径向内裂缝向试件表面发展。当保护层混凝土出现纵向裂缝时，相应的粘结应力称为劈裂粘结应力 $\tau_{cr}=(0.8\sim0.85)\tau_u$。到达 τ_{cr} 以后，滑移有较大增长，τ-s 曲线斜率发生明显的转折，表明粘结应力已达临界状态。此后，虽然荷载仍能有所增长，但随着劈裂裂缝的发展，τ-s 曲线很快到达峰值应力 τ_u。随 s 继续增大，τ 逐渐降低，τ-s 曲线进入下降段，相应于 τ_u 的滑移 s 随混凝土强度的不同约在 0.35～0.45mm 之间波动。当 s 达到 1～2mm 后，粘结应力下降减缓进入收敛段，τ-s 曲线的斜率已极为平缓，最后趋向于稳定的残余粘结应力 τ_r。

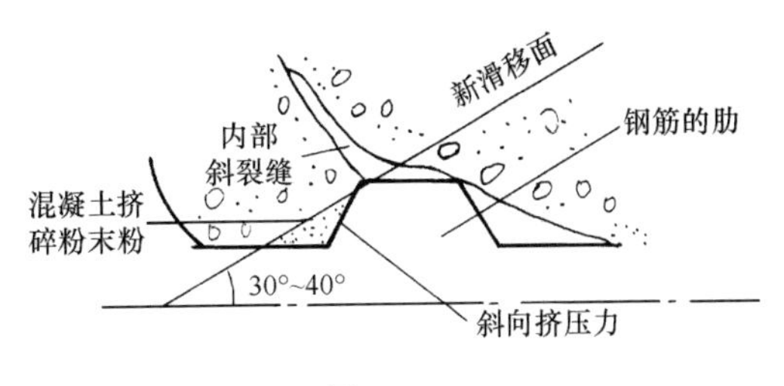

图 12.4.4

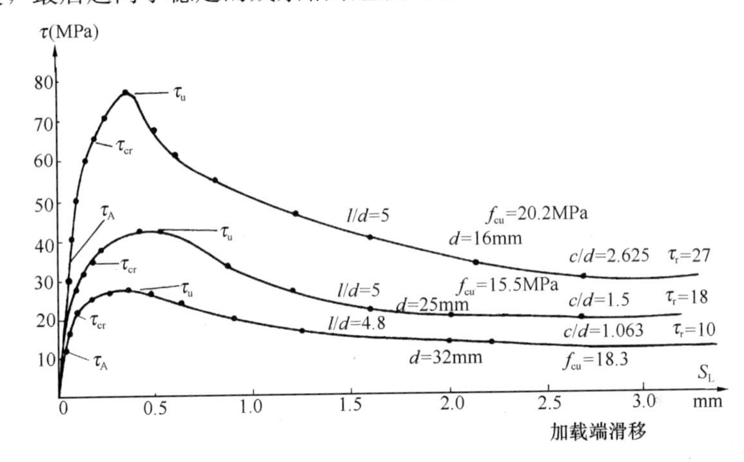

图 12.4.5 带肋钢筋的 τ-s 曲线

如上所述，$f_{cu}\leqslant30$MPa 的无横向配筋试件，虽然是劈裂破坏，但不是突然的脆性破坏，随 s 增长 τ 逐渐下降，表现了一定程度的延性特征。

试验表明，当 $f_{cu}>30$MPa 时，一般均为达到 τ_u 后，在 s 增长不大的情况下，粘结强度很快丧失的脆性破坏，记录不到 τ-s 曲线的下降段。劈裂破坏的试件，在混凝土劈裂面上留有清晰的钢筋肋印，肋前的混凝土被挤碎，在钢筋横肋的根部嵌固着挤碎的粉末物（图 12.4.4）。

当混凝土保护层厚度 c 与钢筋直径 d 的比值较大（$c/d\geqslant5$）时，或混凝土的环向变形受到约束时如存在有较强的横向钢筋或侧向压应力时，粘结破坏将是另一种形式。图 12.4.6 为配置横向钢筋的带肋钢筋拔出试件的 τ-s 曲线，图中 A_{sv} 为螺旋筋截面面积，s 为螺距，d 为纵向钢筋直径。图中竖轴采用粘结应力 τ 与混凝土劈拉强度 $f_{t,s}$ 的比值。对此图中曲线可知，在内裂缝出现以前 $\tau\leqslant\tau_A$，横向配筋对 τ-s 曲线并无影响。当 $\tau>\tau_A$ 以后，由于横向钢筋约束了内裂缝的延伸和发展，粘结刚度增大，τ-s 曲线的斜率比无横向配筋试件（即 $A_{sv}/sd=0$）要大，A_{sv}/sd 越大，粘结刚度提高的就越多。有横向配筋试件

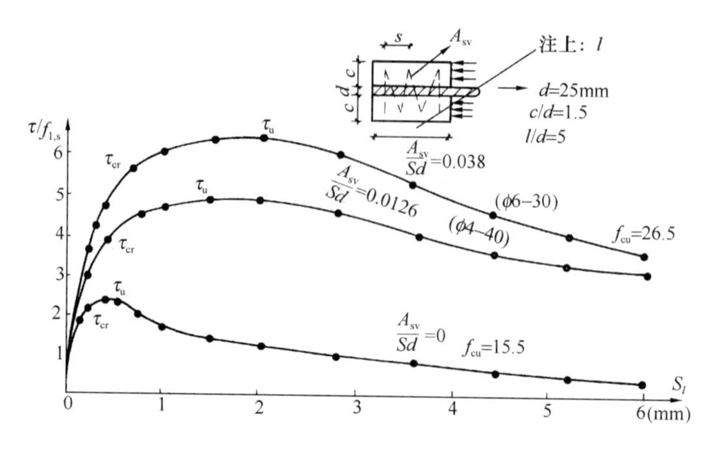

图 12.4.6　有横向配筋拔出试件的 τ-s 曲线

的劈裂粘结应力 τ_{cr} 比无横向配筋者有较大的提高，到达 τ_{cr} 时的滑移量 s 也相应增大。试件出现纵向裂缝以后，横向钢筋中应力显著增大，控制了纵向劈裂的开展，使荷载能继续增长。达到极限粘结强度 τ_u 时，肋与肋间混凝土被完全挤碎，发生沿肋外径圆柱面上的剪切滑动，钢筋被徐徐拔出，产生"刮犁式"的破坏。这时相对滑移已达 1～2mm，但由于滑移面上存在有很大的骨料咬合力及摩擦力，粘结强度并不降低，τ-s 曲线接近水平增长，直到 $s>3$mm 后，τ 才开始缓缓下降，表现了较好的粘结延性。由于横向钢筋的侧向约束作用，提高了摩阻力，使残余粘结应力也比无横向配筋试件有明显的提高。但横向配筋的作用是有一定限度的，横向配筋试件的 τ_u 值将不可能超过钢筋在大体积混凝土（$c/d>5$）中被拔出（剪切型破坏）的极限粘结强度。

12.4.2　反复循环荷载下的粘结强度和机理

在给定滑动振幅的反复循环荷载下，粘结应力退化的程度与控制的滑动量、循环次数及横向约束作用等因素有关，控制的滑动量愈大，经受反复循环荷载后的粘结应力，比单调加载时同样滑动量下的粘结应力降低的就越多。当控制滑动量为±0.1mm 及±0.5mm 时，经 10 次反复循环后粘结应力分别降低为单调加载时粘结应力的 55%及 35%，而粘结应力的降低在前 3 个循环最为显著，以后随循环次数的增加，降低的程度逐渐减小，如图 12.4.7 所示。

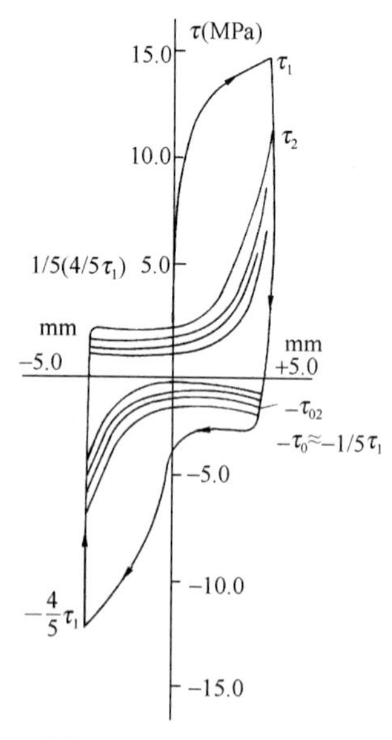

图 12.4.7　τ-s 滞回曲线

当以荷载控制反复循环加载时，在给定的荷载振幅下，τ-s 曲线如图 12.4.8 所示。曲线形态呈反 S 型，具有典型的滑移型滞回曲线的特征。值得注意的是，粘结应力的退化是以滑动增长的形式来表现的，为了达到所控制的粘结应力，随循环次数的增加，滑动量急剧增大。例如，控制粘结应力为±5MPa 时，第 1、5 及 10 次循环的滑动量，分别为 0.005mm，0.04mm 及 0.22mm。

反复拉压循环荷载下的 τ-s 曲线，在第二循环后反映出滑移型的滞回特征：①在滑动绝对值递减的 1/4 循环中，粘结刚度（软化）趋近于零；②在滑动绝对值递增的 1/4

循环中，粘结刚度急剧增大（强化）。这些特征可以用图 12.4.9 来说明。

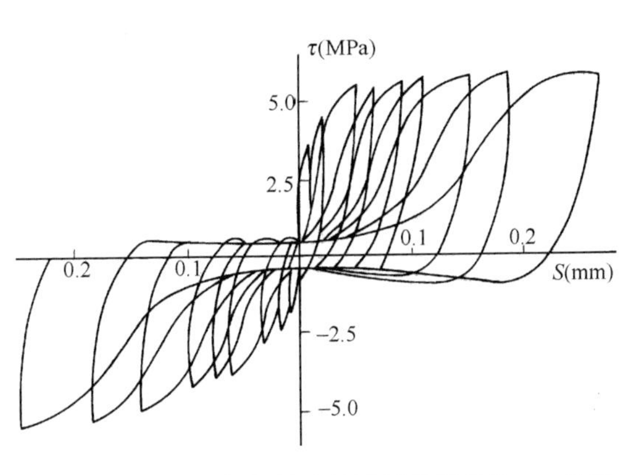

图 12.4.8　以荷载控制反复循环荷载下的 τ-s 曲线

在图 12.4.9 中，①为未加载状态；②为正向加载钢筋受拉达控制滑动量时肋的位移；③为卸载至零时，混凝土变形回弹很少，内裂缝未闭合，残余滑动使肋的两侧均存在空隙；④为反向加载后，钢筋受压向左移动，肋左侧空隙减小，这时反向滑动阻力（$-\tau$）主要为摩擦咬合作用，一旦摩擦阻力被克服，滑动阻力保持常值，钢筋肋在空隙间向左滑移，粘结刚度接近于零，反映在 τ-s 曲线上出现水平段；⑤为肋的左侧开始挤压混凝土，右侧内裂缝开始闭合，由于混凝土的不可恢复的局部变形仍存在有一定的空隙，距离加载端越近此空隙就愈大。继续反向加载，钢筋对肋左侧混凝土的挤压力增大，反向滑动也增加；⑥为当反向加载达控制滑动量时，肋左侧的混凝土已出现局部挤碎和内裂缝，这时，右侧斜裂缝完全闭合，但内部径向裂缝并不闭合，因此反向加载的粘结应力将低于正向加载时的粘结应力，约为其 4/5；⑦为反向加载卸荷至零时，钢筋和混凝土中同样有残余应力和残余滑动，只不过符号与③相反而已；⑧为第二次正向加载后，肋在空隙间向右滑移，反向残余滑动急剧减小。当滑动减少到零，钢筋继续向右移动再次出现正向滑动时，粘结应力增长很少。因为肋的右侧与混凝土间尚有空隙，还不产生挤压作用。因此，反映在 τ-s 曲线上的斜率较平缓。随着钢筋拉力的增大，沿钢筋埋长从自由端向加载端，肋的右侧逐渐与混凝土挤紧，粘结应力也逐渐增大，右侧内裂缝张开，左侧内裂缝闭合。

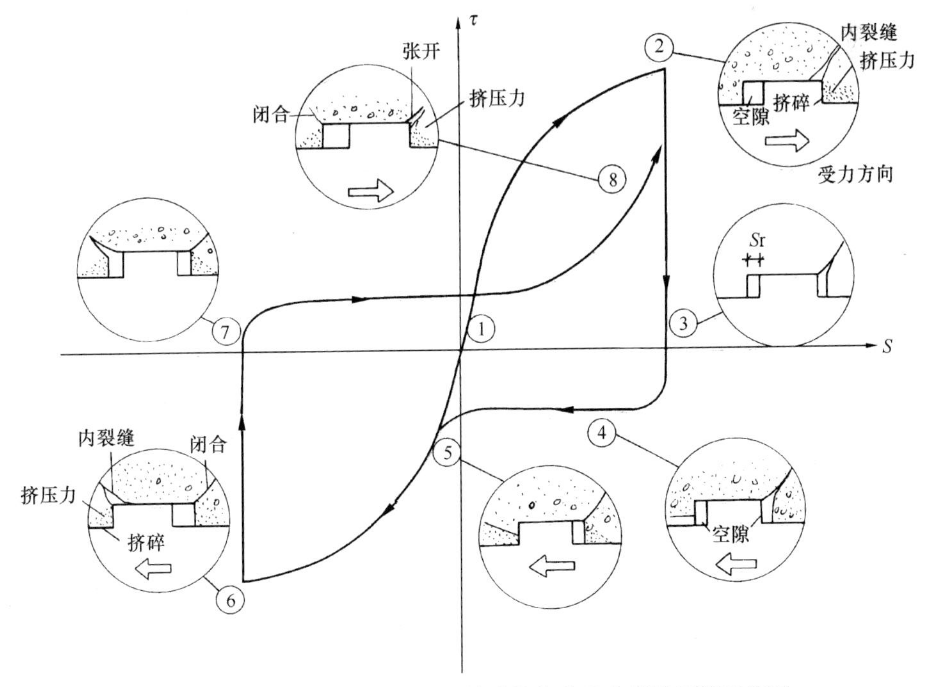

图 12.4.9　反复循环荷载下钢筋肋的位移及内裂缝开闭示意图

钢筋的滑动越接近于控制的滑动值，肋对混凝土挤压作用的范围和程度就越大，粘结刚度也急剧增大，反映在 τ-s 曲线上斜率变陡，因此在滑动值递增的过程中形成凸面向下的强化型曲线。当第二循环的正向加载达控制滑动量时，平均粘结应力将低于第一次加载时的平均粘结应力，这是因为在第一次加载到控制滑动量时（图 12.4.9 中②），右侧混凝土已出现不可恢复变形，如第二次加载采用同样的控制滑动量，则肋对混凝土的挤压力将小于第一次加载时的挤压力，而接触面的摩擦咬合作用也将有所削弱。如第二次正向加载采用荷载控制，显然第二次加载的滑动量必须超过第一次加载的滑动量，这才足以使右侧混凝土产生同样的挤压力。

随反复循环次数的增加，由于混凝土的局部挤碎及内裂缝的发展，使接触面“边界层”混凝土的破坏范围由加载端向内扩大。值得注意的是，在反复拉压荷载作用下，当荷载足够大时，正向加载与反向加载产生的二组内裂缝反复开闭，使裂缝逐渐相交，结果将使钢筋周围“边界层”混凝土很快被碾碎，导致粘结的显著恶化。同时，正反两个方向的反复滑动，使钢筋表面与混凝土骨料间的摩擦咬合作用，要比单向重复荷载下有更大的降低。控制的滑动量（或控制荷载）越大，交叉裂缝引起的加载端“边界层”破坏就越严重，沿钢筋长度上的摩擦咬合作用就越小，粘结强度降低就越多。

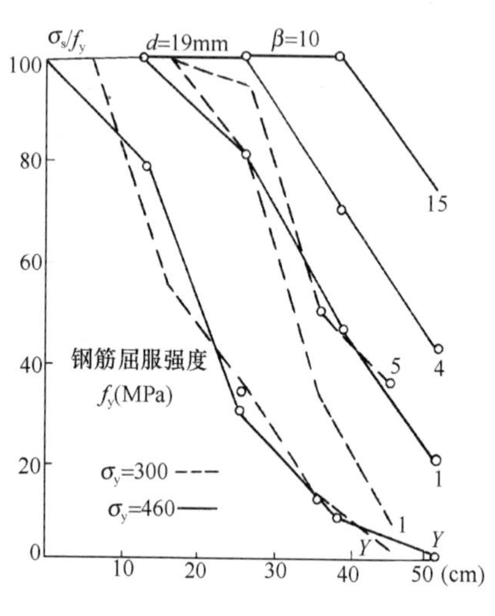

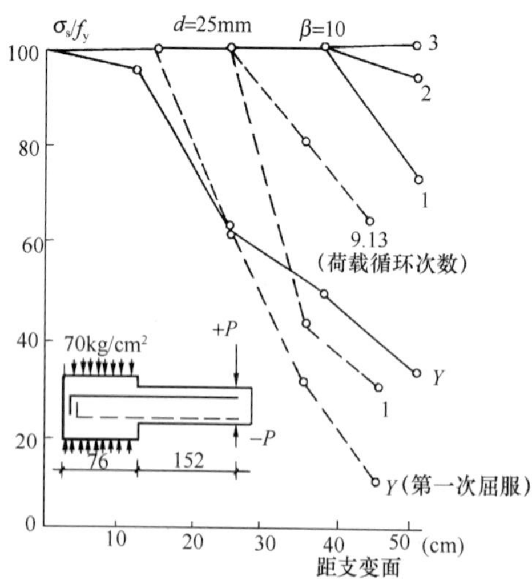

图 12.4.10　反复循环荷载下钢筋屈服范围进入支座的长度

12.4.3　反复循环荷载下的锚固粘结

在拉压反复循环荷载作用下，钢筋在锚固区的粘结性能对框架结构的动力反应是个基本的问题。进行伸臂梁在大变形（钢筋应力超过屈服强度后）反复循环荷载下的试验，用以模拟框架边柱节点的锚固条件。试验中量测了沿锚固长度上钢筋的应变及支座面处钢筋的滑动。

应变的量测表明，粘结退化是逐渐由支座边向内发展的，随荷载循环次数的增多，钢筋的屈服长度也由支座边向内发展，如图 12.4.10 所示，β 为梁端位移与其屈服位移之比。这是因为在大变形的反复荷载作用下，钢筋与混凝土的粘结作用很快失效。钢筋屈服应力进入支座的长度，与钢筋的直径、强度、控制荷载的变形 β 有关，如图 12.4.11 所示。如屈服强度为 460MPa、直径为 25mm 变形钢筋，当 $\beta=5$ 时，在第 10 个荷载循环屈服应力进入支座的长度为 25cm（相当于埋长 L_a 的 1/4）；当 $\beta=10$ 时，在第 3 个循环后，钢筋屈服长度即达 50cm（L_a 的 75%）。

根据量测的支座边钢筋的伸长计算得到，由于相对滑动及钢筋的流动所产生的梁端位移，可占全部梁端位移60%。因此，钢筋在支座处的锚固滑动，对于构件的刚度和吸收能量的能力有很大的影响，这是不容忽视的。

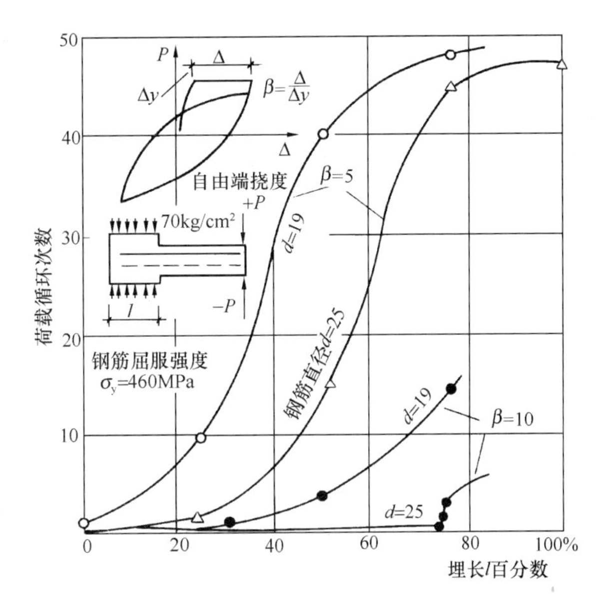

图 12.4.11　钢筋屈服范围进入支座长度与荷载循环次数的关系

通常，规范中按静载确定的锚固长度 L_a（约为 $30d$），对于承受大变形反复荷载的钢筋混凝土构件的钢筋锚固是显然不够的，试验中钢筋进入支座的屈服长度可达 15～$20d$。

非抗震设防区钢筋混凝土结构纵向受力钢筋锚固长度，可采用下式计算：

$$l_a = \zeta_b l_{ab} \qquad (12.4.1)$$

$$l_{ab} = \alpha \frac{f_y}{f_t} d \qquad (12.4.2)$$

式中　l_{ab}——受拉钢筋的基本锚固长度；

ζ_b——锚固长度修正系数，应考虑下列因素：①当带肋钢筋的公称直径大于25mm 时取 1.10；②环氧树脂涂层带肋钢筋取 1.25；③施工过程中易受扰动的构件取 1.10；④当纵向受力钢筋的实际配筋面积大于其设计计算面积时，修正系数取设计计算面积与实际配筋面积的比值，但对有抗震设防要求及直接承受动力荷载的结构构件，不应考虑此项修正；⑤锚固钢筋的保护层厚度为 $3d$ 时修正系数为 0.8，保护层厚度 $5d$ 时修正系数为 0.7，中间按内插值，d 为锚固钢筋的直径；当多余一项时，可连乘计算，但不应小于 0.6；

f_y——钢筋抗拉强度设计值；

f_t——混凝土轴心抗拉强度设计值，当混凝土强度等级高于 C60 时，按 C60 的取值；

d——锚固钢筋的直径；

α——锚固钢筋的外形系数，光圆钢筋为 0.16，带肋钢筋为 0.14。

当锚固钢筋的保护层厚度不大于 $5d$ 时，锚固长度范围内应配置横向构造钢筋，其直径不应小于 $d/4$；对梁、柱、斜撑等构件间距不应大于 $5d$，对板、墙等平面构件间距不应大于 $10d$，且均不应大于 100mm，d 为锚固钢筋直径。

当纵向受拉普通钢筋末端采用弯钩或机械锚固措施时，包括弯钩或锚固端头在内的锚固长度（投影长度）可取基本锚固长度 l_{ab} 的 60%。

非抗震设防区混凝土结构的纵向受压钢筋，当计算中充分利用其抗压强度时，锚固长度不应小于相应受拉锚固长度的 70%。

抗震设防区混凝土结构构件纵向受拉钢筋的锚固长度应根据锚固条件按式（12.4.3）计算，且不应小于250mm。

$$l_{aE}=\zeta_{aE}l_a \tag{12.4.3}$$

式中 l_{aE}——纵向受力钢筋的抗震锚固长度；

ζ_{aE}——纵向受力钢筋抗震锚固长度的修正系数，对于一、二级抗震等级取为1.15，对于三级抗震等级取为1.05，对于四级抗震等级取为1.00；

l_a——不考虑抗震的受力钢筋锚固长度。

对于地震区的框架梁伸入边柱的梁纵向钢筋，应伸过柱中心线在柱远边弯折，而钢筋伸入的直线段长度应大于15d。钢筋弯折端直线段长度应大于10d。伸入柱中钢筋的总长度应比式（12.4.3）中规定的锚固长度再增加（5～10)d。框架梁上部纵向钢筋应贯穿中间节点，并宜在柱轴线附近增加附加锚固措施。梁的下部钢筋伸入中柱节点的总长度同样应比式（12.4.3）中规定的锚固长度增加（5～10)d，并应伸过柱中心线5d。

12.4.4 钢筋的搭接长度

由于钢筋长度不够或设置施工缝的要求，需要将受力钢筋搭接，即将两根钢筋的端头在一定长度内并放，通过搭接钢筋之间的混凝土，将一根钢筋的拉力传递给另一根钢筋。这种传力方式实际上是通过钢筋与混凝土之间的粘结力来传递的，位于两根搭接钢筋之间的混凝土受到肋的斜向挤压力作用，有如一斜压杆（图12.4.12）。肋对混凝土的斜向挤压力的径向分力同样使外围保护层混凝土受横向拉力。由于搭接区段外围混凝土承受着由两根钢筋所产生的劈裂力，当搭接长度不足，或缺乏必要的横向钢筋时，将出现纵向劈裂破坏。

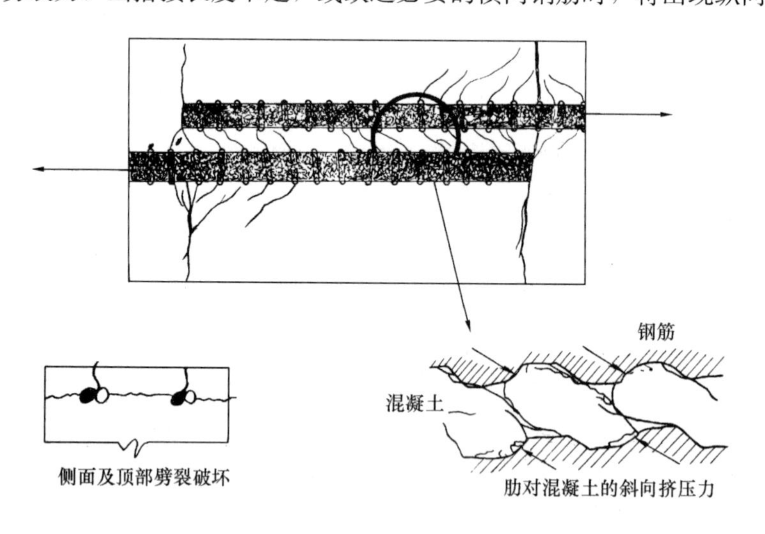

图12.4.12 受拉钢筋的搭接

图12.4.13为沿搭接长度 l_l 上钢筋应力 σ_s，粘结应力 τ 的分布图形。从图中可见，σ_s 近乎直线下降，粘结应力 τ 变化不大，仅在受力端有所增大，这正是劈裂裂缝从受力端横向裂缝处开始的原因。

梁、板的搭接钢筋试验结果表明，搭接区段的极限粘结强度 τ_u 同样与混凝土抗拉强度成正比，与相对搭接长度 l_l/d 呈线性关系。相对保护层厚度 c/d 及钢筋净间距是影响 τ_u 的重要因素，净间距及 c/d 的减小将使纵向劈裂裂缝较早出现，使钢筋强度不能得到充分利用。我国《混凝土结构设计规范》规定，对于同一截面搭接百分率为25%时，不加焊的受拉钢筋接头的搭接长度 l_l 不应小于 $1.2l_a$，对于同一截面受拉钢筋搭接百分率为50%时，l_l 不应小于 $1.4l_a$，此处 l_a 为受拉钢筋的锚固长度。受压钢筋的搭接长度不应小于 $0.85l_a$，且不小于 $20d$；并要求在受拉钢筋搭接长度范围内，应设置直径为 $\phi 6$ 的箍筋，其间距不大于 $5d$，当搭接钢筋为受压时，箍筋直径不小于 $d/4$，其间距不大于 $10d$（d 为搭接钢筋的直径）。在一般情况下，地震区的框架梁、柱纵向受拉钢筋的接头应采用机械连接或焊接。

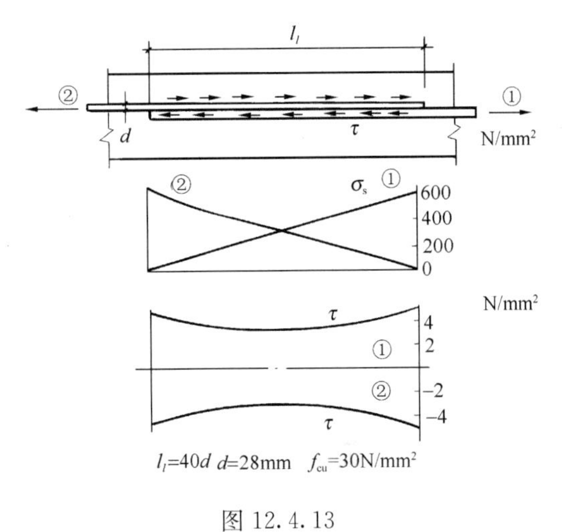

图 12.4.13

12.5 钢筋混凝土构件的极限变形与延性[9,10,12]

所谓延性，就所考虑问题的范围，可以分为材料、截面、构件或整个结构的延性。混凝土和钢材的延性已在前面讨论过了，本节将着重讨论钢筋混凝土构件的极限变形和延性。延性是指截面或构件在承载能力没有显著下降的情况下承受变形的能力，或者说，延性的含义是破坏以前截面或构件能承受多大的后期变形能力。图12.5.1为受弯构件荷载-位移曲线。该图表示钢筋屈服时的位移，或构件的荷载-位移曲线发生明显转折时的变形；Δu 表示极限荷载时的变形，或荷载下降到（0.8～0.9）倍极限荷载值时的位移。后期变形能力通常用塑性变形 $\Delta u-\Delta y$，或位移延性比 $\Delta u/\Delta y$、曲率延性比 ϕ_u/ϕ_y，或转角延性比 $\theta u/\theta y$ 来表示。这是度量截面或构件延性的一种指标（或系数），延性比大说明截面或构件的延性较好，反之，延性就较差。脆性破坏是指到达最大承载能力后，构件突然破坏，后期变形能力很小，如图12.5.1中虚线所示。

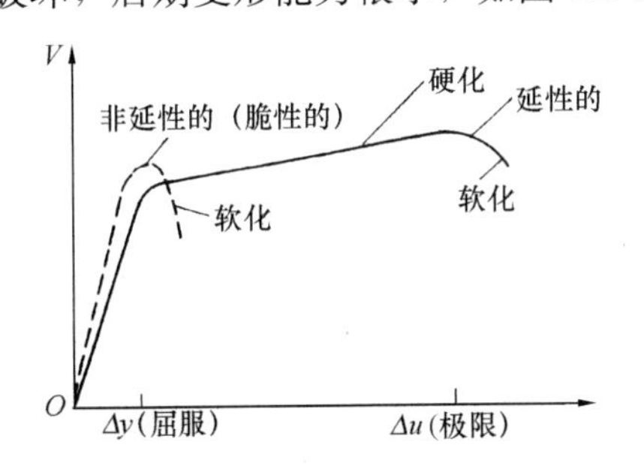

图 12.5.1　受弯构件荷载-位移曲线

由于脆性破坏是突然的，缺乏足够的预兆，难以采取应急措施防止倒塌以避免人员伤亡。因此在各国的结构设计规范中对于脆性破坏的构件均要求有较高的安全度指标，并对截面配筋率加以限制，以保证必要的延性。

要求结构构件具有一定的延性，其重要作用还在于它能使结构适应偶然的超载、荷载的反复、基础沉降和体积变化（温度、收缩作用）而产生的内力和变形，而这些因素在通常的设计中一般是不考虑的。延性构件的后期变形能力，可以作为出现上述各种意外情况时的安全储备。

钢筋混凝土超静定结构的塑性设计方法，要求结构的某些临界截面区能形成塑性铰，以使整个结构形成机构，完成内力的塑性重分布，到达极限荷载。显然，只有当形成塑性铰的这些截面具有足够的延性时，才能满足这个要求。

对于抗震设防区的结构，一个很重要设计要求是结构具有良好的延性。这是因为在强烈地震作用下结构将进入弹塑性状态，由弹性后的变形来吸收和耗散地震能量，以抵抗地震作用，并能更有效地防止结构物倒塌破坏，减少财产和人员生命的损失。

12.5.1 弯矩-曲率曲线

众所周知，平衡配筋的梁当达到极限承载力时，纵向受拉钢筋的屈服与压区混凝土压碎同时发生，对此理论上的延性比应为零。因此在抗震设计中，梁的纵向配筋率应有限制，要远比平衡配筋率为低，以保证梁有足够的延性。

图 12.5.2 表示了不同配筋率梁的弯矩-曲率关系。受拉钢筋的配筋率在 0.735％到 4.84％范围内变化，其中试件 L3-14 和 L3-15 为超筋梁，这两根梁是由于混凝土压碎而破坏的，破坏时受拉钢筋的应力并未达到屈服极限。在图中同样表示出了理论计算所得的弯矩-曲率曲线。从图中的曲线表明，随着配筋率和钢筋屈服强度的提高与混凝土强度的降低，亦即名义混凝土压区相对高度系数 ζ 的增大，截面延性降低。在高配筋率的情况下，弯矩达到峰值后弯矩-曲率曲线就很快出现下降，并且下降得较剧烈，但在低配筋的情况，弯矩-曲率曲线能保持有相当长度的水平段，然后曲线才缓慢下降，水平段的长度与 ζ 值的大小有关。从混凝土出现裂缝到受拉钢筋屈服这一阶段，弯矩-曲率曲线基本上保持为直线，斜率较混凝土开裂前小。

图 12.5.3 表示了轴力对截面弯矩-曲率曲线的影响。在试件 L3-9 和 L3-11 中施加的轴力分别为 80kN 和 120kN，这两根试件都属于大偏心受压破坏的形态。它首先使跨中最大弯矩截面处的受拉钢筋达到屈服，然后随着裂缝向上发展，压区不断减小，最后导致压区混凝土压碎而破坏。为了对比，在图 12.5.3 中同样表示出了试件 L3-7 的弯矩-曲率曲线，试件 L3-7 未加轴力，为受弯构件，它的配筋率与试件 L3-9 相仿。由图 12.5.3 中曲线可见，随着轴力的增大，弯矩-曲率曲线中的水平段减小，截面的延性亦随之降低。在图中同样表示出了理论计算求得的弯矩-曲率曲线。

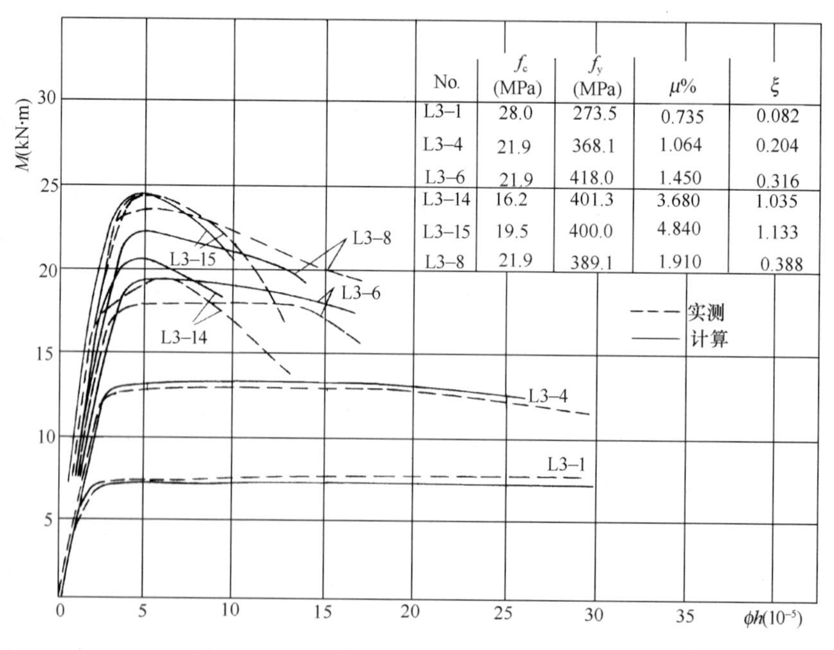

No.	f_c (MPa)	f_y (MPa)	μ%	ξ
L3–1	28.0	273.5	0.735	0.082
L3–4	21.9	368.1	1.064	0.204
L3–6	21.9	418.0	1.450	0.316
L3–14	16.2	401.3	3.680	1.035
L3–15	19.5	400.0	4.840	1.133
L3–8	21.9	389.1	1.910	0.388

图 12.5.2 配筋率对弯矩-曲率曲线的影响

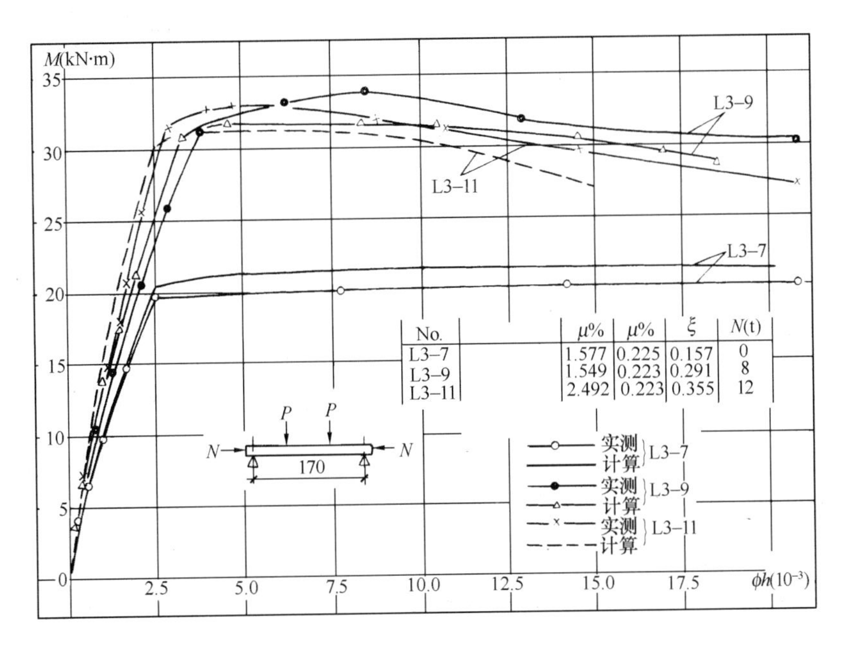

图 12.5.3 轴力对弯矩-曲率曲线的影响

图 12.5.2 中的试件 L3-6 和图 12.5.3 中的试件 L3-7 均为受弯构件，二根试件的受拉配筋率基本相等，而试件 L3-6 未配置压筋，试件 L3-7 中配置了压筋，其受压配筋率为 0.223%。从上述二图的比较中可见，配置压筋的试件 L3-7 的延性明显地优于试件 L3-6。由此可见，由于有了压筋，减少了名义混凝土压区相对高度系数，从而显著地改善了构件的延性。

12.5.2 无约束截面的延性比

无约束截面是指在非地震设防区钢筋混凝土结构的普通配箍方式，不因考虑地震作用改善延性而加强箍筋设置。

截面延性比 β_ϕ 可采取曲率的比值来表示，而构件延性比 β_θ 或 β_f 可采用转角 θ 或位移 f 的比值来表示。通常以位移作为构件延性比的标准。关于延性比的取值标准，目前尚无明确统一的定义，取法不一。顾名思义，屈服变形理应是受拉钢筋刚屈服时相应荷载下的变形值，在一般情况下，它刚好反映在变形曲线上的明显拐点。但是，例如剪力墙那样的结构，钢筋是分布设置的，当最外缘一排钢筋受拉刚屈服时的荷载并不与变形曲线上的明显拐点一致。又如超筋梁和由混凝土强度控制的压弯构件，在确定延性比时关于屈服变形的取值也是不明确的。有关极限变形的取值标准也不统一。通常是以最大荷载值持续到开始卸载时的变形值作为极限变形值，但有时也以最大荷载值下降到 80%～90%时的变形值作为极限变形值。

图 12.5.4 给出了一个钢筋对称布置的柱截面轴力 N 与弯矩 M 相互作用曲线和 N-ϕh_0 关系曲线的分析结果[13]。图中的曲线 1 分别表示混凝土极限应变为 0.004 时计算得出的 N-M 曲线和 N-ϕh_0 曲线。而曲线 2 则分别表示与受拉钢筋首次达到屈服时各点相对应的 N 和 M 组合及其 ϕh_0 值。曲线 2 不会出现在大小偏心受压界限的平衡点以上，在小偏心受压情况下，受拉钢筋是不会屈服的。在平衡点 N-M 曲线以下，曲线 1 和曲线 2 很接近，这表明在屈服之后承载能力提高不多。在 N-ϕh_0 曲线平衡点以下，曲线 1 和曲线 2 则相互

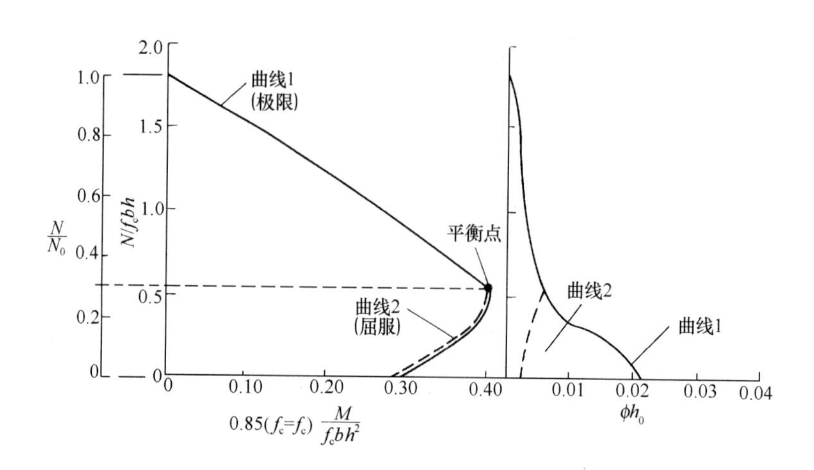

图 12.5.4 柱截面的强度与延性

分离，并随轴力 N 的减小，二者差异增大。

图 12.5.5 表示了曲率延性比 β_ϕ 随名义混凝土压区相对高度系数 ξ 的变形规律。根据图 12.5.5 的实测值，可得出以下经验公式：

$$\text{单调加载}\quad \beta_\phi=\frac{1}{0.04+\xi}\qquad (\xi\leqslant 0.5)$$

$$\text{周期加载}\quad \beta_\phi=\frac{1}{0.035+0.65\xi}\qquad (\xi\leqslant 0.5)\tag{12.5.1}$$

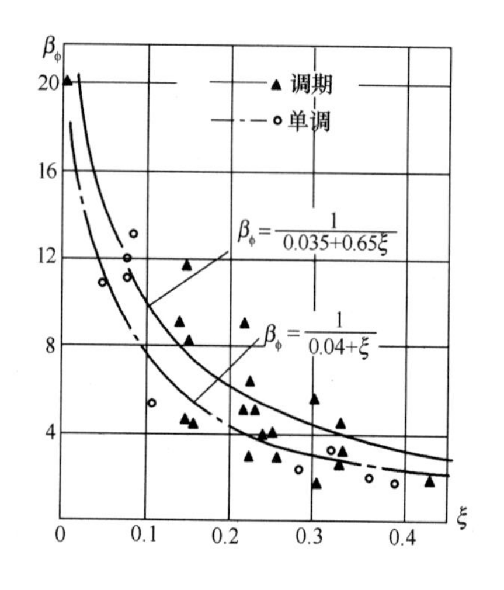

图 12.5.5 曲率延性比 β_ϕ 值图

从图 12.5.5 的实测值可知，曲率延性比 β_ϕ 随名义混凝土压区相对高度系数 ξ 的增大而减小，并且随着系数 ξ 值的增大，曲率延性比 β_ϕ 的变化更加平缓。在周期反复荷载下的曲率延性比 β_ϕ 要大于单调荷载下的数值。

12.5.3 无约束构件的延性比

弯曲破坏为主的钢筋混凝土构件，其破坏区往往集中在一个较小的区段内，例如框架梁和柱的端部，通常称其为塑性铰区。适筋梁塑性铰区的形成，开始于若干开裂截面纵筋的屈服，随着纵筋的屈服变形增大，裂缝不断张大，混凝土受压区逐渐减小，使裂缝截面的曲率迅速增长。同时，纵筋与混凝土间粘结的破坏，使裂缝间受拉钢筋的应力逐趋均匀，最后受压区边缘混凝土压碎而达极限承载力。从纵筋的屈服到强度极限，构件变形主要由铰区的塑性转动提供，若用箍筋约束提高其塑性转动能力，对提高框架结构的抗震性能十分重要。

塑性铰区长一般可由曲率沿构件长的分布来确定。适筋梁和大偏心受压柱破坏时沿构件纵向的曲率分布如图 12.5.6 所示。若截面纵筋开始屈服时的曲率为 ϕ_y，则破坏时在区段长为 l_y 的范围内纵筋全部达到屈服（l_y 为屈服区段长）（图 12.5.6b），此时最大弯矩处

曲率 ϕ_c 已远远超出 ϕ_y 值，而裂缝截面的曲率较未开裂截面曲率大，使曲率沿构件长呈波动型衰减变化。以最大弯矩处位移相等原则得出等效曲率分布图（图 12.5.6c），其可分为两部分：塑性变形区，曲率值为 ϕ_c，区段长 l_p；弹性变形区，以屈服曲率 ϕ_y 及构件截面开裂时曲率 ϕ_{c0} 为拐点的两线型变化关系。等效曲率分布图中塑性集中变形区段长即为塑性铰区长度。

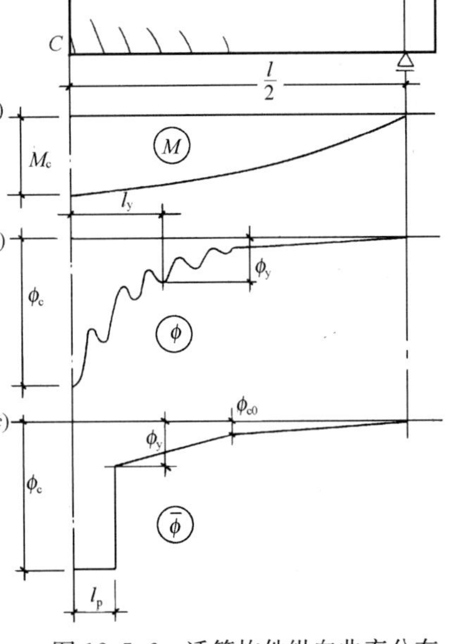

图 12.5.6　适筋构件纵向曲率分布

适筋梁和大偏心受压柱在极限承载力时，塑性铰区长度与截面有效高度之比 l_p/h_p 一般为 0.2～0.5。而屈服区段长与截面有效高度之比 l_y/h_0 约为 1.0～1.5。塑性铰区变形的发展与弯矩分布梯度、剪力引起的斜裂缝、钢筋与混凝土间粘结等状况有关，故塑性铰区长度值一般较离散，但随混凝土受压区相对高度系数 ξ 或轴压比的增长，l_p/h_0 的比值将减小。

根据纵筋屈服和荷载达最大值时的曲率沿杆长的分布图（如图 12.5.6 所示），按结构力学的一般方法不难求出构件的位移（Δy 和 Δu）或转角（θy 和 θu），并据此可得出构件的位移延性比 $\beta_f=\dfrac{\Delta u}{\Delta y}$ 或转角延性比 $\beta_\theta=\dfrac{\theta u}{\theta y}$。

图 12.5.7 表示了根据试验结果得出的实测位移延性比 β_f 与名义混凝土压区相对高度系数 ξ 的变化规律。

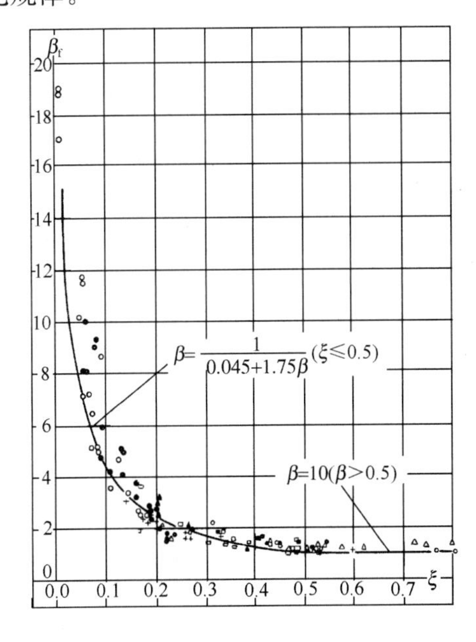

图 12.5.7　位移延性比 β_f 值图

实测位移延性比 β_f 值，可按以下的经验公式计算：

$$\beta_f=\frac{1}{0.045+1.75\xi}(\xi\leqslant 0.5) \tag{12.5.2}$$

从图 12.5.7 中实测数据的分布可知，随着名义混凝土压区相对高度系数 ξ 值的减小，延性比随之增大，并且变化愈来愈剧烈，压筋的影响十分有利，尤其是对称配筋的梁具有极好的延性。同时与图 12.5.5 进行比较，曲率延性比 β_ϕ 值大于位移延性比 β_f 值。钢种、混凝土强度等级和加载方式对延性比的影响并不明显。周期反复荷载下的位移延性比 β_f 略高于单调荷载下的数值，但二者相差不大。

12.6 约束构件的延性比

12.6.1 含箍特征值和箍筋形式的影响

许多研究表明，中心受压的混凝土棱柱体，由于配置箍筋，限制了混凝土的横向变形，从而提高了它的抗压强度和轴向变形能力。一般认为，配置螺旋形箍筋比普通方箍约束效果更为明显。这说明配箍形式不同，约束混凝土的作用也不同。如图 12.3.8 和图 12.3.9 所示，将配有复合箍和配有普通方箍的混凝土棱柱体，在中心受压时，试验测得的应力-应变全曲线作了对比。两组试件具有相同的含箍特征值。但对比结果表明，配有复合箍的棱柱体的强度和峰值应变比普通方箍的试件均有较大幅度的提高，这种约束效果的改善特别表现在曲线的下降段变得平缓，它充分说明了限制混凝土的横向变形复合箍比普通方箍更为有效，从而提高了构件的延性。

同时，有效的配箍形式能提高混凝土的延性，这同样在钢筋混凝土柱的试验结果中得到了证实。图 12.6.1 表示了对称配筋柱在不同箍筋形式下位移延性比 β_f 随配箍特征值 λ_s 的变化规律。在对称配筋柱中，混凝土压区相对高度系数 ξ 即为柱的轴压比，$\xi=\frac{N}{f_c bh}=0.3$。从图中可见，配有螺旋箍和复合箍的钢筋混凝土柱比配有普通方箍的柱具有更大的位移延性比，并且随着含箍特征值的提高，位移延性比的提高幅度也越大，且随 λ_s 几乎按直线增长。与非地震区的普通构造配箍柱相比，由式（12.5.2）计算得出的位移延性比只有 1.75，它比箍筋加强柱的位移延性比低得多。

提高含箍特征值 λ_s，增强对受压混凝土的约束作用，以改善它的变形性能，这在承受轴压为主的钢筋混凝土柱中，效果更为明显。在相同的轴压比下，经配箍加强的钢筋混凝土长柱的位移延性比 β_f 随 λ_s 几乎直线增长（图 12.6.1）。与普通构造配箍柱相比，由式（12.5.2）计算位移延性比只有 1.75，比箍筋加强柱的位移延性比都低。

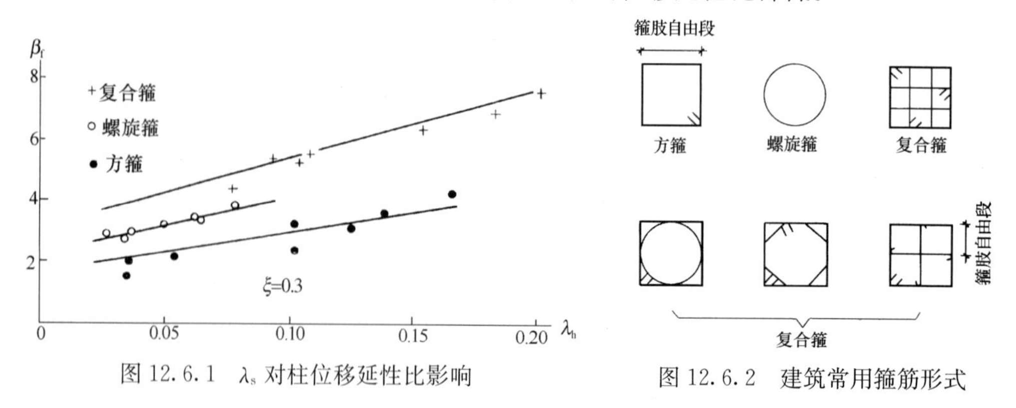

图 12.6.1 λ_s 对柱位移延性比影响

图 12.6.2 建筑常用箍筋形式

我国建筑常用的箍筋形式有普通方箍、螺旋箍及复合箍（图 12.6.2）。从受压约束混凝土破坏机理分析，箍筋约束作用在受压混凝土应力接近或达到抗压强度极限时，才得以充分发挥。此时由于核芯受压混凝土横向变形的急剧增长，箍筋受力增大，使箍筋所在平面内的箍肢自由段发生向外弯曲，箍筋平面形态也由此渐趋稳定。普通方箍有较长的箍肢自由段，对受压核芯混凝土的横向变形约束效果相对较差，在普通方箍内附加任何一种形式的拉结筋组成复合箍，都能减小箍肢自由段长度，因而约束效果较普通方箍好。螺旋箍由于其平面状态稳定，一般认为它具有最佳约束效果。有效的箍筋形式，使受压混凝土达极限强度后，承载能力下降缓慢，残余强度高，极限应变大，因而具有良好的延性。

12.6.2 约束构件的位移延性比

从图 12.6.1 的对比中还可看出，当 $\xi=0.3$ 时，相对于配置普通方箍的柱位移延性比，螺旋箍平均提高约 1.4 倍，而复合箍提高约 1.6 倍。

为了反映配置不同形式箍筋对钢筋混凝土柱延性的影响，特引入含箍特征值的修正系数 α。因此 α 值定义为：在相同的混凝土名义压区相对高度系数下，欲获得同样的延性比时，钢筋混凝土柱配置普通方箍或其他形式箍，两者所需含箍特征值之比。若比值 $\alpha>1$ 时，恰好说明有效的配箍形式只需配置较小的含箍率，便可同样达到配置较高含箍率下普通方箍柱所具有的延性比。

在经约束加强的钢筋混凝土柱的位移延性比经验公式中，除反映轴压比影响外（式 12.5.2），还应考虑含箍率及箍筋形式对延性的影响。

引入配箍特征参数，它等于含箍特征值 λ_s 与箍筋形式系数 α 的乘积。α 取为箍肢自由段长度和外圈封闭箍以外的附加箍含量的函数，经 80 个试件统计所得的 α 值如表 12.6.2 所示。用轴压比及配箍特征参数 $\alpha\lambda_s$ 表示的柱位移延性比为：

$$\beta_{fm}=\frac{\sqrt{1+6\alpha\lambda_s}}{0.045+1.75\xi} \tag{12.6.1}$$

$$\beta_{fu}=\frac{\sqrt{1+30\alpha\lambda_s}}{0.045+1.75\xi} \tag{12.6.2}$$

箍筋形式系数 α　　　表 12.6.1

普通方箍	复合箍、螺旋箍
1.0	2.0

式中：β_{fm} 为柱达到极限承载力时的位移与屈服位移的比，而 β_{fu} 为柱承载力下降 10% 时的位移与屈服位移的比。

12.7 钢筋混凝土柱滞回曲线

钢筋混凝土框架柱主要承受结构的轴向荷载和弯矩，同时也承受剪力的作用。钢筋混凝土框架柱的剪切破坏和小偏心受压破坏具有脆性破坏的特点而使结构延性大为降低，对结构抗震不利。大偏心受压下的弯曲破坏，柱受拉一侧钢筋首先屈服，然后受压侧钢筋屈服、混凝土压碎，出现与双面配筋适筋梁类似的破坏形态，具有塑性破坏的性质，对钢筋混凝土框架抗震有利。

在周期反复荷载作用下，在压弯构件达到屈服之后，构件加载与卸载刚度逐步降低，并且这种刚度的降低随着加载循环次数的增加而越来越剧烈，具有明显的蜕化现象。构件在开始反向加载阶段，由于钢筋的粘结滑移，荷载稍有增长而位移却增长较快，加载曲线出现明显的滑移段，但随着荷载的继续增加，原处于受拉区的混凝土裂缝逐步闭合，构件刚度有明显的提高，加载曲线的走向基本上是指向历史上到达过的最大位移点，然后再沿骨架线前进。在开始卸载阶段，位移的变化有明显的滞后现象，卸载曲线几乎平行于荷载轴；随着荷载继续下降，构件刚度明显降低，而在卸载接近于零时，曲线也有明显的滑移段。

12.7.1 纵筋配筋率的影响

钢筋混凝土框架柱一般均采取对称配筋形式，以承受水平反复的地震作用。柱纵筋配筋率的提高，不但提高了柱的承载力，而且柱耗散地震能量的能力也得到了提高。在不同纵向钢筋配筋率下，荷载 P 与柱端位移 f 的滞回曲线的比较如图 12.7.1（a）、（b）所示。在图 12.7.1（a）中的试件 L2-3 单面纵筋配筋率为 0.467%，而图 12.7.1（b）中试件 L2-18 则提高到 2.54%。柱极限荷载由 54kN 提高到 83kN，P-f 曲线的滞回环由明显的捏拢形变为丰满形。若将图 12.7.1 中的荷载和位移坐标换成相对比值 P/P_u 和 f/f_u，此

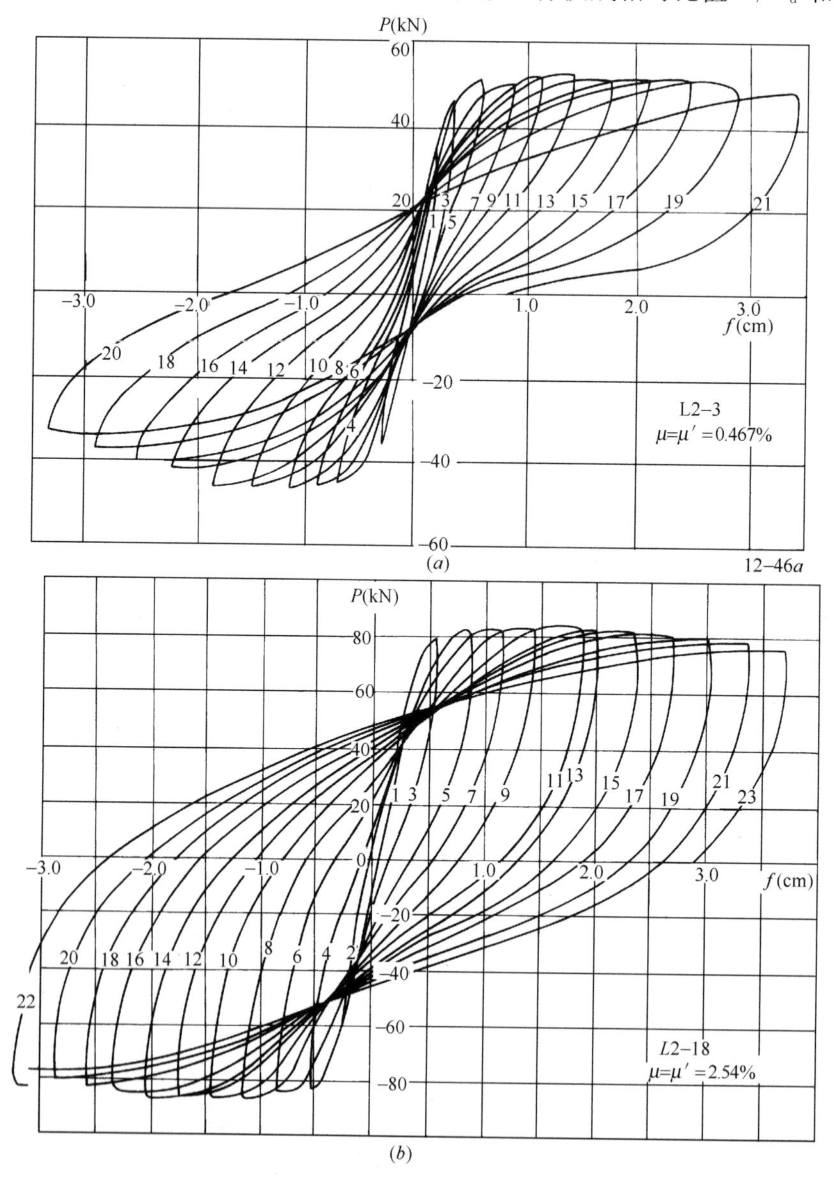

图 12.7.1 纵筋配筋率对柱 P-f 曲线的影响

处 P_u 和 f_u 相应为极限荷载值与极限荷载下的位移，则纵向配筋率对滞回环的影响如图 12.7.2 所示。从图中可见，在相等位移比下单个滞回环面积随纵向配筋率的提高而增大，

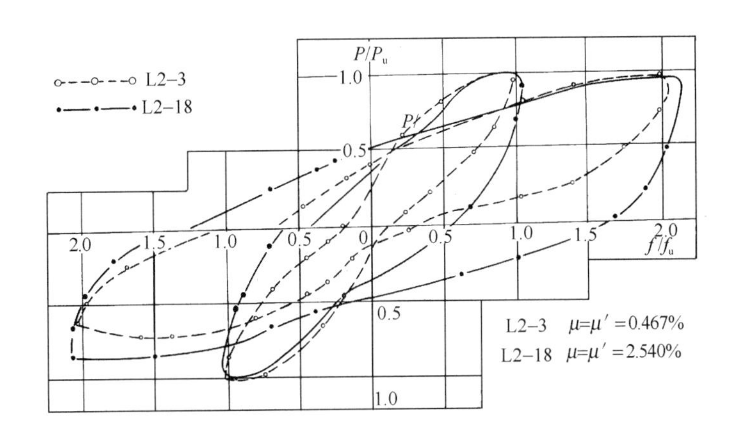

图 12.7.2 纵筋配筋率对柱耗能能力的影响

说明耗能性能明显改善。为了改善钢筋混凝土柱的变形性能，我国规范规定柱纵向钢筋的最小总配筋率为 0.5%～1.0%，并视柱在框架中的部位及框架抗震等级而定。

12.7.2 轴压比的影响

在图 12.7.3 中相应地表示了在不同轴压比条件下，试件 L2-22 和 L2-21 的荷载-位移滞回曲线，其相应的轴压比 N/bh_0f_c 分别为 0.266 和 0.459。若以名义混凝土压区相对高度系数 ξ 来表示，则相应的 ξ 值分别为 0.243 和 0.419。

由图 12.7.3 所示滞回曲线可见，随着轴压比的提高，滞回环愈益呈现出捏拢现象，延性明显下降。由于对称配筋的关系，即使压区混凝土已发展到破损的情况下，构件的强度仍未表现出有下降的趋势，还具有较高的承载能力，表明延性极好。为了进行对比，在图 12.7.4 中同样表示了不同轴压比对单个滞回环的影响。所对比的构件具有相同的配筋率及配箍率。图中的纵向和横向坐标相应地取荷载和位移极限值的相对比值。

12.7.3 箍筋的影响

为了探讨箍筋对构件滞回曲线及其延性的影响，在试件 L2-7 和 L2-9 中分别配置了间距为 15、3.75cm 的矩形封闭式箍筋，箍筋直径均为 $\phi6$。图 12.7.5 为试件 L2-7 和 L2-9 的荷载-位移滞回曲线，轴力相应为 125.7kN 和 132kN，轴压比为 0.170 和 0.168，名义混凝土压区相对高度系数 ξ 分别为 0.155 和 0.153。

为了便于比较，在图 12.7.6 中同样表示了不同箍筋间距对单个滞回环的影响，图中坐标同样采取了相对值。从上述各图的比较中可见，加密箍筋能改善构件的延性性能，提高构件的延性比和吸收能量的能力，尤其显著地改善了荷载达到峰值以后阶段的滞回特性，骨架曲线的下降段明显地变为平缓，不致使构件发生突然性的破坏，这对构件的抗震性能的改善极为有利。

综上所述，试验结果表明，构件的纵向配筋率、配箍率与轴压比等因素，对构件的滞回特性、延性及其耗能能力都有明显的影响。随着箍筋的加密，滞回环更加丰满，构件延性提高，耗能能力增加，而轴压比的增加却使滞回环变得更加捏拢，延性降低。由于对称

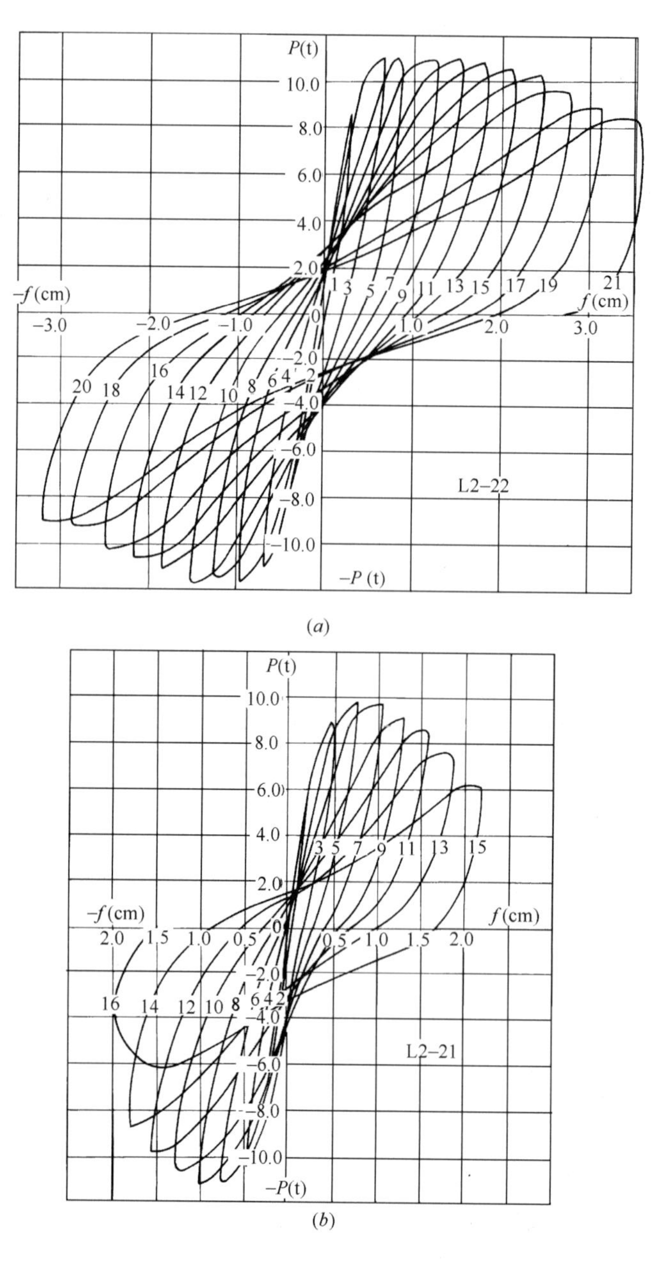

图 12.7.3　荷载-位移滞回曲线

（a）试件 L2-22，N=176kN；（b）试件 L2-21，N=291kN

配筋的缘故，纵向配筋率的提高，使构件的耗能能力和延性同样也得到了改善。轴压比和配箍率对构件的破坏形态有较大影响，当轴压比较大时，压区混凝土破碎较为严重，而箍筋间距过大，配箍率减小，则将使纵向钢筋过早压屈，影响构件的变形能力。

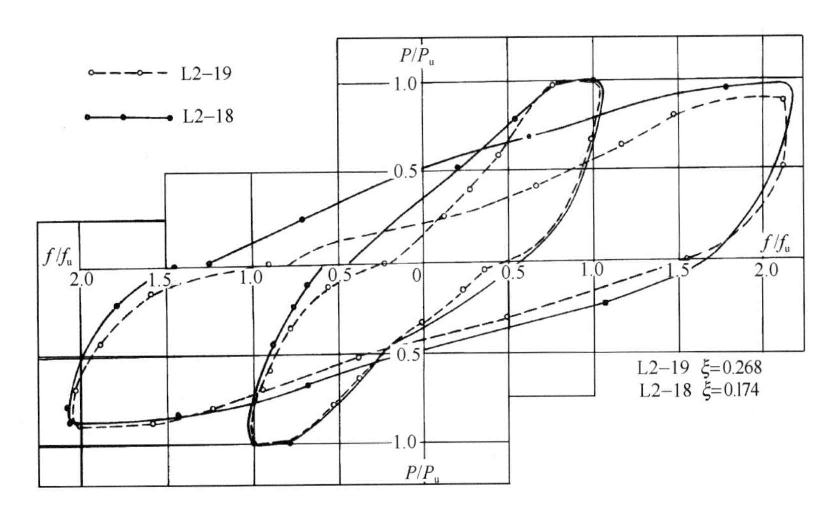

图 12.7.4　轴压比对滞回环的影响图

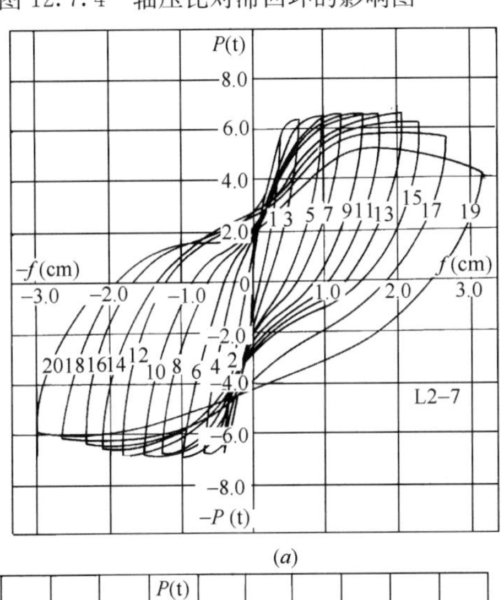

(a)

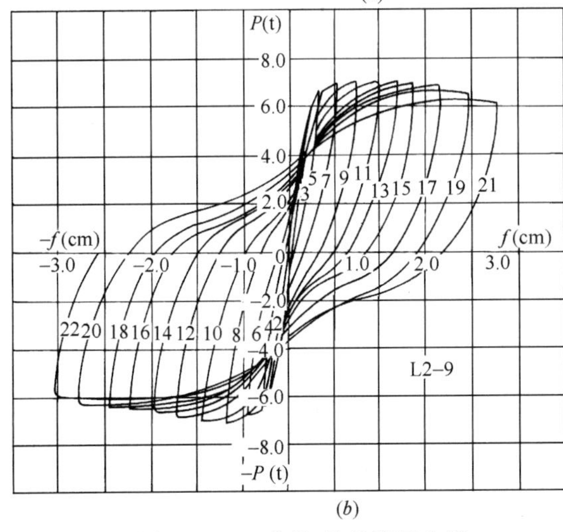

(b)

图 12.7.5　荷载-位移滞回曲线

(a)试件 L2-7,箍筋间距 15cm;(b)试件 L2-9,箍筋间距 3.75cm

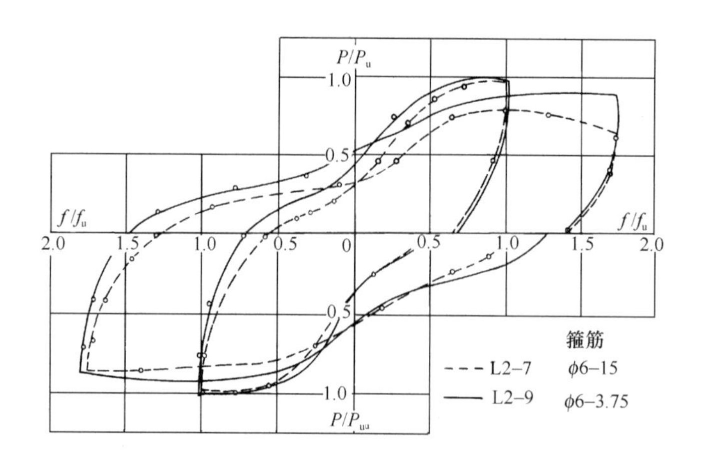

图 12.7.6　箍筋对滞回环的影响

12.8　由钢筋粘结滑移产生的附加变形

结构物在遭受地震作用时，由于结构构件伸入节点或基础主筋的粘结滑移以及节点区的变形，往往使结构产生较大的附加变形，这在结构非弹性地震反应分析中，是个不容忽略的因素。试验结果表明，主要由钢筋粘结滑移所引起的节点区附加变形约占总变形量的$\frac{1}{4}\sim\frac{1}{3}$，并且随着反复循环加载次数的增多，附加变形量更为可观。

图 12.8.1 给出了典型的实测荷载与中间节点区钢筋变形滞回曲线。由于节点刚度很大，节点区钢筋的变形主要是由粘结滑移所产生，因而可将图 12.8.1 简称为钢筋粘结滑移滞回曲线。

图中横坐标为所测钢筋伸缩长度。图 12.8.1 中的曲线表明，当钢筋受拉时滑移量较大而受压时滑移量则相对较小，并且随着加载循环次数的增加，受拉钢筋的滑移量亦越大，但受压时钢筋的滑移量无多大变化。同时，实测还表明，当构件名义混凝土压区相对高度系数 ξ 较小时，节点区钢筋粘结滑移量往往较大，反之则滑移量较小。

如果将节点区上下两边钢筋的实测变形量换算成附加的滑移转角 θ_s，则可得到弯矩 M 与滑移转角 θ_s 的滞回曲线，如图 12.8.2 所示。

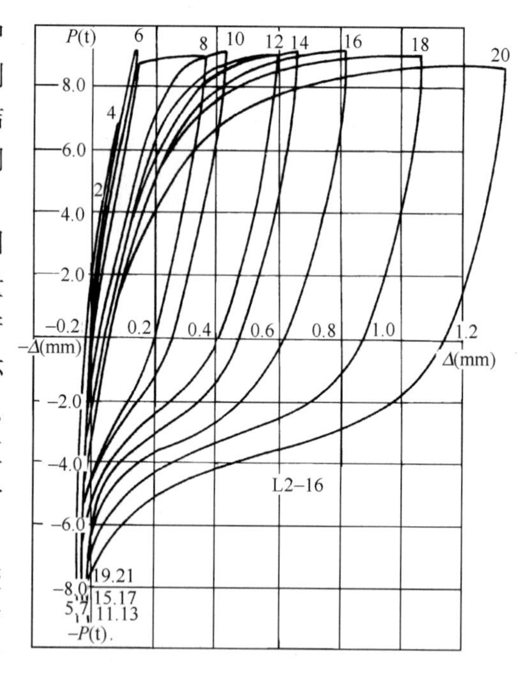

图 12.8.1　节点区钢筋变形滞回曲线图

从图 12.8.2 中的滞回曲线可以看出，弯矩-滑移转角滞回曲线具有以下特性：荷载达到屈服弯矩以后，卸载曲线大体上接近直线，卸载刚度随着滑移量幅值的增长而降低，加载刚度也随着残余滑移量的增长而降低。卸载后开始再加载的初始阶段表现出明显的滑移特征，在这一阶段当弯矩增加不多时，滑移转角值迅速增长，引起刚度的严重蜕化，而当弯矩继续增加到某一数值后，滑移转角增长速度减慢，刚度逐渐增大，大体上指向骨架线的屈服点，然后又沿骨架线前进。整个弯矩-滑移转角滞回曲线，由于钢筋滑移蜕化引起了明显的捏拢现象。这个钢筋粘结滑移滞回曲线的捏拢现象正好与荷载-位移滞回曲线的捏拢现象相符合。

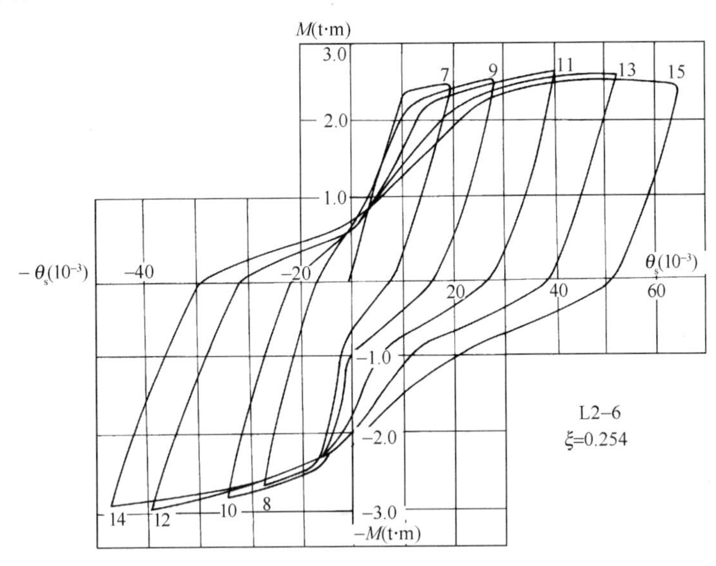

图 12.8.2　滑移转角 θ_s 滞回曲线图

为了在钢筋混凝土结构非弹性地震反应分析中考虑节点区钢筋滑移的影响，上述滑移转角的滞回特征对建立节点区钢筋粘结滑移的恢复力模型提供了基础。为了在结构非弹性地震反应分析中应用该特征，可将钢筋粘结滑移恢复力模型简化成如图 12.8.3 所示的退化二线型。

根据试验数据，取系数 $\gamma=0.19$，$\lambda=0.6$，$d=0.28$。若取弯矩-曲率恢复力模型为退化三线型，则按此滞回规则，实测和理论计算求得的压弯试件 P-Δ 滞回曲线如图 12.8.4 所示，图中实测值与理论计算值的比较表明，二者是较符合的。

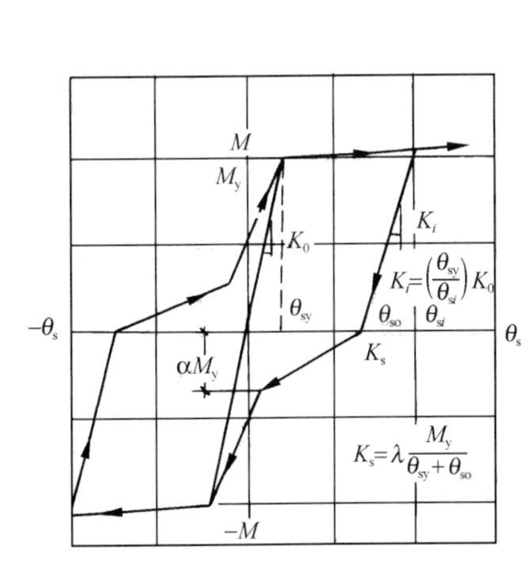

图 12.8.3　M-θ_s 恢复力模型[9]

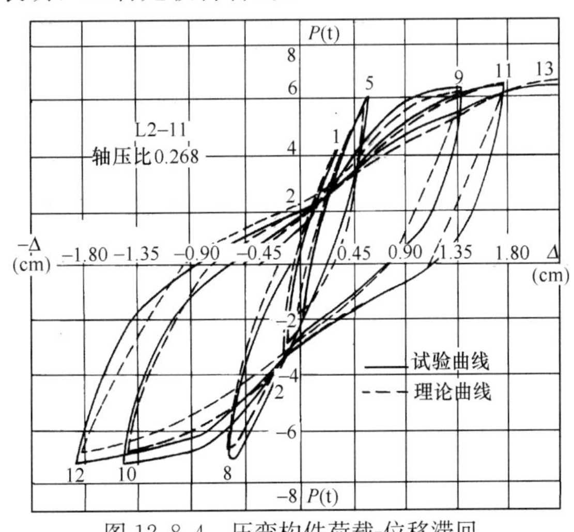

图 12.8.4　压弯构件荷载-位移滞回曲线的对比[9]

参 考 文 献

1 中华人民共和国国家标准. 建筑抗震设计规范 GB 50011—2010. 北京：中国建筑工业出版社，2010

2 清华大学抗震抗爆工程研究室. 钢筋混凝土结构构件在冲击荷载下的性能. 科学研究报告集第 4 集. 北京：清华大学出版社，1986

3 B. Kato，H. Aoki，H. Yamanouchi，Experimental Study of Structural Steel Subjected to Tensile and Compressive Cyclic Loads，Proe. 14th Japan Congress on Materials Research，March，1971

4 D. C. Kent，R. Park，Cyclic Load Behavior of Reinforcing Steel，Strain，Vol. 9，No. 3，July，1973

5 王娴明，徐波，沈聚敏. 反复荷载下钢筋的本构关系. 建筑结构学报，Vol. 13，No. 3，1992

6 CEN/TC 250，Eurcode 2，Design of Concrete Structures，European Prestandard，1992

7 アドバソスト コンクリート —高强度化ち求め乙—，建筑技术，1988

8 陈肇元，朱金铨，吴佩刚. 高强混凝土及其应用. 北京：清华大学出版社，1992

9 清华大学抗震抗爆工程研究室. 钢筋混凝土结构的抗震性能. 科学研究报告集第 3 集. 北京：清华大学出版社，1981

10 清华大学抗震抗爆工程研究室. 混凝土力学性能的试验研究. 科学研究报告集第 6 集. 北京：清华大学出版社，1996

11 过镇海，张秀琴，翁义军. 箍筋约束混凝土的强度与变形. 见：唐山地震十周年中国抗震防灾论文集（续集）. 北京：城乡建设环境保护部抗震办公室，1986

12 王传志，滕智明主编. 钢筋混凝土结构理论. 北京：中国建筑工业出版社，1985

13 J. A. Blume，N. M. Newmark，and L. H. Corning，Design of Multistory Reinforced concrete Buildings for Earthquake Motions，Portland cement Association，Chicago，1961，318pp.

第三篇　结构抗震设计与抗震加固

第13章　抗震设计原则

13.1　抗震设防标准与设防目标

13.1.1　地震震害的启示

我国是世界上地震活动最强烈的国家之一。我国位于全球最活跃的两大地震带——环太平洋地震带和欧亚地震带之间，受太平洋板块向西、印度洋板块向北、欧洲板块向东等多向的推动和挤压，使我国地震活动活跃，具有分布广、频度高、强度大、震源浅的特点。从历史上的地震情况来看，除个别省份外，全国大部分地区都发生过较强烈的破坏性地震。20世纪以来，根据地震仪器记录资料统计，我国已发生6级以上地震700多次，其中7.0～7.9级地震近100次，8级及8级以上11次，见表1.8.1。

强烈的地震活动使我国成为世界上地震灾害最严重的国家之一。1949年至2010年，100多次破坏性地震袭击了22个省（自治区、直辖市），造成34万余人丧生，占全国各类灾害死亡人数的54%以上。地震作为中国第一大自然灾害，与其他自然灾害一起构成中国的最基本国情之一。其中，1976年唐山大地震和2008年汶川大地震为两次世界罕见的特大地震灾害，这两次地震的死亡人数之和占到新中国成立以来地震死亡人数的85%以上。

1976年7月28日3时42分，在河北省唐山市（北纬39.6°，东经118.1°）发生7.8级强烈地震，极震区烈度高达Ⅺ度。地震使唐山这座人口稠密、经济发达的工业城市几乎沦为一片废墟。根据有关方面统计，这次地震毁坏公产房屋1479万m^2，倒塌民房530万间，造成的直接经济损失高达54亿元，总损失估计超过100亿元。另外，地震共造成24.2万人死亡，16.4万人受重伤，仅唐山市区终身残疾的达到1700多人，是新中国成立以来人员伤亡最为惨重的一次地震。

2008年5月12日14时28分，四川省汶川县（北纬313.0°，东经103.4°）发生了8.0级特大地震，极震区烈度也高达Ⅺ度。这次地震影响范围极大，超过40万km^2，其中严重受灾地区达到10万km^2。地震造成大面积的基础设施、建筑工程损坏和垮塌，而且由于四川省特殊的地形地貌和山地特征，导致严重的次生地质灾害，造成巨大的经济损失和人员伤亡。据统计，地震中69227人死亡，374643人受伤，失踪17933人，直接经济损失达到8451亿元人民币。汶川大地震作为新中国成立以来破坏性最强、涉及范围最广、救灾难度最大的一次地震，将会被历史永远铭记。

2010年4月14日清晨，青海省玉树县（北纬33.1°，东经96.6°）发生两次地震，最高震级 7.1 级，造成了县城结古镇多数民居倒塌或发生严重破坏，导致 2220 人遇难，70 人失踪。玉树地震是汶川大地震以来我国发生的又一次严重的地震灾害，再次给我们敲响了防御地震灾害的警钟。

由于地震时产生的巨大能量，往往造成各类建筑物和设施的破坏，甚至倒塌，并由此引起的各种次生灾害的发生以及人员的伤亡。提高建筑物和各类设施防御地震破坏能力，防止地震时人员伤亡，减少地震所造成的经济损失，是地震工程和抗震工程工作者的重要任务。国内外大量震害都表明，采用科学合理抗震设防标准、抗震概念设计和符合各类结构特点的分析方法以及良好的构造措施，是提高建筑抗震能力，减轻地震灾害的最有效途径。1976 年 7 月 28 日在我国一个拥有 150 万人口的唐山市，遭遇 7.8 级地震的袭击，顷刻间整座城市化为一片瓦砾，人员死亡高达近 24.2 万人，经济损失超过百亿元。可是，1985 年一个拥有 100 余万人口的智利瓦尔帕莱索市虽遭受了同样 7.8 级地震的袭击，人员伤亡却只有 150 人，而且不到一周时间，整个城市就恢复原样。同样大小的地震，城市人口也差不多相同，却产生了如此不同的后果，只是因为瓦尔帕莱索市的建筑物和设施曾进行了有效抗震设防。

对各类建筑物和设施进行抗震设防，免不了要增加工程的造价和投资，因此如何合理地采用设防标准，既能有效地减轻工程的地震破坏，避免人员伤亡，减少经济损失，又能合理地使用有限的资金，是当前工程抗震防灾中迫切需要解决的关键问题。由于抗震设计采用的设防标准不同，各类建筑物和设施在地震中的表现会截然不同，因而地震时造成的损失也会有巨大的差别。例如，日本东京是国际著名大城市，历史上曾发生过 8 级以上大地震，日本政府以及各界一向对此十分关心和重视，长期以来一直致力于将东京建成一个能抗御 8 级大地震的城市。1986 年一次 6.2 级地震发生在东京城底下，一座上千万人口的城市仅死亡 2 人，整个城市几乎未遭受到破坏。可是一向认为没有发生大地震危险的日本第二大港神户市对工程抗震设防就不那么重视。在 1995 年 1 月 17 日的一次 6.9 级（JMA 震级为 7.2）的地震中，导致了近十万栋房屋毁坏，5500 人死亡和约 1000 亿美元的经济损失。还有一个典型事例，1988 年 12 月 7 日苏联的阿美尼亚共和国发生一次 6.8 级地震，位于震中的斯皮塔克城全城变为废墟，距震中 40km 的列宁纳坎市约有 80%建筑物毁坏，更远的基洛伐克市也有将近 50%的建筑物严重破坏或倒塌，地震死亡人数达 4 万～5 万人。该地区历史上曾发生过数次 6～7 级大地震，在地震区划图上也被划在 MSK 烈度表的 9 度地区。但苏联政府，特别是城市规划和建设部门，鉴于城市居住建筑严重短缺，又缺乏资金，便在 20 世纪 70 年代初期对大量新建的多层房屋建筑降低设防标准，一律从 9 度降低到 7 度，而恰恰正是这些房屋建筑在该次地震中大量倒塌，造成了众多的人员伤亡。从上述的震例不难看出，工程抗震设防是减轻地震灾害和损失的十分有效的措施，工程抗震设防的成效很大程度上取决于所采用的工程设防标准，而制定恰当、合理的设防标准不仅需要有可靠的科学和技术依据，并同时要受到社会经济、政治等条件的制约。那么是不是对工程建筑物和设施的设防标准越高越好呢？当然不是这样。最佳的或者说可行、合理的设防标准的确定，特别是可接受的最低设防标准的制定，需要在保证地震安全性与优化的经济效益和社会影响之间取得平衡。但是，现行的工程抗震设防标准在很大程度上是由人们的主观经验和判断来确定的，很难说清楚给定的设防标准到底能减轻多少破坏和损失，能在多大程度上减免和减少人员的伤亡。同样也很难说清楚在全国进行抗震设防将需增加多少投资，以及增加的抗震投资到底能换来多少期望的地震损失的减轻。

无论是对新建工程还是对既有建筑的鉴定与加固以及震后恢复重建等，其抗震设防目标和标准是必须明确的。对于新建工程，抗震设防目标和标准决定着抗震设计的全局，是抗震设计应该达到的目标和要求，也是对工程设计所具有的抗震能力进行审核与检验的标准。对于既有建筑，抗震设防目标和标准决定着抗震鉴定和加固的全局，是既有建筑通过抗震鉴定与加固后的抗震能力应该达到的目标和要求，也是对抗震鉴定与加固是否满足要求进行审核与检验的标准。

13.1.2 地震作用特点与建筑抗震设防目标

1. 地震作用特点

当结构工程师进行抗震设计时必须了解地震作用的特点、地震作用与其他荷载作用的差异、抗震设防的目标和相应的设防标准等。

地震作用不同其他荷载的特点还有地震是地面远动，不是作用在结构上的荷载，其结构的反应与结构的动力特性、场地和地震波的频谱特性等均有关系，地震作用的这些特点集中反映在结构地震作用的计算方法中。

地震作用与其他荷载不同的主要区别是地震作用的随机性，地震作用的随机性表现在时间、地点和强度等方面。除地震作用以外的建筑荷载是经常作用在建筑上的恒载、楼（屋）面活荷载等，风荷载虽然作用时间短但时有发生；而地震无论在时间、空间和强度上的随机性都是很强的，虽然人类对地震发生的规律进行了长期大量的研究，但是迄今世界各国均还不能作出准确的预报。根据历史的统计，地震的发生有平静期（能量积累）和活跃期（能量释放），对于一个抗震设防区可以大体划分出平静区和活跃区，但还无法预知哪年或哪个时间段发生地震，当然就更无法得知地震作用的强度大小。我国的地震烈度表分为 12 度，1～5 度为无感至有感地震，6 度对建筑物有损坏，7 度及以上对建筑物破坏性增大。从发生地震的强度来看，相差 1 度则地震动加速度相差 1 倍。在地震发生的地点来看，由于地震发生的迁移性，处在同一断裂带上的不同地区发生地震的可能性是存在的。

2. 建筑工程抗震设防目标和标准的进展

世界各国的抗震科技工作者对建筑工程抗震设防目标和标准、城市抗震防灾的目标研究都非常重视，并进行了大量的震害经验总结、深入的地震危险性分析和各类结构的抗震性能研究及城市地震灾害与次生灾害的影响研究，均已经取得了非常大的进展。建筑工程抗震设防目标和标准经历了从单一的设防目标——设防烈度不倒；到低于设防烈度的“小震”不坏、设防烈度可修、高于设防烈度的“大震”不倒的概念和基于概率的三个烈度水准的定量取值，到基于功能的抗震设防要求等不同阶段。抗震设防目标和标准的进展，反映了人类对抵御地震灾害的认识和科研成果。

我国建筑抗震设计规范的进展，与国内大地震的发生及其经验总结，国民经济的发展以及国内抗震科研水平提高有着十分密切的关系。

新中国成立初期，鉴于当时的历史条件，除极为重要的工程外，一般建筑都没有考虑抗震设防。当时国家只作如下规定：“在 8 度及以下的地震区的一般民用建筑，如办公楼、宿舍、车站、码头、学校、研究所、图书馆、博物馆、俱乐部、剧院及商店等均不设防。9 度以上地区则用降低建筑高度和改善建筑的平面来达到减轻地震灾害”。

建筑抗震设计标准的编制工作开始于 1959 年。1964 年完成了《地震区建筑设计规范草案》（以下简称《64规范》），规定了房屋建筑、水工、道桥等工程抗震设计内容。这个草案虽未正式颁发执行，但对当时工程建设以及以后规范发展起到了积极的作用。

1966年邢台地震后，相关部门组织编制了《京津地区建筑抗震设计暂行规定》，作为地区性的抗震设计规定。此后，我国华北、西南、华南地区大地震频繁发生。根据地震形势和抗震工作的需要，1974年完成并颁发了全国性第一本建筑抗震设计规范，即《工业与民用建筑抗震设计规范》TJ 11—74（试行）（以下简称《74规范》）。

在经历了唐山大地震后，针对我国几次特大地震发生在6度区的情况，建设部及时提出了百万人口以上的6度区的城市按7度设防的要求，并对《工业与民用建筑抗震设计规范》TJ 11—74（试行）进行了修改，形成了按基本烈度进行抗震设计的《工业与民用建筑抗震设计规范》TJ 11—78（以下简称《78规范》）。

建筑抗震设计的设防标准需根据一个国家的经济力量、科学技术水平恰当地制定，并随着经济力量的增长和科学水平的提高而逐步提高。

我国《74规范》和《78规范》的设防原则是：保障人民生命财产的安全，使工业与民用建筑经抗震设防后，在遭遇相当于设计烈度的地震影响时，建筑的损坏不致使人民生命和重要设备遭受危害，建筑不需修理或经一般修理仍可继续使用。

通过对唐山大地震的震害经验总结和深入的工程抗震科学研究，工程抗震界对抗震设防的目标——保证人民生命财产安全，有了更深入的理解和共识，明确提出了“小震不坏、中震可修、大震不倒”的抗震设防目标。

随着地震危险性分析研究与工程应用的深入，科研人员通过运用概率方法对我国抗震设防的基本烈度进行了概率标定，给出了我国抗震设防的基本烈度为50年超越概率为10%的地震烈度，并给出了抗震设防标准的“小震”、设防烈度和“大震”的概率意义和定量取值。一个地区的抗震设防依据是设防烈度（即中震），相应的大震和小震是相对于设防烈度而言，并非绝对意义上的大震和小震。《建筑抗震设计规范》GB 50011—2010的设防目标是：当遭受低于本地区抗震设防烈度的多遇地震影响时，主体结构不受损坏或不需修理可继续使用；当遭受相当于本地区抗震设防烈度的设防地震影响时，可能发生损坏；但经一般修理仍可继续使用；当遭受高于本地区抗震设防烈度的罕遇地震影响时，不致倒塌或发生危及生命的严重破坏。我国抗震设防的三个烈度水准取值及概率意义见表13.1.1。

三个烈度水准设防的取值及概率意义　　表13.1.1

类别	重现期	50年超越概率	α_{max}			
			6	7	8	9
“小震”	50年	0.632	0.04 (18Gal)	0.08 (36Gal)	0.16 (72Gal)	0.32 (144Gal)
设防烈度	475年	0.10	0.11 (0.05g)	0.23 (0.1g)	0.45 (0.2g)	0.90 (0.4g)
“大震”	约2000年	0.03～ 0.02	0.28 (125Gal)	0.50 (220Gal)	0.90 (400Gal)	1.40 (620Gal)

在《建筑工程抗震设防分类标准》GB 50223—2008中，考虑到我国经济已有较大发展，按照“对学校、医院、体育场馆、博物馆、文化馆、图书馆、影剧院、商场、交通枢纽等人员密集的公共服务设施，应当按照高于当地房屋建筑的抗震设防要求进行设计，增

强抗震设防能力”的要求，提高了某些建筑的抗震设防类别；并对需要提高抗震设防要求的建筑控制在较小的范围内，主要采取提高抗倒塌变形能力的措施等。

3. 我国《建筑抗震设计规范》GB 50011—2010 的抗震设防目标

(1) 我国建筑抗震设防与设计规范给出的抗震设防目标

建筑抗震设防类别是根据建筑破坏造成的人员伤亡、直接和间接经济损失及社会影响的大小；建筑使用功能失效后，对全局的影响范围大小、抗震救灾及恢复的难易程度；以及城镇的大小、行业的特点、工矿企业的规模等因素的综合分析确定。从《建筑工程抗震设防分类标准》GB 50223—1995 到《建筑工程抗震设防分类标准》GB 50223—2008 均把建筑抗震类别分为甲类、乙类、丙类和丁类四个抗震设防类别，并给出了城市及各行业的甲、乙和丁类建筑的抗震设防要求。但只给出了丙类建筑的抗震设防目标，即《建筑抗震设计规范》GB 50011—2010 的总则第 1 条“按本规范进行设计的建筑，其基本的抗震设防目标是：当遭受低于本地区抗震设防烈度的多遇地震影响时，主体结构不受损坏或不需修理可继续使用；当遭受相对于本地区抗震设防烈度的设防地震影响时，可能发生损坏，但经一般性修理仍可继续使用；当遭受高于本地区抗震设防烈度的罕遇地震影响时，不致倒塌或发生危及生命的严重破坏。使用功能或其他方面有专门要求的建筑，当采用抗震性能化设计时，具有更具体或更高的抗震设防目标。”该抗震设防目标是针对丙类建筑的，规范中的使用功能或其他方面有专门要求的建筑，应具有更具体或更高的抗震设防目标，但更高的抗震设防目标大体在什么范围还不够明确。在《建筑工程抗震设防分类标准》GB 50223—2008 中，虽然给出了甲、乙和丁类建筑抗震设防的要求，但没有明确给出相应的抗震设防目标。该规范给出的各抗震设防类别建筑的抗震设防标准为：

1) 标准设防类（丙类），应按本地区抗震设防烈度确定其抗震措施和地震作用，达到在遭遇高于当地抗震设防烈度的预估罕遇地震影响时不致倒塌或发生危及生命安全的严重破坏的抗震设防目标。

2) 重点设防类（乙类），应按高于本地区抗震设防烈度 1 度的要求加强其抗震措施；但抗震设防烈度为 9 度时应按比 9 度更高的要求采取抗震措施；地基基础的抗震措施应符合有关规定。同时，应按本地区抗震设防烈度确定其地震作用。

3) 特殊设防类（甲类），应按高于本地区抗震设防烈度 1 度的要求加强其抗震措施；但抗震设防烈度为 9 度时应按比 9 度更高的要求采取抗震措施。同时，应按批准的地震安全性评价的结果且高于本地区抗震设防烈度的要求确定其地震作用。

4) 适度设防类（丁类），允许在本地区抗震设防烈度的要求的基础上适当降低其抗震措施，但抗震设防烈度为 6 度时不应降低。一般情况下，仍应按本地区抗震设防烈度确定其地震作用。

(2) 我国《建筑抗震设计规范》GB 50011—2010 抗震设防目标的剖析

1) 我国《建筑抗震设计规范》给出的抗震设防目标是丙类建筑的抗震设防目标

《建筑抗震设计规范》给出的“当遭受高于本地区抗震设防烈度预估的地震影响时，不致倒塌或发生危及生命的严重破坏”的设防目标中的高于本地区抗震设防烈度预估的地震影响是指 50 年超越概率 2%～3%的地震烈度，比基本烈度高 1 度作用，其烈度重现期为 2000 年左右。该设防目标对于甲、乙类建筑的抗震设防目标偏低，甲、乙类建筑的抗震设防目标在高于设防烈度 1 度以上的更大地震作用时，不致倒塌才合理。对于丁类建筑又偏高，丁类建筑为临时或仓库，这类建筑不必满足高于基本烈度1度不致倒塌，应满足基本烈度不倒较为恰当。

虽然甲类没有给出多大的地震不至于倒塌，但是其地震作用和抗震构造措施均比当地的高；除9度设防区外，一般都提高1度或采用地震危险性分析给出的“小震、中震和大震”的取值。

乙类建筑仅是抗震措施的提高，对于建设单位和设计人员都不明确的乙类建筑的抗震设防目标是什么，究竟比丙类建筑的抗震设防目标高多少，规范没有给出。乙类建筑的抗震设计不提高地震作用，结构的构件截面和配筋等不会增加（砌体结构）或增加不多（钢筋混凝土、钢结构），构造措施的提高能使变形能力有较大提高；这样设计的乙类建筑，其结构构件的承载能力提高不多，不能很大程度上延缓结构构件的开裂和钢筋屈服，这就不能使通信设施和网控设施等正常运行，不能很好地发挥生命线工程的作用。

因此，从严格意义上讲，我国现行《建筑工程抗震设防分类标准》和《建筑抗震设计规范》给出的抗震设防目标并没有明确给出甲、乙和丁类建筑的抗震目标。

2）我国《建筑抗震设计规范》给出的乙类建筑的弹塑性变形验算等于虚设

在《建筑抗震设计规范》和《建筑工程抗震设防分类标准》中，乙类和丁类建筑的地震作用应符合本地区的抗震设防烈度的要求，只是在抗震措施上给予提高或降低，这就导致了《建筑抗震设计规范》中的乙类建筑结构在罕遇地震作用下薄弱层的弹塑性变形验算等于虚设。这是因为乙类的罕遇地震作用取值与该地区的丙类建筑是一样的，而乙类建筑的抗震构造措施已经提高，其变形能力得到了增强，因此，对于按照抗震规范的抗震措施设计的乙类建筑中的钢筋混凝土结构和钢结构，其“大震”作用下的弹塑性变形应该是不需要验算就能满足的。

3）除丙类外的建筑抗震设计没有形成与其抗震功能相配套的要求

由于没有明确不同重要性建筑抗震设防的目标，所以抗震设防标准和要求也不够完善，在抗震规范中没有形成与达到其抗震功能相配套的系统要求。所谓乙类建筑指地震时使用功能不能中断或需尽快恢复的生命线相关建筑，以及地震时可能导致大量人员伤亡等重大灾害后果，需要提高设防标准的建筑。地震时使用功能不能中断的建筑，这就要求该建筑在预估的罕遇地震作用下不仅仅是不倒塌，而且房屋的破坏程度应基本保持在中等破坏以内、房屋的变形不应超过设备功能不能中断的范围内。这就需要对地震时使用功能不能中断的乙类建筑进行设防烈度变形验算，使这些乙类建筑在设防烈度地震作用下的变形不致使功能中断。

四川汶川大地震的大量震害，特别是中小学校舍和通信等生命线工程的倒塌，使得学校人员伤亡所占比例加大和生命线工程在抗震救灾的作用不能很好地发挥。总结汶川大地震的经验教训，不仅仅是把中小学校舍列为乙类建筑，而且需要深入探讨和明确甲类、乙类建筑的抗震设防目标及标准。

4. 抗震设防标准

地震作用随机性强等特点和强烈的地震作用给人们生命财产造成的严重损失，促进了地震工程和工程抗震领域科学研究的深入开展。在地震发生的机制、地震危险性分析，在模拟地震作用下各类结构的抗震性能，在总结大地震的经验教训，更仔细分析地震作用下结构的弹性、弹塑性反应，在更新抗震设计理论，进一步完善抗震设计方法以及用概率方法和引入工程决策方法等确定抗震设防标准等方面都取得了很大进展。

日本长期以来在抗震设计中采用0.2为“震度系数”的“容许应力设计方法”。到20世纪60年代后期，抗震工程界的专家指出了其不足之处。经过研究，在日本1981年实施的建筑抗震设计法中提出了所谓的“二次设计法”：即对建筑物在遭遇“震度系数”为0.2的地震作用下，建筑物处于弹性工作状态，在遭遇“震度系数”为1.0的地震作用下，建筑物不应倒塌。

美国1975年的SEAOC抗震规范指出，抵御小地震结构不损坏；抵御中等地震结构不坏，非结构构件可有某些损坏，抵御大地震结构不倒塌。

我国《74规范》、《78规范》的抗震设防要求是：当建筑物遭遇相当于基本烈度地震影响时，建筑物可能有一定破坏，但不能危及人的生命和重要设备的安全，不加修理或稍加修理仍可继续使用。

在抗震设防和抗震设计中，都希望了解在设计基准期内各种不同强度地震发生的可能性以及地震的特性，以便合理地确定抗震设防标准和进行抗震设计。然而地震的发生和地震的特性都不能精确地给出，必须以概率的基础进行推测。建立在用概率（随机过程）方法给出今后若干年内不同强度地震发生可能性的地震危险性方法，自1968年由美国Cornel确立以来，无论在研究还是在应用方面都取得了很大进展。我国不少地震工程研究者对地震危险性分析方法的研究和应用做了大量的工作，取得了很多研究成果。地震危险性分析研究和运用的深入开展，为使用概率方法确定抗震设防标准创造了条件。

我国《建筑抗震设计规范》GBJ 11—89、GB 50011—2001、GB 50011—2010均明确指出：“按本规范设计的建筑，当遭受低于本地区设防烈度的多遇地震影响时，主体结构不受损或不需修理仍可继续使用；当遭受本地区设防烈度的多遇地震影响时，可能受损，经一般修理或不需修理仍可继续使用；当遭受高于本地区设防烈度的罕遇地震影响时，不至倒塌或发生危及生命的严重破坏。”

建筑抗震规范提出了三个烈度水准的抗震设防要求。这三个烈度水准是依据对我国华北、西北、西南三个地区45个城镇的地震危险性分析结果，运用概率的方法对抗震规范中的“小震”、“抗震设防烈度”与“大震”的概率意义和取值进行了分析并给出了相应的结果。

由于我国在《建筑抗震设计规范》GBJ 11—89修订过程中使用基本烈度区划图，所以需要对基本烈度在50年内的超越概率进行评估。文献［1］在对华北、西北、西南三个地区的潜在震源、各震源的地震活动性、地震传播过程的衰减规律分析的基础上，给出了45个城镇的地震危险性分析结果。文献［2］对我国地震烈度的概率分布进行了检验、拟合，确定我国地震烈度符合极值Ⅲ型分布。这些为对基本烈度进行概率标定和用概率方法确定抗震设计中采用的“小震”与“大震”提供了条件。通过对45个城镇不同超越概率所对应的烈度与该城镇的基本烈度相比较，计算了差的平均值和标准差。从计算结果上来看，在设计基准期50年内超越概率为13％的地震烈度与基本烈度相比较的总体标准差最小。值得注意的是，当超越概率在0.09～0.16范围内变化时，与基本烈度的标准差变化不大。因此，从工程实际来考虑，可以粗略的认为基本烈度相当于50年内超越概率为10％的烈度。

从概率意义上讲，“小震”应是多遇的地震。由于我国地震烈度的概率分布符合极值Ⅲ型，极值分布的众值为其概率密度函数上的峰点，即发震频度较大的烈度，在极值分布中此值为众值，所以我们称此地震烈度为众值烈度。从地震烈度的重现期来看，在设计基准期 50 年的众值烈度的超越概率为 63.2%，是重现期为 50 年的地震烈度，也就是说众值烈度为平均 50 年发生一次的地震烈度，因此把众值烈度作为一般工业与民用建筑截面抗震设计的“小震”烈度水准是合适的。如图 13.1.1 所示为众值烈度的概率意义。

在《建筑抗震设计规范》GBJ 11—89 的抗震设计和抗震设防中仍采用基本烈度区划图。因此，一般工业与民用建筑抗震设计所采用的“小震”烈度应与基本烈度相联系。基本烈度大体为在 50 年内超越概率为 10%的地震烈度，这与世界上一些国家（如美国、加拿大等）采用在 50 年内超越概率为 10%的地震动参数作为一般工业民用建筑的抗震设防标准相一致。因此，文献［3］分别计算了这 45 个城镇在 50 年内超越概率为 10%的地震烈度与众值烈度（在 50 年内超越概率为 63.2%的地震烈度）之差，并从这 45 个城镇的总体上计算出其差值的平均值为 $\mu_{\Delta I}=1.55°$，标准差为 $\rho_{\Delta I}=0.169°$。这样也可以认为基本烈度与众值烈度差的平均值为 1.55°，根据烈度与地震地面峰值加速度的关系，可得到比基本烈度降低 1.55°的众值烈度所对应的地面峰值加速度的折减系数为 0.34。

从概率意义上讲，“大震”应是罕遇的地震，即应为小概率事件。

众所周知，地震的发生无论在时间、地点、强度方面都是随机的。已往发生概率小于 5%的强烈地震作用已多次给人们的生命财产造成了严重灾害。因此，对于“大震”作用下防止结构倒塌的变形验算，即第二阶段的抗震设计，其概率水平应在 50 年内的超越概率小于 5%。为了用随机事件出现的概率大体相同的方法来确定基本烈度 7 度、8 度、9 度地区相应的大震烈度，文献［6］分别计算了超越概率为 0.5%～5%而基本烈度为 7 度、8 度、9 度地区相应烈度。根据计算结果，从既安全又经济的抗震效果，建议基本烈度为 7 度、8 度、9 度的“大震”在设计基准期 50 年内的超越概率为 2%～3%，为小概率事件。从地震烈度的重现期来看，在 50 年内的超越概率为 2%～3%的地震烈度的重现期为 1641 年～2475 年，大体相当于 2000 年左右重现一次的地震烈度。在这样的大地震作用下，建筑结构的破坏状态为不倒塌。如图 13.1.2 所示为抗震设计中采用的“小震”、“中震”和“大震”在 50 年内的超越概率。

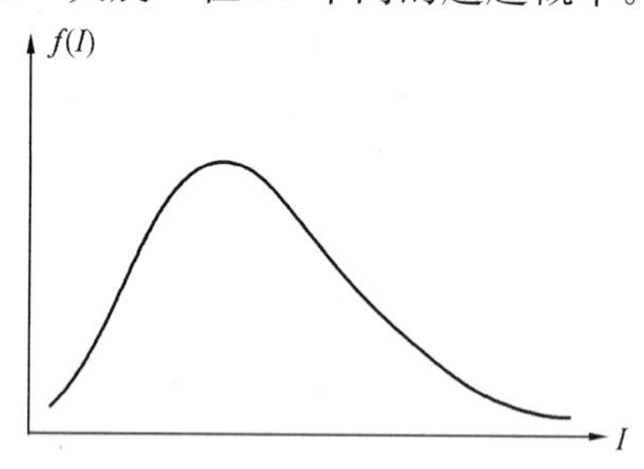

图 13.1.1　众值烈度的概率意义

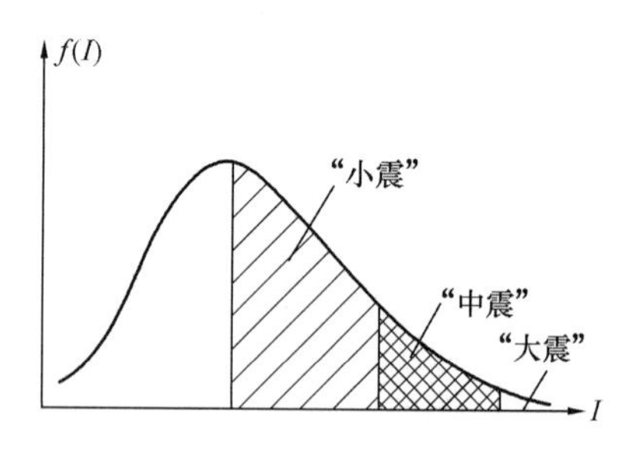

图 13.1.2　“小震”、“中震”和“大震”在 50 年内的超越概率

概括起来，我国抗震设计和设防的基础仍是全国地震动参数区划图，从概率上讲是 50 年内超越概率为 10%的地震烈度。随着地震危险性分析工作的深入开展有可能用地震危险性区划图代替基本烈度区划，但也要给出在 50 年内超越概率为 10%的地震动参数。在这个意义上讲，对于一般的工业与民用建筑抗震设防和设计的标准是在 50 年内超越概

率为10%的地震烈度（或地震动参数），在截面抗震验算和抗震变形验算中采用的地震作用强度均以基本烈度（在50年内超越概率为10%的地震烈度）为基础，即截面抗震验算采用的地震烈度比相应的基本烈度低1.5度左右，抗震弹塑性变形验算的地震烈度比相应的基本烈度高，高多少，随基本烈度7度、8度、9度区而有所差别。也就是说，建筑抗震规范采用的三个烈度水准："小震"、"设防烈度地震"和"大震"，其设计方法为二阶段设计和相应的抗震构造措施。按《建筑抗震设计规范》设计的房屋，将达到三个烈度水准的抗震设防要求。表13.1.2列出了"小震"、"设防烈度地震"和"大震"在设计基准期50年内的超越概率、重现期和α_{max}的取值。

水平地震作用影响系数 **表13.1.2**

类别	在设计基准期50年的超越概率	重现期（年）	水平地震影响系数α_{max}		
			7度	8度	9度
小震	0.632	50	0.08（0.12）	0.16（0.24）	0.32
设防烈度标准	0.10	475	0.23（0.34）	0.45（0.68）	0.90
大震	0.03～0.02	约2000	0.50（0.72）	0.90（1.20）	1.40

注：括号内数字分别对应于设计基本加速度0.15g和0.30g地区的地震作用影响系数。

上述的研究和实际应用都是从地震出现的概率和专家经验判断可冒多大风险而给出的。我国第三代烈度区划图给出的50年超越概率10%的烈度，是世界上一些国家作为抗震设防的标准，也就是说要冒10%的风险。这一抗震设防标准是否既安全又经济，是否为最优的抗震设防标准，是需要运用工程决策的方法进行分析研究。文献[4]采用投入—效益的工程决策方法对城市抗震设防标准和重要建筑的抗震设防标准进行了分析。

确定合理的抗震设防标准，必须建立在对一个城市或地区的地震危险性和对不同烈度地震作用下造成损失（包括直接损失和间接损失以及人员伤亡等）的科学分析基础上。

采用抗震设防—效益分析方法来确定工程的抗震设防标准，需要建立目标函数，使之取极值求得最佳决策。目标函数可为期望的总损失，则极值为最小；也可为效益，则极值为最大。抗震设防标准的最佳取值，可为按某一设防烈度建筑房屋和工程的投入与50年内该城市或地区在各种不同烈度地震作用下的期望损失之和$W(I)$为最小来确定，可用下列公式表示：

$$W(I)=R(I)+\sum_{i=6}^{11}P(i)\left[S_1(I)+S_2(I)+S_3(I)\right] \quad (13.1.1)$$

$$W(I)\rightarrow \min \quad (13.1.2)$$

式中 $R(I)$——该城市或地区以I烈度作为设防烈度的工程投入；

$P(i)$——该城市或地区以I烈度的出现概率；

$S_1(I)$——该城市或地区以I烈度作为设防烈度时，不同地震烈度作用下的直接损失（主要包括工程结构和结构内部财产的损失）；

$S_2(I)$——该城市或地区以I烈度作为设防烈度时，不同地震烈度作用下的间接损失（主要包括停水、停电、火灾和停产的损失）；

$S_3(I)$——该城市或地区以I烈度作为设防烈度时，不同地震烈度作用下的人员伤亡损失。

在对不同地震烈度设防标准的工程造价分析、地震危险性分析、地震作用下的震害预测、工程损失分析和间接损失估计等研究的基础上，文献［7］、［8］给出了对城市抗震设防烈度，不同重要建筑和供水系统等抗震设防标准的工程决策分析结果。

文献［4］的分析结果表明，我国城市的抗震设防标准可以以50年超越概率10%的地震烈度作为标准。但在50年超越概率10%的地震烈度为6.5～6.8度、7.5～7.8度、8.5～8.8度范围内时，可根据该城市的地震危险性分析结果以及城市的规模等，综合城市的抗震设防区划进行工程决策分析，确定这类城市最优的抗震设防烈度或地震动参数。

13.1.3　不同重要性建筑的抗震设防应有明确的设防目标和标准

1. 不同重要性建筑的抗震设防的设防目标

《建筑工程抗震设防分类标准》GB 50223—2008给出了不同重要性建筑的分类原则和城市与工业建筑所属的类别，对不同类别的抗震安全与功能要求的设防目标不够明确和具体。

通过这些年对不同重要性建筑的抗震设防的设防目标和标准的深入研究，特别是总结近些年世界上的大地震对城市供电、供水、煤气、通信系统造成破坏的教训等，相继提出了基于功能的抗震设计思想和相应的设计要求。我国的《建筑工程抗震形态设计通则》（试用）CECS 160：2004从抗震建筑使用功能分类和抗震形态要求、设防标准及设计等方面均作了规定。

文献［4］对不同重要性建筑的抗震设防标准进行了工程决策分析，着重对乙类和丁类建筑是否提高和降低地震作用进行抗震截面验算作了工程投入和地震损失分析，提出了不同重要性建筑抗震设防的最佳标准。其分析结果为：对于乙类建筑的指挥、调度系统的房屋，其抗震功能应使房屋中的重要设备在50年超越概率10%的地震作用下能正常运行，其重要性系数可采用1.5，并且在地震作用效应上考虑，同时其构造措施提高1度；对于丁类建筑，可采用该类建筑地震作用的0.75倍进行截面抗震验算并降低1度采取构造措施，对于6度则不再降低。

综合国内外的研究成果，不同重要性建筑的抗震设防的总体设防目标是：当遭受本地区不同重要性建筑类别规定年限抗震设防烈度的多遇地震影响时，主体结构不受损坏或不需修理可继续使用，当遭受相当于本地区不同重要性建筑类别规定年限抗震设防烈度的地震影响时，经一般修理或不需要修理仍可继续使用，当遭受高于本地区不同重要性建筑类别规定年限抗震设防烈度预估的地震影响时，不致倒塌或发生危及生命的严重破坏。建议不同重要性建筑类别规定年限为：甲类建筑200年，乙类100年（75年），丙类建筑50年，丁类建筑30年。

若进一步具体化，可分别为：

（1）甲类建筑的抗震设防目标是：当遭受本地区200年抗震设防烈度的多遇地震影响时，主体结构不受损坏或不需修理可继续使用；当遭受相当于本地区200年抗震设防烈度的地震影响时，经一般修理或不需要修理仍可继续使用；当遭受高于本地区200年抗震设防烈度预估的地震影响时，不致倒塌或发生危及生命和不致引起重大的次生灾害的严重破坏。

（2）乙类建筑的抗震设防目标是：当遭受本地区100年（75年）抗震设防烈度的多遇地震影响时，主体结构不受损坏或不需修理可继续使用，当遭受相当于本地区100年

(75年）抗震设防烈度的地震影响时，经一般修理或不需要修理仍可继续使用，建筑中的重要设备功能运行基本正常，当遭受高于本地区100年（75年）抗震设防烈度预估的地震影响时，不致倒塌或发生危及生命的严重破坏，建筑中的重要设备能尽快恢复正常。

(3) 丙类建筑的抗震设防目标是：当遭受本地区50年抗震设防烈度的多遇地震影响时，主体结构不受损坏或不需修理可继续使用，当遭受相当于本地区50年抗震设防烈度的地震影响时，经一般修理或不需要修理仍可继续使用，当遭受高于本地区50年抗震设防烈度预估的地震影响时，不致倒塌或发生危及生命的严重破坏。

(4) 丁类建筑的抗震设防目标是：当遭受本地区30年抗震设防烈度的多遇地震影响时，主体结构不受损坏或不需修理可继续使用，当遭受相当于本地区30年抗震设防烈度的地震影响时，经一般修理或不需要修理仍可继续使用，当遭受高于本地区30年抗震设防烈度预估的地震影响时，不致倒塌或发生危及生命的严重破坏。

2. 乙类建筑抗震设防标准的探讨[5]

乙类建筑又可分为在地震时功能不能中断或需尽快恢复的生命线相关建筑以及人员集中的建筑两种类别。在地震时功能不能中断或需尽快恢复的生命线相关建筑包括：医院、消防站、通信中心、应急控制中心、救灾中心，供水系统的进水泵房、中控室，必须维持正常供电的重要电力设施的主厂房、电气综合楼、网控楼、调度通信楼、配电装置楼，高速铁路、客运专线的铁路枢纽的行车调度、运转、通信、信号，通信枢纽楼、长途传输一级干线枢纽站、国内卫星通信地球站等。人员集中的建筑包括：学校、体育馆、大型影剧院、大型商场、大型住宅楼、会展建筑中的大型展览馆、会展中心。这两种类别建筑的抗震功能的要求还是有差异的，在地震时功能不能中断或需尽快恢复的生命线相关建筑的抗震设防要求是在预估的罕遇地震作用下要使设置在结构中的设备和设施能尽快恢复正常；而在人员集中场所则要求在预估的罕遇地震作用下建筑结构和非结构构件均不应破坏严重。从既经济又安全的抗震设防原则出发，建议乙类建筑再细分为乙$_1$和乙$_2$两种类别。乙$_1$按100年的规定年限进行抗震设防，为在地震时功能不能中断或需尽快恢复的生命线相关建筑；乙$_2$可按75年的规定年限进行抗震设防，为人员集中的建筑。对于城市抗震设防的避难场所的建筑，如中小学校舍、体育馆、会展建筑等同时作为避难场所的建筑时可按乙$_1$的100年的规定年限来进行抗震设防。

同样，对于甲类建筑也应根据其对政治、社会和经济及次生灾害的影响程度来做更细的划分，如核电站的设防要求要高于三级医院中承担特别重要医疗任务的门诊、医技、住院用房等。对于甲类建筑应专门研究。

乙$_1$和乙$_2$类建筑的抗震设防标准的细化结果如表13.1.3所示。

乙$_1$和乙$_2$类建筑的抗震设防标准及其概率意义　　　　表13.1.3

建筑抗震类别		多遇地震	设防烈度	罕遇地震
乙$_1$类	超越概率	100年63.2%	100年10%	100年1.5%
	重现期（年）	100	949	3950
乙$_2$类	超越概率	75年63.2%	75年10%	75年1.5%
	重现期（年）	75	712	2962

3. 不同重要性建筑的抗震设防标准建议

不同重要性建筑的抗震设防标准及其概率意义如表 13.1.4 所示。

不同重要性建筑的抗震设防标准及其概率意义　　表 13.1.4

建筑抗震类别			多遇地震	设防烈度	罕遇地震
甲类		超越概率	200 年 63.2%	200 年 10%	200 年 1.5%
		重现期（年）	200	1898	7900
乙类	乙$_1$ 类	超越概率	100 年 63.2%	100 年 10%	100 年 1.5%
		重现期（年）	100	949	3950
	乙$_2$ 类	超越概率	75 年 63.2%	75 年 10%	75 年 1.5%
		重现期（年）	75	712	2962
丙类		超越概率	50 年 63.2%	50 年 10%	50 年 1.5%
		重现期（年）	50	475	2000
丁类		超越概率	30 年 63.2%	30 年 10%	30 年 1.5%
		重现期（年）	30	285	1185

由于我国的地震动参数的区划图仅给出了 50 年超越概率 10% 的水准，则不同重要性建筑的抗震设防的三个水准的取值均可转化为 50 年的相应超越概率，下面探讨不同规定期限建筑物抗震设计多遇地震和罕遇地震的取值。

（1）不同规定期限建筑物抗震设计的多遇地震取值

我国《建筑抗震设计规范》GB 50011—2010 和 GBJ 11—89、GB 50011—2001 一样，建筑构件截面验算和弹性变形验算的多遇地震作用水准为 50 年一遇的地震烈度，即 50 年地震烈度概率密度函数的峰点，也是 50 年内超越概率 63.2% 的地震烈度，在极值分布中概率密度函数的峰点为众值，所以也称为众值烈度。

对不同规定期限的多遇地震仍定义为该规定期限内的众值烈度，其重现期即等于规定期限。这样，可以把不同规定期限内的众值烈度，换算成在 50 年期限内相应超越概率的烈度，然后计算出其与 50 年内超越概率 50%（即《建筑抗震设计规范》规定的基本烈度地震）的烈度的差。通过这一步骤便可建立不同规定期限的多遇地震烈度与基本烈度之间的关系。

重现期为 T_j 年（T_j = 30、40、60、75、100、200 年…）的地震烈度，在 T=50 年内的超越概率可用下式求得：

$$P(I \geqslant i \mid T) = 1 - \exp\left(-T/T_j\right) \qquad (13.1.3)$$

表 13.1.5 列出了按式（13.1.3）计算出的重现期为 T_j 年的烈度在 50 年内相应的超越概率值，根据当地的地震危险性分析或地震烈度的概率分析结果，便可得到其超越概率值对应的烈度值，于是就进一步得到该烈度与当地基本烈度的差值。

重现期为 T_j 年的烈度在 50 年内的超越概率　　表 13.1.5

T_j（年）	30	40	50	60	75	100	475
$P(I \geqslant i \mid 50)$	0.811	0.714	0.632	0.565	0.487	0.394	0.10

这样，将计算不同规定期限 T_j 内的众值烈度与基本烈度的差值，归结为计算重现期 T_j 年的烈度与重现期 475 年（50 年内超越概率为 10%）的烈度的差值，即把不同规定期

限的众值烈度换算成50年内相应超越概率的烈度，再计算它与50年内超越概率为10%的烈度的差。

1）以不同规定期限为重现期的地震烈度与50年超越概率10%的烈度间差值

《建筑抗震设计规范》GBJ 11—89的地震作用取值是依据对我国华北、西北、西南三个地区45个城镇地震危险性分析结果的统计分析给出的[4]。对于不同规定期限的地震作用取值，可以统计分析每个城市不同规定期限的地震烈度与50年超越概率10%的烈度间的差值及45个城市总体差值的平均值。表13.1.6列出了以不同的规定期限作为重现期的地震烈度与50年内超越概率为10%的地震烈度差值$m_{\Delta I}$。

不同重现期T_j的地震烈度与50年内超越概率10%的烈度差值的平均值　表13.1.6

T_j（年）	30	40	50	60	75	100	475
$m_{\Delta I}$（度）	1.98	1.73	1.55	1.41	1.21	1.02	0.0

2）不同规定期限地震峰值加速度的比值

在抗震设计中，需要将地震烈度转为地震地面运动加速度A，可采用下式计算：

$$A = 10^{(I\log 2 - 0.1072)} \tag{13.1.4}$$

不同烈度I_1相应的地面运动峰值加速度A_1与A的比值为：

$$\frac{A_1}{A} = 10^{(I_1 - I)\log 2} \tag{13.1.5}$$

如以不同规定期限作为重现期的地震烈度相对应的地面峰值加速度取值为$A_{I-\Delta}$，以50年内超越概率为10%的地震烈度相对应的地面峰值加速度取值为A_{10}，则各不同规定期限T_j的$A_{I-\Delta}$与A_{10}的比值如表13.1.7所示。

地震峰值加速度$A_{I-\Delta}$与A_{10}的比值　表13.1.7

T_j（年）	30	40	50	60	75	100	475
$A_{I-\Delta}/A_{10}$	0.25	0.30	0.34	0.38	0.43	0.49	1.00

对不同规定期限的建筑物截面抗震设计的地震作用取值，也可以在《建筑抗震设计规范》规定的截面设计的地震作用值（重现期为50年）的基础上乘以比例系数得到，如表13.1.8所示。

不同规定期限截面设计用的地震作用与重现期为50年的地震作用取值之比γ'_1和建议取值γ_1　表13.1.8

T_j（年）	30	40	50	60	75	100	475
γ'_1	0.74	0.88	1.00	1.12	1.26	1.44	2.94
γ_1	0.75	0.90	1.00	1.10	1.25	1.45	2.95

（2）不同规定期限建筑物抗震设计的罕遇地震取值

《建筑抗震设计规范》GBJ 11—89、GB 50011—2001、GB 50011—2010中罕遇地震烈度取值为规定期限50年内超越概率为3%～2%的地震烈度。对于不同规定期限的建筑物，罕遇地震烈度的取值，应为各自的规定期限T_j年内超越概率为3%～2%的地震烈度。于是可由式（13.1.6）求得在已知规定期限T_j年内，超越概率为3%～2%的烈度的

地震重现期 T_K，表 13.1.9 列出了部分规定期限（年）的 T_K 值。

$$T_K = RP(I \geqslant i) = \frac{-T_j}{\ln(1-P(I \geqslant i \mid T_j))} \tag{13.1.6}$$

不同规定期限 T_j 年内超越概率为 3%～2%的烈度重现 T_K　　表 13.1.9

T_j（年）		30	40	50	60	75	100
T_K	超越概率 3%	985	1313	1642	1970	2462	3283
	超越概率 2%	1485	1980	2475	2970	3712	4950

把不同规定期限 T_j 年内超越概率为 3%～2%的烈度重现期 T_K 代入式（13.1.3），便可得到 50 年内的相应超越概率 $P(I \geqslant i \mid 50)$，如表 13.1.10 和表 13.1.11 所示。由此，可从当地的地震危险性分析结果中查出相应的地震烈度 i，即不同基准期的罕遇地震烈度。

不同规定期限内超越概率 3%的烈度在 50 年内的超越概率　　表 13.1.10

规定期限（年）	30	40	50	60	75	100
$P(I \geqslant i \mid 50)$	5.0%	3.7%	3.0%	2.5%	2.0%	1.5%

不同规定期限内超越概率为 2%的烈度在 50 年内的超越概率　　表 13.1.11

规定期限	30	40	50	60	75	100
$P(I \geqslant i \mid 50)$	3.3%	2.5%	2.0%	1.7%	1.3%	1.0%

也可以把不同规定期限 T_j 内超越概率为 3%～2%的地震作用表示为 50 年内超越概率为 3%～2%的地震作用乘以比例系数 γ_2，表 13.1.12 列出了某些基准期（年）的 γ_2 值。

不同规定期限的罕遇地震与规定期限为 50 年罕遇地震作用的比例系数 γ_2　　表 13.1.12

规定期限	30	40	50	60	75	100
γ_2	0.70	0.85	1.0	1.05	1.15	1.30

（3）当缺乏地震危险性分析的结果时，也可采用已有的研究成果或式（13.1.7）的统计经验公式[5]。

$$F_{\text{Ⅲ}}(I) = \exp\left[-\left(\frac{\omega - I}{\omega - I_\varepsilon}\right)^K\right] \tag{13.1.7}$$

式中　$F_{\text{Ⅲ}}(I)$——50 年内发生地震烈度 I 的概率分布；

ω——地震烈度上限值，取 $\omega=12$；

I_ε——烈度概率密度分布的众值，比 50 年超越概率低 1.55 度；

k——分布形状参数，见表 13.1.13。

分布形状参数 k　　表 13.1.13

基本烈度	6	7	8	9
k	9.7932	8.3339	6.8713	5.4028

应用式（13.1.7）可转化为在 50 年的超越概率并求其相应的地震烈度：

$$F_{\mathrm{III}}(I)=1-P(I\geqslant i\mid 50) \tag{13.1.8}$$

$$I=\omega-\{(\omega-I_{\varepsilon})[-\ln(F_{\mathrm{III}}(I))^{\frac{1}{K}}]\} \tag{13.1.9}$$

需要说明的是，《建筑抗震设计规范》GB 50011 给出的罕遇地震作用的取值，采用表 13.5.9 所给出的拟合参数时，7、8、9 度时计算得到的 50 年超越概率分别为 1.2%、1.5%和 2.8%。

（4）丁类和乙类建筑抗震设计多遇与罕遇地震作用取值

对于甲类建筑抗震设计的多遇与罕遇地震作用应专门进行研究，对于丁类和乙类建筑多遇与罕遇地震作用取值，可采用不同规定期限的地震作用取值与 50 年重现期的地震作用的比值系数，其建议的取值系数如表 13.1.14 所示。

不同规定期限的地震作用取值与 50 年重现期的地震作用的比值系数　表 13.1.14

T_j年	30	50	75	100
多遇地震	0.75	1.00	1.25	1.45
罕遇地震	0.70	1.00	1.15	1.30

表 13.1.14 区分多遇与罕遇地震作用分别给出了不同年限重现期的不同重要性建筑相应于 50 年重现期的地震作用的比值系数，可方便地供不同重要性建筑的抗震设防和抗震设计使用。

13.1.4　应进一步完善各类建筑特别是乙类建筑的配套抗震设计要求

各类不同重要性建筑抗震设防的目标和设防标准的实施应有配套的抗震设计要求，包括抗震概念设计、抗震验算和抗震构造措施等。在抗震概念设计中还应包括房屋高度、总层数、结构体系和结构布置的规则性及抗震等级划分等。对于乙$_1$类建筑在抗震验算方面应进行相应于 100 年超越概率 10%的中等地震作用下的变形验算，以确保在该水准地震作用下建筑中的重要设备能正常工作。

由于 6 度区的丙类建筑只有不规则及建造在Ⅳ类场地土上较高的高层建筑才进行抗震验算，其余不进行抗震验算，但对于 6 度区的乙类建筑则应有抗震验算方面的要求，这就需要对 6 度区的乙类建筑的抗震设计提供配套的抗震设计要求。

13.2　抗震概念设计的一般原则

由于地震的不确定性和复杂性，以及结构计算模型的假定与实际情况的差异，使“计算分析”很难完全有效地给出结构的抗震性能评价。抗震技术人员在总结我国海城、唐山和汶川等大地震的地震灾害经验中发现，从某种意义上说，建筑结构抗震的良好“概念设计”比单纯的“计算分析”更为重要。建筑结构抗震性能的决定因素是良好的“概念设计”。

建筑抗震概念设计应贯穿于整个抗震设计的全过程。建筑抗震概念设计包括建筑地震环境的影响与场址选择、结构基础与场地地基适宜性选择、建筑抗震性能要求与结构体系选择、建筑结构体形与平面布置对称性和沿竖向均匀性布置、结构计算模型与实际结构地震作用反应的适宜性、结构不同破坏机制的合理设置和结构构造措施的合理性等。

13.2.1　地震环境及其对结构抗震的影响

在建筑工程选址规划和方案设计阶段就应考虑到地震危险性，包括场址和场地条件等因素在内对建筑物地震安全性的不利影响，以使结构方案在可接受的造价之内，满足抗震设计的基本要求，以期取得较好的经济效益。

1. 避开抗震危险地段

地震时可能发生崩塌、滑坡、地陷、地裂、泥石流等的地段以及震中烈度的发震断裂带可能发生地表错位的地段，一般称为建筑抗震危险地段。

（1）发震断层与非发震断层

断层可分为发震断层（或称活动断层）和非发震断层（或称非活动断层）。一般说来，在过去35000年以内曾活动过一次，或者在50000年内活动过两次，被认为是发震断层，它具有潜在的地震活动性[19]。与当地的地震活动性没有成因上联系的一般断层，在地震作用下一般也不会发生新的错动，通常认为是非发震断层。

发震断层突然错动，将释放巨大能量，引起地震动。强烈地震时，断层两侧的相对错动，可能出露于地表，形成地表断裂。1976年唐山地震，一条北东走向地表断裂，长8km，水平错动达1.45m。由此可见，在发震断层附近地表的建筑物将会遭到严重破坏甚至倒塌，显然这种地震危险性在工程场址选择时必须加以考虑的。

我国通海7.7级地震（1970年）、海城7.3级地震（1975年）和唐山7.8级地震（1976年）的震害调查资料表明，有相当数量的非活动断层对建筑震害的影响并不明显，位于非活动断裂带上的房屋建筑，与断裂带外的房屋建筑，在震中距和场地土条件基本相同的情况下，两者震害指数大体相同。因此，在工程场址选择时，无需特意远离非活动断层。当然，建筑物具体位置不宜横跨断层和破碎带上，以防万一发生地表错动或不均匀沉降将给建筑物带来危险，造成不必要的损失。

（2）山崩与滑坡

在强烈地震的作用下，陡峭的山区常易发生巨石滚落、山体崩塌和滑坡等地震灾害。1932年云南东川地震，大量山石崩塌，阻塞了小江，并于1966年再次发生6.7级地震时，震中附近一个山头的一侧就崩塌了近$8\times10^5m^3$山体。1970年5月秘鲁北部地震，也发生了一次特大的塌方，塌方体以每小时20～40km的速度滑移了18km，以致一个市镇全部被塌方所掩埋，死亡人数近2万人之多。1970年我国通海7.7级地震，丘陵地区山脚下的一个土质缓坡，连同土坡上的几十户人家的整座村庄，向下滑移了100多米，土体破裂变形，房屋大量倒塌。1964年美国阿拉斯加地震，岸边含有薄纱层透镜体的黏土沉积层斜坡，因薄纱层的液化而发生了大面积滑坡，导致土体支离破碎，地面起伏不平。所以在易发生山崩和滑坡等地段，应视为抗震危险地段，不应在此类地段建造建筑物。

2. 选择抗震有利地段

（1）局部不利地段

根据我国在乌鲁木齐、东川、邢台、通海、海城和唐山等地的地震震害普查结果所绘制的等震线图，在正常的烈度内，常存在着小面积的高1度或低1度的局部烈度异常区。此外，同一次地震的同一烈度区内位于不同小区的房屋，尽管建筑形式、结构类型和施工质量等情况基本相同，但震害程度却出现较大差异。究其原因，主要是地形和场地条件所造成的。

一般来说，位于条状突出的山嘴、孤立的山包和山梁的顶部、高差较大的台地边缘、非岩质的陡坡、河岸和边坡边缘等地段的建筑物，对抗震有不利的影响。1966年云南东川地震，位于河谷较平坦地带的新村，烈度为8度，而临近一个孤立山包顶部的硅肺病疗养院，按其破坏程度，烈度不低于9度。1970年通海地震，位于孤立的狭长山梁顶部的房屋，其震害程度所反映出来的烈度，比附近平坦地带的房屋约高出1度。图13.2.1表示通海地震烈度10度区内房屋震害指数与局部地形的关系，图中实线A表示地基土为第三系风化基岩，虚线B表示地基土为较坚硬的黏土。同时，在海城地震时，从位于大石桥盘龙山高差58m的两个测点上所测得的强余震加速度峰值记录表明，位于孤突地形上的比坡脚平地上的平均大1.84倍。上述现象都充分说明了在孤立山顶地震波将被放大。

(2) 河岸边坡

在邢台、海城和唐山地震时，不少河岸边坡向河心方向滑移，河岸附近地面出现多条平行于河流方向的裂隙。最远的一条裂隙到边坡脚的水平投影距离S，对应一般亚黏土坡体，约为坡高h的5倍；对于较软的黏土坡体，约为坡高h的10倍，如图13.2.2所示。河岸上的房屋，常因地面不均匀沉降或地面裂隙穿过而裂成数段。这种河岸滑移对建筑物的危害，靠工程措施来防治是不经济的，一般说来宜采取避开的方案。必须在岸边建筑房屋时，应采取可靠措施，增加边坡稳定，以保障岸边建筑物的安全。

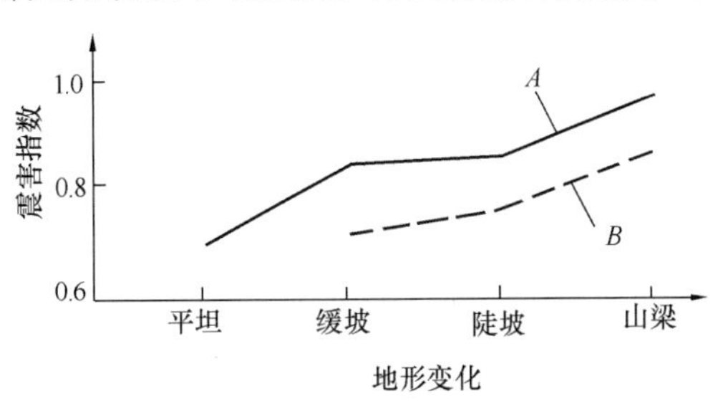

图13.2.1 房屋震害指数与局部地形的关系曲线

(3) 建筑物不宜建筑于两类不同性质的土层上

研究表明，如果基岩与土壤覆盖层之间的交界面是倾斜的，则对建于其上的结构地震反应将发生明显的影响。因此，在一个场地内，沿水平方向土层类别发生变化时，一幢建筑物不宜跨在两类性质不同的土层上，否则将会危及该建筑物的安全。如果无法避开，除在分析中考虑到建于不同土层上对结构地震反应的不利影响外，还应采用局部深基础等专门措施，使整个结构的基础埋置于同一土层上，如图13.2.3所示。

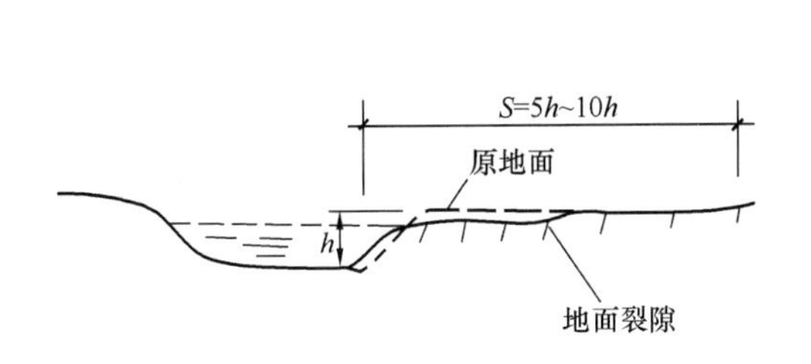

图13.2.2 河岸地面裂隙的范围

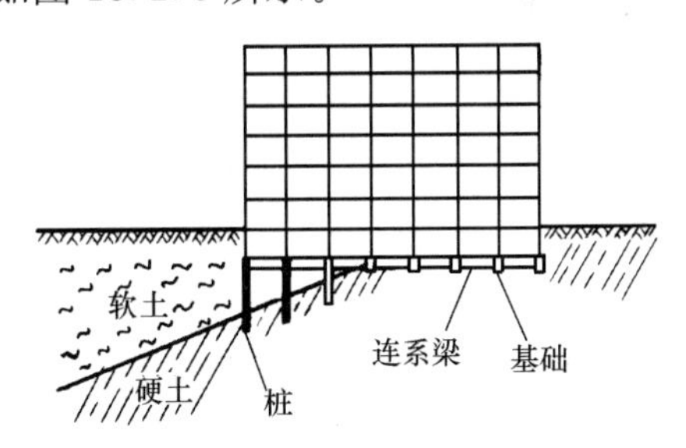

图13.2.3 横跨两类土层的建筑物

3. 重视场地土条件的影响

(1) 震陷土不能作为天然地基

饱和松散的砂土和粉土，属于可液化土，在强烈地震动作用下，孔隙水压急剧升高，土颗粒悬浮于孔隙水中，从而丧失受剪承载力，将产生较大的沉陷。土壤液化的后果是严重的，将使建筑物下沉、倾斜，地坪下沉或隆起，从而导致上部结构由于地基不均匀沉降而破坏，甚至发生钢筋混凝土桩基础折断，地下竖管弯曲等现象。为此，应采用人工地基，或采取完全消除土层液化的措施。

泥炭、淤泥和淤泥质土等软土，是高压缩性土，抗剪强度低。这类软土在强烈地震动下，土体受到扰动，内部结构遭到破坏，不仅压缩变形增大，并产生一定程度的剪切破坏，导致土体向基础两侧挤出，造成上部结构急剧沉降和倾斜。例如，天津塘沽港地区，地表下 3～5m 为冲填土，其下为深厚的淤泥和淤泥质土，地下水位为－1.6m。1974 年建造的 16 幢 3 层住宅和 7 幢 4 层住宅，均采用片筏基础。1976 年唐山地震前，累计沉降量分别为 200mm 和 300mm，地震期间沉降量突然增大，分别增加了 150mm 和 200mm。震后，房屋向一侧倾斜，房屋四周的外地坪地面隆起，如图 13.2.4 所示。

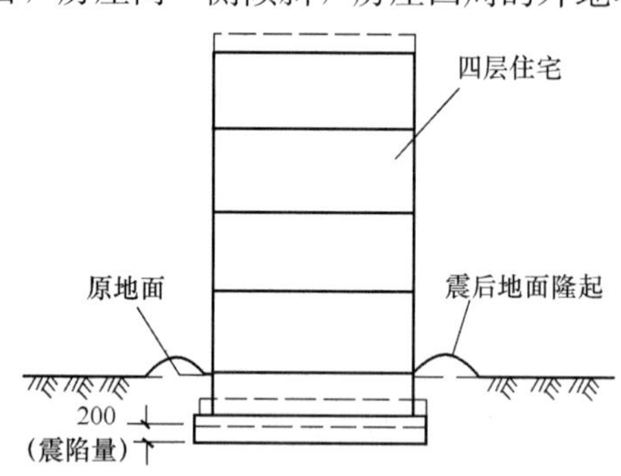

图 13.2.4　软土地基上房屋的震陷

(2) 场地土刚度的影响

场地土是指场地范围内的地基土，在平面上大体上相当于一个厂区或自然村的面积大小，深度一般为地下 15m。大量地震震害调查数据表明，场地土刚度大小对其上建筑震害程度有显著影响。场地土刚度，一般以土体的综合剪变模量 G_s 或剪切波速度 V_s 来表述。表 13.2.1 给出了 1975 年海城地震现场调查所得到的房屋震害指数 i 与地基土剪变模量 G_s 间的关系。表 13.2.1 中的数据表明，地基土剪变模量越大的场地，房屋震害指数越小，破坏越轻，反之则房屋震害指数越大，破坏越严重。表 13.2.2 中给出了 1985 年墨西哥 8.1 级地震时所记录到的不同场地土的地震数参数。表 13.2.2 中实测的地震记录结果表明，不同类别场地土的地震动强度，具有较大的差别。古湖床软土上的地震动参数，与硬土上的相比较，加速度峰值约增加 4 倍，速度峰值增加 5 倍，位移峰值增加 1.3 倍，而反应谱最大反应加速度则增加了 9 倍之多。在这次墨西哥地震中，震源位于墨西哥西部海岸外约 40km 海底，距震中约 400km 的墨西哥城遭受到严重破坏，主要集中在高层建筑和长周期结构，尤以建在古湖床深厚软土层上的高层建筑破坏最为严重，共有 164 幢 6～20 层房屋倒塌或濒临倒塌，而中、低层的砌体结构和填充墙框架的破坏比较轻。表 13.2.3 给出了墨西哥市区不同层数房屋破坏率。墨西哥城的这种特有的破坏现象与当地的地质剖面状况和大震作用下这场地震动的长周期特征有密切关系。墨西哥城市中心位于新近代沉积盆地上，土质异常松软，覆层厚度大，这可能是造成高层建筑破坏的重要原因。

海城地震房屋破坏程度与场地土刚度的关系　　**表 13.2.1**

地名	于官屯西街	西庙子	感王小学校	牛庄	于官屯后街	李家	董家	东拉拉房
地基土剪切模量 G_s ($\times 10^{-4}$)	14.8	13.8	12.2	9.5	8.7	7.2	6.1	3.7
房屋震害指数 i	0.20	0.38	0.40	0.52	0.65	0.60	0.82	0.92

墨西哥市区不同场地土的地震动参数　　**表 13.2.2**

场地土类别	地震动卓越	水平地震动参数			结构（5%阻尼比）
	周期（s）	加速度（g）	速度（cm/s）	位移（cm）	最大反应加速度（g）
岩土	<0.5	0.03	9	6	0.12

续表

场地土类别	地震动卓越	水平地震动参数			结构（5%阻尼比）最大反应加速度（g）
	周期（s）	加速度（g）	速度（cm/s）	位移（cm）	
硬土	≤1.0	0.04	10	9	0.10
软硬土过渡区	1.0	0.11	12	7	0.16
软土①（古湖床）	2.0	0.20	61	21	1.02
软土②（古湖床）	3.0～4.0	0.14	40	22	0.43

注：表中① 表示震害最严重的地区，土的剪切波速 v_s=20～50m/s；② 表示 Texcoco 湖附近。

墨西哥市区不同房屋破坏率 **表 13.2.3**

房屋总层数	1～2	3～5	6～8	9～12	13～21	各种层数房屋总和
倒塌（或严重破坏）比率（%）	0.9	1.3	8.4	13.4	10.5	1.4

（3）场地覆盖层厚度的影响

我国《建筑抗震设计规范》将场地覆盖层厚度定义为地面至坚硬场地顶面的距离，坚硬场地包括岩土或剪切波速度大于 500m/s 的坚硬土层，但硬夹层或弧石堆等不得作为基岩对待。国内外多次大地震的经验都表明，对于柔性建筑，厚土层上的震害重，薄土层上的震害轻，直接建于基岩上的震害更轻。1923 年日本关东大地震，东京都木结构房屋的破坏率，明显的随冲积层厚度的增加而上升。1967 年委内瑞拉加拉加斯 6.4 级地震时，同一地区不同覆盖层厚度的土层上的震害有明显差异，特别是 9～12 层房屋在厚的冲积土层上的房屋破坏率要高得多。图 13.2.5 表示了 1967 年委内瑞拉加拉加斯地震时房屋破坏率与覆盖土层厚度的关系。图中的震害调查的统计数据表明，当土层厚度超过 160m 时，10 层以上房屋的破坏率显著提高，10～14 层房屋的破坏率，约为薄土层的 3 倍，而 14 层以上房屋的破坏率则上升到 8 倍。1968 年和 1970 年菲律宾马尼拉地震中，不同高度的房屋破坏程度同样随冲积层厚度而明显变化。1976 年唐山地震中，市区东郊大城山一带，基岩露头，覆盖土层很薄，尽管位于 10 度极震区内，但房屋倒塌率仅为 50%，而相距仅数公里的市区西南郊，由于覆盖土层厚度高达 500～800m，房屋倒塌率高达 90%以上。1976 年我国云南龙陵地震中，盆地外圈花岗岩地基上房屋的倒塌率为 30%，而在盆地中心地带，土层厚度超过 200m，房屋倒塌率比基岩上房屋的倒塌率明显上升，一般为 50%，个别地段上高达 70%。

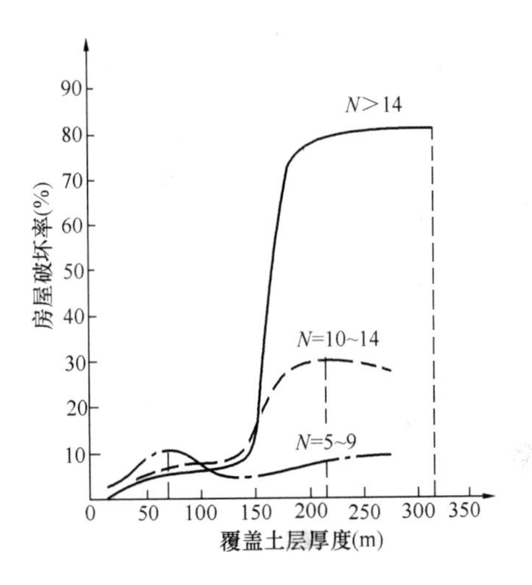

图 13.2.5　房屋破坏率与覆盖土层厚度的关系

13.2.2　建筑体形和结构布置的基本原则

1. 简单性

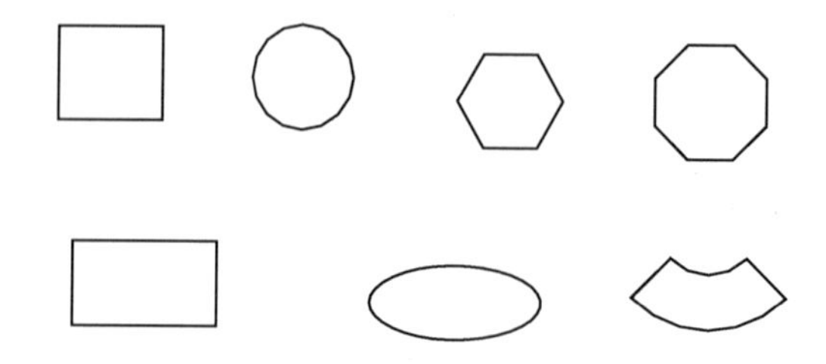

图 13.2.6 简单的建筑平面形状

结构的简单性可以保证地震作用具有明确而直接的传递途径，使计算分析模型更易接近实际的受力状态，所得分析结果具有更好的可靠性，据此设计出来的结构的抗震性能更有安全可靠保证。为了保证结构的简单性，首先应以建筑体形的简单性为前提。国内外多次大地震中都有不少震例表明，凡是建筑体形复杂、不规则，平面上凸出凹进，立面上高低错落，破坏程度一般都较严重；而建筑体形简单整齐，震害都比较轻。地震区房屋的建筑平面以方形、矩形、圆形为好，正六角形、正八边形、椭圆形、扇形次之，如图 13.2.6 所示。三角形平面虽也属简单形状，但是，由于它沿主轴方形不都是对称的，在地震动作用下容易发生较强的扭转振动，对抗震不利，因而不是抗震结构的理想平面形状。例如，1985 年墨西哥地震中，墨西哥城内多数具有三角形平面的建筑都因扭转振动而产生严重破坏。此外，带有较长翼缘的 L 形、T 形、十字形、U 形、H 形、Y 形等平面也对抗震结构性能不利，主要是此类具有较长翼缘平面的结构在地震动作用下容易发生如图 13.2.7 所示的差异侧移而导致震害加重。根据 1985 年墨西哥地震震害资料，墨西哥国家重建委员会首都地区规范与施工规程分会分析了房屋破坏原因，按房屋体形分类统计得出的地震破坏率列于表 13.2.4 中。从表可见，拐角形建筑的破坏率很高，高达 42%。

墨西哥地震中房屋的破坏率 **表 13.2.4**

建筑特征	破坏率（%）	建筑特征	破坏率（%）
拐角形建筑	42	柔性底层	8
刚度明显不对称	15	碰撞	15

2. 均匀性

结构的均匀性问题通常存在于竖向布置中，布置不均匀产生刚度和强度的突变，引起竖向抗侧力构件的应力集中或变形集中，将降低结构抵抗地震的能力，地震时易发生损坏，甚至倒塌。

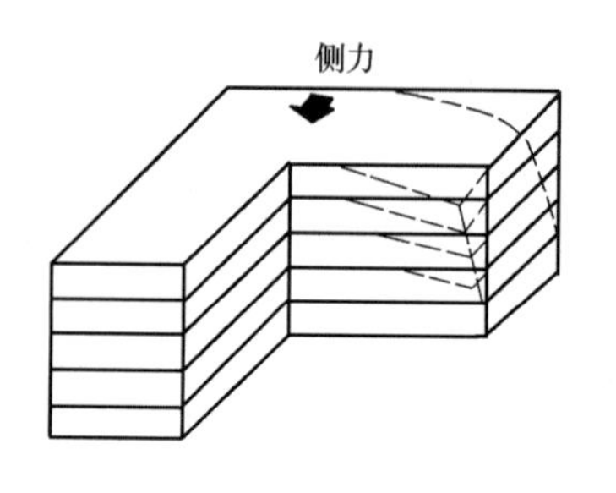

图 13.2.7 L 形建筑的差异侧移

结构的均匀性通常是以结构构件在平面和竖向上均匀分布为主要特征。当结构抗侧力构件布置满足这一要求时，使地震作用的传递明确而直接，有助于消除局部应力集中和过早屈服的薄弱部位。在薄弱部位将产生较大的弹塑性变形和高延性要求，从而可能引起严重破坏，甚至倒塌。众所周知，结构抗震性能的好坏，除取决于整体的承载力、变形和吸收能量能力外，避免局部的抗震薄弱部位是十分重要的。某一层或某一构件，特别是竖向抗侧力构件，均可能成为结构的抗震薄弱部位，将会导致抗震性能的严重恶化，在设计中应力求避免。结构薄弱部位的形成，往往是由于刚度突变和屈服强度比突变所造成的。刚度突变一般是由于建筑体形复杂或抗震结构体系在竖向布置上不连续和不均匀性所造成的。由于建筑功能上的需要，往往在某些楼层处竖向抗侧力构件被截断，造成竖向抗侧力构件的不连续，导致传力路线不明确，从而产生局部应力集中，并过早屈服，形成结构薄弱部位，最终可能导致严重破坏甚至倒塌。竖向抗侧力构件截面的突变，也会因刚度和承载力的剧烈变化，带来局部区域的应力剧增和塑性变形集中的不利影响。

屈服强度比的定义是按实际截面和材料标准强度计算的实际承载力与相应的弹性反应计算值的比值。这个比值是影响弹塑性地震反应的重要参数。实际结构的屈服强度比是不均匀的，如果某楼层或某个竖向抗侧力构件的屈服强度比远低于其他各层或其他竖向抗侧力构件，出现抗震薄弱部位，则在地震作用下，将会过早地屈服而产生较大的弹塑性变形，需要有高的延性要求。因此，尽可能从建筑体形和结构布置上，使刚度和屈服强度变化均匀，尽量减少形成抗震薄弱部位的可能性，力求降低弹塑性变形集中的程度，并采取相应的抗震构造措施来提高结构的延性和变形能力。

1971 年美国圣费南多地震，Olive-View 医院位于 9 度区，主楼遭到严重，它是一幢刚度和强度在底层突变的建筑的典型震例，其教训值得借鉴。该主楼是六层钢筋混凝土房屋，其剖面图如图 13.2.8 所示。该幢建筑物层三层以上为框架-剪力墙体系，底层和二层为框架体系，而二层有较多的砖隔墙。该结构上、下层的侧向刚度相差约 10 倍。地震后，上面几层震害比较轻，而底层严重偏斜，纵向侧移达 600mm，横向侧移约 600mm，角柱出现严重的受压酥碎现象。

根据均匀性原则，建筑的立面也要求采用矩形、梯形和三角形等非突变的几何形状，如图 13.2.9 所示。突变性的阶梯形立面（图 13.2.10）尽量避免，因为立面几何形状突然变化，必然带来质量和结构侧向刚度的突变，在突变部位将产生过高的地震反应或过大的弹塑性变形，可能导致严重破坏，应在突变部位采取相应的加强措施。

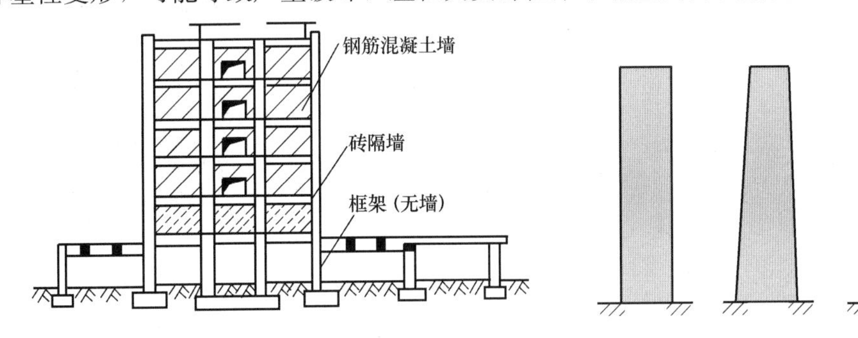

图 13.2.8　Olive-View 医院主楼剖面　　　　图 13.2.9　良好的建筑立面

3. 对称性

对称结构在单向水平地震动下，仅发生平移振动。由于楼板平面刚度大，起到横隔板作用，各层构件的侧移量相等，水平地震作用则按刚度分配，受力比较均匀。非对称结构由于质量中心与刚度中心不重合，即使在单位水平地震动下也会激起扭转振动，产生平移—扭转耦联振动。由于扭转振动的影响，远离刚度中心的构件侧移量明显加大，从而所产生的水平地震剪力则随之增大，较易引起破坏，甚至严重破坏。在国内外地震震害调查资料中，不难发现角柱的震害一般较重，是屡见不鲜的现象，这主要由于角柱是受到扭转反应最为显著的部位所致。

1972 年尼加拉瓜的马那瓜地震，位于市中心的两幢相邻高层建筑的震害对比，有力

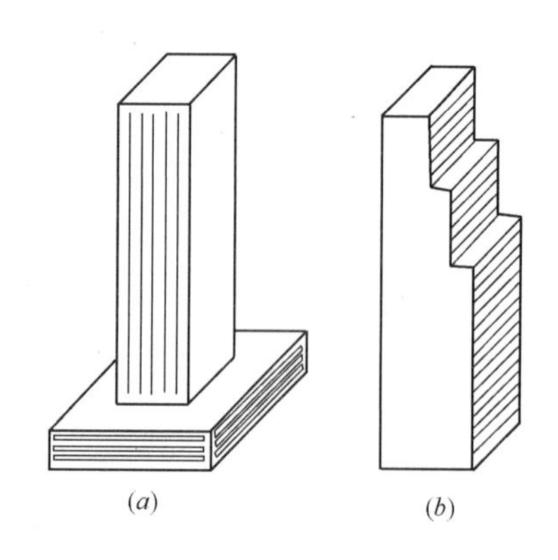

图 13.2.10 不利建筑立面形状
（a）大地盘建筑；（b）阶梯形建筑

地说明了结构偏心会带来多么大的危害。15 层的中央银行，有一层地下室，采用框架体系，设置两个钢筋混凝土电梯井和两个楼梯间，都集中布置在主楼西端一侧，西端山墙还砌有填充墙，如图 13.2.11 所示，这种结构布置造成质量中心与刚度中心明显不重合，偏心很大，显然对抗震十分不利。果然，在 1972 年发生地震时，该栋大厦遭到严重破坏，五层周围柱子严重开裂，钢筋屈服，电梯井墙开裂，混凝土剥落，围护墙等非结构构件破坏严重，有的甚至倒塌。另一幢是 18 层的美洲银行，与中央银行大厦相隔不远。但地震时，美洲银行仅受到轻微损坏，震后稍加修理便可恢复使用。两幢大厦震害相差悬殊，主要原因是两者在建筑布置和结构体系方面有许多不同。美洲银行大厦结构体系均匀对称，基本抗侧力体系，由四个 L 形筒体组成，筒体之间对称地由连系梁连结起来，如图 13.2.12 所示。由于管道口在连系梁中心，连系梁抗剪强度大为削弱，它的抗剪能力只有抗弯能力的 35%。这些连系梁在地震时遭到破坏，但却起到了耗能的作用，保护了主要抗侧力构件的抗震能力，从而使整个结构只受到轻微损坏。连系梁破坏是能观察到的主要震害。1972 年马那瓜地震中两幢现代化钢筋混凝土高层建筑的抗震性能的巨大差异；说明了在抗震概念设计中结构规则性准则的重要性。

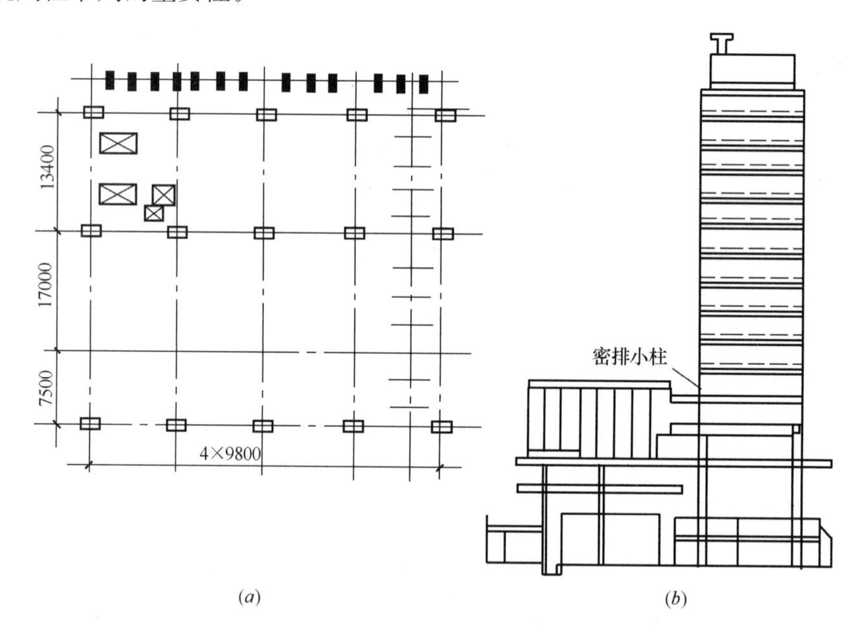

图 13.2.11 马那瓜中央银行示意图
（a）底层平面；（b）剖面

4. 赘余度和多道抗震防线

一般说来，超静定的次数愈高，对结构的抗震愈有利，但是须设计得当。采用均匀分布结构构件来增加赘余度，使地震作用下允许结构作用效应具有更有利的塑性重分布的能

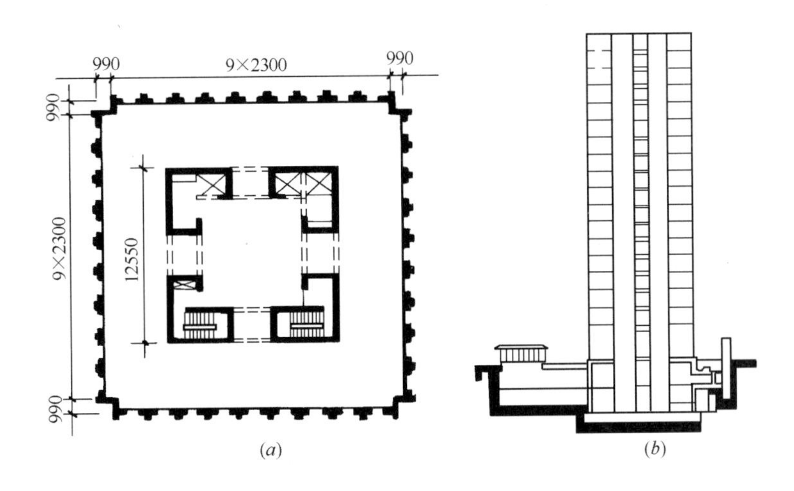

图 13.2.12　马那瓜美洲银行大厦示意图
（a）平面；（b）剖面

力，有意识地将塑性变形的发展集中在采取特殊构造措施的潜在塑性铰区，从而使整个结构内具有广泛的塑性变形的能量耗散能力，达到减少地震反应，减轻地震损坏的目的，使破坏程度限制在可以修复并继续使用的范围内。

在抗震结构中广泛采用的双重结构体系就是属于设置多道抗震防线的设计思想。在我国采用得最广的框架-剪力墙双重结构体系，主要抗侧力构件是剪力墙，是第一道抗震防线，在弹性地震反应阶段，大部分侧向地震作用是由剪力墙承担，但当一旦剪力墙开裂或屈服，剪力墙刚度相应降低，此时框架承担侧向地震作用的比例将相应增加，框架部分起到第二道防线的作用，并且在地震动过程中起着支承竖向荷载的重要作用，它承受主要的竖向荷载。

框架-核心筒或框筒-核心筒体系也属于双重结构体系，它与框架-剪力墙体系不同之处，是由柔性框架和集中在建筑平面中心附近的墙组合成的双重结构体系，它的抗扭性能明显比框架-剪力墙双重结构体系差，其抗扭刚度一般不能满足：$r/l_s \leqslant 0.8$ 的条件，其中 r 为所有相应水平方向的扭转刚度与侧向刚度之比的开方，即称之为扭转半径；l_s 为结构平面内的回转半径。

框架填充墙结构体系实际上也是等效双重体系。如果设计得当，填充墙可以增加结构体系的承载力和刚度。在地震作用下，填充墙产生裂缝，可以大量吸收和消耗地震能量，填充墙实际上起到了耗能元件的作用。填充墙在地震后是较易修复的，但须采取有效措施防止外倒塌和框架柱的剪切破坏。

在结构一定部位上设置专门的耗能元件，例如摩擦耗能或利用材料塑性耗能的元件，期望地震时，有相当一部分的地震输入能量消耗于这种耗能元件，以减小主体结构的地震作用力，达到减轻主体结构损坏的目的。

5. 双向侧向振动和扭转振动的抗力与刚度

水平地震动是一种双向现象，因此结构必须能抵抗任何方向的水平地震动作用，相应地，结构构件应布置成能提供任何方向的抗力。通常将结构构件组成正交面内的结构网格，以保证在两主轴方向有相近的抗力和刚度特征。目前，国际上大多数建筑抗震设计规范，都分别按主体结构两个正交方向进行地震反应分析与设计，不考虑双向水平地震动作用的相互组合，采用这种假定和简化处理是比较简便和实用的。对于对称的规则结构，在弹性反应阶段这种假定显然是正确、合理的。可是，一旦结构进入弹塑性反应阶段，由于另一正交方向水平地震动的影响，结构构件形成塑性铰时间上有先后，产生的部位并不能保持其对称性，导致结构刚度中心发生偏移而引起扭转振动，这种水平-扭转耦连的弹塑性振动对结构反应将产生不利影响。因此，目前普遍采用的这种简便实用的分析设计方法，并不是偏于安全的。

结构刚度大小的选择，在试图将地震作用效应减至较小的同时，并应考虑到不能由于 $P\text{-}\Delta$ 效应而导致结构整体失稳的过大位移发展，也不应因结构刚度不足，层间位移过大，使非结构构件严重破坏而造成重大的经济损失。

除侧向刚度以外，结构必须具有足够的扭转抗力和刚度，以限制在不同结构构件中产生不均匀的扭转振动。为此，主要的结构抗震受力构件应靠近结构周边布置，可以有效提高结构的抗扭转的能力和刚度，具有明显的优点。在建筑结构中，由于质量位置和地震作用的空间变化的不确定性，即使是对称的规则结构，实际上也是很难做到结构的质量中心与刚度中心的完全重合，存在偶然偏心。有的国家抗震设计规范在有关条款规定，在抗震设计中应考虑偶然扭转效应的影响，楼层偶然偏心距一般取 $0.05L_i$，此处 L_i 为垂直于地震作用的楼层尺寸[9]。

6. 楼板的隔墙作用

楼板对房屋结构的总体抗震性能起着非常重要的作用。实际上，楼板在水平地震作用下，如同水平隔板一样工作，不仅将惯性力集中并传递到竖向结构体系，还能保证竖向结构体系一起抵抗水平地震作用。楼板是整个房屋结构中一个不可缺少的部分，在竖向结构体系复杂，或非均匀性布置，或具有不同水平变形特征的双重体系一起使用时，隔板的作用特别重要。楼板体系应具有足够的平面内刚度和抗力，并与竖向结构体系有效连接，特别是狭长的楼板及其有大洞口的情况，尤其是当大洞口位于竖向结构构件附近对有效连接有影响的情况。

为了提高楼板的可靠性，水平平面内的隔板应具有足够的刚度，保证将涉及地震作用下的效应传递给相连的各抗侧力体系。欧洲规范8《结构抗震设计》中规定，隔板超强系数可取1.3。

对于筒体和剪力墙结构体系，应进行水平剪力从楼板向筒体或剪力墙安全传递的验算。楼板与筒体或剪力墙交接面的名义剪应力应限制为小于或等于 6τ，作为抗开裂措施。同时，楼板与筒体或剪力墙连接处应具有足够的抗剪切滑移破坏的强度，在计算中不考虑混凝土的抗剪作用，并应设置附加钢筋来提高楼板与筒体或剪力墙交接面的剪切强度。

7. 合适的基础

基础与上部结构的连接设计与施工方法应保证整个建筑均匀地承受水平地震作用。为此，基础应设计成具有良好的整体性。对于由离散的剪力墙组成的结构，考虑到在宽度和长度方向上刚度有差异，应选用由包括基础底板和盖板在内组成的刚性的箱式或网格式基础。对于具有独立基础构件（基礅式桩）的建筑，应沿两个主方向在构件之间采用基础底板或基础系梁。

基础应有足够的埋深，有利于上部结构在地震下的整体稳定性，防止倾覆和滑移，并能减少建筑物的整体倾斜。但是，地震区高层建筑物的基础埋深是否需要有最小限值的规定，一直存在争议，国际上，大多数抗震设计规范对此未做出明确规定。只有少数规范有所规定，如日本建设省 1982 年批准的《高层建筑抗震设计指南》中，规定建筑埋置深度约取地上高低 1/10，并不应少于 4m。我国《高层建筑钢筋混凝土结构技术规程》JGJ 3—2010 中规定，对于采用天然地基的建筑物，基础埋置深度可不小于建筑高度的 1/15，而对于采用桩基的建筑物，不计桩长，可取建筑高度的 1/18。

13.3 规则结构与不规则结构

结构规则与否是影响结构抗震性能的重要因素。但是，由于建筑设计的多样性，不规则结构优势是难以避免的。同时，由于结构本身的复杂性，通常不可能做到完全规则，也可能尽量使其规则，较少不规则性带来的不利影响。值得指出的是，特别不规则结构应尽量避免采用，尤其在高烈度区。根据不规则的程度，应采取不同的计算模型分析方法，并采取相当的细部构造措施。

13.3.1 平面规则性准则

1. 平面偏心

结构在平面内沿正交方向上侧向刚度和质量分布接近对称。如果任何一层的偏心率超过 0.2 时，则认为属于不规则结构，偏心率为质量中心与刚度中心距离与相应方向宽度之比。

2. 平面凹角

平面轮廓应简单、对称，如图 13.3.1 所示的平面形状，突出部分长度不应超过图中所示的限制。

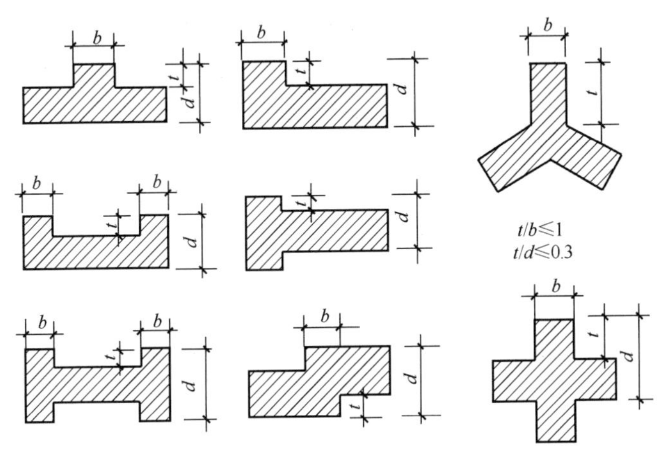

图 13.3.1 可看作较规则结构的平面形状

3. 刚性楼层

楼板平面内刚度与竖向构件的侧向刚度相比足够大，则可以忽略楼板变形对竖向结构构件间内力分配的影响。

4. 楼板突变

楼板平面内突然间断，或楼板内洞口削弱面积超过整个楼层面积的 15%，或相邻层有效楼板刚度相差超过 15%，都属于平面不规则结构。

5. 平面外水平断错

竖向构件在平面外水平断错，造成侧向力传递路径的间断，这种情况属于结构平面不规则。

6. 非平行结构体系

抗侧力的竖向构件既不平行于抗侧力体系的对称轴，又不平行于抗侧力体系的正交轴，这种情况属于结构平面不规则。

13.3.2 立面性准则

1. 刚度突变的柔性层

各楼层侧向刚度沿结构高度分布均应保持不变或逐步减小，没有突变。相邻楼层的侧向刚度的变化不得超过 30%，或与其上部相邻三层楼层侧向刚度平均值相比不得小于 80%。

2. 质量分布突变

各楼层的质量沿结构高度分布均应保持不变或逐步减小，没有突变。相邻楼层的质量变化不得超过 50%，但结构顶层除外。

3. 立面形状突变

所有抗侧力体系如筒体、剪力墙或框架不宜被截断，应自基础连续到结构顶部；或当在不同高度处须有缩进时，应自底部连续到相应区段的顶部。但是，在逐步缩进且仍为轴对称情况下，任一楼层缩进的尺寸不大于原平面在缩进方向尺寸的 20%（图 13.3.2*a*、*b*）。在主体结构总高 15%以内的下部有一次缩进的情况下，其缩进尺寸不大于原平面尺寸的 50%（图 13.3.2*c*），此时上一楼层竖向缩进周边以内的底部区域结构应设计成至少能抵抗按同样结构但底部无扩大时该区域水平剪力的 70%。在缩进不能维持结构的对称性情况下，每一侧所有楼层缩进的总和不大于首层平面尺寸的 30%，每层的缩进尺寸不大于原平面尺寸的 10%（图 13.3.2*d*）。

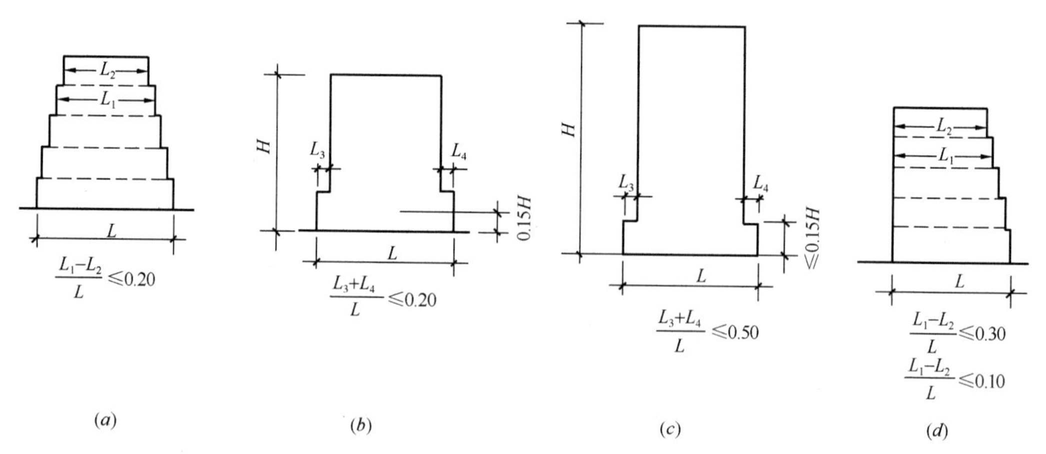

图 13.3.2 立面缩进的规则性准则

4. 竖向抗侧力构件在其平面内的间断

竖向抗侧力构件在其平面内水平断缩的尺寸不大于该构件的长度。

5. 承载力突变——薄弱层

大量震害实例和工程实例分析表明，多层结构往往存在相对薄弱的楼层。汶川大地震中部分房屋的破坏集中于某一楼层，造成该楼层或整个房屋垮塌。

大量的分析表明，在结构质量、刚度和层间屈服强度系数 $\xi_y(i)$（$\xi_y(i)=V_y(i)/V_e(i)$；其中，$V_y(i)$ 为第 i 层的屈服剪力，$V_e(i)$ 为第 i 层的弹性地震剪力）三者中，层间屈服强度系数沿楼层高度的分布是影响层间弹塑性最大位移的主要因素，质量的分布影响结构地震作用的分布状况，刚度的分布影响结构层间弹性位移的分布状况，但刚度的不均匀变化会在刚度突变部位产生应力集中，如应力集中部位屈服强度不足，也会在该部位产生塑性变形集中。

在多层结构弹塑性位移反应中又可分为“均匀”结构与“不均匀”结构。在地震作用下多层结构层间位移反应的均匀性关键是结构的层间位移角应大体相同。结构弹性位移反应的大体均匀依赖于结构刚度与结构质量沿楼层高度分布符合一定的关系。在强烈地震作用下，结构弹塑性位移反应与结构弹性位移反应的规律有着明显的区别。由于结构层间屈服强度系数的分布是影响结构层间弹塑性位移反应的主要因素，因此区分结构为弹塑性反应的“均匀”与“不均匀”，应以楼层屈服强度系数 $\xi_y(i)$ 的分布是否大体相同来判断。大量的分析说明，即使是 $\xi_y(i)$ 大体相等的结构，各楼层的层间弹塑性最大位移反应也并不相等，但其不均匀的状况比“非均匀”结构层间弹塑性最大位移分布要好得多，因此有必要加以区分。对于楼层屈服承载力系数 ξ_y 在毗邻楼层间的差值不超过 20%时为均匀结构，对于不均匀的结构应通过修改设计构件参数使其便成为均匀结构，或增加薄弱楼层的构造措施来提高其变形能力。

13.3.3 结构计算模型和分析方法

根据结构平、立面规则性准则，在计算中可分别采取简化平面模型、平面模型、简化空间模型和空间模型。地震反应分析方法通常可采用等效抗侧力分析方法和多振型反应谱方法两种。对于特别不规则形结构，应采用时程分析方法。

抗震设计中所须采用的结构计算模型和分析方法　　表 13.3.1

规则性		允许的简化方法		规则性		允许的简化方法	
平面	立面	模型	分析方法	平面	立面	模型	分析方法
是	是	平面模型	等效抗侧力法	否	是	空间模型	多振型反应谱法
是	否	平面模型	多振型反应谱法	否	否	空间模型	多振型反应谱法

注：如果填充外墙和隔墙分布较均匀或抗侧力刚度中心和质量中心分别近似位于一竖轴上，则可采用等效扭转效应近似分析方法。

表 13.3.1 列出了在结构抗震设计中根据平、立面规则性分别所需采用的计算模型和相应的分析方法。

13.3.4 等效扭转效应的近似分析方法

1. 适用范围

对于平面不规则的结构，如果满足下列条件时，则可采用本节所述的近似分析方法来确定扭转效应。

(1) 填充外墙和隔墙分布较均匀。

(2) 建筑高度不超过 10m。

(3) 建筑两主轴方向的高宽比（高度/长度）不超过 0.4。

(4) 楼板平面内刚度与竖向构件的侧向刚度相比足够大，可以假定为刚性楼板。

(5) 抗侧力构件刚度中心与质量中心分别近似位于一竖轴上。

2. 近似分析方法

可在每个主方向分别采用一个平面模型进行分析，扭转效应分别按这两个方向确定。

作用于楼层 i 的水平力 F_i 可按等效抗侧力方法或多振型反应谱方法确定。楼层 i 的水平力 F_i 按所考虑的地震作用方向，作用于距名义质量中心 M 附加偏心距 e_2 的位置，如图 13.3.3 所示，其值可近似地取以下两值中的较小者：

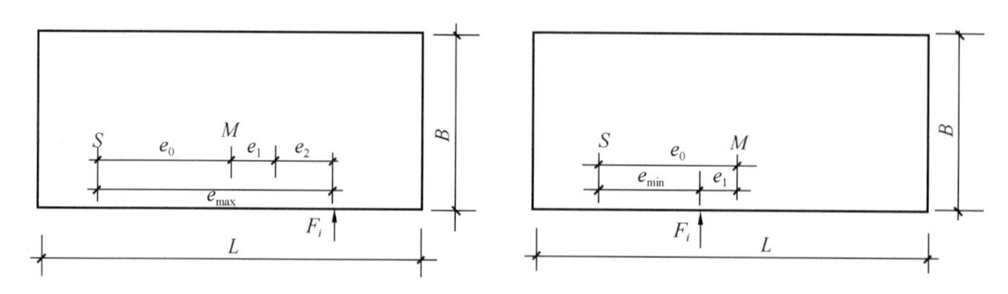

图 13.3.3 水平力 F_i 偏心的确定

$$e_2 = 0.1(L+B)\sqrt{10e_0/L} \leqslant 0.1(L+B) \tag{13.3.1}$$

$$e_2 = \frac{1}{2e_0}\left[l_s^2 \quad e_0^2 - r^2 + \sqrt{(l_s^2 + e_0^2 - r^2)^2 + 4e_0^2 \cdot r^2}\right] \tag{13.3.2}$$

式中 e_0 ——刚度中心 S 与名义质量中心 M 的实际偏心距；

e_2 ——考虑平移振动与扭转振动的耦合作用的动力效应附加偏心距；

l_s^2 ——回转半径的平方，等于（$L^2 + B^2$）/ 12；

r^2 ——楼层扭转刚度与侧向刚度之比，即扭转半径的平方。

若楼层扭转刚度与侧向刚度之比 r^2 超过 5（$l_s^2 + e_0^2$）时，则附加偏心距 e_2 可忽略。

扭转效应可根据两个等效静载效应中的由两个偏心距引起的扭矩 M_i 的包络来确定，如图 13.3.3 所示。

$$M_i = F_i e_{max} = F_i(e_0 + e_1 + e_2) \tag{13.3.3}$$

或

$$M_i = F_i e_{max} = F_i(e_0 - e_1) \tag{13.3.4}$$

式中 e_1 ——楼层的偶然偏心距。

楼层 i 的偶然偏心距的可按下式确定：

$$e_1 = \pm 0.05 L_i \tag{13.3.5}$$

式中 L_i ——垂直于地震作用方向的楼层尺寸。

13.4 建筑抗震设计的一般要求

13.4.1 抗震等级

抗震等级是确定抗震分析和抗震措施的标准，可按照地震烈度、场地类别、建筑重要性类别、结构体系和建筑高度确定。抗震等级的划分考虑了技术要求和经济条件，随着设计方法的改进和经济水平的提高，抗震等级也将作相应的调整。我国《建筑抗震设计规范》将抗震等级共分四级，对于每一个抗震等级，规定了相应的抗震设计的要求。表 13.4.1 给出了丙类建筑钢筋混凝土结构的抗震等级分类，表 13.4.2 给出了钢结构房屋的抗震等级分类。

丙类建筑多层及高层现浇钢筋混凝土结构的抗震等级　　表 13.4.1

结构类型			烈度									
			6		7			8		9		
框架结构	高度（m）		≤24	>24	≤24	>24		≤24	>24	≤24		
	框架		四	三	三	二		二	一	一		
	大跨度框架		三		二			一		一		
框架-抗震墙结构	高度（m）		≤60	>60	≤24	25～60	>60	≤24	25～60	>60	≤24	25～50
	框架		四	三	四	三	二	三	二	一	二	一
	抗震墙		三		三	二		二	一		一	
抗震墙结构	高度（m）		≤80	>80	≤24	25～80	>80	≤24	25～80	>80	≤24	25～60
	一般抗震墙		四	三	四	三	二	三	二	一	二	一
部分框支抗震墙结构	高度（m）		≤80	>80	≤24	25～80	>80	≤24	25～80			
	抗震墙	一般部位	四	三	四	三	二	三	二			
		加强部位	三	二	三	二	一	二	一			
	框支层框架		二		二		一	二	一			
框架-核心筒结构	框架		三		二			一			一	
	核心筒		二		二			一			一	
筒中筒结构	外筒		三		二			一			一	
	内筒		三		二			一			一	
板柱-抗震墙结构	高度（m）		≤35	>35	≤35		>35	≤35	>35			
	框架、板柱的柱		三	二	二		二	一				
	抗震墙		二	二	二		一	二	一			

注：1. 建筑场地为Ⅰ类时，除 6 度外应允许按表内降低 1 度所对应的抗震等级采取抗震构造措施，但相应的计算要求不降低；
2. 接近或等于高度分界线时，应允许结合房屋不规则程度及场地、地基条件确定抗震等级；
3. 大跨度框架指跨度不小于 18m 的框架；
4. 高度不超过 60m 的框架-核心筒结构按框架-抗震墙的要求设计时，应按表中框架-抗震墙结构的规定确定其抗震等级。

钢结构房屋的抗震等级　　表 13.4.2

房屋高度	烈度			
	6	7	8	9
≤50m		四	三	二
>50m	四	三	二	一

注：1. 高度接近或等于高度分界线时，应允许结合房屋不规则程度及场地、地基条件确定抗震等级；
2. 一般情况下，构件的抗震等级应与结构相同；当某个部位各构件的承载能力均满足 2 倍地震组合下的内力要求时，7～9 度的构件抗震等级应允许按降低 1 度确定。

从表 13.4.1 中可以看出，由于抗震等级综合考虑了不同因素，同过去抗震设计规范只按烈度划分抗震措施相比显然较为合理。在同一结构体系中，不同部位根据保证结构地震安全性所起的作用可规定相应的抗震等级，例如框架-剪力墙结构中的剪力墙抗震等级高于框架，而框支剪力墙结构中框架柱的抗震等级则高于上部剪力墙。值得指出的是，降低框架-剪力墙体系中的框架抗震等级应须满足以下条件：剪力墙承担的水平地震作用所产生的基底倾覆力矩不小于总基底倾覆力矩的50%，否则仍按框架结构的抗震等级进行抗震设计。

欧洲规范8《建筑结构抗震设计规定》中也规定了不同抗震等级。欧洲规范8的抗震等级的划分与我国抗震设计规范不同之处是：它共分三级，按结构的延性水平来划分，并且按抗震等级通过延性等级来调整水平地震作用，最高与最低一级的地震作用可相差一倍。

我国《建筑抗震设计规范》根据建筑重要性分为下列四类：

（1）特殊设防类：指使用上有特殊设施，涉及国家公共安全的重大建筑工程和地震时可能发生严重次生灾害等特别重大灾害后果，需要进行特殊设防的建筑。其简称甲类。

（2）重点设防类：指地震时使用功能不能中断或需尽快恢复的生命线相关建筑，以及地震时可能导致大量人员伤亡等重大灾害后果，需要提高设防标准的建筑。其简称乙类。

（3）标准设防类：指大量的除（1）、（2）、（4）类以外按标准要求进行设防的建筑。其简称丙类。

（4）适度设防类：指使用上人员稀少且震损不致产生次生灾害，允许在一定条件下适度降低要求的建筑。其简称丁类。

表13.4.1为根据丙类建筑的要求而划分的抗震等级，丙类建筑属于量大面广的一般性建筑。对于其他重要性类别的建筑，可根据具体情况对抗震等级作相应的调整。甲类建筑由于特别重要，在抗震设计和构造措施上应作特殊考虑。乙类建筑简单地可按提高烈度1度来考虑，当为9度时，应采取比9度设防更有效的抗震措施。丁类建筑可按降低烈度度1度来考虑，但对6度烈度区则不再降低。

13.4.2 建筑高度及其高宽比的限制

具有不同结构体系的最大建筑高度的规定综合考虑了结构抗震性能、经济和使用合理、地基条件、震害经验以及抗震设计经验等因素。随着地震工程研究的进展，抗震设计方法的进步以及震害和设计经验的积累，建筑最大高度的限值将会有相应的变动。表13.4.3给出了我国抗震设计规范中钢筋混凝土结构最大建筑高度的范围。对于建造在Ⅲ、Ⅳ类场地土的房屋、装配整体式房屋、具有框支层的剪力墙结构以及非常不规则的结构均应适当降低高度。表13.4.4给出了钢筋混凝土高层建筑适用的最大高宽比。

不同结构体系房屋适用的最大高度（m）　　表13.4.3

结构类型	抗震设防烈度				
	6	7	8（0.2g）	8（0.3g）	9
框架结构	60	50	40	35	24
框架-抗震墙结构	130	120	100	80	50
抗震墙结构	140	120	100	80	60
部分框支抗震墙结构	120	100	80	50	不应采用

续表

结构类型		抗震设防烈度				
		6	7	8（0.2g）	8（0.3g）	9
筒体结构	框架-核心筒	150	140	100	90	70
	筒中筒	180	160	120	100	80
板柱-抗震墙结构		80	70	55	40	不应采用

注：1. 房屋高度指室外地面到主要屋面板板顶的高度（不包括局部突出屋顶部分）；
2. 框架-核心筒结构指周边稀柱框架与核心筒组成的结构；
3. 部分框支抗震墙结构指首层或底部两层为框支层的结构，不包括仅个别框支墙的情况；
4. 表中框架，不包括异形柱框架；
5. 板柱-抗震墙结构指板柱、框架和抗震墙组成抗侧力体系的结构；
6. 乙类建筑可按本地区抗震设防烈度确定适用的最大高度；
7. 超过表内高度的房屋，应进行专门研究和论证，采取有效的加强措施。

钢筋混凝土高层建筑建筑适用的最大高宽比　　表 13.4.4

结构类型	6、7度	8度	9度
框架	4	3	—
板柱-抗震墙	5	4	—
框架-剪力墙、剪力墙	6	5	4
框架-核心筒	7	6	4
筒中筒	8	7	5

由于房屋高度的日益增大，钢筋混凝土结构已不再是唯一经济有效的结构类型，钢结构以自重轻、延性好、安装快、施工周期短等优点，也已成为我国高层建筑中一个重要的结构类型，特别是超高层建筑。随着高层建筑的发展，钢结构同样出现了多种结构体系，而且都有各自的适用条件和应用范围。钢结构的最大建筑高度及其高宽比限值分别见表13.4.5和表13.4.6。

钢结构建筑物的最大高度（m）　　表 13.4.5

结构类型	6、7度（0.1g）	7度（0.15g）	8度		9度
			（0.2g）	（0.3g）	
框架	110	90	90	70	50
框架-中心支撑	220	200	180	150	120
框架-偏心支撑（延性墙板）	240	220	200	180	160
筒体（框筒、筒中筒、桁架筒、束筒）和巨型框架	300	280	260	240	180

注：1. 房屋高度指室外地面到主要屋面板板顶的高度（不包括局部突出屋顶部分）；
2. 超过表内高度的房屋，应进行专门研究和论证，采取有效的加强措施；
3. 表内的筒体不包括混凝土筒。

钢结构民用建筑适用的最大高宽比　　　表 13.4.6

烈度	6、7	8	9
最大高宽比	6.5	6.0	5.5

注：塔形建筑的底部有大底盘时，高宽比可按大底盘以上计算。

建筑的尺寸比对结构地震反应的影响来说，要比建筑的绝对尺寸更为重要。在抗震设计中，建筑的高宽比是一个需要慎重考虑的问题。建筑的高宽比愈大，地震作用下的侧移愈大，水平地震作用引起的倾覆作用愈严重。由于巨大的倾覆力矩在底层柱和基础中所产生的压力和拉力比较难处理，为有效防止在地震作用下建筑的倾覆，保证有足够的地震稳定性，应对建筑的高宽比值有所限制。

1967 年委内瑞拉的加拉加斯地震，曾发生明显的由于过大倾覆力矩引起的破坏震害实例。该市一幢 18 层的公寓为钢筋混凝土框架结构，地上各层均有砖填充墙，地下室空旷。在地震中，由于倾覆力矩在地下室柱中引起很大轴力，造成地下室很多柱子在中段被压碎，钢筋压弯呈灯笼状。另一震害实例是 1985 年墨西哥地震时，该市一幢 9 层钢筋混凝土结构由于水平地震作用使整个房屋倾倒，埋深 2.5m 的箱形基础翻转了 45°，并连同基础底面的摩擦桩拔出。

为了保证高层建筑地震时的稳定性，不致发生倾覆破坏，应对建筑物进行抗倾覆的稳定性验算。美国 1978 年颁布的《建筑抗震设计暂行条例》（草案）对此有以下规定：当采用等效静侧力方法进行结构地震反应分析时，作用于建筑物基础与地基交界处的地震倾覆力矩 M_f 按下式确定：

$$M_f = 0.75\sum_{i=1}^{n} F_i H_i \tag{13.4.1}$$

式中　F_i——楼层 i 的水平地震力；

H_i——由基础底面至楼层 i 处的高度；

n——建筑物的总层数。

地震倾覆力矩 M_f 与相应的重力荷载在基础与地基交界面上的合理作用点至基础中轴线距离，不应大于水平地震作用方向基础边长的 1/4，即在水平地震力作用下基础底面的承压面积不得小于整个基础底面积的 3/4。

当采用多振型反应谱方法进行结构地震反应分析时，先分别计算每个振型水平地震作用对基础底面的倾覆力矩，然后进行振型叠加，得出总的地震倾覆力矩，但在验算建筑抗地震倾覆的稳定性时，可将总的地震倾覆力矩减少 10%。

13.4.3　抗震结构体系

抗震结构体系的合理性是抗震设计应考虑的关键问题。对于抗震设防区的建筑结构体系的要求，是根据地震作用的特点、历次大地震的震害经验和结构抗震性能试验、模拟分析以及吸取国际上的抗震科研成果等方面总结得到的。其包含了整体结构、构件和构件的连接等方面。在《建筑抗震设计规范》GB 50011—2010 的第 6 章至第 12 章和附录 B、附录 C、附录 F 至附录 H 分别给出了各类结构的适用房屋、抗震设计要求等，在第 4 章给出了建筑结构场地、地基与基础的选择要求。在实际工程设计中如何选择合适的结构方案和结构体系，是抗震设计人员首先遇到的问题。选择合适的结构方案应考虑建筑抗震设防类别、抗震设防烈度、场地条件、地基情况和建筑高度、结构材料与施工等因素。

1. 地震作用的特点与启示

(1) 地震作用不同其他荷载的特点之一为地震是地面运动，不是作用在结构上的荷载，其结构的反应与结构的动力特性、场地和地震波的频谱特性等均有关系。对于非地震区的建筑结构设计，所考虑的是作用在结构上的荷载，在结构承担竖向荷载情况下采取增大部分构件截面的设计方法或设计变更，对整个结构或相邻楼层的竖向承载力不会造成影响。对于非抗震地区的建筑，结构构件的底层截面增大，提高了结构底层承担竖向荷载的能力，对第 2 层承担竖向荷载没有影响，这就是我们通常所说的只要加强没有害处。而地震作用则不同，地震作用是地面运动，结构的地震反应与结构各楼层的重量、刚度等有关。增大结构构件的截面尺寸，会使结构的抗侧力刚度增大，结构的基本周期变小，结构的地震作用增大。对于突出屋面的小建筑，因质量和刚度相对于下部楼层小得多而有增大的反应。结构各楼层的地震作用内力组合，不仅与该层的地震作用有关而且与结构上部楼层的地震作用组合有关（或者说与结构各振型的地震作用内力组合有关)。同一楼层内的地震内力的分配与楼板的水平刚度和各构件相应的抗侧力刚度有关。

地震对建（构）筑物造成破坏的性质大体区分为两种类型，即场地、地基的破坏作用和场地地震动作用。场地和地基的破坏作用一般是指造成建筑物和构筑物破坏的直接原因是场地和地基稳定性。场地和地基的破坏作用大致有地面破裂、滑坡和坍塌，地基失效等几种类型。

地震作用的频谱特性是指地震作用中各种频率地震的含量。大量的震害表明，从远处传来的地震对高柔建筑不利。唐山大地震中天津塘沽碱厂 13 层钢筋混凝土框架结构垮塌，墨西哥大地震中高层钢结构破坏严重。这些均表明，不是本地发生而是从远处传来的地震，由于地震波中短周期的分量衰减比较快，长周期分量多的地震对高柔建筑物的地震作用比短周期分量多的地震作用大得多。

(2) 地震作用的随机性是很强的，其随机性表现在时间、地点和强度等方面。从发生地震的强度来看，相差 1 度则地震动加速度相差 1 倍。从发生的时间间隔来看，地震的发生有平静期（能量积累期）和活跃期（能量释放期)，虽然无感的小震经常发生，但是强烈地震作用发生的时间间隔相对比较长。若要求建筑结构在建筑设计期内各种强烈地震作用下均处于弹性状态是不可能的，也是很不经济的。允许在强烈地震作用下结构构件开裂、钢筋进入屈服的弹塑性状态和利用塑性变形来消耗地震作用的能量，但不允许主体结构倒塌。结构进入弹塑性状态时的耗能能力，取决于各楼层中所有构件均能充分发挥其耗能作用。即不能有特别薄弱的楼层，如结构中的某楼层特别弱，则在强烈地震作用下率先屈服进入弹塑性状态，若该楼层相对于相邻楼层很弱，则会产生破坏集中的现象；当薄弱楼层的抗震能力不能抵御强烈的地震作用时，则该楼层会垮塌进而导致整个结构垮塌。若结构楼层的抗震能力大体均匀没有相对薄弱的楼层，在强烈地震作用下各楼层均进入屈服，也就是说各楼层和楼层中的构件均出现塑性铰来消耗地震的能量，则结构进入弹塑性的程度要好得多。对于同一次强烈地震，各结构输入地震的能量是一定的，而结构抵御地震的能量能力不仅与结构构件的承载能力和变形能力有关，而且更重要的与这些楼层和楼层的构件是否能在强烈地震中均进入屈服、均能消耗地震的能量有关。

多层与高层建筑的薄弱楼层是相对的，对于设计比较均匀的结构，在施工中人为的加强某一楼层，则相邻楼层可能出现薄弱楼层。1976 年 7 月 28 日唐山大地震中，天津第二毛纺厂总层数为3层的框架结构厂房的第2层遭到了较严重的破坏：第2层框架柱头出现塑性铰、箍筋外露、混凝土开裂。由于房屋总体不重，则仅对第2层破坏的框架柱进行了加固，且对第2层柱的加固没有从基础生根。在1976年11月15日天津宁河6.9级的强烈余震中，该厂房从底层垮塌。这个震害实例说明，加强某个楼层则会使相邻的楼层变为新的薄弱楼层。位于唐山市凤凰山下的唐山第一面粉厂制粉车间的震害为轻微破坏：其裂缝主要发生在框架柱上，梁和梁柱节点核心区均未发现裂缝，底层中柱柱顶在梁加腋下边及柱脚离地面100mm处有水平裂缝；第2层只是在梁加腋下边有裂缝，但比第1层轻，柱脚完好；第3层裂缝部位与第2层相同，但更细小；第4、5层无明显震害。该工程为5层的钢筋混凝土框架结构。对该工程的抗震能力分析结果表明，各层的层间屈服强度系数（楼层各柱屈服剪力之和/楼层地震剪力）比较均匀，没有特别薄弱的楼层。输入唐山地震的迁安波，其峰值加速度调整至0.8g，则该工程底层的层间最大弹塑性位移为1/250左右，属于中等破坏。

2. 结构体系整体要求

（1）应具有明确的计算简图和合理的地震作用传递途径

1）结构体系的合理性与计算简图

结构体系的合理性首先是应具有明确的计算简图和合理的地震作用传递途径。明确的计算简图就是结构体系应明确是抗震规范规定的那种结构体系，其计算简图应能正确反映结构的受力状况。不能设计为局部钢筋混凝土框架与砌体结构混合的结构体系和设计为底部钢筋混凝土结构上部钢结构的结构体系，也不能把底部框架-抗震墙砖房的底部设计为半框架或局部框架的结构体系。这些结构体系在承重结构体系中没有太多的问题，但在地震作用特别是强烈地震作用下，由于在同一楼层或不同楼层之间的抗侧力刚度与承载能力、变形能力的差异，不同结构构件会产生先后开裂和钢筋屈服的状况。当同一楼层某些构件开裂后，其抗侧力刚度会降低（砌体墙降低到弹性刚度的20%左右，钢筋混凝土构件降低到弹性刚度的30%左右），由此带来构件内力的重分布。当楼板的水平刚度不足以承担瞬间的内力重分布时，结构就会很快形成局部垮塌或引起整个结构垮塌。对于不同楼层之间的不同结构体系往往会出现特别薄弱的楼层，强烈地震作用会造成薄弱楼层的严重破坏甚至垮塌。

结构计算简图应能正确反映结构受力状况的另一方面就是要合理的简化，比如底部两层框架-抗震墙结构在总体上是多层剪切型结构，但因钢筋混凝土抗震墙的高宽比为1.5～2.0，则底部两层变成为弯剪受力状态，这就不能采用底层框架-抗震墙砖房均为剪切型结构的受力分析方法。对于底部框架-抗震墙砖房底部楼层构件倾覆力矩的分配，由于地震倾覆力矩引起楼层的转角而不是侧移，所以地震倾覆力矩的分配就不能按底层框架抗震墙砖房的抗侧力刚度分配。还有在分析时应加入楼梯斜梁刚度，四川汶川大地震造成楼梯破坏比较严重，从一个侧面反映出对楼梯斜梁刚度贡献欠考虑以及其带来的构造措施不足的问题。

在结构分析中还应考虑非结构墙体构件对楼层刚度和承载力的影响。在汶川大地震中，一些底部为商店的钢筋混凝土框架结构底部遭受了严重破坏，比较典型的震害实例为都江堰市一栋刚刚建成的底层商店上部住宅的框架结构房屋，底层仅楼梯间部位有空心砖填充墙，上部则为纵横向较多的非承重空心砖填充墙，如仅分析框架结构的抗侧力刚度，则底层与第2层差值不是特别大，还不属于竖向刚度不规则的结构。但是，即使非承重空心砖填充墙也仍具有一定的刚度，而且该房屋横向空心砖填充墙刚度要比横向框架的抗侧力刚度还要大很多，这就造成了底层与上部楼层刚度的差异很大，造成了底层变形集中；而且空心砖填充墙仍具有一定的受剪承载能力，考虑上部填充墙受剪承载力的贡献，则该房屋建筑的底层为薄弱楼层，为相对很不均匀的结构，而且横向较纵向更为严重。因此，该房屋底层破坏严重而上部楼层完好是结构底层与上部楼层填充墙设置的差异很大所造成的。该房屋震害情况如图13.4.1～图13.4.4所示。钢筋混凝土框架结构的填充墙布置沿楼层应大体相同，当底层应使用功能要求减少较多时，应进行考虑填充墙刚度和承载能力的分析，并根据分析结果采用适当的加强措施。

图13.4.1　底层缺少空心砖填充墙的框架房屋

图13.4.2　框架房屋底层情况

图13.4.3　底层框架柱破坏情况之一

图13.4.4　底层框架柱破坏情况之二

在底部框架-抗震墙砖房设计中，抗震设计规范不考虑底部围护墙体等框架填充墙的抗侧力刚度和受剪承载力。这样往往会使所设计结构的底部过强，造成薄弱楼层实际转移到上部多层砖房部分。由于上部砖房部分的抗震能力本身就比较差，又为薄弱楼层，则上部砖房的破坏会更加严重。汶川地震中部分底层框架-抗震墙砖房第2层破坏严重甚至垮塌（如图17.1.7～图17.1.12所示），究其原因是由于上部砖房为薄弱楼层。通过对汶川地震中典型震害实例的分析可知，当底部仅考虑框架和钢筋混凝土抗震墙的抗侧力刚度和承载力的计算值与上部砖房的抗侧力刚度和承载力相比较时，所得出的结果与震害往往不相符；当考虑底部填充墙的抗侧力刚度和受剪极限承载力情况时，则与震害符合。因此，当这类房屋的底部设置的砖填充墙较多时，应考虑填充墙的抗侧力刚度对侧移刚度比的影响和填充墙受剪承载力对底层抗震能力和薄弱楼层判别的影响。

2）地震作用传递途径的合理性

地震作用一般通过楼（屋）盖向楼层内的抗侧力构件传递，当结构构件布置沿竖向连续、不间断和楼（屋）盖没有过大的洞口时，各层的地震作用均能通过楼（屋）盖较好地传递。当竖向构件沿楼层有间断时，则相邻楼层地震内力的传递路线需要改变，这就要求该楼层的楼（屋）盖具有较强的水平刚度。《建筑抗震设计规范》GB 50011 对底层框架-抗震墙砖房第 1 层顶板、底部两层框架-抗震墙砖房的第 2 层顶板和部分框支抗震墙结构过渡楼层楼盖给予加强就是为了在抗侧力构件改变的情况下能通过增加楼板的水平刚度而较好地传递地震作用。

在工程抗震设计中，往往由于使用功能的要求而造成同一楼层中同一轴线构件间断的情况，应根据间断的多少而采取相应的加强措施。比如，多层砌体房屋内纵墙不贯通的情况，除把楼板设置为现浇楼（屋）盖外，尚应在间断的墙体两端设置构造柱。

（2）应避免因部分结构或构件破坏而导致整个结构丧失抗震能力或对重力荷载的承载能力

合理的结构体系应遵循抗侧力构件在楼层平面内布置均匀、对称，在竖向应连续。楼层内抗侧力构件的平面布置主要考虑减少地震作用的扭转效应和结构构件受力的合理性。比如，对于钢筋混凝土框架-剪力墙结构，其剪力墙布置应分散、均匀和纵横向相连；对于钢筋混凝土框架结构应避免单跨框架体系；对于砌体结构的大房间宜布置在中间而不宜都布置在一侧等。如楼层平面内的某个构件或部分构件设置的刚度过大，致使该构件承担的地震作用较相邻构件大得多，则一旦该构件开裂内力将重分布，若不能很好地通过楼（屋）盖满足重新分布，则会导致该构件或与之相连构件破坏严重，甚至垮塌。在《高层建筑混凝土结构技术规程》JGJ 3 中对于框架-剪力墙和剪力墙结构的较长剪力墙的规定是：宜开设洞口将其分成均匀若干墙段，每个独立墙段的总高度与截面宽度之比不应小于 2，墙肢截面高度不宜大于 8m。即不要把一道剪力墙设置的刚度过大，避免造成个别剪力墙承担地震作用过多，一旦其破坏将导致整个结构丧失抗震能力。

对于单榀框架结构，若一根框架柱退出工作，则该榀框架梁因没有支承而垮塌，也将导致楼板和相邻柱破坏。

因此，抗震设计中的一个重要原则是结构应具有较好的赘余度和内力重分配的功能，即使部分构件退出工作，其余构件仍能承担地震作用和相应的竖向荷载，避免整个结构连续垮塌。

（3）应具备必要的抗震承载力和抗侧力刚度，良好的变形能力和消耗地震能量的能力

对于抗震结构体系足够的抗震承载力、侧向刚度和良好的变形能力是应同时满足的条件。具有一定的承载能力和侧向刚度而缺少一定的变形能力（如未形成约束的砌体结构），很容易由于强烈地震的作用造成构件过早开裂、破坏，其构件承担竖向荷载的能力大大降低而使楼板垮塌；结构构件之间的连接损坏严重使得结构构件不能形成空间的整体而垮塌。具有较好的变形能力而抗震承载力和侧向刚度比较小，在地震作用下结构构件会比较早的开裂和钢筋屈服，过大的变形导致非结构构件破坏和结构构件本身的失稳破坏，当地

震作用下的结构弹塑性变形超过结构的变形能力时，结构就会垮塌。结构必要的抗震承载力、侧向刚度和良好的变形能力的结合便是地震作用下具有消耗地震能量的能力。

(4) 对可能出现的薄弱部位，应采取措施提高其抗震能力

地震震害和模型试验表明，在地震作用下结构往往从薄弱的部位开裂、钢筋屈服和产生内力重分布；当高层和多层结构中的某楼层相对于相邻楼层的承载力低得较多时，则会集中在该楼层发展弹塑性变形，形成变形集中和破坏集中的现象；结构的其他楼层仅出现轻微破坏。若薄弱楼层出现在底部楼层且为特别薄弱的楼层，则薄弱楼层的严重破坏跟容易引起整个结构的垮塌。具有特别薄弱部位和薄弱楼层的结构不能发挥大部分构件的抗震能力，这样的结构体系是不合理的。合理的结构体系之一是使同楼层同类构件之间的抗震能力均衡，结构沿竖向承载力均匀；在地震作用下使得结构构件都发挥其抗震能力。由于建筑功能等因素造成可能出现的薄弱部位或楼层，但不能出现特别薄弱的楼层；对于相对薄弱的楼层应采取提高抗震承载能力和增加约束、加密箍筋等提高变形能力的措施。

(5) 宜有多道抗震防线

结构体系的多道防线在本章已有阐述。这里还需要说明的是具有较多填充墙的钢筋混凝土框架结构也是具有两道防线的结构体系，只不过是第一道防线填充墙的抗震性能比较差。对于这类房屋的抗震设计，应考虑从填充墙对框架结构的不利影响和提高填充墙的抗震能力入手。考虑填充墙对框架结构的不利影响则应考虑填充墙对框架柱产生的附加剪力和轴力，同时还要考虑填充墙开洞对于洞口标高处框架柱附加剪力的影响；如图 13.4.5 所示为四川汶川地震中的东汽小学教学楼框架结构填充墙开洞时框架柱的震害；如图 13.4.6 所示为框架结构填充墙一侧为窗洞、一侧为门开洞时框架柱的震害。提高填充墙的抗震能力可把填充墙设置为配筋砌体和加强与框架柱的连接，使第一道防线具有较好的变形能力和耗能能力。

图 13.4.5　框架填充墙开洞对柱的破坏

图 13.4.6　填充墙一侧窗洞、一侧门开洞时框架柱的破坏

(6) 宜具有合理的刚度和承载力分布，避免因局部削弱或突变形成薄弱部位，产生过大的应力集中或塑性变形集中

大量的分析结果表明，由于地震作用为惯性力，所以结构质量沿楼层分布影响结构的地震作用分布，结构的层间刚度直接影响结构的弹性变形，结构楼层承载力和层间屈服强

度系数$\xi_y(i)$（$\xi_y(i)=V_y(i)/V_e(i)$，其中，$V_y(i)$为第i层的屈服剪力，$V_e(i)$为第i层的弹性地震剪力）及楼层屈服强度系数沿楼层高度的分布是影响层间弹塑性最大位移的主要因素。但楼层刚度的不均匀变化会在刚度突变部位一方面会产生应力集中，如应力集中部位屈服强度不足，也会在该部位产生塑性变形集中；另一方面楼层的刚度与构件材料强度、截面尺寸的改变均有关，也直接影响楼层的承载能力。因此，对于钢筋混凝土结构应避免在同一楼层同时改变混凝土强度等级和构件截面尺寸，对于砌体结构应避免在同一楼层同时改变砂浆强度等级和墙体截面尺寸等。对于底部框架-抗震墙砖房应避免上部砖房部分的楼层为薄弱楼层。

（7）结构在两个主轴方向的动力特性宜相近

地震作用是由两个水平方向和竖向构成的。地震中对于一个结构同时有两个水平方向的地震作用。对于结构体系来讲，结构的横向和纵向构件互为支承。结构的动力特性为结构固有的特性，若纵横向结构构件差异比较大，则表明两个方向的刚度差异比较大，必然反映到纵横两个方向的抗震承载力差异比较大。若一个方向的抗震能力比较差，在地震作用下一个方向率先破坏和退出工作，则另一个方向因缺少支承而加速破坏，甚至导致整个结构垮塌。结构在两个主轴方向的动力特性宜相近，结构纵横向的抗侧力构件布置应基本一致。框架-抗震墙结构和抗震墙结构的纵横向钢筋混凝土抗震墙数量应基本一致；多层住宅砌体结构应控制内外纵墙的开洞率，使得纵向墙体的数量与横墙大体一致；底层框架-抗震墙砖房的底层的纵横向均应设置一定数量的混凝土墙构件，不能横向设置钢筋混凝土抗震墙，纵向设置砖抗震墙等。

（8）合理的设置延性破坏机制

钢筋混凝土结构具有良好的塑性内力重分布能力，能较充分地发挥吸收和耗散地震能量的作用。在强烈地震作用下，合理的结构破坏机制应该是：

1）框架结构的梁柱节点是保证框架有效地抗御地震作用的关键部件，它的破坏是剪切脆性破坏，变形能力极差，且同时使交于节点的梁、柱失效，所以应保证其不发生剪切裂缝。弯压剪作用的柱变形能力一般远比弯剪作用的梁差，且柱的破坏直接导致本层结构失效。较合理的框架地震破坏机制，应该是节点基本不破坏，梁比柱的屈服可能早发生、多发生，同一层中各柱两端的屈服历程越长越好，底层柱底的塑性铰宜最晚形成。总之，框架的抗震设计的原则是“强柱弱梁，强节点弱构件”，使梁、柱端的塑性铰出现得尽可能分散，充分发挥整个结构的抗震能力。同时，填充墙的设置沿竖向应均匀对称。

2）框架-抗震墙结构和抗震墙结构中抗震墙的各墙段（包括小开洞墙和联肢墙）的高宽比不宜小于3，使其呈弯剪破坏，且塑性屈服也宜出现在墙的底部。控制连梁的跨高比不得小于2.5，使其在梁端塑性屈服，且有足够的变形能力，避免剪切破坏，在墙段充分发挥抗震作用前不失效。总之，抗震墙应遵循“强墙弱梁，强剪弱弯”的原则，即连梁屈服先于墙肢屈服，连梁和墙肢的屈服应为弯曲屈服。

3）底部框架-抗震砖房的底层钢筋混凝土抗震墙的高宽比不应小于1.0，可采用带边框的开竖缝抗震墙。其底部钢筋混凝土框架-抗震墙不应设置过多，以避免上部砖房部分为薄弱楼层。合理的抗震设计应使底部钢筋混凝土的开裂先于上部砖房楼层，当上部砖房部分开裂时底部的钢筋混凝土构件的钢筋应进入屈服状态，使得底部钢筋混凝土构件与上部砖房共同消耗地震的能量。

3. 结构构件应有较好的变形能力和消耗能力

结构是由一个一个构件组成的，结构的抗震能力决定于各楼层的抗震能力及其均匀性，各楼层的抗震能力决定于构件的抗震能力以及构件之间抗震能力的协调。各类结构构件的抗震能力应包括承载能力和变形耗能能力。

(1) 砌体结构墙体的构造柱、圈梁约束

由于砌体结构墙体的块材和砂浆都是脆性的，砌体墙具有一定的抗震承载能力，但变形能力和耗能能力相对较差。通过采用构造柱、圈梁对脆性墙体进行约束，虽然墙体的抗震承载力提高不大（大体10%左右），但是墙体的变形能力提高较多；砌体墙模型试验的力与位移的滞回曲线比较饱满，表明采取构造柱、圈梁约束砌体墙可使耗能能力有较大提高。所以，对于砌体结构应加强构造柱、圈梁的约束。

在砌体结构设计中，各墙段的高宽比不应大于1.0。高宽比不大于1.0的墙段的受力状态为剪切型，其破坏状态为剪切破坏。高宽比大于1.0、小于4.0的墙段的受力状态为弯剪型，其破坏状态为弯剪破坏。高宽比大于4.0的墙段的受力状态为弯曲型，其破坏状态为弯曲破坏。众所周知，砌体墙具有一定的抗剪和抗压能力，其抗弯能力相对较差。所以在砌体结构抗震设计中，应保证开洞后墙段的洞高与窗间墙宽度之比不大于1.0。对于局部尺寸不满足的情况应采用增设构造柱，与圈梁一起形成对墙体的约束。

地震作用在水平方向为双向的，两个方向的地震作用使房屋的角部反应强烈和复杂，虽然结构构件受到的水平地震作用都是两个方向的，由于角部的两个方向缺少梁板或墙体构件的约束，其抗震能力也有所削弱。因此，在外纵墙端部应避免设置弧形拐角窗和局部尺寸过小的情况，应使窗洞远离墙角以满足局部尺寸的要求。

改善砌体墙抗震性能的另一种途径是采用约束砌体和水平配筋砌体。所谓约束砌体就是在多层砌体房屋中内纵墙与横墙交界处以及横墙中部增设构造柱。江苏省建筑科学研究院在对多层砌体墙增设构造柱的同时，又在墙体的中部增设60mm高的钢筋混凝土带，使构造柱和圈梁（或钢筋混凝土带）包围墙体的面积更小，其抗震性能得到更加明显的改善。江苏省建筑科学研究院制定了江苏省地方标准《约束砖砌体建筑技术规程》DB 32/113—9596。

水平配筋砌体墙的破坏现象与无筋砌体墙显著不同。无筋砌体墙破坏是沿墙面主要出现一对交叉的对角斜裂缝，其他部位裂缝较少。而水平配筋砌体墙，即使水平钢筋的体积配筋率比较低，也会出现沿墙体两个对角线方向的多条裂缝，而且很难确定哪一条是主裂缝；水平钢筋的体积配筋率越高，墙体裂缝分布越均匀。在往复水平力作用下，水平配筋砌体的滞回曲线能较全面的描述其弹性、非弹性及其抗震性能。由于水平配筋砌体墙在水平力作用下出现多条均匀的裂缝，所以相应的荷载-位移滞回曲线所包络的面积比较大，即水平配筋砌体墙的耗能能力较大。试验表明，水平配筋砌体墙的承载力随着墙体水平钢筋体积配筋率的增加而增加，其变形能力也随之得到显著提高。试验结果表明其变形能力比无筋砌体墙提高一倍以上，带构造柱的水平配筋砌体墙比带构造柱的无筋砌体墙的变形能力要提高50%左右。

(2) 混凝土结构构件的强剪弱弯和锚固粘结

钢筋混凝土构件具有较好的受弯、受剪和承压能力，对于钢筋混凝土结构的抗震设计则应具有较好的变形能力和耗能能力，才能防止在强烈地震作用下钢筋混凝土结构不至于倒塌。钢筋混凝土构件的受弯破坏为延性破坏，受剪破坏为混凝土的压溃先于钢筋屈服的脆性破坏，而构件受弯破坏的变形能力较受剪破坏的变形能力要大得多。因此，对于钢筋混凝土构件应防止剪切破坏先于弯曲破坏，即构件两端先出受弯破坏的塑性铰，而不是构件产生斜截面的受剪破坏。在《建筑抗震设计规范》GB 50011 中钢筋混凝土梁柱构件设计做到强剪弱弯主要包括以下几个方面：一是控制梁柱构件截面尺寸，使钢筋混凝土结构的梁和连梁的跨高比不大于 2.5，柱和抗震墙的剪跨比不大于 2.0。二是梁柱、连梁、构件组合剪力设计值的强剪弱弯调整，这些内力调整直接影响受力钢筋和梁柱端部箍筋的设置；其内力调整的结果应使梁、柱构件端部的屈服弯矩形成的剪力小于构件斜截面的受剪承载力，即保证在强烈地震作用下梁柱构件的端部出现塑性铰，而不能在构件出现斜截面的破坏。三是限制框架柱和抗震墙的墙肢轴压比，框架柱和墙肢的轴压比越大其变形能力越差。四是梁端、柱端塑性铰区箍筋加密，梁柱构件弯曲破坏的变形能力决定于塑性铰区的长度和塑性铰区的混凝土极限压应变，塑性铰区的混凝土极限压应变越大其截面的变形能力越大；对于剪力墙则应设置约束边缘构件和构造边缘构件。

钢筋与混凝土具有足够的锚固粘结是发挥钢筋作用的前提，钢筋与混凝土的粘结性能和锚固长度决定了对钢筋握裹作用的大小，在强烈地震作用下构件的锚固粘结破坏不能先于钢筋屈服和极限破坏。强烈的地震作用使结构构件的钢筋进入屈服和极限强度状态，若在钢筋进入屈服和极限强度状态情况下，钢筋的锚固粘结还不能失效，这就要求钢筋混凝土构件的纵向受拉钢筋应有足够的锚固粘结能力，所以在抗震设计中钢筋混凝土构件的纵向受拉钢筋锚固长度应较非抗震设计要长一些。实验研究表明，混凝土强度等级越强，则混凝土对钢筋的粘结越好，纵向钢筋的混凝土保护层厚度和间距较大时，握裹作用加强。因此，钢筋混凝土结构的施工应保证受弯构件的混凝土保护层厚度不能太薄。

(3) 钢结构构件应避免局部失稳或整个构件失稳

钢结构构件具有较好的承载能力、变形能力、耗能能力，而设计得不好容易造成失稳。一旦钢结构构件失稳，则构件在受力不再增加的情况下位移继续增大，其构件的承载能力、变形能力、耗能能力得不到发挥。在 20 世纪 80 年代～90 年代一些非正规设计的轻钢结构发生了失稳破坏，这些惨痛的教训应当引起设计人员的重视。在钢结构的失稳中，有因截面宽厚比不足引起的受力较大部位截面屈曲失稳和受压构件因长细比较大引起的构件失稳。

4. 结构构件之间的连接应保证充分发挥各构件的抗震能力

(1) 构件节点的破坏，不应先于其连接的构件

钢筋混凝土框架结构的设计原则是：构件为强剪弱弯，构件之间为强柱弱梁和强节点。构件之间的强柱弱梁是指在强烈地震作用下梁先出塑性铰，使没有轴向受力的梁的延性得到较好的发挥，在《建筑抗震设计规范》GB 50011 的多层与高层钢筋混凝土结构中规定了相应的强柱弱梁调整系数。对于现浇钢筋混凝土楼板的框架结构梁构件的承载力计算不考虑楼板钢筋的作用，实际上现浇楼板不仅参与梁的刚度（应按 T 型截面计算刚度），而且在梁附件现浇板的钢筋参与和提高了梁的承载力。汶川大地震中一些现浇楼板的框架梁没有破坏而与其相连的柱破坏严重表明了现浇板钢筋对梁承载力的影响。因此，在抗震设计中应考虑现浇楼板对框架梁承载力的作用。

框架节点与四周的梁柱相连，若节点失效则相连的构件作用无法得到发挥，加上节点

的破坏为剪切破坏，把节点设计得比构件强一些有利于发挥整个节点区域构件的作用和合理地形成破坏集中，使节点区域具有较好的变形能力和耗能能力。

(2) 预埋件的锚固破坏，不应先于连接件

预埋件承担着与预制构件、装配构件或施工先后构件之间的连接和形成整体工作的关键作用，要使通过预埋件相连接的构件都能充分发挥作用，则预埋件应有足够的锚固，使预埋件的破坏不应先于连接的构件。由于地震作用是往复的地面运动，其往复地震动较静力荷载作用更容易引起预埋件与混凝土的粘结破坏和锚固破坏，所以对于因施工质量导致的混凝土强度不满足设计要求的工程，设计人员不仅应复核构件的承载力，还应复核预埋件的粘结与锚固的要求是否能得到满足。

(3) 装配式结构构件的连接，应能保证结构的整体性

结构抗震能力不仅取决于各个构件的抗震能力，而且还取决于构件之间的连接、构件之间合理的破坏机制、结构的规则与均匀性和提高变形能力、整体抗震能力的构造措施等。对于装配式结构各类构件均是预制的，这类结构的抗震性能就取决于构件之间的连接，通过构件之间纵横向连接形成结构整体和空间抗侧力结构体系，能保证装配式结构构件之间合理的破坏机制和各类构件抗震能力的充分发挥。

5. 装配式单层厂房的各种抗震支撑系统，应保证地震时厂房的整体性和稳定性

单层钢筋混凝土柱厂房的钢筋混凝土柱和屋架都是预制的，这类结构是通过柱间支撑和屋架支撑形成空间的抗侧力体系。有天窗架的单层钢筋混凝土厂房还应设置天窗架的支撑系统。对于单层砖柱厂房的屋架体系是装配式的，应通过设置屋架的上弦、下弦和垂直支撑系统来保证屋架的整体性。对于采用装配式屋架体系的单层钢结构厂房也应同样设置屋架支撑系统。

13.4.4 防震缝与结构分段

在国内外历次地震中，曾一再发生相邻建筑或同幢建筑物相邻单元之间相撞的震例。究其原因，主要是防震缝宽度偏小或构造不当所致。1976 年唐山地震时，天津友谊宾馆东西段发生碰撞，将防震缝顶部的砖砌体墙破坏，使一些砖落入防震缝内，卡在东西段上部设备层大梁之间，导致大梁在地震中被挤压断裂。该宾馆位于烈度 8 度区，防震缝宽度为 150mm，东段为 8 层，高 37.4m，西段为 11 层，高 47.3m。在同次地震中，位于 6 度区的北京市，部分高层建筑的防震缝两侧建筑也曾发生互撞现象，如 14 层民航大楼和北京饭店西楼防震缝处的女儿墙和外贴砖假柱被碰坏。又如，1985 年墨西哥地震的镇海调查资料表明，相邻建筑物发生互撞现象高达 40%，其中因碰撞而造成倒塌要占 15%。

众所周知，由于建筑平面和体形的多样化，结构的不规则性有时难以避免。防止相邻建筑物在地震中发生碰撞，将不规则结构变成若干规则结构，用设置防震缝进行结构分段是有效的方法。防震缝的宽度不宜小于两侧建筑物在较低建筑物屋顶高度处的垂直防震缝方向的侧移之和。在计算地震作用所产生的侧移时，应取基本烈度下的侧移，即近似地可将我国抗震设计规范规定的在小震作用下弹性反应的侧移乘以不小于 3 的放大系数，并应附加上地震前和地震中地基不均匀沉陷和基础转动所产生的侧移。一般情况下，钢筋混凝土结构的抗震缝最小宽度，应符合我国抗震设计规范的以下要求：

(1) 框架房屋的防震缝宽度，当高度不超过 15m 时，可采用 100mm；当高度超过 15m 时，6 度、7 度、8 度和 9 度相应每增加高度 5m、4m、3m 和 2m，宜加宽 20mm。

（2）框架-剪力墙房屋的防震缝宽度，可采用上述规定值的70%。剪力墙结构的防震缝宽度，可采用上述规定50%，且不宜小于100mm。

根据欧洲规范8《建筑结构抗震设计规定》（欧洲试行标准ENV），对于钢筋混凝土结构，在设计地震作用下防震缝的最小宽度$\Delta_{\min}$可按下式确定：

$$\Delta_{\min} = q_{d} \cdot \Delta_{e} \cdot \gamma_{1} \tag{13.4.2}$$

式中 Δ_{e}——结构体系按设计反应谱进行线性分析求得的弹性位移；

q_{d}——位移性能系数，类似于我国1978年抗震设计规范的结构系数C的倒数；

γ_{1}——建筑重要性系数。

位移性能系数q_{d}值见表13.4.7，表中系数k_{w}为含墙结构体系的主导破坏模式系数，它等于$1/2.5-0.5\left(\frac{h_{w}}{l_{w}}\right)$但不得大于1，此处$\frac{h_{w}}{l_{w}}$为墙体主轴方向的高宽比（$h_{w}$——墙体高度，$l_{w}$——墙体宽度）。

位移性能系数q_{d} **表13.4.7**

结构类型		规则结构			不规则结构		
		高度延性	中等延性	低等延性	高度延性	中等延性	低等延性
框架		5	3.8	2.5	4	3	2
剪力墙	连肢墙	$5k_{w}$	$3.8k_{w}$	$2.5k_{w}$	$4k_{w}$	$3k_{w}$	$2k_{w}$
	非连肢墙	$4k_{w}$	$3k_{w}$	$2k_{w}$	$3.2k_{w}$	$2.4k_{w}$	$1.6k_{w}$
双重体系	框架—等效	5	3.8	2.5	4	3	2
	墙—等效	$4.5k_{w}$	$3.4k_{w}$	$2.3k_{w}$	$3.6k_{w}$	$2.7k_{w}$	$1.8k_{w}$
核心筒		$3.5k_{w}$	$2.6k_{w}$	$1.8k_{w}$	$2.8k_{w}$	$2.1k_{w}$	$1.4k_{w}$

这里需要指出的是，在表13.4.7中所指的结构体系，其定义如下：

连肢墙——两个或两个以上单墙肢并由延性钢筋混凝土连系梁有规则地连接组成的结构构件。

剪力墙体系——主要由竖向剪力墙（连肢或非连肢）抵抗竖向荷载和侧向荷载的结构体系，其建筑底部所承担的剪力超过总剪力的65%，并具有足够的扭转刚度。

框架体系——主要由空间框架抵抗竖向荷载和侧向荷载的结构体系，其建筑底部所承担的剪力超过总剪力的65%，并具有足够的扭转刚度，但不包括抗震板柱体系，由于板柱体系耗能性差，若须采用，必须采取附加措施，如与其他抗震结构体系组合，并应满足附加条件，如采用较低局部延性分析，限制建筑形式及其高度等。

双重体系——双重体系由空间框架承担主要的竖向荷载，侧向荷载一部分由框架体系，一部分由剪力墙承担，并具有足够扭转刚度的结构体系；当框架底部承担的剪力占体系总剪力的50%以上，并且楼层具有足够的平面内刚度时，称之为框架—等效双重体系；当剪力墙底部承担的剪力占体系总剪力50%以上时，称之为墙—等效双重体系。

欧洲规范8对具有足够扭转刚度的含义在定量上有所规定，若结构体系扭转刚度满足以下条件，则认为扭转刚度足够：

$$r/l_{s} \leqslant 0.8 \tag{13.4.3}$$

式中 r——所有相应水平方向的最小扭转半径；

l_s——结构平面内的回转半径。

建筑重要性系数 γ_I 见表 13.4.6，建筑通常按其大小，对公众安全的价值和重要性及其倒塌对人员损失的可能性区分为四个重要性等级。

建筑重要性分类与重要性系数 γ_I　　表 13.4.8

重要性分类	建筑类别	重要性系数
Ⅰ	地震期间保持完整性对公众保护极为重要的建筑，如医院、消防站、发电厂等	1.4
Ⅱ	倒塌引起后果严重的抗震建筑，如学校、集会大厅、文化场所、公共机构等	1.2
Ⅲ	不属于其他分类的一般建筑	1.0
Ⅳ	对公众安全重要性较小的建筑，如农业建筑等	0.8

高层建筑防震缝宽度过大，将给建筑、结构和设备设计带来困难，基础防水也较难处理。因此，近年来国内一些高层建筑通过调整平面形状和尺寸，并在构造上以及施工中采取有效措施，尽可能不设置防震缝、伸缩缝和沉降缝。例如高层建筑的裙房伸出长度不大于底部长度的15%时，可以利用基础刚度连成整体，可不设变形缝，但应注意由于布置不对称给基础带来不利的偏心影响。当裙房范围较大时，但地基条件较好，则可考虑高层建筑主体与裙房之间不设置沉降—抗震缝。此时在施工方法上可采取设后浇带的方法以减少早期沉降的影响，并在设计和构造上采取相应的措施，考虑后期沉降差的不利影响。在裙房与主体结构相连的情况下，在抗震设计上应须很好地考虑不对称裙房布置所造成的扭转不利影响，而裙房宜采用比主体结构较柔的结构，尽量减小由于裙房顶标高处的刚度突变对主体结构产生不利影响。

根据欧洲规范8《建筑结构抗震设计规定》(欧洲试行标准ENV）规定，当在建筑的周边布置适当的剪力墙作为碰撞的墙，即起缓冲器的作用，则无需按防震缝要求分隔相邻建筑物的距离。此时，在建筑物每侧至少放置两道承受撞击的墙，该墙体应与碰撞边垂直，并沿建筑物全长和全高布置。

13.4.5　非结构构件

非结构构件一般是指在通常结构设计中不考虑承受重力荷载以及风、地震等侧向荷载的部件，如女儿墙、山墙、天线、机械附属物、设备、幕墙、内隔墙、外围墙板、栏杆等。在地震作用下这些构件或多或少地参与工作，从而改变了整个结构或某些受力构件的刚度和承载力及其传力途径，将可能会产生出乎预料的抗震效应或者发生未曾预计到的局部损坏，造成严重的震害。为了防止非结构构件对人身造成的伤害或影响建筑主体结构或重要设施的使用，应与其支承构件一起进行抗震作用的验算。对于非常重要或特别危险的非结构构件，抗震分析应基于相应于结构的真实模型，采用从主抗震体系的支承结构构件反应导出合适的反应谱或楼层反应谱。但是，对于非特别重要或危险的非结构构件，可将上述的分析方法作适当的、合理的简化。

1. 简化分析方法

当进行非结构构件及其连接和固定或锚固的验算时，地震作用效应须与相应的永久荷载、可变荷载进行组合。地震作用效应可通过对非结构构件施加一水平力 F_a 来确定，其值可按下式计算：

$$F_a = (S_a \cdot W_a \cdot \gamma_1)/q_a \tag{13.4.4}$$

式中 F_a——沿最不利方向作用于非结构构件质量中心的水平地震作用；

W_a——非结构构件的重量；

S_a——结构构件相应的地震系数；

γ_1——构件重要性系数；

q_a——构件重要性系数，见表 13.4.9。

地震系数 S_a 可按下式计算：

$$F_a = 3\alpha \frac{1+Z/H}{1+(1-T_a/T_1)^2} \tag{13.4.5}$$

式中 α——设计地面加速度 α_g 与重力加速度 g 之比，即相应于我国地震基本烈度的地面加速度峰值与重力加速度之比；

T_a——非结构构件的基本振动周期；

T_1——建筑相应方向的基本振动周期；

Z——非结构构件相对于建筑基底的高度；

H——建筑总高。

2. 重要性系数和性能系数

重要性系数采用表 13.4.8 中所列数值，但对于下列非结构构件，其重要性不应小于 1.5：

(1) 对生命安全系统所需的机械和设备的锚固；

(2) 装有危及公众安全的有毒或爆炸性物质的罐和容器。

值得指出的是，在欧洲规范 8（试行标准 ENV）中，结构可靠度的不同是通过把结构分成不同重要性等级来反映，对于每种重要性等级指定一个重要性系数 γ_I，不管该系数变化多大，都能反映地震重现周期的长短。当重要性系数 γ_I 等于 1 时，采用的设计地震动加速度峰值所相应的重现周期为 475 年。在进行线性分析时、采用重要性系数修正地震作用大小或相应的地震作用效应，可以反映不同的可靠水准。对于不同的地震区可有不同重要性系数 γ_I 值。

非结构构件性能系数 q_a 值见表 13.4.9。

非结构构件 q_a 值 **表 13.4.9**

非结构构件类型	q_a
悬臂女儿墙或装饰 标志或广告牌 烟囱、旗杆和水箱，其支架的无斜撑悬臂构件占总高一半以上	1.0
内、外墙 烟囱、旗杆和水箱，其支架的无斜撑悬臂构件小于总高一半或在质心处有支撑或拉索 支承橱柜和书架的永久性楼板的锚固件 悬挂吊顶和灯光设备的锚固件	2.0

3. 可变作用的组合系数

地震效应的组合系数 ψ_{Ei} 应按下式计算：

$$\psi_{Ei} = \Phi\psi_{2i} \tag{13.4.6}$$

此处 ψ_{2i} 为可变作用 i 的准永久值组合系数，系数值 Φ 按表 13.4.10 采用。

计算 ψ_{Ei} 的 Φ 值 **表 13.4.10**

可变作用的类型	出现楼层的状况	楼层	Φ
A-C类	各楼层独立出现	顶层	1.0
		其余楼层	0.5
A-C类	一些相关楼层出现	顶层	1.0
		相关出现的楼层	0.8
		其余楼层	0.5
A-C类档案馆			1.0

注：可变作用类型参见欧洲规范 1。

参　考　文　献

1 鲍蔼斌、李中锡等．我国部分地区基本烈度的概率标定．地震学报，1985

2 高小旺、鲍蔼斌．地震作用的概率模型及其统计参数．地震工程与工程振动，1985

3 高小旺，鲍蔼斌．用概率方法确定抗震设防标准．建筑结构学报，1986

4 高小旺等．工程抗震设防标准若干问题的探讨．土木工程学报，1997

5 高小旺，刘佳，高炜．不同重要性建筑抗震设防目标和标准的探讨．建筑结构，第三十九卷增刊，2009

6 谢礼立，张晓志，周雍年．论工程抗震设防标准．地震工程与工程振动，1996

7 胡聿贤著．地震工程学．北京：地震出版社，1986

8 高小旺，鲍蔼斌．抗震设防标准及各类建筑抗震设计中的“小震”与“大震”取值．地震工程与工程振动，1989

9 结构用欧洲规范（Structural Eurocodes）欧洲规范 8（Eurocodes）欧洲试行标准（ENV）建筑结构抗震设计规定．程绍革，王迪民，巩正光译．北京：中国建筑科学研究院工程抗震研究所印，1997

第14章 地震作用和结构抗震验算

14.1 概述

地震作用和结构抗震验算是建筑抗震设计的重要环节之一，是确定所设计的抗震结构满足最低抗震设防要求的关键步骤。除6度的建筑（不规则建筑及建造于Ⅳ类场地上较高的高层建筑除外）以及生土房屋和木结构房屋可不进行构件截面抗震验算外，7度及7度以上的建筑结构（生土房屋和木结构房屋除外）均应进行多遇地震作用下的构件截面抗震验算，对于不规则且具有明显薄弱部位可能导致地震时严重破坏的建筑结构，应进行罕遇地震作用下的弹塑性变形验算。

地震作用是很复杂的，地震作用不是直接作用在结构上的荷载，而是地面运动引起结构的惯性力；地震的地面运动，不仅有两个水平方向的运动分量，而且还有竖向分量以及转动分量；地震作用的发生和强度还具有很大的不确定性。因此，地震作用计算特别是在建筑结构抗震设计的计算，应在符合结构地震反应特点和规律的基础上给予尽量的简化。由于结构类型和体形简单与复杂的差异等，地震作用计算又可分为简化方法和较为复杂的精细方法。各类建筑的地震作用，应符合下列规定：

（1）一般情况下，应至少在建筑结构的两个主轴方向分别计算水平地震作用，各方向的水平地震作用应由该方向抗侧力构件承担。

（2）有斜交抗侧力构件的结构，当相交角度大于15°时，应分别计算各抗侧力构件方向的水平地震作用。

（3）质量和刚度分布明显不对称的结构，应计入双向水平地震作用下的扭转影响；其他情况应允许采用调整地震作用效应的方法计入扭转影响。

（4）8、9度时的大跨度和长悬臂结构及9度时的高层建筑，应计算竖向地震作用。

与各类型结构相适应的地震作用分析方法如图14.1.1所示。

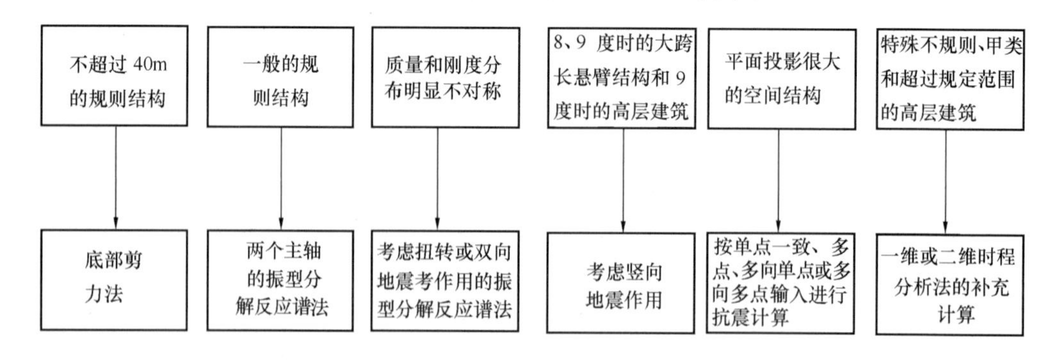

图14.1.1 与各类型结构相适应的地震作用分析方法

与《建筑抗震设计规范》GB 50011—2001 相比，GB 50011—2010 在地震作用计算和抗震验算上的修改主要包括：对抗震设计反应谱的形状参数和调整系数做了调整，对多层和高层钢结构的变形验算指标进行了调整，补充完善了大跨度竖向地震作用的计算方法等。

14.2 水平地震作用计算

14.2.1 抗震设计反应谱

地震反应谱是现阶段计算地震作用的基础，即通过反应谱把随时程变化的地震作用转化为最大的等效侧向力。地震反应谱是在给定的地震加速度作用期间内，单质点体系弹性最大反应随质点自振周期变化的曲线。

按照反应谱理论，单质点体系所受到的最大地震作用 F 为：

$$F = m(\ddot{x}_g + \ddot{x})_{max} = mS_a \tag{14.2.1}$$

作用于单质点系的最大剪力 V 为：

$$V = KX_{max} = KS_d \tag{14.2.2}$$

式中 S_a——加速度反应谱；

S_d——位移反应谱；

K——单质点体系的刚度；

m——单质点体系的质量。

由于加速度反应谱与位移反应谱之间的关系是：

$$S_a = \omega^2 S_d = \frac{K}{m} S_d \tag{14.2.3}$$

将式（14.2.3）代入式（14.2.1），可得到：

$$F = mS_a = KS_d \tag{14.2.4}$$

这就意味着，单质点体系由反应谱计算得到的地震作用 F 等于其底部最大剪力 V。

上述关系对于多质点体系只是个近似关系。然而，这给结构抗震分析带来了极大的简化——结构所受的水平地震作用可以转换为等效的侧向力。相应地，结构在地震作用下的作用效应分析也就转换为等效侧向力下的作用效应分析。因此，只要解决了等效侧向力的计算，地震作用效应的分析就可以采用静力学的方法来解决。

取同样场地条件下的许多加速度记录，并取阻尼比 $\zeta=0.05$，得到相应于该阻尼比的加速度反应谱，除以每一条加速度记录的最大加速度，进行统计分析取综合平均并结合经验判断给予平滑化得到“标准反应谱”，将标准反应谱乘以地震系数（相当于 7、8、9 度烈度峰值加速度与重力加速度的比值），即为规范采用的地震影响系数，或称为抗震设计反应谱。

抗震设计中的反应谱包括地震动强度（地面运动峰值加速度）和频谱特性的影响。前者影响谱坐标的绝对值，后者影响谱形状。强震地面运动的谱特性决定于许多因素，如震源机制、传播途径特征，地震波的反射、散射和聚焦以及局部地质和土质条件等。

宏观震害表明，大震级远震中距的地震对高柔建筑的震害要比发生在该地区的中、小地震近震中距重得多。这也说明了随着震源机制、震级大小、震中距远近的变化，在同样场地条件下的反应谱形状有较大的差别。在《建筑抗震设计规范》GBJ 11—89 中，适当考虑了震级、震中距对谱形状的影响，区分为抗震设计近震和抗震设计远震二组地震影响系数曲线。鉴于我国地震动参数区划图，已经考虑了地震级大小、震中距和场地条件的影响，即同一类场地的反应普特征周期又可分为三个区。在《建筑抗震设计规范》GB 50011 中为三个组，分别为第一组、第二组和第三组。

现行《建筑抗震设计规范》GB 50011 的抗震设计反应谱有以下特点：

（1）设计反应谱周期延至 6s。根据地震学研究和强震观测资料统计分析，在周期 6s 范围内，有可能给出比较可靠的数据，也基本满足了国内绝大多数高层建筑和长周期结构的抗震设计需要。对于周期大于 6s 的结构，抗震设计反应谱应进行专门研究。

（2）从理论上看，设计反应谱存在 2 个下降段，即：速度控制段和位移控制段，在加速度反应谱中，前者衰减指数为 1，后者衰减指数为 2。设计反应谱是用来预估建筑结构在其设计基准期内可能经受的地震作用，通常根据大量实际地震记录的反应谱进行统计并结合工程经验判断加以规定。如图 14.2.1 所示为建筑结构地震影响系数曲线。

（3）为了与我国地震动参数区划图接轨，根据地震分区和不同场地类别确定特征周期 T_g，即特征周期不仅与场地类别有关，而且还与地震分区有关，同时反映了震级大小、震中距和场地条件的影响。同理罕遇地震作用时，特征周期 T_g 值也适当延长。根据场地类别的特征周期分组可按表 14.2.1 采用，计算罕遇地震时，特征周期宜增加 0.05s。

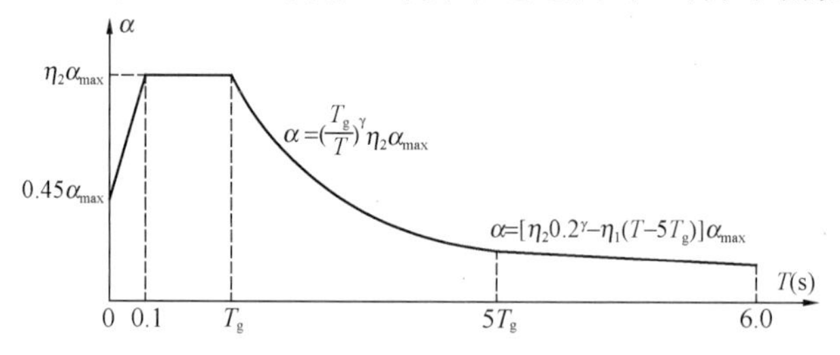

图 14.2.1　地震影响系数曲线

α——地震影响系数；α_{max}——地震影响系数最大值；

γ——衰减指数；η_1——直线下降段的下降斜率调整系数；

T——结构自振周期；η_2——阻尼调整系数；

T_g——特征周期

地震特征周期分组的特征周期值（s）　　**表 14.2.1**

场地类别	Ⅰ₀	Ⅰ₁	Ⅱ	Ⅲ	Ⅳ
第一组	0.20	0.25	0.35	0.45	0.65
第二组	0.25	0.30	0.40	0.55	0.75
第三组	0.35	0.35	0.45	0.65	0.90

（4）计算地震作用标准值时，阻尼比为 0.05 的水平地震影响系数最大值应按表 14.2.2 采用。

水平地震影响系数最大值（阻尼比 0.05）　　**表 14.2.2**

地震影响	烈度			
	6	7	8	9
多遇地震	0.04	0.08（0.12）	0.16（0.24）	0.32
罕遇地震	0.28	0.50（0.72）	0.90（1.20）	1.40

注：括号数字分别对应于设计基本加速度 7 度 0.15g 和 8 度 0.30g 地区的地震作用影响系数。

(5) 理论分析和实际地震记录计算得到的地震影响系数的结果表明，不同阻尼比的地震影响系数是有差别的，随着阻尼比的减小，地震影响系数增大，而其增大的幅度则随周期的增大而减小。现行《建筑抗震设计规范》规定建筑结构的阻尼比不等于 0.05 时其水平地震影响系数曲线仍按图 14.2.1 确定，但形状参数应进行下列调整：

1) 曲线下降段的衰减指数按下式确定：

$$\gamma = 0.9 + \frac{0.05 - \zeta}{0.3 + 6\zeta} \tag{14.2.5a}$$

式中 γ——下降段的衰减指数；

ζ——阻尼比。

2) 直线下降段的下降斜率调整系数应按下式确定：

$$\eta_1 = 0.02 + \frac{0.05 - \zeta}{4 + 32\zeta} \tag{14.2.5b}$$

式中 η_1——直线下降段的下降斜率调整系数，小于 0 时取 0。

3) 水平地震影响系数最大值的阻尼调整系数应按下式确定：

$$\eta_2 = 1 + \frac{0.05 - \zeta}{0.08 + 1.6\zeta} \tag{14.2.5c}$$

式中 η_2——阻尼调整系数，当小于 0.55 时，应取 0.55。

(6) GB 50011—2010 反应谱修改后的效果

1) 阻尼比为 0.05 的地震影响系数曲线维持不变，对于砌体和钢筋混凝土结构的地震作用与 GB 50011—2001 一致。

2) 解决了在长周期段不同阻尼比地震影响系数曲线交叉、大阻尼比曲线值高于小阻尼曲线不合理的现象。Ⅱ、Ⅲ、Ⅳ类场地的地震影响系数在周期接近 6s 时，不再交叉。只有Ⅰ类场地（T_g=0.25s）的地震影响系数曲线在周期大于 5.25s 还存在这一缺陷。

3) 降低了小阻尼比（0.02～0.035）的地震影响系数，最大降低幅度达 18%，主要是针对多、高层钢结构和高层钢-混凝土组合结构。

4) 提高了中等阻尼比（0.06～0.10）的地震影响系数，长周期部分最大增加约 5%。

5) 降低了大阻尼比（0.20～0.30）的地震影响系数，长周期部分最大降低约 10%，在 $5T_g$ 周期以内基本不变，主要是针对消能减震技术的应用。

14.2.2 结构自振周期的计算

应用抗震设计反应谱计算地震作用下的结构反应，除砌体结构、底部框架抗震墙砖房和内框架房屋采用底部剪力法不需要计算其自振周期外，其余均要计算结构的自振周期。因此，结构自振周期的计算是分析结构水平地震作用反应的基本条件之一。

建筑结构自振周期的分析方法大体有以下三种：①矩阵位移法求特征问题，由计算机程序完成；②能量法等近似的公式；③实测基础上加以统计分析得到经验公式。前两种方法的计算结果与所取的结构计算简图有关，往往要乘以周期的经验修正系数；后一方法则受到实测条件的限制，比较粗略。

1. 矩阵位移法求特征问题

在结构动力学中，无阻尼的自由振动方程可以用矩阵形写为：

$$[m]\{\ddot{u}\} + [K]\{u\} = 0 \tag{14.2.6}$$

式中 $[m]$——质量矩阵，一般为对角矩阵；

$\{K\}$ ——刚度矩阵，根据所考虑的自由度的多少，一般是 $N\times N$ 阶对称的稀疏方阵；

$\{u\}$、$\{\ddot{u}\}$ ——分别为结构的位移和相对加速度向量。

按照振型分解的概念，以结构的振型为广义坐标，从自由振动方程有非零解可获得相应的频率方程：

$$[K]\{\varphi_j\}=\omega_j^2[m]\{\varphi_j\} \tag{14.2.7}$$

式中 ω_j——第 j 振型的圆频率；

$\{\varphi_j\}$——第 j 振型向量。

结构第 j 振型的周期 T_j 可利用下式得到：

$$T_j=2\pi/\omega_j \tag{14.2.8}$$

于是，自振周期和振型问题转换为数学的特征值和特征向量问题，即特征问题的求解。

对建筑结构，通常可用下列方法求解特征问题。

(1) 叠代法，只求出前若干个自振周期和振型，叠代法只能求出最大的特征值，因而，需把刚度矩阵 $[K]$ 转换为柔度矩阵 $[K^{-1}]$。将式（14.2.7）的两边乘以 $[K^{-1}]/\omega_j^2$，可得：

$$\frac{1}{\omega_j^2}\{\varphi_j\}=[K^{-1}][m]\{\varphi_j\} \tag{14.2.9}$$

令 $\lambda=\frac{1}{\omega_j^2}$，$[A]=[K^{-1}][m]$，则式（14.2.9）可变成标准的特征问题：

$$([A]-\lambda[E])\{\varphi_j\}=0 \tag{14.2.10}$$

式中 $[E]$ ——单位矩阵。

利用振型（特征向量）的正交性，从叠代结果消去前（k-1）阶特征向量，则可逐次求得第 k 阶自振周期和相应的振型：

$$\left([A]-\sum_{j=1}^{k-1}\frac{\{\varphi_i\}\{\varphi_i\}^{\mathrm{T}}[m]}{\{\varphi_i\}^{\mathrm{T}}[m]\{\varphi_i\}}-\lambda[E]\right)\{\varphi_{\mathrm{k}}\}=0 \tag{14.2.11}$$

对于自由度数量很多的建筑结构，往往只需要算出前几个振型。这样，叠代法可以节省计算的时间。

(2) 实对称矩阵的雅可比（Jacobi）方法，此法可求出全部的振型和周期。运算时，需要作如下的变换：

用 $[m^{-\frac{1}{2}}]$ 乘以式（14.1.7）的两边，得：

$$[m^{-\frac{1}{2}}][K][m^{-\frac{1}{2}}][m^{\frac{1}{2}}]\{\varphi_j\}=\omega_j^2[m^{-\frac{1}{2}}]\{\varphi_j\} \tag{14.2.12}$$

令 $\lambda=\omega_j^2$，$[A]=[m^{-\frac{1}{2}}][K][m^{-\frac{1}{2}}]$，$\{x\}=[m^{-\frac{1}{2}}]\{\varphi_j\}$，同样得到标准的特征问题：

$$([A]-\lambda[E])\{x\}=0 \tag{14.2.13}$$

求出的特征向量还需转换为振型：

$$\{\varphi\}=[m^{-\frac{1}{2}}]\{x\} \tag{14.2.14}$$

对于大型建筑结构，当自由度数量很大而只需前若干个振型时，近年来已发展了所谓“子空间叠代法”。此法吸收了叠代法和雅可比法二者的优点，在子空间中用广义的雅可比法，不必转换为标准形式的特征问题即可求出子空间的全部振型和周期，在子空间之间采用迭代法。

2. 基本自振周期的近似计算法

基本自振周期即第一自振周期，有多种近似方法计算。

(1) 等效单质点方法

对大部分质量集中于某一高度的建筑结构，如等高单层厂房、水塔等，其自振周期 T_1 可近似按单质点计算，取

$$T_1 = 2\pi\sqrt{m/K} \tag{14.2.15}$$

式中 m——集中质量，通常包括支承结构的折算质量，单层厂房可将等截面柱和围护墙的 1/4 集中到截面处，阶形柱可取 1/5 集中到截面处，一般水塔也可将支柱和支承结构的 1/4 集中到水箱（水柜）处；

K——支承结构的侧移刚度。

(2) 能量法

对多层结构，只要容易计算出水平力作用下各集中质点处的侧移，则可用能量法计算结构的基本自振周期 T_1。

$$T_1 = 2\psi_T\sqrt{\sum_{i=1}^{n} G_i u_i^2 / \sum_{i=1}^{n} G_i u_i} \tag{14.2.16}$$

$$u_i = u_{i-1} + \sum_{i=1}^{n} G_j / K_i \tag{14.2.17}$$

式中 G_i——集中于层的集中重力荷载代表值，包括构件、配件自重和地震时各有关重力荷载的组合值，单位为 kN；

u_i——各层作用有相当于集中重力荷载代表值的水平力时，i 层的侧移，单位为 m；

K_i——i 层的侧移刚度（kN/m），视结构的变形特点，可考虑剪切变形、弯曲变形或同时考虑剪切和弯曲变形；

ψ_T——周期折减系数，根据刚度计算中非结构构件影响的实际情况和所考虑的方法适当选取。

(3) 顶点位移法

对于顶点位移容易估算的建筑结构，例如可视为悬臂杆的结构，可直接由顶点位移 u_n（单位为 m）来估计基本自振周期：

剪切变形为主时

$$T_1 = 1.8\psi_T\sqrt{u_n} \tag{14.2.18}$$

$$u_n = \mu q H^2 / 2GA_{eq} \tag{14.1.19}$$

弯曲变形为主时

$$T_1 = 1.7\psi_T\sqrt{u_n} \tag{14.1.20}$$

$$u_n = qH^4 / 8EI_{eq} \tag{14.1.21}$$

式中 H——总高度；

q——单位高度上的重力荷载代表值；

EI_{eq}——折算的等截面杆的抗弯刚度；

GA_{eq}——折算的等截面杆的抗剪刚度；

μ——等截面杆的截面形状系数。

对于弯剪型结构须把弯曲变形的侧移和剪切变形的侧移相加。沿高度有变化时，折算的等截面杆的抗弯刚度和抗剪刚度可按高度加权平均。因而，当平立面沿高度变化较大时，此法并不适用。

对于多排洞墙体，考虑开洞影响时，连续化的抗弯刚度可用下列公式近似估算：

1）墙面开洞率小于 0.15 且孔洞间净距大于孔洞宽度时，等效截面惯性矩 I_{eq} 可按整体截面墙取各墙肢组合截面惯性矩，等效截面面积 A_{eq} 取

$$A_{eq}=(1-1.25\sqrt{A_{0p}/A_t})A \tag{14.2.22}$$

式中 A——毛截面面积；

A_{0p}——开洞墙面面积；

A_t——墙面总面积。

2）小开口墙，等效截面惯性矩 I_{eq} 可取各墙肢组合截面惯性矩的 80%，等效截面面积 A_{eq} 可取各墙肢截面面积 A_t 之和。

$$A_{eq}=\Sigma A_i \tag{14.2.23}$$

3）联肢墙的等效截面面积 A_{eq} 仍按式（14.2.23）计算，等效截面惯性矩 I_{eq} 按下列公式计算：

$$I_{eq}=\Sigma I_i+2\Sigma S_i a_i \tag{14.2.24}$$

$$S_i=2a_i A_i A_{i+1}/(A_i+A_{i+1}) \tag{14.2.25}$$

式中 A_i、A_{i+1}——i、$i+1$ 墙肢的截面面积；

I_i——i 墙肢的截面惯性矩；

a_i——相邻墙肢重心线的间距。

（4）周期折减系数

在能量法和顶点位移法计算结构基本周期时均引入了周期折减系数 ψ_T，对于钢筋混凝土抗震墙结构通常取为 1.0，对于多层钢筋混凝土框架结构，与填充墙的数量、填充墙的长度、填充墙是否开洞等因素有关，文献［1］分析了影响周期折减系数 ψ_T 的主要因素，通过大量的算例和工程分析，给出了以一片填充墙长度和数量以及填充墙有无开洞为参数的简化估计多层钢筋混凝土框架周期折减系数 ψ_T 的方法，具体见表 14.2.3 和表 14.2.4。对于填充墙为轻质墙、外墙为挂板时 ψ_T 可取 0.8～0.9。

一片 6m 左右填充墙的道数与框架总榀数比 ψ_C 对应的 ψ_T **表 14.2.3**

ψ_C		0.8～1.0	0.7～0.6	0.5～0.4	0.3～0.2
ψ_T	无洞	0.5	0.55	0.60	0.70
	有门窗洞	0.65	0.70	0.75	0.85

一片 5m 左右填充墙的道数与框架总榀数比 ψ_C 对应的 ψ_T **表 14.2.4**

ψ_C		0.8～1.0	0.7～0.6	0.5～0.4	0.3～0.2
ψ_T	无洞	0.55	0.60	0.65	0.75
	有门窗洞	0.70	0.75	0.80	0.90

3. 自振周期的经验公式

（1）基于脉动实测的统计公式

自振周期的经验公式是根据实测统计，在脉动或激振下，忽略了填充墙布置、质量分布差异等，在初步设计时，可按下列公式估算：

1）高度低于25m且有较多的填充墙框架办公楼、旅馆的基本周期

$$T_1 = 0.22 + 0.35H/\sqrt[3]{B} \tag{14.2.26}$$

2）高度低于50m的框架-抗震墙结构的基本周期

$$T_1 = 0.33 + 0.00069H^2/\sqrt[3]{B} \tag{14.2.27}$$

3）高度低于50m的规则抗震墙结构的基本周期

$$T_1 = 0.04 + 0.038H/\sqrt[3]{B} \tag{14.2.28}$$

4）高度低于35m的化工煤炭工业系统框架厂房的基本周期

$$T_1 = 0.29 + 0.0015H^{2.5}/\sqrt[3]{B} \tag{14.2.29}$$

式（14.1.26）～式（14.1.29）中：H 为房屋的总高度，当房屋为不等高时，取平均高度，B 为所考虑方向房屋总宽度。这些公式计算所得结果均比脉动实测平均值大1.2～1.5倍，以反映地震时与脉动测量的差异。

（2）近似的估算公式

在脉动实测的基础上，再忽略房屋宽度和层高的影响等，可给出下列更粗略的估算公式：

1）钢筋混凝土框架结构，$T_1=(0.08\sim0.10)N$；

2）钢筋混凝土框架-剪力墙或钢筋混凝土框架-简体结构，$T_1=(0.06\sim0.08)N$；

3）钢筋混凝土剪力墙结构或筒中筒结构，$T_1=(0.04\sim0.05)N$；

4）钢-钢筋混凝土混合结构，$T_1=(0.06\sim0.08)N$；

5）高层钢结构，$T_1=(0.10\sim0.15)N$；

式中：N 为结构总层数。

14.2.3 底部剪力法

底部剪力法是常用的简化方法。此法的基本思路是：结构底部的剪力等于其总水平地震作用，由反应谱得到，而地震作用沿高度的分布则根据近似的结构侧移假定得到。

1. 适用范围

底部剪力法适用于一般的多层砖房等砌体结构、内框架和底部框架-抗震墙砖房、单层空旷房屋、单层工业厂房及多层框架结构等低于40m以剪切变形为主的规则房屋。

这里“以剪切变形为主”表示，在结构侧移曲线中，楼盖出平面转动产生的侧移所占的比例较小。

这里的“规则”是一种抗震设计的概念，是“简单、对称”概念的发展。它包含了对建筑平、立面外形尺寸，抗侧力构件、质量、刚度直至屈服强度沿高度和沿水平方向分布相对均匀、合理的综合要求。例如：

（1）出屋面小建筑的尺寸不宜过大（宽度 b 大于高度 h 且出屋面与总高 H 之比满足 $h<1/5H$），局部缩进的尺寸也不大（缩进后宽度 B_1 与总宽度 B 之比满足 $B_1/B\geqslant3/4\sim5/6$），如图14.2.2所示。由于不同材料和不同结构形式，对局部突变的适应能力不同，尺

寸限制的幅度也有宽严之分。

(2) 相邻层质量的变化不宜过大（如上下层质量比 $m_1/m_2 \geqslant 3/5 \sim 1/2$）；

(3) 避免采用层高特别高或特别矮的楼层，相邻层和连续三层的刚度变化平缓；

(4) 平面局部突出的尺寸不大（局部伸出部分在长度方向的尺寸 l 大于宽度方向的尺寸 b，且宽度 b 与总宽度 B 之比满足 $b/B < 1/5 \sim 1/4$），如图 14.2.3 所示；

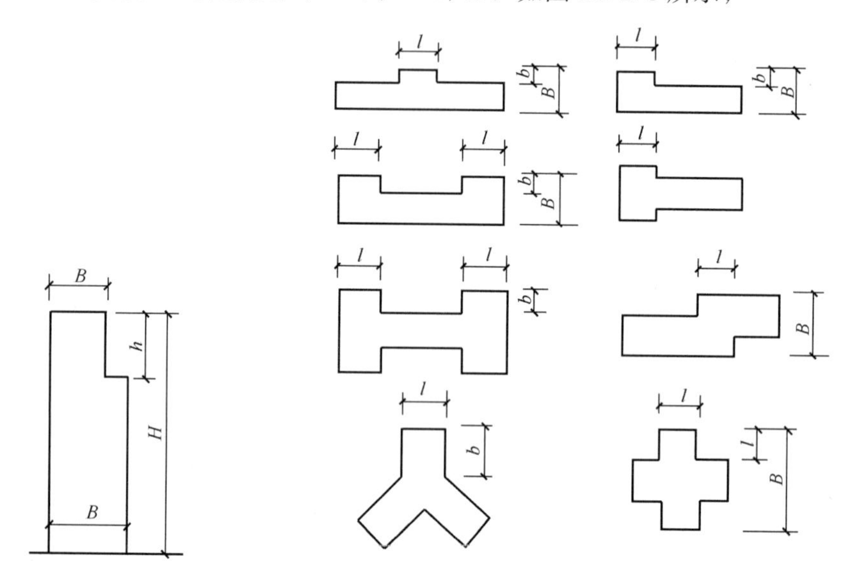

图 14.2.2 建筑立面布置的尺寸要求

图 14.2.3 平面尺寸限制

(5) 楼层内抗侧力构件的布置和质量的分布要基本对称；

(6) 抗侧力构件在平面内呈正交（夹角大于 75°）分布，以便在两个主轴方向分别进行抗震分析。

对于不满足规则要求的建筑结构，则不宜将底部剪力法作为设计依据，否则，要采取有关的调整，使计算结果合理化。

2. 多质点结构等效为单自由度体系的等效质量系数

N 个自由度体系的地震作用下的反应，通过正则坐标变换，可得到在正则坐标系中的 N 个独立方程，对于 j 振型的正则坐标 x_{pj} 的微分子方程为：

$$\ddot{x}_{pj} + 2\zeta_j\omega_j\dot{x}_{pj} + \omega_j^2 x_{pj} = -\gamma_j \ddot{u}_q \tag{14.2.30}$$

$$\gamma_j = \frac{\{x^{(j)}\}^{\mathrm{T}}[M]\{1\}}{\{x^{(j)}\}^{\mathrm{T}}[M]\{x^{(j)}\}} = \frac{\sum_{i=1}^{n} X_{ji}M_i}{\sum_{i=1}^{n} X_{ji}^2 M_i} = \frac{\sum_{i=1}^{n} X_{ji}G_i}{\sum_{i=1}^{n} X_{ji}^2 G_i} \tag{14.2.31}$$

式中：γ_j 为 j 振型的参与系数；M_i 为 i 质点的质量；G_i 为 i 质点的重力代表值；X_{ij} 为 j 振型 i 质点的水平相对位移。

式 (14.2.30) 与单质点地震作用的微分方程类似，这样第 j 振型第 i 质点的地震作用标准值为：

$$F_{ji} = \alpha_j \gamma_j X_{ji} G_i \tag{14.2.32}$$

式中：α_j 为相应于 j 振型自振周期的地震影响系数。

由于底部剪力法假定第1振型为主，则第1振型 i 质点的地震作用标准值为：

$$F_i = \alpha_1 \gamma_1 X_{1i} G_i \tag{14.2.33}$$

式中：α_1 为第1振型自振周期的地震作用影响系数。

结构的水平地震作用标准值（底部剪力）为：

$$F_{EK} = \sum_{i=1}^{n} F_i = \alpha_1 \gamma_1 \sum_{i=1}^{n} X_{1i} G_i \tag{14.2.34}$$

将式（14.2.31）代入式（14.2.34）得：

$$F_{EK} = \alpha_1 \frac{\sum_{i=1}^{n} X_{1i} G_i}{\sum_{i=1}^{n} X_{1i}^2 G_i} \sum_{i=1}^{n} X_{1i} G_i = \alpha_1 \frac{\left(\sum_{i=1}^{n} X_{1i} G_i\right)^2}{\sum_{i=1}^{n} X_{1i}^2 G_i}$$

$$= \alpha_1 \sum_{i=1}^{n} G_i \cdot \frac{1}{\sum_{i=1}^{n} G_i} \cdot \frac{\left(\sum_{i=1}^{n} X_{1i} G_i\right)^2}{\sum_{i=1}^{n} X_{1i}^2 G_i} \tag{14.2.35}$$

为体现多自由度采用底部剪力法计算底部剪力与单自由度计算地震剪力的差异，引入一个等效的质量系数 η，则：

$$\eta = \frac{1}{\sum_{i=}^{n} G_i} \frac{\left(\sum_{i=1}^{n} X_{1i} G_i\right)^2}{\sum_{i=1}^{n} X_{1i}^2 G_i} \tag{14.2.36}$$

式中：η 为小于1的系数。

《建筑抗震设计规范》GB 50011对多层房屋 $\eta=0.85$，对单质点取 $\eta=1.0$；对单层厂房未作规定，一般等高厂房取 $\eta=1.0$，对不等高厂房，按平面排架分析，并不考虑空间工作影响时，可取 $\eta=0.95$ 或可取 $\eta=1.0$（偏于安全考虑），当按规范简化计算方法，考虑空间工作调整系数时，取 $\eta=0.85$（因规范附表G.2.3.1空间工作调整系数，系按空间分析结果与按平面排架底部剪力法结果比较而得到，在制表时，不等高厂房按平面排架底部剪力法分析时，即采用了等效荷载系数 $\eta=0.85$。因此，使用附表J.2.4进行空间工作调整系数，不等高厂房按平面排架底部剪力法等效荷载系数也取为 $\eta=0.85$，以保持一致）。

但对于高层建筑，由于层数的增多，其等效质量系数趋于减小，但最小值为0.75。因此，对采用于底部剪力法估算高层钢结构的地震作用时，其等效质量系数 η 可取为0.80。

3. 水平地震作用沿高度的分布

水平地震作用沿高度的分布通常按倒三角形分布，由于按倒三角形分布得到的结构地震剪力在上部1/3左右的各层往往小于按时程分析法和反应谱振型组合取前三个振型的计算结果，特别是对于周期较长的结构相差就更大一些。采用在顶部附加集中力的方法可适当改进地震作用沿高度的分布。通过按时程分析法和振型分解反应谱法与按倒三角形分布求得各质点的地震作用相比较表明，这个顶部附加水平地震作用是与结构的自振周期和场地类别有关。《建筑抗震设计规范》采用底部剪力法的计算公式（图14.2.4）为：

$$F_{EK}=\alpha_1 G_{eq} \tag{14.2.37}$$

$$F_i=\frac{G_iH_i}{\sum_{j=1}^{n}G_jH_j}F_{EK}(1-\delta_n) \tag{14.2.38}$$

$$\Delta F_n=\delta_n F_{EK} \tag{14.2.39}$$

式中　F_{EK}——结构总水平地震作用标准值；

α_1——相应于结构基本自振周期的水平地震影响系数，多层砌体房屋、底层框架和多层内框架砖房，可取水平地震影响系数最大值；

G_{eq}——结构等效总重力荷载，单质点取总重力荷载代表值，多质点可取总重力荷载代表值的0.85；

F_i——质点i水平地震作用标准值；

G_i、G_j——分别为集中于质点i、j的重力荷载代表值；

H_i、H_j——分别为集中于质点i、j的计算高度；

δ_n——顶部附加地震作用系数，多层钢筋混凝土和钢结构房屋可按表14.2.5采用，其他房屋可不考虑；

ΔF_n——顶部附加地震作用。

顶部附加地震作用系数　　**表14.2.5**

T_g (s)	$T_1>1.4T_g$	$T_1\leqslant 1.4T_g$
$T_g\leqslant 0.35$	$0.08T_1+0.07$	0.0
$0.35<T_g\leqslant 0.55$	$0.08T_1+0.01$	
$T_g>0.55$	$0.08T_1-0.02$	

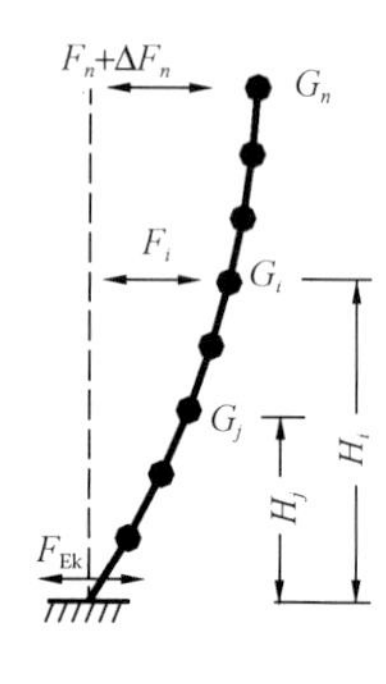

图14.2.4　结构水平地震作用计算简图

运用《建筑抗震设计规范》的底部剪力法计算多层结构各楼层地震剪力的标准时，在计算总水平地震作用标准值中都要考虑多质点等效为单质点的等效质量系数0.85。在水平地震作用沿楼层高度顶部是否附加水平地震作用和附加水平地震作用系数δ_n的数值求法上可分为以下情况。第一是多层砖房、底部框架砖房为不考虑顶部附加水平地震作用。第二是多层钢筋混凝土和钢结构房屋，分为考虑和不考虑顶部附加水平地震作用两类；当结构的基本周期T_1小于等于场地特征周期的1.4倍时，不考虑顶部附加水平地震作用；当结构的基本周期大于场地特征的1.4倍时，考虑顶部附加水平地震作用，顶部附加地震作用系数δ_n根据结构的基本周期和场地类别按表14.2.5计算。

这里还要指出的是，在多层房屋的顶部有突出屋面的电梯间、水箱等小建筑的质量、刚度与相邻结构层的质量、刚度相差很大，已不满足采用底部剪力法计算水平地震作用要求结构质量、刚度沿高度分布均匀的条件。根据按振型分解法得到突出屋面小建筑的水平地震作用与按底部剪力法相比较的分析研究，规范给出采用底部剪力法时，突出屋面的屋顶间、女儿墙、烟囱等的地震作用效应，宜乘以增大系数3，此增大部分属于效应增大，不应往下传递。当采用振型分解法时，突出屋面部分可作为一个质点，并建议房屋总层数大于5层时，可取5个振型。

4. 应用算例

（1）六层砖混住宅楼，结构计算简图如图 14.2.5 所示，场地基本烈度为 8 度，场地为Ⅱ类，设计地震分组为第一组，用底部剪力法计算各层地震剪力标准值。

根据各层楼板、墙的尺寸等得到恒载和各楼面活荷载乘以组合值系数，得到各层的重力代表值 G_i，本房屋各楼层 G_i 为：

$$G_6 = 3856.9\text{kN}$$

$$G_5 = G_4 = G_3 = G_2 = 5085.0\text{kN}$$

$$G_1 = 5399.7\text{kN}$$

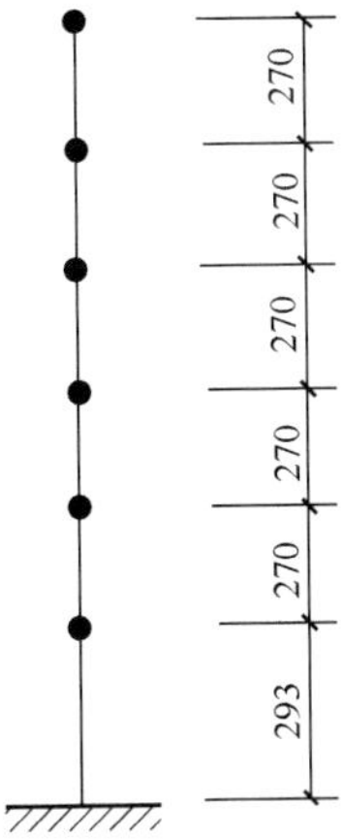

图 14.2.5　计算简图（六层砖混住宅楼）

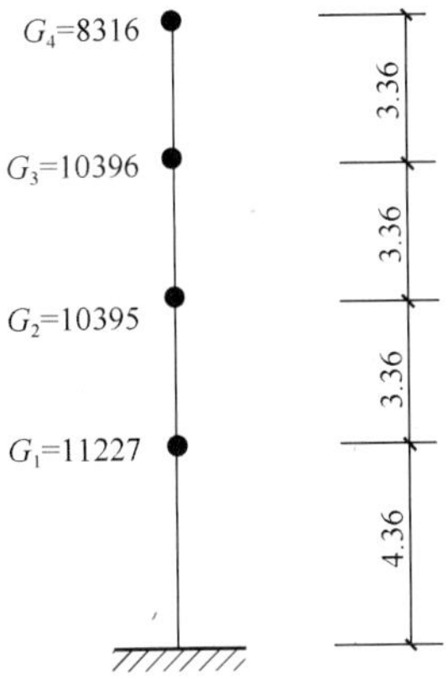

图 14.2.6　计算简图

结构总水平地震作用标准值为：

$$F_{EK} = \alpha_{max} G_{eq}$$

$$= \alpha_{max} 0.85 \sum G_i = 0.16 \times 0.85 \times 29596.6 = 4025.1\text{kN}$$

对于多层砖房不考虑顶部附加水平地震作用，各层水平地震作用 F_i 的计算公式为：

$$F_i = \frac{G_i H_i}{\sum_{j=1}^{n} G_j H_j} F_{EK}$$

各层水平地震剪力标准值为：

$$V_{ik} = \frac{\sum_{i=i}^{n} G_i H_i}{\sum_{j=1}^{n} G_j H_j} F_{EK} = \sum_{i=i}^{n} F_i$$

将各层水平地震剪力标准值的计算结果列于表 14.2.6 中。

（2）四层钢筋混凝土框架结构，建造地区基本烈度为 8 度，场地为 I_1 类，设计地震分组为第二组，结构层高和层重力代表值如图 14.2.6 所示，取典型一榀框架进行分析，考虑填充墙的刚度影响结构的基本周期为 0.56s，求各层地震剪力的标准值。

结构总水平地震作用标准为：

$$F_{EK} = \alpha_1 G_{eq}$$

$$\alpha_1 = \left(\frac{T_g}{T_1}\right)^{0.9} \alpha_{max}$$

$$\alpha_1 = \left(\frac{0.3}{0.56}\right)^{0.9} \times 0.16 = 0.1048$$

$$\begin{aligned} F_{EK} &= \alpha_1 G_{eq} \\ &= \left(\frac{T_g}{T_1}\right)^{0.9} \alpha_{max} 0.85 \sum G_i \\ &= 0.1048 \times 0.85 \times (831.6 + 1039.5 \times 2 + 1122.7) \\ &= 0.1048 \times 0.85 \times 4033.3 = 359.3\text{kN} \end{aligned}$$

各层地震剪力标准值计算结果 **表 14.2.6**

层	G_i（kN）	H_i（m）	$G_i H_i$（kN·m）	$F_i = \frac{G_i H_i}{\sum_{j=1}^{n} G_j H_j} F_{EK}$（kN）	$V_{ik} = \sum_{i=i}^{n} F_i$（kN）
6	3856.9	17.45	67302.9	884.5	884.5
5	5085.0	14.75	75003.75	985.7	1870.2
4	5085.0	12.05	61274.25	805.3	2675.5
3	5085.0	9.35	47544.75	624.8	3300.3
2	5085.0	6.65	33815.25	444.4	3744.7
1	5399.7	3.95	21328.82	280.4	4025.1
Σ	29596.6		306269.72	4025.1	

由于 $T_1 > 1.4 \times 0.35 = 0.49\text{s}$，所以应考虑顶部附加水平地震作用，$\delta_n$ 和 ΔF_n 为：

$$\delta_n = 0.08T_1 + 0.01 = 0.08 \times 0.56 + 0.01 = 0.0548$$

$$\Delta F_n = \delta_n \cdot F_{EK} = 0.0548 \times 359.3 = 19.7\text{kN}$$

各层水平地震作用 F_i 和各层地震剪力标准值 V_{ik} 分别采用下式计算，将计算结果列于表 14.2.7 中。

$$F_i = \frac{G_i H_i}{\sum_{j=1}^{n} G_j H_j}(1 - \delta_n) F_{EK}$$

$$V_{ik} = \sum_{i=1}^{n} F_i + \Delta F_n = \frac{\sum_{i=i}^{n} G_i H_i}{\sum_{j=1}^{n} G_j H_j}(1 - \delta_n) F_{EK} + \Delta F_n$$

各层地震剪力标准值 **表 14.2.7**

层	G_i（kN）	H_i（m）	$G_i H_i$（kN·m）	$F_i = \frac{G_i H_i}{\sum_{j=1}^{n} G_j H_j}(1-\delta_n) F_{EK}$（kN）	ΔF_n（kN）	$V_{ik} = \sum_{i=i}^{n} F_i + \Delta F_n$（kN）
4	831.6	14.44	12008.3	111.9	19.7	131.6
3	1039.5	11.08	11517.7	107.3		238.9
2	1039.5	7.72	8024.9	74.8		313.7
1	1122.7	4.36	4895.0	45.6		359.3
Σ	4033.3		36445.9	339.6		

14.2.4 平动的振型分解反应谱法

平动的振型分解反应谱法是最常用的振型分解法。“平动”表示只考虑单向的地震作用且不考虑结构的扭转振型；“反应谱法”表示采用反应谱将动力问题转换为等效的静力问题而不是用时程分析来获得各个振型的反应。

“振型分解”的概念是以结构自由振动的各个振型作为坐标系，将结构的位移 $\{u\}$ 按振型 $\{x\}$ 展开，作为振型的线性组合，其系数 q 称为广义坐标：

$$\{u\} = \sum_{j=1}^{m} q_j \{x\}_j \tag{14.2.40}$$

同理，把惯性力也按振型展开，利用振型的正交性，可获得关于广义坐标的平衡方程：

$$\ddot{q}_j + 2\zeta_j\omega_j\dot{q}_j + \omega_j^2 q_j = -\gamma\ddot{u}_g \tag{14.2.41}$$

$$\gamma_j = \{x\}_j^T[m]\{1\}/\{x\}_j^T[m]\{x\} \tag{14.2.42}$$

式中 ζ_j——j 振型的阻尼比；

ω_j——j 振型的圆频率；

γ_j——j 振型的参与系数，表示 j 振型在单位惯性力中所占的分量；

$[m]$——结构的质量矩阵；

$\ddot{u}_g$——地面运动加速度。

广义坐标的平衡方程式（14.2.41）可由反应谱求解，进而就得到各振型的内力；然后，根据随机遇合理论，用平方和开方法得到内力和位移的最大可能组合，以此作为抗震设计的依据。

1. 适用范围

平动的振型分解反应谱法适用于可沿两个主轴分别计算的一般结构，其变形可以是剪切型，也可以是剪弯型和弯曲型。

当建筑结构除了抗侧力构件呈斜交分布外，满足规则结构的其他各项要求，仍可以沿各斜交的构件方向用平动的振型分解反应谱法进行抗震分析，再找出最不利的受力状态进行抗震设计。

2. 各振型的地震作用标准值和各振型地震作用效应组合

（1）结构第 j 振型中，i 质点的水平地震作用标准值 F_{ji} 按下式计算：

$$F_{ji} = \alpha_j\gamma_j X_{ji}G_i (i = 1,\cdots n) \tag{14.2.43}$$

$$\gamma_j = \Sigma X_{ji}G_i / \Sigma X_{ji}^2 G_i \tag{14.2.44}$$

式中 α——j 振型周期 T_j 对应的地震影响系数；

X_{ij}——j 振型 i 质点的振型位移坐标；

G_j——集中于 i 质点的重力荷载代表值。

（2）各振型地震作用效应的组合，可采用平方和开方法。

根据各质点在 j 振型水平地震作用 F_{ji} 的作用效应，可求得对应于 j 振型的各构件的地震作用效应 S_j（弯矩 M_j、剪力 V_j、轴向力 N_j 和位移 u_j 等）。构件的地震作用效应 S 按下式计算：

$$S = \sqrt{\sum_{j=1}^{m} S_j^2} \tag{14.2.45}$$

式中　m——振型个数。

由于各振型的参与系数 γ_j 不同，与振型周期 T_j 对应的地震影响系数 α_j 也不同，于是，各个振型在地震内力和位移中所占的比重也不相同。通常，仅有前若干个振型起主要作用，一般考虑前三个振型，相应地 $m=3$。当结构周期较长，高宽比 H/B 较大时，所考虑的振型个数要适当增加。经验表明，当 T_j 对应的地震影响系数 α_j 取 α_{max} 时，所考虑的高阶振型就足够了。

由于地震作用 F_{ji} 与构件地震作用效应 S_j 不是线性关系，不可先用平方和开方计算最大地震作用 $F_i=\sqrt{\sum_1^m F_{ji}^2}$，再求地震作用效应。这样计算的结果是不正确的。

14.2.5　扭转耦连的振型分解反应谱法

对于平面布置明显不对称的结构，在水平地震作用下将产生明显的平动—扭转耦连效应，可采用两种方法：

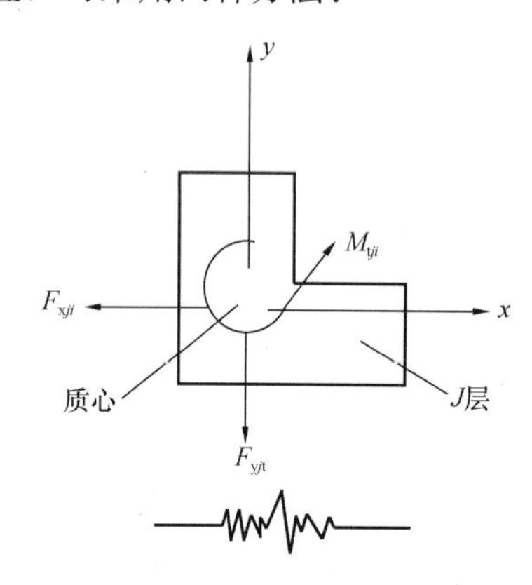

图 14.2.7　j 振型 i 层质心处地震作用

（1）由于建筑物质量分布不均匀，结构刚度计算的局限性，设计假定的正确程度以及抗扭构件的非对称性破坏等，使得实际结构在地震作用下的扭转震动是难于避免的。为此《建筑抗震设计规范》GB 50011规定：规则结构不进行扭转耦连计算时，平行于地震作用方向的两个边榀，其地震作用效应宜乘以增大系数。一般情况下，短边可按 1.15 采用，长边可按 1.05 采用；当扭转刚度较小时，周边各构件宜按不小于 1.3 采用。角部构件宜同时乘以两个方向各自的增大系数。

（2）考虑扭转影响的结构，假设楼盖平面内刚度为无限大。在自由振型条件下，任一振型 j 在任意层 i 具有 3 个振型位移（两个正交的水平移动和一个扭转），即 X_{ji}、Y_{ji}、φ_{ji}，在 x 或 y 方向水平地震作用时，第 j 振型第 i 层质心水平地震作用具有 x 向、y 向的水平地震作用和绕质心轴的地震作用扭矩，如图 14.2.7 所示。

j 振型 i 层的水平地震作用标准值计算公式为：

$$F_{xji}=\alpha_j\gamma_{tj}X_{ji}G_i \tag{14.2.46}$$

$$F_{yji}=\alpha_j\gamma_{tj}Y_{ji}G_i \tag{14.2.47}$$

$$F_{tji}=\alpha_j\gamma_{tj}r_i^2\varphi_{ji}G_i \tag{14.2.48}$$

式中　F_{xji}、F_{yji}、F_{tji}——分别为 j 振型 i 层的 x、y 和转角方向的地震作用标准值；

X_{ji}、Y_{ji}——分别为 j 振型 i 层质心在 x、y 方向的水平相对位移；

φ_{ji}——j 振型 i 层的相对扭转角；

γ_{tj}——考虑扭转的 j 振型参与系数，当仅考虑 x 方向地震时，按式（14.2.49）计算，当仅考虑 y 方向地震时，按式（14.2.50）计算；当考虑与 x 方向斜交的地震作用时，按式（14.2.51）

计算；

r_i—— i 层转动半径，按式（14.2.52）计算。

$$\gamma_{tj}=\frac{\sum_{i=1}^{n}X_{ji}G_i}{\sum_{i=1}^{n}(X_{ji}^2+Y_{ji}^2+\varphi_{ji}^2r_i^2)G_i} \tag{14.2.49}$$

$$\gamma_{tj}=\frac{\sum_{i=1}^{n}Y_{ji}G_i}{\sum_{i=1}^{n}(X_{ji}^2+Y_{ji}^2+\varphi_{ji}^2r_i^2)G_i} \tag{14.2.50}$$

$$r_{tj}=r_{xj}\cos\theta+r_{yj}\sin\theta \tag{14.2.51}$$

$$r_i=\sqrt{J_i/M_i} \tag{14.2.52}$$

式中　r_{xj} 、r_{yj} ——分别是由式（14.2.49）、式（14.2.50）求得的参与系数；

θ——地震作用方向与 x 方向的夹角；

J_i——第 i 层绕质心的转动惯量；

M_i——第 i 层的质量。

考虑单向水平地震作用下扭转的地震作用效应，由于振型效应彼此耦连，组合采用完全二次型组合法（CQC），即：

$$S=\sqrt{\sum_{j=1}^{m}\sum_{k=1}^{m}\rho_{jk}S_jS_k} \tag{14.2.53}$$

$$\rho_{jk}=\frac{8\sqrt{\xi_j\xi_k}(\xi_j+\lambda_T\xi_k)\lambda_T^{1.5}}{(1-\lambda_T^2)^2+4\xi_j\xi_k(1+\lambda_T)^2\lambda_T+4(\xi_j^2+\xi_k^2)\lambda_T^2} \tag{14.2.54}$$

式中　S ——考虑扭转的地震作用效应；

S_j 、S_k ——分别为 j 、k 振型地震作用产生的作用效应，可取前 9～15 个振型；

ξ_j 、ξ_k ——分别为 j、k 振形的阻尼比；

ρ_{jk} —— j 振型与 k 振型的耦连系数；

λ_T —— k 振型与 j 振型的自振周期比。

考虑双向水平地震作用下的扭转地震作用效应，可按下列公式中的较大值确定：

$$S=\sqrt{S_x^2+(0.85S_y)^2} \tag{14.2.55}$$

或

$$S=\sqrt{S_y^2+(0.85S_x)^2} \tag{14.2.56}$$

式中　S_x——为仅考虑 x 向水平地震作用时的地震作用效应；

S_y——为仅考虑 y 向水平地震作用时的地震作用效应。

在进行平动扭转耦连的计算中，需要求出各楼层的转动惯量。对于任意形状的楼盖，取任意坐标轴，质心 C_i 的坐标轴，质心 C_i 的坐标可用下式求得：

$$x_i=\frac{\iint_{A_i}m_ix\,dx\,dy}{\iint_{A_i}m_i\,dx\,dy} \tag{14.2.57}$$

$$y_i = \frac{\iint\limits_{A_i} m_i y \mathrm{d}x\mathrm{d}y}{\iint\limits_{A_i} m_i \mathrm{d}x\mathrm{d}y} \tag{14.2.58}$$

式中　m_i —— i 层任意点处单位面积质量；

A_i —— i 层楼盖水平面积。

绕任意竖轴 O 的转动惯量为：

$$J_{io} = \iint\limits_{A_i} m_i (x^2 + y^2) \mathrm{d}x\mathrm{d}y \tag{14.2.59}$$

绕质心 C_i 的转动惯量为：

$$J_i = \iint\limits_{A_i} m_i \left[(x - \bar{x}_i)^2 + (y - \bar{y}_i)^2 \right] \mathrm{d}x\mathrm{d}y \tag{14.2.60}$$

式中　$\bar{x}_i$ 、$\bar{y}_i$ ——质心 C_i 的坐标。

14.2.6　楼层剪力在平面内的分配

水平地震作用在结构楼层产生的层间剪力 V，由楼层内各抗侧力构件共同承担，抗震设计时要解决各抗侧力构件之间剪力的分配问题。这里仅讨论不考虑扭转影响的分配问题。

1. 完全柔性楼盖

楼盖视为完全柔性，如采用木楼盖的多层砖房，同一楼层各榀抗侧力构件的侧移是彼此独立的。各榀抗侧力构件的层间剪力直接与该榀结构的从属面积（即左右各半跨上的面积）上的重力荷载代表 G_E 有关。也就是说，整个楼层的层间剪力，按各榀抗侧力构件从属面积上重力荷载代表值的比例分配。当重力荷载代表值在楼盖上的分布较为均匀时，也可用从属面积的比例来替代，俗称“按面积分配”。用公式表示第 i 榀抗侧力构件的剪力 V_i 为：

$$V_i = (G_{E_i} / \Sigma G_{E_i}) V \tag{14.2.61}$$

或

$$V_i = (A_i / \Sigma A_i) V \tag{14.2.62}$$

2. 完全刚性楼盖

楼盖在自身平面内视为完全刚性，如采用现浇或装配整体式钢筋混凝土楼盖的多层砌体房屋、布置规则的框架房屋和抗震墙房屋。不考虑扭转效应时，各榀抗侧力构件的侧移在同一楼盖处均相同，各榀抗侧力构件的层间剪力直接与其侧移刚度有关。换句话说，楼层的地震剪力，按各榀抗侧力构件侧移刚度的比例分配。对剪切变形为主的结构，可写为：

$$V_i = (K_i / \Sigma K_i) V \tag{14.2.63}$$

3. 弹性楼盖

相当多的楼盖结构是介于完全刚性与完全柔性之间的弹性状态。这时，楼层地震剪力在各榀抗侧力构件的分配，可取上述两种方法的某种组合，视楼盖平面内刚度大小而有所变化。

（1）普通预制板的装配式楼盖的多层砌体房屋，一般取上述两种方法的平均值：

$$V_i = \frac{1}{2} (K_i / \Sigma K_i + G_{E_i} / \Sigma G_{E_i}) V \tag{14.2.64}$$

(2) 大型预制板的装配式大板住宅，通常取刚度分配的 70% 和重力荷载代表值分配的 30%：

$$V_i = (0.7K_i \Sigma K_i + 0.3G_{E_i} / \Sigma G_{E_i})V \tag{14.2.65}$$

(3) 对各榀抗侧力构件的侧移刚度有明显差异的结构，即使采用现浇或装配整体式楼盖，也往往考虑楼盖平面内有一定变形和抗侧力构件性能不同导致地震时发生塑性内力重分布，对楼层地震剪力的分配提出了具体简化方法：

1) 底层框架砖房的底层在抗震设计时要对称地布置一定数量的钢筋混凝土抗震墙或抗侧力的砖填充墙框架。这时，一方面，底层的地震剪力全部由该方向的抗震墙按侧移刚度分配；另一方面，考虑抗震墙在层间位移较小的情况下（如 1/800），即出现裂缝，导致墙体部分承担的地震剪力 V_c，可将底层的剪力 V 按各抗侧力构件的有效侧移刚度 K_{ef} 的比例分配而求得，即：

$$V_c = (K_{ef} / \Sigma K_{ef})V \tag{14.2.66}$$

对框架部分，$K_{ef} = K_f$；对钢筋混凝土墙，$K_{ef} = 0.3K_{cw}$；对抗侧力的砖填充框架，$K_{ef} = K_f + 0.2K_{bw}$。

2) 框架-抗震墙结构，当抗震墙间距满足一定要求时，抗震墙承担的地震层间剪力可按侧移刚度分配，而框架部分则适当增加。

框架的变形特征是以剪切变形为主，而抗震墙的变形特征是以弯曲变形为主。这样，二者协同工作的结果，在结构下部，墙体受力加大，在结构上部，框架受力加大。考虑墙体开裂后刚度退化导致的塑性内力重分布，根据工程经验，对较规则的框架-抗震墙结构中的框架，各层的地震剪力 V_f 均按下式调整：

$$V_f = \{V_1 、V_2\}_{min} \tag{14.2.67}$$

$$V_1 = 1.5\{(K_i / \Sigma K_i)_k V_k\}_{max}(k = 1,\cdots n) \tag{14.2.68}$$

$$V_2 = 0.2V_0(K_{f_i} / \Sigma K_{f_i})_1 \tag{14.2.69}$$

式中 $(K_i / \Sigma K_i)_k$ ——第 i 层抗侧力构件按刚度分配的比例；

$(K_{f_i} / \Sigma K_{f_i})_1$ ——结构底部总剪力和第 k 层的层间剪力。

当结构有缩进或墙体布置沿高度明显不规则时，上述分配方法不再适用，可采用按有效侧移刚度比例分配的方法。

3) 两端有山墙或到顶横墙的钢筋混凝土屋盖的单层工业厂房，横向地震剪力在各榀排架的分配及纵向地震剪力在各纵向柱列的分配，也要考虑墙体开裂后刚度的降低和屋盖平面内变形的影响。

至于同一轴线上层间剪力在各个竖向构件（柱或墙）之间的分配，一般取竖向构件的等效侧移刚度的比例进行分配。

14.2.7 结构水平地震剪力控制

《建筑抗震设计规范》GB 50011—2010 考虑地面运动速度和位移可能对周期较长结构的破坏影响，为了保证较长周期结构的安全性，增加了对各楼层水平地震剪力最小值的要求，规定了不同抗震设防烈度的剪力系数，如表 14.2.8 所示。在抗震验算时，结构任一楼层的水平地震剪力应符合下式要求：

$$V_{Eki} > \lambda \sum_{j=i}^{n} G_j \tag{14.2.70}$$

式中 V_{Eki}——第 i 层对应与水平地震作用标准值的楼层剪力；

λ——剪力系数，不应小于表 14.2.8 规定的楼层最小地震剪力系数值，对竖向不规则结构的薄弱层，尚应乘以 1.15 的增大系数；

G_j——第 j 层的重力荷载代表值。

楼层最小地震剪力系数值 **表 14.2.8**

类别	6 度	7 度	8 度	9 度
扭转效应明显或基本周期小于 3.5s 的结构	0.008	0.016 (0.024)	0.032 (0.048)	0.064
基本周期大于 5.0s 的结构	0.006	0.012 (0.018)	0.024 (0.036)	0.048

注：表中括号内数值分别用于设计基本地震加速度为 7 度 0.15g 和 8 度 0.30g 的地区。对于结构基本周期介于 3.5s 和 5s 之间的结构，可采用插值法取值。

对于结构是否扭转效应明显，可从考虑耦连的振型分解反应谱法的分析结果来判断，例如在结构分析的前三个振型中，二个水平方向的振型参与系数为同一量级，即存在明显的扭转效应。

结构地震作用分析方法，一般是符合结构地震反应分析的简化方法，偏向于保守，对于较规则的结构可以用底部剪力法给出结构总水平地震标准即底层地震剪力标准值，以及相应的地震剪力系数 λ。

$$V_{Ek1} = \alpha_1 G_{eq} = 0.85\alpha_1 \sum_{i=1}^{n} G_i$$

$$\lambda = 0.85\alpha_1$$

对于结构基本周期小于 3.5s 的结构，现行《建筑抗震设计规范》给出的各楼最小地震剪力系数为 $0.2\alpha_{max}$，对于不同场地其底层最小地震剪力系数所对应的结构周期是不同的。对于阻尼比为 0.05 的高层钢筋混凝土结构，根据现行《建筑抗震设计规范》给出的抗震设计反应谱曲线，不难给出对应的结构周期值均为 $5T_g$，即均相当于 $5T_g$ 所对应的抗震设计反应谱的值。

各类场地的 $5T_g$ 范围为：Ⅰ类场地为 1.0～1.75s，Ⅱ类场地为 1.75～2.25s，Ⅲ类场地为 2.25～3.25s，Ⅳ类场地第一组为 3.25s，第二组为 3.75s，第三组为 4.5s。由此可以看出，对于结构基本周期小于 3.5s 的结构，其底层的地震剪力标准值，只有处在Ⅳ类场地第二、三组时才不需要进行调整，其余均需要调整。同理也可以推导出在各类场地上高层钢筋混凝土结构基本周期大于 5s 时，其底层地震剪力系数最小值所实际对应的结构周期。

在结构地震反应中，上部楼层地震作用明显大于底部。因此，上部楼层地震剪力与该层以上（包括该层）重力代表值之和的比均大于底层。也就是楼层地震剪力最小值主要由下部楼层控制，当结构高层钢筋混凝土的基本周期与 $5T_g$ 接近时为底层，当大于 $5T_g$ 较多（但不大于 3.5s）时，可能为底部几个楼层。

对于阻尼比为 0.02～0.04 的高层钢结构，也可以得出相应的结果。

14.2.8 时程分析法

时程分析法又称为直接动力法，将地震记录数字化（即每一时间对应的加速度值），根据结构的参数，由初始状态开始一步一步积分求解运动方程，从而了解结构整个地震加速度记录时间过程的地震反应（速度、位移和加速度）。

地震作用下 n 个自由度结构的振动微分方程为：

$$[M]\{\ddot{u}\}+[c]\{\dot{u}\}+[k]\{u\}=-[M]\{\ddot{u}_g\} \tag{14.2.71}$$

式中 $[M]$——结构的质量矩阵；

$[c]$——结构的阻尼矩阵；

$[k]$——结构的刚度矩阵；

$\{\ddot{u}\}$、$\{\dot{u}\}$、$\{u\}$——分别为结构的加速度、速度和位移向量；

$\{\ddot{u}_g\}$——输入的地震波加速度向量。

求解式（14.2.71）的逐步积分法有线性加速度法、威尔逊 θ 法和纽马克 β 法等。当结构在地震作用下处于弹性状态时，构件（或楼层）的刚度不变，则式（14.2.71）中的刚度矩阵不改变；当结构在强烈地震作用下进入弹塑性阶段时，构件（或楼层）的刚度要按照恢复力特征曲线上的位置取值，在振动过程中不断的变化。因此，时程分析法需要运用编制的计算机程序求解。

《建筑抗震设计规范》GB 50011 规定，对于特别不规则的建筑、甲类建筑和表 14.2.9 所列高度范围的高层建筑，应采用时程分析法进行多遇地震下的补充计算。当取三组时程曲线时，计算结果宜取时程法的包络值和振型分解反应谱法的较大值；当取七组及七组以上的时程曲线时，计算结果可取时程法的平均值和振型分解反应谱法的较大值。

采用时程分析法时，应按建筑场地类别和设计地震分组选用实际强震记录和人工模拟的加速度时程曲线，其中实际强震记录的数量不应少于总数的 2/3，多组时程曲线的平均地震影响系数曲线应与振型分解反应谱法所采用的地震影响系数曲线在统计意义上相符，其加速度时程的最大值可按表 14.2.10 采用。弹性时程分析时，每条时程曲线计算所得结构底部剪力不应小于振型分解反应谱法计算结果的 65%，多条时程曲线计算所得结构底部剪力的平均值不应小于振型分解反应谱法计算结果的 80%。

采用时程分析的房屋高度范围　　表 14.2.9

烈度、场地类别	房屋高度范围（m）
8 度Ⅰ、Ⅱ类场地和 7 度	>100
8 度Ⅲ、Ⅳ类场地	>80
9 度	>60

时程分析所用地震加速度时程曲线的最大值（cm/s^2）　　**表 14.2.10**

地震影响	6 度	7 度	8 度	9 度
多遇地震	18	35（55）	70（110）	140
罕遇地震	125	220（310）	400（510）	620

注：括号内数值分别用于设计基本地震加速度为 7 度 $0.15g$ 和 8 度 $0.30g$ 的地区。

14.3 竖向地震作用的简化计算方法

14.3.1 竖向地震作用计算的演变

竖向地震地面运动的衰减较快，过去的抗震设计往往不够重视。近年来，高烈度区的宏观震害和强震记录，说明竖向地震运动及其对建筑结构的影响，有时是相当可观的，在抗震设计中要予以足够的重视。

唐山地震中，砖烟囱上部折断后横搁在断头的烟囱顶部，大型屋面板被单层工业厂房的上柱所穿破等震害，清楚地显示了极震区竖向地震作用的影响。根据强震观测资料的统计分析，在震中距小于 200km 的范围内，同一地震的竖向地面加速度峰值与水平地面加速度峰值之比 a_v/a_h ，平均值约 1/2，考虑到现有观测的震中距不近，拟增加一个均方差来提高保证率，则比值 a_v/a_h 接近 2/3。近年来，国内外都获得 a_v 接近或超过 a_h 的强震记录，最大的 a_v/a_h 达到 1.6。于是，结构竖向地震反应的研究日益受到重视。

目前，国外抗震设计规定中要求考虑竖向地震作用的结构或构件有：①长悬臂结构；②大跨度结构；③高耸结构和较高的高层建筑；④以轴向力为主的结构构件（柱或悬挂结构）；⑤砌体结构；⑥突出于建筑顶部的小构件。其中，前三类居多。我国的抗震设计规范，也只规定前三类结构要考虑向上或向下竖向地震作用的不利影响。

计算结构竖向地震作用的方法，多数国家采用静力法或水平地震作用折减法，只有少数国家采用竖向地震反应谱方法。这三种方法的特点如下：

（1）静力法最简单。不必计算结构或构件的竖向自振周期和振型，直接取结构或构件重力的某个百分数作为其竖向地震作用。

（2）水平地震作用折减法不甚合理。此法将结构的竖向地震反应取为结构或构件水平地震作用的某个百分比。由于竖向地面运动与水平地面运动的频率成分不同，结构竖向振动特性也不同，所以竖向地震作用与水平地震作用并无直接关系。

（3）竖向地震作用反应谱法较合理。此法与水平地震反应谱法相同，先计算结构的竖向自振周期和振型，再由竖向振型周期从竖向反应谱求得等效竖向力。求出各振型的竖向地震作用和内力后，用平方和开方法进行振型的内力组合。此法较合理，然而要计算结构的竖向自振特性，并需要建立相应的竖向地震反应谱。

此外，结构的竖向地震反应谱也可采用时程分析法求解，但计算量较大。在我国科研人员根据竖向地震反应谱和时程分析法的结果进行统计分析，获得了高耸结构和大跨度结构竖向地震作用的实用简化分析法——拟静力法。此法被《建筑抗震设计规范》所采用。

14.3.2 高耸结构和高层建筑竖向地震作用的简化

文献［2］、［3］通过将一些台站同时记录到的水平与竖向地震波按场地条件分类，求出各类场地竖向和水平平均反应谱，发现竖向和水平地震反应谱形状相差不大，故可以近似采用水平地震反应谱曲线来计算竖向地震作用。考虑到竖向地震加速度峰值平均约为水平地震加速度峰值的 1/2～2/3，《建筑抗震规范》规定竖向地震影响系数 α_v 取水平地震影响系数的 65%。

通过对高耸结构、高层建筑的时程分析和竖向反应谱分析，发现以下规律：

1. 高耸结构、高层建筑的竖向地震内力与竖向构件所受重力之比 λ_v ，沿结构的高度由下往上逐渐增大，而不是一个常数，表 14.3.1 列出了部分结果。

2. 从表 14.3.1 可见，高耸结构顶部在强烈地震中可能出现拉力。这说明，竖向地震作用的影响是不可忽略的。

3. 高耸结构和高层建筑竖向第一振型的地震内力与竖向前 5 个振型按平方和开方法组合的地震内力相比较，误差仅在 5～15%。同时，竖向第一振型不仅竖向自振周期小于场地特征周期，而且其振型接近于倒三角形。

基于竖向地震作用的上述规律，对于9度区的高耸结构和高层建筑竖向地震作用的简化计算为类似于水平地震作用的底部剪力法，其计算公式（图14.3.1）为：

355m电视塔的比值 λ_N[3] **表14.3.1**

位置	输入El-centro波	输入天津波
顶部	1.38	1.32
270m	0.85	1.01
190m	0.45	0.58
90m	0.29	0.30
底部	0.22	0.25

$$F_{EVK}=\alpha_{vmax}G_{eq} \tag{14.3.1}$$

$$F_{Vi}=\frac{G_iH_i}{\sum_{j=1}^{n}G_jH_j}F_{EVK} \tag{14.3.2}$$

$$G_{eq}=0.75\Sigma G_i \tag{14.3.3}$$

$$\alpha_{vmax}=0.65\alpha_{hmax} \tag{14.3.4}$$

式中 F_{EVK}——结构总竖向地震作用标准值；

F_{Vi}——质点 i 的竖向地震作用标准值；

α_{vmax}、α_{hmax}——分别为竖向、水平地震影响系数最大值。

各构件竖向地震作用内力按各构件承受的重力荷载内力代表值的比例进行分配，并宜乘以增大系数1.5。

《建筑抗震设计规范》GB 50011对高耸结构和高层建筑竖向地震作用沿高度分布采用倒三角形分布比原抗震规范的静力法有很大改进，在上部1/3高度的各质点数值明显增大，应该说更符合震害规律。

根据中国台湾地区1999年9月21日大地震的震害经验，震中竖向地震作用较为明显，《建筑抗震设计规范》GB 50011要求，9度时高层建筑楼层的竖向地震作用效应，应乘以1.5的增大系数。

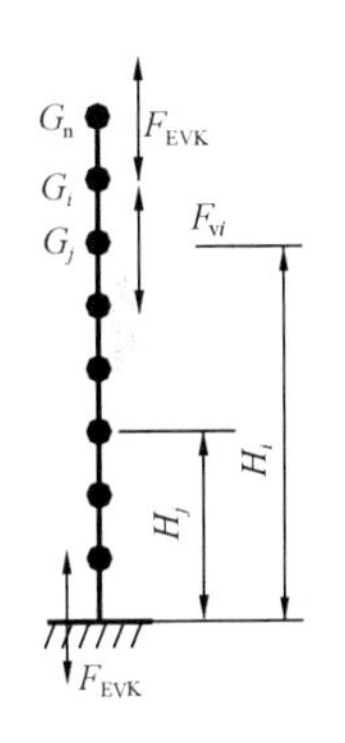

图14.3.1 结构竖向地震作用计算简图

14.3.3 平板型网架屋盖与大于24m屋架的竖向地震作用计算

对不同类型平板型网架屋盖和大于24m屋架，用反应谱法计算了竖向地震作用下的内力，得到了其规律。

$$\mu_i=F_i^e/F_i^s \tag{14.3.5}$$

式中 F_i^e——第 i 杆件的竖向地震内力；

F_i^s——第 i 杆件的重力内力。

计算结果表明：①各杆的 μ_i 值虽不尽相同，但相差不大，可取其最大值 μ_{max} 作为设计依据；②比值 μ_{max} 与烈度和场地类别有关；③当结构竖向周期大于场地反应谱特征周期时，随跨度的增大，μ 值反而有所下降，由于在目前常用的跨度范围内，这个下降不很大，为了简化，可略去跨度的影响。这样，《建筑抗震设计规范》给出了平板型网架与大于24m屋架的竖向地震作用系数，如表14.3.2所示。则平板型网架屋盖和跨度大于24m屋架的竖向地震作用标准值，可取其重力荷载代表值和竖向地震作用系数的乘积。

竖向地震作用系数 表 14.3.2

结构类型	烈度	场地类别		
		Ⅰ	Ⅱ	Ⅲ、Ⅳ
平板型网架、钢屋架	8	不考虑（0.10）	0.08（0.12）	0.10（0.15）
	9	0.15	0.15	0.20
钢筋混凝土屋架	8	0.10（0.15）	0.13（0.19）	0.13（0.19）
	9	0.20	0.25	0.25

注：括号中数值分别用于设计基本地震加速度为0.30g的地区。

对于长悬臂和其他大跨度结构的竖向地震作用标准值，8度和9度可分别取该结构、构件重力荷载代表值的10%和20%，设计基本地震加速度为0.15g时，可取该结构构件重力荷载代表值的15%。

14.3.4 大跨度空间结构的竖向地震作用计算

空间结构的竖向地震作用，除按简化方法外，还可采用竖向振型的振型分解反应谱方法。对于竖向反应谱，各国学者有一些研究，但研究成果纳入规范的不多。现阶段，多数规范仍采用水平反应谱的65%，包括最大值和形状参数。但竖向反应谱的特征周期与水平反应谱相比，尤其在远震中距时，明显小于水平反应谱。抗震规范规定，特征周期均按第一组采用。对处于发震断裂10km以内的场地，其最大值可能接近于水平谱，且特征周期小于水平谱。

14.4 结构构件截面抗震验算

14.4.1 以概率为基础的承载能力极限状态设计方法概述

《建筑抗震设计规范》为了更好地体现“小震不坏、设防烈度可修、大震不倒”的抗震设计原则，采用了二阶段设计方法来完成三个烈度水准的抗震设防要求，即“小震”作用下的截面抗震计算和“大震”作用下的变形验算。在第一阶段抗震设计中采用以概率为基础的多系数截面抗震验算表达式代替了78抗震规范中综合安全系数K的截面验算表达式。这一修订是根据地震作用的特点和一系列研究成果作出的。

众所周知，作用于建筑结构上的荷载（作用）都是随机的，有些是随机变量如恒载，有些则是与时间有关的随机过程如地震作用等，对于随机的问题应采用概率统计的方法来处理。因此，以概率为基础的可靠度分析方法对于建筑结构的安全可靠性分析是一种符合客观实际的分析方法。结构可靠度分析给出了结构失效（或可靠）的概率，它不仅与荷载（作用）、结构构件承载能力的标准值有关，而且还与荷载（作用）、结构构件承载能力的统计特征有关。结构设计的主要目标是，在可接受的失效概率的水平上保证结构在规定的设计基准期内能够完成预定的功能。这与安全系数法中只要抗力大于荷载效应乘以安全系数K，结构就安全的概念有本质区别。

以概率为基础的承载能力极限状态设计方法，在已知各基本变量（作用在结构上的荷载和构件承载能力等）统计特征的前提下，根据给定的可靠指标，运用概率分析的可靠度方法进行结构构件设计。这种方法能够考虑有关因素的变异性，使结构构件的设计比较符合预期的可靠度要求。目前，这种方法在国际上只在原子能反应堆的设计中运用。对于一般的工业与民用建筑的设计，仍采用设计人员已经习惯的以基本变量的标准值和分项系数（荷载和抗力系数）表达的设计验算公式。其中各项系数的确定，是在对原规范的可靠度水准分析的基础上确定目标可靠指标，然后运用优化的方法进行分析。其基本步骤如下：

1. 确定荷载（作用）和抗力的概率模型及统计参数，建立结构或构件承载能力的极限状态方程，分析现行规范的结构或构件在设计基准期内完成预定功能的可靠指标 β 和失效概率 P_f。

2. 在校准原规范各结构构件可靠指标的基础上，对个别结构构件进行适当的调整得到目标可靠指标 β^*，通过使按分项系数设计表达式设计的各构件所具有的可靠指标与目标可靠指标之间在总体上误差最小，优化得到设计表达式中的荷载（作用）和抗力分项系数。

3. 运用荷载组合原理得到某一种可变荷载为主要可变荷载时，其他可变荷载的组合系数。

建立实用的以概率为基础的截面抗震验算方法应与非抗震建筑结构设计的方法相一致。但地震作用和抗震设计的基本原则等都有其特点，抗震结构的功能要求与非抗震设计也有所不同。为了建立以概率为基础的承载能力极限状态的截面抗震设计表达式，需要对以下问题进行分析研究：①地震作用的概率模型及其统计参数，其基础工作之一是华北、西北、西南三地区 45 个城镇的地震危险性分析结果；②抗震结构的功能及其相应的极限状态函数，地震作用下结构构件承载能力的抗震可靠度分析方法和对原规范可靠指标的校准；③结构截面抗震设计表达式中地震作用分项系数和承载力抗震调整系数的确定；④运用随机过程的理论分析研究地震作用和其他可变荷载的组合。

14.4.2 结构抗震的可靠度分析

结构在规定的时间内，在规定的条件下，完成预定功能的概率称为结构的可靠度，并规定以“可靠指标”来具体度量结构的可靠度。其功能以“极限状态”为标志，当结构构件达到极限状态的概率超过了允许的限值，就不可靠了。因此，极限状态是衡量结构构件是否失效的标准。

根据抗震设计的基本原则，抗震结构应具有两种功能：在多遇的小震作用下完成基本处于弹性状态的功能和在罕遇的大震作用下完成不倒塌的功能。分析抗震结构是否可靠应采用相应的承载能力极限状态和变形能力或综合变形能量能力的极限状态。虽然在罕遇地震作用下结构不倒塌的可靠度水平，是衡量结构抗震设计好坏的标志，但是结构截面抗震设计和非抗震设计一样均采用承载能力的极限状态设计，因此承载能力的抗震可靠度分析是以概率为基础的抗震设计的基础工作之一。

在结构抗震承载能力的可靠度分析中，地震作用下结构反应的概率模型和统计参数的确定一般可采用两种方法，一是运用随机振动的方法，输入地震作用的功率谱密度函数等，根据结构的参数，可得到结构最大反应的概率统计特征；二是通过抗震设计反应谱，考虑抗震设计反应谱的离散性，得到结构最大反应的概率统计特征。无论哪种方法都要得到地震作用下结构最大反应的概率统计特征，再与结构构件的承载能力，作用在结构上的恒载、楼面活荷载一起建立结构构件的承载能力极限状态函数，用考虑随机变量分布的改进的一次二阶矩方法等分析结构承载能力的抗震可靠度。下面介绍运用抗震设计反应谱，把地震作用这个与时间有关的随机过程转化为作用在结构上的等效荷载的结构承载能力抗震可靠度分析的实用方法[4]。

结构承载能力抗震可靠度分析的基本问题是分析承载能力极限状态函数中的各基本随机变量的概率统计特征。

1. 地震作用的概率分布类型和统计参数

《建筑结构设计统一标准》给出了恒载为正态分布，楼面活荷载和风、雪荷载为极值Ⅰ型分布，结构构件抗力服从对数正态分布；其统计参数通常以平均值与标准值之比和变异系数表示。

由于近似的可靠度分析中，基本变量是随机变量。这就需要把地震作用这个与时间有关的随机过程转化为随机变量。通过对地震危险性分析结果的统计分析和考虑抗震设计反应谱的离散性得到作用在结构上的等效地震作用的概率统计特征。文献［5］对在设计基准期内等效地震作用的概率分布类型进行了分析、检验，确认结构的层剪力或底部剪力 v 的概率分布符合极值Ⅱ型。

$$F_{\mathrm{II}}(v)=\exp\left[-\left(\frac{v}{0.385v_{\mathrm{k}}}\right)^{-k}\right] \tag{14.4.1}$$

式中 v_{k}——结构在基本烈度地震作用下的底部剪力或层剪力；

k——形状参数，对于我国抗震设防区 $k=2.35$。

结构底部剪力（或层剪力）V 的均值 μ_{v} 和变异系数 δ_{V} 都是结构周期 T 和阻尼的函数，这是由于地震作用的动力系数 S_{V0} 是结构周期和阻尼的函数。在抗震设计中，一般结构的阻尼比为 $\zeta=0.05$，关于随周期变化的问题，一些研究者对来自世界各地的几百条强震记录进行了分析，得出了动力系数的均值和方差均随周期变化，但在每个周期 T_i 点服从同一概率分布的结论。动力系数的离散性与震源特性、土壤条件和地震波的频谱特性等因素有关，若对来自世界各地的地震记录的反应谱进行统计，得到的方差必然偏大。采用同一地区的地震记录去分析和统计反应谱的离散性更为合适。

在设计基准期 50 年内等效的地震作用的变异系数中峰值加速度的变异系数占主要，从华北、西北、西南 45 个城镇的总体来看其变异系数为 1.176，反应谱变异系数随周期变化对在设计基准期 50 年内等效地震作用变异系数的影响不大。文献［4］给出的等效地震作用的变异系数为：

$$\begin{aligned}\delta_{\mathrm{V}}&=\sqrt{\delta_{\mathrm{A/g}}^{2}+\delta_{S_{\mathrm{V0}}}^{2}+\delta_{G_{\mathrm{eq}}}^{2}+\delta_{\mathrm{D}}^{2}}\\&=\sqrt{1.176^{2}+0.30^{2}+0.10^{2}+0.35^{2}}\\&=1.276\end{aligned} \tag{14.4.2}$$

式中 δ_{V}——在设计基准期 50 年内等效地震作用的变异系数；

$\delta_{\mathrm{A/g}}$——地震峰值加速度与重力加速度比的变异系数；

$\delta_{S_{\mathrm{V0}}}$——动力系数的变异系数；

$\delta_{G_{\mathrm{eq}}}^{2}$——结构重力代表值的变异系数；

δ_{D}——地震作用模型化计算的变异系数，主要考虑烈度转化为峰值加速度和结构反应计算公式的不确定性。

关于等效地震荷载的平均值与标准值之比，由于抗震规范中反应谱的标准值就是最大反应的平均值，所以只与峰值加速度的平均值与标准值之比和重力荷载代表值的平均值与标准值之比有关。若把各地基本烈度的地震作用作为地震作用的标准值，从 45 个城镇地震危险性分析结果的统计分析来看，在设计基准期 50 年内等效地震作用的平均值与标准值之比为：

$$\mu_V/V_{EK} = 0.597 \tag{14.4.3}$$

式中 μ_V——在设计基准期 50 年内等效地震作用的平均值；

V_{EK}——在基本烈度地震作用下等效地震作用的标准值。

某一强度地震作用下，等效地震作用的概率分布假定为极值Ⅰ型：

$$F_{\mathrm{I}}(V/V = V_i) = \exp\{-\exp[-\alpha(V-\beta)]\} \tag{14.4.4}$$

统计参数为：

$$\mu_{V_i}/V_{K_i} = 1.06 \tag{14.4.5}$$

$$\delta_{V_i} = 0.30 \tag{14.4.6}$$

式中 μ_{V_i}——某一强度地震作用下，等效地震作用的平均值；

V_{K_i}——某一强度地震作用下，等效地震作用的标准值；

δ_{V_i}——变异系数，主要考虑动力系数的离散性。

2. 结构构件抗力的概率统计参数

结构构件的抗力与材料的性质、截面尺寸和结构构件设计计算模式有关，可认为这些变量是互不相关的随机变量。结构构件抗力的概率分布类型一般采用对数正态分布，其统计参数应考虑结构尺寸、材料的性质和抗力计算公式的离散性。

地震作用下结构及构件的抗力统计参数问题有待于模拟地震实验数据的积累。从校准原抗震规范可靠度水平出发，一些结构构件（如钢筋混凝土大偏心受压、受弯构件等）采用《建筑结构设计统一标准》给出的结果，对于砌体结构墙体的受剪承载力的统计参数，考虑了全国 100 榀墙体反复加载下的试验结果与原抗震规范计算公式相比较的离散性，其结果为[6]：

$$\mu_R/R_K = 1.02 \tag{14.4.7}$$

$$\delta_R = 0.32 \tag{14.4.8}$$

作为校准原抗震规范结构抗震可靠指标，采用的有关结构构件抗力的统计参数如表 14.4.1 所示。

有关结构构件抗力的统计参数 **表 14.4.1**

结构类型	构件种类	μ_R/R_K	δ_R	结构类型	构件种类	μ_R/R_K	δ_R
钢	偏心受压	1.21	0.15	砖砌体	抗震墙	1.02	0.32
薄钢	偏心受压	1.20	0.15	钢筋混凝土	受弯	1.13	0.10
木	受　弯	1.38	0.27		大偏心受压	1.16	0.13

3. 结构失效概率及可靠指标的计算

若有 N 个随机变量 x_i（$i=1, 2, \cdots n$）影响结构的可靠度，并定义 $Z=g(x_1, x_2, \cdots x_n)$ 为结构的极限状态函数。

当 $Z>0$ 时，结构可靠；

$Z<0$ 时，结构失效；

$Z=0$ 时，结构达到极限状态。

$Z=g(x_1, x_2, \cdots x_n)=0$，称为极限状态方程。

$Z<0$ 出现的概率称为结构的“失效概率”记作 P_f，其积分表达式为：

$$P_f=\iint_{z<0}\cdots\int f_x(x_1,x_2,\cdots x_n)\mathrm{d}x_1\mathrm{d}x_2\cdots\mathrm{d}x_n \tag{14.4.9}$$

式中：f_x（x_1，x_2，$\cdots x_n$）为 x_1，x_2，$\cdots x_n$ 的联合概率密度函数。

如果把影响结构可靠度的基本变量综合为荷载效应 S 和结构抗力 R，并且假定为两个独立的随机变量，则极限状态函数可表示为：

$$Z=g(r,s) \tag{14.4.10}$$

相应的概率密度函数为：

$$f_z(r,s)=f_R(r)f_S(s) \tag{14.4.11}$$

则失效概率 P_f 为：

$$\begin{aligned}P_f&=\int_0^\infty f_S(s)F_R(s)\mathrm{d}s\\&=\int_0^\infty f_R(r)[1-F_S(r)]\mathrm{d}r\end{aligned} \tag{14.4.12}$$

式中 F_R（s）$=P$（$r\leqslant s$），F_s（r）$=P$（$s\leqslant r$）

由概率运算可得

$$P_G=P(z\geqslant0)=1-P(z<0)=1-P_f \tag{14.4.13}$$

这个概率 P_G 表示结构处于可靠状态的可能性大小，称为结构的可靠概率，失效概率和可靠概率是互补的，即 $P_G+P_f=1$。

计算失效概率，对式（14.4.9）进行积分计算，在有多个随机变量或极限状态函数为非线性时计算非常复杂。目前，在国际上一般采用一次二阶矩方法。在计算中对极限状态函数进行线性化处理，而且仅用平均值与标准差两个统计参数，因为方差又称为二阶中心矩，所以把这种方法称为一次二阶矩方法。近年来围绕如何考虑随机变量的概率分布等，提出了改进的方法，其中之一为验算点法，其基本思路为在设计验算点把非正态的随机变量当量化为正态的随机变量，经过反复迭代计算出可靠指标 β，其计算框图如图 14.4.1 所示。

4. 结构构件承载能力的抗震可靠指标计算

分析地震作用下结构承载力极限状态的可靠度水准，通过计算各类结构中典型工程实例的可靠指标，也能够反映出目前各类结构的可靠度水平。但是，体现原抗震规范设计的各类结构不同构件的最低可靠度水准，还是要依据抗震规范设计表达式进行分析，即所谓“校准”。

这里还要指出，原抗震规范的截面抗震设计，对于各类结构都没有采用基本烈度的地震动参数，而是采用结构影响系数 C 对基本烈度地震作用下的弹性反应进行折减。TJ 11—78 抗震规范的截面抗震设计表达式为：

$$R_K\geqslant K_E(S_{GK}+CS_{EK}) \tag{14.4.14}$$

式中：S_{GK}、S_{EK}分别为重力代表值效应和地震作用效应。

在校准原抗震规范的最低可靠度水平时取：

$$R_K=K_E(S_{GK}+CS_{EK}) \tag{14.4.15}$$

结构构件的可靠指标与荷载、抗力的统计特征有关，由于地震作用的变异系数远大于恒载，因此抗震可靠指标 β 和地震作用效应与恒载效应的比值有关，当地震作用效应远大

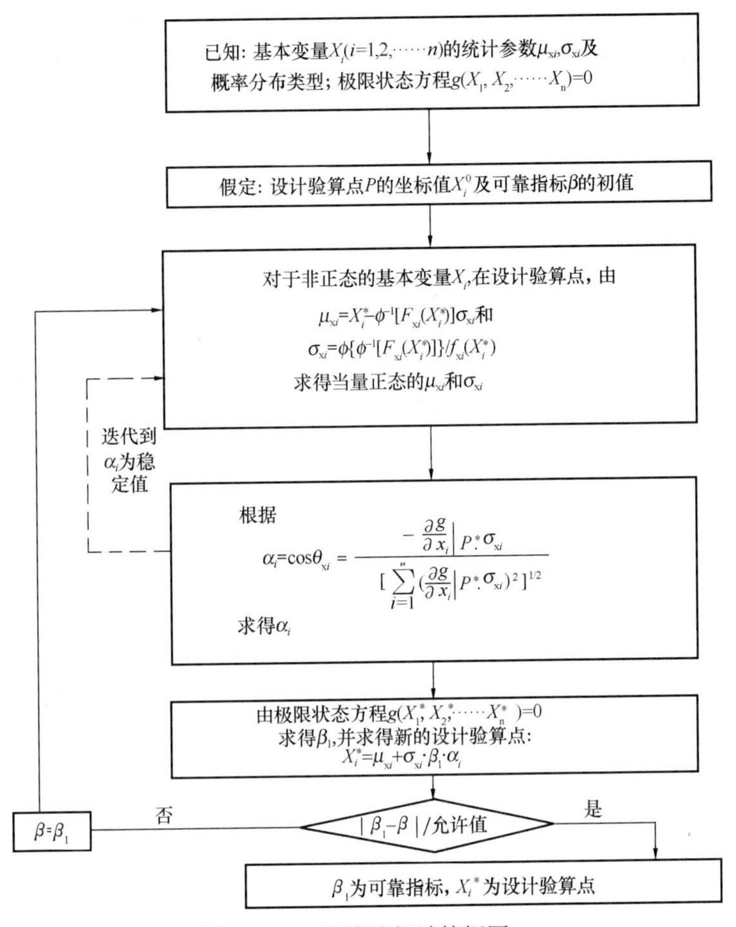

图 14.4.1　可靠指标计算框图

于恒载效应时，可靠指标β减小。如图 14.4.2 所示为钢筋混凝土大偏心受压构件抗震可靠指标β与$\rho=S_{EK}/S_{GK}$的关系。

结构在设计基准期内抗震承载能力的失效概率，体现了在设计基准期内各种不同强度地震作用下结构的失效概率与该强度地震出现的概率乘积的总和。按照抗震规范，结构在基本烈度地震作用下已进入弹塑性状态，利用发展塑性变形来消耗地震的能量是抗震设计的特点。因此，在设计基准期内抗震承载能力的可靠指标低是合理的，一些结构构件抗震可靠指标的计算结果见表 14.4.2。

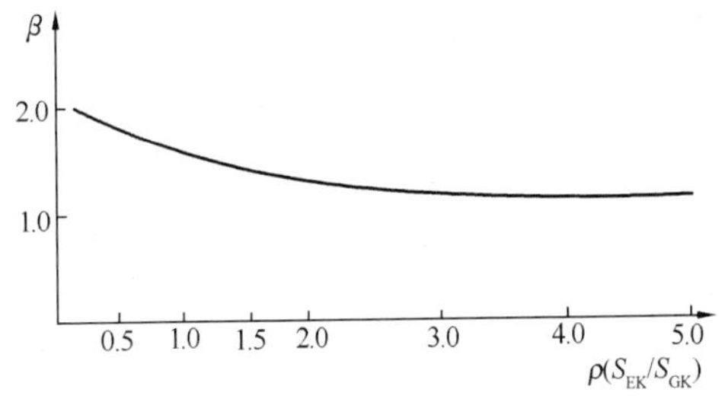

图 14.4.2　不同ρ的可靠指标
（钢筋混凝土大偏心受压构件）

文献［7］运用概率的方法，通过对华北、西北、西南 45 个城镇地震危险性分析结果的统计分析，定义和给出了新的建筑抗震设计规范中“小震”、“设防烈度”和“大震”的烈度水准。在截面抗震验算中采用多遇“小震”的地震动参数。因此，还要分析多遇“小震”作用下结构构件抗震承载能力可靠指标，其计算结果见表 14.4.3。

一些结构构件在50年内抗震承载能力可靠指标

表 14.4.2

结构类型	构件种类	平均可靠指标	失效概率
钢 薄钢 木 砖砌体	偏心受压 偏心受压 受弯 抗震墙	−0.002 0.054 0.900 1.080	0.501 0.478 0.184 0.140
钢筋混凝土	受　弯 大偏心受压	0.465 0.625	0.343 0.266

多遇"小震"作用下一些结构构件抗震承载能力可靠指标

表 14.4.3

结构类型	构件种类	平均可靠指标	失效概率
钢 薄钢 木 砖砌体	偏心受压 偏心受压 受弯 抗震墙	1.03 1.06 1.89 2.28	0.151 0.144 0.029 0.011
钢筋混凝土	受　弯 大偏心受压	1.20 1.66	0.113 0.048

通过对TJ 11—78抗震承载能力的可靠度校准[8]，表明：

（1）结构在设计基准期内的抗震承载能力可靠指标是很低的，甚至是负值。这说明按照原抗震规范，结构在基本烈度地震作用下已进入弹塑性状态，不存在结构构件承载力的安全储备。

（2）在多遇地震作用下，各结构构件抗震承载力可靠指标比非抗震的承载力可靠指标低得多，其中原因之一是TJ 11—78的抗震安全系数比非抗震设计降低20%；但钢结构构件的可靠指标更低一些。

（3）TJ 11—78对结构构件的延性要求，实际上是与K_EC相对应，而不是仅与C值对应。由于采用抗震安全系数K_E掩盖了这个事实。从多遇地震作用下各类结构构件的抗震承载力可靠指标的差异，较真实地反映出不同构件的延性要求：基本上属于脆性破坏的砖墙，其承载能力的要求远大于延性结构，受弯钢筋混凝土梁的延性要求也高于大偏心受压柱，这可使抗震设计的概念更为清楚。

（4）通过校准分析，可把延性结构构件在多遇地震作用下的抗震承载能力β调整为1.5左右，作为GBJ 11—89截面抗震设计的承载能力的目标可靠指标。

14.4.3 截面抗震验算表达式中的分项系数[9]

1. 地震作用分项系数的确定

荷载分项系数是以永久荷载与一种可变荷载相结合的简单情况确定。在设计验算点将极限状态方程转化为以基本变量标准值和分项系数表达的极限状态设计表达式。地震作用下，设计验算点的极限状态方程为：

$$S_G^* + S_E^* = R^* \tag{14.4.16}$$

式中：S_G^*、S_E^*、R^*分别为恒载效应、地震作用效应和结构抗力的设计验算点坐标。结构构件的极限状态设计表达式为：

$$\gamma_G S_{GK} + \gamma_E S_{EK} = R_K/\gamma_R \tag{14.4.17}$$

式中：S_{GK}、S_{EK}、R_K分别为恒载效应、地震作用效应和结构抗力的标准值；γ_G、γ_E、γ_R分别为恒载分项系数、地震作用分项系数和结构构件抗力系数。

式（14.4.16）与式（14.4.17）等价的条件是：

$$\gamma_G = S_G^*/S_{GK} \tag{14.4.18}$$

$$\gamma_E = S_E^*/S_{EK} \tag{14.4.19}$$

$$\gamma_R = R_K / R^* \tag{14.4.20}$$

分项系数 γ_G、γ_E、γ_R 不仅与给定的可靠指标有关，而且与极限状态函数中所有基本变量的平均值、标准差和概率分布有关。当给定某一可靠指标使结构构件满足时，随着地震作用与恒载效应的比值 ρ 改变，各分项系数的取值也改变，应用到设计中显然是不方便的。

荷载（作用）分项系数的取值原则为：对于各种不同材料的结构构件，统一取相同的荷载（作用）分项系数；在各种标准值给定的前提下，选取一组分项系数，使设计的各种不同材料的结构构件，在各种不同的荷载效应比值下所具有的可靠指标与给定的目标可靠指标之间在总体上误差最小。这个条件也可以转化为使两者计算的结构构件抗力标准值的差值最小，即按分项系数设计表达式求出的 R_K 与按给定的可靠指标求出的 R_K^* 之间的总体误差最小。

$$H_i = \sum_j (R_{K_{ij}}^* - R_{K_{ij}})^2 \tag{14.4.21}$$

式中 $R_{K_{ij}}$——第 i 种结构构件在荷载效应比值下，由目标可靠指标求出的结构构件抗力的标准值；

$R_{K_{ij}}^*$——在同样情况下，按分项系数确定的结构构件抗力的标准值。

显然，使 T（$T=\sum_j H_i$）值最小的一组 γ_G、γ_E 即为最优的荷载（作用）分项系数。《建筑结构设计统一标准》运用这个方法计算出荷载分项系数为 $\gamma_G=1.2$，$\gamma_L=\gamma_W=1.4$（γ_L、γ_W 分别为楼面活荷载和风荷载分项系数），对于雪荷载按工程经验取 $\gamma_s=1.4$。根据分析计算结果，并考虑在抗震设计中不同基本烈度地区作用效应与恒载效应比值范围的差异等因素，确定 $\gamma_E=1.3$。

2. 结构构件抗力分项系数的确定

在优化地震作用分项系数的过程中，对于任一组给定的 γ_G、γ_E 都可求出一个优化的 γ_{Ri}。

$$H_i = \sum_j \{R_{K_{ij}}^* - \gamma_{R_i}[\gamma_G(S_{GK})_j + \gamma_E(S_{EK})_j]\}^2 \tag{14.4.22}$$

$$\frac{\partial H_i}{\partial \gamma_{R_i}} = 0$$

$$\gamma_{R_i} = \frac{\sum_j R_{K_{ij}}^* [\gamma_G(S_{GK})_j + \gamma_E(S_{EK})]}{\sum_j [\gamma_G(S_{GK})_j + \gamma_E(S_{EK})_j]^2} \tag{14.4.23}$$

这样可得到各种结构构件的抗力分项系数。

由于有关规定已将非抗震设计的构件抗力系数转化为材料分项系数，相应的设计表达式中抗力标准值 R_K 已转化为承载力设计值 R_d。若抗震验算中仍采用抗力标准值，则会给设计人员增加计算工作量。为此，相应于承载力设计值的分项系数可由下式计算：

$$\gamma_{RE} = \frac{\sum_j R_{d_{ij}}^* [1.2(S_{GK})_j + 1.3(S_{EK})_j]}{\sum_j [1.2(S_{GK})_j + 1.3(S_{EK})_j]^2} \tag{14.4.24}$$

式中：下脚 d 表示构件承载力设计值；γ_{RE} 为承载力抗震调整系数。

有关结构构件承载力抗震调整系数见表 14.4.4。

承载力抗震调整系数 **表 14.4.4**

材　料	结　构　构　件	受力状态	γ_{RE}
钢	柱，梁，支撑，节点板件，螺栓，焊缝 柱，支撑	强度 稳定	0.75 0.80
砌体	两端均有构造柱、芯柱的抗震墙 其他抗震墙	受剪 受剪	0.90 1.00
钢筋混凝土	梁 轴压比小于 0.15 的柱 轴压比不小于 0.15 的柱 抗震墙 各类构件	受弯 偏压 偏压 偏压 受剪、偏拉	0.75 0.75 0.80 0.85 0.85

当仅考虑竖向地震作用时，各类结构构件承载力抗震调整系数均取 1.0。

14.4.4　多遇地震作用与其他可变荷载的组合

多遇地震作用效应和其他可变荷载效应的组合问题，是寻求多种不同的随机过程叠加后的统计特征问题。《建筑结构设计统一标准》对一般可变荷载采用了平稳二项随机过程的 JCSS 建议的近似组合概率模型，而通常认为地震作用比较符合泊松过程的概率模型[8,9]。在《建筑结构设计统一标准》中，可变荷载任意时点的概率分布是年的最大分布。当地震作用为主要作用时，JCSS 方法和 Turktra 方法（其规则是可变荷载中一个达到使用期最大值而其他可变荷载采用任意时点）没有多大差别，而后者较符合地震作用随机性强持续时间短的特点，故采用了 Turktra 方法和泊松过程的概率模型进行分析。参考分析计算结果，并依靠工程经验的判断，建议采用《建筑结构设计统一标准》处理风荷载和其他可变荷载相组合的方式，沿用 78 抗震规范的规定，但对某些楼面活荷载的组合系数进行适当的调整。

鉴于地震作用是一种间接作用，地震作用和其他可变组合有自己的特点，在计算地震作用时，必须考虑地震发生时，永久荷载和其他重力荷载的组合问题；在计算作用效应时，除了上述组合外，还需考虑和风荷载效应的组合，二者都同样是多个随机过程叠加问题。在 74 和 78 抗震规范中，已经考虑相遇的可能性，并做了相应的处理，即在计算地震作用和验算地震作用效应时，对重力荷载取同样的组合系数，现在仍可采取同样的方法处理。于是，在计算地震作用时，将永久荷载和其他重力荷载的组合称为重力荷载代表值，基本上沿用 78 抗震规范所采用的组合值；在验算地震作用效应时，直接采用重力荷载代表值的效应，不再重复考虑永久荷载效应和其他重力荷载效应的组合，仅对高耸结构等考虑风荷载的组合系数，取 Ψ_W 为 0.2。

14.4.5　构件截面抗震验算表达式和不同结构构件的形式

综上所述，根据第一阶段抗震设计的特点，得到了多遇地震作用下结构构件截面抗震验算表达式：

$$\gamma_G S_{GE} + \gamma_{Eh} S_{EhK} + \gamma_{Ev} S_{Evk} + \psi_W \gamma_W S_{WK} \leqslant R/\gamma_{RE} \tag{14.4.25}$$

式中　γ_G——重力荷载分项系数，一般情况下采用 1.2，当重力荷载效应对构件承载能力有利时，可采用 1.0；

γ_{Eh}、γ_{Ev}——分别为水平、竖向地震作用分项系数，应按表 14.4.5 采用；

γ_W——风荷载分项系数，应采用 1.4；

S_{GE}——重力荷载代表值的效应，应取结构和配件自重标准值和其他重力荷载的组合值之和的效应，其他重力荷载的组合系数见表 14.4.6；在有吊车时，尚应包括悬吊物重力标准值的效应；硬钩吊车的吊重较大时，组合值系数应按实际情况采用；

S_{EhK}、S_{EvK}——分别为水平地震作用和竖向地震作用标准值的效应，尚应乘以相应的增大系数或调整系数；

S_{WK}——风荷载标准值的效应；

ψ_W——风荷载组合值系数，一般结构可不考虑，风荷载起控制作用的高层建筑应采用 0.2；

R——结构构件承载力设计值；

γ_{RE}——承载力抗震调整系数，应按表 14.4.7 采用，当仅考虑竖向地震作用时，各类结构构件承载力调整系数均采用 1.0。

地震作用分项系数 **表 14.4.5**

地　震　作　用	γ_{Eh}	γ_{Ev}
仅考虑水平地震作用	1.3	0.0
仅考虑竖向地震作用	0.0	1.3
同时考虑水平与竖向地震作用（水平地震为主）	1.3	0.5
同时考虑水平与竖向地震作用（竖向地震为主）	0.5	1.3

组 合 值 系 数 **表 14.4.6**

可　变　荷　载　种　类		组合系数
雪荷载		0.5
屋面积灰荷载		0.5
屋面活荷载		不计入
按实际情况考虑的楼面活荷载		1.0
按等效均布荷载考虑的楼面活荷载	藏书库、档案库	0.8
	其他民用建筑	0.5
起重机悬吊物重力	硬钩吊车	0.3
	软钩吊车	不计入

承载力抗震调整系数 **表 14.4.7**

材料	结构构件	受力状态	γ_{RE}
钢	柱、梁、支撑、节点板件、螺栓、焊缝	强度	0.75
	柱、支撑	稳定	0.80
砌体	两端均有构造柱、芯柱的抗震墙	受剪	0.90
	其他抗震墙	受剪	1.00
钢筋混凝土	梁	受弯	0.75
	轴压比小于 0.15 的柱	偏压	0.75
	轴压比不小于 0.15 的柱	偏压	0.80
	抗震墙	偏压	0.85
	各类构件	受剪、偏压	0.85

由于各类结构所受的地震作用和其他荷载作用的反应不尽相同，并不是各类结构构件的荷载效应组合都取式（14.4.1）左端所有项，基本上可分为以下几种。

1. 高层建筑的各类构件，除考虑水平地震内力和重力荷载内力的组合外，要考虑风荷载内力的组合；在9度区还要考虑竖向地震内力的组合，即：

在7、8度区和6度区Ⅳ类场地土的高层建筑截面抗震验算表达式为：

$$\gamma_G S_{GE} + 1.3 S_{EhK} + 0.28 S_{WK} \leqslant R/\gamma_{RE} \quad (14.4.26)$$

在9度区为：

$$\gamma_G S_{GE} + 1.3 S_{EhK} + 0.5 S_{EvK} + 0.28 S_{WK} \leqslant R/\gamma_{RE} \quad (14.4.27)$$

2. 单层、多层钢筋混凝土结构和单层、多层钢结构的各类构件，只考虑水平地震内力和重力荷载内力的组合，即：

$$\gamma_G S_{GE} + 1.3 S_{EhK} \leqslant R/\gamma_{RE} \quad (14.4.28)$$

3. 大跨度屋盖系统和长悬臂结构，如网架屋盖、跨度大于24m的屋架及大的挑台、雨篷等，只考虑竖向地震内力和重力荷载内力的组合，即：

$$\gamma_G S_{GE} + 1.3 S_{EvK} \leqslant R/\gamma_{RE} \quad (14.4.29)$$

其中，γ_{RE} 取1.0。

4. 砌体结构的墙段，受剪承载力验算时，只考虑水平地震剪力，不考虑水平地震剪力与重力荷载内力的组合，即：

$$1.3 S_{EhK} \leqslant R/\gamma_{RE} \quad (14.4.30)$$

这里还要指出的是，关于 γ_G 取1.2和1.0的问题。在截面抗震验算中，有些构件已在《建筑抗震设计规范》GB 50011中给予了明确规定，比如多层砖房墙段的受剪承载力与墙段1/2高度处的平均压应力 σ_0 有关，σ_0 越大则墙段受剪承载力越大，γ_G 应取1.0，所以《建筑抗震设计规范》GB 50011规定砌体截面平均压应力对应于重力荷载代表值的作用值。有些需要正确理解加以运用，比如在验算多层钢筋混凝土框架柱的轴压比时（轴压比指组合的轴压比设计值与柱全截面面积和混凝土抗压强度设计值乘积之比值），其组合轴压力设计值中的 γ_G 应取1.2；而在大偏心受压柱正截面承载力验算中，计算的承载力设计值要用柱轴压力的组合值，则 γ_G 应取1.0。

14.5 结构抗震变形验算

14.5.1 结构抗震变形验算的基本内容

近年来，我国工程抗震研究者深入总结了唐山大地震的震害经验教训，对各类结构的抗震性能开展了一系列的研究工作。其中对在强烈地震作用下，结构弹塑性位移反应的特点和规律进行了大量的分析研究，揭示了在地震作用下结构弹塑性位移反应与弹性位移反应有着许多不同的特点，揭示了多层结构存在薄弱部位和在强烈地震作用下薄弱楼层率先屈服并产生弹塑性变形集中的现象等。

通过对结构弹塑性位移反应特点和规律的研究，提出了评估单层厂房薄弱部位和多层剪切型结构薄弱楼层层间弹塑性最大位移反应的简化分析方法和公式[10~15]。同时，通过对国内外结构构件和结构模型试验资料统计分析，以及对结构构件和结构层间变形能力的分析研究，给出了控制不同破坏程度的变形允许指标[16]。

基于一系列的研究成果，《建筑抗震设计规范》GBJ 11—89、GB 50011均采用“小震”作用下以概率为基础的承载力极限状态设计，“大震”作用下的弹塑性变形验算和各类结构抗震构造措施要求的设计方法。在第一阶段抗震设计中，除了进行构件截面抗震承载力验算外，为了满足在遭遇较多遇的低于本地区基本烈度的“小震”作用时，建筑物基本不损坏的抗震设计目标，对有些结构如钢筋混凝土结构还要验算“小震”作用下的变形，以防止结构构件，特别是非结构构件的较多损坏。

因此，结构抗震变形验算包括两部分内容，一是“小震”作用下结构处于弹性状态的变形验算；二是“大震”作用下结构的弹塑性变形验算。

14.5.2 “小震”作用下的结构抗震变形计算

按照《建筑抗震设计规范》的设计目标，结构在“小震”作用下基本处于弹性状态，其层间位移计算可根据地震作用的不同分析方法而采用相应的方法。计算时，除了以弯曲变形为主的高层建筑外，其他建筑可不扣除结构整体弯曲变形，应计入扭转变形，各作用分项系数均应采用 1.0；钢筋混凝土结构构件的截面刚度可采用弹性刚度。

1. 按底部剪力法分析结构地震作用时，其弹性位移计算公式为：

$$\Delta u_{\mathrm{e}}(i)=V_{\mathrm{e}}(i)/K_i \tag{14.5.1}$$

式中 $\Delta u_{\mathrm{e}}(i)$——第 i 层的层间位移；

K_i——第 i 层的侧移刚度；

$V_{\mathrm{e}}(i)$——第 i 层的水平地震剪力标准值。

2. 对于平面结构采用振型分解法计算水平地震作用时，其弹性位移可采用下列公式计算。

j 振型的位移 $u_{\mathrm{e}j}$ 可由式（14.5.2）计算：

$$u_{\mathrm{e}j}(i)=\alpha_j\gamma_j x_{ji} g\ (T_j/2\pi)^2 \tag{14.5.2}$$

$$\gamma_j=\sum_{i=1}^{n} x_{ji}G_i/\sum_{i=1}^{n} x_{ji}^2 G_i \tag{14.5.3}$$

式中 α_j——j 振型周期对应的地震影响系数；

γ_j——j 振型的振型参与系数；

x_{ji}——j 振型 i 质点的水平相对位移；

T_j——j 振型的周期；

g——重力加速度。

相应于 j 振型的层间位移 $\Delta u_{\mathrm{e}j}^{\mathrm{s}}(i)$ 为：

$$\Delta u_{\mathrm{e}j}^{\mathrm{s}}(i)=\Delta u_{\mathrm{e}j}(i)-\theta_j(i-1)h_i \tag{14.5.4}$$

$$\Delta u_{\mathrm{e}j}(i)=u_{\mathrm{e}i}(i)-u_{\mathrm{e}i}(i-1) \tag{14.5.5}$$

式中 $\theta_j(i-1)$——j 振型 $i-1$ 楼层的转角；

h_i——第 i 层的层高。

各振型的层间位移可按平方和开方的原则组合得到该结构的层间位移 $\Delta u_{\mathrm{e}}^{\mathrm{s}}(i)$：

$$\Delta u_{\mathrm{e}}^{\mathrm{s}}(i)=\sqrt{\sum_{j=1}^{m}\left[\Delta u_{\mathrm{e}j}^{\mathrm{s}}(i)\right]^2} \tag{14.5.6}$$

3. 对于按扭转耦连的振型分解反应谱确定其平动和扭转地震作用的结构，相应的弹性位移由下列方法计算。

（1）结构 j 振型 i 楼层质心处的广义弹性位移是：

$$u_{ej}(i) = \alpha_j \gamma_{tj} x_{ji} g \left[T_j/(2\pi)\right]^2 \tag{14.5.7}$$

$$v_{ej}(i) = \alpha_j \gamma_{tj} y_{ji} g \left[T_j/(2\pi)\right]^2 \tag{14.5.8}$$

$$\theta_{ej}(i) = \alpha_j \gamma_{tj} \Phi_{ji} g \left[T_j/(2\pi)\right]^2 \tag{14.5.9}$$

式中：$u_{ej}(i)$、$v_{ej}(i)$、$\theta_{ej}(i)$ 分别为 j 振型 i 楼层质心在 x、y 和转角方向的广义弹性位移。

(2) 结构 j 振型 i 楼层第 k 榀平面结构在自身平面内的弹性变形，可利用刚性楼盖的假定从几何关系得到（图 14.5.1）。

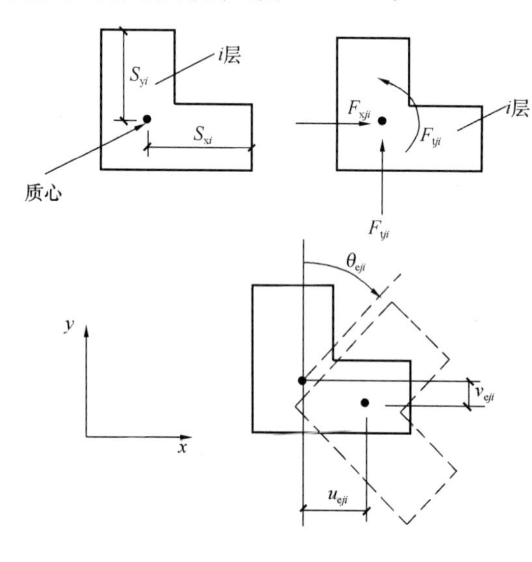

图 14.5.1 扭转效应示意图

设 i 楼层质心到 k 榀平面结构的距离为 $s_k(i)$，它在 x、y 方向上的投影分别为 $s_{xk}(i)$、$s_{yk}(i)$，k 榀平面结构与 x 轴的夹角为 $\theta_k(i)$，则：

$$u_{ejk}(i) = u_{ej}(i)\cos\theta_k(i) + v_{ej}(i)\sin\theta_k(i) + \theta_{ej}(i)s_k(i) \tag{14.5.10}$$

当 k 榀平面结构平行于 x 轴时，$\theta_k(i) = 0, s_k(i) = -s_{yk}(i)$，则：

$$u_{ejk}(i) = u_{ej}(i) - \theta_{ej}(i)s_{yk}(i) \tag{14.5.11}$$

当 k 榀平面结构平行于 y 轴时，$\theta_k(i) = \pi/2, s_k(i) = -s_{xk}(i)$，则：

$$u_{ejk}(i) = v_{ej}(i) + \theta_{ej}(i)s_{xk}(i) \tag{14.5.12}$$

由平动振型的方法类推，j 振型 i 楼层第 k 榀平面结构在自身平面内的层间弹性侧移差 $\Delta u_{ejk}(i)$ 是：

$$\Delta u_{ejk}(i) = u_{ejk}(i) - u_{ejk}(i-1) \tag{14.5.13}$$

当需要扣除楼面平面转角的影响而得到层间位移时，其方法与平动振型的情况相同。

(3) 各振型的变形可根据扭转振型地震作用效应采用完全二次型（CQC）的形式予以组合。

i 层质心在 x、y 方向的位移 $u_e(i)$、$v_e(i)$ 为：

$$u_e(i) = \sqrt{\sum_{j=1}^{m}\sum_{k=1}^{m}\rho_{jk}u_{ej}(i)u_{ek}(i)} \tag{14.5.14}$$

$$v_e(i) = \sqrt{\sum_{j=1}^{m}\sum_{k=1}^{m}\rho_{jk}v_{ej}(i)v_{ek}(i)} \tag{14.5.15}$$

i 层 k 榀平面结构在自身平面内的位移 $u_{ek}(i)$ 和层间侧移 $\Delta u_{ek}(i)$ 为：

$$u_{ek}(i) = \sqrt{\sum_{j=1}^{m}\sum_{r=1}^{m}\rho_{jr}u_{ejk}(i)u_{erk}(i)} \tag{14.5.16}$$

$$\Delta u_{ek}(i) = \sqrt{\sum_{j=1}^{m}\sum_{r=1}^{m}\rho_{jr}\Delta u_{ejk}(i)\Delta u_{erk}(i)} \tag{14.5.17}$$

其中藕连系数 ρ_{jk}、ρ_{jr} 的计算公式与地震组合内力计算时相同。

14.5.3 "小震"作用下的结构抗震变形验算

第一阶段抗震设计的变形验算方法是结构在较多遇的"小震"作用下的层间弹性位移应小于结构处于基本不坏状态的允许值。

《建筑抗震设计规范》GB 50011 规定的在第一阶段抗震设计中需要进行变形验算的房屋是钢筋混凝土框架和钢筋混凝土框架-抗震墙结构以及多、高层钢结构等。

钢筋混凝土结构房屋中采用的非结构构件（包括围护墙、隔墙和各种装修）种类繁多，材料的性质和与结构连接的性能都会影响其容许变形能力，经济合理地确定层间弹性位移角限制值[θ_e]是一个十分复杂和困难的问题。文献［16］对这个问题进行了研究，通过分析结构和主要的非结构构件的变形性能，提供了相应的变形允许指标。对于框架填充墙结构，根据试验资料的分析，填充墙与框架间出现周边裂缝至墙面初裂时，变形值极小，层间位移角约为1/500。当墙面开裂较普遍，沿对角线裂缝基本贯通时，变形值（位移角）为1/650～1/350，但此时裂缝不宽且较易修复。当变形（位移角）达到1/120～1/80时，砌体破裂而严重破坏。所以，工程上用砌体填充墙面裂缝不超过对角线贯通作为"不坏"的标志。其他材料的非结构墙体，如外挂墙板及各种轻质隔墙，一般来说，其"不坏"的容许变形能力要比砌体填充墙大，但目前尚缺乏完整的实验资料。试验表明，钢筋混凝土抗震墙初裂时变形值（位移角）为1/5000～1/3000。墙板出现对角裂缝时的位移角为1/1000～1/800。根据试验结果和有限元分析，抗震规范给出了表14.5.1所列的层间弹性位移角[θ_e]限值。

层间弹性位移角限值　　表14.5.1

结构类型	[θ_e]
钢筋混凝土框架	1/550
钢筋混凝土框架-抗震墙、板柱-抗震墙、框架-核心筒	1/800
钢筋混凝土抗震墙、筒中筒	1/1000
钢筋混凝土框支层	1/1000
多、高层钢结构	1/250

14.5.4 "大震"作用下结构的弹塑性变形验算

在强烈地震作用下，结构将进入弹塑性状态，并通过发展塑性变形和累积耗能来消耗地震输入能量。大量的分析研究和震害都表明，具有薄弱楼层的结构，其弹塑性层间变形集中的现象是十分明显的。因此，在多遇地震作用下构件截面承载力抗震验算的基础上，进行罕遇地震作用下结构薄弱楼层（部位）的弹塑性变形验算，对于做到"大震不倒"具有十分重要的意义。

结构在强烈地震作用下变形验算的基本问题是，估计强烈地震作用下结构薄弱楼层（部位）的弹塑性最大位移反应和分析结构本身的变形能力，通过改善结构均匀性和采用改善薄弱楼层的变形能力的抗震构造措施等，使结构的层间弹塑性最大位移控制在允许的范围内。

《建筑抗震规范》为了减少设计工作量，对砌体结构仍然采用"小震"作用下的构件截面承载力验算和抗震构造措施要求的设计方法，不需进行变形验算，仅对特别重要结构和在过去地震中倒塌较多的部分延性结构增加"大震"变形验算的要求。

1. 需要进行罕遇地震作用下结构薄弱楼层弹塑性变形验算的范围

(1) 下列结构应进行弹塑性变形验算

1) 8 度Ⅲ、Ⅳ类场地和 9 度时，高大的单层钢筋混凝土柱厂房的横向排架；

2) 7～9 度时楼层屈服强度系数小于 0.5 的钢筋混凝土框架结构和框排架结构；

3) 高度大于 150m 的钢结构；

4) 甲类建筑和 9 度时乙类建筑中的钢筋混凝土结构和钢结构；

5) 采用隔震和消能减震设计的结构。

(2) 下列结构宜进行弹塑性变形验算

1) 表 14.2.9 所列高度范围且属于表 14.5.2 所列竖向不规则类型的高层建筑结构；

2) 7 度Ⅲ、Ⅳ类场地和 8 度时，乙类建筑中的钢筋混凝土结构和钢结构；

3) 板柱-抗震墙结构和底部框架砌体房屋；

4) 高度不大于 150m 的其他高层钢结构；

5) 不规则的地下建筑结构及地下空间综合体。

竖向不规则的类型 **表 14.5.2**

不规则类型	定义
侧向刚度不规则	该层的侧向刚度小于相邻上一层的 70%，或小于其上相邻三个楼层侧向刚度平均值的 80%；除顶层或出屋面小建筑外，局部收进的水平向尺寸大于相邻下一层的 25%
竖向抗侧力构件不连续	竖向抗侧力构件（柱、抗震墙、抗震支撑）的内力由水平转换构件（梁、桁架等）向下传递
楼层承载力突变	抗侧力结构的层间受剪承载力小于相邻上一楼层的 80%

2. 结构罕遇地震作用下薄弱楼层弹塑性变形计算方法

结构罕遇地震作用下薄弱楼层弹塑性变形的计算，可采用下列方法：

(1) 不超过 12 层且层刚度无突变的钢筋混凝土框架结构、单层钢筋混凝土柱厂房可采用本节的简化算法；

(2) 其他的建筑结构，可采用静力弹塑性分析方法或弹塑性时程分析法等。

(3) 规则结构可采用弯剪层模型或平面杆系模型，属于规范规定的不规则结构应采用空间结构模型。

3. 钢筋混凝土框架房屋“大震”变形验算框图

钢筋混凝土框架房屋“大震”的变形验算可概括为如图 14.5.2 所示的框图。

从变形验算的框图来看，结构的“大震”变形验算，主要是“大震”作用下结构薄弱楼层层间弹塑性位移计算和结构弹塑性层间位移角限值的分析。

4. 剪切型结构弹塑性位移反应的规律

通过对大量震害实例和工程实例的剪切型结构的弹塑性位移反应分析，可以得到以下规律：

(1) 影响结构层间弹塑性最大位移反应的主要因素。在结构质量、刚度和层间屈服强度系数 $\xi_y(i)$($\xi_y(i)=V_y(i)/V_e(i)$，其中，$V_y(i)$ 为第 i 层的屈服剪力，$V_e(i)$ 为第 i 层的弹性地震剪力）三者中，楼层屈服强度系数沿楼层高度的分布是影响层间弹塑性最大位移的主要因素，质量的分布影响结构地震作用的分布状况，刚度的分布影响结构层间弹性位移

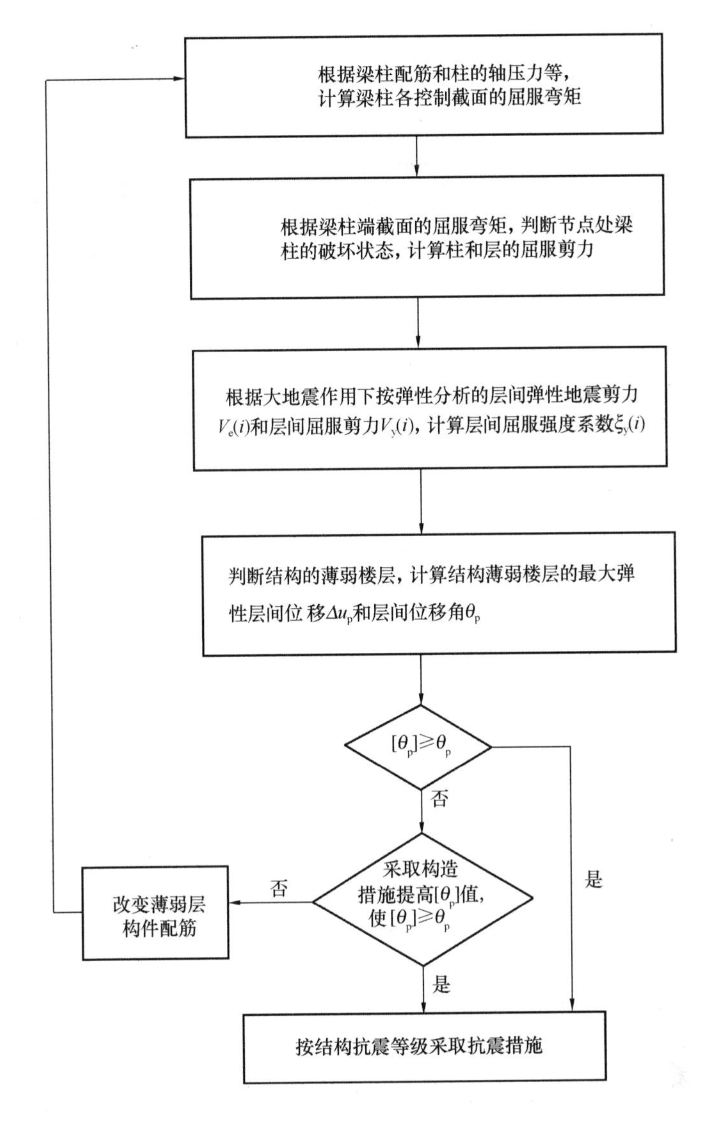

图 14.5.2　弹塑性变形验算框图

的分布状况，但刚度的不均匀变化会在刚度突变部位产生应力集中，如应力集中部位屈服强度不足，也会在该部位产生塑性变形集中。

（2）多层剪切型结构弹塑性位移反应的“均匀”结构与“不均匀”结构的区分。地震作用下多层结构层间位移反应均匀性的关键是结构的层间位移角应大体相同。结构弹性位移反应的大体均匀依赖于结构的刚度与结构质量沿楼层高度分布符合一定的关系。在强烈地震作用下，结构弹塑性位移反应与结构弹性位移反应的规律有着明显的区别。由于结构层间屈服强度系数的分布是影响结构层间弹塑性位移反应的主要因素，因此区分结构为弹塑性反应的“均匀”与“不均匀”，应以楼层屈服强度系数 $\xi_y(i)$ 的分布是否大体相同来判断。大量的分析说明，即使是 $\xi_y(i)$ 大体相等的结构，各楼层的层间弹塑性最大位移反应也并不相等，但其不均匀的状况比“非均匀”结构层间弹塑性最大位移分布要好得多，因此有必要加以区分。

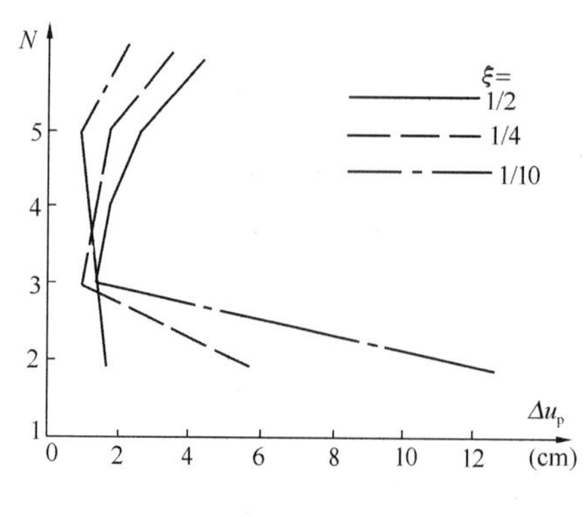

图 14.5.3 均匀结构的弹塑性变形

（3）均匀结构弹塑性位移反应的特点。对于 $\xi_y(i)$ 沿楼层分布大体相同的结构，$\xi_y(i)$ 越小其弹塑性位移反应越大。在“均匀”结构中也存在相对变形集中的楼层，同一结构中一般也只出现一个层间弹塑性位移最大的楼层，而其他各层的层间位移一般都比较小，特别是与最大的弹塑性位移相邻的楼层小得更为明显，如图 14.5.3 所示，但随着结构层数增多，也有某些结构出现两个或更多个较大层间弹塑性位移的情况。

（4）“不均匀”结构弹塑性位移反应的特点。“不均匀”结构薄弱楼层的最大弹塑性位移反应不仅与薄弱楼层 $\xi_y(i)$ 的大小有关，而且与相邻层 ξ_y 的差值有关，即 $\xi_y(i)$ 与相邻层 ξ_y 的平均值差值越大则薄弱楼层的弹塑性变形集中的现象越明显，如图 14.5.4 所示。这里还要指出的是，增强某一层的屈服剪力对于相邻楼层来讲就可能出现新的薄弱楼层。

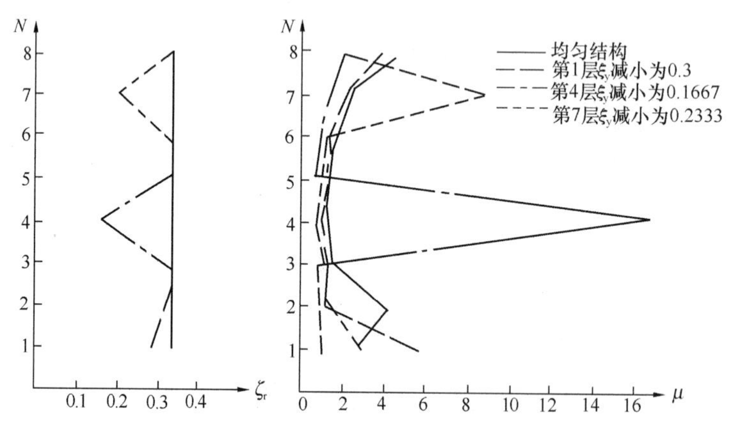

图 14.5.4 不均匀结构薄弱楼层相应的 μ 值（T=1.0s）

（5）结构层数对弹塑性位移反应的影响。多层结构的弹塑性位移反应和单层结构的弹塑性位移反应的明显区别，就是多层结构存在弹塑性变形集中的薄弱楼层。在多层结构里，随着层数的增加其弹塑性变形集中的楼层有可能是两个或更多，其层间弹塑性最大位移与弹性位移的比值 η_p 也有增大的趋势。

（6）结构不同周期对层间弹塑性最大位移的影响。通过大量的工程算例分析发现，短周期多层结构的 η_p 值比较大，同时随 $\xi_y(i)$ 的减小而增大。但在相同 ξ_y 的不同结构中随结构周期增大又有下降的趋势，超过某一周期后 η_p 值变化比较平缓，其周期大约为地震波的主要周期。由于地震波的主要周期反映了场地土的影响，可以认为转折点的位移反映了场地土的影响，由于多层钢筋混凝土框架房屋的基本周期一般都大于场地的特征周期，所以可不考虑 η_p 值在短周期的增大趋势。

（7）多层结构弹塑性位移反应的顶点位移。大量的分析结构表明，多层剪切型结构的基本周期大于场地特征周期时，其顶点的弹塑性位移与同样强度地震作用下按弹性分析得到的顶点位移之比相当稳定，其统计平均值为 0.75，而且不同层数多层结构变化不明显。

5. 单层厂房弹塑性位移反应的规律[17]

唐山地震中，单层工业厂房出现不少震害，通过分析天津、唐山两地共106个排架307个柱列的震害发现，柱的屈服强度比ξ_y（$\xi_y = M_y/M_e$，M_y为柱截面的屈服弯矩，M_e为柱截面地震作用的弹性弯矩）与震害有明显的对应关系。当ξ_y值偏小时震害严重。同时，阶形柱的震害多发生在上柱。试验数据表明，在下柱首先进入屈服，裂缝宽度较大，刚度已明显减弱的情况下，仍然是上柱变形发展得快，以至最后的破坏还是上柱严重。因此，对阶形柱单层工业厂房，一般可根据ξ_y的大小对上柱进行变形验算。

6. 结构薄弱楼层（部位）最大弹塑性位移的计算

（1）结构薄弱楼层（部位）最大弹塑性位移简化计算

《建筑抗震设计规范》在分析总结多层剪切型结构薄弱楼层层间弹塑性最大位移反应的特点和规律，以及对有关公式分析比较的基础上，提出了结构薄弱楼层（部位）的层间弹塑性最大位移的简化计算公式：

$$\Delta u_p = \eta_p \cdot \Delta u_e = \mu \cdot \Delta u_y = \frac{\eta_p}{\xi_y}\Delta u_y \tag{14.5.18}$$

式中 Δu_p——层间弹塑性位移；

Δu_y——层间屈服位移；

μ——楼层延性系数；

Δu_e——罕遇地震作用下按弹性分析的层间位移；

η_p——弹塑性位移增大系数，当薄弱楼层（部位）的屈服强度系数不小于相邻层（部位）该系数平均值的0.8时，可按表14.5.3采用；当不大于该平均值的0.5时，可按表内相应数值的1.5倍采用，其他情况可采用内插法取值；

ξ_y——层间屈服强度系数。

结构的弹塑性位移增大系数 **表14.5.3**

结构类别	总层数n或部位	ξ_y		
		0.5	0.4	0.3
多层均匀结构	2～4	1.30	1.40	1.60
	5～7	1.50	1.65	1.80
	8～12	1.80	2.00	2.20
单层厂房	上柱	1.30	1.60	2.00

（2）罕遇地震作用下按弹性分析的位移计算

罕遇地震作用下按弹性分析的位移计算，由于仍按弹性分析，所以结构的动力特性不变，但《建筑抗震设计规范》GB 50011—2010规定，计算罕遇地震作用时，场地特征周期应增加0.05s。这样罕遇地震作用下的弹性位移与“小震”作用下的弹性位移就不是简单的倍数关系。

这里要注意的是，关于框架填充墙结构的位移估计，《建筑抗震设计规范》规定可仅考虑填充墙刚度对框架周期的影响，即仅分析钢筋混凝土框架的刚度，计算结构的地震作用时，视填充墙的多少对周期乘以小于1的折减系数ψ_T。这种分析方法考虑了填充墙的刚度导致结构自振周期的缩短和结构水平地震作用反应的增大。用这种增大的层间弹性地震剪力和框架的层间刚度（不计入填充墙的刚度）计算得到的层间位移会偏大。应对在"小震"作用下的弹性变形计算结果的偏大部分进行修正。罕遇地震作用下结构薄弱楼层（部位）弹塑性最大位移的简化计算，是在罕遇地震作用下按弹性分析的层间位移乘以弹塑性位移的增大系数，而弹性位移估计过大必将对简化的层间弹塑性最大位移计算产生较大的影响。因此，采用周期折减系数的分析方法时，通过分析研究给出适当的层间弹性位移修正系数，可以较好估计结构层间弹塑性最大位移反应。

单自由度结构周期计算公式为：

$$T = 2\pi\sqrt{m/K} \tag{14.5.19}$$

式中：T、m、K 分别为自由度结构的自振周期、质量和刚度。

从式（14.5.19）可以看出，在结构质量不变的情况下，结构自振周期的变化与结构刚度变化的平方成反比。也就是说乘以结构周期折减系数 ψ_T 相当于结构的刚度增大 $1/\psi_T^2$ 倍。

$$T \cdot \psi_T = 2\pi\sqrt{\frac{m}{K \cdot \frac{1}{\psi_T^2}}} \tag{14.5.20}$$

对于多自由体系的结构通过振型分解法得到各振型的周期，当各层的层间刚度中填充墙的刚度与无填充墙框架的层间刚度的比值相等时，其规律和单自由度体系一样。然而，在工程实际中很难做到各层填充墙与无填充墙框架的刚度比值都一样，在实际震害中，填充墙框架中填充墙的破坏状态呈现下重上轻。为了反应这一震害规律，在填充墙的刚度计算中按层的不同部位乘以不同的折减系数，即上部 1/3 层的填充墙刚度取 100％弹性刚度，中部 1/3 层取弹性刚度的 60％，下部 1/3 层取弹性刚度的 30％。由此可见，对于填充墙沿高度分布相同的钢筋混凝土框架结构，则底部、中部、上部层填充墙与框架刚度比的差异是比较明显的；各层均用 ψ_T^2 系数对按空框架的刚度计算得到的弹性位移给予折减，在某些楼层会出现折减过大的问题，用于"大震"作用下的层间弹性位移、层间弹塑性位移计算和变形验算会产生偏于安全的问题。因此，多层结构中引入周期折减系数对各层层间位移的影响与单自由体系有着明显的差异。

文献［1］通过考虑不同楼层部位填充墙的刚度计算的层间弹性位移与采用不考虑填充墙刚度计算的层间弹性位移相比较，得到了多层结构采用周期折减系数时，层间弹性位移折减系数 ψ_u 的规律。大量的分析表明，层间弹性位移的折减系数 ψ_u 与楼层的位置有关，其规律可用上部 1/3、中部 1/3、下部 1/3 层来区分，表 14.5.4 和表 14.5.5 列出了 9 层、6 层钢筋混凝土框架结构采用不同周期折减系数 ψ_T 时，对应于各楼层的 ψ_u 值。

从表 14.5.4 和表 14.5.5 所列出结果可以看出，虽然不同的总层数、不同周期折减系数引起的不同层数层间弹性位移的折减系数略有差别，但总的趋势、规律是一样的。即 1/3 层的 ψ_u 近似等于 ψ_T 的值，中部 1/3 层的 ψ_u 比下部 1/3 层要小，上部 1/3 层的 ψ_u 更小。综合工程实例和大量算例的分析结果，作为简化分析，则底部 1/3 层可取 $\psi_u = \psi_T$，中部 1/3 层可取 $\psi_u = 0.8\psi_T$，对于上部 1/3 层可取 $\psi_u = 0.5\psi_T$。

7. 层间屈服剪力 V_y 的实用计算方法[18]

除单层结构和弱柱型多层结构外，其他结构均层间极限剪力与外力分布有关，其计算是比较复杂的。由于地震作用的随机性带来框架结构破坏形式的不确定性，因此精确地计算楼层受剪承载力是很困难的。较为简化的实用计算方法有三种。

(1) 拟弱柱化法(图 14.5.5a)

9 层结构不同 ψ_T 值时对应于各层的 ψ_u 值 **表 14.5.4**

ψ_T \ ψ_u	1	2	3	4	5	6	7	8	9
0.82	0.85	0.74	0.74	0.57	0.57	0.57	0.41	0.41	0.41
0.66	0.66	0.49	0.49	0.31	0.31	0.31	0.20	0.20	0.20
0.54	0.49	0.34	0.34	0.19	0.19	0.19	0.12	0.12	0.12

6 层结构不同 ψ_T 值时对应于各层的 ψ_u 值 **表 14.5.5**

ψ_T \ ψ_u	1	2	3	4	5	6
0.79	0.79	0.69	0.51	0.51	0.38	0.38
0.74	0.70	0.61	0.42	0.42	0.30	0.30
0.64	0.57	0.47	0.29	0.29	0.20	0.20

无论框架是“强梁弱柱”型还是“强柱弱梁”型,此法均假定框架各楼层的柱端达到截面受弯承载力,即柱端形成塑性铰。其计算步骤如下:

1) 计算柱端正截面受弯承载力

当柱轴压比小于 0.8(即 $N_G/f_{ck}bh \leqslant 0.5$)时:

$$M_{cyk} = A_s^a f_{yk}(h_0 - a'_s) + 0.5N_G h(1 - N_G/f_{ck}bh) \tag{14.5.21}$$

式中 M_{cyk}——柱端按实际配筋和材料强度标准值计算的正截面受弯承载力;

f_{yk}——钢筋受拉强度标准值;

A_s^a——受拉区纵向钢筋实际配筋截面面积;

N_G——对应于重力荷载代表值的柱轴向压力(分项系数取 1.0);

f_{ck}——混凝土抗压强度标准值;

b、h、h_0——分别为柱截面宽度、高度和有效高度;

a'_s——混凝土保护层厚度。

2) 计算柱和楼层受剪承载力

$$V_{yj}(i) = \frac{M_{cykj}^u(i) + M_{cykj}^l(i)}{H_{nj}(i)} \tag{14.5.22}$$

$$V_y(i) = \sum_{j=1}^{m} V_{yj}(i) \tag{14.5.23}$$

式中 $V_{yj}(i)$——第 i 层第 j 根柱受剪承载力;

$M_{cykj}^u(i)$、$M_{cykj}^l(i)$——分别为第 i 层第 j 根柱上、下端正截面受弯承载力;

$H_{nj}(i)$——第 i 层第 j 根柱净高;

$V_y(i)$——第 i 层楼层受剪承载力。

(2) 节点失效法(图 14.5.5b)

假定交于框架节点的若干梁柱端正截面受弯屈服,致使节点基本上丧失抗转动能力,因此,即使是“强柱弱梁型”框架,各楼层也将独立达到破坏机制,从而可判断薄弱楼层的位置,其计算步骤如下:

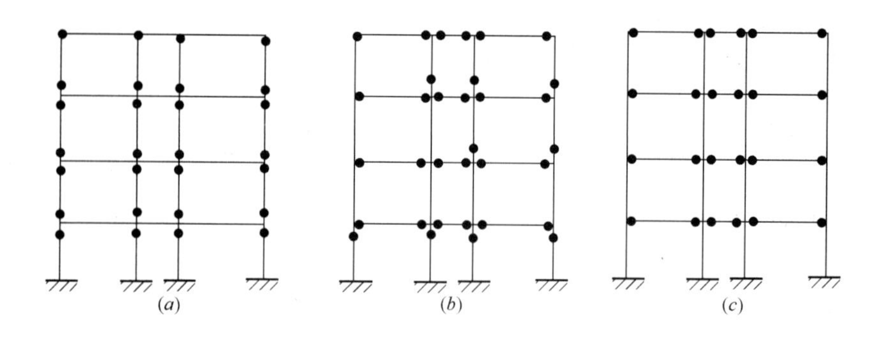

图 14.5.5 三种实用方法的简图

（a）拟弱柱化法；（b）节点失效法；（c）节点平衡法

1）梁、柱端正截面受弯承载力，柱按式（14.5.21）计算 M_{cyk}，梁端正截面受弯承载力的计算采用下式：

$$M_{\mathrm{byk}} = A_{\mathrm{s}}^{\mathrm{a}} f_{\mathrm{yk}}(h_0 - a'_{\mathrm{s}}) \tag{14.5.24}$$

式中 M_{byk}——梁端按实际配筋和材料强度标准值计算的正截面受弯承载力。

2）判断节点处梁、柱的破坏状态，节点处梁、柱的破坏状态为如图 14.5.6 所示的三种情况。图 14.5.6（a）为弱柱型，即柱出现塑性铰；图 14.5.6（b）和图 14.5.6（c）为弱梁型，梁首先出塑性铰，在地震作用下，节点上、下两柱端中有一端截面弯矩达到屈服而出现塑性铰。

对于图 14.5.6（b）情况

$\Sigma M_{\mathrm{byk}} < \Sigma M_{\mathrm{cyk}}$ 且 $M_{\mathrm{c}}^{l}(i+1) = M_{\mathrm{cyk}}^{\mathrm{u}}(i)\dfrac{K(i+1)}{K(i)} < M_{\mathrm{cyk}}^{i}(i+1)$，取 $M_{\mathrm{cyk}}^{\mathrm{u}}(i)$ 和 $M_{\mathrm{c}}^{l}(i+1)$。

对于图 14.5.6（c）情况

$\Sigma M_{\mathrm{byk}} < \Sigma M_{\mathrm{cyk}}$ 且 $M_{\mathrm{c}}^{\mathrm{u}}(i) = M_{\mathrm{cyk}}^{l}(i+1)\dfrac{K(i)}{K(i+1)} < M_{\mathrm{cyk}}^{\mathrm{u}}(i)$，取 $M_{\mathrm{c}}^{\mathrm{u}}(i)$ 和 $M_{\mathrm{cy}}^{l}(i+1)$。

式中：$K(i)$、$K(i+1)$ 为节点下上第 i 层和第 $i+1$ 层的线刚度。

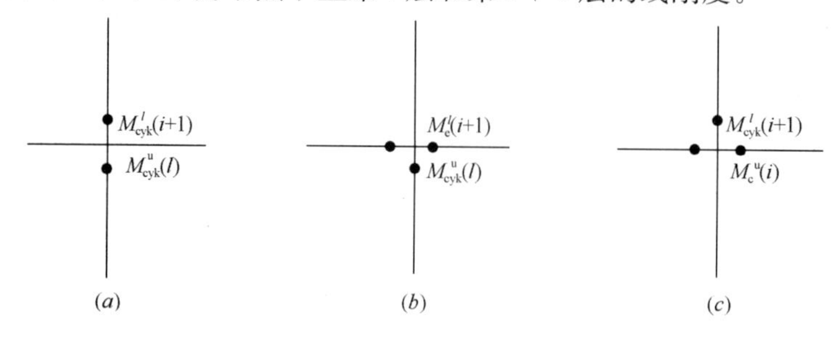

图 14.5.6 节点处丧失转动能力的三种情况

3）楼层受剪承载力

根据节点处梁柱塑性铰判断，层间柱将有如图 14.5.7 所示的五种情况，可求得柱和楼层的受剪承载力。

对于图 14.5.7（a）和图 14.5.7（b）

$$V_{\mathrm{y}j}(i) = \frac{M_{\mathrm{cyk}}^{\mathrm{n}}(j) + M_{\mathrm{cyk}}^{l}(j)}{H_{\mathrm{n}}(j)} \tag{14.5.25}$$

对于图 14.5.7（c）

$$V_{yj}(i)=\frac{M_{cyk}^{u}(j)+M_{c}^{l}(j)}{H_{n}(j)} \tag{14.5.26}$$

对于图 14.5.7（d）

$$V_{yj}(i)=\frac{M_{c}^{u}(j)+M_{cyk}^{l}(j)}{H_{n}(j)} \tag{14.5.27}$$

对于图 14.5.7（e）

$$V_{yj}(i)=\frac{M_{c}^{u}(j)+M_{c}^{l}(j)}{H_{n}(j)} \tag{14.5.28}$$

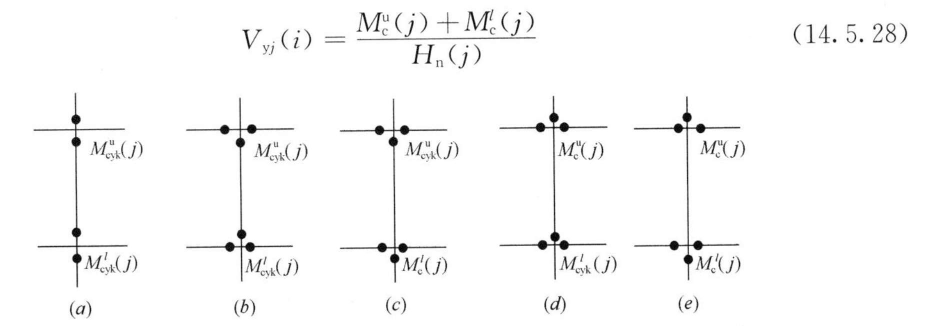

图 14.5.7　层间柱的五种破坏状态

（3）节点平衡法（图 14.5.5c）

对于“强柱弱梁型”框架，假定全部梁端均达到正截面受弯承载力后底层柱才屈服，此时整个框架也就达到整体破坏。在这种情况下，层间柱端截面受弯承载力按柱的线刚度分配确定。

$$M_{c}^{u}(i)=\Sigma M_{byk}\frac{K(i)}{K(i)+K(i+1)} \tag{14.5.29}$$

$$M_{c}^{l}(i+1)=\Sigma M_{byk}\frac{K(i)}{K(i)+K(i+1)} \tag{14.5.30}$$

$$V_{yj}(i)=\frac{M_{c}^{u}(j)+M_{c}^{l}(j)}{H_{n}(j)} \tag{14.5.31}$$

$$V_{y}(i)=\sum_{j=1}^{m}V_{yj}(i) \tag{14.5.32}$$

震害说明，框架结构屈服强度系数沿楼层的分布往往是不均匀的，结构总是在相对薄弱的楼层率先屈服而导致变形集中，所以罕遇地震作用的变形验算，实质是控制薄弱层的弹塑性变形不超过允许值。在上述层间屈服剪力的计算中，节点失效法较接近实际，拟弱柱化法对 V_{y} 值估计偏大，而节点平衡法对 V_{y} 值估计偏小，在选用中应考虑这方面的影响。

8. 多层剪切型结构薄弱楼层的判别[12]

前面已经指出，多层结构在强烈地震作用下，总是在较薄弱的楼层率先进入屈服，发展弹塑性变形，形成变形集中的现象。多层结构的弹塑性变形验算实质上就是薄弱楼层的层间弹塑性最大位移是否在结构楼层的变形能力允许的范围内。因此，确定多层结构的薄弱楼层是一个较为重要的问题。

对于结构层间屈服强度系数沿高度分布不均匀的结构，薄弱楼层的位置十分明显，即 $\xi_{y}(i)$ 为相对小的楼层，可用下式判断：

$$\xi_y(i) < 0.8[\xi_y(i+1)+\xi_y(i-1)]/2 \qquad j \neq \{^{1}_{N} \tag{14.5.33}$$

$$\xi_y(N) < 0.8\xi_y(N-1) \qquad i = N \tag{14.5.34}$$

$$\xi_y(1) < 0.8\xi_y(2) \qquad i = 1 \tag{14.5.35}$$

对于结构层间屈服强度系数沿高度分布均匀的结构，薄弱楼层的位置往往不明显。通过分析研究发现多层均匀结构薄弱楼层的位置，随着结构的层数、结构的自振周期及 ξ_y 的变化而变化。当结构层数较少时，薄弱楼层一般在底层，但随着楼层的增加，同一结构中也有出现 2 个以至 3 个弹塑性层间位移相对大的楼层，薄弱楼层的位移发生在底层、中部几层、上部几层的均有，但仍以底层为多。如图 14.5.8 所示为 3 层结构、5 层结构和 10 层结构薄弱楼层位移分布频度图。结构基本周期小于 1.0 秒的多层均匀结构，薄弱楼层基本出现在底层。ξ_y 值较大的均匀结构，结构的各层一般刚刚进入屈服，结构的薄弱楼层不明显，当 ξ_y 较小时薄弱楼层较为明显，而且发生在底层的更多一些。因此，从工程上，可视底层为均匀结构的薄弱楼层。

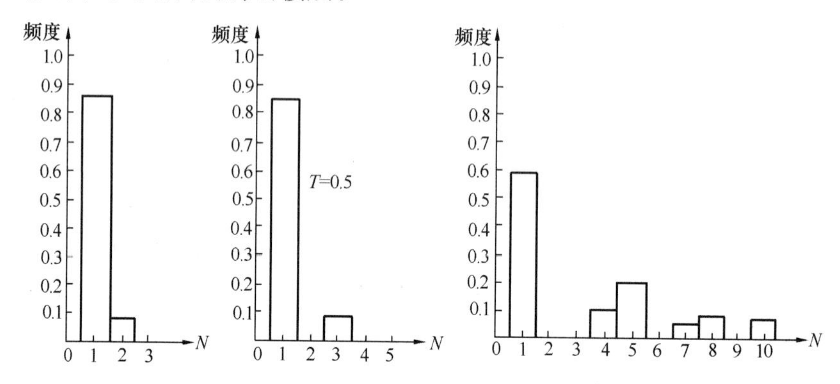

图 14.5.8　3 层、5 层和 10 层均匀结构最大层间变形位移的频度

9. 结构弹塑性层间位移允许指标[16]

（1）钢筋混凝土结构房屋的极限变形能力，不仅取决于主要结构构件的变形能力，而且与整个结构的破坏机理有关，例如“强柱弱梁”型框架通常比“弱柱强梁”型框架的变形能力要大，因此确定房屋极限变形能力的限值，要比确定结构构件的极限变形能力更加复杂和困难。但是，对弱柱型框架来讲，梁的变形对结构层的变形能力也有一定增大作用。因此，把柱的变形能力作为层的变形能力是偏于安全的一种估计。

影响柱的弹塑性变形性能的因素很多，诸如主筋量、箍筋量及形式、轴压比、剪跨比和材料强度等。各种因素组合不同，柱的破坏形态和变形能力也显著不同。柱的破坏形态粗略地可分为弯曲型和剪切型两类，两者在滞回耗能及变形能力上都有很大差别。在抗震设计中，必须避免构件的剪切脆性破坏，因此，我们主要讨论弯曲型破坏的柱变形能力。

图 14.5.9 是不同剪跨比的 270 余根柱的极限位移角（θ_u）的频度分布。由图 14.5.9 可见，剪跨比为 1.5～2.0 时取 $\theta_u = 1/100$，(a/D) 为 2.5～14.0 时取 $\theta_u = 1/50$，其保证率均可达 100%。

另外，国内外少量单层和多层框架模型试验也表明，框架的极限层间位移角一般在 1/51～1/30 范围内，见表 14.5.6。因此，《建筑抗震设计规范》建议取 1/50 作为层间弹塑性位移角的额定值。文献［19］对 230 多根柱极限位移角的概率统计分布类型和统计参数进行了分析，分析结果表明，层间极限位移角的平均值为 0.0327，标准差为 0.0116，取平均值减去1.0倍的标准差的值约为1/50。从对试验资料的统计分析结果来看，取层间极限位移角1/50作为薄弱楼层不倒塌的限值是合适的。

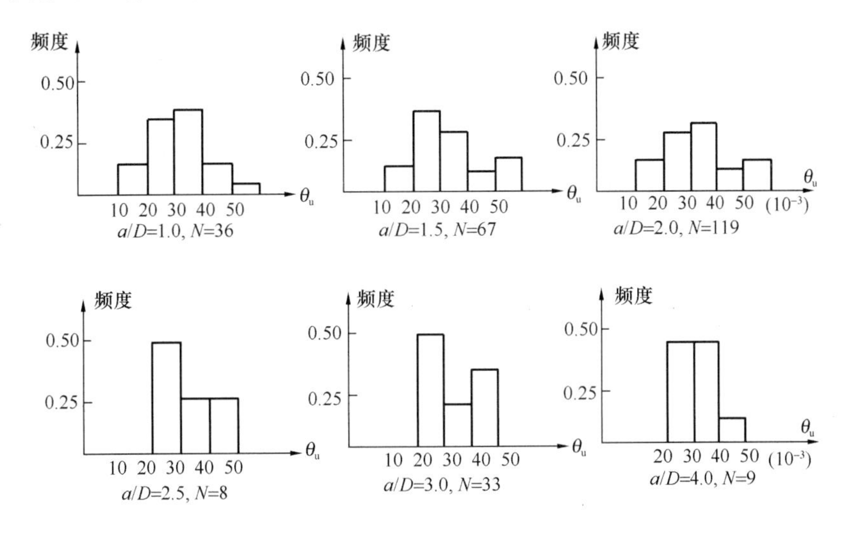

图14.5.9 θ_u的频度分布

通过试验与计算分析还发现，除构件的剪跨比外，梁的纵向配筋率和体积配箍率、柱的轴压比和体积配箍率等对极限变形能力均有一定的影响。根据分析和试验研究结果，《建筑抗震设计规范》中规定，对框架结构，当柱轴压比小于0.4时，层间极限弹塑性位移角可提高10%，当柱子全高的箍筋构造采用本规范柱加密区的箍筋最小体积配箍特征值约30%时，可提高20%，但累计不超过25%。抗震规范给出的层间弹塑性位移角限值见表14.5.7。

框架模型试验的层间位移角 **表14.5.6**

试验对象	层间位移角（10^{-3}）		说　明
	屈服时	极限时	
日本单跨单层框架（1/2）	10.0	>40.0	
日本单跨二层框架（$1/\sqrt{2}$）	12.5	>50.0	顶层θ值
中国建筑科学研究院工程抗震所等两榀双跨二层框架（1/2）	8.4 10.0	50.0 45.0	一、二层θ值相同
北京建筑设计院等双跨二层框架（1/2）	13.1	30.0	二层θ值

层间弹塑性位移角 **表14.5.7**

结构类别	[θ_p]
单层钢筋混凝土柱排架	1/30
钢筋混凝土框架	1/50
底部框架砌体房屋中的框架-抗震墙	1/100
框架-抗震墙，板柱-抗震墙，板柱-核心筒	1/100
抗震墙和筒中筒	1/120
多、高层钢结构	1/50

（2）多层和高层钢结构变形允许指标

文献［20］收集了国内外一些钢框架梁柱组合件和钢框架的模型试验资料，对多层和高层钢结构变形允许指标进行了探讨。12个I字型梁与H型柱组合件、9个I字型梁与箱型柱组合件、6个I字型梁与钢管柱组合件试验的极限位移角 θ_p 如表14.5.8～表14.5.10所示。

I字型梁与H型柱组合试验的极限位移角 θ_p　　表14.5.8

试件号	1	2	3	4	5	6	7	8	9	10	11	12
θ_p（%）	6.27	11.90	12.01	5.05	16.52	5.37	6.71	16.27	5.39	3.23	5.48	5.84

I字型梁与箱型柱组合试验的极限位移角 θ_p　　表14.5.9

试件号	BX17-0.2	BX22-0	BX22-0.2	BX22B-0.2	BX22B-0.4	BX33-0.2	BX33-0.4	BX42-0	BX42-0.2
θ_p（%）	11.2	＞10.0	＞11.1	＞13.1	＞12.6	6.1	2.1	3.0	5.4

I字型梁与钢管柱组合试验的极限位移角 θ_p　　表14.5.10

试件号	CL27-0	CL27-0.3	CL36-0	CL45-0	CL48-0	CL48-0.3
θ_p（%）	13.8	6.1	9.1	3.4	14.1	3.9

从表14.5.8～表14.5.10所列的结果可以看出，钢框架梁柱组合件的极限位移角为0.021，约为1/48。

文献［21］介绍了6层足尺钢框架模型伪动力试验情况，试验得到的第2层的层间极限位移角为1/57。文献［22］介绍了两个3层钢框架模型输入El Centro波模拟地震试验情况，模型A的纵向和横向层间极限位移角分别为1/46和1/35，模型B的纵向和横向层间极限位移角分别为1/46和1/32。

《建筑抗震设计规范》GB 50011—2010根据美国规范ASCE7-05和欧洲抗震规范Eurocode 8取钢结构的位移角限值与钢筋混凝土结构相同，并考虑钢结构具有较好变形能力等，把高层钢结构层间弹塑性位移角限值与钢筋混凝土框架结构一样取为1/50。该层间弹塑性位移角限值较GB 50011—2001的1/70有所放宽，设计者使用中应从严把握。

10. 应用实例

（1）四层较均匀的钢筋混凝土框架结构

1）建筑结构概况

四层钢筋混凝土框架结构平面图如图14.5.10（*a*）所示，所选典型一榀框架计算简图如图14.5.10（*b*）所示。框架梁的混凝土强度等级：梁为C25、柱为C30，梁柱主筋采用HRB335级热轧钢筋，楼板采用钢筋混凝土预制多孔板、实心黏土砖填充墙。该建筑物所在地区基本烈度为8度，场地为 I_1 类设计地震动，分组为第二组。

2）结构各柱的轴压力（*KJ*3榀）

根据作用在结构上的重力荷载代表值，可计算得到重力荷载代表值作用下的各柱轴压力（$\gamma_G=1.0$），计算结果如图14.5.11所示。

3）框架各层梁柱的配筋

根据构件地震作用效应与重力代表值效应的最不利组合进行抗震截面验算，并考虑《建筑抗震设计规范》对框架结构有关构造措施的规定，初步选定各层梁柱截面的配筋，如图14.5.12所示。

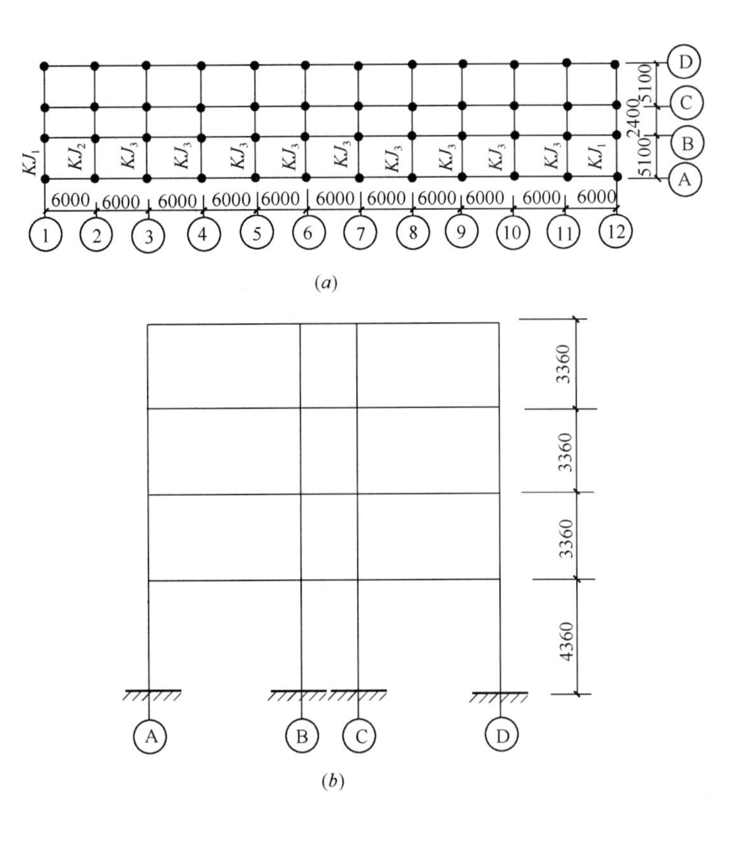

图 14.5.10 钢筋混凝土框架图

(*a*) 结构平面图；(*b*) *KJ*3 榀框架计算简图

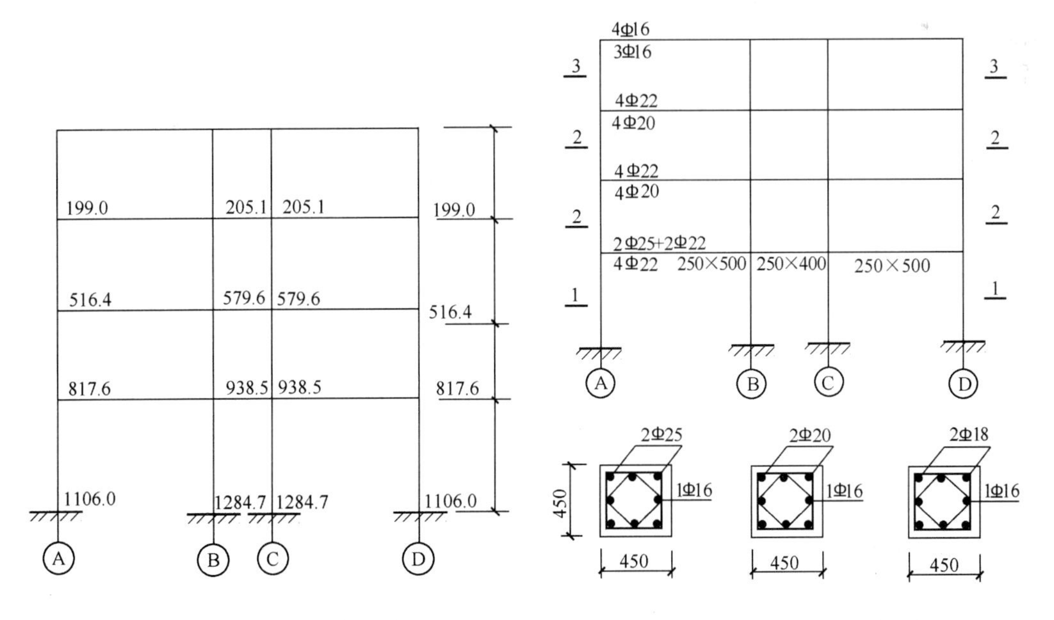

图 14.5.11 各柱底轴压力（kN）

图 14.5.12 梁柱截面配筋图
（梁中各层杆端配筋均相同）

4）层间屈服剪力的计算

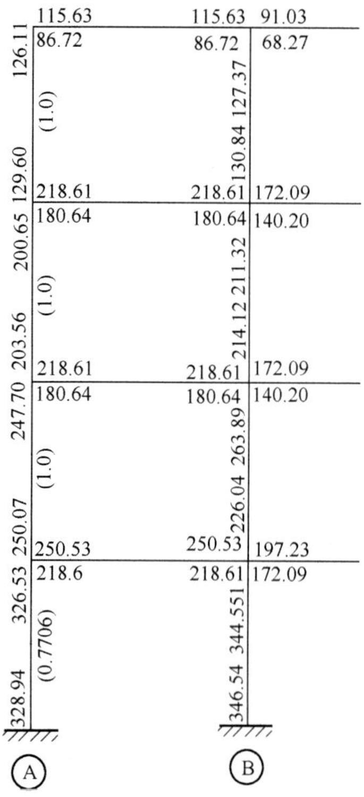

根据梁柱截面尺寸、混凝土和钢筋的材料强度，运用式（14.5.21）和式（14.5.24）可得到各梁柱控制截面的受弯承载力，计算结果如图14.5.13所示。

图14.5.13 各梁、柱端受弯承载力(kN·m)（括号内数字为各层柱弹性线刚度的比值）

有了各梁柱组合件的杆端受弯承载力，可判断该节点处的梁柱破坏形式为弱梁型还是弱柱型，运用节点失效法可得到各柱端的受弯承载力（或当量受弯承载力），以 B 轴线底层节点为例，该梁柱节点受弯承载力的两种情况如图14.5.14所示。

两种情况 ΣM_b 均小于 ΣM_c，即均为弱梁型，梁出现塑性铰后，第二层柱底会出现塑性铰，第一层柱顶不会进入屈服，其当屈服弯矩为：

$$M_{cyk}^{u}(1)=M_{cyk}^{l}(2)=266.04\times0.7706=205.02\text{kN}\cdot\text{m}$$

运用同样的方法，可算得柱端的受弯承载力（或当量受弯承载力），运用式（14.5.25）～式（14.5.28）可得到各层的受剪承载力，计算结果见表14.5.11。

5）“大震”变形验算

结构“大震”作用下按弹性分析得到的层剪力和层间位移等有关计算参数见表14.5.12。

该结构第一层为薄弱楼层，ξ_y（1）$=0.751\xi_y$（2），其“不均匀”的增大系数为1.082，ξ_y（1）为0.416，相应于“均匀”结构的弹塑性增大系数为1.384，这样得到验算结果如下：

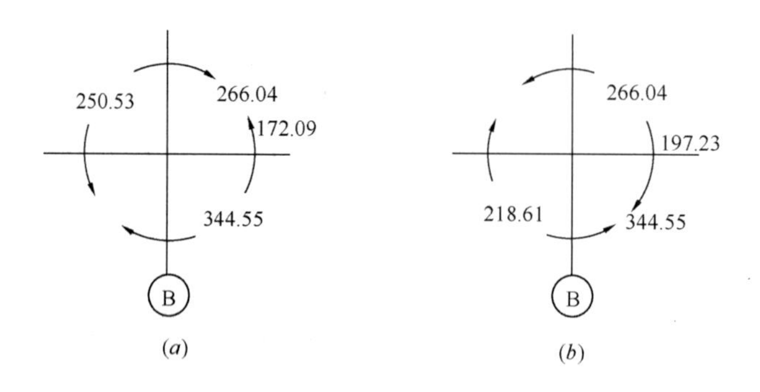

图14.5.14 B轴底层节点梁柱受弯承载力

各层受剪承载力 表14.5.11

层	一	二	三	四
V_v（kN）	555.8	653.0	580.2	341.9

$$\eta_P=1.384\times1.082=1.497$$

$$\Delta u_p=\eta_P\cdot\Delta u_e=1.497R\times414.86=67.1\text{mm}$$

$$\Delta u_R=1/50\times4360=87.2\text{mm}$$

$\Delta u_p < \Delta u_R$ 验算通过。

有关计算参数 **表 14.5.12**

层	一	二	三	四
V_y (i) (kN)	558.8	653.0	580.2	341.9
V_e (i) (kN)	1342.2	1178.0	878.7	444.2
ξ_y (i)	0.416	0.554	0.660	0.770
Δu_e (i) (mm)	44.85	29.91	22.31	11.28

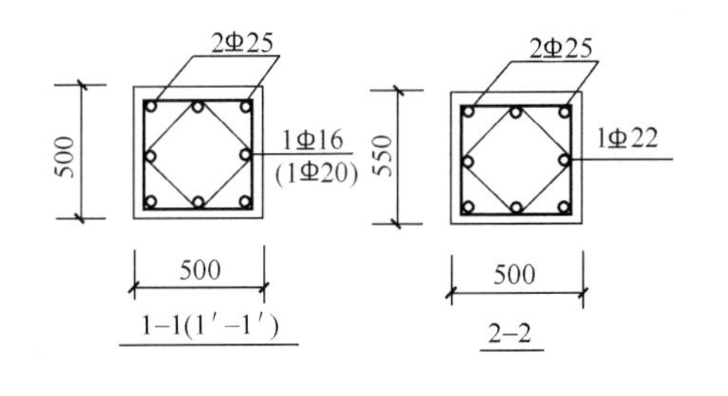

图 14.5.15 梁、柱配筋图（mm）

（2）九层钢筋混凝土框架结构

1）建筑结构概况

九层钢筋混凝土框架结构的混凝土强度等级为：梁 C25、柱 C30；梁、柱主筋为 HRB335 级热轧钢筋，楼板为预制钢筋混凝土多孔板，该结构外墙为实心黏土砖墙，内横、纵墙为 200mm 宽的煤灰渣砌块墙，该结构典型一榀的结构梁、柱截面尺寸及配筋如图 14.5.15 所示。该建筑所在地区基本烈度为 8 度，场地为 I_1 类设计地震动，分组为第二组。

2）层间屈服剪力计算和“大震”变形验算结果

根据梁柱截面尺寸、混凝土强度等级和梁柱主筋面积等，可计算得到各梁、柱端的受弯承载力，运用节点失效法可计算得到结构各柱、各层的层间受剪承载力。该结构“大震”作用下的有关计算参数见表 14.5.13。

该结构的薄弱楼层为底层，ξ_y（1）$=0.426\xi_y$（2），为很不“均匀”的结构，η_P 值应在按 ξ_y（1）$=0.316$ 为“均匀”结构相应的 η_P 值基础上乘以 1.5 的增大系数。

$$\eta_P = 2.168 \times 1.5 = 3.252$$

$$\Delta u_p(1) = \Delta u_e \cdot \eta_P = 45.6 \times 3.252 = 148.4\text{mm}$$

$$\Delta u_R(1) = 6125.0 \times \left(\frac{1}{50}\right) = 122.5\text{mm}$$

$$\Delta u_p(1) > \Delta u_R(1)$$

有关计算参数　　表 14.5.13

层	一	二	三	四	五	六	七	八	九
V_y (i) (kN)	538.3	1167.9	1104.9	1031.6	947.9	897.9	494.2	439.0	346.6
V_e (i) (kN)	1701.6	1585.4	1453.7	1311.6	1148.0	962.8	769.7	495.2	280.2
ξ_y (i)	0.316	0.741	0.760	0.787	0.826	0.932	0.642	0.887	1.237
Δu_e (i) (mm)	45.64	22.21	27.01	22.17	16.93	19.49	23.74	7.28	12.76

该工程“大震”变形验算不通过，应改变结构层间屈服强度系数分布的均匀性或增加薄弱楼层柱的箍筋抗震构造措施等，再进行该结构的大震变形验算。

从上面两个钢筋混凝土框架结构房屋的“大震”变形验算可进一步说明，结构层间屈服强度系数的均匀性对结构层间弹塑性最大位移反应的影响很大，第一个结构属于比较均匀的结构，第二个结构属于很不均匀的结构，虽然两个结构的薄弱楼层（底层）的 ξ_y 值相差不多，但由于结构不均匀性的差异，η_p 值的不均匀增大系数，第一个结构为 1.08，第二个结构为 1.5。因此，在房屋抗震设计中结构层间屈服强度系数沿楼层高度分布应尽量均匀一些。

14.5.5 静力弹塑性分析方法（Push-over）

Push-over 算法是 Freeman 等人于 1975 年提出的。Push-over 方法的早期形式是“能力谱方法”(Capcity Spectrum Method，CSM)，该方法基于能量原理的一些研究成果，试图将实际结构的多自由度体系的弹塑性反应应用单自由度体系的反应来表达，其初衷是建立一种大震下结构抗震性能的快速评估方法。近年来，随着基于性能的抗震设计理论研究的深入，静力弹塑性（Push-over）分析方法日益受到重视。经过多年的研究发展，Push-over 算法目前已被美国、日本、中国等国家建筑抗震设计规范所接受，成为抗震结构弹塑性分析的常用方法。

Push-over 计算方法主要用于对框架结构进行静力线性或非线性分析，一般采用塑性铰假定，并且假定塑性铰发生在整个截面而非截面的某一区段上。Push-over 分析是结构分析模型受到一个沿结构高度为某种规定分布形式逐渐增加的侧向力或侧向位移，直至控制点达到目标位移、建筑物倾覆为止或成为机构。控制点一般指建筑物顶层的形心位置，目标位移为建筑物在设计地震力作用下的最大变形。究其本质而言，Push-over 算法是静力分析方法。但与一般的静力非线性方法不同之处在于其逐级单调施加的是模拟地震水平惯性力的侧向力。Push-over 的控制方法大体上有两种：一是倒塌控制，当结构物产生足够的塑性铰从而形成机构时停止分析；二是位移或荷载控制，当结构中的控制点按照假定的模态达到预先给定的位移或力时停止分析。Push-over 算法的突出优点在于它既能考虑结构的弹塑性特性且工作量又较时程分析大大减小。关于 Push-over 原理与计算方法见本书第 9 章有关内容。

参考文献

1 高小旺，卜庆顺. 多层与高层钢筋混凝土框架房屋的周期折减系数与层间弹性位移修正系数. 第三层高层建筑技术交流会论文集，1991

2 余师和. 竖向地震反应谱. 哈尔滨建筑工程学院学报，1982

3 刘季等. 竖向反应谱及竖向地震作用分析. 抗震验算与构造措施，1986

4 高小旺等．地震地震下承载能力可靠度计算方法．工程结构可靠性，1987
5 高小旺，鲍蔼斌．地震作用的概率模型及其统计参数．地震工程与工程振动，1985
6 高小旺，周炳章等．多层砖房的抗震可靠度分析．建筑结构，1986
7 高小旺，鲍蔼斌．用概率方法确定抗震设防标准．建筑结构学报，1986
8 高小旺等．现行抗震规范可靠度水平的校准．土木工程学报，1987
9 高小旺等．以概率为基础的抗震设计方法的研究．建筑结构学报，1988
10 何广乾，魏琏，戴国莹．论地震作用下多层剪切型结构的弹塑性变形．土木工程学报，1983
11 尹之潜等．抗震设计方法中的几个问题．地震工程与工程振动，1983
12 高小旺．地震作用下多层剪切型结构弹塑性位移反应的实用计算方法．土木工程学报，1984
13 戴国莹，钟益村．框架结构地震反应计算若干问题研讨．力学学报特刊，1981
14 陈光华．地震作用下多层剪切型结构弹塑性位移反应的简化计算．建筑结构学报，1984
15 魏琏，戴国莹，钟益村．建筑结构的抗震变形验算．建筑结构，1983
16 钟益村，田家骅，王文基．钢筋混凝土结构房屋变形性能及允许变形指标．建筑结构，1984
17 吴育才．钢筋混凝土阶形柱的上柱是抗震中的薄弱环节．建筑结构学报，1985
18 钟益村．剪切型结构层间抗震极限强度的实用分析方法．工程抗震，1986
19 高小旺，沈聚敏．“大震”作用下钢筋混凝土框架房屋变形能力的抗震可靠度分析．土木工程学报，（26）3，1993
20 高小旺，陈德彬，秦权．高层钢结构抗震设计的位移限值．工业建筑，1992
21 Yamnowchi et al. Inelastic Behavior of Full-Scale Conocentrically K-Braced Steel Building. th WCEE，1988
22 李国强．沈祖炎．震动台试验和空间钢框架的抗震设计．同济大学学报，（1）1990

第15章　多层和高层钢筋混凝土房屋

多高层钢筋混凝土结构在我国城市应用比较广泛。2008年5月12日的汶川地震和以往的地震震害揭示了多层和高层钢筋混凝土房屋的抗震性能，总结震害经验和国内外对多层和高层钢筋混凝土房屋抗震性能的研究成果以及近十年来多层和高层钢筋混凝土房屋的设计经验，有助于深入理解抗震概念设计的要求和搞好抗震设计。

15.1　多层和高层钢筋混凝土房屋的震害

15.1.1　钢筋混凝土框架房屋的震害

钢筋混凝土框架房屋是我国工业与民用建筑较常用的结构形式，层数一般在10层以下，多数为5、6层。在我国的历次大地震中，这类房屋的震害比多层砌体房屋要轻得多。但是，未经抗震设防的钢筋混凝土框架房屋也存在不少薄弱环节，在8度和8度以上的地震作用下有一定数量的这类房屋产生中等或严重破坏，极少数甚至倒塌。

1. 结构在强地震作用下整体倒塌破坏

钢筋混凝土框架结构的侧向刚度较小，使得这类结构的层间变形相对较大。若在整体上存在较大的不均匀性且构件截面尺寸及配筋偏小，其结构的承载能力相对较差；在强烈地震的作用下，结构在弹性阶段因刚度比较小会产生较大的弹性变形，同时，结构会因承载能力不足而过早进入弹塑性状态，其结构薄弱楼层会产生弹塑性变形集中的现象，使得结构产生较大的弹塑性变形；当结构或楼层的变形超过建筑结构或楼层的变形能力时，就会导致结构薄弱楼层破坏严重甚至造成整体结构倒塌。

2008年四川汶川8.0级大地震中，位于汶川县映秀镇的某中学的两栋分别为3层和4层的钢筋混凝土框架结构教学楼整体倒塌（图15.1.1）。图15.1.2为本次地震中北川县城及都江堰市框架结构房屋整体倒塌的震害。

图15.1.1　映秀镇某中学的两栋钢筋混凝土框架结构整体倒塌

2. 结构层间屈服强度有明显薄弱楼层的破坏严重

钢筋混凝土框架结构在侧向刚度和楼层承载力上存在较大的不均匀性，使得这些结构存在着层间屈服强度特别弱的楼层。在强烈地震作用下，结构的薄弱楼层率先屈服，发展弹塑性变形，并形成弹塑性变形集中的现象。图15.1.3为都江堰市某住宅小区，部分建

图 15.1.2　北川县城及都江堰市框架结构房屋整体倒塌

筑采用钢筋混凝土框架结构形式，在汶川大地震中由于底部 1 层、2 层较为薄弱，楼层受剪承载力不足，地震作用超出了大震水平等原因造成底部两层完全坍塌，总共 5 层的建筑变成了“3 层”。1995 年日本阪神地震中，相当比例的钢筋混凝土框架结构多高层建筑在第 5 层处倒塌、挫平。这是因为日本的老抗震规范允许建筑物在 5 层以上较弱。图 15.1.4 为阪神地震中某医院第 5 层整体倒塌，柱子混凝土压酥破坏，钢筋屈曲，首层完好无损。1976 年唐山大地震中，位于天津市塘沽区的天津碱厂 13 层蒸吸塔框架，该结构楼层屈服强度分布不均匀，造成第 6 层和第 11 层的弹塑性变形集中，导致该结构 6 层以上全部倒塌。图 15.1.5 为该结构输入天津波的弹塑性分析结果。

图 15.1.3　都江堰市华夏广场，5 层框架结构，底部两层整体倒塌，5 层变成 3 层

图 15.1.4　阪神地震中某医院第 5 层整体倒塌

3. 框架结构的柱端与节点的破坏较为突出

框架结构的构件震害一般是框架柱较框架梁破坏严重，尤其是角柱和边柱更容易发生

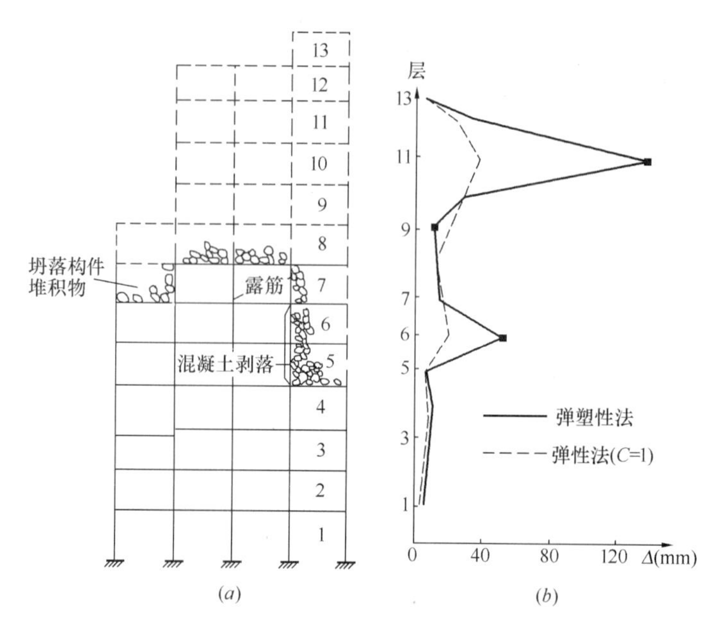

图 15.1.5　13 层蒸吸塔框架弹塑性地震反应分析

（a）破坏分布；（b）层间最大弹塑性位移

破坏，如图 15.1.6 所示。除剪跨比小的短柱易发生柱中剪切破坏外，一般柱会发生柱端的弯曲破坏，轻者发生水平或斜向断裂；重者混凝土压酥，主筋外露、压屈和箍筋崩脱，如图 15.1.7、图 15.1.8 所示。当节点核芯区无箍筋约束时，节点与柱端破坏合并加重，如图 15.1.9、图 15.1.10 所示。当柱侧有强度高的砌体填充墙紧密嵌砌时，柱顶剪切破坏加重，破坏部位还可能转移到窗（门）洞上下处，甚至出现短柱的剪切破坏，如图 15.1.11、图 15.1.12 所示。

图 15.1.6　角柱和边柱更容易在地震中发生破坏

4. 框架梁破坏

框架结构中的现浇楼板实际上提高了框架梁的刚度和承载能力，虽然按照《建筑抗震设计规范》GBJ 11—89 抗震等级为一、二级或 GB 50011—2001 的一、二、三级，在抗震分析中根据抗震等级进行了强柱弱梁的调整，但是在抗震计算分析中一般不考虑现浇楼板对梁承载能力的提高，以致钢筋混凝土框架结构的梁柱破坏主要集中在框架柱和节点附近，但对于未设置楼板的架空层以及取消第 1 层顶板门厅的框架梁柱，其破坏会出现在框

图 15.1.7　汶川地震中，汉旺镇某建筑，框架结构，底层柱头混凝土压溃，主筋压弯

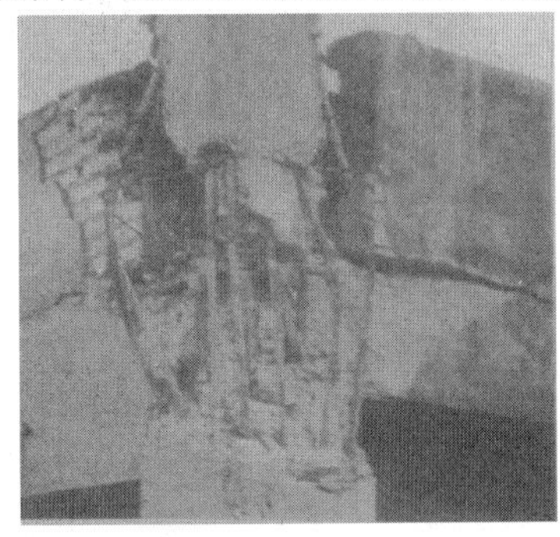

图 15.1.8　汶川地震中，绵阳市某建筑，柱头、柱脚混凝土压碎，柱钢筋呈灯笼状

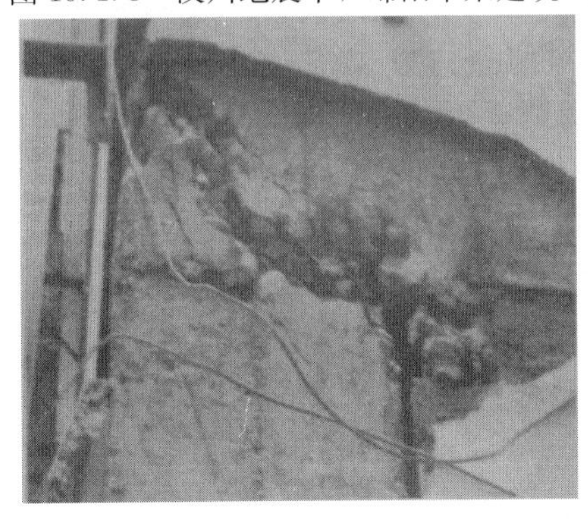

图 15.1.9　汶川地震中，梁柱节点的剪切破坏

图 15.1.10　汶川地震中，节点核芯区箍筋约束不足或无箍筋约束时，节点和柱端破坏加重

图 15.1.11　汶川地震中，某建筑短柱脆性破坏，混凝土压碎，箍筋崩落，主筋呈灯笼状

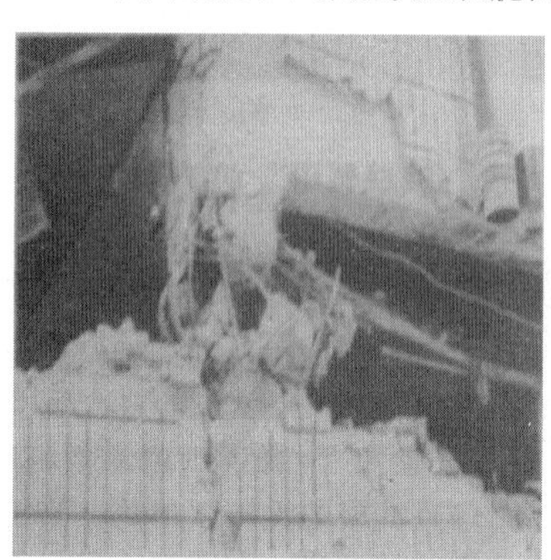

图 15.1.12　填充墙的不合理砌筑导致框架柱形成短柱，在地震中严重破坏

架梁上。图 15.1.13 和图 15.1.14 为框架梁梁端破坏的照片。

图 15.1.13　都江堰建设大厦门厅框架梁的梁端弯曲破坏

图 15.1.14　都江堰地税局办公楼门厅框架梁的梁端破坏

5. 单跨钢筋混凝土框架结构体系破坏较为严重

单跨钢筋混凝土框架的抗震性能存在明显不足之处，其侧向刚度小，结构超静定次数相对较少，一旦某根柱子相对薄弱出现开裂，则该柱的刚度会降低而产生内力重分布，使周围的框架柱也相继开裂；当某根柱柱顶出现塑性铰后，则相关联的该榀框架柱由于内力重分布也会相继出现塑性铰，则框架局部连续倒塌的可能性很大。在汶川地震、台湾集集

地震等历次地震中均有许多单跨钢筋混凝土框架的震害实例，图 15.1.15 为汶川地震中单跨钢筋混凝土框架的震害。对于外廊式教学楼，采用单跨悬挑走廊的建筑物倒塌比例大，而在走廊的外侧设置框架柱的建筑物则损坏轻微，图 15.1.16 为台湾集集地震中，南投县单跨框架结构教学楼与设置外廊柱的教学楼震害对比。

图 15.1.15　汶川地震中，6 层单跨框架破坏严重，局部倒塌；3 层单跨框架结构破坏较轻

图 15.1.16　台湾集集地震中，南投县单跨框架结构教学楼与设置外廊柱的教学楼震害比较

6. 非结构构件（填充墙、围护墙）的破坏和对结构构件破坏的影响

(1) 非结构构件（填充墙、围护墙）自身的破坏

砌体填充墙刚度大而承载力低，首先承受地震作用而遭受破坏，在 8 度和 8 度以上地震作用下，填充墙的裂缝明显加重，甚至部分倒塌。震害规律一般是上轻下重，空心砌体墙重于实心砌体墙，砌块墙重于砖墙，具体如图 15.1.17～图 15.1.21 所示，震害照片显

图 15.1.17　汶川地震中，大量的非结构构件倒塌破坏

示所破坏倒塌的填充墙，基本未按照当时的《建筑抗震设计规范》规定设置拉结筋、水平系梁、圈梁、构造柱等的抗震构造措施。

图 15.1.18　框架结构中的圆弧形外围护墙破坏严重

图 15.1.19　汉旺镇某框架底层砖填充墙的破坏

图 15.1.20　填充墙拉结措施不得当或没有拉结，造成严重破坏

图 15.1.21　多孔空心砖大量劈裂导致拉结筋失效造成墙体大量开裂、倒塌

（2）框架结构填充墙造成的结构破坏

框架结构填充墙造成的结构破坏可分为两种情况，一是填充墙开洞使相连的框架柱附加了相应的剪力和轴力，甚至使框架柱形成了短柱，在地震作用下使与填充墙相连的框架

柱破坏严重，图 13.4.5 为东汽小学教学楼框架结构填充墙开洞对框架柱造成的震害，图 13.4.6 为框架结构填充墙（一侧为窗洞、一侧为门开洞）对框架柱造成的震害；图 15.1.12 为填充墙不合理砌筑导致框架柱形成短柱的严重破坏。二是填充墙沿竖向楼层布置不均匀，填充墙自身的刚度比较大，当布置较多的填充墙时，其侧向刚度较纯框架的刚度增大 5 倍以上；对于底部楼层没有设置填充墙而上部楼层设置较多填充墙的框架房屋，由于填充墙不仅具有较大的侧向刚度，而且也具有一定的承载能力，这就使得设置较少填充墙的楼层变成侧向刚度和楼层承载力都相对较小的薄弱楼层，则必然形成薄弱楼层破坏很严重。汶川地震中都江堰市一些底层为商场，上部为住宅框架房屋的遭受到了严重破坏，图 13.4.1～图 13.4.4 为都江堰某底层仅楼梯间有填充墙，上部楼层横向与纵向有较多填充墙房屋的底层严重破坏的状况。图 15.1.22～图 15.1.24 为都江堰市平义村某底层商店上部住宅的 6 层框架结构的破坏状况。

图 15.1.22　都江堰平义村七组房屋地震破坏外观

图 15.1.23　都江堰平义村七组底层柱和填充墙破坏

图 15.1.24　都江堰平义村七组底层柱破坏严重

15.1.2　高层钢筋混凝土剪力墙结构和钢筋混凝土框架-剪力墙结构房屋的震害

历次地震震害表明，高层钢筋混凝土剪力墙结构和高层钢筋混凝土框架-剪力墙结构房屋都具有较好的抗震性能，其震害一般比较轻，其震害主要特点是：

1. 设有剪力墙的钢筋混凝土结构有良好的抗震性能

在四川汶川 8.0 级大地震中，具有剪力墙的钢筋混凝土结构房屋无一例倒塌，绝大部分结构主体基本完好或轻微损坏，小部分中等程度破坏。图 15.1.25 为建于 1995 年的都江堰市公安局大楼，为 11 层的框架-剪力墙结构建筑。由于连梁跨高比很小（跨高比小于 2），在汶川地震中，剪力墙连梁部位出现较为严重的“X”形剪切裂缝，其他结构构件基本完好。唐山地震中，位于 8 度区的天津市友谊宾馆主楼按 7 度抗震设防，东段为总层数 8 层的框架结构，刚度小、变形大，实心砖填充墙普遍严重破坏，个别梁柱损坏；西段为总层数 11 层的框架剪力墙结构，同类的填充墙破坏较轻。1972 年 12 月 23 日尼加拉瓜马那瓜 6.25 级地震，震中距市区很近，最大水平加速度为 $0.2g$～$0.4g$。市中心有两幢相距很近的高层建筑，15 层的中央银行为柔性的框架结构，破坏严重，震后修复费用高达原

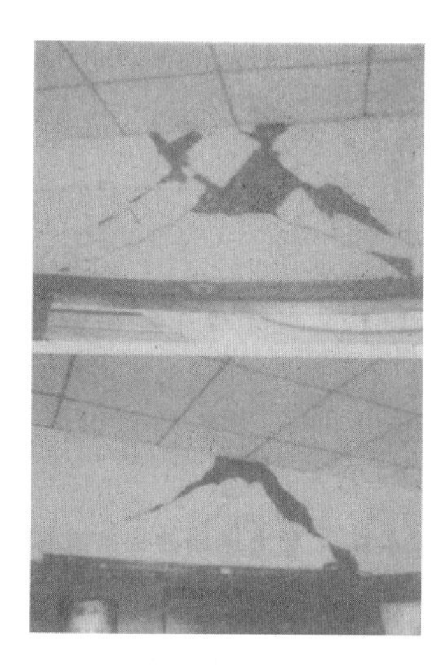

图 15.1.25 都江堰公安局大楼剪力墙连梁跨高比小，剪切破坏

造价的 80%，而 18 层的美洲银行为剪力墙结构，只受到轻微破坏。通过实际震害分析，人们普遍认识到设置剪力墙的钢筋混凝土结构，其抗震效果远比柔性框架好，所以对建筑装修要求较高的房屋和高层建筑应优先采用框架-剪力墙结构或剪力墙结构。

在日本的关东地震中，人们发现含墙率大于 $25cm^2/m^2$ 或墙的平均剪应力小于 1.3MPa 的建筑，震害较轻。1968 年 5 月 16 日日本的 7.9 级十胜冲地震，含墙率低于 $30cm^2/m^2$ 和墙的平均剪应力大于 1.2MPa 的建筑很容易产生震害。因此，框架-剪力墙结构和框支层结构应有适量的剪力墙，合理分配各抗侧力构件之间的抗震能力。

2. 连梁和墙肢底层的破坏是剪力墙的主要震害

在开洞剪力墙中，由于洞口应力集中，连系梁端部极为敏感，在约束弯矩作用下，很容易在连系梁端部形成垂直方向的弯曲裂缝。

当连系梁跨高比较大时（跨度 l 与梁高 d 之比），梁以受弯为主，可能出现弯曲破坏。

多数情况下，剪力墙往往具有剪跨比较小的高梁（$l/d\leqslant 2$），除了端部很容易出现垂直的弯曲裂缝外，还很容易出现斜向的剪切裂缝。当抗剪箍筋不足或剪应力过大时，可能很早就出现剪切破坏，使墙肢间丧失联系，剪力墙承载能力降低。例如，1964 年美国阿拉斯加地震时，安克雷奇市的一幢公寓山墙的破坏是很典型的连系梁剪切破坏的例子，该连系梁的跨高比小于 1。

剪力墙的底层墙肢内力最大，容易在墙肢底部出现裂缝及破坏。对于开口剪力墙，在水平荷载作用下受拉的墙肢轴压力较小，有时甚至出现拉力，墙肢底部很容易出现水平裂缝。对于层高小而宽度较大的墙肢，也容易出现斜裂缝。墙肢的破坏有以下几种情况：

当剪力墙的总高度与总宽度之比较小，而总剪跨比较小时，墙肢中的斜向裂缝可能贯通成大的斜向裂缝而出现剪切破坏。如果某个剪力墙局部墙肢的剪跨比较小，也可能出现局部墙肢的剪坏。例如，一片剪力墙的总高度较大，由于在底层楼板处作用一个较大的集中力，使底层墙肢剪跨比较小，只有 1.38，因而在底层墙肢中出现了剪切破坏。这种破坏情况可能出现在剪力墙和框支剪力墙协同工作的结构中，由于框支剪力墙在底层卸载，通过楼板将水平荷载传到另一些落地剪力墙上，这些落地剪力墙的底层剪力加大，剪跨比减小。1978 年 6 月日本仙台地震时某建筑物外墙由于窗口形成了矮而宽的墙肢，在墙肢上出现了斜向交叉裂缝。

当剪跨比较大，并采取措施加强墙肢的抗剪能力时，剪力墙以弯曲变形为主，墙肢发生弯曲破坏，通常导致底部受压区混凝土压碎剥落，钢筋压屈等。都江堰市移动电信大楼为9层（局部11层）的框架-剪力墙结构体系。在汶川地震中，高宽比较小的剪力墙墙肢底部两层出现较为严重的“X”形剪切斜裂缝，高宽比较大的剪力墙墙肢底部出现弯曲破坏的水平裂缝，角部混凝土压酥，如图15.1.26所示；同时，剪跨比小于1的高连梁剪切破坏，如图15.1.27所示。

图 15.1.26　剪力墙墙肢弯曲破坏导致墙体水平裂缝，混凝土局部压酥

图15.1.28为建于2008年的都江堰市岷江国际大厦，为总层数18层的框架-剪力墙结构体系。汶川地震中，高宽比较大的剪力墙墙肢由于在水平地震作用下以弯曲变形为主，位于剪力墙墙肢嵌固端的底层角部，由于应力过大混凝土压碎，主筋屈曲。在复杂应力作用下，个别剪力墙混凝土酥碎剥落。

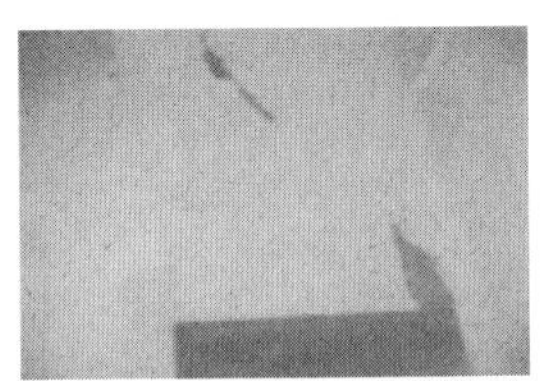
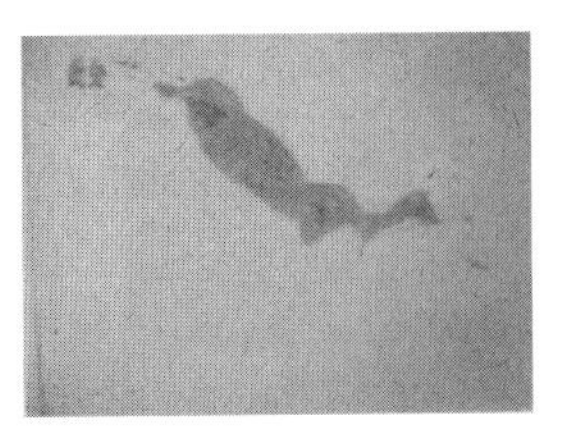

图 15.1.27　地震中，剪力墙和高连梁的剪切破坏形态

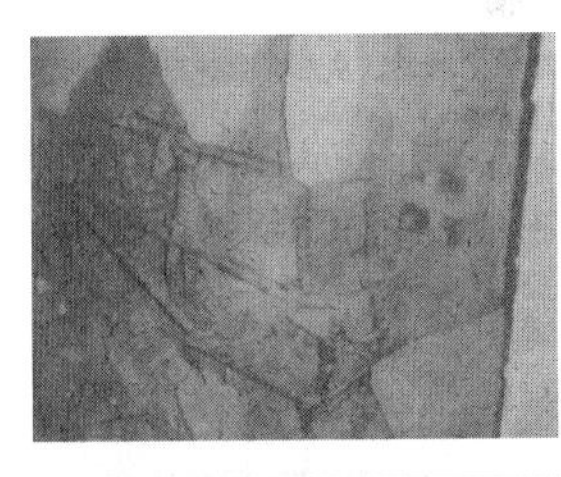
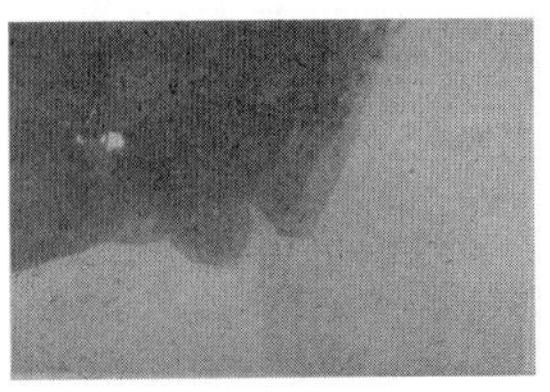

图 15.1.28　高层建筑剪力墙墙肢的破坏

在地震作用下，底层剪力墙承担的地震弯矩比其他楼层大，对于没有进行底部加强区调整的剪力墙结构，其底层的破坏较其他楼层要严重。图15.1.29和图15.1.30为底层剪力墙的边缘构件破坏和底层结构的楼梯间剪力墙破坏。

图 15.1.29　剪力墙边缘构件破坏

图 15.1.30　底层楼梯间剪力墙破坏

15.1.3 钢筋混凝土结构中的楼梯梁板破坏

之前对钢筋混凝土结构的抗震设计分析都不考虑楼梯的作用，然而，楼梯板是开间错层局部非对称斜支构件，它明显会带来较大的刚度，与规则的梁、柱、墙、板的变形及内力分布规律有较大的差异。在钢筋混凝土结构中，剪力墙（筒体）结构带斜向支撑的筒体楼梯对于结构整体刚度的影响相对较小，所以高层钢筋混凝土剪力墙结构中楼梯的破坏相对较轻；而对于侧向刚度比较小的框架结构，其带斜向支撑榀的框架楼梯对于结构整体刚度的影响相对较大，不仅对结构的刚度分布产生影响，而且因楼梯间斜梁的作用使得其刚度较大其承担了较多的地震作用，楼梯间梁板和柱破坏严重；当楼梯不对称设置在端部时，在地震作用下会产生较大的扭转而加重破坏。对于框架-剪力墙结构，虽然这类结构的侧向刚度也较大，但若采用框架填充墙楼梯，在强烈地震作用下，也会出现楼梯梁和填充墙的破坏，如图 15.1.31～图 15.1.41[1] 所示。

图 15.1.31 都江堰市公安局大楼（11 层框架-抗震墙结构）楼梯板和楼梯间填充墙破坏

图 15.1.32 都江堰市公安局大楼楼梯平台梁和柱破坏

图 15.1.33 都江堰市交管局大楼框架结构楼梯断裂

图 15.1.34 都江堰市地税局办公楼框架结构填充墙倒塌，楼梯平台梁严重破坏

图 15.1.35　都江堰市地税局办公楼框架结构旋转楼梯开裂

图 15.1.36　都江堰市规划局办公楼框架结构楼梯梁端部断裂，梯板与梯梁拉开

图 15.1.37　都江堰市规划局办公楼梯梁断裂并与梯板拉开

图 15.1.38　都江堰市小憩驿站酒店框架结构楼梯梁端部严重破坏

图 15.1.39　都江堰市烟草公司框架结构楼梯板断裂塌落，钢筋拉断

图 15.1.40 楼梯处的斜向框架梁梁柱节点破坏，楼梯平台发生扭转

图 15.1.41 上下楼梯板相交处梁剪扭破坏

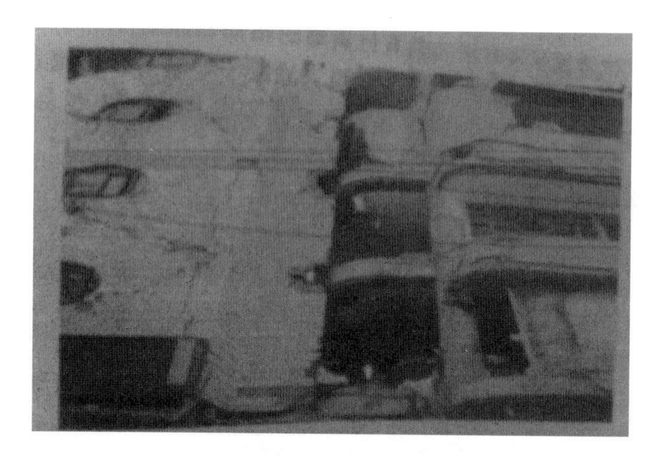

图 15.1.42 汶川地震中，相邻两栋贴建建筑严重碰撞损毁

15.1.4 防震缝的震害较普遍

以往抗震设计者多主张将复杂、不规则的钢筋混凝土结构房屋用防震缝划分成较规则的单元。防震缝的设置主要是为了避免在地震作用下体形复杂的结构产生过大的扭转，应力集中，局部严重破坏等。为防止建筑物在地震中相碰，防震缝必须留有足够的宽度。在实际房屋建筑中，由于防震缝的宽度受到建筑装饰等要求限制，往往难以满足强烈地震时实际侧移量，从而造成相邻单元间碰撞而产生震害。图 15.1.42 为绵竹市汉旺镇某两栋贴建的建筑物，左侧为原有多层砖混结构体系，右侧为贴建的多层框架结构，由于留有的防震缝宽度过小（不足 50mm），在汶川地震中发生碰撞，导致左侧建筑物竖向受力构件严重破坏，修复困难。在阿尔及利亚地震中，两栋钢筋混凝土建筑，因防震缝宽度不够，在地震中相互碰撞导致两栋建筑物整体倾斜，不得不拆除（图 15.1.43）。天津友谊宾馆

图 15.1.43 阿尔及利亚地震中，相邻两栋建筑碰撞，倾斜破坏

主楼东西段间设有150mm宽度的防震缝，完全满足TJ 11—74的规定，在地震中仍发生了相互碰撞，造成较重的震害。发生较低地震烈度的地震时，防震缝处饰面材料破坏比较普遍，唐山地震中6度区的北京市区内高层建筑，如民航大楼、长途电话楼、北京饭店西楼等都因防震缝或伸缩、沉降缝处装饰墙面损坏，增加了修复费用。

15.2 多层和高层钢筋混凝土房屋的受力、变形特点与抗震性能

15.2.1 钢筋混凝土构件的抗震性能[2~4]

钢筋混凝土是由混凝土和钢筋两种不同性能的材料所组成的。钢筋受拉时具有良好的变形能力，但容易压屈；混凝土则相反，抗压能力很强而抗拉能力很差。由他们构成的构件在地震作用下的性能，不仅取决于钢材和混凝土本身在反复交替荷载下的物理力学性能，而且取决于钢筋和混凝土两者之间的粘结性能。

钢筋混凝土结构构件主要包括梁（受弯、受剪）、柱（压弯）以及剪力墙等，不同类型构件受力状态不一样，则其抗震性能也不一致。构件的抗震性能主要用反复荷载下的延性来描述。所谓构件的延性，指的是构件在破坏前有明显的塑性变形或其他预兆。过去常用延性系数（极限变形和屈服变形的比值）来衡量。然而，在同样截面配筋的情况下，杆件越长则越柔，延性系数反而越小，而且不少构件尚难以明确地判断其屈服点，使延性系数的计算具有相当的随意性。近来，正逐步地直接采用变形能力来表征构件的延性。延性越好，结构的抗震能力也就越好。在大震作用下，即使结构构件达到屈服，仍然可以通过屈服截面的塑性变形来消耗地震能，避免发生脆性破坏。在大震后的余震发生时，因为塑性铰的出现，结构的刚度明显变小，周期变长，所受地震作用会明显减小，震害减轻。地震过后，结构的修复也较容易。因此在地震区，结构必须具备良好的承载能力和延性，并且设防烈度越高，结构高度越大，对结构承载能力和延性的要求也越高。

为了掌握钢筋混凝土构件的抗震性能，国内外抗震工程研究者对各类钢筋混凝土构件的抗震性能进行了大量的试验和分析研究。

1. 受弯构件的滞回特性

国内外对于受剪力影响较小的，以弯矩作用为主的钢筋混凝土梁，在反复循环荷载下的滞回特性作了大量的试验研究。试验表明，当剪力较小时这种构件多是由于反复荷载下受拉钢筋发生屈服后，受压钢筋发生压屈而破坏。这属于“弯曲破坏”即纤维破坏，构件具有较大的延性。不同研究者的试验均表明，钢筋屈服以前，反复荷载下梁的“力-变形”曲线与单调加荷梁的“力-变形”曲线是基本重合的，滞回环呈稳定的“梭形”，刚度退化较少。屈服以后，由于钢筋的包兴格（BauShinger）效应以及混凝土裂缝的开闭和塑性变形的发展，刚度随位移的增大而逐渐降低，出现刚度退化，如图15.2.1中梁R-3滞回

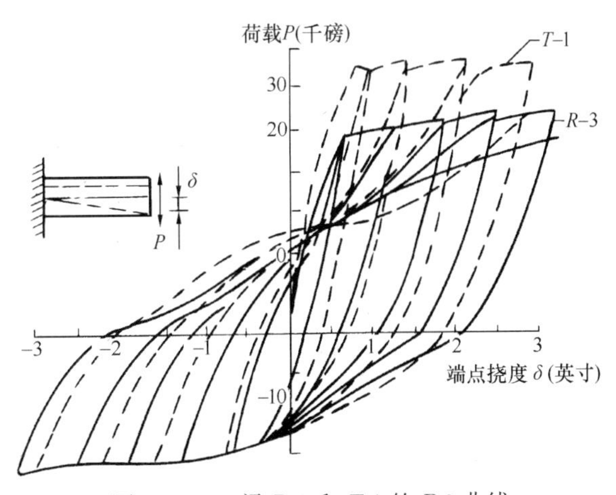

图15.2.1 梁R-3和T-1的P-δ曲线

曲线所示。当采用等幅加荷时，即使在钢筋屈服以后，二个循环的滞回曲线几乎重合，保持稳定的“梭形”。

2. 弯剪构件的滞回特性

为了减少高层建筑在地震时的结构损坏和非结构损坏，需要控制结构的层间侧移，因此要增大结构的侧向刚度。最经济有效的办法是增大框架的尺寸，但梁尺寸的增大将导致其受弯承载力的增加，这样就需要注意避免使梁的支座区出现过大的剪力。弯剪构件的反复循环荷载的试验表明，当剪跨比减小时，随反复循环荷载次数的增加，刚度和承载力显著退化，延性也明显减少。

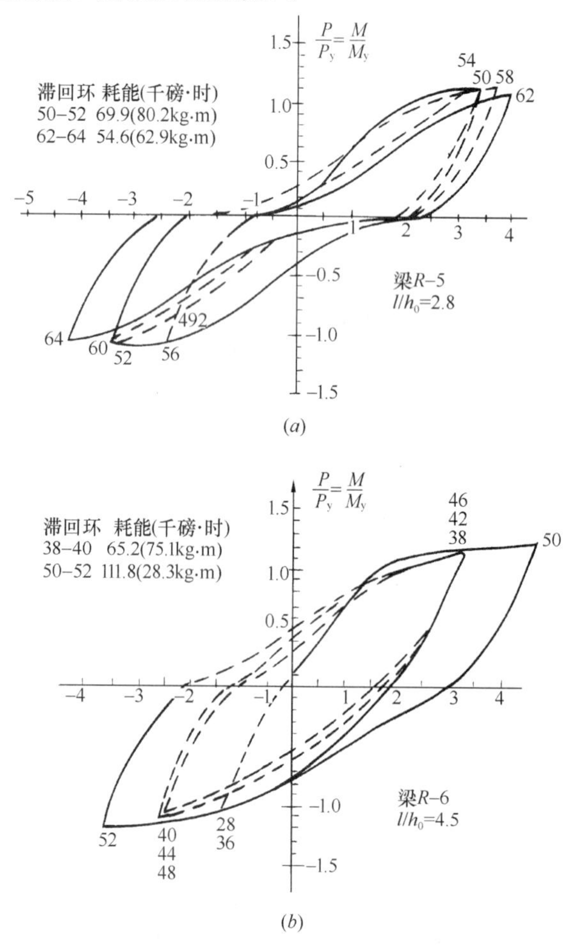

图 15.2.2 位移延性比相同时剪力对耗能的影响

如图 15.2.2 所示，通过其他条件（包括有效高度 h_0）相同，仅剪跨比 l/h_0 不同的两个梁 R-5 和 R-6，在同一位移延性比下某几个加荷循环的对比可以清楚地看出，剪力较大的梁 R-5 比梁 R-6 有较大刚度退化和耗能的退化，梁 R-5 滞回环呈“捏拢”形，而梁 R-6 则基本保持为“梭形”。“捏拢”现象是每次循环加荷的初始阶段受剪承载力和刚度退化的结果（斜裂缝反复地张开、闭和）。梁的变形量测也表明，在梁端挠度中剪切变形和锚固滑动产生的挠度约各占 1/3。图 15.2.2 为梁 R-5 距支座 35cm 一段的剪切变形引起的挠度和总挠度的关系。

当梁的剪跨比及其他条件大致相同时，增加箍筋的数量可以改善梁的耗能性质。

虽然加密箍筋可以延缓和减轻退化现象，但并不能使之完全消除。试验表明经过数次荷载循环后，剪力产生的斜裂缝不仅彼此交叉并与垂直受弯裂缝相交汇合在一起；同时在支座边有一、两条垂直裂缝发展并贯通整个梁高。这些裂缝截面的剪力将只能由纵筋的微弱“销栓”作用来承受，它加速了梁的破坏，最后形成所谓的“滑剪破坏”。滑剪破坏产生在纵筋屈服之后，故称为“弯剪破坏”。

3. 压弯构件的滞回特性

压弯构件是决定钢筋混凝土框架抗震性能的主要构件之一，一般可分为中长柱和短柱两种类型。

1）中长拄

随着轴压比的增加，承载力有增加，但屈服点则越来越不明显，变形能力相对降低。

试验还表明，当采用有一定体积配筋率的复合箍筋时，如果受弯及轴压比不大，钢筋屈服后的塑性区可在一个相当长的区段内发展，即使轴压力较大，仍有一定的塑性区段。所以，构件变形能力有明显的改善。如图 15.2.3 所示为压弯构件的滞回曲线。

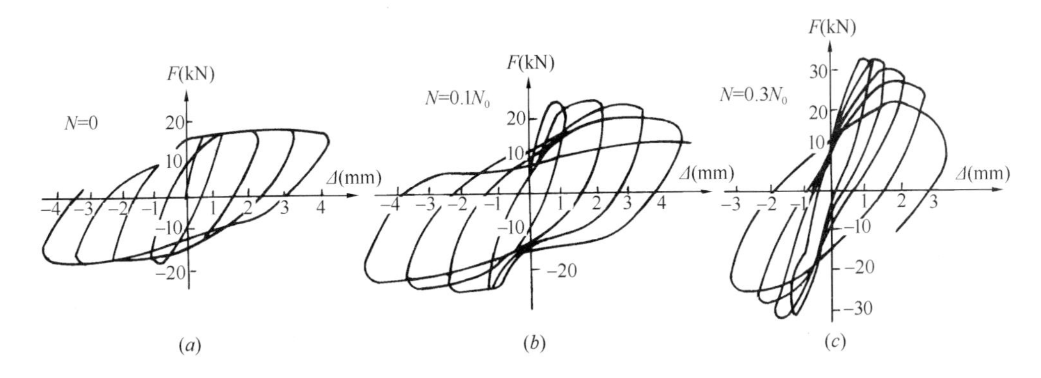

图 15.2.3　压弯构件的滞回曲线

图 15.2.4 为配筋率、配箍率、截面尺寸、混凝土强度等级完全相同的一组构件，在不同轴压比下的受力-变形曲线。可清楚地看到，轴压比对构件延性有较大的影响。

2）短柱

从 1968 年日本十胜冲地震和 1971 年美国圣佛南多地震的震害中可发现，有些钢筋混凝土短柱由于剪力过大产生意外的脆性破坏，这引起了人们对于短柱在反复荷载下受剪承载力和变形研究的重视。

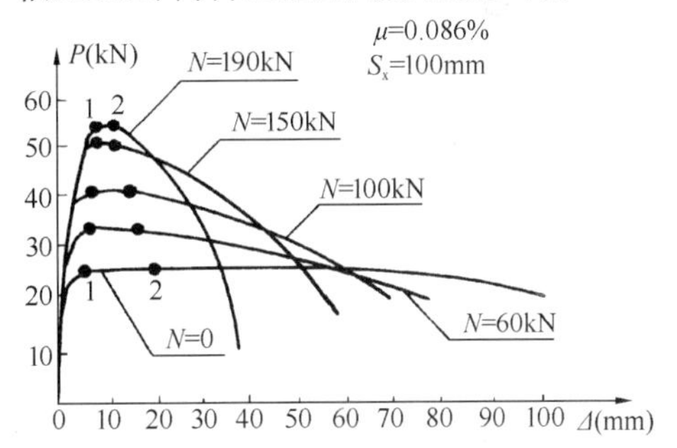

图 15.2.4　轴压比对受力-变形曲线的影响

如图 15.2.5 所示为一组压弯剪试件的典型滞回曲线。试件为梁柱组合体，其受力体系及裂缝概貌如图 15.2.6 所示。试件的剪跨比为 3～5，配箍率为 0.28～0.85%，轴压比 $\dfrac{N}{N_0}=0.15\sim0.30$（$N_0$ 为轴心抗压强度）。

试件在反复荷载作用下，柱中首先出现斜拉裂缝，然后发展为沿纵向钢筋的剪切-粘结裂缝，随变形幅度的增长，最后导致柱发生剪切-粘结破坏。达到荷载最大值以后，滞回曲线均为反“S形”，如图 15.2.5 所示，在荷载较小时刚度几乎退化为零，回环面积扁平，表明吸能能力很小，表现出粘结破坏的滑移型滞回特性。当柱轴力增大时，荷载最大值增大，但随循环次数的增加，承载力退化加剧；当位移幅值保持不变时，通常经 3 次循环后承载力降低即趋近于该位移下第一次循环最大荷载的 60%。

4. 钢筋混凝土剪力墙构件的抗震性能

根据高宽比钢筋混凝土剪力墙一般可分为三种类型：一是高宽比大于 2.0 的高等剪力墙，二是高宽比小于等于 2.0 且大于 1.0 的中等高剪力墙，三是高宽比小于 1.0 的低矮墙。对于高等剪力墙，其破坏状态一般为弯曲破坏，具有较好的变形能力；中等高剪力墙的破坏状态为弯剪破坏，具有一定的变形能力；低矮墙的破坏状态一般为剪切破坏，其变形能力比较差。

（1）悬臂剪力墙

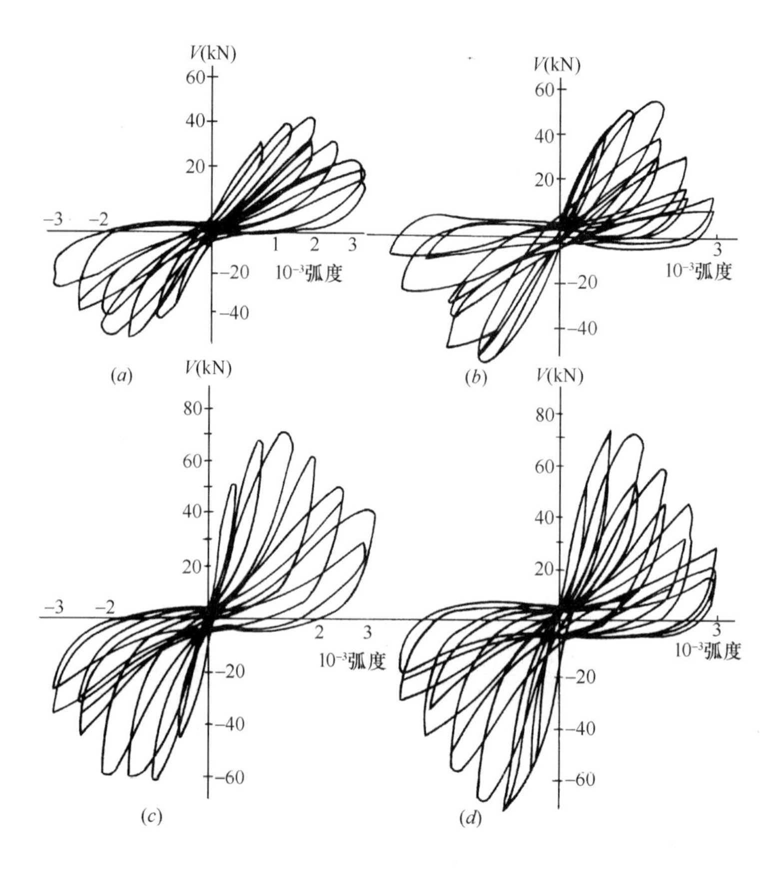

图 15.2.5　压弯试件的典型滞回曲线

(*a*) 剪跨比 5，配箍率 0.57%，轴压比 0.15；(*b*) 剪跨比 5，配箍率 0.57%，轴压比 0.30；
(*c*) 剪跨比 3，配箍率 0.85%，轴压比 0.15；(*d*) 剪跨比 3，配箍率 0.85%，轴压比 0.30

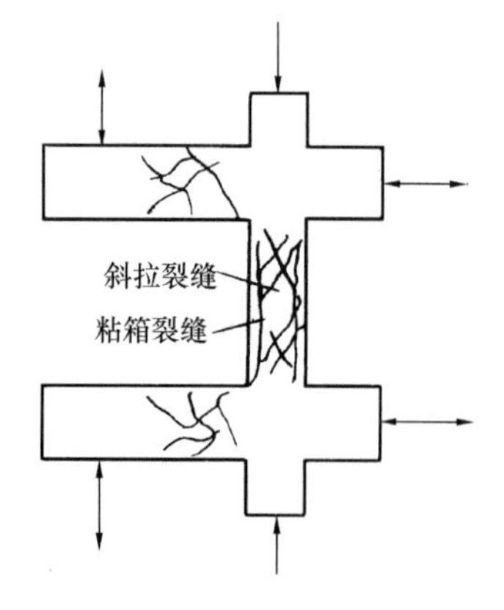

图 15.2.6　试件受力体系及裂缝概貌

悬臂剪力墙没有洞口，可以看成是一个悬臂构件，承受压力、弯矩、剪力的共同作用。它应当符合钢筋混凝土压弯剪构件的基本规律。但是与柱相比，它往往高度大（一般剪力墙高度为建筑物总高），截面薄而长。因此沿截面边长要布置许多分布钢筋。同时截面抗剪问题较为突出，这使剪力墙截面的配筋计算、构造与柱略有不同。在平面外，剪力墙必须依赖各层楼板作为支撑而保持其总体稳定。在楼层较高时，则应当考虑剪力墙结构的局部稳定和平面外的承载力问题。通常所说的剪力墙配筋计算是指在墙平面内受力的强度计算，而平面外的侧向稳定则通过构造措施或进行必要的验算加以保证。

悬臂剪力墙是一个承受压弯剪共同作用的构件。它可能出现弯曲破坏或剪力破坏。通常由竖向钢筋抵抗弯曲，水平钢筋抵抗剪力。悬臂剪力墙可能出现如图 15.2.7 所示的几种破坏形式。

（2）开洞剪力墙

开口剪力墙与悬臂剪力墙不同，洞口将剪力墙分成墙肢及连系梁两类构件。连梁一般

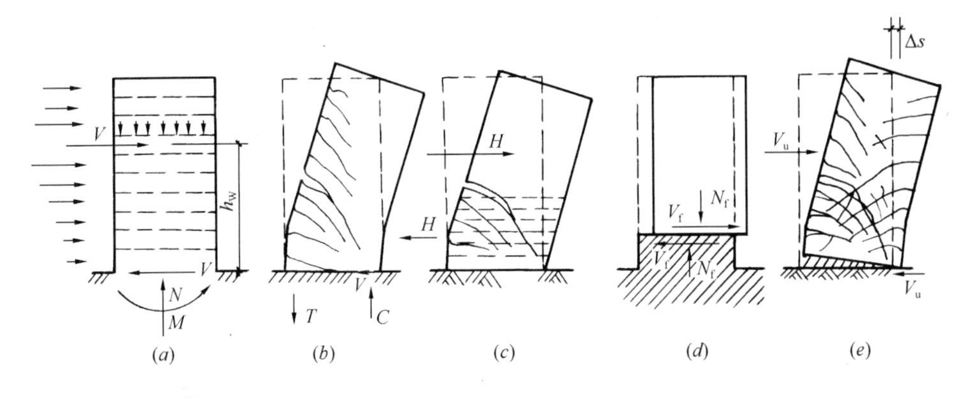

图 15.2.7 悬臂剪力墙的几种破坏形式

（a）墙的受力情况；（b）弯曲破坏；（c）斜向受拉破坏；（d）滑移剪切破坏；（e）沿铰滑动破坏

跨高比都较小，受剪承载力较一般受弯构件要大。墙肢与悬臂剪力墙相似，承受轴力、弯矩与剪力的共同作用。在水平荷载作用下的受拉墙肢轴向压力可能较小，甚至可能是轴向拉力，此时受弯、受剪的承载力会降低。开洞剪力墙的墙肢宽度、连梁的刚度和承载能力对整个剪力墙的承载能力和变形能力都有很大的影响。

墙肢为高宽比大于 2.0 的高剪力墙时为弯曲破坏，若为高宽比小于 1.0 的低矮墙时为脆性破坏。

连梁出现脆性破坏，会使墙肢丧失约束而形成单独墙肢，与连梁不破坏的墙相比，墙肢中轴力减小、弯矩加大，墙的侧向刚度大大降低，侧向位移加大，承载能力也将降低。在继续承载情况下，墙肢截面屈服形成破坏机构。如图 15.2.8 所示为开洞剪力墙模型的试验所得的顶点位移滞回曲线。该模型发生连梁剪切破坏。图中曲线表明，连梁剪切破坏以后，刚度退化严重，滞回环变得扁而平，变形加大，承载能力降低。但是降低到一定程度以后，在墙肢破坏以前，仍具有一定的承载能力。

对于开洞剪力墙避免墙肢的剪切破坏和尽量避免连梁的剪切破坏，能有效地提高开洞剪力墙的承载能力和变形能力。开洞剪力墙的弯曲破坏，存在下列两种情况：

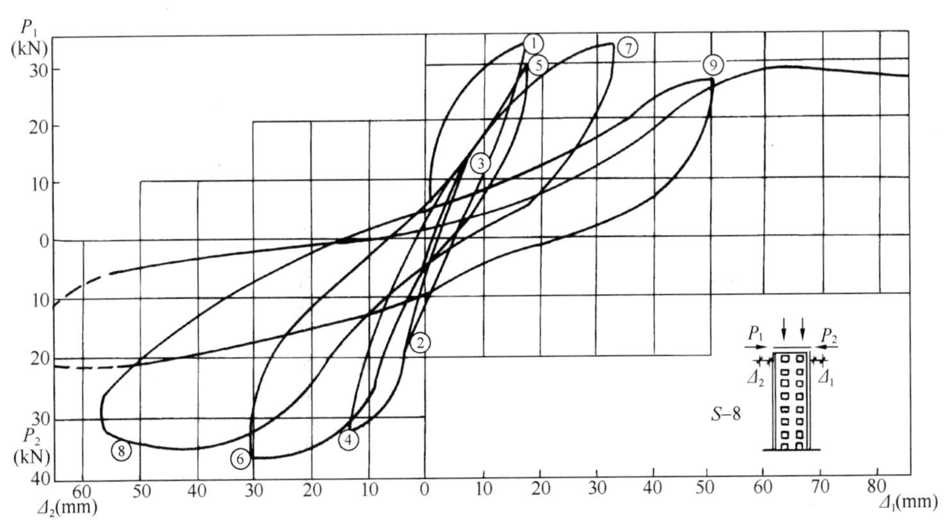

图 15.2.8 连梁剪切破坏的剪力墙滞回曲线

1）连梁不屈服，墙肢弯曲破坏后丧失承载能力。这种情况往往出现在连梁刚度及承载能力都较大的开洞剪力墙中。墙的整体性能很好，其刚度和破坏情况都接近于悬臂墙。

2）连梁先屈服，之后墙肢弯曲破坏丧失承载能力。当连梁钢筋屈服并具有延性时，它既可以吸收大量地震能量，又能继续传递弯矩与剪力，对墙肢有一定的约束作用，使剪力墙保持足够的刚度和承载力，延性较好。这种破坏形式是最理想的。

图 15.2.9 是另一个连梁先屈服，之后墙肢屈服的剪力墙模型在反复荷载作用下的顶点位移滞回曲线。与图 15.2.8 剪力墙滞回性能相比较，可以看出具有延性连梁的开洞剪力墙滞回环稳定，抗震性能较好。

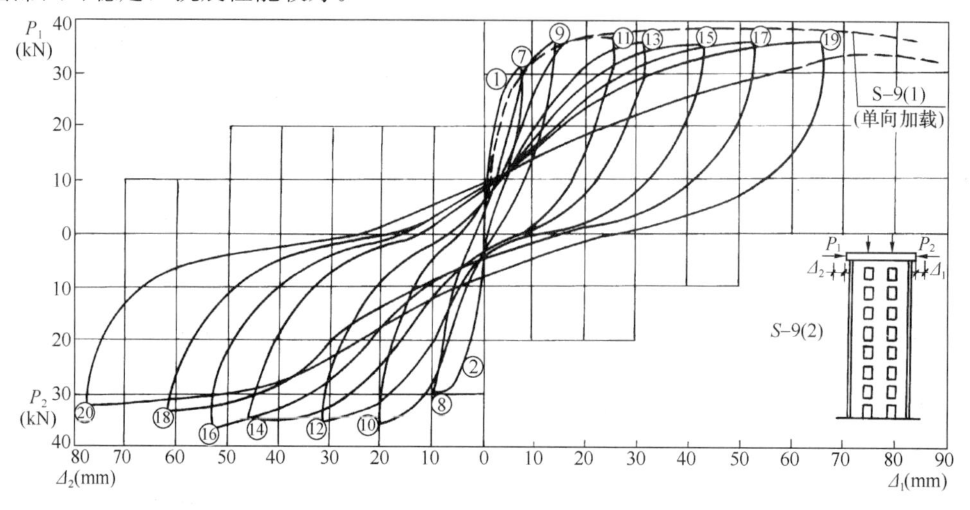

图 15.2.9 具有延性连系梁的剪力墙滞回曲线

在开洞剪力墙中，当连梁端部钢筋屈服，可以形成数量众多的塑性铰时，具有较好的变形能力和耗能能力，这是最理想的。如果连梁出现剪切破坏，按照抗震结构设计的“多道设防”的原则，只要保证墙肢安全，整个结构就不致严重破坏或倒塌。因此，经过合理设计的开洞剪力墙，与悬臂剪力墙相比，可以作到裂缝分散，由连梁端塑性铰吸收地震能量，从而保证墙肢的安全，是一种抗震性能很好的结构。

按照“强墙弱梁”原则加强墙肢的承载力，绝对避免墙肢的剪切破坏，同时尽可能避免连梁过早的剪切破坏，这对于提高开洞剪力墙的承载能力和变形能力是至关重要的。

15.2.2 钢筋混凝土框架结构的受力、变形特点与抗震性能

框架结构体系是指沿房屋的纵向和横向，由梁柱构件通过抗弯节点连接而成的既承受竖向荷载，也承受水平荷载的结构体系。框架结构的优点是建筑平面布置灵活，在大震作用下具有一定的延性和耗能能力。缺点是其抗侧刚度较小，适用范围受高度限制。这种结构的抗侧刚度主要取决于组成框架的梁、柱及节点的抗弯刚度和柱子的轴向刚度。对于竖向刚度比较均匀的多层框架结构，其底层的地震剪力和层间位移反应相对较大。框架结构的抗侧力刚度主要由框架柱提供，由于框架柱的抗侧力刚度相对于砌体墙、钢筋混凝土剪力墙要小得多，所以其层间抗侧力刚度相对较小，在地震作用下的位移反应会比较大。在水平力作用下，当楼层较少时，结构的侧向变形主要是剪切变形，即由框架柱的弯曲变形和节点的转角所引起的；当楼层较多时，结构的侧向变形除了由框架柱的弯曲变形和节点转角引起以外，框架柱的轴向变形所引起的侧

移随着结构层数的增多也越来越大。

由于不同受力状态下的梁、柱构件的抗震性能差别较大，框架梁为受弯构件，具有较好的变形能力，跨高比大的梁优于跨高比小的梁，梁的延性好于柱的延性；框架柱为偏心受压状态，剪压比大的柱优于剪压比小的柱，轴压比小的柱优于轴压比大的柱。因此，钢筋混凝土框架的抗震性能，不仅取决于梁、柱等单个构件的性能，而且取决于各构件之间的组合关系。而框架梁柱节点为结构整体性连接与传力的关键部位。钢筋混凝土框架结构抗震设计中对于构件及其构件之间的要求是：梁柱构件均要求做到强剪弱弯，梁柱构件之间要求做到强柱弱梁，梁柱构件与节点之间要求做到节点更强，要使框架结构底层框架柱晚一些进入塑性状态，其底层的柱底应给予增强。

汇总平面框架结构试验及数值分析的结果，总结了框架结构的抗震性能具有以下几点特征：

1）构件形成塑性铰和整个结构在水平力下形成塑性铰并不等同，结构的水平力-位移曲线的明显转折处所对应的破坏状态是多个构件均出现塑性铰，其中最后的一个称为“临界塑性铰”。

2）临界塑性铰的位置视弱梁型、弱柱型和混合型而有所不同，结构的恢复力特性曲线也不同。弱柱型框架的延性差，弱梁型框架的延性很好，而混合型框架设计得当也有较好的延性。框架底层柱底应最后出现塑性铰才能较好的发挥上部梁柱的变形和耗能作用，达到提高结构整体抗震能力的作用。

3）随着结构塑性铰的发展，结构的等效阻尼有所增加，提高了塑性耗能能力。

4）填充墙与框架梁柱可靠连接时，可使框架的抗震承载力增加几倍，且变形能力仍接近框架结构。由于具有比框架结构更多的抗震防线，其抗震性能良好。但砖填充墙与框架梁柱相互作用的结果，使框架梁柱产生了附加剪力和轴向力，若在设计时未加考虑，则框架柱会出现局部的破坏，反而降低其抗震性能。

5）单跨钢筋混凝土框架结构的超静定次数少和因梁端受弯承载力需要与梁柱节点域上下柱端弯矩平衡使得柱端受弯承载力不能很好的发挥作用。当梁端形成塑性铰后梁对柱的约束减弱，柱的承载能力大为降低，在强烈地震作用下单跨框架结构的破坏是很严重的。

15.2.3 剪力墙结构的受力、变形特点与抗震性能

剪力墙结构是指建筑物内纵横方向均由钢筋混凝土墙体承受水平与竖向荷载的结构体系。由于其房间无柱、无梁而深受用户和建筑师的欢迎，这种结构体系在多高层住宅与公寓建筑中广泛应用。

剪力墙是一种抵抗侧向力的结构单元。它可以组成完全由剪力墙抵抗侧向力的剪力墙结构；也可以和框架共同抵抗侧向力而形成框架-剪力墙结构；在筒体结构中，实腹筒也由剪力墙组成。由于剪力墙具有较大的抗侧力刚度，在结构中它往往承受水平力中的大部分。在高宽比大于2.0的高等剪力墙中，由于弯矩和轴力相对较大，破坏往往由弯曲控制。一系列的研究已认识到剪力墙结构具有良好的抗弯性能以及弯曲破坏下具有良好的变形性能，可以实现延性剪力墙设计。因此，在高层建筑中，剪力墙成为一种有效的抗侧力结构体系，特别对于地震区，设置剪力墙（或由剪力墙组成的筒体）可以改善结构的抗震性能。

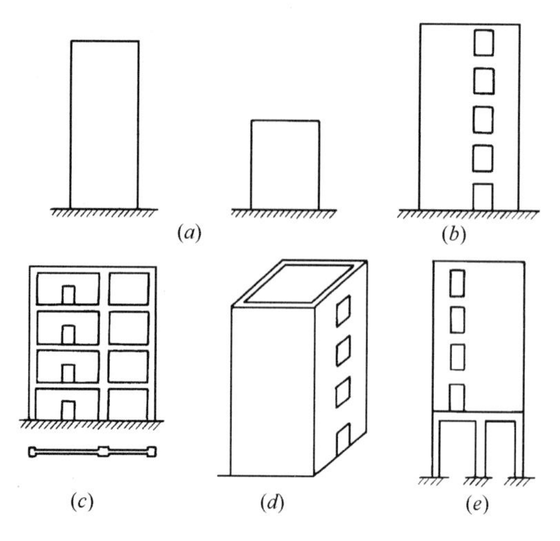

图 15.2.10 剪力墙类型

(a) 悬臂剪力墙；(b) 开口剪力墙；

(c) 带边框剪力墙；(d) 井筒；(e) 框支剪力墙

按照墙的几何形状及有无门洞，剪力墙又可分成不同的类型，如图 15.2.10 所示。它们的破坏形态和配筋构造要求既有共性，又有特殊性。例如，不开洞的墙为悬臂剪力墙，开有洞口的墙称为开洞剪力墙；根据剪力墙的高宽比，有可分为高等剪力墙、中高等剪力墙、低矮剪力墙。在框架-剪力墙结构中，剪力墙往往和梁、柱结合在一起称为带边框的剪力墙等。

悬臂剪力墙没有洞口，可以看成是一个悬臂构件，承受压力、弯矩、剪力的共同作用。它应当符合钢筋混凝土压弯剪构件的基本规律。但是与柱相比，它往往高度大（一般剪力墙高度为建筑物总高），截面薄而长。因此沿截面边长要布置许多分布钢筋。同时截面抗剪问题较为突出，这使剪力墙截面的配筋计算、构造与柱略有不同。在平面外，剪力墙必须依赖各层楼板作为支撑而保持其总体稳定。在楼层较高的范围内，则应当考虑剪力墙结构的局部稳定和平面外的承载力问题。通常所说的剪力墙配筋计算是指在墙平面内受力的承载力计算，而平面外的侧向稳定则通过构造措施或进行必要的验算加以保证。

悬臂剪力墙是一个承受压弯剪共同作用的构件。它可能出现弯曲破坏或剪力破坏。通常由竖向钢筋抵抗弯曲，水平钢筋抵抗剪力。

开口剪力墙与悬臂剪力墙不同，洞口将剪力墙分成墙肢、连梁两类构件。连梁一般跨高比都较小，受剪承载力较一般受弯构件要大。墙肢则和悬臂剪力墙相似，承受轴力、弯矩与剪力的共同作用。在水平荷载作用下的受拉墙肢轴向压力可能较小，甚至可能是轴向拉力，此时受弯、受剪的承载力会降低。

由于剪力墙结构在纵向及横向的主要受力构件均为剪力墙，因此在水平荷载作用下的受力特征及抗震性能主要取决于剪力墙构件的平面、竖向布置以及每个墙段的抗震性能。历次大地震的震害结果及大量的剪力墙结构在水平反复荷载作用下的试验结果汇总表明：

1）剪力墙结构刚度大，承载力高且整体性好，抗震性能较好。

2）由于纵横向共同作用，空间受力特征明显，合理的考虑翼墙的作用，才能使结构内力分析比较合乎实际情况。

3）剪力墙在平面及竖向布置的规则性对结构的抗震性能影响很大。

4）结构的抗震性能主要依赖于剪力墙构件的抗震性能，耗能主要靠连梁。设计原则是“强墙弱连梁”，连梁理想的破坏模式是弯曲破坏而非剪切破坏。

15.2.4 框架-剪力墙结构的受力、变形特点与抗震性能

框架-剪力墙结构体系是在框架结构中布置一定数量的剪力墙所组成的结构体系。由于框架结构具有侧向刚度差，水平荷载作用下变形大，抵抗水平荷载能力较低的缺点，但其具有平面布置较灵活，可获得较大的空间，立面处理易于变化的优点。剪力墙结构则具有承载力和刚度大，水平位移小的优点及使用空间受到限制的缺点。将这两种体系结合起

来，相互取长补短，可形成一种受力特性较好的结构体系：框架-剪力墙结构体系。

1. 框架-剪力墙变形特点

钢筋混凝土框架-剪力墙结构由框架和剪力墙两种不同的抗侧力结构组成，这两种结构的受力特点和变形性质都不相同。如图 15.2.11 所示，剪力墙是竖向悬臂弯曲结构，其变形曲线是弯曲型，如同竖向悬臂梁，楼层越高水平位移增长越快。框架的工作特点类似于竖向悬臂剪切梁，其变形曲线为剪切型，楼层越高水平位移增长越慢。框架-剪力墙结构在同一结构单元中，通过平面内刚度无限大的楼板连接在一起，使两者不能再自由变形，在不考虑扭转的情况下，它们在同一楼层上位移必须相同，使得框架-剪力墙结构的位移曲线就成了一条反 S 形的曲线。在下部楼层，剪力墙的位移较小，它拉着框架按弯曲型曲线变形，剪力墙承受大部分水平力。上部楼层则相反，剪力墙位移越来越大，有外倒的趋势。而框架则呈内收的趋势，框架拉剪力墙按剪切型曲线变形，框架除了负担外荷载产生的水平力外，还额外负担了把剪力墙拉回来的附加水平力。所以，在上部楼层，即使外荷载产生的楼层剪力较小，框架中也出现相当大的剪力。

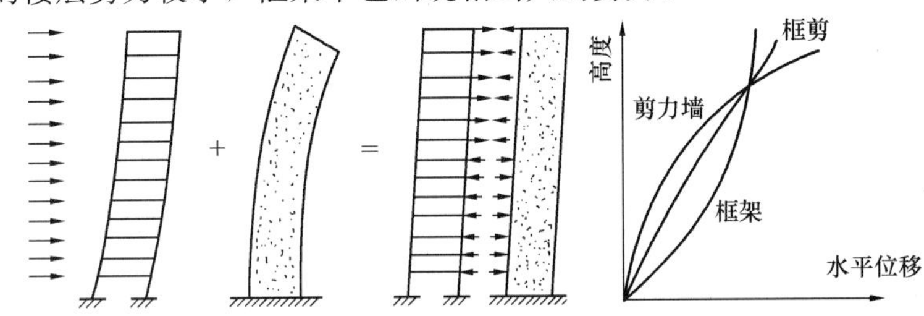

图 15.2.11　框架、剪力墙、框架-剪力墙结构的受力、变形

2. 框架-剪力墙结构受力特点

框架-剪力墙结构在水平力作用下，框架与剪力墙之间楼层剪力的分配比例，是随着楼层所处高度而变化的，与结构刚度特征值 λ 直接相关。图 15.2.12 为均布荷载作用时框架-剪力墙的剪力分布图。框架结构的地震剪力控制部位在下部楼层；而框架-剪力墙结构中的框架，控制部位在中部甚至是顶部楼层，两者的内力分布规律不同。框架、剪力墙协同作用承担的剪力具有以下特点：①框架承受的荷载（即框架给剪力墙的弹性反力）在上部为正，在下部出现负值。②框架和剪力墙顶部剪力不为零。③框架的剪力最大值在结构的中部。所以，对框架起控制作用的是中部的剪力值。

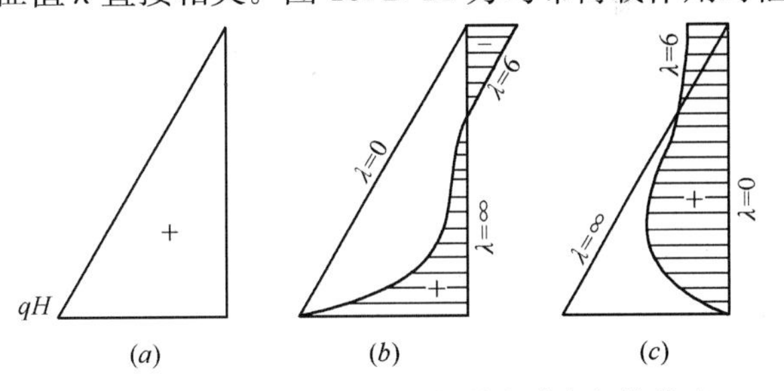

图 15.2.12　水平力在框架与剪力墙之间的分配

(a) V 图；(b) V_w 图；(c) V_f 图

由图 15.2.12 可见，竖向剪力墙和框架之间水平力的分配比例 V_w/V_f 并不是一个定值，它随楼层的高度的改变而变化。因此，水平力在框架和剪力墙之间，应按位移调协的原则进行计算。

3. 框架-剪力墙结构抗震性能

框架-剪力墙结构中，由于剪力墙刚度大，剪力墙将承担大部分水平力（有时可达

80%～90%)，是抗侧力的主体，整个结构的侧向刚度大大提高。框架则承担竖向荷载，提供了较大的使用空间，同时也承担少部分水平力。框架-剪力墙结构比框架结构的刚度和承载力都大大提高了，在地震作用下层间变形较小，因而也就减少非结构构件（隔墙及外墙）的损坏。这种结构体系属于具有多道防线的抗侧力体系，历次大地震的震害经验表明这类结构体系具有较好的抗震性能。

在高层钢筋混凝土框架-剪力墙结构应考虑钢筋混凝土剪力墙的合理数量，以满足剪力墙承担的倾覆力矩不小于总倾覆力矩的 50%。对于高层钢筋混凝土框架-剪力墙结构可采用控制刚度特征值 $\lambda \leqslant 2.4$（$\lambda = H\sqrt{\frac{C_f}{EI_w}}$，$H$ 为房屋总高度；EI_w 为剪力墙总平均等效刚度；C_f 为框架的剪切刚度)。

4. 框架结构中增设剪力墙的分析

框架-剪力墙中框架的剪力控制部位在房屋高度的中部甚至上部，而框架结构最大剪力在底部。因此，当实际布置有剪力墙（如楼梯间墙、电梯井道、设备管道井墙等）的框架结构，必须按框架-剪力墙结构协同工作计算内力，不应简单按框架结构分析，否则不能保证框架结构部分上部楼层构件的安全。

(1) 按钢筋混凝土框架结构设计完成后，如果又增加了一些剪力墙，就必须按框架-剪力墙结构重新核算，否则不能保证框架部分的中部和上部楼层的安全。

(2) 在结构中布置了剪力墙、电梯井等弯曲型构件，必须按框架-剪力墙结构进行内力计算，不能简单地按框架结构计算。不考虑剪力墙的受力不一定就偏于安全，而实际设计结果是框架中部、上部楼层剪力偏小，则该结构偏于不安全。

15.2.5 部分框支剪力墙结构的受力、变形特点与抗震性能

部分框支剪力墙结构是指将在剪力墙结构的底层或底部几层的部分剪力墙取消，用框架来代替，形成底部大空间的结构体系。这种结构体系，由于底部框架部分的刚度小，上部剪力墙的刚度大，形成上下刚度突变，在地震作用下底部会产生较大的内力及变形。因此底部框支部分的抗震性能尤为重要。

带有框支层的底层大空间 12 层剪力墙结构的计算机和推力机联机模型试验表明[5]，如果充分注意框支托梁和框支柱的设计，并使框支层有足够的设计剪力，则框支剪力墙结构仍有一定的变形能力。如图 15.2.13 (*a*) 所示为框支层不同结构部分的水平地震剪力分配图，图 15.2.13 (*b*) 是总水平力-顶点位移的滞回曲线。

这类结构的抗震性能决定于框支层结构与上部剪力墙结构的刚度及承载能力的均匀程度，不能使框支层相对非常薄弱。其抗震设计主要要求为：

(1) 加强框支层的刚度，使得转换层上下楼层的刚度比基本均匀，应用一定比例的、贯穿上、下直至基础的落地剪力墙，可加大落地剪力墙的截面厚度或提高其混凝土强度等级，以增强框支层部分的刚度，使转换层上、下结构整体刚度接近。

(2) 提高框支层构件承载能力，避免出现非常弱的薄弱楼层。

(3) 转换层楼板应有足够的平面内整体刚度，应能较好地传递框支剪力墙的底部剪力。

15.2.6 板柱-剪力墙结构

板柱-剪力墙结构是指水平构件以板为主，无梁或仅有少量的梁，竖向构件为柱与必

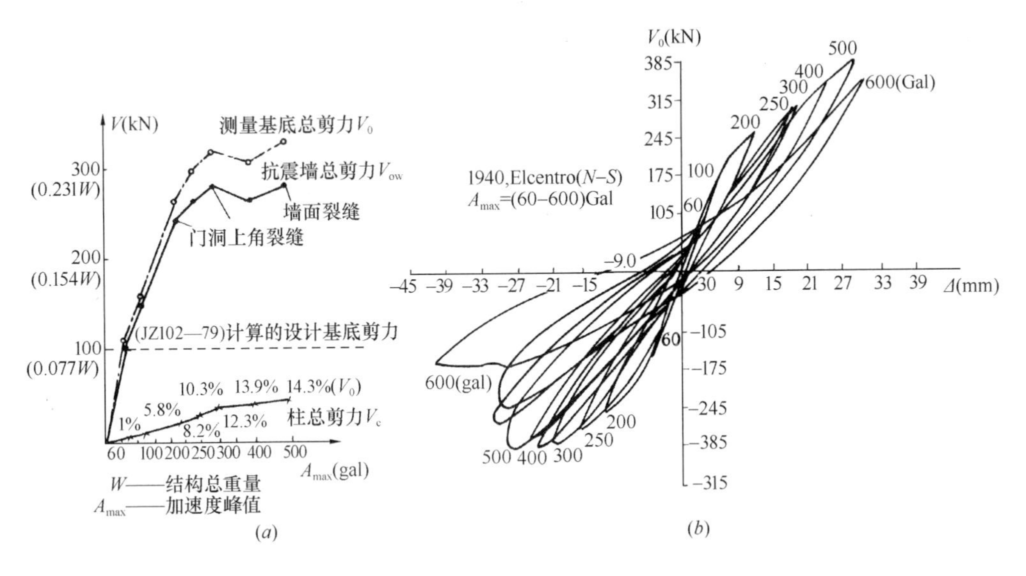

图 15.2.13　框支剪力墙结构受力性能

(a) 底层的水平力；(b) 顶点滞回曲线

要的剪力墙组成的结构体系，这种结构体系仍然具有框架-剪力墙结构的特点。板柱部分的侧向刚度小，剪力墙应能承担全部地震作用，板柱应能承担部分地震作用，起到第二道防线的作用。

15.2.7　框架-核心筒结构

框架-核心筒结构是指结构的外围是由梁柱构成的框架受力体系，而中间是由剪力墙围合而成的筒体结构（简称核心筒），外框架核心筒之间通过现浇梁板体系或预应力板体系等共同组成抗侧力体系。由于核心筒部分空间受力特征更加明显，因此这种结构形式的抗震性能更加突出。

框架-核心筒或框筒-核心筒体系也属于双重结构体系，它与框架-剪力墙体系不同之处，是由柔性框架和集中在建筑平面中心附近的墙组合成的双重结构体系，它的抗扭性能明显比框架-剪力墙双重结构体系差，其抗扭刚度一般不能满足 $r/l_s \leqslant 0.8$ 的条件，其中 r 为所有相应水平方向的扭转刚度与侧向刚度之比的开方，即为扭转半径；l_s 为结构平面内的回转半径。

15.3　多层和高层钢筋混凝土房屋抗震设计的一般要求

地震作用具有较强的随机性和复杂性，要求在强烈地震作用下结构仍然保持在弹性状态，不发生破坏是很不经济的。既经济又安全的抗震设计是允许在强烈地震作用下破坏严重，但不应倒塌。因此，依靠弹塑性变形消耗地震的能量是抗震设计的特点，提高结构的变形、耗能能力和整体抗震能力，防止高于设防烈度的“大震”不倒是抗震设计要达到的目标。

通过总结历次强烈地震的经验、教训和结构抗震性能的试验以及分析研究，得出了一些很有价值的抗震设计的概念，通常我们称之为抗震设计的基本要求，这在本书的第 13 章已进行了讨论。

15.3.1 钢筋混凝土房屋适用的最大高度

从既安全又经济的抗震设计原则出发，确定多层和高层钢筋混凝土房屋的适用高度，对于指导这些类型结构的抗震设计是很有意义的。当钢筋混凝土结构的房屋高度超过最大适用高度时，应通过专门研究，采取有效加强措施，如采用型钢混凝土构件、钢管混凝土构件，性能化设计方法等，并按住房和城乡建设部的有关规定进行专项审查。与GB 50011—2001相比《建筑抗震设计规范》GB 50011—2010关于钢筋混凝土房屋适用的最大高度方面的修订主要有四方面：①增加了抗震设防烈度为8度（0.3g）地区各类房屋适用的最大高度，具体见表15.3.1；②对于框架结构和板柱-剪力墙结构，根据其抗震性能和震害经验，对其适用的最大高度进行适当的调整，具体见表15.3.1；③删除了在Ⅳ类场地适用的最大高度应适当降低的规定；④平面和竖向均不规则的结构，适用的最大高度适当降低的规范用词，由“应”改为“宜”。

现浇钢筋混凝土房屋适用的最大高度（m） 表15.3.1

结构类型		烈度				
		6	7	8（0.2g）	8（0.3g）	9
框架		60	50	40	35	24
框架-剪力墙		130	120	100	80	50
剪力墙		140	120	100	80	60
部分框支剪力墙		120	100	80	50	不应采用
筒体	框架-核心筒	150	130	100	90	70
	筒中筒	180	150	120	100	80
板柱-剪力墙		80	70	55	40	不应采用

注：1. 房屋高度指室外地面到主要屋面板板顶的高度（不包括局部突出屋顶部分）；
2. 框架-核心筒结构指周边稀柱框架与核心筒组成的结构；
3. 部分框支剪力墙结构指首层或底部两层为框支层的结构，不包括仅个别框支墙的情况；
4. 表中框架，不包括异形柱框架；
5. 板柱-剪力墙结构指由板柱、框架和剪力墙组成抗侧力体系的结构；
6. 乙类建筑可按本地区抗震设防烈度确定适用的最大高度；
7. 超过表内高度的房屋，应进行专门研究和论证，采取有效的加强措施。

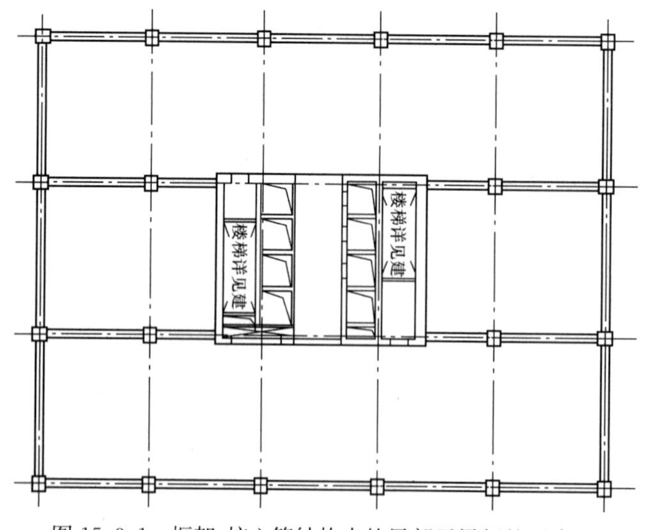

图15.3.1 框架-核心筒结构中的局部无梁板柱示意图

在表15.3.1的实际执行中，对于一些特殊房屋的结构类型划分，应根据其具体情况区别对待。仅有个别墙体不落地，例如不落地墙的截面面积不大于总截面面积的10%，只要框支部分的设计合理且不致加大扭转不规则，仍可视为剪力墙结构；框架-核心筒结构中，带有部分仅承受竖向荷载的无梁板柱时，如图15.3.1所示，不作为GB 50011—2010规定的板柱-剪力墙结构对待；设置少量剪力墙的框架结构基本上属于框架结构，其适用最大高度宜按框架结构取值。

对于部分框支剪力墙结构，GB 50011—2010 给出的适用高度已经考虑框支的竖向不规则而比全落地剪力墙结构降低，故对于框支结构的“竖向和平面均不规则”，指框支层以上的结构同时存在竖向和平面不规则的情况或框支层中还存在平面不规则或其他不规则的情况。

15.3.2 结构的抗震等级划分

地震作用下，钢筋混凝土结构的地震反应具有下列特点：

（1）设防烈度越大，地震作用越大，房屋的抗震要求越高。在不同的抗震设防烈度地区，结构的地震作用效应在与其他荷载效应组合中所占比重不同，在小震作用下，各结构均能保持弹性，但在中震或大震作用下，结构所具有的实际抗震能力会有较大的差别，结构可能进入弹塑性状态的程度也是不同的，即不同设防烈度区，结构的延性要求也不一样。地震震害表明，即使未经抗震设计的钢筋混凝土结构，在 7 度区只有少量构件可能屈服；8、9 度区的构件屈服加重和增多。从经济角度考虑，对不同设防烈度的结构抗震要求可以有明显的差别。

（2）结构的抗震能力主要取决于主要抗侧力构件的性能，主、次要抗侧力构件的抗震要求可以有所区别。框架结构中的框架抗震要求应高于框架-剪力墙结构中的框架；框支层框架抗震要求更高。框架-剪力墙结构中剪力墙的抗震要求应高于剪力墙结构中的剪力墙。

（3）房屋越高，地震反应越大，其抗震要求应越高。

因此，综合考虑抗震设防类别、设防烈度、结构类型（包括区分主、次抗侧力构件）和房屋高度等主要因素，划分抗震等级进行抗震设计，是比较经济合理的。这样，可以对同一设防烈度的不同高度的房屋采用不同抗震等级设计；同一建筑物中不同结构部分也可以采用不同抗震等级设计。抗震等级的划分，体现了对不同抗震设防类别、不同结构类型、不同烈度、同一烈度但不同高度的钢筋混凝土房屋结构延性要求的不同，以及同一种构件在不同结构类型中的延性要求的不同。表 15.3.2 是 GB 50011—2010 规定的丙类建筑抗震等级划分。

现浇钢筋混凝土结构的抗震等级 **表 15.3.2**

结构类型		烈度									
		6		7			8			9	
框架结构	高度（m）	≤24	>24	≤24	>24		≤24	>24		≤24	
	框架	四	三	三	二		二	一		一	
	大跨度框架	三		二			一			一	
框架-剪力墙结构	高度（m）	≤60	>60	≤24	25～60	>60	≤24	25～60	>60	≤24	25～50
	框架	四	三	四	三	二	三	二	一	二	一
	剪力墙	三		三	二		二	一		一	
剪力墙结构	高度（m）	≤80	>80	≤24	25～80	>80	≤24	25～80	>80	≤24	25～60
	一般剪力墙	四	三	四	三	二	三	二	一	二	一

续表

结构类型			烈度							
			6		7			8		9
部分框支剪力墙结构	高度（m）		≤80	>80	≤24	25～80	>80	≤24	25～80	
	剪力墙	一般部位	四	三	四	三	二	三	二	
		加强部位	三	二	三	二	一	二	一	
	框支层框架		二		二		一	一		
框架-核心筒	框架		三		二			一		一
	核心筒		二		二			一		一
筒中筒	内筒		三		二			一		一
	外筒		三		二			一		一
板柱-剪力墙结构	高度（m）		≤35	>35	≤35	>35		≤35	>35	
	框架、板柱的柱		三	二	二	二		一		
	剪力墙		二	二	二	一		二	一	

注：1. 建筑场地为Ⅰ类时，除6度外应允许按表内降低1度所对应的抗震等级采取抗震构造措施，但相应的计算要求不应降低；

2. 接近或等于高度分界时，应结合房屋不规则程度及场地、地基条件确定抗震等级；

3. 大跨度框架指跨度不小于18m的框架；

4. 高度不超过60m的框架核心筒结构按框架-剪力墙的要求设计时，应按表中框架剪力墙结构的规定确定其抗震等级。

GB 50001—2010与GB 50011—2001的主要变化之处体现在以下几方面：

（1）GB 50001—2010将框架结构的30m高度分界改为24m，与《民用建筑设计通则》中规定24m以上为高层建筑相一致；对于7、8、9度时的框架-剪力墙结构，剪力墙结构以及部分框支剪力墙结构，增加24m作为一个高度分界，其抗震等级比GB 50011—2001规范降低一级，但四级不再降低，框支层框架不降低，总体上与GBJ 11—89规范对“低层较规则结构”的要求相近。

（2）明确了框架-核心筒结构的高度不超过60m时，当按框架-剪力墙结构的要求设计时，其抗震等级按框架-剪力墙结构的规定采用。

（3）将“大跨度公共建筑”改为“大跨度框架”，并明确其跨度按18m划分。

在表15.3.2中的“框架”和“框架结构”有不同的含义。“框架结构”的措施仅对框架结构而言，而“框架”则泛指框架结构、框架-剪力墙结构、部分框支剪力墙结构和框架-核心筒、板柱-剪力墙结构中的框架。

对于由框架和剪力墙组成的结构的抗震等级，应根据具体情况区别对待，主要有以下三种情况：其一，个别或少量框架，此时结构属于剪力墙体系的范畴，其剪力墙的抗震等级，仍按剪力墙结构确定；其二，当框架-剪力墙结构有足够的剪力墙时，要求其剪力墙底部承受的地震倾覆力矩不小于结构底部总地震倾覆力矩的50%，其框架部分是次要抗侧力构件，按表15.3.2中框架-剪力墙结构确定抗震等级；其三，墙体很少，即GB 50011—2001规范规定：在基本振型地震作用下，框架部分承受的地震倾覆力矩大于结构总地震倾覆力矩的50%，其框架部分的抗震等级应按框架结构确定。对于这类结构，本次修订进一步明确以下几点：一是将“在基本振型地震作用下”改为“在规定的水平力作用下”，“规定的水平力”的含义包括了不规则建筑结构的空间模型分析得到的水平地震作用；二是明确底层框架部分所承担的地震倾覆力矩大于结构总地震倾覆力矩的50%时仍属于框架结构范畴；三是删除了“最大适用高度可比框架结构适当增加”的规定；四是补充规定了其剪力墙的抗震等级。

框架承受的地震倾覆力矩可按下式计算：

$$M_c = \sum_{i=1}^{n} \sum_{j=1}^{m} V_{ij} h_i \tag{15.3.1}$$

式中 M_c——框架-剪力墙结构在规定的侧向力作用下框架部分承受的地震倾覆力矩；

n——结构层数；

m——框架 i 层柱根数；

V_{ij}——第 i 层 j 根框架柱的计算地震剪力；

h_i——第 i 层层高。

裙房与主楼相连，裙房屋面部位的主楼上下各一层受刚度与承载力影响较大，抗震措施需要适当加强；对于裙房，除应按裙房本身确定抗震等级外，相关范围不应低于主楼的抗震等级，相关范围一般从主楼外延3跨且不小于20m，相关范围以外的区域可按裙房自身的结构类型确定其抗震等级；裙房主楼之间设防震缝，应按裙房本身确定抗震等级，由于在大震作用下可能发生碰撞，也需要采取加强措施，如图15.3.2所示。

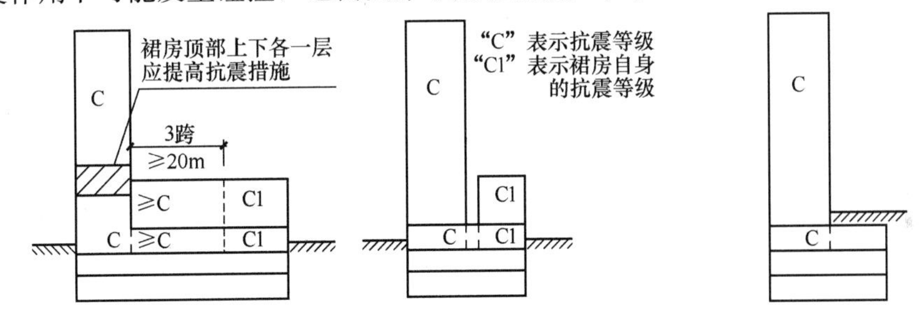

图15.3.2　裙房和地下室的抗震等级

带地下室的多层与高层建筑，当地下室结构的刚度和受剪承载力比上部楼层相对较大时，地下室顶板可视作嵌固部位，在地震作用下的屈服部位将发生在地上楼层，同时将影响到地下一层。地面以下地震反应虽然逐渐减小，但地下一层的抗震等级不能降低，根据具体情况，地下二层的抗震等级可以降低，可按三级或更低等级设防。9度时应专门研究。

对于甲、乙类建筑，应提高1度确定其抗震等级，此外乙类建筑的钢筋混凝土房屋可按本地区抗震设防烈度确定其适用的最大高度，于是可能出现7度乙类的框支结构房屋和8度乙类的框架结构、框架-剪力墙结构、部分框支剪力墙结构、板柱-剪力墙结构的房屋提高1度后，其高度超过表15.3.2中抗震等级为一级的高度上界。此时，内力调整不提高，只要求抗震构造措施“高于一级”，大体与《高层建筑混凝土结构技术规程》特一级的构造要求相当。

15.3.3　抗震结构宜有多道抗震防线

（1）框架填充墙结构一般是性能较差的多道抗震防线结构，其中刚度大而承载力低的砌体填充墙实际上是与框架共同工作，但却是抗震性能差的第一道防线，一旦它达到极限承载力，刚度退化较快，将把较多的地震作用转移到框架部分。一般情况下，有砌体填充墙框架的抗震设计只考虑填充墙重量和刚度对框架的不利影响，而不计其承载力有利作用。

（2）框架-剪力墙结构是具有良好性能的多道防线的抗震结构，其中剪力墙既是主要抗侧力构件又是第一道抗震防线。因此，剪力墙应有相当数量，其承受的结构底部地震倾覆力矩不应小于底部总地震倾覆力矩的50%，否则这种结构的特性不能很好发挥，框架部分仍应按主要抗侧力构件抗震设计。同时，为承受剪力墙开裂后重分配的地震作用，任一层框架部分按框架和墙协同工作分析的地震剪力进行调整，不应小于结构底部总地震剪力的20%和框架部分各层按协同工作分析的最大地震剪力的1.5倍两者中的较小值。

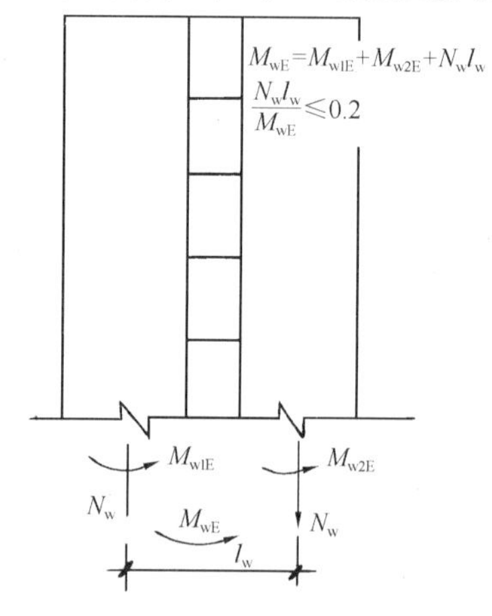

图15.3.3 弱连梁的定义

（3）剪力墙结构中剪力墙可以通过合理设置连梁（包括非建筑功能需要的开洞）组成多肢联肢墙，使其具有优良的多道抗震防线性能。连梁的刚度、承载力和变形能力应与墙肢相匹配，避免连梁过强而使墙肢生产较大拉力而过早出现刚度和承载力退化。一般情况下，联肢墙宜采用弱连梁，即在地震作用下连梁的总约束弯矩不大于该层联肢墙所承受的总弯矩的20%，如图15.3.3所示。

双肢剪力墙中，凡一墙肢全截面出现拉力，其拉力不应超过全截面混凝土抗拉强度设计值。此时另一墙肢的组合剪力和组合弯矩应乘以增大系数1.25，以考虑其内力重分布的不利影响。

15.3.4 建筑结构布置宜规则

由于地震作用的复杂性，建筑结构的地震反应还不能通过计算分析了解清楚，因此建筑结构的合理布置能起到重要的作用。近年来提出的“规则建筑”的概念，包括了建筑的平、立面形状和结构刚度、屈服强度分布等方面的综合要求。

1. 建筑的平面

为了减小地震作用对建筑结构的整体和局部的不利影响，如扭转和应力集中效应，建筑平面形状宜规正，避免过大的外伸或内收。GB 50011—2010规定房屋平面的凹角或凸角不大于该方向总长度的30%，可以认为建筑外形是规则的，否则为凹凸不规则，如图15.3.4所示。

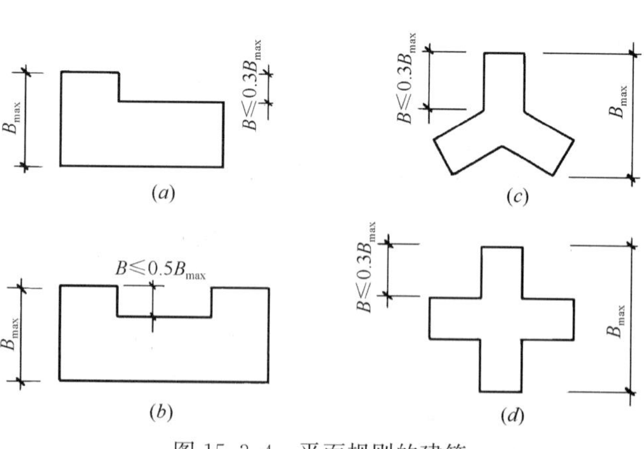

图15.3.4 平面规则的建筑

2. 沿房屋高度的层间刚度和层间屈服强度的分布宜均匀

在水平地震作用下，结构处于弹性阶段时，其层间弹性位移分布主要取决于层间刚度分布（图 15.3.5）；在弹塑性阶段，层间刚度分布同样有影响，但层间弹塑性位移分布主要取决于层间屈服强度相对值，即层间屈服强度系数 ξ_y。ξ_y 分布越不均匀，ξ_y 的最小值越小，层间弹塑性变形集中现象越严重，如图 15.3.6 所示。

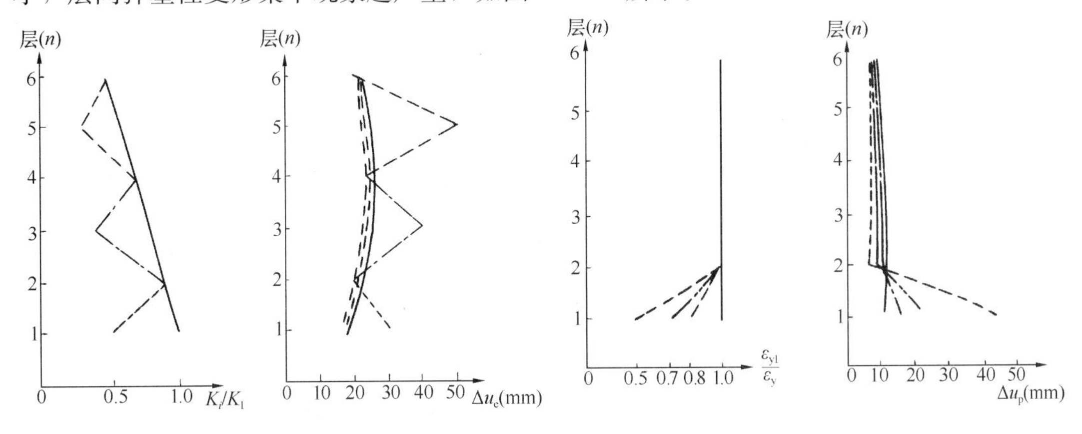

图 15.3.5　层间刚度突变对结构层间弹性位移分布的影响

图 15.3.6　层间屈服强度系数突变对结构层间弹塑性位移分布的影响

根据大量地震反应分析，结构的层间刚度不小于其相邻上层刚度 70%，且不小于其上部相邻三层刚度平均值 80%，如图 15.3.7 所示；层间屈服强度系数不小于其相邻层屈服强度系数平均值的 80%，如图 15.3.8 所示，可认为是较均匀的结构。

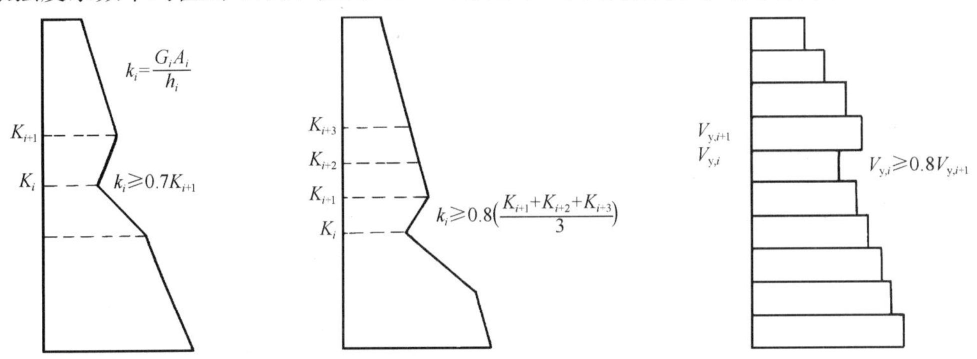

图 15.3.7　层间刚度分布均匀的结构

图 15.3.8　层间强度分布均匀的结构

为了减轻薄弱层的变形集中现象，钢筋混凝土结构抗震设计应注意以下一些问题：

（1）框架结构的各楼层中砌体填充墙尽量相同。

（2）主要抗侧力竖向构件，特别是框架柱，其截面尺寸、混凝土强度等级和配筋量的改变不宜集中在同一楼层内。

（3）框支层的刚度不应小于相邻上层刚度的 50%，框支层落地剪力墙间距不宜大于 24m，底层框架承担的地震倾覆力矩，不应大于结构总地震倾覆力矩的 50%。

（4）应纠正“增加构件强度总是有利无害”的非抗震设计概念，在设计和施工中不宜盲目改变混凝土强度等级和钢筋等级以及配筋量。

15.3.5 合理设计结构破坏机制

钢筋混凝土结构具有良好的塑性内力重分布能力，能较充分地发挥吸收和耗散地震能量的作用。强烈地震作用下，合理的结构破坏机制应该是：

（1）框架结构的梁柱节点是保证框架有效地抗御地震作用的关键部件，它的破坏是剪力脆性破坏，变形能力极差，且同时使交于节点的梁、柱失效，所以应保证其不发生太重的剪切裂缝。弯压剪作用的柱变形能力一般远比弯剪作用的梁差，且柱的破坏直接导致本层及其上部楼层结构失效。

较合理的框架地震破坏机制，应该是节点基本不破坏，梁比柱的屈服可能早发生、多发生，同一层中各柱两端的屈服历程越长越好，底层柱底的塑性铰宜最晚形成。总之，框架的抗震设计的原则是“强柱弱梁，强节点弱构件”，使梁、柱端的塑性铰出现得尽可能分散，充分发挥整个结构的抗震能力。

（2）框架-剪力墙结构和剪力墙结构中剪力墙的各墙段（包括小开洞墙和联肢墙）的高宽比不宜小于3，使其呈弯剪破坏，且塑性屈服也宜产生在墙的底部。控制连梁的跨高比不得小于2.5，使其在梁端塑性屈服，且有足够的变形能力，避免剪切破坏，在墙段充分发挥抗震作用前不失效。总之，剪力墙应遵循“强墙弱梁，强剪弱弯”的原则，即连梁屈服先于墙肢屈服，连梁和墙肢的屈服应为弯曲屈服。

15.3.6 构件在极限破坏前不发生明显的脆性破坏

作为主要抗侧力的钢筋混凝土构件的极限破坏应以构件弯曲时主筋受拉屈服破坏为主，应避免变形性能差的混凝土首先压溃或剪切破坏，以及钢筋锚固失效和粘结破坏。

延性破坏和脆性破坏的变形性能差别很大，这与很多因素有关，诸如构件的抗剪和抗弯承载力比、剪跨比、剪压比、轴压比、主筋率、配箍率和箍筋形式、混凝土和钢筋材料、钢筋连接和锚固方式等。抗震规范中许多规定都是属于这方面的要求，现叙述如下：

1. 轴压比限制

轴压比是控制偏心受拉边缘钢筋先到抗拉强度，还是受压区混凝土边缘先达到其极限压应变的主要指标。试验研究表明，柱的变形能力随轴压比增大而急剧降低，尤其在高轴压比下，增加箍筋对改善柱变形能力的作用并不明显。所以，抗震结构应限制偏心受压构件的轴压比，特别是框架柱和框支柱，但是轴压比又是影响构件截面尺寸从而提高造价的重要因素，这种限制必须符合我国目前技术水平和经济条件。GB 50011—2010 参考了界限轴压比和地震震害实际情况，分不同抗震等级取用了不同的限值。

轴压比的界限值可由柱截面受拉边缘钢筋达到抗拉强度的同时受压区混凝土边缘达到其极限压应变确定，如图 15.3.9 所示。

（1）界限相对中和轴高度

对有屈服点的钢筋（热轧钢筋、冷拉钢筋）

$$\xi = \frac{x}{h_0} = \frac{\xi_u}{\xi_u + \frac{f_{sk}}{E_s}} = \frac{0.0033}{0.0033 + \frac{f_{sk}}{E_s}} \tag{15.3.2}$$

对无屈服点的钢筋（热处理钢筋、钢丝和钢绞线）

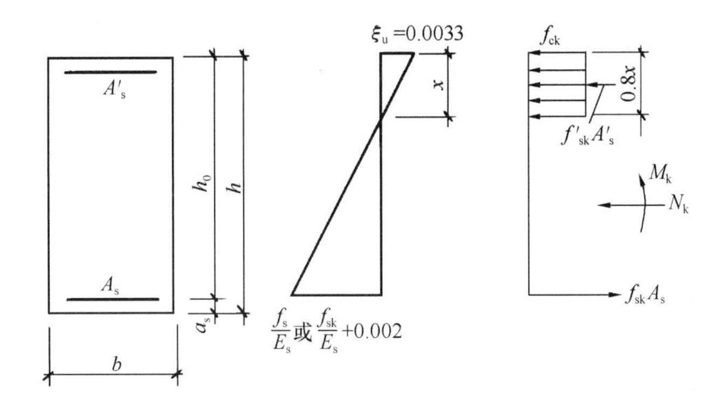

图 15.3.9　界限状态时柱截面应变及内力图

$$\xi=\frac{x}{h_0}=\frac{\xi_u}{\xi_u+\frac{f_{sk}}{E_s}+0.002}=\frac{0.0033}{0.0053+\frac{f_{sk}}{E_s}} \tag{15.3.3}$$

对 HRB335 和 HRB400 级钢筋，ξ 值分别为 0.663 和 0.623。

（2）界限轴压比

在对称配筋情况下

$$N_k=0.8bxf_{cmk}\approx 1.2bxf_c \tag{15.3.4}$$

$$\frac{N}{N_k}=\frac{\gamma_G N_G+\gamma_{Eh}N_E}{N_G+N_E}\approx 1.2 \tag{15.3.5}$$

$$\frac{h_0}{h}\approx 0.9 \tag{15.3.6}$$

$$\frac{N}{bhf_c}=1.2\frac{Nh_0}{N_k h}\xi=1.3\xi \tag{15.3.7}$$

对 HRB335 和 HRB400 级钢筋，界限轴压比分别为 0.86 和 0.81。

2. 剪压比限制

现行的钢筋混凝土构件斜截面受剪承载力的设计表达式，是基于斜截面上箍筋基本能达到抗拉屈服强度，其受剪承载力随配筋特征值 $\lambda_v\frac{f_y}{f_c}\left(\lambda_v=\frac{A_{sr}}{bS}\right)$ 的增长呈线性关系。试验表明，配箍特征值过大时，箍筋不能充分发挥其强度，构件将呈腹部混凝土斜压破坏；同时剪压比对构件变形性能也有显著影响，因此应限制剪压比，实质上也是对构件最小截面的要求。

根据反复荷载作用下构件试验结果分析，梁、柱和墙的剪压比为 0.2 较合适。例如，根据日本的剪力墙试验资料统计（图 15.3.10），平均剪应力低于 $0.15f_c$ 时，墙的变形能力较好，其极限位移角 θ_u 可达 1×10^{-2} 度以上。

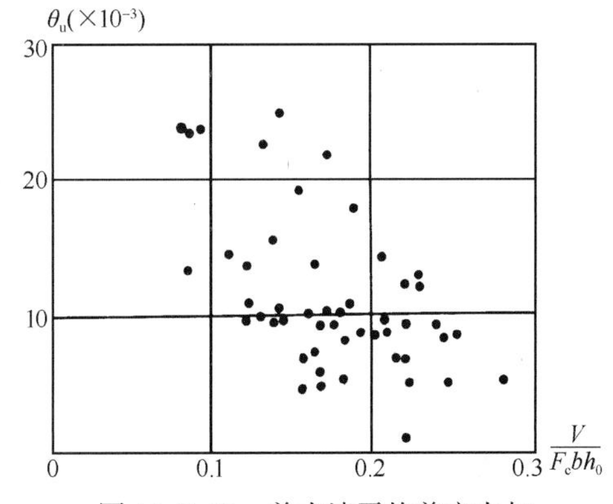

图 15.3.10　剪力墙平均剪应力与极限位移角关系

15.3.7　防震缝的设计

震害表明，在强烈地震作用下由于地面运动变化、结构扭转、地震变形等复杂因素，相邻结构仍可能因局部碰撞而损坏。防震缝宽度过大，会给建筑处理造成困难，因此，GB 50011—2010 不再强调 2001 版规范中对不规则的建筑结构设防震缝的要求，是否设置防震缝应按结构规则性要求综合判断，即高层建筑宜选用合理的建筑结构方案，不设防震缝，同时采用合理的计算方法和有效的措施，以解决不设防震缝带来的不利影响，如差异沉降、偏心扭转、温度变形等。

1. 防震缝

当建筑平面过长、结构单元的结构体系不同、高度和刚度相差过大以及各结构单元的地基条件有较大差异时，应考虑设防震缝，其最小宽度应符合以下要求：

(1) 钢筋混凝土框架结构房屋的防震缝宽度，当高度不超过 15m 时不应小于 100mm；超过 15m 时，6 度、7 度、8 度和 9 度相应每增加高度 5m、4m、3m 和 2m，宜加宽 20mm。

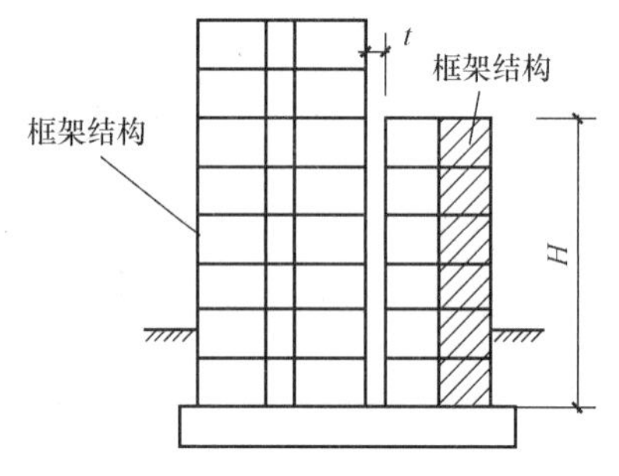

图 15.3.11　防震缝宽度 t

(2) 钢筋混凝土框架-剪力墙结构房屋的防震缝宽度不应小于框架结构规定数值的 70%，剪力墙结构房屋的防震缝宽度，可采用框架结构规定数值的 50%，且均不宜小于 100mm。

(3) 防震缝两侧结构类型不同时，宜按照需较宽防震缝的结构类型和较低房屋高度确定缝宽。如图 15.3.11 所示，计算防震缝宽度 t 时，按框架结构并取房屋高度 H。

(4) 防震缝可以结合沉降缝要求贯通到地基，当无沉降问题时也可以从地基或地下室以上贯通。当有多层地下室形成大底盘，上部结构为带裙房的单塔或多塔结构时，可将裙房用防震缝自地下室以上分隔，地下室顶板应有良好的整体性和刚度，能将上部结构的地震作用分布到地下室结构，如图 15.3.12 所示。

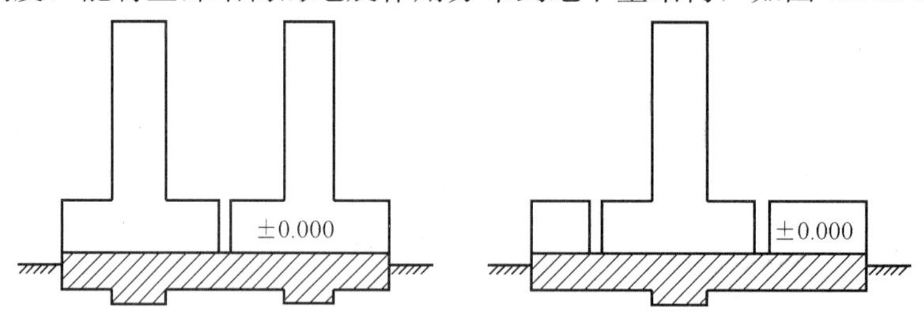

图 15.3.12　大底盘地下室示意图

2. 防震缝与抗撞墙

震害和试验研究表明，钢筋混凝土框架结构的碰撞将造成较严重的破坏，特别是防震缝两侧的构件。现行《建筑抗震设计规范》参考希腊抗震规范，按 8、9 度设防的钢筋混凝土框架结构房屋防震缝两侧结构高度、刚度或层高相差较大时，在防震缝两侧沿房屋全高设置垂直于防震缝的抗撞墙，每一侧抗撞墙的数量不应少于两道，宜分别对称布置，墙肢长度可不大于 1/2 层高。如图 15.3.13 所示，框架和抗撞墙内力应按考虑和不考虑剪力墙两种情况进行分析，并按不利情况取值。防震缝两侧抗撞墙的端柱和框架边柱，箍筋应沿房屋全高加密。

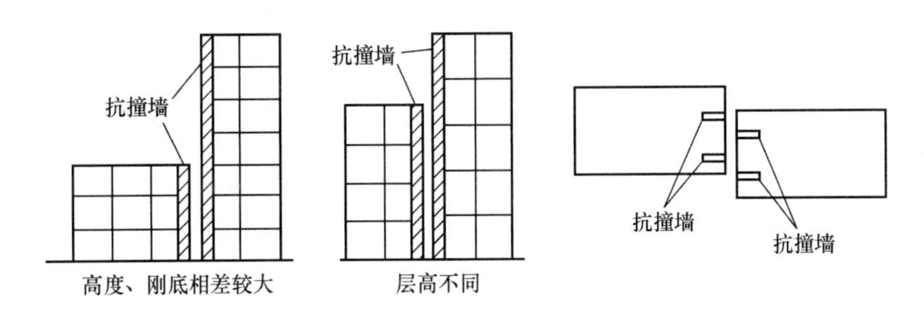

图 15.3.13　框架结构采用抗撞墙示意图

15.3.8　楼盖设计

震害表明预制板连接不足时，地震中将造成严重的震害。在混凝土结构中，GB 50011—2010 仅适用于采用符合要求的装配整体式楼屋盖，为避免误解，规范修订时将 GB 50011—2001 规范中的“装配式楼盖”明确改为“装配整体式楼屋盖”，即应采取 50mm 配筋现浇面层并和剪力墙或钢筋混凝土梁有可靠连接的装配整体式楼屋盖。

本次抗震规范修订，8 度框架-剪力墙结构，剪力墙之间的装配整体式楼、屋盖的允许长宽比由 2.5 调整为 2；6、7 度板柱-剪力墙结构现浇楼，屋盖的长宽比由 2.5 放宽为 3。

15.3.9　基础及地下室结构抗震设计

1. 基础结构抗震设计基本要求

基础结构应有足够的承载能力承受上部结构的重力荷载和地震作用，基础与地基应保证上部结构的良好嵌固、抗倾覆能力和整体工作性能。在地震作用下，当上部结构进入弹塑性阶段，基础结构应保持弹性工作，在这种情况下，基础结构可按非抗震的构造要求进行设计。

多层和高层建筑带有地下室时，在具有足够刚度、承载力和整体性的条件下，地下室结构可考虑为基础结构的一部分。当地下室不少于两层时，地下室顶部可作为上部结构的嵌固部位。上部结构与地下室结构可分别进行抗震验算。采用天然地基的高层建筑的基础，根据具体情况应有适当的埋置深度，在地基及侧面土的约束下增强基础结构抗侧力稳定性。高层建筑的基础埋深应按地基土质、地震烈度及基础结构刚度等条件来确定。较高的烈度要求较深的基础，土质坚硬则埋深可较浅。根据具体情况，基础埋深可采用地面以上房屋总高度的 1/18～1/15。

为了保证在地震作用下基础的抗倾覆能力，高宽比＞4 的高层建筑的天然地基在折减后的多遇地震作用和竖向荷载共同作用下，基础底面不宜出现零应力区，其他建筑基础底面的零应力区面积不宜超过基础底面面积的 15%。当高层建筑与裙房相连，在相连部位，高层建筑基础底面在地震作用下不宜出现零应力区，同时应加强高低层之间相连基础结构的承载力，并采取措施减少高、低层之间的差异沉降影响。

无整体基础的框架-剪力墙结构和部分框支剪力墙结构是对剪力墙基础转动非常敏感的结构，为此必须加强剪力墙基础结构的整体刚度，必要时应适当考虑剪力墙基础转动的不利影响。

2. 各类基础的抗震设计

（1）单独柱基

单独柱基一般用于地基条件较好的多层框架，采用单独柱基时，应采取措施保证基础结构在地震作用下的整体工作。属于以下情况之一时，宜在两个主轴方向设置基础系梁。

1）一级框架和Ⅳ类场地的二级框架；

2）各柱基承受的重力荷载代表值差别较大；

3）基础埋置较深，或各基础埋置深度差别较大；

4）地基主要受力层范围内存在软弱黏性土层、可液化土层；

5）桩基承台之间。

一般情况，系梁宜设置在基础顶部，当系梁的受弯承载力大于柱的受弯承载力时，地基和基础可不考虑地震作用。应避免系梁与基础之间形成短柱，当系梁距基础顶板较远，系梁与柱节点应按强柱弱梁设计。

一、二级框架结构的基础系梁除承受柱弯矩外，边跨系梁尚应考虑不小于系梁以上柱下端组合的剪力设计值产生的拉力或压力。

（2）弹性地基梁

无地下室的框架结构采用地基梁时，一、二级框架结构地基梁应考虑根部屈服、超强的弯矩作用。

（3）桩基

桩的纵筋与承台或基础应满足锚固要求，桩顶箍筋应满足柱端加密区要求。上、下端嵌固的支承短柱，在地震作用下类似短柱作用，宜采取相应构造措施。采用空心桩时，宜将桩的上、下端用混凝土填实。

计算地下室以下桩基承担的地震剪力，应符合抗震规范的有关规定，当地基出现零应力区时，不宜考虑受拉桩承受的水平地震作用。

3. 地下室作为上部结构嵌固部位的要求

地下室顶板作为上部结构嵌固部位时，地下室层数不宜少于两层，并应能将上部结构的地震剪力传送到全部地下室结构。地下室顶板不宜有较大洞口。地下室结构应能承受上部结构屈服超强及地下室本身的地震作用，为此近似考虑地下室结构相关范围内的侧向刚度与上部结构侧向刚度之比不宜小于 2，地下室柱截面每一侧的纵向钢筋面积，除满足计算要求外，不应小于地上一层对应柱每侧纵筋面积的 1.1 倍。地下室剪力墙的配筋一般不宜少于地上一层剪力墙的配筋。当进行方案设计时，侧向刚度比可用下列剪切刚度比 γ 估计。

$$\gamma=\frac{G_0A_0h_0}{G_1A_1h_1} \tag{15.3.8}$$

$$[A_0,A_1]=A_w+0.12A_c \tag{15.3.9}$$

式中 G_0、G_1——分别为地下室及地上一层的混凝土剪变模量；

A_0、A_1——分别为地下室及相关范围地上一层折算受剪面积；

A_w——在计算方向上，剪力墙全部有效面积；

A_c——全部柱截面面积；

h_0、h_1——分别为地下室及地上一层的层高。

地上一层的框架结构柱底截面和剪力墙底部的弯矩均为调整后的弯矩设计值。考虑柱在地上一层的下端会出现塑性铰，该处梁柱节点的梁段受弯承载力之和不宜小于柱端受弯承载力之和。

4. 地下室结构的抗震设计

地下室结构的抗震设计，除考虑上部结构地震作用以外，还应考虑地下室结构本身的地震作用，这部分地震作用与地下室埋深不同土质和基础转动有关。日本规范规定建筑结构埋置深度在20m下可不考虑地震作用。GB 50011—2001明确了在一定条件下考虑地震与结构相互作用，可考虑各楼层地震剪力的折减，对地下室结构的地震作用如何取值未作明确规定。因此一般埋置深度的地下室地震作用，可不考虑折减。当地下室层数较多以及地基产生零应力情况时，地下室部分的地震作用可考虑适当折减，折减幅度一般不宜超过20%。地下室的挡土外墙应按抗震规范的规定考虑地震主动土压力的作用。

15.4 钢筋混凝土框架结构设计

15.4.1 钢筋混凝土框架的结构布置

1. 钢筋混凝土框架结构均宜双向设置

由于水平地震作用是由两个相互垂直的地震作用构成的，所以钢筋混凝土框架结构应在两个方向上均具有较好的抗震能力。结构纵、横向的抗震能力相互影响和关联，使结构形成空间结构体系。当一个方向的抗震能力较弱时，则会率先开裂和破坏，也将导致结构丧失空间协同能力，另一方向也将产生破坏。对于钢筋混凝土框架结构宜双向均为框架结构体系，避免横向为框架、纵向为连系梁的结构体系，而且还应尽量使横向和纵向框架的抗震能力相匹配。

2. 限制单跨框架的使用

单跨的框架结构，地震时缺少多道防线对抗震不利，本次修订增加了控制单跨框架结构适用范围的要求。即对甲、乙类建筑及高度大于24m的丙类建筑，不应采用单跨框架结构。框架结构中某个主轴方向均为单跨，也属于单跨框架结构；某个主轴方向仅有局部的单跨框架，可不作为单跨框架结构对待。一、二层的连廊采用单跨框架时，需要注意加强。框架-剪力墙结构中的框架，可以是单跨，但范围较大的单跨框架且相邻两侧剪力墙间距较大时或顶层采用单跨框架结构时，均对抗震不利，应注意加强。

3. 钢筋混凝土框架的梁、柱构件应避免剪切破坏

梁、柱是钢筋混凝土框架结构中的主要构件，应以构件弯曲时主筋受拉屈服破坏为主，避免剪切破坏。这就通常所讲的构件抗震设计应强剪弱弯，即构件弯曲破坏形成的极限剪力应小于构件斜截面的极限剪力，使得构件的杆端出现弯曲的塑性铰而不产生斜截面的脆性破坏。

4. 钢筋混凝土框架结构的梁、柱构件之间应设置为“强柱弱梁”

钢筋混凝土框架的层间变形能力决定于梁、柱的变形性能。柱是压弯构件，其变形能力不如弯曲构件的梁。所以，较合理的框架破坏机制，应该是与柱相比梁的塑性屈服尽可能早发生和多发生，底层柱柱底的塑性铰较晚形成，各层柱的屈服顺序尽量错开，避免集中在某一层内。这样破坏机制的框架，才能具有良好的变形能力和整体抗震能力，如图15.4.1所示为框架结构的两种典型破坏机制。

5. 梁柱节点的承载能力宜大于梁、柱构件的承载能力

在钢筋混凝土框架设计中，除了保证梁、柱构件具有足够的承载能力和变形能力以

外，保证柱节点的抗剪承载力，使之不过早破坏也是十分重要的。梁柱节点合理的抗震设计原则是：在梁柱构件达到极限承载力前节点不应发生破坏。由震害调查可见，梁柱节点区的破坏大都是因为节点区无斜筋或少箍筋，在剪压作用下混凝土出现斜裂缝甚至挤压破碎，纵向钢筋压屈成灯笼状。因此，保证节点区不发生剪切破坏的主要措施是保证节点区混凝土强度和密实性及在节点核心内配置足够的箍筋。

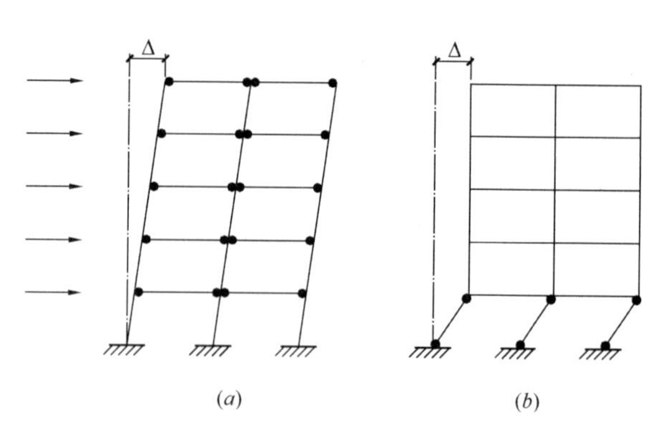

图 15.4.1　框架结构的两种典型破坏机制

15.4.2　地震作用效应调整

为了较合理地控制强震作用下钢筋混凝土结构破坏机制和构件破坏形态，提高变形能力，抗震设计规范体现了能力控制设计的概念，并区别不同抗震等级，在一定程度上实现"强柱弱梁"、"强节点弱杆件"和"强剪弱弯"的概念设计要求。上述的概念设计在安全、经济和合理的前提下可转换为构件抗震承载力验算表达式，如表 15.4.1 所示。表中抗震等级一、二和三级的强度增大系数 η_R 分别为 1.4、1.2 和 1.1，内力增大系数 η_w（η_V）按下列规定取用。

构件抗震承载力验算表达式　　**表 15.4.1**

项　目	实际承载力不等式	抗震承载力验算表达式
框架节点处梁柱	$\eta_R \sum M_{by}^a \leqslant \sum M_{cyk}^a$	$\eta_c \sum M_b \leqslant \sum M_c$
框架节点核心区	$\eta_R \dfrac{\sum M_{by}^a}{h_{b0}-a'_s}\left(1-\dfrac{h_{b0}-a'_s}{H_c-h_b}\right) \leqslant V_{jk}^a$	$\eta_c \dfrac{\sum M_b}{h_{b0}-a'_s}\left(1-\dfrac{h_{b0}-a'_s}{H_c-h_b}\right) \leqslant [V_E]/\gamma_{RE}$
框架梁	$\eta_R \sum M_{by}^b/l_n + V_{Gbk} \leqslant V_{bk}^a$	$\eta_{vb} \sum M_b/l_n + V_{Gb} \leqslant [V_h]/\gamma_{RE}$
框架柱	$\eta_R \sum M_{cky}^a/H_c \leqslant V_{ck}^a$	$\eta_{vc} \sum M_c/H_n \leqslant [V_c]/\gamma_{RE}$

（1）框架节点处梁柱弯矩设计值调整

框架节点处梁柱弯矩，除顶层和柱轴压比小于 0.15 者及框支梁与框架的节点外，柱端组合弯矩值设计值应按下列各式调整：

$$\sum M_c \geqslant \eta_c \sum M_b \tag{15.4.1}$$

一级框架结构和 9 度的一级框架可不按上式确定，但应符合下式要求：

$$\sum M_c \geqslant 1.2 \sum M_{bua} \tag{15.4.2}$$

式中　η_c——柱端弯矩增大系数，对框架结构，一、二、三、四级可分别取 1.7、1.5、1.3、1.2；其他结构类型中的框架，一级可取 1.4，二级可取 1.2，三、四级可取 1.1；

$\sum M_c$——节点上下柱端顺时针或反时针方向截面组合的弯矩设计值之和，上下柱端弯矩设计值，一般情况可按弹性分析分配；

$\sum M_b$——节点左右梁端顺时针或反时针方向截面组合的弯矩设计值之和，一级框架节点左右梁端均为负弯矩时，绝对值较小的弯矩应取零；

ΣM_{bua} ——节点左右梁端根据实际配筋面积（考虑受压筋和楼板钢筋）和材料强度标准值计算的正截面抗震受弯承载力所对应的弯矩值之和。

（2）框架结构底层柱弯矩设计值调整

一、二、三、四级框架结构的底层，柱下端截面组合的弯矩设计值，应分别乘以弯矩增大系数1.7、1.5、1.3和1.2。底层柱纵向钢筋应按上下端的不利情况布置。框架结构计算嵌固端所在层即底层的柱下端过早出现塑性屈服，将影响整个结构的抗地震倒塌能力。嵌固端截面乘以弯矩增大系数是为了避免框架结构柱下端过早屈服。对其他结构中的框架，其主要抗侧力构件为剪力墙，对其框架嵌固端截面，可不作要求。

当仅用插筋满足柱嵌固端截面弯矩增大的要求时，可能造成塑性铰向底层柱的上部转移，对抗震不利，应按柱上下端不利情况配置纵向钢筋。

（3）框架节点核心区剪力设计值调整

框架节点核心区组合的剪力设计值，应按下列各式调整：

$$V_j = \frac{\eta_{jb} \Sigma M_b}{h_{b0} - a'_s}\left(1 - \frac{h_{b0} - a'_s}{H_c - h_b}\right) \tag{15.4.3}$$

一级框架结构和9度的一级框架可不按上式确定，但应符合下式要求：

$$V_j = \frac{1.15 \Sigma M_{bua}}{h_{b0} - a'_s}\left(1 - \frac{h_{b0} - a'_s}{H_c - h_b}\right) \tag{15.4.4}$$

式中 V_j ——节点核心区组合的剪力设计值；

h_{b0} ——梁截面的有效高度，节点两侧梁截面刚度不等时可采用平均值；

a'_s ——梁受压钢筋合力点至受压边缘的距离；

H_c ——柱的计算高度，可采用节点上下柱反弯点之间的距离；

h_b ——梁的截面高度，节点两侧梁截面高度不等时可采用平均值；

η_{jb} ——强节点系数，对于框架结构，一级宜取1.5，二级宜取1.35，三级宜取1.2；对于其他结构中的框架，一级宜取1.35，二级宜取1.2，三级宜取1.1。

（4）梁端剪力设计值调整

一、二、三级的框架梁，其端部截面组合的剪力设计值应按下列各式调整：

$$V = \eta_{vb}(M_b^l + M_b^r)/l_n + V_{Gb} \tag{15.4.5}$$

一级框架结构和9度的一级框架梁、连梁可不按上式调整，但应符合下列要求：

$$V = 1.1(M_{bua}^l + M_{bua}^r)/l_n + V_{Gb} \tag{15.4.6}$$

式中 V ——梁端截面组合的剪力设计值；

M_b^l、M_b^r ——分别为梁左右端反时针或顺时针方向组合的弯矩设计值，一级框架两端弯矩均为负弯矩时，绝对值较小端的弯矩取零；

l_n ——梁的净跨；

V_{Gb} ——梁上重力荷载代表值（9度时高层建筑还应包括竖向地震作用标准值）作用下，按简支梁分析的梁端截面剪力设计值；

M_{bua}^l、M_{bua}^r ——分别为梁左右端反时针或顺时针方向根据实配钢筋面积（考虑受压筋和相关楼板钢筋）和材料强度标准值计算的正截面抗震受弯承载力所对应的弯矩值；

η_{vb}——梁端剪力增大系数，一级为1.3，二级为1.2，三级为1.1。

（5）一、二、三、四级的框架柱和框支柱端部组合的剪力设计值，应按下式调整：

$$V = \eta_{vc}(M_c^t + M_c^b)/H_n \qquad (15.4.7)$$

一级框架结构和9度的一级框架可不按上式调整，但应符合下列要求：

$$V = 1.2(M_{cua}^t + M_{cua}^b)/H_n \qquad (15.4.8)$$

式中　H_n——柱的净高；

M_c^t、M_c^b——分别为柱的上下端顺时针或反时针方向截面组合的弯矩设计值，应符合强柱弱梁和底层柱底的调整要求。

M_{cua}^t、M_{cua}^b——分别为柱的上下端顺时针或反时针方向根据实际配筋面积、材料强度标准值和轴压力等计算的偏压抗震受弯承载力所对应的弯矩值；

η_{vc}——柱剪力增大系数，对框架结构，一、二、三、四级可分别取1.5、1.3、1.2、1.1；其他结构类型的框架，一级可取1.4，二级可取1.2，三、四级可取1.1。

（6）一、二、三、四级框架的角柱按调整后的弯矩、剪力设计值尚应乘以增大系数1.10。

15.4.3　截面抗震验算

钢筋混凝土结构按前述规定调整地震作用效应后，应进行构件的内力组合，并按《建筑抗震设计规范》GB 50011—2010和《混凝土结构设计规范》GB 50010—2010有关的要求进行构件截面抗震验算。

1. 框架梁

（1）正截面受弯承载力验算

矩形截面或翼缘位于受拉边的T形截面梁，其正截面受弯承载力应按下列公式验算（图15.4.2）：

$$M_b \leqslant \frac{1}{\gamma_{RE}}\left[\alpha_1 f_c bx\left(h_0 - \frac{x}{2}\right) + f'_y A'_s(h_0 - a'_s)\right] \qquad (15.4.9)$$

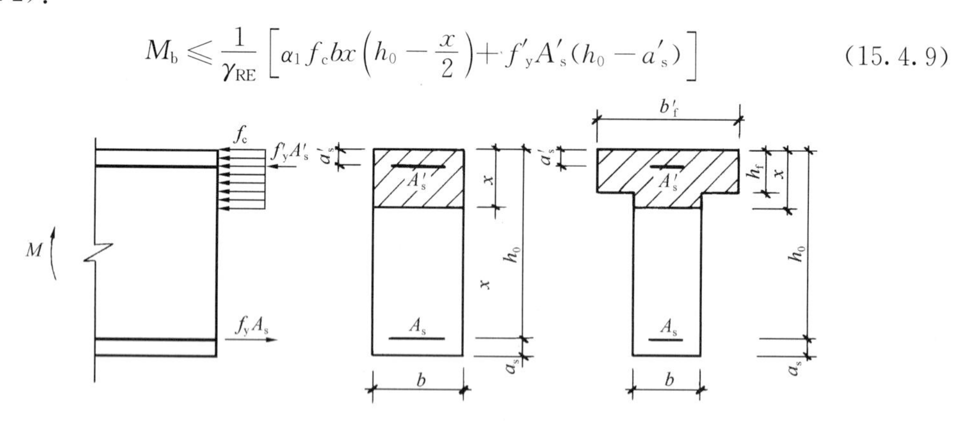

图15.4.2　梁截面的有关参数

此时，受压区高度x由下式确定：

$$x = (f_y A_s - f'_y A'_s)/\alpha_1 f_c b \qquad (15.4.10)$$

式中　α_1——受压区混凝土矩形应力图的应力值与混凝土轴心抗压强度设计值的比值。当混凝土强度等级不超过C50时，α_1取为1.0；当混凝土强度等级为C80时，

α_1取为0.94；其他按线性内插法确定。

混凝土受压区高度应符合下列要求：

一级 $$x \leqslant 0.25h_0 \tag{15.4.11}$$

二、三级 $$x \leqslant 0.35h_0 \tag{15.4.12}$$

同时满足 $$x \geqslant 2a' \tag{15.4.13}$$

翼缘位于受压区的T形截面梁，当符合下式条件时，按宽度为b'_f的矩形截面计算。

$$f_\mathrm{y}A_\mathrm{s} \leqslant \alpha_1 f_\mathrm{c} b'_\mathrm{f} h'_\mathrm{f} + f'_\mathrm{y}A'_\mathrm{s} \tag{15.4.14}$$

不符合式（15.4.14）条件时，其正截面受弯承载力应按下列公式验算：

$$M_\mathrm{b} \leqslant \frac{1}{\gamma_\mathrm{RE}}\left[\alpha_1 f_\mathrm{c} bx\left(b_0 - \frac{x}{2}\right) + \alpha_1 f_\mathrm{c}(b'_\mathrm{f} - b)(b_0 - \frac{h'_\mathrm{f}}{2})h'_\mathrm{f} + f'_\mathrm{y}A'_\mathrm{s}(b_0 - a'_\mathrm{s})\right] \tag{15.4.15}$$

此时，受压区高度x由下式确定：

$$\alpha_1 f_\mathrm{c}[bx + (b'_\mathrm{f} - b)h'_\mathrm{f}] = f_\mathrm{y}A_\mathrm{s} - f'_\mathrm{y}A'_\mathrm{s} \tag{15.4.16}$$

式中　γ_RE——承载力抗震调整系数，取为0.75。

梁的实际正截面承载力可按下式确定：

$$M^\mathrm{a}_\mathrm{by} = f_\mathrm{yk}A^\mathrm{a}_\mathrm{s}(h_0 - a'_\mathrm{s}) \tag{15.4.17}$$

（2）斜截面受剪承载力验算

$$V_\mathrm{b} \leqslant \frac{1}{\gamma_\mathrm{RE}}\left(0.42f_\mathrm{t}bh_0 + f_\mathrm{yv}\frac{A_\mathrm{sv}}{s}h_0\right) \tag{15.4.18}$$

且

$$V_\mathrm{b} \leqslant \frac{1}{\gamma_\mathrm{RE}}(0.2\beta_\mathrm{c} f_\mathrm{c} bh_0) \tag{15.4.19}$$

式中　β_c——混凝土强度影响系数，当混凝土强度等级不超过C50时，β_c取为1.0；当混凝土强度等级为C80时，β_c取为0.8；其间按线性内插法确定；

A_sv——配置在同一截面箍筋各肢的全截面面积；

s——沿构件长度方向的箍筋间距；

f_yv——箍筋的抗拉强度设计值。

对集中荷载作用下的框架梁（包括有多种荷载，且集中荷载对节点边缘产生的剪力值占总剪力值的75%以上的情况），其斜截面受剪承载力应按下式验算：

$$V_\mathrm{b} \leqslant \frac{1}{\gamma_\mathrm{RE}}\left(\frac{1.75}{\lambda + 1}f_\mathrm{t}bh_0 + f_\mathrm{yv}\frac{A_\mathrm{sv}}{s}h_0\right) \tag{15.4.20}$$

式中　γ_RE——取为0.85。

λ——梁的剪跨比，当$\lambda > 3$时，取$\lambda = 3$；当$\lambda < 1.5$时，取$\lambda = 1.5$。

2. 框架柱

（1）正截面受弯承载力验算

矩形截面柱正截面受弯承载力应按下列公式验算（图15.4.3）：

$$\eta M_\mathrm{c} \leqslant \frac{1}{\gamma_\mathrm{RE}}\left[\alpha_1 f_\mathrm{c} bx\left(h_0 - \frac{x}{2}\right) + f'_\mathrm{y}A'_\mathrm{s}(h_0 - a'_\mathrm{s})\right] - 0.5N(h_0 - a_\mathrm{s}) \tag{15.4.21}$$

此时，受压高度x由下式确定：

$$N = (\alpha_1 f_\mathrm{c} bx + f'_\mathrm{y}A'_\mathrm{s} - \sigma_\mathrm{s}A_\mathrm{s})/\gamma_\mathrm{RE} \tag{15.4.22}$$

式中　γ_RE——一般为0.8，轴压比小于0.15时，取为0.75；

η——偏心距增大系数，一般不考虑；

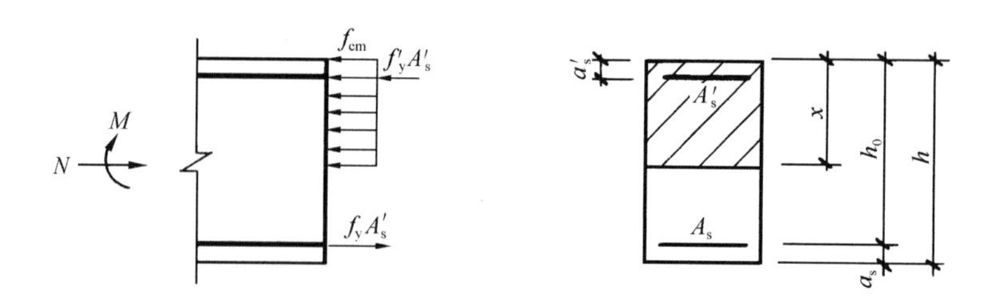

图 15.4.3　柱截面参数

σ_s ——受拉边或受压较小边钢筋的应力；

当 $\xi = x/h_0 \leqslant \xi_b$ 时（大偏心受压）

$$\sigma_s = f_y \tag{15.4.23}$$

当 $\xi > \xi_b$ 时（小偏心受压）

$$\sigma_s = \frac{f_y}{\xi_b - 0.8}\left(\frac{x}{h_0} - 0.8\right) \tag{15.4.24}$$

当 $\xi > h/h_0$ 时，取 $x = h$ ，σ_s 仍采用计算的 ξ 值

其中，对于有屈服点钢筋（热轧钢筋、冷拉钢筋）：

$$\xi_b = \frac{\beta_c}{1 + \dfrac{f_y}{0.0033E_s}} \tag{15.4.25}$$

柱的实际正截面承载力可按下式确定：

$$M^a_{cy} = f_{yk}A^a_s(h_0 - a'_s) + 0.5N_Gh\left(1 - \frac{N_G}{\alpha_1 f_{ck}bh}\right) \tag{15.4.26}$$

（2）斜截面受剪承载力验算

$$V_c \leqslant \frac{1}{\gamma_{RE}}\left(\frac{1.05}{\lambda + 1}f_tbh_0 + f_{yv}\frac{A_{sv}}{s}h_0 + 0.056N\right) \tag{15.4.27}$$

且剪跨比 λ 大于 2 的框架柱应满足式（15.4.28*a*），框支柱和剪跨比 λ 不大于 2 的框架柱应满足式（15.4.28*b*）

$$V_c \leqslant \frac{1}{\gamma_{RE}}(0.2\beta_cf_cbh_0) \tag{15.4.28a}$$

$$V_c \leqslant \frac{1}{\gamma_{RE}}(0.15\beta_cf_cbh_0) \tag{15.4.28b}$$

式中　N ——考虑地震作用组合的柱轴压力设计值，当 $N > 0.3f_cbh$ 时，取 $N = 0.3f_cbh$ ；

λ ——框架柱的计算剪跨比，$\lambda = M^c/(V^ch_0)$ ，应按柱端截面组合的弯矩计算值 M^c、对应的截面组合剪力计算值 V^c 及截面有效高度 h_0 确定，并取上下端计算结果的较大者；反弯点位于柱高中部的框架柱可按柱净高于 2 倍柱截面高度之比计算；当 $\lambda < 1$ ，取 $\lambda = 1$ ；当 $\lambda > 3$ 时，取 $\lambda = 3$ ；

γ_{RE} ——取为 0.85。

3. 框架节点

（1）一般框架梁柱节点

1）节点核芯区组合的剪力设计值，应符合下列要求：

$$V_j \leqslant \frac{1}{\gamma_{RE}}(0.30\eta_j\beta_cf_cb_jh_j) \tag{15.4.29}$$

式中　η_j——正交梁的约束影响系数，楼板为现浇，梁柱中线重合，四侧各梁截面宽度不少于该侧柱截面宽度的 1/2，且正交方向梁高度不小于框架梁高度的 3/4 时，可采用 1.5，9 度的一级宜采用 1.25，其他情况均可采用 1.0；

h_j——节点核芯区的截面高度，可采用验算方向的柱截面高度；

γ_{RE}——承载力抗震调整系数，取为 0.85。

2）一、二、三级框架，节点核芯区截面应按下列公式进行抗震验算（图 15.4.4）：

$$V_j \leqslant \frac{1}{\gamma_{RE}}\left(1.1\eta_j f_t b_j h_j + f_{yv}A_{svj}\frac{h_{b0}-a_s}{s} + 0.05\eta_j N\frac{b_j}{b_c}\right) \tag{15.4.30}$$

且

$$V_j \leqslant \frac{1}{\gamma_{RE}}(0.3\eta_j\beta_c f_c b_j h_j) \tag{15.4.31}$$

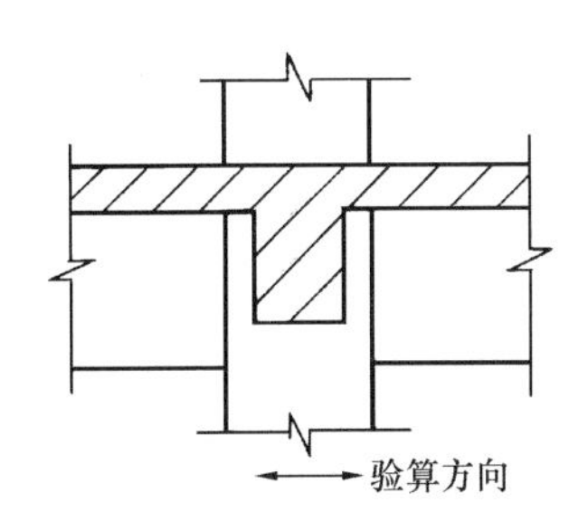

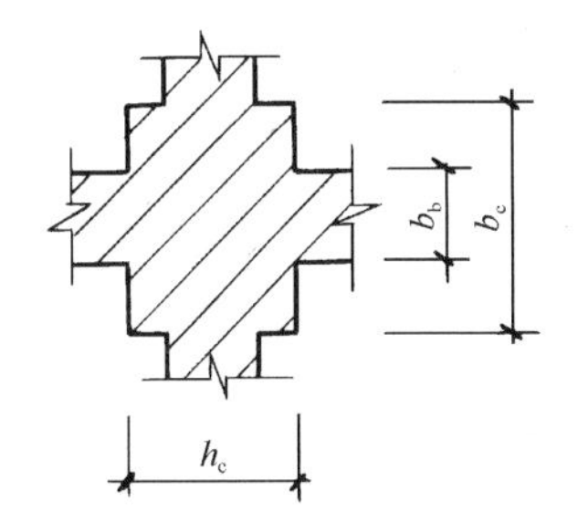

图 15.4.4　节点核芯区截面参数

9 度一级时

$$V_j \leqslant \frac{1}{\gamma_{RE}}\left(0.9\eta_j f_t b_j h_j + f_{yv}A_{svj}\frac{h_{b0}-a_s}{s}\right) \tag{15.4.32}$$

式中　η_j——正交梁的约束影响系数，楼板为现浇，梁柱中线重合，四侧各梁截面宽度不少于该侧柱截面宽度的 1/2，且正交方向梁高度不小于主梁高度的 3/4 时，可采用 1.5，9 度时宜采用 1.25，其他情况均可采用 1.0；

b_j——节点核芯区的截面验算宽度，随验算方向梁、柱截面宽度比值变动：当 $b_b \geqslant 0.5b_c$ 时，取 $b_j = b_c$；当 $b_b < 0.5b_c$ 时，取 $b_j = b_b + 0.5h_c$ 和 $b_j = b_c$ 中较小值；当梁、柱中线不重合且偏心距不大于柱宽的 1/4 时，核芯区的截面验算宽度可取上述计算结果和式（15.4.33）计算结果中的较小值，柱配筋宜沿柱全高加密；

N——对应于重力荷载代表值的上柱轴向压力，其值不应大于 $0.5f_c b_c h_c$，当 N 为拉力时，取 $N=0$；

A_{svj}——核芯区验算宽度 b_j 范围内同一截面验算方向各肢箍筋的总截面面积；

γ_{RE}——取为 0.85；

s——箍筋间距；

h_j——节点核芯区的截面高度，可采用验算方向的柱截面高度。

$$b_j = 0.5(b_b + b_c) + 0.25h_c - e \tag{15.4.33}$$

式中　e——梁与柱中线偏心距。

（2）圆柱框架的梁柱节点

1）梁中线与柱中线重合时，圆柱框架梁柱节点核芯区组合的剪力设计值应符合下式的要求：

$$V_j \leqslant \frac{1}{\gamma_{RE}}(0.30\eta_j\beta_c f_c A_j) \tag{15.4.34}$$

式中 η_j——正交梁的约束影响系数，其中柱截面宽度按柱直径采用；

A_j——节点核芯区有效截面面积，梁宽（b_b）不小于柱直径（D）的一半时，取 $A_j = 0.8D^2$；梁宽（b_b）小于柱直径（D）的一半且不小于 $0.4D$ 时，取 $A_j = 0.8D(b_b + D/2)$。

2）梁中线与柱中线重合时，圆柱框架梁柱节点核芯区截面抗震受剪承载力应采用下列公式验算：

$$V_j \leqslant \frac{1}{\gamma_{RE}}\left(1.5\eta_j f_t A_j + 0.05\eta_j \frac{N}{D^2}A_j + 1.57 f_{yv} A_{sh} \frac{h_{b0} - a'_s}{s} + f_{yv} A_{svj} \frac{h_{b0} - a'_s}{s}\right) \tag{15.4.35}$$

9度时

$$V_j \leqslant \frac{1}{\gamma_{RE}}\left(1.2\eta_j f_t A_j + 1.57 f_{yv} A_{sh} \frac{h_{b0} - a'_s}{s} + f_{yv} A_{svj} \frac{h_{b0} - a'_s}{s}\right) \tag{15.4.36}$$

式中 A_{sh}——单根圆形箍筋的截面面积；

A_{svj}——同一截面验算方向的拉筋和非圆形箍筋的总截面面积；

D——圆柱截面直径；

N——轴向力设计值，按一般梁柱节点的规定取值。

（3）扁梁框架的梁柱节点

扁梁截面宽度大于柱的截面宽度时，锚入柱内的扁梁上部钢筋宜大于其全部钢筋截面面积的60%。9度时扁梁截面宽度不宜大于柱的截面宽度，核芯区抗震验算除应符合一般框架梁柱节点要求外，尚应满足以下要求：

节点核芯区组合的剪力设计值应符合：

$$V_j \leqslant \frac{1}{\gamma_{RE}}(0.30\eta_j\beta_c f_c b_j h_j) \tag{15.4.37}$$

式中：$b_j = \frac{b_c + b_b}{2}$；$h_j = h_c$；中节点 $\eta_j = 1.5$，其他节点 $\eta_j = 1$；γ_{RE} 取0.85。

节点核芯区应根据梁上部纵筋在柱宽范围内、外的截面面积比例，对柱宽以内和柱宽以外的核芯区分别验算剪力和受剪承载力。

1）节点核芯区组合的剪力设计值

柱内核芯区

$$V_{j-1} = \frac{\eta_{jb}\,\Sigma M_{b-1}}{h_{b0} - a'_s}\left(1 - \frac{h_{b0} - a'_s}{H_c - h_b}\right) \tag{15.4.38}$$

式中 V_{j-1}——柱内核芯区组合的剪力设计值；

ΣM_{b-1}——节点左右梁端反时针或顺时针方向组合的按钢筋总面积分配的柱内弯矩设计值之和。框架节点左右梁端均为负弯矩时，绝对值较小的弯矩应取零；

η_{jb}——强节点系数，对于框架结构，一级宜取1.5，二级取1.35，三级宜取1.2；对于其他结构中的框架，一级宜取1.35，二级取1.2，三级宜取1.1。

9度时和一级框架结构尚应符合：

$$V_{j-1}=\frac{1.15\sum M_{\mathrm{bua-1}}}{h_{\mathrm{b0}}-a'_{\mathrm{s}}}\left(1-\frac{h_{\mathrm{b0}}-a'_{\mathrm{s}}}{H_{\mathrm{c}}-h_{\mathrm{b}}}\right) \tag{15.4.39}$$

$\sum M_{\mathrm{bua-1}}$——节点左右梁端反时针或顺时针方向，位于柱内实配钢筋面积（考虑对应柱内受压筋）计算的抗震受弯承载力所对应的弯矩值之和，可根据实际配筋面积和材料强度标准值确定。

柱外核芯区：用相同的方法可求得柱外核芯区组合的剪力设计值 V_{j-2} 及 9 度时和一级框架结构的 V_{j-2}。

2）节点核芯区受剪承载力

柱内核芯区：$$V_j\leqslant\frac{1}{\gamma_{\mathrm{RE}}}\left(1.1\eta_j f_{\mathrm{t}}b_j h_j+f_{\mathrm{yv}}A_{\mathrm{sv}j}\frac{h_{\mathrm{b0}}-a'_{\mathrm{s}}}{s}+0.05\eta_j N\frac{b_j}{b_{\mathrm{c}}}\right) \tag{15.4.40}$$

9 度时：$$V_j\leqslant\frac{1}{\gamma_{\mathrm{RE}}}\left(0.9\eta_j f_{\mathrm{t}}b_j h_j+f_{\mathrm{yv}}A_{\mathrm{sv}}\frac{h_{\mathrm{b0}}-a'_{\mathrm{s}}}{s}\right) \tag{15.4.41}$$

柱外核芯区：$$V_j\leqslant\frac{1}{\gamma_{\mathrm{RE}}}\left(1.1f_{\mathrm{t}}b_j h_j+f_{\mathrm{yv}}A_{\mathrm{sv}}\frac{h_{\mathrm{b0}}-a'_{\mathrm{s}}}{s}\right) \tag{15.4.42}$$

核芯区箍筋除内外分别配置外，尚应包括内外核芯的整体箍筋。

15.4.4 框架变形验算

1. 框架层间弹性位移验算

框架结构（包括填充墙框架）应进行低于本地区设防烈度的多遇地震作用下结构的层间弹性位移验算。

$$\Delta u_{\mathrm{e}}\leqslant[\theta_{\mathrm{e}}]h_i \tag{15.4.43}$$

式中 Δu_{e}——多遇地震作用的标准值产生的层间弹性位移。计算时，各作用分项系数均应采用 1.0，钢筋混凝土构件可取弹性刚度；

$[\theta_{\mathrm{e}}]$——层间弹性位移角限值，可采用 1/550；

h_i——层高。

2. 框架层间弹塑性位移验算

7～9 度时楼层屈服强度系数 ξ_{y} 小于 0.5 的框架和甲类建筑以及 9 度时乙类建筑的框架结构，应进行高于本地区设防烈度预估的罕遇地震作用下薄弱层的层间弹性位移验算。7 度Ⅲ、Ⅳ类场地和 8 度时乙类建筑的框架结构宜进行薄弱楼层的弹塑性变形验算。不超过 12 层且刚度无突变的框架结构（包括填充墙框架），可采用下述方法简化计算薄弱层弹塑性变形。

$$\Delta u_{\mathrm{p}}=\eta_{\mathrm{p}}\Delta u_{\mathrm{e}} \tag{15.4.44}$$

$$\Delta u_{\mathrm{p}}\leqslant[\theta_{\mathrm{p}}]h \tag{15.4.45}$$

式中 Δu_{p}——层间弹塑性位移；

Δu_{e}——罕遇地震作用下按弹性分析的层间位移；如果计算框架层间弹性刚度未考虑填充墙刚度，但计算水平地震作用却考虑填充墙刚度影响对框架周期折减，则 Δu_{e} 值应乘以原折减系数值；

η_{p}——弹塑性位移增大系数。当薄弱层的屈服强度系数 ξ_{y} 不小于相邻层该系数平均值的 0.8 倍时，可按表 15.4.2 采用；当不大于该平均值的 0.5 倍时，可按表内相应数值的 1.5 倍采用；其他情况可采用内插法取值；

$[\theta_{\mathrm{p}}]$——层间弹塑性位移角限值，可采用 1/50。当框架柱轴压比小于 0.4 时，可提高 10%；当柱子全高的箍筋构造比表 15.4.6 中的最小含箍率特征值大 30%时，可提高 20%，但累计不超过 25%。

框架薄弱层的位置，对楼层屈服强度系数沿高度分布均匀的结构可取底层，对分布不均匀的结构可取 ξ_y 最小的楼层和相对较小楼层，一般不超过 2～3 处。

弹塑性位移增大系数 **表 15.4.2**

结构类型	总层数	ξ_y		
		0.5	0.4	0.3
多层均匀框架结构	2～4	1.30	1.40	1.60
	5～7	1.50	1.65	1.80
	8～12	1.80	2.00	2.20

15.4.5 钢筋混凝土框架结构抗震构造措施

1. 框架梁

框架梁是框架和框架结构在地震作用下的主要耗能构件。因此，梁特别是梁的塑性铰区应保证有足够的延性。影响梁延性的诸因素有：梁的剪跨比、截面剪压比、截面配筋率、压区高度比和配箍率等。《建筑抗震设计规范》按不同抗震等级对上述诸方面有不同的要求。在地震作用下，梁端塑性铰区保护层容易脱落，如梁截面宽度过小，则截面损失比例较大。为了对节点核芯区提供约束以提高其受剪承载力，梁宽不宜小于柱宽的 1/2，如不能满足，则应考虑核芯区的有效受剪截面。狭而高的梁截面不利于混凝土的约束，梁的塑性铰发展范围与梁的高跨比有关。当梁净跨与梁截面的高度之比小于 4 时，在反复受剪作用下，交叉斜裂缝将沿梁的全跨发展，从而使梁的延性及受剪承载力急剧降低。为了改善其性能，可适当加宽梁的截面以降低梁截面的剪压比，并采取有效配筋方式，如设置交叉斜筋或沿梁全长加密箍筋及增设水平腰筋等。

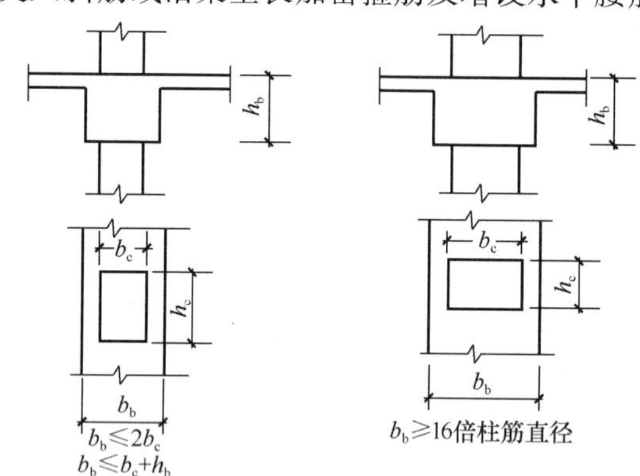

图 15.4.5 宽扁梁截面尺寸要求

(1) 框架梁截面

1) 普通框架梁

框架梁净跨宜大于梁截面高度的 4 倍，截面高宽比不宜大于 4，截面宽度不宜小于 200mm。

2) 扁梁

采用梁宽大于柱宽的扁梁时，楼板应现浇，梁中线宜与柱中线重合，扁梁应双向布置，且不宜用于一级框架结构。扁梁的截面尺寸应符合如图 15.4.5 所示的要求，并应满足现行有关规范对挠度和裂缝宽度的规定。

(2) 梁的纵筋配置构造

1) 梁端纵向受拉钢筋的配筋率不应大于 2.5%，且计入受压钢筋的梁端混凝土受压区高度和有效高度之比，一级不应大于 0.25，二、三级不应大于 0.35；

2) 梁端截面的底面和顶面纵向钢筋配筋量的比值，除按计算确定外，一级不应小于 0.5，二、三级不应小于 0.3；

3）沿梁全长顶面和底面的钢筋，一、二级不应少于 2ϕ14，且分别不应小于梁两端顶面和底面纵向钢筋中较大截面面积的 1/4，三、四级不应少于 2ϕ12；

4）一、二、三级框架梁内贯通中柱的每根纵向钢筋直径，对框剪结构矩形截面柱，不应大于柱在该方向的截面尺寸的 1/20；对圆形截面柱，不应大于纵向钢筋所在位置柱截面弦长的 1/20；对其他结构类型的框架，不宜大于柱在该方向截面尺寸的 1/20，或纵向钢筋所在圆形柱截面弦长的 1/20。

（3）梁端箍筋构造

1）梁端箍筋加密区的长度、箍筋最大间距和最小直径应按表 15.4.3 采用，当梁端纵向受拉钢筋配筋率大于 2%时，表中箍筋最小直径数值应增大 2mm。

梁端箍筋加密区的长度、箍筋最大间距和最小直径　　表 15.4.3

抗震等级	加密区长度（采用较大值）（mm）	箍筋最大间距（采用最小值）（mm）	箍筋最小直径（mm）
一	$2h_b$、500	$h_b/4$、$6d$、100	10
二	$1.5h_b$、500	$h_b/4$、$8d$、100	8
三	$1.5h_b$、500	$h_b/4$、$8d$、150	8
四	$1.5h_b$、500	$h_b/4$、$8d$、150	6

注：d 为纵向钢筋直径；h_b为梁截面高度。

2）梁端加密区的箍筋肢距，一级不宜大于 200mm 和 20 倍箍筋直径的较大值；二、三级不宜大于 250mm 和 20 倍箍筋直径的较大值；四级不应大于 300mm。

2. 框架柱

框架柱是框架结构的主要抗侧力构件。因此，柱应具有较高的承载能力和变形、耗能能力。影响柱变形耗能能力的因素有：柱的剪跨比、轴压比、截面高宽比、截面配筋率和配箍率等。

（1）框架柱截面

1）柱的截面尺寸。截面宽度和高度，四级或不超过 2 层时不宜小于 300mm，一、二、三级且超过 2 层时不宜小于 400mm；圆柱的直径，四级或不超过 2 层时不宜小于 350mm，一、二、三级且超过 2 层时不宜小于 450mm。

2）偏心距。框架柱中线与框架梁中线之间的偏心距不宜大于柱截面宽度的 1/4。偏心距过大，在地震作用下将导致梁柱节点核芯区受剪面积不足，并对柱带来不利的扭转效应。

3）截面长边与短边的比不宜大于 3。

4）剪跨比宜大于 2。

（2）柱纵向钢筋配置

框架柱截面纵向钢筋宜对称配置；截面大于 400mm 的柱，纵向钢筋间距不宜大于 200mm。柱的总配筋率不应大于 5%；剪跨比不大于 2 的一级框架的柱，每侧纵向钢筋配筋率不宜大于 1.2%。

边柱、角柱考虑地震作用组合产生小偏心受拉及剪力墙端柱产生全截面受拉时，为了避免柱的受拉纵筋屈服后再受压，由于包兴格效应导致纵筋压屈，柱内纵筋总截面面积计算值应增加 25%；不同抗震等级的柱截面纵向钢筋的最小总配筋率要求见表 15.4.4，同时每一侧配筋率不宜少于 0.2%。

柱截面纵向钢筋的最小总配筋率（%） **表 15.4.4**

类别	抗震等级			
	一	二	三	四
中柱和边柱	0.9（1.0）	0.7（0.8）	0.6（0.7）	0.5（0.6）
角柱、框支柱	1.1	0.9	0.8	0.7

注：1. 表中括号内数值用于框架结构的柱；

2. 钢筋强度标准值小于 400MPa 时，表中数值应增加 0.1，钢筋强度标准值为 400MPa 时，表中数值应增加 0.05；

3. 混凝土强度等级高于 C60 时，上述数值相应增加 0.1。

建造于Ⅳ类场地上较高的高层建筑（接近适用最大高度），最小总配筋率宜增加 0.1%。

（3）柱箍筋配置

1）柱箍筋加密区的范围

①柱端取截面高度（圆柱直径）、柱净高的 1/6 和 500mm 三者中的最大值；

②底层柱嵌固部位的箍筋加密范围不小于柱净高的 1/3；当有刚性地面时，除柱端外尚应取刚性地面上、下各 500mm；

③剪跨比不大于 2 的柱和因非结构墙的约束形成的净高与柱截面高度之比不大于 4 的柱、框支柱、一级及二级框架的角柱，取全高；

2）柱箍筋加密区的箍筋间距、直径和肢距

①一般情况下，箍筋的最大间距和最小直径，应按表 15.4.5 采用。

柱箍筋加密区的箍筋最大间距和最小直径（d） **表 15.4.5**

抗震等级	箍筋最大间距（采用较小值，mm）	箍筋最小直径
一	6d、100	ϕ10
二	8d、100	ϕ8
三	8d、150（柱根 100）	ϕ8
四	8d、150（柱根 100）	ϕ6（柱根 ϕ8）

注：1. d 为柱纵筋最小直径；

2. 柱根指底层柱下端箍筋加密区。

②一级框架柱的箍筋直径大于 12mm 且箍筋肢距不大于 150mm 及二级框架柱的箍筋直径不小于 10mm 且箍筋肢距不大于 200mm 时，除底层柱根外最大间距应允许采用 150mm；三级框架柱的截面尺寸不大于 400mm 时，箍筋最小直径应允许采用 6mm；四级框架柱剪跨比不大于 2 时，箍筋直径不应小于 8mm。

③框支柱和剪跨比不大于 2 的柱，箍筋间距不应大于 100mm。

④柱箍筋加密区箍筋肢距，一级不宜大于 200mm，二、三级不宜大于 250mm，四级不宜大于 300mm。至少每隔一根纵向钢筋宜在两个方向有箍筋或拉筋约束；当采用拉筋组合箍时，拉筋宜紧靠纵向钢筋并勾住箍筋。

3）柱箍筋加密区的箍筋最小配箍率和最小配箍特征值

柱箍筋的约束作用，与柱轴压比、配箍量、箍筋形式、箍筋肢距，以及混凝土强度与箍筋强度的比值等因素有关。

GBJ 11—89 的体积配箍率，是在配箍特征值基础上，对箍筋屈服强度和混凝土轴心抗压强度的关系作了一定简化得到的，仅适用于混凝土强度等级在 C35 以下和 HPB300 级钢箍筋。GB 50011—2001 和 GB 50011—2010 直接给出配箍特征值，能够经济合理地反映箍筋对混凝土的约束作用。为了避免配箍率过小还规定了最小体积配箍率。柱箍筋加密区的箍筋体积配箍率，应符合下式要求：

$$\rho_v \geqslant \lambda_v f_c / f_{yv} \tag{15.4.46}$$

式中 ρ_v——柱箍筋加密区的体积配箍率。一级不应小于 0.8%，二级不应小于 0.6%、三、四级不应小于 0.4%；计算复合箍的体积配箍率时，其非螺旋箍的箍筋体积应乘以折减系数 0.8；

f_c——混凝土轴心抗压强度设计值，强度等级低于 C35 时，应按 C35 计算；

f_{yv}——箍筋或拉筋抗拉强度设计值，超过 $360N/mm^2$时，应取 $360N/mm^2$计算；

λ_v——最小配箍特征值，宜按表 15.4.6 采用。

柱箍筋加密区的箍筋最小配箍特征值　　表 15.4.6

抗震等级	箍筋形式	柱轴压比								
		≤0.3	0.4	0.5	0.6	0.7	0.8	0.9	1.0	1.05
一	普通箍、复合箍	0.10	0.11	0.13	0.15	0.17	0.20	0.23	—	—
	螺旋箍、复合或连续复合矩形螺旋箍	0.08	0.09	0.11	0.13	0.15	0.18	0.21	—	—
二	普通箍、复合箍	0.08	0.09	0.11	0.13	0.15	0.17	0.19	0.22	0.24
	螺旋箍、复合或连续复合矩形螺旋箍	0.06	0.07	0.09	0.11	0.13	0.15	0.17	0.20	0.22
三	普通箍、复合箍	0.06	0.07	0.09	0.11	0.13	0.15	0.17	0.20	0.22
	螺旋箍、复合或连续复合矩形螺旋箍	0.05	0.06	0.07	0.09	0.11	0.13	0.15	0.18	0.20

注：1. 普通箍指单个矩形箍和单个圆形箍，复合箍指由矩形、多边形、圆形箍或拉筋组成的箍筋；复合螺旋箍指由螺旋箍与矩形、多边形、圆形箍或拉筋组成的箍筋；连续复合矩形螺旋箍指全部螺旋箍为同一根钢筋加工而成的箍筋；

2. 框支柱宜采用复合螺旋箍或井字复合箍，其最小配箍特征值应比表内数值增加 0.02，且体积配箍率不应小于 1.5%；

3. 剪跨比不大于 2 的柱宜采用复合螺旋箍或井字复合箍，其体积配箍率不应小于 1.2%，9 度时不应小于 1.5%；

4. 计算复合螺旋箍的体积配箍率时，其非螺旋箍的箍筋体积应乘以换算系数 0.8。

箍筋类别如图 15.4.6 所示。

4）考虑到框架柱在层高范围内的剪力不变和避免框架柱非加密区的受剪能力突然降低很多，导致柱的破坏，对柱箍筋非加密区的最小箍筋量作出了如下规定：柱箍筋非加密区的体积配箍率不宜小于加密区的 50%；箍筋间距，一、二级框架柱不应大于 10 倍纵向钢筋直径，三、四级框架柱不应大于 15 倍纵向钢筋直径。

（4）框架柱的轴压比

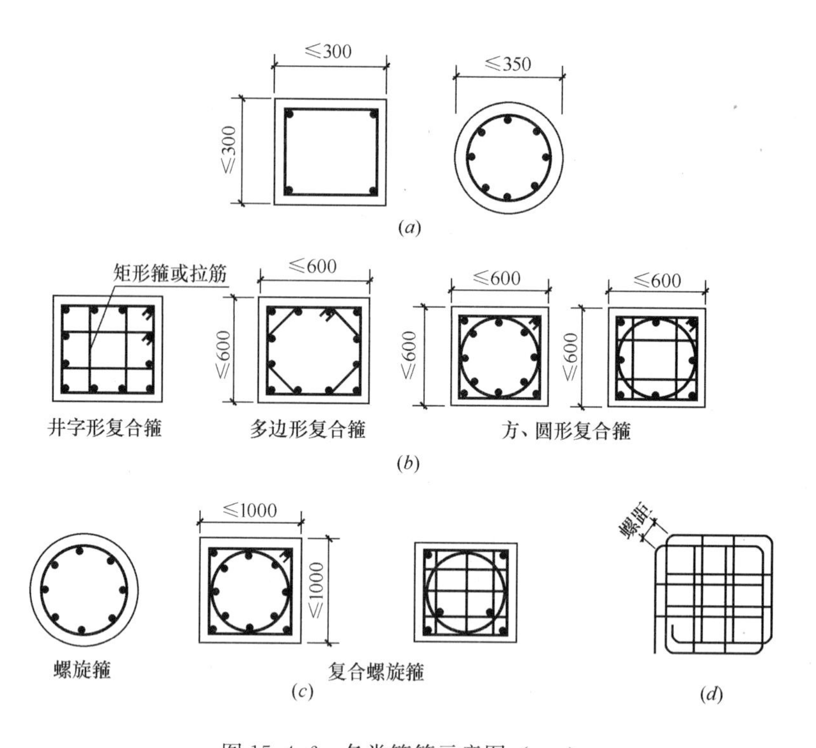

图 15.4.6 各类箍筋示意图（mm）

（a）普通箍；（b）复合箍；（c）螺旋箍；（d）连续复合螺旋箍（用于矩形截面柱）

轴压比指柱的组合轴压力设计值与柱的全截面面积和混凝土抗压强度设计值乘积之比值。轴压比是影响柱的破坏状态和变形能力的重要因素。轴压比不同，柱将呈现两种破坏状态，既受拉钢筋首先屈服的大偏心受压破坏和混凝土受压区压碎而受拉钢筋尚未屈服的小偏心受压破坏。框架柱的抗震设计，一般应在大偏心受压破坏范围，以保证柱有一定的延性。GB 50011 仍以 GBJ 11—89 的限值为依据，根据不同情况进行了适当调整，同时控制轴压比的最大值。对于剪跨比大于 2，混凝土强度等级不高于 C60 的一、二、三、四抗震等级框架结构柱的轴压比限值，分别取 0.65、0.75、0.85、0.9；建造于Ⅳ类场地上高度较高的高层建筑，柱轴压比限值宜适当降低。柱轴压比限值具体要求见表 15.4.7。

柱轴压比限值 **表 15.4.7**

结构类型	抗震等级			
	一	二	三	四
框架结构	0.65	0.75	0.85	0.90
框架-剪力墙、板柱-剪力墙 框架-核心筒及筒中筒	0.75	0.85	0.90	0.95
部分框支剪力墙	0.6	0.7	—	—

剪跨比不大于 2 的柱轴压比限值，应降低 0.05；剪跨比小于 1.5 的柱轴压比限值，应专门研究，采取特殊构造措施。在框架-剪力墙、板柱-剪力墙及筒体结构中，框架均处于第二道防线，因此可以将各级框架结构柱的轴压比限值分别放宽 0.05～0.1。利用箍筋对柱加强约束，在三向受压状态下，可以提高柱的混凝土抗压强度，从而降低柱轴压比

限值。

我国清华大学研究成果和日本 AIJ 钢筋混凝土房屋设计指南（1994），都提出考虑箍筋约束提高混凝土强度作用时，复合箍筋肢距不宜大于 200mm，箍筋间距不宜大于 100mm，箍筋直径不宜小于 10mm 的构造要求；美国 ACI 资料考虑螺旋箍筋提高混凝土强度作用时，箍筋直径不宜小于 10mm，净螺距不宜大于 75mm；GB 50011—2010 规定螺旋间距不大于 100mm，箍筋直径不小于 12mm。矩形截面柱采用连续矩形复合螺旋箍是一种非常有效提高柱延性的措施，这已被西安建筑科技大学的试验研究所证实。根据日本川铁株式会社 1998 年发表的试验报告，相同的柱截面、配筋、配筋率、箍筋及箍筋肢距，采用连续复合螺旋箍，比一般的复合箍筋可提高柱的极限变形角 25%。采用连续矩形复合螺旋箍，螺旋净距不大于 80mm，箍筋肢距不大于 200mm，箍筋直径不小于 10mm，可按圆形复合螺旋箍对待。

试验研究和工程经验都证明，在矩形或圆形截面柱内设置矩形核芯柱（图 15.4.7），不但可以提高柱的受压承载力，还可以提高柱的变形能力，特别对于承受高轴压比的短柱，更有利于改善变形能力，延缓倒塌。芯柱边长不宜小于柱边长或直径的 1/3，且不宜小于 250mm，芯柱纵筋不宜少于柱截面面积的 0.8%。

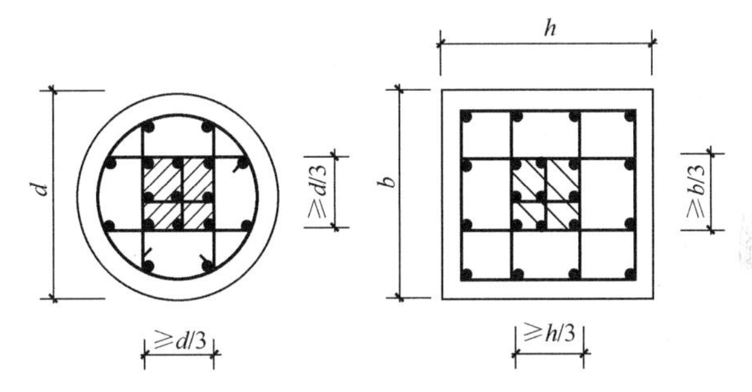

图 15.4.7　核芯柱另设构造箍筋示意图

符合以下三种情况之一时，柱轴压比限值可增加 0.10，并按增大的轴压比求配箍特征值 λ_v：

①沿柱全高采用井字形复合箍，箍筋肢距≤200mm，箍筋间距≤100mm，直径不小于 12mm；

②沿柱全高采用复合螺旋箍，箍筋肢距≤200mm，螺旋箍间距≤100mm，直径不小于 12mm；

③沿柱全高采用连续复合矩形螺旋箍，螺旋筋净距不大于 80mm，肢距≤200mm，直径不小于 10mm。

在柱截面中部附加芯柱，其中另加纵筋面积不少于柱截面面积的 0.8%，柱轴压比限值可增加 0.05，求配箍特征值 λ_v时，仍按原轴压比。此项措施与上述三种措施之一共同采用时，轴压比限值可增加 0.15，但箍筋的配箍特征值仍可按轴压比增加 0.10 的要求确定。采用上述各类措施后，柱的轴压比限值不应大于 1.05。

3. 框架节点

节点起着连接框架梁柱的重要作用，在梁、柱端出塑性铰前不应发生破坏。这个设计原则在内力调整中已有体现。为了使框架的梁柱纵向钢筋有可靠的锚固条件，框架梁柱节点核芯区的混凝土应具有良好的约束。新的抗震设计规范给出了梁柱节点核芯区内箍筋的设置要求：

（1）框架梁柱节点核芯区箍筋的最大间距和最小直径宜同框架柱端箍筋加密区的要求；

（2）一、二、三级框架节点核心区配箍特征值分别不宜小于0.12、0.10和0.08，且体积配箍率分别不宜小于0.6%、0.5%、0.4%；

（3）柱剪跨比不大于2的框架节点核心区配箍特征值不宜小于核芯区上、下柱端的较大配箍特征值。

15.5 钢筋混凝土剪力墙结构设计

15.5.1 钢筋混凝土剪力墙结构的结构布置

对于钢筋混凝土结构抗震设计的平、立面布置要规则等基本要求，在钢筋混凝土框架结构的抗震设计中给予了说明，这些要求也同样适用于钢筋混凝土剪力墙结构和框架-剪力墙结构。下面重点讨论钢筋混凝土剪力墙结构的结构布置。

1. 剪力墙的平面布置

剪力墙结构中全部竖向荷载和水平力都由钢筋混凝土剪力墙承受，所以剪力墙应沿结构平面主要轴线方向布置。一般情况下，采用矩形、L形、T形平面时，剪力墙沿两个正交的主轴方向布置；三角形及Y形平面可沿三个方向布置；正多边形、圆形和弧形平面，则可沿径向及环向布置。

单片剪力墙的长度不宜过大。一方面由于剪力墙的长度很大，使得结构周期过短，地震作用增大；另一方面剪力墙应当是高细的，呈受弯工作状态，由受弯承载力决定破坏状态，使剪力墙具有足够延性，而剪力墙太长，形成低矮剪力墙，就会由受剪承载力控制破坏状态，剪力墙呈脆性，对抗震不利。

所以，同一轴线上的连续剪力墙过长时，应该用楼板（不设连梁）或细弱的连梁（跨高比大于6）分成若干个墙段，每一个墙段相当于一片独立剪力墙，墙段的高宽比不应小于3。每一墙段可以是单片墙、小开口墙或联肢墙，具有若干个墙肢。每一墙肢的宽度不宜大于8m，以保证墙肢也是受弯承载力控制，而且靠近中和轴的竖向分布钢筋在破坏时能充分发挥作用。

在剪力墙结构中，如果剪力墙的数量太多，则会增加结构刚度，使得地震作用增大。因此，剪力墙的数量在方案阶段就要合理地确定。判断剪力墙结构合理刚度可以由基本周期来考虑，宜使剪力墙结构的基本周期控制在 $T_1=(0.04\sim0.05)N$（T_1 为结构基本周期，N 为总层数）。

2. 剪力墙的竖向布置

钢筋混凝土剪力墙结构的剪力墙沿竖向应连续，不应中断。当顶层取消部分剪力墙而设置大房间时，其余剪力墙在构造上应予以加强；当底层取消部分剪力墙时，应设置转换层，并按专门规定进行结构设计。

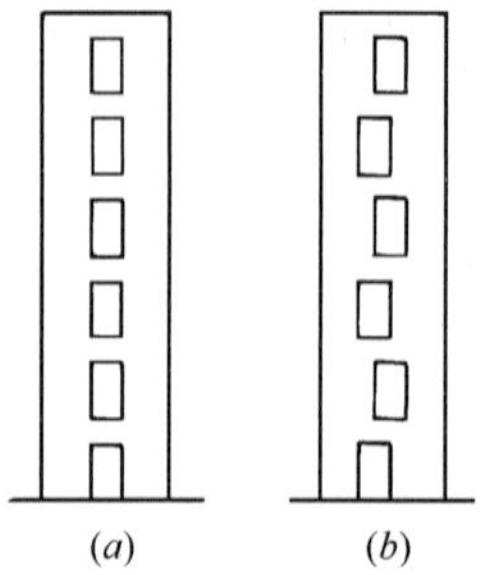

为避免刚度突变，剪力墙的厚度应按阶段变化，每次厚度减少宜为50～100mm，使剪力墙刚度均匀连续改变。厚度改变和混凝土强度等级以及墙的配筋率的改变宜错开楼层。

剪力墙的洞口宜上下对齐，成列布置，使剪力墙形成明确的墙肢和连梁。成列开洞的规则剪力墙传力途径合理，受力明确，地震中不容易因为复杂应力而产生震害（图15.5.1*a*）；错洞墙洞口上、下不对齐，受力复杂，洞口边容易产生显著的应力集中，

(*a*)　(*b*)

图15.5.1　剪力墙的洞口
(*a*) 规则开洞；(*b*) 错开洞口

因而配筋量增大，而且地震中因应力集中产生震害（图 15.5.1b）。

剪力墙相邻洞口之间以及洞口与墙边缘之间要避免小墙肢（图 15.5.2）。试验表明：墙肢宽度与厚度之比小于 3 的小墙肢在反复荷载作用下，比大墙肢早开裂，即使加强配筋，也难以防止小墙肢的较早破坏。在设计剪力墙时，墙肢宽度不宜小于 $3b_w$（b_w为墙厚），不应小于 500mm。

采用刀把形剪力墙（图 15.5.3）会使剪力墙受力复杂，应力局部集中，而且竖向地震作用会产生较大的影响，宜十分慎重。

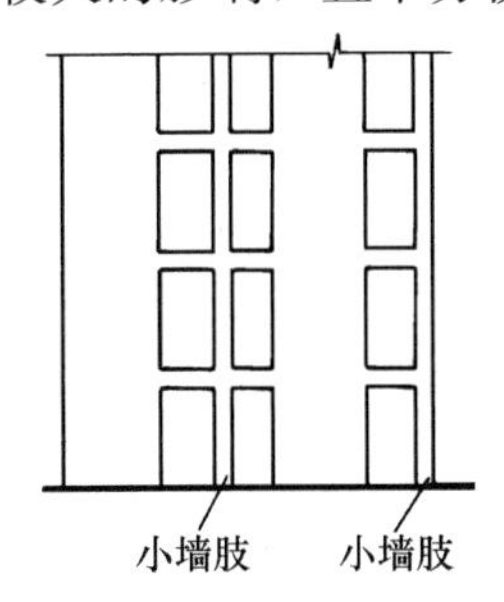

图 15.5.2　小墙肢

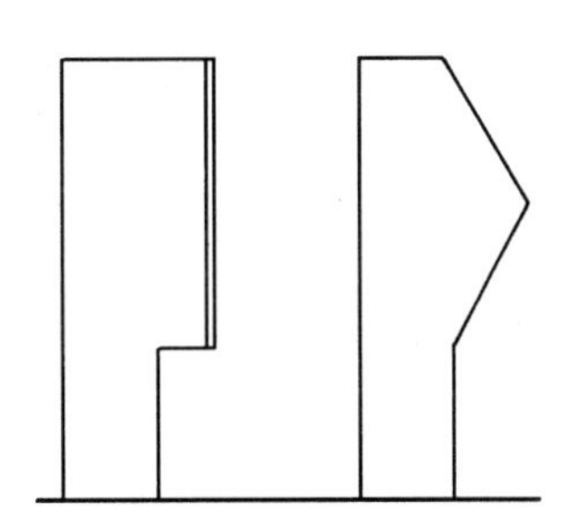

图 15.5.3　刀把形剪力墙

3. 边缘构件

剪力墙的两端（不包括洞口两侧）宜设置端柱或与另一方向的剪力墙相连。实验表明，有边缘构件约束的矩形截面剪力墙与无边缘构件约束的矩形截面剪力墙相比，极限承载力约提高 40%，极限层间位移角约增加一倍，对地震能量的消耗能力增大 20%左右，且有利于墙板的稳定，对一、二级剪力墙底部加强部位，当无端柱或翼墙时，墙后需适当增加。

15.5.2　钢筋混凝土抗震墙结构的内力计算

1. 根据开洞情况的剪力墙分类

对于洞口比较均匀的剪力墙结构中的剪力墙，可根据剪力墙的洞口大小、洞口位置及其对剪力墙的减弱情况区分为整体墙、整体小开口墙、小开口墙、壁式框架、双肢或联肢墙及大开口墙等。

剪力墙的整体性系数 α 按下式计算：

双肢墙
$$\alpha = H\sqrt{\frac{12I_b a^2}{h\ (I_1+I_2)l^3}\,\frac{I}{I_A}} \tag{15.5.1}$$

联肢墙
$$\alpha = H\sqrt{\frac{12}{0.8h\sum_{j=1}^{m+1}I_j}\sum_{j=1}^{m}\frac{I_{bj}a_j^2}{l_j^3}} \tag{15.5.2}$$

式中　I_1、I_2——分别为墙肢 1、2 的截面惯性矩；

m——洞口列数；

h——层高；

H——剪力墙总高度；

α_j——第 j 列洞口两侧墙肢轴线距离；

l_j——第 j 列连梁计算跨度，取为洞口宽度加梁高的 1/2；

I_j——第 j 墙肢的惯性矩；

I——剪力墙对组合截面形心的惯性矩；

$$I_A = 1 - \sum_{j=1}^{m+1} I_j \tag{15.5.3}$$

I_{bj}——第 j 列连梁的折算惯性矩（考虑剪切变形）；

$$I_{bj} = \frac{I_{bj0}}{1 + \dfrac{30\mu I_{bj0}}{A_{bj} l_j^2}} \tag{15.5.4}$$

I_{bj0}——第 j 列连梁截面的惯性矩；

A_{bj}——第 j 列连梁的截面面积；

μ——梁截面形状系数，矩形截面取 $\mu=1.2$。

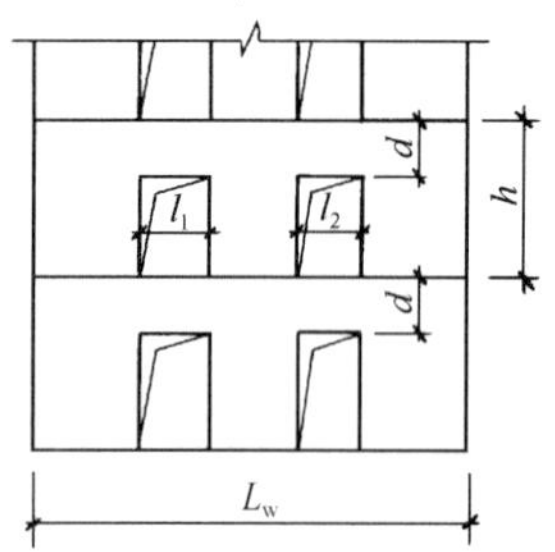

图 15.5.4　整体小开口墙

各类剪力墙可按以下条件区分。

（1）整体小开口墙（图 15.5.4）

当 $\alpha>10$ 时，洞口面积比≤16%

$$\sum l_i < 15\% L_w$$

$$d > 0.2h$$

孔洞净距及洞边至墙边尺寸大于孔洞长边尺寸。

（2）小开口墙

当 $\alpha \geqslant 10$ 时，洞口面积比≤25%，$d \geqslant 0.2h$

$$I_A/I \leqslant \xi,\ \xi \approx 1 - 0.04\alpha/n,\ I_A = I - \sum I_i$$

（3）壁式框架

当 $\alpha \geqslant 10$ 时，$I_A/I > \xi$。

（4）双肢墙，联肢墙

当 $1<\alpha<10$ 时，洞口面积比>25%，$I_A/I \leqslant \xi$。

（5）大开口墙

当 $\alpha \leqslant 1$ 时，弱梁连接，可按独立墙肢考虑。

当剪力墙过长或墙肢过宽时，可采用弱连梁（$\alpha \leqslant 1$）将墙分为若干墙段，使其高宽比≥2，以保证适当的延性。

2. 小开口整体墙的内力计算

（1）墙肢弯矩

$$M_j = 0.85M\frac{I_j}{I} + 0.15M\frac{I_j}{\sum I_j} \tag{15.5.5}$$

式（15.5.5）中，右端第一项为整体弯矩在墙肢中产生的弯矩，占总弯矩的 85%；第二项为墙肢局部弯矩，占总弯矩的 15%。$\sum M_j$ 远小于荷载产生的总弯矩 M，不足部分由墙肢轴产生的力矩来平衡。

（2）墙肢轴力

$$N_j = 0.85M\frac{A_j Y_j}{I} \tag{15.5.6}$$

式中　A_j、I_j——分别为第 j 墙肢的截面积和惯性矩；

I——对组合截面形心的整体惯性矩；

Y_j——第 j 墙肢截面重心至组合截面重心的距离。

(3) 墙肢的剪力

$$V_j = V\frac{A_j}{\Sigma A_j}(\text{底层}) \tag{15.5.7}$$

$$V_j = V\left(\frac{A_j}{2\Sigma A_j}+\frac{I_j}{2\Sigma I_j}\right)(\text{其他层}) \tag{15.5.8}$$

式中 V——水平力产生的楼层总剪力。

当剪力墙符合小开口墙的条件而又夹有个别细小墙肢时，小墙肢会产生显著的局部弯曲，使墙肢弯矩增大。这时，小墙肢截面弯矩宜附加一个局部弯矩：

$$M_j = M_{j0}+\Delta M_j \tag{15.5.9}$$

$$\Delta M_j = V_j\frac{h_o}{2} \tag{15.5.10}$$

式中 M_{j0}——按整体小开口墙计算的墙肢弯矩（式 15.5.5）；

ΔM_j——由于小墙肢局部弯曲增加的弯矩；

V_j——第 j 墙肢剪力；

h_0——洞口高度。

(4) 位移和等效刚度

由试验研究和有限元分析可得：由于洞口的削弱，小开口墙的位移比按材料力学公式计算的组合截面构件的位移增大 20%。

所以小开口墙的顶点位移 u 可按下式计算：

$$u = 1.2\times\frac{qH^4}{8EI}\left(1+\frac{4\mu EI}{GAH^2}\right)(\text{均布荷载}) \tag{15.5.11}$$

$$u = 1.2\times\frac{11q_{\max}H^4}{120EI}\left(1+\frac{3.67\mu EI}{GAH^2}\right)(\text{倒三角形分布荷载}) \tag{15.5.12}$$

$$u = 1.2\times\frac{PH^3}{3EI}\left(1+\frac{3\mu EI}{GAH^2}\right)(\text{顶点集中荷载}) \tag{15.5.13}$$

式中 A——为截面总面积，$A=\sum_{j=1}^{m+1}A_j$。

由此，小开口墙的等效刚度为：

$$EI_{\mathrm{eq}} = \frac{0.8EI}{1+\frac{9\mu I}{AH^2}} \tag{15.5.14}$$

3. 联肢墙的计算

当剪力墙的洞口成列布置，而整体系数 α 小于 10 时，剪力墙应按联肢墙计算（图 15.5.5）。在联肢墙的内力与位移的计算中，假定：

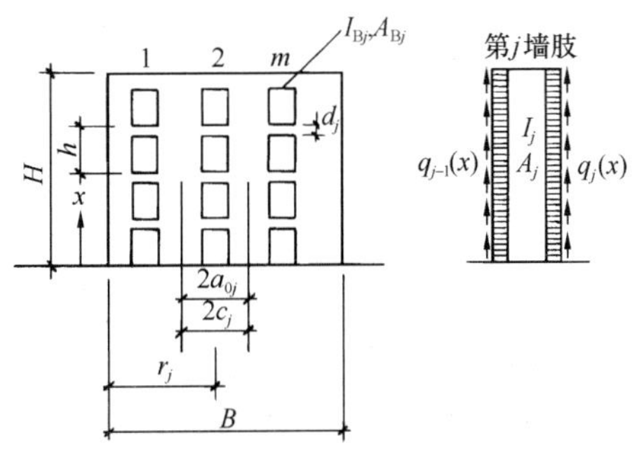

图 15.5.5 联肢墙

(1) 沿竖向，墙肢连梁的刚度不变，层高不变。如有变化，取各层平均值；

(2) 每列连梁的反弯点都在跨中，连梁的作用可以由均匀分布的竖向弹性薄片来代替；

(3) 各墙肢刚度相差不过分悬殊，因而它们的变形曲线相同，各层的位移 u 和转角 θ' 也相同。

应用力法的原理，将每列连梁沿中点切开，形成 $m+1$ 个独立悬臂墙肢（m 为洞口列数），形成静定的基本体系。在切口两侧出现多余未知力——连续分布的剪力 q_j（x）。

分析在未知力 q_j（x）和外荷载作用下，墙肢和连梁变形后在切口两侧产生的相对位移，使切口两侧产生相对位移的主要因素有：

（1）在分布剪力 $q_j(x)$ 作用下，连梁产生弯曲变形与剪切变形。

$$\delta_{1j}(x) = -2q_j(x)\left(\frac{a_j^3 h}{3EI_{\mathrm{bjo}}} + \frac{\mu a_j h}{GA_{\mathrm{bj}}}\right) = -\frac{2}{3}\frac{a_j^3 h}{EI_{\mathrm{bj}}} q_j(x) \tag{15.5.15}$$

式中 a_j——第 j 列连梁跨度之半，$a_j = a_{\mathrm{o}j} + \dfrac{d_j}{4}$；

$q_j(x)$——第 j 列连梁的分布剪力；

I_{bjo}——第 j 列连梁惯性矩；

I_{bj}——第 j 列连梁考虑剪切变形的折算惯性矩。

$$I_{\mathrm{bj}} = \frac{I_{\mathrm{bjo}}}{1 + \dfrac{7\mu I_{\mathrm{bjo}}}{a_j^2 A_{\mathrm{b}j}}} \tag{15.5.16}$$

（2）外荷载作用使墙肢产生弯曲与剪切变形，墙肢产生转角后，连梁切口产生相对变形。

$$\delta_{2j(x)} = 2c_j\theta_1 + 2a_j\theta_2 \tag{15.5.17}$$

式中 θ_1、θ_2——分别为由墙肢弯曲变形和剪切变形产生的墙肢转角。

（3）由于墙肢轴向变形，使连梁产生竖向移动，切口两边就产生相对位移。

$$\delta_{3j}(x) = -\frac{1}{E}\left(\frac{1}{A_j} + \frac{1}{A_{j+1}}\right)\int_0^x\int_x^H q_j(x)\mathrm{d}x\mathrm{d}x + \frac{1}{EA_j}\int_0^x\int_x^H q_{j-1}(x)\mathrm{d}x\mathrm{d}x + \frac{1}{EA_{j+1}}\int_0^x\int_x^H q_{j+1}(x)\mathrm{d}x\mathrm{d}x \tag{15.5.18}$$

但是，连梁本来没有切口，这些位移应当满足切口的连续条件：

$$\delta_{1j(x)} + \delta_{2j(x)} + \delta_{3j(x)} = 0 \tag{15.5.19}$$

将式（15.5.16）、式（15.5.17）、式（15.5.18）代入，微分两次，可得第 j 列连梁的微分方程。

4. 剪力墙翼缘的作用

计算地震作用、位移及剪力墙协同工作时，应考虑纵横墙相连的共同作用。现浇剪力墙的翼缘有效宽度可采用剪力墙间距的一半、门窗洞间的墙宽、剪力墙两侧各 6 倍翼缘墙厚度和剪力墙总高的 1/10 四者中的最小值。当剪力墙墙肢出现大偏拉情况时，翼缘的压力影响范围最多采用翼缘墙的一个开间。

剪力墙的截面计算可近似不考虑翼缘的作用，但端部配筋可考虑部分翼缘范围内的配筋，该范围可取剪力墙厚度加两侧各 2 倍翼缘墙厚度。

5. 剪力墙有错位或转折情况的近似计算

抗震等级为一、二级的剪力墙由于墙体分隔，在平面上可能错开位置而不能直通（图 15.5.6），当墙轴线错开距离不大于 3 倍连接墙厚度，抗震等级一、二级，楼板为现浇时，有错位墙可近似按整体直线墙考虑。抗震等级为三级的剪力墙，当错开距离不大于6倍连接墙厚度且不大于2.0m时，也可近似按整体墙考虑，但计算所得的内力应乘以增大系数1.2，等效刚度应乘以折减系数0.8。

由于设计要求，剪力墙可能成为折线（图15.5.7），当折线总偏移角不大于15°时可近似按直线剪力墙考虑，但对抗震等级为一、二级的剪力墙，要求楼板为现浇。

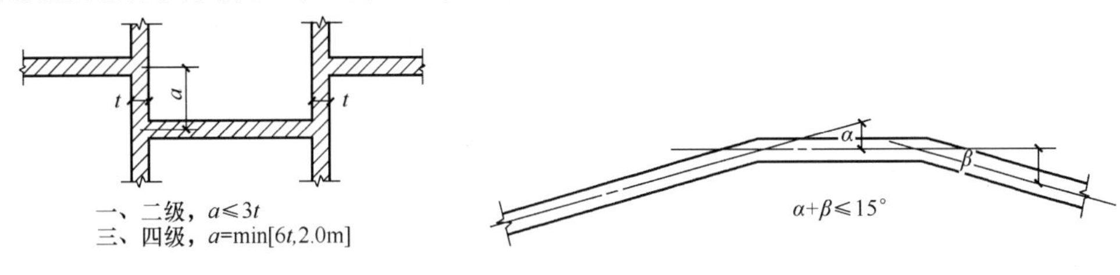

图15.5.6　剪力墙平面错位　　　图15.5.7　折线剪力墙

6. 联肢剪力墙的连梁调幅

在地震作用下，按弹性计算剪力墙连梁的剪力及相应弯矩时，当某几层的连梁弯矩过大、配筋率过高或剪力过大超过剪压比限值时，可适当考虑弯矩调幅，其中静载弯矩调幅不大于20%，地震弯矩调幅不大于30%，连梁弯矩进行调幅后，应相应增加墙肢的弯矩，以满足平衡条件。

15.5.3　截面抗震验算

1. 剪跨比大于2.0的剪力墙和跨高比大于2.5的连梁，其截面组合的剪力设计值应符合下式要求：

$$V \leqslant \frac{1}{\gamma_{RE}}(0.2\beta_c f_c b_w h_w) \tag{15.5.20}$$

当剪力墙的剪跨比不大于2.0，部分框支剪力墙的框支柱和落地墙的加强部位及连梁的跨高比不大于2.5时应满足下式：

$$V \leqslant \frac{1}{\gamma_{RE}}(0.15\beta_c f_c b_w h_w) \tag{15.5.21}$$

式中　V——剪力墙或连梁端部截面组合的剪力设计值，连梁端部截面组合的剪力设计值按式（15.5.20）、式（15.5.21）计算；

b_w——剪力墙厚度；

h_w——剪力墙截面长度或连梁的截面高度；

γ_{RE}——抗震承载力调整系数，取$\gamma_{RE}=0.85$。

2. 剪力墙底部加强部位截面组合的剪力设计值，一、二、三级应按下式调整：

$$V = \eta_{vw} V_w \tag{15.5.22}$$

9度时尚应满足

$$V = 1.1\frac{M_{wua}}{M_w}V_w \tag{15.5.23}$$

式中　V——剪力墙底部加强部位截面组合的剪力设计值；

V_w——剪力墙底部加强部位截面组合的剪力计算值；

M_{wua}——剪力墙底部按实配钢筋面积、材料强度标准值和轴力设计值计算的承载力所对应的弯矩值；有翼墙时考虑墙两侧各一倍翼墙厚度范围内纵向钢筋；

M_w——剪力墙底部截面组合的弯矩设计值；

η_{vw}——剪力墙剪力增大系数，一级为1.6，二级为1.4，三级为1.2。

3. 剪力墙中的连梁，其端部截面组合的剪力设计值应按下列各式进行调整：

$$V = \eta_{vb}(M_b^l + M_b^r)/l_n + V_{Gb} \quad (15.5.24)$$

9度时尚应满足

$$V = 1.1(M_{bua}^l + M_{bua}^r)/l_n + V_{Gb} \quad (15.5.25)$$

式中 η_{vb}——梁端剪力增大系数，一级为1.3，二级为1.2，三级为1.1；

l_n——梁的净跨；

V_{Gb}——梁上重力荷载代表值（9度时高层建筑还应包括竖向地震作用的标准值）作用下，按简支梁分析的梁端截面剪力设计值；

M_{bua}^l、M_{bua}^r——分别为梁左右端反时针的或顺时针方向根据实配钢筋面积（考虑受压筋和相关楼板钢筋）和材料强度标准值计算的正截面受弯承载力所对应的弯矩值；

M_b^l、M_b^r——分别为梁的左右端反时针或顺时针的方向组合的弯矩设计值，当一级框架两端弯矩均为负弯矩时，绝对值较小一端的弯矩取零。

4. 双肢剪力墙截面设计的内力取值

在竖向荷载与地震作用共同作用下，双肢剪力墙应避免小偏心受拉。当墙肢出现拉力时，该墙肢刚度开始退化，拉力愈大退化愈多，当截面为大偏心受拉，且平均拉应力不大于混凝土的抗拉强度设计值时，则另一墙肢的组合剪力设计值及组合弯矩设计值应乘以增大系数1.25，计算时应考虑来自不同方向的地震作用。

截面承受的拉力应满足以下条件：

$$N_i = N - \Sigma V \quad (15.5.26)$$

$$N_i \leqslant Af_t \quad (15.5.27)$$

式中 N——由重力代表值引起的墙肢轴压力；

N_i——截面承受的拉力；

ΣV——截面以上连梁由于地震作用引起的剪力之和；

A——墙肢截面面积；

f_t——墙肢混凝土抗拉强度设计值。

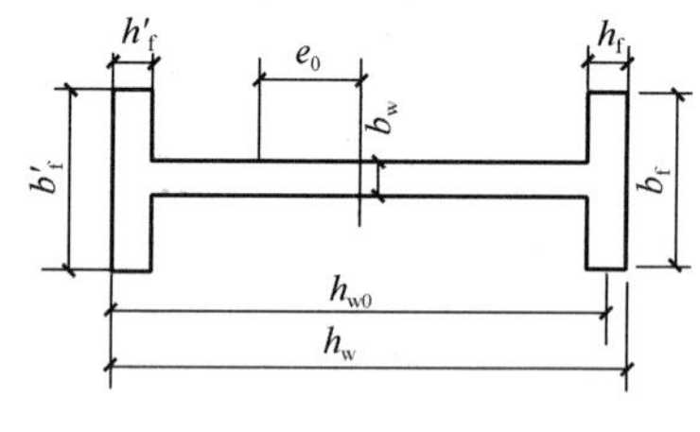

图15.5.8 工字型截面剪力墙

5. 偏心受压及偏心受拉剪力墙的正截面承载力计算

反复和单调荷载作用下的正截面承载力对比试验表明，在反复荷载作用下，大偏心受压剪力墙的正截面承载力与单调荷载作用下的正截面承载力比较接近。

（1）矩形、T形和工形截面偏心受压剪力墙（图15.5.8）的正截面承载力可按下式计算：

$$N \leqslant [A'_s f'_y - A_s \sigma_s - N_{sw} + N_c] \frac{1}{\gamma_{RE}} \quad (15.5.28)$$

$$M \leqslant \left[A'_s f'_y (h_{w0} - a'_s) - M_{sw} + M_c - N\left(h_{w0} - \frac{h_w}{2}\right)\right]\frac{1}{\gamma_{RE}} \quad (15.5.29)$$

当 $x > h'_f$ 时

$$N_c = \alpha_1 f_c b_{wx} x + \alpha_1 f_c (b'_f - b_w) h'_f \tag{15.5.30}$$

$$M_c = \alpha_1 f_c b_{wx} x (h_{w0} - x/2) + \alpha_1 f_c (b'_f - b_w) h'_f (h_{w0} - h'_f/2) \tag{15.5.31}$$

当 $x \leqslant h'_f$ 时

$$N_c = \alpha_1 f_c b'_f x \tag{15.5.32}$$

$$M_c = \alpha_1 f_c b'_f x (h_{w0} - x/2) \tag{15.5.33}$$

当 $x \leqslant \xi_b h_{w0}$ 时

$$\sigma_s = f_y \tag{15.5.34}$$

$$N_{sw} = (h_{w0} - 1.5x) b_w f_{yw} \rho_w \tag{15.5.35}$$

$$M_{sw} = 0.5 (h_{w0} - 1.5x)^2 b_w f_{yw} \rho_w \tag{15.5.36}$$

当 $x \geqslant \xi_b h_{w0}$ 时

$$\sigma_s = \frac{f_y}{\xi_b - 0.8} \left(\frac{x}{h_{w0}} - \beta_1 \right) \tag{15.5.37}$$

$$N_{sw} = 0 \tag{15.5.38}$$

$$M_{sw} = 0 \tag{15.5.39}$$

$$\xi_b = \frac{\beta_1}{1 + \dfrac{f_y}{0.0033 E_s}} \tag{15.5.40}$$

式中 f_y、f'_y、f_{yw}、f_{yh}——分别为剪力墙端部受拉、受压钢筋和墙身竖向、横向分布钢筋强度设计值；

f_c——混凝土抗压强度设计值；

h_{w0}——剪力墙截面有效高度；

ρ_w——剪力墙竖向分布钢筋配筋率；

A_{sw}——墙身竖向均布钢筋面积；

A_s——剪力墙端部受拉钢筋截面面积；

A'_s——剪力墙端部受压钢筋截面面积；

E_s——剪力墙端部受拉钢筋弹性模量；

σ_s——剪力墙端部受拉钢筋应力；

x——剪力墙截面受压区高度；

γ_{RE}——抗震承载力调整系数，$\gamma_{RE}=0.85$。

（2）矩形截面大偏心受拉剪力墙正截面承载力可按下式列近似公式验算：

$$N \leqslant \frac{1}{\gamma_{RE}} \left[\frac{1}{\dfrac{1}{N_{0u}} + \dfrac{e_0}{M_{wu}}} \right] \tag{15.5.41}$$

$$N_{0u} = 2A_s f_y + A_{sw} f_{yw} \tag{15.5.42}$$

$$M_{wu} = A_s f_y (h_{w0} - a'_s) + A_{sw} f_{yw} \left(\frac{h_{w0} - a'_s}{2} \right) \tag{15.5.43}$$

式中 N——剪力墙承受的组合拉力设计值；

e_0——轴向力作用点至截面重心的距离；

A_s——墙端竖向配筋面积；

N_{0u}——剪力墙的轴心受拉承载力值；

M_{wu}——剪力墙的正截面受弯承载力值；

γ_{RE}——取为0.85。

6. 偏心受压剪力墙斜截面受剪承载力计算和抗震验算公式

$$V_w \leqslant \frac{1}{\gamma_{RE}}\left[\frac{1}{\lambda-0.5}\left(0.4f_t b_w h_{w0}+0.1N\frac{A_w}{A}\right)+0.8f_{yh}\frac{A_{sh}}{s}h_{w0}\right] \quad (15.5.44)$$

式中 V_w——剪力墙承受的组合剪力设计值；

N——考虑重力代表值作用的剪力墙轴向压力值，当 N 大于 $0.2f_c b_w h_w$ 时，取 $N=0.2f_c b_w h_w$；

A——剪力墙截面总面积；

A_w——剪力墙腹板面积，矩形截面取 $A_w=A$；

λ——计算截面处剪跨比，$\lambda=M_w/V_w h_{w0}$；当 $\lambda<1.5$ 时取1.5，当 $\lambda>2.2$ 时取2.2；其中 M_w 为与 V_w 相应的设计弯矩值。当计算截面与墙底之间的距离小于 $h_w/2$ 时，λ 应按 $h_w/2$ 处的设计弯矩与剪力值计算。

偏心受拉剪力墙斜截面受剪承载力按下式计算和验算：

$$V_w \leqslant \frac{1}{\gamma_{RE}}\left[\frac{1}{\lambda-0.5}\left(0.5f_t b_w h_{w0}-0.1N\frac{A_w}{A}\right)+0.8f_{yh}\frac{A_{sh}}{s}h_{w0}\right] \quad (15.5.45)$$

当式（15.5.45）右侧计算值小于 $\frac{1}{\gamma_{RE}}(0.8f_{yh}\frac{A_{sh}}{s}h_{w0})$ 时

$$V_w=\frac{1}{\gamma_{RE}}\left(0.8f_{yh}\frac{A_{sh}}{s}h_{w0}\right) \quad (15.5.46)$$

7. 剪力墙连梁斜截面受剪承载力计算

当连梁的跨高比大于2.5时，其斜截面受剪承载力可按式（15.5.47）计算。当连梁的跨高比小于或等于2.5时应按式（15.5.48）计算。

$$V_w \leqslant \frac{1}{\gamma_{RE}}\left(0.42f_t b_b h_{b0}+f_{yv}\frac{A_{sv}}{s}h_{b0}\right) \quad (15.5.47)$$

$$V_w \leqslant \frac{1}{\gamma_{RE}}(0.38f_t b_b h_{b0}+0.9f_{yv}\frac{A_{sv}}{s}h_{b0}) \quad (15.5.48)$$

管道穿过连梁预留洞口宜位于连梁中部，洞口的加强设计同框架的要求，当不能满足要求时，连梁与剪力墙的连接应按铰接考虑。

8. 剪力墙施工缝的受剪验算

剪力墙的水平施工缝是受剪的薄弱部位，特别是当剪应力较高，轴压力较小，甚至出现拉力时。一级剪力墙的施工缝截面应进行受剪承载力验算，此时只考虑钢筋及摩擦力的作用，施工缝受剪承载力按下式验算：

$$V_{wi} \leqslant \frac{1}{\gamma_{RE}}(0.6f_y A_s+0.8N) \quad (15.5.49)$$

式中 V_{wi}——剪力墙水平施工缝组合的剪力设计值；

f_y——竖向钢筋抗拉强度设计值；

A_s——施工缝处剪力墙墙板竖向分布钢筋和边缘构件纵向钢筋（不包括边缘构件以外的两侧翼墙）的总截面面积；

N——施工缝处不利组合的轴向力设计值，压力取正值，拉力取负值。

当不能满足式（15.5.49）要求时，应补充短钢筋，在施工缝的上下应满足锚固长度。

15.5.4 剪力墙的底部加强部位

延性剪力墙一般控制在其底部即计算嵌固端以上一定高度范围内屈服、出现塑性铰。设计时，将墙体底部可能出现塑性铰的高度范围作为底部加强部位，提高其受剪承载力，加强其抗震构造措施，使其具有大的弹塑性变形能力，从而提高整个结构的抗震倒塌能力。

GBJ 11—89 规定底部加强部位与墙肢高度和长度有关，不同长度墙肢的加强部位的高度不同。为了简化设计，GB 50011—2001 调整为底部加强部位的高度仅与墙肢总高度相关。GB 50011—2010 规范将“墙体总高度的1/8”改为“墙体总高度的 1/10”；明确加强部位的总高度一律从地下室顶板算起；当计算嵌固端位于地下室以下时，还需向下延伸，但加强部位的高度仍从地下室顶板算起。剪力墙底部加强部位如图 15.5.9 所示。

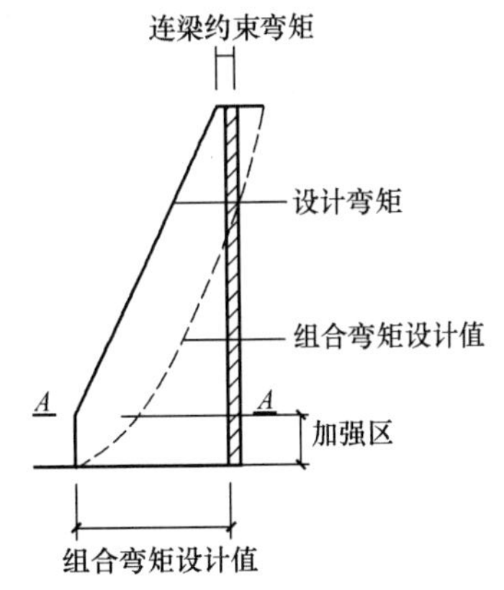

图 15.5.9 剪力墙底部加强部位

此外，还补充了高度不超过 24m 的多层建筑底部加强部位高度的规定，即底部加强部位可取底部一层。

有裙房时，主楼与裙房顶对应的上下层需要加强。此时，加强部位的高度也可延伸至裙房以上一层。

15.5.5 剪力墙结构抗震构造措施

1. 剪力墙的厚度及墙肢长度

剪力墙厚度的要求，主要是为了使墙体有足够的稳定性。试验研究表明，有约束边缘构件的矩形截面剪力墙与无约束边缘构件的矩形截面剪力墙相比，极限承载力约提高40%，极限层间位移角约增加一倍，对地震能量的消耗能力增大 20%左右，且有利于墙板的稳定。对于一、二级剪力墙底部加强部位，当无端柱或翼墙时，墙厚需适当增加。

《建筑抗震设计规范》GB 50011—2010 对剪力墙的厚度规定为：一、二级不应小于160mm 且不宜小于层高或无支长度的 1/20，三、四级不应小于 140mm 且不宜小于层高或无支长度的 1/25。无端柱或翼墙时，一、二级不宜小于层高或无支长度的 1/16，三、四级不宜小于层高或无支长度的 1/20。

底部加强部位的墙厚，一、二级不应小于 200mm 且不宜小于层高或无支长度的 1/16，三、四级不应小于 160mm 且不宜小于层高或无支长度的 1/20；无端柱或翼墙时，一、二级不宜小于层高或无支长度的 1/12，三、四级不宜小于层高或无支长度的 1/16。

剪力墙的墙肢长度不大于墙厚的 3 倍时，应按柱的有关要求进行设计，矩形墙肢的厚度不大于 300mm 时，尚宜全高加密箍筋。

2. 剪力墙的分布钢筋

剪力墙分布钢筋的作用是多方面的，如：抗剪、抗弯、减少收缩裂缝等。试验研究还表明，分布筋过少，剪力墙会由于纵向钢筋拉断而破坏，需要给出剪力墙分布钢筋最小配筋率。另外，由于泵送混凝土组分中的粗骨料减少等，使得混凝土的收缩量增大，为了控制因温度和收缩等产生的裂缝，GB 50011—2010 较 GBJ 11—89 的二、三、四级剪力墙的分布钢筋配筋率有所增加。

（1）剪力墙钢筋布置要求

剪力墙厚度大于140mm时，竖向和横向分布钢筋应双排布置；双排分布钢筋间拉筋的间距不宜大于600mm，直径不应小于6mm；在底部加强部位，边缘构件以外的拉筋间距应适当加密。

（2）剪力墙竖向、横向分布钢筋的配置

1）一、二、三级剪力墙的竖向和横向分布钢筋最小配筋率均不应小于0.25%，四级剪力墙不应小于0.20%；钢筋间距不宜大于300mm，直径不应小于8mm。

2）高度小于24m且剪压比很小的四级剪力墙，其竖向分布筋的最小配筋率应允许按0.15%采用。

3）部分框支剪力墙结构的剪力墙底部加强部位，竖向及横向分布钢筋的最小配筋率均不应小于0.3%，钢筋间距不宜大于200mm。

4）剪力墙竖向、横向分布钢筋的直径不宜大于墙厚的1/10，且不应小于8mm；竖向钢筋直径不宜小于10mm。

3. 剪力墙的轴压比限值

随着建筑结构高度的增加，剪力墙底部加强部位的轴压比也随之增加。统计表明，实际工程中剪力墙在重力荷载代表值作用下的轴压比已超过0.6。

影响压弯构件的延性或屈服后变形能力的因素有：截面尺寸、混凝土强度等级、纵向配筋、轴压比、箍筋量等，其主要因素是轴压比和配箍特征值。剪力墙墙肢的试验研究也表明，轴压比超过一定值，很难成为延性剪力墙。

GB 50011—2010规定的轴压比限值适用于各种结构类型的剪力墙墙肢。9度一级墙最严，限值为0.4；7、8度一级墙次之，限值为0.5；二、三级墙的限值为0.6。当剪力墙的墙肢长度小于墙厚的3倍时，在重力荷载代表值作用下的轴压比，一、二级限值仍按上述要求，三级限值为0.6，且均应按柱的要求进行设计。

4. 剪力墙的边缘构件

（1）剪力墙边缘构件的类型

GB 50011—2010规定，剪力墙墙肢两端和洞口两侧应设置边缘构件。剪力墙的边缘构件分为约束边缘构件和构造边缘构件两类。约束边缘构件是指用箍筋约束的暗柱、端柱和翼墙，其混凝土用箍筋约束，有比较大的变形能力；构造边缘构件的混凝土约束较差。

（2）剪力墙约束边缘构件和构造边缘构件的设置部位

1）对于剪力墙结构，底层墙肢底截面的轴压比不大于表15.5.1规定的一、二、三级剪力墙及四级剪力墙，墙肢两端可设置构造边缘构件。

剪力墙设置构造边缘构件的最大轴压比　　表15.5.1

烈度或等级	一级（9度）	一级（7、8度）	二、三级
轴压比	0.1	0.2	0.3

2）底层墙肢底截面的轴压比大于表15.5.1规定的一、二、三级剪力墙，以及部分框支剪力墙结构的剪力墙，应在底部加强部位及相邻的上一层设置约束边缘构件，在以上的其他部位可设置构造边缘构件。

(3) 剪力墙约束边缘构件构造

约束边缘构件的形式可以是暗柱（矩形端）、端柱、翼墙和转角墙，如图 15.5.10 所示。但剪力墙的翼墙长度小于 3 倍墙厚或端柱截面边长小于 2 倍墙厚时，视为无翼墙、无端柱。约束边缘构件的范围及配筋要求见表 15.5.2。

剪力墙约束边缘构件的范围及配筋要求　　　　表 15.5.2

项　目	一级（9 度）		一级（7、8 度）		二、三级	
	$\lambda \leqslant 0.2$	$\lambda > 0.2$	$\lambda \leqslant 0.3$	$\lambda > 0.3$	$\lambda \leqslant 0.4$	$\lambda > 0.4$
l_c（暗柱）	$0.20\,h_w$	$0.25\,h_w$	$0.15\,h_w$	$0.20\,h_w$	$0.15\,h_w$	$0.20\,h_w$
l_c（翼墙或端柱）	$0.15\,h_w$	$0.20\,h_w$	$0.10\,h_w$	$0.15\,h_w$	$0.10\,h_w$	$0.15\,h_w$
λ_v	0.12	0.20	0.12	0.20	0.12	0.20
纵向钢筋（取较大值）	$0.012\,A_c$，8ϕ16		$0.012\,A_c$，8ϕ16		$0.010\,A_c$，6ϕ16（三级 6ϕ14）	
箍筋或拉筋沿竖向间距	100mm		100mm		150mm	

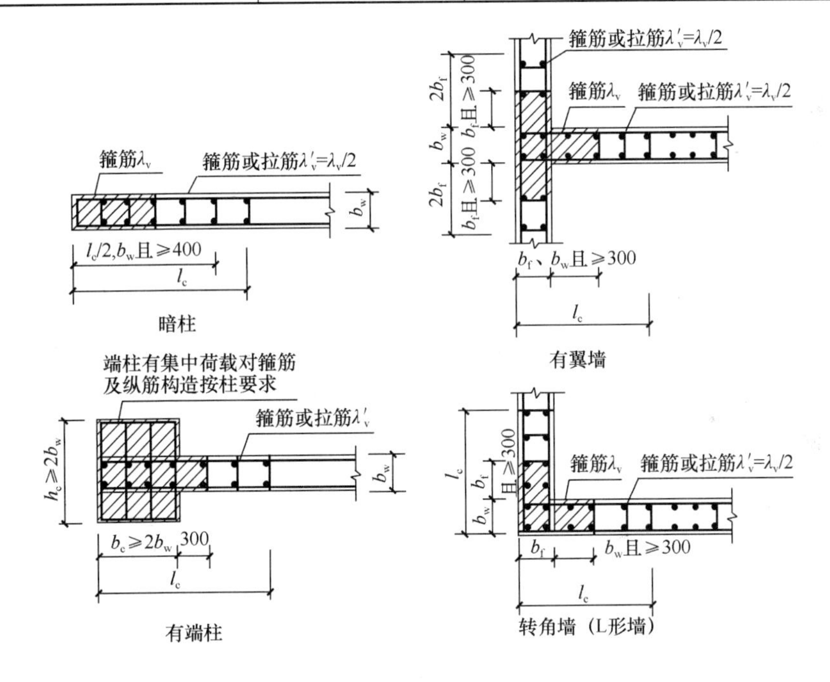

图 15.5.10　剪力墙的约束边缘构件（mm）

(4) 剪力墙的构造边缘构件的构造要求

1) 剪力墙的构造边缘构件范围，宜按图 15.5.11 采用，矩形端取墙厚与 400mm 的较大者，有翼墙时为翼墙厚加 300mm，有端柱时为端柱。

2) 剪力墙的构造边缘构件的配筋区分底部加强部位和其他部位，除应满足受弯承载力要求外，宜符合表 15.5.3 的要求。这两种类型构造边缘构件的纵向钢筋的最小值不同，水平钢筋的数量和形式也不相同，底部加强部位的构造边缘构件采用箍筋，其他部位的构造边缘构件采用拉筋，其拉筋的水平间距不应大于纵向间距的 2 倍，转角处宜采用箍筋。当剪力墙的构造边缘构件的端柱承受集中荷载时，其端柱的纵向钢筋、箍筋直径和间距应满足柱的相应要求。

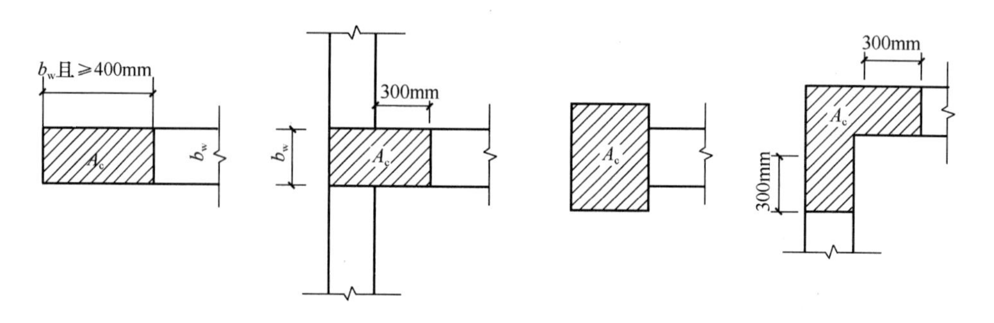

图 15.5.11　剪力墙的构造边缘构件范围

剪力墙构造边缘构件的配筋要求　　**表 15.5.3**

抗震等级	底部加强部位			其他部位		
	纵向钢筋最小量（取较大值）	箍筋或拉筋		纵向钢筋最小量	箍筋或拉筋	
		最小直径	沿竖向最大间距（mm）		最小直径	沿竖向最大间距（mm）
一	$0.010A_c$，6ϕ16	ϕ8	100	$0.008A_c$，6ϕ14	ϕ8	150
二	$0.008A_c$，6ϕ14	ϕ8	150	$0.006A_c$，6ϕ12	ϕ8	200
三	$0.005A_c$，4ϕ12	ϕ6	150	$0.005A_c$，4ϕ12	ϕ6	200
四	$0.005A_c$，4ϕ12	ϕ6	200	$0.004A_c$，4ϕ12	ϕ6	250

注：A_c为计算边缘构件纵向构造钢筋的暗柱或端柱的截面面积。

5. 连梁

连梁是对剪力墙结构抗震性能影响比较大的构件，一般连梁的跨高比较小，容易出现剪切斜裂缝，为了防止斜裂缝出现后的脆性破坏，除了减少其名义剪应力，并加大其箍筋配置外，可设水平缝形式多连梁。顶层连梁的纵向钢筋伸入墙的锚固长度范围内应设置箍筋，其箍筋间距可采用150mm，箍筋直径应与连梁的箍筋直径相同。

15.6　框架-剪力墙结构设计

15.6.1　框架-剪力墙结构的结构布置

1. 剪力墙布置的基本原则

框架-剪力墙结构中的剪力墙宜沿主轴方向双向设置，且剪力墙的两端（不包括洞口两侧）宜设置端柱或与另一方向的剪力墙相连，贯通房屋全高，且横向与纵向剪力墙宜相连，互为翼墙，以提高其刚度和承载能力。

剪力墙的一般布置原则是均匀、分散、对称、周边。均匀、分散是要求剪力墙的片数多，每片的刚度不要太大；不要只设置一两片刚度很大、连续很长的剪力墙，因为片数太少，地震中万一个别剪力墙破坏后，剩下的一两片墙难以承受全部地震力，截面设计也困难（特别是连梁）。相应地基础承受过大的剪力和倾覆力矩，难以处理。所以，在方案阶段宜考虑布置很多片短的剪力墙，在楼层平面上均匀布开，不要集中到某一局部区域。

对称、周边布置是对高层建筑抵抗扭转的要求，剪力墙的刚度大，它的位置对楼层平面刚度分布起决定性的作用。剪力墙对称布置，就能基本上保证了建筑物的对称性，避免和减少建筑物受到的扭矩。另一方面，剪力墙沿建筑平面的周边布置可以最大限度地加大抗扭转的内力臂，提高整个结构的抗扭能力。当然，沿周边布置有困难时，往里面进来 1～2 个间距也是可以的，剪力墙的距离尽可能拉开。

2. 剪力墙布置位置的选择

一般情况下，剪力墙宜布置在竖向荷载较大处、平面形状变化处和楼梯间、电梯间等。布置在竖向荷载较大处，主要考虑两个原因：因剪力墙承受大的竖向荷载，可以避免设置截面尺寸过大的柱子，满足建筑布置的要求；剪力墙是主要抗侧力结构，承受很大的弯矩和剪力，需要较大的竖向荷载来避免出现轴向拉力，提高截面承载力，也便于基础设计。在平面变化较大的角隅部位，容易产生大的应力集中，设置剪力墙予以加强是很有必要的。楼（电）梯间楼板开大洞，削弱严重，特别是在端角和凹角处设置楼（电）梯间时，受力更为不利，采用楼（电）梯竖井来加强是有效的措施。

房屋较长时，纵向剪力墙不宜设置在端开间，以减少温度效应等不利影响。

3. 剪力墙布置的具体要求

框架-剪力墙结构中的剪力墙，作为该结构体系第一道防线的主要抗侧力构件，其通常有两种布置方式：一种是剪力墙与框架分开，剪力墙围成筒，墙的两端没有柱；另一种是墙的两端嵌入框架内，有端柱、有边跨梁，成为带边框剪力墙。第一种情况的剪力墙，与剪力墙结构中的剪力墙、筒体结构中的核心筒或内筒墙体区别不大。对于第二种情况的剪力墙，如果梁的宽度大于墙的厚度，则每一层的剪力墙有可能成为高宽比小的矮墙，强震作用下发生剪切破坏，同时，剪力墙给端柱施加很大的剪力，使柱端剪坏，这对抗地震倒塌是非常不利的。

(1) 楼（电）梯间、竖井

楼（电）梯间、竖井等使楼面开洞的竖向通道，不宜设在结构单元端部角区及凹角处，如必须设置时，应设剪力墙加强。这种竖向通道不宜独立设在柱网以外的中间部位（图 15.6.1*a*），而至少有一边应与柱网重合（图 15.6.1*b*）。

(2) 纵横墙成组布置

纵横向剪力墙宜合并布置为 *L* 形、*T* 形和口字形，以使纵墙可以作为横墙的翼缘，横墙也可以作为纵墙的翼缘，从而提高其承载力和刚度（图 15.6.2）。

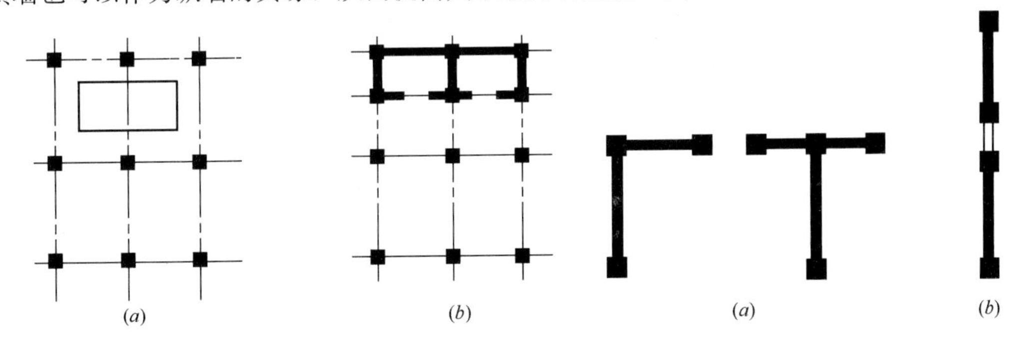

图 15.6.1 竖井的布置
(*a*) 独立于柱网；(*b*) 一边与柱网重合

图 15.6.2 剪力墙的组合
(*a*) 纵横墙组合；(*b*) 双肢墙

两片剪力墙通过框架梁（实际上是连梁）组成联肢墙也可以大大提高其刚度（图 15.6.2）。

(3) 合理调整剪力墙的长度

为保证剪力墙具有足够的延性，不发生脆性的剪切破坏，每一道剪力墙（包括单片墙、小开口墙和联肢墙）不应过长，总高度与总长度之比 H/L 宜大于 3。

连成一片的单个墙肢长度不宜大于 8m，以免因剪切而破坏。墙肢过长，中间部分的分布钢筋还未达到屈服，端部钢筋早就因变形过大而断开。所以，较长的单片墙可以留出结构洞口，划分为联肢墙的两个墙肢（图 15.6.3），如果建筑上不需要这个洞口，可以在施工完毕后用砖墙或其他轻质材料封闭。

每一道剪力墙在底层承受的弯矩和剪力均不宜大于整个结构底部剪力和倾覆力矩的 40%。

（4）剪力墙的最大间距

剪力墙比框架的刚度大得多，成为楼板在水平面内的支座，因此，它们的间距不应过大，以防止楼板在自身平面内变形过大（图 15.6.4）。剪力墙之间无大洞口的楼、屋盖的长宽比宜满足表 15.6.1 的要求；当剪力墙之间的楼面有较大开洞时，楼、屋盖的长宽比还应当减小。当超过上述要求时，应计入楼盖平面内的变形影响。

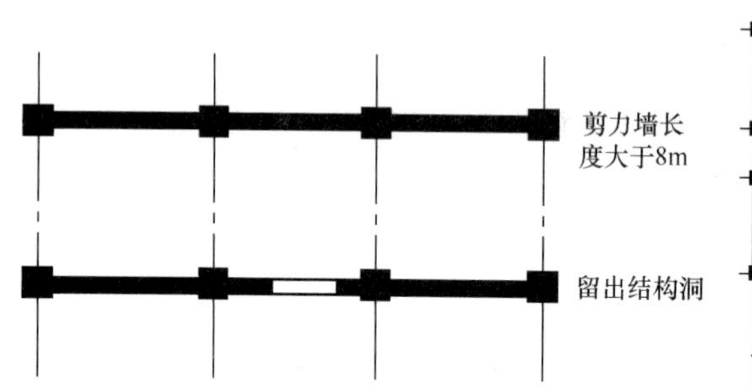

（剪力墙长度大于 8m 留出结构洞）

图 15.6.3　剪力墙过长时的处理

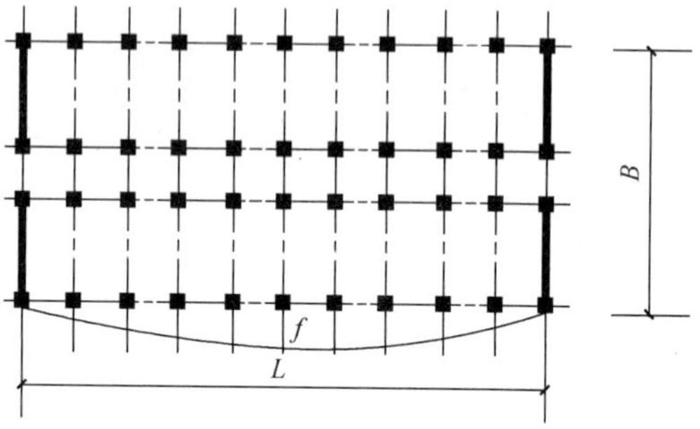

图 15.6.4　剪力墙的间距

剪力墙之间楼、屋盖的长宽比　　**表 15.6.1**

楼、屋盖类型		设防烈度			
		6	7	8	9
框架-剪力墙结构	现浇或叠合楼屋盖	4	4	3	2
	装配整体式楼屋盖	3	3	2	不宜采用
板柱-剪力墙结构的现浇楼、屋盖		3	3	2	不应采用
框支层的现浇楼、屋盖		2.5	2.5	2	不应采用

4. 剪力墙的边框梁、柱

当框架-剪力墙结构中剪力墙的两端嵌入框架内时，应在楼盖处设置暗梁，由端柱、暗梁及剪力墙组成带边框剪力墙。

设剪力墙之后，框架柱作为剪力墙的端部翼缘，剪力墙的端部钢筋配置在柱截面内。端柱增强了剪力墙的承载力和稳定性。试验结果表明，取消框架柱后，剪力墙的极限承载力将下降 30%。位于楼层上的框架梁也应保留，虽然在内力分析时不考虑剪力墙上的边框梁受力，但梁作为剪力墙的横向加劲肋，提高了剪力墙的极限承载力。

对于边框梁，2005年，日本完成了一个1/3比例的6层2跨、3开间的框架-剪力墙结构模型的振动台试验，剪力墙嵌入框架内。最后，首层剪力墙剪切破坏，剪力墙的柱端剪坏，首层其他柱的两端出现塑性铰，首层倒塌。2006年，日本完成了一个足尺的6层2跨、3开间的框架-剪力墙结构模型的振动台试验。与1/3比例的模型相比，除了模型比例不同外，嵌入框架内的剪力墙采用开缝墙。最后，首层开缝墙出现弯曲破坏和剪切斜裂缝，没有出现首层倒塌的破坏现象。即梁的宽度大于墙的厚度时，每一层的剪力墙有可能成为高宽比小的矮墙，在强震作用下发生剪切破坏；同时，剪力墙给端柱施加很大的剪力，使柱端剪坏，这对抗地震倒塌是非常不利的，因此在楼层不宜设置宽于墙厚的明梁。同样，对比试验表明，边框梁取消后，剪力墙极限承载力下降10%。因此在楼层高处应设置暗梁，暗梁的高度、纵筋钢筋和箍筋与明梁相同，配置在墙身内。

剪力墙宜设在框架梁柱轴线平面内，保持对中。如果剪力墙设在柱边，应加强柱的箍筋以抵抗扭转的影响。

15.6.2 框架-剪力墙结构中框架剪力的调整

目前，不论是采用手算方法还是计算机方法，计算中都采用了楼板平面内刚度无限大的假定，即认为楼板在自身平面内是不变形的。但是在框架-剪力墙结构中，作为主要侧向支承的剪力墙间距比较大，实际上楼板是有变形的，变形的结果将使框架部分的水平位移大于剪力墙的水平位移；相应地，框架实际承受的水平力大于采用刚性楼板假定的计算结果。

另外，剪力墙的刚度大，承受了大部分水平力，因而在地震作用下，剪力墙会首先开裂，刚度降低，从而使一部分地震作用向框架转移，框架受到的地震作用会显著增加。

由内力分析可知，框架-剪力墙结构中的框架，受力情况不同于纯框架结构中的框架，其下部楼层的计算剪力很小，其底部接近于零。显然，直接按照计算的剪力进行配筋是不安全的，必须予以适当的调整，使框架具有足够的抗震能力，使框架成为框架-剪力墙结构的第二道防线。

抗震设计时，框架-剪力墙结构计算所得的框架楼层总剪力 V_f（即各框架柱剪力之和）应按下列方法调整：

1. 规则建筑中的楼层按下列方法调整框架的总剪力：

（1）$V_f \geqslant 0.2V_0$ 的楼层不必调整，V_f 可按计算值采用。

（2）$V_f < 0.2V_0$ 的楼层，设计时 V_f 取下列两者的较小值：$1.5V_{fmax}$，$0.2V_0$。其中，V_0 为地震作用产生的结构底部总剪力；V_{fmax} 为框架部分各层承受地震剪力中的最大值。

2. 当墙柱数目较下一层减少大于30%时，该层及以上各层框架地震剪力不应小于按计算分析的本层框架地震剪力的2倍。

3. 当采用反应谱振型分解法时，可在内力振型组合后进行一次总的调整。这时，V_f 取各振型的组合，V_0 也采用底部各振型剪力的组合。

4. 进行调整时，首先计算各层的调整系数 η_i，η_i 取下列数值的较小者：

$$\eta_i = 0.2\frac{V_0}{V_{fi}} \tag{15.6.1}$$

$$\eta_i = 1.5\frac{V_{fmax}}{V_{fi}} \tag{15.6.2}$$

用 η_i 乘第 i 层柱的弯矩、剪力计算值，即得调整后内力值。梁上、下两层的调整系数往往不同，可取上、下楼层的平均值。用平均的 η_i 乘梁的弯矩和剪力，得调整后的内力。

柱的轴力可不调整。

框架剪力的调整是框架-剪力墙结构进行内力计算后，为提高框架部分承载力的一种人为措施，是调整截面设计用的内力设计值，所以调整后，节点弯矩与剪力不再保持平衡，也不必再重分配节点弯矩。

15.6.3 框架-剪力墙结构抗震构造措施

高层钢筋混凝土框架-剪力墙结构中的剪力墙为第一道防线的主要抗侧力构件。为了提高其变形和耗能能力，对框架-剪力墙结构中的剪力墙的墙体厚度、墙体最小配筋率和端柱设计等作出了较严格的规定。

（1）剪力墙的厚度不应小于 160mm 且不应小于层高的 1/20，底部加强部位的剪力墙厚度，不应小于 200mm 且不应小于层高的 1/16。

（2）剪力墙端部设置端柱时，墙体在楼盖处宜设置暗梁，暗梁的截面高度不宜小于墙厚和 400mm 中的较大值。

（3）端柱的截面宜与同层框架柱相同，并应符合有关框架构造配筋规定；剪力墙底部加强部位的端柱和紧靠剪力墙洞口的端柱宜按柱箍筋加密区的要求沿全高加密箍筋。

（4）剪力墙的横向和竖向分布钢筋，配筋率均不应小于 0.25%，钢筋直径不宜小于 10mm，间距不宜大于 300mm，并应双排布置，拉筋间距不应大于 600mm，直径不应小于 6mm。

（5）楼面梁与剪力墙平面外连接时，不宜支承在洞口连梁上；沿梁轴线方向宜设置与梁连接的剪力墙，梁的纵筋应锚固在墙内；也可在支承梁的位置设置扶壁柱或暗柱，并应按计算确定其截面尺寸和配筋。

（6）框架-剪力墙结构的其他抗震构造措施应符合本章第 4 节和第 5 节对框架及剪力墙的有关要求。

15.7 钢筋混凝土筒体结构

筒体结构是指由一个或几个筒体作竖向承重结构的高层建筑结构形式，通常是由结构内部的电梯间、楼梯间、管道井等组成竖向实腹薄壁筒体，由结构外围周圈具有密柱及深梁的封闭空间框架组成框架筒体。由于筒体结构抗侧力刚度大，主要适用于较高的高层建筑及地震区的高层建筑。

筒体结构按其筒体的形式、平面布置和数目的不同可分为单筒、筒中筒和组合筒等类型，如图 15.7.1 所示，分别适用于不同的抗侧力要求即不同建筑高度和不同地震烈度的组合要求。单筒通常应用于高层建筑结构中，实腹单筒出现在由核心筒与剪力墙或稀柱框架共同组成的建筑结构中。框架单筒结构则是外围框筒承担水平侧力，内部稀柱承担竖向荷载的结构形式。筒中筒结构通常是由内部实腹核心筒与外围框架筒组合而成。组合筒结构则是由若干个单筒集合成一体形成多腹腔的筒体结构，其空间刚度极大，在超高层建筑中应用较多。

高层框架筒体结构就整体而言，像一根竖立的长悬臂梁。但在水平侧力作用下其截面应力分布并不像理想的悬臂梁那样呈平面分布而是表现出了角部偏大、中间偏小的剪切滞

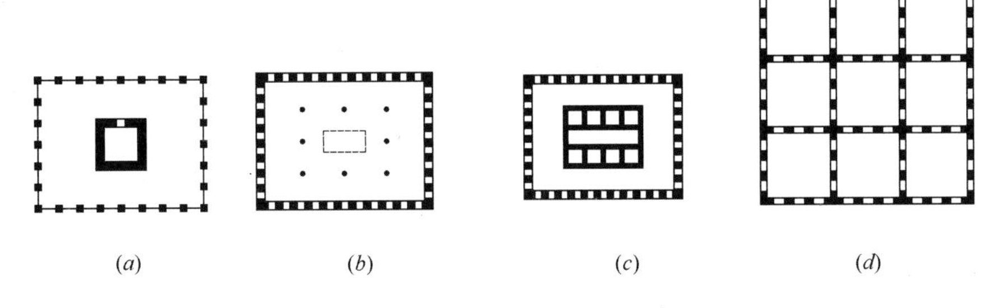

图 15.7.1　筒体结构类型示意图

(a) 实腹单筒；(b) 框架单筒；(c) 筒中筒；(d) 组合筒

后特点，如图 15.7.2 所示。这是由于框架筒体裙梁剪切变形导致截面整体变形偏离平面分布所致。这反映了筒体结构空间作用的特点。

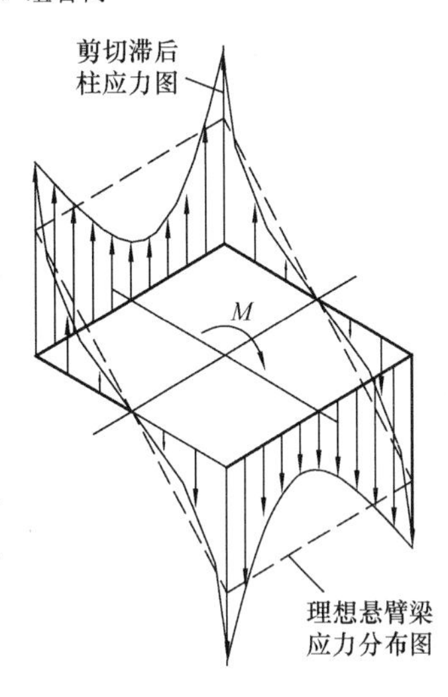

图 15.7.2　剪切滞后示意图

15.7.1　抗震分析

筒体结构的抗震分析应反映其空间整体受力特点，考虑不同方向抗侧力结构的整体工作。

1. 框筒抗震分析

根据钢筋混凝土高层建筑筒体结构的实际受力情况，可以假定楼板平面内刚度无限大、平面外刚度为零。基于这一假设，根据框筒结构的平面布置情况及不同的计算精度要求，引入不同的计算假设，有许多近似分析方法。

1) 等效连续化方法

等效连续化方法适用于平面形状由直线段组成的框筒结构。采用等效连续化方法可把框筒结构转化成由正交各向异性的弹性连续薄板组成的结构。首先进行弹性连续体的应力分析，然后可将弹性体应力分析结果转化为框筒结构的内力。

近似假设框筒、框架梁柱的反弯点均位于杆长的中点，取四个相邻反弯点间的十字形框架部分作为基本单元，根据等效刚度的原则，可以确定等效薄板的弹性常数[3]。

2) 等效平面框架法

等效平面框架法适用于矩形平面框筒结构。这一方法只考虑框筒四周的平面框架平面内的刚度，而假设其平面外的刚度可以忽略不计。将水平地震作用分解为弯曲作用分量和扭转作用分量，根据框筒变形特点可以将其转化为平面框架分别计算内力，再叠加得到其地震内力。

3) 平面框架协同分析法

平面框架协同分析法适用于由平面框架组成的任意形状框筒结构分析。这一方法也是只考虑框筒四周的各平面框架平面内的刚度，而假设其平面外的刚度可以忽略不计。各平面框架通过角柱的平衡条件和变形协调组成空间结构。通常通过子结构法来进行分析，将各平面框架作为子结构，角柱做特殊的处理。

如果角柱的截面形心主轴与框架所在的平面不垂直，当框架在各自的平面内受力变形时，角柱产生斜弯曲变形，这种角柱被称为“斜角柱”，斜角柱需从框架中分离出来，作为单独的子结构。如果角柱的截面形心主轴分别与两个框架所在的平面垂直，可称之为“正角柱”，正角柱在与之相连的两个框架平面内分别产生弯曲变形，可以作为两个柱子分别参与子结构计算，而不再作为单独的子结构，变形协调条件为角柱的竖向位移一致。

4）空间框架分析法

框筒结构是由深的裙梁和密排柱组成的空间框架体系，将其作为带刚域的空间框架进行分析计算是最具一般性而且最直接的方法，这一方法可以适用于任意布置的框筒结构，且其力学分析的结果可以直接用于柱子及裙梁的截面配筋计算。随着计算工具的发展，这种分析方法所需的内存也已不成问题。

空间框架分析法只有一个基本假设即楼板结构在平面内刚度无限大，在其平面外刚度则可以忽略，假定为零。基于这一假定，空间框架由以下三种构件组成：

1）框筒梁

框筒梁没有轴向变形、水平面内的横向变形和弯曲变形，但有竖向平面内的横向变形、弯曲变形和绕梁轴线的扭转变形。

2）实体框筒柱

框筒中柱通常为实体柱，具有一般空间梁柱杆件的所有六个变形分量。

3）薄壁柱

由于建筑布置或结构受力有时需将框筒角柱布置成薄壁筒体，这时由于其截面尺寸通常不大，作为空间薄壁柱计算，具有七个变形分量。

必须指出，由于框筒梁、柱的截面尺寸相对于柱距及层高不可忽略，框筒梁、柱两端均具有刚域。

刚域长度的计算原则为：

梁刚域长度＝1/2 柱宽～1/4 梁高

柱刚域长度＝1/2 梁宽～1/4 柱高

以上构件的有限单元矩阵可以在力学分析著作[3]中查到，这里不再详述。

2. 筒体抗震分析

实腹筒体是一个底部固定，上端自由的悬臂薄壁杆件。根据实腹筒壁间有无连梁及连梁的强弱，可以分别按闭口薄壁杆、带连梁的薄壁杆或开口薄壁杆件。薄壁截面杆件分析可参见文献［10］。

为了简化计算，根据洞口开设情况实腹筒体抗震分析可分两类进行：当墙体开洞较小，且筒体边长小于筒体结构总高度的 1/10 时，可将实腹筒体作为空间受力的薄壁杆件参与整体结构计算，截面按整体箱形截面设计。其余情况可将筒体划分为几个带翼缘的墙肢，按剪力墙进行整体结构计算，并按其内力分析结果进行截面设计。

筒体墙肢抗弯刚度的确定原则如下：考虑纵、横墙的共同作用，纵墙的一部分可作为横墙的有效翼缘，横墙的一部分也可作为纵墙的有效翼缘。墙肢外伸的有效翼缘宽度为下列三者的最小值：该翼缘所在跨墙净距的一半、翼缘厚度的 6 倍、至门窗洞口边缘的距离。但计算筒体墙轴向刚度时，计算面积按实际面积取用。

实腹筒体也可以采用框架分析法[6]，把连续的薄壁墙体简化为离散的框架杆件，然后按由等效框架组成的空间结构进行受力分析。这种分析方法无论是对单筒还是组合筒，对开口薄壁筒还是闭口薄壁筒都适用。

3. 筒体结构的弹塑性地震反应分析[7,8]

弹塑性地震反应分析是结构地震性能研究及抗震性能评估的重要工具。钢筋混凝土筒体结构是典型的空间结构，其地震反应表现出强烈的空间特征，在弹塑性阶段塑性内力的相互作用对结构反应影响显著。

钢筋混凝土筒体结构中，实腹筒体可以视为空间薄壁截面杆件，框筒杆件通常为空间矩形截面杆件，这些杆件通常为压弯控制的钢筋混凝土构件，其截面空间恢复力模型通常只需考虑双轴压弯分量，其余分量保持弹性，但必须反映塑性内力间相互影响以及反向加载时刚度的退化。建立压弯控制的钢筋混凝土截面的空间恢复力模型可以采用截面纤维模型的数值试验来进行模型参数标定及模型检验。

钢筋混凝土矩形截面恢复力模型已有较多的研究，基于双轴压弯极限面的截面恢复力模型用于结构弹塑性地震分析较为实用。张宏远[7]建立了可以考虑塑性内力间相互影响以及反向加载时刚度的退化，适用于任意加载路径的钢筋混凝土矩形截面的双轴压弯恢复力模型。

对于实腹筒体的空间恢复力模型[9]，由于截面中各种形状、位置、壁厚分布、配筋情况等难以参数化，而薄壁边的参数化却较为容易，可将任意形状的薄壁截面划分为适当数目的直线边。通过建立薄壁边的截面模型可以合成任意薄壁截面的截面模型。钢筋混凝土薄壁边的恢复力模型只需考虑压力和平面内弯矩两个内力分量，采用极限面理论可以建立其恢复力模型，而且可以直接应用于单个墙肢。

采用数值分析方法，可以建立起杆件单元的弹塑性刚度矩阵，进行结构弹塑性分析。

15.7.2 抗震构造要求

1. 框架-核心筒体构造要求

框筒结构平面宜选用正多边形、圆形或矩形，矩形框架筒体沿外轮廓两个方向布置的框架宜正交，宜使平面长宽比 $B/L \leqslant 2$，长度 <50m。筒体结构高度 >60m，高宽比 $H/B \geqslant 3$，高长比 $H/L \geqslant 2$，以充分保证筒体结构的空间工作性能。

双向水平地震输入下筒中筒结构模型的振动台试验[7]表明，在框筒结构中，由于裙梁的刚度和承载力都较大，框筒结构很难形成强柱弱梁型结构，柱子是结构的薄弱环节。角柱由于同时受到双向弯曲的作用，在柱子中是最薄弱的环节。在筒中筒结构中基底剪力大部分由核心筒承担，使得外框筒的薄弱层上移，外框筒的底层是安全的。因此，框筒柱的尺寸大小和构造需要特别注意。

框筒的柱间距不宜大于层高，不宜大于 4m，一般取为 2.5～3m，梁高一般为 1/3～1/4 柱间距与 1/4～1/5 层高中的较小者。外墙面洞口面积不宜大于墙面面积的 50%。中柱的截面以矩形为宜，矩形的长边应位于框筒壁面内。角柱应适当加强，其截面面积通常为中柱截面面积的 1.5～2 倍。截面形式可以根据建筑需要选用图 15.7.3 中的形式，楼盖体系的布置宜使角柱能承受较大的竖向荷载，以减小地震作用下角柱的拉应力。

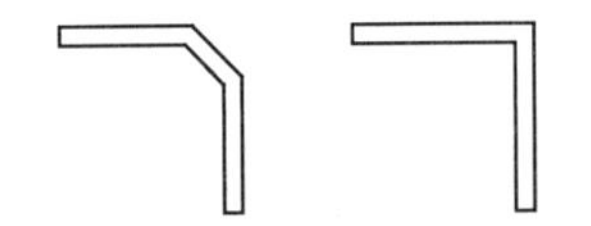
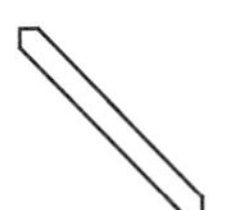
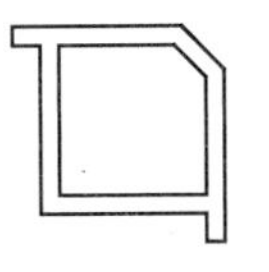

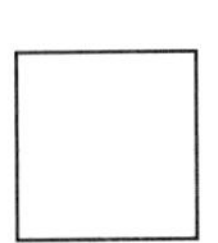

图 15.7.3 框筒角柱形式图示

框筒柱的线刚度宜接近裙梁的线刚度，当框筒柱距不等时，宜按梁柱线刚度相等的原则调整梁的截面宽度。

框筒柱的轴向压力 $N \leqslant 0.75 f_c bh$，正截面抗弯强度按双向偏心受压构件计算，纵向受力钢筋总配筋率应不小于：角柱 1.2%，与角柱相邻的第一根中柱 1.0%，其余中柱 0.8%，并且其纵向受力钢筋总配筋率大于 5%。框筒柱的箍筋间距应不大于 15d（焊接）及 10d（绑扎），且不大于 300mm。每两根纵向受力钢筋中，应有一根受箍筋或拉筋约束。当框筒柱的纵向受力钢筋总配筋率大于 3%时，箍筋直径不得小于 8mm，且应焊成封闭环式，其间距不应大于 10d，并不应大于 200mm。

柱的正截面承载能力设计按双向偏心受压计算。角筒或角柱正截面承载能力设计也按双向偏心受压计算，且两个方向的偏心距均不应小于相应方向边长的 1/10。

柱应按弯压构件进行斜截面抗剪承载力设计验算。

框筒梁截面通常为矩形，其截面尺寸由高跨比和剪力大小决定：

当 $l/h \leqslant 2.5$ 时，$V \leqslant 0.3\beta_c f_c bh$；当 $l/h > 2.5$ 时，$V \leqslant 0.2\beta_c f_c bh$。

其中 l——框筒梁的计算跨度，取支座轴线间的距离与 1.15 倍的净跨长度中的较小者；

h——框筒梁高度；

b——框筒梁宽度；

V——框筒梁的最大剪力；

f_c——混凝土抗压强度。

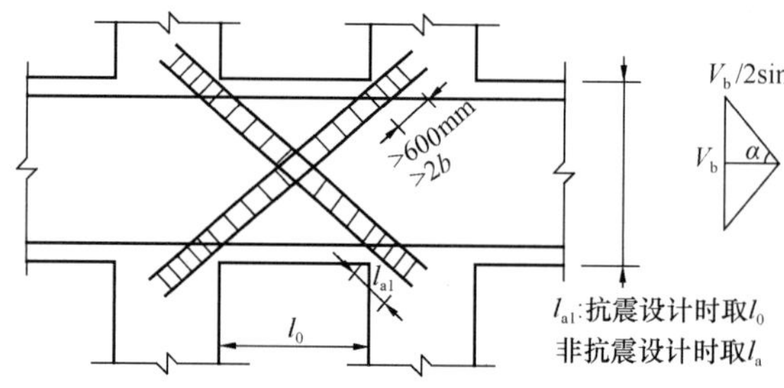

图 15.7.4 裙梁交叉斜筋配置示意图

框筒梁的正截面受弯承载力及斜截面受剪承载力计算均按弯曲构件进行。但当裙梁的计算跨度与梁高之比不大于 2.5 时，其正截面受弯承载力及斜截面受剪承载力计算按深梁考虑。

当框筒梁净高跨比小于 1 时，可配置交叉暗撑（图 15.7.4）。此时框筒梁宽度不应小于 400mm，每根交叉暗撑总面积 A_s 按下式计算：

无地震作用组合　$A_s \geqslant V_b / 2 f_y \sin\alpha$

有地震作用组合　$A_s \geqslant V_b \gamma_{RE} / 2 f_y \sin\alpha$

式中：V_b 为框筒梁的剪力设计值。

暗撑应采用矩形箍筋或螺旋箍筋绑扎成小柱。箍筋在暗撑四脚处应加密，间距为 100mm，其他部分间距为框筒梁截面宽度的一半。暗撑应由不少于 4 根纵向钢筋组成，纵筋直径不应小于 14mm；框筒梁纵向钢筋每侧不应小于两根，直径不应小于Φ 16，腰筋直径不应小于Φ 10，间距不应大于 300mm，框筒梁箍筋直径不应小于Φ 10，间距不应大于 200mm。

抗震设计中当框筒梁采用普通配筋时，腰筋直径不应小于Φ 10，间距不应大于 200mm。箍筋直径不应小于Φ 10，间距不应大于 150mm 及 8 倍的纵筋直径，且箍筋直径沿梁长不变。

2. 实腹筒体构造要求

实腹筒体墙身首先要满足普通墙体的构造要求，并且要根据其受力特点予以加强。

楼层梁不宜集中支撑在内筒体转角处，也不宜支承在洞口梁上。洞口梁不应采用弱连梁。楼层梁与内筒的交接处宜设暗柱，暗柱的宽度不宜小于墙厚的两倍与梁宽之和。

筒中筒的内核心筒平面长度和宽度应分别不小于外框筒平面长度和宽度的 1/3，壁厚应不小于层高的 1/20，并不小于 20cm。当除内筒体外还设有附加剪力墙或其他筒体时，以上要求可适当放宽。

实腹筒体门洞不宜靠近转角，门洞不宜形成小墙肢。开设门洞及其他洞口时，平面上应尽量正中设置，立面上应尽量竖向成列布置。洞口边一般应用暗梁暗柱加强，当洞口位于筒体塑性铰区高度范围内，且墙厚小于楼层高度的 1/10 时，应在洞口边加边框，边框厚度为楼层高度的 1/10。

实腹筒体底部加强部位在重力荷载下的墙体平均轴压比及边缘构件设置尚应满足抗震墙的要求。

墙肢的端部钢筋及分布钢筋在底部加强区范围内，应保持配筋量不变。墙肢的端部均需按柱的要求配置封闭箍筋，在底部加强区范围内，箍筋间距不应大于 100mm 及 6 倍的竖向钢筋间距。

验算筒体墙身平面内截面受弯承载力时，宜考虑墙身分布钢筋与翼缘的作用，按双向偏心受压计算。计算斜截面受剪承载力时，仅考虑与剪力作用方向平行的肋部面积。

墙肢应进行墙身平面外正截面受弯承载力校核，以验算竖向分布钢筋的配筋量。此时，墙身轴向力取竖向荷载、风荷载、地震作用产生的轴向力的组合计算，偏心距不应小于墙厚的 1/10。

连梁的正截面承载力、斜截面承载力设计及截面尺寸要求与框筒裙梁相同。

在筒中筒结构的底层处由翼缘框架的轴向拉压应力组成的整体弯矩应不小于地震作用产生的总弯矩的 20%。核心筒承担的地震剪力值宜不小于总地震剪力的 50%。若内力分析结果不符合上述要求，则说明结构方案不合理，框筒结构空间作用太弱或核心筒太薄弱，需重新调整结构方案。

15.8 板柱-剪力墙结构设计

板柱结构由于楼盖梁比较少，使得楼层高度降低，对使用和管道安装都较为方便，因而板柱结构在工程中时有采用。但板柱结构抵抗水平力的能力差，特别是板柱连接点是薄弱环节，对抗震尤为不利。为此，GB 50011—2010 规定，高层建筑不能单独使用板柱结构，而必须设置钢筋混凝土剪力墙，把剪力墙作为第一道防线，减轻板柱框架的地震作用。

15.8.1 板柱-剪力墙结构的结构布置

(1) 板柱-剪力墙结构应布置为双向抗侧力体系，两个主轴方向均应设置钢筋混凝土剪力墙，剪力墙的布置宜对称，尽量避免偏心。

(2) 房屋的周边应采用有梁框架，房屋及地下一层顶板应采用梁板结构。

(3) 楼、电梯间等较大洞口的周围应设置框架梁或边梁。

15.8.2 板柱-剪力墙结构的计算

（1）板柱-剪力墙结构的剪力墙，应承担结构的全部地震作用，各层板柱和框架部分应满足计算设计要求，并应能承担不小于各层全部地震作用的20%。

（2）板柱-剪力墙结构中的有梁框架应满足一般框架的抗震设计要求。板柱结构在地震作用下按等代平面框架分析时，其等代梁的宽度宜采用垂直于等代平面框架方向两侧柱跨度的1/4。

（3）柱上板带的暗梁应承担竖向荷载引起的端部剪力及地震作用引起的端部剪力之和，且应满足剪压比限值的要求。

（4）板柱框架按等代框架分析应遵守一般框架的抗震设计原则，当柱的反弯点不在柱的层高范围内时，柱端的弯矩设计值应乘以弯矩增大系数，一级取为1.4，二级取1.2，三级取1.1。

一、二、三级板柱框架底层柱下端截面组合的弯矩设计值应分别乘以增大系数1.7、1.5、1.3。

（5）房屋周边的边梁应考虑垂直于边缘的柱上板带在竖向荷载及地震作用下引起的扭转。

15.8.3 板柱-剪力墙结构的构造措施

（1）8度时宜采用有托板或柱帽的板柱节点，托板或柱帽根部的厚度（包括板厚）不宜小于柱纵筋直径的16倍。托板或柱帽的边长不宜小于4倍板厚及柱截面对应边长之和。托板底部配筋应弯起锚入板内。

（2）板柱-剪力墙结构的剪力墙，其抗震构造措施应符合剪力墙结构的有关规定，且底部加强部位及相邻上一层应设置约束边缘构件，其他部位应设置构造边缘构件；柱（包括剪力墙端柱）的抗震构造措施应符合对框架柱的有关规定。

（3）无柱帽平板在柱上板带范围宜设暗梁，暗梁宽度可取柱宽及柱两侧各1.5倍板厚。暗梁支座上部钢筋面积应不小于柱上板带钢筋面积的50%，暗梁下部钢筋不宜小于上部钢筋的1/2。箍筋直径不应小于8mm，间距不宜大于3/4倍板厚，肢距不宜大于2倍板厚，在暗梁两端应加密。

（4）无柱帽柱上板带的板底钢筋，宜在距柱面2倍纵筋锚固长度以外搭接，钢筋端部宜有垂直于板面的弯钩。

（5）沿两个主轴方向通过柱截面的板底连续钢筋的总截面面积，应符合下式要求：

$$A_s \geqslant \frac{N_G}{f_y} \tag{15.8.1}$$

式中 A_s——板底连续钢筋总截面面积；

N_G——在该层楼板重力荷载代表值作用下的柱轴压比；

f_y——楼板钢筋的抗拉强度设计值。

（6）板柱节点应根据抗冲切承载力要求，配置抗剪栓钉或抗冲切钢筋。

（7）剪力墙厚度不应小于180mm，且不宜小于层高的1/20；房屋高度大于12m时，墙厚不应小于200mm。

15.9 抗震设计算例

15.9.1 4层钢筋混凝土框架结构

1. 工程概况

本例为一幢教学实验楼，设防烈度为9度，设计地震为第一组，I_1类场地，现浇钢筋混凝土框架，楼、屋盖为装配整体式，外墙采用砖与加气混凝土的复合墙，内墙为加气混凝土砌块墙，梁、柱的混凝土强度等级均为C35，主筋为HRB335级热轧钢筋。

建筑结构平、立面布置和构件尺寸如图15.9.1所示，各楼层重力荷载代表值如图15.9.2所示。

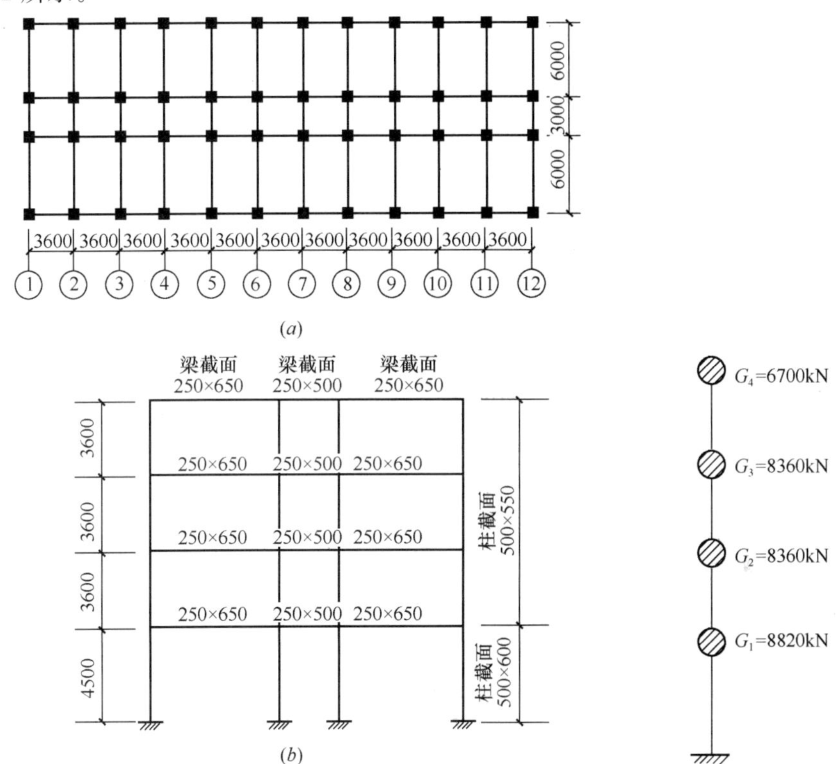

图15.9.1 平、立面布置图（mm）
（a）平面图；（b）剖面图

图15.9.2 各楼层重力荷载代表值

2. 地震作用

（1）框架刚度计算

采用D值法计算框架刚度，其中采用装配整体式楼、屋盖时梁的惯性矩，中间框架取$I=1.5I_0$，边框架取$I=1.2I_0$；混凝土弹性模量$E_c=31.5\text{kN/mm}^2$。计算结果列于表15.9.1～表15.9.3。

（2）多遇地震作用标准值计算

该建筑物总高度为15.2m，且质量和刚度沿高度分布也较均匀，可采用底部剪力法计算结构的地震作用。

1）基本自振周期

结构基本周期计算采用能量法公式，由于房屋外墙采用砖和加气混凝土的复合墙，内墙为加气混凝土砌块墙，其周期折减系数 ψ_T 取为 0.9，具体计算列于表 15.9.4。

梁的线刚度 **表 15.9.1**

类别	混凝土强度等级	截面	跨度	矩形截面惯性矩	边框架		中框架	
		$b\times h$ (m)	L (m)	I_0 ($\times10^{-3}$) (m^4)	I ($\times10^{-3}$) (m^4)	$k_b=\frac{E_cI}{l}$ ($\times10^4$) (kN·m)	I ($\times10^{-3}$) (m^4)	$k_b=\frac{E_cI}{l}$ ($\times10^4$) (kN·m)
左(右)梁	C35	0.25×0.65	6.0	15.62	6.86	3.60	8.58	4.50
走道梁	C35	0.25×0.50	3.0	2.60	3.12	3.28	3.90	4.10

柱的线刚度 **表 15.9.2**

层号	混凝土强度等级	截面	层高	惯性矩	线刚度
		$b\times h$ (m)	H (m)	I ($\times10^{-3}$) (m^4)	$k_c=\frac{E_cI}{l}$ ($\times10^4$) (kN·m)
2～4	C35	0.5×0.55	3.6	6.93	6.06
1	C35	0.5×0.60	4.5	9.00	6.30

框架的总刚度 **表 15.9.3**

层号	k (kN/m)				$\sum K$ ($\times10^5$) (kN/m)
	Z_1	Z_2	Z_3	Z_4	
2～4	15192.5×20 =303850.0	23289.4×20 =465788.0	12849.9×4 =51399.6	20318.1×4 =81272.4	9.023
1	16701.8×20 =334036.0	20691.8×20 =413836.0	15555.5×4 =62222.4	19222.5×4 =76890.0	8.870

能量法计算结构的基本周期 **表 15.9.4**

层号	G_i (kN)	$\sum D$ ($\times10^5$) (kN/m)	$\Delta u_i=\frac{\sum_{i=1}^{n}G_i}{D_i}$ (m)	$u_i=\sum_{i=1}^{i}\Delta u_i$ (m)	G_iu_i	$G_iu_i^2$
4	6700.0	9.023	0.007425	0.086419	579.007	50.037
3	8360.0	9.023	0.016691	0.078994	660.3898	52.1668
2	8360.0	9.023	0.025956	0.062303	520.853	32.451
1	8820.0	8.87	0.036347	0.036347	320.581	11.652
$\sum$	32240		0.086419		2080.83	146.31

$$T_1=2\psi_T\sqrt{\sum_{i=1}^{n}G_iu_i^2/\sum_{i=1}^{n}G_iu_i}=2\times0.9\sqrt{146.31/2080.83}=0.48\text{s}$$

2）水平地震作用标准值和楼层地震剪力设计值

9 度，设计地震第一组，I_1 类场地

$$a_{max} = 0.32, T_g = 0.25s$$

$$a_1 = \left(\frac{T_g}{T_1}\right)^{0.9} a_{max} = \left(\frac{0.25}{0.48}\right)^{0.9} \times 0.32 = 0.1779$$

$$T_1 > 1.4T_g = 1.4 \times 0.25 = 0.35s$$

应考虑顶部附加地震作用

$$F_{Ek} = a_1 G_{eq} = 0.1779 \times 0.85 \times 32240.0 = 4875.2kN$$

$$\delta_n = 0.08T_1 + 0.07 = 0.1084$$

$$\Delta F_n = \delta_n F_{Ek} = 0.1084 \times 4875.2 = 528.5kN$$

$$F_i = \frac{G_i H_i}{\sum_{j=1}^{n} G_j H_j}(1 - \delta_n) F_{Ek}$$

楼层地震剪力设计值计算结果列于表 15.9.5 中。

楼层地震剪力设计值 **表 15.9.5**

层号	G_i (kN)	H_i (m)	G_iH_i (kN·m)	F_i (kN)	ΔF_n (kN)	$V_{Ei} = \gamma_{Eh}\left(\sum_{j=i}^{n} F_i + \Delta F_n\right)$
4	6700.0	15.2	102510.0	1448.0	528.5	2569.5
3	8360.0	11.7	97812.0	1381.6		4365.4
2	8360.0	8.1	67716.0	956.5		5609.0
1	8820.0	4.5	39690.0	560.6		6337.8
$\sum$	32240.0		307728.6	4346.7		

3）框架水平地震作用效应

将框架横向的楼层地震剪力设计值按各平面框架的侧移刚度分配，得到边框架和中框架承担的楼层地震剪力设计值。

将一榀框架中的楼层地震剪力，按各柱的 D 值分配求得各柱的地震剪力设计值 $V_{cE} = V_{Ei}D/\sum D$，近似按倒三角形楼层地震剪力设计值分布确定各柱的反弯点，计算柱端地震弯矩设计值 $M_{cE}^l = V_{cE} y_i h_i$ 和 $M_{cE}^u = V_{cE}(1 - y_i) h_i$；可按节点处两侧梁的线刚度 k_b 分配求得梁端地震弯矩设计值 $M_{bE} = \sum M_{cE} k_b / \sum k_b$；然后计算梁端地震剪力设计值 $V_{bE} = (M_{bE}^l + M_{bE}^r)/l_n$，并由节点两侧梁端剪力设计值之差求得柱的地震压力设计值 $N_E = \sum (V_{bE}^l - V_{bE}^r)$，中框架内力设计值计算结果列于表 15.9.6 和表 15.9.7 中。

柱端地震弯矩设计值 **表 15.9.6**

层号	边柱					中柱				
	$D/\sum D$	V_{CE} (kN)	y_i	M_{CE}^t (kN·m)	M_{CE}^b (kN·m)	$D/\sum D$	V_{CE} (kN)	y_i	M_{CE}^t (kN·m)	M_{CE}^b (kN·m)
4	0.0168	43.2	0.35	101.1	54.5	0.0258	66.3	0.40	143.2	95.4
3	0.0168	73.3	0.45	145.1	118.7	0.0258	112.6	0.45	222.9	182.4
2	0.0168	94.2	0.50	169.6	169.6	0.0258	144.7	0.50	260.5	260.5
1	0.0188	119.2	0.70	160.9	3715.4	0.0233	147.7	0.65	232.6	432.0

梁端地震弯矩和柱的地震轴向力设计值 **表 15.9.7**

层号	边柱端		中柱端				V_{bE}（kN）		N_E（kN）	
	$\sum M_{CE}$（kN·m）	M_{bE}^l（kN·m）	$\sum M_{CE}$（kN·m）	$K_b^r/\sum k_b$	M_{bE}^l（kN·m）	M_{bE}^r（kN·m）	边跨梁	中跨梁	边柱	中柱
4	101.1	−101.1	143.2	0.523	−74.9	−68.3	−32.6	−56.9	±32.6	±24.3
3	199.5	−199.5	318.4	0.523	−166.5	−151.9	−67.8	−126.6	±100.4	±83.1
2	288.3	−288.3	442.9	0.523	−231.6	−211.3	−96.3	−176.1	±196.7	±162.9
1	330.5	−330.5	493.1	0.523	−257.9	−235.1	−109.0	−196.0	±305.6	±249.9

4）框架重力荷载效应

在重力荷载代表值作用下的框架内力分析，手算时可采用弯矩分配法。其中，重力荷载分项系数 $\gamma_G=1.2$，梁端弯矩调幅系数为 0.8，与地震作用效应组合时，屋面活荷载不考虑，按等效均布荷载考虑，楼面活荷载组合值系数取为 0.5，将中框架重力荷载作用的内力设计值计算结果列于表 15.9.8 中。

3. 框架组合的内力设计值和构件截面抗震承载力验算

本例题只考虑重力荷载内力与水平地震作用内力的组合，按 GB 50011—2010 规定，9 度区的钢筋混凝土框架房屋的抗震等级属于一级，在内力组合中，应考虑地震作用内力的调整，内力的调整原则和方法可按照 15.4 节进行。

（1）梁端组合的弯矩设计值和截面抗震承载力抗震验算

1）梁端组合的弯矩设计值

首层的梁端组合的弯矩设计值如表 15.9.9 所示。

重力荷载作用下的中框架内力设计值 **表 15.9.8**

层号	左边跨梁		中跨梁		边柱			中柱		
	M_{bG}^l（kN·m）	M_{bG}^r（kN·m）	M_{bG}^l（kN·m）	M_{bG}^r（kN·m）	N_G（kN）	M_{cG}^t（kN·m）	M_{cG}^b（kN·m）	N_G（kN）	M_{cG}^t（kN·m）	M_{cG}^b（kN·m）
4	−53.8	74.9	−30.4	30.4	−159.6 (−133.0)	67.2	53.9	−207.9 (−170.8)	−43.8	−47.1
3	−80.2	91.4	−22.2	22.2	−448.9 (−374.1)	26.2	48.0	−453.4 (−377.8)	−39.5	−40.6
2	−78.8	90.7	−23.2	23.2	−738.0 (−605.0)	50.5	53.6	−752.0 (−626.7)	−43.8	−45.9
1	−76.6	88.8	−24.9	24.9	−1035.2 (−862.7)	42.2	21.6	−1057.2 (−881.0)	−34.0	−17.0

注：1. 弯矩以顺时针方向为正，反时针方向为负；
2. 轴向力以拉力为正，压力为负，括号内数字为 $\gamma_G=1.0$ 的 N_G 值；
3. 表中所示柱轴向力设计值的部位为柱底截面。

首层梁端组合的弯矩设计值 **表 15.9.9**

组合	左大梁		走道梁	
	M_b^l（kN·m）	M_b^r（kN·m）	M_b^l（kN·m）	M_b^r（kN·m）
$G+E$	−407.1	−169.1	−260.1	−210.3
$G-E$	253.9	346.7	210.3	260.1

注：G 表示重力荷载下的内力设计值，E 表示地震作用下的内力设计值。

2）梁端截面抗震受弯承载力验算

左大梁

梁左端截面纵向钢筋实际配筋为：

4Φ25（上部）　　$A_s = 1964\text{mm}^2$　　$\rho = 1.28\%$

4Φ20（下部）　　$A'_s = 1256\text{mm}^2$　　$\rho = 0.81\%$

截面上部

$$x = f_y(A_s - 0.5A_s)/(\alpha_1 f_c b)$$
$$= 300 \times 0.5 \times 1964/(16.7 \times 250) = 70.6\text{mm} \approx 2a'_s = 2 \times 35.0 = 70.0\text{mm}$$
$$\frac{1}{\gamma_{RE}}[f_y A_s(h_0 - a_s)] = \frac{1}{0.75} \times 300 \times 1964 \times 577.5 \times 10^{-6}$$
$$= 453.7\text{kN} \cdot \text{m} > M_b^l = 407.1\text{kN} \cdot \text{m}$$

截面下部

$$x < 2a_s$$
$$\frac{1}{\gamma_{RE}} f_y A'_s(h_0 - a'_s) = \frac{1}{0.75} \times 300 \times 1256 \times 577.5 \times 10^{-6}$$
$$= 290.1\text{kN} \cdot \text{m} > M_b^l = 253.9\text{kN} \cdot \text{m}$$

梁右端截面纵向钢筋实际配筋为：

2Φ25+2Φ22（上部）　　$A_s = 1742\text{mm}^2$　　$\rho = 1.14\%$

4Φ20（下部）　　$A'_s = 1256\text{mm}^2$　　$\rho = 0.81\%$

截面上部

$$x = f_y(A_s - 0.5A_s)/(\alpha_1 f_c b)$$
$$= 300 \times 0.5 \times 1742/(16.7 \times 250) = 62.6\text{mm} < 2a'_s = 2 \times 35.0 = 70.0\text{mm}$$
$$\frac{1}{\gamma_{RE}}[f_y A_s(h_0 - a_s)] = \frac{1}{0.75} \times 300 \times 1742 \times 577.5 \times 10^{-6}$$
$$= 402.4\text{kN} \cdot \text{m} > M_b^r = 346.7\text{kN} \cdot \text{m}$$

截面下部

$$x < 2a_s$$
$$\frac{1}{\gamma_{RE}} f_y A'_s(h_0 - a'_s) = \frac{1}{0.75} \times 300 \times 1256 \times 577.5 \times 10^{-6} = 290.1\text{kNm} > M_b^r$$
$$= 169.1\text{kN} \cdot \text{m}$$

走道梁

梁左（右）端截面纵向钢筋实际配筋为：

2Φ25+2Φ22（上部）　　$A_s = 1742\text{mm}^2$　　$\rho = 1.51\%$

4Φ20（下部）　　$A'_s = 1256\text{mm}^2$　　$\rho = 1.08\%$

截面上部

$$x = f_y(A_s - 0.5A_s)/(\alpha_1 f_c b)$$
$$= 300 \times 0.5 \times 1742/(16.7 \times 250) = 62.6\text{mm} < 2a'_s$$
$$\frac{1}{\gamma_{RE}}[f_y A_s(h_0 - a_s)] = \frac{1}{0.75} \times 300 \times 1742 \times 427.5 \times 10^{-6}$$
$$= 297.9\text{kN} \cdot \text{m} > M_b^l = 260.1\text{kN} \cdot \text{m}$$

截面下部

$$x < 2a_s$$

$$\frac{1}{\gamma_{RE}} f_y A'_s (h_0 - a'_s) = \frac{1}{0.75} \times 300 \times 1256 \times 427.5 \times 10^{-6} = 214.8\text{kNm} > M_b^l$$
$$= 210.3\text{kN} \cdot \text{m}$$

(2) 梁端组合的剪力设计值和截面抗震受剪承载力验算

1) 梁端组合的剪力设计值

本工程为9度区一级框架，梁端截面组合的剪力设计值应取下列两式的较大值：

$$V = 1.3(M_b^l + M_b^r)/l_n + V_{Gb}$$
$$V = 1.1(M_{bua}^l + M_{bua}^r)/L_n + V_{Gb}$$

大梁：$q_k = 33.5\text{kN/m}$，$V_{Gb} = 0.6 q_k l_n = 0.6 \times 33.5 \times 15.3 = 108.5\text{kN}$

走道梁：$q_k = 29.0\text{kN/m}$，$V_{Gb} = 0.6 q_k l_n = 0.6 \times 29.0 \times 2.4 = 41.8\text{kN}$

大梁：$M_{bua}^l = f_{yk} A_s (h_0 - a_s) = 335 \times 1964 \times 577.5 \times 10^{-6} = 380.0\text{kN} \cdot \text{m}$

$M_{bua}^r = f_{yk} A'_s (h_0 - a'_s) = 335 \times 1256 \times 577.5 \times 10^{-6} = 243.0\text{kN} \cdot \text{m}$

$V = 1.3(M_b^l + M_b^r)/l_n + V_{Gb} = 1.3 \times (253.9 + 346.7)/15.3 + 108.5$
$= 253.1\text{kN}$

$V = 1.1(M_{bua}^l + M_{bua}^r)/L_n + V_{Gb} = 1.1 \times (380.0 + 243.0)/15.3 + 108.5$
$= 223.9\text{kN} < 253.1\text{kN}$

走道梁：$M_{bua}^l = f_{yk} A_s (h_0 - a_s) = 335 \times 1742 \times 427.5 \times 10^{-6} = 249.5\text{kN} \cdot \text{m}$

$M_{bua}^r = f_{yk} A'_s (h_0 - a'_s) = 335 \times 1256 \times 427.5 \times 10^{-6} = 179.9\text{kN} \cdot \text{m}$

$V = 1.3(M_b^l + M_b^r)/l_n + V_{Gb} = 1.3 \times (260.1 + 210.3)/2.4 + 41.8$
$= 350.8\text{kN}$

$V = 1.1(M_{bua}^l + M_{bua}^r)/L_n + V_{Gb} = 1.1 \times (249.5 + 179.9)/2.4 + 41.8$
$= 238.6\text{kN} < 350.8\text{kN}$

底层梁的梁端组合的剪力设计值列于表15.9.10中。

底层梁端组合的剪力设计值（kN） **表15.9.10**

类　别	左（右）大梁	走道梁
组合的剪力设计值（kN）	253.1	350.8

2）梁端截面抗震受剪承载力验算

大梁的加密区箍筋数量取Φ10@100mm，$A_{sv} = 157\text{mm}^2$，满足构造最低要求。

$$\frac{1}{\gamma_{RE}}\left(0.42 f_t b h_0 + 1.25 f_{yv} \frac{A_{sv}}{s} h_0\right) = \frac{1}{0.85}(0.42 \times 1.5 \times 250 \times 612.5 + 1.25$$
$$\times 210 \times \frac{157}{100} \times 612.5) \times 10^{-3}$$
$$= 415.7\text{kN} > 253.1\text{kN}$$

且
$$\frac{1}{\gamma_{RE}}(0.20 \beta_c f_c b h_0) = \frac{1}{0.85} \times (0.20 \times 16.7 \times 250 \times 612.5) \times 10^{-3}$$
$$= 601.7\text{kN} > 253.1\text{kN}$$

走道梁的加密区箍筋数量取Φ10@80mm，$A_{sv} = 157\text{mm}^2$。

$$\frac{1}{\gamma_{RE}}\left(0.42f_tbh_0+1.25f_{yv}\frac{A_{sv}}{s}h_0\right)=\frac{1}{0.85}(0.42\times1.57\times250\times462.5$$

$$+1.25\times210\times\frac{157}{80}\times462.5)\times10^{-3}$$

$$=370.0\text{kN}>350.8\text{kN}$$

且 $$\frac{1}{\gamma_{RE}}(0.20\beta_cf_cbh_0)=\frac{1}{0.85}\times(0.20\times16.7\times250\times462.5)\times10^{-3}$$

$$=454.3\text{kN}>350.8\text{kN}$$

（3）柱端组合的弯矩设计值和截面抗震受弯承载力验算

1）柱端组合的弯矩设计值

底层柱下端组合的轴压力见表 15.9.11。

底层柱下端组合的轴压力设计值（kN） **表 15.9.11**

组　合	边　柱	中　柱
$G+E$	−1340.9 （−1168.4）	−1307.1 （−1130.9）
$G-E$	−729.5 （−557.0）	−807.3 （−631.1）

注：括号内数字为 $\gamma_G=1.0$ 的 N 值。

底层柱下端截面组合的弯矩设计值 $M_c=1.7(M_{cG}\pm M_{cE})$ 详见表 15.9.12。

底层柱下端组合的弯矩设计值（kN·m） **表 15.9.12**

组　合	边　柱	中　柱
$1.7(M_{cG}+M_{cE})$	6715.1	7015.4
$1.7(M_{cG}-M_{cE})$	−601.7	−763.3

除底层柱下端、顶层和柱轴压比小于 0.15 外，柱端组合的弯矩设计值应取$\sum M_c=1.7\sum M_b$和$\sum M_c=1.2\sum M_{bua}$中的较大值。

中柱上端：$\sum M_c=1.7\sum M_b=1.7(346.7+210.3)=946.9\text{kN}\cdot\text{m}$

$$M_{bua}^l=f_{yk}A_s(h-a_s-a'_s)/0.75=335\times1742\times577.5\times10^{-6}/0.75$$

$$=449.3\text{kN}\cdot\text{m}$$

$$M_{bua}^r=f_{yk}A'_s(h-a_s-a'_s)/0.75=335\times1256\times427.5\times10^{-6}/0.75$$

$$=239.9\text{kN}\cdot\text{m}$$

$$\sum M_c=1.2(449.3+239.9)=827\text{kN}\cdot\text{m}<946.9\text{kN}\cdot\text{m}$$

边柱上端：$\sum M_c=1.7\sum M_b=1.7\times407.1=692.1\text{kN}\cdot\text{m}$

$$\sum M_c=1.2\sum M_{bua}/0.75=1.2\times506.7=608\text{kN}\cdot\text{m}<692.1\text{kN}\cdot\text{m}$$

根据$\sum M_c$较大值，按底层和第二层柱的线刚度进行分配，求得的底层柱上端组合的弯矩设计值见表 15.9.13。

底层柱上端组合的弯矩设计值（kN·m） **表 15.9.13**

组　合	边　柱	中　柱
$1.4\sum M_b \times \frac{k_c(1)}{k_c(1)+k_c(2)}$	290.5	−397.5
$G+E$	332.7	
$G-E$		−431.5

表 15.9.13 中的设计值均小于表 15.9.12 中的设计值，底层柱上下端纵向钢筋宜按柱上下端组合的弯矩设计值不利情况配置。

柱轴压比验算：

边柱

$$\lambda_N = \frac{N}{f_c bh} = \frac{1340.9 \times 10^3}{16.7 \times 500 \times 600} = 0.27 < [\lambda_N] = 0.7$$

中柱

$$\lambda_N = \frac{N}{f_c bh} = \frac{1307.1 \times 10^3}{16.7 \times 500 \times 600} = 0.26 < [\lambda_N] = 0.7$$

2）柱端截面抗震受弯承载力验算：

边柱截面纵向配筋为 12Φ25，A_s=1964mm^2，ρ_c=0.65%

取 $G+E$ 组合的柱下端组合的弯矩和轴压力设计值验算：

$$x = \frac{\gamma_{RE} N}{\alpha_1 f_c b} = (0.8 \times 1340.9 \times 10^3)/(16.7 \times 500) = 128.5\text{mm} > 2a'_s = 75\text{mm}$$

$$\frac{1}{\gamma_{RE}}\left[\alpha_1 f_c bx\left(h_0 - \frac{x}{2}\right) + f_y A'_s(h_0 - a'_s)\right] - 0.5N(h_0 - a'_s)$$

$$= \frac{1}{0.8}[16.7 \times 500 \times 128.5 \times (562.5 - 0.5 \times 128.5) + 300 \times 1964 \times (562.5 - 37.5)]$$

$$-0.5 \times 1340.9 \times 10^3 \times (562.5 - 37.5)$$

$$= 702.9\text{kN} \cdot \text{m} > M_c^b = 675.1\text{kN} \cdot \text{m}$$

取 $G-E$ 组合验算：

$$\lambda_N = \frac{N}{f_c bh} = \frac{729.5 \times 10^3}{16.7 \times 500 \times 600} = 0.146 < 0.15$$

$$\gamma_{RE} = 0.75$$

$$x = \frac{\gamma_{RE} N}{\alpha_1 f_c b} = (0.75 \times 729.5 \times 10^3)/(16.7 \times 500) = 66.3\text{mm} < 2a'_s = 75\text{mm}$$

$$\frac{1}{\gamma_{RE}} f_y A_s(h_0 - a'_s) + 0.5N(h_0 - a'_s)$$

$$= \frac{1}{0.75} \times 300 \times 1964 \times (562.5 - 37.5) + 0.5 \times 729.5 \times 10^3 \times (562.5 - 37.5)$$

$$= 603.9\text{kN} \cdot \text{m} > M_c^b = 601.7\text{kN} \cdot \text{m}$$

中柱截面纵向配筋为 12Φ28（三级钢），A_s=2463mm^2，ρ_c = 0.82%

对于$G+E$组合：

$$x=\frac{\gamma_{RE}N}{\alpha_1 f_c b}=\frac{0.8\times 1307.1\times 10^3}{16.7\times 500}=125.2\mathrm{mm}>2a'_s=75\mathrm{mm}$$

$$\frac{1}{\gamma_{RE}}\left[\alpha_1 f_c bx\left(h_0-\frac{x}{2}\right)+f_y A'_s(h_0-a'_s)\right]-0.5N(h_0-a'_s)$$

$$=\frac{1}{0.8}[16.7\times 500\times 125.2\times(562.5-0.5\times 125.2)+360\times 2463\times(562.5-37.5)]$$

$$-0.5\times 1307.1\times 10^3\times(562.5-37.5)$$

$$=795.0\mathrm{kN\cdot m}>M_c^b=705.4\mathrm{kN\cdot m}$$

对于$G-E$组合：

$$x=\frac{\gamma_{RE}N}{\alpha_1 f_c b}=(0.8\times 807.3\times 10^3)/(16.7\times 500)=77.3\mathrm{mm}>2a'_s=75\mathrm{mm}$$

$$\frac{1}{\gamma_{RE}}\left[\alpha_1 f_c bx\left(h_0-\frac{x}{2}\right)+f_y A'_s(h_0-a'_s)\right]-0.5N(h_0-a'_s)$$

$$=\frac{1}{0.8}[16.7\times 500\times 77.3\times(562.5-0.5\times 77.3)+360\times 2463\times(562.5-37.5)]$$

$$-0.5\times 807.3\times 10^3\times(562.5-37.5)$$

$$=792.6\mathrm{kN\cdot m}>M_c^b=763.3\mathrm{kN\cdot m}$$

（4）柱端组合的剪力设计值和截面抗震受剪承载力验算

1）柱端组合的剪力设计值

本工程为9度区一级框架，柱端截面组合的剪力设计值应取下列两式的较大值：

$$V=1.5(M_c^b+M_c^t)/H_n$$

$$V=1.2(M_{cua}^b+M_{cua}^t)/H_n$$

边柱：$M_{cua}^b=M_{cua}^t=f_{yk}A_s(h_0-a'_s)+0.5Nh[1-N/(f_{ck}bh)]$

$$=335\times 1964\times(562.5-37.5)+0.5\times 1168.4\times 10^3\times 600$$

$$\times\left(1-\frac{1168.4\times 10^3}{23.4\times 500\times 600}\right)$$

$$=637.6\mathrm{kN\cdot m}$$

$V=1.5\times(5915.6+332.7)/3.85=361.7\mathrm{kN}$

$V=1.2\times(637.6+637.6)/3.85=397.5\mathrm{kN}>361.7\mathrm{kN}$

中柱：$M_{cua}^b=M_{cua}^t=f_{yk}A_s(h_0-a'_s)+0.5Nh[1-N/(f_{ck}bh)]$

$$=335\times 2463\times(562.5-37.5)+0.5\times 631.1\times 10^3\times 600$$

$$\times\left(1-\frac{631.1\times 10^3}{23.4\times 500\times 600}\right)$$

$$=605.4\mathrm{kN\cdot m}$$

$V=1.5\times(673.5+431.5)/3.85=430.5\mathrm{kN}$

$V=1.2\times(605.4+605.4)/3.85=377.5\mathrm{kN}<430.5\mathrm{kN}$

将底层柱的柱端组合的剪力设计值列于表15.9.14中。

底层柱端组合的剪力设计值（kN） **表 15.9.14**

类别	边柱	中柱
组合的剪力设计值	397.5	430.5

2）柱端截面抗震受剪承载力验算

边柱的加密区箍筋为 2Φ10@100mm，$A_{sv}=314mm^2$

$$\frac{1}{\gamma_{RE}}\left(\frac{1.05}{\lambda+1}f_t bh_0+f_{yv}\frac{A_{sv}}{s}h_0+0.056N\right)$$

$$=\frac{1}{0.85}\left(\frac{1.05}{3+1}\times1.57\times500\times562.5+210\times\frac{314}{100}\times562.5+0.056\times1168.4\times10^3\right)$$

$$=552.3kN>397.5kN$$

$$\frac{1}{\gamma_{RE}}(0.20\beta_c f_c bh_0)=\frac{1}{0.85}\times0.20\times16.7\times500\times562.5=1105.1kN>397.5kN$$

中柱的加密区箍筋为 2Φ10@100mm，$A_{sv}=314mm^2$

$$\frac{1}{\gamma_{RE}}\left(\frac{1.05}{\lambda+1}f_t bh_0+f_{yv}\frac{A_{sv}}{s}h_0+0.056N\right)$$

$$=\frac{1}{0.85}\left(\frac{1.05}{3+1}\times1.57\times500\times562.5+210\times\frac{314}{100}\times562.5+0.056\times631.1\times10^3\right)$$

$$=522.2kN>V=430.5kN$$

$$\frac{1}{\gamma_{RE}}(0.20\beta_c f_c bh_0)-\frac{1}{0.85}\times0.20\times16.7\times500\times562.5=1105.1kN>397.5kN$$

（5）节点核芯区组合的剪力设计值和截面抗震受剪承载力验算

1）节点核芯区组合的剪力设计值

本工程为 9 度区一级框架，节点核芯区的剪力设计值应取下列两式的较大值：

$$V_j=\frac{1.5\sum M_b}{h_{b0}-a_s'}\left(1-\frac{h_{b0}-a_s'}{H_c-h_b}\right)$$

$$V_j=\frac{1.15\sum M_{bua}}{h_{b0}-a_s'}\left(1-\frac{h_{b0}-a_s'}{H_c-h_b}\right)$$

对于底层中柱节点：

$$V_j=\frac{1.5\times(346.7+210.3)}{0.5375-0.035}\left(1-\frac{0.5375-0.035}{3.30-0.65}\right)=1341.3kN$$

$$V_j=\frac{1.15\times(337.0+179.9)}{0.5375-0.035}\left(1-\frac{0.5375-0.035}{3.30-0.65}\right)=954.3kN<1341.3kN$$

对于底层边柱节点：

$$V_j=\frac{1.5\times407.1}{0.6125-0.035}\left(1-\frac{0.6125-0.035}{3.30-0.65}\right)=822.6kN$$

$$V_j=\frac{1.15\times380.0}{0.6125-0.035}\left(1-\frac{0.6125-0.035}{3.30-0.65}\right)=588.6kN<822.6kN$$

将底层柱节点核芯区组合的剪力设计值列于表 15.9.15 中。

底层柱节点核芯区组合的剪力设计值（kN） **表 15.9.15**

类别	边柱	中柱
组合的剪力设计值	822.6	1341.3

2）节点核芯区截面抗震受剪承载力验算

9 度时 $$V_j \leqslant \frac{1}{\gamma_{RE}}\left(0.9\eta_j f_t b_j h_j + f_{yv}A_{svj}\frac{(h_{b0}-a'_s)}{s}\right)$$

中柱节点箍筋采用 2Φ12@80mm（二级钢），$A_{sv}=452mm^2$

$$\frac{1}{\gamma_{RE}}\left(0.9\eta_j f_t b_j h_j + f_{yv}A_{svj}\frac{(h_{b0}-a'_s)}{s}\right)$$

$$=\frac{1}{0.85}\left(0.9\times1.25\times1.57\times500\times600+300\times452\times\frac{537.5-35}{80}\right)\times10^3$$

$$=1625.3kN > V_j = 1341.3kN$$

$$\frac{1}{\gamma_{RE}}(0.30\eta_j f_c b_j h_j) = \frac{1}{0.85}\times0.30\times1.25\times16.7\times500\times600\times10^{-3}$$

$=2210.3kN>V_j=1341.3kN$

4. 框架变形验算

（1）框架层间弹性变形验算

在多遇水平地震作用下，框架的弹性变形验算结果如表 15.9.16 所示，其中 $\gamma_{Eh}=1.0$。

层间弹性位移　　表 15.9.16

层号	V_{Eki}（kN）	K_i（kN/m）	Δu_{ei}（mm）	$\Delta u_{ei}/H_i$	[θ_e]
4	1976.5	9.023×10^5	2.19	1/1644	1/550
3	3358.0	9.023×10^5	3.72	1/968	
2	4314.6	9.023×10^5	4.78	1/753	
1	4875.1	8.87×10^5	5.40	1/818	

从表 15.9.16 所列验算结果可以看出，多遇水平地震作用的变形验算满足要求。

（2）框架弹塑性变形验算

1）罕遇地震作用下的层间弹性地震剪力

罕遇地震作用下的层间弹性地震剪力，应考虑场地特征周期 T_g增加 0.05s，具体结果见表 15.9.17。

罕遇地震作用下层间弹性地震剪力　　表 15.9.17

层	1	2	3	4
V_{Ek}（i）（kN）	25132.5	22242.1	17310.8	10189.0

2）结构层间屈服剪力

中框架梁柱配筋如图 15.9.3 所示。

框架梁端和柱端截面受弯承载力计算公式分别为：

$$M_{by} = f_{yk}A_s(h_0 - a'_s)$$

$$M_{cy} = f_{yk}A_s(h_0 - a'_s) + 0.5Nh\left(1-\frac{N}{\alpha_1 f_{ck}bh}\right)$$

式中 N 值一般可仅取重力荷载作用下 $\gamma_G=1.0$ 时的轴压力 N_G（表 15.9.8），梁柱端截面受弯承载力计算结果如图 15.9.4 所示。采用节点失效法确定框架的破坏机制，可计算出中框架各层的剪力承载力值，结果如表 15.9.18 所示。

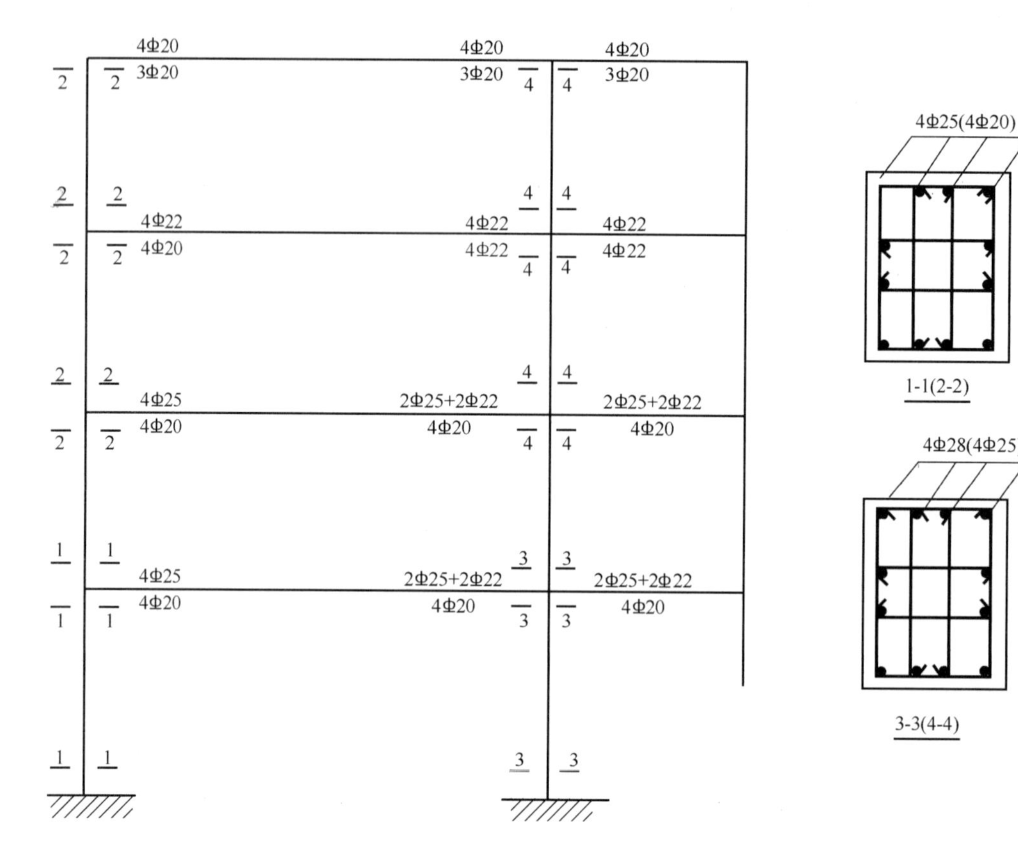

图 15.9.3　中框架梁柱配筋图

中框架各楼层层间剪力承载力计算结果（kN）　**表 15.9.18**

层	1	2	3	4
V_y（边柱）	273.8×2	270.2×2	207.8×2	177.4+156.6
V_y（中柱）	319.1×2	323.8×2	260.6×2	175.1×2
V_y（i）	1185.7	1188.0	936.8	684.2

4 层：

$$V_y^l(\text{边柱})=\frac{244.0+279.2}{2.95}=177.4\text{kN}$$

$$V_y^r(\text{边柱})=\frac{279.2+182.8}{2.95}=156.6\text{kN}$$

$$V_y(\text{中柱})=\frac{2\times358.2}{2.95}=175.1\text{kN}$$

3 层：

$$V_y(\text{边柱})=\frac{279.2+333.7}{2.95}=207.8\text{kN}$$

$$V_y(\text{中柱})=\frac{358.5+410.3}{2.95}=260.6\text{kN}$$

2 层：

$$V_y(\text{边柱})=\frac{333.7+463.3}{2.95}=270.2\text{kN}$$

$$V_y(\text{中柱})=\frac{410.3+545.0}{2.95}=323.8\text{kN}$$

1 层：

$$V_y(\text{边柱})=\frac{463.3\left(\frac{6.30}{6.06}\right)+572.4}{3.85}=273.8\text{kN}$$

$$V_y(\text{中柱}) = \frac{545.0\left(\frac{6.30}{6.06}\right) + 661.8}{3.85} = 319.1\text{kN}$$

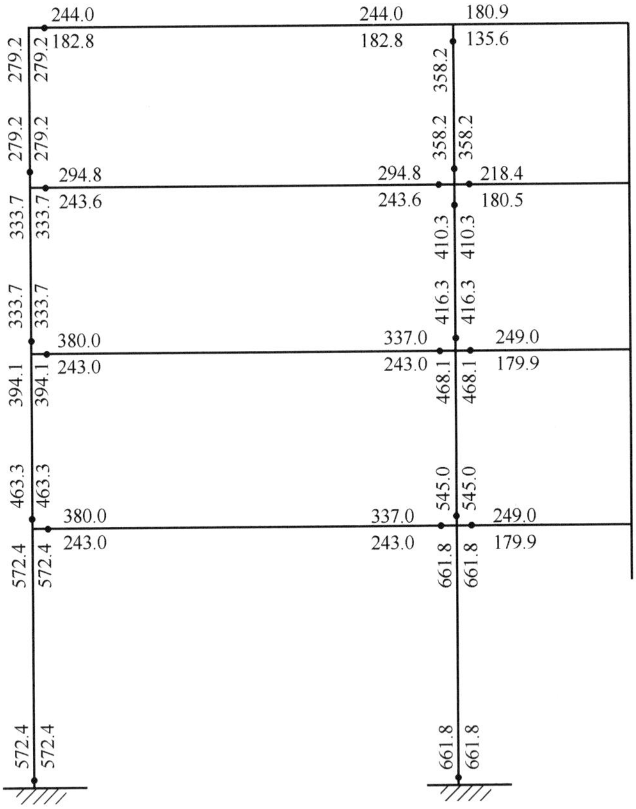

图 15.9.4 中框架梁柱端截面受弯承载力（kN·m）

简化罕遇地震作用下的弹塑性变形验算，以中框架为代表进行，这需要按刚度分配求得中框架罕遇地震作用下的层间弹性地震剪力和楼层屈服强度系数 ξ_y，计算结果如表 15.9.19 所示。

罕遇地震变形验算计算结果 **表 15.9.19**

层	1	2	3	4
V_y（i）（kN）	1185.7	1188.0	936.8	684.2
V_e（i）（kN）	2116.2	1895.0	1474.9	1379.0
ξ_y（i）	0.56	0.63	0.63	0.50

本工程 ξ_{ymin}=0.50，不需进一步进行弹塑性变形验算。

15.9.2 高层钢筋混凝土抗震墙结构

1. 工程概况

本工程位于 8 度抗震设防区，为某住宅建筑。地上 30 层，地下 1 层，主要屋面高度为 86.80m。本工程设计使用年限为 50 年，抗震设防类别为丙类，建筑结构安全等级为二级。建筑图如图 15.9.5 所示，结构图如图 15.9.6 所示。

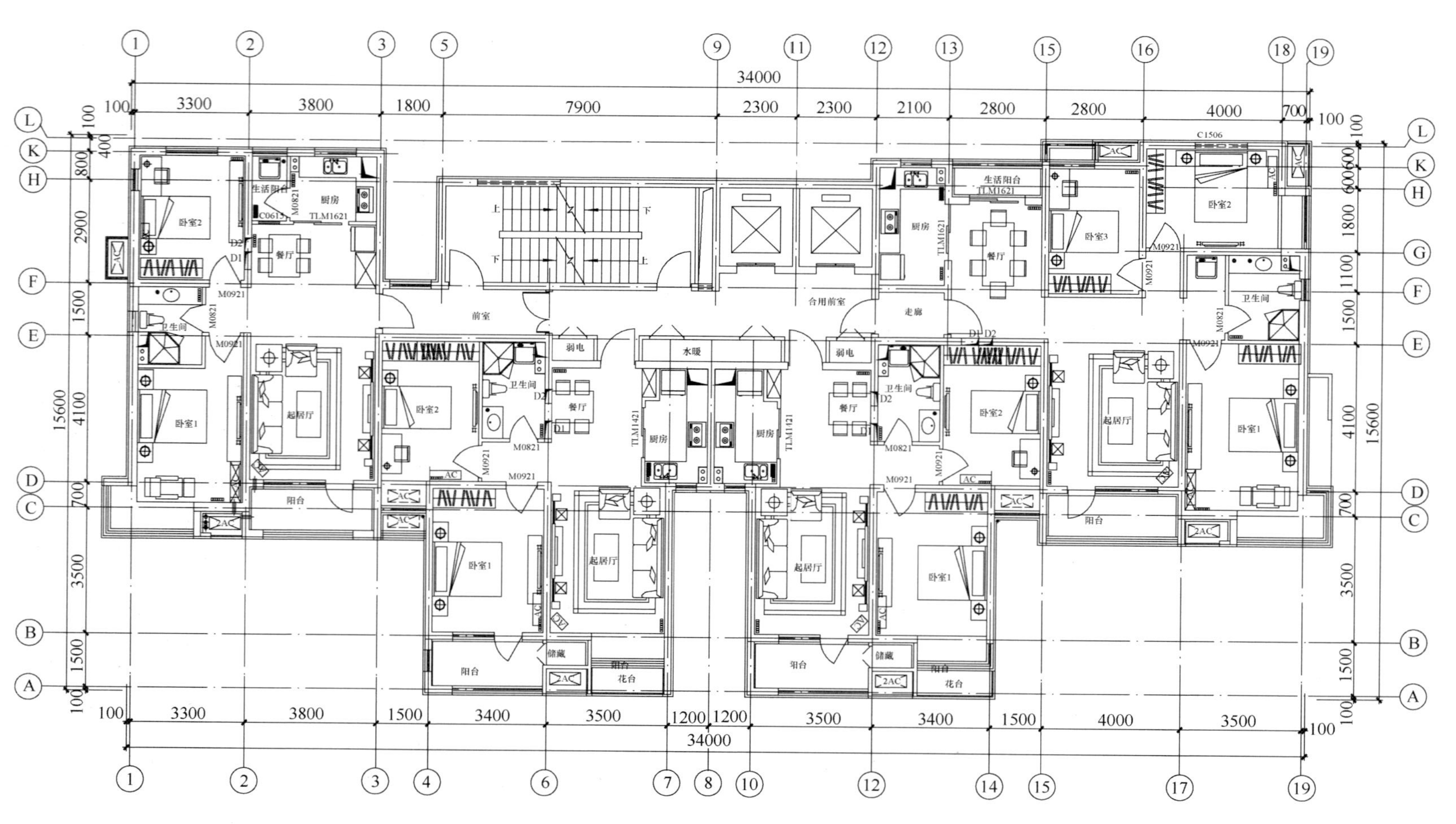

图 15.9.5 建筑标准层（mm）

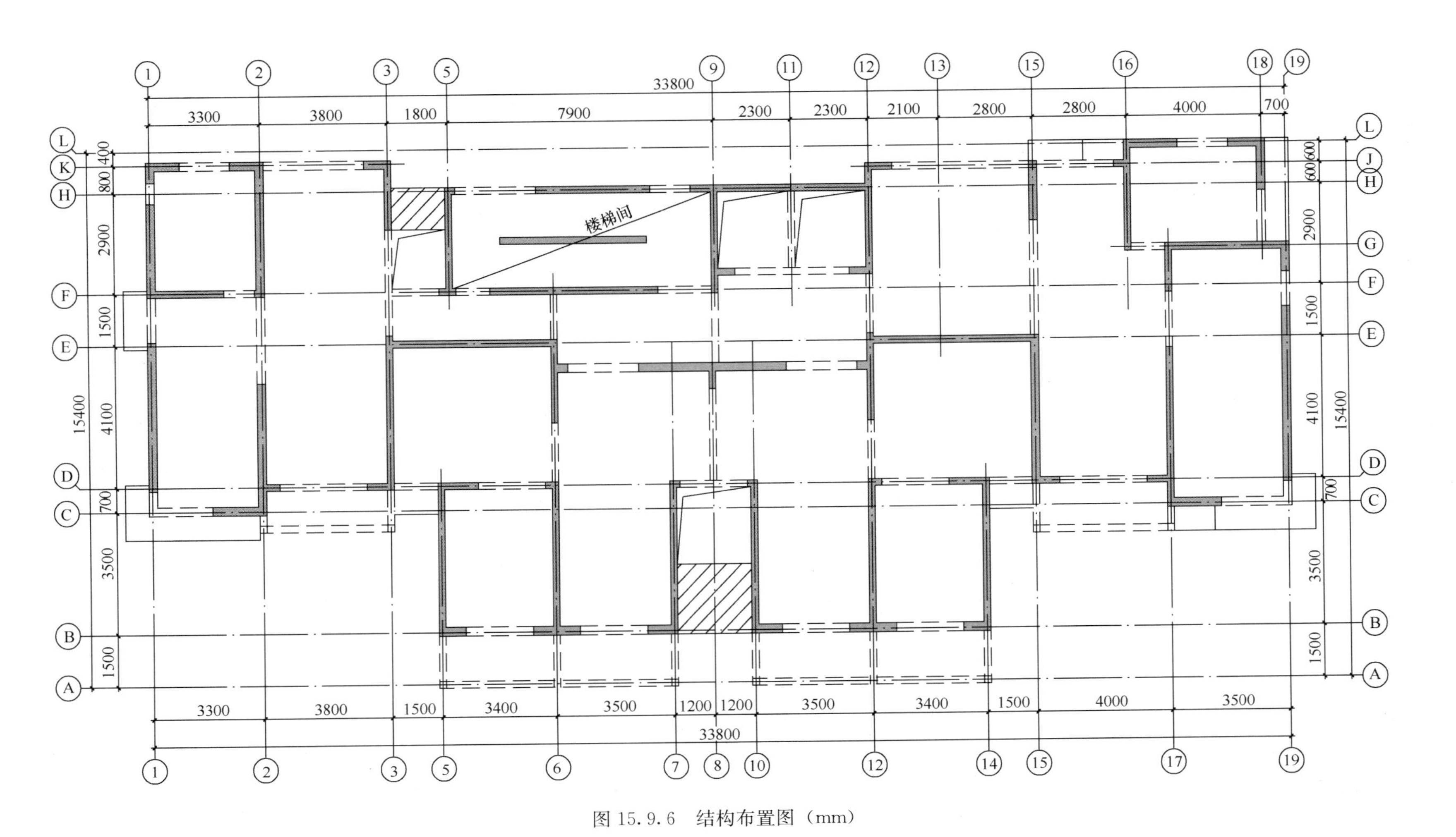

图 15.9.6 结构布置图（mm）

2. 抗震计算分析

（1）荷载取值和结构参数

1）恒载（不包括楼板自重）：上人屋面取 3.5kN/m²，不上人屋面取 3.3kN/m²，楼面取 2.0kN/m²；活载：阳台取 2.5kN/m²，卧室、起居室、书房取 2.0kN/m²，上人屋面 2.0kN/m²，不上人屋面 0.5kN/m²，其他按现行《建筑结构荷载设计规范》GB 50009—2012 取值。

2）风荷载：所在地区基本风压为 0.40kN/m²，拟建场地地面粗糙类别为 B 类，体形系数取 1.4。由于本工程高度为 86.8m，对风荷载较敏感，依据《高层建筑混凝土结构技术规程》JGJ 3—2010 第 4.2.2 条，承载力设计时按基本风压的 1.1 倍采用，本工程按 0.45kN/m² 取用。

3）地震作用：根据《建筑抗震设计规范》GB 50011—2010，工程抗震设防烈度为 8 度，基本地震加速度为 0.20g，设计地震分组为第一组，建筑物场地类别为Ⅱ类，场地特征周期 T_g=0.35s。

4）混凝土强度等级：墙及连梁地下 1 层至 5 层为 C40，6 层至 9 层为 C35，10 层及以上为 C30；梁、楼板及楼梯均为 C30。抗震墙墙厚为 200mm 和 250mm。地下 1 层层高为 4.5m，1 层层高为 3.9m，其余楼层层高均为 2.8m。

（2）多遇地震作用下的弹性分析

本工程采用程序 SATWE 进行多遇地震作用分析，多遇地震主要参数如下：设防地震分组为第一组，设防烈度为 8 度（0.2g），场地类别为Ⅱ类，抗震墙抗震等级为一级，计算地震考虑偶然偏心（双向相对偶然偏心均为 0.05）和双向地震作用，计算振型个数为 15，周期折减系数为 0.95，重力荷载代表值的活载组合值系数为 0.5，结构阻尼比为 5%，特征周期 T_g 为 0.35s，地震影响系数最大值为 0.16。层刚度比计算采用地震剪力与地震层间位移的比，地震作用分析方法为总刚分析方法，振型组合方法采用 CQC，“规定水平力”计算方法为楼层剪力差方法（规范方法）。计算结果见表 15.9.20～表 15.9.27。

结构质心坐标及楼层质量　　表 15.9.20

层号	质心 X 坐标 (m)	质心 Y 坐标 (m)	质心 Z 坐标 (m)	恒载质量 (t)	活载质量 (t)	楼层质量 (t)	质量比
30	10.634	−0.542	91.100	605.6	40.4	646	1.10
29	10.529	−0.480	88.300	545.3	40.1	585.4	1.00
28	10.529	−0.480	85.500	545.3	40.1	585.4	1.00
27	10.529	−0.480	82.700	545.3	40.1	585.4	1.00
26	10.529	−0.480	79.900	545.3	40.1	585.4	1.00
25	10.529	−0.480	77.100	545.3	40.1	585.4	1.00
24	10.529	−0.480	74.300	545.3	40.1	585.4	1.00
23	10.529	−0.480	71.500	545.3	40.1	585.4	1.00
22	10.529	−0.480	68.700	545.3	40.1	585.4	1.00
21	10.529	−0.480	65.900	545.3	40.1	585.4	1.00
20	10.529	−0.480	63.100	545.3	40.1	585.4	1.00

续表

层号	质心X坐标(m)	质心Y坐标(m)	质心Z坐标(m)	恒载质量(t)	活载质量(t)	楼层质量(t)	质量比
19	10.529	−0.480	60.300	545.3	40.1	585.4	1.00
18	10.529	−0.480	57.500	545.3	40.1	585.4	1.00
17	10.529	−0.480	54.700	545.3	40.1	585.4	1.00
16	10.529	−0.480	51.900	545.3	40.1	585.4	1.00
15	10.529	−0.480	49.100	545.3	40.1	585.4	1.00
14	10.529	−0.480	46.300	545.3	40.1	585.4	1.00
13	10.529	−0.480	43.500	545.3	40.1	585.4	1.00
12	10.529	−0.480	40.700	545.3	40.1	585.4	1.00
11	10.529	−0.480	37.900	545.3	40.1	585.4	1.00
10	10.529	−0.480	35.100	545.3	40.1	585.4	1.00
9	10.529	−0.480	32.300	545.3	40.1	585.4	1.00
8	10.370	−0.467	29.500	546.7	40.1	586.8	1.00
7	10.370	−0.467	26.700	546.7	40.1	586.8	1.00
6	10.370	−0.468	23.900	546.3	40.1	586.4	0.99
5	10.474	−0.487	21.100	549.4	40.1	589.5	1.00
4	10.474	−0.487	18.300	549.4	40.1	589.5	1.00
3	10.475	−0.488	15.500	549.3	40.1	589.4	0.90
2	10.309	0.114	12.700	615.8	36.9	652.7	0.92
1	10.297	0.111	8.800	672.1	36.9	709	0.77
−1	10.584	0.102	4.300	833.7	85.1	918.8	1.00

活载产生的总质量为1281.878t，恒载产生的总质量为17465.682t，结构的总质量为18747.559t。

地震反应力、楼层剪力及剪重比　　表15.9.21

层号	X向地震反应力(kN)	X向楼层剪力(kN)	Y向地震反应力(kN)	Y向楼层剪力(kN)	X向剪重比	Y向剪重比
30	716.54	716.54	828.96	828.96	11.09%	12.83%
29	550.34	1263.26	626.30	1452.37	10.26%	11.79%
28	465.09	1711.59	513.31	1952.03	9.42%	10.74%
27	407.75	2074.96	427.26	2339.69	8.64%	9.74%
26	380.24	2371.74	379.46	2633.68	7.94%	8.82%
25	370.59	2619.29	366.39	2855.23	7.33%	7.99%
24	366.76	2830.07	371.74	3023.96	6.81%	7.27%
23	366.00	3012.08	381.68	3155.02	6.35%	6.65%
22	370.70	3171.77	392.09	3258.94	5.95%	6.12%

续表

层号	X向地震反应力（kN）	X向楼层剪力（kN）	Y向地震反应力（kN）	Y向楼层剪力（kN）	X向剪重比	Y向剪重比
21	380.43	3315.87	404.97	3343.87	5.61%	5.65%
20	390.35	3450.64	422.06	3417.87	5.31%	5.26%
19	396.24	3580.28	441.41	3489.70	5.05%	4.93%
18	398.50	3706.53	458.81	3567.51	4.83%	4.65%
17	400.70	3830.00	471.32	3657.09	4.64%	4.43%
16	405.01	3951.65	479.37	3761.18	4.47%	4.25%
15	409.94	4072.91	486.00	3880.63	4.32%	4.12%
14	413.13	4194.74	494.02	4016.03	4.19%	4.01%
13	415.13	4317.36	503.32	4168.50	4.07%	3.93%
12	419.17	4441.06	510.84	4338.78	3.97%	3.88%
11	426.84	4567.26	513.19	4525.80	3.88%	3.85%
10	434.95	4698.08	509.51	4726.04	3.80%	3.83%
9	438.40	4834.77	502.11	4934.48	3.74%	3.81%
8	436.83	4976.89	495.46	5147.07	3.68%	3.81%
7	431.82	5121.66	488.13	5359.77	3.63%	3.80%
6	427.85	5266.85	476.63	5569.14	3.58%	3.79%
5	424.24	5411.71	456.08	5771.74	3.54%	3.78%
4	404.80	5552.18	413.38	5958.52	3.50%	3.75%
3	359.77	5680.53	348.14	6118.54	3.45%	3.72%
2	313.10	5796.27	290.12	6254.18	3.39%	3.65%
1	174.62	5861.35	155.49	6326.12	3.29%	3.55%
−1	0.00	5861.35	0.00	6326.12	3.13%	3.37%

GB 50011—2010 第5.2.5条要求的X向楼层最小剪重比为3.20%，X方向的有效质量系数为97.67%；GB 50011—2010 第5.2.5条要求的Y向楼层最小剪重比为3.20%，Y方向的有效质量系数为96.72%。

结构自振周期 **表15.9.22**

振型	周期（s）	平动系数X	平动系数Y	扭转系数
1	2.1505	0.01	0.99	0.00
2	1.9059	0.99	0.01	0.00
3	1.4607	0.01	0.00	0.99
4	0.5536	0.98	0.00	0.01
5	0.4988	0.00	0.99	0.00
6	0.3804	0.01	0.00	0.98
7	0.2708	0.98	0.00	0.02

续表

振　型	周期（s）	平动系数 X	平动系数 Y	扭转系数
8	0.2195	0.00	1.00	0.00
9	0.1770	0.02	0.00	0.97
10	0.1675	0.97	0.00	0.03
11	0.1314	0.00	0.99	0.01
12	0.1164	0.96	0.00	0.04
13	0.1089	0.03	0.01	0.96
14	0.0899	0.00	0.99	0.01
15	0.0872	0.96	0.00	0.04

由表 15.9.22 可知，$T_t/T_1=1.4607/2.1505=0.7<0.9$。

层间位移角　　**表 15.9.23**

层号	X 向层间位移角	Y 向层间位移角	层号	X 向层间位移角	Y 向层间位移角
−1	1/9999	1/9999	16	1/1422	1/1117
1	1/3501	1/4628	17	1/1438	1/1098
2	1/2301	1/2908	18	1/1458	1/1083
3	1/1859	1/2369	19	1/1492	1/1071
4	1/1680	1/2066	20	1/1510	1/1062
5	1/1572	1/1863	21	1/1543	1/1055
6	1/1500	1/1702	22	1/1581	1/1052
7	1/1459	1/1583	23	1/1626	1/1052
8	1/1430	1/1490	24	1/1678	1/1054
9	1/1419	1/1409	25	1/1738	1/1060
10	1/1406	1/1338	26	1/1807	1/1067
11	1/1396	1/1282	27	1/1886	1/1077
12	1/1394	1/1236	28	1/1972	1/1089
13	1/1395	1/1198	29	1/2060	1/1099
14	1/1400	1/1166	30	1/2148	1/1110
15	1/1409	1/1139			

由表中层间位移角可知，楼层最大层间位移角均小于规范要求的限值 1/1000。

层间位移比　　**表 15.9.24**

层号	X 向位移比	X+偶然偏心位移比	X−偶然偏心位移比	Y 向位移比	Y+偶然偏心位移比	Y−偶然偏心位移比
−1	1.00	1.00	1.00	1.00	1.00	1.00
1	1.06	1.08	1.04	1.06	1.20	1.09
2	1.06	1.08	1.03	1.04	1.18	1.10
3	1.05	1.08	1.03	1.03	1.17	1.14

续表

层号	X 向位移比	X+偶然偏心位移比	X−偶然偏心位移比	Y 向位移比	Y+偶然偏心位移比	Y−偶然偏心位移比
4	1.05	1.07	1.03	1.02	1.16	1.14
5	1.05	1.07	1.03	1.01	1.15	1.14
6	1.05	1.07	1.02	1.01	1.14	1.14
7	1.04	1.07	1.02	1.01	1.14	1.13
8	1.04	1.06	1.02	1.01	1.14	1.13
9	1.04	1.06	1.01	1.00	1.13	1.13
10	1.04	1.06	1.01	1.00	1.13	1.13
11	1.03	1.06	1.01	1.00	1.13	1.13
12	1.03	1.06	1.01	1.00	1.13	1.13
13	1.03	1.06	1.02	1.00	1.13	1.12
14	1.03	1.05	1.02	1.00	1.13	1.12
15	1.03	1.05	1.02	1.00	1.12	1.12
16	1.03	1.05	1.02	1.00	1.12	1.12
17	1.02	1.05	1.02	1.00	1.12	1.12
18	1.02	1.05	1.03	1.00	1.12	1.12
19	1.02	1.05	1.03	1.00	1.12	1.12
20	1.02	1.05	1.03	1.00	1.12	1.12
21	1.02	1.05	1.03	1.00	1.12	1.12
22	1.02	1.05	1.03	1.00	1.12	1.12
23	1.02	1.05	1.04	1.00	1.12	1.12
24	1.02	1.05	1.04	1.00	1.12	1.12
25	1.02	1.04	1.04	1.00	1.11	1.12
26	1.02	1.04	1.04	1.00	1.11	1.11
27	1.01	1.04	1.05	1.00	1.11	1.11
28	1.01	1.04	1.05	1.00	1.11	1.11
29	1.02	1.04	1.05	1.00	1.11	1.11
30	1.02	1.04	1.06	1.00	1.11	1.11

由表 15.9.24 中层间位移比可知，楼层层间位移比满足《高层建筑混凝土结构技术规程》JGJ 3—2010 的第 3.4.5 条规定。

结构侧移刚度比　　　表 15.9.25

层号	X 向侧移刚度（RJX3）（kN/m）	Y 向侧移刚度（RJY3）（kN/m）	X 向本层与相邻上层侧移刚度比	Y 向本层与相邻上层侧移刚度比	X 向本层与相邻下层侧移刚度比	Y 向本层与相邻下层侧移刚度比	薄弱层地震剪力放大系数
30	5.6003×10^5	3.2890×10^5	1.0	1.0	0.6	0.6	1.00
29	9.4996×10^5	5.7065×10^5	1.7	1.7	0.8	0.8	1.00

续表

层号	X向侧移刚度（RJX3）（kN/m）	Y向侧移刚度（RJY3）（kN/m）	X向本层与相邻上层侧移刚度比	Y向本层与相邻上层侧移刚度比	X向本层与相邻下层侧移刚度比	Y向本层与相邻下层侧移刚度比	薄弱层地震剪力放大系数
28	1.2361×10^6	7.5928×10^5	1.3	1.3	0.9	0.8	1.00
27	1.4367×10^6	9.0099×10^5	1.2	1.2	0.9	0.9	1.00
26	1.5771×10^6	1.0053×10^6	1.1	1.1	0.9	0.9	1.00
25	1.6775×10^6	1.0824×10^6	1.1	1.1	1.0	0.9	1.00
24	1.7516×10^6	1.1410×10^6	1.0	1.1	1.0	1.0	1.00
23	1.8080×10^6	1.1879×10^6	1.0	1.0	1.0	1.0	1.00
22	1.8528×10^6	1.2276×10^6	1.0	1.0	1.0	1.0	1.00
21	1.8911×10^6	1.2635×10^6	1.0	1.0	1.0	1.0	1.00
20	1.9272×10^6	1.2990×10^6	1.0	1.0	1.0	1.0	1.00
19	1.9635×10^6	1.3377×10^6	1.0	1.0	1.0	1.0	1.00
18	2.0014×10^6	1.3830×10^6	1.0	1.0	1.0	1.0	1.00
17	2.0413×10^6	1.4378×10^6	1.0	1.0	1.0	1.0	1.00
16	2.0840×10^6	1.5039×10^6	1.0	1.0	1.0	1.0	1.00
15	2.1308×10^6	1.5830×10^6	1.0	1.0	1.0	1.0	1.00
14	2.1826×10^6	1.6768×10^6	1.0	1.0	1.0	0.9	1.00
13	2.2405×10^6	1.7881×10^6	1.0	1.0	1.0	0.9	1.00
12	2.3058×10^6	1.9201×10^6	1.0	1.1	0.9	0.9	1.00
11	2.3801×10^6	2.0767×10^6	1.2	1.1	1.1	0.9	1.00
10	2.4700×10^6	2.2626×10^6	1.0	1.1	1.0	0.9	1.00
9	2.5740×10^6	2.4858×10^6	1.0	1.1	1.0	0.9	1.00
8	2.6815×10^6	2.7413×10^6	1.0	1.1	0.9	0.9	1.00
7	2.8245×10^6	3.0356×10^6	1.1	1.1	0.9	0.9	1.00
6	2.9982×10^6	3.3982×10^6	1.1	1.1	0.9	0.9	1.00
5	3.2337×10^6	3.8598×10^6	1.1	1.1	0.9	0.9	1.00
4	3.5580×10^6	4.4326×10^6	1.1	1.1	0.9	0.8	1.00
3	4.0530×10^6	5.2421×10^6	1.1	1.2	1.1	1.1	1.00
2	3.6900×10^6	4.9250×10^6	0.9	0.9	0.7	0.7	1.00
1	6.8761×10^6	9.8467×10^6	1.9	2.0	1.2×10^{-5}	1.6×10^{-5}	1.00
−1	5.8614×10^{11}	6.3261×10^{11}	0.9×10^5	0.6×10^5	1.0	1.0	1.00

由表中侧移刚度比可知，楼层侧移刚度比均满足《高层建筑混凝土结构技术规程》JGJ 3—2010的3.5.2条的要求。

楼层抗剪承载力及承载力比值 **表 15.9.26**

层号	X 向抗剪承载力 (kN)	Y 向抗剪承载力 (kN)	X 向本层与上一层的抗剪承载力之比	Y 向本层与上一层的抗剪承载力之比
30	0.1276×10^5	0.1990×10^5	1.00	1.00
29	0.1284×10^5	0.2012×10^5	1.01	1.01
28	0.1296×10^5	0.2033×10^5	1.01	1.01
27	0.1299×10^5	0.2061×10^5	1.00	1.01
26	0.1316×10^5	0.2084×10^5	1.01	1.01
25	0.1331×10^5	0.2108×10^5	1.01	1.01
24	0.1346×10^5	0.2132×10^5	1.01	1.01
23	0.1361×10^5	0.2155×10^5	1.01	1.01
22	0.1375×10^5	0.2175×10^5	1.01	1.01
21	0.1389×10^5	0.2195×10^5	1.01	1.01
20	0.1403×10^5	0.2229×10^5	1.01	1.02
19	0.1419×10^5	0.2253×10^5	1.01	1.01
18	0.1434×10^5	0.2278×10^5	1.01	1.01
17	0.1451×10^5	0.2302×10^5	1.01	1.01
16	0.1467×10^5	0.2326×10^5	1.01	1.01
15	0.1483×10^5	0.2350×10^5	1.01	1.01
14	0.1499×10^5	0.2368×10^5	1.01	1.01
13	0.1515×10^5	0.2365×10^5	1.01	1.00
12	0.1530×10^5	0.2365×10^5	1.01	1.00
11	0.1545×10^5	0.2374×10^5	1.01	1.00
10	0.1554×10^5	0.2379×10^5	1.01	1.00
9	0.1654×10^5	0.2597×10^5	1.06	1.09
8	0.1731×10^5	0.2628×10^5	1.05	1.01
7	0.1709×10^5	0.2639×10^5	0.99	1.00
6	0.1750×10^5	0.2637×10^5	1.02	1.00
5	0.1958×10^5	0.2864×10^5	1.12	1.09
4	0.1943×10^5	0.2844×10^5	0.99	0.99
3	0.2015×10^5	0.2895×10^5	1.04	1.02
2	0.2309×10^5	0.3005×10^5	1.15	1.04
1	0.2242×10^5	0.2956×10^5	0.97	0.98
−1	0.3916×10^5	0.3560×10^5	1.75	1.20

由表中层间受剪承载力之比可知，该比值均满足《高层建筑混凝土结构技术规程》JGJ 3—2010 的 3.5.3 条要求，即层间受剪承载力之比均大于 0.8。

由结构自振周期、层间位移角、层间位移比、侧移刚度比、抗剪承载力比可知，本工程为规则结构体系。

结构整体抗倾覆验算结果 **表 15.9.27**

地震作用	抗倾覆力矩 M_r	倾覆力矩 M_{ov}	比值 M_r/M_{ov}	零应力区（%）
X 地震	3168338.0	364380.8	8.70	0.00
Y 地震	1305300.0	393274.1	3.32	0.00

结构整体稳定验算结果：X 向刚重比 $EJ_d/GH^2=8.28$；Y 向刚重比 $EJd/GH^2=6.71$。该结构刚重比大于 1.4，能够通过《高层建筑混凝土结构技术规程》JGJ 3—2010 的整体稳定验算；该结构刚重比大于 2.7，可以不考虑重力二阶效应。

3. 抗震构造措施

(1) 底部加强部位高度取底部两层和墙体总高度的 1/10 两者中的较大值即 1 至 3 层为底部加强部位；抗震墙抗震等级为一级，约束边缘构件范围为地下 1 至 4 层，其他部位设置构造边缘构件。由于本工程有转角飘窗，故转角飘窗两侧通高设置约束边缘构件，墙厚通高为 250mm，适当加大该约束边缘构件的箍筋率和配筋率。

(2) 控制墙肢的轴压比均小于 0.5，该工程结构第 1 层轴压比如图 15.9.7 所示。

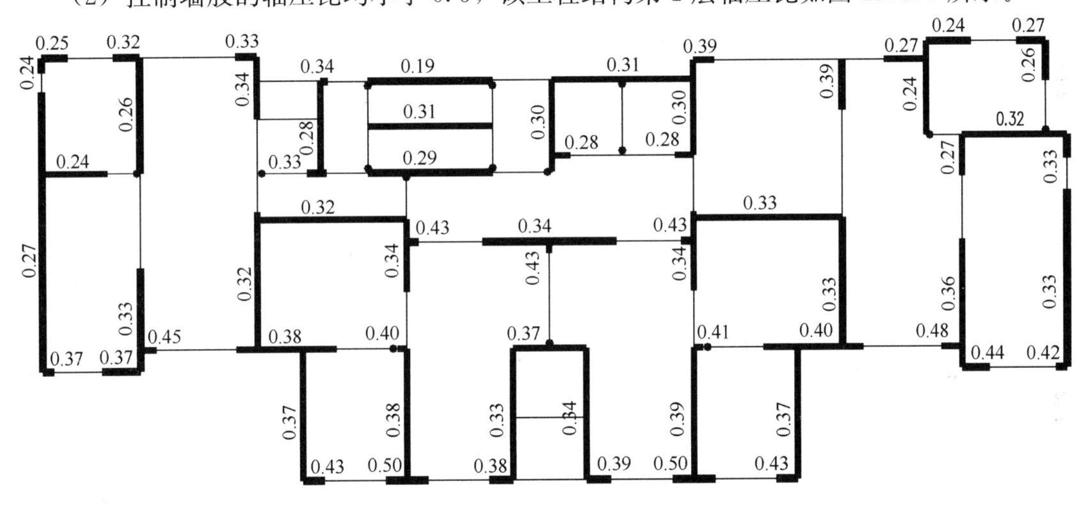

图 15.9.7 结构第 1 层轴压比

(3) 两侧转角飘窗的房间，板厚 150mm，双层双向拉通配筋，且每层每个方向配筋率不小于 0.25%；飘窗两侧墙肢设置暗梁拉结。

(4) 建筑纵向中部平面两侧均有凹入部分，造成结构平面的凹角不规则，因此对凹角处每隔一层设梁和楼板，减小凹角不规则对结构抗震的不利影响。

(5) 楼梯间三道纵墙全高无侧向支承，对墙体稳定不利，故加大楼梯板的构造钢筋，且双层布置锚入两侧的抗震墙内钢筋，以期对抗震墙形成侧向支撑。

参 考 文 献

1 中国建筑科学研究院主编. 2008 年汶川地震建筑震害图片集. 北京：中国建筑工业出版社，2008

2 沈聚敏、翁义军、冯世平. 周期反复荷载作用下钢筋混凝土压弯构件的性能. 清华大学抗震抗爆工程研究室科学研究报告集第 3 集. 北京：清华大学出版社，1981

3 方鄂华、李国威. 开洞钢筋混凝土剪力墙性能研究. 清华大学抗震抗爆工程研究室科学研究报告集第 3 集. 北京：清华大学出版社，1981

4 王传志、滕智明主编. 钢筋混凝土结构理论. 北京：中国建筑工业出版社，1985
5 底层大空间剪力墙结构研究组. 底层大空间剪力墙结构十二层模型试验研究. 建筑结构学报，1984(2)
6 张宏远. 钢筋混凝土高层建筑空间弹塑性地震反应分析. 清华大学博士学位论文，1994.1
7 张晋勋. 钢筋混凝土电视塔空间弹塑性地震反应研究. 清华大学博士学位论文，1995.5
8 张晋勋. 任意形状钢筋混凝土薄壁截面双轴压弯恢复力分析. 土木工程学报，1999(2)
9 易方民，高小旺、苏经宇编著. 建筑抗震设计规范理解与应用(第二版). 北京：中国建筑工业出版社，2011
10 包世华，方鄂华. 高层建筑结构设计. 北京：清华大学出版社，1990

第16章　多层砌体房屋

16.1　多层砌体房屋的抗震性能

多层砌体房屋是我国居住、办公、学校和医院等建筑中最为普通的结构形式。目前主要是由黏土砖、砌块、石块通过砂浆砌成承重墙体和各种混凝土楼板组成的结构。

墙体材料以往采用普通黏土砖，20世纪60～70年代后，新的墙体材料有较大的发展。混凝土小型空心砌块具有生产工艺简单、施工方便、节约良田和造价较低等特点，已在我国推广应用，逐步积累了较系统的试验研究资料和较成熟的设计施工经验，并有了专门的设计与施工规程。承重的多孔砖具有减轻房屋自重、提高保温性能、节约良田等特点。有些型号的多孔砖也有较多的试验资料和使用经验，还有相应的专门规程。

由于墙体材料的脆性和整体性能差，使得砌体房屋的抗震性能相对较低。在历次大地震中，未经合理抗震设计的多层砌体房屋遭到了不同程度的破坏。在唐山大地震中，多层砌体房屋的破坏更为严重，造成了大量的倒塌。海城和唐山大地震以后，我国抗震设计和科研工作者对砌体房屋的抗震性能进行了大量的试验和理论研究，深入探讨了砌体房屋的抗震性能，提出了改善这类房屋抗震性能和增加抗震能力的有效措施，形成了多层砌体房屋实现“小震”不坏、设防烈度可修、“大震”不倒的抗震设计方法。

16.1.1　多层砌体房屋墙体的抗震性能

在地震中，砌体房屋的墙体主要承受往复的水平惯性力作用。试验研究发现，不配筋墙体、配置水平钢筋的墙体和设置构造柱的墙体，在往复水平力作用下的性能有很大不同。

1. 无筋砌体墙

作用竖向压力时，无筋砌体墙在往复水平力作用下，首先从近似对角线方向出现斜向裂缝，并逐步扩展。如果墙体的高宽比接近1时，则墙体呈X型交叉裂缝。若墙体的高宽比较小，这在墙体的中间部位出现水平裂缝，如图16.1.1所示。在往复水平力作用下，墙体最终形成四大块体，其破坏形态为剪切型破坏。若继续加载开裂的墙体沿水平裂缝产生滑移，其承载能力迅速降低。

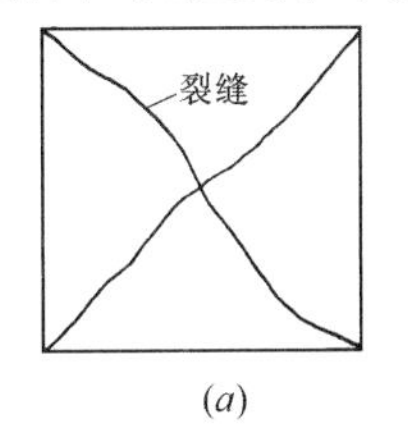

(a)

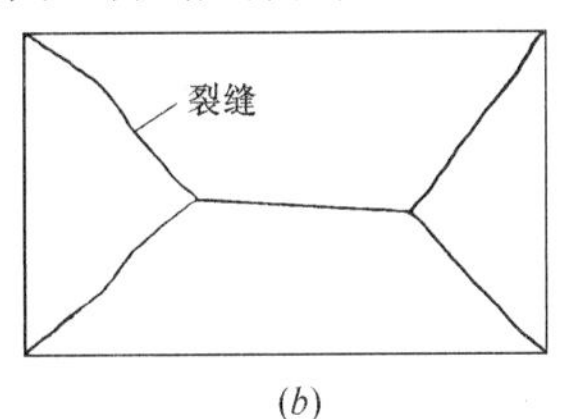

(b)

图16.1.1　不同高宽比墙的破坏特征
(a) 高宽比较大的墙；(b) 高宽比较小的墙

当门窗洞口把墙体分成若干墙段，各墙肢高宽比都小于1.0的情况下，其破坏规律为：较宽的墙肢先于较窄墙肢开裂和破坏，但也有个别例外的情况。试验结果表明墙体在水平力作用下的各墙肢按其刚度大小承担地震剪力。

2. 水平配筋砌体墙[1～3]

水平配筋砌体墙的破坏现象与无筋砌体墙有显著不同。无筋砌体墙破坏是沿墙面主要出现一对交叉的对角斜裂缝，其他部位裂缝较少发生。而水平配筋砌体墙，即使水平钢筋的体积配筋率比较低，也会出现沿墙体两个对角线方向的多条裂缝，而且很难确定那一条是主裂缝；水平钢筋的体积配筋率越高，墙体裂缝分布越均匀，如图 16.1.2 所示。

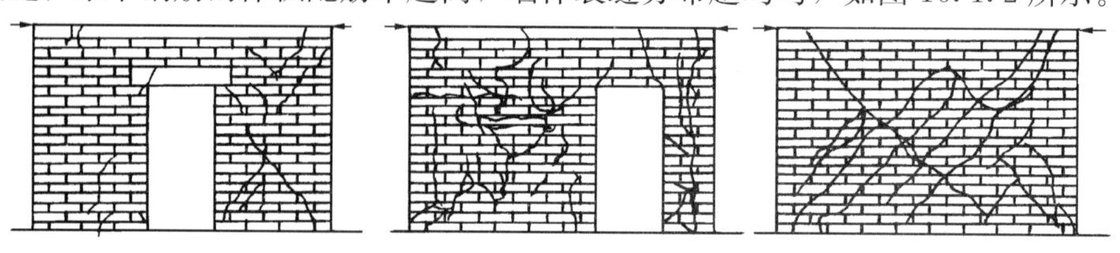

图 16.1.2　水平配筋砌体墙的破坏特征

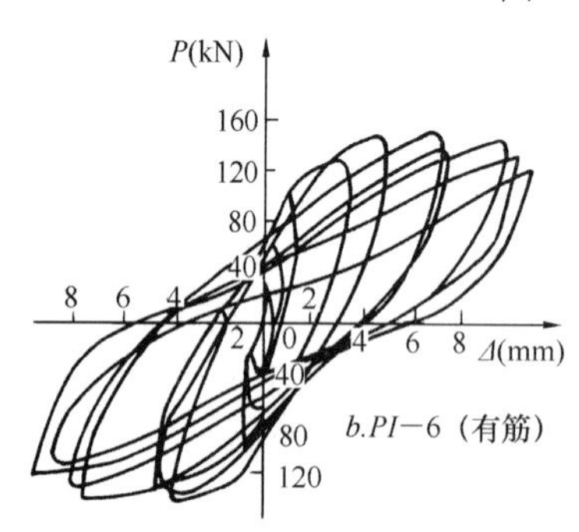

图 16.1.3　横向配筋砌体的荷载-位移滞回曲线

在往复水平力作用下，水平配筋砌体的滞回曲线能较全面的描述其弹性、非弹性性质及其抗震性能。如图 16.1.3 所示为比较典型的水平配筋砌体墙的荷载-位移滞回曲线。从图中可以看出，水平配筋砌体墙工作的过程经历了三个阶段：

（1）开裂前，荷载-位移曲线接近线性变形，为弹性阶段；

（2）从开裂荷载到极限荷载为墙体裂缝开展与刚度明显降低的弹塑性阶段；

（3）超过极限荷载后，进入横向配筋砌体的承载能力随位移的增加而逐渐下降的破坏阶段。

由于水平配筋砌体墙在水平力作用下出现多条均匀的裂缝，所以图中荷载-位移滞回曲线所包络的面积比较大，也就是说水平配筋砌体墙的耗能能力比较大。

试验表明，水平配筋砌体墙的承载力随着墙体水平钢筋体积配筋率的增加而增加，其变形能力也随之得到显著提高。一些试验结果表明其变形能力比无筋砌体墙提高一倍以上，带构造柱的水平配筋砌体墙比带构造柱的无筋砌体墙的变形能力要提高 50%左右。

3. 设构造柱的砌体墙

设构造柱的砌体墙的破坏过程和普通砌体墙有所不同。当达到极限荷载时，墙面裂缝延伸至柱的上下端，出现较平缓的斜裂缝，柱中部有细微的水平裂缝，接近柱端处混凝土破碎，墙体亦呈现剪切破坏。大量的试验说明，虽然设构造柱对砌体墙的抗剪能力提高不多，为 10%～20%，但是其变形能力确可以大大提高。在极限荷载下，1340mm×400mm×240mm 足尺试验墙体的最大变形，设构造柱的平均为 116.3mm，较没有设置构造柱的平均为 4.95mm 提高了约 2.3 倍。

设构造柱的砌体墙的滞回曲线，墙体开裂荷载与位移呈直线关系，处于弹性阶段；墙体开裂后，变形增大较快，但墙体的承载能力仍能继续保持并略有增大，滞回曲线所包络的面积较大，反映出有较好的耗能能力，如图 16.1.4 所示。

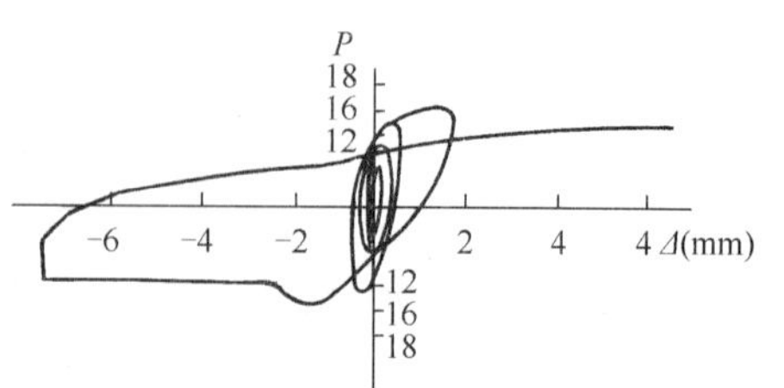

图 16.1.4　设构造柱砌体的荷载-位移滞回曲线

总结试验结果，可以得出钢筋混凝土构造柱的作用主要是：

（1）可以大大提高砌体墙的极限变形能力，使砌体墙在遭遇强烈的地震作用时，虽然开裂严重但不至于突然倒塌。

（2）构造柱虽然对于提高砌体墙的初裂和极限承载能力有一定的帮助，但其主要作用是在墙体开裂以后，特别是墙体破坏分成四大块以后，能够约束破碎的三角形砌体脱落坍塌，即使在构造柱自身上下端出现塑性铰后，也仍能阻止破碎砌体的倒塌。

（3）钢筋混凝土构造柱不仅增强了内外墙连接的整体性，而且形成了一个由圈梁和构造柱组成的带钢筋混凝土边框的抗侧力体系，大大增强了砌体结构的整体作用。

16.1.2 多层砌体房屋的抗震性能

多层砌体房屋模型的往复水平静力和激震等试验结果，都进一步验证了带构造柱砌体墙和无筋砌体墙的破坏机理和抗震性能。

往复水平静力试验表明，模型房屋的裂缝首先出现在底层墙体的中部，沿灰缝、齿缝和水平缝处开裂。设置构造柱时，裂缝出现斜裂后沿水平方向延伸，最后裂缝开展至柱的上下端，裂缝的分布为底层多且缝宽度大，上部楼层裂缝少。无构造柱房屋墙体裂缝仅限于底层，不向上扩展，如图 16.1.5 所示。

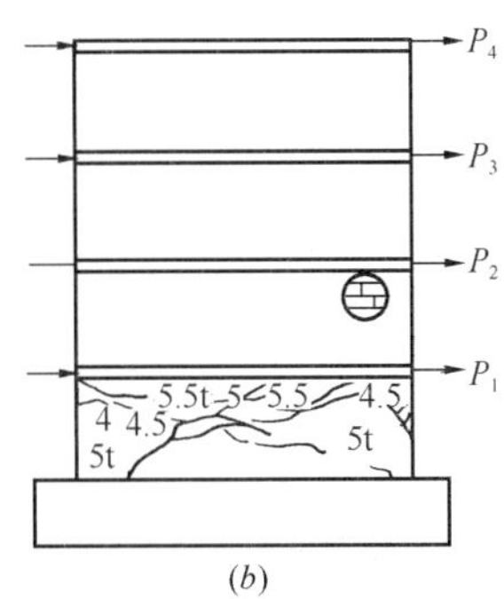

图 16.1.5 房屋模型的破坏特征

（a）有构造柱房屋模型；（b）无构造柱房屋模型

砖房屋模型的纵墙裂缝多呈现水平和窗洞口斜角开裂，破坏时由于内横墙顶推外纵墙，使纵墙连同一部分内横墙一起坍落。

如图 16.1.6 所示为房屋的荷载-位移滞回曲线。从图中可以看出，墙体开裂前，结构处于弹性状态，荷载与位移关系近似于直线，墙体开裂后，结构残余变形增大，刚度下降，滞回曲线包络面积扩大，结构进入塑性工作阶段。

从图中还可以看出，带构造柱的房屋比无构造柱的房屋的荷载-位移滞回曲线所包围的面积要大得多，刚度退化也比较慢。

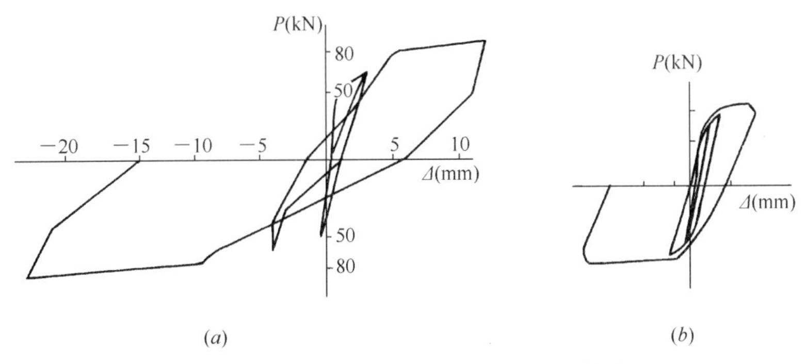

图 16.1.6 房屋模型的荷载-位移滞回曲线

（a）有构造柱房屋模型；（b）无构造柱房屋模型

这些试验表明，利用构造柱和圈梁等延性构件对砌体结构形成分割、包围，必要时设置水平钢筋，对整个砌体房屋而言，承载力提高不多，而变形能力和耗能能力却大大增加。这样，可以大大提高砌体房屋的防倒塌能力，这是改善砌体结构抗震性能最重要的有效途径。

16.2 多层砖砌体房屋的震害

在砖砌体房屋中，砖墙既是承重构件又是抵抗水平地震作用的构件。而砌筑砖墙的砖和砂浆都是脆性材料，抗震性能差，在6度地震作用时少量墙体就会出现裂缝，随着地震作用的增强，其房屋破坏的程度明显增强，房屋破坏的数量明显增多。

多层砖房是我国量大面广的建筑，在历次的地震中遭受到不同程度的破坏，震害的经验教训比较丰富。总结历次震害的经验教训，促进了砌体房屋抗震设计方法和构造措施的改进与完善。唐山地震后经修改颁布的《工业与民用建筑抗震设计规范》TTJ 11—78，把构造柱的做法正式纳入其中，但当时只是作为多层砌体房屋超高的一种抗震措施。通过深入总结1976年唐山地震砌体结构的震害和一系列的试验与分析研究，提出了通过设置圈梁和构造柱对脆性砌体进行约束，虽然砌体墙的受剪承载力提高仅10%左右，但是能够有效的提高墙体和结构的整体抗震能力，防止砌体结构在大地震中突然倒塌。尽管它不能防止裂缝在砌体中的出现，但却大大地减少了砌体房屋在大地震中的倒塌比例。通过科研成果的推广和大量的实践，《建筑抗震设计规范》GBJ 11 89明确规定了把构造柱与圈梁一起作为约束脆性砌体的抗震构造措施。而后又进行了水平配筋砌体和构造柱加密与砌体墙沿高度增设水平混凝土系梁的约束砌体的研究和运用，使得砌体结构的抗震设计能够满足“小震”不坏、中震可修、“大震”不倒的抗震设防目标。因此，总结震害经验对于我们搞好砌体房屋的抗震设计具有十分重要的意义。

16.2.1 未经抗震设防的多层砖砌体房屋的震害

1. 不同烈度地震作用下多层砖房的震害

表16.1.1列出的是1976年唐山大地震中唐山地区未经抗震设防的多层砖房的震害。表16.2.2是这次地震震中位于8度区的天津市，按7度抗震设计的住宅的震害统计。

唐山地区多层砖房的震害统计（%） **表16.2.1**

破坏程度	烈度			
	8	9	10	11
基本完好	11.8	1.3	0.6	0.3
轻微破坏	35.3	6.8	5.0	1.5
中等破坏	29.4	34.3	6.5	4.7
严重破坏	23.5	32.5	19.9	11.7
倒塌	0.0	25.1	68.0	81.8

天津市区7度抗震设防的74年通用住宅震害统计（%） **表16.2.2**

基本完好	轻微破坏	中等破坏	严重破坏	倒塌
70.7	19.5	9.8	0.0	0.0

从表 16.2.1 可以看出，未经抗震设防的多层砖房在高烈度区的倒塌率是非常高的。从表 16.2.2 可以看出，经过抗震设防可以明显地减轻多层砖房的震害，尤其是减少严重破坏和倒塌所占的比例。

2. 不同用途多层砖房的震害

表 16.2.3 是 1976 年唐山地震中天津市 8 度区不同用途的多层砖房的震害统计。

天津市住宅、医院、中小学教学楼震害统计（%）　表 16.2.3

震害程度	建筑用途		
	住宅	医院	中小学教学楼
基本完好	70.7	46.0	40.0
轻微破坏	19.5	10.0	22.0
中等破坏	9.8	27.0	19.0
严重破坏	0.0	17.0	19.0
倒塌	0.0	0.0	0.0

从表 16.2.3 可以看出，在这三种多层砖房中医院、中小学教学楼的横墙间距比较大，中等破坏至严重破坏的比例比横墙较密的多层砖房住宅高得多。

3. 不同层数砖房的震害

表 16.2.4 是 1976 年唐山地震中唐山市区不同层数砖房的震害统计。

唐山市区不同层数砖房的震害统计（%）　表 16.2.4

层数	破坏程度				
	基本完好	轻微破坏	中等破坏	严重破坏	倒塌
二	0.6	3.3	10.2	15.4	70.5
三	0.0	2.7	5.6	12.8	78.9
四层以上	0.0	0.0	2.1	28.0	69.9

由表 16.2.4 可见，二、三、四层以上的砖房严重破坏以上的比例分别占 85.9%、91.7%和 97.9%，也就是说随着多层砖房层数的增加，严重破坏和倒塌的比例数也在增加。

4. 不同楼（屋）盖多层砖房的震害

大量的震害表明，采用木楼（屋）盖的多层砖房的严重破坏和倒塌率高于钢筋混凝土楼（屋）盖的多层砖房；现浇钢筋混凝土楼（屋）盖房屋的整体抗震性能要优于预制钢筋混凝土楼（屋）盖房屋；特别是预制混凝土楼（屋）盖伸入墙内的长度小于 100mm 时，在强烈地震作用下预制楼板会出现塌落。

5. 多层砖房的主要震害特征

（1）墙体的破坏。主要是墙体的抗剪强度不足，在地震作用下砖墙首先出现斜向交叉裂缝，如果墙体的高宽比接近 1，则墙体呈现 X 形交叉裂缝；若墙体的高宽比更小，则在墙体中间部位出现水平裂缝。在房屋四角墙面上由于两个水平方向的地震作用，出现双向斜裂缝。随着地面运动的加剧，墙体破坏加重，直至丧失承受竖向荷载的能力，使楼（屋）盖坍落。

（2）墙垛的破坏。比较细高的窗间墙受剪弯双重作用，产生水平断裂。

（3）连接破坏。主要是墙体间连接薄弱。表现为内外墙交接面产生竖向裂缝，以至纵墙向外倾斜或倒塌。

(4) 刚度变化和应力集中的部位，如楼梯间、墙角和烟道等削弱的墙体易破坏和倒塌。

(5) 房屋产生整体弯曲破坏，表现为底层窗台上产生水平裂缝和横墙门洞过梁裂缝。

(6) 稳定性不好的附属物，如女儿墙和屋顶烟囱等，也容易发生破坏和倒塌。

16.2.2 汶川大地震的多层砌体房屋震害

2008年5月12日，四川省汶川县发生了里氏8.0级特大地震，绵阳市、德阳市、都江堰市等地区倒塌和破坏严重的房屋以砌体结构为主。从20世纪60年代至21世纪初的建造年代角度看，砌体房屋总体破坏程度也随建造年代的推移明显减轻，完好率明显增强。说明随着抗震规范的实施以及不断完善，按照抗震规范设计的房屋基本达到了规范规定的抗震设防目标。

1. 房屋各层均有破坏

经过抗震设防的多层砌体房屋在汶川地震中表现出了较好的抗震性能，这是由于经过抗震设计的砌体房屋，均按照抗震规范要求设置了钢筋混凝土构造柱和圈梁等。特别是在结构平面布置均匀、对称，结构沿高度楼层承载力均匀变化，没有出现特别薄弱的楼层情况下，虽然房屋各层都有破坏，但是没有局部和整体垮塌。图16.2.1为绵竹市武装部6层住宅楼的震害，图16.2.2为绵竹市武装部5层兵员宿舍楼房屋的震害。

图16.2.1 绵竹市武装部6层住宅楼各层均有破坏

图16.2.2 绵竹市武装部5层兵员宿舍楼各层均有破坏

2. 钢筋混凝土楼盖砌体房屋底部楼层破坏较上部楼层重

图16.2.3 汉旺镇东汽小学底部2层破坏严重

在地震作用下，因底层和底部楼层的地震剪力要比上部楼层要大一些，在设计时并没有对底部墙体的抗震能力作适当的提高，再加上底层室内外高差和地基变形等影响，使得钢筋混凝土楼盖砌体房屋底层和底部墙体的抗剪强度不足和变形过大而开裂，形成了破坏严重的楼层；对于高宽比小于1.0的墙体表现为斜裂缝或斜向交叉裂缝。如图16.2.3～图16.2.7为这类房屋的破坏状态。对于木屋盖的砌体房屋则顶层破坏严重，如图16.2.8所示。

图 16.2.4　映秀镇漩口中学宿舍楼为 5 层砖混结构，底部 1 层整体倒塌，纵墙严重破坏

图 16.2.5　总层数 5 层砖房底层垮塌

图 16.2.6　总层数 5 层砖房底层和局部垮塌

图 16.2.7　总层数为 7 层砖房的第 1 层和第 2 层破坏严重

3. 平面和立面布置不规则的房屋端部局部垮塌

对于平面布置不规则的房屋，在地震作用下结构的扭转反应比较明显，使得端部构件有增大的反应，对于立面布置不规则的房屋，在地震作用下突出屋面的小建筑有增大的地震反应；当平、立面布置均不规则时，结构的破坏更为严重。如图 16.2.9～图 16.2.16 所示为这类砌体房屋的破坏情况。

图 16.2.8　木屋盖的砌体房屋的顶层破坏严重

图 16.2.9　端开间局部垮塌、突出屋面楼梯间垮塌

图 16.2.10 部分垮塌

图 16.2.11 端部单元垮塌

图 16.2.12 结构平面布置不对称的破坏

图 16.2.13 汉旺镇某 4 层砖房上部、角部和底层门厅砖柱垮塌

图 16.2.14 汉旺镇某 4 层砖房底层门厅砖柱垮塌

图 16.2.15 都江堰市某 6 层住宅楼中部开间平面突出部分局部垮塌

4. 楼梯间垮塌

楼梯作为建筑物竖向交通通道，在各类建筑中得到了广泛的使用，在结构分析中通常仅按受弯构件进行分析，在建筑物的正常使用过程中，这些楼梯也表现出较好的工作性能。在汶川地震中，楼梯出现了各种类型的破坏，作为建筑物逃生的主要通道，在很多建筑中表现为比建筑本身的破坏更严重，如图 16.2.17～图 16.2.23 所示。

图 16.2.16　都江堰市某
6 层住宅楼端部阳台垮塌

图 16.2.17　漩口镇电力局某
4 层砖混楼，楼梯间倒塌

图 16.2.18　汉王镇某住宅楼楼梯间垮塌

图 16.2.19　楼梯间未设构造柱发生垮塌

图 16.2.20　楼梯间设置为框架梁柱的未垮塌

图 16.2.21　楼梯纵墙破坏

图 16.2.22　室外楼梯垮塌

图 16.2.23　端部楼梯间破坏严重

5. 房屋角部破坏

由于水平地震作用是有两个方向的，所以在房屋的角部要承受两个方向的地震作用，受力比较复杂，若没有设置钢筋混凝土构造柱，则破坏更为严重，如图 16.2.24～图 16.2.26 所示。

图 16.2.24　住宅楼角部未设构造柱的破坏

图 16.2.25　住宅楼角构造柱错位破坏

6. 墙体裂缝

墙体因受剪承载力不足而产生裂缝，高宽比不大于 1.0 的墙体产生 X 形裂缝，纵横墙产生贯通裂缝，门窗上部未设置过梁的裂缝等，如图 16.2.27～图 16.2.32 所示。

图 16.2.26　房屋角部垮塌

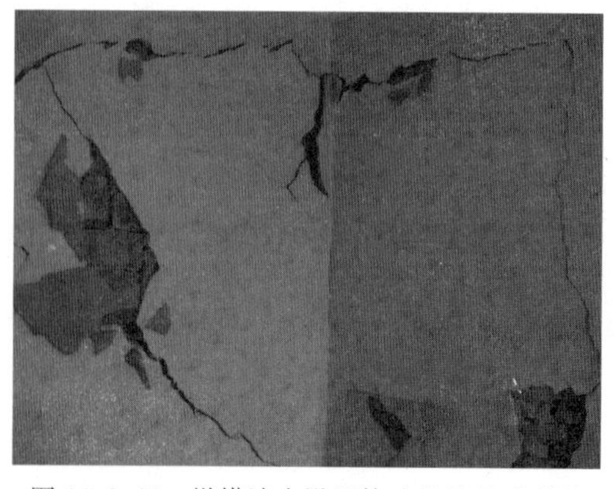

图 16.2.27　纵横墙未设置构造柱的贯通裂缝

图 16.2.28　纵横墙交接设置构造柱的裂缝

图 16.2.29　窗间墙宽度较小时的破坏

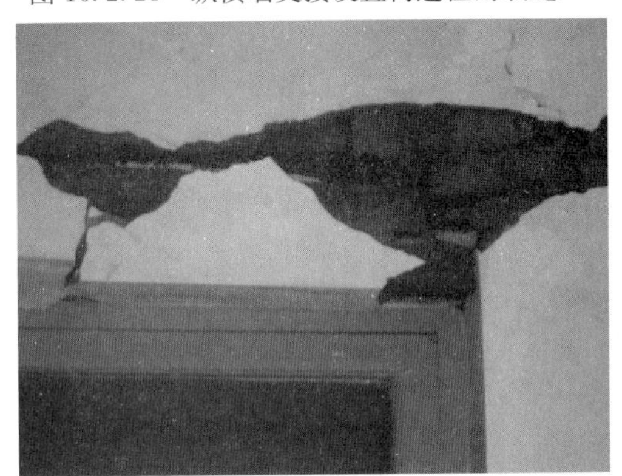

图 16.2.30　门上方没有设置过梁的破坏

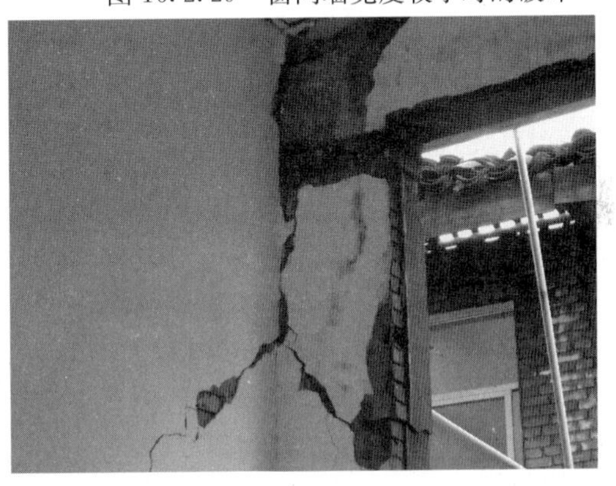

图 16.2.31　外纵墙墙垛裂缝

7. 未设构造柱和圈梁的墙体破坏

对于未设置构造柱的窗间墙墙体出现 X 型裂缝，如图 16.2.33 所示。这类墙体也有在梁垫下出现水平裂缝和墙体受压破坏裂缝，如图 16.2.34 和图 16.2.35 所示。对于未设置圈梁的山墙，其裂缝穿过第 2 层，如图 16.2.36 所示。

图 16.2.32　窗间墙和窗肚墙 X 型的裂缝

图 16.2.33　未设构造柱的窗间墙破坏

图 16.2.34 未设构造柱的窗间墙与梁垫的水平裂缝

图 16.2.35 未设构造柱和梁垫的窗间墙受压破坏

8. 抗震缝两侧房屋的碰撞破坏

在强烈地震作用下，由于房屋的变形比较大和两个房屋（或用抗震缝隔开的两个结构）动力特性等方面的差异，使得振动的方向不可能完全一致而导致碰撞，加重房屋的破坏，如图 16.1.37 和图 16.1.38 所示。

图 16.2.36 未设置构造柱和圈梁的山墙破坏

图 16.2.37 绵竹市武装部两栋房屋距离，超过 500mm，造成碰撞破坏

图 16.2.38 抗震缝两侧墙体碰撞

9. 抗震加固效果

采用构造柱和圈梁对既有多层砌体房屋进行抗震加固，对于防止砌体房屋的倒塌具有很好的作用，如图 16.2.39、图 16.2.40 所示。

图 16.2.39 采用构造柱、圈梁加固的山墙开裂

图 16.2.40 都江堰市某采用构造柱、圈梁加固的办公楼没有倒塌

16.3 多层砌体房屋抗震设计的一般要求

16.3.1 GB 50011—2010 的主要修改[4]

总结多层砌体房屋的震害经验，不难得出多层砌体房屋产生震害的原因为：①砖墙的抗剪强度不足，在地震时，砖墙产生裂缝和出平面的错位，甚至局部崩落；②结构体系和构造布置存在缺陷，内外墙之间及楼板与砖墙之间缺乏可靠的连接，房屋的整体抗震能力差，砖墙发生出平面的倾倒等。因此，在多层砌体房屋的抗震设计中，进行墙体承载力验算是一个重要的方面，另一方面是为了使多层砌体房屋做到“大震”不倒的抗震设防目标，特别要注意合理的建筑结构布置和抗震构造要求。

通过总结近年来的研究成果特别是四川汶川地震的震害经验，《建筑抗震设计规范》GB 50011—2010 对多层砌体房屋抗震设计在 GB 50011—2001 基础上的主要修改为：

（1）对多层砌体房屋的总层数和总高度控制更为严格，6 度区的多层砌体房屋控制在 7 层，对 8 度（0.3g）多层砌体房屋控制在 5 层。

（2）补充了房屋规则性的要求，包括平面轮廓凹凸尺寸，楼板的开洞等，这些规定有助于提高多层砌体房屋的整体抗震能力。

（3）对房屋的底部楼层采取增强的措施，由于多层房屋底部楼层的地震剪力较上部楼层要大，加上底层室内外的高差等，使得多层砌体房屋的底层往往是相对薄弱的楼层，汶川大地震有一些多层砌体房屋底层垮塌。底部楼层除严格设置构造柱外，此外墙体水平钢筋网片与构造柱的连接应沿墙体水平通长设置。

（4）提高了楼梯间抗震构造要求。楼梯间的功能是应保证地震时疏散通道的畅通。在汶川地震中多层砌体房屋的楼梯震害较房屋的其他部位严重，甚至还有一些房屋的楼梯间垮塌。对于楼梯间的构造柱设置给予了增加等。

（5）进一步加强楼盖的整体性。楼、屋盖是房屋的重要横隔，应保证本身刚度和整体性且必须与墙体有足够支承长度或可靠的拉结。

（6）控制最大横墙间距。多层砌体房屋依靠纵横向的墙体抵御地震作用，汶川地震和历次地震均表明，横墙较少或横墙很少的多层砌体房屋破坏相对严重。GB 50011—2010 将 GB 50011—2001 的最大横墙间距普遍减少 2～4m。

16.3.2 平、立面布置要规则

大量的震害表明，房屋为简单的长方体的各部位受力比较均匀，薄弱环节比较少，震害程度要轻一些。因此，房屋的平面最好为矩形。即使是 L 形、Ⅱ形等平面，也会由于扭转和应力集中等影响而使震害加重。体形更复杂的就更难避免扭转的影响和变形不协调的现象产生。抗震设计规范规定，平面轮廓凹凸尺寸，不应超过典型尺寸的 50％；当超过典型尺寸的 25％时，房屋转角处应采取加强措施。复杂的立面造成的附加震害更为严重。比如局部突出的小建筑，在 6 度区房屋的主体结构无明显破坏的情况下，有不少发生了相当严重的破坏。

16.3.3 房屋高度要限制、高宽比要控制

大量的震害表明，无筋的砌体房屋总高度超高和层数越多，破坏就越严重。表 16.2.4 也表明在唐山地震中 4 层以上的多层砖房严重破坏和倒塌的百分比二、三层的多一些。《建筑抗震设计规范》根据震害经验的总结和对多层砌体结构抗震性能的分析研究，

对多层砌体房屋采用总高度与层数双控，砖和砌块承重房屋的层高不应超过 3.6m。当使用功能确有需要时，采用约束砌体等加强措施的普通砖房屋，层高不应超过 3.9m。通过总结汶川大地震的震害经验，对多层砌体房屋的总高度和总层数较 GB 50011—2001 有更为严格的要求，主要体现在对 6 度、7 度（0.15g）和 8 度（0.30g）区的多层砌体房屋要求。同时，给出了乙类多层砌体房屋的要求。

1. 抗震设防类别为丙类的多层砌体房屋总高度和总层数的控制要求

（1）一般情况下的各类砌体房屋的总高度和总层数不应超过表 16.3.1 的规定。

（2）对于横墙较少的多层砌体房屋，总高度应降低 3m，总层数应减少 1 层，各层横墙很少的多层砌体房屋，总高度还应再降低 3m，总层数还应再减少 1 层；这里指的横墙较少是同一层内开间大于 4.2m 的房间面积占该层总面积的 40%以上；对于开间不大于 4.2m 的房间占该层总面积不到 20%且开间大于 4.8m 的房间占该层总面积的 50%以上为横墙很少。

（3）对于 6、7 度区的横墙较少的丙类多层砌体房屋，当按规定采取加强措施并满足抗震承载力要求时，其高度和层数应允许仍按表 16.3.1 的规定采用。

（4）采用蒸压灰砂砖和蒸压粉煤灰砖的砌体房屋，当砌体的抗剪强度仅达到普通黏土砖砌体的 70%时，房屋的层数应比普通砖房减少 1 层，总高度应减少 3m；当砌体的抗剪强度达到普通黏土砖砌体的取值时，房屋层数和总高度的要求同普通砖房屋。

砌体房屋总高度（m）和层数限值 **表 16.3.1**

砌体类别	最小抗震墙厚度（mm）	烈度和设计基本地震加速度											
		6		7				8				9	
		0.05g		0.1g		0.15g		0.2g		0.3g		0.4g	
		高度	层数	高度	层数	高度	层数	高度	层数	高度	层数	高度	层数
普通砖	240	21	七	21	七	21	七	18	六	15	五	12	四
多孔砖	240	21	七	21	七	18	六	18	六	15	五	9	三
多孔砖	190	21	七	18	六	15	五	15	五	12	四	—	—
混凝土小砌块	190	21	七	21	七	18	六	18	六	15	五	9	三

注：1. 房屋的总高度指室外地面到檐口或屋面坡顶的高度，半地下室可从地下室内地面算起，全地下室和嵌固条件好的半地下室可从室外地面算起；带阁楼的坡屋面时应算到山尖墙的 1/2 高度处；

2. 室内外高差大于 0.6m 时，房屋总高度应允许比表中数据适当增加，但不应多于 1m；

3. 本表小砌块砌体房屋不包括配筋混凝土小型空心砌块砌体房屋。

2. 乙类的多层砌体房屋的总高度和总层数控制应比本地区丙类的多层砌体房屋的层数相应减少 1 层且总高度相应降低 3m。

历次地震的震害表明，地下建筑的破坏远轻于地面上的结构。其主要原因是地下结构与土体一起振动，只要地下结构整体性好，一般破坏很轻，因此可以把全地下室不作为一层考虑。对半地下室而言，由于有半层砌置在地面以上，此外窗井等削弱了周围土体对半地下室这一层的约束，这对抗震更为不利，所以有半地下室的房屋总高度从半地下室的室内地坪算起。但是，当半地下室的顶板在室外地面以上半层层高以内，无采光井或半地下室层所开窗洞处均有窗井墙，而每道内横墙均延伸到室外窗井处，并与周围挡土墙相连，形成较宽的半地下室层底盘。此种情况，半地下室层由于有加宽了的抗震横墙所嵌固，可以认为是嵌固条件好的半地下室。

对于带阁楼的坡屋顶是否作为1层计入总层数的问题，相对比较复杂，应视阁楼的设置状况确定。对于阁楼只作为屋面（屋架）结构，且不住人，可不作为1个楼层考虑；当阁楼空间较大，并作为居室的一部分，应作为1个楼层考虑。

《建筑抗震设计规范》GB 50011对多层砌体房屋不要求作整体弯曲的强度验算，但多层砌体房屋整体弯曲破坏的震害是存在的。为了使多层砌体房屋有足够的稳定性和整体抗弯能力，对房屋的高宽比应满足：6、7度时不大于2.5，8度时不大于2.0，9度时不大于1.5。对于点式、墩式建筑的高宽比宜适当减小。计算房屋宽度时，外廊式和单面走廊的房屋不包括走廊宽度。

在计算房屋高宽比时，房屋宽度是就房屋的总体宽度而言，局部突出或凹进不受影响，横墙部分不连续或不对齐不受影响。具有内走廊的单面走廊，房屋宽度不包括走廊宽度，但有的因此而不能满足高宽比限值可适当放宽。

16.3.4　房屋结构体系要合理

多层砌体房屋的合理抗震结构体系，对于提高其整体抗震能力是非常重要的，是抗震设计应考虑的关键问题。

1. 应优先采用横墙承重或纵横墙共同承重的结构体系

纵墙承重的砌体结构，由于楼板的侧边一般不嵌入横墙内，横向地震作用有很少部分通过板的侧边直接传至横墙，而大部要通过纵墙经由纵横墙交接面传至横墙。因此，地震时外纵墙因板与墙体的拉结不良而成片向外倒塌，楼板也随之坠落。由于横墙为非承重墙，受剪承载能力降低，其破坏程度也较重。

地震震害经验表明，由于横墙开洞少，又有纵墙作为侧向支承，所以横墙承重的多层砌体结构具有较好的传递地震作用的能力。

纵横墙共同承重的多层砌体房屋可分为二种，一种是采用现浇板的房屋，另一种为采用预制短向板的大房间。其纵横墙共同承重的房屋既能比较直接地传递横向地震作用，也能直接或通过纵横墙的连接传递纵向地震作用。

因此，从合理的地震作用传递途径来看，应优先采用横墙承重或纵横墙共同承重的结构体系。

2. 纵横墙的布置宜均匀对称，沿平面内宜对齐，沿竖向应上下连续，同一轴线上的窗间墙宽度宜均匀

前边已经指出多层砌体房屋的平、立面布置应规则对称，最好为矩形，这样可避免水平地震作用下的扭转影响。然而对于避免水平地震作用下的扭转仅房屋平面布置规则还是不够的，还应做到纵横墙的布置均匀对称。从房屋纵横墙的对称要求来看，大房间宜布置在房屋的中部，而不宜布置在端头。

砖墙沿平面内对齐、贯通，能减少砖墙、楼板等受力构件的中间传力环节，使震害部位减少，震害程度减轻。同时，由于地震作用传力路线简单，中间不间断，构件受力明确，其简化的地震作用分析能较好地符合地震作用的实际情况。

房屋的纵横墙沿竖向上下连续贯通，可使地震作用的传递路线更为直接合理。如果因使用功能不能满足上述要求时，应将大房间布置在顶层。若大房间布置在下部楼层，则相

邻上面横墙承担的地震剪力，只有通过大梁、楼板传递至下层两旁的横墙，这就要求楼板有较大的水平刚度。

房屋纵向地震作用分至各纵轴后，其外纵墙的地震作用还要按各窗间的侧移刚度再分配。由于宽窗间墙的刚度比窄窗间墙的刚度大得多，必然承受较多的地震作用而破坏，而高度比大于4的墙垛其承载能力更差已率先破坏，则对于宽窄差异较大的外纵墙，就会造成窗间墙的各个击破，降低了外纵墙和房屋纵向的抗震能力。因此，要求同一轴线的窗间墙宽度宜均匀，尽量做到等宽度。对于一些建筑阳台门和窗之间留一个240mm宽的墙垛的做法不利于抗震，宜采取门连窗的做法。

纵横向砌体抗震墙布置的具体要求为：

1）宜均匀对称，沿平面内宜对齐，沿竖向应上下连续，且纵横向墙体的数量不宜相差过大；

2）平面轮廓凹凸尺寸，不应超过典型尺寸的50%；当超过典型尺寸的25%时，房屋转角处应采取加强措施；

3）楼板局部大洞口的尺寸不宜超过楼板宽度的30%，且不应在墙体两侧同时开洞；

4）房屋错层的楼板高差超过500mm时，应按两层计算；错层部位的墙体应采取加强措施；

5）同一轴线上的窗间墙宽度宜均匀；墙面洞口的面积，6、7度时不宜大于墙面总面积的55%，8、9度时不宜大于50%；

6）在房屋宽度方向的中部应设置内纵墙，其累计长度不宜少于房屋总长度的60%（高宽比大于4的墙段不计入）。

3. 防震缝的设置

大量的震害表明，由于地震作用的复杂性，体形不对称的结构破坏较体形均匀对称的结构要严重一些。由于防震缝在不同程度上影响建筑立面的效果和增加工程造价等，应根据建筑的类型、结构体系和建筑状态以及不同的地震烈度等区别对待。规范规定：当建筑形状复杂而又不设防震缝时，应选取符合实际的结构计算模型，进行精细抗震分析，估计局部应力和变形集中及扭转影响，判别易损部位并采用加强措施；当设置防震缝时，应将建筑分成规则的结构单元。对于多层砌体房屋，当设防烈度为7度、8度和9度且具有下列情况之一时宜设置防震缝：①房屋立面高差在6m以上；②房屋有错层，且楼板高差较大；③各部分结构刚度、质量截然不同。

4. 楼梯间不宜设置在房屋的尽端和转角处

由于水平地震作用为横向和纵向两个方向，所以在多层砌体房屋转角处纵横两个墙面常出现斜裂缝。不仅房屋两端的四个外墙角容易发生破坏，而且平面上的其他凸出部位的外墙阳角同样容易破坏。

由于楼梯间比较空旷，且楼梯间顶层外墙的无支承高度为一层半，在地震中的破坏比较严重。尤其是楼梯间设置在房屋尽端或房屋转角部位时，其震害更为严重。

5. 不应在房屋转角处设置转角窗

由于地震作用在水平是两个方向的，所以在房屋的角部受水平两个方向的地震作用，其受力比较复杂。2008年5月12日汶川大地震的震害表明多层砌体房屋的角部破坏比较重，如图16.2.24～图16.2.26所示，在转角处设置转角窗削弱了纵横墙的连接和各自作

图 16.3.1　绵竹市某房屋转角窗的墙体破坏

为墙体翼缘的作用，使得纵横墙破坏比较严重，如图 16.3.1 所示。

6. 横墙较少、跨度较大的房屋，宜采用现浇钢筋混凝土楼、屋盖

房屋楼、屋盖的作用是使楼层的水平地震剪力能很好地传给周围的墙体和不能先于砌体墙垮塌。对于楼板的水平刚度和整体性，现浇混凝土楼、屋盖的最大，其次是预制混凝土楼、屋盖，木楼、屋盖最差。对于横墙较少、跨度较大的房屋，若使楼层的水平地震剪力能很好地传给周围的墙体则要求楼、屋盖的水平刚度要大一些，整体性要好一些，因此宜采用现浇钢筋混凝土楼、屋盖。另一方面，在强烈地震作用下，横墙较少、跨度较大的房屋整体变形和层间变形都会大一些，现浇钢筋混凝土楼、屋盖也不会因变形大一些而垮塌。

7. 烟道、风道、垃圾道等不应削弱墙体

墙体是多层砌体房屋承重和抗侧力的主要构件。局部削弱的墙体，在削弱处不仅会先开裂，还将产生内力重分布。因此，规范规定，烟道、风道、垃圾道等不应削弱墙体；当墙体被削弱时，应对墙体采取水平配筋等加强措施，对附属烟囱及出屋面烟囱采用竖向配筋。

8. 钢筋混凝土预制挑檐应加强锚固

由于挑檐为一悬臂构件，在地震中较容易发生破坏。若为现浇则和屋面板一起，抗震性能比较好，对于预制钢筋混凝土挑檐则应加强与圈梁的锚固。6、7 度时应与圈梁和楼板的现浇板带可靠连接，8、9 度时不应采用预制阳台。

16.3.5　抗震横墙间距要限制

砖墙在平面内的受剪承载力较大，而平面外（出平面）的受弯承载力很小。当多层砌体房屋横墙间距较大时，房屋的相当一部分地震作用需要通过楼盖传至横墙，纵向砖墙就会产生出平面的弯曲破坏。因此，多层砖房应按所在地区的地震烈度与房屋楼（屋）盖的类型来限制横墙的最大间距，具体见表 16.3.2。

对于多层砌体房屋的顶层，最大间距可适当放宽，但应采取相应加强措施。多孔砖抗震横墙厚度为 190mm 时，最大横墙间距应比表中数值减少 3m。

《建筑抗震设计规范》GB 50011—2010 的横墙间距较 GB 50011—2001 有所减小，这主要是考虑多层砌体房屋中墙体是抗震的主要抗侧力构件，墙体数量越多、间距越小，则抗震能力越强。历次震害表明，多层砌体房屋的横墙数量较多的房屋震害较轻，而较大开间、横墙较少或很少的多层砌体房屋的抗震能力比较差，震害则比较重。

抗震横墙最大间距（m）　　　　**表 16.3.2**

楼、屋盖类别	6 度	7 度	8 度	9 度
现浇和装配整体式钢筋混凝土	15	15	11	7
装配整体式钢筋混凝土	11	11	9	4
木	9	9	4	—

规范给出的房屋抗震横墙最大间距的要求是为了尽量减少纵墙的出平面破坏，但并不是说满足上述横墙最大间距的限值就能满足横向承载力验算的要求。

从地震作用沿竖向传递的合理性来看大房间宜设置在顶层和宜布置在中间。

16.3.6 局部尺寸要控制

房屋局部尺寸的影响，有时仅造成局部的破坏，并未造成结构的倒塌。事实上，房屋局部破坏必然影响房屋的整体抗震能力。而且，某些重要部位的局部破坏却会带来连锁反应，形成墙体各个击破的破坏甚至倒塌。

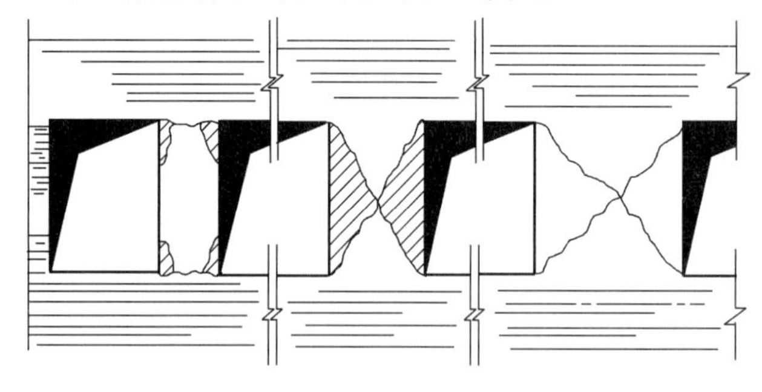

图 16.3.2 不同宽度窗间墙的破坏形态

1. 承重窗间墙的最小宽度

窗间墙在平面内的破坏可分为三种情况：窗洞高与窗间墙宽度之比小于 1.0 的宽窗间墙为较小的交叉裂缝；高宽比大于 1.0 的较宽的窗间墙，虽然也为交叉裂缝，但裂缝的坡度较陡，重者裂缝两侧的砖砌体破裂甚至崩落；很窄的窗间墙为弯曲破坏，重者四角压碎崩落。如图 16.3.2 所示为三种窗间墙的破坏状态。[2]

承重窗间墙的宽度应首先满足静力设计要求，为了提高该道墙的抗震能力，应均匀布置为宽度大体相等的窗间墙。窗间墙承担的地震作用是按各墙段的侧移刚度大小分配的，窄窗间墙比宽窗间墙的侧移刚度比小得多，承受了较大地震作用的墙段首先出现交叉裂缝，其刚度迅速降低，产生内力重分布，从而造成窗间墙的各个击破，降低了该道墙和整个结构的抗震能力。《建筑抗震设计规范》GB 50011 的具体规定列于表 16.3.3 中。

2. 承重外墙尽端至门窗洞边的最小距离

大量的震害表明，房屋尽端是震害较集中的部位，这是由于沿房屋纵横两个方向地面运动的结果，为了防止房屋在尽端首先破坏甚至局部墙体坍落，《建筑抗震设计规范》GB 50011 给出了具体规定，见表 16.3.3。

3. 非承重外墙尽端至门窗洞边的最小距离

考虑到非承重外墙与承重外墙在承担竖向荷载方面的差异，对非承重外墙尽端至门窗洞边的最小距离较承重外墙的要求有所放宽，但一般墙段宽度不宜小于 1.0m。

4. 内墙阳角至门窗洞边的最小距离

由于门厅或楼梯间处的纵墙或横墙中断，需要设置开间梁或进深梁，从而造成梁支承在室内拐角墙上的这些阳角部位的应力集中，梁端支承处的荷载又比较大，为了避免在这个部位发生严重破坏，除在构造上加强整体连接外，《建筑抗震设计规范》GB 50011 对内墙阳角至门窗洞边的最小距离作了规定，见表 16.3.3。

5. 其他局部尺寸限制

大量的震害表明，阳台、挑檐、雨棚等小跨度悬挑构件的震害比较小，一般情况下这些悬挑构件的跨度又都不会过大，因此，《建筑抗震设计规范》GB 50011 对这类构件的挑出构件没有作出限值。但仍应通过计算和构造来保证锚固和连接的可靠性。

悬挑构件中的女儿墙是比较普遍和容易破坏的构件，特别是无锚固的女儿墙更是如此。因此，《建筑抗震设计规范》GB 50011 对女儿墙的高度作了限制，具体见表 16.3.3。

房屋的局部尺寸限值（m）　　表 16.3.3

部位	烈度			
	6	7	8	9
承重窗间墙最小宽度	1.0	1.0	1.2	1.5
承重外墙尽端至门窗洞边的最小距离	1.0	1.0	1.2	1.5
非承重外墙尽端至门窗洞边的最小距离	1.0	1.0	1.0	1.0
内墙阳角至门窗洞边的最小距离	1.0	1.0	1.5	2.0
无锚固女儿墙（非出入口处）的最大高度	0.5	0.5	0.5	0.0

实际设计中，外墙尽端至门窗洞边的最小距离，往往不能满足要求，此时可采用加强的构造柱或增加水平配筋的措施，以适当放宽限制，其最小宽度不宜小于 1/4 层高和表中所列数据值的 80%。但若认为要求有局部尺寸处可以用构造柱来代替，那就错了，若采用构造柱来代替必要的墙段，就会使砌体结构改变了其结构体系，这对房屋抗震是不利的。

16.4 地震作用计算和截面抗震验算

16.4.1 水平地震作用的计算

多层砌体房屋水平地震作用的计算可根据房屋的平、立面布置等情况选择采用下列方法：对于平、立面布置规则和结构抗侧力构件在平、立面布置均匀的，可采用底部剪力法；对于立面布置不规则的宜采用振型分解反应谱法，对于平面布置不规则的宜采用考虑水平地震作用扭转影响的振型分解反应谱法。下面简要说明底部剪力法在多层砌体房屋地震作用计算中的应用。

1. 总水平地震作用的标准值

多层砌体房屋的水平地震作用计算可采用底部剪力法，并取水平地震作用影响系数的最大值 α_{max}，总水平地震作用的标准值 F_{EK} 为：

$$F_{EK} = \alpha_{max} G_{eq} \tag{16.4.1}$$

$$G_{eq} = 0.85 \sum G_i \tag{16.4.2}$$

式中　G_{eq}——结构等效总重力荷载；

G_i——集中于 i 质点的重力荷载代表值。

2. 水平地震作用沿高度的分布

多层砖房水平地震作用沿高度的分布不考虑顶部附加水平地震作用，对于突出屋面的小建筑，地震内力乘以增大系数 3，但不往下传递。沿横向或纵向第 i 层的水平地震作用 F_i 为：

$$F_i = \frac{G_i H_i}{\sum_{j=1}^{n} G_j H_j} F_{EK} \tag{16.4.3}$$

式中　G_i、G_j——分别为集中于质点 i、j 的重力荷载代表值；

H_i、H_j——分别为质点 i、j 的计算高度。

各层的水平地震剪力的标准值 V_{iK} 为：

$$V_{iK}=\sum_{i=i}^{n}F_i=(\sum_{i=i}^{n}G_iH_i/\sum_{j=1}^{n}G_jH_j)F_{EK} \tag{16.4.4}$$

16.4.2 楼层地震剪力设计值在各墙段的分配

楼层 i 地震剪力设计值 V_i 为：

$$V_i=\gamma_{Eh}V_{iK}=1.3V_{iK} \tag{16.4.5}$$

式中 γ_{Eh}——水平地震作用分项系数。

1. 水平地震剪力在楼层平面内的分配

根据多层砖房楼、屋盖的状况分为三种情况：

（1）现浇和装配整体式钢筋混凝土楼、屋盖为刚性楼、屋盖，按抗震墙的侧移刚度的比例分配，第 i 层第 j 片抗震墙的地震剪力设计值 V_{ij} 为：

$$V_{ij}=V_i\frac{K_{ij}}{K_i} \tag{16.4.6}$$

式中 K_{ij}——第 i 层第 j 片抗震墙的侧移刚度；

K_i——第 i 层抗震墙的侧移刚度。

（2）木楼、屋盖为柔性楼、屋盖，按抗震墙从属面积上重力代表值的比例分配，第 i 层第 j 片抗震墙的地震剪力设计值 V_{ij} 为：

$$V_{ij}=V_i\frac{G_{ij}}{G_i} \tag{16.4.7}$$

式中 G_{ij}——第 i 层第 j 片抗震墙从属面积上的重力代表值；

G_i——第 i 层的重力代表值。

须注意的是所谓从属面积是指对有关抗侧力墙体产生地震剪力的负载面积。

（3）预制钢筋混凝土楼、屋盖为中等刚性楼、屋盖，按抗震墙侧移刚度比和从属面积上重力代表值的比的平均值来分配，第 i 层第 j 片抗震墙的地震剪力设计值 V_{ij} 为：

$$V_{ij}=\frac{1}{2}\left(\frac{K_{ij}}{K_i}+\frac{G_{ij}}{G_i}\right)V_i \tag{16.4.8}$$

当房屋平面的纵向尺寸较长时，在进行纵向地震剪力设计值的分配时，对于预制钢筋混凝土楼（屋）盖可按刚性楼盖考虑，并可按式（16.4.6）分配地震剪力。

2. 抗震墙的侧移刚度

各楼层地震剪力按三种楼、屋盖分配给横向或纵向的墙体，对于刚性和半刚性的楼、屋盖均涉及墙体的刚度计算。

砌体抗震墙的刚度，按墙段的净高宽比 ρ（$\rho=h/b$，h 为层高，b 为墙长）的大小（对于门窗洞边的小墙段指洞净高与洞侧墙宽之比），分为三种情况：

（1）当 $\rho<1$ 时，只考虑墙体的剪切变形，墙体 j 的抗侧力刚度 K_j 为：

$$K_j=\frac{1}{\frac{\xi H}{GA}}=\frac{GA}{1.2H} \tag{16.4.9}$$

式中 G——砌体的剪切模量；

H、A——分别为层高和墙体截面面积。

（2）当 $1\leqslant\rho\leqslant4$ 时，且考虑墙体的剪切和弯曲变形，墙体 j 的抗侧力刚度 K_j 为：

$$K_j = \frac{1}{\frac{1.2H}{GA} + \frac{H^3}{12EI}} \tag{16.4.10}$$

取 $G=0.4E$，则上式为：

$$K_j = \frac{GA}{1.2H(1+H^2/3b^2)} \tag{16.4.11}$$

或

$$K_j = \frac{EA}{H(3+H^2/b^2)} \tag{16.4.12}$$

式中 E——砌体的弹性模量。

(3) 当 $\rho>4$ 时，不考虑该墙体的抗侧力刚度。

(4) 小开口墙体的刚度计算方法为：墙段宜按门窗洞口划分；对设置构造柱的小开口墙段按毛墙面计算的刚度，可根据开洞率乘以表 16.4.1 的墙段洞口影响系数。开洞率是指洞口水平截面积与墙段水平毛截面积之比，相邻洞口之间净宽小于 500mm 的墙段视为洞口；当洞口中线偏离墙段中线大于墙段长度的 1/4 时，表中影响系数值折减 0.9；门洞的洞顶高度大于层高 80%时，表中数据不适用；窗洞高度大于 50%层高时，按门洞处理。

墙段洞口影响系数 **表 16.4.1**

开动率	0.10	0.20	0.30
影响系数	0.98	0.94	0.88

(5) 纵墙一般开洞较多且开洞率比较大，其刚度的计算较为复杂。对于开大洞口的墙体和多洞口墙体的刚度计算，可采用沿墙高分段求出各墙段在单位水平力作用下的侧移，求和得到整个墙片在单位水平力作用下的顶端侧移值，然后求得其倒数即为该墙片的侧移刚度。此方法能较好地考虑不同开洞和开洞率对墙侧移刚度的影响。具体计算公式可参照本章第 7 节的例题。

16.4.3 截面抗震验算

砌体结构截面抗震承载力验算可仅验算横向和纵向墙体中的最不利墙段。所谓最不利墙段，就是承担的地震剪力设计值较大或竖向压应力较小的墙段。其验算公式分别为：

1. 各类砌体沿阶梯形截面破坏的抗剪强度设计值 f_{VE}

$$f_{VE} = \xi_N f_V \tag{16.4.13}$$

式中 f_V——非抗震设计的砌体抗剪强度设计值，应按国家标准《砌体结构设计规范》GB 50003 采用；

ξ_N——砌体强度的正应力系数，按表 16.4.2 采用。

砌体强度的正应力系数 **表 16.4.2**

砌体类别	σ_0/f_V							
	0.0	1.0	3.0	5.0	7.0	10.0	12.0	≥16.0
黏土砖、多孔砖	0.80	0.99	1.25	1.47	1.65	1.90	2.05	—
混凝土小砌块	—	1.23	1.69	2.15	2.57	3.02	3.32	3.92

需要指出的是，砌体结构受剪承载力的计算，有两个公式——主拉应力公式和剪摩公

式。但为了使两个不同的公式在表达形式一致，《建筑抗震设计规范》GB 50011 采用砌体强度正应力系数的统一表达形式。对于砖砌体，此系数沿用《78 抗震规范》的方法，采用在震害统计基础上的主拉应力公式得到，以保持规范的延续性，其正应力影响系数为：

$$\xi_N = \frac{1}{1.2}\sqrt{1 + 0.45\sigma_0/f_V} \tag{16.4.14}$$

对于混凝土小砌块砌体，采用剪摩公式，根据试验资料，正应力影响系数为：

$$\xi_N = \begin{cases} 1 + 0.23\sigma_0/f_V & (\sigma_0/f_V \leqslant 6.5) \\ 1.52 + 0.15\sigma_0/f_V & (6.5 \leqslant \sigma_0/f_V \leqslant 16) \end{cases} \tag{16.4.15}$$

2. 水平配筋黏土砖、多孔砖墙体的截面抗震承载力验算

水平配筋黏土砖、多孔砖墙体的截面抗震承载力，应按下式验算：

$$V \leqslant \frac{1}{\gamma_{RE}}(f_{VE}A + \zeta_s f_y A_{sh}) \tag{16.4.16}$$

式中 A——墙体横截面面积，多孔砖取毛截面面积；

f_V——钢筋抗拉强度设计值；

f_y——层间墙体竖向截面的钢筋总截面面积，其配筋率应不小于 0.07%且不大于 0.17%；

A_{sh}——层间竖向截面的总水平钢筋截面面积，无水平钢筋时取 0；

ζ_s——钢筋参与工作系数，可按表 16.4.3 采用。

钢筋参与工作系数 **表 16.4.3**

墙体高宽比	0.4	0.6	0.8	1.0	1.2
ζ_s	0.10	0.12	0.14	0.15	0.12

3. 黏土砖和多孔砖墙体的截面抗震承载力验算

其验算采用式（16.4.17）。

$$V \leqslant f_{VE}A/\gamma_{RE} \tag{16.4.17}$$

式中 V——墙体剪力设计值；

A——墙体横截面面积；

γ_{RE}——承载力抗震调整系数，对于两端均有构造柱、芯柱的承重墙为 0.9，其他承重墙为 1.0，自承重墙的承载力抗震调整系数可采用 0.75。

当按式（16.4.17）验算不满足要求时，除采用配筋砌体提高承载力外，尚可采用在墙段中部增设构造柱的方法，可计为基本均匀设置于墙段中部、截面不小于 240mm×240mm（墙厚 190mm 时为 240mm×190mm）且间距不大于 4m 的构造柱对受剪承载力的提高作用，按以下简化方法验算：

$$V \leqslant [\eta_c f_{VE}(A - A_c) + \zeta_c f_t A_c + 0.08 f_{yc} A_{sc} + \zeta_s f_{yh} A_{sh}]/\gamma_{RE} \tag{16.4.18}$$

式中 A_c——中部构造柱的横截面总面积（对于横墙和内纵墙，当 $A_c > 0.15A$ 时，取 $0.15A$；对于外纵墙，当 $A_c > 0.25A$ 时，取 $0.25A$）；

f_t——中部构造柱的混凝土轴心抗拉强度设计值；

A_{sc}——中部构造柱的纵向钢筋截面总面积（配筋率不小于 0.6%），大于 1.4%时取 1.4%；

f_{yc}、f_{yh}——分别是构造柱钢筋、墙体水平钢筋抗拉强度设计值；

ζ_c——中部构造柱参与工作系数，居中设一根时取 0.5，多于一根时取 0.4；

η_c——墙体约束修正系数，一般情况取 1.0，构造柱间距不大于 2.8m 时取 1.1。

4. 混凝土小砌块墙体截面抗震承载力验算

混凝土小砌块墙的截面抗震承载力，应按下式验算：

$$V \leqslant [f_{VE}A + (0.3f_tA_c + 0.05f_yA_s)\zeta_c]/\gamma_{RE} \tag{16.4.19}$$

式中 f_c——芯柱混凝土轴心抗压强度设计值；

A_c——芯柱截面总面积；

A_s——芯柱层钢筋截面总面积；

ζ_c——芯柱影响系数，按表 16.4.4 采用。

芯柱影响系数 **表 16.4.4**

填孔率 ρ	$\rho<0.15$	$0.15\leqslant\rho<0.25$	$0.25\leqslant\rho<0.5$	$\rho\geqslant0.5$
ζ_c	0.0	1.0	1.10	1.15

注：填孔率指芯柱根数与孔洞总数之比。

无芯柱时，$\gamma_{RE}=1.0$，$\zeta_c=0$；有芯柱时，$\gamma_{RE}=0.9$。当同时设置芯柱和构造柱时，构造柱截面可作为芯柱截面，构造柱钢筋可作为芯柱钢筋。

16.5 主要抗震构造措施

多层砌体房屋的抗震构造措施，对于提高房屋的整体抗震性能，做到“大震”不倒有着重要的意义。

16.5.1 多层砖房的抗震构造措施

1. 钢筋混凝土构造柱的设置

(1) 钢筋混凝土构造柱的功能

国内外的模型试验和大量的设置钢筋混凝土构造柱的砖墙墙片试验表明，钢筋混凝土构造柱虽然对于提高砖墙的受剪承载力作用有限，大约提高 10%～20%，但是对墙体的约束和防止墙体开裂后砖的散落能起非常显著的作用。而这种约束作用需要钢筋混凝土构造柱与各层圈梁一起形成，即通过钢筋混凝土构造柱与圈梁把墙体分片包围，能限制开裂后砌体裂缝的延伸和砌体的错位，使砖墙能维持竖向承载能力，并能继续吸收地震的能量，避免墙体倒塌。

(2) 钢筋混凝土构造柱的设置部位

钢筋混凝土构造柱的设置部位、截面尺寸和配筋，因烈度、高度和结构类型的不同而异。《建筑抗震设计规范》GB 50011—2010 针对四川汶川大地震楼梯间破坏较为严重和楼梯间是人员疏散的必由通道的功能，对楼梯间构造柱的设置要求进行了重点加强，从 6 度开始，所有抗震设防的多层砌体房屋楼梯间应在楼、电梯间四角、楼梯斜梯段上下端对应的墙体处设置构造柱。

1) 从钢筋混凝土构造柱设置的部位看，可分为三种：①容易损坏的部位，如在房屋外墙四角和楼、电梯间四角、楼梯斜梯段上下端对应的墙体处、错层部位的横墙与外纵墙交接处、洞口宽度大于2.1m的较大洞口和大房间内外墙交接处，每隔12m或单元横墙与外墙交接处，6度区四、五层以下，7度区三、四层以下，8度区二、三层就要按此要求设置钢筋混凝土构造柱。②隔开间设置，这是根据烈度和层数不同区别对待设置钢筋混凝土构造柱的要求。如6度六层，7度五层，8度四层，9度二层，其钢筋混凝土构造柱的设置除满足必须设置部位（房屋外墙四角和楼、电梯间四角、楼梯斜梯段上下端对应的墙体处、错层部位的横墙与外纵墙交接处、洞口宽度大于2.0m的较大洞口和大房间内外墙交接处）外，还要在房屋隔开间的横墙（轴线）与外墙交接处，山墙与内纵墙的交接处设置钢筋混凝土构造柱。③每开间设置，当房屋层数较多时，钢筋混凝土构造柱设置应适当增加，如6度七层，7度六、七层，8度五、六层，9度三、四层的内墙（轴线）与外墙交接处设置，还有内墙局部较小墙垛处设置以及内纵墙与横墙（轴线）交接处设置，具体见表16.5.1。

2）对于外廊式、单面走廊式的多层砖房，应根据房屋增加一层的层数，按表16.5.1的要求设置钢筋混凝土构造柱，且单面走廊两侧的纵墙均要按外墙的要求设置钢筋混凝土构造柱。

3）对于横墙较少的多层砖房，应根据房屋增加一层后的层数，按表16.5.1的要求设置钢筋混凝土构造柱；当横墙较少的房屋为外廊式或单面走廊式时，应按上一条要求设置构造柱，但6度不超过四层、7度不超过三层和8度不超过二层时，应按增加二层后的层数考虑。

4）各层横墙很少的房屋，应按增加二层的层数设置构造柱。

5）采用蒸压灰砂砖和蒸压粉煤灰砖的砌体房屋，当砌体的抗剪强度仅达到普通黏土砖砌体的70%时，应根据增加一层的层数按1）～4）的要求设置构造柱；但6度不超过四层、7度不超过三层和8度不超过二层时应按增加二层的层数对待。

6）以上是丙类多层砌体房屋构造柱的设置要求，对于多层砌体教学楼等乙类建筑应按比丙类建筑增加一层后的层数，按表16.5.1的要求设置钢筋混凝土构造柱。

砖房构造柱设置要求 **表16.5.1**

<table>
<tr><th colspan="4">房屋层数</th><th colspan="2" rowspan="2">设置部位</th></tr>
<tr><th>6度</th><th>7度</th><th>8度</th><th>9度</th></tr>
<tr><td>四、五</td><td>三、四</td><td>二、三</td><td></td><td rowspan="3">楼、电梯间四角，楼梯斜梯段上下端对应的墙体处；
外墙四角和对应转角；
错层部位横墙与外纵墙交接处；
大房间内外墙交接处；
较大洞口两侧</td><td>隔12m或单元横墙与外纵墙交接处；
楼梯间对应的另一侧内横墙与外纵墙交接处</td></tr>
<tr><td>六</td><td>五</td><td>四</td><td>二</td><td>隔开间横墙（轴线）与外墙交接处；
山墙与内纵墙交接处</td></tr>
<tr><td>七</td><td>≥六</td><td>≥五</td><td>≥三</td><td>内墙（轴线）与外墙交接处；
内墙的局部较小墙垛处；
内纵墙与横墙（轴线）交接处</td></tr>
</table>

（3）多层砖房构造柱的截面与配筋

多层砖房的钢筋混凝土构造柱主要起约束墙体的作用，不依靠其增加墙体的受剪承载力，其截面不必过大，配筋也不必过多。《建筑抗震设计规范》对钢筋混凝土构造柱截面的最小要求为240mm×180mm，纵向钢筋宜采用4Φ12，箍筋间距不宜大于250mm且在柱上下端部宜适当加密；6、7度时超过六层，8度时超过五层和9度时，钢筋混凝土构造柱纵向钢筋宜采用4Φ14，箍筋间距不应大于200mm。房屋四角的构造柱可适当加大截面及增加配筋。

（4）构造柱与墙体的连接

钢筋混凝土构造柱要与砖墙形成整体。《建筑抗震设计规范》GB 50011—2010针对四川汶川大地震中钢筋混凝土楼、屋盖多层砌体房屋底部破坏比较严重的特点，加强了对底部楼层的抗震措施要求，其中之一是墙体水平钢筋网片与构造柱的连接应沿墙体水平通长设置。其具体要求为：构造柱与墙连接处应砌成马牙槎，沿墙高每隔500mm设2Φ6水平钢筋和Φ4分布短筋平面内点焊组成的拉结网片或Φ4点焊钢筋网片，每边伸入墙内不宜小于1m。6、7度时底部1/3楼层，8度时底部1/2楼层，9度时全部楼层，上述拉结钢筋网片应沿墙体水平通长设置。

至于采用大马牙槎好还是小马牙槎好，规范未作规定，主要是两种马牙槎各有利弊。

（5）构造柱与圈梁的连接

钢筋混凝土构造柱应与圈梁连接，在连接处构造柱的纵筋应在圈梁纵筋内侧穿过，保证构造柱纵筋上下贯通。

（6）构造柱的基础

构造柱可不单独设基础（但承重独立柱不包括在内），但应伸入室外地面500mm，或锚入浅于500mm的基础圈梁内。对于有个别地区基础圈梁与防潮层相结合，其圈梁标高已高出地面，在这种情况下构造柱应符合伸入地面下500mm的要求。

（7）房屋高度和层数接近规范限值的设置要求

房屋高度和层数接近规范限值时，横墙内的构造柱间距不宜大于层高的二倍；下部1/3楼层的构造柱间距适当减小；当外纵墙开间大于3.9m时，应另设加强措施。内纵墙的构造柱间距不宜大于4.2m。这些要求使得多层砌体房屋在内纵墙与横墙的交界处均设置了构造柱，有利于构造柱和圈梁一起分片约束墙体和提高多层砌体房屋的抗倒塌能力。

构造柱的一般做法如图16.5.1所示。

2. 钢筋混凝土圈梁

（1）钢筋混凝土圈梁的功能

钢筋混凝土圈梁是多层砖房有效的抗震措施之一，其功能如下：

1）增强房屋的整体性，由于圈梁的约束，预制板散开以及砖墙出平面倒塌的危险性大大减小了。圈梁使纵、横墙能够保持一个整体的箱形结构，充分地发挥各片砖墙在平面内抗剪承载力。

2）作为楼盖的边缘构件，提高了楼盖的水平刚度，使局部地震作用能够分配给较多的砖墙来承担，也减轻了大房间纵、横墙平面外破坏的危险性。

3）圈梁还能限制墙体斜裂缝的开展和延伸，使砖墙裂缝仅在两道圈梁之间的墙段内发生，斜裂缝的水平夹角减小，砖墙抗剪承载力得以充分地发挥和提高。从一座3层办公楼的震害中，可以清楚地看出对比状况。该楼采用预制板楼盖，隔层设置圈梁。遭遇7度地震后，因为3层楼板处无圈梁，3层砖墙的斜裂缝通过3层楼板与2层砖墙的斜裂缝连

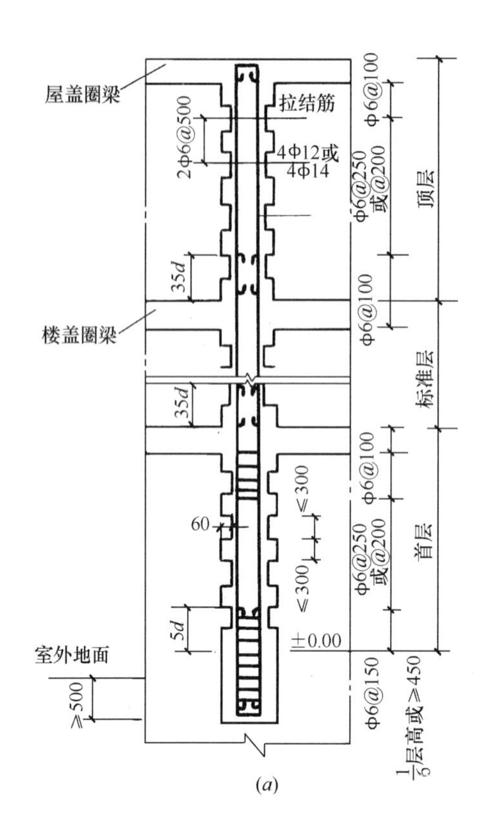

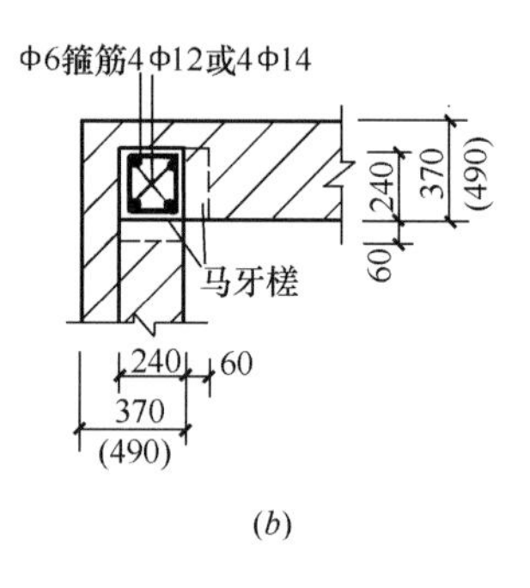

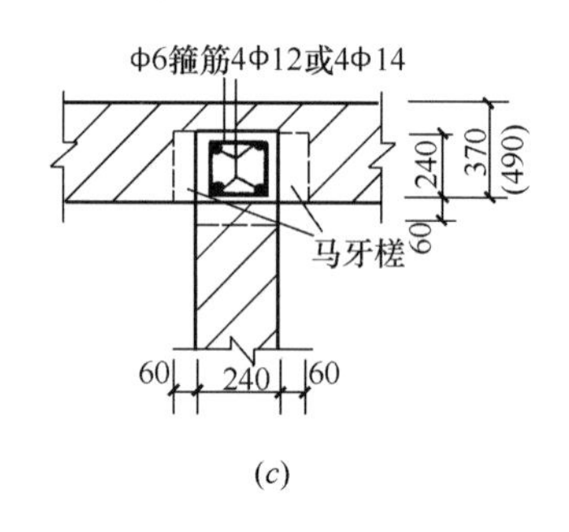

图 16.5.1 构造柱的一般做法（mm）

（*a*）纵剖面；（*b*）L 形墙槽剖面；（*c*）T 形墙横剖面

通，形成一道贯通 2、3 层砖墙的 X 形裂缝，裂缝的竖缝宽度达 30mm。底层砖墙的斜裂缝，因为 2 层楼板处有圈梁，被限制在底层，裂缝的走向比较平缓（图 16.5.2）。

4）可以减轻地震时地基不均匀沉陷对房屋的影响。各层圈梁，特别是屋盖处和基础处的圈梁，能提高房屋的竖向刚度和抗御不均匀沉降的能力。

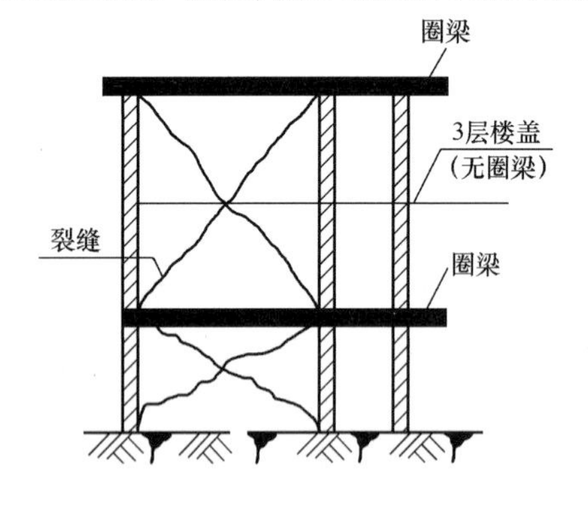

图 16.5.2 圈梁对横墙上裂缝开展和走向的影响

（2）钢筋混凝土圈梁的设置要求

为了较好地发挥钢筋混凝土圈梁与钢筋混凝土构造柱一起约束脆性墙体的作用，《建筑抗震设计规范》GB 50011—2010 的要求为：6、7 度区要求每层均设置钢筋混凝土圈梁。对于装配式钢筋混凝土楼、屋盖或木屋盖的砖房具体要求为：横墙承重的多层砖房中的外墙和内纵墙的屋盖及每层楼盖处均布置，对于屋盖处的内横墙的圈梁间距不应大于 4.5m，且在 8、9 度时要在所有横墙拉通；楼盖处内横墙的圈梁间距，在 6、7 度时不应大于 7.2m，在 8 度时不应大于 4.5m，9 度时要在所有横墙拉通；对于内横墙圈梁的设计还特别强调设置在钢筋混凝土构造柱对应部位。表 16.5.2 列出了多层砖房现浇钢筋混凝土圈梁的设计要求。

多层砖房现浇钢筋混凝土圈梁的设置要求　　表 16.5.2

墙类	烈度		
	6、7	8	9
外墙及内纵墙	屋盖处及每层楼盖处	屋盖处及每层楼盖处	屋盖处及每层楼盖处
内横墙	同上； 屋盖处及每层楼盖处； 屋盖处间距不应大于 4.5m； 楼盖处间距不应大于 7.2m； 构造柱对应部位	同上； 屋盖处及每层楼盖处； 各层所有横墙，且间距不应大于 4.5m； 构造柱对应部位	同上； 屋盖处及每层楼盖处； 各层所有横墙

纵墙承重的多层砖房中圈梁沿抗震横墙上的间距应比横墙承重多层砖房中的圈梁间距适当加密。

现浇或装配整体式钢筋混凝土楼、屋盖与墙体可靠连接的房屋可不另设圈梁，但楼板沿墙体周边应加强配筋并应与相应构造柱钢筋可靠连接。

（3）钢筋混凝土圈梁构造要求

钢筋混凝土圈梁应闭合，遇有洞口应上下搭接。圈梁的截面高度不应小于 120mm，箍筋可采用Φ 6，纵筋和箍筋间距要求见表 16.5.3。当在要求间距无横墙时，应利用梁或板缝中配筋替代圈梁。

当多层砌体房屋的地基为软弱黏性土、液化土、新近填土或严重不均匀，且基础圈梁作为减少地基不均匀沉降影响的措施时，基础圈梁的高度不应小于 180mm，配筋不应小于 4Φ12。

圈梁配筋要求　　表 16.5.3

配筋	烈度		
	6、7	8	9
最小纵筋	4Φ10	4Φ12	4Φ14
最大箍筋间距（mm）	250	200	150

（4）钢筋混凝土圈梁与预制板的位置

圈梁宜与预制板设在同一标高处或紧靠板底，按其对应于预制板的位置又可分为“板侧圈梁”、“板底圈梁”和“混合圈梁”三种。三种圈梁各有利弊，也各有适用范围，应视预制板的端头构造，砖墙的厚度和施工程序而定。

1）板侧圈梁

一般来说，圈梁设在板的侧边（图 16.5.3），整体性更强一些，抗震作用会更好一些，且方便施工，可以缩短工期。但要求搁置预制板的外墙厚度不小于 370mm，板端最好伸出钢筋，在接头中相互搭接，由于先搁板，后浇圈梁，对于短向板房屋，外纵墙上圈梁与板的侧边结合较好。

2）板底圈梁

板底圈梁是传统做法。圈梁设在板底（图 16.5.4），适用于各种墙厚和各种预制板构造。

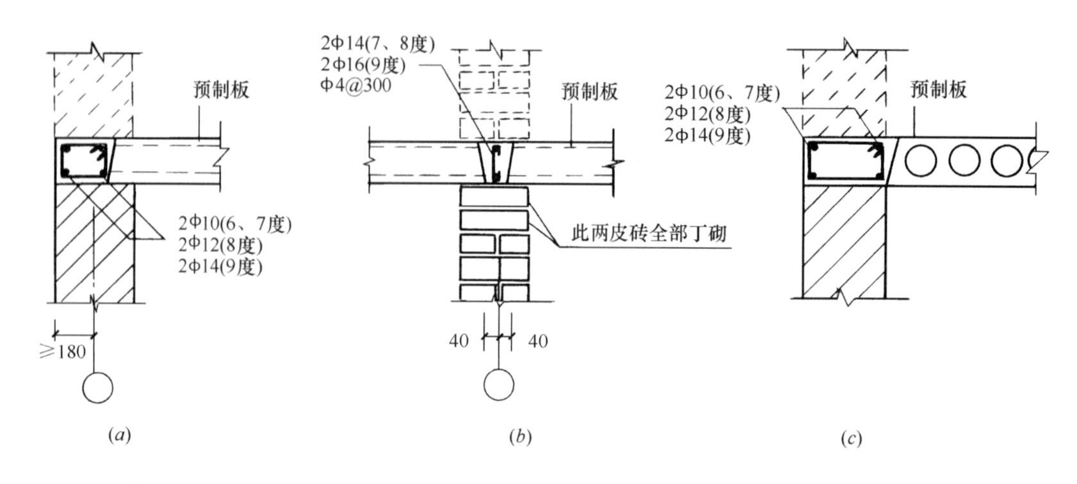

图 16.5.3　板侧圈梁（mm）

（a）板端结点；（b）中间结点；（c）板侧结点

3）混合圈梁

混合圈梁是板底圈梁的一种改进做法。内墙上，圈梁设在板底；外墙上，圈梁设在板的侧边（图 16.5.5）。

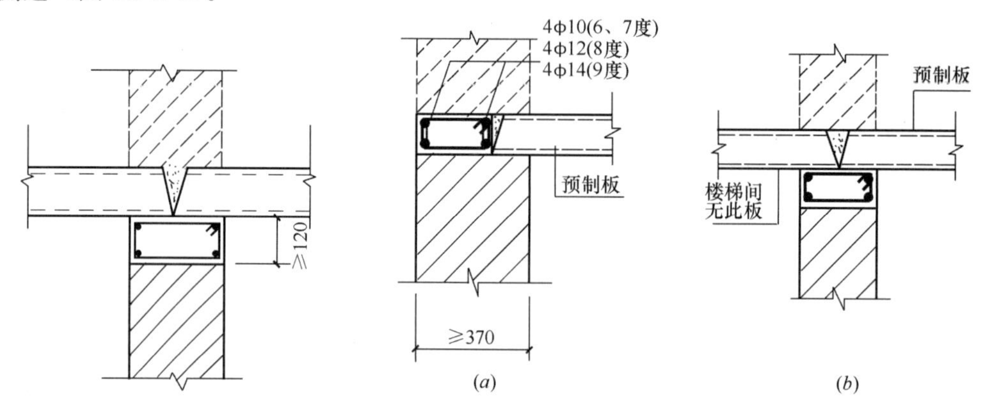

图 16.5.4　板底圈梁（mm）

图 16.5.5　高低圈梁（mm）

（a）板端结点；（b）中间结点

3. 楼、屋盖

楼、屋盖是房屋的重要横隔，除了保证本身刚度和整体性外，必须与墙体有足够支承长度或可靠的拉结，才能正常传递地震作用和保证房屋的整体性。

（1）现浇钢筋混凝土楼板或屋面板伸进纵、横墙的长度均不宜小于 120mm。

（2）装配式钢筋混凝土楼板或屋面板，当圈梁未设在板的同一标高时，板端伸进外墙的长度不应小于 120mm，伸进内墙的长度不应小于 100mm 或采用硬架支模连接，在梁上不应小于 80mm 或采用硬架支模连接。

（3）当板的跨度大于 4.8m 并与外墙平行时，靠外墙的预制板侧边应与墙或圈梁拉结。

（4）房屋端部大房间的楼盖，6 度时房屋的屋盖和 7～9 度时房屋的楼、屋盖，当圈梁设在板底时，钢筋混凝土预制板应相互拉结，并应与梁、墙或圈梁拉结。

楼、屋盖的钢筋混凝土梁或屋架应与墙、柱（包括构造柱）或圈梁可靠连接；不得采用独立砖柱。跨度不小于 6m 的大梁的支承构件应采用组合砌体等加强措施，并满足承载力要求。

预制阳台应与圈梁和楼板的现浇板带可靠连接。

4. 墙体拉结钢筋

地震作用除使外墙阳角容易产生双向斜裂缝外，有时在纵横墙相交处产生竖向裂缝。因此，对于墙体的这些部位宜设置拉结钢筋。其具体要求为：

（1）7 度时长度大于 7.2m 的大房间和 8 度、9 度时外墙转角及内外墙交接处，应沿墙高每隔 500mm 配置 2Φ6 的通长钢筋和Φ4 分布短筋平面内点焊组成的拉结网片或Φ4 点焊网片。

（2）后砌的非承重砌体隔墙应沿墙高每隔 500～600mm 配置 2Φ6 钢筋与承重墙或柱拉结，并每边伸入墙内不应小于 500mm，8 度和 9 度时长度大于 5.0m 的后砌非承重砌体隔墙的墙顶应与楼板或梁拉结，独立墙肢墙端部及大门洞边宜设钢筋混凝土构造柱。

5. 楼梯间的构造要求

楼梯间的横墙，由于楼梯踏步板的斜撑作用而产生较大的水平地震作用，破坏程度常比其他横墙要大一些。横墙与纵墙相接处的内墙阳角，如同外墙阳角一样，纵横墙面因两个方向地面运动的作用都出现斜向裂缝。楼梯间的大梁，由于搁进内纵墙的长度只有 240mm，角部破碎后，梁落下。另外，楼梯踏步斜板因钢筋伸入休息平台梁内的长度很短而在相接处拉裂或拉断。2008 年 5 月 12 日四川汶川大地震中一些房屋的楼梯破坏严重，不能起到安全通道的作用。为了保证楼梯间在地震时能作为安全疏散通道，GB 50011—2010 对楼梯间的构造提出了更严格的要求。

（1）顶层楼梯间墙体应沿墙高每隔 500mm 设 2Φ6 通长钢筋和Φ4 分布短钢筋平面内点焊组成的拉结网片或Φ4 点焊网片；7～9 度时其他各层楼梯间墙体应在休息平台或楼层半高处设置 60mm 厚、纵向钢筋不应少于 2Φ10 的钢筋混凝土带或配筋砖带，配筋砖带不少于 3 皮，每皮的配筋不少于 2Φ6，砂浆强度等级不应低于 M7.5 且不低于同层墙体的砂浆强度等级。

（2）楼梯间及门厅内墙阳角处的大梁支承长度不应小于 500mm，并应与圈梁连接。

（3）装配式楼梯段应与平台板的梁可靠连接，8、9 度时不应采用装配式楼梯段；不应采用墙中悬挑式踏步或踏步竖肋插入墙体的楼梯，不应采用无筋砖砌栏板。

（4）突出屋顶的楼、电梯间，构造柱应伸到顶部，并与顶部圈梁连接，所有墙体应沿墙高每隔 500mm 设 2Φ6 通长钢筋和Φ4 分布短筋平面内点焊组成的拉结网片或Φ4 点焊网片。

6. 坡屋顶房屋的屋架

坡屋顶房屋的屋架应与顶层圈梁可靠连接，檩条或屋面板应与墙、屋架可靠连接，房屋出入口处的檐口瓦应与屋面构件锚固。采用硬山搁檩时，顶层内纵墙顶宜增砌支承山墙的踏步式墙垛。

7. 丙类建筑横墙较少的多层黏土砖、多孔砖住宅楼的总高度接近或达到和总层数达到表 16.3.1 规定限值，应采取下列加强措施：

（1）房屋的最大开间尺寸不得大于6.6m。

（2）同一结构单元内横墙错位数量不宜超过横墙总数的1/3，且连续错位不宜多于两道；错位的墙体交接处均应增设构造柱，且楼、屋面板应采用现浇钢筋混凝土板。

（3）横墙和内纵墙上洞口的宽度不宜大于1.5m；外纵墙上洞口的宽度不宜大于2.1m或开间尺寸的一半；且内外墙上洞口位置不应影响内外纵墙与横墙的整体连接。

（4）所有纵横墙均应在楼、屋盖标高处设置加强的现浇钢筋混凝土圈梁：圈梁的截面高度不宜小于150mm，上下纵筋各不应少于3Φ10，箍筋不小于Φ6，间距不大于300mm。

（5）所有纵横墙交接处及横墙的中部，均应增设满足下列要求的构造柱：在纵、横墙内的柱距不宜大于3.0m，最小截面尺寸不宜小于240mm×240mm（墙厚190mm时为240mm×190mm），配筋宜符合表16.5.4的要求。

增设构造柱的纵筋和箍筋设置要求 **表16.5.4**

<table>
<tr><th rowspan="2">位置</th><th colspan="3">纵向钢筋</th><th colspan="3">箍筋</th></tr>
<tr><th>最大配筋率</th><th>最小配筋率</th><th>最小直径</th><th>加密区范围</th><th>加密区间距</th><th>最小直径</th></tr>
<tr><td>角柱</td><td rowspan="2">1.8%</td><td rowspan="2">0.8%</td><td>Φ14</td><td>全高</td><td rowspan="3">100mm</td><td rowspan="3">Φ6</td></tr>
<tr><td>边柱</td><td>Φ14</td><td rowspan="2">上端700mm
下端500mm</td></tr>
<tr><td>中柱</td><td>1.4%</td><td>0.6%</td><td>Φ12</td></tr>
</table>

（6）同一结构单元的楼、屋面板应设置在同一标高处。

（7）房屋底层和顶层的窗台标高处，宜设置沿纵横墙通长的水平现浇钢筋混凝土带；其截面高度不小于60mm，宽度不小于墙厚，纵向钢筋不少于2Φ10，横向分布筋的直径不小于Φ6且其间距不大于200mm。

16.5.2 多层砌块房屋的构造措施

1. 钢筋混凝土芯柱

（1）设置部位

1）混凝土小型空心砌块房屋，当横墙较多时应按表16.5.5的要求设置钢筋混凝土芯柱；对于外廊式、单面走廊式的多层砖房，应根据房屋增加一层的层数，按表16.5.5的要求设置钢筋混凝土芯柱，且单面走廊两侧的纵墙均要按外墙的要求设置钢筋混凝土构造柱。

2）对于横墙较少的多层砖房，应根据房屋增加一层后的层数，按表16.5.5的要求设置钢筋混凝土芯柱；当横墙较少的房屋为外廊式或单面走廊式时，应按上一条要求设置构造柱，但6度不超过四层、7度不超过三层和8度不超过二层时，应按增加二层后的层数考虑。

3）各层横墙很少的房屋，应按增加二层的层数设置芯柱。

（2）砌块房屋的芯柱，应符合下列构造要求：

1）混凝土小型空心砌块房屋芯柱截面不宜小于120mm×120mm。

2）芯柱混凝土强度等级，不应低于Cb20。

3）芯柱的竖向插筋应贯通墙身且与圈梁连接；插筋不应小于1Φ12，6、7度时超过五层，8度时超过四层和9度时，插筋不应小于1Φ14。

4）芯柱应伸入室外地面下500mm或与埋深小于500mm的基础圈梁相连。

5）为提高墙体抗震承载力而设置的芯柱，宜在墙体内均匀布置，最大净距不宜大于2.0m。

6）多层小砌块房屋墙体交接处或芯柱与墙体连接处应设置拉结钢筋网片，网片可采用直径4mm的钢筋点焊而成，沿墙高间距不大于600mm，并应沿墙体水平通长设置。6、7度时底部1/3楼层，8度时底部1/2楼层，9度时全部楼层，上述拉结钢筋网片沿墙高间距不大于400mm。

混凝土小型空心砌块房屋芯柱设置要求　　　　表16.5.5

<table>
<tr><th colspan="4">房屋层数</th><th rowspan="2">设置部位</th><th rowspan="2">设置数量</th></tr>
<tr><th>6度</th><th>7度</th><th>8度</th><th>9度</th></tr>
<tr><td>四、五</td><td>三、四</td><td>二、三</td><td></td><td>外墙转角，楼、电梯间四角，楼梯斜梯段上下端对应的墙体处；
大房间内外墙交接处；
错层部位横墙与外纵墙交接处；
隔12m或单元横墙与外纵墙交接处</td><td rowspan="2">外墙转角，灌实3个孔；
内外墙交接处，灌实4个孔；
楼梯斜段上下端对应的墙体处，灌实2个孔</td></tr>
<tr><td>六</td><td>五</td><td>四</td><td></td><td>同上；
隔开间横墙（轴线）与外纵墙交接处</td></tr>
<tr><td>七</td><td>六</td><td>五</td><td>二</td><td>同上；
各内墙（轴线）与外纵墙交接处；
内纵墙与横墙（轴线）交接处和洞口两侧</td><td>外墙转角，灌实5个孔；
内外墙交接处，灌实4个孔；
内墙交接处，灌实4～5个孔；
洞口两侧各灌实1个孔</td></tr>
<tr><td></td><td>七</td><td>六</td><td>三</td><td>同上；
横墙内芯柱间距不大于2m</td><td>外墙转角，灌实7个孔；
内外墙交接处，灌实5个孔；
内墙交接处，灌实4～5个孔；
洞口两侧各灌实1个孔</td></tr>
</table>

2. 钢筋混凝土构造柱

混凝土小型空心砌块房屋，通过在孔洞内插入一根竖向钢筋并浇筑混凝土的做法，是沿用国外小型砌块施工的方法。但需采用专用的混凝土（其坍落度和自密实度要求高）和砌筑砂浆，目前在我国的一些地区还较难很好的实现。芯柱的密实差必然影响到其抗震性能，当然还有孔洞较难清除杂物等问题。因此，在《建筑抗震设计规范》GB 50011—2010中，除保留了混凝土小型空心砌块建筑中的芯柱体系，同时也规定可以采用集中配筋的构造柱小型空心砌块建筑体系。其构造柱的设置要求为：

（1）构造柱最小截面可采用190mm×190mm，纵向钢筋宜采用4Φ12，箍筋间距不宜大于250mm，且在柱上下端宜适当加密；6、7度时超过五层，8度时超过四层和9度时，构造柱纵向钢筋宜采用4Φ14，箍筋间距不应大于200mm；外墙转角的构造柱可适当加大截面及增加配筋。

（2）构造柱与砌块墙连接处应砌成马牙槎，与构造柱相邻的砌块孔洞，6度时宜填实，7度时应填实，8、9度时应填实并插筋。构造柱与砌块墙之间沿墙高每隔600mm设置Φ4点焊拉结钢筋网片，并应沿墙体水平通长设置。6、7度时底部1/3楼层，8度时底部1/2楼层，9度全部楼层，上述拉结钢筋网片沿墙高间距不大于400mm。

（3）构造柱与圈梁连接处，构造柱的纵筋应在圈梁纵筋内侧穿过，保证构造柱纵筋上下贯通。

（4）构造柱可不单独设置基础，但应伸入室外地面以下500mm，或与埋深小于500mm的基础圈梁相连。

3. 钢筋混凝土圈梁

砌块房屋均应设置现浇钢筋混凝土圈梁，圈梁宽度不小于190mm，配筋不应少于4Φ12，箍筋间距不应大于200mm，并按表16.5.6要求设置。

现浇钢筋混凝土圈梁设置要求 **表16.5.6**

墙类	烈度		
	6、7	8	9
外墙及内纵墙	屋盖处及每层楼盖处	屋盖处及每层楼盖处	屋盖处及每层楼盖处
内横墙	同上； 屋盖处间距不应大于4.5m； 楼盖处间距不应大于7.2m； 构造柱对应部位	同上； 各层所有横墙，且间距不应大于4.5m； 构造柱对应部位	同上； 各层所有横墙

4. 砌块房屋的层数，6度超过五层、7度超过四层、8度超过三层和9度时，在底层和顶层的窗台标高处，沿纵横墙应设置通长的水平现浇钢筋混凝土带；其厚度不小于60mm，纵筋不少于2Φ10，并应有分布拉结钢筋；其混凝土强度等级，不应低于C20。水平现浇混凝土带亦可采用槽形砌块替代模板，其纵筋和拉结钢筋不变。

5. 丙类的多层小砌块房屋，当横墙较少且总高度和层数接近或达到《建筑抗震设计规范》规定限值时，应符合多层砖房相关要求；其中，墙体中部的构造柱可用芯柱替代，芯柱的灌孔数量不应少于2孔，每孔插筋的直径不应小于18mm。

6. 砌块房屋的其他构造措施应符合多层砖房的有关要求。

16.6 多层砌体房屋抗震设计中的有关问题探讨

多层砌体房屋抗震设计特别是多层砌体住宅房屋抗震设计中，由于使用功能的要求，使得一些多层砌体住宅房屋的抗震设计存在不满足抗震设计规范并导致房屋整体抗震性能比较差的问题，应当引起重视。下面就我们接触到的一些问题进行探讨。

16.6.1 多层砌体房屋的纵向应具有一定的抗震能力

随着住宅商品化和住宅功能要求的提高，使得一些多层砌体住宅房屋的客厅增大，个别的设计方案和实际工程在客厅开间没有设置外纵墙，构造柱、圈梁与阳台门相连，使得外纵墙的开洞率大于55%。

众所周知，多层砌体房屋的抗震设计主要是依靠砌体墙，而地震作用在水平是两个方向的，房屋的纵向相对于横向弱得多，在地震作用下纵向则率先开裂和破坏。由于纵向墙体又是横向墙体的支承，所以纵向墙体的开裂和破坏则会削弱对横向墙体的支承作用，对多层砌体房屋的整体抗震能力产生非常不利的影响。况且在一个开间内缺少了外纵墙，则会使在该外纵墙的传力间断，造成传力的重分布，对该开间的其他纵墙也会形成增大地震作用等不利影响。

在实际的多层砌体住宅房屋中，有的在纵向阳台门和窗的中间砌筑240mm×240mm的砌体墙垛。这个方案虽然比该阳台全部为开洞要好一些，但是该砌体墙垛的高宽比远大于4，在地震作用下为弯曲破坏，由于砌体墙垛的抗弯能力很差，所以该墙垛对房屋的整体抗震能力几乎没有贡献。为了提高这类多层砌体住宅房屋的抗震能力宜做成门连墙，把门和窗的中间墙垛移至一边，这样可增强窗间墙段的抗震能力。

提高多层砌体住宅房屋纵向的抗震能力，应满足以下两个方面的要求：

(1) 多层砌体住宅房屋至少有一道通长且基本贯通的内纵墙。所谓通长，即各开间都有一道内纵墙，门洞的宽度不宜大于1.5m。所谓基本贯通，就是不允许有大于720mm的错位。

(2) 外纵墙的开洞率应进行控制。则仅有一道内纵墙的情况下，6度和7度时外纵墙的开洞率分别不宜和不应超过55%，8度时不应超过50%。

16.6.2 多层砌体房屋的局部尺寸

在复杂砌体房屋抗震设计中，砌体墙段的局部尺寸，特别是承重（或非承重）外墙尽端至门窗洞边的距离往往不能满足《建筑抗震设计规范》的要求。《建筑抗震设计规范》GB 50011—2010明确规定“局部尺寸不足时应采取局部加强措施弥补”。

这里有两个问题值得讨论：一是局部尺寸不足的量化；二是采取何种加强措施。

从局部尺寸的限值是为了防止在地震作用下该轴线的墙段被各个击破即个别墙率先开裂和破坏的概念出发，局部尺寸不足者不宜小于《建筑抗震设计规范》GB 50011给出限值的0.8倍；其墙段的宽度可以从墙体边缘算起。

对于局部尺寸不足的情况，可采取以下加强措施：①加大墙边处的构造柱截面和配筋；②在局部尺寸不足的门窗洞口两侧采用高不小于120mm的边柱，并配置2Φ12的钢筋；③对局部尺寸不足的墙段采用水平配筋砌体等。

对于局部尺寸不足的墙段不提倡设置为钢筋混凝土抗震墙，这是由于这种短肢的剪力墙的高宽比大于4，其破坏为弯曲破坏，将与相邻砌体墙协同工作，而在对砌体房屋的抗震设计中，没有对砌体墙与少量钢筋混凝土抗震墙的协同工作特性、规律和相应的设计及构造要求作出规定。关于砖墙与钢筋混凝土墙组合结构房屋抗震性能的研究详见16.6.4节。

16.6.3 横墙较少的多层砌体住宅房屋的构造措施

《建筑抗震设计规范》GB 50011规定，横墙较少的多层砌体住宅楼，当采用规定的加强措施并满足抗震承载力要求时，其高度和层数允许按横墙较多的砌体房屋采用。所谓横墙较多是指同一层内开间大于4.2m的房间占该层总面积的40%以内，并按照《建筑抗震设计规范》的要求采取了加强措施。

这些加强措施是基于用钢筋混凝土构造柱和圈梁这些延性构件包围脆性墙体达到提高墙体和砌体房屋抗震能力的试验研究结果给出的[5]。在本章的第一节对构造柱、圈梁约束墙体的抗震性能进行了介绍，其墙体的延性和耗能能力提高较多。在多层砌体房屋中内纵墙与横墙交界处以及横墙中部增设构造柱，无疑将提高多层砌体房屋的抗震能力。

江苏省建筑科学研究院在对多层砌体墙增设构造柱的同时，又在墙体的中部增设60mm高的钢筋混凝土带，使构造柱和圈梁（或钢筋混凝土带）包围墙体的面积更小，其抗震性能改善得更加明显。江苏省建筑科学研究院制定了江苏省地方标准《约束砖砌体建筑技术规程》DB 32/113—95。

由于砌体墙的破坏形态与墙体的高宽比有关。当砌体墙的高宽比小于1.0时，墙体形成剪切破坏的X形裂缝，如图16.1.1所示。当砌体墙的高宽比大于1.0且小于4.0时，墙体为弯剪破坏；当砌体墙的高宽比大于4.0时，为弯曲破坏。在墙体中部增设构造柱后，其墙体按构造柱和圈梁（或钢筋混凝土带）包围的两个子墙体呈现出不同高宽比的破坏形态。若砌体墙沿高度方向的中部也设置钢筋混凝土带，则按构造柱和圈梁（或钢筋混凝土带）包围的四个子墙体呈现出不同高宽比的破坏形态。因此，在应用《建筑抗震设计规范》GB 50011—2010的横墙较少“在横墙内的柱距不宜大于层高”时，也要注意不要造成构造柱和圈梁所包围墙体的高宽比大于1.0。当出现构造柱和圈梁所包围墙体的高宽比大于1.0时，宜在墙体高度的中部增设60mm高的钢筋混凝土带，配筋可采用3Φ6。

另外，在横墙较少的多层砌体住宅房屋的方案设计中，一般宜控制一层内开间大于4.2m的房间占该层总面积的不超过60%。否则在横墙较少的多层砌体住宅房屋的抗震验算中不通过，则必然增加方案的修改工作量[7]。

16.6.4 多层砌体墙与钢筋混凝土墙组合结构房屋的抗震性能

随着我国人民对住宅功能要求的强烈和贯彻住宅超过六层设置电梯的强制性条文，在多层砌体住宅房屋中设置电梯的情况将逐渐增多。在多层砌体住宅房屋设置电梯则意味着增设钢筋混凝土电梯井，这就形成了多层砌体与钢筋混凝土墙组合结构体系。由于钢筋混凝土电梯井的钢筋混凝土墙的高宽比均大于2.0，为高的钢筋混凝土抗震墙，其破坏状态为弯曲破坏，而多层砌体墙为剪切破坏，则这类结构的受力特点为两类墙体的协同工作，其变形具有剪弯型的特点。根据文献［6］、［7］的模型试验和分析研究，这类结构体系具有较多层砌体房屋更好的抗震性能。但应根据这类房屋受力和变形的特点，提出能满足抗震三个设防水准要求的抗震设计规定。下面将文献［7］的研究结果进行概要的介绍。

1. 试验模型的概况

选取这类房屋的一个标准单元（一梯二户、四大开间）进行模型设计。为了能够使试验结果较好地反映这类房屋实际的抗震性能和受力状态，对模型的平面、立面、钢筋混凝土墙和砖墙的截面尺寸等均取为原型的1/2。

根据试验台座放置固接螺栓的槽之间的间距为800mm，模型的开间尺寸为1600mm（原型为3600mm）。模型结构总高度（包括屋顶女儿墙的0.25m）为11.05m；模型底部设计了0.7m高的钢筋混凝土地梁，并用钢螺栓与试验台座固定在一起。

模型横向在③、⑤轴的B、C轴间和纵向B轴的③～⑤轴间设置了钢筋混凝土墙。钢筋混凝土墙的厚度一～四层为100mm，五～八层为80mm；其他横墙均为120mm厚的砖抗震墙。钢筋混凝土墙的配筋为横向、竖向均为Φ6@100，暗柱主筋为4Φ14，在门洞边设置 2 Φ 14 的加强钢筋。在横墙（轴线）与内外纵墙交接处均设置了钢筋混凝土构造柱，在横、纵向每个轴线均设置了钢筋混凝土圈梁。钢筋混凝土构造柱的截面尺寸为 120mm ×120mm，主筋为 4 Φ 8，箍筋为Φ 6@200，并在房屋楼层上下适当加密；钢筋混凝土圈梁截面尺寸为 120mm×90mm，主筋为 4 Φ 8。楼板采用预制板，为了增大楼板平面内的刚度，采取了拉大板缝设置钢筋混凝土现浇带的作法，其板缝为 50mm，并配置 1 Φ 6 钢筋。模型中混凝土墙、楼板和构造柱、圈梁的混凝土强度等级为 C20。模型平、剖面图如图 16.6.1 所示。

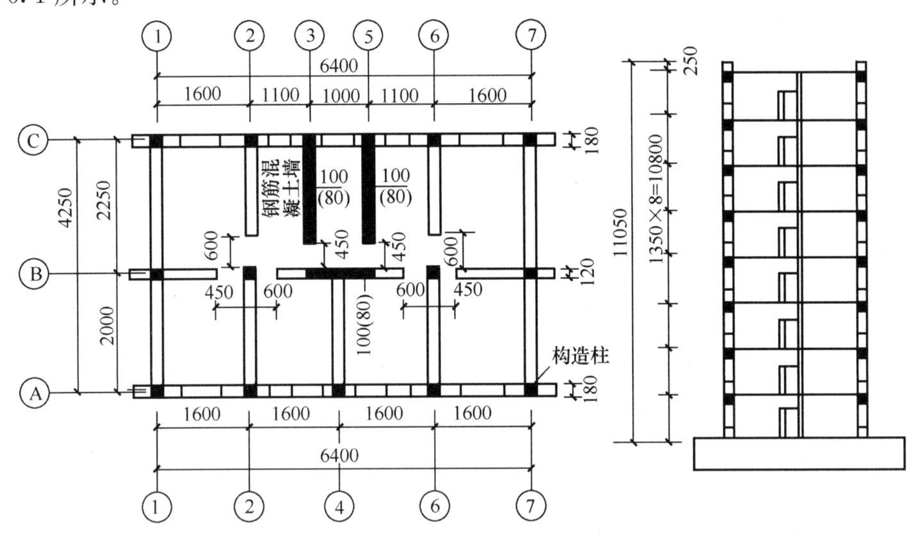

图 16.6.1　砖墙与钢筋混凝土墙组合结构 1/2 比例模型平、剖面图（mm）

模型砖墙均采用标准机制黏土砖分割成模型砖砌筑，纵墙厚度为 180mm，横墙厚度为 120mm，横墙与纵墙交接处沿高度 300mm 设一道 2 Φ 4 拉接钢筋，在设置构造柱处预留马牙槎；砖强度等级为 MU7.5，砂浆强度等级在模型设计时第 1～3 层为 M10，第 4～6 层为 M7.5，第 7、8 层为 M5。模型墙体的砂浆强度等级的实测值与设计要求有一定的差距，表 16.6.1 列出了模型各层砖墙砌筑的砂浆强度等级的实测结果。

各层砂浆抗剪强度实测结果（MPa）　　**表 16.6.1**

楼层	1	2	3	4	5	6	7	8
f_{vk}^0	0.17	0.176	0.14	0.134	0.122	0.109	0.084	0.104

模型的钢筋混凝土墙和底梁混凝土强度等级的实测值与各种型号钢筋的屈服和极限抗拉强度分别列于表 16.6.2 和表 16.6.3 中。

模型混凝土墙和底梁混凝土抗压强度标准值（MPa）　　**表 16.6.2**

类　型	模型设计混凝土抗压强度标准值	混凝土抗压强度实测值 f_{ck}（MPa）
底梁	C30	31.55
混凝土墙和构造柱	C20	16.4～24.4

各种型号钢筋的屈服和极限抗拉强度　　**表 16.6.3**

型号	Φ 6	Φ 8	Φ 14
屈服（MPa）	336	298	351
极限（MPa）	531	481	539

2. 模型的破坏状态

模型的破坏状态可分为砖墙与钢筋混凝土墙两大类型，下面对这两种类型的破坏状态进行分析。

（1）钢筋混凝土墙

砖墙与钢筋混凝土墙组合结构中的钢筋混凝土墙是高宽比在 2.5～4.0 之间的中高剪力墙，其破坏状态为弯曲破坏。模型的试验结果为：钢筋混凝土墙的开裂和裂缝的开展均在底层，在第 2 层以上钢筋混凝土墙没有裂缝。这表明模型中的钢筋混凝土墙的破坏状态为弯曲破坏。在钢筋混凝土墙开裂后，其抗弯刚度迅速降低，整个模型的变形特征由剪弯型趋于剪切变形占比例较大的剪弯型，第 1 层钢筋混凝土墙除了弯曲裂缝外还出现了多条剪弯的裂缝。

（2）横向砖墙

模型中砖墙的开裂过程与多层砖房模型试验有所不同。在多层砖房的模型试验中一般底层先开裂，而砖墙与钢筋混凝土墙组合结构率先开裂的楼层为这类结构协同工作使得砖墙分配得到的地震剪力最大的楼层。试验模型中砖墙分配地震剪力最大的楼层为第 3 层。所以第 3 层砖墙率先开裂。当钢筋混凝土墙开裂后，模型的弯曲刚度迅速降低，则结构内力由弯剪型的协同工作分配逐渐变为剪切变形占主要的剪弯型，所以第 1 层、第 2 层以及第 4～8 层砖墙也先后开裂，而且第 1～3 层砖墙的破坏较上几层严重得多。

（3）纵向砖墙

在砖墙与钢筋混凝土墙组合结构中，钢筋混凝土墙具有较好的抗弯能力，在“小震”作用下，底部几层的层间位移相比同样层数多层砖房的层间位移要小一些。在强烈地震作用下，钢筋混凝土墙和砖墙先后开裂和破坏，在钢筋混凝土墙开裂后，这类房屋的抗弯能力明显减弱，外纵墙因底部几层和房屋顶点位移的增大而出现水平裂缝，横墙与外纵墙交接处的构造柱开裂，钢筋进入屈服。在模型试验的最后一级加载时，不仅外纵墙水平裂缝继续扩展，而且内纵墙也出现了明显的裂缝。

模型破坏裂缝如图 16.6.2 所示。

3. 模型试验研究和分析结论

（1）总层数为 8 层的砖墙与钢筋混凝土墙组合结构具有较好的抗震能力。

（2）砖墙与钢筋混凝土墙组合结构具有剪弯变形的特征，应建立符合这类房屋变形和受力特征的地震作用分析方法和抗震验算方法。

（3）砖墙与钢筋混凝土墙组合结构具有较好的协同工作特征：结构处于弹性状态时，其底层的层间位移较小；砖墙与钢筋混凝土墙开裂后，两种墙体仍能相互约束，表现了较好的协同工作性能。因此，增强砖墙和钢筋混凝土墙的极限变形能力有助于提高这类房屋的整体抗震能力，这主要是在砖墙的横墙与内纵墙交接处设置构造柱，在钢筋混凝土墙中设置边框柱或暗柱。

（4）这类房屋底层的抗震能力应增强，应对钢筋混凝土墙的底层边框柱或暗柱的竖向钢筋和混凝土墙的竖向分布钢筋适当加强，对底层砖墙构造柱的边柱截面适当加大或设置为异型柱，主筋不宜小于 4Φ16。

有关这类房屋协同工作的计算方法、抗震验算及构造措施等参见文献 [7]。

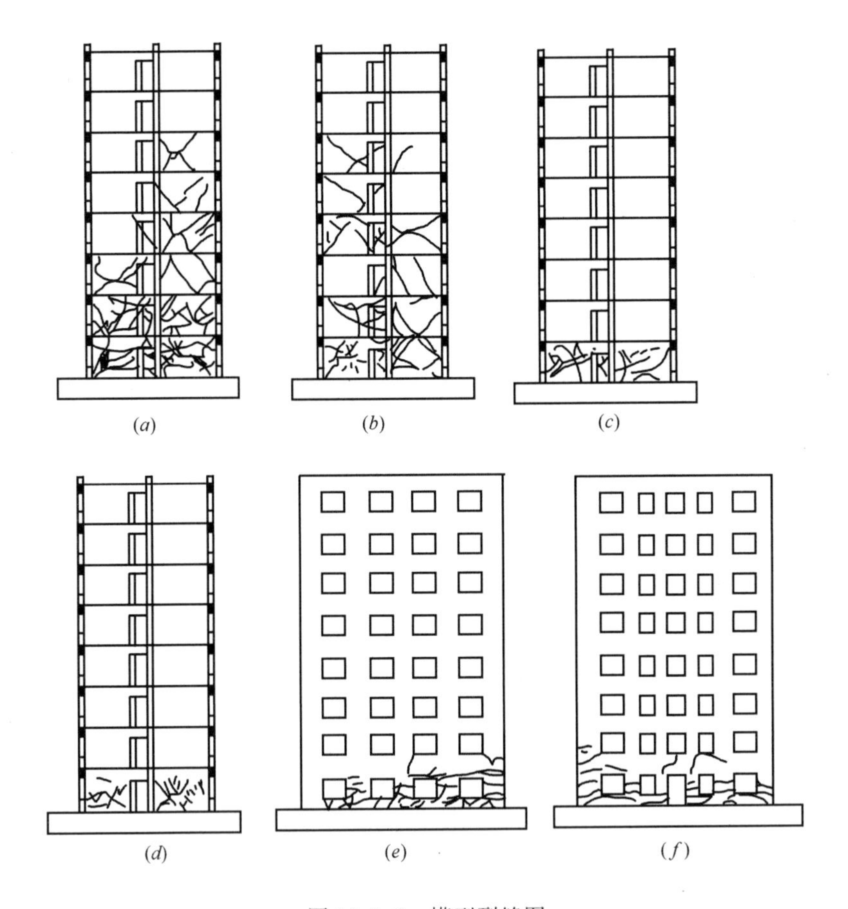

图 16.6.2 模型裂缝图

(a) 东立面裂缝图；(b) 西立面裂缝图；(c) ③轴线裂缝图；
(d) ④轴线裂缝图；(e) 南立面裂缝图；(f) 北立面裂缝图

16.7 多层砌体房屋抗震设计算例

16.7.1 多层砖房教学楼房屋算例

对于多层教学楼的抗震设计，应根据当地的抗震设防烈度选择合适的结构体系。由于教学楼的建筑功能为教室，其开间应多为 9m，甚至 12m，对于多层砌体房屋则为横墙很少的房屋，总层数应降低 2 层，而中小学校舍建筑为乙类建筑应较丙类建筑的总层数降低 1 层。中小学校舍多层砌体教学楼的总高度和总层数见表 16.7.1。

中小学校舍多层砌体教学楼房屋总高度（m）和层数限值　　表 16.7.1

<table>
<tr><th rowspan="4">砌体类别</th><th rowspan="4">最小抗震墙厚度(mm)</th><th colspan="12">烈度和设计基本地震加速度</th></tr>
<tr><th colspan="2">6</th><th colspan="4">7</th><th colspan="4">8</th><th colspan="2">9</th></tr>
<tr><th colspan="2">0.05</th><th colspan="2">0.1g</th><th colspan="2">0.15g</th><th colspan="2">0.2g</th><th colspan="2">0.3g</th><th colspan="2">0.4g</th></tr>
<tr><th>高度</th><th>层数</th><th>高度</th><th>层数</th><th>高度</th><th>层数</th><th>高度</th><th>层数</th><th>高度</th><th>层数</th><th>高度</th><th>层数</th></tr>
<tr><td>普通砖</td><td>240</td><td>12</td><td>四</td><td>12</td><td>四</td><td>12</td><td>四</td><td>9</td><td>三</td><td colspan="2" rowspan="4">不宜采用</td><td colspan="2" rowspan="4">不应采用</td></tr>
<tr><td>多孔砖</td><td>240</td><td>12</td><td>四</td><td>12</td><td>四</td><td>9</td><td>三</td><td>9</td><td>三</td></tr>
<tr><td>多孔砖</td><td>190</td><td>12</td><td>四</td><td>9</td><td>三</td><td>6</td><td>二</td><td>6</td><td>二</td></tr>
<tr><td>混凝土小砌块</td><td>190</td><td>12</td><td>四</td><td>12</td><td>四</td><td>9</td><td>三</td><td>9</td><td>三</td></tr>
</table>

从表 16.7.1 可以看出，在 6 度区总高度限值为 12m 和总层数为 4 层；在 7 度区（0.1g）190mm 厚多孔砖砌体总高度限值为 9m 和总层数为 3 层，其余同 6 度区；在 7 度区（0.15g）除 240mm 厚实心黏土砖墙砌体结构总高度限值为 12m 和总层数为四层，240mm 厚多孔砖和 190mm 厚混凝土小型砌块房屋总高度限值为 9m 和总层数为三层，190mm 厚多孔砖房屋总高度限值为 6m 和总层数为二层等。因此，在 8 度区（0.3g）不宜采用、9 度区不应采用多层砌体教学楼；实际上在 8 度区（0.2g）也建议中小学多层教学楼不采用多层砌体的结构类型，在 7 度区（0.15g）宜慎重选择。

1. 建筑所在地区地震情况和建筑结构方案

某中学拟建造一个教学楼，该建筑所在地区的基本烈度为 7 度（0.10g），场地为Ⅱ类，设计地震分组为第 2 组，抗震设防类别为乙类。

采用砌体结构，其教学楼横墙很少，其总层数不能超过 4 层。根据使用功能要求，能满足教室的要求，建筑结构平、剖面图如图 16.7.1 所示。

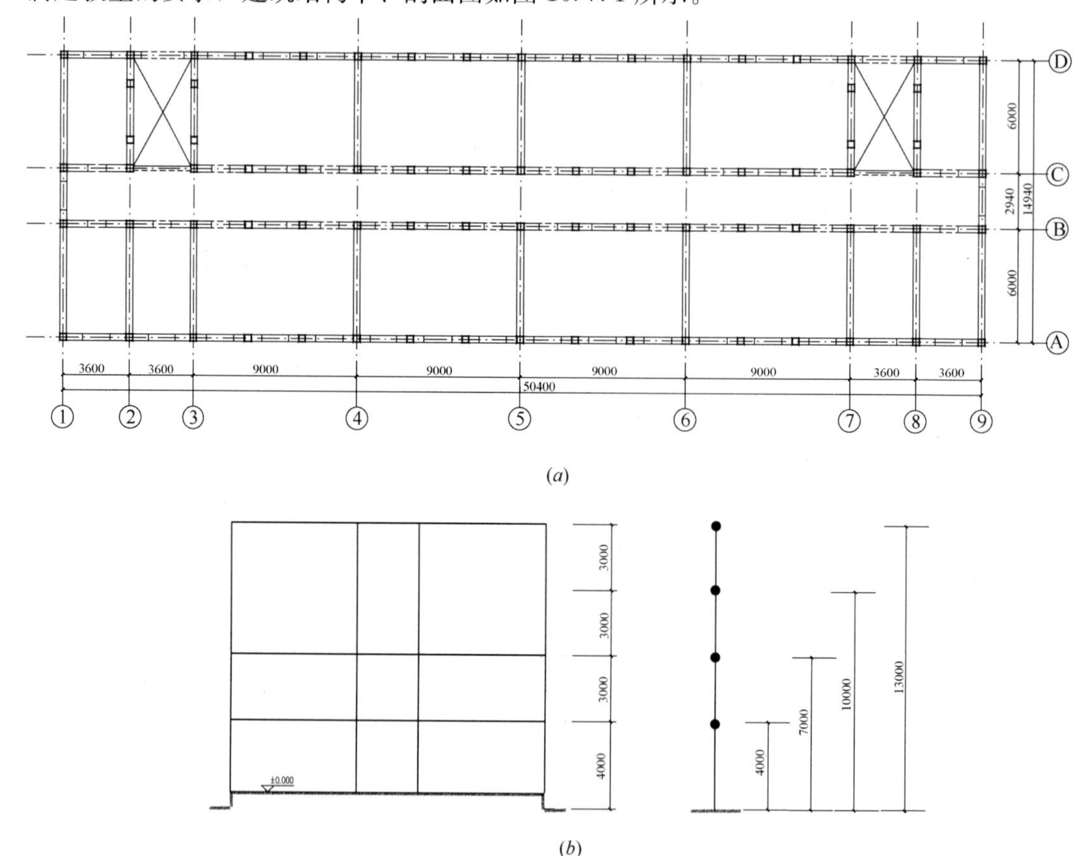

图 16.7.1　建筑结构平面图及剖面图（mm）

（a）首层平面示意图；（b）剖面示意图及计算简图

2. 抗震设计的一般要求

（1）房屋的总高度和层数

该工程属于横墙很少的多层砌体房屋，从抗震设防类别为乙类建筑，其总层数应比横墙较多的丙类建筑降低 3 层，总高度降低 9m。

$$H = 3.3 + 3.0 \times 3 + 0.70 = 13.0\text{m}$$

满足总高度限值 13.0m 的限值（室内外高差大于 0.6m，总高度可增加 1.0m）

$N=4$，满足要求

（2）房屋高宽比

$$H/B = 13.0/15.3 = 0.85 < 2.5\text{，满足要求}$$

（3）抗震横墙最大间距

9m<11m，满足要求

（4）房屋平立面布置与规则性

该建筑平面布置为矩形，立面没有外伸或内缩，结构纵横墙布置对称，属于规则性结构。

（5）房屋局部尺寸

1）承重窗间墙最小宽度为 1.53m，大于抗震规范规定的不小于 1.2m 的要求；

2）内墙阳角至门窗洞边的最小距离为 0.97m，小于抗震规范规定的不小于 1.5m 的要求，该处采取设置钢筋混凝土构造柱的办法加强。

3. 水平地震作用的计算

4 层砌体结构教学楼，外墙厚度为 360mm，内横墙厚度为：第 1～3 层为 360mm，第 4 层为 240mm；内纵墙厚度为：第 1、2 层为 360mm，第 3、第 4 层为 240mm。

砖的强度等级为 MU10，砂浆强度等级为：第 1、2 层 M10，第 3 层 M7.5，第 4 层 M5。

采用装配式长向预制板，在与构造柱对应部位设置 240mm 宽的现浇板，其他预制板间拉开 40mm 的板缝进行现浇，以增强预制板的整体性能。对于厕浴间采用现浇混凝土板，板厚 120mm。

（1）楼板自重

预制混凝土板自重为：宽板 1.97kN/m^2，窄板 2.02kN/m^2；现浇板为 3.0kN/m^2。楼板上的楼面做法采用《建筑构造通用图集》88J1 工程做法楼 27（1.5kN/m^2）；屋盖做法采用《建筑构造通用图集》88J1 工程做法屋 6（2.96kN/m^2）；

楼面活荷载为：教室 2.5kN/m^2；走廊和楼梯间 3.5kN/m^2。

屋面为不上人屋面，活荷载为 0.5kN/m^2。

（2）各层重力荷载代表值

$$G_4 = 7229.0\text{kN}$$
$$G_2 = 9323.0\text{kN}$$
$$G_3 = 9862.0\text{kN}$$
$$G_1 = 11320.0\text{kN}$$
$$\sum G_i = 37734.0\text{kN}$$

（3）结构总水平地震作用标准值

$$\begin{aligned} F_{\text{EK}} &= a_{\max} G_{\text{eq}} \\ &= a_{\max} \times 0.85 \sum G_{\text{eq}} \\ &= 0.08 \times 0.85 \times 37734.0 \\ &= 2565.9\text{kN} \end{aligned}$$

（4）各层地震剪力标准值

各层水平地震作用标准值 F_i 和各层地震剪力标准值 V_{ik} 的计算结果详见表 16.7.2。

各层水平地震作用标准值 F_i 和地震剪力标准值 V_{ik} 表 16.7.2

层	G_i (kN)	H_j (m)	G_iH_i (kN·m)	$F_i=\frac{G_iH_i}{\sum_{j=1}^{N}G_jH_j}F_{EK}$ (kN)	$V_{ik}=\sum_{i=i}^{N}F_i$ (kN)
4	7229.0	13.0	93977.0	799.7	799.7
3	9323.0	10.0	93230.0	793.4	1593.1
2	9862.0	7.0	69034.0	587.5	2180.6
1	11320.0	4.0	45280.0	385.3	2565.9
Σ	37734.0	—	301521.0	2565.9	—

4. 砖墙截面抗震验算

（1）横墙截面抗剪承载力验算

本房屋的④、⑤、⑥轴线墙段横墙承受的地震剪力大，且又为非承重墙，为不利墙段，应进行截面抗震验算。

对于无门窗洞的砖横墙，同一层中各片墙的侧移刚度与层侧移刚度的比，在满足：无错层（同一层中各墙高度相同）；砖和砂浆强度等级相同；各片墙的高度比属于同一范围的情况下，其刚度比可以简化。

第 i 层中的所有横墙的高度比都小于 1 的情况下，第 j 片墙与第 i 层横墙的侧移刚度比可简化为：

$$K_{ij}/K_i=\left(\frac{G_iA_j}{1.2H_i}\right)/\left(\sum_{j=1}^{m}\frac{G_iA_j}{1.2H_i}\right)$$

$$=A_j/\sum_{j=1}^{m}A_j \tag{16.7.1}$$

式中 K_{ij}——第 i 层第 j 片墙的侧移刚度；

K_i——第 i 层的侧移刚度；

A_j——第 i 层第 j 片墙的横截面面积。

1）各层建筑面积、各层横墙总面积和不利墙段截面面积

各层建筑面积

$$F=15.3\times50.66=775.10\text{m}^2$$

第 4 层横墙截面总面积

$$A_4=0.36\times6.6\times4+0.24\times6.3\times14=30.67\text{m}^2$$

第 1～3 层横墙截面总面积

$$A_1=A_2=A_3=0.36\times6.6\times4+0.36\times6.36\times14=41.56\text{m}^2$$

④轴线 A～B 段截面面积

第 4 层 $A_4^4=0.24\times6.3=1.51\text{m}^2$

第 1～3 层 $A_1^4=A_2^4=A_3^4=0.36\times6.36=2.29\text{m}^2$

2）横墙地震剪力分配和抗震承载力验算

第4层

$$V_4^4 = \frac{1}{2}\left(\frac{A_4^4}{A_4} + \frac{F^4}{F}\right) \times \gamma_{Eh} \times V_{4K} = \frac{1}{2}\left(\frac{1.51}{30.67} + \frac{0.5 \times 15.3 \times 9}{775.1}\right) \times 1.3 \times 826.8 = 74.2\text{kN}$$

$$\xi_N = \frac{1}{1.2}\sqrt{1 + 0.45\sigma_0 / f_V}$$

$$= \frac{1}{1.2}\sqrt{1 + 0.45 \times 0.1009/0.11} = 0.99$$

$$V_R = \xi_N f_V A_4^4 / \gamma_{RE} = 0.99 \times 110 \times 1.51/0.9 = 182.7\text{kN}$$

$V_R > V_4^4$（满足）

第3层

$$V_3^4 = \frac{1}{2}\left(\frac{2.29}{41.56} + \frac{0.5 \times 15.3 \times 9}{775.1}\right) \times 1.3 \times 1808.2$$

$$= 169.2\text{kN}$$

$$f_v = 0.14\text{MPa}$$

$$\sigma_0 = 0.228\text{MPa}$$

$$\xi_N = \frac{1}{1.2}\sqrt{1 + 0.45 \times 0.228/0.14} = 1.097$$

$$V_R = 1.097 \times 140 \times 2.29/0.9 = 390.8\text{kN}$$

$V_R > V_3^4$（满足）

第2层

$$V_2^4 = \frac{1}{2}\left(\frac{2.29}{41.56} + \frac{0.5 \times 15.3 \times 9}{775.1}\right) \times 1.3 \times 2495.2$$

$$= 233.4\text{kN}$$

$$f_v = 0.17\text{MPa}$$

$$\sigma_0 = 0.355\text{MPa}$$

$$\xi_N = \frac{1}{1.2}\sqrt{1 + 0.45 \times 0.355/0.17} = 1.164$$

$$V_R = 1.164 \times 170 \times 2.29/0.9 = 502.1\text{kN}$$

$V_R > V_2^4$（满足）

第1层

$$V_1^4 = \frac{1}{2}\left(\frac{2.29}{41.56} + \frac{0.5 \times 15.3 \times 9}{775.1}\right) \times 1.3 \times 2889.8 = 270.4\text{kN}$$

$$f_v = 0.17\text{MPa}$$

$$\sigma_0 = 0.481\text{MPa}$$

$$\xi_N = \frac{1}{1.2}\sqrt{1 + 0.45 \times 0.481/0.17} = 1.256$$

$$V_R = 1.256 \times 170 \times 2.29/0.9 = 545.3\text{kN}$$

$V_R > V_1^4$（满足）

（2）纵墙地震剪力分配和截面抗震验算

各层纵向地震剪力与各层横墙地震剪力相同，进行纵向墙体受剪承载力验算中，房屋各层的地震剪力全部由纵墙承担。

1）各层纵墙的刚度

纵墙一般开洞较多且开洞率比较大，其刚度的计算较为复杂。首先沿墙高分段求出各墙段在单位水平力作用下的侧移，求和得到整个墙片在单位水平力作用下的顶端侧移值，然后求得其倒数即为该墙片的侧移刚度。此方法能较好地考虑不同开洞和开洞率对墙侧移刚度的影响。开洞墙片的刚度计算可分为下列两种情况：

①一片砖墙上有一个以上且高度和位移相同的开洞，可沿墙高分段求出各墙段在单位水平力作用下的侧移 δ_i，求和得整个墙片在单位力作用下的顶端侧移值 δ，其倒数为墙片侧移刚度 K（图 16.7.2）。

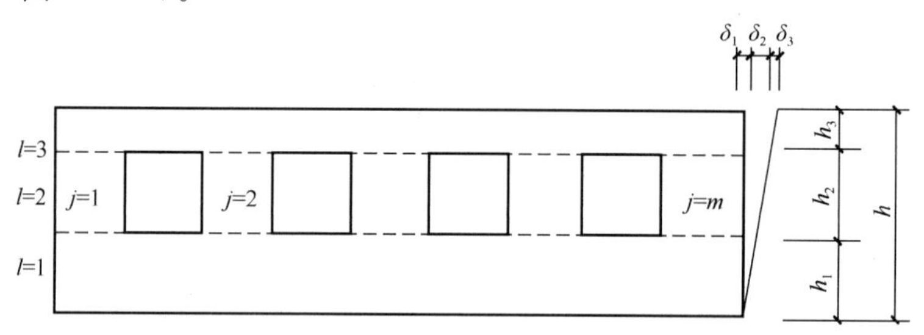

图 16.7.2 规则开洞的墙体

$$K=\frac{1}{\sum\delta_i} \tag{16.7.2}$$

当 $i=1$ 或 3 时

$$\delta_{1、3}=\frac{1}{K_{1、3}} \tag{16.7.3}$$

当 $i=2$ 时

$$\delta_2=\frac{1}{\sum_{j=1}^{m}K_{2j}} \tag{16.7.4}$$

式中 $K_{1、3}$——第 1、3 水平砖带的侧移刚度；

K_{2j}——第 2 墙段中第 j 墙肢的侧移刚度。

②一片砖墙上有两个以上高度或位移不同的开洞，同样需要先分别求出被划分出的各墙段侧移，然后再求其和的倒数（图 16.7.3）。

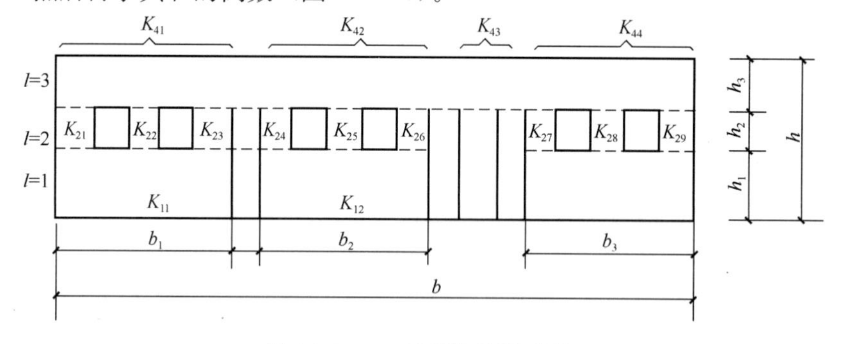

图 16.7.3 不规则开洞的墙体

$$K=\frac{1}{\frac{1}{\sum_{j=1}^{m}K_{qj}}+\delta_3}=\frac{1}{\frac{1}{K_{q1}+K_{q2}+\cdots+K_{qm}}+\frac{1}{K_3}} \tag{16.7.5}$$

式中　K_{qj}——第 j 规则墙段单元的侧移刚度；

$$K_{q1}=\frac{1}{\dfrac{1}{K_{11}}+\dfrac{1}{K_{21}+K_{22}+K_{23}}} \tag{16.7.6}$$

$$K_{q2}=\frac{1}{\dfrac{1}{K_{12}}+\dfrac{1}{K_{24}+K_{25}+K_{26}}} \tag{16.7.7}$$

$$K_{q4}=\frac{1}{\dfrac{1}{K_{13}}+\dfrac{1}{K_{27}+K_{28}+K_{29}}} \tag{16.7.8}$$

式中　K_{1j}——第 j 规则墙段单元下段的侧移刚度；

K_{q3}——无洞墙肢的侧移刚度；

K_{3}——墙片上段的侧移刚度。

该房屋中第2～4层A、D轴线墙的开洞一样，其底层的差异在于D轴线有两个门洞，A轴线开洞状况如图16.7.4所示，其侧移刚度的计算分为两种情况：

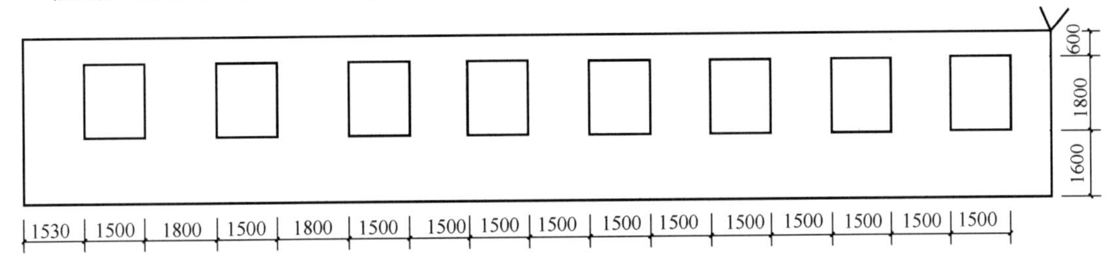

图16.7.4　首层A轴线纵墙（mm）

①上部和底部水平砖带的高宽比均小于1，其刚度计算仅考虑剪切变形；②中间各墙肢的高宽比均大于等于1，需要同时考虑剪切和弯曲变形的影响。

$$\delta_3=\frac{1}{K_1}=\frac{1.2h_1}{G_{\mathrm{T}}A_1}=\frac{3\rho}{E_1t}=\frac{3\times0.6/50.76}{E_1t}=\frac{1}{28.2E_1t}$$

$$\delta_1=\frac{3\times\dfrac{1.6}{50.76}}{E_1t}=\frac{1}{10.575E_1t}$$

$$\delta_2=\frac{1}{\Sigma K_{2j}}=\frac{1}{\Sigma\dfrac{E_1t}{3\rho_{2j}+\rho_{2j}^3}}$$

$$=\frac{1}{E_1t}\Big/\left(\frac{2}{3\left(\dfrac{1.8}{1.53}\right)+\left(\dfrac{1.8}{1.53}\right)^3}+\frac{4}{3\left(\dfrac{1.8}{1.8}\right)+\left(\dfrac{1.8}{1.8}\right)^3}+\frac{11}{3\left(\dfrac{1.8}{1.5}\right)+\left(\dfrac{1.8}{1.5}\right)^3}\right)$$

$$=\frac{1}{E_1t(0.388+1.0+2.065)}=\frac{1}{3.453E_1t}$$

$$K_{\mathrm{A}}(1)=\frac{1}{\Sigma\delta_i}$$

$$=\frac{1}{\dfrac{1}{28.2E_1t}+\dfrac{1}{10.575E_1t}+\dfrac{1}{3.45E_1t}}=2.382E_1t$$

对于D轴线开有两个门洞，D轴线开洞状况如图 16.7.5 所示，其计算原理同 A 轴线。

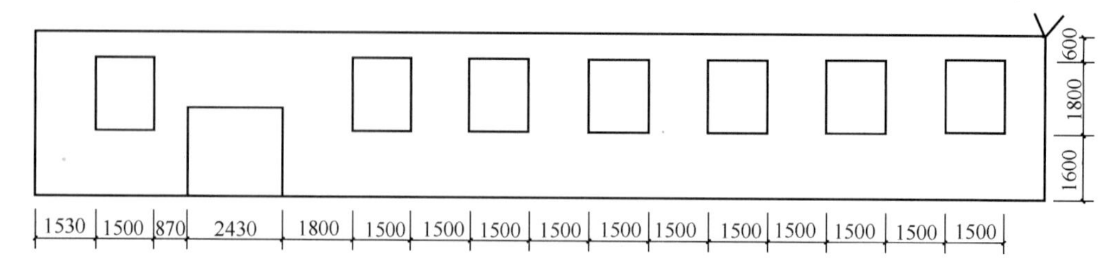

图 16.7.5 首层D轴线纵墙（mm）

$$\delta_3=\frac{1}{K_1}=\frac{1.2h_1}{G_{\mathrm{T}}A_1}=\frac{3\rho}{E_1t}=\frac{3\times0.6/50.76}{E_1t}=\frac{1}{28.2E_1t}$$

由于开门洞使得划分为三个部分，两边相同，δ_1的计算可划分为两部分 δ_{11}和 δ_{12}。

$$\delta_{11}=\frac{3\times\dfrac{1.6}{3.9}}{E_1t}=\frac{1}{0.8125E_1t}$$

$$\delta_{21}=\frac{1}{\Sigma K_{21}}=\frac{1}{\sum\dfrac{E_1t}{3\rho_{21}+\rho_{21}^3}}=\frac{1}{E_1t/\left(3\times\left(\dfrac{1.8}{1.53}\right)+\left(\dfrac{1.8}{1.53}\right)^3\right)+E_1t/\left(3\times\left(\dfrac{1.8}{0.87}\right)+\left(\dfrac{1.8}{0.87}\right)^3\right)}$$

$$=\frac{1}{E_1t(0.1939+0.0664)}=\frac{1}{0.2603E_1t}$$

$$\delta_{12}=\frac{3\times\dfrac{1.6}{(50.76-12.66)}}{E_1t}=\frac{1}{7.9375E_1t}$$

$$\delta_{22}=\frac{1}{\Sigma K_{2j}}=\frac{1}{\Sigma\dfrac{E_1t}{3\rho_{2j}+\rho_{2j}^3}}$$

$$=\frac{1}{E_1t}/\left(\frac{2}{3\left(\dfrac{1.8}{1.8}\right)+\left(\dfrac{1.8}{1.8}\right)^3}+\frac{11}{3\left(\dfrac{1.8}{1.5}\right)+\left(\dfrac{1.8}{1.5}\right)^3}\right)$$

$$=\frac{1}{E_1t(0.5+2.065)}=\frac{1}{2.565E_1t}$$

$$K_{\mathrm{q1}}=\frac{1}{\delta_{11}+\delta_{21}}=\frac{E_1t}{(1.2308+3.8417)}=0.197E_1t$$

$$K_{\mathrm{q2}}=\frac{1}{\delta_{12}+\delta_{22}}=\frac{E_1t}{(0.12598+0.3898)}=1.939E_1t$$

$$K_{\mathrm{D}}=\frac{1}{\dfrac{1}{\sum\limits_{j=1}^{m}K_{\mathrm{q}j}}+\delta_3}=\frac{1}{\dfrac{1}{2K_{\mathrm{q1}}+K_{\mathrm{q2}}}+\dfrac{1}{K_3}}$$

$$=\frac{E_1t}{\left(\dfrac{1}{0.394+1.939}\right)+\dfrac{1}{28.2}}=2.155E_1t$$

该房屋底层 B 轴纵墙的开洞情况如图 16.7.6 所示。

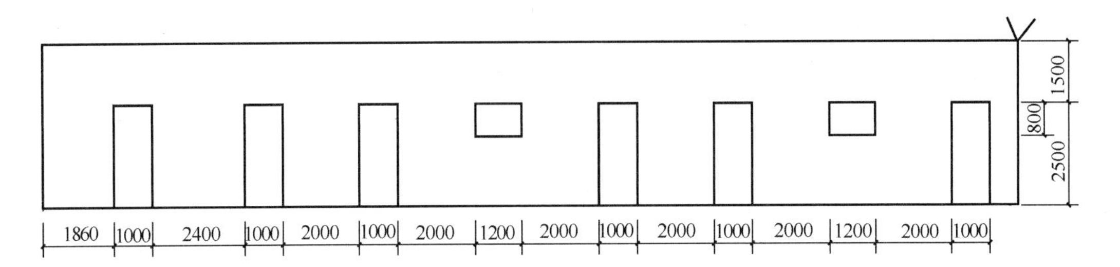

图 16.7.6　首层 B 轴纵墙（mm）

$$\delta_3 = \frac{3 \times \dfrac{1.5}{50.76}}{E_1 t} = \frac{1}{11.28 E_1 t}$$

$$K_{q1} = \frac{E_1 t}{3 \times \dfrac{2.5}{1.86} + \left(\dfrac{2.5}{1.86}\right)^3} = \frac{E_1 t}{6.46}$$

$$K_{q2} = \frac{E_1 t}{3 \times \dfrac{2.5}{2.4} + \left(\dfrac{2.5}{2.4}\right)^3} = \frac{E_1 t}{4.255}$$

$$K_{q3} = \frac{E_1 t}{3 \times \left(\dfrac{2.5}{2.0}\right) + \left(\dfrac{2.5}{2.0}\right)^3} = \frac{E_1 t}{5.703}$$

$$K_{q4} = \frac{1}{\dfrac{1}{K_{14}} + \dfrac{1}{K_{41} + K_{42}}} = \frac{1}{\dfrac{1}{\left(\dfrac{E_1 t}{3 \times \dfrac{1.7}{5.2}}\right)} + \dfrac{1}{\left(\dfrac{E_1 t}{3 \times \dfrac{0.8}{2.0}} + \dfrac{E_1 t}{3 \times \dfrac{0.8}{2.0}}\right)}} = \frac{E_1 t}{3.381}$$

$$K_B(1) = \frac{1}{\dfrac{1}{K_3} + \dfrac{1}{2K_{q1} + 2K_{q2} + 4K_{q3} + 4K_{q4}}}$$

$$= \frac{1}{\dfrac{1}{11.28 E_1 t} + \dfrac{1}{E_1 t \left(\dfrac{2}{6.46} + \dfrac{2}{4.255} + \dfrac{4}{5.703} + \dfrac{4}{3.381}\right)}}$$

$$= \frac{E_1 t}{0.089 + 0.375} = 2.153 E_1 t$$

该房屋底层 C 轴纵墙的开洞情况如图 16.7.7 所示，C 轴纵墙有楼梯间，把墙分为 3 段，其刚度为 3 段之和。

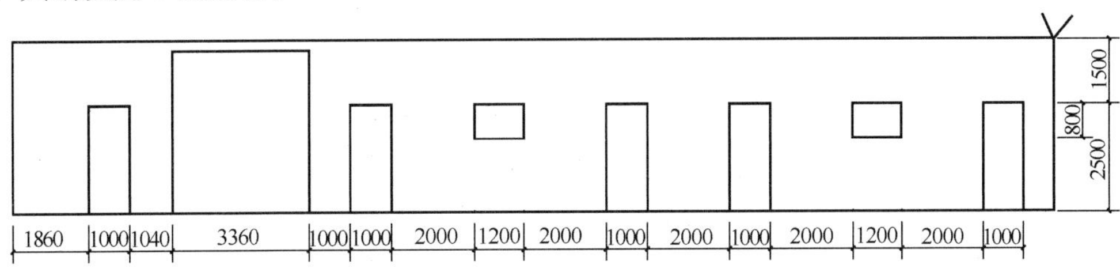

图 16.7.7　首层 D 轴线纵墙（mm）

2）各纵墙地震剪力设计值的分配

对于中等刚度楼（屋）盖的多层砖房，由于纵墙比较长，各纵墙地震剪力设计值的分配仍可按各墙段的刚度进行分配，以第 1 层为例，各轴墙各层分配的地震剪力设计值为：

$$V_A^1 = \frac{K_A(1)}{K_1}\gamma_{Eh}V(1) = \frac{2.38E_1t}{(2.382+2.153+1.796+2.155)E_1t}\times 1.3\times 2565.9 = 936.6\text{kN}$$

$$V_B^1 = \frac{K_B(1)}{K_1}\gamma_{Eh}V(1) = \frac{2.153E_1t}{8.486E_1t}\times 1.3\times 2565.9 = 846.3\text{kN}$$

$$V_C^1 = \frac{K_C(1)}{K_1}\gamma_{Eh}V(1) = \frac{1.796E_1t}{8.486E_1t}\times 1.3\times 2565.9 = 706.0\text{kN}$$

$$V_D^1 = \frac{K_D(1)}{K_1}\gamma_{Eh}V(1) = \frac{2.155E_1t}{8.486E_1t}\times 1.3\times 2565.9 = 847.1\text{kN}$$

3）不利墙段地震剪力分配和截面验算

各层地震剪力设计值按各轴线纵墙的侧移刚度分配到各轴线纵墙，在各轴线纵墙内还要按各墙肢的刚度比例分配到各墙肢，以 A 轴墙为例，各墙段的高宽比为：

尽端墙段：$\rho=1.8/1.53=1.18$

中间墙段类型 1：$\rho=1.8/1.8=1.0$

中间墙段类型 2：$\rho=1.8/1.5=1.2$

A 轴墙段的高宽比均不小于 1 且不大于 4，所以在进行地震剪力分配和墙段截面抗剪承载力验算时，墙段的层间等效刚度应同时考虑弯曲和剪切变形。

A 轴各层不同墙段的等效刚度相对值计算结果见表 16.7.3，不同墙段的地震剪力设计值见表 16.7.4。

A 轴不同墙段的等效刚度相对值计算结果　　表 16.7.3

类别	h（m）	b（m）	个数	ρ	$3\rho+\rho^3$	$\frac{1}{3\rho+\rho^3}$	K_{ij}/k_i
1	1.8	1.53	2	1.18	5.183	0.1929	0.0559
2	1.8	1.8	4	1.00	4.000	0.2500	0.0724
3	1.8	1.5	11	1.20	5.328	0.1877	0.0544

不同类别墙段的地震剪力设计值 V_i（kN）　　表 16.7.4

类别＼层	一	二	三	四
1	52.3	45.6	39.6	18.2
2	67.8	59.3	51.4	23.7
3	50.9	42.9	37.3	17.1

不利墙段为承受地震剪力大且竖向应力小的墙段，即墙段长度大的且为自承重的墙段。A 轴线的墙段是长度为 1.8m 的第 2 类墙段，在自承重墙的抗剪承载力验算中 γ_{RE} 可采用 0.75。

第 4 层

$$f_v = 0.11\text{MPa}, \sigma_0 = 0.04\text{MPa}$$

$$\xi_N = \frac{1}{1.2}\sqrt{1 + 0.45 \times 0.04/0.11} = 0.899$$

$$R = \frac{1}{\gamma_{RE}}\xi_N f_V A_2^4$$

$$= \frac{1}{0.75} \times 0.899 \times 110 \times 1.8 \times 0.36$$

$$= 85.4\text{kN} > V_2^4$$

第 3 层

$$f_v = 0.14\text{MPa}, \sigma_0 = 0.10\text{MPa}$$

$$\xi_N = \frac{1}{1.2}\sqrt{1 + 0.45 \times 0.10/0.14} = 0.96$$

$$R = \frac{1}{\gamma_{RE}}\xi_N f_V A_2^4$$

$$= \frac{1}{0.75} \times 0.96 \times 140 \times 1.8 \times 0.36$$

$$= 116.1\text{kN} > V_2^3$$

第 2 层

$$f_v = 0.17\text{MPa}, \sigma_0 = 0.14\text{MPa}$$

$$\xi_N = \frac{1}{1.2}\sqrt{1 + 0.45 \times 0.14/0.17} = 0.98$$

$$R = \frac{1}{0.75} \times 0.98 \times 170 \times 1.8 \times 0.36$$

$$= 143.9\text{kN} > V_2^2$$

第 1 层

$$f_v = 0.17\text{MPa}, \sigma_0 = 0.20\text{MPa}$$

$$\xi_N = \frac{1}{1.2}\sqrt{1 + 0.45 \times 0.20/0.17} = 1.03$$

$$R = \frac{1}{0.75} \times 1.03 \times 170 \times 1.8 \times 0.36$$

$$= 151.3\text{kN} > V_2^1$$

5. 主要抗震构造措施

(1) 钢筋混凝土构造柱

本建筑为教学楼，应根据增加三层后的层数，即 7 层，按 7 度区 7 层设置钢筋混凝土构造柱，在内墙（轴线）与外墙交接处，内墙局部较小墙段的墙垛处和楼梯间横纵墙的交接处、楼梯间斜梯段上下端对应的墙体等处、横向轴线与内纵墙的交接处增设构造柱，具体见图 16.7.1（*a*）。

(2) 钢筋混凝土圈梁

本建筑采用装配式预制钢筋混凝土楼、屋盖，每层内外墙轴线楼、屋盖处均设置钢筋混凝土圈梁，梁端纵向钢筋应与构造柱可靠拉结。

(3) 墙体与钢筋混凝土构造柱拉结

构造柱与墙体的连接处宜砌成马牙槎，并应沿墙高每隔 500mm 设伸入墙内通长的 2

Φ 6 拉结钢筋和Φ 4 分布短钢筋平面内点焊组成的钢筋网或Φ 4 点焊钢筋网片。

（4）对局部尺寸不满足要求的墙段的靠门窗侧增设高度为 120mm 的构造柱。

（5）为了加强该工程的整体性，将楼、屋盖上铺 60mm 厚、配置Φ 6@200 钢筋网的现浇混凝土层或直接改为现浇钢筋混凝土楼、屋盖。若改为现浇钢筋混凝土楼、屋盖，则应在没有横墙的轴线设置钢筋混凝土承重梁。

16.7.2 多层砖房住宅楼抗震设计算例

本房屋为 6 层砖混住宅楼，横墙承重，楼板及屋盖均采用装配式预制板。外墙和内纵墙厚度为 360mm，内横墙厚度为 240mm，砖强度等级为 MU10，砂浆强度等级：第 1、2 层为 M10，第 3、4 层为 M7.5，第 5、6 层为 M5。房屋平、剖面图如图 16.7.8 所示。

该房屋所在地区的抗震设防烈度为 8 度，场地为Ⅱ类。

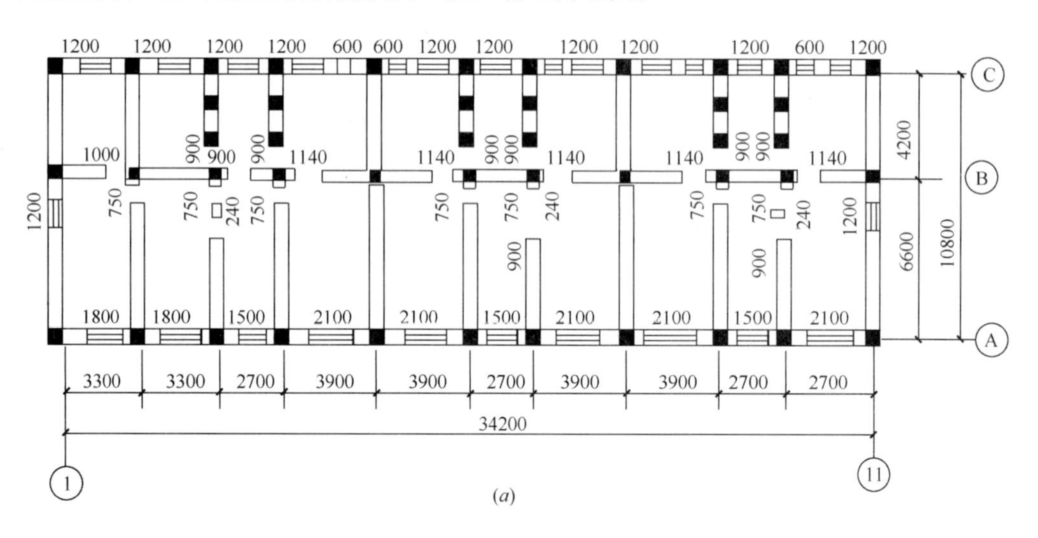

(a)

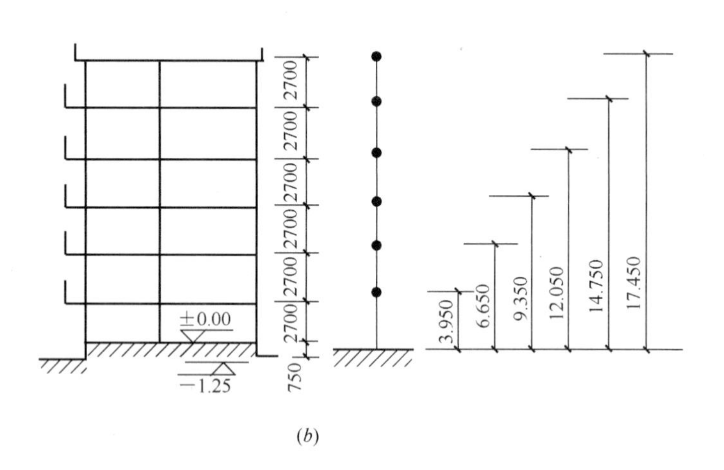

(b)

图 16.7.8 住宅楼平、剖面示意图（mm）

（a）平面图；（b）剖面图及计算简图

1. 抗震设计基本要求

（1）房屋高度和层数

$$H=17.45\text{m}<18\text{m}（满足要求）$$

$$N=6=6（满足要求）$$

（2）房屋高宽比

$$H/B=17.45/11.16=1.56<2.0（满足要求）$$

（3）房屋局部尺寸

①承重窗间墙最小宽度 1.23m>1.2m，满足规范要求。

②内墙阳角至门窗洞边最小距离均满足要求。

2. 水平地震作用的计算

（1）各层重力荷载代表值

$$G_6=38516.9\text{kN}$$

$$G_5=G_4=G_3=G_2=5085.0\text{kN}$$

$$G_1=5399.7\text{kN}$$

$$\sum G_i=29596.6\text{kN}$$

（2）结构总水平地震作用标准值

$$\begin{aligned}F_{\text{EK}}&=\alpha_{\max}G_{\text{eq}}\\&=\alpha_{\max}0.85\sum G_{\text{I}}\\&=0.16\times0.85\times29596.6=4025.1\text{kN}\end{aligned}$$

（3）各层地震剪力标准值

各层水平地震作用标准值 F_i 和各层地震剪力标准值 $V_{i\text{h}}$ 的计算和结果详见表 16.7.5。

各层水平地震作用标准值和地震剪力标准值　　表 16.7.5

层	G_i (kN)	H_i (m)	G_iH_i（kN·m）	$F_i=\dfrac{G_iH_i}{\sum_{j=1}^{n}G_jH_j}F_{\text{EK}}$（kN）	$V_{i\text{h}}=\sum_{i=i}^{n}F_i$（kN）
6	3856.9	17.45	67302.9	884.5	884.5
5	5085.0	14.75	75003.75	985.7	1870.2
4	5085.0	12.05	61274.25	805.3	2675.5
3	5085.0	9.35	47544.75	624.8	3300.3
2	5085.0	6.65	33815.25	444.4	3744.7
1	5399.7	3.95	21329.82	280.4	4025.1
∑	295916.6		306269.72	4025.1	

3. 砖墙截面受剪承载力验算

（1）横墙截面受剪承载力验算

本房屋的⑤、⑧轴墙段的横墙承受的地震剪力最大（该墙段刚度和荷载面积都大于其他墙段），为不利墙段，应进行抗震承载力验算。

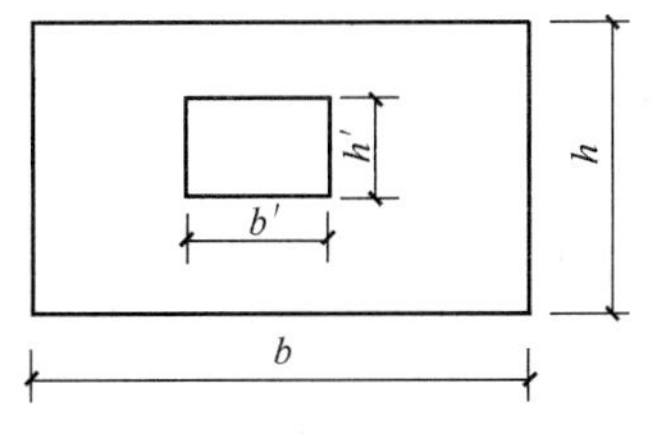

图 16.7.9　小开洞墙

对于无开洞的砖墙在同一层中各墙刚度与层刚度的比，在各墙高宽比相同、层高相同、砖和砂浆强度等级也相同的情况下，其刚度比可简化计算，这已在前面例题进行了介绍。对于开洞率较小的开洞墙（开洞率为洞口面积与墙立面面积之比），如图 16.7.9 所示，有洞墙的侧移刚度可采用无洞墙片的侧移刚度乘以开洞折减系数的方法计算。其刚度计算公式为：

$$K_{ij}=\frac{G_iA_{ij}}{1.2h_i}\eta_{ij} \tag{16.7.9}$$

$$\eta_{ij}=1-1.2p_{ij} \tag{16.7.10}$$

$$P_{ij}=\sqrt{\frac{b'h'}{bh}} \tag{16.7.11}$$

式中 K_{ij}——第 i 层第 j 轴线纵墙的刚度；

A_{ij}——第 i 层第 j 轴线纵墙的截面面积；

G_i——第 i 层的剪切模量；

h_i——第 i 层的层高；

b、b'——第 j 轴线墙的长和开洞洞长；

h、h'——第 j 轴线墙的高和开洞洞口高。

对于同一层中各墙高度比小于 1，砖和砂浆强度等级也相同的开洞率较小的墙，其刚度的比值为：

$$\frac{K_{ij}}{K_i}=\frac{A_{ij}\eta_{ij}}{\sum_{j=1}^{m}A_{ij}\eta_{ij}} \tag{16.7.12}$$

1）各轴线横墙刚度和层刚度的相对值

在该结构中同一轴线墙的厚度在各层均相同，同一轴线墙在各层的开洞面积也相同，但由于第 1 层与第 2～6 层的层高不同，所以各轴线横墙刚度和层刚度相同的可分为第 1 层和第 2～6 层两种情况，具体见表 16.7.6 和表 16.7.7。

第 1 层的计算结果 **表 16.7.6**

轴线号	$b'\times h'$（m²）	$b\times h$（m²）	P_{ij}	η_{ij}	$A_{ij}\eta_{ij}$	$\sum A_{ij}\eta_{ij}$
1、11	2.16	44.085	0.2214	0.7344	2.95	24.214
2	1.5	44.085	0.1845	0.7786	2.086	
3、7、10	5.1	44.085	0.3401	0.5918	1.585	
4、6、9	3.3	44.085	0.2736	0.6717	2.039	
5、8	0.0	44.085	0.0	1.0	2.678	

第 2～6 层计算结果 **表 16.7.7**

轴线号	$b'\times h'$（m²）	$b\times h$（m²）	P_{ij}	η_{ij}	$A_{ij}\eta_{ij}$	$\sum A_{ij}\eta_{ij}$
1、11	2.16	30.132	0.2677	0.6810	2.736	21.891
2	1.5	30.132	0.2231	0.7323	1.961	
3、7、10	5.1	30.132	0.4114	0.5063	1.356	
4、6、9	3.3	30.132	0.3309	0.6029	1.678	
5、8	0.0	30.132	0.0	1.0	2.678	

2）横向地震剪力设计值分配和墙段受剪承载力验算

对于预制板的装配式钢筋混凝土楼、屋盖的房屋，各墙承担的水平地震剪力设计值为其等效刚度和从属面积上重力代表值的比例分配的平均值。本结构中 5 轴线墙各层地震剪

力设计值的比例 C_b 为：

$$C_b(1)=\frac{1}{2}\left[\frac{A_5}{\sum A_{ij}\eta_{ij}}+\frac{F_5}{F}\right]=\frac{1}{2}\left(\frac{2.678}{24.214}+\frac{3.9\times 11.16}{34.56\times 11.16}\right)=0.1117$$

$$C_b(2)=C_b(3)=C_b(4)=C_b(5)=C_b(6)$$

$$=\frac{1}{2}\left(\frac{A_5}{\Sigma A_{ij}\eta_{ij}}+\frac{F_5}{F}\right)=\frac{1}{2}\left(\frac{2.678}{21.891}+\frac{3.9\times 11.16}{34.56\times 11.16}\right)=0.1176$$

第 6 层

$$V_6^5=C_b(6)\gamma_{Eh}V(6)$$

$$=0.1176\times 1.3\times 884.5=135.2\text{kN}$$

$$f_v=0.11\text{MPa},\sigma_0=0.07\text{MPa}$$

$$\xi_N=\frac{1}{2}\sqrt{1+0.45\sigma_0/f_V}$$

$$=\frac{1}{1.2}\sqrt{1+0.45\times 0.07/0.11}=0.945$$

$$R=\frac{1}{\gamma_{RE}}\xi_N f_V A_6^5$$

$$=\frac{1}{0.9}\times 0.945\times 110\times 2.6784$$

$$=243.9\text{kN}>V_6^5=135.2\text{kN}$$

第 5 层

$$V_5^5=C_b(5)\gamma_{Eh}V(5)$$

$$=0.1176\times 1.3\times 1870.2=285.9\text{kN}$$

$$f_v=0.11\text{MPa},\sigma_0=0.18\text{MPa}$$

$$\xi_N=\frac{1}{1.2}\sqrt{1+0.45\times 0.18/0.11}=1.098$$

$$R=\frac{1}{0.9}\times 1.098\times 110\times 2.6784$$

$$=359.4\text{kN}>V_5^5=285.9\text{kN}$$

第 4 层

$$V_4^5=C_b(4)\gamma_{Eh}V(4)$$

$$=0.1176\times 1.3\times 2675.5=409.0\text{kN}$$

$$f_v=0.14\text{MPa},\sigma_0=0.29\text{MPa}$$

$$\xi_N=\frac{1}{1.2}\sqrt{1+0.45\times 0.29/0.14}=1.158$$

$$R=\frac{1}{0.9}\times 1.158\times 140\times 2.6784$$

$$=482.5\text{kN}>V_4^5=409.0\text{kN}$$

第 3 层

$$V_3^5=C_b(3)\gamma_{Eh}V(3)$$

$$=0.1176\times 1.3\times 3300.3=504.5\text{kN}$$

$$f_v = 0.14\text{MPa}, \sigma_0 = 0.40\text{MPa}$$

$$\xi_N = \frac{1}{2}\sqrt{1 + 0.45\sigma_0 / f_V}$$

$$= \frac{1}{1.2}\sqrt{1 + 0.45 \times 0.4/0.14} = 1.26$$

$$R = \frac{1}{0.9} \times 1.26 \times 140 \times 2.6784$$

$$= 525.0\text{kN} > V_3^5 = 504.5\text{kN}$$

第 2 层

$$V_2^5 = C_b(2)\gamma_{Eh}V(2)$$

$$= 0.1176 \times 1.3 \times 3744.7 = 572.5\text{kN}$$

$$f_v = 0.17\text{MPa}, \sigma_0 = 0.51\text{MPa}$$

$$\xi_N = \frac{1}{2}\sqrt{1 + 0.45\sigma_0 / f_V}$$

$$= \frac{1}{1.2}\sqrt{1 + 0.45 \times 0.51/0.17} = 1.277$$

$$R = \frac{1}{0.9} \times 1.277 \times 170 \times 2.6784$$

$$= 581.5\text{kN} > V_2^5 = 572.5\text{kN}$$

第 1 层

$$V_1^5 = C_b(1)\gamma_{Eh}V(1)$$

$$= 0.1176 \times 1.3 \times 4025.1 = 584.5\text{kN}$$

$$f_v = 0.17\text{MPa}, \sigma_0 = 0.62\text{MPa}$$

$$\xi_N = \frac{1}{2}\sqrt{1 + 0.45\sigma_0 / f_V}$$

$$= \frac{1}{1.2}\sqrt{1 + 0.45 \times 0.62/0.17} = 1.354$$

$$R = \frac{1}{0.9} \times 1.354 \times 170 \times 2.6784$$

$$= 685.0\text{kN} > V_1^5 = 584.5\text{kN}$$

（2）纵向地震剪力设计值分配和纵墙截面抗震验算（略）

4. 主要抗震构造措施

（1）钢筋混凝土构造柱的设置

本房屋为 6 层住宅楼，应在内墙（轴线）与外墙交接处和楼梯间四角，楼梯斜梯段上下端对应的墙体处等设置钢筋混凝土构造柱，具体如图 16.7.8 所示。

（2）钢筋混凝土圈梁的设置

本建筑采用装配式钢筋混凝土楼、屋盖，按抗震规范规定在屋盖和每层楼盖处均设置钢筋混凝土圈梁。

（3）墙体与构造柱的拉结

钢筋混凝土构造柱与墙体连接处宜砌成马牙槎，并应沿墙高每隔 500mm 设 2Φ6 拉结钢筋，每边伸入墙内不宜小于 1m。

参 考 文 献

1 周炳章. 砌体房屋抗震设计. 北京：地震出版社，1990
2 刘大海. 房屋抗震设计. 西安：陕西科技出版社，1985
3 周炳章，夏敬谦. 水平配筋砌体抗震性能的试验研究. 建筑结构学报，1991
4 中华人民共和国国家标准. 建筑抗震设计规范 GB 50011—2010. 北京：中国建筑工业出版社，2010.
5 黄维平，邬瑞峰. 周期反复荷载作用下组合墙结构的抗震性能研究. 建筑结构，第38卷8期，2000
6 高小旺等. 八层砖墙与钢筋混凝土墙组合结构1/2比例模型抗震试验研究. 建筑结构学报，第20卷1期，1999
7 高小旺等. 砖墙与钢筋混凝土墙组合结构抗震性能和设计方法的研究. 中国建筑科学研究院工程抗震研究报告，1997

第 17 章　底部框架-抗震墙砌体房屋

在我国的城市中，临街的住宅、办公室等建筑在底层或底部两层设置商店、餐厅或银行等，房屋的上部几层为纵、横墙比较多的砖（砌体）墙承重结构，房屋的底层或底部两层因使用功能需要的大空间而采用框架-抗震墙结构。这就是底部框架-抗震墙砖房。由于这种类型的结构是城市旧城改造和避免商业过分集中的较好形式，与多层钢筋混凝土框架房屋相比具有造价低和便于施工等优点，目前仍在继续建造。因此，总结这类房屋的震害规律、分析研究其抗震性能和提高这类房屋整体抗震能力的设计方法与措施，对于搞好这类房屋的抗震设计是非常重要的。

17.1　底部框架-抗震墙砖房的震害

17.1.1　未经抗震设防的底层框架砖房的震害特点

未经抗震设防的底层框架砖房，在结构体系、底层墙体的布置和抗震构造措施方面均存在许多问题，致使这类房屋的抗震性能相对较差，在唐山大地震中天津市底层商店住宅的震害较同样层数的多层砖房住宅还要重一些。

在遭受唐山大地震的天津市底层商店住宅中，按其建筑结构可分为以下几类：

（1）底层为全框架

底层为现浇钢筋混凝土框架，横向设置了一定数量的砖抗震墙，最大间距为 21.0m 左右，内横墙大多仅为楼梯间墙，纵向沿街的轴线墙的门、窗洞口较大。

（2）底层为内框架

多数房屋底层为单排钢筋混凝土柱，底层的前、后檐采用加垛的砖墙承重。

（3）底层为半框架

这类房屋的底层前边为商店，后边为仓库等，前边的商店采用一跨的钢筋混凝土框架，后边采用横墙承重的结构。

（4）底层为少横墙的空旷砖房

底层没有设置钢筋混凝土框架，仍为砖房结构体系，由于使用功能的要求其横墙减少了较多，最大横墙间距为 30m 左右。

严格来讲除第一种建筑结构形式为底层框架砖房，其余的三类均不是完整的底层框架砖房。

在地震作用下，底层框架砖房的底层承受着上部砖房倾覆力矩的作用，其外侧柱会出现受拉的状况，对于底层为内框架时，外侧的砖壁柱则会因砖柱受拉承载力低而开裂和破坏严重。对于底层为半框架会出现底层横墙先开裂，而后由于内力重分布加重底层半框架的破坏。对于底层少横墙的底层商店住宅，因底层的抗震能力弱形成特别弱的薄弱楼层而破坏相对严重。

我国近十几年来的强震震害表明，这类房屋的地震震害较为普遍，未经抗震设防的这类房屋的特点是：

（1）震害多数发生在底层，表现为“上轻下重”；

（2）底层的震害规律是：底层的墙体比框架柱重，框架柱又比梁重；

（3）房屋上部几层的破坏状况与多层砖房相类似，但破坏的程度比房屋的底层轻得多。

17.1.2 四川汶川地震的底部框架-抗震墙砖房震害

在2008年5月12日汶川大地震中，也存在一些柔性底部框架砌体房屋。底部框架-抗震墙砖房的震害调查表明，根据其震害特点可分为2001年以前和2001年以后建造的底层框架砖房的震害。

在抗震设防烈度为7度，2001年以前建造的底部框架砖房中相当多的底层没有设置钢筋混凝土抗震墙，20世纪90年代按《建筑抗震设计规范》GBJ 11—89建造的建筑多数横墙较多，沿街轴线没有设置外纵墙，其外纵墙只设置在背街面的轴线，内纵墙基本在楼梯间设置。

这一阶段设计建造的底层框架砖房，在四川汶川地震中遭受了较严重的震害。大部分底层框架砖房震害的特点是底层重、上部砖房相对较轻；底层为砖填充墙重、框架梁柱破坏轻；底层的砖填充墙纵横向墙体均破坏严重，但纵向墙体设置偏向背街面的一侧，所以纵向墙体较横向墙体的破坏更重。个别在底层设置了一定数量的钢筋混凝土墙，使得该房屋第2层破坏比底层重。

《建筑抗震设计规范》GB 50011—2001对底部框架-抗震墙砖房的底部楼层作了较严格的要求：①房屋的底部，应沿纵横两个方向设置一定数量的抗震墙，并应均匀对称布置或基本均匀对称布置。6、7度且总层数不超过5层的底层框架-抗震墙砖房，应允许采用嵌砌于框架之间的砌体抗震墙，但应计入砌体墙对框架的附加轴力和附加剪力；其余情况应采用钢筋混凝土抗震墙。②底层框架-抗震墙房屋的纵横两个方向，第2层与底层侧向刚度比，6、7度时不应大于2.5，8度时不大于2.0，且均不应小于1.0。③底部两层框架-抗震墙房屋的纵横两个方向，第2层与底部第2层侧向刚度应接近，第3层与底部第2层的侧向刚度比，6、7度时不应大于2.0，8度时不大于1.5，且均不应小于1.0。底部抗震横墙的最大间距限值和底部地震剪力设计值应乘以1.2～1.5的增大系数。

上述这些规定，特别是强制条文的规定，使得严格按《建筑抗震设计规范》GB 50011—2001设计建造的底部框架-抗震墙砖房在纵横向设置了一定数量的钢筋混凝土抗震墙，大大提高了底部楼层的抗震能力。

在四川汶川地震中这部分底部框架-抗震墙砖房遭受了表现不同的破坏，其中多数是上部砖房部分破坏严重，少数底部与上部设计比较均匀的，其底部框架-抗震墙和上部砖房破坏不重。

1. 底层破坏严重的底层框架砖房

这些底层框架砖房的底层没有设置钢筋混凝土抗震墙，甚至底层砖填充墙也很少。建造年代为20世纪90年代之前。这部分底层框架砖房的第2层与底层的侧移刚度比在6及其以上，在地震作用下底层的层间位移比较突出，形成底层变形集中的现象；由于底层没有或很少的抗震墙，使得底层受剪承载能力相对较低，在强烈地震作用下底层为薄弱楼层，形成破坏集中甚至垮塌的楼层。图17.1.1～图17.1.6为底层框架砖房的底层垮塌和破坏集中楼层的状况。

图 17.1.1　5 层底层框架砖房住宅楼底层垮塌

图 17.1.2　底层混凝土柱倾斜

图 17.1.3　底层未设置钢筋混凝土抗震墙的框架变形

图 17.1.4　底层框架柱破坏

图 17.1.5　底层框架柱箍筋太细约束混凝土失效而压溃

图 17.1.6　底层框架柱破坏严重

2. 上部砖房部分破坏比较重的底层框架-抗震墙砖房

这些底层框架-抗震墙砖房的底层设置了一定数量的钢筋混凝土抗震墙和框架砖填充墙，建造年代为 2001 年之后。这部分底层框架-抗震墙砖房的第 2 层与底层的侧移刚度比在不考虑底层砖填充墙作用时为 2.0 左右，实际上底层砖填充墙具有较大的刚度和一定的承载能力，其底层的抗震能力相对比较强，由于没有对上部砖房部分给予适当的增强，所有在地震作用下上部砖房部分为薄弱楼层，形成破坏集中甚至垮塌的楼层。图 17.1.7～图 17.1.15 为底层框架-抗震墙砖房的上部砖房垮塌和破坏集中楼层的状况。

图 17.1.7　6 层底层框架-抗震墙砖房第 2 层砖房垮塌

图 17.1.8　底层框架-抗震墙砖房第 2 层砖房垮塌

图 17.1.9　底层框架-抗震墙砖房第 2 层以上砖房部分垮塌

图 17.1.10　底层框架-抗震墙砖房第 2 层以上砖房破坏严重

图 17.1.11　底层框架-抗震墙砖房的第 2 层砖房破坏严重

图 17.1.12　底层框架-抗震墙砖房的第 2 层砖房破坏严重

图 17.1.13　都江堰市堰都大厦底部两层框架-抗震墙结构第 3、4 层破坏严重

图 17.1.14　汉旺镇 6 层底层框架-抗震墙砖房的上部 5 层墙体均有破坏

(*a*)　(*b*)　(*c*)　(*d*)

图 17.1.15　绵竹市滨河小区 4 号楼破坏情况

(*a*) 上部外纵墙破坏；(*b*) 底层横墙（填充墙）水平裂缝；(*c*) 第 2 层山墙斜裂缝；(*d*) 第 2 层内纵墙 X 裂缝

3. 底层局部框架上部多层砖房的房屋

所谓底层为局部框架，是指底层横向与纵向凡有砖墙处均不设置框架梁柱，没有砖墙的轴线设置承重柱和梁；从承重体系上看，底层是由砖墙与梁、柱共同承重的结构体系；从抗侧力体系来看，底层是由砖墙与局部框架组成的抗侧力体系，框架与砖墙之间的联系

比较弱，没有形成完整的底层框架-抗震墙体系。在这次汶川大地震中，这类房屋的底层砖墙和局部框架柱造到了严重的损坏。在地震作用下，底层框架砖房的底层承受着上部砖房倾覆力矩的作用，其外侧柱会出现受拉的状况，对于底层为局部框架时，砖墙的构造柱则会因砖柱受拉承载力低而开裂和破坏严重。当底层砖墙开裂后，其地震作用向局部框架转移，由于底层未形成完整的框架体系，砖墙的圈梁没有与框架梁刚性连接，所以这类房屋的底层破坏非常严重。这类房屋的震害特点是：

（1）震害多数发生在底层，表现为“上轻下重”。

（2）底层的震害规律是：底层的墙体比框架柱重，框架柱又比梁重。

（3）房屋上部几层的破坏状况与多层砖房相类似，但破坏的程度比房屋的底层轻得多。

图 17.1.16 给出了这类房屋底层墙体和局部柱的破坏情况；图 17.1.17 是底层砖墙没有设置圈梁和梁垫的局部破坏情况。图 17.1.18 和图 17.1.19 为局部框架柱和构造柱及局部框架柱的柱底破坏情况。如图 17.1.20 所示的底层结构体系不合理的房屋底层破坏较重，而上部砖房破坏较轻。

图 17.1.16　底层局部框架震害

图 17.1.17　底层砖墙未设圈梁

图 17.1.18　局部框架柱与构造柱破坏

图 17.1.19　局部框架柱的柱底破坏

图 17.1.20～图 17.1.26 为都江堰市双桥饭店工程的震害情况，该工程的底层为局部

框架局部砌体墙的混合承重结构（图 17.1.20）。震害主要表现在底层破坏严重，第 2 层以上砖混结构有轻微破坏。图 17.1.21 为底层的横、纵墙破坏严重，部分墙体倒塌；图 17.1.22 为底层框架梁出现斜裂缝，图 17.1.23 为挑梁的混凝土压溃；图 17.1.24 和图 17.1.25 为底层框架柱两端的混凝土压溃，钢筋弯折且外露；图 17.1.26 为第 2 层窗间墙出现交叉斜裂缝。

图 17.1.20　双桥饭店工程底层结构体系不合理的房屋底层破坏重而上部砖房破坏较轻

图 17.1.21　底层横、纵墙破坏

图 17.1.22　底层框架梁斜裂缝

图 17.1.23　底层挑梁破坏

图 17.1.24　底层框架柱顶部破坏

图 17.1.25　底层框架柱底部破坏

4. 底层为半框架上部多层砖房的房屋

这类房屋的底层前面为商店，后面为仓库等，前面的商店采用一跨的钢筋混凝土框架，后边采用横墙承重的结构。从承重体系上看，底层是由砖墙与梁、柱共同承重的结构体系；从抗侧力体系来看，底层是由砖墙与局部框架组成的抗侧力体系，框架与砖墙之间的联系较弱，没有形成完整的底层框架-抗震墙体系。在这次汶川大地震中，这类房屋的底层砖墙和局部框架柱受到了严重的损坏，如图 17.1.27 所示。

图 17.1.26　第二层窗间墙 X 裂缝

图 17.1.27　底层为半框架的破坏

底层为半框架的房屋会出现底层横墙先开裂，而后由于内力重分布加重底层半框架破坏。对于底层少横墙的底层商店住宅，因底层的抗震能力弱形成特别弱的薄弱楼层而破坏相对较严重。

17.2　底部框架-抗震墙砖房的抗震性能

底部框架-抗震墙砖房是由底层或底部两层为框架-抗震墙、上部为多层砖房构成的。这类结构的底层或底部两层具有一定的抗侧力刚度和一定的承载能力、变形能力及耗能能力；上部多层砖房具有较大的抗侧力刚度和一定的承载能力，但变形和耗能能力相对较差。这类结构的整体抗震能力既决定于底部和上部各自的抗震能力又决定底部与上部的抗侧力刚度和抗震能力相互匹配的程度，也就是说不能存在特别薄弱的楼层。因此，这类结构与同一种抗侧力体系构成的房屋相比有着不同的受力、变形特点。近年来，针对这类结构进行了一些试验和一系列的分析研究，主要是改善底层框架-抗震墙砖房的底层低矮钢筋混凝土墙性能的试验研究、底层框架-抗震墙砖房和底部两层框架-抗震墙砖房的模型抗震试验研究以及弹性、弹塑性分析研究。这些研究成果对于深刻认识这类房屋的抗震性能和搞好这类房屋的抗震设计都有很重要的意义。

1. 带边框开竖缝钢筋混凝土低矮墙的试验研究

为了改善底层框架砖房的抗震性能，根据震害经验总结，提出了在底层设置一定数量的抗震墙，使结构侧移刚度沿高度分布相对较为均匀。在实际工程中，其钢筋混凝土抗震墙的高宽比往往小于 1，通常称为低矮抗震墙。

低矮抗震墙是以受剪为主，其破坏形式为剪切破坏[1~5]。为了改善低矮抗震墙的性能，文献［6］对高层钢框架结构中的低矮墙提出了开竖缝方案，将低矮墙板变为一组墙板柱，使受剪破坏状态变为受弯剪破坏状态，提高了墙体的变形能力和耗能能力，但刚度和承载能力降低较多。文献［7］提出在混凝土板上开缝槽，且允许墙板纵横向钢筋穿过，开缝槽墙的初始刚度和承载能力与整体墙相比降低不多，但其破坏形态仍为剪切破坏，其变形能力和耗能能力虽较整体墙有所提高，但与开竖缝墙相比就相差较多。因此，改善低矮抗震墙的性能，使之既具有较大的变形能力和耗能能力，又具有较大的刚度和承载能力，仍然是需要深入研究的课题。文献［8］是围绕改善这种带边框的低矮墙的抗震性能所进行的试验研究及理论探讨。

（1）试验模型的基本参数

为了解整体低矮抗震墙和开竖缝低矮抗震墙的性能，制作了 5 个试件，其中 1 个为整体墙，4 个为开竖缝墙。为了研究开竖缝墙中的墙板柱高宽比的变化对墙体抗震性能的影响，开竖缝墙又分为中间开一道竖缝和开两道竖缝，所有开竖缝试件中的水平钢筋均在竖缝处断开，并在竖缝的两侧设置暗柱。开竖缝墙在竖缝的处理方式又分为两种：一种为在竖缝中预先放置两块预制的 15mm 厚的水泥砂浆板条，然后再浇筑混凝土；另一种是直接浇筑混凝土，使之成为仅水平钢筋断开的整体混凝土墙板。5 个试件的边框尺寸和配筋均相同，详见图 17.2.1。

5 个钢筋混凝土墙模型的设计，是模拟 7 层底层框架-抗震墙砖房底层的钢筋混凝土墙，按原型尺寸的 1/3 比例进行设计。

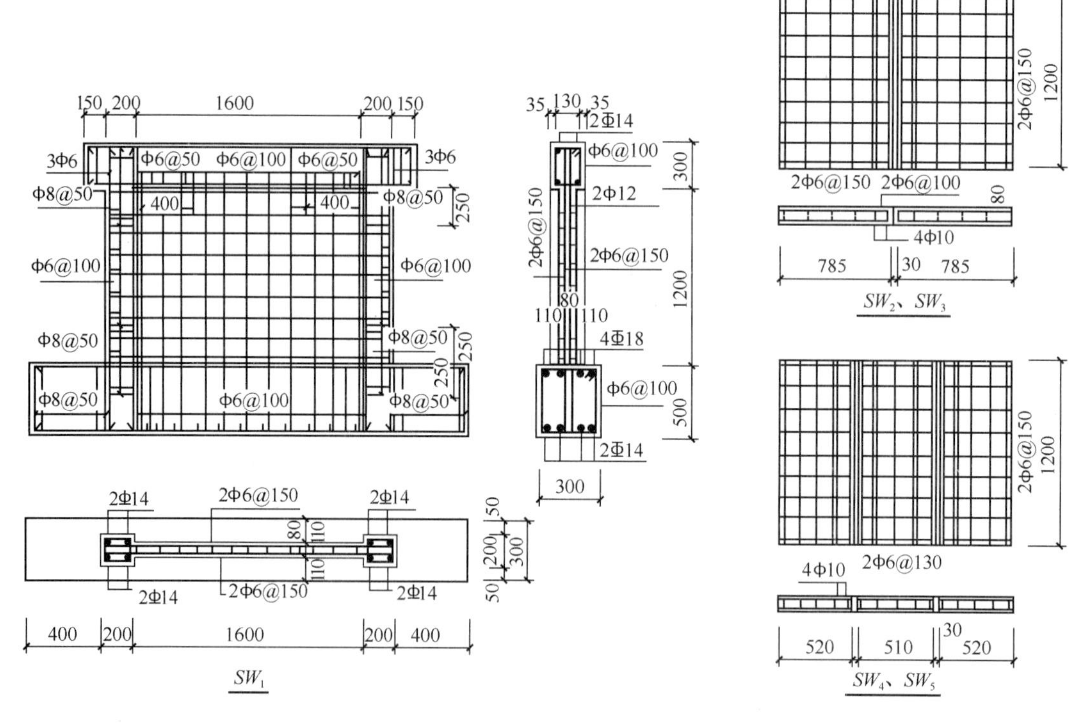

图 17.2.1　试件 $SW_1 \sim SW_5$ 的外形尺寸和配筋图（mm）

（2）模型试验结果

在竖向和水平荷载共同作用下，每个钢筋混凝土构件均经历了混凝土开裂、钢筋屈服和破坏三个过程。5 个模型试验的滞回曲线如图 17.2.2 所示。

1）抗侧移刚度

表 17.2.1 列出了 5 个试件的弹性、开裂至屈服和屈服后的刚度实测值。从表 17.2.1 可看出，仅水平钢筋断开而整体浇混凝土的 SW_2、SW_4 与 SW_1 的弹性刚度相同；竖缝两侧设置水泥砂浆板的 SW_3、SW_5 较 SW_1 略低一些，大体为 SW_1 弹性刚度的 90%。这表明带边框的开竖缝钢筋混凝土抗震墙具有较好的弹性刚度。这主要是由于边框的约束作用强。武腾清[6]的钢框架的开竖缝墙板由于没有边框的约束，其所采用竖缝虽然没有开到底部和顶部，但是在地震作用下竖缝迅速开展到底部和顶部，而带边框的开竖缝墙，由于顶部梁的作用，加上在竖缝对应部位顶部梁的箍筋加密，使得试件直到严重破坏，顶部梁都没有出现裂缝。这样就使得采用带边框开竖缝的钢筋混凝土墙的底层框架砖房的底层具有较大的弹性刚度。

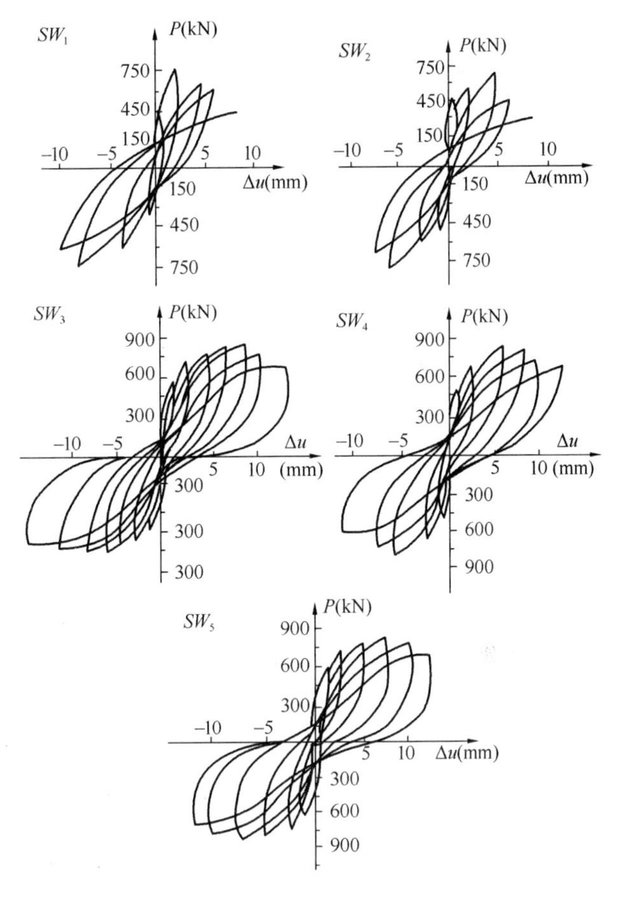

图 17.2.2　试件试验滞回曲线

各试件弹性、开裂至屈服和屈服后刚度试验值　　表 17.2.1

试件	水平荷载作用方向	弹性刚度（kN/mm）	开裂至屈服刚度（kN/mm）	屈服后刚度（kN/mm）
SW_1	正向	951.0	204.0	104.0
	反向	1055.0	245.0	73.0
SW_2	正向	1048.0	137.0	20.0
	反向	1006.0	153.0	59.0
SW_3	正向	963.0	177.0	25.0
	反向	965.0	131.0	26.0
SW_4	正向	1031.0	258.0	44.0
	反向	1132.0	151.0	18.0
SW_5	正向	943.0	179.0	17.0
	反向	933.0	188.0	16.0

2）位移

表 17.2.2 列出了各试件实测的开裂、屈服、最大荷载值和相应的位移值以及极限位

移。从表 17.2.2 可以看出，5 个试件的开裂荷载及其位移大体差不多，最大荷载也并没有减低。这除了边框的约束外，还由于其他 4 个试件的水平钢筋均在竖缝处断开，但也均在竖缝的两侧设置了暗柱，使板的竖向配筋率有所提高。在竖缝两侧设置预制水泥砂浆板的开竖缝墙的最大荷载对应的位移和极限位移要比整体墙大得多。整体墙的极限位移角为 1/200 左右，而带边框的开竖缝设置水泥砂浆板墙的极限位移角为 1/100 左右。从力与位移的滞回曲线来看，SW_3 和 SW_5 与 SW_1 相比不仅有明显的屈服强化，下降段和最大荷载后刚度较稳定，而且极限位移和耗能能力也相对大一些。

各试件开裂、屈服、最大荷载和相应的位移值 **表 17.2.2**

试件	方向	开裂荷载（kN）	开裂位移（mm）	屈服荷载（kN）	屈服位移（mm）	最大荷载（kN）	最大荷载相应位移（mm）	极限位移（mm）	备注
SW_1	正向	361.5	0.38	606.2	1.58	758.4	3.05	6.30	
	反向	358.8	0.34	643.1	1.50	759.2	3.10	7.10	
SW_2	正向	335.5	0.32	630.4	2.48	681.1	5.08	5.60	反向加载骨架曲线无下降段
	反向	352.1	0.35	676.2	2.47	884.0	6.00	—	
SW_3	正向	375.4	0.39	654.8	1.97	822.8	8.80	12.00	
	反向	385.9	0.40	620.8	2.20	797.2	9.00	14.00	
SW_4	正向	381.3	0.37	714.6	1.66	897.9	5.80	8.40	地梁端部损坏，横梁开裂
	反向	373.4	0.33	753.3	2.85	805.4	5.70	8.80	
SW_5	正向	377.1	0.40	651.2	1.93	754.8	8.00	11.40	试验过程中水平千斤顶拉坏
	反向	382.7	0.41	668.3	1.93	753.0	7.20	11.00	

注：极限位移为对应于 85%最大荷载时的位移。

（3）模型试验结论

1）对带边框的低矮钢筋混凝土墙采取开竖缝至梁底，并在竖缝处放置预制的钢筋混凝土板，使带边框的低矮墙分成两个或三个高宽比大于 1.5 的墙板单元，可以大大改善带边框低矮墙的抗震性能，其弹性刚度和极限承载能力较整体低矮墙降低不多，但变形和耗能能力大为提高。

2）从两组墙体的对比试验结果说明，在竖缝处放入两块砂浆板的墙体抗震性能优于仅断开水平钢筋的整体浇筑混凝土的墙体。因此，在竖缝处应放置两块预制的混凝土板作为隔板，隔板宽度可与混凝土墙的厚度相同，其厚度可为 50mm，并应配制Φ 6 的网状钢筋，以增强隔板的刚性。

3）开竖缝墙的竖缝两侧应设置暗柱，暗柱对竖缝两侧的混凝土裂缝的形成和开展有一定的限制作用，同时暗柱能够提高墙板单元的承载能力和极限变形能力。暗柱的截面范围为 1.5～2.0 倍的墙体厚度，其纵向配筋宜采用 4 Φ 16 但不应小于 4 Φ 14，暗柱宜采用封闭箍筋，箍筋可采用Φ 6，最大箍筋间距不应大于 200mm，在暗柱的上、下两端应适当加密。

4）带边框开竖缝低矮墙的边框柱的纵筋和箍筋对墙体的极限承载能力和变形能力有很大影响，其边框柱的配筋不应小于无钢筋混凝土抗震墙的框架柱的配筋和箍筋要求。

5）带边框开竖缝低矮墙的边框梁，在竖缝对应部位将受到因竖缝作用引起的附加剪力，应在开竖缝两侧 1.5 倍梁高范围内加密箍筋，其箍筋间距不应大于 100mm。

6）从所进行的开一道和两道竖缝的试验结果来看，对整体墙抗震性能的改善基本相同，从改善带边框低矮墙的抗震性能、提高变形和耗能能力的效果来看，建议开竖缝墙的墙板单元的高宽比不应小于 1.5，但也不宜大于 2.5。

2. 底层框架-抗震墙砖房模型抗震试验研究

为了研究底层框架-抗震墙砖房的抗震性能，近年来进行了整体模型的拟静力试验和震动台的试验研究。这些抗震试验研究，不仅有助于深入了解这类房屋的抗震性能、薄弱环节，而且有助于搞好这类房屋的抗震设计。

文献［8］针对底层框架-抗震墙砖房的底层钢筋混凝土抗震墙为低矮墙的状况，进行了改善带边框低矮墙抗震性能及开竖缝带边框的钢筋混凝土抗震墙的试验研究。研究结果说明：开竖缝墙的承载能力比整体抗震墙降低不多；开竖缝带边框的钢筋混凝土墙具有较大的初始刚度，比整体抗震墙降低不多；开竖缝带边框的钢筋混凝土墙体的破坏形式已由 X 形的主裂缝变为子片墙的多条裂缝，且墙体的变形能力大为提高。然而，开竖缝钢筋混凝土抗震墙在实际底层框架-抗震墙砖房的性能如何，仍需通过模型试验来进一步验证。文献［9］为了深入了解这类房屋的抗震性能，进行了总层数为 7 层的底层框架-抗震墙砖房 1/2 比例模型的抗侧力试验研究。

（1）模型设计概况

底层框架-抗震墙砖房的上部砖房部分一般为单元住宅，取四川省成都市的一个标准单元（一梯二户、四大开间）进行模型设计。为使试验结果能较好地反映这类房屋的实际受力状态，对模型的平面、立面，钢筋混凝土墙和砖墙及梁柱截面尺寸等均取原型尺寸的 1/2；在抗震构造措施方面也尽量做到与原型一致。模型的平、立面尺寸如图 17.2.3 所示。模型结构总高度（包括屋顶的女儿墙 0.25m）为 10.6m；模型底部设计了 0.7m 高的钢筋混凝土地梁，并用钢螺栓与试验台座固定在一起。

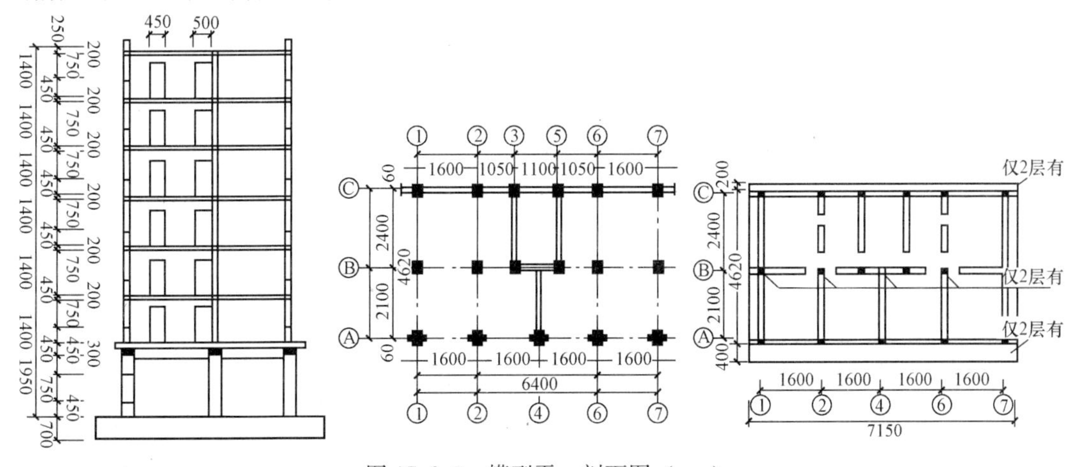

图 17.2.3　模型平、剖面图（mm）

在模型底层的横向④轴线的 A、B 轴间设置一片钢筋混凝土抗震墙，③和⑤轴的 B、C 轴间为楼梯间的砖填充墙；纵向考虑临街开大门、窗的状态，在 A 轴线的柱两侧设置了 125mm 宽的钢筋混凝土墙。

模型的砖墙体采用标准机制黏土砖分割成模型砖砌筑，墙厚度均为 120mm，横墙与纵墙交接处沿高度每隔 300mm 设置一道 2 Φ 4 拉接钢筋，在设置构造柱处预留马牙搓；砖的强度等级为 MU7.5；砂浆强度等级：第 2～3 层为 M7.5，第 4～7 层为 M5，底层框架填充墙为 M5。

考虑到第 2 层为过渡楼层，其受力比较复杂，在钢筋混凝土构造柱的设置上进行了增强，其设置部位包括楼梯间四角、横墙（轴线）与外纵墙的交接处，还包括横墙（轴线）与内纵墙的交接处；第 3～7 层按照 7 度区总层数为 7 层的多层砖房构造柱要求设置，其设置部位为楼梯间四角，横墙（轴线）与外纵墙的交接处。钢筋混凝土构造柱的截面尺寸为 120mm×120mm。主筋采用 4 Φ 8，箍筋采用Φ 4@150，混凝土强度等级为 C20。为了增强上部砖房部分的整体抗震能力，每层均设置了钢筋混凝土圈梁。

底层横向的一片钢筋混凝土墙的厚度为 80mm，A 轴纵向伸出柱两侧的混凝土厚度为 120mm，B 轴线的③～⑤轴间的钢筋混凝土墙的厚度为 125mm；底层框架柱截面尺寸为 200mm×250mm，在④轴横向框架与 B 轴交接处设有暗柱，暗柱尺寸为 200mm×125mm；梁的截面尺寸：横向梁为 150mm×350mm，纵向梁为 150mm×300mm；底层框架梁、柱和混凝土抗震墙的混凝土强度等级为 C25。模型制作过程中测定了砂浆、混凝土及各种钢筋的强度。

（2）模型试验的结果

1）模型的破坏状态

底层框架-抗震墙砖房模型的破坏状态，可分为 2 层以上（不包括第 2 层）砖房部分、底层框架-抗震墙和结构过渡楼层第 2 层三种类型。下面对这 3 种类型的破坏状态进行分析。

① 2 层以上砖房部分

底层框架抗震墙砖房的 2 层以上砖房部分的破坏状态和多层砖砌体房屋的破坏状态相同。在一定强度的地震作用下，首先在最薄弱楼层中的薄弱墙段率先开裂和破坏，随着地震作用强度的增大，在最薄弱楼层的薄弱墙段形成 X 形裂缝，其他墙段也先后破坏而形成破坏集中的楼层。试验说明，该模型除第 2 层外，第 3、4 层为相对薄弱的楼层，其破坏程度较第 5～7 层要重一些。

② 底层框架-抗震墙

该模型的第 2 层与底层的横向侧移刚度比为 1.38。由于底层的侧移刚度较第 2 层侧移刚度小，且钢筋混凝土墙的开裂位移角为 1/800～1/1000，所以在模型的拟静力试验中底层钢筋混凝土抗震墙先于底层的砖填充墙和上部砖房部分出现裂缝，而该钢筋混凝土抗震墙的裂缝被竖缝分割为两片墙的各自裂缝，加之在竖缝两侧又增设了暗柱，使得带边框的开竖缝墙具有较好的承载能力和耗能能力。

带边框的钢筋混凝土墙开裂后，其刚度虽然有所降低，但是尚未达到其极限承载能力，加上底层的砖填充墙还没有开裂，所以刚度降低也不太多；在继续加载的过程中，第 2～4 层先后达到砖墙的开裂位移而使砖墙开裂，第 2～4 层砖墙开裂后，其层间刚度降低到初试刚度的20%左右，以致在第2～4层砖墙开裂后继续加载时，第2～4层的破坏较第1层严重，特别时第2层的破坏更严重一些。这表明带边框开竖缝的钢筋混凝土抗震墙的边框和暗柱具有阻止墙板裂缝开展的作用。由于在带边框的低矮混凝土墙中开了竖缝，使得竖缝两侧墙板的高宽比大于1.5。对于在竖缝两层设置暗柱的两块墙板来讲，虽然裂缝仍为斜裂缝，但因在每块板中形成多条裂缝而具有较好的抗震能力。

带边框开竖缝的钢筋混凝土抗震墙中边框柱的破坏为受拉破坏，柱底出现多道水平裂缝，随着混凝土墙板裂缝的开展而更为明显；从电阻片的应变来看，同一级加载中钢筋混凝土墙中边框柱的钢筋应变大于未设抗震墙的框架柱的应变。因此，在抗震设计中不能使钢筋混凝土墙中边框柱的配筋小于一般框架柱的配筋。

③ 过渡楼层

底层框架-抗震墙砖房是由两种材料和承重体系组成的结构体系，其过渡楼层的受力复杂。底层框架抗震墙砖房的第2层担负着传递上部的地震剪力，也担负着由于上部各层地震作用对底层楼板的倾覆力矩引起楼层转角对第2层层间位移的增大作用。因此，在底层钢筋混凝土抗震墙出现裂缝之后的继续加载过程中，第2层砖墙的开裂先于其他楼层的砖墙（第2层砖墙的砂浆强度等级与第3、4层相比实际上还好一些），而且形成破坏集中的楼层。在模型设计中已经考虑到第2层这个过渡楼层的特点，从抗震构造措施上给予了增强，即在内纵墙与横墙（轴线）的交接处增设了钢筋混凝土构造柱，有利于约束脆性墙体和增强该楼层的耗能能力。因此，在模型试验中第2层的层间位移角达到1/120时，第2层砖墙裂缝开展较快，但有构造柱的约束使得该层墙体裂缝并不宽，构造柱的柱端出现裂缝，尚未出现混凝土脱落的现象。

随着水平推（拉）力的加大，在第2层的纵墙上出现水平裂缝。虽然在第3、4层的①轴线处（东侧）也出现了水平裂缝，但是仅是局部的，并不分布在整个纵墙上。只有第2层的纵墙裂缝有较规律的分布，对于第2层纵墙的水平裂缝，有的是横墙剪切裂缝的延伸，而多数是由于上部各层地震作用对底层楼板的倾覆力矩引起的。因此对底层框架-抗震墙砖房第2层纵墙出平面的抗弯能力应给予增强。

模型破坏形态和裂缝图如图17.2.4所示。

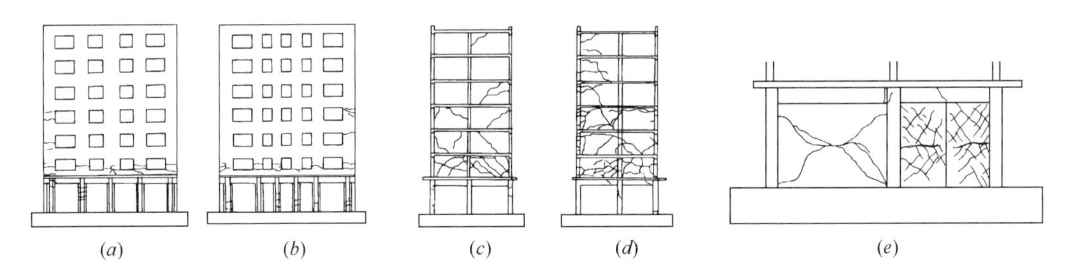

图17.2.4　破坏形态和裂缝图

(a) 南立面裂缝图；(b) 北立面裂缝图；(c) 东立面裂缝图；(d) 西立面裂缝图；(e) 抗震墙

(3) 模型的变形

根据文献［10］～［12］中的方法，我们计算分析了试验模型结构上部砖房及底层框架抗震墙的变形，并用直接动力法分析了8度、9度地震作用下的最大位移。

计算结果表明，由于该试验模型的层间极限剪力系数分布较为均匀，所以弹塑性变形集中的现象不十分明显。在9度地震作用下，第1层与第2层最大位移反应差不多，但因第1层层高为1.95m，第2层层高为1.4m，相应最大位移反应的层间位移角分别为：第1层1/258，第2层1/196。

（4）模型的动力特性

模型在弹性阶段和破坏阶段的实测周期如表17.2.3。

模型的实测第1振型周期 **表17.2.3**

试验阶段	弹性试验		破坏阶段	
周期（s）	纵向	横向	纵向	横向
	0.158	0.199	0.217	0.246

由于模型材料与实际结构材料相同，按模型相似条件，原形的周期应是模型的1.2倍；再考虑脉动实测与实际地震的差异因素，尚需乘以1.2的系数。因此，对应的实际结构的横向与纵向自振周期分别为0.23s和0.29s。与模型结构类似的实际底层框架-抗震墙砖房的实测横向周期亦约为0.3s。从实测的振型曲线看，这类房屋的层间刚度无明显差异，房屋整体属刚性结构。自振周期与多层砖房差不多。

（5）结论

1）模型试验的结果表明，总层数为7层的底层框架-抗震墙砖房具有一定的抗震能力，能满足7度区的抗震设防要求，即在遭遇比设防烈度高1度左右的8度地震作用下，其破坏状态可控制在中等破坏以内。

2）底层框架-抗震墙砖房的第2层受力比较复杂，担负着传递上部的地震剪力和倾覆力矩等作用，应采取相应的抗震措施提高墙体的抗剪和出平面抗弯能力。

3）底层框架-抗震墙砖房底层的钢筋混凝土墙，宜设置为开竖缝的带边框混凝土墙，使每块墙片的高宽比大于1.5，有助于提高底层的变形能力和耗能能力。

4）在底层框架-抗震墙砖房中，由于倾覆力矩的作用，致使多层砖房部分的侧移相对于同样层数（不计底层这一层）的多层砖房要大一些。因此，应对底层框架抗震墙砖房中的上部砖房部分的抗震构造措施给予适当增强，对除过渡楼层外的上部砖房的钢筋混凝土构造柱的设置部位，按底层框架抗震墙砖房的总层数和所在地区的设防烈度，对照多层砖房同样层数的要求设置；建议即使在6、7度区也要在每层设钢筋混凝土圈梁。

5）实测模型的动力特性结果表明，这类房屋类似多层砖房，房屋整体仍属刚性结构。

3. 底部两层框架-抗震墙砖房模型抗震试验研究

为了研究底部两层框架-抗震墙砖房的抗震性能和设计方法，文献［13］、［14］进行了底部两层框架-抗震墙砖房的模型试验研究。

（1）8层底部两层框架-抗震墙砖房1/3比例模型的试验研究[13]

1）模型设计概况

根据底部两层框架砖房上部一般为单元住宅的状况，选取一个标准单元（五个开间）进行模型设计，为了能使试验结果较好地反映这类房屋实际结构的抗震性能和受力状态，模型的平面、立面、钢筋混凝土墙和砖墙、梁柱截面尺寸等均取实际尺寸的1/3；在抗震构造措施方面也尽量做到与实际相似。

模型的开间尺寸为：①、②和⑤、⑥轴开间为1100mm，②、③与④、⑤轴开间为

1000mm，③、④轴开间为楼梯间，开间为800mm。模型结构层高为：第1层1.5m，第2层1.4m，第3层至第8层均为0.9m，模型总高度（包括顶层的女儿墙0.3m）为8.6m；模型底部设置了0.6m高的钢筋混土地梁，并用钢螺栓和钢压梁与试验台座固定于一起，模型的总高度为9.2m。模型第1、2层和第3～8层平面图及剖面图如图17.2.5所示。

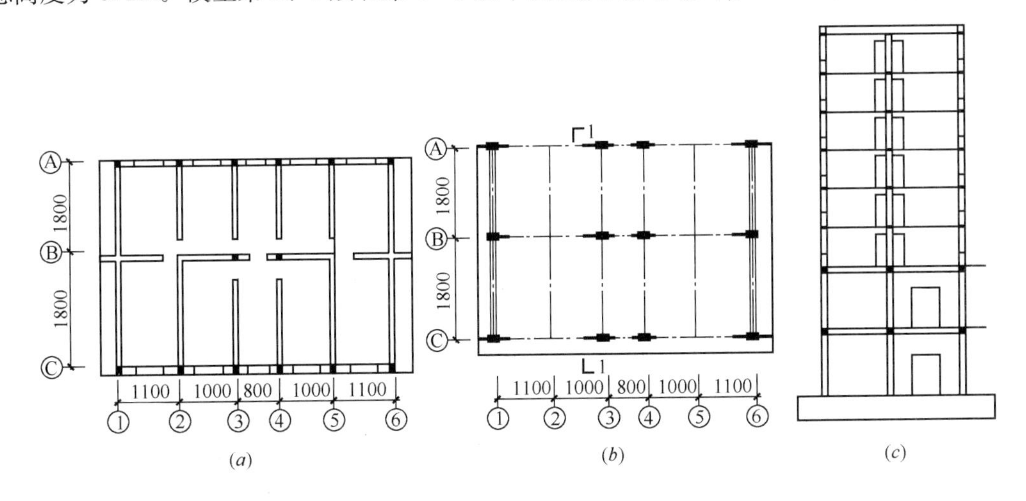

图17.2.5 模型平、剖面图（mm）

（*a*）第3～8层平面图；（*b*）第1～2层平面图；（*c*）1-1剖面图

模型各种材料的实测值与设计要求有一定的差距，表17.2.4～表17.2.6列出了模型构件所用的混凝土、钢筋和砂浆材料力学性能的实测结果。

底部两层框架-抗震墙混凝土抗压强度 **表17.2.4**

项目	原设计混凝土强度等级	实测抗压强度标准值
底部两层框架梁柱和混凝土墙	C30	22.9MPa

各层砂浆抗剪强度实例值 **表17.2.5**

层	一	二	三	四	五	六	七	八
f_v（MPa）	0.16	0.16	0.17	0.18	0.20	0.10	0.14	0.12

各种型号钢筋的屈服和极限抗拉强度 **表17.2.6**

类型	Φ14	Φ18	Φ10	Φ8	Φ6
屈服（MPa）	390	310	326	338	407
极限（MPa）	530	460	458	438	542

2）试验结果

① 开裂过程

当往复总水平荷载加至343.0kN时，模型的第6层⑥轴墙体出现第一道斜裂缝，此时第6层的水平剪力约为210.0kN；当往复总水平荷载加至410.0kN时，第6层①轴墙体出现斜裂缝，第3、4层的⑥轴和①轴墙体出现局部斜裂缝，第2层⑥轴和①轴的填充墙在门洞附近出现局部裂缝；当往复总水平荷载加至476kN时，第5层的①轴和⑥轴墙出现局部斜裂缝，在此过程中原先已出现裂缝的墙体裂缝进一步扩展，裂缝的条数也有不同程度的增加；当往复总水平荷载加至550kN时，第6层的①、⑥轴墙体形成X型交叉主裂缝，第6层的构造柱的上柱端出现斜裂缝；当往复总水平荷载加至590kN时，第6层砖墙出现较明显阶梯型宽裂缝，其他层的裂缝宽度也明显加大，第7层墙体出现可见裂缝；在此基础上再增加一级水平荷载，总荷载达到657kN时，第8层墙体出现裂缝，第6层墙体的裂缝宽度明显，第6层构造柱的柱底和柱头混凝土酥裂，构造柱柱端的斜向裂缝明显，在第6层的外纵墙上出现水平和竖向裂缝，第3层墙体裂缝明显，第3层的钢筋混凝土圈梁也出现裂缝，第1层、第2层填充墙裂缝明显，钢筋混凝土墙出现裂缝，钢筋混凝土框架柱的柱底和柱头出现裂缝。

② 破坏过程

模型试验的开裂过程表明，模型的相对薄弱楼层第6层首先开裂，随着加载的增加，第6层形成破坏集中的楼层，在此过程中其他楼层的墙体先后开裂和破坏。当往复总水平荷载加到657kN时，第6层已处于严重破坏状态。其他楼层虽也出现不少裂缝，但仍处于中等破坏状态以内。这时第6层破坏严重，该层已不能较好传递水平荷载至下部楼层，为了得到底部两层框架抗震墙的极限荷载，主要在第4层和第2层施加水平荷载，施加总荷载为1360.0kN时，底部两层框架柱和抗震墙的裂缝非常明显，其中钢筋混凝土抗震墙的底部出现水平和向上的斜裂缝，呈现出明显的弯剪破坏特征。由于混凝土抗震墙为带边框的墙，所以在边柱处出现多道水平裂缝，与混凝土墙相连的该榀框架梁端出现裂缝。底部两层框架柱的柱端截面出现明显的水平裂缝，个别柱头和柱底混凝土酥裂，填充墙框架榀中的填充墙破坏严重，出现多道明显的裂缝。可以认为，这时模型的底部两层框架抗震墙已处于严重破坏状态，继续加载，第3层和第4层墙体裂缝开展更加明显，钢筋混凝土构造柱的柱头柱底产生斜裂缝，第2层纵墙的底部出现水平裂缝，这两层处于严重破坏状态。

（2）底部两层框架-抗震墙砖房1/2比例模型拟动力试验[14]

1）模型设计

试验模型取实际房屋的两个开间，其平面、剖面图如图17.2.6所示。模型底部为两层钢筋混凝土框架-抗震墙结构，如图17.1.6（*a*）所示。柱截面尺寸为250mm×250mm。钢筋混凝土抗震墙为带边框墙，腹板厚100mm。框架横梁截面尺寸：第1层为250mm×250mm，楼面为预制板，板厚60mm；第2层为250mm×300mm。纵梁尺寸为150mm×250mm。第2层梁板现浇为整体，板厚100mm。

第3层为过渡层，受力比较复杂。为了增强其承载能力，除在纵墙交接处设置构造柱外，在横墙中部或门洞边增设构造柱，如图17.2.6（*b*）所示。第4～6层仅在纵横墙交接处设置构造柱，如图17.1.6（*c*）所示，门洞边设钢筋混凝土门框。第3～6层采用先砌墙并预留马牙槎后浇构造柱混凝土的施工方法，墙与柱间设置拉筋。每层均设圈梁。砖墙用黏土空心砖（KP1型）水泥砂浆砌筑，墙厚120mm。构造柱截面为120mm×120mm。第3～6层楼面采用60mm厚的预制板。

2）试验结果

在加速度峰值为100Gal的地震作用（相当于设防烈度7度）下，底部两层框架-抗震墙在拟静力试验中产生的裂缝重新张开，未见新裂缝出现。试验结束后，裂缝全部闭合。上部砖房未出现裂缝。

在加速度峰值为200Gal的地震作用（相当于设防烈度8度）下，底部两层框架-抗震墙的原有裂缝扩展延伸，并产生一些新裂缝，但裂缝宽度仍较小，约为0.1mm。加载结

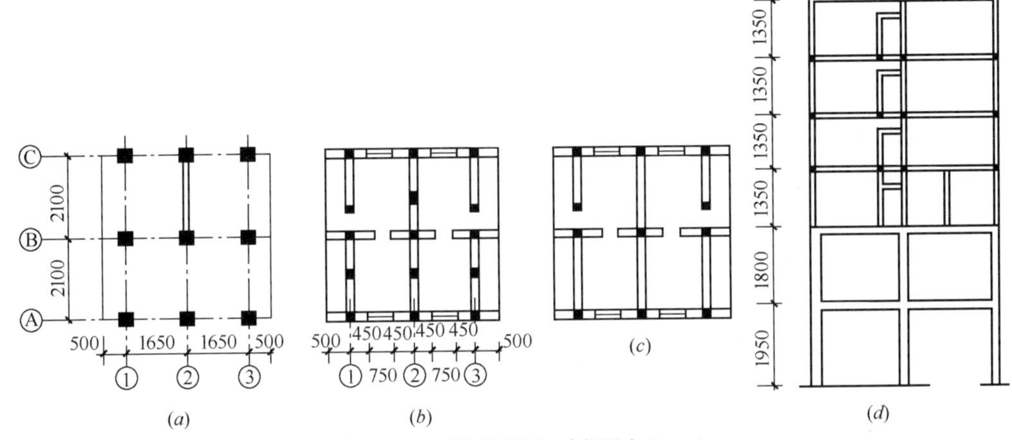

图 17.2.6　模型平面、剖面图（mm）

（*a*）第 1、2 层平面；（*b*）第 3 层平面；（*c*）第 4～6 层平面；（*d*）剖面示意图

束后，抗震墙的裂缝全部闭合；除柱顶和柱底的个别裂缝未闭合外，柱上其余裂缝全部闭合。另外，在此加载过程中，第 4 层 A、B 段砖墙在靠近 B 轴处出现一条倾角为 80°，长约 300mm 的裂缝。其他层未见裂缝出现。

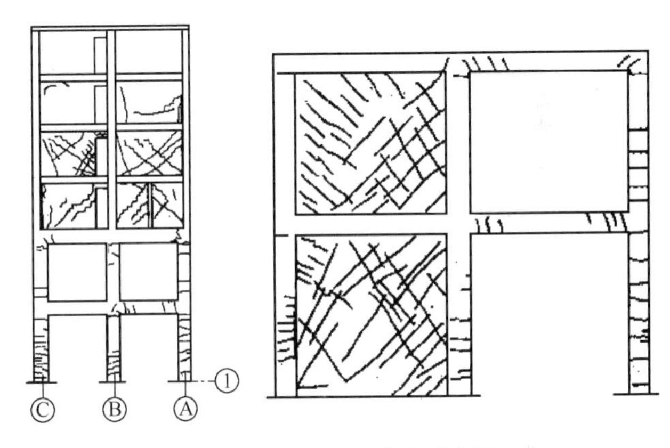

图 17.2.7　裂缝分布示意图

（*a*）①轴墙及柱裂缝图；（*b*）底部两层抗震墙及框架裂缝图

在加速度峰值为 500Gal 的地震作用下，斜裂缝密布底部两层抗震墙墙面，裂缝宽度不大，墙底出现水平裂缝，框架柱产生许多水平裂缝。底部各梁端产生一些裂缝，缝宽最大约为 0.2mm。第 1、2 层与抗震墙相连的框架梁端产生较多裂缝，梁中部分钢筋已屈服。第 3 层墙体产生较多斜裂缝，缝宽约 1～2mm，这些裂缝均被构造柱隔开，有门洞一侧墙体开裂较重，钢筋混凝土门框在角部出现裂缝，该层墙体尚未达到水平极限承载力。第 4 层墙体严重破坏，其中 B、C 轴间的①、②、③轴墙体破坏尤为严重，墙面产生阶梯形裂缝并伴有局部压酥，错动约 10mm；钢筋混凝土门过梁的裂缝宽度约 2mm，构造柱钢筋屈服，该层达到水平极限承载力（554kN）。第 5 层局部出现裂缝，缝宽约 1mm。第 6 层基本完好。试验结束后，①轴墙及柱的裂缝分布如图 17.2.7（*a*）所示，②轴底部两层抗震墙及框架的裂缝分布如图 17.2.7（*b*）所示。

17.3　底部框架-抗震墙砖房抗震设计的一般要求

17.3.1　GB 50011—2010 的主要修改

底层框架和底部两层框架-抗震墙砖房的底部框架、抗震墙和上部砖房部分均具有一定的抗震能力，但这两部分不同承重和抗侧力体系之间的抗震性能是有差异的，而且其过渡楼层的受力也比较复杂。通过总结汶川地震的震害经验和已有的研究成果进行了以下主要修改：

（1）对底层框架和底部两层框架-抗震墙砖房的总层数和总高度控制更为严格，6 度区的多层砌体房屋控制在 7 层，7 度（0.15g）6 层、8 度（0.2g）5 层，对于 8 度（0.3g）和 9 度不允许建造。

（2）对房屋的过渡楼层采取增强的措施，底部框架-抗震墙砖房是由两种承载能力和抗侧体系构成的，底部具有一定的承载能力和较好的变形能力，上部砖房部分具有一定的抗震能力，但变形和耗能能力相对比较差。汶川大地震中有一些底层框架和底部两层框架-抗震墙砖房的过渡层破坏严重甚至垮塌。过渡楼层除严格设置构造柱外，砖砌体墙在相邻构造柱间的墙体，应沿墙高每隔 360mm 设置 2Φ6 通长水平钢筋和Φ4 分布短筋平面内点焊组成的拉结网片或Φ4 点焊钢筋网片，并锚入构造柱内。

（3）控制最大横墙间距。GB 50011—2010 将 GB 50011—2001 的对底层框架和底部两层框架-抗震墙砖房的底部最大横墙间距 6、7 度减少 3m，8 度减少 7m，上部砖房部分的横墙间距同多层砖房的要求。

17.3.2 底部框架-抗震墙砖房抗震设计的一般要求

为了使这类房屋的抗震设计满足“小震”不坏，设防烈度可修和“大震”不倒的抗震设防目标，应符合下列基本要求。

1. 房屋的平、立面布置应规则、对称

历次震害调查说明，体形复杂或结构构件（墙体、柱网等）布置不合理，将加重房屋的震害。对于底部框架-抗震墙砖房，其抗震性能相对于多层钢筋混凝土房屋要差一些。因此，这类房屋平、立面布置的规则要求应更严格一些，既房屋体形宜简单、对称，结构抗侧力构件的布置也应尽量对称，这样可以减少水平地震作用下的扭转。

2. 房屋的高度要限制、高宽比要适当

近些年来，通过对底部框架-抗震墙砖房的模型试验和一系列分析研究，深入探讨了这类房屋的抗震性能，提出了改善底层低矮钢筋混凝土墙抗震性能，增强过渡楼层和房屋整体抗震能力的抗震设计方法和构造措施。对房屋布置较为规则且沿竖向较为均匀和满足增强过渡楼层与房屋整体抗震能力要求的，其房屋总层数和总高度可不应超过表 17.3.1 的规定。房屋的总高度指室外地面到檐口高度，半地下室可以从地下室内地面算起，全地下室和嵌固条件好的半地下室可以从室外地面算起；带阁楼的坡屋面时应算到山尖墙的 1/2 高度处；室内外高差大于 0.6m 时，房屋总高度应允许比表中数据适当增加，但不应多于 1m。底部框架-抗震墙砌体房屋的底部，层高不应超过 4.5m；当底层采用约束砌体抗震墙时，底层的层高不应超过 4.2m；上部砖房部分的层高，不宜超过 3.6m。

总高度（m）和层数极限值 **表 17.3.1**

砌体类别	最小抗震墙厚度（mm）	烈度和设计基本地震加速度							
		6		7				8	
		0.05g		0.1g		0.15g		0.2g	
		高度（m）	层数	高度（m）	层数	高度（m）	层数	高度（m）	层数
普通砖、多孔砖	240	22	7	22	7	19	6	16	5
多孔砖	190	22	7	19	6	16	5	13	4
混凝土小砌块	190	22	7	22	7	19	6	16	5

注：本表混凝土小砌块砌体房屋不包括配筋混凝土小型空心砌块砌体房屋。

底部框架抗震墙砖房总高度与总宽度的最大比值，应符合表 17.3.2 的要求。

房屋最大高宽比　　表 17.3.2

烈度	6	7	8
最大高宽比	2.5	2.5	2.0

3. 底部框架-抗震墙砖房的侧移刚度控制

(1) 底层框架-抗震墙砖房

在地震作用下，底层框架-抗震墙砖房的弹性层间位移反应均匀，减少在强烈地震作用下的弹塑性变形集中，能够提高房屋的整体抗震能力。控制第 2 层与底层的侧移刚度比，就是为了使底层框架-抗震墙砖房的弹性位移反应较为均匀，底层的纵、横向均应设置一定数量的抗震墙，同时底层的纵、横向抗震墙也不应设置的过多，以避免底层过强使薄弱楼层转移到上部砖房部分。因此，底层框架-抗震墙砖房第 2 层与底层侧移刚度比的合理取值，既应包括弹性层间位移反应的均匀又应包括不至于出现突出的薄弱楼层。

文献［15］对这个问题从弹性反应和“大震”作用的弹塑性位移反应等方面进行了分析，其分析结论为：

1) 底层框架-抗震墙砖房的第 2 层与底层的侧移刚度比，不仅对地震作用下的层间弹性位移有影响（当比值越大时，突出表现在底层弹性位移的增大），而且也对层间极限剪力系数分布、薄弱楼层的位置和薄弱楼层的弹塑性变形集中等也有着重要的影响。

2) 在第 2 层与底层的侧移刚度比在 1.5 左右时，其层间极限剪力系数分布较均匀，虽然第 1 层的弹塑性最大位移反应仍偏大一些，但是弹塑性变形集中的现象要好得多，能够发挥底层框架-抗震墙变形能力和耗能能力好的抗震性能，而且上部砖房破坏不重，有利于结构的整体抗震能力。当第 2 层与底层的侧移刚度比小于 1.2，特别是小于 1.0 时，因底层钢筋混凝土墙设计得多而大为增强了底层的抗震能力，使得底层抗震的极限剪力系数较上部多层砖房部分的各层大，薄弱楼层不在是底层而是上部砖房层间极限剪力系数相对较小的楼层。

3) 综合一系列的分析结果，底层框架-抗震墙砖房的第 2 层与底层的侧移刚度比宜控制在 1.2～2.0 之间。在 8 度时不应大于 2.0；在 6、7 度时不宜大于 2.0，当设有钢筋混凝土抗震墙时可适当放宽，但不应大于 2.5，当仅设置嵌砌于框架的实心砖和混凝土小型砌块墙时不应大于 2.0。同时侧移刚度比均不应小于等于 1.0。

(2) 底部两层框架-抗震墙砖房

底部两层框架-抗震墙砖房的侧移刚度沿高度变化宜均匀，第 1 层的侧移刚度不应小于第 2 层侧移刚度的 70%。由于底部两层框架-抗震墙砖房的底部两层的钢筋混凝土墙已不是高宽比小于 1 的低矮墙，整体模型试验结果表明，其底部两层具有协同工作的特征。因此，底部两层的钢筋混凝土墙的侧移刚度已不能沿用底层框架-抗震墙砖房的方法。文献［16］对这类房屋底部两层框架-抗震墙的侧移刚度进行了分析，探讨了这类房屋底部两层侧移刚度的简化计算方法。同时，给出了底部两层框架-抗震墙砖房第 3 层与第 2 层侧移刚度比的合理取值为 1.2～1.8，并特别指出了第 3 层与第 2 层的侧移刚度比不应小于等于 1.0。在 6、7 度时，第 3 层与第 2 层的侧移刚度比不应大于 2.0，8 度时不应大于 1.5。

4. 抗震墙的最大间距限值

底部框架-抗震墙砖房的抗震墙间距包括底层或底部两层和上部砖房两部分，上部砖房各层的横墙间距要求和多层砖房的要求一样；底部框架-抗震墙部分，由于上面几层的地震作用要通过底层或第2层的楼盖传至抗震墙，楼盖产生的水平变形将比一般框架-抗震墙房屋分层传递地震作用的楼盖水平变形要大。因此，在相同变形限制条件下，底部框架-抗震墙砖房底层或底部两层抗震墙的间距要比框架-抗震墙的间距要小一些。

底部框架-抗震墙砖房抗震墙最大间距限值详见表17.3.3。

抗震墙最大间距（m） **表17.3.3**

烈度	6	7	8
底层或底部两层	18	15	11
上部各层砖墙	同多层砖房的要求		

5. 底部框架-抗震墙砖房中底层或底部两层钢筋混凝土墙的高宽比

（1）底层框架-抗震墙砖房中底层钢筋混凝土抗震墙的高宽比

在实际工程中，底层框架-抗震墙砖房的底层钢筋混凝土抗震墙的高宽比往往小于1.0，通常把高宽比小于1的钢筋混凝土墙称为低矮墙。

高宽比小于1.0的低矮钢筋混凝土墙是以受剪为主，由剪力引起的斜裂缝控制其受力性能，其破坏状态为剪切破坏。结合底层框架-抗震墙砖房中的底层钢筋混凝土墙为带边框的钢筋混凝土低矮墙的特点，文献［8］进行了带边框开竖缝钢筋混凝土低矮墙的试验和分析研究。试验结果表明：放入砂浆板和钢筋混凝土板的带竖缝钢筋混凝土墙的抗震性能明显优于整体钢筋混凝土低矮抗震墙，这种开竖缝的抗震墙具有弹性刚度较大，后期刚度较稳定，达到最大荷载后，其承载力没有明显降低，其变形能力和耗能能力有较大提高，达到了改善低矮墙抗震性能的目的。采用带边框开竖缝的钢筋混凝土墙，竖缝两侧分割后的钢筋混凝土墙的高宽比宜为1.5左右，也就是说在一道钢筋混凝土低矮墙中，可仅开一道竖缝。

（2）底部两层框架-抗震墙砖房中底部两层钢筋混凝土墙的高宽比

底部两层框架-抗震墙砖房中底部两层钢筋混凝土墙的高宽比一般已不再是小于1.0的低矮墙。但由于使用功能的要求，在底部两层中往往设置为较大的柱网，致使有些钢筋混凝土墙的宽度为6.0～17.2m，使得这类钢筋混凝土墙的高宽比小于1.5。对于高宽比小于1.5的钢筋混凝土墙，可采取开门窗洞口等方式，使其对层间抗侧力刚度的贡献不宜过大。

这里还要指出的是，在少量的底层框架-抗震墙砖房和底部两层框架-抗震墙砖房的实际工程中均出现了宽度为10.0m左右的钢筋混凝土墙，不仅造成了钢筋混凝土墙的高宽比小于1.0，而且使得这类墙体的抗侧力刚度的贡献特别大，一旦该墙体开裂和丧失承载能力，将对其他抗侧力构件产生很不利的影响。较合理的设置是一片钢筋混凝土墙仅应与两个框架柱形成带边框柱的抗震墙。

6. 底部框架-抗震墙砖房的结构体系

根据对底部框架-抗震墙砖房抗震性能的研究和这两类房屋的特点，提出以下要求：

（1）底部框架-抗震墙砖房的底层或底部两层应设置为框架-抗震墙体系

底部框架-抗震墙砖房的底层或底部两层受力比较复杂，而底部的严重破坏将危及整个房屋的安全，加上地震倾覆力矩对框架柱产生的附加轴力使得框架柱的变形能力有所降低，对底部的抗震结构体系的要求应更高一些。

1）底部框架-抗震墙砖房的底层或底部两层均应设置为纵、横向的双框架体系，避免一个方向为框架，另一个方向为连续梁的体系。这主要是由于地震作用在水平上是两个方向的，一个方向为连续梁体系则不能发挥框架体系的作用，则该方向的抗震能力降低比较多。同时，也不应设置为半框架体系或在山墙和楼梯间为构造柱圈梁约束砖抗震墙的体系。这是由于底部的地震剪力按各抗侧力构件的刚度分配，在半框架体系或山墙为构造柱、圈梁约束的砖抗震墙体系中，砖墙较框架的抗侧力刚度大得多，在地震作用下，砖墙先开裂和破坏，加上砖墙的变形能力较框架要差得多，砖墙构件将先退出工作，这加重了半框架或部分框架的破坏。

2）底层框架-抗震墙砖房的底层应设置为框架-抗震墙体系。在6、7度区底层为小型商店时，其抗震墙可为框架填充墙；当底层的砖填充墙较少时应设置一定数量的钢筋混凝土抗震墙。在8度时，均应设置一定数量的钢筋混凝土抗震墙，使底层形成具有二道防线的框架抗震墙体系，有利于提高底层的抗震能力。

3）底部两层框架-抗震墙砖房的底部两层应设置为框架-钢筋混凝土抗震墙体系。底部两层框架-抗震墙砖房的底部两层一般为中型商场，不可能在底部两层的横向和纵向设置较多的墙体。因此，这类房屋的底部两层均应设置一定数量的钢筋混凝土墙，形成框架-钢筋混凝土抗震墙体系。为了增强钢筋混凝土抗震墙的变形和耗能能力，应把钢筋混凝土墙设置为带边框的钢筋混凝土墙。钢筋混凝土墙边框柱的配筋不宜少于其他榀框架柱的配筋。

4）底层或底部两层的抗震墙宜沿纵、横两个方向对称布置，尽量使纵、横抗震墙相连；钢筋混凝土墙宜布置为T形、L形或Π形。对于底部两层的抗震墙应贯通第1、2层。

5）底层框架-抗震墙砖房的底层钢筋混凝土墙宜设置为带边框开竖缝的钢筋混凝土墙。

（2）过渡楼层的抗震能力应适当加强

整体模型试验研究结果表明，底层框架-抗震墙砖房的过渡楼层受力比较复杂，虽然底层的抗震墙先开裂，但是一旦过渡楼层的砖墙开裂后，其破坏状态要比底部重得多。因此，应增强过渡楼层的抗剪和抗弯承载能力。

（3）上部砖房的纵、横墙布置

上部砖房的纵、横向布置宜均匀对称，沿平面宜对齐，沿竖向应上下连续；同一轴线上的窗间墙宜均匀。内纵墙宜贯通，对外纵墙的开洞率应控制，6度时不宜大于55%，7度时不应大于55%，8度时不应大于50%。

7. 底部框架-抗震墙砖房的底部与上部砖房部分的抗震能力宜相匹配

结构抗震能力沿竖向分布的均匀性，有助于提高房屋的整体抗震能力。底部框架-抗震墙砖房是由两种承载能力和抗侧体系构成的，底部具有一定的承载能力和较好的变形能力，上部砖房部分具有一定的抗震能力，但变形和耗能能力相对比较差。对于这类房屋不能把底层设计的过强，对于遵守规范底部乘以增大系数的情况下应适当提高上部砖房部分的抗震能力，尽量把过渡楼层设计的墙体设置为水平配筋砌体，使得这类房屋的底部与上部砖房部分的抗震能力相匹配。

这类房屋的底部与上部是两种抗侧力结构体系，其结构均匀性和薄弱楼层的判别有其自身的特点，不能采取多层钢筋混凝土框架房屋判断薄弱楼层的方法。文献[17]、[18]对底部框架-抗震墙砖房的均匀性进行了探讨，提出了判断薄弱楼层在底部还是在上部砖房部分的分析方法，即可根据$\xi_Y(1)$是否小于$0.8\xi_R(2)$或$\xi_Y(2)$是否小于$0.8\xi_R(3)$来判断。对于底层框架-抗震墙砖房，若$\xi_Y(1)<0.8\xi_R(2)$，则底层为薄弱楼层，若$\xi_Y(1)>0.9\xi_R(2)$，则第2层为薄弱楼层，若$\xi_Y(1)$为$(0.8\sim0.9)\xi_R(2)$，则该结构较为均匀。对于底部两层框架-抗震墙砖房，若$\xi_Y(2)<0.8\xi_R(3)$，则底部为薄弱楼层，若$\xi_Y(2)>0.9\xi_R(3)$，则第3层为薄弱楼层，若$\xi_Y(2)$为$(0.8\sim0.9)\xi_R(3)$，则该结构较为均匀。

8. 底部框架和钢筋混凝土墙的抗震等级

底部框架和钢筋混凝土墙的抗震等级和多层与高层钢筋混凝土房屋的抗震等级要求一样，应从内力调整和抗震构造措施两个方面来体现不同抗震等级的要求，《建筑抗震设计规范》GB 50011—2010 给出的抗震等级的划分详见表17.3.4。

底部框架和混凝土抗震墙的抗震等级　　表17.3.4

烈度	6	7	8
框架	三	二	一
混凝土抗震墙	三	三	二

17.4 地震作用计算和抗震验算

1. 水平地震作用计算

对于质量和刚度沿高度分布比较均匀的结构，可采用底部剪力法；对于质量和刚度沿高度分布不均匀、竖向布置不规则的底层框架-抗震墙砖房还应考虑水平地震作用下的扭转影响。

对于质量和刚度沿高度分布不均匀的底层框架-抗震墙砖房采用振型分解反应谱法时，应取多于三个振型。

对于平面和竖向布置不规则的底层框架-抗震墙砖房的地震作用分布，可采用考虑水平地震作用的扭转影响的振型分解反应谱法。

《建筑抗震设计规范》GB 50011—2010 依据近年来的研究成果以及 GB 50011—2001 的连续性，给出了底层框架-抗震墙砖房和底部两层框架-抗震墙砖房的底层和第二层的纵向与横向地震剪力设计值均应乘以增大系数，其值根据侧向刚度比值在1.2～1.5范围内选用。

2. 底层框架-抗震墙砖房的底层地震剪力设计值在框架和抗震墙中的分配

底层框架-抗震墙砖房中底层框架的侧移刚度一般为第2层砖房侧移刚度的1/12～1/8；当第2层与第1层的侧移刚度比为2.0时，则框架的侧移刚度占底层总侧移刚度的17%～25%；当第2层与第1层的侧移刚度比为1.5时，则框架的侧移刚度占底层总侧移刚度的13%～19%。由此可见，底层框架-抗震墙砖房的底层侧移刚度中钢筋混凝土框架占有相当的比例，从控制底层设置一定数量的抗震墙和底层的二道防线的设计原则考虑，其底层地震剪力设计值应全部由抗震墙承担。

在地震作用下，底层的钢筋混凝土抗震墙在层间位移角为 1/1000 左右时，混凝土墙开裂，在层间位移角为 1/500 左右，其刚度已降低到弹性刚度的 30%；底层的砖填充墙在层间位移角为 1/500 左右时已出现对角裂缝，其刚度已降低为弹性刚度的 20%，而钢筋混凝土框架在层间位移角为 1/500 左右时仍处于弹性阶段。这说明在底层抗震墙开裂后将产生塑性内力重分布。由于底层框架-抗震墙的底层框架为第二道防线，底层框架的抗震性能对底层框架-抗震墙砖房的整体抗震能力起很重要的作用。因此，底层框架承担的地震剪力设计值可按底层框架和抗震墙的有效刚度进行分配（框架刚度不拆减，钢筋混凝土取 0.3 的弹性刚度，砖墙取 0.2 的弹性刚度），可按下式计算。

$$V_j(1)=\frac{K_j}{\sum K_j+0.3\sum K_{cwj}+0.2\sum K_{bwj}}V(1) \tag{17.4.1}$$

式中 $V_j(1)$——第 j 榀框架承担的地震剪力；

K_j——第 j 榀框架的弹性刚度；

K_{cwj}——第 j 片混凝土墙的弹性刚度；

K_{bwj}——第 j 片砖抗震墙的弹性刚度。

3. 填充墙对框架产生的附加轴力和剪力

填充墙框架的柱轴向压力和剪力，应考虑填充墙引起的附加轴向压力和附加剪力（见图 17.4.1），其值可按下列公式确定：

$$\Delta N_f = V_w H_f / l \tag{17.4.2}$$

$$\Delta V_f = V_w \tag{17.4.3}$$

式中 ΔN_f——附加轴向力设计值；

ΔV_f——附加剪力设计值；

V_w——填充墙承担的剪力设计值，框架柱两侧有填充墙时，采用两者中的较大值；

H_f——框架层高；

l——框架跨度（柱中距）。

4. 底部框架-抗震墙砖房上部砖房部分水平地震剪力的分配

底部框架-抗震墙砖房上部砖房部分和配筋砌体房屋的楼层水平地震剪力，应按下原则分配：

（1）现浇和装配整体式钢筋混凝土楼、屋盖等刚性楼盖建筑，宜按抗侧力构件侧移刚度的比例分配。

（2）普通预制板的装配式钢筋混凝土楼、屋盖的建筑，按抗侧力构件侧移刚度比例和其从属面积上重力荷载代表值比例的平均值分配。

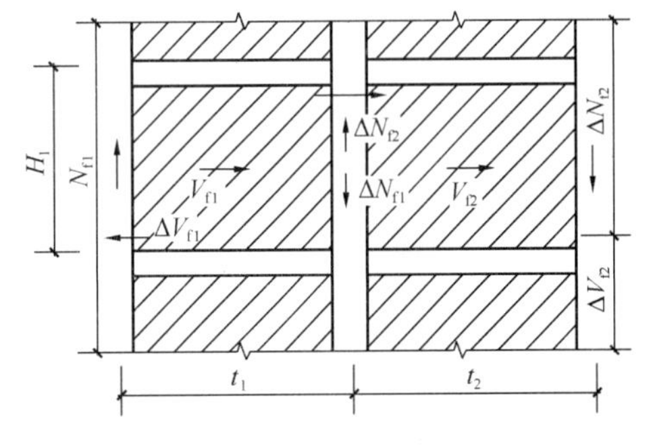

图 17.4.1 填充墙框架柱的附加轴向力和附加剪力

（3）当抗震墙之间楼盖长宽比大于 2.5 时，框架柱各轴线承担的地震剪力和轴向力，尚应计入楼盖平面内变形的影响。

5. 地震倾覆力矩的计算和在框架抗震墙中的分配

底部两层框架-抗震墙砖房与底层框架-抗震墙砖房有着类似的特点，因为底部和上部都是由两种不同的承重和抗侧力体系构成的。在《建筑抗震设计规范》GB 50011—2010 中对多层砖房一般不考虑地震倾覆力矩对墙体受剪力承载力的影响。所以在多层砖房的地震作用计算和抗震验算中，不计算地震倾覆力矩，但要按不同基本烈度的抗震设防控制房屋的高宽比。在多层和高层钢筋混凝土房屋地震作用的分析中要考虑地震倾覆力矩对构件的影响。因此，对底部两层和底层框架-抗震墙砖房，则应考虑地震倾覆力矩对底部两层框架-抗震墙砖房的底部两层结构构件和底层框架-抗震墙砖房的底层结构构件的影响。

（1）地震倾覆力矩的计算

在底层框架-抗震墙砖房中，作用于整个房屋底层的地震倾覆力矩设计值为：

$$M_1 = \gamma_{\mathrm{Eh}} \sum_{i=2}^{n} F_i (H_i - H_1) \tag{17.4.4}$$

式中　M_1——整个房屋底层的地震倾覆力矩；

F_i——i 质点的水平地震作用标准值；

H_i——i 质点的计算高度。

在底部两层框-架抗震墙砖房中，作用于整个房屋第 2 层的地震倾覆力矩为：

$$M_2 = \gamma_{\mathrm{Eh}} \sum_{i=3}^{n} F_i (H_i - H_2) \tag{17.4.5}$$

式中　M_2——整个房屋第 2 层的地震倾覆力矩。

（2）地震倾覆力矩的分配

地震倾覆力矩形成楼层转角，而不是侧移。该力矩使底部抗震墙产生附加弯矩和底部的框架柱产生附加轴力。倾覆力矩引起构件变形的性质与水平剪力不同，本次修订，考虑实际运算的可操作性，近似地将倾覆力矩在底层框架和抗震墙之间按它们的有效侧移刚度比例分配。《建筑抗震设计规范》GB 50011—2010 的规定与 GB 50011—2001 版抗震设计规范的“近似地将倾覆力矩在底部框架和抗震墙之间按它们的侧移刚度比例分配”，都是近似的计算，但把各类构件的侧移刚度改为有效侧移刚度，则框架部分承担的倾覆力矩将有较多的增加。

6. 截面抗震验算

（1）截面抗震验算表达式

底部框架-抗震墙砖房的构件截面抗震验算，应采用下列设计表达式：

$$S \leqslant R/\gamma_{\mathrm{RE}} \tag{17.4.6}$$

式中　S——结构构件内力组合的设计值，包括组合的弯矩、轴向力和剪力设计值，底部框架-墙砖房中的底部钢筋混凝土构件，按式（17.4.7）计算，砖砌体墙的地震剪力设计值按式（17.4.8）计算；

R——结构构件承载力设计值；

γ_{RE}——承载力抗震调整系数，应按表 17.4.1 采用。

承载力抗震调整系数　　表 17.4.1

<table>
<tr><th>材料</th><th colspan="2">结构构件</th><th>受力状态</th><th>γ_{RE}</th></tr>
<tr><td rowspan="3">砌体</td><td rowspan="2">承重墙</td><td>两端均有构造柱的抗震墙</td><td>受剪</td><td>0.90</td></tr>
<tr><td>其他抗震墙</td><td>受剪</td><td>1.00</td></tr>
<tr><td colspan="2">自承重抗震墙</td><td>受剪</td><td>0.75</td></tr>
<tr><td rowspan="5">钢筋混凝土</td><td colspan="2">梁</td><td>受弯</td><td>0.75</td></tr>
<tr><td colspan="2">轴压比小于 0.15 的柱</td><td>偏压</td><td>0.75</td></tr>
<tr><td colspan="2">轴压比不小于 0.15 的柱</td><td>偏压</td><td>0.80</td></tr>
<tr><td colspan="2">抗震墙</td><td>偏压</td><td>0.85</td></tr>
<tr><td colspan="2">各类构件</td><td>受剪、偏拉</td><td>0.85</td></tr>
</table>

$$S=\gamma_G S_{GE}+\gamma_{Eh}S_{Ehk} \quad (17.4.7)$$

$$S=\gamma_{Eh}S_{Eh} \quad (17.4.8)$$

式中 γ_G——重力荷载分项系数，一般情况应采用 1.2，当重力荷载效应对构件承载能力有利时，不应大于 1.0；

γ_{Eh}——水平地震作用分项系数，可采用 1.3；

S_{GE}——重力荷载代表值的效应，应取结构和配件标准和其他可变重力荷载的组合值之和的效应；

S_{Ehk}——水平地震作用标准值的效应，尚应乘以相应的增大系数。

(2) 底部框架-抗震墙砖房中底层或底部两层框架-抗震墙的内力调整

为使底部框架-抗震墙砖房的底部框架-抗震墙具有较合理的地震破坏机制，按弹性分析得到的组合内力设计值，应进行适当的调整。主要是针对底部框架的抗震等级为一、二、三级，需进行调整的构件部位为：①底部两层框架-抗震墙砌体房屋第 1 层梁柱节点；②梁端、柱端和钢筋混凝土墙底部的剪力；③底层柱柱底弯矩等。

17.5 底层框架-抗震墙砖房的底层框架梁和底部两层框架-抗震墙砖房第 2 层框架梁承担竖向荷载的合理取值

1. 墙梁的破坏机理

国内外对墙梁组合作用进行大量的试验和分析研究，揭示了墙梁的工作和破坏机理。墙梁的破坏机理可分为墙上无洞口和墙上有洞口两种情况。

(1) 墙上无洞口

图 17.5.1 是根据有限元计算结果给出的主应力迹线图及受力机构图。

由无洞口墙梁的受力机构图可以清楚地看到，墙梁破坏是由于拉杆拱的某一部位达到

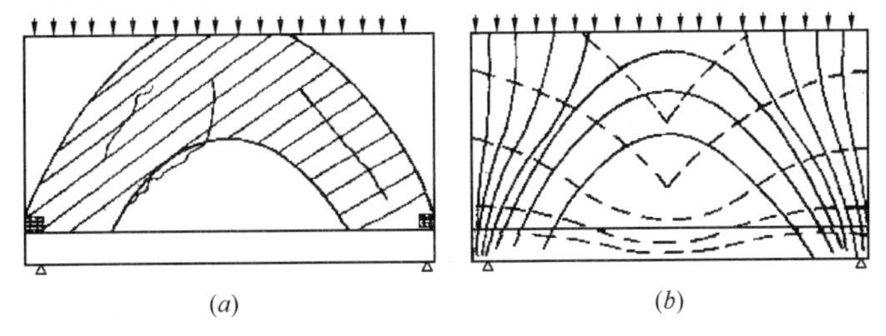

图 17.5.1 无洞口墙梁的主应力迹线及受力机构图

(a) 主应力迹线；(b) 受力机构图

极限强度而导致整个受力机构丧失承载能力。不同的部位破坏则表现为不同的破坏形态：由于拱的拉杆（托梁）钢筋达到极限导致墙梁丧失承载能力时，表现为墙梁弯曲破坏；由于拱肋墙体被压坏或斜拉裂缝贯穿拱肋或拱脚而使墙梁丧失承载能力，表现为墙梁斜压或斜拉破坏（墙体剪切破坏）；由于拱脚砌体被局部压碎而导致墙梁丧失承载能力，表现为局部破坏。

（2）墙上有洞口

1）跨中开洞口墙梁

如前所述，无洞口墙梁的受力机构是一个拉杆拱。当墙体在跨中开洞时，洞口处于墙体的低应力区，虽然开洞后墙体有所削弱，但并未严重干扰拉杆拱的受力机构。有限元计算结果也表明，跨中开洞墙梁的受力机构与无洞口墙梁基本一致，仍是一个拉杆拱，如图17.5.2所示。故跨中开洞墙梁与无洞口墙梁表出现相同的工作特性。

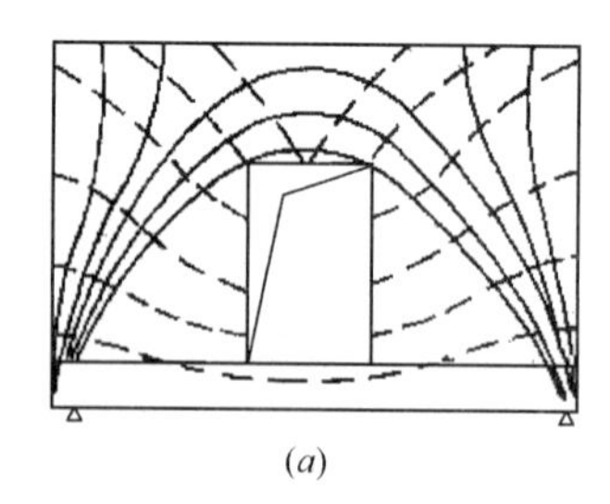

(*a*)

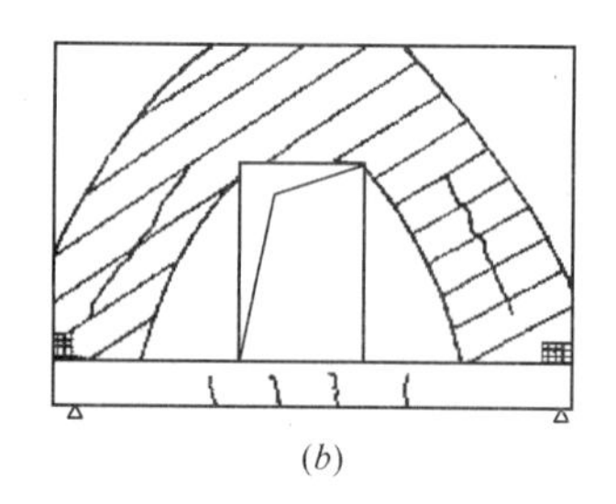

(*b*)

图 17.5.2 跨中开洞墙梁主应力迹线及受力机构图

（*a*）主应力迹线；（*b*）受力机构图

2）偏开洞口墙梁

当门洞偏开在一侧时，如图17.5.3（*a*）所示，墙体主应力迹线 σ_3 中一部分指向拱形两支座、另外一部分分量的小拱形指向门洞内侧附近。墙体主要受力部位是一个大拱内套一个小拱的形式。这时，托梁仅起拉杆的作用，而且还作为小拱一端的弹性支座，具有梁的受力特性，可称之为梁拱组合受力机构（图17.5.3*b*）。图中所标各裂缝位置表明，裂缝在梁拱受力机构之外，一般地说，它们的出现不会直接导致受力机构的破坏，是非破坏裂缝。但裂缝的发展将会使侧墙在门角和支座上方的承压面积大大减小，从而可能导致侧墙局压破坏。此外，有限元计算结果表明，门洞右上角附近是双向受拉区（σ_1、σ_3 均为拉应力），当过梁锚入长度未能超出此区域时，裂缝可能绕过梁端部向上发展，或梁配筋不足不能有效地控制裂缝时，均可能出现受力拱的拱顶被破坏而导致整个受力机构的破坏，应当加以注意。发生于受力机构内的裂缝，它们的形成和发展将直接破坏受力机构，是破

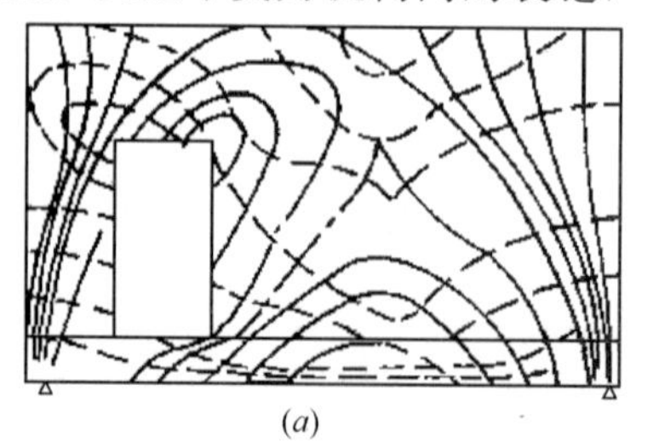

(*a*)

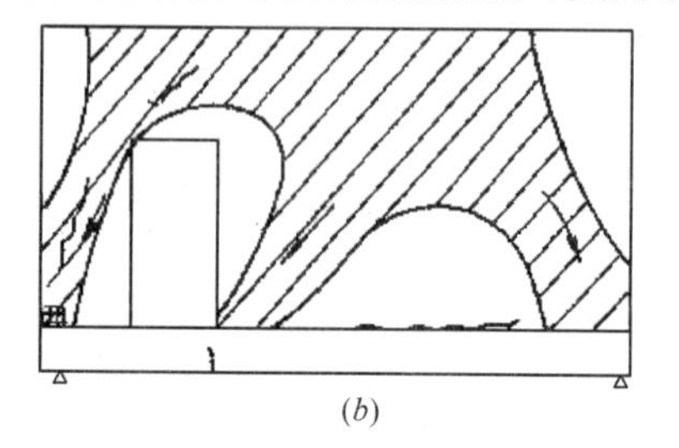

(*b*)

图 17.5.3 偏开洞墙梁主应力迹线及受力机构图

（*a*）主应力迹线；（*b*）受力机构图

坏性裂缝。当受力机构的某一部分首先达到其极限状态时，其该部分破坏而使整个受力机构破坏，从而形成不同的破坏形态。其中门洞处托梁底部裂缝的发展使托梁底部钢筋达到极限强度而受弯破坏；侧墙斜裂缝出现和发展导致墙体剪切破坏；而支座上部和门洞角隅处的局部压力集中而导致局压破坏。

随着门洞向跨中方向移动（d/t 增大），大拱的作用逐步加强，而小拱作用逐步削弱，托梁作为梁的作用迹逐步减弱，当门洞到达跨中时，小拱作用消失，托梁成为拉杆。

开门洞墙梁的拱式受力机构说明墙体和托梁在整个受荷过程中始终是组合在一起工作的。

（3）框支墙梁的破坏机理

框支墙梁的破坏机理与上述墙梁的破坏机理大致相同。对于框支墙梁，由于柱对梁端的约束，受力机构拱脚内移，拱跨减少，相应带来梁的弯矩和拉力减少，而梁端剪力增大。

2. 底层框架-抗震墙砖房底层框架梁和底部两层框架-抗震墙砖房第 2 层框架承担竖向荷载的特点和规律

文献［22］通过将有限元的精细方法与不考虑墙梁作用计算分析结果进行比较，从中找出了底层框架-抗震墙砖房底层框架梁和底部两层框架-抗震墙砖房第 2 层框架梁承载竖向荷载的特点和规律。

通过分析比较，底层框架-抗震墙砖房第 1 层框架梁和底部两层框架-抗震墙砖房第 2 层框架梁承担竖向荷载的特点和规律是相同的。

（1）是否考虑墙梁作用的底部两层框架砖房中框架梁应力的比较

针对底部两层框架-抗震墙砖房中的底部两层框架常为两跨的情况，选取典型的两跨进行分析，其跨度 *AB* 跨为 4.8m、*BC* 跨为 5.4m，梁截面尺寸为：第 1 层梁截面尺寸为 250mm×500mm，第 2 层梁截面尺寸为 350mm×700mm。为了进行比较，一种是把上部 5 层砖房划分为有限单元和底部两层的框架梁、柱一起分析，另一种是把上部 5 层砖房的竖向荷载直接作用在第 2 层框架梁上，采用上述两种方法的分析结果详见表 17.5.1～表 17.5.4。

第 2 层框架梁端、跨中最大应力比较（kN/m^2）　　**表 17.5.1**

截面位置	*AB* 梁			*BC* 梁		
	A 端	*B* 端	跨中	*B* 端	*C* 端	跨中
上部砖房有限元法	12722.3	22898.2	21277.2	22734.0	13228.2	22218.6
直接作用于第 2 层梁上	51357.0	73101.1	55913.0	79918.5	59285.0	65115.9
比值	0.25	0.31	0.38	0.28	0.22	0.34

第 1 层框架梁端、跨中最大应力比较（kN/m^2）　　**表 17.5.2**

截面位置	*AB* 梁			*BC* 梁		
	A 端	*B* 端	跨中	*B* 端	*C* 端	跨中
上部砖房有限元法	19510.4	18874.3	16445.9	21236.3	21714.5	18736.2
直接作用于第 2 层梁上	25746.3	21013.7	20024.8	25612.2	29873.7	23083.6
比值	0.76	0.91	0.82	0.83	0.73	0.81

第 2 层框架梁梁端截面剪应力比较（kN/m²）　　表 17.5.3

梁端		截面剖线（从上到下分七格）						
		1	2	3	4	5	6	7
AB 梁端 *A* 端	上部砖房有限元法	−9400.0	−10667.8	−4904.3	−2144.2	−8909.52	−13638.1	−7855.8
	直接作用于第 2 层梁上	−29974.0	−29990.0	−15564.2	−13198.7	−18775.3	−38428.5	−16852.3
AB 梁端 *B* 端	上部砖房有限元法	10790.5	16282.6	7489.9	2939.4	9456.2	17887.8	10666.6
	直接作用于第 2 层梁上	26718.0	40719.4	18114.8	13610.7	21112.0	49016.2	23724.6
BC 梁端 *B* 端	上部砖房有限元法	−10943.8	−16682.0	−7932.6	−2963.1	−10317.3	−18653.3	−10854.7
	直接作用于第 2 层梁上	−31181.2	−4476.1	−21078.8	−16282.0	−24671.6	−54222.1	−24902.1
BC 梁端 *C* 端	上部砖房有限元法	9950.5	11341.4	5349.9	2171.1	9658.8	14566.8	8270.8
	直接作用于第 2 层梁上	34099.7	34680.4	18321.7	15486.7	22063.8	44240.4	18765.4

第 2 层框架跨中正应力比较（kN/m²）　　表 17.5.4

梁中梁号		截面剖线（从上到下分七格）						
		1	2	3	4	5	6	7
AB	上部砖房有限元法	−7502.0	−8379.1	−2275.9	3695.7	9695.1	15831.3	20873.6
	直接作用于第二层梁上	−62450.2	−45209.7	−24449.0	−4207.17	16036.9	36798.9	54042.1
BC	上部砖房有限元法	−7416.3	−8180.0	−1934.5	4202.3	10365.1	16639.9	21762.2
	直接作用于第二层梁上	−72598.8	−52701.7	−28582.5	−4969.3	18645.9	42765.9	62665.4

从表 17.5.1～表 17.5.4 所列的分析结果可以看出，底部两层框架-抗震墙砖房的上部砖墙未开洞情况下，第 2 层框架梁的墙梁作用是较明显的，对于第 1 层的影响是由于两种分析方法中竖向荷载的差异引起的变形差异。

（2）其他因素对第 2 层框架梁承担竖向荷载的影响

文献［22］对影响底部两层框架-抗震墙砖房的第 2 层框架梁承担竖向荷载的各种因素进行了分析，这些因素主要是：①上部砖房开门洞，包括跨中开门洞和跨端开门洞；②上部砖房中构造柱圈梁设置，包括内纵墙与横墙交接处设置构造柱的不同情况及圈梁的截面尺寸；③上部砖房层数多少；④底部两层框架为单跨的规律与两跨规律的比较等。通过这些比较分析，得出了以下结论：

1）底层框架-抗震墙砖房底层和底部两层框架-抗震墙砖房中的底部两层为单跨和双跨承担竖向荷载的规律是相似的；

2）影响底层框架-抗震墙砖房底层框架梁和底部两层框架-抗震墙砖房第 2 层框架梁承担竖向荷载的主要因素是上部墙体开门洞的位置，其最不利位置是门洞在跨端；

3）在底层框架-抗震墙砖房的第 2 层和底部两层框架-抗震墙砖房的第 3 层内纵墙和横墙交接处设置钢筋混凝土构造柱以及层层设置圈梁，有助于发挥砖墙起拱的作用，特别是考虑墙体开裂后更是如此；

4）上部砖房层数增多，则墙体与梁的组合作用更明显一些；

5）对于底部框架为大开间时，则空间有限元分析能较好的模拟墙梁作用的空间影响，当过渡楼层楼板为现浇钢筋混凝土板时，其横向框架主梁承担的竖向荷载明显增多，而次梁承担的竖向荷载明显减少；

6）底部框架为大开间时，纵向框支墙梁除承受纵向平面内的墙体自重以及楼盖荷载外，还承受横向次梁拖墙传来的集中荷载，其受力比较复杂；

7）在水平和竖向荷载共同作用下，砌体受拉侧开裂较早，可忽略在水平荷载作用下的墙梁作用，而托墙梁的组合作用是对承担竖向荷载而言，托墙梁的内力实际上是水平作用效应与墙梁组合作用竖向荷载效应的组合。

（3）底部框架-抗震墙砖房托墙梁抗震设计

通过对底部框架-抗震墙砖房的单榀框架上部砖房和整体模型试验以及平面、空间有限元分析，探讨了墙梁的破坏机理和墙梁组合作用的特点、规律，在此基础上提出了底部框架-抗震墙砖房托墙梁抗震设计的建议。

1）托墙梁的截面尺寸

底部框架-抗震墙砖房的托墙梁截面宽度不宜小于300mm，截面高度不宜小于梁跨度的1/10，当上部墙体在梁端附近有洞口时，截面高度不宜小于梁跨度的1/8，且不宜大于梁跨度的1/6。当梁端受剪承载力不能满足要求时，可采用加腋梁。

2）托墙梁承担竖向荷载的取值

从试验和有限元分析的结果来看，墙梁组合的作用十分明显，但其受力状态也是非常复杂的，从偏于安全方面考虑，对于抗震设防区的底部框架-抗震墙砖房的托墙梁，可按下列情况考虑：

① 当底部框架-抗震墙结构的轴线与上部砖房的轴线一致（即为小开间）时，横、纵向托墙梁可取本层楼盖传来的竖向荷载和托梁以上的楼盖与墙体自重之和的60％。

② 当底部框架-抗震墙结构为大开间时，纵梁支承的横向托墙梁（次梁）的荷载可取本层楼盖传来的竖向荷载和托梁以上的楼盖与墙体自重之和的60％；横向框架托墙梁的荷载可取本层楼盖传来的竖向荷载和托梁以上的楼盖与墙体自重之和的85％；纵向框架托墙梁的荷载，可取本层楼盖传来的竖向荷载和托梁以上的楼盖与墙体自重之和的60％以及支承在纵向框支梁上次梁的集中荷载。

③ 按上述①、②原则考虑墙梁的作用后，可按框架结构进行内力分析，但柱的轴向力应对应于上部的全部竖向荷载；对于与钢筋混凝土墙连接的托墙梁，应按连梁计算其内力。

3）托墙梁的构造要求

① 在竖向荷载作用下，砌体作为组合梁的压区参与工作，而托梁承受大部分拉力。因此，托梁截面的正应力分布与一般框架梁有差异，正应力的中和轴上移较为明显，托梁底面的纵向钢筋应通长设置，不得弯起或截断；梁顶面的纵向钢筋不应小于底面纵向钢筋面积的1/3，且至少有两根Φ18的通长钢筋；沿梁截面高度应设置腰筋，其数量不应小于2Φ16，间距不应大于200mm；

② 托梁中的箍筋直径不宜小于Φ8，托梁箍筋加密区范围为梁端1.5倍梁高，上部墙体洞口处及洞口两侧一倍托梁高度，加密区箍筋间距不应大于100mm，非加密区箍筋间距不应大于200mm。

除上述规定外，其余应满足现行《建筑抗震设计规范》的要求。

与混凝土抗震墙相连的连梁，应采用现行《建筑抗震设计规范》中有关的抗震构造要求。

17.6 底部框架-抗震墙砖房的主要构造措施

底部框架-抗震墙砖房的抗震构造措施包括底部框架抗震墙和上部多层砖房两部分。

1. 底部框架-抗震墙部分

底部框架梁、柱构件和钢筋混凝土墙主筋、箍筋、截面尺寸等的构造要求除应满足相应抗震等级的钢筋混凝土框架及抗震墙的构造要求外，还需符合这类房屋特点的构造要求。

（1）底部的钢筋混凝土托墙梁

1）托墙梁的截面：该梁承担上部砖墙的竖向荷载，其截面宽度不宜小于300mm，截面高度不宜小于跨度的1/10。

2）该梁的箍筋直径不应小于8mm，间距不应大于200mm，在梁端1.5倍梁高且不应小于1/5梁净跨范围内以及上部砖墙的洞口和洞口两侧500mm范围内，箍筋间距应适当加密，其间距不应大于100mm。

3）底层框架-抗震墙砖房的底层框架梁和底部两层框架-抗震墙砖房的第2层框架梁截面的应力分布与一般框架梁有一定的差异，突出特点之一是截面应力分布的中和轴上移。因此，梁截面沿高度纵向钢筋（腰筋）的配置不应小于2Φ14，间距不应大于200mm。

4）托梁的主筋和腰筋应按受拉钢筋的要求锚入柱内，且支座上部的主筋至少应有两根伸入柱内，长度应在托梁底面以下不小于35倍的钢筋直径。

（2）底部的钢筋混凝土墙

1）墙体周边应设置梁（或暗梁）和边框柱（或框架柱）组成的边框。边框梁的截面宽度不宜小于墙板厚度的1.5倍，截面高度不宜小于墙板厚度的2.5倍；边框柱的截面高度不宜小于墙板厚度的2倍。

2）墙板的厚度不宜小于160mm，且不应小于墙板净高的1/20；墙体宜开设洞口形成若干墙段，各墙段的高宽比不宜小于2。

3）墙体的竖向和横向分布钢筋配筋率均不应小于0.30%，并应采用双排布置；双排分布钢筋间拉筋的间距不应大于600mm，直径不应小于6mm。

4）因使用要求无法设置边框柱的墙，应设置暗柱，其边缘构件可按钢筋混凝土抗震墙的一般位置的规定执行。

（3）底部框架柱

1）柱的截面不应小于400mm×400mm，圆柱直径不应小于450mm。

2）柱的轴压比，6度时不宜大于0.85，7度时不宜大于0.75，8度时不宜大于0.65。

3）柱的纵向钢筋最小总配筋率，当钢筋的强度标准值低于400MPa时，中柱在6、7度时不应小于0.9%，8度时不应小于1.1%；边柱、角柱和混凝土抗震墙端柱在6、7度时不应小于1.0%，8度时不应小于1.2%。

4）柱的箍筋直径在6、7度时不应小于8mm，8度时不应小于10mm，并应全高加密箍筋，间距不大于100mm。

5）柱的最上端和最下端组合的弯矩设计值应乘以增大系数，一、二、三级的增大系数应分别按 1.5、1.25 和 1.15 采用。

（4）6 度设防的底部框架-抗震墙砖房的约束砖砌体墙

1）砖墙厚不应小于 240mm，砌筑砂浆强度等级不应低于 M10，应先砌墙后浇框架。

2）沿框架柱每隔 300mm 配置 2Φ8 水平钢筋和Φ4 分布短筋平面内点焊组成的拉结网片，并沿砖墙水平通长设置；在墙体半高处应设置与框架柱相连的钢筋混凝土水平系梁。

3）墙长大于 4m 时和洞口两侧，应在墙内增设钢筋混凝土构造柱。

（5）6 度设防的底层框架-抗震墙砌块房屋的约束小砌块砌体墙

1）墙厚不应小于 190mm，砌筑砂浆强度等级不应低于 M10，应先砌墙后浇框架。

2）沿框架柱每隔 400mm 配置 2Φ8 水平钢筋和Φ4 分布短筋平面内点焊组成的拉结网片，并沿砌块墙水平通长设置；在墙体半高处应设置与框架柱相连的钢筋混凝土水平系梁，系梁截面不应小于 190mm×190mm，纵筋不应小于 4Φ12，箍筋直径不应小于Φ6，间距不应大于 200mm。

3）墙体在门、窗洞口两侧应设置芯柱，墙长大于 4m 时，应在墙内增设芯柱，芯柱构造应符合多层砌块房屋芯柱的有关规定；其余位置，宜采用钢筋混凝土构造柱替代芯柱，钢筋混凝土构造应符合多层砌块房屋的有关规定。

4）墙长大于 5m 时，应在墙中增设钢筋混凝土构造柱。

（6）底部框架-抗震墙砖房过渡楼层的楼盖

底层框架-抗震墙砖房的第 1 层顶板和底部两层框架-抗震墙砖房第 2 层的顶板称为底部框架-抗震墙砖房过渡楼层的楼盖，该楼盖担负着传递上、下层不同间距墙体的水平地震作用和倾覆力矩等，受力较为复杂。因此，应采用现浇钢筋混凝土板，板厚不宜小于 120mm；当底部框架榀距大于 3.6m 时，其板厚可采用 140mm，并应少开洞、开小洞。当洞口尺寸大于 800mm 时洞口四周应设边梁。

（7）开竖缝的钢筋混凝土墙

当钢筋混凝土墙的高宽比小于等于 1.0 时，宜设置为带边框开竖缝的钢筋混凝土墙，钢筋混凝土墙的水平钢筋应在竖缝处断开，竖缝处应放置两块预制的钢筋网砂浆板或钢筋混凝土板，其每块厚度可为 40mm，宽度与钢筋混凝土墙的厚度相同。竖缝两侧应设暗柱，暗柱的截面范围为 1.5 倍的混凝土墙厚度，暗柱的纵筋不宜小于 4Φ16，箍筋可采用Φ8，箍筋间距不宜大于 200mm；对于边框梁的箍筋除其他加密要求外，还应在竖缝处 1.0 倍的梁高范围内给予加密，箍筋间距不应大于 100mm。

2. 上部砖房部分

（1）钢筋混凝土构造柱或芯柱

1）钢筋混凝土构造柱、芯柱的设置部位，应根据房屋的总层数分别按 GB 50011—2010 多层砌体和多层砌块房屋的规定设置。

2）砖砌体墙中构造柱截面不宜小于 240mm×240mm（墙厚 190mm 时为 240mm×190mm）；构造柱的纵向钢筋不宜少于 4Φ14，箍筋间距不宜大于 200mm；芯柱每孔插筋不应小于 1Φ14，芯柱之间应每隔 400mm 设Φ4 焊接钢筋网片。构造柱、芯柱应与每层圈梁连接，或与现浇楼板可靠拉接等。

（2）过渡层墙体构造

1）上部砌体墙的中心线宜与底部的框架梁、抗震墙的中心线相重合；构造柱或芯柱宜与框架柱上下贯通。

2）过渡层应在底部框架柱、混凝土墙或约束砌体墙的构造柱所对应处设置构造柱或芯柱；墙体内的构造柱间距不宜大于层高；芯柱除按本多层砌块房屋设置外，最大间距不宜大于1m。

3）过渡层构造柱的纵向钢筋在6、7度时不宜少于4Φ16，8度时不宜少于4Φ18。过渡层芯柱的纵向钢筋，6、7度时不宜少于每孔1Φ16，8度时不宜少于每孔1Φ18。一般情况下，纵向钢筋应锚入下部的框架柱或混凝土墙内；当纵向钢筋锚固在托墙梁内时，托墙梁的相应位置应加强。

4）过渡层的砌体墙在窗台标高处，应设置沿纵横墙通长的水平现浇钢筋混凝土带；其截面高度不小于60mm，宽度不小于墙厚，纵向钢筋不少于2Φ10，横向分布筋的直径不小于6mm且其间距不大于200mm。此外，砖砌体墙在相邻构造柱间的墙体，应沿墙高每隔360mm设置2Φ6通长水平钢筋和Φ4分布短筋平面内点焊组成的拉结网片或Φ4点焊钢筋网片，并锚入构造柱内；小砌块砌体墙芯柱之间沿墙高应每隔400mm设置Φ4通长水平点焊钢筋网片。

5）过渡层的砌体墙，凡宽度不小于1.2m的门洞和2.1m的窗洞，洞口两侧宜增设截面不小于120mm×240mm（墙厚190mm时为120mm×190mm）的构造柱或单孔芯柱。

6）当过渡层的砌体抗震墙与底部框架梁、墙体不对齐时，应在底部框架内设置托墙转换梁，且过渡层砖墙或砌块墙应采取更高的加强措施。

（3）钢筋混凝土圈梁

1）过渡楼层的圈梁应沿横向和纵向每个轴线设置，圈梁应闭合，遇有洞口应上下搭接，圈梁宜与板底在同一标高处或紧靠板底。

2）过渡楼层圈梁的截面高度宜采用240mm，配筋不宜小于6Φ12，箍筋可采用Φ6，最大箍筋间距不宜大于200mm，宜在圈梁端500mm范围内加密箍筋，顶层圈梁的截面高度宜采用240mm，且不应小于180mm，配筋宜采用4Φ12，箍筋可采用Φ6，最大箍筋间距不宜大于200mm。

其他楼层的圈梁截面高度和配筋应符合相应设防烈度下多层砖房的要求。

3）上部砖房部分的楼（屋）盖为现浇混凝土板时，可不另设圈梁，但楼板沿外墙周边应加强配筋并应与相应的构造柱可靠连接。

3. 底部框架-抗震墙砖房的材料强度等级

底部框架房屋的材料强度等级，应符合下列要求：

（1）框架柱、混凝土抗震墙和托梁的混凝土强度等级，不应低于C30。

（2）过渡层砌体块材的强度等级不应低于MU10，砖砌体砌筑砂浆强度的等级不应低于M10，砌块砌体砌筑砂浆强度的等级不应低于M10。

17.7 底部框架-抗震墙房抗震设计中有关问题的探讨

底部框架-抗震墙房是由底部一层或二层钢筋混凝土框架和抗震墙、上部为砖砌体构成的房屋，由于为两种不同材料构件组成的房屋，其底部和上部在承载、变形能力上存在着差异，为了使这类房屋具有较好的抗震性能，其底部与上部的竖向均匀性是至关重要的。这种竖向均匀性既包括侧移刚度又包括承载能力。由于底部为钢筋混凝土结构体系，具有较好的承载能力和变形能力，而上部为砖砌体结构体系，具有一定的承载能力，但变形能力相对较差。所以，提高上部特别是过渡楼层砖砌体墙的承载能力与构造措施，使其与下部楼层的承载能力相匹配是很重要的。

17.7.1 底部框架-抗震墙房底部的地震作用设计值

模型试验和实际房屋的动测分析表明，这类房屋的基本周期一般小于 0.3s。因此，在计算这类房屋的地震作用时，基本周期对应的地震影响系数可取 α_{max}。对于比较规则的底部框架-抗震墙砌体房屋可采用底部剪力法，其他情况可采用振型分解反应谱法。

当采用底部剪力法计算底部框架-抗震墙砌体房屋的地震作用时，首先要计算结构水平地震作用标准值，$F_{EK}=\alpha_{max}G_{eq}$，对于同地震烈度区，该值仅与结构等效总重力荷载有关。当采用振型分解反应谱法计算这类房屋的地震作用时，需对其水平地震作用效应（剪力）进行组合。这两种计算方法得出的地震作用均与底部侧移刚度比无关。因此，《建筑抗震设计规范》GB 50011—2001 关于底部框架-抗震墙砌体房屋的底层和底部两层框架的底层、第 2 层的横向与纵向的地震剪力设计值均应乘以 1.2～1.5 的增大系数，其实质完全是为了提高底部的抗震承载能力。

从房屋在“大震”作用下的状态来看，由于底部框架的变形和耗能能力较上部砌体部分要好得多，因此不宜把底部的承载能力设计得过强，以防止薄弱楼层转移到上部砌体部分。底部的承载能力设计较强的原因有两个方面：一是底部设计较多的钢筋混凝土抗震墙，无论从底部的侧移刚度还是底部的极限承载能力都较上部楼层大；二是底部的抗震墙数量较合理，但由于框架柱和钢筋混凝土墙的混凝土强度等级较高或纵筋配筋量大，使得底部的极限承载力较大。对于第一种情况，其弹塑性变形集中的薄弱楼层为上部砌体部分，底部破坏很轻；对于第二种情况，底部的钢筋混凝土墙将首先开裂，但破坏集中的楼层仍为上部砌体中相对较弱的楼层。上部砌体为薄弱楼层的底部框架-抗震墙房屋的整体抗震能力是比较差的。因此，在底部框架-抗震墙房屋的抗震设计中不宜把底部设计得过强。采用《建筑抗震设计规范》GB 50011—2001 和 GB 50011—2010 中关于底部框架-抗震墙砌体房屋的底部均应乘以 1.2～1.5 的增大系数，则必然提高底部的极限承载力。因此，底部框架-抗震墙砌体房屋的抗震设计应遵循底部与上部砌体部分的抗震能力相匹配的原则。从这一原则出发，建议在遵守现行规范对底部框架-抗震墙砌体房屋的底部地震剪力设计值乘以增大系数时，应对上部砌体部分特别是过渡楼层也采取提高承载能力和变形、耗能能力的措施。比如，在内纵墙与横墙（轴线）交接处增设构造柱，在纵横向的部分墙体中采用配筋砌体等。

17.7.2 底部两层框架-抗震墙砖砌体房屋的底部两层地震作用效应在抗震墙和框架中的分配

模型试验和实体房屋测试表明，底部两层框架-抗震墙砖砌体房屋的底部两层具有剪弯变形的特征，这是由于底部两层的钢筋混凝土墙已不再是高宽比小于 1.0 的低矮墙，而是高宽比大于 1.0 的中等和高的钢筋混凝土墙，这种钢筋混凝土墙本身具有剪弯变形的特点，与剪切变形的钢筋混凝土框架和填充墙在一起协同工作，形成了剪弯变形的特点。因此，底部两层框架-抗震墙砖砌体房屋的底部两层地震作用效应在抗震墙和框架的分配宜按下列原则进行：

1. 底部两层框架-抗震墙砖房的底部两层地震剪力设计值全部由纵、横向的抗震墙承担。

2. 在规则的底部两层框架-抗震墙砖房中，底部两层中任一层框架按框架和抗震墙协同工作分析的地震剪力，不应小于结构底部总地震剪力的 20%或框架部分各层按协同工作分析的地震剪力最大值 1.5 倍二者的较小者。各层框架总剪力调整后，按调整后的比例调整各柱和梁的剪力和端部弯矩，柱轴向力不调整；按振型分解反应法计算时，调整在振型组合之后进行。

17.7.3 底部框架-抗震墙砖砌体房屋地震倾覆力矩的分配

1. 地震倾覆力矩引起楼层的转角而不是侧移

文献［19］对底层框架-抗震墙砖房地震倾覆力矩的作用进行了分析研究，指出地震倾覆力矩是引起楼层的转角而不是侧移。因此，地震倾覆力矩的分配就不能按底层框架-抗震墙砖房的抗侧力刚度分配。

对于假定底层顶板处弯曲刚度无限大和考虑构件基础转动影响的方法，在实际中得到了应用。由于在抗震设计中基础截面是根据竖向荷载、地基承载力、基础形式和地震倾覆力矩确定的；因此，考虑基础转动对构件弯曲刚度的计算带来了一定的困难，而且因基础形式的差异，如有无基础系梁等，使基础转动计算更加复杂化。基于上述原因，文献［20］提出了不考虑基础转动影响的方法，即各构件的弯曲刚度为式（17.2.1）～式（17.2.2）中不考虑基础转角的影响的值。

2. 地震倾覆力矩分配的三种方法

底层框架-抗震墙砖房中的地震倾覆力矩分配可分为两大类，一类是假定第 1 层顶板的弯曲刚度无限大，另一类是基于有限元分析提出的第 1 层顶板弯曲刚度不认为无限大的简化方法。

（1）假定第 1 层顶板弯曲刚度无限大的方法

文献［19］给出了底层框架-抗震墙砖房地震倾覆力矩的分析方法，假定第 1 层楼板及框架横梁的弯曲刚度无限大，并考虑框架和抗震墙的基础转动。底层各类构件的弯曲刚度计算公式为：

1）框架的弯曲刚度

$$k_f = \frac{1}{\frac{h}{E\sum A_i x_i^2} + \frac{1}{C_Z \sum F_i x_i^2}} \qquad (17.7.1)$$

式中 h——底层层高；

E——混凝土弹性模量；

A_i——框架第 i 根柱横截面面积；

x_i——框架第 i 根柱到框架形心的距离；

C_Z——地基抗压刚度系数；

F_i——框架第 i 根柱基础底面面积。

2）钢筋混凝土抗震墙的弯曲刚度

$$k_{cw} = \frac{1}{\frac{h}{EI} + \frac{1}{C_\varphi I_\varphi}} \qquad (17.7.2)$$

式中　I——钢筋混凝土抗震墙截面惯性矩；

C_{φ}——地基抗弯刚度系数，$C_{\varphi}=2.15C_{Z}$；

I_{φ}——钢筋混凝土抗震墙基础底面惯性矩。

3）砖抗震墙的弯曲刚度

$$k_{bw}=\frac{1}{\frac{12h}{E_{w}tl^{3}}+\frac{1}{C_{\varphi}I_{\varphi}}} \tag{17.7.3}$$

式中　E_{w}——砖砌体弹性模量；

t——砖墙厚度；

l——砖墙长度；

I_{φ}——砖墙基础底面惯性矩。

4）墙柱并联体的弯曲刚度（图 17.7.1）

$$K'_{fw}=\frac{1}{\frac{h}{E(\sum A_{i}x_{i}^{2}+I_{w}+A'_{w}x^{2})}+\frac{1}{C_{\varphi}(\sum A_{fi}x_{i}^{2}+I_{\varphi}+A'_{\varphi}x^{2})}} \tag{17.7.4}$$

式中　A_{i}、A_{fi}、x_{i}——分别为框架第 i 根柱（无墙相连）的水平截面面积、基础底面面积和并联体中和轴的距离；

A'_{w}、A'_{φ}——分别为抗震墙及与之相联柱的总截面面积和总基础底面积。

（2）半刚性分配法

假定底层顶板处弯曲刚度无限大，即假定底层各抗震墙和框架在底层楼板处的弯曲变形是相同的。显然这与实际情况有较大差别。对底层顶板处弯曲刚度有较大贡献的是垂直与地震作用方向的梁和墙，只有当层数多，梁和墙截面大时效果才明显。而底层顶板出平面弯曲刚度较小。文献［21］通过有限元分析结果与上述公式的计算结果进行了比较，进一步指出了假定底层顶板处弯曲刚度无限大的主要问题表现为以下几点：

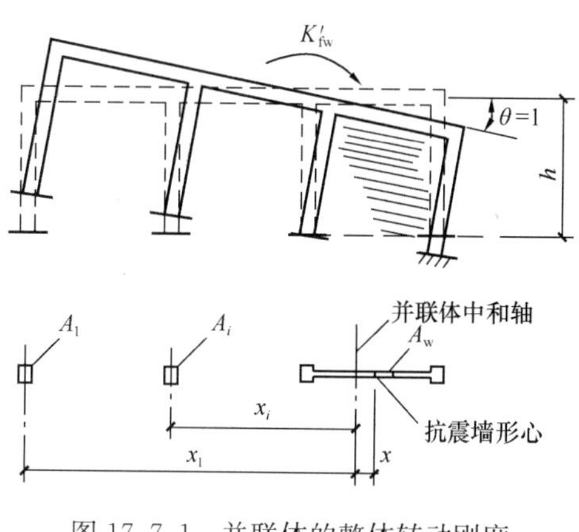

图 17.7.1　并联体的整体转动刚度

① 夸大了抗震墙弯曲刚度的作用，致使框架分配的倾覆力矩小于实际承担值；

② 钢筋混凝土抗震墙弯曲刚度对框架的影响与他们之间的距离有关，而公式不能体现此点；

③ 开间相差较大时，框架柱的地震倾覆力矩的轴力理应有所差别，但公式也未能反映这一现象；

④ 若框架的基础形式不是独立矩形基础，而是条形、十字形等，基础公式需作较大改动。

文献［21］基于有限元法的分析结果提出了一种半刚性的分配方法。具体地说，可按框架或抗震墙两侧相邻框架或抗震墙间从属面积的比例和弯曲刚度比例的平均值分配。那么，框架承担的倾覆力矩为：

$$M_{\mathrm{f}} = \frac{1}{2}\left(\frac{K'_{\mathrm{f}}}{K'} + \frac{A_{i\mathrm{f}}}{A}\right)M_1 \tag{17.7.5}$$

钢筋混凝土抗震墙的倾覆力矩为：

$$M_{\mathrm{w}} = \frac{1}{2}\left(\frac{K'_{\mathrm{w}}}{K'} + \frac{A_{i\mathrm{w}}}{A}\right)M_1 \tag{17.7.6}$$

砖抗震墙的倾覆力矩为：

$$M_{\mathrm{bw}} = \frac{1}{2}\left(\frac{K'_{\mathrm{bw}}}{K'} + \frac{A_{i\mathrm{b}}}{A}\right)M_1 \tag{17.7.7}$$

墙柱并联体的倾覆力矩为：

$$M_{\mathrm{fw}} = \frac{1}{2}\left(\frac{K'_{\mathrm{fw}}}{K'} + \frac{A_{i\mathrm{fw}}}{A}\right) \tag{17.7.8}$$

式中 A——楼层总从属面积；

$A_{i\mathrm{f}}$——第 i 榀框架的从属面积；

$A_{i\mathrm{w}}$——第 i 片钢筋混凝土抗震墙的从属面积；

$A_{i\mathrm{b}}$——第 i 片砖抗震墙的从属面积；

$A_{i\mathrm{fw}}$——第 i 榀墙柱并联体的从属面积；

K'_{f}、K'_{w}、K'_{bw}——分别为框架、混凝土抗震墙和砖墙的弯曲刚度，可按式（17.7.9）～（17.7.11）计算；

K'_{fw}——墙柱并联体的弯曲刚度，可按（17.7.12）计算。

$$K'_{\mathrm{f}} = \frac{1}{\dfrac{h}{E\sum A_i x_i^2}} \tag{17.7.9}$$

$$K'_{\mathrm{w}} = \frac{1}{\dfrac{h}{E_{\mathrm{h}} I}} \tag{17.7.10}$$

$$K'_{\mathrm{bw}} = \frac{1}{\dfrac{12h}{E_{\mathrm{w}} t l^3}} \tag{17.7.11}$$

$$K'_{\mathrm{fw}} = \frac{1}{\dfrac{h}{E(\sum A_i x_i^2 + I_{\mathrm{w}} + A'_{\mathrm{w}} x^2)}} \tag{17.7.12}$$

$$K' = K'_{\mathrm{f}} + K'_{\mathrm{cw}} + K'_{\mathrm{bw}} + K'_{\mathrm{fw}} \tag{17.7.13}$$

文献［21］运用所提出的方法与有限元方法对一些工程实例进行了分析比较，表明其分配结果较为合理。本书建议采用半刚性分配方法。

3. 底部两层框架-抗震墙砖房地震倾覆力矩分配的简化计算方法

采用有限元法对底部两层框架-抗震墙砖房的地震倾覆力矩进行了大量的工程算例和实例的分析。分析结果表明，假定第 2 层顶板弯曲刚度无限大会造成一定的误差。从规律上看，底部两层框架-抗震墙的地震倾覆力矩分配与底层框架-抗震墙的地震倾覆力矩分配有类似的规律与特点。因此，对底部两层框架-抗震墙砖房的地震倾覆力矩分配仍可采用半刚性分配法。其计算可采用式（17.7.4）～式（17.7.6），其中钢筋混凝土框架、混凝土和砖抗震墙及墙柱并联体的弯曲刚度，可按式（17.7.14）～式（17.7.17）计算：

$$K'_{\mathrm{f}}=\frac{E\sum A_iX_i^2}{h_2} \tag{17.7.14}$$

$$K'_{\mathrm{w}}=\frac{EI}{h_2} \tag{17.7.15}$$

$$K'_{\mathrm{bw}}=\frac{E_{\mathrm{w}}tl^3}{12h_2} \tag{17.7.16}$$

$$K'_{\mathrm{fw}}=\frac{E(\sum A_ix_i^2+I_{\mathrm{w}}+A'_{\mathrm{w}}x^2)}{h} \tag{17.7.17}$$

式中：h_2 为第 2 层的层高。

需要指出的是，由于上部砌体房屋使用功能的要求，使得局部框架-抗震墙部分的轴线布置尽量与上部砌体墙的轴线一致，这就使得各轴线之间的中和轴不一致。这就需要先求得底部框架-抗震墙的总中和轴，然后得到各轴墙、框架及墙柱并联体对总中和轴的弯曲刚度，并依此进行地震倾覆力矩的分配。

17.7.4 底层框架-抗震墙砖砌体房屋中的底层抗震墙宜设置为开竖缝的钢筋混凝土墙

本章第一节对带边框开竖缝钢筋混凝土墙抗震性能的研究进行了简要介绍。由于底层框架-抗震墙砌体房屋中的底层钢筋混凝土墙往往为高宽比小于 1.0 的低矮墙，其破坏状态为剪切破坏。因此，当钢筋混凝土墙的高宽比小于等于 1.0 时，宜设置为带边框开竖缝的钢筋混凝土墙，钢筋混凝土墙的水平钢筋应在竖缝处断开，竖缝处应放置两块预制的钢筋网砂浆板或钢筋混凝土板，其每块厚度可为 40mm，宽度与钢筋混凝土墙的厚度相同。竖缝两侧应设暗柱，暗柱的截面范围为 1.5 倍的混凝土墙厚度，暗柱的纵筋不宜小于 4Φ16，箍筋可采用Φ8，箍筋间距不宜大于 200mm；对于边框梁的箍筋除其他加密要求外，还应在竖缝处 1.0 倍的梁高范围内给予加密，箍筋间距不应大于 100mm。

17.7.5 底部框架-抗震墙砌体房屋的过渡楼层抗弯能力和受剪承载力宜加强

模型试验结果表明，在水平荷载作用下过渡楼层纵向墙体在窗台标高范围出现水平裂缝，为了提高这类房屋过渡楼层的抗弯能力，《建筑抗震设计规范》GB 50011—2010 规定：过渡层的砌体墙在窗台标高处，应设置沿纵横墙通长的水平现浇钢筋混凝土带；其截面高度不小于 60mm，宽度不小于墙厚，纵向钢筋不少于 2Φ10，横向分布筋的直径不小于 6mm 且其间距不大于 200mm。此外，砖砌体墙在相邻构造柱间的墙体，应沿墙高每隔 360mm 设置 2Φ6 通长水平钢筋和Φ4 分布短筋平面内点焊组成的拉结网片或Φ4 点焊钢筋网片，并锚入构造柱内；小砌块砌体墙芯柱之间沿墙高应每隔 400mm 设置Φ4 通长水平点焊钢筋网片。

四川汶川底部框架-抗震墙砖房的震害表明，按照乘以增大系数的底部框架-抗震墙的抗震承载能力和变形能力得到了有效的提高，要使这类结构的薄弱楼层不至于转移到上部砖房部分，需要增强过渡楼层的墙体承载能力和构造柱圈梁的约束。通过提高过渡楼层的抗震能力，使所设计的底部框架-抗震墙砖房具有较好的均匀性。

17.7.6 底部框架-抗震墙砌体房屋的特点及底部填充墙问题[23]

运用底部框架-抗震墙砖房抗震能力的分析方法，对四川汶川大地震中遭受破坏的绵竹市和都江堰市的几栋底层框架-抗震墙砖房进行了第 2 层与底层侧移刚度比和楼层极限承载力的分析，并与震害结果进行了比较。通过分析比较得出以下结论：

（1）底部框架-抗震墙砖房具有一定的抗震能力，底部一定要设置为完整的框架-抗震墙结构体系是确保这类房屋抗震性能的关键。在汶川大地震中，底部设置为完整的框架-抗震墙结构体系的这类房屋表现出较好的抗震性能，但对于底部为半框架或局部为框架上部为多层砖房的则破坏相对比较重，甚至垮塌。

（2）底部框架-抗震墙砖房是由底部钢筋混凝土框架-抗震墙和上部砖房两类结构体系构成的，有着不同于同一类结构体系的特点，这些特点主要是：底部框架-抗震墙具有较好的抗震承载能力和变形能力，而上部砖房具有一定的抗震承载能力，不能采用评价同类结构体系的方法去评价底部框架-抗震墙砖房的结构沿竖向均匀性；仅从第 2 层与第 1 层的侧移刚度比进行控制还不能正确判断这类结构的薄弱楼层。应进行底部框架-抗震墙与上部砖房的极限承载力分析，用以判断结构的薄弱楼层。这类房屋底部钢筋混凝土抗震墙要设置合理，特别是数量不能过多而使过渡楼层的砖房部分成为薄弱楼层。绵竹市滨河小区一期 4 号商住楼底部纵向设置了钢筋混凝土抗震墙，使这类房屋的纵向过渡楼层的砖房楼层成为薄弱楼层。该工程震害主要表现在第 2 层至第 4 层砌体结构破坏严重，底层框架结构略有轻微破坏。第 1 层钢筋混凝土墙与框架部分没有破坏，横向填充墙出现较细的裂缝；第 2 层墙体的震害为严重破坏，其中纵向墙体破坏较横向严重，沿街外纵墙拐角处纵向墙体出现很宽的 X 形裂缝，内纵墙出现 X 形裂缝。

（3）底部框架-抗震墙砖房多为小型商店，由于使用功能的要求需要设置一定数量的隔墙，这些分隔墙多数设置为砖填充墙。现行的《建筑抗震设计规范》GB 50011—2010 和与其相适应的设计分析程序，在对这类结构的侧移刚度和承载力分析中均不考虑底部框架填充墙的参与作用。震害分析结果表明，对于底层设置了一定数量砖填充墙的房屋，在底层侧移刚度和承载力的分析中应计入其相应的刚度和承载能力，否则无法正确给出这类房屋底层的侧移刚度和承载能力，无法正确判断这类结构的薄弱楼层。对于不考虑底层框架填充墙的侧移刚度设计，则必然造成底层设置过多的钢筋混凝土抗震墙，其薄弱楼层会出现在过渡楼层。若底层设置一定数量的砖填充墙，而设计中又不考虑其刚度和承载力的作用，那么所分析的结果为过渡楼层非常薄弱，在地震作用下过渡楼破坏严重、甚至倒塌。对于这类房屋的侧移刚度控制，应计入填充墙的刚度或把填充墙设置为砌体抗震墙。对于这类房屋既有建筑的抗震鉴定，在分析底部的侧移刚度时应计入填充墙的刚度，在分析楼层承载力时应计入填充墙承载能力。

17.8　底层框架-抗震墙砖房抗震设计算例

1. 建筑结构概况

沿街拟建造底层商店上部为住宅的房屋，其结构选型为底层框架-抗震墙砌体房屋，总层数为 6 层。初步选择的设计方案为：底层横向有 4 道钢筋混凝土抗震墙，纵向有 5 道钢筋混凝土抗震墙（墙厚均为 240mm）；底层横向外墙为砖抗震墙，纵向外墙也有一定数量的砖抗震墙（墙厚均为 240mm）。框架梁截面尺寸为 300mm×700mm，边柱和中柱截面尺寸均为 400mm×500mm。框架梁柱及钢筋混凝土墙的混凝土强度等级为 C30。结构 2 层以上为多层砌体房屋，第 1～3 层砖墙的材料强度等级为：砖 MU10，砂浆 M10；第 4、5 层的材料强度等级为：砖 MU10，砂浆 M7.5，第 6 层的材料强度等级为：砖 MU7.5，砂浆 M5。底层层高为 4.5m，室内外高差 0.45m，上部砌体部分层高均为 2.8m。该房屋建造地区的基本烈度为 7 度（0.15g），场地为Ⅱ类，结构 1 层平面和剖面图如图 17.8.1 所示。

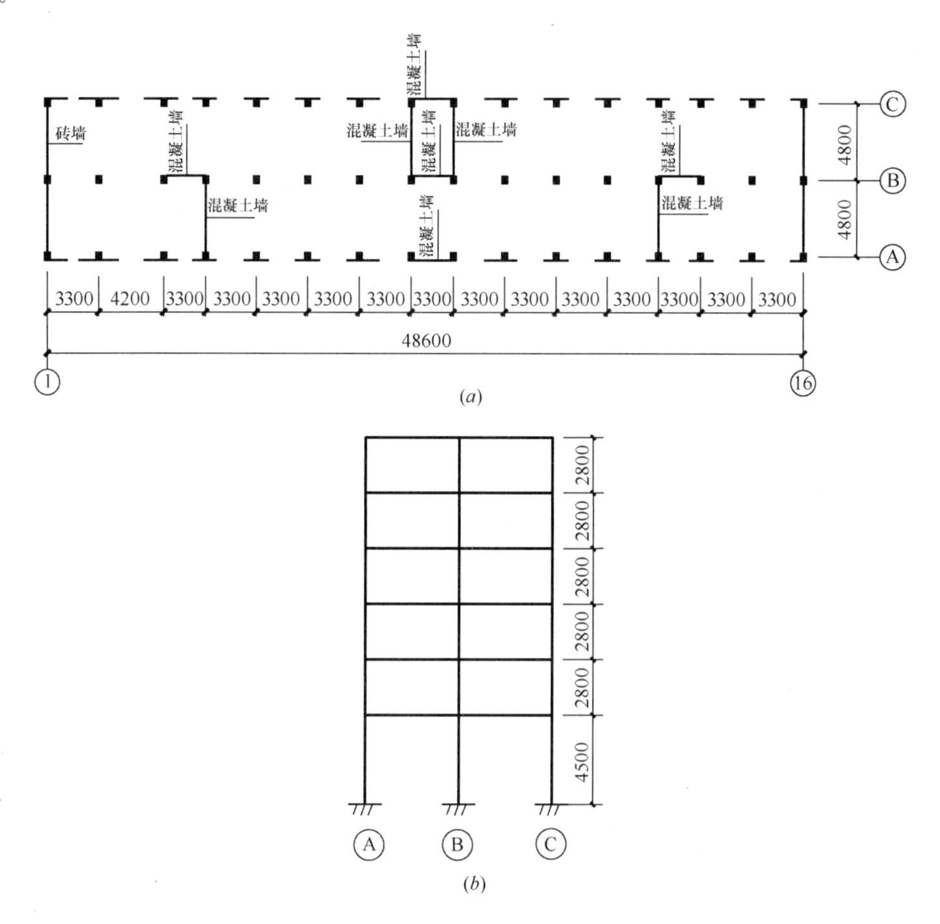

图 17.8.1 平面、剖面简图（mm）

（a）平面图；（b）剖面图

2. 抗震设计基本要求

（1）房屋高度和层数

$$H=18.95\text{m}<19.0\text{m}\text{（满足要求）}$$

$$N=6\text{（满足要求）}$$

（2）底层抗震墙最大间距

$$13.2\text{m}<15.0\text{m}\text{（满足要求）}$$

（3）第 2 层与底层侧移刚度比值（以横向为例）

1）钢筋混凝土框架的刚度

钢筋混凝土框架的刚度计算 D 值法，除钢筋混凝土墙外，框架刚度的和为：

$$\sum K_c = 4.56\times10^5\text{kN/m}$$

2）钢筋混凝土墙（图 17.8.2）

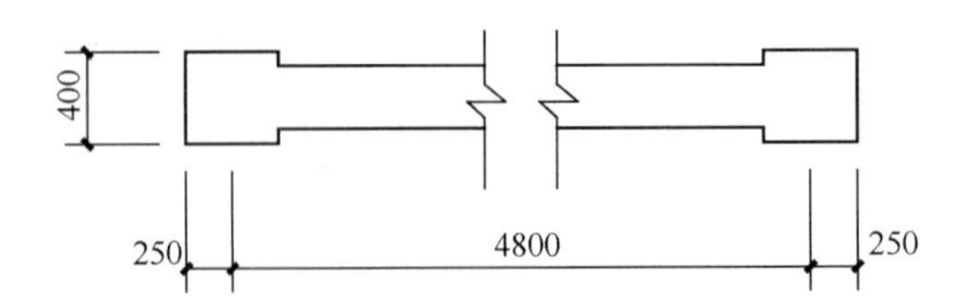

图 17.8.2　钢筋混凝土墙的中框架柱尺寸为 400mm×500mm

$$K_{cw}=\frac{1}{\frac{1.2h}{GA}+\frac{h^3}{6EI}}$$

$$=\frac{1}{\frac{1.2\times4.5}{0.43\times3.0\times10^7\times1.432}+\frac{4.5^3}{6\times3.0\times10^7\times2.746}}$$

$$=2.098\times10^6\text{kN/m}$$

3）砖墙

外横向砖墙被该榀框架分为二段，每段长为 4.35m，一段墙的侧移刚度为：

$$E=1600\times1.89\times10^3=3.024\times10^6\text{kN/m}$$

$$K_{bw}=\frac{GA}{1.2h}=\frac{0.4\times3.024\times10^6\times0.24\times4.35}{1.2\times(4.5—0.7)}$$

$$=2.77\times10^5\text{kN/m}$$

$$\sum K_{bw}=2.77\times10^5\times4=11.08\times10^5\text{kN/m}$$

4）第 1 层横向侧移刚度

$$K_1=\sum K_c+\sum K_{cw}+\sum K_{bw}$$

$$=4.56\times10^5+4\times2.098\times10^6+11.08\times10^5$$

$$=99.56\times10^5\text{kN/m}$$

5）第 2 层横向侧移刚度

根据第 2 层横向砖房的截面尺寸和开洞状况等，计算得到第 2 层横向侧移刚度为：

$$K_2=119.47\times10^5\text{kN/m}$$

6）第 2 层与底层的横向侧移刚度比

$$\frac{K_2}{K_1}=\frac{119.47\times10^5}{99.56\times10^5}=1.20<2.5\text{（满足）}$$

3. 横向水平地震作用

（1）各重力荷载代表值

$$G_1=6536.0\text{kN}$$

$$G_2=G_3=G_4=G_5=5767.0\text{kN}$$

$$G_6=4584.7\text{kN}$$

（2）结构总的水平地震作用

$$F_{EK}=a_{max}G_{eq}$$

$$=0.12\times0.85\times(6536.0+4\times5767.0+4584.7)=3487.3\text{kN}$$

（3）各层水平地震作用和地震剪力标准值

各层水平地震作用和地震剪力标准值的计算结果见表 17.8.1。

各层地震作用和地震剪力标准值　　　　表 17.8.1

层	G_i (kN)	H_i (m)	G_iH_i (kN/m)	$F_i=\frac{G_iH_i}{\sum_{j=1}^{n}G_jH_j}F_{EK}$ (kN)	$V_{ik}=\sum_{i=i}^{n}F_i$ (kN)
6	4584.7	18.5	84816.95	779.4	779.4
5	5767.0	15.7	90541.90	832.0	1611.4
4	5767.0	12.9	74394.30	683.6	2295.0
3	5767.0	10.1	58246.70	535.2	2830.2
2	5767.0	7.3	42099.10	386.8	3217.0
1	6536.0	4.5	29412.00	270.3	3487.3
Σ	28421.7		379510.95	3487.3	

4. 底层地震倾覆力矩和在框架墙中的分配

（1）底层地震倾覆力矩

$$M_1=\gamma_{Eh}\sum_{i=2}^{n}F_i(H_i-H_1)$$
$$=1.3\times(386.8\times2.8+535.2\times5.6+683.6\times8.4+832.0\times11.2+779.4\times14.0)$$
$$=1.3\times30052.4=39068.1\text{kN}\cdot\text{m}$$

（2）底层框架和墙的转动刚度

1）框架的转动刚度

一榀框架沿自身平面的转动刚度采用下式计算。在本结构中，每榀框架均相同，框架的中和轴为框架中柱截面形心，则 $x_1=4.8\text{m}$，$x_2=0\text{m}$，$x_3=4.8\text{m}$。

$$K'_f=\frac{1}{\frac{h}{E\sum A_iX_i^2}}$$
$$=\frac{1}{\frac{4.5}{3.0\times10^7\times0.4\times0.5\times(4.8^2+4.8^2)}}$$
$$=6.144\times10^7\text{kN}\cdot\text{m}$$
$$\sum K'_f=6.144\times10^7\times10=6.144\times10^8\text{kN}\cdot\text{m}$$

2）钢筋混凝土抗震墙和柱并联体的转动刚度

在本结构中钢筋混凝土墙与柱为并联体，其转动刚度可按下式计算：

$$K'_{fw}=\frac{1}{\frac{h}{E(\sum A_ix_i^2+I+A'_wx^2)}}$$

式中　x——抗震墙形心到中和轴的距离；

I、A'_w——分别为抗震墙的惯性矩和截面面积。

$$K'_{fw}=\frac{1}{\frac{4.5}{3.0\times10^7\times(0.4\times0.5\times5.969^2+2.746+1.432\times1.169^2)}}$$
$$=7.886\times10^7\text{kN}\cdot\text{m}$$

$$\sum K'_{fw} = 4 \times 7.886 \times 10^7 = 3.154 \times 10^8 \text{kN} \cdot \text{m}$$

3）砖抗震墙与柱并联的转动刚度

砖抗震墙与柱并联的转动刚度计算公式与钢筋混凝土抗震墙与柱并联转动刚度的计算公式相同。

$$K'_{bw} = \cfrac{1}{\cfrac{h}{E_b \sum (I_b + A_b x^2) + E \sum A_i x_i^2}}$$

$$= \cfrac{1}{\cfrac{4.5}{2.69 \times 10^6 \times 2 \left(\cfrac{0.24 \times 4.3^3}{12} + 0.24 \times 4.3 \times 2.4^2 \right) + 3.0 \times 10^7 \times 0.2 \times 4.8^2}}$$

$$= 3.973 \times 10^7 \text{kN} \cdot \text{m}$$

$$\sum K'_{bw} = 7.95 \times 10^7 \text{kN} \cdot \text{m}$$

4）底层总的转动刚度

$$K'_1 = \sum K'_f + \sum K'_{cw} + \sum K'_{bw}$$
$$= 6.144 \times 10^8 + 3.154 \times 10^8 + 7.95 \times 10^7$$
$$= 10.093 \times 10^8 \text{kN} \cdot \text{m}$$

（3）框架和墙承担的倾覆力矩

1）一榀框架承担的倾覆力矩为：

$$M_f = \frac{6.144 \times 10^7}{10.093 \times 10^8} \times 39068.1$$
$$= 2378.2 \text{kN} \cdot \text{m}$$

2）钢筋混凝土抗震墙和柱并联体承担的倾覆力矩为：

$$M_{cw} = \frac{7.886 \times 10^7}{10.093 \times 10^8} \times 39068.1$$
$$= 3052.5 \text{kN} \cdot \text{m}$$

3）砖抗震墙和柱并联体承担的倾覆力矩为：

$$M_{bw} = \frac{3.973 \times 10^7}{9.428 \times 10^8} \times 39068.1$$
$$= 1537.9 \text{kN} \cdot \text{m}$$

5. 截面抗震承载力验算

（1）底层地震剪力设计值的分配

$$V(1) = \gamma_{Eh} \lambda F_{Ek}$$
$$= 1.3 \times 1.2 \times 3487.3 = 5440.2 \text{kN}$$

λ 为《建筑抗震设计规范》GB 50011 给出的增大系数，取为 1.2。底部框架-抗震墙砌体房屋的底层横、纵向地震剪力设计值全部由该方向的抗震墙承担，并按抗震墙的侧移刚度比例分配。

1）底层抗震墙的总刚度

$$K_w = \sum K_{cw} + \sum K_{bw}$$
$$= 8.393 \times 10^6 + 11.08 \times 10^5 = 95.0 \times 10^5 \text{kN/m}$$

2）一片混凝土抗震墙承担的地震剪力设计值

$$V_{cw}=\frac{K_{cw}}{K_w}V(1)=\frac{2.098\times10^6}{95.0\times10^5}\times5440.2=1201.4\text{kN}$$

3）一片砖抗震墙承担的地震剪力设计值

$$V_{bw}=\frac{K_{bw}}{K_w}V(1)=\frac{2.77\times10^5}{95.0\times10^5}\times5440.2=158.6\text{kN}$$

4）一根框架柱承担的地震剪力设计值

底层框架-砖房中框架承担的地震剪力设计值，按各抗侧力构件有效刚度比例分配确定；有效侧移刚度的取值，框架不折减，混凝土墙可取30%，黏土砖墙可取20%。底层横向各抗侧力构件的总有效刚度为：

$$K''_1=\sum K_c+0.3\sum K_{cw}+0.2\sum K_{bw}$$
$$=4.56\times10^5+0.3\times8.393\times10^6+0.2\times11.08\times10^5=3.196\times10^6\text{kN/m}$$

框架柱承担的地震剪力设计值为：

① 边柱

$$V_{c边}=(K_{c边}/K''_1)V(1)$$
$$=(10.18\times10^3/3.196\times10^6)\times5440.2=17.3\text{kN}$$

② 中柱

$$V_{c中}=(K_{c中}/K''_1)V(1)$$
$$=(12.27\times10^3/3.196\times10^6)\times5440.2=20.9\text{kN}$$

（2）截面抗震承载力验算

1）砖抗震墙截面抗震承载力验算

其验算公式为：

$$V\leqslant f_{VE}\cdot A/\gamma_{RE}$$
$$f_{VE}=\xi_N\cdot f_V$$
$$\xi_N=\frac{1}{1.2}\sqrt{1+0.45\sigma_0/f_v}$$

式中 V——墙体承担的地震剪力设计值；

A——墙体截面面积，无洞口时可采用1.25倍的实际截面积；

γ_{RE}——承载力抗震调整系数，可采用0.9；

f_V——非抗震设计的砌体抗剪强度设计值，应按国家标准《砌体结构设计规范》GB 50003—2011采用。

$$f_V=0.17\text{MPa}$$
$$\sigma_0=0.172\text{MPa}$$
$$\xi_N=\frac{1}{1.2}\sqrt{1+0.45\times0.172/0.17}=1.005$$
$$V_R=\xi_N\cdot f_V\cdot A/\gamma_{RE}$$
$$=1.005\times170\times0.24\times1.25\times4.35/0.9$$
$$=246.2\text{kN}$$
$$V_R>V=158.6\text{kN}$$

2）钢筋混凝土抗震墙截面抗震承载力验算

初选钢筋混凝土抗震墙竖向、横向均设置 2 排Φ 10@200 钢筋，共放 23 组，一片抗震墙水平截面纵向钢筋面积 A_{Sw} 为：

$$A_{Sw}=157\times 23=3611\text{mm}^2$$

抗震墙竖向、横向分布钢筋的配筋率为 0.39%，满足新的抗震规范要求。抗震墙边柱纵筋为 8 Φ 25，$A_S=3927\text{mm}^2$。

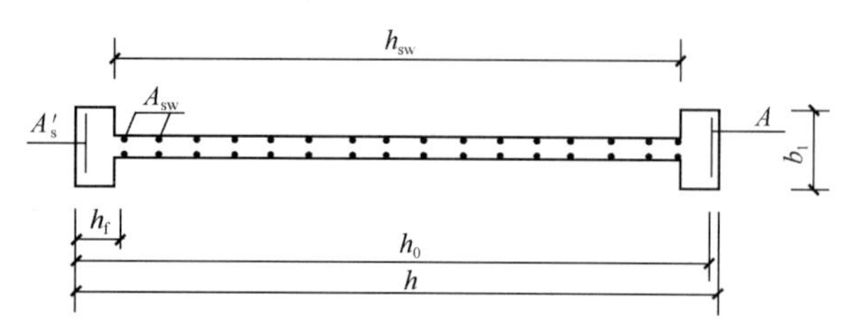

图 17.8.3　工字形截面的钢筋混凝土墙

抗震墙底部截面承担的弯矩为：

$$M_c=M_{cw}+V_{cw}\cdot H=3052.5+1201.4\times 4.5=8457.45\text{kN}\cdot\text{m}$$

① 正截面受弯承载力验算

沿截面均匀配置纵向钢筋的矩形、工字形截面钢筋混凝土偏心受压构件，其正截面受弯承载力可按下列近似公式验算（图 17.8.3）。

$$N\leqslant\{\alpha_1 f_c[\xi bh_0+(b'_f-b)h'_f]+f'_yA'_s-\sigma_sA_s+N_{sw}\}/\gamma_{RE}$$

$$M\leqslant\{\alpha_1 f_c[\xi(1-0.5\xi)bh_0^2+(b'_f-b)h'_f(h_0-h'_f/2)]+f'_yA'_s(h_0-a'_s)+M_{sw}+0.5\gamma_{RE}N(h_0-a'_s)\}/\gamma_{RE}$$

$$N_{sw}=[1+(\xi-0.8)/0.4\omega]f_{yw}A_{sw}$$

$$M_{sw}=\{0.5-[(\xi-0.8)/0.8\omega]^2\}f_{yw}A_{sw}h_{sw}$$

式中　A_{sw}——均匀配置的全部纵向钢筋截面面积；

f_{yw}——均匀配置的纵向钢筋抗拉强度设计值；

σ_s——受拉边或受压边钢筋 A_s 的应力，当 $\xi\leqslant\xi_b$ 时，取 $\sigma_s=f_y$；当 $\xi>\xi_b$ 时，取 $\sigma_s=f_y(\xi_b-0.8)(\xi-0.8)$；当 $\xi>h/h_0$ 时，ξ 取为 h/h_0，σ_s 仍按 $\xi\leqslant\xi_b$ 的公式计算；

N_{sw}——均匀配置的纵向钢筋所承担的轴向力，当 $\xi>0.8$ 时，取 $N_{sw}=f_{yw}A_{sw}$；

M_{sw}——均匀配置的纵向钢筋的内力对 A_s 重心的力矩，当 $\xi>0.8$ 时，$M_{sw}=0.5f_{yw}A_{sw}h_{sw}$；

ω——均匀配置纵向钢筋区段的高度 h_{sw} 与截面有效高度 h_0 的比值，$\omega=h_{sw}/h_0$；

γ_{RE}——承载力抗震调整系数，取 0.80。

$$\omega=h_{sw}/h_0=4300/5260=0.817$$

$$N_{sw}=[1+(\xi-0.8)/0.4\omega]\times 300\times 3611=758310.0+(\xi-0.8)\times 2320410.0$$

$$\gamma_{RE}N=\alpha_1 f_c[\xi bh_0+(b'_f-b)h'_f]+N_{sw}$$

$$0.8\times 2085240.0=14.3[\xi\times 240\times 5260+(400-240)\times 500]+1083300+(\xi-0.8)\times 3314871$$

$$\xi=0.098<\xi_b$$

$$\{\alpha_1 f_c[\xi(1-0.5\xi)bh_0^2+(b'_f-b)h'_f(h_0-h'_f/2)]+f'_yA'_s(h_0-a'_s)$$

$$+M_{sw}+0.5\gamma_{RE}N(h_0-a'_s)\}/\gamma_{RE}$$

$$=\{14.3[0.098\times(1-0.5\times0.098)\times240\times5260^2+240\times500\times5010]$$

$$+300\times3927\times4800+$$

$$[0.5-\left(\frac{0.098-0.8}{0.8\times0.817}\right)^2]\times300\times3611\times4300+0.5\times0.85\times2085240$$

$$\times4800\}/(10^6\times0.85)$$

$$=28601\text{kN}\cdot\text{m}>M_c$$

② 斜截面抗剪承载力验算

《建筑抗震设计规范》规定 7 度区底层框架中的混凝土抗震墙的抗震等级为三级。

$$V_R=0.2f_cbh_0/\gamma_{RE}=0.2\times14.3\times240\times5260/0.85$$

$$=4247.6\text{kN}$$

$$V_R>V_w=1441.7\text{kN}$$

$$\lambda=\frac{M}{Vh_0}=\frac{11275.1}{1601.9\times4.5}=1.56>1.5$$

$$V_R=\frac{1}{\gamma_{RE}}\left[\frac{1}{\lambda-0.5}\left(0.4f_tbh_0+0.1N\frac{A_w}{A}\right)+0.8f_{yv}\frac{A_{sh}}{S}h_0\right]$$

$$=\frac{1}{0.85\times10^3}\left[\frac{1}{1.06}(0.4\times1.43\times240\times5260+0.1\times2085240\times1.0)\right.$$

$$\left.+0.8\times300\times\frac{157}{200}\times5260\right]$$

$$=2198.7\text{kN}$$

这里要说明的是，钢筋混凝土墙按抗震等级三级设防，则底部加强部位还应乘以 1.2 的增大系数，这样混凝土墙的地震剪力设计值为 1201.4×1.2=1441.7kN。

3）钢筋混凝土框架

① 地震剪力设计值引起的柱、梁杆端弯矩

边柱　　$M_{AD}=\pm17.3\times4.5/2=\pm39.2\text{kN}\cdot\text{m}$

中柱　　$M_{BE}=\pm20.9\times4.5/2=\pm47.0\text{kN}\cdot\text{m}$

梁　　$M_{AB}=M_{CB}=\mu39.2\text{kN}\cdot\text{m}$

$$M_{BA}=M_{BC}=\mu23.5\text{kN}\cdot\text{m}$$

$$V_{bE}=\frac{39.2+23.5}{4.8}=13.1\text{kN}$$

梁剪力相应的柱轴力

$N_{AD}=\pm13.1\text{kN}$，$N_{BE}=0\text{kN}$，$N_{CF}=13.1\text{kN}$

② 倾覆力矩在底层框架柱中引起的附加轴力，如图 17.8.4 所示。

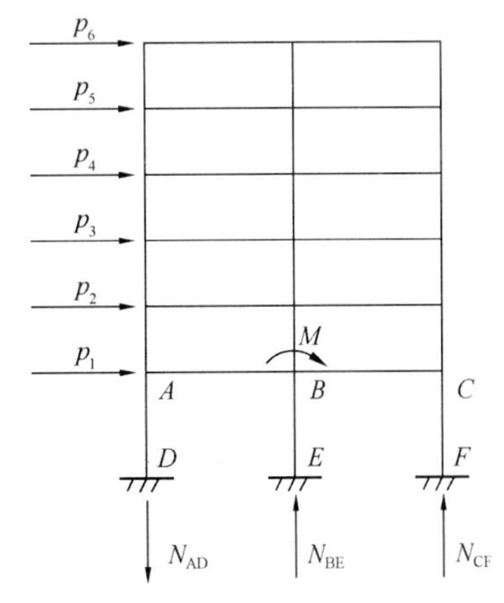

图 17.8.4　倾覆力矩对框架柱产生的轴压力

$$N'_{AD}=\pm\frac{MA_ix_i}{\sum A_ix_i^2}=\pm\frac{2378.2\times0.2\times4.8}{0.2\times(4.8^2+4.8^2)}$$

$$=\pm247.7\text{kN}$$

$$N'_{BE}=0\text{kN}$$

$$N'_{CF}=247.7\text{kN}$$

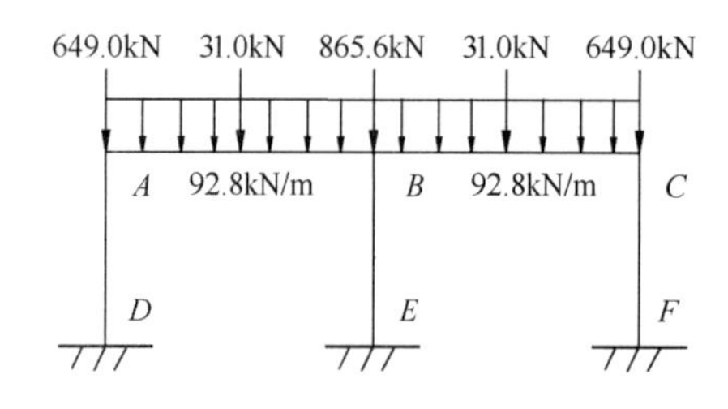

图 17.8.5 重力荷载分布

③ 重力代表值产生的框架内力

作用于横向框架的竖向重力荷载代表值如图 17.8.5 所示，根据竖向荷载的分布可计算得到梁、柱构件的弯矩、剪力和轴力。其中，重力代表值分项系数 $\gamma_G=1.2$，梁端弯矩的调幅系数为 0.9。重力荷载作用下的底层框架内力设计值见表 17.8.2。

重力荷载作用下的底层框架内力设计值 **表 17.8.2**

左梁		右梁		边柱			中柱		
M^l_{bG} (kN·m)	M^r_{bG} (kN·m)	M^l_{bG} (kN·m)	M^r_{bG} (kN·m)	N_G (kN)	M^u_{cG} (kN·m)	M^l_{cG} (kN·m)	N_G (kN)	M^u_{cG} (kN·m)	M^l_{cG} (kN·m)
−81.1	272.6	−272.6	81.1	−1051.8 (−876.5)	81.1	40.6	−1711.8 (−1426.5)	0	0

注：1. 弯矩以顺时针为正，逆时针为负；

2. 轴力以拉为正、压为负，括号内数字为 $\gamma_G=1.0N_G$。

④ 底层框架组合内力设计值

《建筑抗震设计规范》规定，底层框架砖房的框架的抗震等级与普通钢筋混凝土框架结构相同。该房屋建造在 7 度区，其抗震等级为二级，其内力组合应考虑重力荷载内力与水平地震作用内力组合和内力的调整，各构件组合内力设计值的具体公式为：

梁端 $M_b=M_{bG}\pm M_{bE}$

梁端剪力 $V_b=\dfrac{1.20\,(M^l_b+M^r_b)_{max}}{l_n}+0.6q_k l_n$

柱轴向力 $N_c=N_G\pm N_G$（对承载力不利时 $\gamma_G=1.2$，有利时 $\gamma_G=1.0$）

柱顶弯矩 $M_c=1.25(M_{bG}\pm M_{bE})$

柱底弯矩 $M_c=1.25(M_{cG}\pm M_{cE})$

柱端剪力 $V_c=\dfrac{1.2\,(M^U_c+M^l_c)_{max}}{H_n}$

其中，梁 $l_n=4.3$m，$q_k=92.8$kN/m，柱净高 $H_n=3.80$m，组合内力设计值计算结果见表 17.8.3。

梁、柱和节点组合内力设计值 **表 17.8.3**

<table>
<tr><th rowspan="2">组合</th><th colspan="4">左梁</th><th colspan="4">边柱</th><th colspan="4">中柱</th></tr>
<tr><th>M^l_b (kN·m)</th><th>M^r_b (kN·m)</th><th>V_{Gb} (kN)</th><th>V_b (kN)</th><th>N_C (kN)</th><th>M^u_c (kN·m)</th><th>M^l_c (kN·m)</th><th>V_C (kN)</th><th>N_C (kN)</th><th>M^u_c (kN·m)</th><th>M^l_c (kN·m)</th><th>V_C (kN)</th></tr>
<tr><td>G+E</td><td>−120.3</td><td>225.6</td><td rowspan="2">239.4</td><td rowspan="2">308.7</td><td>−1255.2 (−1080)</td><td>150.4</td><td>99.8</td><td rowspan="2">79.0</td><td>−1711.8 (−1426.5)</td><td>58.8</td><td>58.8</td><td rowspan="2">37.1</td></tr>
<tr><td>G−E</td><td>−41.9</td><td>311.8</td><td>−848.4 (−673)</td><td>52.4</td><td>1.8</td><td>−1711.8 (−1426.5)</td><td>−58.8</td><td>−58.8</td></tr>
</table>

⑤ 梁截面抗震承载力验算

梁截面纵向钢筋数量为

5 Φ 25（上部）　　$A_s = 2450\text{mm}^2$

4 Φ 25（下部）　　$A'_s = 1963\text{mm}^2$

截面上部

$A'_s = 1963\text{mm}^2 > 0.3A_s$，计算 x 时，取 $A'_s = 0.5A_s$

$$x = f_y(A_s - A'_s)/f_c b$$

$$= 300 \times \left(2450 - \frac{2450}{2}\right)/(14.3 \times 300)$$

$$= 85.7\text{mm}^2 > 2a'_s$$

$$M_R = \frac{1}{\gamma_{RE}}\left[f_c bx\left(h_0 - \frac{x}{2}\right) + f'_y A'_s(h_0 - a'_s)\right]$$

$$= \frac{1}{0.75}\left[14.3 \times 300 \times 85.7 \times \left(665 - \frac{85.7}{2}\right) + 300 \times 1963 \times 630\right]/10^6$$

$$= 799.7\text{kN} \cdot \text{m} > M_b^r$$

截面下部

$A'_s = 2450\text{mm}^2 > 0.3A_s$，计算 x 时，取 $A'_s = 0.5A_s$

$$x = f_y(A_s - A'_s)/f_{cm} b$$

$$= 300 \times \left(1963 - \frac{1963}{2}\right)/(14.3 \times 300)$$

$$= 68.6\text{mm}^2 < 2a'_s$$

$$M_R = \frac{1}{\gamma_{RE}}\left[f_y A_s(h_0 - a'_s)\right]$$

$$= \frac{1}{0.75}\left[300 \times 1963 \times 630\right]/10^6 = 494.7\text{kN} \cdot \text{m} > M_b$$

箍筋数量为 2 Φ 10@100，$A_s = 2450\text{mm}^2$

$$V_R = \left(0.42 f_t b h_0 + 1.25 f_{yv}\frac{A_{sv}}{s}h_0\right)/\gamma_{RE}$$

$$= \left(0.42 \times 1.43 \times 300 \times 665 + 1.25 \times 300 \times \frac{157}{100} \times 665\right)/(0.85 \times 10^3)$$

$$= 601.6\text{kN} > V_b$$

且　$V_b < 0.2 f_c b h_0/\gamma_{RE} = 0.2 \times 14.3 \times 300 \times 665/(0.85 \times 10^3) = 671.3\text{kN}$

⑥ 框架中柱截面抗震承载力验算

$$\lambda_N = \frac{N}{f_c bh} = \frac{1711.8 \times 10^3}{14.3 \times 400 \times 500} = 0.599 < [\lambda_N] = 0.8$$

柱底和柱顶截面的纵向钢筋均为 8 Φ 25，$\sum A_s = 3927\text{mm}^2$，$A_s = A'_s = 1473\text{mm}^2$。

$$x = N\gamma_{RE}/\alpha_1 f_c b$$

$$= 0.8 \times 1425.5 \times 10^3/(14.3 \times 400) = 199.4\text{mm}$$

$$\xi = \frac{x}{h_0} = \frac{199.4}{460} = 0.433 \quad \text{为大偏心受压构件}$$

$$\frac{1}{\gamma_{RE}}\left[\alpha_1 f_c bx\left(h_0 - \frac{x}{2}\right) + f'_y A'_s(h_0 - a'_s)\right] - 0.5N(h_0 - a_s)$$

$$= \left\{\frac{1}{0.8}[14.3\times400\times211.3(460-0.5\times211.3)+300\times1473\times420]\right.$$

$$\left.-0.5\times1426.5\times10^3\times420\right\}/10^6$$

$$=408.1\text{kN}\cdot\text{m} > \eta M_c$$

箍筋为Φ 10@100 复合箍，$A_{sv}=314mm^2$

$N_c > 0.3f_c bh = 0.3\times14300\times0.4\times0.5 = 858kN$，取 $N_c = 858kN$

$$\lambda = \frac{4.15}{2\times0.46} = 4.51 > 3.0，取\lambda = 3.0$$

$$V_R = \frac{1}{\gamma_{RE}}\left(\frac{1.05}{\lambda+1.0}f_t bh_0 + f_{yv}\frac{A_{sv}}{s}h_0 + 0.056N_c\right)$$

$$=\frac{1}{0.85}\left(\frac{1.05}{4.0}\times1.43\times400\times460+300\times\frac{314}{100}\times460+0.056\times750000\right)/10^3$$

$$=640.5kN > V_c$$

且 $\frac{1}{0.85}\times(0.2\times14.3\times400\times460) = 619.1kN > V_c$

参 考 文 献

1 J. R. Benjamin and H. A. Williams. The Behaviour of Onestory Reinforced Concrete Shear Walls, Peoc. ASCE. Journai of the Structure Division. Voi. 83, ST. 3, May19517

2 Felix Barda, JohnM. Hanson, and W. Gene Corliy. Shear Strength of Low-Rise Walls with Boundary Elements, Reinforced Concrete Structures in Seismic Zones, ACL Publication sp-53, 1974

3 M. Yamada, H. Kawamura, K. Katagihara. Reinforced Concrete Shear Walls without Openings, Test and Analysis, Shear in Reinforced Concrete, ACI, sp-42, Vol. 2, 1974

4 邵武，钱国芳，童岳生．钢筋混凝土低矮抗震墙试验研究．西安冶金建筑学院学报，1989 年 9 月，第三期

5 R. Park, T. Paulay. Reinforced Concrete Structures. John Wiley and Sons New York, 1975

6 武藤清著，滕家禄等译．结构物的动力设计．北京：中国建筑工业出版社，1984

7 夏晓东．有边框带竖缝槽剪力墙的试验研究及延性设计．东南大学博士学位论文，1989

8 高小旺，薄庭辉，宗志恒．带边框开竖缝钢筋混凝土低矮墙的试验研究．建筑科学，1995，4

9 高小旺，孟俊义等．七层底层框架抗震墙砖房 1/2 比例模型抗震试验研究．建筑科学，1995，4

10 钟益村．钢筋混凝土框架房屋层间屈服剪力的实用计算方法．工程抗震，1986

11 童岳生等．填充墙框架房屋实用计算方法．建筑结构学报，1987

12 夏敬谦．我国砖墙体抗震基本性能的几个问题．中国抗震防灾论文集，1986

13 高小旺等．八层底部两层框架抗震墙砖房 1/3 比例模型抗震试验研究．建筑科学，1994

14 梁兴文，王庆霖，梁羽凤．底部框架抗震墙砖房 1/2 比例模型拟动力试验研究．土木工程学报，第 32 卷第 2 期，1999

15 高小旺等．底层框架-抗震墙砖房第二层与底层侧移刚度比的合理取值．工程抗震，1998(3)

16 高小旺等．底部两层框架-抗震墙砖房侧移刚度分析和第三层与第二层侧移刚度比的合理取值．建筑结构，1999(11)

17 高小旺等．底层框架抗震墙砖房抗震能力的分析方法．建筑科学，1995(4)

18 高小旺等. 底部两层框架抗震墙砖房的抗震性能. 建筑结构，1999(11)
19 刘大海等. 房屋抗震设计. 陕西科学技术出版社，1985
20 周炳章. 砌体房屋抗震设计，地震出版社，1991
21 高小旺等. 底层框架抗震墙砖房抗震设计计算若干问题的研究. 建筑科学，1995
22 王菁等. 底部两层框架抗震墙砖房第三层与第二层侧移刚度比的合理取值. 工程力学增刊，1996
23 高小旺等. 底层框架-抗震墙砖房的抗震性能. 建筑结构，1997(2)

第 18 章　多层和高层钢结构房屋

钢结构在我国的发展已有几十年的历史。最初主要应用于厂房、屋盖、平台等工业结构中，直到 20 世纪 80 年代初期才开始大规模地应用于民用建筑中。最近 30 年民用建筑钢结构在我国发展迅速，特别是在 20 世纪 80 年代中期～90 年代中期曾在我国掀起了一阵建设高层建筑钢结构的热潮。在这 30 年中，结构体系也呈多样化发展，纯框架结构、框架中心支撑结构、框架偏心支撑结构、框架抗震墙结构、筒中筒结构、带加强层的框筒结构以及巨型框架结构等各种类型的钢结构建筑物都相继地在我国建成。与之相适应的，中国的钢铁工业在这些年中也得到了迅猛地发展，钢材的品种、产量以及型钢的规格都大大丰富了。

18.1　多层和高层钢结构房屋的震害

钢结构自从其诞生之日起就被认为具有卓越的抗震性能，它在历次的地震中也经受了考验，很少发生整体破坏或坍塌现象。但是在 1994 年美国北岭大地震和 1995 年日本阪神大地震中，钢结构出现了大量的局部破坏（如梁柱节点破坏、柱子脆性断裂、腹板裂缝和翼缘屈曲等），甚至在日本阪神地震中发生了钢结构建筑整个中间楼层被震塌的现象。根据钢结构在地震中的破坏特征，将结构的破坏形式分为以下几类：

18.1.1　梁柱的节点

梁柱节点破坏是多层、高层钢结构在地震中发生最多的一种破坏形式，尤其是在 1994 年美国北岭大地震和 1995 年日本阪神大地震中，钢框架梁-柱连接节点遭受广泛和严重破坏。这些地震中的梁柱节点脆性破坏，主要出现在梁柱节点的下翼缘，上翼缘的破坏相对少很多。图 18.1.1 为美国北岭地震和 1995 年日本阪神大地震中的几种梁柱节点脆性破坏形式，其中图 18.1.1（*a*）为一栋高层钢结构建筑中的节点破坏，下翼缘焊缝与柱翼缘完全脱离开来，这是这次地震中梁柱节点最多的破坏形式。图 18.1.1（*b*）为另一种发生较多的梁柱节点破坏，即裂缝从下翼缘垫板与柱的交界处开始，然后向柱翼缘中扩展，甚至很多情况下撕下一部分柱翼缘母材。图 18.1.1（*c*）、（*d*）为地震中出现的另两种节点破坏形式，在图 18.1.1（*c*）中，裂缝穿过柱翼缘扩展到柱腹板中；在图 18.1.1（*d*）中，裂缝从焊缝开始扩展到梁腹板中；在图 18.1.1（*e*）中，裂缝从柱焊缝开始扩展到整个柱翼缘；在图 18.1.1（*f*）中，梁柱节点板上的高强螺栓发生破坏。在地震中另一种节点破坏就是柱底板的破裂以及其锚栓、钢筋混凝土墩的破坏，如图 18.1.2 所示。

文献[1]根据现场观察到的梁柱节点破坏，将节点的破坏模式分为 8 类，如图 18.1.3 所示，它基本包括了 1994 年北岭地震中的大多数破坏形式。图 18.1.3（*a*）、（*b*）中所示的节点破坏形式为这次地震中梁柱节点破坏最多的形式，即裂缝在梁下翼缘中扩展，甚至梁下翼缘焊缝与柱翼缘完全脱离开来；图 18.1.3（*c*）、（*d*）为另两种发生较多的梁柱节点破坏模式，即裂缝从下翼缘垫板与柱交界处开始，然后向柱翼缘中扩展，甚至很多情况

图 18.1.1 地震中的梁柱节点破坏形式

（a）节点焊缝与柱翼缘完全脱离；（b）裂缝扩展到柱翼缘中；（c）裂纹扩展至柱腹板；
（d）裂纹扩展至梁腹板；（e）梁柱节点柱焊缝裂缝；（f）高强螺栓破坏

下撕下一部分柱翼缘母材。其实这些梁柱节点脆性破坏都曾在试验室试验中多次出现，只是当时都没有引起人们的重视。

18.1.2 梁、柱、支撑等构件的破坏

在以往所有的地震中，梁、柱、支撑等主要受力构件的局部破坏较多。图 18.1.4 为美国北岭地震和 1995 年日本阪神大地震中的几种主要受力构件的破坏形式，其中图 18.1.4（a）为柱间支撑连接处框架柱的破坏，柱腹板已完全剪断；图 18.1.4（b）为一柱间支撑的破坏形式，柱间支撑在受压作用下已完全整体失稳；

图 18.1.2 地震中柱脚锚栓的破坏形式

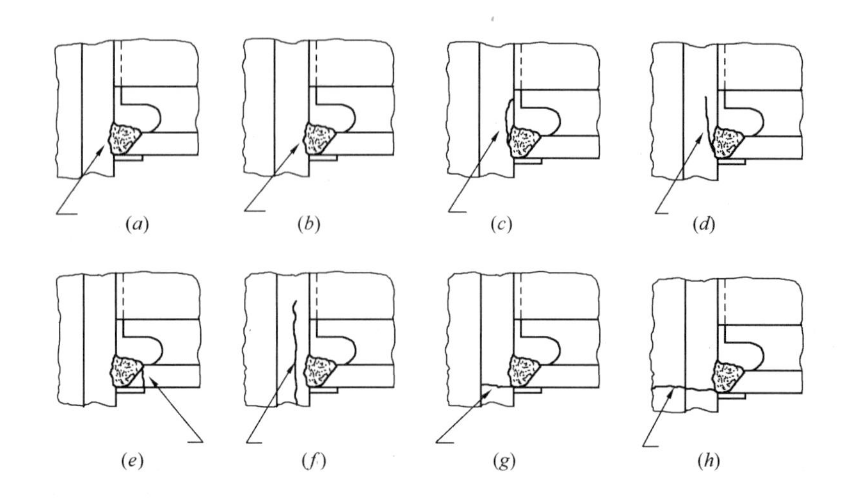

图 18.1.3 梁柱节点的主要破坏模式

(a) 焊缝与柱翼缘完全撕裂；(b) 焊缝与柱翼缘部分撕裂；(c) 柱翼缘完全撕裂；(d) 柱翼缘部分撕裂；(e) 焊趾处翼缘断裂；(f) 柱翼缘层状撕裂；(g) 柱翼缘断裂；(h) 柱翼缘和腹板部分断裂

图 18.1.4 (c) 为一框架柱的破坏，框架柱截面已完全拉断；图 18.1.4 (d) 为一柱间支撑的破坏，其在节点处被完全拉断。

图 18.1.4 地震中的构件破坏形式

(a) 支撑附近柱腹板断裂；(b) 柱间支撑受压屈曲；(c) 柱断裂；(d) 柱间支撑拉断

总结以往地震中钢结构的震害特点，柱、梁、支撑等主要受力构件的主要破坏形式有：对于框架柱来说，主要有翼缘的屈曲、拼接处的裂缝、节点焊缝处裂缝引起的柱翼缘层状撕裂、框架柱的脆性断裂，如图 18.1.5 所示；对于框架梁而言，主要有翼缘屈曲、腹板屈曲和裂缝、截面扭转屈曲等破坏形式，如图 18.1.6 所示；支撑的破坏形式主要就是轴向受压失稳及节点处断裂。

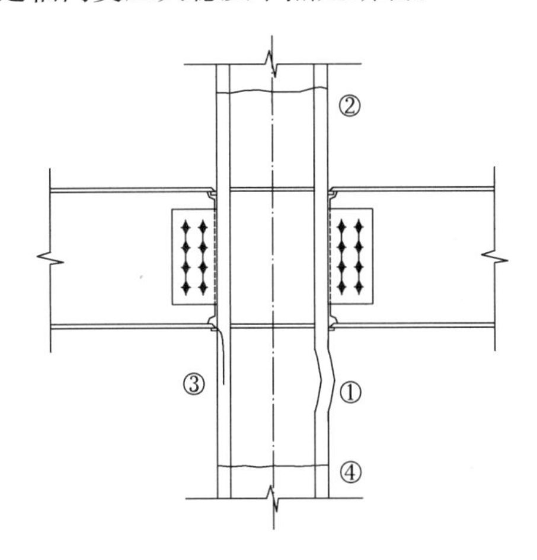

图 18.1.5　框架柱的主要破坏形式

①翼缘屈曲；②拼接处的裂缝；③柱翼缘的层状撕裂；④柱的脆性断裂

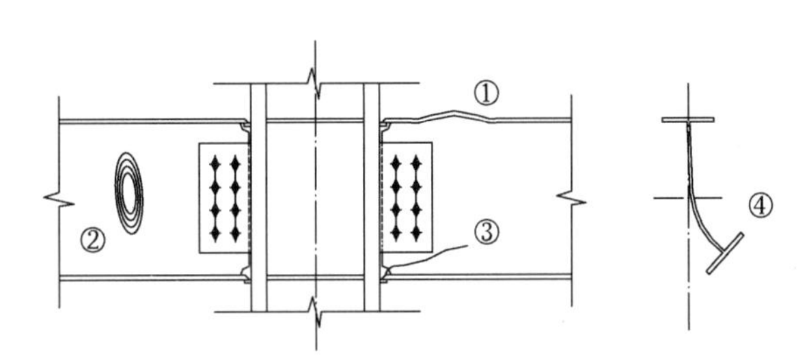

图 18.1.6　框架梁的主要破坏形式

①翼缘屈曲；②腹板屈曲；③腹板裂缝；④截面扭转屈曲

18.1.3　节点域的破坏

节点域的破坏形式比较复杂，主要有加劲板的屈曲和开裂、加劲板焊缝出现裂缝、腹板的屈曲和裂缝，如图 18.1.7 所示。

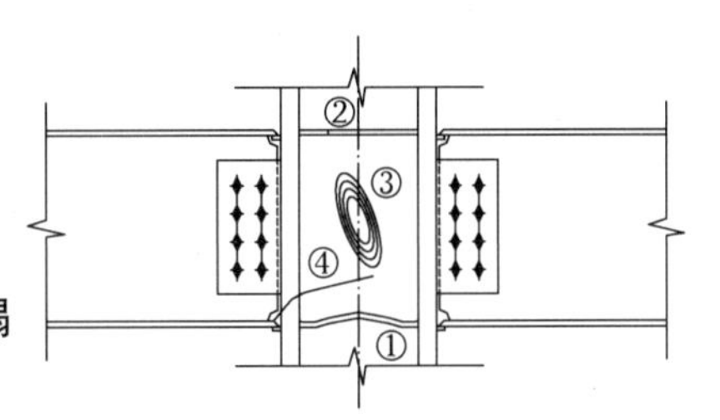

图 18.1.7　节点域的主要破坏形式

①加劲板屈曲；②加劲板开裂；③腹板屈曲；④腹板开裂

18.1.4　多层钢结构底层或中间某层整层的坍塌

在以往的地震中，钢结构建筑很少发生整层坍塌的破坏现象。而在 1995 年阪神特大地震中，不仅部分多层钢结构在首层发生了整体破坏，还有不少多层钢结构在中间层发生了整体破坏。究其原因，主要是楼层屈服强度系数沿高度分布不均匀，造成了结构薄弱层的形成。

18.1.5　震害原因探讨

根据对上述多层和高层钢结构房屋的震害特征的分析，总结其破坏原因，主要有如下几点：①梁柱节点的设计及构造不合理等方面的原因造成了大量的梁柱节点脆性破坏。②焊缝尺寸设计不合理或施工质量不过关造成了许多焊缝处都出现了裂缝的破坏等。③构件的截面尺寸和局部构造如长细比、板件宽厚比设计不合理时，造成了构件的脆性断裂、屈曲和局部的破裂。④结构的层屈服强度系数和抗侧刚度沿高度分布不均匀造成了底层或中间某层成为薄弱层，从而发生薄弱层的整体破坏现象。为了预防以上震害的出现，多层和高层钢结构房屋抗震设计应符合以下的一些规定和抗震构造措施。

18.2　多层和高层钢结构房屋的抗震性能

18.2.1　钢结构构件的抗震性能

钢材是具有较好延性的建筑材料，但是由于钢材制造成的钢结构构件，在竖向和水平荷载作用下并不一定总是延性破坏。在钢结构构件中，其脆性破坏主要是失稳和脆性断裂，具体表现为：构件截面因宽厚比较大而产生局部压屈，柱和斜撑因长细比较大而挠屈失稳以及梁、柱构件的侧向扭曲等都属于失稳破坏；螺栓或铆钉连接的净断面拉坏，焊缝应力集中断裂等为脆性断裂破坏。因此，钢结构设计的重点是避免钢结构构件的脆性破坏，而了解主要受力构件的受力性能是避免脆性破坏的基础。

（1）钢梁

① 单调荷载下的性能

H 形截面梁在均布弯矩作用下的弯矩-转角关系，和横向无支长度 l_b 与绕截面弱轴的回转半径 r_y 比值相关，如图 18.2.1 所示，对曲线 A，l_b/r_y 较小，受弯承载力保持在 M_p 时有大的转角，M_p 值为：

$$M_p = Z_p F_y \tag{18.2.1}$$

式中：Z_p 是塑性的截面模量；F_y 是钢材屈服强度。对曲线 B，l_b/r_y 略大于 A 的值，在达到足够的转角之前因横向压屈使承载力下降。如果 l_b/r_y 更大，在达到受弯承载力 M_p 之前横向压屈，如曲线 C。

② 反复荷载下的性能

钢梁在往复荷载作用下的性能与单调荷载作用下基本一致。其滞回环在小的转角幅度下是稳定的，其反复荷载作用下的转角能力随 l_b/r_y 的变化低于单调荷载。循环荷载作用下的滞回曲线如图 18.2.2 所示。

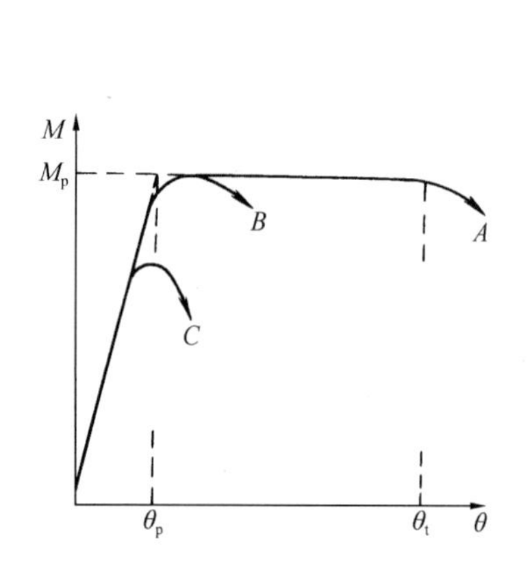

图 18.2.1　不同 l_b/r_y 的梁在均布弯矩下的弯矩-转角关系

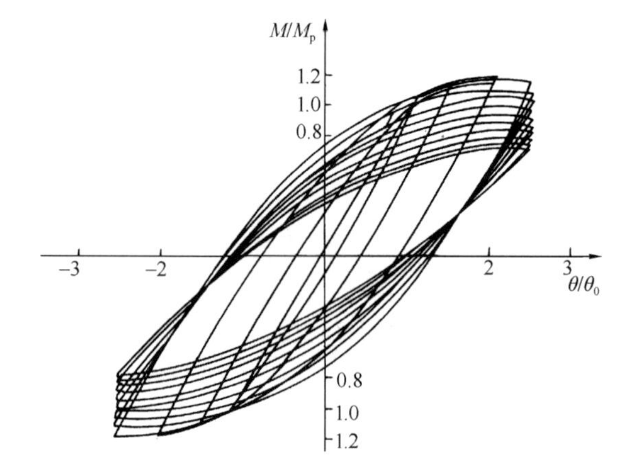

图 18.2.2　循环荷载下梁的弯矩-转角关系

（2）钢柱

① 单调荷载下的性能

宽翼板的柱在固定轴力和单调弯矩作用下的弯矩-曲率关系如图 18.2.3 所示，其中 M_p 是轴力为零时的全塑性弯矩，φ_y 是轴力为零时的屈服曲率。如果不出现局部压屈，随曲率的增加，弯矩可达到 M_p 值并保持不变。

除了弯曲屈服破坏外，细长的柱因压弯和局部压屈可能在平面内失稳。

② 反复荷载下的性能

横向被梁支撑的框架柱在固定轴向和反复水平荷载作用下的滞回曲线如图 18.2.4 所示。

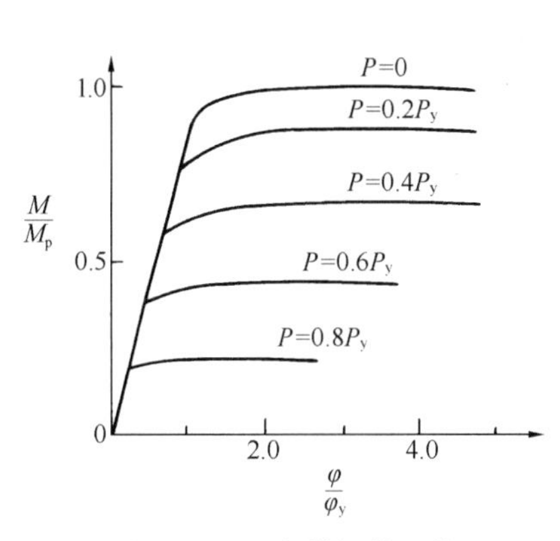

图 18.2.3　宽翼板截面柱的弯矩-曲率关系

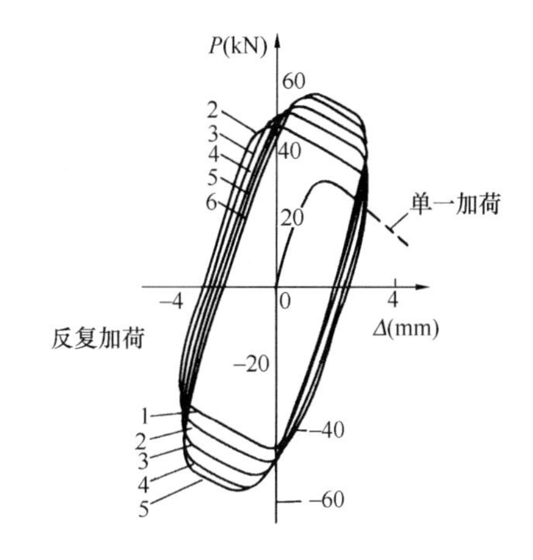

图 18.2.4　横向被支承的框架柱在固定轴力和反复荷载下荷载-变形关系

（3）支撑构件

图 18.2.5 给出了斜杆在反复荷载下的滞回性能，其中 P 和 δ 分别是斜杆内的轴向力和相应的伸长度，H 和 Δ 分别是斜杆承受的水平荷载和框架的水平位移。由于每根斜杆只承受拉力，如图 18.2.5（*b*）、（*c*）所示，斜杆承担的总水平荷载是各杆力的水平分量之和。如图 18.2.5（*d*）所示，滞回环表示斜杆只在发展新的塑性伸长度时才消耗能量。如果斜杆承受固定位移幅度的反复荷载作用，则其不消耗能量，如图 18.2.5（*e*）所示；这就是说，一般斜杆的能量消耗能力小于抗弯框架。

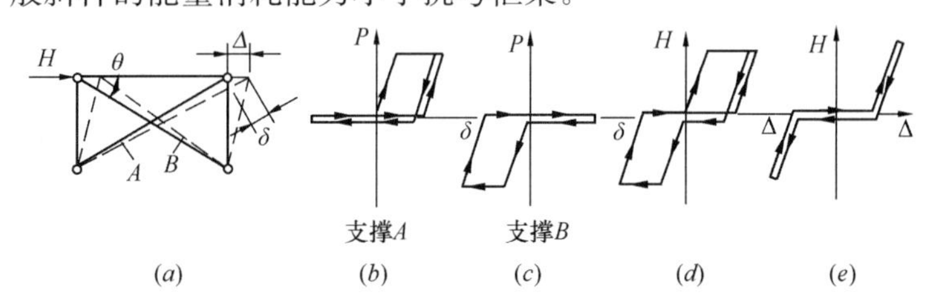

图 18.2.5　斜杆的滞回曲线

（4）消能梁段

消能梁段是钢框架-偏心支撑结构中最关键的构件，结构的性能在很大程度上取决于它。消能梁段不同于普通的梁，其跨度小，高跨度比大，轴力相对较小，但同时承受着较大的剪力和弯矩。其屈服形式、剪力 V 和弯矩 M 的相互关系以及屈服后的性能均较复杂，在不同的假定条件下，能推导出不同的关系式。在文献［2］中，Neal 给出了一种简化了的（*M*-*V*）相互作用关系曲线图及公式，然而该曲线不能很好地解释一些试验现象，在分析中应用也较为困难。

大量试验[3~4]表明，工字形消能梁段屈服时，弯矩与剪力的相互影响并不明显，并且剪切屈服后的消能梁段由于应变硬化效应剪切承载能力将继续增加，而弯曲屈服后的梁端弯矩将保持不变。因此文献［3］提出图 18.2.6（*a*）中简化了的弯矩-剪力相互作用关系曲线。图 18.2.6（*b*）为梁的几种可能的屈服及塑性铰出现顺序。情况 1 对应的连梁长度很短，连梁发生剪切屈服后，由于应变硬化效应，剪力继续增大。由于梁长度很短，当连梁发生破坏时，两端仍未发生弯曲屈服。情况 2 对应的连梁长度较短，连梁先发生剪切屈服。由于应变硬化效应，剪切承载力继续增加，同时两端弯矩继续增加。由于梁长度较短，当梁剪切变形超过极限变形时，只有一端发生了弯曲屈服。情况 3 对应一般的连梁，梁先发生剪切屈服后，剪力及两端弯矩仍继续增加，并且两端先后发生弯曲屈服，进入极限状态。情况 4 对应梁较长，梁在一端先发生弯曲屈服，然后出现剪切铰，直到另一端也发生弯曲屈服。情况 5 对应于长梁，在极限状态，梁只在两端发生弯曲屈服。在偏心支撑体系的塑性设计中，应合理地选择连梁长度，最好使其长度对应于情况 3。

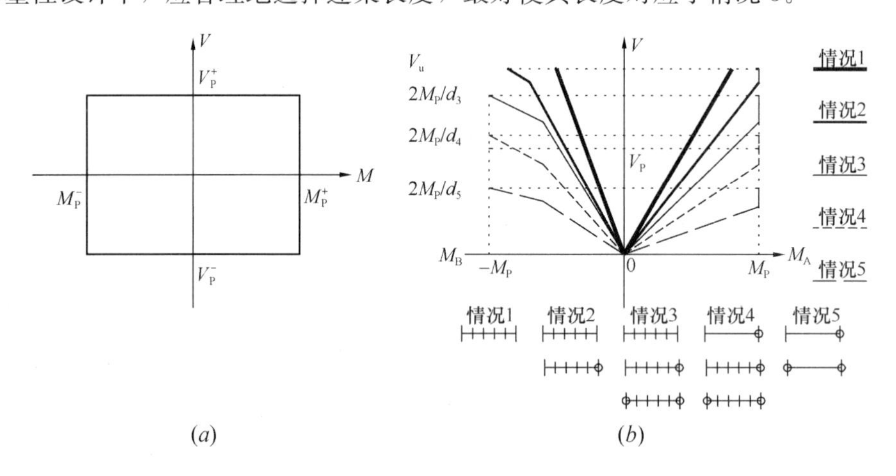

图 18.2.6 耗能连梁的简化弹塑性模型

(a) 简化的 M、V 相互作用关系；(b) 塑性铰的形成过程

18.2.2 纯钢框架结构的抗震性能

纯钢框架结构体系早在 19 世纪末就已出现，它是高层建筑中最早出现的结构体系。这种结构整体刚度均匀，构造也简单，制作安装方便；同时在大震作用下，结构具有较大的延性和一定的耗能能力，其耗能能力主要是通过梁端塑性弯曲铰的非弹性变形来实现的。但是这种结构形式在弹性状况下的抗侧刚度较小，其主要取决于组成框架的柱和梁的抗弯刚度。在水平力作用下，当楼层较少时，结构的侧向变形主要是剪切变形，即由框架柱的弯曲变形和节点的转角所引起的；当层数较多时，结构的侧向变形则除了由框架柱的弯曲变形和节点转角造成外，框架柱的轴向变形所造成的结构整体弯曲而引起的侧移随着结构层数的增多也越来越大。由此可看出，纯框架结构的抗侧移能力主要决定于框架柱和梁的抗弯能力，当层数较多时要提高结构的抗侧移刚度只有加大梁和柱的截面。截面过大，就会使框架失去其经济合理性，故其主要适用于二十几层以下的钢结构房屋。

18.2.3 钢框架-支撑（抗震墙板）结构的抗震性能

由于纯框架结构是靠梁柱的抗弯刚度来抵抗水平力地震作用，因而不能有效的利用构件的强度，当层数较大时，就很不经济。因此当建筑物超过二十几层或纯框架结构在风或地震作用下的侧移不符合要求时，往往在纯框架结构中再加上抗侧移构件，即构成了钢框架-抗剪结构体系。根据抗侧移构件的不同，这种体系又可分为框架-支撑结构体系（中心支撑和偏心支撑）和框架-抗震墙板结构体系。

(1) 框架-支撑结构体系（中心支撑和偏心支撑）

框架-支撑结构就是在框架的一跨或几跨沿竖向布置支撑而构成，其中支撑桁架部分起着类似于框架-剪力墙结构中剪力墙的作用。在水平力作用下，支撑桁架部分中的支撑构件只承受拉、压轴向力，这种结构形式无论是从强度和刚度的角度看，都是十分有效的。与纯框架结构相比，这种结构形式大大提高了结构的抗侧移刚度。就钢支撑的布置而言，可分为中心支撑和偏心支撑两大类，如图18.2.7所示。中心支撑框架是指支撑的两端都直接连接在梁柱节点上，而偏心支撑就是支撑至少有一端偏离了梁柱节点，而是直接连在梁上，则支撑与柱之间的一段梁即为消能梁段。中心支撑框架体系在大震作用下支撑易屈曲失稳，造成刚度及耗能能力急剧下降，直接影响结构的整体性能；但其在小震作用下抗侧移刚度很大，构造相对简单，实际工程应用较多，我国很多实际钢结构工程都采用了这种结构形式。偏心支撑框架结构是一种新型的结构形式，它较好地结合了纯框架和中心支撑框架两者的长处，与纯框架相比，它每层加有支撑，具有更大的抗侧移刚度及极限承载力。与中心支撑框架相比，它在支撑的一端有消能梁段，在大震作用下，消能梁段在巨大剪力作用下，先发生剪切屈服，从而保证支撑的稳定，使得结构的延性好，滞回环稳定，具有良好的耗能能力。近年来，在美国的高烈度地震区，已被数十栋高层建筑采用作为主要抗震结构，我国北京中国工商银行总行也采用了这种结构体系。

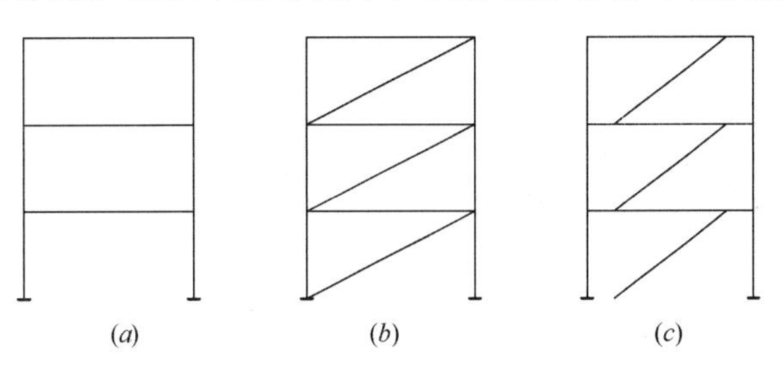

图18.2.7 几种不同的框架形式

(a) 纯框架；(b) 中心支撑框架；(c) 偏心支撑框架

(2) 框架-抗震墙板结构体系

这里的抗震墙板包括带竖缝墙板、内藏钢支撑混凝土墙板和钢抗震墙板等。带竖缝墙板最早是由日本在20世纪60年代研制的，并成功的应用到日本第一栋高层建筑钢结构霞关大厦。这种带竖缝墙板就是通过在钢筋混凝土墙板中按一定间距设置竖缝而形成的，同时在竖缝中设置了两块重叠的石棉纤维作隔板，这样既不妨碍竖缝剪切变形，还能起到隔音的作用。它在小震作用下处于弹性，刚度较大；在大震作用下即进入塑性状态，能吸收大量的地震能量并保证其承载力。我国北京的京广中心大厦的结构体系采用的就是这种带竖缝墙板的钢框架-抗震墙板结构。内藏钢板支撑剪力墙构件就是一种以钢板为基本支撑、外包钢筋混凝土墙板的预制构件，它只在支撑节点处与钢框架相连，而且混凝土墙板与框架梁柱之间留有间隙，因此实际上仍然是一种支撑。钢抗震墙板就是一种用钢板或带有加劲肋的钢板制成的墙板，这种构件在我国应用很少。

18.2.4 筒体结构的抗震性能

筒体结构体系是在超高层建筑中应用较多的一种结构体系，按筒体的位置、数量等分为框筒、筒中筒、带加强层的筒体和束筒等几种结构体系。

(1) 钢框架-核心筒结构体系

钢框架-核心筒结构体系将抗剪结构作成四周封闭的核心筒，用以承受全部或大部分水平荷载和扭转荷载。外围框架可以是铰接钢结构或钢骨混凝土结构，主要承受自身的重力荷载，也可设计成抗弯框架，承担一部分水平荷载。核心筒的布置随建筑的面积和用途不同而有很大的变化，它可以是设于建筑物核心的单筒，也可以是几个独立的筒位于不同的位置上。

（2）筒中筒结构体系

筒中筒结构体系就是集外围框筒和核心筒为一体的结构形式，其外围多为密柱深梁的钢框筒，核心为钢结构构成的筒体。内、外筒通过梁板或楼板而连接成一个整体，大大提高了结构的总体刚度，可以有效地抵抗水平外力。与钢框架-核心筒结构体系相比，由于外围框架筒的存在，整体刚度远大于它；与外框筒结构体系相比，由于核心内筒参与抵抗水平外力，不仅提高了结构抗侧移刚度，还可使得框筒结构的剪力滞后现象得到改善。这种结构体系在工程中应用较多，我国建于 1989 年的 39 层高 155m 的北京国贸中心大厦就采用了全钢筒中筒结构体系。

（3）带加强层的筒体结构体系

对于钢框架-核心筒结构，其外围柱与中间的核心筒仅通过跨度较大的连系梁连接。这时结构在水平地震作用下，外围框架柱不能与核心筒共同形成一个有效的抗侧力整体。从而使得核心筒几乎独自抗弯，外围柱的轴向刚度不能很好地利用，致使结构的抗侧移刚度有限，建筑物高度亦受到限制。带水平加强层的筒体结构体系就是通过在技术层（设备层、避难层）设置刚度较大的加强层，进一步加强核心筒与周边框架柱的联系，充分利用周边框架柱的轴向刚度形成的反弯矩来减少内筒体的倾覆力矩，从而达到减少结构在水平荷载作用下的侧移。由于外围框架梁的竖向刚度有限，不足以让未与水平加强层直接相连的其他周边柱子参与结构的整体抗弯，一般在水平加强层的楼层沿结构周边外圈还要设置周边环带桁架。设置水平加强层后，抗侧移效果显著，顶点侧移可减少约 20%。

（4）束筒结构体系

束筒结构就是将多个单元框架筒体相连在一起而组成的组合筒体，是一种抗侧移刚度很大的结构形式。这些单元筒体本身就有很高的强度，它们可以在平面和立面上组合成各种形状，并且各个筒体可终止于不同高度。即可使建筑物形成丰富的立面效果，而又不增加其结构的复杂性。曾经是世界最高的建筑-位于芝加哥的 110 层高 442m 的西尔斯大厦所采用的就是这种结构形式。

18.2.5　巨型框架结构的抗震性能

巨型结构体系是一种新型的超高层建筑结构体系，它的提出起源于 20 世纪 60 年代末，是由梁式转换楼层结构发展而形成的。巨型结构又称超级结构体系，是由不同于通常梁柱概念的大型构件——巨型梁和巨型柱组成的简单而巨型的主结构和由常规结构构件组成的次结构共同工作的一种结构体系。主结构中巨型构件的截面尺寸通常很大，其中巨型柱的尺寸常超过一个普通框架的柱间距，形式上可以是巨大的实腹钢骨混凝土柱、空间格构式桁架或筒体；巨型梁大多数采用的是高度在一层以上的平面或空间格构式桁架，一般隔若干层才设置一道。在主结构中，有时也设置跨越好几层的支撑或斜向布置剪力墙。

巨型钢结构的主结构通常为主要的抗侧力体系，承受全部的水平荷载和次结构传来的各种荷载；次结构承担竖向荷载，并负责将力传给主结构。巨型结构体系从结构角度看是一种超常规的具有巨大抗侧移刚度及整体工作性能的大型结构，可以很好地发挥材料的性能，是一种非常合理的超高层结构形式。从建筑角度出发，它的提出即可满足建筑师丰富建筑平立面的愿望，又可实现建筑师对大空间的需求。巨型结构按其主要受力体系可分为：巨型桁架（包括筒体）、巨型框架、巨型悬挂结构和巨型分离式筒体等四种基本类型。

由上述四种基本类型和其他常规体系还可组合出许多种其他性能优越的巨型钢结构体系。由于这种新型的结构形式具有良好的建筑适应性和潜在的高效结构性能，正越来越引起国际建筑业的关注。近年来巨型结构在我国已取得了进展，其中比较典型的有1990年建成的70层高369m的香港中国银行。

18.3 多层和高层钢结构房屋抗震设计的一般规定

18.3.1 结构平、立面布置以及防震缝的设置

和其他类型的建筑结构一样，多层、高层钢结构房屋的平面布置宜简单、规则和对称，并应具有良好的整体性；建筑的立面和竖向剖面宜规则，结构的抗侧刚度宜均匀变化，竖向抗侧力构件的截面尺寸和材料强度宜自下而上逐渐减小，避免抗侧力结构的侧向刚度和承载力突变。钢结构房屋应尽量避免不规则结构。

多高层钢结构房屋一般不宜设防震缝，薄弱部位应采取措施提高抗震能力。当结构体形复杂、平立面特别不规则，必须设置防震缝时，可按实际需要在适当部位设置防震缝，形成多个较规则的抗侧力结构单元，防震缝缝宽应不小于相应钢筋混凝土结构房屋的1.5倍。

18.3.2 各种不同结构体系的多层和高层钢结构房屋适用的高度和最大高宽比

表18.3.1为规范规定的各种不同结构体系多层和高层钢结构房屋的最大适用高度，如某工程设计高度超过表中所列的限值时，须按住建部规定进行超限审查。表18.3.1中所列的各项取值是在研究各种结构体系的结构性能和造价的基础之上，按照安全性和经济性的原则确定的。纯钢框架结构有较好的抗震能力，即在大震作用下具有很好的延性和耗能能力，但在弹性状态下抗侧刚度相对较小。研究表明，对6、7度设防和非设防的结构，即水平地震作用相对较小的结构，最大经济层数是30层约110m，则此时规范规定最高高度不应超过110m。对于8、9度设防的结构，地震作用相对较大，层数应适当减小。参考已建成的北京长富宫中心饭店（纯钢框架结构、8度设防、26层高94m）等建筑，8度设防的纯钢框架结构最高适用高度设为90m，9度设防的纯钢框架结构最大适用高度设为50m。框架-支撑（抗震墙板）结构是在纯框架结构增加了支撑或带竖缝墙板等抗侧构件，从而提高了结构的整体刚度和抗侧能力，即这种结构体系可以建得更高。同时参考已建的北京京城大厦（框架-抗震墙板结构、8度设防、52层高183.5m）、北京京广中心（框架-抗震墙板结构、8度设防、53层高208m）等建筑，GB 50011—2010规定8度设防的结构，最大适用高度为180m；对6、7度地区和非设防地区适当放宽，定为220m；9度地区适当减小，定为120m。筒体结构是超高层建筑中应用较多，也是建筑物高度最高的一种结构形式，世界上最高的建筑物大多采用筒体。由于我国在超高层建筑方面的研究和经验不多，故参考国内外已建工程，GB 50011—2010将筒体结构在6、7度地区的最大适用高度定为300m；8、9度适当减少，其中8度定为200m，9度定为180m。

与GB 50011—2001相比，GB 50011—2010关于钢结构房屋适用的最大高度方面的修订主要有两方面：①增加了抗震设防烈度为7度（0.15g）、8度（0.3g）两类地区各类房屋适用的最大高度，具体见表18.3.1；②将框架-支撑结构分为框架-中心支撑和框架-偏心支撑（延性墙板）两类结构，根据其抗震性能的区别，对其适用的最大高度进行适当的调整，其中框架-中心支撑结构适当减少，框架-偏心支撑（延性墙板）适当增加。

钢结构房屋适用的最大高度（m） **表 18.3.1**

结构类型	6、7度（0.10g）	7度（0.15g）	8度		9度（0.40g）
			（0.20g）	（0.30g）	
框架	110	90	90	70	50
框架-中心支撑	220	200	180	150	120
框架-偏心支撑（延性墙板）	240	220	200	180	160
筒体（框筒、筒中筒、桁架筒、束筒）和巨型框架	300	280	260	240	180

注：1. 房屋高度指室外地面到主要屋面板板顶的高度（不包括局部突出屋顶部分）；

2. 超过表内高度的房屋，应进行专门研究和论证，采取有效的加强措施；

3. 表内的筒体不包括混凝土筒。

表 18.3.2 为钢结构民用房屋适用的最大高宽比。由于对各种结构体系的合理最大高宽比缺乏系统的研究，故 GB 50011—2010 主要从高宽比对舒适度的影响以及参考国内外已建实际工程的高宽比来确定合理的高宽比。由于纽约著名的建筑物世界贸易中心的高宽比是 6.5，其值较大并具有一定的代表性，其他建筑的高宽比很少有超过此值的。故 GB 50011—2010 将 6、7 度地区的钢结构建筑物的高宽比最大值定为 6.5，8、9 度适当缩小，分别为 6.0 和 5.5。由于缺乏对各种结构形式钢结构的合理高宽比最大值进行系统研究，故在 GB 50011—2010 中不同结构形式采用统一值。

钢结构民用房屋适用的最大高宽比 **表 18.3.2**

烈度	6、7度	8度	9度
最大高宽比	6.5	6.0	5.5

注：1. 计算高宽比的高度从室外地面算起；

2. 塔形建筑的底部有大底盘时，高宽比可按大底盘以上计算。

18.3.3 钢结构抗震等级的划分

地震作用下，钢结构的地震反应具有下列特点：①设防烈度越大，地震作用越大，房屋的抗震要求越高；②房屋越高，地震反应越大，其抗震要求应越高。所以，在不同的抗震设防烈度地区、不同高度的结构，其地震作用效应在与其他荷载效应组合中所占比重不同，在小震作用下，各结构均能保持弹性，但在中震或大震作用下，结构所具有的实际抗震能力会有较大的差别，结构可能进入弹塑性状态的程度也是不同的，即不同设防烈度区、不同高度的结构的延性要求也不一样。

因此，综合考虑设防类别、设防烈度和房屋高度等主要因素，划分抗震等级进行抗震设计，是比较经济合理的。抗震等级的划分，体现了对不同抗震设防类别、不同烈度、同一烈度但不同高度的钢结构延性要求的不同，以及同一种构件在不同结构类型中的延性要求的不同。表 18.3.3 是 GB 50011—2010 规定的丙类建筑抗震等级划分。

钢结构房屋的抗震等级　　表 18.3.3

房屋高度	烈度			
	6	7	8	9
≤50m		四	三	二
>50m	四	三	二	一

注：1. 高度接近或等于高度分界时，应允许结合房屋不规则程度和场地、地基条件确定抗震等级；

2. 一般情况，构件的抗震等级应与结构相同；当某个部位各构件的承载力均满足 2 倍地震作用组合下的内力要求时，7～9 度的构件抗震等级应允许按降低一度确定。

18.3.4 钢框架结构的结构布置

1. 钢框架结构均宜双向设置

由于水平地震作用是由两个相互垂直的地震作用构成的，所以钢框架结构应在两个方向上均具有较好的抗震能力。结构纵、横向的抗震能力相互影响和关联，使结构形成空间结构体系。当一个方向的抗震能力较弱时，则会率先屈服和破坏，也将导致结构丧失空间协同能力和另一方向也将产生破坏。对于钢框架结构宜双向均为框架结构体系，避免横向为框架、纵向为连系梁的结构体系，而且还应尽量使横向和纵向框架的抗震能力相匹配。

2. 限制单榀框架的使用

单跨的框架结构，地震时缺少多道防线对抗震不利，GB 50011—2010 修订增加了控制单跨框架结构适用范围的要求。即对甲、乙类建筑及高层的丙类建筑不应采用单跨框架，多层的丙类建筑不宜采用单跨框架。

3. 钢框架结构的梁、柱构件之间应设置为“强柱弱梁”

钢框架的层间变形能力决定于梁、柱的变形性能。柱不但是主要抗侧力构件，还是主要的竖向承载力构件，柱屈服容易引起层屈服，同时柱是压弯构件，其变形能力不如弯曲构件的梁。所以，较合理的框架破坏机制，应该是梁比柱的塑性屈服尽可能早发生和多发生，底层柱柱底的塑性铰较晚形成，各层柱的屈服顺序尽量错开，避免集中在某一层内。这样破坏机制的框架，才能具有良好的变形能力和整体抗震能力。

4. 节点连接的承载能力大于梁、柱构件的承载能力

在钢框架设计中，除了保证梁、柱构件具有足够的承载能力和塑性变形能力以外，保证节点连接的承载力使之不过早破坏也是十分重要的。节点连接合理的抗震设计原则是，在梁柱构件达到极限承载力前节点连接不应发生破坏。由震害调查可见，梁柱节点区的破坏大都是因为节点设计不合理、构造有缺陷以及焊缝质量等方面的原因，在地震作用下焊缝出现裂缝、板材撕裂甚至构件断裂等。因此，保证节点连接处的承载力才能保证结构的抗震性能。

5. 梁柱节点域的承载能力应大于梁、柱构件的承载能力

对于钢框架结构，梁柱构件是通过节点的刚性连接而共同工作的，如果节点域在地震作用下率先屈服或破坏，则梁柱构件则不能有效的共同工作，梁柱节点域的承载能力应大于梁、柱构件的承载能力。

18.3.5 框架-支撑结构的结构布置

在框架结构中增加中心支撑或偏心支撑等抗侧力构件时，应遵循抗侧力刚度中心与水

平地震作用合力接近重合的原则，即在两个方向上均宜对称布置。同时支撑框架之间楼盖的长宽比不宜大于 3，以保证抗侧刚度沿长度方向分布均匀。

中心支撑框架在小震作用下具有较大的抗侧刚度，同时构造简单；但是在大震作用下，支撑易受压失稳，造成刚度和耗能能力的急剧下降。偏心支撑在小震作用下具有与中心支撑相当的抗侧刚度，在大震作用下还具有与纯框架相当的延性和耗能能力，但构造相对复杂。所以对于 7 度和 8 度区房屋总高度不超过 50m 的钢结构，即地震作用相对较小的结构可以采用中心支撑框架，有条件时可以采用偏心支撑、屈曲约束支撑等消能支撑。房屋总高度超过 50m 或 9 度区的钢结构宜采用偏心支撑框架。

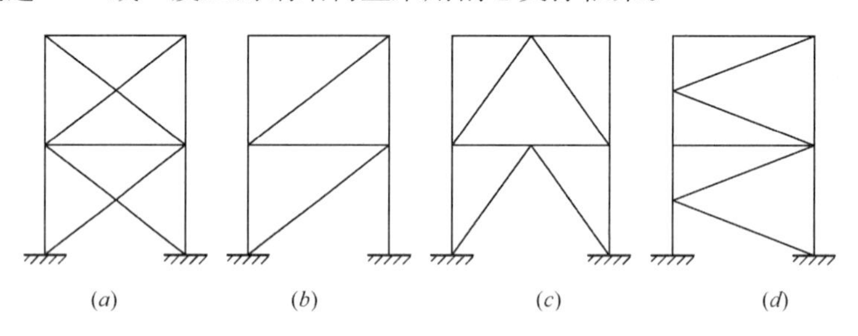

图 18.3.1　中心支撑类型

(a) 交叉支撑；(b) 单斜杆支撑；(c) 人字支撑；(d) K 型支撑

多高层钢结构的中心支撑可以采用采用交叉支撑、人字支撑或单斜杆支撑，但不宜采用 K 型支撑（如图 18.3.1 所示）。因为 K 形支撑在地震作用下可能因受压斜杆屈曲或受拉斜杆屈服，引起较大的侧移使柱发生屈曲甚至倒塌，故抗震设计中不宜采用。当采用只能受拉的单斜杆支撑时，必须设置两组不同倾斜方向的支撑，以保证结构在两个方向具有同样的抗侧能力。对于不超过 50m 的钢结构可优先采用交叉支撑，按拉杆设计，相对经济。中心支撑的具体布置时，其轴线应交汇于梁柱构件的轴线交点，确有困难时偏离中心不应超过支撑杆件宽度，并应计入由此产生的附加弯矩。当中心支撑采用只能受拉的单斜杆体系时，应同时设置不同倾斜方向的两组斜杆，且每组中不同方向单斜杆的截面面积在水平方向的投影面积之差不应大于 10%。

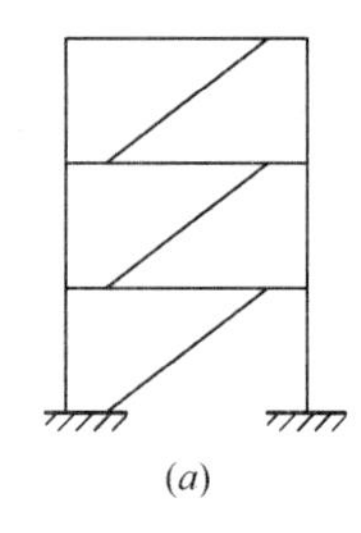

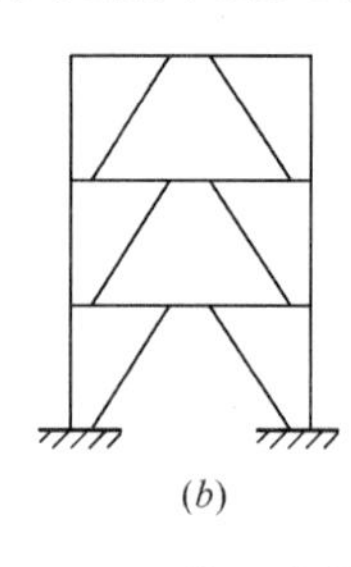

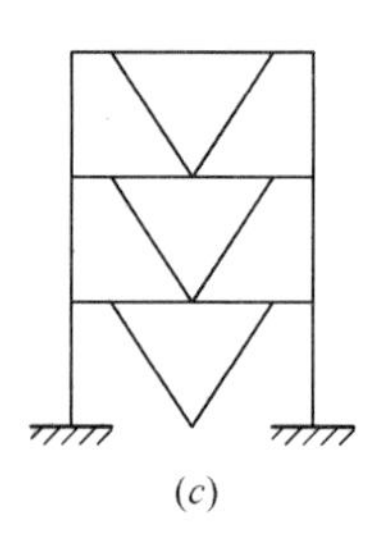

图 18.3.2　偏心支撑类型

(a) D 型偏心支撑；(b) K 型偏心支撑；(c) V 型偏心支撑

偏心支撑框架根据其支撑的设置情况分为 D、K 和 V 型，如图 18.3.2 所示。无论采用何种形式的偏心支撑框架，每根支撑至少有一端偏离梁柱节点，而直接与框架梁连接，则梁支撑节点与梁柱节点之间的梁段或梁支撑节点与另一梁支撑节点之间的梁段即为消能梁段。偏心支撑框架体系的性能很大程度上取决于消能梁段、消能连梁不同于普通的梁，其跨度小、高跨比大，同时承受较大的剪力和弯矩。其屈服形式、剪力和弯矩的相互关系以及屈服后的性能均较复杂，详见 18.8 节。

采用屈曲约束支撑时，宜采用人字支撑、成对布置的单斜杆支撑等形式，不应采用 K

形或X形，支撑与柱的夹角宜在35°～55°。屈曲约束支撑受压时，其设计参数、性能检验和作为一种消能部件的计算方法可按相关要求设计。

18.3.6 多层和高层钢结构房屋中楼盖形式

在多层和高层钢结构中，楼盖的工程量占很大的比重，其对结构的整体工作、使用性能、造价及施工速度等方面都有着重要的影响。设计中确定楼盖形式时，主要考虑以下几点：①保证楼盖有足够的平面整体刚度，使得结构各抗侧力构件在水平地震作用下具有相同的侧移；②较轻的楼盖结构自重和较低的楼盖结构高度；③有利于现场快速施工和安装；④较好的防火、隔音性能，便于敷设动力、设备及通信等管线设施。目前，楼板的形式主要有压型钢板现浇钢筋混凝土组合楼板、装配整体式预制钢筋混凝土楼板、装配式预制钢筋混凝土楼板、普通现浇混凝土楼板或其他楼板。从性能上比较，压型钢板现浇钢筋混凝土组合楼板和普通现浇混凝土楼板的平面整体刚度更好；从施工速度上比较，压型钢板现浇钢筋混凝土组合楼板、装配整体式预制钢筋混凝土楼板和装配式预制钢筋混凝土楼板都较快；从造价上比较，压型钢板现浇钢筋混凝土组合楼板相对较高。

综合比较以上各种因素，GB 50011—2010建议多层和高层钢结构宜采用压型钢板现浇钢筋混凝土组合楼板，因为当压型钢板现浇钢筋混凝土组合楼板与钢梁有可靠连接时，具有很好的平面整体刚度，同时不需要现浇模板，提高了施工速度。GB 50011—2010同时规定，对于6、7度区不超过50m的钢结构尚可采用装配整体式钢筋混凝土楼板，也可采用装配式楼板或其他轻型楼板。

具体设计和施工中，当采用压型钢板钢筋混凝土组合楼板或现浇钢筋混凝土楼板时，应与钢梁有可靠连接；当采用装配式、装配整体式或轻型楼板时，应将楼板预埋件与钢梁焊接，或采取其他保证楼盖整体性的措施。必要时，在楼盖的安装过程中要设置一些临时支撑，待楼盖全部安装完成后再拆除。

18.3.7 多层和高层钢结构房屋的地下室

GB 50011—2010规定，超过50m的钢结构应设置地下室，对50m以下的不作规定。当设置地下室时，其基础形式应根据上部结构及地下室情况、工程地质条件、施工条件等因素综合考虑确定。地下室和基础作为上部结构连续的锚伸部分，应具有可靠的埋置深度和足够的承载力及刚度。GB 50011—2010规定，当采用天然地基时，其基础埋置深度不宜小于房屋总高度的1/15；当采用桩基时，桩承台埋置深度不宜小于房屋总高度的1/20。

钢结构房屋设置地下室时，为了增强刚度并便于连接构造，框架-支撑（抗震墙板）结构中竖向连续布置的支撑（或抗震墙板）应延伸至基础；框架柱应至少延伸至地下1层。在地下室部分，支撑的位置不可因建筑方面的要求而在地下室移动位置。但是，当钢结构的底部或地下室设置钢骨混凝土结构层，为增加抗侧刚度、构造等方面的协调性时，可将地下室部分的支撑改为混凝土抗震墙。至于抗震墙是由钢支撑外包混凝土构成还是采用混凝土墙，由设计确定。

是否在高层钢结构的下部或地下室设置钢骨混凝土结构层，各国的观点不一样。日本认为在下部或地下室设置钢骨混凝土结构层时，可以使内力传递平稳，保持柱脚的嵌固性，增加建筑底部刚性、整体性和抗倾覆稳定性。而美国无此要求，GB 50011—2010对此不作规定。

18.4 多层和高层钢结构房屋的抗震计算

18.4.1 抗震设计的验算内容以及作用效应的组合方法

（1）验算内容

多层和高层钢结构房屋的抗震设计，也是采用两阶段设计法。第一阶段为多遇地震作用下的弹性分析，验算构件的承载力和稳定以及结构的层间侧移；第二阶段为罕遇地震下的弹塑性分析，验算结构的层间侧移。对大多数的一般结构，可只进行第一阶段的设计，只是通过概念设计和采取抗震构造措施来保证第三水准的设计要求。

第一阶段抗震设计的地震作用效应可采用本节第1部分和本书第4章所述的方法计算。多高层钢结构房屋第二阶段抗震设计的弹塑性变形计算可采用静力弹塑性分析方法（如push-over方法）或弹塑性时程分析。其计算模型，对规则结构可采用弯剪型层模型或平面杆系模型等，不规则结构应采用空间结构模型。

（2）作用效应的组合方法

无论是结构构件的内力还是结构的变形，两阶段设计时都要考虑地震作用效应和其他荷载效应（如重力荷载效应、风荷载效应等）的组合，区别在于两者的组合系数不一样。结构两阶段设计时的地震作用效应和其他荷载效应的组合方法，采用第4章所述方法。

18.4.2 计算模型及有关参数的选取

（1）计算模型

多高层钢结构房屋的计算模型，当结构布置规则、质量及刚度沿高度分布均匀、不计扭转效应时，可采用平面结构计算模型；当结构平面或立面不规则、体形复杂、无法划分成平面抗侧力单元的结构，或为筒体结构等时，应采用空间结构计算模型。

地震作用计算中有关重力荷载代表值的计算方法、地震作用的计算内容以及地震作用的计算方法等参考第2章的具体论述。

（2）抗侧力构件的模拟

在框架-支撑（抗震墙板）结构的计算分析中，其计算模型中部分构件单元模型可做适当的简化。支撑斜杆构件的两端连接节点虽然按刚接设计，但在大量的分析中发现，支撑构件两端承担的弯矩很小，则计算模型中支撑构件可按两端铰接模拟。内藏钢支撑钢筋混凝土墙板构件是以钢板为基本支撑，外包钢筋混凝土墙板的预制构件。它只在支撑节点处与钢框架相连，而且混凝土墙板与框架梁柱间留有间隙，因此实际上仍是一种支撑，则计算模型中其可按支撑构件模拟。对于带竖缝混凝土抗震墙板，可按只承受水平荷载产生的剪力，不承受竖向荷载产生的压力来模拟。

（3）阻尼比的取值

阻尼比是计算地震作用一个必不可少的参数。实测表明，多层和高层钢结构房屋的阻尼比小于钢筋混凝土结构的阻尼比。同时ISO规定，低层建筑阻尼比大于高层建筑阻尼比。在此基础之上GB 50011—2010规定：在多遇地震作用下的阻尼比，高度不大于50m时可取0.04；高度大于50m且小于200m时，可取0.03；高度不小于200m时，宜取0.02；当偏心支撑框架部分承担的地震倾覆力矩大于结构总地震倾覆力矩的50%时，其阻尼比可比普通钢结构相应增加0.005；在罕遇地震作用下，不同层数的钢结构阻尼比都取0.05。采用这些阻尼比之后，地震影响系数曲线的阻尼调整系数和形状参数详见第

4 章。

(4) 非结构构件对结构自振周期的影响

由于非结构构件及计算简图与实际情况存在差别，结构实际周期往往小于弹性计算周期。因此钢结构的计算周期，应采用按主体结构弹性刚度计算所得的周期乘以考虑非结构构件影响的修正系数，该修正系数宜根据填充墙的布置、数量及材料取为 0.8～1.0。

(5) 现浇混凝土楼板对钢梁刚度的影响

当现浇混凝土楼板与钢梁之间有可靠连接时，在弹性计算时宜考虑楼板与钢梁的共同工作。具体进行框架弹性分析时，压型钢板组合楼盖中梁的惯性矩对两侧有楼板的梁宜取 $1.5I_b$，对仅一侧有楼板的梁宜取 $1.2I_b$，I_b 为钢梁惯性矩。

(6) 重力二阶效应的考虑方法

由于钢结构的抗侧刚度相对较弱，随着建筑物高度的增加，重力二阶效应的影响也越来越大。GB 50011—2010 规定，当结构在地震作用下的重力附加弯矩与初始弯矩之比符合式 (18.4.1) 时，应计入重力二阶效应的影响。对于重力二阶效应的影响，准确的计算方法就是在计算模型中所有的构件都应考虑几何刚度；当在弹性分析时，可以用一种简化方法来近似的计算，就是将所有构件的地震响应乘一个增大系数，这个增大系数可近似取为 $1/(1-\theta)$。

$$\theta_i = \frac{M_a}{M_0} = \frac{\sum G_i \cdot \Delta u_i}{V_i h_i} > 0.1 \tag{18.4.1}$$

(7) 节点域对结构侧移的影响

在多高层钢结构中，是否考虑梁柱节点域剪切变形对层间位移的影响要根据结构形式、框架柱的截面形式以及结构的层数高度而定。研究表明，节点域剪切变形对框架-支撑体系影响较小；对钢框架结构体系影响相对较大。而在纯钢框架结构体系中，当采用工字形截面柱且层数较多时，节点域的剪切变形对框架位移影响较大，可达 10%～20%；当采用箱形柱或层数较小时，节点域的剪切变形对框架位移很小，不到 1%，可忽略不计。GB 50011—2010 规定，对工字形截面柱，宜计入梁柱节点域剪切变形对结构侧移的影响；中心支撑框架和不超过 50m 的钢结构，可不计入梁柱节点域剪切变形对结构侧移的影响。

18.4.3 钢结构在地震作用下的内力调整

为了体现《钢结构抗震设计》中多道设防、强柱弱梁的原则以及保证结构在大震作用下按照理想的屈服形式屈服，GB 50011—2010 通过调整结构中不同部分的地震效应或不同构件的内力设计值，即乘以一个地震作用调整系数或内力增大系数来实现。

(1) 结构不同部分的剪力分配

抗震设计的其中一条原则就是多道设防，对于框架-支撑结构这种双重抗侧力体系结构，不但要求支撑、内藏钢支撑的钢筋混凝土墙板等这些抗侧力构件具有一定的刚度和强度，还要求框架部分还有一定独立的承担抗侧力能力，以发挥框架部分的二道设防作用。美国 UBC 规定，框架应设计成能独立承担至少 25%的底部设计剪力。但是在设计中与抗侧力构件组合的情况下，符合该规定较困难。故 GB 50011—2010 在美国 UBC 规定的基础之上又参考了混凝土结构的双重标准，其规定为：在框架-支撑结构中，框架部分按计算得到的地震层剪力应乘以调整系数，达到不小于结构底部总地震剪力的 25%和框架部分地震最大层剪力 1.8 倍二者中的较小者。

（2）框架-中心支撑结构构件内力设计值调整

在钢框架-中心支撑结构中，斜杆轴线偏离梁柱轴线交点不超过支撑杆件的宽度时，仍可按中心支撑框架分析，但应考虑支撑偏离对框架梁造成的附加弯矩。

（3）框架-偏心支撑结构构件内力设计值调整

为了使按塑性设计的偏心支撑框架具有特有的优良抗震性能，在屈服时按所期望的变形机制变形，即其非弹性变形主要集中在各耗能梁段上，其设计思想是：在小震作用下，各构件处于弹性状态；在大震作用下，消能梁段纯剪切屈服或同时梁端发生弯曲屈服，其他所有构件除柱底部形成弯曲铰以外其他部位均保持弹性。为了实现上述设计目的，关键要选择合适的消能梁段的长度和梁柱支撑截面，即强柱、强支撑和弱消能梁段。为此 GB 50011—2010 规定，偏心支撑框架构件的内力设计值应通过乘以增大系数进行调整。

① 支撑斜杆的轴力设计值，应取与支撑斜杆相连接的消能梁段达到受剪承载力时支撑斜杆轴力与增大系数的乘积；其增大系数，一级不应小于 1.4，二级不应小于 1.3，三级不应小于 1.2。

② 位于消能梁段同一跨的框架梁内力设计值，应取消能梁段达到受剪承载力时框架梁内力与增大系数的乘积；其增大系数，一级不应小于 1.3，二级不应小于 1.2，三级不应小于 1.1。

③ 框架柱的内力设计值，应取消能梁段达到受剪承载力时柱内力与增大系数的乘积；其增大系数，一级不应小于 1.3，二级不应小于 1.2，三级不应小于 1.1。

④ 其他构件的内力调整问题

对框架梁，可不按柱轴线处的内力而按梁端内力设计。钢结构转换层下的钢框架柱，其内力设计值应乘以一增大系数，增大系数可取为 1.5。

18.4.4 结构在地震作用下的变形验算

（1）多遇地震作用变形验算

多高层钢结构的抗震变形验算，也是分多遇地震和罕遇地震两个阶段分别验算。首先所有的钢结构都要进行多遇地震作用下的抗震变形验算，并且弹性层间位移角限值取 1/250，即楼层内最大的弹性层间位移应符合式（18.4.2）的要求。

$$\Delta u_{\mathrm{e}} \leqslant h/250 \tag{18.4.2}$$

式中：Δu_{e} 为多遇地震作用标准值产生的楼层内最大弹性层间位移；h 为计算楼层层高。

（2）罕遇地震作用变形验算

GB 50011—2010 规定，结构在罕遇地震作用下薄弱层的弹塑性变形验算，高度超过 150m 的钢结构必须进行验算；高度不大于 150m 的钢结构，宜进行弹塑性变形验算。GB 50011—2010 同时规定，多、高层钢结构的弹塑性层间位移角限值取 1/50，即楼层内最大的弹塑性层间位移应符合式（5.4.3）要求。

$$\Delta u_{\mathrm{P}} \leqslant h/50 \tag{18.4.3}$$

式中：Δu_{P} 为多遇地震作用标准值产生的楼层内最大弹性层间位移；h 为计算楼层层高。

18.4.5 钢结构构件的承载力验算

GB 50011—2010 对各种形式钢结构中的一些关键构件或特殊部位的抗震承载能力进行了规定，规范中未做规定的部分，应符合现有相关结构设计规范的要求。

（1）框架柱的抗震验算

框架柱截面抗震验算包括强度验算以及平面内和平面外的整体稳定性验算，分别按式（18.4.4）、式（18.4.5）和式（18.4.6）进行验算：

$$\frac{N}{A_n}+\frac{M_x}{\gamma_x W_{nx}}+\frac{M_y}{\gamma_y W_{ny}}\leqslant\frac{f}{\gamma_{RE}} \tag{18.4.4}$$

$$\frac{N}{\varphi_x A}+\frac{\beta_{mx}M_x}{\gamma_x W_{1x}(1-0.8N/N'_{Ex})}+\eta\frac{\beta_{ty}M_y}{\varphi_{by}W_{1y}}\leqslant\frac{f}{\gamma_{RE}} \tag{18.4.5}$$

$$\frac{N}{\varphi_y A}+\eta\frac{\beta_{tx}M_x}{\varphi_{bx}W_{1x}}+\frac{\beta_{my}M_y}{\gamma_y W_{1y}(1-0.8N/N'_{Ey})}\leqslant\frac{f}{\gamma_{RE}} \tag{18.4.6}$$

式中 N、M_x、M_y——分别为构件的设计轴力和弯矩；

A_n、A——分别为构件的净截面和毛截面面积；

γ_x、γ_y——分别为构件截面塑性发展系数，按国家标准《钢结构设计规范》的规定取值；

W_{nx}、W_{ny}——分别为对 x 轴和 y 轴的净截面抵抗矩；

φ_x、φ_y——分别为弯矩作用平面内和平面外的轴心受压构件稳定系数；

W_{1x}、W_{1y}——分别为对强轴和弱轴的毛截面抵抗矩，按国家标准《钢结构设计规范》计算；

β_{mx}、β_{my}——分别为两个方向的平面内等效弯矩系数，按国家标准《钢结构设计规范》的规定取值；

β_{tx}、β_{ty}——分别为两个方向的平面外的等效弯矩系数，按国家标准《钢结构设计规范》的规定取值；

N'_{Ex}——构件的欧拉临界力；

φ_b——均匀弯曲受弯构件的整体稳定系数，按国家标准《钢结构设计规范》的规定取值；

γ_{RE}——框架柱承载力抗震调整系数，强度验算时取 0.75，稳定性验算时取 0.80；

η——截面影响系数，闭口截面取 0.75，其他截面取 0.80。

（2）框架梁的抗震验算

框架梁抗震验算包括抗弯强度和抗剪强度验算，分别按式（18.4.7）和式（18.4.8）验算。除了设置刚性铺板情况除外，还要按式（18.4.9）进行梁的稳定性验算。

$$\frac{M_x}{\gamma_x W_{nx}}\leqslant\frac{f}{\gamma_{RE}} \tag{18.4.7}$$

$$\tau=\frac{VS}{It_w}\leqslant\frac{f_v}{\gamma_{RE}} \tag{18.4.8a}$$

框架梁端部截面的抗剪强度

$$\tau=V/A_{wn}\leqslant\frac{f_v}{\gamma_{RE}} \tag{18.4.8b}$$

$$\frac{M_x}{\varphi_b W_x} \leqslant \frac{f}{\gamma_{RE}} \tag{18.4.9}$$

式中　M_x——梁对 x 轴的弯矩设计值；

W_{nx}、W_x——分别为梁对 x 轴的净截面抵抗矩和毛截面抵抗矩；

V——计算截面沿腹板平面作用的剪力；

A_{wn}——梁端腹板的净截面面积；

γ_x——截面塑性发展系数，按国家标准《钢结构设计规范》的规定取值；

γ_{RE}——框架梁承载力抗震调整系数，取 0.75；

I——截面的毛截面惯性矩；

t_w——腹板厚度。

（3）中心支撑框架结构中支撑斜杆的受压承载力验算

研究结果表明，支撑斜杆在地震反复拉压荷载作用下承载力要降低，设计中应予以考虑。GB 50011—2010 中采用了一个与长细比有关的强度降低系数，来考虑承载力的下降。具体设计时支撑斜杆的受压承载力按以下公式验算：

$$N/(\varphi A_{br}) \leqslant \psi f/\gamma_{RE} \tag{18.4.10}$$

$$\psi = 1/(1+0.35\lambda_n) \tag{18.4.11}$$

$$\lambda_n = (\lambda/\pi)\sqrt{f_{ay}/E} \tag{18.4.12}$$

式中　N——支撑斜杆的轴向力设计值；

A_{br}——支撑斜杆的截面面积；

φ——轴心受压构件的稳定系数；

ψ——受循环荷载时的强度降低系数，按式（18.4.11）计算；

λ_n——支撑斜杆的正则化长细比，按式（18.4.12）计算；

E——支撑斜杆材料的弹性模量；

f_{ay}——钢材屈服强度；

γ_{RE}——支撑稳定破坏承载力抗震调整系数，取 0.8。

（4）中心支撑框架结构中人字支撑和 V 形支撑的横梁验算

人字形支撑或 V 形支撑的斜杆受压屈曲后，承载力将急剧下降，则拉压两支撑斜杆将在支撑与横梁连接处引起不平衡力。对于人字形支撑而言，这种不平衡力将引起楼板的下陷；对于 V 形支撑而言，这种不平衡力将引起楼板的向上隆起。为了避免这种情况的出现，应对横梁（顶层和出屋面房间的梁可不执行本款）进行承载力验算。验算时横梁按中间无支座的简支梁考虑，荷载包括楼面重力荷载和上述受压支撑屈曲后产生的不平衡集中力。此不平衡力可采用受拉支撑的竖向分量减去受压支撑屈曲压力竖向分量的 30%来计算。必要时，人字支撑和 V 形支撑可沿竖向交替设置或采用拉链柱。

（5）偏心支撑框架中消能梁段的受剪承载力验算

消能梁段是偏心支撑框架中的关键部位，偏心支撑框架在大震作用下的塑性变形是通过消能梁段良好的剪切变形能力实现的。由于消能梁段长度短，高跨比大，承受着较大的剪力。当轴力较大时，对梁的抗剪承载力有一定的影响，所以消能梁段的抗剪承载力要分轴力较小和较大两种情况分别验算：

当 $N \leqslant 0.15Af$ 时

$$V \leqslant \varphi V_l / \gamma_{RE} \tag{18.4.13}$$

$V_l = 0.58 A_w f_{ay}$ 或 $V_l = 2M_{lp}/\alpha$，取两值的较小值

$$A_w = (h - 2t_f)t_w$$

$$M_{lp} = W_p f$$

当 $N > 0.15Af$ 时

$$V \leqslant \varphi V_{lc} / \gamma_{RE} \tag{18.4.14}$$

$V_{lc} = 0.58 A_w f_{ay} \sqrt{1 - [N/(Af)^2]}$ 或 $V_{lc} = 2.4 M_{lp} [1 - N/(Af)]/a$，取两值的较小值。

式中　φ——系数，可取 0.9；

V、N——分别为消能梁段的剪力设计值和轴力设计值；

V_l、V_{lc}——分别为消能梁段的受剪承载力和计入轴力影响的受剪承载力；

M_{lP}——消能梁段的全塑性受弯承载力；

a、h、t_w、t_f——分别为消能梁段的长度、截面高度、腹板厚度和翼缘厚度；

A、A_W——分别为消能梁段的截面面积和腹板截面面积；

W_p——消能梁段的塑性截面模量；

f、f_{ay}——分别为消能梁段钢材的抗拉强度设计值和屈服强度；

γ_{RE}——消能梁段承载力抗震调整系数，取 0.75。

（6）钢框架梁柱节点处的全塑性承载力验算

“强柱弱梁”也是抗震设计的基本原则之一，所以除了分别验算梁、柱构件的截面承载力外，还要对节点的左右梁端和上下柱端的全塑性承载力进行验算。为了保证“强柱弱梁”实现，要求交汇节点的框架柱受弯承载力之和应大于梁的受弯承载力之和，即满足式（18.4.15）。出于对地震内力考虑不足、钢材超强等的考虑，公式中还增加了强柱系数 η 以增大框架柱的承载力。

等截面梁　$\sum W_{pc}(f_{yc} - N/A_c) \geqslant \eta \sum W_{pb} f_{yb}$　（18.4.15）

端部翼缘变截面梁　$\sum W_{pc}(f_{yc} - N/A_c) \geqslant \sum (\eta W_{pb1} f_{yb} + V_{pb} s)$　（18.4.16）

式中　W_{pc}、W_{pb}——分别为交汇于节点的柱和梁的塑性截面模量；

W_{pb1}——梁塑性铰所在截面的梁塑性截面模量；

f_{yc}、f_{yb}——分别为柱和梁的钢材屈服强度；

N——地震组合的柱轴力；

A_c——柱截面面积；

η——强柱系数，一级区取 1.15，二级取 1.10，三级取 1.05；

V_{pb}——梁塑性铰剪力；

s——塑性铰至柱面的距离，塑性铰可取梁端部变截面翼缘的最小处。

同时 GB 50011—2010 还规定，当满足以下条件之一时，可以不进行节点全塑性承载力验算：①柱所在楼层的受剪承载力比上一层的受剪承载力高出 25%；②柱轴向设计力与柱全截面面积和钢材抗拉强度设计值乘积的比值不超过 0.4；③当柱轴向设计力与柱全截面面积和钢材抗拉强度设计值乘积的比值超过 0.4，但是将柱轴向力设计值中的地震作用引起的柱轴向力加大一倍时，柱的稳定性仍然能得到保证；④与支撑斜杆相连的节点。

（7）节点域的抗剪强度、屈服承载力和稳定性验算

工字形截面柱和箱形截面柱的节点域抗剪承载力按式（18.4.17）验算。公式左侧没

有包括梁端剪力引起的节点域剪应力，同时节点域周边构件的存在也提高了节点域的抗剪承载力，所以公式右侧乘以了 4/3。

节点域的屈服承载力按式（18.4.18）验算。节点域厚度对钢框架性能影响较大，太薄了会使钢框架位移增大过大，太厚了会使节点域不能发挥耗能作用，因此要选择合理的节点域厚度。日本的研究成果表明，节点域屈服弯矩为梁端屈服弯矩之和的 0.7 倍时，可使节点域剪切变形对框架位移的影响不大，同时又能满足耗能要求，所以公式左侧增加了折减系数 ψ。

节点域的稳定性按式（18.4.19）验算。

$$(M_{b1}+M_{b2})/V_p \leqslant (4/3)f_v/\gamma_{RE} \tag{18.4.17}$$

$$\psi(M_{pb1}+M_{pb2})/V_p \leqslant (4/3)f_v \tag{18.4.18}$$

$$t_w \geqslant (h_b+h_c)/90 \tag{18.4.19}$$

工字形截面柱　$V_p = h_b h_c t_w$

箱型截面柱　$V_p = 1.8 h_b h_c t_w$

式中　M_{pb1}、M_{pb2}——分别为节点域两侧梁的全塑性受弯承载力；

V_p——节点域的体积；

f_v——钢材的抗剪强度设计值；

ψ——折减系数，三、四级取 0.6，一、二级取 0.7；

h_b、h_c——分别为梁腹板高度和柱腹板高度；

t_w——柱在节点域的腹板高度；

M_{b1}、M_{b2}——分别为节点域两侧梁的弯矩设计值；

γ_{RE}——节点域承载力抗震调整系数，取 0.75。

18.4.6　钢结构构件连接的弹性设计和极限承载力验算

钢材具有很好的延性性能，但材料的延性并不能保证结构的延性。所以钢结构优良的塑性变形能力还需要强大的节点来保证，即“强节点，弱构件”的设计原则。由于在 1994 年美国 Northridge 地震中，梁柱节点出现了破坏。针对此现象，国内外对梁柱节点展开了大量的研究，并取得很多的成果。在这些研究的基础上，GB 50011—2010 在节点设计部分较以往的结构设计规范有了较大的改动。

GB 50011—2010 规定，钢结构构件连接首先要按地震作用效应组合内力进行弹性设计，然后进行极限承载验算。所谓的弹性设计，就是根据剪力由腹板独自承担，弯矩由翼缘和腹板根据各自的截面惯性矩的原则计算，可计算出各自承担的内力，然后进行设计。

（1）梁柱连接的弹性设计和极限承载力验算

弹性设计按翼缘和腹板分别验算，其中翼缘满足式（18.4.20），而腹板根据采用角焊缝连接还是高强螺栓连接分别应当满足式（18.4.21）和式（18.4.22）。

$$\frac{M_F}{W_F} \leqslant \frac{f_t^w}{\gamma_{RE}} \tag{18.4.20}$$

$$\sqrt{\left(\frac{M_w}{W_w}\right)^2+\left(\frac{V}{2\times 0.7A_w}\right)^2} \leqslant \frac{f_t^w}{\gamma_{RE}} \tag{18.4.21}$$

$$\sqrt{\left(\frac{V}{n}+N_{My}\right)^2+N_{Mx}^2} \leqslant N_v^b \tag{18.4.22}$$

$$\begin{cases} M_F = \dfrac{I_F M}{I_F + I_w} \\ M_w = \dfrac{I_w M}{I_F + I_w} \\ N_v^b = 0.9uP \end{cases} \tag{18.4.23}$$

式中 M、V——分别为梁端弯矩设计值和剪力设计值；

M_F、M_w——分别为梁端翼缘所承担的弯矩设计值和腹板所承担的弯矩设计值；

I_F、I_w——分别为梁翼缘截面惯性矩和梁腹板的净截面惯性矩；

W_F、W_w——分别为梁翼缘截面抵抗矩和梁腹板的净截面抵抗矩；

f_t^w——对接焊缝和角焊缝的抗拉强度设计值；

A_w——腹板的净截面面积；

N_{My}、N_{Mx}——分别为腹板所承担的弯矩设计值在最不利螺栓的 y 方向和 x 方向引起的剪力；

γ_{RE}——连接焊缝的承载力抗震调整系数，取 0.75；

N_v^b——单个高强螺栓的抗剪承载力；

u——摩擦面的抗滑移系数；

P——每个高强螺栓的设计预拉力。

按弹性设计的梁柱连接还需按式（18.4.24）和式（18.4.25）分别进行极限受弯、受剪承载力验算，计算时极限受弯承载力和极限受剪承载力可按弯矩由翼缘承受和剪力由腹板承受的近似方法计算。其中，梁上下翼缘全熔透坡口焊缝的极限受弯承载力 M_u 和梁腹板连接的极限受剪承载力 V_u 分别按式（18.4.26）、式（18.4.27a）和式（18.4.27b）计算：

$$M_u^j \geqslant \eta_j M_P \tag{18.4.24}$$

$$V_u^j \geqslant 1.2(2M_p/l_n) + V_{Gb} \tag{18.4.25}$$

$$M_u^j = A_f(h - t_f)f_u \tag{18.4.26}$$

当腹板采用角焊缝连接时 $$V_u^j = 0.58A_f^w f_u \tag{18.4.27a}$$

当腹板采用高强螺栓连接时 $$V_u^j = nN_u^b \tag{18.4.27b}$$

N_u^b 取 N_{vu}^b 和 N_{cu}^b 中的较小值

式中 M_u^j——梁上下翼缘全熔透坡口焊缝的极限受弯承载力；

V_u^j——梁腹板连接的极限受剪承载力，垂直于角焊缝受剪时，可提高 1.22 倍；

M_P——梁的全塑性受弯承载力（梁贯通时为柱的），具体计算公式见 18.4.8 节；

A_f^w——角焊缝的有效受剪面积；

f_u——构件母材的抗拉强度最小值；

A_f、t_f——分别为翼缘的截面面积和厚度；

h——梁截面高度；

n——高强螺栓的个数；

N_{vu}^b、N_{cu}^b——分别为一个高强度螺栓的极限受剪承载力和对应的板件极限承压力，具体计算公式见 18.4.8 节。

（2）支撑与框架的连接及支撑拼接的极限承载力，应按式（18.4.27）验算。

$$N_{ubr}^{j} \geqslant \eta_j A_{br} f_y \tag{18.4.28}$$

式中 N_{ubr}^{j} ——螺栓连接和节点板连接在支撑轴线方向的极限承载力；

A_{br} ——支撑的截面净面积；

f_y ——支撑钢材的屈服强度。

(3) 梁、柱构件拼接的弹性设计和极限承载力验算

梁、柱构件拼接的弹性设计与梁柱节点连接的弹性设计一样，腹板应与翼缘共同承担拼接处的弯矩设计值，同时腹板的受剪承载力不应小于构件截面受剪承载力的50%。按弹性设计的拼接连接还要按极限受弯承载力和极限受剪承载力分别进行验算，其中梁的拼接按式（18.4.29）验算，柱的拼接按式（18.4.30）进行验算。

$$M_{ub,sp}^{j} \geqslant \eta_j M_p \tag{18.4.29}$$

$$M_{uc,sp}^{j} \geqslant \eta_j M_{pc} \tag{18.4.30}$$

18.4.7 柱脚与基础的连接极限承载力验算

柱脚与基础的连接极限承载力应按式（18.4.31）进行验算。

$$M_{u,basc}^{j} \geqslant \eta_j M_{pc} \tag{18.4.31}$$

式中 M_p、M_{pc}——分别为梁的塑性受弯承载力和考虑轴力影响时柱的塑性受弯承载力；

$M_{ub,sp}^{j}$、$M_{uc,sp}^{j}$——分别为支撑连接和拼接、梁、柱拼接的极限受弯承载力；

$M_{u,basc}^{j}$——柱脚的极限受弯承载力；

η_j ——连接系数，可按表18.4.1采用。

钢结构抗震设计的连接系数 **表18.4.1**

母材牌号	梁柱连接		支撑连接、构件拼接		柱脚	
	焊接	螺栓连接	焊接	螺栓连接		
Q235	1.4	1.45	1.25	1.3	埋入式	1.2
Q345	1.3	1.35	1.2	1.25	外包式	1.2
Q345GJ	1.25	1.3	1.15	1.2	外露式	1.1

18.4.8 不同连接材料的承载力计算方法，全塑性受弯承载力计算公式

(1) 不同截面形式的全塑性受弯承载力计算方法

① 无轴向力作用时构件的全塑性受弯承载力

$$M_P = W_P f_{ay} \tag{18.4.32}$$

式中 W_P ——构件截面塑性抵抗矩；

f_{ay} ——钢材的屈服强度。

② 有轴向力作用时构件的全塑性受弯承载力

工字形截面（绕强轴）和箱形截面

当 $N/N_y \leqslant 0.13$ 时　　$M_{Pc} = M_P$　　(18.4.33)

当 $N/N_y > 0.13$ 时　　$M_{Pc} = 1.15(1-N/N_y)M_P$　　(18.4.34)

工字形截面（绕弱轴）

当 $N/N_y \leqslant A_w/A$ 时　　$M_{Pc}=M_P$　　(18.4.35)

当 $N/N_y > A_w/A$ 时　　$M_{Pc}=\{[(NA_w f_{ay})/(N_y A_w f_{ay})]^2\}M_P$　　(18.4.36)

$$N_y=A_n f_{ay}$$

式中　N_y——构件轴向屈服承载力；

A_n——构件的净截面面积。

③ 不同截面的塑性抵抗矩

箱形截面

$$\left.\begin{aligned}W_{Px}&=Bt_f(H-t_f)+\frac{1}{2}(H-2t_f)^2t_w\\W_{Py}&=Ht_w(B-t_w)+\frac{1}{2}(B-2t_w)^2t_w\end{aligned}\right\}\qquad(18.4.37)$$

H 形断面

$$\left.\begin{aligned}W_{Px}&=Bt_f(H-t_f)+\frac{1}{4}(H-2t_f)^2t_w\\W_{Py}&=\frac{1}{2}B^2t_f+\frac{1}{4}(H-2t_f)t_w^2\end{aligned}\right\}\qquad(18.4.38)$$

式中　W_{Px}、W_{Py}——分别为以 x 轴和 y 轴为中性轴的塑性抵抗矩；

B、H、t_f 和 t_w——分别为截面尺寸，如图 18.4.1 所示。

(2) 不同材料的极限承载力

① 焊缝的极限承载力

对接焊缝受拉　$N_u=A_f^w f_u$

角焊缝受剪　$V_u=0.58A_f^w f_u$

式中　A_f^w——焊缝的有效受力面积；

f_u——构件母材的抗拉强度最小值。

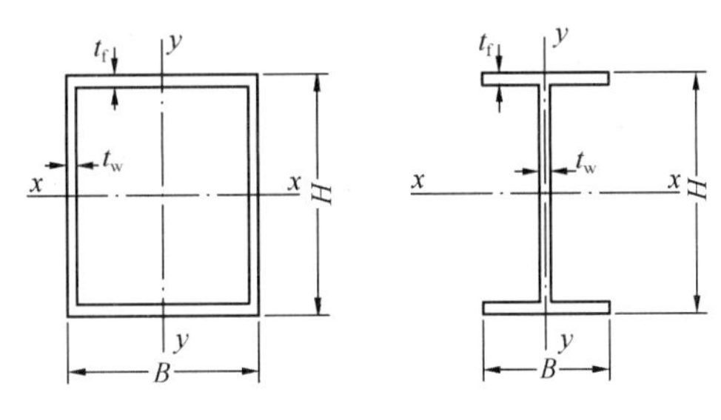

图 18.4.1

② 高强螺栓连接的极限受剪承载力

取以下两式计算的较小值：

$$N_{vu}^b=0.58n_f A_e^b f_u^b$$

$$N_{cu}^b=d f_{cu}^b \sum t$$

式中　N_{vu}^b、N_{cu}^b——分别为一个高强螺栓的极限受剪承载力和对应的板件极限承压力；

n_f——螺栓连接的剪切面数量；

A_e^b——螺栓螺纹处的有效截面面积；

f_u^b——螺栓钢材的抗拉强度最小值；

d——螺栓杆直径；

$\sum t$——同一受力方向的钢板厚度之和；

f_{cu}^b——螺栓连接板的极限承压强度，取 $1.5f_u$。

18.5 钢框架结构抗震构造措施

18.5.1 框架柱的构造措施

框架柱是框架结构主要抗侧力构件，并且是主要的竖向承载力构件，因此，柱应具有较高的承载能力和变形、耗能能力。影响柱变形、耗能能力的因素有：长细比、板材宽厚比、板材焊缝等。这些因素在以往地震中造成了框架柱出现的翼缘屈曲、板件间的裂缝、拼接破坏和整体失稳等破坏形式。针对上述因素，设计中必须满足以下抗震构造：

（1）框架柱的长细比关系到结构的整体稳定性，GB 50011—2010 规定：一级不应大于 $60\sqrt{235/f_{ay}}$，二级不应大于 $80\sqrt{235/f_{ay}}$，三级不应大于 $100\sqrt{235/f_{ay}}$，四级时不应大于 $120\sqrt{235/f_{ay}}$。

（2）框架柱板件的宽厚比限值

板件的宽厚比限值是构件局部稳定性的保证，考虑到“强柱弱梁”的设计思想，即要求塑性铰出现在梁上，框架柱一般不出现塑性铰。因此梁的板件宽厚比限值要求满足塑性设计要求，梁的板件宽厚比限值相对严些，框架柱的板件宽厚比相对松点。GB 50011—2010 规定柱的板件宽厚比如表 18.5.1 所示。

框架的柱板件宽厚比限值 **表 18.5.1**

板件名称		抗震等级			
		一级	二级	三级	四级
柱	工字形截面翼缘外伸部分	10	11	12	13
	工字形截面腹板	43	45	48	52
	箱形截面壁板	33	36	38	40

注：表列数值适用于 Q235，当材料为其他牌号钢材时，应乘以 $\sqrt{235/f_{ay}}$。

（3）框架柱板件之间的焊缝构造

框架节点附近和框架柱接头附近的受力比较复杂。为了保证结构的整体性，GB 50011—2010 对这些区域的框架柱板件之间的焊缝构造都进行了规定。

梁柱刚性连接时，柱在梁翼缘上下各 500mm 的节点范围内，工字形截面柱的翼缘与柱腹板间或箱形柱的壁板间的连接焊缝，都应采用坡口全熔透焊缝。

框架柱的柱拼接处，上下柱的对接接头应采用全熔透焊缝，柱拼接接头上下各 100mm 范围内，工字形截面柱的翼缘与柱腹板间或箱形柱的壁板间的连接焊缝，都应采用全熔透焊缝。

（4）其他规定

框架柱接头宜位于框架梁的上方 1.3m 附近。在柱出现塑性铰的截面处，其上下翼缘均应设置侧向支撑，相邻两支承点间构件长细比按国家标准《钢结构设计规范》关于塑性设计的有关规定计算。

18.5.2 框架梁的构造措施

框架梁是框架和框架结构在地震作用下的主要耗能构件，因此，梁特别是梁的塑性铰区应保证有足够的延性。影响梁延性的因素有：梁板材的宽厚比、受压区计算长度等。GB 50011—2010 按不同抗震等级对上述各方面有不同的要求。GB 50011—2010 规定，当框架梁的上翼缘采用抗剪连接件与组合楼板连接时，可不验算地震作用下的稳定性。故GB 50011—2010对梁的长细比限值无特殊要求。

（1）框架梁板件的宽厚比限值

“强柱弱梁”的设计思想，就是要求大震作用下塑性铰出现在梁上，而框架柱一般不出现塑性铰。因此梁的板件宽厚比限值要求满足塑性设计要求，梁的板件宽厚比限值相对严格些，框架柱的板件宽厚比相对松点。GB 50011—2010规定框架梁的板件宽厚比应符合表18.5.2的规定。

框架的梁板件宽厚比限值 **表18.5.2**

板件名称		抗震等级			
		一级	二级	三级	四级
梁	工字形截面和箱形截面翼缘外伸部分	9	9	10	11
	箱形截面翼缘在两腹板之间部分	30	30	32	36
	工字形截面和箱形截面腹板	$72-120N_b/(Af)$	$72-100N_b/(Af)$	$80-110N_b/(Af)$	$80-120N_b/(Af)$

注：1. 工字形梁和箱形梁的腹板宽厚比，对一、二、三、四级分别不宜大于60、65、70、75；

2. 表列数值适用于Q235，当材料为其他牌号钢材时，应乘以$\sqrt{235/f_{ay}}$；

3. $N_b/(Af)$为梁轴压比。

（2）其他规定

GB 50011—2010还规定，在受压翼缘应根据需要设置侧向支承；在梁构件出现塑性铰的截面处，其上下翼缘均应设置侧向支撑。相邻两支承点间的构件长细比，按国家标准《钢结构设计规范》关于塑性设计的有关规定计算。

18.5.3 梁柱连接的构造

以往的震害表明，梁柱节点的破坏除了设计计算上的原因外，很多是由于构造上的原因。近几年国内外很多研究机构在梁柱节点方面做了很多研究工作，GB 50011—2010在这些研究的基础上对节点的构造也作了详细的规定。对于钢框架梁柱节点在地震中的破坏原因，最近的研究成果以及规范修订的根据详见18.8节。

1. 基本原则

（1）梁与柱的连接宜采用柱贯通型。

（2）柱在两个互相垂直的方向都与梁刚接时，建议采用箱形截面，并在梁翼缘连接处设置隔板。当仅在一个方向与梁刚接时，可采用工字形截面，并将柱的强轴方向置于刚接框架平面内。

（3）框架梁采用悬臂梁段与柱刚性连接时，悬臂梁段与柱应预先采用全焊接连接，梁的现场拼接可采用翼缘焊接腹板螺栓连接（图18.5.1*a*）或全部螺栓连接（图18.5.1*b*）。

（4）在8度Ⅲ、Ⅳ场地和9度场地等强震地区，梁柱刚性连接可采用能将塑性铰自梁端外移的狗骨式节点（如图18.5.2所示）。

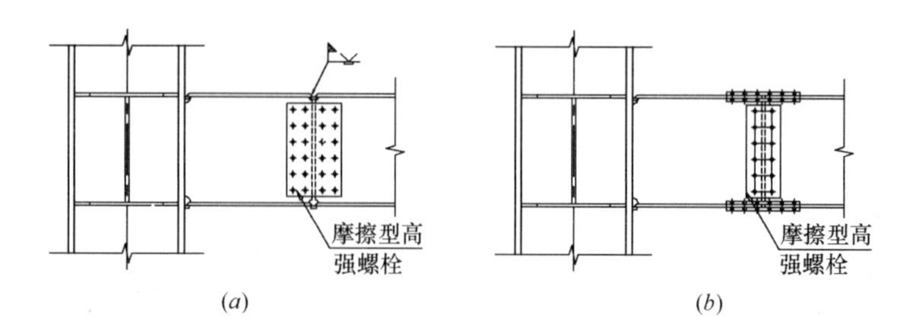

图 18.5.1　带悬臂梁段的梁柱刚性连接

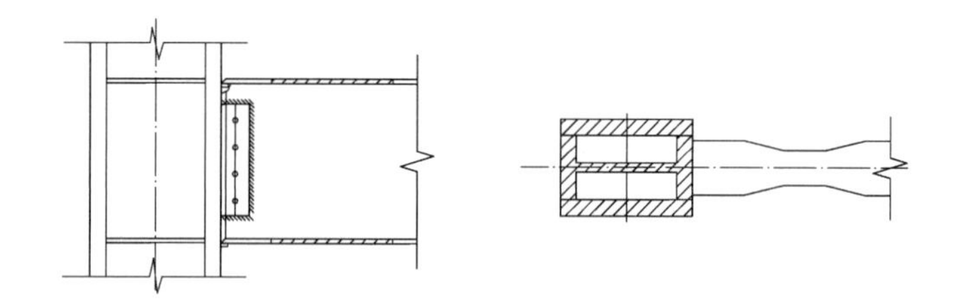

图 18.5.2　狗骨式节点

2. 细部构造

工字形截面和箱形截面柱与梁刚接时，应符合下列要求。有充分依据时也可采用其他构造形式。

（1）梁腹板宜采用摩擦型高强螺栓与柱连接板连接；腹板角部应设置焊接孔，孔形应使其端部与梁翼缘和柱翼缘间的全熔透坡口焊缝完全隔开（如图 18.5.3 所示）。经工艺试验合格能确保现场焊接质量时，梁腹板与柱连接板之间可采用气体保护焊进行焊接连接。

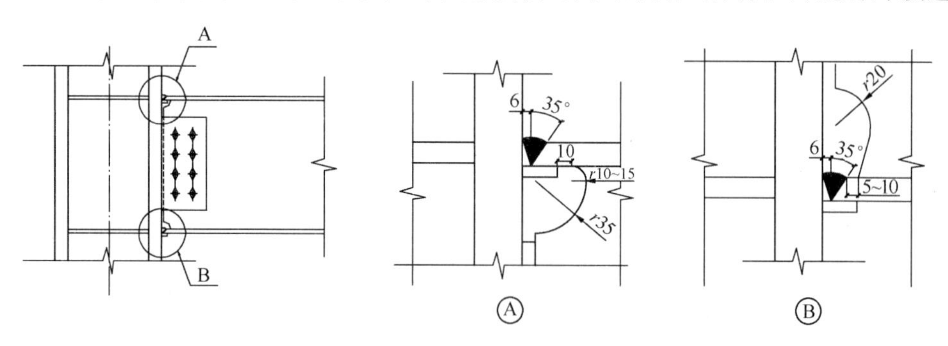

图 18.5.3　钢框架梁柱刚性连接的典型构造

（2）下翼缘焊接衬板的反面与柱翼缘或壁板相连处，应采用角焊缝连接；角焊缝应沿衬板全长焊接，焊角尺寸宜取 6mm（如图 18.5.3 所示）。

（3）梁翼缘与柱翼缘间应采用全熔透坡口焊缝（如图 18.5.3 所示）；一、二级时，应检验 V 形切口的冲击韧性，其夏比冲击韧性在−20℃时不低于 27J。

（4）柱在梁翼缘对应位置设置横向加劲肋（隔板），加劲肋（隔板）厚度不应小于梁翼缘厚度，强度与梁翼缘相同。

（5）腹板连接板与柱的焊接：当板厚不大于 16mm 时应采用双面角焊缝，焊缝有效厚度应满足等强度要求，且不小于 5mm；板厚大于 16mm 时采用 K 形坡口对接焊缝。该焊缝宜采用气体保护焊，且板端应绕焊。

（6）一级和二级时，宜采用能将塑性铰自梁端外移的端部扩大形连接、梁端加盖板或骨形连接。

18.5.4 节点域的构造措施

当节点域的抗剪强度、屈服强度以及稳定性不能满足 18.4.4 节的规定时，应采取加厚节点域或贴焊补强板的措施。补强板的厚度及其焊缝应按传递补强板所分担剪力的要求设计。具体设计时采取以下加强措施：

（1）对焊接组合柱，宜加厚节点板，将柱腹板在节点域范围更换为较厚板件。加厚板件应伸出柱横向加劲肋之外各 150mm，并采用对接焊缝与柱腹板相连。

（2）对轧制 H 型柱，可贴焊补强板加强。补强板上下边缘可不伸过横向加劲肋或伸过柱横向加劲肋上下边缘各 150mm。当补强板不伸过横向加劲肋时，加劲肋应与柱腹板焊接，补强板与加劲肋之间的角焊缝应能传递补强板所分担的剪力，且厚度不小于 5mm；当补强板伸过加劲肋时，加劲肋仅与补强板焊接，此焊缝应能将加劲肋的力传递给补强板，补强板的厚度及其焊缝应按传递该力的要求设计。补强板侧边可采用角焊缝与柱翼缘相连，其板面尚应采用塞焊与柱腹板连成整体。塞焊点之间的距离不应大于相连板件中较薄板件厚度的 $21\sqrt{235/f_y}$ 倍。

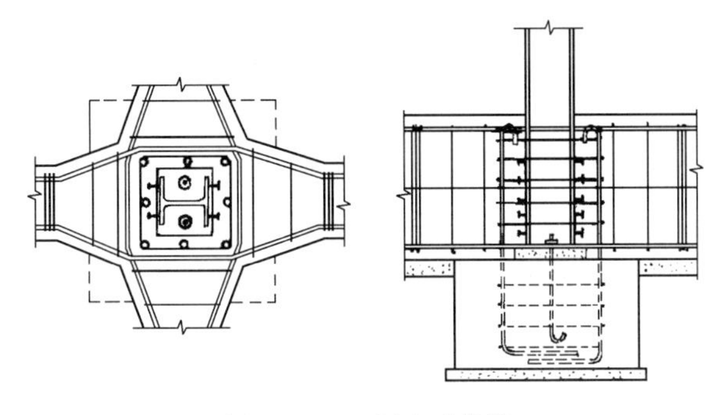

图 18.5.4 埋入式柱脚

18.5.5 刚接柱脚的构造措施

高层钢结构刚性柱脚主要有埋入式、外包式以及外露式等 3 种形式，如图 18.5.4 和图 18.5.5 所示。考虑到在 1995 年日本阪神大地震中，埋入式柱脚的破坏较少，性能较好，所以 GB 50011—2010 建议：钢结构的刚接柱脚宜采用埋入式，也可采用外包式；6、7 度且高度不超过 50m 时也可采用外露式。

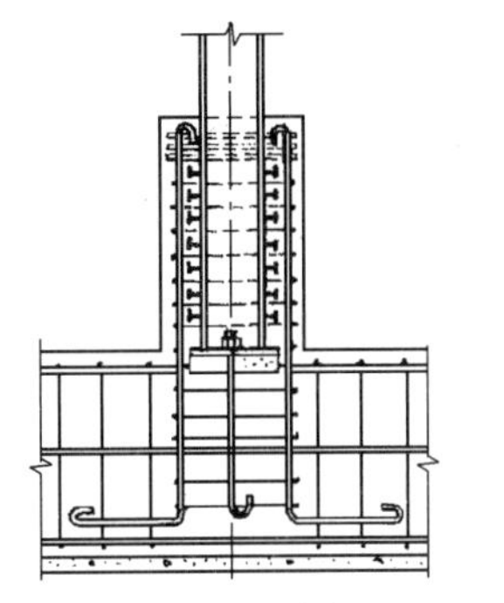

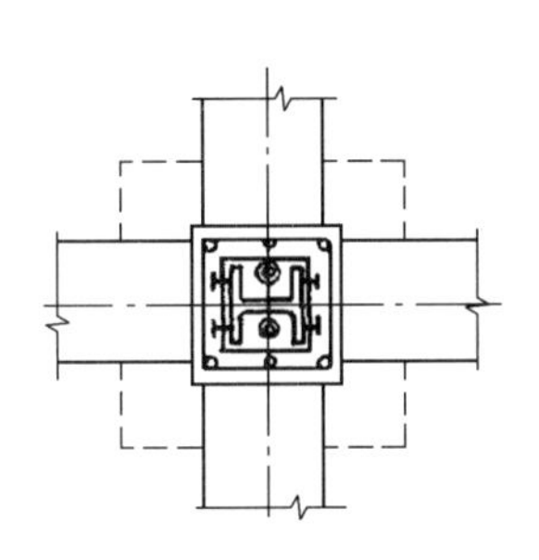

图 18.5.5 外包式柱脚

1. 埋入式柱脚

埋入式柱脚就是将钢柱埋置于混凝土基础梁中。上部结构传递下来的弯矩和剪力都是通过柱翼缘对混凝土的承压作用传递给基础的；上部结构传递下来的轴向压力或轴向拉力是由柱脚底板或锚栓传给基础。其弹性设计阶段的抗弯强度和抗剪强度要满足式（18.5.1）和式（18.5.2）的要求。

$$\frac{M}{W} \leqslant f_{cc} \tag{18.5.1}$$

$$\left(\frac{2h_0}{d}+1\right)\left[1+\sqrt{1+\frac{1}{(2h_0/d+1)^2}}\right]\frac{V}{Bd}\leqslant f_{cc} \tag{18.5.2}$$

$$W = Bd^2/6$$

式中　M、V——分别为柱脚的弯矩设计值和剪力设计值；

B、h_0、d——分别为钢柱埋入深度、柱反弯点至柱脚底板的距离和钢柱翼缘宽度；

f_{cc}——混凝土轴心抗压强度设计值。

在设计中尚应满足以下构造要求：

（1）柱脚的埋入深度：对轻型工字形柱，不得小于钢柱截面高度的 2 倍；对大截面 H 型钢柱和箱形柱，不得小于钢柱截面高度的 3 倍。

（2）埋入式柱脚在钢柱埋入部分的顶部，应设置水平加劲肋或隔板，加劲肋或隔板的宽厚比应符合现行国家标准《钢结构设计规范》关于塑性设计的规定。柱脚在钢柱的埋入部分应设置栓钉，栓钉的数量和布置可按外包式柱脚的有关规定确定。

（3）柱脚钢柱翼缘的保护层厚度：对中间柱不得小于 180mm，对边柱和角柱的外侧不宜小于 250mm，如图 18.5.6 所示。

（4）柱脚钢柱四周，应按下列要求设置主筋和箍筋。

1）主筋的截面面积应按式（18.5.3）计算。

$$A_s = \frac{M_0}{d_0 f_{sy}} \tag{18.5.3}$$

$$M_0 = M + Vd$$

式中　M_0——作用于钢柱脚底部的弯矩；

d_0——受拉侧与受压侧纵向主筋合力点间的距离；

f_{sy}——钢筋抗拉强度设计值。

2）主筋的最小配筋率为 0.2%，且不宜少于 4Φ22，并上端弯钩。主筋的锚固长度不应小于 $35d$（d 为钢筋直径），当主筋的中心距大于 200mm 时，应设置Φ16 的架立筋。

3）箍筋宜为Φ10，间距 100mm；在埋入部分的顶部，应配置不少于 3Φ12、间距 50mm 的加强箍筋。

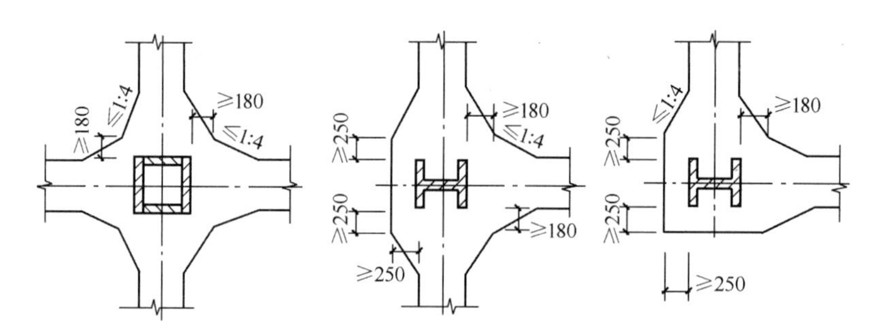

图 18.5.6　埋入式柱脚的保护层厚度（mm）

2. 外包式柱脚

外包式柱脚就是在钢柱外面包以钢筋混凝土的柱脚。上部结构传递下来的弯矩和剪力全部都是通过外包混凝土来承受的；上部结构传递下来的轴向压力或轴向拉力是由柱脚底板或锚栓传递给基础。其弹性设计阶段的抗弯强度和抗剪强度要满足式（18.5.4）和式

(18.5.5) 的要求。

$$M \leqslant nA_s f_{sy} d_0 \tag{18.5.4}$$

$$V - 0.4N \leqslant V_{rc} \tag{18.5.5}$$

工字形截面：$V_{rc} = b_{rc} h_0 (0.07 f_{cc} + 0.5 f_{ysh} \rho_{sh})$ 或 $V_{rc} = b_{rc} h_0 (0.14 f_{cc} b_e / b_{rc} + f_{ysh} \rho_{sh})$，取两者的较小值

箱形截面　　　$V_{rc} = b_e h_0 (0.07 f_{cc} + 0.5 f_{ysh} \rho_{sh})$

式中　M、V、N——分别为柱脚弯矩设计值、剪力设计值和轴力设计值；

A_s——一根受拉主筋截面面积；

n——受拉主筋的根数；

V_{rc}——外包钢筋混凝土所分配到的受剪承载力，由混凝土粘结破坏或剪切破坏的最小值决定；

b_{rc}——外包钢筋混凝土的总宽度；

b_e——外包钢筋混凝土的有效宽度，$b_e = b_{e1} + b_{e2}$，如图 18.5.7 所示；

f_{sy}、f_{ysh}——分别为受拉主筋和水平箍筋的抗拉强度设计值；

ρ_{sh}——水平箍筋配筋率；

d_0——受拉主筋重心至受压区主筋重心的间距；

h_0——混凝土受压区边缘至受拉钢筋重心的距离。

其设计中尚应满足以下主要构造要求：

(1) 柱脚钢柱的外包高度，对工字形截面柱可取钢柱截面高度的 2.2～2.7 倍，对箱形截面柱可取钢柱截面高度的 2.7～3.2 倍；

(2) 柱脚钢柱翼缘外侧的钢筋混凝土保护层厚度，一般不应小于 180mm，同时应满足配筋的构造要求；

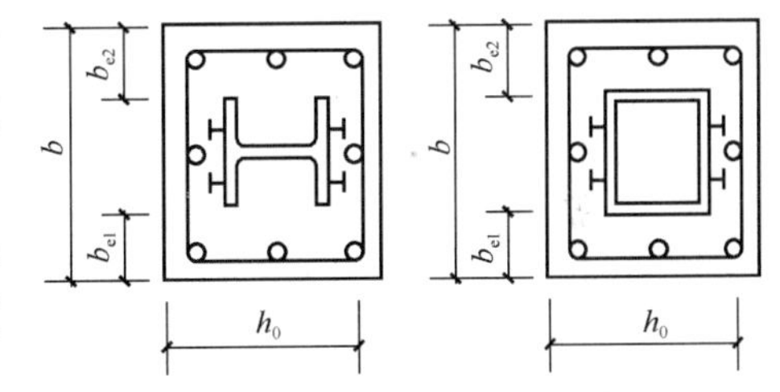

图 18.5.7　外包式柱脚截面

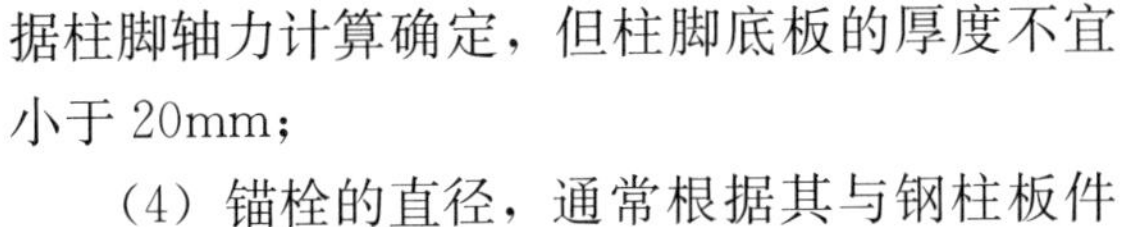

(3) 柱脚底板的长度、宽度、厚度，可根据柱脚轴力计算确定，但柱脚底板的厚度不宜小于 20mm；

(4) 锚栓的直径，通常根据其与钢柱板件厚度和底板厚度相协调的原则确定，一般在 29～42mm 的范围，不宜小于 20mm。当不设锚板或锚梁时，柱脚锚栓的锚固长度要大于 30 倍锚栓直径，当没有锚板或锚梁时，柱脚锚栓的锚固长度要大于 25 倍锚栓直径。

18.6　钢框架-支撑结构抗震构造措施

钢框架-支撑结构中除了钢框架部分要满足 18.5 节的构造措施外，其他部分还需满足本节所规定的抗震构造措施。

18.6.1　钢框架-中心支撑结构抗震构造措施

1. 框架部分的构造措施

框架-中心支撑结构的框架部分，当房屋高度不高于 100m 且框架部分按计算分配的地震剪力不大于结构底部总地震剪力的 25%时，一、二、三级的抗震构造措施可按框架结构降低一级的相应要求采用。其他抗震构造措施，应符合 GB 50011—2010 第 8.5 节对

框架结构抗震构造措施的规定。

2. 中心支撑杆件的构造措施

支撑杆件是框架-中心支撑结构在地震作用下的主要抗侧力构件，因此支撑应具有较高的承载能力和变形、耗能能力。影响支撑承载力和延性的因素有：支撑的截面形式、长细比、板材宽厚比等。新的《建筑抗震设计规范》按不同抗震等级对上述方面有不同的要求。

（1）支撑杆件的布置原则

当中心支撑采用只能受拉的单斜杆体系时，应同时设置不同倾斜方向的两组斜杆，且每组中不同方向单斜杆的截面面积在水平方向的投影面积之差不得大于10%。

（2）支撑杆件的截面选择

一、二、三级，支撑宜采用H形钢制作。

（3）支撑杆件的长细比限值

GB 50011—2010规定：支撑杆件的长细比，按压杆设计时，不应大于$120\sqrt{235/f_{ay}}$；一、二、三级中心支撑不得采用拉杆设计，四级采用拉杆设计时，其长细比不应大于180。

（4）支撑杆件的板件宽厚比限值

支撑杆件的板件宽厚比不宜大于表18.6.1所列值。

钢结构中心支撑板件宽厚比限值 **表18.6.1**

板件名称	一级	二级	三级	四级
翼缘外伸部分	8	9	10	13
工字形截面腹板	25	26	27	33
箱形截面壁板	18	20	25	30
圆管外径与壁厚比	38	40	40	42

注：表中数值适用于Q235，当材料为其他牌号钢材时，应乘以$\sqrt{235/f_{ay}}$，圆管应乘以$235/f_{ay}$。

3. 中心支撑节点的构造措施

（1）支撑两端的连接节点形式

两端与框架可采用刚接构造，梁柱与支撑连接处应设置加劲肋；一级和二级采用焊接工字形截面的支撑时，其翼缘与腹板的连接宜采用全熔透连续焊缝。

（2）支撑与框架连接处，支撑杆端宜做成圆弧。

（3）梁与V形支撑或人字支撑相交处，应设置侧向支承；该支承点与梁端支承点间的侧向长细比（λ_y）以及支承力，应符合国家标准《钢结构设计规范》GB 50017关于塑性设计的规定。

（4）若支撑和框架采用节点板连接，应符合现行国家标准《钢结构设计规范》GB 50017关于节点板在连接杆件每侧有不小于30°夹角的规定；一、二级时，支撑端部至节点板最近嵌固点（节点板与框架构件连接焊缝的端部）在沿支撑杆件轴线方向的距离，不应小于节点板厚度的2倍。

18.6.2 钢框架-偏心支撑框架结构抗震构造措施

1. 框架部分的构造措施

框架-偏心支撑结构的框架部分，当房屋高度不高于100m且框架部分按计算分配的地震作用不大于结构底部总地震剪力的25%时，一、二、三级的抗震构造措施可按框架结构降低一级的相应要求采用。其他抗震构造措施，应符合GB 50011—2010第8.5节对框架结构抗震构造措施的规定。

2. 偏心心支撑杆件的构造措施

偏心支撑框架的支撑杆件的长细比不应大于$120\sqrt{235/f_{ay}}$，支撑杆件的板件宽厚比不应超过国家标准《钢结构设计规范》GB 50017规定的轴心受压构件在弹性设计时的宽厚比限值。

3. 消能梁段的构造措施

(1) 基本规定

偏心支撑框架消能梁段的钢材屈服强度不应大于345MPa。消能梁段的腹板不得贴焊补强板，也不得开洞。

(2) 消能梁段及与消能梁段同一跨内的非消能梁段的板件宽厚比限值

消能梁段及与消能梁段同一跨内的非消能梁段，其板件的宽厚比不应大于表18.6.2规定的限值。

偏心支撑框架梁板件宽厚比限值 **表18.6.2**

板件名称		宽厚比限值
翼缘外伸部分		8
腹板	当$N/(Af)\leqslant 0.14$时	$90\times[1-1.65N/(Af)]$
	当$N/(Af)>0.14$时	$33\times[2.3-N/(Af)]$

注：表中数值适用于Q235钢，当材料为其他钢号时，应乘以$\sqrt{235/f_{ay}}$，$N_b/(Af)$为梁轴压比。

(3) 消能梁段的长度规定

当$N>0.16Af$时，消能梁段的长度应符合下列规定：

当$\rho(A_w/A)<0.3$时　　$a<1.6M_{lp}/V_l$　　(18.6.1)

当$\rho(A_w/A)\geqslant 0.3$时　　$a\leqslant[1.15—0.5\rho(A_w/A)]1.6M_{lp}/V_l$　　(18.6.2)

$$\rho=N/V$$

式中　a——消能梁段的长度；

ρ——消能梁段轴向力设计值与剪力设计值之比。

(4) 消能梁段腹板的加劲肋设置要求

1) 消能梁段与支撑连接处，应在其腹板两侧配置加劲肋，加劲肋的高度应为梁腹板高度，一侧的加劲肋宽度不应小于$b_t/2—t_w$，厚度不应小于$0.75t_w$和10mm两者的较大值。

2) 当$a\leqslant 1.6M_{lp}/V_l$时，应在消能梁段腹板设置中间加劲肋，加劲肋间距不大于$30t_w—h/5$。

3) 当$2.6M_{lP}/V_l<a\leqslant 5M_{lP}/V_l$时，应在距消能梁段端部$1.5b_f$处配置中间加劲肋，且中间加劲肋间距不应大于$52t_w—h/5$。

4) 当$1.6M_{lp}/V_l<a\leqslant 2.6M_{lp}/V_l$时，腹板上设置的中间加劲肋的间距宜在上述2)、3)条之间线性插入。

5) 当$a>5M_{lp}/V_l$时，腹板上可不配置中间加劲肋。

6）腹板上中间加劲肋应与消能梁段的腹板等高，当消能梁段截面高度不大于 640mm 时，可配置单侧加劲肋，当消能梁段截面高度大于 640mm 时，应在两侧配置加劲肋，一侧加劲肋的宽度不应小于 $b_t/2-t_w$，厚度不应小于 t_w 和 10mm。

4. 消能梁段与柱连接的构造措施

消能梁段与柱的连接应符合下列要求：

（1）消能梁段与柱连接时，其长度不得大于 $1.6M_{lp}/V_l$，且应满足 18.4.4 节中消能梁段的承载力验算的规定。

（2）消能梁段翼缘与柱翼缘之间应采用坡口全熔透对接焊缝连接，消能梁段腹板与柱之间应采用角焊缝连接；角焊缝的承载力不得小于消能梁段腹板的轴向承载力、受剪承载力和受弯承载力。

（3）消能梁段与柱腹板连接时，消能梁段翼缘与连接板间应采用坡口全熔焊缝，消能梁段与柱间采用角焊缝；角焊缝的承载力不得小于消能梁段腹板的轴向承载力、受剪承载力和受弯承载力。

5. 侧向稳定性构造

消能梁段两端上下翼缘应设置侧向支撑，支撑的轴力设计值不得小于消能梁段翼缘轴向承载力设计值（翼缘宽度、厚度和钢材受压承载力设计值三者的乘积）的 6%，即 $0.06b_ft_ff$。

偏心支撑框架梁的非消能梁段上下翼缘，应设置侧向支撑，支撑的轴力设计值不得小于梁翼缘轴向承载力的 2%，即 $0.02b_ft_ff$。

18.7 多层和高层钢结构梁柱节点设计的改进

18.7.1 我国钢框架梁柱刚性节点的主要形式

我国多层、高层建筑钢结构是自 20 世纪 80 年代中期起步的，主要分布在北京、上海和深圳等地。我国最初的多高层建筑钢结构大多是由日本人设计，自然在节点设计上也沿袭了日本的风格——梁柱节点的悬臂短梁在工厂加工、中间段梁在现场拼接。我国最初的多高层建筑钢结构梁柱节点的形式大多都是柱与悬伸梁端通过全焊缝连接，悬伸梁端与梁之间采用全高强螺栓连接或翼缘之间用焊缝连接而腹板采用高强螺栓的连接形式。

近几年，随着我国高层钢结构的进一步的发展，我国结构工程师在高层钢结构梁柱节点连接方面也积累了丰富的经验。他们汇集了国外各种节点形式并结合国内施工工艺的发展水平，提出了类似于美国风格的标准形式节点，即翼缘通过焊缝连接腹板通过高强螺栓连接的栓焊连接。在 20 世纪 80～90 年代，我国也采用过梁柱之间翼缘腹板全采用全焊缝连接的节点形式，并认为这种节点有很好的抗震性能，然而这种节点形式在施工中的可行性较差，所以在以后的实际工程中很少应用。

上述的两种我国目前采用的钢框架梁柱刚性节点形式，实际上就是 1994 年美国北岭大地震和 1995 年日本阪神大地震发生前美国和日本流行的节点形式。这两种节点形式在地震中都出现了大量的破坏，如 18.1.1 节所述。

18.7.2 钢框架梁柱刚性节点脆性破坏原因探讨

在 1994 年美国北岭大地震和 1995 年日本阪神大地震中，梁柱节点发生了大量的脆性破坏。分析其原因，主要有以下几点：

（1）塑性区范围太小致使钢材的延性无法充分利用

钢框架结构的设计原则是“强柱弱梁、强节点弱构件”，然而对于“强节点弱构件”人们往往只强调节点承载力，而忽视了节点的延性设计。钢结构设计时都希望在大震作用下梁柱节点处的梁先屈服形成延性很好的塑性铰，以耗散地震能量。在实际工程和模型试验中，靠近节点处的一小段梁翼缘一般也能实现屈服进入塑性，然而往往在更多的梁翼缘或腹板发生屈服以形成塑性铰之前，由于应变硬化效应使得焊缝处的应力已达到焊缝的极限强度，进而造成节点的脆性破坏。即之前的梁柱节点设计不能保证较长一段梁同步进入塑性，致使能进入塑性区的梁太短，钢材的延性不能充分的发挥。

（2）梁翼缘上的应力不均匀分布

在大量的地震和试验表明，梁柱节点的脆性破坏都是从节点焊缝开始的。北岭地震后对节点进行的分析表明，当梁发展到塑性弯矩时，梁下翼缘坡口焊缝处会出现超高应力。超高应力的出现因素有：螺栓连接的腹板不足以参加弯矩传递；柱翼缘受弯导致梁翼缘中段存在着较大的集中应力；在供焊条通过的焊接工艺孔处，存在着附加集中应力；有一大部分剪力实际是由翼缘连接焊缝传递，而不是通常设计中假设的由梁腹板的连接传递。由于梁翼缘坡口焊缝的应力很高，很可能对节点破坏起了不利影响。Popov 采用 8 节点块体单元有限元模拟分析，节点应力分布的最高应力点是在梁的翼缘焊缝处和节点板域，节点板域的屈服从中心开始，然后向四周扩散。北岭地震前的大量试验表明，当焊缝不出现裂纹时，节点受力情况就已常常不能满足坡口焊缝附近梁翼缘母材不出现超应力的要求。

试验和计算机数值计算还表明：在同一梁翼缘上，在靠近节点焊缝处的应力分布也极不均匀，即在梁翼缘上，靠近中轴线处的应力要远远小于梁翼缘边缘的应力，如图 18.7.1 所示。由于这种应力分布的不均匀性，在梁中轴线处的翼缘或腹板进入屈服状态以形成塑性铰之前，应变硬化效应已使得梁翼缘边缘处的应力已超过了焊缝的破坏应力，形成了脆性破坏。

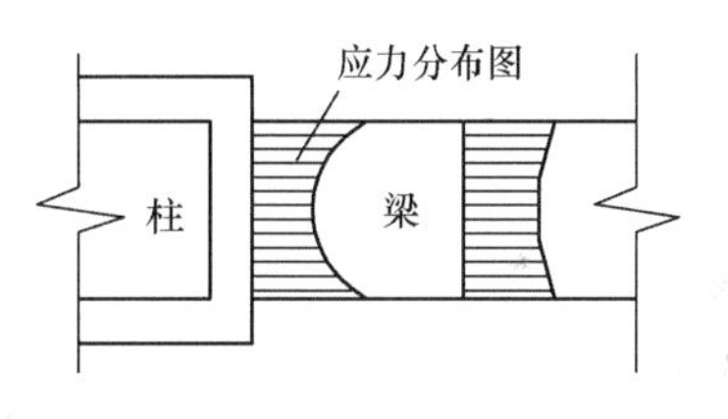

图 18.7.1 梁翼缘上的应力分布大致形式

（3）焊缝构造的缺陷

在焊接实际工程中，由于焊接工艺的需要，在梁翼缘和柱翼缘之间实施坡口焊时都要设置垫板，并且焊接后也保留在节点处。这种做法已经表明，焊缝构造的缺陷对连接的破坏具有重要影响。在加州大学进行的试验表明，留在原部位的衬板与柱翼缘之间会形成一条未熔化的垂直界面，相当于一条人工缝（图 18.7.2），在梁翼缘的拉力作用下会使该裂

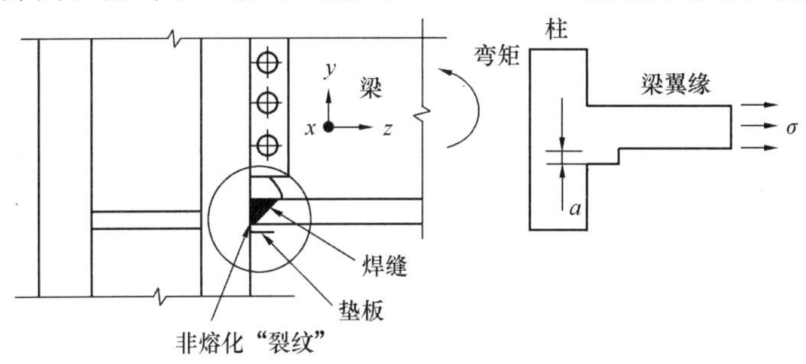

图 18.7.2 不熔接的衬板表面形成一条人工缝

缝扩大，引起脆性破坏。其他研究人员的相关研究也得到了相同结果。

有限元分析也表明，衬板与柱翼缘之间的这个缺口效应是很大的，会引发脆性破坏。1995年加州大学Popov等所作的试验，再现了这种节点的脆性破坏，其破裂的速度很高，事前并无延性表现，而且破坏是灾难性的。研究指出，由于切口部位受拉时的应力最大，破坏是三轴应力引起的，因此表现为脆性破坏，外观无屈服。按有限元模拟计算得出的最大应力出现在梁翼缘焊接衬板连接处中部，破坏时裂缝从应力集中系数最大的地方开始，此结论已被试验所证实。

（4）焊缝金属冲击韧性低[1]

美国在北岭地震前，焊缝多采用E70T-4或E70T-7自保护药芯焊条施焊，这种焊条提供的最小抗拉强度为480MPa，无最小切口韧性规定。从实验室试件和实际破坏的结构中取出的连接试件在室温下的试验表明，其恰帕V型冲击韧性值往往只有10～15J，这么低的冲击韧性使得连接很容易产生脆性破坏，成为引发节点破坏的因素。这在北岭地震后不久的试验中也得到了验证。需要指出一点的是，北岭地震后对破坏焊缝处补焊韧性好的焊条，即使做到确保焊接质量，进行了十分仔细的操作，如不对节点构造进行改进，此时节点仍是达不到补强的目的。

（5）焊缝质量存在的缺陷

在节点发生脆性破坏时，人们最先想到的就是焊缝质量问题，实践也证明这些怀疑不无道理的。从地震破坏的节点和实验室研究的试件破坏后的焊缝断面上，经常能看到没有完全熔化的痕迹以及一些熔渣等现象，这些焊接缺陷都是节点脆性破坏直接原因。在梁的下翼缘，由于腹板的存在往往造成了下翼缘焊缝的不连续性，这些也被认为是节点脆性破坏主要出现在梁下翼缘的一个主要原因。不适当的焊接工艺也是造成节点脆性破坏的一个原因，它易造成材料中产生很大的焊接残余应力，甚至会使得热影响区在收缩时产生微裂缝。

对破坏的连接所做的调查表明，在很多情况下，不但焊接操作有问题，焊缝检查也有问题。有很多缺陷说明，裂缝主要发生在梁柱节点下翼缘连接焊缝中部的梁腹板工艺孔附近，焊缝施焊时往往在此处中断，使缺陷更为明显。对该部位进行超声波检查也比较困难，因为梁腹板妨碍探头的探测。因此，主要连接焊缝的破坏，就出现在施焊困难和探伤困难的下翼缘焊缝中部质量极差部位。而上翼缘的焊缝施焊和探伤不存在梁腹板妨碍的问题，因此上翼缘焊缝破坏较少，这一现象也可以说明问题。

（6）其他因素

有很多其他因素也被认为对节点破坏产生潜在影响，包括：梁的屈服应力比规定的最小值高出很多，柱翼缘板在厚度方向的抗拉强度和延性不确定，柱节点板域过大的剪切屈服和变形产生不利影响，组合楼板产生的负面影响等。

此外，钢材轧制时三个互交方向的非弹性性能和塑性性能不相同，轧制方向的延性好，另外两个方向较低，节点在柱翼缘处被拉开，就与材料这种性能相关。还有，现在的钢材实际屈服强度已比原先的标准屈服强度高很多，而设计人员设计时往往还采用最低要求的标准设计，造成节点设计强度混乱不合理，影响了实际节点的性状等，也都值得引起关注。

18.7.3 国外的几种新型节点

为了解决 1994 年 Northridge 地震中出现的梁柱节点脆性破坏问题，近几年研究者们提出了许多不同种类的新型梁柱节点[1,2,4,5]，如盖板式节点（cover plated connection）、托座式节点（bracket connection or haunched connection）、狗骨式节点（dog-bone connection）和切缝式节点（slotted connection）等。这些新型节点在焊接和节点设计上均较以往普通节点有较大的改进，并且在实验室中证明具有比以往的节点具有更好的延性，然而这些节点在可靠性、经济性等方面却有较大的差异。

盖板式节点（如图 18.7.3*a* 所示）是地震后最先提出的一种改进方案，也是地震后一段时间内最流行的节点形式，它的设计思想就是加强节点承载力。这种节点在实验室进行的大尺寸试件研究时，延性要好于以往的节点，但有时也出现一些脆性破坏。对于这种节点，最大的困难就是该板与梁翼缘的焊接及其检测，特别是采用厚盖板时将使坡口焊很大，致使焊缝的收缩、复原等更加困难，更容易在梁翼缘和盖板的交界处产生更大的残余应力。

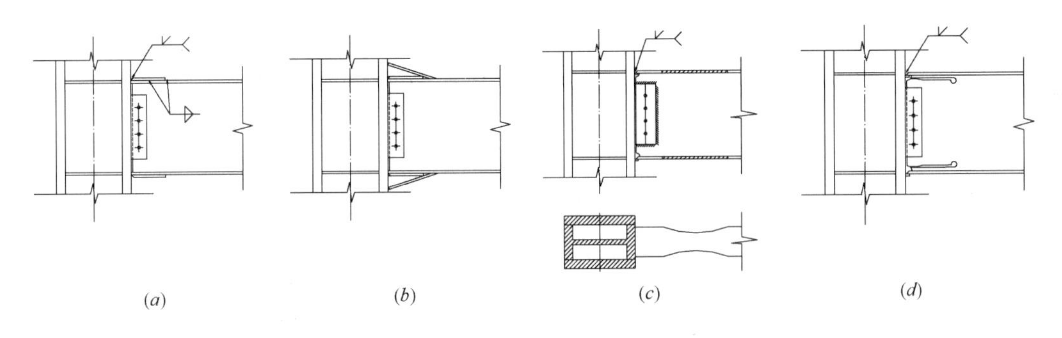

图 18.7.3 各种新型节点

(*a*) 盖板式节点；(*b*) 托座式节点；(*c*) 狗骨式节点；(*d*) 切缝式节点

托座式节点是另一种改进方案（如图 18.7.3*b* 所示），它用两个托座分别将梁的上下翼缘和柱翼缘连接起来，托座与梁翼缘一般通过焊缝连接，托座与柱翼缘则可通过铆接、螺栓连接或焊缝连接。其中当托座与柱翼缘通过螺栓连接时一定要使用大的、高强螺栓，以保证节点为刚性连接。这种节点形式在试验研究中也表现出很好的延性，但造价相对较高。这种节点形式的设计思路是通过加强节点使得塑性铰出现在梁上。

狗骨式节点（如图 18.7.3*c* 所示）是近几年研究最多的一种节点形式，目前国外工程中应用已较多，我国在建的天津国贸大厦也使用了这种节点形式。这种节点的最主要特点就是在梁的上下翼缘靠近节点处进行了削弱，根据削弱形状的不同分为直线形、锥形和圆弧形。这种节点形式的设计思想与托座式节点的共同之处就是迫使塑性铰偏离脆弱的焊缝，出现在梁上，然而托座式节点是通过加强节点来减少焊缝处应力，而狗骨式节点是通过削弱梁来保护节点，其削弱部分梁起到一个保险丝的作用。与托座式节点相比，狗骨式节点在设计思想上更加先进一步，它针对普通节点塑性区小的缺陷，对梁进行合理的削弱，使得较长一段梁几乎同步进入塑性，即真正做到了延性设计，充分发挥了钢材的塑性。

切缝式节点（如图 18.7.3*d* 所示）也是一种研究较多的节点形式。与普通节点相比，它就是将在梁腹板靠近柱翼缘处沿梁翼缘轴线方向切上下两条缝。这种节点的设计思想不同于前几种节点形式，它针对普通节点梁翼缘应力分布不均匀的缺陷，通过切割两条缝来消除梁翼缘应力分布不均匀现象，同时使得塑性铰偏离焊缝出现在切缝的末端，并可有效的防止梁侧向扭转屈曲。

18.8 抗震设计算例

18.8.1 工程概况及结构方案

1. 工程概况

本工程为地下 2 层，地上 20 层（局部 21 层），其中地上 1～2 层为餐饮及商业等，3～20层为办公楼，局部 21 层为机房。总建筑面积约为 35000m^2。建筑物 1 层层高 4.8m，2 层层高 4.2m，3～21 层层高均为 3.9m，地上部分总高度 83.1m。

本工程的抗震设防类别为丙类，抗震设防烈度为 8 度，拟建场地的场地类别为 3 类，设计地震分组为第一组。该场地的基本风压为 0.45kN/m^2，地面粗糙度为 B 类。

2. 结构方案

本工程的结构形式为钢框架-中心支撑结构，楼板为 120mm 厚的压型钢板组合楼盖，基础为梁板式筏板基础，其中支撑采用人字形布置，其结构平面布置及立面布置如图 18.8.1 所示。本结构的嵌固端位于地下室顶板处，嵌固端以上部分采用纯钢结构；嵌固端以下部分，地下室一层采用劲性混凝土结构，地下二层采用混凝土结构。

地上纯钢结构部分，框架柱均采用箱形截面柱，梁采用焊接 H 型钢，支撑采用焊接 H 型钢和轧制 H 型钢，构件具体截面尺寸如表 18.8.1 所示，其中梁柱及支撑均采用 Q345B 级钢。

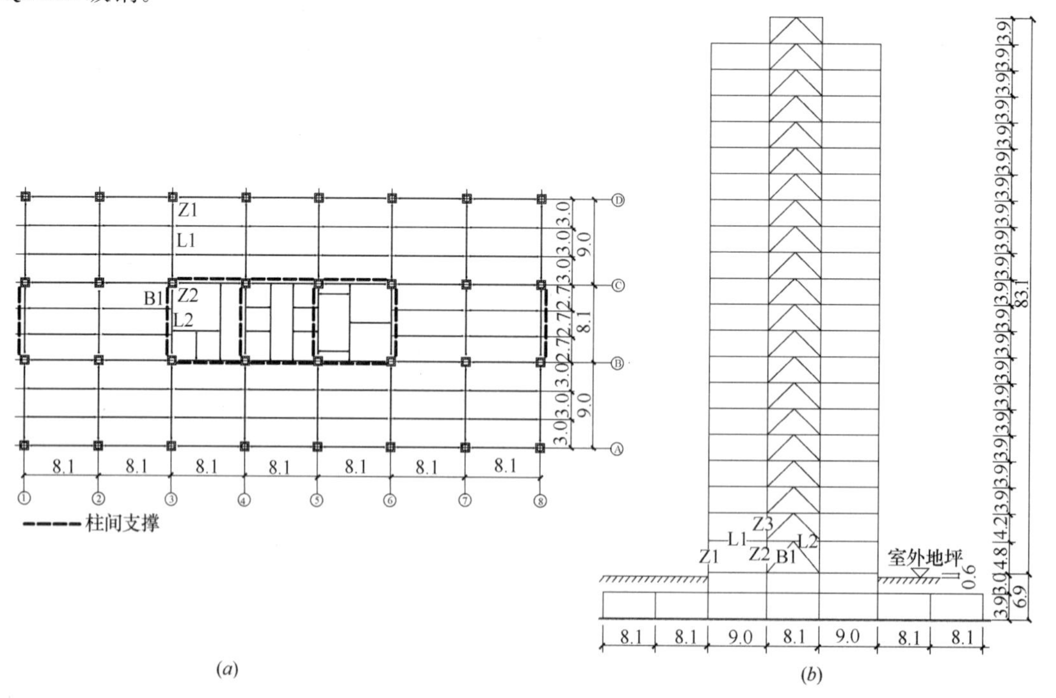

图 18.8.1 结构示意图（m）

（*a*）平面图；（*b*）剖面图

结构构件截面尺寸（mm） 表 18.8.1

序号	构件	位置（层）		截面尺寸	材料	备注
1	框架柱	边柱	1～6	□550×550×32	Q345B	
			7～12	□550×550×28		
			13～21	□550×550×24		
		中柱	1～2	□800×800×36/700×700×36		
			3～7	□750×750×36/700×700×36		
			8～14	□650×650×32		
			15～21	□650×650×28		
2	框架梁	横向	1～6	H550×250×12×25	Q345B	
			7～12	H550×250×12×20		
		纵向	1～7	H500×250×12×25		
			8～14	H500×250×12×20		
3	次梁	1～21		H400×200×8×13	Q345B	
4	支撑	横向	1～10	H300×300×10×15	Q345B	轧制
			11～14	H275×275×15×15		焊接
			15～21	H250×250×9×14		轧制
		纵向	1～10	H300×300×10×15	Q345B	轧制
			11～14	H250×250×9×14		轧制
			15～21	H250×250×9×14		轧制

18.8.2 结构计算模型及整体信息计算结果

1. 计算模型及主要参数的取值

本工程采用 PKPM SATWE 软件建模计算，采用空间杆系模型，其中柱间支撑两端按铰接计算。有关的荷载及计算参数的取值见表 18.8.2 和表 18.8.3。

荷载取值表 18.8.2

荷载分类	荷载取值	荷载分类	荷载取值
楼板自重	3.0kN/m^2	梁上围护结构线荷载	12.0kN/m
管道、吊顶、压型钢板	0.5kN/m^2	建筑面层重量	2.0kN/m^2
楼面活荷载	3.0kN/m^2	屋面活荷载	4.0kN/m^2

注：1. 梁、柱、支撑等构件自重在计算中由软件自动计入；

2. 轻质隔墙重量按 1.0kN/m^2 计算，并计入楼面活荷载中。

参数取值 表 18.8.3

参数类别	参数取值	参数类别	参数取值
抗震等级	二级	钢构件截面净、毛截面比	0.85
阻尼比	3%	是否有侧移	无侧移
周期折减系数	0.9	是否计入重力二阶效应	不计入
钢梁惯性矩调整系数	中梁取 1.5，边梁取 1.2	是否考虑双向地震作用	不考虑
计算振型个数	30	是否考虑偶然偏心	考虑

2. 整体信息计算结果

采用SATWE软件对本工程进行了整体计算，并对周期、振型、地震作用、位移等整体信息计算结果进行了整理和归纳，整理结果如下：

(1) 周期、振型分析

对计算模型的自振周期、振型等计算结果进行了整理和汇总，具体见表18.8.4及图18.8.2。

1～15振型的自振周期汇总 **表18.8.4**

振型号	振动周期（s）	转角（°）	平动系数（X+Y）	扭转系数
1	2.7701	90.01	1.00（0.00+1.00）	0.00
2	2.4054	109.46	0.00（0.00+0.00）	1.00
3	2.2212	0.01	1.00（1.00+0.00）	0.00
4	0.8363	90.00	1.00（0.00+1.00）	0.00
5	0.7775	146.23	0.00（0.00+0.00）	1.00
6	0.7186	0.00	1.00（1.00+0.00）	0.00
7	0.4236	90.00	1.00（0.00+1.00）	0.00
8	0.4126	109.72	0.00（0.00+0.00）	1.00
9	0.3825	0.00	1.00（1.00+0.00）	0.00
10	0.2896	90.00	1.00（0.00+1.00）	0.00
11	0.2810	94.78	0.00（0.00+0.00）	1.00
12	0.2668	0.00	1.00（1.00+0.00）	0.00
13	0.2176	89.99	1.00（0.00+1.00）	0.00
14	0.2133	119.62	0.00（0.00+0.00）	1.00
15	0.2059	0.01	1.00（1.00+0.00）	0.00

注：1. 周期比：0.86<0.9；

2. 地震作用最大的方向：−89.989°。

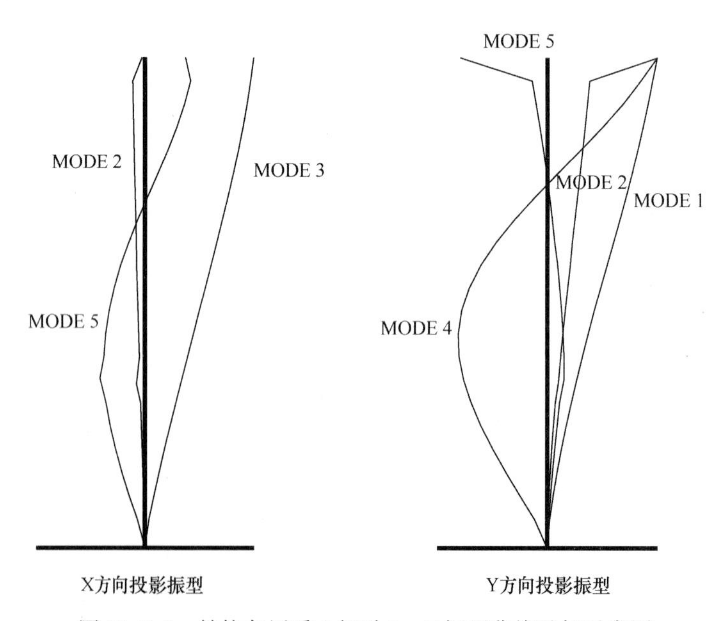

图18.8.2 结构各层质心振动1～5振型曲线叠加示意图

表 18.8.4 的统计结果表明，结构的第一振型以 Y 方向平动为主，自振周期为 2.7701s，结构的第二振型以扭转为主，自振周期为 2.4054s。以结构扭转为主的第一自振周期与以平动为主的第一自振周期结构抗侧移刚度和之比为 2.4054/2.7701=0.86，满足 GB 50011—2010 中不应大于 0.9 的规定。

（2）地震作用下结构的层剪力及剪重比分析

对结构在 X 方向地震作用和 Y 方向地震作用下的层剪力及剪重比等计算结果分别进行了整理和汇总，具体见表 18.8.5 和表 18.8.6。

X 方向地震作用下结构的层剪力及剪重比　　表 18.8.5

层数	X 方向地震作用下结构的地震反应力（kN）	X 方向地震作用下结构的楼层剪力（kN）	整层剪重比
21	864.47	864.47	13.39%
20	1654.75	2498.92	11.85%
19	1408.10	3803.95	10.65%
18	1243.66	4832.36	9.60%
17	1168.63	5640.13	18.68%
16	1152.06	6287.94	7.90%
15	1157.53	6822.64	7.24%
14	1173.63	7279.53	6.69%
13	1191.59	7697.77	6.23%
12	1205.17	8092.39	5.85%
11	1227.91	8474.55	5.54%
10	1253.11	8859.57	5.28%
9	1273.98	9259.22	5.07%
8	1293.65	9678.00	4.90%
7	1336.84	10131.88	4.77%
6	1053.78	10499.93	4.67%
5	1062.50	10862.49	4.59%
4	1033.46	11216.36	4.51%
3	953.50	11540.52	4.43%
2	862.41	11811.06	4.33%
1	682.40	120021.62	4.17%

Y 方向地震作用下结构的层剪力及剪重比　　表 18.8.6

层数	X 方向地震作用下结构的地震反应力（kN）	X 方向地震作用下结构的楼层剪力（kN）	整层剪重比
21	903.60	903.60	13.99%
20	1604.12	2481.62	11.77%
19	1295.63	3650.29	10.22%

续表

层数	X方向地震作用下结构的地震反应力（kN）	X方向地震作用下结构的楼层剪力（kN）	整层剪重比
18	1126.14	4494.73	8.93%
17	1096.00	5108.29	7.86%
16	1127.51	5583.02	7.02%
15	1165.27	5982.66	6.35%
14	1190.67	6343.36	5.83%
13	1208.17	6683.18	5.41%
12	1220.71	7011.10	5.07%
11	1234.74	7334.20	4.79%
10	1254.77	7664.21	4.57%
9	1265.54	8021.17	4.39%
8	1270.00	8387.80	4.26%
7	1322.89	8824.97	4.15%
6	1050.58	9172.55	4.08%
5	1072.77	9518.74	4.02%
4	1051.89	9872.60	3.97%
3	975.79	10202.28	3.91%
2	880.97	10483.42	3.84%
1	691.05	10691.79	3.71%

表18.8.5和表18.8.6的统计结果表明，X方向和Y方向地震力作用下结构的剪重比均满足GB 50011—2010中对于8度区基本周期小于3.5s的结构其剪重比不应小于3.2%的要求。

（3）结构抗侧移刚度和平面规则性分析

对结构在X方向地震作用和Y方向地震作用下的水平位移及位移比等计算结果分别进行了整理和汇总，具体见表18.8.7和表18.8.8及图18.8.3。

X方向地震作用下结构的水平位移及位移比　　表18.8.7

层数	平均位移	平均层间位移	位移比	最大层间位移角
21	83.80	2.63	1.00	1/1484
20	81.32	3.02	1.00	1/1288
19	78.56	3.56	1.00	1/1094
18	75.41	3.99	1.00	1/975
17	71.92	4.35	1.00	1/896
16	68.13	4.62	1.00	1/842
15	64.09	4.79	1.00	1/813
14	59.88	4.68	1.00	1/831

续表

层数	平均位移	平均层间位移	位移比	最大层间位移角
13	55.70	4.75	1.00	1/820
12	51.42	4.80	1.00	1/811
11	47.04	4.77	1.00	1/818
10	42.65	4.61	1.00	1/846
9	38.35	4.57	1.00	1/853
8	34.02	4.54	1.00	1/858
7	29.67	4.50	1.00	1/866
6	25.30	4.42	1.00	1/882
5	20.97	4.35	1.00	1/895
4	16.68	4.25	1.00	1/916
3	12.46	4.14	1.00	1/941
2	8.34	4.45	1.00	1/943
1	3.90	3.90	1.00	1/1231

注：1. X 方向最大值层间位移角：1/811<1/250；

2. 位移单位为 mm。

Y 方向地震作用下结构的水平位移及位移比　　表 18.8.8

层数	平均位移	平均层间位移	位移比	最大层间位移角
21	120.01	5.51	1.01	1/705
20	114.75	5.46	1.01	1/711
19	109.67	6.00	1.01	1/646
18	104.17	6.40	1.01	1/606
17	98.36	6.71	1.01	1/578
16	92.29	6.94	1.01	1/558
15	86.00	7.11	1.01	1/545
14	79.51	7.21	1.01	1/537
13	72.90	7.27	1.01	1/532
12	66.18	7.26	1.01	1/533
11	59.43	7.08	1.01	1/547
10	52.79	6.61	1.01	1/585
9	46.53	6.40	1.01	1/605
8	40.42	6.19	1.01	1/625
7	34.45	5.95	1.01	1/650
6	28.66	5.67	1.01	1/683
5	23.11	5.40	1.01	1/716
4	17.80	5.06	1.01	1/764
3	12.79	4.67	1.01	1/829
2	8.16	4.60	1.01	1/904
1	3.57	3.57	1.01	1/1331

注：1. Y 方向最大值层间位移角：1/532<1/250；

2. 位移单位：mm。

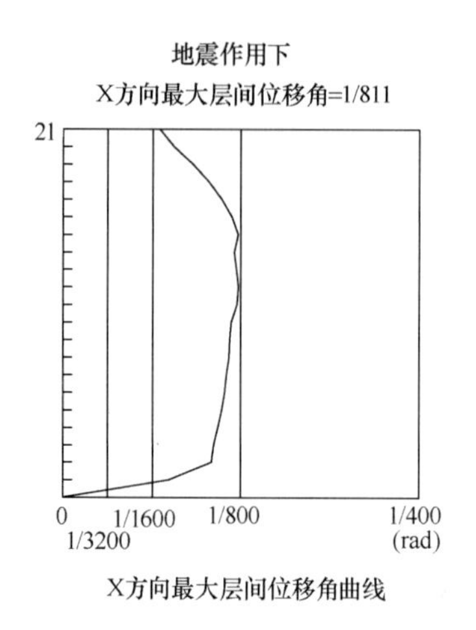

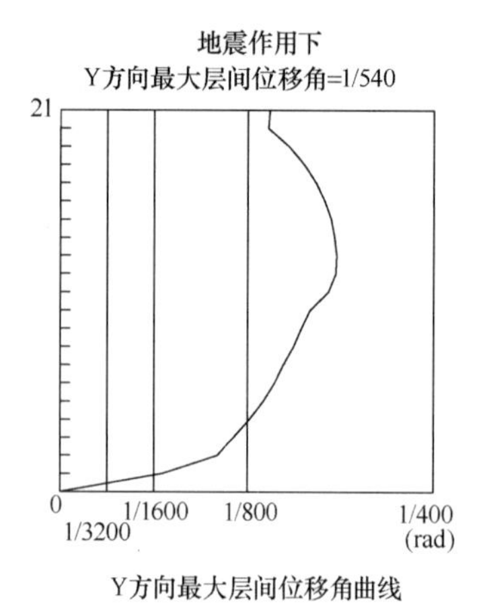

图 18.8.3　最大层间位移角曲线图

表 18.8.7 和表 18.8.8 的统计结果表明，X 方向地震作用下结构的最大层间位移角为 1/811，Y 方向最大值层间位移角为 1/532，均小于《建筑抗震设计规范》中多、高层钢结构弹性层间位移角限值 1/250 的规定。表中的计算结果同时表明 X 方向、Y 方向地震作用下结构的侧向位移比均在 1.00～1.01 范围内，不大于 1.2，满足结构的扭转规则性要求。同时本工程平面尺寸没有凹凸情况，且不存在楼板局部不连续情况，所以本工程为平面规则结构。

（4）竖向规则性分析

对结构相邻楼层侧移刚度比和各楼层抗剪承载力及相邻层承载力比值的计算结果进行汇总，具体见表 18.8.9 和表 18.8.10。

相邻层侧移刚度比　　**表 18.8.9**

层数	X 方向			Y 方向		
	本层侧移刚度与下一层相应侧移刚度的比值	本层侧移刚度与上一层相应侧移刚度 70%的比值或上三层平均侧移刚度 80%的比值中较小者	偏心率	本层侧移刚度与下一层相应侧移刚度的比值	本层侧移刚度与上一层相应侧移刚度 70%的比值或上三层平均侧移刚度 80%的比值中较小者	偏心率
1	1.0000	1.4326	0.0027	1.0000	1.7517	0.0005
2	0.8605	1.2580	0.0030	0.8105	1.4489	0.0005
3	1.0497	1.3932	0.0030	0.9594	1.5378	0.0005
4	0.9454	1.3883	0.0030	0.8916	1.5016	0.0005
5	0.9462	1.3838	0.0030	0.9041	1.4796	0.0005
6	0.9523	1.3891	0.0030	0.9191	1.4799	0.0005
7	0.9477	1.3871	0.0126	0.9174	1.4736	0.0095
8	0.9476	1.3955	0.0026	0.9159	1.4751	0.0004
9	0.9507	1.4106	0.0026	0.9240	1.4869	0.0004
10	0.9489	1.4181	0.0026	0.9246	1.4882	0.0004
11	0.9249	1.3723	0.0027	0.8941	1.4064	0.0004

续表

层数	X方向			Y方向		
	本层侧移刚度与下一层相应侧移刚度的比值	本层侧移刚度与上一层相应侧移刚度70%的比值或上三层平均侧移刚度80%的比值中较小者	偏心率	本层侧移刚度与下一层相应侧移刚度的比值	本层侧移刚度与上一层相应侧移刚度70%的比值或上三层平均侧移刚度80%的比值中较小者	偏心率
12	0.9478	1.3750	0.0027	0.9322	1.3742	0.0004
13	0.9616	1.4021	0.0006	0.9506	1.3668	0.0017
14	0.9584	1.4285	0.0006	0.9570	1.3738	0.0017
15	0.9161	1.3813	0.0005	0.9547	1.3929	0.0018
16	0.9548	1.4266	0.0005	0.9553	1.4577	0.0018
17	0.9541	1.5328	0.0005	0.9460	1.5495	0.0018
18	0.9320	1.6176	0.0005	0.9219	1.6517	0.0018
19	0.8832	1.8506	0.0005	0.8649	1.9130	0.0018
20	0.7720	3.1481	0.0005	0.7468	3.4762	0.0018
21	0.3971	1.2500	0.0060	0.3596	1.2500	0.0010

各楼层抗剪承载力及相邻楼层承载力比值（单位：kN） **表18.8.10**

层数	X向承载力	X向本层与上一层的承载力之比	Y向承载力	Y向本层与上一层的承载力之比
21	0.7221×10^5	1.00	0.7172×10^5	1.00
20	0.1023×10^6	1.42	0.1040×10^6	1.45
19	0.1008×10^6	0.99	0.1029×10^6	0.99
18	0.9912×10^5	0.98	0.1014×10^6	0.99
17	0.9591×10^5	0.97	0.9841×10^5	0.97
16	0.9212×10^5	0.96	0.9479×10^5	0.96
15	0.8850×10^5	0.96	0.9112×10^5	0.96
14	0.9550×10^5	1.08	0.9338×10^5	1.02
13	0.9164×10^5	0.96	0.8938×10^5	0.96
12	0.9419×10^5	1.03	0.9199×10^5	1.03
11	0.9039×10^5	0.96	0.8838×10^5	0.96
10	0.8904×10^5	0.99	0.9243×10^5	1.05
9	0.7221×10^5	0.95	0.8831×10^5	0.96
8	0.1023×10^6	0.95	0.8378×10^5	0.95
7	0.1008×10^6	1.09	0.9049×10^5	1.08
6	0.9912×10^5	1.22	0.1095×10^6	1.21
5	0.1021×10^6	0.96	0.1048×10^6	0.96
4	0.9759×10^5	0.96	0.1000×10^6	0.95
3	0.9287×10^5	0.95	0.9501×10^5	0.95
2	0.8183×10^5	0.88	0.8356×10^5	0.88
1	0.5391×10^5	0.66	0.5454×10^5	0.65

表 18.8.9 和表 18.8.10 的统计结果表明，在 X 方向和 Y 方向，本层侧移刚度均大于上一层相应侧移刚度 70%或上三层平均侧移刚度 80%，且除顶层外，未出现局部水平尺寸收进的情况，即满足结构侧向规则性要求。此外表 18.8.10 的计算结果表明，抗侧力结构的层间受剪承载力均大于相邻上一层的 80%且竖向抗侧力构件（柱、支撑）的内力不由水平转换构件向下传递，所以结构的楼层承载力未出现突变且结构的竖向抗侧力构件连续。所以，本工程为竖向规则结构。

（5）结构不同部分的地震剪力分配

由于框架-支撑结构为双重抗侧力体系，故对结构框架部分和柱间支撑部分的不同抗侧力构件承担的地震剪力进行了统计，具体见表 18.8.11。表 18.8.11 的统计结果表明，框架部分承担的地震剪力大于结构底部总地震剪力的 25%，所以框架部分的抗震等级为二级。

框架柱剪力、支撑地震剪力及框架柱地震剪力百分比（单位：kN）　　**表 18.8.11**

层数	X 方向			Y 方向		
	柱剪力	支撑剪力	柱剪力百分比	柱剪力	支撑剪力	柱剪力百分比
1	4309.8	7679.8	35.95%	3628.9	7039.6	34.01%
2	1911.1	9867.8	16.22%	2120.7	8326.1	20.30%
3	2199.8	9386.3	18.20%	2403.2	7769.2	23.62%
4	2218.3	8960.6	19.86%	2595.5	7256.4	26.35%
5	2267.3	8564.0	20.93%	2727.4	6785.8	28.67%
6	2329.5	8145.4	22.24%	2878.2	6301.6	31.35%
7	2278.1	7829.6	22.54%	2806.5	6026.0	31.77%
8	2245.0	7414.0	23.24%	2855.0	5568.6	33.89%
9	2283.5	6959.3	24.71%	2952.9	5099.6	36.67%
10	2233.1	6611.4	25.25%	2861.9	4843.8	37.14%
11	2274.0	6184.4	26.88%	3172.9	4192.5	43.08%
12	2073.9	6003.2	25.68%	2876.7	4168.9	40.83%
13	2008.2	5676.1	26.13%	2797.8	3923.7	41.62%
14	1871.0	5402.7	25.72%	2772.9	3619.0	43.38%
15	2148.7	4671.9	31.50%	2674.5	3374.2	44.22%
16	1955.0	4344.3	31.03%	2601.7	3080.6	45.79%
17	1834.3	3836.7	32.35%	2491.9	2770.4	47.35%
18	1682.0	3209.2	34.39%	2350.2	2385.3	49.63%
19	1491.9	2415.7	38.18%	2166.0	1870.6	53.66%
20	1293.4	1427.7	47.53%	2080.5	1286.5	61.79%
21	668.3	601.1	52.65%	617.7	634.6	49.33%

（6）框架部分的内力调整

按照《建筑抗震设计规范》的规定，对框架部分的内力进行了调整，要求调整后的框架部分的地震层剪力不小于结构底部总地震剪力的 25%和框架部分计算最大层剪力的 1.8

倍二者中的较小值。本工程框架部分地震层剪力调整后的结果如表 18.8.12 所示。

柱剪力调整系数及调整后柱内力设计值（单位：kN）　　**表 18.8.12**

层数	X 方向		Y 方向	
	调整系数	调整后柱内力设计值	调整系数	调整后柱内力设计值
1	1.000	4309.847	1.000	4309.847
2	1.568	2996.616	1.568	2996.616
3	1.414	2997.356	1.414	2997.356
4	1.349	2996.495	1.349	2996.495
5	1.322	2997.344	1.322	2997.344
6	1.286	2995.709	1.286	2995.709
7	1.315	2995.665	1.315	2995.665
8	1.335	2997.090	1.335	2997.090
9	1.312	2995.892	1.312	2995.892
10	1.342	2996.874	1.342	2996.874
11	1.318	2997.160	1.318	2997.160
12	1.445	2996.754	1.445	2996.754
13	1.492	2996.261	1.492	2996.261
14	1.602	2997.326	1.602	2997.326
15	1.395	2997.377	1.395	2997.377
16	1.533	2996.957	1.533	2996.957
17	1.634	2997.326	1.634	2997.326
18	1.782	2997.385	1.782	2997.385
19	2.000	2983.846	2.000	2983.846
20	2.000	2586.7	2.000	2586.7
21	2.000	1336.664	2.000	1336.664

18.8.3　构件内力计算及抗震验算

因为本工程是 8 度设防区，Ⅲ类场地，风荷载不起控制作用的平面及竖向布置规则的钢框架-中心支撑结构，所以构件截面验算时的地震作用效应和其他荷载效应的基本组合中不考虑竖向地震作用和风荷载的作用，按下式进行组合计算：

$$S=\gamma_G S_{GE}+\gamma_{Eh} S_{Ehk}$$

式中　S——结构构件内力组合的设计值；

γ_G——重力荷载分项系数，一般情况应取 1.2，当重力荷载效应对构件承载力有利时，不应大于 1.0；

γ_{Eh}——水平地震作用分项系数，取 1.3；

S_{GE}——重力荷载代表值的效应；

S_{Ghk}——水平地震作用标准值的效应，尚应乘以相应的增大系数或调整系数。

本工程采用 SATWE 软件进行建模计算。因篇幅有限，本节仅对图 18.8.1（*a*）、（*b*）中所示的 Z1、Z2、Z3、L1、L2 和 B1 等少数构件和节点域进行抗震验算，表 18.8.13 所列数据为这些构件组合的内力设计值和截面参数。

部分构件的组合内力设计值和截面参数 **表 18.8.13**

构件类别	构件编号	轴力（KN）	剪力（KN）	弯矩（KN·m）		截面积（m^2）	W_x（m^3）	W_y（m^3）	承载力抗震调整系数（γ_{RE}）
				X方向	Y方向				
框架柱	Z1	11082	—	342	1	0.0663	1.08e-2	1.08e-2	0.75（0.8）
	Z2	19999	—	526	64	0.1100	2.68e-2	2.68e-2	0.75（0.8）
	Z3	20255	—	378	191	0.1100	2.68e-2	2.68e-2	0.75（0.8）
框架梁	L1	—	328	725	299	0.0185	3.59e-3	5.21e-4	0.75
	L2	—	299	299	299	0.0185	3.59e-3	5.21e-4	0.75
柱间支撑	B1	899.1	—	—		0.0117	—	—	0.75（0.8）

注：括号内数值对应的是框架柱和柱间支撑进行稳定性验算时 γ_{RE} 的取值。

1. 框架柱 Z1（□550×550×32）的截面抗震验算

框架柱 Z1 的有关参数取值如下：

$$A_n = 0.85A \approx 0.0564m^2, W_{nx} = W_{ny} = 0.85W_x = 0.85W_y \approx 9.2 \times 10^3 m^3;$$

$$f = 295 \times 10^6 N/m^2; f_y = 315 \times 10^6 N/m^2; \lambda_x = \lambda_y = 1.05; E = 206 \times 10^9 N/m^3;$$

$$i_x = i_y = 0.21m$$

框架柱截面抗震验算包括强度验算以及稳定性验算，分别按下式进行验算：

（1）强度验算

$$\frac{N}{A_n} + \frac{M_x}{\gamma_x W_{nx}} + \frac{M_y}{\gamma_y W_{nY}} = \frac{11082 \times 10^3}{0.0564} + \frac{(342+1) \times 10^3}{1.05 \times 9.2 \times 10^3} = 232 \times 10^6 N/m^2$$

$$\leqslant \frac{f}{\gamma_{RE}} = \frac{295}{0.75} \times 10^6 = 393 \times 10^6 N/m^2$$

则框架柱 Z1 的强度满足 GB 50011—2010 的要求。

（2）稳定性验算

框架柱 Z1 为结构的底层柱，根据 Z1 顶端所连框架梁的线刚度与柱的线刚度的关系查表可得，柱 Z1 的计算长度系数 $u_x = 0.72, u_y = 0.72$，$\beta_{mx} = \beta_{my} = 1.0$，$\beta_{tx} = \beta_{ty} = 1.0$

由于 Z1 为箱型柱属于闭口截面，则 $\eta = 0.7$，$\varphi_{bx} = \varphi_{by} = 1$

$$\lambda_x = \lambda_y = \frac{uH}{i_x} = \frac{uH}{i_y} = \frac{0.72 \times 4.8}{0.21} \approx 16.5\text{，查表得：}\varphi_x \approx \varphi_y \approx 0.97$$

$$N'_{EX} = N'_{EY} = \frac{\pi^2 EA}{1.1\lambda_x^2} = \frac{\pi^2 EA}{1.1\lambda_y^2} = \frac{3.14^2 \times 2.06 \times 10^{11} \times 0.0663}{1.1 \times 16.5^2} \approx 455 \times 10^6 N$$

$$\frac{N}{\varphi_x A} + \frac{\beta_{mx} M_x}{\gamma_x W_x (1 - 0.8N/N'_{EX})} + \eta \frac{\beta_{ty} M_y}{\varphi_{by} W_y}$$

$$= \frac{11082 \times 10^3}{0.97 \times 0.0663} + \frac{1.0 \times 342 \times 10^3}{1.05 \times 1.08 \times 10^{-2} \times (1 - \frac{0.8 \times 11082 \times 10^3}{455 \times 10^6})} + \frac{0.7 \times 1.0 \times 1 \times 10^3}{1.0 \times 1.08 \times 10^{-2}}$$

$$= 203 \times 10^6 N/m^2 \leqslant \frac{f}{\gamma_{RE}} = \frac{295 \times 10^6}{0.8} = 368 \times 10^6 N/m^2$$

$$\frac{N}{\varphi_x A} + \eta \frac{\beta_{tx} M_x}{\varphi_{bx} W_x} + \frac{\beta_{my} M_y}{\gamma_y W_y (1 - 0.8N/N'_{EY})}$$

$$= \frac{11082 \times 10^3}{0.97 \times 0.0663} + \frac{0.7 \times 1.0 \times 342 \times 10^3}{1.0 \times 1.08 \times 10^{-2}}$$

$$+ \frac{1.0 \times 1.0 \times 10^3}{1.05 \times 1.08 \times 10^{-2} \times (1 - \frac{0.8 \times 11082 \times 10^3}{455 \times 10^6})}$$

$$= 195 \times 10^6 \text{N/m}^2 \leqslant \frac{f}{\gamma_{RE}} = \frac{295 \times 10^6}{0.8} = 368 \times 10^6 \text{N/m}^2$$

则框架柱 Z1 的稳定性满足 GB 50011—2010 的要求。

2. 框架梁 L1(H550×250×12×25)截面抗震验算

因本结构中楼盖采用 120mm 厚的压型钢板组合楼盖，并钢梁有可靠的连接，故不需要验算整体稳定性，只需要分别按下式验算其抗弯强度和抗剪强度。

(1) 抗弯强度验算

$$\frac{M_x}{\gamma_x W_{nx}} = \frac{725 \times 10^3}{1.05 \times 0.85 \times 3.59 \times 10^{-3}} = 226 \times 10^6 \text{N/m}^2$$

$$\leqslant \frac{f}{\gamma_{RE}} = \frac{295 \times 10^6}{0.75} = 393 \times 10^6 \text{N/m}^2$$

(2) 抗剪强度验算

主要截面参数如下：

$A_w = 0.012 \times 0.5 = 0.006\text{m}^2$，$A_{wn} = 0.85A_w = 0.0051\text{m}^2$，$S = 4 \times 10^{-3}\text{m}^3$，

$I = 9.87 \times 10^{-4}\text{m}^4$

$$\frac{VS}{It_w} = \frac{328 \times 10^3 \times 4 \times 10^{-3}}{9.87 \times 10^{-4} \times 0.012} \approx 111 \times 10^6 \text{N/m}^2 \leqslant \frac{f_v}{\gamma_{RE}} = \frac{180 \times 10^6}{0.75} = 240 \times 10^6 \text{N/m}^2$$

$$\frac{V}{A_{wn}} = \frac{328 \times 10^3}{0.0051} = 64.3 \times 10^6 \text{N/m}^2 \leqslant \frac{f_v}{\gamma_{RE}} = \frac{180 \times 10^6}{0.75} = 240 \times 10^6 \text{N/m}^2$$

则框架梁 L1 抗弯强度和抗剪强度满足 GB 50011—2010 的要求。

3. 支撑 B1(H300×300×10×15)受压承载力验算

主要参数：$f = 310\text{N/m}^2$，$f_y = 345\text{N/m}^2$，截面类别：b 类

由于 $i_y = 0.0749\text{m} < i_x = 0.131\text{m}$

$\lambda = \frac{\sqrt{4.05^2 + 4.8^2}}{0.0749} = 83.42$，则查表得：$\phi = 0.549$

$$\lambda_n = (\lambda/\pi)\sqrt{f_{ay}/E} = (83.42/3.14)\sqrt{345 \times 10^6/2.06 \times 10^{11}} = 1.09$$

$$\psi = 1/(1 + 0.35\lambda_n) = 1/(1 + 0.35 \times 1.09) = 0.724$$

$$N/(\varphi A_{br}) = \frac{899.1 \times 10^3}{0.549 \times 0.0117} \approx 140 \times 10^6$$

$$\leqslant \psi f/\gamma_{RE} = \frac{0.724 \times 310 \times 10^6}{0.8} = 280 \times 10^6 \text{N/m}^2$$

则支撑构件 B1 的受压承载力满足 GB 50011—2010 的要求。

4. 钢框架梁柱节点全塑性承载力验算

由于篇幅有限，仅对与 Z2、Z3、L1、L2 等构件所连节点按照式 (18.4.15) 进行全

塑性承载力验算。

$$W_{PC} = 0.8 \times 0.036 \times (0.8-0.036) + 0.5 \times (0.8-2 \times 0.036)^2 \times 0.036 = 0.0315\text{m}^3$$

$$W_{Pb} = 0.25 \times 0.025 \times (0.55-0.025) + 0.25 \times (0.55-2 \times 0.025)^2 \times 0.012 = 0.004\text{m}^3$$

$$\Sigma W_{PC}(f_{yc} - N/A_c) = 0.0315 \times \left(2 \times 315 \times 10^6 - \frac{19999 \times 10^3}{0.11} - \frac{19081 \times 10^3}{0.11}\right)$$
$$\approx 8.66 \times 10^6 \text{N} \cdot \text{m}$$
$$\geqslant \eta \Sigma W_{Pb} f_{Yb} = 1.10 \times 2 \times 0.004 \times 325 \times 10^6 \approx 2.86 \times 10^6 \text{N} \cdot \text{m}$$

则该节点满足全塑性承载力要求。

5. 节点域的抗剪强度、屈服承载力和稳定性验算

本例题仅对与 Z2、Z3、L1、L2 等构件所连节点域进行抗震验算，其他节点域方法一样。具体内容就是按照式（18.4.16）、式（18.4.17）和式（18.4.18）对节点域进行抗剪强度、屈服承载力和稳定性验算。

有关参数为：

$f_v = 155 \times 10^6 \text{N/m}^2$，$f_{yv} = 0.58 f_y = 0.58 \times 315 \times 10^6 \approx 183 \times 10^6 \text{N/m}^2$，$\psi = 0.7$

（1）抗剪强度验算

$$V_P = 1.8 h_b h_c t_w = 1.8 \times (0.55-0.025) \times (0.8-0.036) \times 0.036 \approx 0.026\text{m}^3$$

$$(M_{b1} + M_{b2})/V_P = \frac{(725 + 299) \times 10^3}{0.026} = 39 \times 10^6$$
$$\leqslant (4/3) f_v / \gamma_{RE} = \frac{4 \times 155 \times 10^6}{3 \times 0.75} = 275 \times 10^6 \text{N/m}^2$$

（2）屈服承载力验算和稳定性验算

$$M_{pb1} = W_{pb} f_{yb} = 0.004 \times 325 \times 10^6 \approx 1.31 \times 10^6 \text{N} \cdot \text{m}$$

$$\frac{\psi (M_{Pb1} + M_{Pb2})}{V_P} = \frac{0.7 \times 2 \times 1.31 \times 10^6}{0.026} = 71 \times 10^6$$
$$\leqslant (4/3) f_{yv} = \frac{4 \times 183 \times 10^6}{3} = 244 \times 10^6 \text{N/m}^2$$

$$t_w = 0.036 \geqslant \frac{h_b + h_c}{90} = \frac{0.8 + 0.55}{90} = 0.016$$

则该节点域的抗剪强度、屈服承载力和稳定性均满足 GB 50011—2010 的要求。

18.8.4　节点弹性设计和极限承载力验算

本例题仅对 L1、Z1 梁柱节点进行抗震验算，其他梁柱节点的验算方法一样。节点连接采用翼缘完全焊透的坡口对接焊缝连接，焊缝等级为一级；腹板采用摩擦型高强螺栓连接，共布置了 10.9 级 10M20 的摩擦型高强螺栓，具体布置如图 18.8.4 所示。

（1）弹性设计

梁柱连接的弹性设计按照式（18.4.19）、式（18.4.20）和式（18.4.21）进行计算，采用 10M20 螺栓连接，在连接处接触面采用喷砂处理，摩擦面的抗滑移系数 $\mu = 0.5$，1 个 M20 的高强螺栓的预拉力 $P = 155\text{kN}$。

$$I_w^0 = 0.012 \times (0.55 - 0.025 \times 2)^3/12 = 1.25 \times 10^{-4} \text{m}^4$$

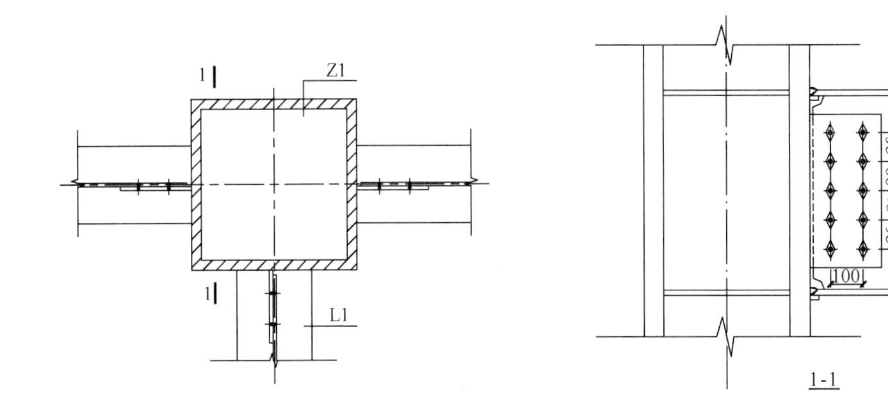

图 18.8.4　梁柱节点连接图（mm）

$$I_w = 0.85 I_w^0 = 0.85 \times 1.25 \times 10^{-4} \approx 1.07 \times 10^{-4} m^4$$

$$I_F = 2Ar^2 = 2 \times 0.25 \times 0.025 \times 0.2625^2 = 8.61 \times 10^{-4} m^4$$

$$M_F = \frac{I_F M}{I_F + I_w} = \frac{8.61 \times 10^{-4} \times 299 \times 10^3}{(1.07 + 8.61) \times 10^{-4}} = 266 \times 10^3 N \cdot m$$

$$W_F = \frac{I_F}{0.5h} = \frac{8.61 \times 10^{-4}}{0.5 \times 0.55} = 3.1 \times 10^{-3} m^3$$

$$\frac{M_F}{W_F} = \frac{266 \times 10^3}{3.1 \times 10^{-3}} = 85 \times 10^6 \leqslant \frac{f_t^w}{\gamma_{RE}} = \frac{295 \times 10^6}{0.75} = 393 \times 10^6 N/m^2$$

$$M_w = \frac{I_w M}{I_F + I_w} = \frac{1.07 \times 10^{-4} \times 299 \times 10^3}{(1.07 + 8.61) \times 10^{-4}} = 33 \times 10^3 N \cdot m$$

$$N_{Mx} = \frac{33 \times 10^3 \times 0.18}{4(0.09^2 + 2 \times 0.05^2 + 0.18^2)} = 32.6 \times 10^3 N$$

$$N_{My} = \frac{33 \times 10^3 \times 0.05}{4(0.09^2 + 2 \times 0.05^2 + 0.18^2)} = 9.07 \times 10^3 N$$

$$N_v^b = 0.9 n_f u P = 0.9 \times 2 \times 0.5 \times 155 \times 10^3 = 139.5 \times 10^3 N$$

$$\sqrt{\left(\frac{V}{n} + N_{MY}\right)^2 + N_{MX}^2} = \sqrt{\left(\frac{328 \times 10^3}{10} + 9.07 \times 10^3\right)^2 + (32.6 \times 10^3)^2} = 53.1 \times 10^3 N$$
$$\leqslant 139.5 \times 10^3 N$$

（2）极限承载力验算

按弹性设计的梁柱连接还要按式（18.4.22）、式（18.4.23）分别进行极限受弯、受剪承载力验算。

连接焊缝极限受弯承载力验算

$$M_u^j = A_f(h - t_f) f_u + 0.25 \times 0.7 \times 2 \times h_f l_w^2 f_u \times 0.58$$
$$= 0.25 \times 0.025 \times (0.55 - 0.025) \times 490 \times 10^6$$
$$+ 0.25 \times 0.7 \times 2 \times 0.01 \times 0.43^2 \times 490 \times 10^6 \times 0.58$$
$$\approx 1.78 \times 10^6 N \cdot m$$

$$M_{pb1} = W_{pb} f_{yb} = 0.004 \times 325 \times 10^6 \approx 1.31 \times 10^6 N \cdot m$$

$$M_u^j = 1.78 \times 10^6 \geqslant \eta M_P = 1.30 M_{Pb} = 1.30 \times 1.31 \times 10^6 = 1.7 \times 10^6 N \cdot m$$

连接极限受剪切承载力验算

$$N_{cu}^{b}=d\sum tf_{cu}^{b}=0.02\times0.012\times1.5\times4.7\times10^{8}=1.69\times10^{5}\mathrm{N}$$

$$N_{vu}^{b}=0.58n_{f}A_{e}^{b}f_{u}^{b}=0.58\times2\times0.245\times370\times10^{6}=105.15\times10^{6}\mathrm{N}$$

$$V_{u}^{j}=10\times\min(N_{vu}^{b},N_{cu}^{b})=1.69\times10^{6}\mathrm{N}$$

$$1.2(2M_{P}/L_{n})+V_{Gb}\approx1.2\times(2\times1.31\times10^{6}/8.325)+495\times10^{3}=870\times10^{3}\mathrm{N}$$

则：
$$V_{u}^{j}>1.2(2M_{P}/L_{n})+V_{Gb}$$

所以本节点承载力满足 GB 50011—2010 要求。

18.8.5　结构构件构造措施检验

本工程框架-中心支撑结构的框架部分，房屋高度未超过 100m，且表 18.8.11 的计算结果表明，框架部分按计算分配的地震剪力大于结构底部总地震剪力的 25%，不满足 GB 50011—2010 中关于一、二、三级抗震构造措施可按框架结构降低一级的要求。所以本工程框架部分的抗震等级仍为二级。

（1）框架部分的构造措施

1）框架柱 Z1 的构造检验

① 长细比要求

$$\lambda_{x}\approx\lambda_{y}=\frac{\mu l}{i}\approx\frac{0.72\times4800}{212}=16.3<80\sqrt{235/f_{ay}}=69.1$$

长细比满足规范要求。

② 板件宽厚比要求

箱形截面壁板：$h/t_{w}=(800—2\times36)/36=20.2<36\sqrt{235/f_{ay}}=31.1$

板件宽厚比满足 GB 50011—2010 的要求。

则框架柱 Z1 满足 GB 50011—2010 构造要求。

2）框架梁 L1 的构造检验

因本结构的楼盖采用压型钢板现浇混凝土楼板，并与钢梁有可靠连接，故对钢梁的长细比无特殊要求。板件的长细比也满足 GB 50011—2010 的要求。

翼缘的外伸部分：$(250-12)/(2\times25)=4.75<9\sqrt{235/f_{ay}}=7.65$

腹板：$(600-50)/12=45.8<\left(72-\dfrac{100\times0}{0.0185\times2.95\times10^{8}}\right)\sqrt{235/f_{ay}}=61.2$

则框架梁 L1 板材宽厚比满足 GB 50011—2010 构造要求。

（2）支撑构件 B2（H275×275×15×15）的构造措施

1）长细比要求

由于 $i_{y}=0.0749\mathrm{m}<i_{x}=0.131\mathrm{m}$

$$\lambda=\frac{\sqrt{4.05^{2}+4.8^{2}}}{0.0749}=83.42<120\sqrt{\frac{235}{f_{ay}}}=99.0$$

长细比满足 GB 50011—2010 要求。

2）板件宽厚比要求

翼缘外伸部分：$\dfrac{275-15}{2\times15}=8.67<9$

腹板：$\dfrac{275-30}{15}=16.3<26$

支撑构件 B2 满足 GB 50011—2010 的构造措施。

参 考 文 献

1 Tsai，K.-C. and Popov，E. p.，Steel Beam-to-Column Joints in Seismic Moment Resisting Frames. EERC Report，88-19，Univ. of Calif.，Berkeley，Ca.，1988

2 Bertero，V. V.，Anderson，J. C. and Krawinkler，H，Performance of Steel Building Structures During the Northridge Earthquake，EERC Report，94-09，Univ. of Calif.，Berkeley，Ca.，1994

3 易方民. 高层建筑偏心支撑钢框架结构抗震性能和设计参数研究. 中国建筑科学研究院博士学位论文，2000.5

4 高小旺，张维嶽，易方民等. 高层建筑钢结构梁柱节点试验研究报告. 中国建筑科学研究院试验报告，2000

5 黄南翼，张锡云. 日本阪神地震中的钢结构震害. 钢结构，1995.2

6 李和华. 钢结构连接节点设计手册. 北京：中国建筑工业出版社，1992

7 赵熙元等. 建筑钢结构设计手册(上、下册). 北京：冶金工业出版社，1995

8 易方民，高小旺，张维嶽等. 高层建筑偏心支撑钢框架减轻地震响应分析. 建筑科学，2000.5

第 19 章　钢-混凝土组合结构

19.1　概述

钢-混凝土组合结构是在钢结构和钢筋混凝土结构基础上发展起来的一种新型结构，它扬长避短，充分利用钢结构和混凝土结构的各自优点。钢-混凝土组合构件是由钢构件和钢筋混凝土构件组合而成。含有钢-混凝土组合构件的结构，称之为钢-混凝土组合结构。当竖向承重构件和横向承重构件都为钢-混凝土组合构件时，可以称之为全钢-混凝土组合结构。钢-混凝土组合构件主要有钢-混凝土组合梁和钢-混凝土组合柱。本章不讨论其他类型的组合构件。钢-混凝土组合梁是由钢梁和混凝土板通过抗剪连接件连成整体并共同受力的横向承重构件，本书不讨论外包混凝土梁（劲性梁）等其他形式的组合梁。钢-混凝土组合柱包括钢管混凝土柱和钢骨混凝土柱，钢管混凝土柱是由钢管和内填混凝土所构成，而钢骨混凝土柱则是把钢柱埋在钢筋混凝土中，钢骨混凝土柱也可以称为型钢混凝土柱或劲性混凝土柱。

自20 世纪 80 年代初以来，随着我国经济建设的快速发展，钢产量的大幅度提高和钢材品种的增加，钢-混凝土组合结构研究工作的深入，应用实践经验的积累，钢-混凝土组合结构在我国已经得到了越来越广泛的应用，应用范围已涉及建筑、桥梁、高耸结构、地下结构、结构加固等领域，取得了显著的技术经济效益和社会效益[1,2]。工程应用实践证明，钢-混凝土组合结构非常适合我国基本建设的国情，它综合了钢结构和钢筋混凝土结构的优点，具有显著的技术经济效益和社会效益，是具有广阔应用前景的新型结构体系。

19.2　钢-混凝土组合结构的特点

钢-混凝土组合结构充分利用钢材和混凝土的各自材料特性，具有承载力高、刚度大、抗震性能和动力性能好、构件截面尺寸小、施工快速方便等特点。采用组合结构可以省脚手架和模板，便于立体交叉施工，减小现场湿作业量，减轻施工扰民程度。在城市高架桥梁结构中采用钢-混凝土组合结构，在施工期间可以不中断交通，缩短施工周期。在建筑结构中采用钢-混凝土组合结构，同样便于立体交叉施工，缩短施工周期，减轻结构自重，减小构件截面尺寸还意味着增大净空和使用面积。1995 年日本阪神地震震害结果显示，同钢筋混凝土结构和钢结构相比，钢-混凝土组合结构的破坏率最低。钢-混凝土组合结构的造价介于钢筋混凝土结构和钢结构之间，如果考虑到因自重减轻而带来的竖向构件截面尺寸减小、地震作用减小、基础造价降低、施工周期缩短等有利影响，组合结构的造价还可以做到比钢筋混凝土结构的低，北京国际技术培训中心的两幢塔楼就是一个实例。钢-混凝土组合结构的缺点是需要防火及防腐，不过，钢-混凝土组合结构的维护费用比钢结构的要低，并且随着科学技术的发展，防腐涂料的质量和耐久性也在不断提高，这就为钢

-混凝土组合结构的应用提供了有利条件。

19.3 钢-混凝土组合结构的适用范围

钢-混凝土组合结构可以广泛应用于高层建筑、多层房屋、高耸结构、桥梁结构、地下结构、其他构筑物、结构改造及加固等。当结构跨度比较大、荷载比较重时，都可以采用钢-混凝土组合结构。是否采用组合结构，要进行综合效益分析比较，包括结构性能、有效使用面积和空间、使用效果、施工周期、造价等。对于组合结构，不能简单地把一个组合构件同钢筋混凝土构件的造价相比较。

19.4 应用前景

钢-混凝土组合结构以其优越的受力性能，显著的综合效益，必将成为21世纪结构体系的重要发展方向之一。当前我国基本建设发展很快，土木工程结构正在向轻型大跨方向发展，对新型结构的要求越来越高。钢-混凝土组合结构正好能够满足现代结构对"轻型大跨、预制装配、快速施工"的要求，在建筑及桥梁结构等领域具有广阔的应用前景。

19.5 钢-混凝土组合梁

19.5.1 钢-混凝土组合梁的特点

钢-混凝土组合梁具有截面高度小、自重轻、延性好等特点。同钢筋混凝土梁相比，钢-混凝土组合梁可以使结构高度降低1/3～1/4，自重减轻40%～60%，施工周期缩短1/2～1/3，现场湿作业量减小，施工扰民程度减轻，并且结构延性大大提高。与钢梁相比，同样可以使结构高度降低1/3～1/4，刚度增大1/3～1/4，整体稳定性和局部稳定性增强，耐久性大大提高。组合梁的显著优点之一是施工时可以节省支模工序和模板，用于城市桥梁在施工时可以不中断下部交通，用于建筑可以多层立体交叉施工，省掉满堂红脚手架，有利于现场文明施工。

19.5.2 钢-混凝土组合梁的形式

钢-混凝土组合梁按照截面形式可以分为外包混凝土组合梁和T形组合梁，如图19.5.1所示。T形钢-混凝土组合梁按照混凝土翼缘的构造不同又可以分为现浇混凝土翼缘组合梁、预制板翼缘组合梁、叠合板翼缘组合梁及压型钢板混凝土翼缘组合梁，如图19.5.2所示。按照钢梁的不同又可以分为工字形（轧制工字形钢或焊接组合工字形钢）、

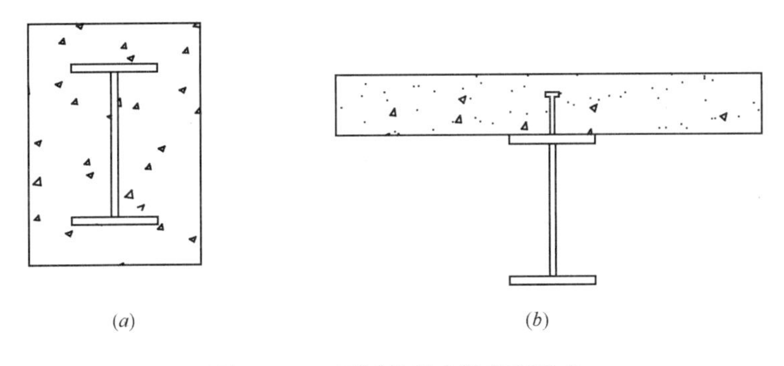

图19.5.1　不同的组合梁截面形式
（a）外包混凝土组合梁；（b）T形组合梁

蜂窝形、箱形、钢桁架等。箱形钢梁又可以分为开口截面和闭合截面，如图 19.5.3 所示。蜂窝形钢梁加工制作比一般钢梁要复杂，由于洞口周边需要布置加劲肋，实际上耗钢量比不开洞的钢梁还要大，腹板开洞的唯一好处是洞口可以穿越管道。根据不同阶段的设计要求，可以决定是否对钢梁施加预应力。对钢梁施加预应力可以减小钢梁在施工阶段的挠度和在使用阶段的拉应力，容易满足设计对强度的要求。预应力钢-混凝土组合梁在桥梁结构中已经得到较多的应用，技术经济效益和社会效益显著。

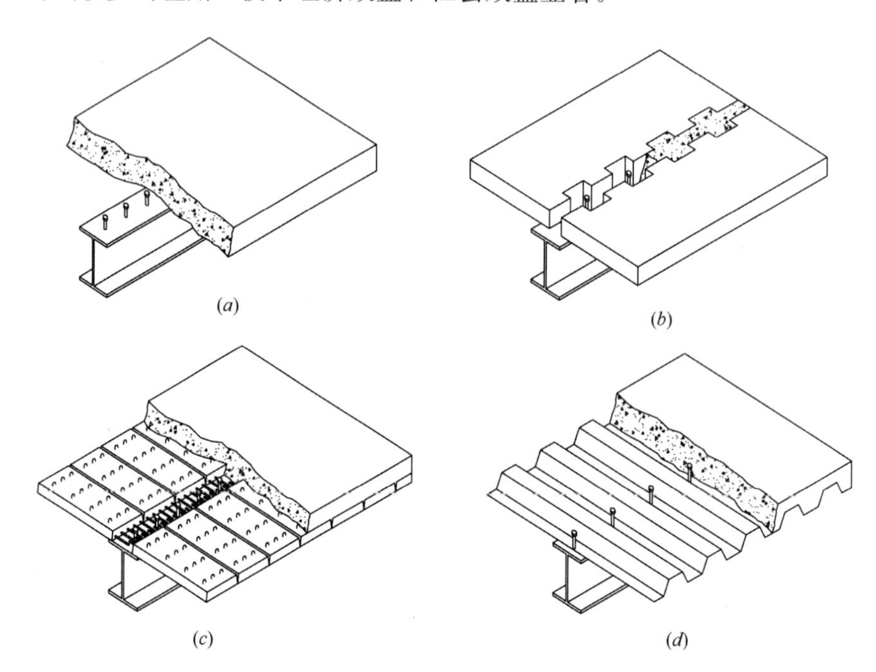

图 19.5.2 不同混凝土翼缘的钢-混凝土组合梁截面形式
(a) 钢-现浇混凝土组合梁；(b) 钢-预制混凝土板组合梁；
(c) 钢-混凝土叠合板组合梁；(d) 钢-压型钢板混凝土组合梁

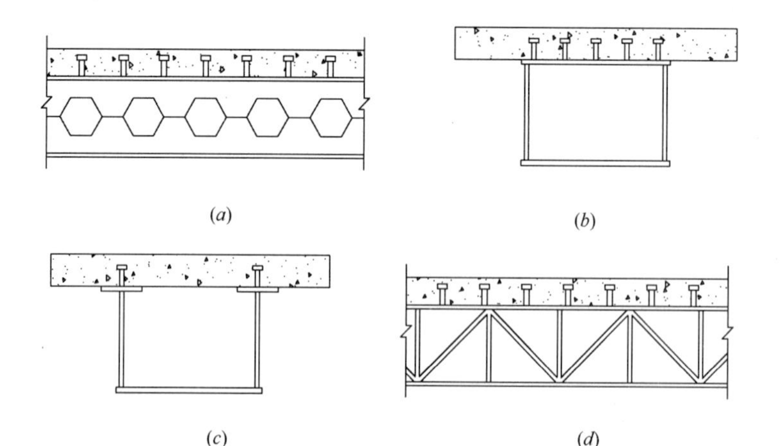

图 19.5.3 不同形式钢梁的钢-混凝土组合梁
(a) 蜂窝形钢梁；(b) 闭口箱形钢梁；(c) 开口箱形钢梁；(d) 桁架形钢梁

同现浇混凝土翼缘组合梁相比，钢-混凝土叠合板组合梁可以节省支模工序和模板，预制钢筋混凝土板代替模板，当现浇混凝土达到设计强度后，现浇混凝土和预制混凝土板形成钢筋混凝土叠合板共同承受外荷载，预制板的受力钢筋就是混凝土叠合板抗弯的正钢筋。试验研究表明，通过栓钉剪力连接件把钢梁、预制板和现浇混凝土连成整体的叠合板组合梁的组合作用性能良好。如图 19.5.2（*c*）所示，预制板起三重作用：一是代替模板；二是作为楼面板或桥面板的一部分参与板的受力；三是作为钢-混凝土组合梁混凝土翼缘的一部分参与组合梁的受力。因此，钢-混凝土叠合板组合梁施工快速方便，可以广泛地应用于建筑和桥梁结构等，尤其适用于城市立交桥结构，施工时可以不中断下部交通。

19.5.3 剪力连接件

钢梁和混凝土楼面板或桥面板能够形成整体共同工作，归功于剪力连接件的作用。剪力连接件是保证钢梁与混凝土板共同工作的关键元件，它的主要作用是传递钢梁和混凝土翼缘之间交界面上的剪力并抵抗钢梁与混凝土翼缘之间的分离，如图 19.5.4 所示。连接件分为刚性剪力连接件和柔性剪力连接件两种。刚性连接件在传递交界面的剪力时不能变形，而柔性剪力连接件在传递交界面的剪力时具有很好的变形能力，这有利于交界面连接件之间的剪力重分布，为剪力连接件的简化设计和施工奠定了基础。也就是说，在设计剪力连接件时，可以不按照剪力图形布置连接件，而可以简单地沿整个梁长或分段均匀布置。刚性剪力连接件在组合梁发展初期应用较多，当 20 世纪 50 年代初发明栓钉剪力连接件和相应的半自动栓钉焊接设备之后，几乎所有的组合梁都采用了柔性栓钉剪力连接件。由于栓钉剪力连接件具有各向同性、抗剪及抗拔性能好、重分布剪力的能力强、施焊快速方便（一个熟练技术人员在正常情况下每个台班能够焊接 1200～1500 个）、焊接质量可靠等特点，因此，栓钉剪力连接件已经成为当今国际上最为广泛应用的剪力连接件。

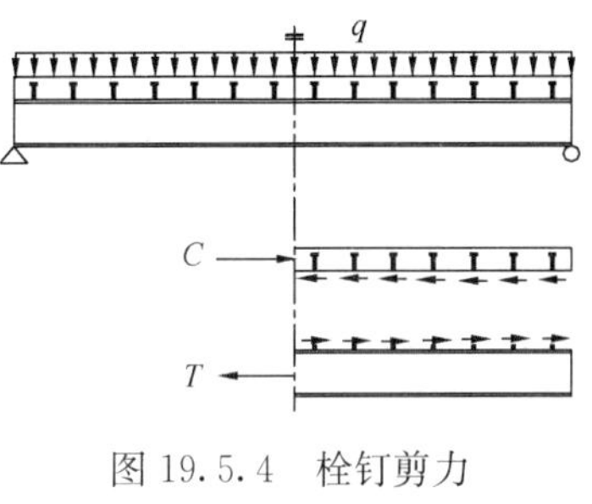

图 19.5.4 栓钉剪力连接件传力模型

与剪力连接件设计有关的一个重要概念是剪力连接程度。如果配置的剪力连接件传递的剪力能够保证组合梁达到塑性极限抗弯承载力，称之为完全剪力连接；如果配置的剪力连接件不能保证组合梁达到极限抗弯承载力，则称之为部分剪力连接。设完全剪力连接设计需要的剪力连接件数量为 n_f，而实际配置的连接件数量为 n_r，则剪力连接程度系数为 n_r/n_f。组合梁的极限抗弯能力随着 n_r/n_f 的增大而提高，当 $n_r/n_f \geqslant 1.0$ 时即完全剪力连接时，组合梁达到塑性极限抗弯承载力。关于剪力连接程度对变形和承载力的影响将在后面予以详细讨论。

19.5.4 钢-混凝土组合梁的工作机理

通过剪力连接件把钢梁和混凝土翼缘（由混凝土楼面板或桥面板等构成）连成整体的钢-混凝土组合梁，其截面抗弯承载力和刚度比钢梁和混凝土翼缘的承载力及刚度的代数和要大得多，即：$M_{cb} \gg M_s + M_c$，如图 19.5.5 所示。

以两个矩形截面叠合在一起为例，如图 19.5.6 所示，设两个矩形截面之间没有剪力连接件（如图 19.5.6*b* 所示），即无组合作用时的截面刚度为：$I_1 = bh^3/12 + bh^3/12 =$

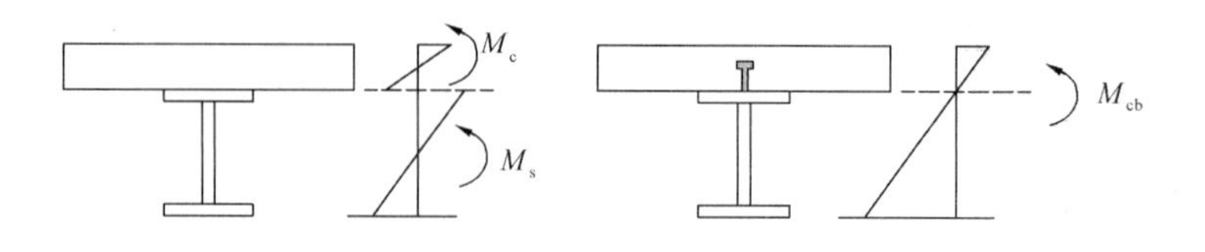

图 19.5.5 非组合截面和组合截面的抗弯性能

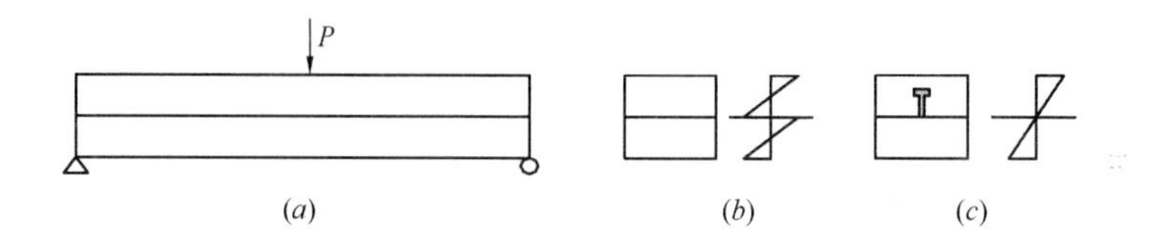

图 19.5.6 矩形截面叠合梁的受力性能

$bh^3/6$；通过剪力连接件作用形成整体组合截面（如图 19.5.6c 所示）的刚度为：$I_2 = b(2h)^3/12 = 2bh^3/3$；组合截面与非组合截面的刚度比为：$I_2/I_1 = 4.0$，在相同弯矩作用下，截面上最大应力比为：$\sigma_2/\sigma_1 = 1/2$。比较表明，对于两个假想的矩形截面，考虑它们组合作用的截面刚度是不考虑组合作用时的 4 倍，考虑组合作用时截面的最大应力比不考虑组合作用时的减小 50%，说明考虑组合作用后，截面刚度和承载力都大大提高。因此，剪力连接件的作用是非常显著的。混凝土翼缘由楼面板或桥面板等构成，混凝土翼缘板有双重作用，一是作为板承受外荷载，二是作为翼缘参与组合梁的受力，真正达到了物尽其用的目的。

19.5.5 钢-混凝土组合梁的试验研究

如图 19.5.7 所示为在正弯矩作用下典型的钢-混凝土简支组合梁的荷载-跨中挠度曲线[3]，图 19.5.8 所示为钢-混凝土组合梁截面应变分布曲线。试验研究表明，钢-混凝土组合梁的荷载-挠度曲线一般可以分为三段：弹性阶段（OA），弹塑性阶段（AB），下降段（BC）。从开始加载到钢梁下翼缘开始屈服之前，荷载-挠度曲线基本呈线性关系，因为钢梁在屈服以前，其应力-应变关系呈线性关系，而此时的混凝土应力-应变曲线也位于上升段，其应力-应变近似为线性关系，因此组合梁的荷载-挠度关系近似保持线性关系。组合梁截面的应变分布曲线表明，应变沿钢梁和混凝土翼缘高度近似呈线性分布，说明组合梁在受力过程中，平截面仍然保持为平截面。但是，在钢梁与混凝土翼缘的交界面处存在一个应变台阶即滑移应变。滑移应变是由交界面的滑移变形引起的。栓钉等柔性剪力连接件在传递钢梁与混凝土翼缘交界面的剪力时，本身要发生变形，同时与连接件根部毗邻的混凝土在较高的局部压应力作用下也要发生变形，它们共同作用的结果是组合梁的交界面上出现滑移变形。滑移变形反映在截面应变分布的结果是滑移应变。尽管滑移应变的存在，但钢梁和混凝土翼缘仍各自保持平截面变形，这种变形特性为组合梁截面承载力和截面曲率的简化分析计算奠定了基础。

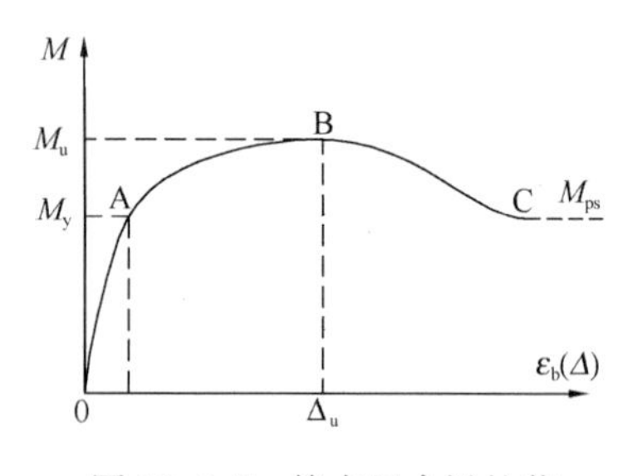

图 19.5.7 简支组合梁的荷载-应变（挠度）曲线

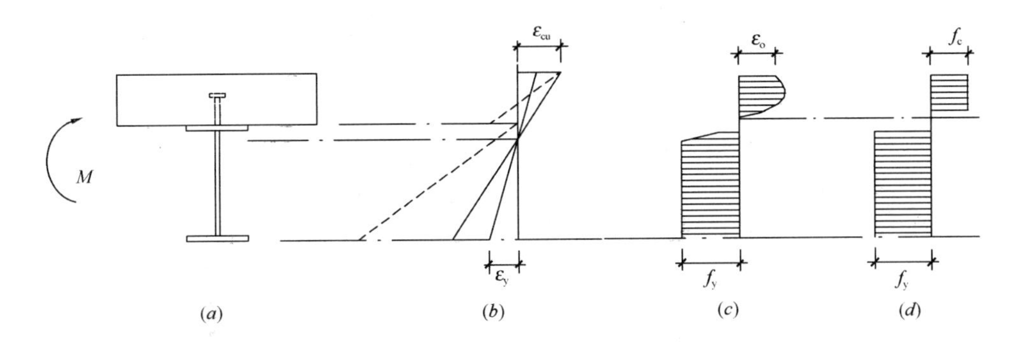

图 19.5.8 简支组合梁截面的应变分布曲线

钢-混凝土组合梁的破坏属于典型的延性破坏[4]，当弯矩不超过屈服弯矩时，截面应变分布符合材料力学规律，但是在交界面上存在滑移变形，不过在钢梁与混凝土翼缘交界面的自然粘结破坏之前，滑移效应对组合梁的受力性能无影响。破坏过程是钢梁下翼缘首先屈服，然后钢梁截面屈服部分不断向上发展，钢梁从下翼缘开始逐步进入塑性，中和轴不断上移，混凝土翼缘受压区的压应力不断丰满，当混凝土翼缘上表面达到极限压应变时，组合梁达到极限荷载即峰值荷载。在达到峰值荷载之后，混凝土翼缘自上而下逐步退出工作，直至混凝土全部破坏，在荷载下降过程中，实际上中和轴不断下移，这样截面才能达到新的平衡。混凝土翼缘全部压碎退出工作后，组合梁截面的残余弯矩在理论上为钢梁截面的塑性极限弯矩，这一点也得到了试验的验证。

对于完全剪力连接的组合梁，在达到峰值荷载时，钢梁截面大部分已进入塑性，混凝土翼缘受压部分的应力也已趋于丰满。与钢筋混凝土受弯构件相类似，可以把组合梁截面在受弯极限状态时的截面应力分布用等效矩形应力图形来代替。用等效矩形应力图方法得到的组合梁截面极限抗弯承载力计算值与试验结果较吻合[5]，这就为钢-混凝土组合梁截面的简化塑性设计提供了基础。

19.6 钢-混凝土组合梁设计

建筑结构中钢-混凝土组合梁的设计方法与钢筋混凝土结构和钢结构的设计方法相同，即极限状态设计法，要求组合梁截面的设计抗弯承载力不能小于由设计荷载引起的弯矩[6,7]。我国现行《公路桥涵钢结构及木结构设计规范》JTJ 025 关于钢-混凝土组合梁的设计方法仍然是弹性设计法，也就是所谓允许应力法，即要求截面的最大计算应力不超过规范规定的允许应力，我国现行《钢结构设计规范》GB 50017 关于钢-混凝土组合梁的设计方法为极限状态设计法。

在进行组合梁设计时，不管是弹性设计还是塑性设计，都应该取组合梁混凝土翼缘的有效宽度 b_e，而不是实际宽度 b。有关钢-混凝土组合梁混凝土翼缘的有效宽度的取值应当遵循有关规范的规定，具体可按下式计算，公式中参数具体含义如图 19.6.1 所示。本章后面的有关混凝土翼缘的计算公式都是指有效宽度 b_e。

$$b_e = b_0 + b_1 + b_2 \tag{19.6.1}$$

式中 b_0——板托顶部的宽度：当板托倾角 $\alpha<45°$时，应按 $\alpha=45°$计算；当无板托时，则取钢梁上翼缘的宽度；当混凝土板和钢梁不直接接触（如之间有压型钢板分

隔）时，取栓钉的横向间距，仅有一列栓钉时取0；

b_1、b_2——分别为梁外侧和内侧的翼板计算宽度，当塑性中和轴位于混凝土板内时，各取梁等效跨径 l_e 的1/6。此外，b_1 尚不应超过翼板实际外伸宽度 S_1；b_2 不应超过相邻钢梁上翼缘或板托间净距 S_0 的1/2；

l_e——等效跨径。对于简支组合梁，取为简支组合梁的跨度 l；对于连续组合梁，中间跨正弯矩区取为0.6l，边跨正弯矩区取为0.8l，支座负弯矩区取为相邻两跨跨度之和的0.2倍。

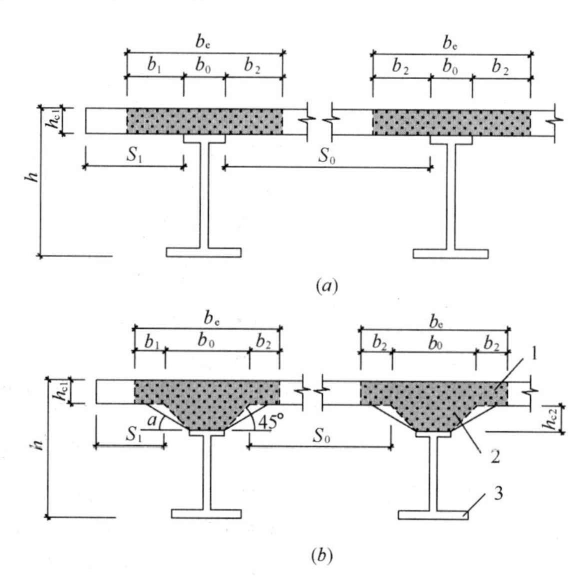

图19.6.1 混凝土翼板有效宽度

（a）不设板托的组合梁；（b）设板托的组合梁

1—混凝土翼板；2—板托；3—钢梁

19.6.1 弹性弯曲承载力

我国现行《公路桥涵钢结构及木结构规范》JTJ 025关于钢-混凝土组合梁的设计条文仍然是允许应力设计法，即弹性设计方法，也就是要求在标准荷载作用下，组合梁截面的最大应力不能超过规范规定的允许应力值。弹性设计法的实质就是换算截面法。早在20世纪初，Andrews就提出组合梁设计的换算截面法。用换算截面法计算钢-混凝土组合梁采用了如下三点假设：①钢梁和混凝土翼缘都是弹性材料；②钢梁和混凝土翼缘的交界面无相对滑移；③组合梁截面变形后仍然保持为平截面。根据以上假设，可以把钢梁和混凝土通过模量比换算成同一种材料，然后根据材料力学方法进行截面的惯性矩和抵抗矩及应力计算。如图19.6.1所示组合梁截面，设换算截面为钢截面，则：

$$A = A_s + A_c/n \tag{19.6.2}$$

$$y = \frac{A_s y_s + A_c y_c/n}{A} \tag{19.6.3}$$

$$I = I_s + A_s(y - y_s)^2 + I_c/n + A_c(y_c - y)^2/n \tag{19.6.4}$$

$$\sigma_s = My/I \tag{19.6.5}$$

$$\sigma_c = M(h - y)/nI \tag{19.6.6}$$

$$EI = E_s I \tag{19.6.7}$$

$$n = E_s / E_c \tag{19.6.8}$$

如果设换算截面为混凝土截面，则：

$$A = nA_s + A_c \tag{19.6.9}$$

$$y = \frac{nA_s y_s + A_c y_c}{A} \tag{19.6.10}$$

$$I = nI_s + nA_s (y - y_s)^2 + I_c + A_c (y_c - y)^2 \tag{19.6.11}$$

$$\sigma_s = nMy / I \tag{19.6.12}$$

$$\sigma_c = M(h - y) / I \tag{19.6.13}$$

$$EI = E_c I \tag{19.6.14}$$

式中：A、A_s、A_c 分别表示换算截面、钢梁及混凝土翼缘有效宽度范围的截面面积（后面有关公式都应取有效宽度）；y_s、y_c、y 分别表示钢梁截面形心、混凝土翼缘形心及组合梁换算截面形心到钢梁底部的距离；h 表示组合梁截面高度；E_s、E_c 分别表示钢梁和混凝土翼缘的弹性模量；n 表示钢梁的弹性模量与混凝土的弹性模量比 E_s/E_c；σ_s、σ_c 分别表示钢梁底部和混凝土翼缘顶部的应力；M 表示作用在截面上的弯矩；EI 表示换算截面刚度。

根据我国现行《公路桥涵钢结构及木结构设计规范》JTJ 025，组合梁截面的强度应满足下式要求：

$$\sigma \leqslant [\sigma] \tag{19.6.15}$$

式中：σ、$[\sigma]$ 分别表示外荷载引起的截面最大应力和规范规定的允许应力。

在钢梁与混凝土翼缘交界面的自然粘结未破坏之前，换算截面法的计算结果与试验值较吻合，在自然粘结破坏后即在交界面开始出现相对滑移之后，用换算截面法得到的组合梁截面的应力偏低，截面刚度偏大，结果偏于不安全。这已经被试验结果所证实，即试验结果表明，即在钢梁开始屈服前，实测变形和应力都大于换算截面法得到的计算结果。换算截面法不能考虑滑移效应的影响，用于柔性剪力连接件组合梁的设计计算偏于不安全[8]，这一点应当引起设计人员注意。清华大学土木工程系曾对滑移效应进行了深入的研究，提出了考虑滑移效应的组合梁计算的折减刚度法，折减刚度法的核心是用考虑滑移效应的折减刚度 B 代替换算截面刚度，它简单实用，而且与国内外的试验结果较吻合，折减刚度 B 的计算方法详见 19.9 节。

19.6.2 极限抗弯承载力

钢-混凝土组合梁的极限抗弯承载力与剪力连接程度有关。为了简化起见，不管是完全剪力连接还是部分剪力连接，计算组合梁的极限抗弯承载力都可以采用如下假设：①截面上的应力用等效矩形应力图代替；②钢梁截面上的拉压应力均达到设计抗拉强度，混凝土截面压应力达到设计抗压强度；③忽略混凝土的抗拉作用；④交界面由剪力连接件提供的总剪力能够满足所需的平衡条件。根据以上假设，可以很方便地得到组合梁截面的极限抗弯承载力，这种极限抗弯承载力也称之为塑性极限承载力，按照这种方法进行截面设计和截面验算，称之为简化塑性设计方法。为了保证组合梁截面能够达到塑性极限抗弯承载力，钢梁截面应满足表 19.6.1 所示的板件宽厚比限值要求。

钢梁截面板件的宽厚比 **表 19.6.1**

截面形式	翼　缘	腹　板
t_w b_1 t h_0 b_0 t_w t h_0	$\frac{b_1}{t} \leqslant 9\sqrt{\frac{235}{f_y}}$ $\frac{b_0}{t} \leqslant 30\sqrt{\frac{235}{f_y}}$	当 $\frac{A_r f_r}{A_s f} < 0.37$ 时： $\frac{h_0}{t_w} \leqslant \left(72 - 100\frac{A_r r_r}{A_s f}\right)\sqrt{\frac{235}{f_y}}$ 当 $\frac{A_r f_r}{A_s f} \geqslant 0.37$ 时： $\frac{h_0}{t_w} \leqslant 35\sqrt{\frac{235}{f_y}}$

注：A_r ——负弯矩截面有效宽度（b_e）内纵向受拉钢筋截面面积；f_r ——钢筋抗拉强度设计值；A_s ——钢梁截面面积；f ——钢梁钢材抗拉、抗压强度设计值；f_y ——钢梁钢材的屈服强度。

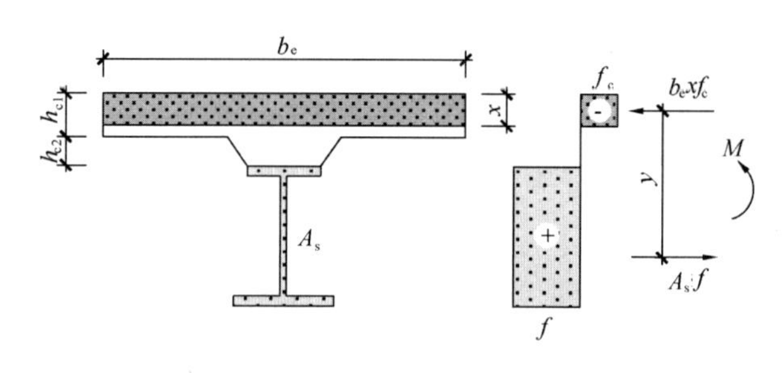

图 19.6.2　塑性中和轴在混凝土板内的组合梁应力分布图形

组合梁截面在正弯矩作用下，钢梁受拉，混凝土翼缘受压，但是在负弯矩作用下，混凝土翼缘受拉，钢梁受压。下面对这两种情况分别进行讨论。

（1）正弯矩作用

1）塑性中和轴位于混凝土翼缘板内，即 $A_s f \leqslant b_e h_{c1} f_c$ 时，截面应力分布如图 19.6.2 所示。

$$M \leqslant b_e x f_c y \tag{19.6.16}$$

$$x = A_s f / b_e f_c \tag{19.6.17}$$

式中　M ——弯矩设计值；

x ——组合梁截面塑性中和轴至混凝土翼缘板顶面的距离；

f_c ——混凝土轴心抗压强度设计值；

y ——钢梁截面应力合力至混凝土受压区截面应力合力的距离。

2）塑性中和轴在钢梁截面内，即 $A_s f > b_e h_{c1} f_c$ 时，截面应力分布如图 19.6.3 所示。

$$M \leqslant b_e h_{c1} f_c y_1 + A'_s f y_2 \tag{19.6.18}$$

$$A'_s = 0.5(A_s - b_e h_{c1} f_c / f) \tag{19.6.19}$$

式中　A'_s ——钢梁受压区截面面积；

y_1 ——钢梁受拉区截面应力合力至混凝土翼缘板截面应力合力间的距离；

y_2 ——钢梁受拉区截面应力合力至钢梁受压区截面应力合力的距离。

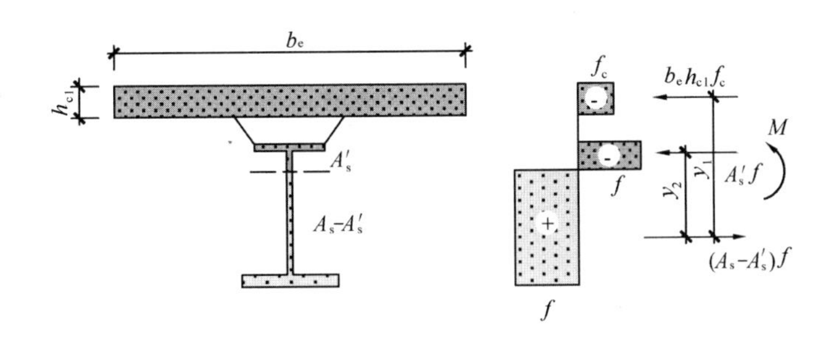

图 19.6.3 塑性中和轴在钢梁截面内的组合梁应力分布图形

(2) 负弯矩作用

负弯矩作用时，一般塑性中和轴在钢梁腹板内，其简化塑性极限弯矩计算模型如图 19.6.4 所示。

$$M \leqslant M_s + A_r f_r \left(y_1 - \frac{y_{wc}}{2} \right) \tag{19.6.20}$$

$$y_{wc} = \frac{A_r f_r}{2 t_w f} \tag{19.6.21}$$

式中 M_s——钢梁绕自身塑性中和轴的塑性抗弯承载力；

y_1——钢梁截面塑性中和轴至钢筋的距离；

y_{wc}——钢梁截面塑性中和轴至组合截面塑性中和轴的距离；

t_w——钢梁腹板厚度。

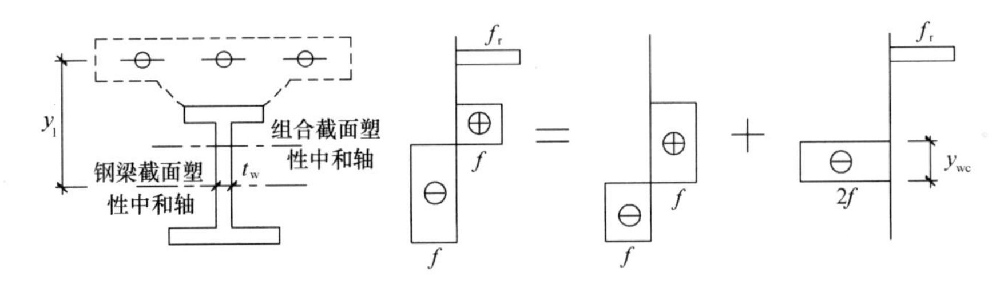

图 19.6.4 负弯矩作用时组合梁截面应力及应力分解图

(3) 部分抗剪连接的单跨简支梁

部分剪力连接组合梁，达不到简化塑性理论的极限弯矩，应当考虑剪力连接程度的降低对极限承载力的折减。部分剪力连接组合梁的截面应力分布图如图 19.6.5 所示。当采用柔性连接件（栓钉、槽钢等）时，其极限抗弯承载力按下列公式计算：

$$x = n_r N_v / b_e f_c \tag{19.6.22}$$

$$A_s' = 0.5(A_s - n_r N_v / f) \tag{19.6.23}$$

$$M_{u,r} = n_r N_v y_2 + 0.5(A_s f - n_r N_v) y_1 \tag{19.6.24}$$

式中 x——混凝土翼缘板受压区高度；

n_r——在所计算截面左、右两个剪跨区内，数量较小的连接件个数；

N_v——每个抗剪连接件的纵向抗剪承载力；

$M_{u,r}$——部分抗剪连接时截面抗弯承载力；

y_1——钢梁受压区重心至钢梁受拉区重心的距离；

y_2 ——混凝土翼缘板受压区重心至钢梁受拉区重心的距离。

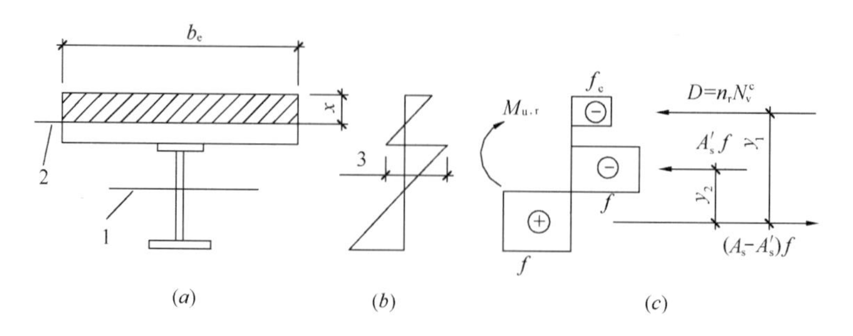

图 19.6.5 部分抗剪连接组合梁计算简图

(a) 截面；(b) 应变；(c) 最大弯矩截面应力

1—钢梁中和轴；2—混凝土翼缘板中和轴；3—相对滑移应变

19.7 组合梁截面抗剪

在进行钢-混凝土组合梁设计时，不仅要进行正截面的抗弯计算，而且要进行组合梁截面的抗剪验算。清华大学的试验研究表明，在正弯矩作用下，钢梁和混凝土翼缘对抵抗竖向剪力都有贡献。为了安全起见，现行有关规范和规程建议近似按钢梁腹板考虑，即组合截面上的竖向剪力仅仅考虑由钢梁的腹板承担。现行规范和规程建议组合梁的竖向抗剪按照下式进行验算：

$$V \leqslant h_w t_w f_v \tag{19.7.1}$$

式中 h_w、t_w ——分别为钢梁腹板的高度及厚度；

f_v ——钢材抗剪强度设计值。

19.8 剪力连接件设计

剪力连接件的作用是传递钢梁和混凝土翼缘交界面间的剪力并抵抗它们间的分离，保证钢梁和混凝土翼缘连成整体共同工作，即保证组合作用。抵抗分离一般是通过对剪力连接件几何形状的构造要求来保证。剪力连接件的主要形式有栓钉、槽钢等，如图 19.8.1 所示，它们都属于柔性剪力连接件，具有很好的剪力重分布能力，为剪力连接件沿梁长均匀布置奠定了基础。栓钉连接件依靠钉头，槽钢连接件利用其上翼缘(相对而言)，弯筋连接件则利用钢筋拉力的竖向分量抵抗钢梁与混凝土翼缘间的分离。栓钉剪力连接件各向同性，受力性能可靠，栓钉的生产及其焊接设备已经实现国产化，施工质量有保证，施工速度快，深受业主、设计人员和施工管理部门的欢迎。在我国有条件采用栓钉连接件的地方，几乎所有的组合梁都采用了栓钉剪力连接件。栓钉连接件的焊接需要专门的焊接设备，国内有关厂家已有定型产品出售，如天津华北机电设备公司生产的各种型号的栓钉以及相应的栓钉焊接设备。槽钢剪力连接件不需要专门的焊接设备，它与钢梁翼缘的连接通过肢尖和肢背两条角焊缝相

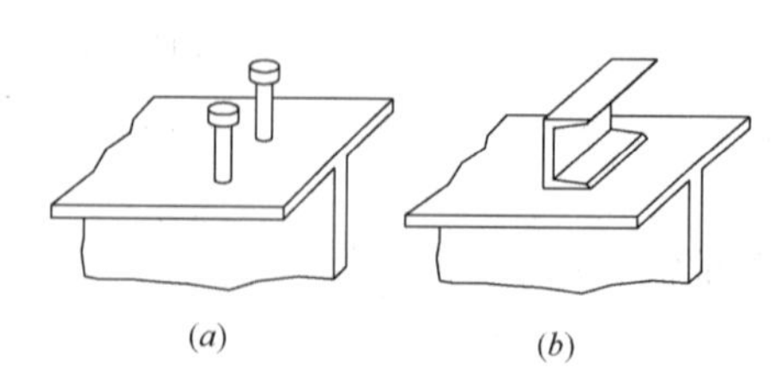

图 19.8.1 剪力连接件形式

(a) 栓钉连接件；(b) 槽钢连接件

连接，可以用手工焊接方法完成，能够得到槽钢型材的地方就可以加工这种连接件，把槽钢截成需要的长度即可，该长度可根据单个槽钢连接件抵抗的剪力和其肢尖、肢背的焊缝长度来确定。槽钢肢尖的朝向如何，不影响其抗剪承载力和传递剪力的性能，并且重分布剪力的能力很强，这就为方便施工和保证连接件的传力性能提供了保证。槽钢连接件可以手工焊接，可以"就地取材"，因此，在实现栓钉剪力连接件焊接比较困难的地方，可以考虑采用槽钢作为剪力连接件。

19.8.1 剪力连接件抗剪承载力计算

连接件依靠本身抗剪和根部混凝土的局部受压共同传递剪力，剪力连接件相当于弹性地基梁，连接件根部的焊缝增强了本身的抗剪承载力，与连接件根部毗邻的混凝土处于局部受压状态，如图 19.8.2 所示。对于正弯矩区的剪力连接件，与其根部毗邻的局部受压混凝土往往处于双向受压状态。因此，与连接件根部毗邻混凝土的抗压强度要高于混凝土单轴抗压强度，对提高连接件传递剪力的能力是有利的。根据试验研究成果和可靠度分析[9]，我国现行有关规范和规程关于剪力连接件的设计抗剪承载力公式如下：

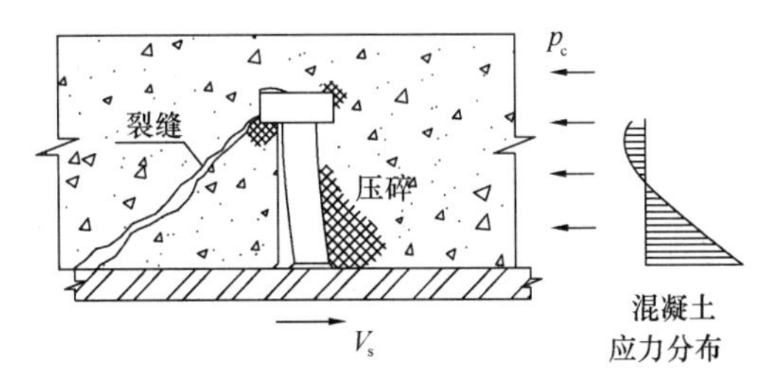

图 19.8.2 栓钉连接件传力模型

1. 栓钉连接件

$$N_v = 0.43A_s\sqrt{E_c f_c} \leqslant 0.7A_s f_u \tag{19.8.1}$$

式中 E_c——混凝土的弹性模量；

A_s——栓钉杆身截面面积；

f_u——栓钉杆的极限抗拉强度设计值（一般情况下，栓钉生产厂家提供该项性能指标），需满足《电弧螺柱焊用圆柱头焊钉》GB/T 10433 的要求，该规范规定，栓钉的极限抗拉强度设计值 f_u 不得小于 400MPa，设计时如没有详细可靠的实测数据，f_u 可偏于安全取 400MPa。

2. 槽钢连接件

$$N_v = 0.26(t + 0.5t_w)l_c\sqrt{E_c f_c} \tag{19.8.2}$$

式中 t——槽钢翼缘的平均厚度；

t_w——槽钢腹板的厚度；

l_c——槽钢的长度。

槽钢连接件通过肢尖和肢背两条通长角焊缝与钢梁连接，承受该连接件的抗剪承载力 N_v，角焊缝按《钢结构设计规范》GB 50017 进行焊缝抗剪承载力验算。

19.8.2 剪力连接件抗剪承载力的折减

当连接件位于负弯矩区时，混凝土翼缘受拉，对剪力连接件传递剪力不利，根据试验研究结果和设计经验，在悬臂组合梁或连续组合梁的负弯矩区段内时，剪力连接件的抗剪承载力应乘以折减系数 0.9。

当楼盖为压型钢板组合楼盖时，栓钉需要穿过压型钢板后，才能焊接到钢梁上，焊接质量不如直接焊接到钢梁上好，并且混凝土板与钢梁之间没有直接接触，不存在钢梁与混凝土之间的粘结力。因此在设计时，应考虑对剪力连接件抗剪承载力的折减。根据研究结果，折减系数 β_v 按下列公式计算：

1. 当压型钢板肋平行于钢梁时（如图 19.8.3*a* 所示）

$$\beta_v = 0.6\frac{b_w}{h_e}\left(\frac{h_d - h_e}{h_e}\right) \leqslant 1.0 \tag{19.8.3}$$

2. 当压型钢板垂直于钢梁时（如图 19.8.3*b* 所示）

$$\beta_v = \frac{0.85}{\sqrt{n_0}}\frac{b_w}{h_e}\left(\frac{h_d - h_e}{h_e}\right) \leqslant 1.0 \tag{19.8.4}$$

式中 n_0 ——一个肋中布置的栓钉数，当多于 3 个时，按 3 个计算；

b_w ——肋平均宽度；

h_e ——混凝土凸肋高度，即压型钢板高度；

h_d ——栓钉高度。

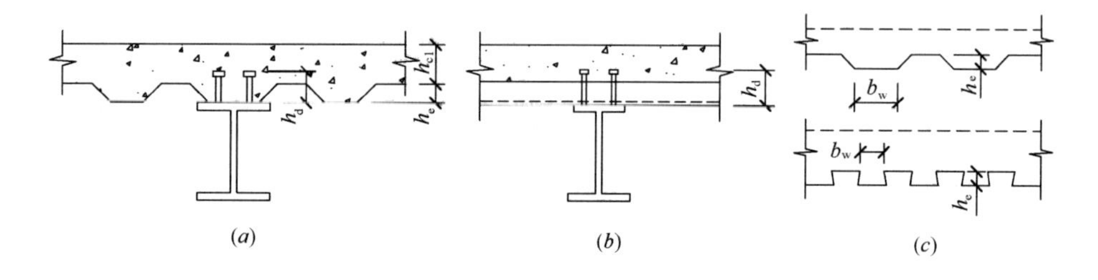

图 19.8.3 钢-压型钢板混凝土组合梁

（*a*）肋与钢梁平行的组合梁截面；（*b*）肋与钢梁垂直的组合梁截面；（*c*）压型钢板作底模的楼板剖面

19.8.3 剪力连接件的布置

根据剪力连接件的设计抗剪承载力及交界面的极限平衡条件，就可以得到需要的剪力连接件数量。如前所述，栓钉等柔性剪力连接件具有良好的剪力重分布能力。因此，剪力连接件可以沿梁长或分段均匀布置，剪力连接件分段布置的方法如图 19.8.5 所示。完全剪力连接组合梁的数量可以采用式（19.8.5）～式（19.8.9）计算。

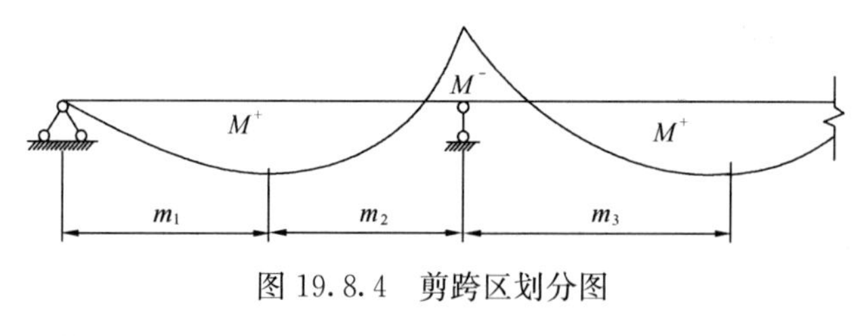

图 19.8.4 剪跨区划分图

1. 正弯矩区段

根据从零弯矩点到最大正弯矩点的混凝土翼缘或钢梁的平衡条件，即可得到考虑区段的剪力 V，V 取 $b_e h_{c1} f_c$ 和 $A_s f$ 二者中的较小值。

2. 负弯矩区段

根据零弯矩点到最大负弯矩点的混凝土翼缘或钢梁的平衡条件，即可得到考虑区段的剪力 $V = A_r f_r$，其中 A_r 为负弯矩区有效宽度内的受拉钢筋面积，f_r 为钢筋的抗拉设计强度。

3. 连续组合梁

对于连续组合梁，剪力连接件分段布置方法有三种，如图 19.8.4 和图 19.8.5 所示：①分三段布置，即从零弯矩点到最大正弯矩点，从最大正弯矩点到反弯点，从反弯点到最大负弯矩点；②从零弯矩点到最大正弯矩点，从最大正弯矩点到最大负弯矩点；③从零弯矩点到最大负弯矩点，即沿整个梁长均匀布置。

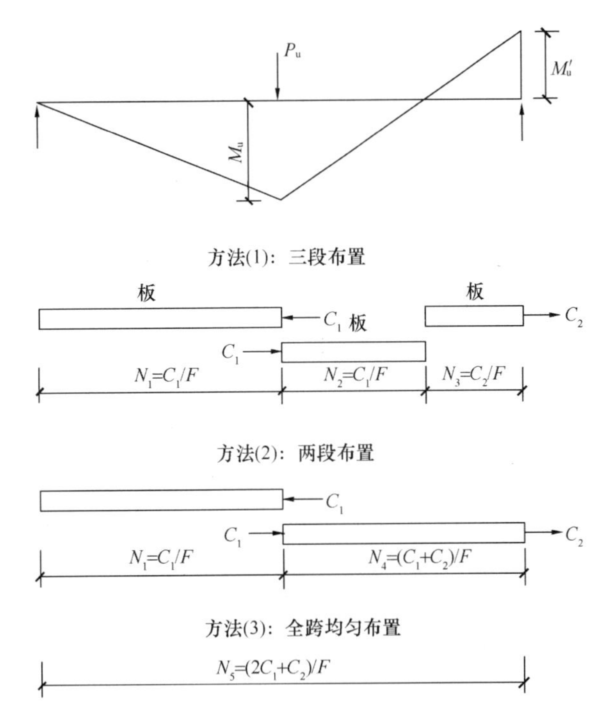

图 19.8.5　剪力连接件分段布置模型

(1) 分三段布置时，从零弯矩点到最大正弯矩点以及从最大正弯矩点到反弯点的交界面的剪力 V、负弯矩区段交界面的剪力 V 与前面所述的公式相同。

(2) 分两段均匀布置时，从最大正弯矩点到最大负弯矩点的交界面的剪力为：

$$V=(b_e h_{c1} f_c + A_{st} f_{st}) \tag{19.8.5}$$

(3) 沿全跨均匀布置时，交界面的总剪力为：

$$V=2b_e h_{c1} f_c + A_{st} f_{st} \tag{19.8.6}$$

因此，在考虑的区段所需要的剪力连接件数量 n_f 为：

$$n_f = V/N_v \tag{19.8.7}$$

按式 (19.8.7) 计算得的连接件数量，可在对应的剪跨区段内均匀布置。上述三种剪力连接件的布置方式中，第一种分三段布置的方式在实际工程中操作复杂，且没有充分发挥栓钉作为柔性连接件的内力重分布优势，不建议采用，现行《钢结构设计规范》GB 50017 建议采用第二种分两段均匀布置的方法，该方法中操作简单，且试验证明是安全的。

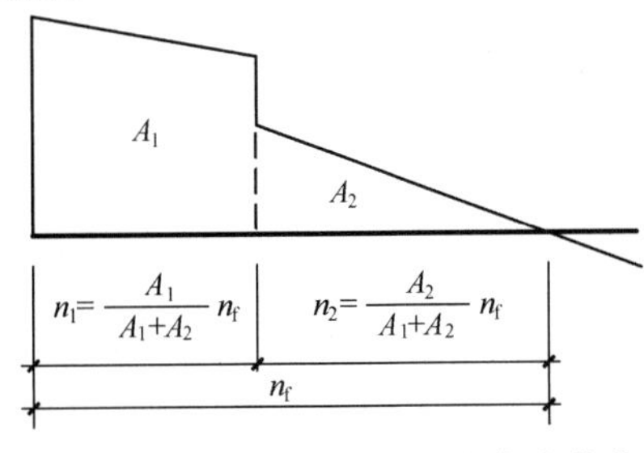

图 19.8.6　剪跨段内有较大集中荷载作用时抗剪连接件的分配

当在此剪跨区段内有较大集中荷载作用时，应将连接件个数 n_f 按剪力图面积比例分配后再均匀布置，如图 19.8.6 所示，图中：

$$n_1=\frac{A_1}{A_1+A_2}n_f \tag{19.8.8}$$

$$n_2=\frac{A_2}{A_1+A_2}n_f \tag{19.8.9}$$

式中　A_1、A_2——剪力图面积；

n_1、n_2——相应剪力图内的连接件数量。

19.9 钢-混凝土组合梁的正常使用极限状态的验算

在正常使用极限状态，要求组合梁在标准荷载作用下的最大挠度不能超过《钢结构设计规范》GB 50017 规定的允许值。国内外现行钢结构设计规范关于计算组合梁挠度的方法都是弹性换算截面法，即按照换算截面法计算组合梁截面的刚度，然后按照结构力学方法计算挠度。如前所述，现行弹性换算截面法不能考虑钢梁与混凝土翼缘之间的滑移效应，得到的挠度计算值偏小，用于大跨桥梁在正常使用使用阶段的验算偏于不安全，应当引起设计人员的重视。清华大学对滑移效应进行了深入的试验研究，根据试验研究结果，提出了考虑滑移效应的组合梁截面刚度计算的折减刚度法，折减刚度法简单实用，计算结果与国内外试验结果吻合良好，可以较精确地计算组合梁的挠度和弹性弯曲应力，可以说折减刚度法是对弹性换算截面法的重要发展。

19.9.1 钢-混凝土组合梁的挠度验算

钢-混凝土组合梁挠度验算方法与钢筋混凝土梁相同，关键是计算其截面刚度，有了截面刚度之后，就可以按照结构力学方法计算其挠度。计算组合梁截面刚度时，需要考虑滑移效应对刚度的折减效应，即采用考虑滑移效应的折减刚度 B[10,11]。

组合梁考虑滑移效应的折减刚度 B 按式（19.9.1）计算：

$$B=\frac{EI_{\text{eq}}}{1+\zeta} \tag{19.9.1}$$

式中 E——钢梁的弹性模量；

I_{eq}——组合梁的换算截面惯性矩。对荷载的标准荷载组合，将混凝土翼板有效宽度除以钢材与混凝土弹性模量的比 α_E 换算为钢截面宽度；对荷载的准永久组合，则除以 $2\alpha_E$ 进行换算。对钢梁与压型钢板混凝土组合板构成的组合梁，可取薄弱截面的换算截面进行计算，且不计压型钢板的作用；

ζ——刚度折减系数，按下列各式计算（当 $\zeta\leqslant 0$ 时，取 $\zeta=0$）。

$$\zeta=\eta\left[0.4-\frac{3}{(\alpha L)^2}\right] \tag{19.9.2}$$

$$\eta=\frac{36Ed_c pA_0}{n_s khL^2} \tag{19.9.3}$$

$$\alpha=0.81\sqrt{\frac{n_s kA_1}{EI_0 p}} \tag{19.9.4}$$

$$A_0=\frac{A_{\text{cf}}A}{\alpha_E A+A_{\text{cf}}} \tag{19.9.5}$$

$$A_1=\frac{I_0+A_0 d_c^2}{A_0} \tag{19.9.6}$$

$$I_0=I+\frac{I_{\text{cf}}}{\alpha_E} \tag{19.9.7}$$

式中 A_{cf}——混凝土翼板截面面积，对压型钢板组合板翼缘，取薄弱截面的面积，且不考虑压型钢板；

A——钢梁截面面积；

I——钢梁截面惯性矩；

I_{cf}——混凝土翼板的截面惯性矩，对压型钢板组合板翼缘，取薄弱截面的惯性矩，且不考虑压型钢板；

d_c——钢梁截面形心到混凝土翼板截面（对压型钢板组合板为薄弱截面）形心的距离；

h——组合梁截面高度；

L——组合梁的跨度；

k——抗剪连接件刚度系数，$k = N_v$(N/mm)，N_v 为抗剪连接件承载力设计值；

p——抗剪连接件的平均间距；

n_s——抗剪连接件在一根梁上的列数；

α_E——钢材与混凝土弹性模量的比值。

按以上各式计算组合梁挠度时，应分别按荷载的标准组合和准永久组合进行计算，并且不得大于《钢结构设计规范》所规定的限值。其中，当按荷载效应的准永久组合进行计算时，式（19.9.5）和（19.9.7）中的 α_E 应乘以 2[12]。

19.9.2 钢-混凝土连续组合梁的挠度验算

钢-混凝土连续组合梁的受力与简支组合梁的不同，在正弯矩区的受力性能与钢-混凝土简支组合梁相同，混凝土受压，钢梁受拉。但是，在负弯矩区，混凝土受拉，钢梁受压，混凝土开始出现裂缝后，负弯矩区刚度不断减小，负弯矩区的实际弯矩小于弹性弯矩计算值，跨中弯矩大于弹性弯矩计算值，即发生弯矩重分布[13]。对于连续组合梁，如果仍然沿梁长取等刚度计算就会得到与实际受力情况差别甚大的结果。根据已有试验研究成果，可以简单近似地取内支座两侧 0.15 l 范围内的刚度为钢梁和钢筋所构成的刚度，即在连续组合梁的这个范围内，不考虑混凝土对截面刚度的贡献，仅仅考虑钢梁和钢筋的作用。在内支座 0.15 l 范围以外的其他区段，取组合梁正弯矩考虑滑移效应的折减刚度 B，刚度计算模型如图 19.9.1 所示，图中，α_1 表示折减刚度 B 与负弯矩区段钢梁和钢筋组成的刚度之比值。

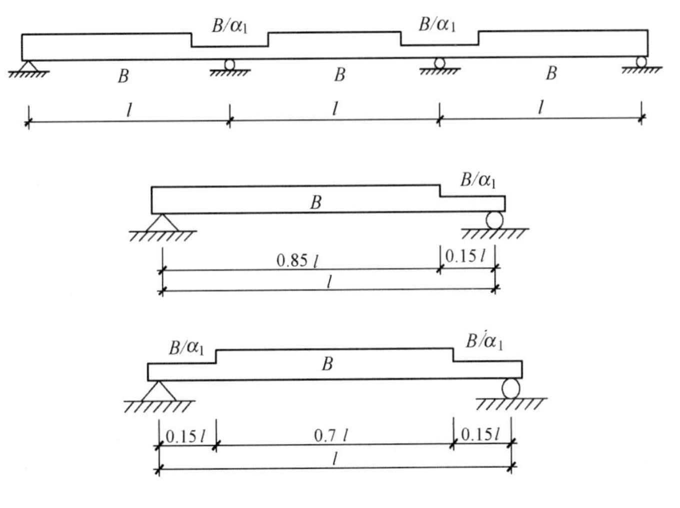

图 19.9.1 连续组合梁刚度计算模型

值得一提的是，在得到连续组合梁的截面刚度后，还要知道在标准荷载作用下的弯矩图。根据试验研究成果，中支座弯矩调幅系数 α_a 可按照下式确定，或近似取为 15%。

$$\alpha_a = 0.13\left(1+\frac{1}{8r_f}\right)^2\left(\frac{M_{se}}{M}\right)^{0.8} \tag{19.9.8}$$

式中　r_f——负弯矩区力比，$r_f = f_r A_r / f A_s$；

M_{se}——标准荷载作用下按照弹性方法得到的连续组合梁中支座负弯矩值；

M——计算极限弯矩。

内支座的实际负弯矩可由下式确定。

$$M_k = M_{se}(1-\alpha_a) \tag{19.9.9}$$

计算钢-混凝土连续组合梁的长期变形时，可以取内支座两侧 0.15 l 范围以外的其他区段的刚度为长期刚度，内支座两侧 0.15 l 范围以内的刚度仍然为钢梁和钢筋的刚度。

19.9.3　施工方法对钢-混凝土组合梁挠度计算的影响

钢-混凝土组合梁的施工方法分为带临时支撑施工和不带临时支撑施工两种。对于跨度比较大的组合梁，为了取得更好的经济效益，宜带临时支撑施工，否则会为了满足挠度要求而增大钢梁截面。组合梁的挠度应当是形成组合截面之后在使用荷载下组合梁的挠度与钢梁在施工荷载作用下（包括钢梁和混凝土的自重及施工活荷载）挠度的迭加。在进行组合梁设计时，应注意钢梁在施工阶段的强度和挠度验算。在施工阶段，全部自重和施工活荷载仅仅由钢梁承担，钢梁应满足现行《钢结构设计规范》有关强度、刚度及稳定的要求。

19.9.4　钢-混凝土连续组合梁负弯矩区的裂缝宽度验算

为了方便与《混凝土结构设计规范》接轨，钢-混凝土组合梁负弯矩区的裂缝宽度计算原理与钢筋混凝土梁相同，最大裂缝宽度可以按照下列公式计算：

$$w_{max} = 2.7\psi\frac{\sigma_r}{E}\left(2.7c+0.11\frac{d}{\rho_e}\right)\nu \tag{19.9.10}$$

$$\psi = 1.1-\frac{0.65f_{tk}}{\rho_e\sigma_r} \tag{19.9.11}$$

$$\sigma_r = \frac{M_k y_r}{I_{sr}} \tag{19.9.12}$$

式中　ν——与纵向受拉钢筋表面特征有关的系数。变形钢筋 $\nu=0.7$，光面钢筋 $\nu=1.0$；

ψ——裂缝间纵向受拉钢筋应变不均匀系数，当 $\psi>1.0$ 时，取 $\psi=1.0$；

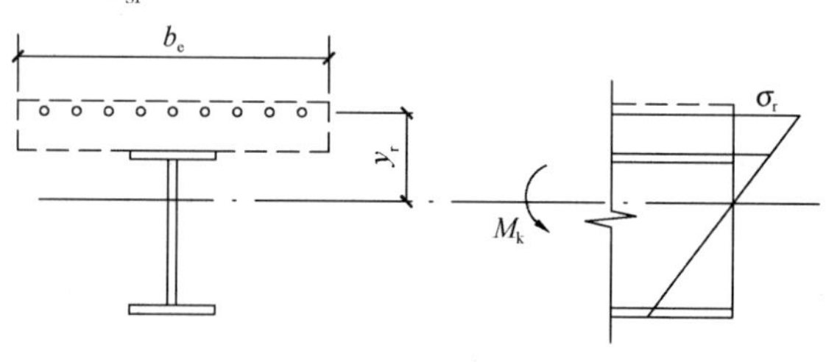

图 19.9.2　负弯矩产生的纵筋拉应力计算模型

c——纵向钢筋保护层厚度。当 $c<20$mm 时，取 $c=20$mm；当 $c>50$mm 时，取 $c=50$mm；

d——纵向钢筋直径，当用不同直径的钢筋时，$d=4A_r/S$，其中 S 为钢筋截面的总周长；

ρ_e——按有效混凝土面积计算的纵向钢筋配筋率，即 $\rho_e = A_r/A_{ce}$，其中：$A_{ce} = b_e h_{c1}$，当 $\rho_e \leqslant 0.8\%$ 时，取 $\rho_e = 0.8\%$；

f_{tk}——混凝土抗拉强度标准值；

σ_r ——标准荷载作用下按荷载短期效应组合计算的负弯矩钢筋拉应力；

M_k ——标准荷载作用下截面负弯矩组合值；

I_{sr} ——由纵向钢筋与钢梁形成的钢截面的惯性矩；

y_r ——钢筋截面重心至钢筋和钢梁形成的组合截面的塑性中和轴的距离。

19.10 钢-混凝土组合结构抗震设计

19.10.1 组合（混合）结构体系的抗震性能特点

图 19.10.1 所示的组合框架-核心筒结构体系是目前组合（混合）结构体系中应用最为广泛也是最基本的结构形式，由外围的组合框架和内部的混凝土核心筒组成。区别于传统的混凝土结构或纯钢结构，组合（混合）结构体系抗震性能的最大特点在于不同类型构件及体系之间形成“组合作用”，协同工作，共同抵抗地震作用，具体体现在以下两个层面：

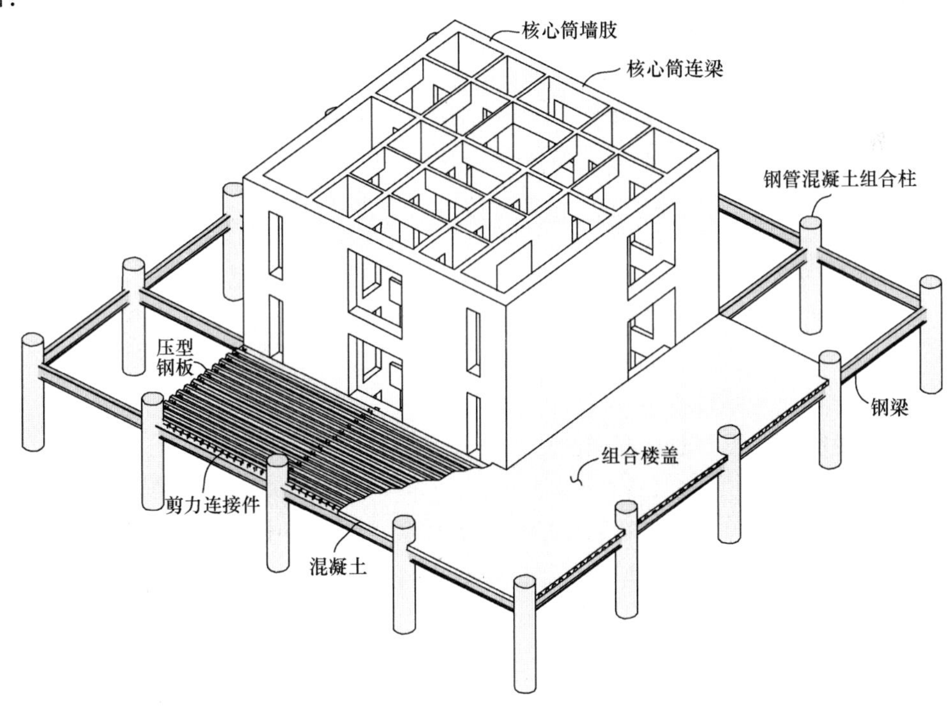

图 19.10.1 组合框架-核心筒组合（混合）结构体系示意图

(1) 在构件层面，混凝土楼板通过栓钉连接件和框架钢梁相连，形成组合楼盖，混凝土楼板和框架钢梁在侧向力作用下能协同工作，表现出显著的“楼板组合作用”。组合楼盖是组合框架结构在地震作用下塑性耗能的主体，因此准确合理地评估“楼板组合作用”对外围框架强度、刚度以及滞回耗能的影响是组合（混合）结构体系抗震设计的关键点。

(2) 在体系层面，在地震作用下，组合框架和核心筒形成“组合作用”，两者协同工作但又各负其责。由于核心筒在初始状态下侧向刚度很大，承担了绝大部分地震剪力，因此成为了抵御强震作用的第一道防线。随着地震动的不断输入，连梁屈服耗能，核心筒刚度随之显著下降，结构体系发生塑性内力重分布，核心筒承担的一部分地震剪力向外围框架转移，因此组合框架成为了抵抗强震作用的第二道防线。

19.10.2 结构体系抗震分析的基本参数

1. 组合框架梁的抗弯惯性矩

楼板的组合作用对钢梁的抗弯惯性矩有明显的放大作用，这种放大作用会直接影响结构体系在地震作用下的内力和变形响应，工程中通常采用放大系数法将框架钢梁的抗弯惯性矩放大，从而得到弹性分析所需的框架组合梁的抗弯惯性矩。

现行规范多采用刚度放大系数来考虑楼板组合作用对框架钢梁刚度的贡献，如：《高层民用建筑钢结构技术规程》JGJ 98—99 建议对两侧有楼板的梁取 1.5，对仅一侧有楼板的梁取 1.2；《高层建筑混凝土结构技术规程》JGJ 3—2010 建议的取值范围是 1.5～2.0。这些规范的取值相对比较简单，便于工程应用，但计算精度较低，很难涵盖工程中各种不同的参数范围。

近年来清华大学通过分析国内外大量组合框架结构的试验结果发现，楼板对钢梁的刚度放大作用主要取决于钢梁相对于楼板的相对刚度。建筑结构中楼板厚度相对固定，因此刚度也相对固定，而当钢梁刚度较大时，楼板对钢梁的刚度放大作用就不明显，反之则十分明显，而固定的刚度放大系数难以考虑这一重要规律。一些算例表明，对于多层组合结构中钢梁刚度较小的情况，如果采用规范规定的固定刚度放大系数则可能低估结构整体抗侧刚度，高估结构自振周期，低估结构地震剪力等。基于大量的数值算例和试验结果，清华大学[14]建议组合框架梁的刚度放大系数 α 按下列公式计算：

$$\alpha=\frac{2.2}{(I_s/I_c)^{0.3}-0.5}+1 \tag{19.10.1}$$

$$I_c=\frac{[\min(0.1L,B_1)+\min(0.1L,B_2)]h_c^3}{12\alpha_E} \tag{19.10.2}$$

式中 I_s——钢梁抗弯惯性矩；

I_c——混凝土翼板等效抗弯惯性矩；

L——梁跨度；

B_1、B_2——分别为组合梁两侧实际混凝土翼板宽度，取为梁中心线到混凝土翼板边缘的距离，或梁中心线到相邻梁中心线之间距离的一半；

h_c——混凝土翼板厚度；

α_E——钢材和混凝土弹性模量比。

2. 阻尼比取值

影响阻尼比的因素很多，已有的实测结果总体上都比较离散。目前工程中对于混凝土结构和钢结构在多遇地震作用下阻尼比取值相对比较明确，分别约为 0.05 和 0.02，而组合（混合）结构体系在多遇地震作用下的阻尼比取值原则上介于混凝土和钢结构之间，《高层建筑混凝土结构技术规程》JGJ 3—2010 建议钢-混凝土混合结构在多遇地震下的阻尼比可取为 0.04。《高层建筑钢-混凝土混合结构设计规程》CECS 230：2008 建议钢-混凝土混合结构在罕遇地震下的阻尼比可取为 0.05。

19.10.3 用于梁端抗弯承载力验算的楼板有效翼缘宽度

合理的框架设计应尽可能保证“强柱弱梁”，而准确计算极限状态下组合框架梁梁端抗弯承载力对实现“强柱弱梁”具有重要意义。GB 50017 建议采用基于简化塑性理论的等效矩形应力图方法来计算组合梁的极限抗弯承载力，其中的一个关键参数为楼板的有效翼缘宽度，可以采用基于弹性理论的计算方法以及基于塑性理论的计算方法。

（1）基于弹性理论的计算方法。该方法可主要参考《钢结构设计规范》和欧洲规范4的思路，有效翼缘宽度可取为连续组合梁负弯矩区支座处的有效翼缘宽度。

（2）基于塑性理论的计算方法。这和实际结构在极限状态下的真实受力情况更接近，清华大学通过大量的弹塑性精细有限元参数分析得到以下建议设计公式，公式中的相关参数意义如图19.10.2所示。

基于梁端极限正弯矩等效的楼板有效宽度 b_e^+ 可按以下两式计算：

$$b_e^+ = \sum_{i=1}^{2} b_i = b_1 + b_2 \tag{19.10.3}$$

$$b_i = \min\left\{0.5b_{co} \cdot \max\left\{\frac{15}{b_{co}^2/b_f h_s + 6}, 1\right\}, b_{ci}\right\} \tag{19.10.4}$$

式中 b_i——单侧楼板有效宽度，i=1或2；

b_{co}——柱截面宽度；

b_f——钢梁截面翼缘宽度。

根据清华大学[16]的研究结果，作为一种工程近似，b_e^+ 可进一步简化取为 $1.4b_{co}$。

基于梁端极限负弯矩等效的楼板有效宽度 b_e^- 可按下列各式计算：

$$b_e^- = \sum_{i=1}^{2} \eta_i^- b_{ci} = \eta_1^- b_{c1} + \eta_2^- b_{c2} \tag{19.10.5}$$

$$\eta_i^- = \min\{\zeta_{r,i}\eta_{300,i}, 1\} \tag{19.10.6}$$

$$\zeta_{r,i} = [0.0018(300 - f_{yr})]\sqrt{1 - \eta_{300,i}} + 1 \tag{19.10.7}$$

$$\eta_{300,i} = \min\{\zeta_{tr,i}\eta_{0,i}, 1\} \tag{19.10.8}$$

$$\zeta_{tr,i} = 1 + 0.55\frac{b_{tr,i}}{b_{ce}} \tag{19.10.9}$$

$$\eta_{0,i} = \min\left\{\left[0.24 + 0.2\ln\left(15\frac{h_s}{b_{ci}} + 0.3\right)\right]\left[0.58 + 0.47\ln\left(7.5\frac{b_{ce}}{b_{ci}} + 0.3\right)\right], 1\right\} \tag{19.10.10}$$

式中 η_i——带横梁且钢筋屈服强度为任意值的单侧楼板剪滞系数，i=1或2；

$\zeta_{r,i}$——单侧楼板钢筋强度修正系数，i=1或2；

$\eta_{300,i}$——带横梁且钢筋屈服强度为300N/mm^{2}的单侧楼板剪滞系数，i=1或2；

f_{yr}——钢筋屈服强度；

$\zeta_{tr,i}$——单侧横梁修正系数，i=1或2；

$\eta_{0,i}$——无横梁且钢筋屈服强度为300N/mm^{2}的单侧楼板剪滞系数，i=1或2；

$b_{tr,i}$——单侧横梁翼缘宽度，i=1或2；

b_{ce}——无量纲化的柱尺寸，取为$\sqrt{b_{co}h_{co}}$，如图19.10.2所示；

h_s——钢梁截面高度。

19.10.4 组合（混合）结构体系抗震设计的主要控制指标

1. 变形限值

对于组合框架-核心筒组合（混合）结构体系的变形限值，可参考两本规范的相关规定：

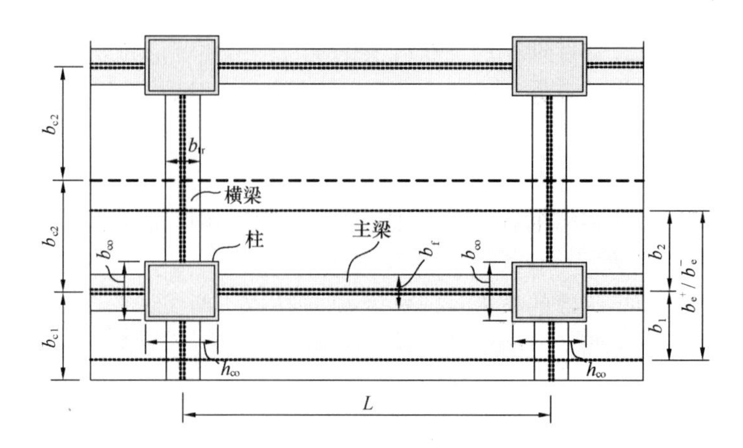

图 19.10.2 基于塑性理论的组合框架梁楼板有效翼缘宽度公式参数意义

（1）《高层建筑混凝土结构技术规程》JGJ 3—2010 建议：在多遇地震作用下，高度不大于 150m 的框架-核心筒结构最大层间位移角限值为 1/800，高度不小于 250m 的框架-核心筒结构最大层间位移角限值为 1/500，中间高度按线性插值选取；在罕遇地震作用下，框架-核心筒结构最大层间位移角限值为 1/100。

（2）《建筑抗震设计规范》GB 50011—2010 建议：在多遇地震作用下，框架-核心筒结构最大层间位移角限值为 1/800；在罕遇地震作用下，框架-核心筒结构最大层间位移角限值为 1/100。

2. 层剪力分担率

对于组合框架-核心筒体系，《建筑抗震设计规范》GB 50011—2010 第 6.7.1-2 条对外围组合框架的剪力分担率提出如下要求："除加强层及其相邻上下层外，按框架-核心筒计算分析的框架部分各层地震剪力的最大值不宜小于结构底部总地震剪力的 10%。当小于 10%时，核心筒墙体的地震剪力应适当提高，边缘构件的抗震构造措施应适当加强；任一层框架部分承担的地震剪力不应小于结构底部总地震剪力的 15%。"这一规定的主要目的是保证框架部分有足够的刚度和强度，使其在强地震作用下当核心筒损伤破坏较为严重、刚度退化较为显著时能充分发挥二道防线的作用。

值得注意的是，当结构高度超过 250m 后，条目中所提到的 10%不易满足，设计时应特别关注。计算模型的不同选取方式对组合框架剪力分担率的计算结果影响很大，如框架刚域的设置以及楼板组合作用的考虑，工程中框架剪力分担率不满足 10%的要求常常是由于对节点刚域范围以及楼板组合作用考虑不足。

19.10.5 组合（混合）结构体系的弹塑性时程分析

动力弹塑性时程分析是结构抗震性能设计的重要手段，由于组合（混合）结构体系常用于（超）高层超限工程，此时动力弹塑性时程分析是设计的必须环节。在开展组合（混合）结构体系的弹塑性时程分析时，应特别注意以下三个方面的问题：

1. 分析模型选取

首先要选取合理的单元类型，在保证计算精度的情况下应尽可能选择高效单元。对于外围组合框架，通常采用梁单元模拟，包括宏观塑性铰模型和纤维模型，其中模拟的难点是楼板的组合作用，如果采用弹塑性壳单元则计算效率很低，如果采用梁单元则需合理设置有效翼缘宽度等参数，具体可参考清华大学一些最新研究进展[17]。对于核心筒，墙肢可用分层壳单元模拟，连梁是模拟的难点，目前仍未完全解决；如果用分层壳＋内插钢筋模拟，则计算量很大，且对于混凝土剪切行为的模拟在单调荷载作用下精度尚好，但在滞回荷载作用下的剪力自锁现象通用程序往往难以克服；如果用梁单元，则必须选择可考虑弯-剪耦合非线性效应的梁单元，传统梁单元只考虑弯曲非线性，误差较大。

其次要选取合理的材料本构关系，如混凝土材料的约束效应、强度和刚度退化等，以及钢筋和钢材的包兴格效应，均是重点考虑的内容。

最后要结合实际工程对单元以及材料本构模型的需求，选择相匹配的软件平台。目前常用的软件平台包括：PKPM-EPDA、Sap2000、Canny、ABAQUS、COMPONA-MARC、THUFiber-MARC、Perform-3D、NosaCAD 等。

2. 地震波选取

地震波选取对弹塑性时程分析的结果影响很大，需满足严格的规定。地震波应综合考虑频谱特性、加速度峰值和持时进行选择，对于高层组合（混合）结构自振周期较长的情况，还需特别考虑低频成分较丰富的长周期地震波[18]。应同时选用实际强震记录和人工模拟的加速度时程曲线，其中实际强震记录的数量不应少于总数的 2/3，地震波数量至少 3 组，对于重要工程不宜小于 5 组，计算结果宜取多组地震波计算结果的包络值。多组地震波时程曲线的平均地震影响系数曲线应与振型分解反应谱法所采用的地震影响系数曲线在统计意义上相符，也就是在各周期点上相差不宜大于 20%，每一组波形的持续时间一般不小于结构基本周期的 5 倍和 15s，分析时宜采用双向或三向地震动输入。

3. 结果合理性判断

组合（混合）结构体系的弹塑性时程分析是一种相对比较复杂的分析方法，分析结果受到分析假定和模型参数选取的影响很大，因此必须对结果进行仔细对比校核，具体可从以下三个方面来判断结果的合理性：

（1）对比弹性模型和弹塑性时程分析模型的周期和模态结果，两者应该基本一致。

（2）对比多遇地震作用下的时程分析结果和振型分解反应谱法的计算结果，位移角分布、楼层剪力等指标总体规律应当基本一致。每条时程曲线计算所得结构底部剪力不应小于振型分解反应谱法计算结果的 65%，多条时程曲线计算所得结构底部剪力的平均值不应小于振型分解反应谱法计算结果的 80%。

（3）不同地震波得到的薄弱楼层塑性变形值可能区别很大，但得到的薄弱楼层位置一般是相同的。

19.11 构造要求

为了避免塑性中和轴进入混凝土翼缘过深而导致混凝土翼缘底部裂缝宽度过大，组合梁截面高度 h 不宜超过钢梁截面高度 h_s 的 2 倍。为了有利于板托的传力及防止板托发生次生破坏，混凝土板托高度 h_{c2} 不宜超过翼缘板厚度 h_{c1} 的 1.50 倍，板托的顶面宽度不宜小于 h_{c2} 的 1.50 倍。

组合梁边梁混凝土翼缘板的构造应满足如图 19.11.1 所示的要求。有板托时，伸出长度不小于 h_{c2}，无板托时，应同时满足伸出钢梁中心线不小于 150mm，伸出钢梁翼缘边不小于 50mm 的要求。

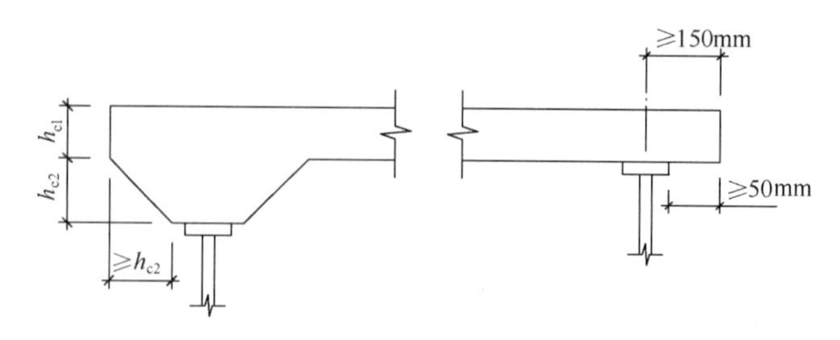

图 19.11.1 边梁的构造

连续组合梁在中间支座负弯矩区的上部纵向钢筋及分布钢筋按《混凝土结构设计规范》的规定设置。

抗剪连接件的设置应符合以下规定：

（1）连接件抗掀起端底面宜高出翼缘板底部钢筋顶面 30mm；

（2）连接件的最大间距不大于混凝土翼缘板（包括板托）厚度的 3 倍，且不大于 300mm；

（3）部分抗剪连接的抗剪连接件实配个数 n_r 不得少于完全抗剪连接所需连接件数量 n_f 的 50%；

（4）连接件的外侧边缘与钢梁翼缘边缘之间的距离不小于 20mm；

（5）连接件的外侧边缘至混凝土翼缘板边缘间的距离不小于 100mm；

（6）连接件顶面的混凝土保护层厚度不小于 15mm。

栓钉连接件尚应满足下列要求：

（1）当栓钉位置不正对钢梁腹板时，如钢梁翼缘承受拉力，则栓钉焊杆直径应不大于钢梁上翼缘厚度的 1.50 倍；如钢梁上翼缘不承受拉力，则栓钉焊杆直径应不大于钢梁翼缘厚度的 2.50 倍；

（2）栓钉长度不应小于其杆直径的 4 倍；

（3）栓钉沿梁轴线方向的间距不小于焊杆直径的 6 倍；

（4）栓钉垂直于梁轴线方向的间距不小于焊杆直径的 4 倍；

（5）对于用压型钢板作底模的组合梁，栓钉焊杆直径不大于 19mm，混凝土凸肋宽度不小于栓钉焊杆直径的 2.50 倍；栓钉高度 h_d 应符合 $(h_e+30) \leqslant h_d \leqslant (h_e+75)$（单位：mm）的要求，如图 19.8.3 所示。

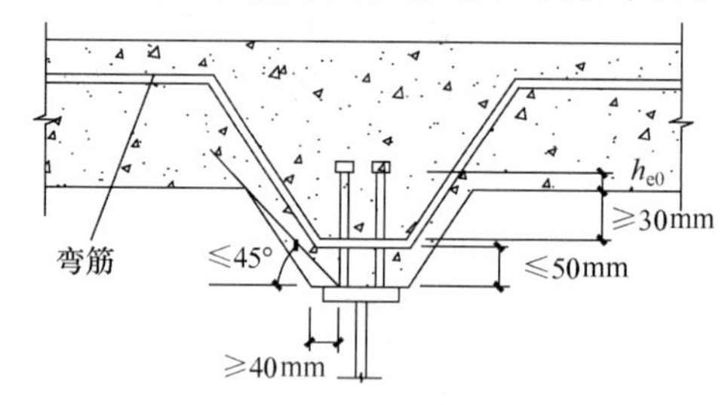

图 19.11.2 板托的构造

栓钉的材料质量、外形尺寸及焊接质量检验应符合现行有关规程的要求。

组合梁可不设板托，设板托时，其外形尺寸及构造应符合下列规定（如图 19.11.2 所示）：

（1）板托边距连接件外侧距离不小于 40mm；板托轮廓线应在自连接件根部算起的 45 度仰角之外；

（2）板托内应配置横向钢筋，其下部水平段应设置在距梁上翼缘 50mm 的范围以内；横向钢筋的间距应不大于 $4h_{e0}$，且不大于 200mm。

组合梁楼层的主、次梁连接方式，可采用平接或叠接，如图 19.11.3 所示。

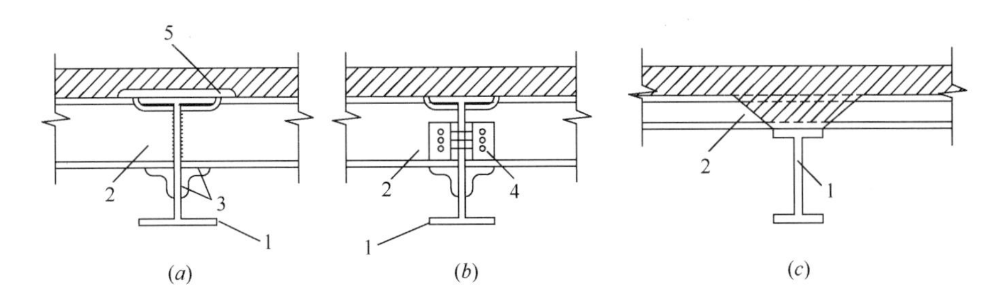

图 19.11.3　组合梁主、次梁连接形式简图

(a) 平接 1；(b) 平接 2；(c) 叠接

1—主梁；2—次梁；3—支承角钢；4—高强螺栓连接；5—连接盖板

19.12　工程应用实例

19.12.1　北京国贸桥

北京国贸桥跨越东三环，其主跨为三跨钢-混凝土叠合板连续组合梁，跨度为 40m+46m+40m。国贸桥是当时国内第一座采用钢-混凝土叠合板组合梁的桥梁，由北京市市政工程设计研究总院设计。原设计方案为现浇桥面板组合梁方案，后改为叠合板桥面板即钢-混凝土叠合板组合梁方案，取得了很好的技术经济效益和社会效益。组合梁的外形及截面轮廓如图 19.12.1 所示。与原现浇桥面板方案相比，采用钢筋混凝土叠合板桥面后取得了如下效益：①节省了近 4000m^2的高空支模工序和模板、支架；②减小现场湿混凝土作业量 280m^3；③比钢筋混凝土梁桥减小自重 50%以上；④比钢桥节省钢材 40%左右；⑤工期缩短 1/2；⑥施工期间没有中断下部繁忙的交通。

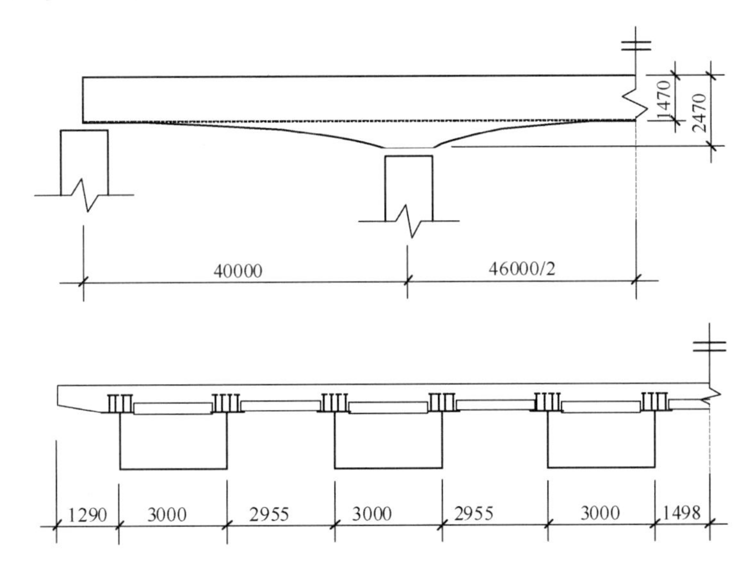

图 19.12.1　北京国贸桥三跨钢-混凝土连续叠合板组合梁（mm）

汽超-20 静载试验结果和分析表明该桥具有足够的强度和刚度储备。由于钢-混凝土叠合板组合梁易于满足现代桥梁结构对“轻型大跨、预制装配、快速施工”的要求，并且可以不中断下部交通，因此，继国贸桥之后，仅北京就又有 30 余座大跨立交桥的主跨采用

了钢-混凝土叠合板组合梁结构，其中最大跨度已经达到70m，取得了显著的技术经济效益和社会效益。国内深圳、长沙、岳阳、海口等城市在建造大跨立交桥也采用了钢-混凝土叠合板组合梁结构。

19.12.2 深圳北站大桥

深圳北站大桥由深圳市市政工程设计院设计，清华大学土木系承担了钢-混凝土组合桥面结构的科研及设计工作。该桥于1998年4月开始兴建，于2000年3月通车。它西起笋岗仓库区，连续跨越深圳火车北站、洪湖西路和布吉河，与芙蓉大桥西引桥相接，采用跨径为148m的下承式双拱肋有风撑钢管混凝土系杆拱桥，如图19.12.2、图19.12.3所示。桥面结构通过吊杆和主拱肋相连，吊杆纵向间距8m，两拱肋间吊杆间距即横梁的支承跨度为18.5m，两侧外加伸臂长度各2.65m，故横梁长度23.8m。桥面结构的横梁为预应力钢-混凝土空心叠合板组合梁，通过栓钉剪力连接件把箱形钢梁、预制预应力混凝土空心板和现浇层混凝土连成整体形成钢-混凝土组合梁桥结构体系。采用吊杆把钢管混凝土拱与钢-预应力混凝土叠合板组合桥面结构连成整体，形成了钢-混凝土组合桥结构体系，这在国内外尚属首次。同原钢筋混凝土桥面结构体系相比，组合梁桥结构的自重减轻1000余吨，结构高度减小约1/3，对施工吊装的要求大大降低，由原来需要吊装74t的预应力钢筋混凝土大梁下降到仅仅需要吊装15t的钢梁，极大地方便了施工，加快了施工速度，缩短了施工周期，大大降低了施工造价，实现了桥梁结构对“轻型大跨”、“预制装配”和“快速施工”的要求。预应力混凝土空心板既作为模板并承受现浇层混凝土自重和

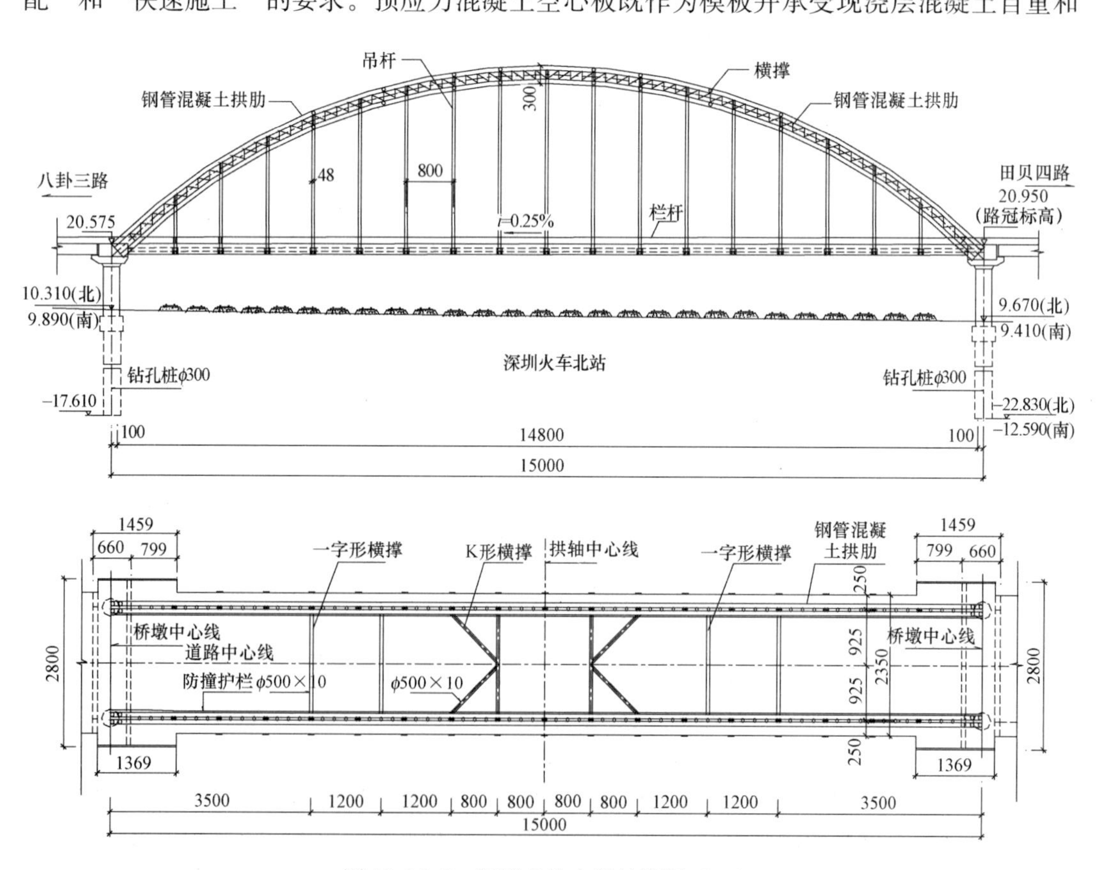

图19.12.2 深圳北站大桥轮廓图（cm）

施工荷载，又作为桥面板的一部分与现浇层形成整体共同承受桥面车辆荷载，还作为钢-混凝土组合梁受压翼缘的一部分参与组合梁的受力。钢-混凝土组合梁以吊杆作为支承点，承受桥面板自重和车辆荷载的作用，混凝土叠合板翼缘受压，钢梁受拉，充分发挥了钢材抗拉和混凝土抗压的特点。

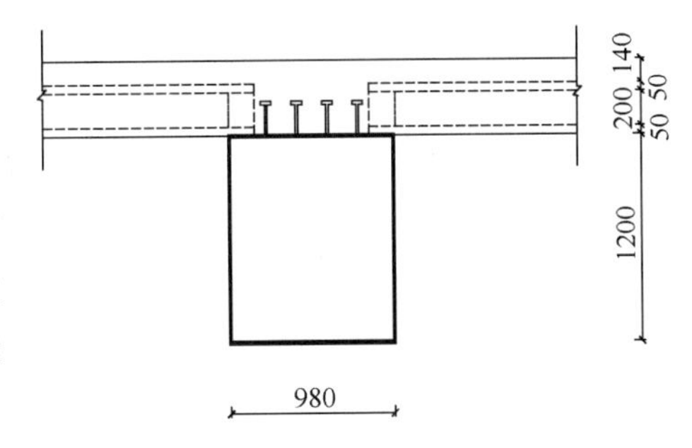

图 19.12.3 深圳北站大桥桥面组合梁横截面（mm）

施工实践证明，预应力钢-混凝土空心叠合板组合梁非常适用于大跨拱桥、大跨悬索桥、大跨斜拉桥等，应用前景广阔。成桥后的现场静动力试验结果证明，这种新型桥面结构受力合理，安全可靠。

19.12.3 北京国际技术培训中心综合楼

北京国际技术培训中心综合楼为 2 幢 18 层塔楼，框筒结构，建筑面积 2 万余平方米，由北京马建国际建筑设计公司设计，清华大学土木系承担了轻钢-混凝土组合梁的科研工作，并对组合楼盖结构的设计提出了建议。该工程的楼盖次梁采用轻钢-混凝土组合梁，简支跨度 6m，跨高比为 20，组合梁间距 1.5m。轻钢-混凝土组合梁截面如图 19.12.4 所示。利用在钢梁腹板上焊接的角钢作为楼面模板的支承，省掉了脚手架，增大了施工作业面积和空间，便于立体交叉施工，其施工方案如图 19.12.5 所示。这种楼盖施工快速方便，每层比一般结构的施工周期可以缩短 2～3 天。北京国际技术培训中心综合楼经济技术指标比较如表 19.12.1 所示。

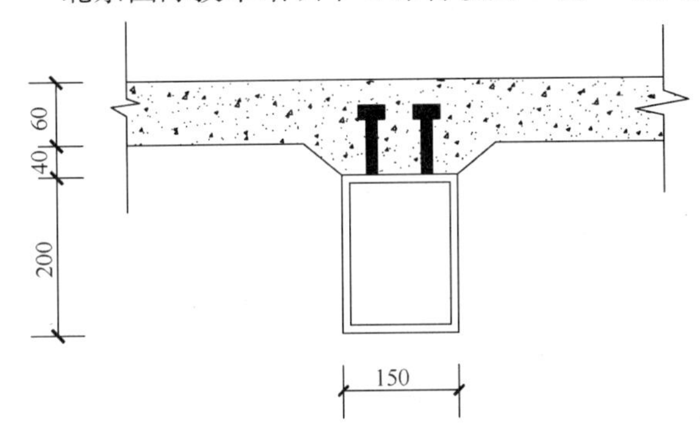

图 19.12.4 北京国际技术培训中心综合楼轻钢-混凝土组合梁截面（mm）

北京国际技术培训中心综合楼不同楼盖方案经济技术指标比较 **表 19.12.1**

楼盖形式	三材消耗（kg/m²）			混凝土用量（m³/m²）	结构自重（kg/m²）	结构造价（元/m²）
	钢材	木材	水泥			
钢-混凝土组合楼盖	33.64	0.0059	119	0.256	666	635.89
混凝土楼盖	43.24	0.0063	180	0.359	933	664.94
降低值（%）	22%	7%	34%	29%	29%	5%

19.12.4 广州合景大厦

广州合景大厦（如图 19.12.6 所示）由广州容柏生建筑工程设计事务所设计。该大厦位于广州市珠江新城，建成后为密集的商区。合景大厦由裙房和主楼组成，主楼地上 38 层，地下 5 层，屋顶标高 165.40m（包括外墙构架 198m）；裙房平面呈 L 形，平面尺寸

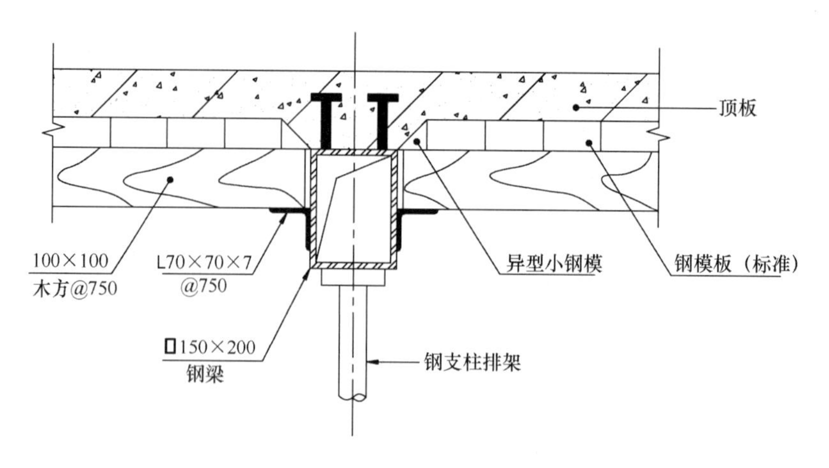

图 19.12.5 北京国际技术培训中心综合楼轻钢-楼盖施工方案

为 60.00m × 66.86m，6 层以上平面为长方形，平面尺寸 60.00m × 24.76m（图 19.12.6*c*）。总建筑面积 108000m²，其中地下 28660m²。合景大厦沿高度方向一边为弧形，另三边为竖直平面。

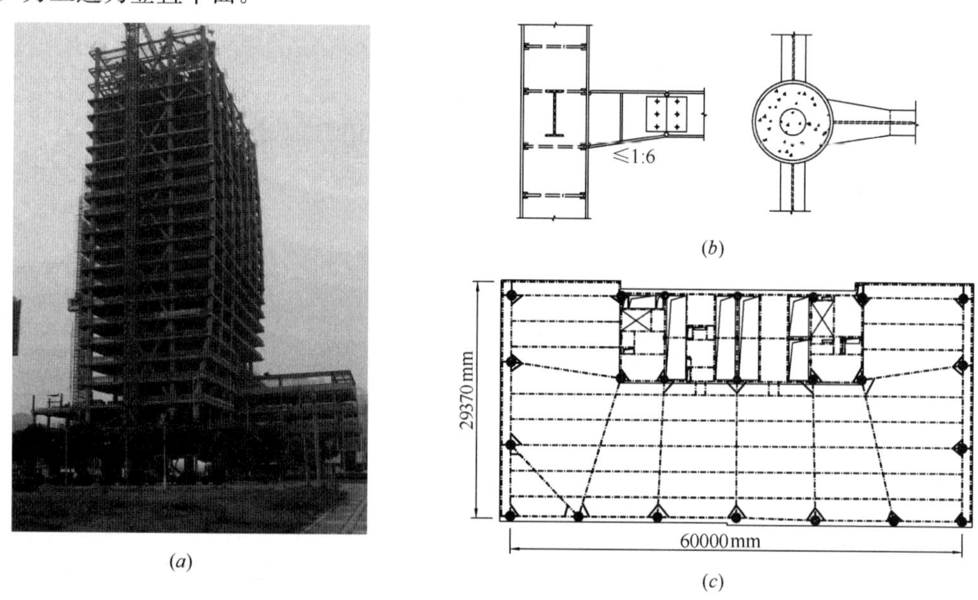

图 19.12.6 广州合景大厦

（*a*）结构外景；（*b*）框架梁端部处理；（*c*）结构平面布置图

该工程采用圆钢管混凝土框架-钢支撑结构体系，框架柱采用圆钢管混凝土柱，支撑体系采用跨层 X 形矩形钢管支撑、层内人字形及 V 字形热轧或焊接 H 型钢支撑，框架梁采用钢-混凝土组合梁结构。利用钢支撑作为主要抗侧力构件，钢框架主要承担竖向荷载。钢管混凝土柱与钢梁节点采用刚性连接，钢支撑与钢管连接节点构造按刚性连接，计算时按铰接，主次梁节点为铰接，框架梁及次梁在分析时考虑楼板的组合效应。核心筒钢管混凝土柱截面为 ϕ1300×35，外框柱钢管混凝土截面为 ϕ1200×35（下部）和 ϕ900×22（上部），混凝土强度等级 C60～C80。楼盖梁跨度 13～18m，梁高 620～720mm，其中混凝土楼板厚度 120mm，楼盖梁最大跨高比为 25。

该结构楼板采用缩口型压型钢板组合楼板以及局部现浇混凝土楼板，通过栓钉将楼板和主次梁连为整体（图 19.12.7）。钢次梁按照钢-混凝土组合梁设计，相对于钢梁可以明显提高刚度并降低用钢量。根据优化设计结果，将次梁分为两类：跨度大于 11m 的梁采用上翼缘较宽较薄、下翼缘较厚的截面形式，以提高钢材的使用效率；对跨度 11m 以下的组合梁，钢梁部分采用热轧 H 型钢，以减小制作加工量并提高施工速度。

(*a*)

(*b*)

图 19.12.7　合景大厦局部构造和施工

(*a*) 组合楼盖；(*b*) 地下室逆作法施工

《高层民用建筑钢结构技术规程》中第 5.1.3 条中指出：当进行结构弹塑性分析时，可不考虑楼板与钢梁的共同工作。而对于广州合景大厦这种全组合结构体系，如果在弹塑性阶段不考虑楼盖的钢梁与混凝土楼板的组合效应，就会导致结构用钢量增大。清华大学钢-混凝土组合结构研究室（作者研究团队）的研究成果表明，对于合景大厦这类组合结构体系，在弹塑性阶段宜考虑组合效应，这样既符合结构的实际受力状况，又能取得良好的技术经济效益和社会效益。该工程整体计算时考虑梁板的组合作用对刚度的贡献，强度验算时支座部分按纯钢梁截面验算，跨中部分则按组合梁进行验算。考虑框架梁的组合作用之后，使得该工程在地震作用下的侧移值得到有效控制。

对于跨度 13m 以上的框架梁，其梁端的内力超出所选钢梁的承载力限值。为此，钢梁端部采用了水平加腋、竖向加腋及加劲肋等加强措施，即将框架梁做成变截面梁，如图 19.12.6（*b*）所示。这种框架梁构造方法可有效降低结构用钢量并保证建筑的净空要求。

经过一系列优化设计后，该工程的钢结构单位用钢量为 110kg/m^2（理论）和 130kg/m^2（实际），明显低于一般的超高层钢结构建筑（高 200m 左右的高层钢结构用钢量通常约为 200kg/m^2），而标准层的单位重量为 1050kg/m^2，也远低于相同高度混凝土结构的自重（约 1500～1600kg/m^2）。合景大厦已于 2007 年建成并投入使用，目前使用情况良好。该工程是我国近年来钢-混凝土组合结构体系的成功应用实例之一。

参　考　文　献

1　聂建国，余志武．钢-混凝土组合梁结构在我国的研究及应用．土木工程学报，1999，32(2)

2　聂建国．钢-混凝土组合结构：原理与实例．北京：科学出版社，2009

3　R. P. Johnson and Van Dalan. Research on steel-concrete composite beams，Proc. ASCE Mar. 1970

4　聂建国，崔玉萍．钢-混凝土组合梁在单调荷载作用下的延性．建筑结构学报，1998，19(2)

5　R. P. Barnad and R. P. Johnson. Plastic behaviour of composite beams，Proc. Instn. Civ. Engrs. Oct. 1965

6 朱聘儒编著. 钢-混凝土组合梁设计原理. 北京：中国建筑工业出版社，1989
7 周起敬等主编. 钢与混凝土组合结构设计施工手册. 北京：中国建筑工业出版社，1991
8 聂建国，沈聚敏. 滑移效应对钢-混凝土组合梁抗弯强度的影响及其计算. 土木工程学报，1997，30(1)
9 聂建国，沈聚敏. 钢-混凝土组合梁中剪力连接件实际承载力的研究. 建筑结构学报，1996，17(2)
10 聂建国，沈聚敏，袁彦声. 钢-混凝土简支组合梁变形计算的一般公式. 工程力学，1994，11(1)
11 聂建国，沈聚敏，余志武. 考虑滑移效应的钢-混凝土组合梁变形计算的折减刚度法. 土木工程学报，1995，28(6)
12 聂建国. 钢-混凝土组合梁的长期变形及其计算. 建筑结构，1997.1
13 J. J. Climenhaga and R. P. Johnson Local buckling in continuous composite beams，Structure Engineering，Sept，1972
14 陶慕轩，聂建国. 考虑楼板空间组合作用的组合框架体系设计方法. Ⅱ：刚度及验证. 土木工程学报，2013，46(2)：1-12
15 陶慕轩，聂建国. 考虑楼板空间组合作用的组合框架体系设计方法. Ⅰ：极限承载力能力. 土木工程学报，2012，45(11)：39-50
16 黄远. 钢-混凝土组合框架受力性能的试验研究和模型分析. 博士学位论文. 北京：清华大学，2009
17 陶慕轩. 钢-混凝土组合框架体系的楼板空间组合效应. 博士学位论文. 北京：清华大学，2012
18 汪大绥，周建龙. 我国高层建筑钢-混凝土混合结构发展与展望. 建筑结构学报，2010，31(6)：62-70

第 20 章　基础隔震和消能减震

前面几章的抗震理论和方法都是建立在提高结构和构件的抗震强度和变形能力的基础之上的。由于地震对结构物的作用力可能很大，往往需要依靠结构和构件的塑性变形来耗散地震输入结构的能量。而塑性变形对于结构来讲是一种损伤。传统的抗震设计方法一方面要利用结构的塑性变形能力或延性来减小地震作用，又要使结构不发生严重的损伤，其实质可以说是对相互矛盾的目标进行某种妥协。长期以来研究人员一直在追求一种既经济又可靠的抗震措施，同时还要使结构不受损伤或减小损伤，这就是本章要讨论的基础隔震和消能减震技术。

20.1　基础隔震技术的基本原理、分类

20.1.1　基础隔震结构体系的组成

基础隔震结构体系通过在建筑物的基础和上部结构之间设置隔震层，将建筑物分为上部结构、隔震层和下部结构三部分（如图 20.1.1 所示）。地震能量由下部结构传到隔震层，大部分被隔震层的隔震装置吸收，仅有少部分传到上部结构，从而大大减轻地震作用，提高隔震建筑的安全性。

经过人们不断的探索，如今基础隔震技术已经系统化、实用化。常用隔震技术包括摩擦滑移隔震系统、叠层橡胶支座隔震系统、摩擦摆隔震系统等，其中目前工程界最常用的是叠层橡胶支座隔震系统。这种隔震系统，性能稳定可靠，采用专门的叠层橡胶支座（Laminated Rubber Bearing）作为隔震元件，该支座是由一层层薄钢板和橡胶相互叠置，经过专门的硫化工艺粘合而成，其结构、配方、工艺需要特殊的设计，属于一种橡胶制品。目前常用的橡胶隔震支座有：天然橡胶支座（NB，Natural Rubber Bearing）、铅芯橡胶支座（LRB，Lead plug Rubber Bearing）、高阻尼橡胶支座（HRB，High Damping Rubber Bearing）等。天然橡胶支座和铅芯橡胶支座的结构分别如图 20.1.2（*a*）、（*b*）所示。

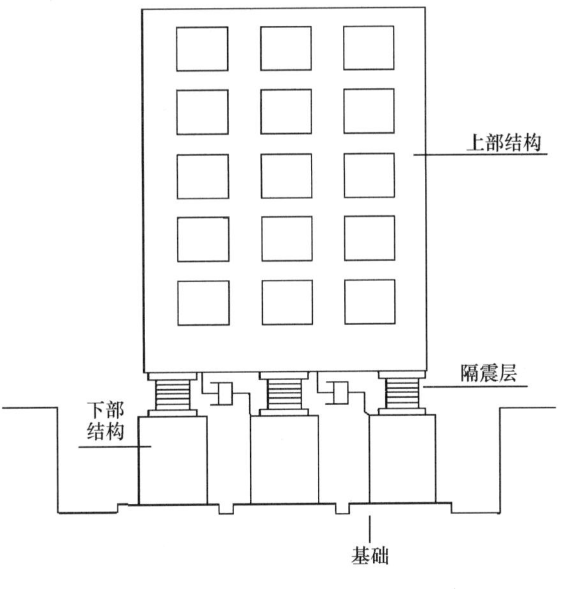

图 20.1.1　隔震建筑各部分示意图

隔震层通常由隔震支座和阻尼器组成，如图 20.1.3 所示。图中所示为天然橡胶隔震支座和软钢阻尼器组成的隔震层。隔震层的大阻尼性能也可以通过采用高阻尼的铅芯橡胶

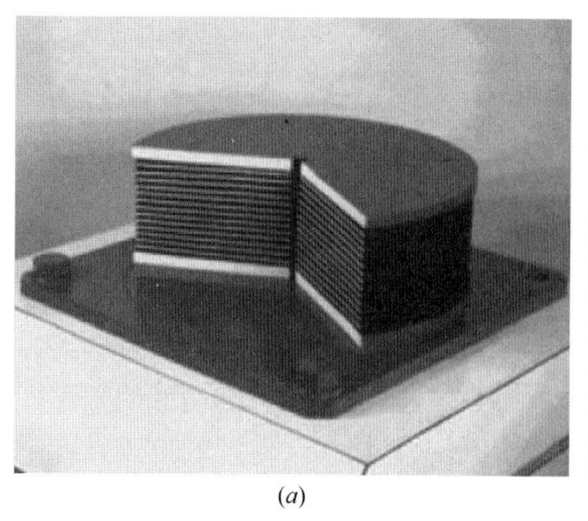

(a)

(b)

图 20.1.2 橡胶支座结构示意图

(a) 天然橡胶支座；(b) 铅芯橡胶支座

隔震支座或高阻尼橡胶隔震支座来直接满足，这样施工更加简便，成本也更低。

图 20.1.3 隔震层组成示意图

20.1.2 基础隔震技术的基本原理

传统建筑物基础固结于地面，地震时建筑物受到的地震作用由底向上逐渐放大，从而引起结构构件的破坏，建筑物内的人员也会感到强烈的震动（如图 20.1.4a 所示）。建筑的抗震设防目标在现行《建筑抗震设计规范》中具体化为“小震不坏”、“中震可修”、“大震不倒”。这种设计思想抵御地震作用立足于“抗”，即是依靠建筑物本身的结构构件的强度和塑性变形能力，来抵抗地震作用和吸收地震能量。为了保证建筑物的安全，必然加大结构构件的设计强度，耗用材料多，而地震作用是一种惯性力，建筑物的构件断面大，所用材料多，质量大，其受到的地震作用也相应增大，想要

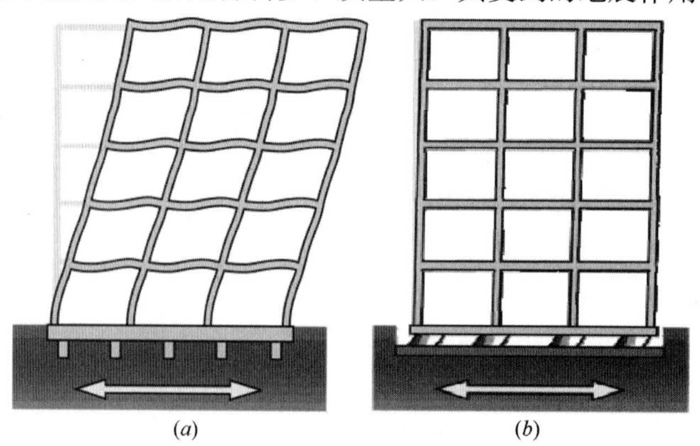

(a) (b)

图 20.1.4 抗震建筑与隔震建筑的地震反应

(a) 抗震建筑；(b) 隔震建筑

在经济和安全之间找到一个平衡点往往是比较难的。

基础隔震技术的设防策略立足于“隔”，采用“拒敌于门外”的防御战术，“以柔克刚”，利用专门的隔震元件，以集中发生在隔震层的较大相对位移，阻隔地震能量向上部结构的传递，使建筑物有更高的可靠性和安全性（如图 20.1.4*b* 所示）。可以说，从“抗”到“隔”，是建筑抗震设防策略的一次重大改变和飞跃[1]。

目前工程界最常用的叠层橡胶支座隔震系统一般是在基础和上部结构之间，设置专门的橡胶隔震支座和耗能元件（如铅阻尼器、油阻尼器、钢棒阻尼器、黏弹性阻尼器和滑板支座等），形成刚度很低的柔性底层，称为隔震层，使基础和上部结构断开，延长上部结构的基本周期，从而避开地震地面运动的主频带范围，减少共振效应，阻断地震能量向上部结构的传递，将其直接吸收或反馈回地面，同时利用隔震层的高阻尼特性，消耗输入地震动的能量，使传递到隔震结构上的地震作用进一步减小。

图 20.1.5 分别给出了普通建筑物的加速度反应谱和位移反应谱。一般砌体结构建筑物刚性大、周期短，所以在地震作用时建筑物的剪力反应大，而位移反应小，如图中 *A* 点所示。如果我们采用隔震装置来延长建筑物周期，而保持阻尼不变，则剪力反应被大大降低，但位移反应却有所增加，如图中 *B* 点所示。要是再增加隔震装置的阻尼，剪力反应继续减弱，位移反应得到明显抑制，这就是图中的 *C* 点。可见，隔震装置的设置可以起到延长结构自振周期并增大结构阻尼的效果。

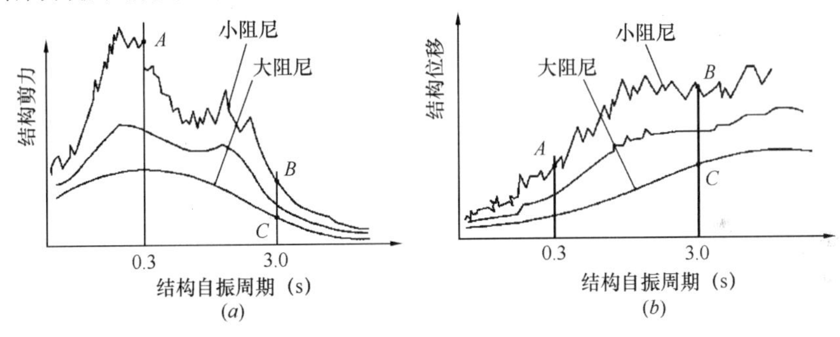

图 20.1.5　结构剪力反应谱和位移反应谱

(*a*) 加速度反应谱；(*b*) 位移反应谱

采用隔震技术，上部结构的地震作用一般可减小 40%～80%，地震时建筑物上部结构的反应以第一振型为主，类似于刚体平动，基本无反应放大作用，通过隔震层的相对大位移可以降低上部结构所受的地震作用。采用基础隔震措施并按照较高标准进行设计以后，地震时上部结构的地震反应很小，结构构件和内部设备都不会发生明显破坏或丧失正常的使用功能，在房屋内部工作和生活的人员不仅不会遭受伤害，也不会感受到强烈的摇晃，强震发生后人员无需疏散，房屋无需修理或仅需一般修理。从而保证建筑物的安全甚至避免非结构构件如设备、装修破坏等次生灾害的发生。

隔震结构与传统结构的主要区别是在上部结构和下部结构之间增加了隔震层，在隔震层中设置隔震系统。隔震系统主要由隔震装置、阻尼装置、地基微震动与风反应控制装置等部分组成，他们可以是各自独立的构件、也可以是同时具有几种功能的一个构件。

隔震装置的作用一方面是支撑建筑物的全部重量，另一方面由于它具有弹性，能延长建筑物的自振周期，使结构的基频处于高能量地震频率范围之外，从而能够有效地降低建筑物的地震反应。隔震支座在支撑建筑物时不仅不能丧失它的承载能力，而且还要能够承受基础与上部结构之间的较大位移。此外，隔震支座还应具有良好的恢复能力，使它在地震过后有能力恢复原先的位置。

阻尼装置的作用是吸收地震能量，抑制地震波中长周期成分可能给仅有隔震支座的建筑物带来的大变形，并且在地震结束后帮助隔震支座恢复到原先的位置。

设置地基微震动与风反应控制装置的目的是为了增加隔震系统的早期刚度，使建筑物在风荷载与轻微地震作用下能够保持稳定。

20.1.3 基础隔震技术的分类

一百多年来各国学者提出了许多隔震方案[1]，目前有三大类具体实施方案：

（1）叠层橡胶支座隔震

叠层橡胶支座由夹层薄钢板（内部钢板）和薄层橡胶片交替叠置而成。叠层橡胶支座受压时，橡胶会向外侧变形，由于受到内部钢板的约束，以及考虑到橡胶材料的非压缩性（泊松比约为 0.5），橡胶层中心会形成三向受压状态，其压缩时的竖向变形量很小。每层橡胶片越薄，钢板的相对约束能力越大，因此压缩变形也越小。而在叠层橡胶支座剪切变形时，钢板不会约束剪切变形，橡胶片可以发挥自身柔软的水平特性，从而通过自身较大的水平变形隔断地震作用。

叠层橡胶隔震支座隔震是目前技术成熟，应用较多的一种隔震类型。

（2）摩擦滑移隔震

摩擦滑移隔震技术是开发应用最早的隔震措施之一，其基本原理是把建筑物上部结构作成一个整体，在上部结构和建筑物基础之间设置一个滑移面，允许建筑物在发生地震时相对于基础（地面）做整体水平滑动。由于摩擦滑移作用，削弱了地震作用向上部结构的传递，同时，建筑物在滑动过程中通过摩擦耗散了地震能量，从而达到隔离地震的效果。该技术具有简单易行、造价低廉、几乎不会出现共振现象等优点。

摩擦滑移隔震结构的隔震层通常由摩擦滑动机构和阻尼向心机构组成，其中摩擦滑移机构起隔离地震的作用，阻尼向心机构起限位复位作用。

（3）滚动隔震

滚动隔震是在基础与上层结构之间铺设一层用高强合金制成的滑动性能好的滚球或滚轴，从而隔离地震的水平作用。目前滚动隔震装置包括：双向滚轴加复位消能装置、滚球加复位消能装置、滚球带凹形复位板、碟形和圆锥形支座等几种形式。研究表明，设计合理的滚动支座具有良好的稳定性、限位复位功能和显著的隔震效果。

20.2 规则型隔震房屋和桥梁的简化分析

对于规则型多层房屋和桥梁，常采用如图 20.2.1 所示的隔震模型。它们都可以用多自由度体系来模拟，其共同的特点是隔震层的水平刚度都小于其余部分。不同的是：①房屋的隔震层通常设在底部，桥梁则设在桥墩的顶部；②房屋的质量沿高度的分布比较均匀，各层的质量（包括隔震层）差别都不太大；桥梁的质量则主要集中在上部，这是因为桥面系统（包括箱梁）的质量一般都大于桥墩的质量。

如果把房屋的上部结构和桥墩看做是与隔震系统串联的子结构，相对于隔震层而言它们都属于刚性结构，因此可以只考虑基本振型而将它们等价为一个单质点体系。按照瑞利

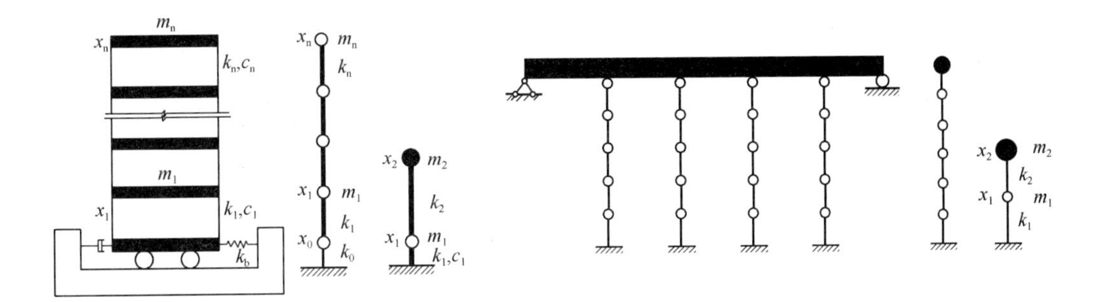

图 20.2.1　多层房屋和规则型桥梁常用的隔震模型

阻尼的假定，广义质量、阻尼、刚度、荷载和振型阻尼比可按常规方法进行计算。由此看来，对于一般的多层房屋和比较规则的桥梁都可以简化为剪切型双自由度体系。此时运动方程式为：

$$M \cdot \ddot{x} + C \cdot \dot{x} + K \cdot x = M_e \cdot \ddot{x}_g \tag{20.2.1}$$

式中：x 为系统的位移向量 $x = \{x_1\ x_2\}^T$；$\ddot{x}_g$ 是地面运动加速度时程；系数矩阵为：

$$M = \begin{bmatrix} m_1 & \\ & m_2 \end{bmatrix} \quad K = \begin{bmatrix} k_1 + k_2 & -k_2 \\ -k_2 & k_2 \end{bmatrix} \quad C = \begin{bmatrix} c_1 + c_2 & -c_2 \\ -c_2 & c_2 \end{bmatrix}$$

当式（20.2.1）中的 $C=0$，$\ddot{x}_g = 0$ 时，即为无阻尼自由振动方程，求解后即可得到系统的如下自振频率：

$$\omega^2 = \frac{1}{2}\left(\frac{k_1 + k_2}{m_1} + \frac{k_2}{m_2}\right) \pm \frac{1}{2}\sqrt{\left(\frac{k_1 + k_2}{m_1} + \frac{k_2}{m_2}\right)^2 + 4\frac{k_2^2}{m_1 m_2}} \tag{20.2.2}$$

$$\frac{\phi(1)}{\phi(2)} = 1 - \frac{m_2}{k_2}\omega^2 \tag{20.2.3}$$

当采用高阻尼橡胶支座、铅芯橡胶支座或在隔震系统中引入较大的附加黏性阻尼器时，以上自由振动方程式中的阻尼矩阵一般不符合瑞利阻尼的假定，但是为了简单起见，还是可以按照[2]近似方法用无阻尼振型进行解耦，即忽略阻尼矩阵中的非对角线元素。Hwang 等通过对规则型桥梁的复振型分析认为这样处理在工程上能满足要求[3]。根据已知质量矩阵 M、刚度矩阵 K、阻尼矩阵 C 和振型 φ_j、频率 ω_j，根据 Veletsos and Ventural[2] 和 Hwang 等人[3] 的研究结果，振型阻尼比可按下式计算[3~5]。

$$\zeta_j = \frac{C_{jj}^*}{2m_{jj}^*\omega_j} = \frac{\zeta_{01}\left(\frac{\omega_j^2}{\omega_{02}^2}\right)^2\eta + \zeta_{02}\sqrt{\eta\frac{k_2}{k_1}}\left(1 - \frac{\omega_j^2}{\omega_{02}^2}\right)^2}{\frac{\omega_j}{\omega_{02}}\left[\eta + \left(1 - \frac{\omega_j^2}{\omega_{02}^2}\right)^2(1-\eta)\right]} \quad (j = 1,2) \tag{20.2.4}$$

$$m_{jj} = \phi_j^T M \phi_j, C_{jj} = \phi_j^T C \phi_j, \eta = \frac{m_2}{m_1 + m_2} = \frac{\mu}{\mu + 1}, \mu = \frac{m_2}{m_1}$$

$$\zeta_{01} = \frac{c_1}{2\sqrt{(m_1 + m_2)k_1}}, \zeta_{02} = \frac{c_2}{2\sqrt{m_2 k_2}}, \omega_{02}^2 = \frac{k_2}{m_2}$$

从以上分析中我们已看到，当应用双自由度体系来模拟隔震房屋和桥梁时都有 $m_2 > m_1$ 的特征，至于刚度分布情况就不同了：对于房屋，$k_2 \gg k_1$；对于桥梁，$k_1 \gg k_2$。根据以上特征，可以将式（20.2.2）～式（20.2.4）进行一些简化处理，得到更适合实际工程应用的近似计算公式[4,5]。隔震房屋和桥梁自振特性的简化计算公式分别列于表 20.2.1 中。

规则型房屋和桥梁自振特性的简化计算公式　　　　表 20.2.1

		房　屋	桥　梁
自振频率	ω_1	$\sqrt{\frac{k_1}{m_1+m_2}}\frac{1}{\sqrt{1+\frac{m_2k_1}{(m_1+m_2)k_2}}}$	$\sqrt{\frac{k_2k_1}{m_2(k_1+k_2)}}$
	ω_2	$\frac{1}{\sqrt{\frac{k_2}{m_2}\left(1+\frac{m_2}{m_1}\right)\left(1+\frac{m_2k_1}{(m_1+m_2)k_2}\right)}}$	$\sqrt{\frac{k_1+k_2}{m_1}\left(1+\frac{m_1k_2^2}{m_2(k_1+k_2)^2}\right)}$
振型	$\frac{\phi_1(2)}{\phi_1(1)}$	$1+\sqrt{\frac{k_1m_2}{(m_1+m_2)k_2}}$	$1+\frac{k_1}{k_2}-\frac{m_1}{m_2}$
	$\frac{\phi_2(2)}{\phi_2(1)}$	$-\frac{m_1}{m_2}\left(1-\frac{m_2k_1}{(m_1+m_2)k_2}\right)$	$-\frac{m_1k_2}{m_2(k_1+k_2)}$
阻尼比	ζ_1	$\frac{c_1}{2\sqrt{k_1(m_1+m_2)}}e^{\frac{m_2k_1}{(m_1+m_2)k_2}}$	$\frac{c_2}{2\sqrt{m_2k_2}}\left(\frac{k_1}{k_1+k_2}\right)^{3/2}+\frac{c_1}{2\sqrt{k_1m_2}}\left(\frac{k_2}{k_1+k_2}\right)^{3/2}$
	ζ_2	$\frac{c_1}{2\sqrt{k_1(m_1+m_2)}}\frac{m_2}{m_1+m_2}\sqrt{\frac{m_2k_1}{m_1k_2}}+\frac{c_2}{2\sqrt{k_2m_2}}\sqrt{1+\frac{m_2}{m_1}}$	$\frac{c_2}{2\sqrt{m_2k_2}}\sqrt{\frac{m_2k_2}{m_1(k_1+k_2)}}+\frac{c_1}{2\sqrt{(k_1+k_2)m_1}}$
振型参与系数	r_1	$\left(1-\frac{\frac{m_2^2k_1}{m_1k_2(m_1+m_2)}}{1+\frac{m_2}{m_1}+2\frac{m_2^2k_1}{m_1k_2(m_1+m_2)}}\right)\left(1+\sqrt{\frac{m_2k_1}{k_2(m_1+m_2)}}\right)$	$\frac{\frac{k_2}{k_1+k_2}+\frac{m_2}{m_1}}{\left(\frac{k_2}{k_1+k_2}\right)^2+\frac{m_2}{m_1}}$ $\phi_1(2)=1$
	r_2	$\frac{k_1m_1^2\left(1-\frac{m_2k_1}{k_2(m_1+m_2)}\right)}{k_2(m_1+m_2)m_2\left(1+2\frac{m_2k_1}{k_2(m_1+m_2)}\right)}$ $\phi_2(2)=1$	$\frac{k_1}{k_2\left[1+\frac{m_2}{m_1}\left(1+\frac{k_1}{k_2}\right)^2\right]}$ $\phi_2(2)=1$

对于线性系统，当已知振型、频率、振型参与系数和阻尼比时，即可按前面叙述的振型分解反应谱分析方法计算地震反应。

20.3 叠层钢板橡胶支座的简化计算模型

20.3.1 等价刚度

在基础隔震结构中广泛应用的橡胶支座是由薄层钢板和橡胶交替粘结在一起的叠合结构，其水平截面通常是正方形或圆形。在分析其水平和竖向刚度时，通常采用等效均质柱作为替代模型。在叠层钢板橡胶支座中，由于钢板和橡胶相比可以认为是无限刚的，支座的压缩和剪切变形完全是由橡胶引起的，这样橡胶支座的剪应变应等于橡胶总的水平变形与总高度的比值，因此支座作为匀质柱的等价杨氏模量 E_e 和剪切模量 G_e 可表示为：

$$E_e=\frac{nt_r+(n-1)t_s}{nt_r}E_0 \tag{20.3.1}$$

$$G_e = \frac{nt_r + (n-1)t_s}{nt_r} G_0 \tag{20.3.2}$$

式中：n 为橡胶的层数；t_r 为橡胶层的厚度；t_s 为分隔钢板的厚度；E_0 和 G_0 分别为橡胶的杨氏模量和剪切模量，它们与橡胶的硬度关系详见表 20.3.1。

橡胶的硬度和弹性模量　　表 20.3.1

邵氏硬度	杨氏模量 E_0（MPa）	杨氏模量 G_0（MPa）	k
30	0.92	0.30	0.93
35	1.18	0.37	0.89
40	1.50	0.45	0.85
45	1.80	0.54	0.80
50	2.20	0.64	0.73
55	3.25	0.81	0.64
60	4.45	1.06	0.57
65	5.85	1.37	0.54

叠层橡胶支座的等价弯曲刚度 EI 可按以下经验公式计算：

$$EI = (1 + BS_1^2)E_e I \tag{20.3.3}$$

式中：S_1 为第一形状系数，其值为橡胶层被约束的表面积和自由面积之比，对圆形支座 $S_1 = r/2t_r$，对矩形支座 $S_1 = lb/2t_r(l+b)$，r 为圆盘半径，l、b 分别为矩形橡胶层的长度和宽度；B 为修正系数，可在 0.5～0.65 之间取值。

20.3.2　强度验算和侧向变形能力

叠层钢板橡胶支座的抗压强度应区分为正常使用荷载下的无侧移和在地震作用下发生侧移两种情况。试验结构表明，在中心受压（无侧移）条件下，叠层钢板橡胶支座的抗压强度可能达到接近于钢板的强度。考虑到稳定性方面的要求，当满足一定条件，如第一形状系数 $S_1 \geqslant 15$，第二形状系数 $S_2 \geqslant 5$，硬度为 45～60 时，叠层钢板橡胶支座抗压强度可取不大于 15MPa 的值。

叠层钢板橡胶支座的抗压承载力还应与最大的剪切变形相协调，此时允许压应力可按下式确定：

$$\sigma = 6G_e S_1^2 e_2 \tag{20.3.4}$$

式中：e_2 为橡胶层的压缩变形，可取为 0.1。

按照以上竖向压应变小于 0.1 的要求，允许法向应力也可按以下公式计算：

$$\sigma = 0.1\left(\frac{E_c E_\infty}{E_c + E_\infty}\right) \tag{20.3.5}$$

式中：E_c 为表观杨氏模量，$E_c = E_0(1+2kS_1^2)$，系数 k 与硬度有关，可按表 20.3.1 采用，当硬度为 35～65 时，k 值为 0.93～0.54；E_∞ 为本体模量，一般可取为 2000MPa。

叠层橡胶支座应满足在罕遇地震下的侧向变形不应超过支座在承载条件下的允许极限。试验分析结果表明，当形状系数满足条件，如 $S_1 \geqslant 15$，$S_1 \geqslant 5$ 时，叠层钢板橡胶支座最大水平位移不得大于直径的 0.55 倍，同时还应使橡胶的最大剪应变不大于 300%。

20.3.3　隔振橡胶支座的水平刚度计算公式

在轴力 P 和水平力作用下，考虑 $P-\Delta$ 效应时，一端固定、一端可沿水平向滑动的匀

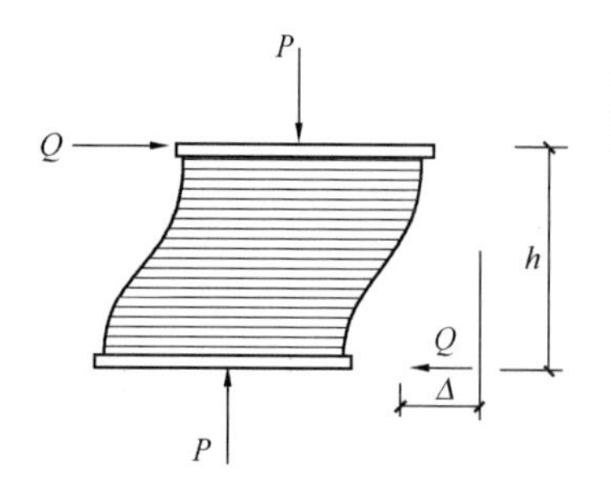

图 20.3.1 叠层钢板橡胶支座的弯剪变形模量

质柱（图 20.3.1）的水平刚度系数可表示为如下的形式[6,7]：

$$K_{\mathrm{H}}(P)=\frac{\alpha\beta P}{2\tan\frac{\alpha h}{2}-\alpha\beta h} \tag{20.3.6}$$

$$\alpha=\sqrt{\frac{p(p+GA)}{EIGA}} \tag{20.3.7}$$

$$\beta=\frac{GA}{P+GA} \tag{20.3.8}$$

式中：h 为等价均质柱的高度；G、E 分别为等价剪切模量和杨氏模量，可按式（20.3.2）和式（20.3.1）计算（为简单计这里略去了下标 e）；A 和 I 分别为截面的面积和惯性矩。弯剪状态下的 EI 值可按式（20.3.3）进行计算。

当 $P=0$ 时，由式（20.3.3）可得：

$$K_{\mathrm{H}}(P=0)=\left(\frac{h}{GA}+\frac{h^3}{12EI}\right)^{-1} \tag{20.3.9}$$

为便于分析轴力对水平刚度系数 $K_{\mathrm{H}}(P)$ 的影响，可按式（20.3.6）改写为以下无量纲的形式[8]，即：

$$\frac{K_{\mathrm{H}}(P)}{K_{\mathrm{H}}(P=0)}=\left(1+\frac{\lambda^2}{12}\right)\frac{p}{2\sqrt{1+\frac{\lambda}{p}}\tan\left(\frac{p}{2}\sqrt{1+\frac{\lambda}{p}}\right)-\lambda} \tag{20.3.10}$$

式中：P 和 λ 均为无量纲参数，分别与轴力和弯、剪刚度比有关，即：

$$P=\frac{Ph}{\sqrt{EIGA}} \tag{20.3.11}$$

$$\lambda=\sqrt{\frac{GAh^2}{EI}} \tag{20.3.12}$$

当 $\lambda\rightarrow 0$ 时，橡胶支座以剪切变形为主，式（20.3.10）可简化为

$$\frac{K_{\mathrm{H}}(P)}{K_{\mathrm{H}}(P=0)}=\frac{p}{2\tan(p/2)} \tag{20.3.13}$$

不难发现，当 $P=0$ 时，即不考虑轴压力对水平刚度的影响或 $P-\Delta$ 效应时，式（20.3.10）和式（20.3.13）给出的值为 1。考虑到式（20.3.12）所示的关系，式（20.3.9）和式（20.3.11）也可改写为：

$$K_{\mathrm{H}}(P=0)=GA\left(1+\frac{\lambda^2}{12}\right)^{-1} \tag{20.3.14}$$

$$P=\frac{P\lambda}{GA} \tag{20.3.15}$$

式（20.3.11）和式（20.3.15）为轴力 P 的无量纲表达式。按照式（20.3.14），对于以剪切变形为主的橡胶支座，即当 $\lambda\rightarrow 0$ 时，橡胶支座的水平刚度可近似取为 GA。这一近似适用于体形很矮胖的橡胶支座。令式（20.3.10）所表示的水平刚度等于零，可得临界力，其无量纲形式为：

$$P_{\mathrm{cr}}=\sqrt{\frac{\lambda^2}{14}+\pi^2}-\frac{\lambda}{2} \tag{20.3.16}$$

从式（20.3.12）和式（20.3.16）中可以看到，当 $\lambda \to 0$ 时，剪切变形起主导作用，$P_{cr} = \pi$；同样当 $\lambda \to \infty$ 时，弯曲变形起主导作用，则：

$$P_{cr} = \frac{\pi EI^2}{h^2} \tag{20.3.17}$$

隔震建筑中常用的叠层钢板橡胶支座通常满足 $S_1 \geqslant 15, S_2 \geqslant 5$ 的条件，此时还可以采用以下近似公式计算水平刚度：

$$\frac{K_H(P)}{K_H(P=0)} = 1 - \left(\frac{p}{p_{cr}}\right)^2 \tag{20.3.18}$$

式（20.3.13）和式（20.3.18）均适合于 λ 很小时的情况。当不满足以上条件时，应用以下近似公式可以得到与式（20.3.10）几乎相同的结果[16]。

$$\frac{K_H(P)}{K_H(P=0)} = \left(1 - \frac{p}{p_{cr}}\right)\left(1 + \frac{p}{p^*}\right) \tag{20.3.19}$$

式中：P_{cr} 应按式（20.3.16）确定，P^* 可按下式确定：

$$P^* = p(0.88 + 0.79\lambda^{1.57}) \tag{20.3.20}$$

当 $\lambda = 0.2$ 时，$p^* \approx p_{cr}$，式（20.3.18）与式（20.3.19）的结果相同。

为了比较式（20.3.18）和式（20.3.19）的计算精度，在图 20.3.2 中将以上公式计算的 $\dfrac{K_H(P)}{K_H(P=0)}$ 值与按式（20.3.10）计算得到的值进行了比较。从图 20.3.2 中可以看到式（20.3.19）是很精确的，而式（20.3.17）则只适用于当 $\lambda < 1$ 时的情况。图 20.3.2 中按式（20.3.10）计算的曲线表达简明扼要，免除了繁琐的曲线图表，因此更合理和方便使用。

以上公式适用于当橡胶支座的顶面和底面均不能转动的情况。当支座设在柱顶时，柱子对橡胶支座而言相当于一个转动弹簧。不难证明，这种情况可视为用刚性板连接的组合橡胶支座水平刚度计算公式的特例，详见周锡元等的文献[9]。

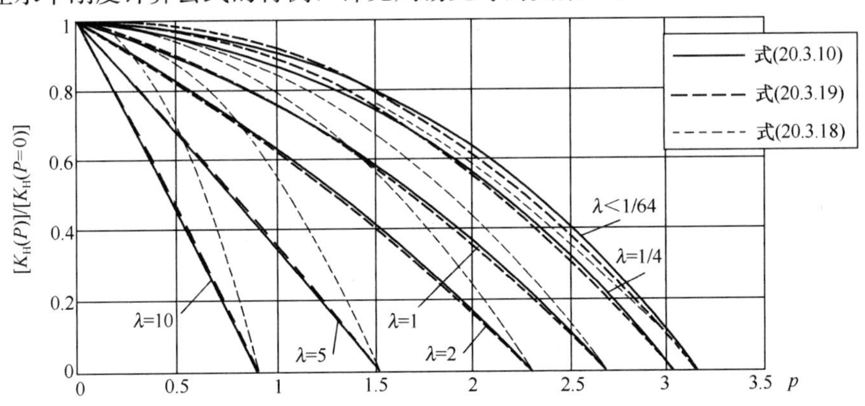

图 20.3.2 不同轴力下橡胶支座水平刚度的变化曲线

20.4 结构消能减震技术

20.4.1 消能减震技术的基本原理

消能减震结构通过安装阻尼器提高结构的阻尼水平，通过阻尼器耗散地震能量，减轻结构构件的地震响应。通常消能减震结构由主结构、阻尼器和连接阻尼器与主结构的支撑构件组成。阻尼器在结构中的安装形式可以有多种选择，如图 20.4.1 所示为几种常用的形式。

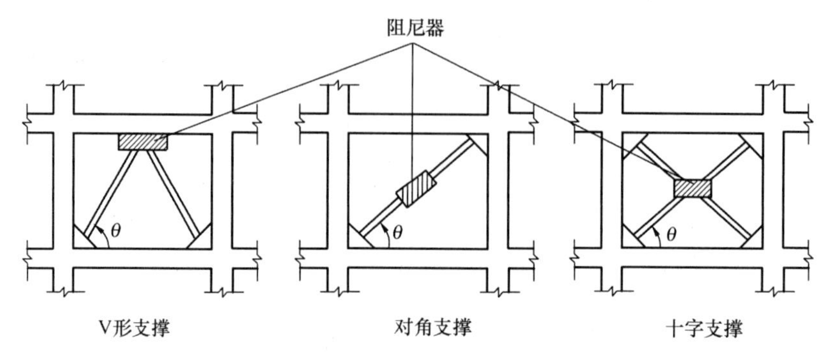

图 20.4.1　阻尼器在结构中的几种安装形式

从策略上讲，减震消能方法是将地震输入结构的能量引向特别设置的机构和元件加以吸收和耗散，以保护主体结构的安全。这与传统的依靠结构本身及其节点的延性耗散地震能量相比显然是前进了一步。但是消能元件常常是主体结构的一个组成部分，而且与主体结构是不能分离的，因此不能完全避免主体结构出现弹塑性变形。由此看来，它还不能完全脱离延性结构的概念，而只是其进一步的发展和改良。

在结构中安装阻尼器后通常会带来两种效应，一方面是增大了结构的刚度，另外一方面是提高了结构的阻尼。刚度的增加会导致结构周期的减小，从而引起位移的减小和绝对加速度响应的增加，阻尼的提高一般情况下可同时降低结构的位移和绝对加速度响应，如图 20.4.2 所示。对于一般的结构，阻尼的增加总是有益的，但刚度的增加则导致结构振动周期的变化，通常会增大地震作用，需要在设计中予以重视。

目前已开发出许多类型的阻尼器，这里只选择几种作简要介绍。

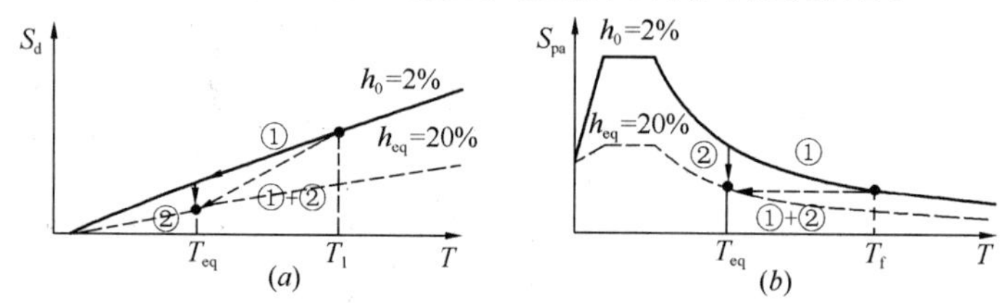

图20.4.2　结构安装阻尼器后的加速度反应谱和位移反应谱的变化

20.4.2　摩擦阻尼器

摩擦阻尼器本身虽只有理想弹塑性的特点，但可通过与主体结构串并联使用，获得具有接近双线性滞回特性的阻尼耗能效果。常用的形式有简单摩擦阻尼器（图 20.4.3）、保尔摩擦阻尼器[10]（图 20.4.4）、钢丝绳摩擦阻尼器（如美国 Enidine 公司[11]、华中理工大学的螺旋圈式阻尼器以及日本沙瓦特立公司的钢丝绳张拉阻尼器）、筒式滑块锁紧阻尼器等。这些阻尼器可用普通材料制作，其中有些结构的构造和加工工艺也比较简单，适合在多层和高层建筑中使用。

摩擦阻尼器本身虽无自复位能力，但是可以依靠结构本身的刚度复位，其主要问题是单一不变的锁紧力往往不能满足不同强度地震的消能要求，为此已发展了多级摩擦阻尼器[12]。另外，由于螺栓的应力松弛影响，如何使紧固力在使用期内始终保持不变也是比较困难的。

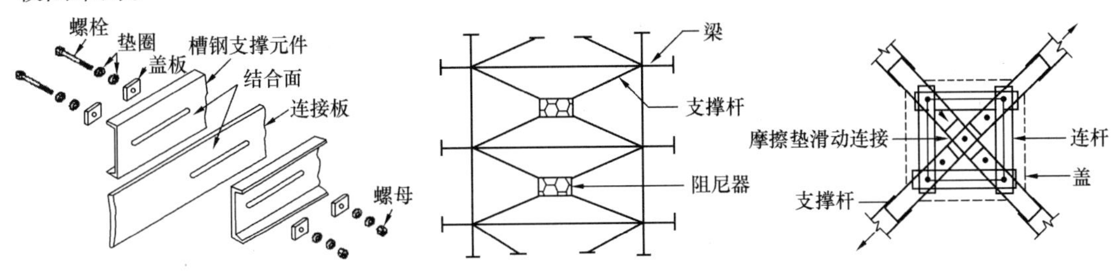

图 20.4.3　简单摩擦阻尼器

图 20.4.4　Pall 摩擦阻尼器

筒式滑块锁紧阻尼器虽然构造比较复杂，价格也较高，但是由于它能使摩擦力随滑动位移线性增加，并具有自复位功能，有助于减小滑移量。此外还能通过改变初始状态的设置调整滞回特性，因此适应性比较强（图 20.4.5）。当初始状态被设置为如图 20.4.5（*c*）所示的情况时，滞回特性呈三角形，具有某种变刚度控制的功能，此时当滑动位移和速度的符号一致（同为正或负）时，刚度取较大值，否则取较小值[13]。平面摩擦滑动机

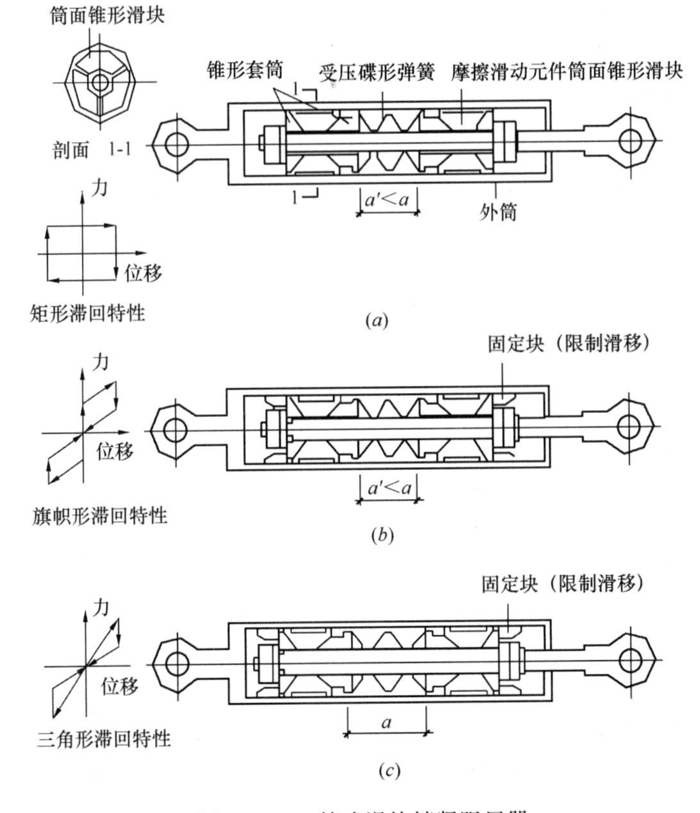

图 20.4.5　筒式滑块锁紧阻尼器

（*a*）蝶形弹簧预压又不限制锥形套筒和滑块向外侧滑移的阻尼器和滞回曲线；（*b*）碟形弹簧预压且限制锥形套筒和滑块向外侧滑移的阻尼器和滞回曲线；（*c*）碟形弹簧不预压但限制锥形套筒和滑块向外侧滑移的阻尼器和滞回曲线

构也可以使摩擦系数随着离开中心的距离增大而增大，从而限制其滑动位移。

20.4.3 软钢和合金阻尼器

此类阻尼器属于弹塑性阻尼器，具有丰满的滞回特性，可以串联在支撑构件中，也可以设置在剪力墙顶部与梁的中间部位以及其他相对变形较大的部位。其中有一些可以与基础隔震机构并联使用。常用的钢制阻尼器有剪切型钢板、弯曲型钢板、剪切型峰房式梳形阻尼器、钢环阻尼器以及应用于房屋连接通道两端的钟形阻尼器。弯曲型钢板阻尼器通常由三角形板组成，两端有螺栓连接，由于它具有等强度悬臂杆的性质，滞回曲线比较饱满。最近的试验表明，即使采用矩形板，也具有很好的阻尼耗能能力。

此外，目前已在高层建筑中广泛使用的偏心钢支撑实际也是一种阻尼耗能装置。

以上阻尼器构造都十分简单，性能稳定，价格低廉，易于推广应用。当然也还可以根据需要设计出更实用、新型、简单的阻尼装置，发展相应的分析计算方法。

20.4.4 铅阻尼器

新西兰罗宾逊等首先生产的铅阻尼器，利用纯铅在恒定屈服应力作用下从小孔流出时可视为不可压缩弹塑性固体的无摩擦挤压特性，设计了收缩管型和鼓凸轴型铅挤压的阻尼器[14]，已在许多工程中应用。铅阻尼器具有理想的弹塑性性质，其滞回特性呈矩形，与摩擦阻尼器很相似，虽然屈服极限可调，但一经设定就不能改变。在这种情况下如果屈服极限选择得太低，在大震作用下变形将明显增大，耗能能力相应减弱；反之如果屈服极限选择太高，在中小地震中将不起阻尼耗能作用。尽管我可以通过优化设计权衡选择适当的屈服极限，但还是不能达到理想的效果。因此，研究人员开始探索和开发对小震和大震都能起很好作用的铅阻尼器[15]。如图 20.4.6 所示为周锡元、姚德康等研制的一种阻尼器，基本具备了上述特性，二改进的推拉式铅阻尼器则可以获得接近三角形的滞回曲线（图 20.4.7）。

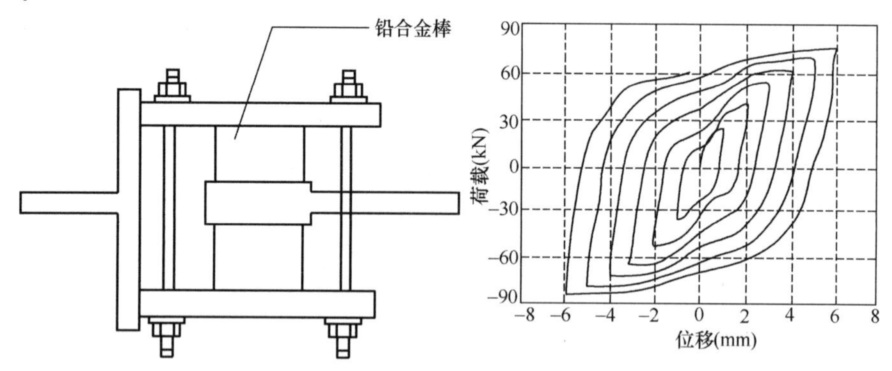

图 20.4.6 弯剪型铅阻尼器

20.4.5 黏弹性阻尼器

这是阻尼力与速度成比例（或与速度成一定幂次方关系）的线性或弱非线性黏弹性元件，通常用聚氨酯、硅胶材料和其他高分子材料制成。其主要优点是没有明显的阈值，对大震和小震都能起作用。应用中的关键问题是提高材料的弹性模量、变形能力和减小温度影响。美国 3M 公司对黏弹性阻尼器具有较长的开发历史，目前已有很多研究者对 3M 公司的产品进行过研究。设有黏弹性阻尼器的钢支撑框架在北京工业大学进行过多次试验，并在此基础上发展了设计计算方法。这种阻尼器的价格比较低，但在材料和制造工艺方面有一定的技术难度，其耐久性也有待提高。国内已开始重视黏弹阻尼器的研究和应用。

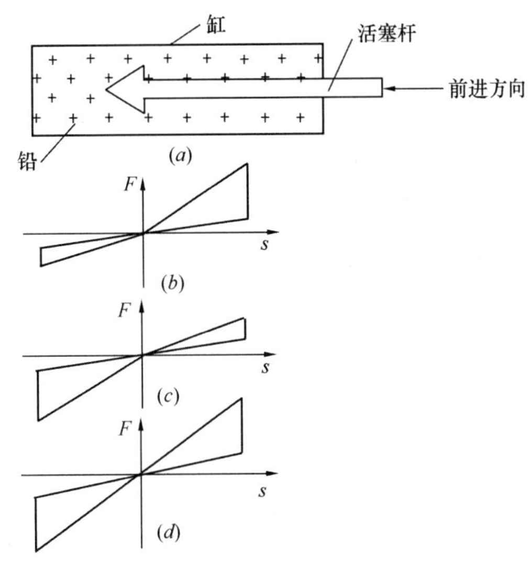

图 20.4.7 推拉式铅阻尼器

20.4.6 油阻尼器

油阻尼器也称为黏滞阻尼器，一般是利用活塞推动油缸中的油通过节流孔时产生阻尼力的原理制成的（图 20.4.8）。通过合理的设计可使阻尼力与活塞运动速度的 0.5、1.0 或 2 次方成正比，也就是说可以设计出线性或非线性油阻尼器。由于油阻尼器不提供附加的刚度，因此不会因安装阻尼器而减小结构的自振周期，从而增加地震作用，因此更适合对已有结构进行抗震加固。这种阻尼器的性能和质量取决于制造工艺、精度和油料的质量。目前常用的油料是硅油。这种阻尼器的性能稳定，可以方便地进行伺服控制，国外已有定型产品，国外已有定型产品，例如美国泰勒公司和 Enidine 公司生产的黏滞阻尼器。国内也已有一些研发机构正在开发、制造和试验各种类型的黏滞阻尼器。北京展览馆和北京火车站的抗震加固中已经应用了黏滞阻尼器。

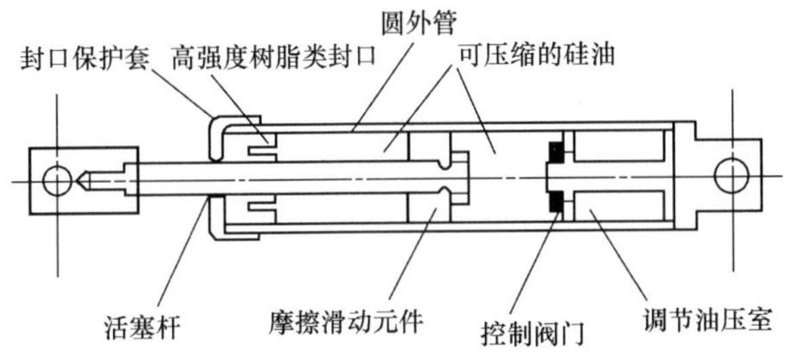

图 20.4.8 油阻尼器原理图

20.4.7 TMD 与 TLD 系统

调谐质量阻尼器（Tuned Mass Damper，简称 TMD）和调谐液动阻尼器（Tuned Liquid Damper，简称 TLD）是利用二次系统吸引主体结构的振动能量而使主体结构减震的设备。这方面的研究和分析工作已做得较多[16]，但试验研究和工程应用还不是很多。日本清水建设公司在 20 世纪 90 年代初研究开发了应用于高层建筑的集成式 TMD。这种阻尼器在强震作用下具备一定的制动和保护装置。该公司同时开发了可用于高塔和高楼的分层式 TLD，已用于高 106m 的横滨海运塔和直径 38.2m、高 149.4m 的旅馆。日本库玛伽古姆尔公司开发了两种阻尼器，在形式上与清水建设公司有所不同。为了拓宽可能调谐的频率范围，采用质量和刚度稍有不同的多个 TMD 组合方案或 MTMD（Multiple Tuned Mass Damper，简称 MTMD）的设计方法也已提出[17]。在 TMD 实际应用方面，我国研究者曾在电视塔和加层房屋方面进行了分析和方案设计，此外还对 TMD 和基础隔震的组合应用方法进行过探讨。如果将 TLD 中储液容器改成 U 形管道也能起到同样的减振效果，这样就产生了一种新的液动阻尼器，也就是 TLCD（Tuned Liquid Column Damper 简称 TLCD），近几年来这方面的研究已引起注意[18]。TMD、TLD 和 TLCD 的减振效果主要取决于主次结构的质量比、频率比和阻尼比，由于后面两个参数在振动过程中是可变的，因此很难使系统在各个阶段都处在最佳的减振状态，但可以通过实时调节参数或施加一定作用力的方式加以改进。在被动控制方面，除了 TMD 和 TLD 以外，刘季等在 20 世纪 90 年代初研究开发的液压质量控制系统 HMS（Hydraulic Mass System），在减小底层柔性结构的地震反应方面也很有效，后来他们在该系统中省去了质量块，使整个系统更加简化，但仍有较好的减振效果[19]。此外，在被动控制中，附加智能控制的设想也已提出。TMD、TLD、HMS 和消能减振方法简单实用，所需费用也比较低，今后可以在已有成果的基础上结合各类结构的特点，开发新型实用的机构，发展定型产品，研究配套的设计计算方法和构造措施，扩大其在实际工程中的应用，充分发挥减振效果。有关 TMD 的设计要点将在 20.7 节介绍。

20.5 阻尼器的基本特性

结构本身的固有阻尼通常是很小的，等价阻尼比为 0.02～0.05。在结构中设置附加的机械阻尼器可以有效地减小其地震反应。

如上所述，用金属制造的弹塑性阻尼器具有较好的耗能能力，而且价格低廉，适宜在各类结构中使用。这种阻尼器可以用图中的力-位移环线来描述，通常称为滞回模型。图 20.5.1（*a*）为理想弹塑性模型，图 20.5.1（*b*）称为双线性模型，图 20.5.1（*c*）称为幂函数模型，这首先是由莱姆伯格-奥斯古特提出的[20]。

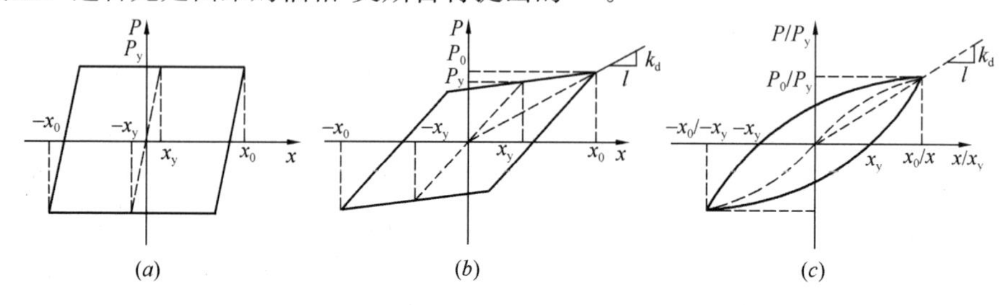

图 20.5.1 弹塑性阻尼器的滞回模型

在理想弹塑性模型中，当位移小于 d_y 时，阻尼器的力和位移成线性关系，初始刚度为：

$$k_e^* = p_y/x_y \tag{20.5.1}$$

当位移大于 d_y 时，位移可以继续增加，但荷载保持为 p_y，并称为屈服极限。设阻尼器的最大位移为 $\pm d_0$，当荷载不大于 p_y 时，在一个振动循环中耗散的能量为：

$$E_D = 4P_y(x_0 - x_y) \qquad x_0 \geqslant x_y \tag{20.5.2}$$

对于如图 20.5.1（*b*）所示的双线性模型，当阻尼器的位移小于 d_y 时，力-位移关系成线弹性，初始刚度同理想弹塑性模型；但是，当位移大于 d_y 时，力随位移增长的比例减小，屈服后的刚度 k_h 小于弹性刚度 k_e，即 $k_h < k_e$。同理，当阻尼器的最大位移为 $\pm x_0$ 时，在一个振动循环中耗散的能量为：

$$E_D = 4(k_e - k_h)x_y(x_0 - x_y) \qquad x_0 \geqslant x_y \tag{20.5.3}$$

图 20.5.1（*c*）中的多项式模型的骨架曲线为：

$$\frac{x}{x_y} = \frac{p}{p_y} + \alpha\left|\frac{p}{p_y}\right|^{\gamma} \tag{20.5.4}$$

式中：x 为阻尼器两端的相对位移；x_y 为特征位移；P 是作用在阻尼器上的荷载；P_y 是特征荷载；α 是控制滞回曲线面积的正常数；γ 是控制骨架曲线的正常数，通常取正奇数。卸载和再加载时符合马欣（Massion）准则，达到最大值 x_0/x_y 后的卸载曲线为：

$$\frac{x}{x_y}-\frac{x_0}{x_y}=\left[\frac{p}{p_y}-\frac{p_0}{p_y}+2\alpha\left|\frac{p-p_0}{2p_y}\right|^{\gamma}\right] \tag{20.5.5}$$

同理，在达到负的最大值$-x_0/x_y$后的再加载曲线为：

$$\frac{x}{x_y}+\frac{x_0}{x_y}=2\left[\frac{p}{p_y}+\frac{p_0}{p_y}+\alpha\left|\frac{p+p_0}{p_y}\right|^{\gamma}\right] \tag{20.5.6}$$

不难证明，在一个简谐运动周期内的耗能即滞回环的面积为：

$$E_D=4ax_yp_y\left[\frac{(\gamma-1)}{(\gamma+1)}\right]\left(\frac{p_0}{p_y}\right)^{\gamma+1} \tag{20.5.7}$$

以上弹塑性阻尼器在一个振动循环中的耗能 E_D 均取决于阻尼器刚度、屈服特性和最大位移，而与变形速度无关，因此通常也称其为位移相关型阻尼器。

阻尼器的等效阻尼比可以用一周内的耗能和最大位应变能 E 的比值来表示：

$$\zeta_e=\frac{E_D}{4\pi E} \tag{20.5.8}$$

上式中最大应变能 E 为：

$$E=\frac{k_sx_0^2}{2} \tag{20.5.9}$$

式中：k_s 为与位移幅值 x_0 相对应的割线刚度或等价刚度。

对双线性弹塑性阻尼器，从图 20.5.1（b）中可以看到：

$$k_s=\frac{p}{p_0}=\frac{[k_xx_y+k_h(x_0-x_y)]}{k_0} \qquad x_0\geqslant x_y \tag{20.5.10}$$

取上式中的 $k_h=0$，即得理想弹塑性阻尼器的等价刚度，并有 $k_s=k_ex_y/x_0$。

如果设图 20.5.1（a）中理想弹塑性阻尼器滞回环线中的 $x_y\to0$，$k_e\to\infty$，并取 $x_yk_e=p_y=p_0$，即得理想摩擦阻尼器的滞回特性。由此看来，摩擦阻尼器可以看做是理想的刚塑性阻尼器并有 $k_s=p_y/x_0$。

对于图 20.5.1（c）中所示的幂函数滞回模型，最大位移为 x_0 时的等价刚度为：

$$k_s=p_0/x_0 \tag{20.5.11}$$

式中：p_0 是骨架曲线方程式（20.5.4）对应于 x_0 的值，即式（20.5.4）当 $x=x_0$ 时解得的 p_0 值。

在莱姆伯格-奥斯古特模型中，通常定义 $k_0=p_y/x_y$ 为初始刚度（图 20.5.1c），并可在 k_s/k_c 与 x_0/x_y 之间建立以下关系式：

$$\frac{k_s}{k_0}=\frac{1}{1+x\left|\dfrac{k_sx_p}{k_0x_y}\right|^{\gamma-1}} \tag{20.5.12}$$

图 20.5.2 给出了当 $\alpha=50$ 时由上式得出的在不同 γ 值条件下 k_s/k_0 与 x_0/x_y 的对应关系。从图中可以看出，在给定和自己的条件下，k_s/k_0 值是随 x_0/x_y 的增加而减小的。

从式（20.5.8）和式（20.5.12）中消去 x_0/x_y 后，还可得到等效阻尼比 ζ_e 与 k_s/k_0 的关系：

$$\zeta_e=\frac{2(r-1)}{\pi(r+1)}(1-k_s/k_0) \tag{20.5.13}$$

当阻尼器产生的阻力与相对速度有关时称为黏滞阻尼器，也称为速度相关型阻尼器。

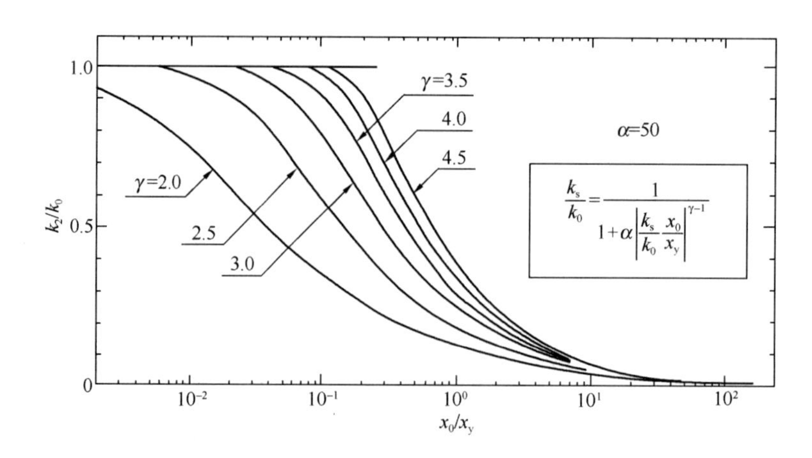

图 20.5.2　不同 γ 值条件下 k_s/k_0 与 x_0/x_y 的对应关系

为简单起见，我们先考虑线性黏滞阻尼器，即假设阻尼力与速度的一次方成正比。线性黏滞阻尼器在稳定状态简谐运动中的力-位移关系呈椭圆形（图 20.5.3），它所包围的面积即是一个往复运动中的阻尼消耗，即：

$$E_D = \frac{2\pi^2 c_v x_0^2}{T} \tag{20.5.14}$$

式中：c_v 为阻尼系数；T 为振动周期；x_0 为振幅。

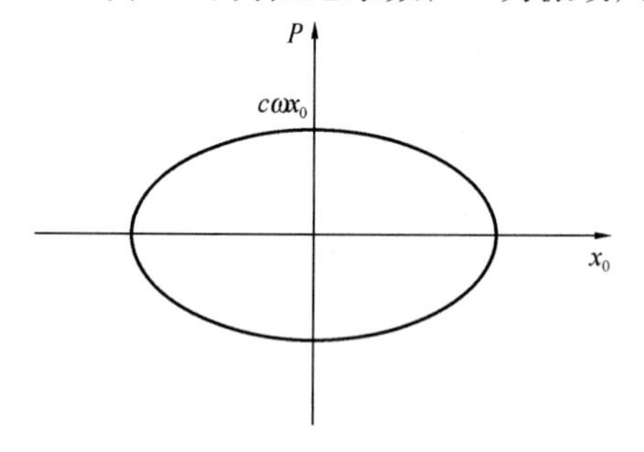

图 20.5.3　黏滞阻尼器的滞回特性

从以上公式中可得线性黏滞阻尼器的阻尼系数为：

$$c_v = \frac{E_D T}{2\pi^2 x_0^2} \tag{20.5.15}$$

一般情况下，黏滞阻尼器的阻力与速度之间存在以下关系：

$$P(t) = c_v \mid \dot{x} \mid^{\gamma} \text{sgn}(\dot{x}) \tag{20.5.16}$$

式中：c_v 为阻尼系数，可能与频率有一定的关系，但在 4Hz 以下可取为常数；γ 在 0.2 与 0.3 之间取值，γ=1 时为线性黏滞阻尼器，当 γ 指较小时，阻尼器能起到缓冲作用，用于抗震和抗风时，γ 值在 1.0 左右比较合适。与线性黏滞阻尼器一样，非线性阻尼器在谐波作用下一周内的耗能为：

$$E_D = \pi c_v \omega^{\gamma} x_0^{\gamma+1} \tag{20.5.17}$$

如上所示，黏滞阻尼器本身是没有刚度的。对单自由度结构，当它与结构的弹性元件并联应用时，仍可按式（20.5.8）计算等价阻尼比，式中的 E 可取结构弹性元件的最大变性能：

$$E = \frac{kx_0^2}{2} \tag{20.5.18}$$

因此

$$\zeta_e = \frac{c_v}{2\sqrt{km}} \tag{20.5.19}$$

这就是线性系统的阻尼比计算公式。从式中可以看到，此时的阻尼比与振幅 x_0 无关。

20.6 装置附加阻尼器的结构抗震设计

上一节讨论了常用附加阻尼器的基本特征（滞回曲线）和阻尼比的计算公式。式（20.5.9）主要应用于按振型分解方法计算地震反应。对于非线性阻尼器，等价刚度 k_s 和等价阻尼比 ζ_e 一般都是未知振幅 x_0 的函数，因此在应用等价线性化方法计算地震反应时需要先假设变形振幅 x_0，然后计算等价刚度和阻尼比，进而计算地震反应，确定 x_0 的新值。当计算得到的新值与假定 x_0 的不一致时，可用新值代替原来假设的值，重复同样的计算过程，知道计算值与假设值相一致（可允许有一定误差），也就是说需要进行迭代计算。此外，也可用时程分析方法计算地震反应，这时已知附加阻尼器的阻尼系数 c_v 而不是阻尼比。对于黏滞阻尼器，阻尼系数 c_v 值可以根据 E_D 值按式（20.5.15）和（20.5.17）确定。为了将弹塑性阻尼器等非线性阻尼器等价成线性黏滞阻尼器并确定其阻尼系数 c_v，常用的方法是令式（20.5.2）、式（20.5.3）和式（20.5.7）中的一周内耗能与式（20.5.14）所表示的线性黏滞阻尼器的相应值相等，并从恒等式中解出 c_v 值，从而获得以下结果[21]。

（1）理想弹塑性阻尼器

$$c_v = \frac{4p_y(x_0 - x_y)T}{2\pi^2 x_0^2} \quad x_0 \geqslant x_y \tag{20.6.1}$$

（2）双线性弹塑性阻尼器

$$c_v = \frac{4(k_s - k_h)x_y(x_0 - x_y)T}{2\pi^2 x_0^2} \quad x_0 \geqslant x_y \tag{20.6.2}$$

（3）幂函数型阻尼器

$$c_v = \frac{4\alpha x_y T(\gamma - 1)p_0^{\gamma-1}}{2\pi^2 x_0^2 p_y^{\gamma}} \tag{20.6.3}$$

当结构中安装有速度相关型或位移相关型附加阻尼器（消能器）时，只要明确知道阻尼器的本构模型（滞回特性）以及与之相接构件的基本性能，就可以建立单元和结构的恢复力模型，并在给定输入地震作用下进行时程分析。这一工作通常可以借助于已有的计算机软件。但是无论从概念设计的角度和工程实用的观点，都还需要考虑简化分析方法。除线性黏滞阻尼器以外，附加阻尼器通常具有非线性的本构关系。未安装附加阻尼器以前的原有结构可以是线性的，也可以是非线性的。由于结构的非线性通常只限于某些特殊的部位，附加的非线性阻尼器自然也可以列入这些特殊部位，这样就可以用子结构法将线性和非线性结构分别用不同的方法求解，使问题得以简化，然后考虑连接构件的耦合作用进行整体分析。许多结构动力分析程序都是这样处理的，如 DRIN、SAP2000、IDARC、3D－BASIC 和 CANNY 等。但是在实际设计中，特别是初步设计中，更常用的是线性化方法。

对于多层建筑，假设已知各质点的地震作用或等效地震力 $F_i(i=1,2,\cdots,n)$ 及其引起的相对位移 $u_i(i=1,2,\cdots,n)$，当不计及扭转影响时，安设附加阻尼器的结构的总应变能力为：

$$w_s = \frac{1}{2}\sum F_i u_i \tag{20.6.4}$$

当结构中设有附加阻尼器时，总阻尼比应为结构构件本身提供的阻尼比 ζ_0 和由机械阻尼器提供的附加阻尼比 ζ_a 之和，即：

$$\zeta_{总} = \zeta_0 + \zeta_a \tag{20.6.5}$$

式中：ζ_a 称为由包括阻尼器在内的耗能部件（消能部件）所附加的有效阻尼比，可按式（20.6.6）进行计算。

$$\zeta_{aj} = \frac{T_j}{4\pi M_j}\varphi_j^{\mathrm{T}} c_0 \varphi_j \tag{20.6.6}$$

式中：T_j、M_j 分别为 j 振型周期和质量；φ_j 为 j 的振型函数。

速度相关型阻尼器在水平地震作用下所消耗的能量可按下式估算：

$$w_c = \pi \sum c_i(\dot{u}_i)\cos^2\theta_i u_i \dot{u}_i \tag{20.6.7}$$

式中：$c_i(\dot{u}_i)$ 为阻尼器两端相对速度幅值为 $\dot{u}_i$ 时的阻尼系数；θ_i 为第 i 个阻尼器的阻尼力作用线方向与水平面的夹角；u_i 为 i 个阻尼器两端的相对位移幅值；$\dot{u}_i$ 为第 i 个阻尼器两端的相对速度幅值，有时可按近似公式 $\dot{u}_i \approx \omega u_i$ 确定，此处 ω 为等价线性系统的基本频率。以上计算方法仅适用于 $\zeta_0 + \zeta_a$ 不大于 0.2 的情况。

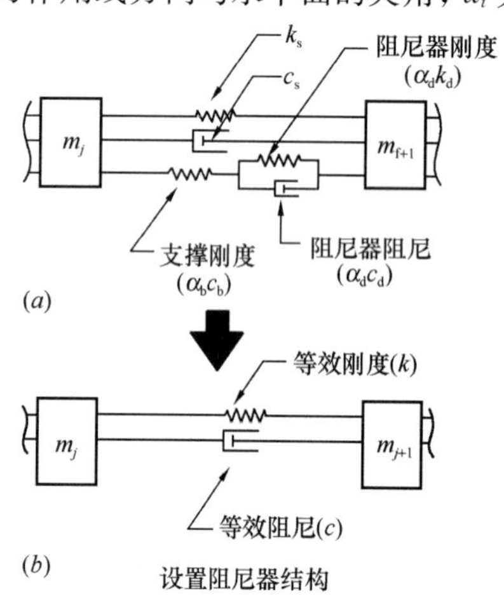

图 20.6.1　简化分析模型

安装附加阻尼器以后，结构的层间总刚度可以看作是他们与结构固有刚度、支撑系统的刚度和阻尼器串联的结果（图 20.6.1）。根据图 20.6.1（*a*）中所示的串、并联体系得到如图 20.6.1（*b*）所示的总刚度 k 和阻尼系数 c 值[21]。

在实际计算中除了采用上面介绍的迭代和试算以外，还可以选择几种附加阻尼器的布置方案。每个阻尼器的阻尼系数 c_j 值，按线性理论进行分析，获得相应于每种方案、每个阻尼系数时的结构地震反应，从中筛选出符合设计要求（例如满足在给定地震作用下的层间位移极限值），然后按所要求的阻尼系数和阻尼器两端的相对变形和速度幅值选配阻尼器。

20.7　调谐质量阻尼器的原理和简化设计方法

这一节将以单自由度结构为例来阐述调谐质量阻尼器的原理和设计计算方法。调谐质量阻尼器（TMD）是利用附加在主体结构上的小质量弹簧体系的“鞭梢效应”来吸引主体结构的振动能量，从而达到减震的目的，因此也称为吸振器。邓哈托最早对吸振器的减震原理进行了分析[22]。他假设主体单质点结构的阻尼为零，在其附加无阻尼小质量弹簧系统（TMD）形成双自由系统。分析表明，当 TMD 的自振频率等于激振频率时，主体结构的振动完全消失，这是因为此时 TMD 与主体结构之间的作用力恰好等于激振力，但方向相反，外荷载的输入能量全部由 TMD 吸收。这自然是理想的情况。当主体结构和 TMD 的阻尼不等于零时，组合系统便是有阻尼双自由度系统（图 20.7.1）。

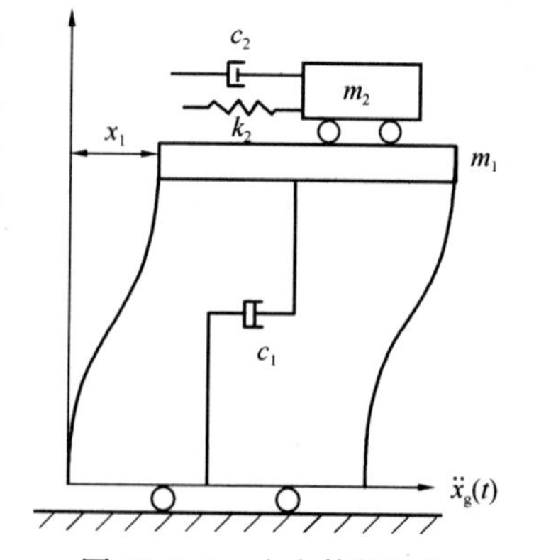

图 20.7.1　由主体结构和 TMD 组成的双自由度系统

此体系在地面运动 $\ddot{x}_g$ 影响下的运动仍可用方程式（20.2.1）来描述。质量、刚度和阻尼矩阵也如同该式的附式，式中，x 为系统的位移向量，$x=[x_1, x_2]^T$；x_1, x_2 分别为主体结构质量 m_1 和 TMD 质量 m_2 相对于地面的位移；其余符号均同前面一样。令 TMD 相对于结构的位移 x_d 为

$$x_d = x_2 - x_1 \tag{20.7.1}$$

将上式代入式（20.2.1）并简化后得：

$$\begin{cases}\ddot{x}_1 + 2\xi_1\omega_1\ddot{x}_1 + \omega_1^2 x_1 - \mu(2\xi_d\ddot{x}_d + \omega_d^2 x_d) = -\ddot{x}_g \\ \ddot{x}_1 + \ddot{x}_d + 2\xi_d\omega_d x_d + \omega_d^2 x_d = -\ddot{x}_g\end{cases} \tag{20.7.2}$$

式中：$\omega_1 = \sqrt{k_1/m_1}$；$\omega_d = \sqrt{k_2/m_2}$；$\xi_1 = \dfrac{c_1}{2\sqrt{k_1 m_1}}$；$\xi_d = \dfrac{c_2}{2\sqrt{k_2 m_2}}$；$\mu = \dfrac{m_2}{m_1}$。

当主体结构基座遭受简谐振动，即：

$$\ddot{x}_g = e^{i\text{wt}} \tag{20.7.3}$$

次双自由度体系的稳态反应也为简谐运动：

$$\begin{cases}x_l(t) = H_l(\omega)e^{i\omega t} \\ x_d(t) = H_d(\omega)e^{i\omega t}\end{cases} \tag{20.7.4}$$

式中：$H_l(\omega)$、$H_d(\omega)$ 分别为动态响应系数或传递函数。

将式（20.7.3）和式（20.7.4）代入式（20.7.2）中，经整理后得：

$$\begin{bmatrix}\omega_1^2 - \omega + 2\xi_1\omega_1(\mathrm{i}\omega) & -\mu[\omega_d^2 + 2\xi_d\omega_d(\mathrm{i}\omega)] \\ -\omega^2 & \omega_d^2 - \omega^2 + 2\xi_d\omega_d(\mathrm{i}\omega)\end{bmatrix}\begin{Bmatrix}H_l(\omega) \\ H_d(\omega)\end{Bmatrix} = -\begin{Bmatrix}1 \\ 1\end{Bmatrix} \tag{20.7.5}$$

由以上方程式可以解出结构响应的传递函数：

$$H_1(\omega) = \frac{1}{\Delta(\omega)}[\omega^2 - (i\omega)(1+\mu)2\xi_d\omega_d - (1+\mu)\omega_d^2] \tag{20.7.6}$$

$$H_d(\omega) = \frac{-1}{\Delta(\omega)}[(\mathrm{i}\omega)2\xi_1\omega_1 - \omega_1^2] \tag{20.7.7}$$

$$\begin{aligned}\Delta(\omega) = {} & \omega^4 - i\omega^3[2\xi_1\omega_1 + 2\xi_d\omega_d(1+\mu)] - \omega^2[\omega_1^2 + (1+\mu)\omega_d^2 + 4\xi_1\xi_d\omega_1\omega_d] \\ & + i\omega[2\xi_1\omega_1\omega_d^2 + 2\xi_d\omega_d\omega_1^2] + \omega_1^2\omega_d^2\end{aligned} \tag{20.7.8}$$

假设基底输入的加速度 $\ddot{x}_g(t)$ 为零均值白噪声平稳过程，其功率谱为常数 S_0，根据平稳随机过程理论，结构响应方差为：

$$\sigma_{xl}^2 = s_0\int_{-\infty}^{\infty}|H_l(\omega)|^2\mathrm{d}\omega \tag{20.7.9}$$

$$\sigma_{xd}^2 = s_0\int_{-\infty}^{\infty}|H_d(\omega)|^2\mathrm{d}\omega \tag{20.7.10}$$

TMD 系统对主结构在白噪声作用下的减震效果可以采用设置 TMD 后主结构的响应方差 σ_{x1}^2 与未设置 TMD 的主结构响应方差 σ_x^2 之比 SR 来表示，即

$$SR = \sigma_{x1}^2/\sigma_x^2 \tag{20.7.11}$$

此外：

$$\sigma_x^2 = \frac{\pi s_0}{2\xi_1\omega_1^3} \tag{20.7.12}$$

将式（20.7.6）代入式（20.7.9），完成积分后再代入式（20.7.11），经整理并注意到式（20.7.12）所示的关系可得（林均岐等，1996；Wirsching，1974）：

$$SR = \frac{2\xi_1 [B_1(A_2A_3 - A_1) + A_3(A_1^2 - 2B_0) + A_1]}{A_1(A_2A_3 - A_1) - A_0A_3^2}$$

式中：$A_0 = f^2$；$A_1 = 2\xi_1 f^2 + 2\xi_d f$；$A_2 = 1 + (1+\mu)f^2 + 4\xi_1\xi_d f$；$A_3 = 2\xi_1 + 2(1+\mu)\xi_d f$；$B_0 = -(1+\mu)f^2$；$B_1 = (1+\mu)^2 f^2$；$\xi_1 = \omega_d / \omega_1$。

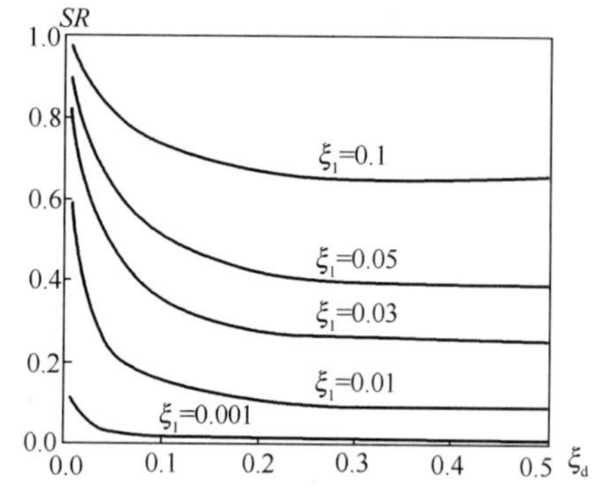

图 20.7.2　不同 ξ_1 时的最小 SR 值

文献［16］在以上公式的基础上，采用模式搜索法寻找最小反应方差比 SR。结果显示，SR 的最小值主要决定于结构和 TMD 的阻尼比，如图 20.7.2 所示。与此最小值 SR 相应的质量比 μ 和频率比 f 分别如图 20.7.3 和图 20.7.4 所示，他们显然也是与 ζ_1 和 ζ_2 值有关的。从图 20.7.2 中的曲线可以看到，TMD 的减震效果在很大程度上取决于主体结构的阻尼。一般来讲，ξ_1 值愈小，减震效果愈好，当 ξ_1 小于 0.05 时效果才比较好。而对 TMD 则要求有较大的阻尼比值 ξ_d，ξ_d 值太小，减震效果不易发挥，但当 ξ_d 达到 0.2，减震效果几乎达到最小值，继续增大 ξ_d 值已没有意义。这一点不难从图 20.7.3 中所要求的质量比中看到。图 20.7.3 表明，当 ξ_d 达到 0.2 时，为使 SR 值取值最小，要求质量比大于 0.2 左右（取决于 ξ_1 值）。一般来讲，ξ_d 愈大，μ 值要相应增加，价格也要相应增加，因此是不经济的。图 20.7.4 表明，随着 μ 值得增大，频率比需要相应减小，这是比较容易做到的，也不影响造价，因此并不起控制作用。

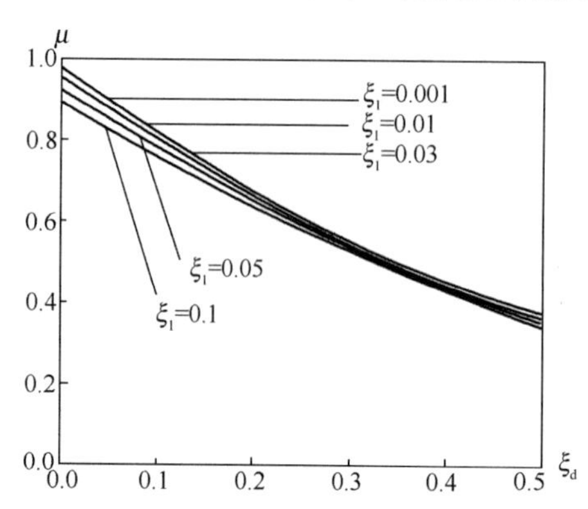

图 20.7.3　与最小 SR 值相应的质量比 μ

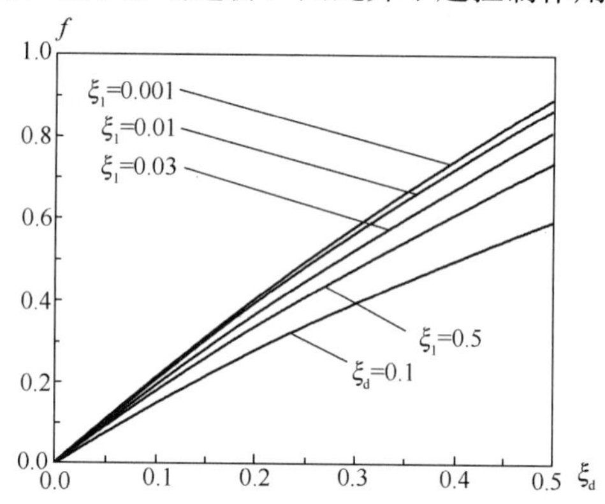

图 20.7.4　与最小 SR 值相应的频率比 f

由于多自由度线性体系可以按振型分解为若干单自由度体系，因此上述优化设计图表原则上也是适用的。不过在多自由度系统中，除了阻尼比、频率比和质量比以外，振型参与系数的大小对 TMD 的减震效果也有影响。文献［23］按照求传递函数极小值的方法，假定结构的阻尼比为零，给出了以下已知 j 振型质量比 μ_j、振型参与系数 η_j 和 TMD 阻尼比 ξ_d 时的最佳频率比：

$$f_j = \sqrt{\frac{1}{1+\mu_j/\eta_j}(2\xi_d^2 + 1)} \tag{20.7.13}$$

上式表明，f_j 值是随 ξ_d 和 η_j 增加而增加，随 μ_j 增加而减小的。但这三个参数的影响都不是很大，f_j 值在 0.98～0.3 之间变化。

参 考 文 献

1 周锡元等. 建筑结构的隔震、减振和振动控制. 建筑结构学报，23（2），2002

2 Anestis S. Veletsos，Carlos. E. Ventura. Modal analysis of non-classically damped linear systems. Earthquake Engineering and Structural Dynamics. 1986，14（2）：217-243

3 Hwang，J. S.，Chang，K. C. and Tsai，M. H. Composite Damping Ratio of Seismically Isolated Regular Bridges，Engineering Structures. 1997，19（1）：55-62

4 周锡元，李中锡. 规则型隔震桥梁结构的简化分析方法. 土木工程学报，2001，34（3）：53-58.

5 李中锡，周锡元. 规则型隔震房屋的自振特性和地震反应分析方法. 建筑科学，2001，17（5）：14-18

6 Kelly，JM. Earthquake-Resistant Design with Rubber，2nd edn，Springer，London，1996

7 唐家祥，刘再华. 建筑结构基础隔震. 武汉：华中理工大学出版社，1993

8 周锡元，韩森，马东辉，曾德民. 隔震橡胶支座水平刚度系数的实用计算方法. 建筑科学，1998，14（6）：3-8

9 周锡元，马东辉，曾德民，韩森. 用刚性板连接的组合橡胶支座水平刚度计算方法. 土木工程学报，2000，33（6）：38-44

10 Pall，A. S.，Pall，R. Friction Dampers for Seismic Control of Buildings — A Canadian Experience. Proc. Eleventh World Conference on Earthquake Engineering，Acapulco，Mexico. Paper No. 497

11 T. Fujita. 11th International Conference on Structures Mechanics in Reactor technology（SMITR11）. August 18-23，1991，Tokyo，Japan

12 张维嶽，杨蔚彪. 二阶摩擦减振控制支撑框架动力分析. 建筑科学，1997，4：3-7

13 T T Soong，G F Dargush. Passive Energy Dissipation Syetem in Structural Engineering. John Wiley & Sons Inc.，1997

14 R I Skinner，W H Robinson，G H Mc Verry 著，谢礼立等译. 工程隔震概论. 北京：地震出版社，1996

15 M D Monti and W H Robinson. A Lead Shear Damper Suitable for Reducing the Motion Induced by Wind and Earthquake. 11WCEE，Acapulco，Mexico，June 23-28，1996

16 林均岐，王云剑. 调谐质量阻尼器的优化分析. 地震工程与工程振动，1996，16（1）：116-121

17 R. S. Jangid，Dynamic characteristics of structures with multiple tuned mass dampers，Structural Engineering and Mechanics，1995，3（5）：497-509

18 S. D. Xue，J. M. Ko and Y. L. Xu. Optimal Performance of the TLCD in Structural Pitching Vibration Control. Journal of Vibration and Control，2002，8（5），619-642

19 刘季，李惠. 液压质量控制系统（HMS）对底层大空间建筑的抗震控制. 建筑结构学报，1997，18（2）：52-64

20 Ramberg，W.，& Osgood，W. R. Description of stress-strain curves by three parameters. Technical Note No. 902，National Advisory Committee For Aeronautics，Washington DC，1943

21 Hanson，R. D.，and Soong，T. T.，Seismic Design with Supplemental Energy Dissipation Devices，Monograph No. 8，Earthquake Engineering Research Institute，Oakland，CA

22 J. P. DenHartog. 机械振动学. 北京：科学出版社，1961

23 龙复兴，张旭，顾平，姚进. 调谐质量阻尼器系统控制结构地震反应的若干问题. 地震工程与工程振动，1996，16（2）：87-94

第21章 建筑的抗震鉴定

21.1 概述

21.1.1 我国建筑抗震规范的发展[1]

1. 我国建筑抗震规范的制定和修改

我国建筑抗震设计规范的进展，与国内大地震的发生及其经验总结，国民经济的发展以及国内抗震科研水平提高有着十分密切的关系。

新中国成立初期，鉴于当时的历史条件，除极为重要的工程外，一般建筑都没有考虑抗震设防。当时国家只作如下规定："在8度及以下的地震区的一般民用建筑，如办公楼、宿舍、车站、码头、学校、研究所、图书馆、博物馆、俱乐部、剧院及商店等均不设防。9度以上地区则用降低建筑高度和改善建筑的平面来达到减轻地震灾害。"

建筑抗震设计标准的编制工作开始于1959年，1964年完成了《地震区建筑设计规范草案》(以下简称《64规范》)，规定了房屋建筑、水工、道桥等工程抗震设计内容。这个草案虽未正式颁发执行，但对当时工程建设以及以后规范发展起到了积极的作用。

1966年邢台地震后，编制了《京津地区建筑抗震设计暂行规定》，作为地区性的抗震设计规定。此后，我国华北、西南、华南地区大地震频繁发生，根据地震形势和抗震工作的需要，1972年国家基本建设委员会下达了规范编制任务，总结了邢台地震经验和当时国内外抗震科研成果，1974年完成并颁发了全国性第一本建筑抗震设计规范，即《工业与民用建筑抗震设计规范》TJ 11—74（试行）(以下简称《74规范》)。

1976年唐山大地震后，对《74规范》进行了修改，颁发了《工业与民用建筑抗震设计规范》TJ 11—78（以下简称《78规范》)。此后，我国抗震科研迅速发展，并积累了丰富的抗震设计实践经验，在此基础上，制定了《建筑抗震设计规范》GBJ 11—89（以下简称《89规范》)。而后又对《89规范》进行了修订，编制了《建筑抗震设计规范》GB 50011—2001（以下简称《2001规范》) 和GB 50011—2010（以下简称《2010规范》)。

建筑抗震设计规范的不断修订，标志着我国抗震科学技术水平的提高和经济建筑的发展。

2. 抗震设防标准

建筑的抗震设计，要有一个适当的设防标准。它应根据一个国家的经济力量、科学技术水平恰当地制定，并随着经济力量的增长和科学水平的提高而逐步提高。

我国《74规范》和《78规范》的设防原则是"保障人民生命财产的安全，使工业与民用建筑经抗震设防后，在遭遇相当于设计烈度的地震影响时，建筑的损坏不致使人民生命和重要设备遭受危害，建筑不需修理或经一般修理仍可继续使用"，通俗说法叫做设计烈度下"裂而不倒"。制定这个标准的依据是1966年邢台地震以来的历次地震经验。我国城乡建筑绝大部分采用砌体结构，砌体属脆性材料结构，在强烈地震作用下，很难保证不产生一些破坏，但是恰当地增加一些措施，就可以避免房屋倒塌，从而保障生命安全，抗震防灾的基本目标也就达到了。

随着科学研究水平的提高，地震危险性分析方法和抗震设计理论的进步，以及地震经验的积累，《89 规范》对新建工程的抗震要求是“小震不坏，中震可修，大震不倒”，并将设防标准建立在概率预测的基础之上。按我国的抗震设计传统，一个地区的设防依据是设防烈度（即中震），大震和小震是相对于设防烈度而言，并非绝对意义上的大震和小震。规范根据地震危险性分析，定出一个适当的超越概率，大体上使大震的烈度高于设防烈度一度左右。按照这个烈度水准，对脆性结构着重在构造上采取措施，使遭遇这样的大震虽可能有较严重的破坏，但不致倒塌；而对一些地震时可能倒塌的延性结构则采取加强抗震薄弱环节的办法，避免倒塌。《2010 规范》、《2001 规范》在沿用《89 规范》抗震设防标准的基础上，纳入了基于性能的抗震设计。

3. 地震烈度与设防依据

地震烈度是一种对地震发生后的灾害进行评定的宏观尺度，它包含了各种因素（场地、地基、结构反应等）影响的总结果。

从 20 世纪 50 年代至 2001 年，我国一直以地震烈度作为抗震设防的指标。地震区域划分图按烈度划分；抗震设计规范的地震作用和抗震措施，也是以烈度作为设计依据，但在概念上与原来的烈度含义有所区别。区划图的烈度分区和设计地震作用估计均要有一个物理量与相应的烈度对应，这个物理量即峰值加速度，在我国《64 规范》中，相应于 7、8、9 度的数值分别为重力加速度的 7.5%、15%、30%；《74 规范》和《78 规范》及《89 规范》中分别为重力加速度的 10%、20%、40%。

国内有人赞成把地震区划和地震作用的计算同烈度概念脱开，而直接用地震地面运动参数表示，如日本、美国、印度等国那样，采用与烈度无关的分区办法，以免长期把衡量地震灾害后果的综合尺度与新建工程的抗震设计指标混为一谈。但也有人认为，地震烈度的采用有其历史性和习惯性，抗震设计依赖于宏观震害的经验总结，在没有足够的地面运动参数记录时，还是沿用地震烈度为宜。为了兼收两者之长，并便于过渡，《89 规范》采用了“双轨制”的办法，对一般的结构设计，仍采用现行的地震区划图，以基本烈度作为基础；而做过地震区划的城市或工程项目，可以直接用地震动参数作为设计指标。抗震构造措施，还是用地震烈度加以区分，以便与地震灾害经验有更直观的联系。而《2010 规范》、《2001 规范》依据的是《中国地震动参数区划图》GB 18306—2001，该标准提供了两张区划图：《中国地震动峰值加速度区划图》、《中国地震动反映谱特征周期区划图》。

从《64 规范》至《74 规范》、《78 规范》，均采用“设计烈度”作为结构抗震设计的依据。“设计烈度”是按各建筑的重要性，在基本烈度基础上予以调整得到的。它来自 20 世纪 50 年代苏联规范“计算烈度”，但“计算烈度”只用于计算地震作用，而“设计烈度”则既用于地震作用计算又用于抗震措施。实际应用发现，这种规定要成倍提高计算的地震作用，导致过高地估计地震的实际影响，造成资金浪费，甚至给设计带来困难。

《89 规范》引入“设防烈度”作为建筑的抗震设防依据。这是因为一方面考虑到一个地区要有一个统一规定的基本烈度（例如 50 年超越概率约 10%的地震），另一方面又应该根据经济条件、社会影响等因素，对抗震设计采用的地震烈度作适当的调整，或根据地震危险性分析采用不同的概率水准。另外，我国第三代的地震区划，对一个地区将给出不同期限、不同概率水准的地震区划图，抗震设计也将过渡到按不同期限、不同概率水准的烈度（地震动参数）来确定一个地区适当的设防烈度。

《2010 规范》、《2001 规范》仍以《89 规范》引入的“设防烈度”作为建筑的抗震设防依据。

4. 场地问题

规范中的场地问题系指其选择和分类。建筑场地的选择在规范中得到反映始于《74 规范》。我国历次大地震都有下列直观的经验：在高烈度地震区出现低烈度震害异常区，而低烈度区出现高烈度异常现象。这个现象包含了各种复杂的因素，有些目前还没有完全搞清楚，发现的某些规律还只是定性的而缺乏定量的依据。因此，《74 规范》、《78 规范》以至《89 规范》对场地选择的规定是属于定性的。按照地形、地貌、土质条件、地震后果的估计等定性的描述将场地区分为有利、不利和危险地段，并要求尽量选择对建筑抗震有利的地段，避开不利地段，不宜在危险地段进行建设。

场地的分类在《64 规范》中就提出来了，经过《74 规范》、《78 规范》的实际应用，并在《89 规范》中更臻完善。

《64 规范》、《74 规范》和《78 规范》的场地类别按岩性进行区分。其区别是：《64 规范》称之为地基类别，分为四类；《74 规范》和《78 规范》则称为场地土类别，分为三类。从地基类别改为场地土类别，是考虑到场地条件影响范围的大小。场地指建筑所在地，大体相当于厂区、居民点和自然村的区域范围，而场地土则指场地地下的岩土。Ⅰ类土上的场地土即属Ⅰ类；Ⅱ、Ⅲ类土上的场地土则按场地范围内 10～20m 深度以内的土层综合评定。考虑到当时规范没有恰当的定量指标可供参考，按四类划分的条件不够，故《74 规范》、《78 规范》只按三类划分。执行中，设计人员感到Ⅱ、Ⅲ类对应的设计反应谱差别太大，建议在Ⅱ、Ⅲ类之间增加一个分类级别。在《89 规范》修订中，认真研究了国内外的地震经验和研究成果，认为按四类划分已具备条件，并且根据我国几个大中城市的工程地质勘察资料提供的土层剪切波速资料和国外的有关规定和研究资料，规定场地土分类主要以平均剪切波速来划分，无实测剪切波速资料的一般工程仍可采用按岩土名称和性状进行土的类型划分。《89 规范》在划分场地类别时，除按场地土软硬程度外，还考虑了土覆盖层厚度因素。

5. 地震作用和抗震验算

建筑结构遭受的地震影响，在《64 规范》、《74 规范》和《78 规范》里统称为地震荷载，即把地震对建筑的作用视为一种荷载，并表示为建筑质量与地震加速度反应乘积。《89 规范》改称为地震作用，是考虑到“荷载”仅指直接作用，而地震地面运动对结构施加的作用（包括力、变形和能量反应等）属于间接作用。

20 世纪 50 年代前期，我国抗震设计以静力法为主，后期开始将反应谱理论引入抗震设计，地震作用计算由静力理论过渡到动力理论。但规范的设计地震作用远小于按实际地震反应谱计算的地震作用，而满足规范设计地震作用要求的房屋，在大地震发生时并不导致倒塌。其原因可能是多方面的，但主要是结构的非弹性吸能性质所致。所以提出用于结构延性吸能有关的系数，对弹性地震作用予以折减，以反映结构在地震作用下的非弹性性质。《64 规范》中，以振型分解反应谱法作为规范估计地震作用的主要方法，并将表征设计地面运动加速度与重力加速度比值的系数（7、8、9 度分别为 0.025、0.05 和 0.1）分

成 C 和 K 两部分，C 取 1/3，K 取 3 倍的 K_C，即 $C \cdot K = K_C$，其中 K 为规范规定的地震系数，相应于 7、8、9 度的 k 分别为 0.075、0.15、0.3。当时最后结果虽然没有实质性变化，但引入的结构系数 C 却在概念上前进了一大步。它向人们揭示了抗震设计的一个本质问题，即规范采用的设计地震是作用经过折减的设计指标。《74 规范》、《78 规范》为了简化地震作用的计算，引入了底部剪力法，并将《64 规范》的结构系数 C 发展为结构影响系数 C，它综合考虑了结构和材料非弹性性质，计算方法简化等因素。

然而，这种对结构非弹性反应的考虑，存在着两个主要问题：一是结构的非弹性变形隐含在力和强度的表达式里，这可能会给工程设计人员一种错觉，使设计人员用增强结构的强度，而忽略了用提高结构变形能力和吸能能力来达到抗震的目的；二是规范所给出的结构影响系数是表示对结构有一个总体的延性要求，但实际上，总的延性要求不能反映结构各个部件或节点的延性。近年来，对结构的非弹性变形的研究，以及实际地震灾害调查都表明，往往由于局部的延性不足，或局部提前达到屈服产生变形集中而导致结构严重破坏或倒塌。

《89 规范》对此作了相应的改进，即结构强度验算时采用较基本烈度低的地震作用。同时考虑不同材料和不同受力状态的工作特征，引入了一个承载力抗震调整系数。另外，除对结构和构件进行抗震承载力验算外，对某些在地震时易倒塌的结构还要进行遭遇高于基本烈度地震时的变形验算。

与《89 规范》相比，《2001 规范》在水平地震作用计算上的修改主要是：给出了长周期和不同阻尼比的设计反应谱；增加了当结构在地震作用下的重力附加弯矩大于初始弯矩的 10%时，应计入重力二阶效应的影响等结构分析的一些规定，以及结构楼层最小水平地震剪力控制和规则结构偶然偏心等。《2001 规范》的场地特征周期采用了设计地震分组，其场地特征周期较《89 规范》一般要延长 0.5s。

6. 抗震措施

20 世纪 60 年代以前，我国的几次大地震都发生在农村，对现代工程建设提供的直接震害经验较小，因此，《64 规范》中的抗震措施部分还不很多。1966～1975 年这 10 年间，几次大地震影响了中小城镇，对多层砖房的抗震措施提供了经验。1976 年的唐山大地震，直接发生在较大城市，并影响到天津、北京，对各类结构提供了震害经验。唐山地震以后的 10 多年内，国内不少单位对各种抗震措施又进行了大量的试验研究。规范的抗震措施内容大为丰富。其主要特点为：

（1）强调合理的概念设计

1）确定建筑形状时，应使平、立面布置规则、对称，竖向刚度、强度、质量的分布均匀连续；

2）按多道设防的原则确定结构抗侧力体系；

3）避免结构因局部削弱或突变形成薄弱部位，产生过大的应力或塑性变形的集中；

4）提高材料、构件和节点的变形能力和吸能能力，防止脆性破坏；

5）保证构件间连接的可靠性，加强结构整体性和稳定性；

6）注意非结构构件的抗震性。

（2）总体上提高抗震性能

1）多层砖房限制房屋高度是《74 规范》首次对多层砖房提出的一个重要措施，限于当时的条件，限制较宽。《78 规范》在吸取唐山地震教训后，对无配筋的多层砖房作了较严的高度限制。《89 规范》对无构造柱的多层砖房的总高度限制就更严格了一些，即限制 7 度时不高于 4 层，8 度时不高于 3 层，9 度时不高于 2 层。用钢筋混凝土构造柱提高多层砖房的抗倒塌的能力，是《78 规范》在总结唐山地震经验和参考国外的经验提出来的。构造柱的作用是同圈梁一起对墙体进行约束，以防止砖墙在裂缝发生后散落而丧失承载能力。在《89 规范》中，对构造柱的设置，增加了更详细的要求。

2）钢筋混凝土柱的单层厂房是全装配式的结构，其各部分构件间连接的可靠性是十分重要的。在海城地震以前，这类房屋的震害经验不多，因此，《74 规范》在这方面的规定较少。海城地震和唐山地震中，这类房屋倒塌很多，引起了注意，《78 规范》中增加了保证房屋整体性的措施，《89 规范》中又进一步规定要加强屋面板之间、屋面板与屋架、屋架与柱之间的连接；加强屋盖支撑系统、厂房纵向支撑系统的完整性，以保证结构的稳定性。鉴于厂房围护结构极易倒塌，规范中提出了围护墙同主体结构加强连接的要求。

3）钢筋混凝土结构的抗震措施，是随着地震灾害经验及国内外的试验研究资料的不断丰富而逐渐充实的。《89 规范》中的许多规定，是遵循结构和构件的延性设计原则提出的。对框架结构，虽不能完全做到“强柱弱梁”，但应尽量延缓柱子的屈服，并使同一层的柱子不同时全部屈服。对抗震墙结构，要求能成为以受弯为主要工作特征的延性结构，避免剪切破坏或滑移破坏。对各类构件（梁、柱、墙及节点），要求通过合理选择尺寸、合理配置纵向钢筋和横向钢筋，避免剪切破坏先于弯曲破坏、混凝土的压溃先于钢筋的屈服、钢筋锚固和粘结先于构件破坏。

21.1.2 建筑抗震鉴定的范围与类别

建筑的抗震鉴定原来是指未经抗震设防的建筑物，以及该地区抗震设防烈度提高了，需要对重要的建筑物根据轻重缓急进行抗震鉴定等。我国的建筑抗震设计规范的正式颁布为 1974 年，即《工业与民用建筑抗震设计规范》（试行）TJ 11—74，以后又多次进行了修订，形成了《工业与民用建筑抗震设计规范》TJ 11—78，《建筑抗震设计规范》GBJ 11—89、《建筑抗震设计规范》GB 50011—2001 和现行的《建筑抗震设计规范》GB 50011—2010。随着我国经济建设的发展和建筑使用功能的提高，按 TJ 11—74、TJ 11—78 和 GBJ 11—89 规范设计的房屋中有些已经不满足建筑使用功能的要求，为了满足使用功能的要求需要进行结构改造或加层，这就提出了对这些已经经过抗震设防的建筑工程进行抗震性能评价及其改造或加层的可行性研究问题；还有一些抗震设防区的房屋建筑出现了使用或结构安全的问题，也需要在进行结构安全鉴定中同时进行抗震能力的评定，这些也属于我们通常讲的建筑抗震鉴定。

建筑抗震鉴定应主要分为两类：一类是未经抗震设防的房屋和构筑物，由于我国第一本正式颁布的抗震设计规范为《74 规范》，在这之前建造的建（构）筑物没有可能进行抗震设计，在这类中还应包括该城市的抗震设防烈度提高了，则该城市的现有建筑都应区分轻重缓急进行抗震鉴定。另一类则是按不同时期建筑抗震设计规范进行抗震设防的建筑，这些建筑中有的由于建筑抗震类别提高了，如中小学校舍建筑由原来的丙类提高为乙类，则需要按照乙类建筑进行抗震鉴定和加固处理；还有的需要进行改变使用功能的局部改造或加层等也需要进行抗震鉴定，以及在使用过程中发现结构出现损伤或怀疑建筑抗震不满足要求等应进行的检测鉴定。

这两类抗震鉴定（未经抗震设防的建筑物和已经经过抗震设防但需要进行改造或加层的建筑物）有共同点和不同点。

其共同点为都是评价确定建筑物的抗震性能，其抗震鉴定的内容、步骤、程序和采用的方法等基本一致，其目的都是确保被鉴定建筑物的抗震性能。

其不同点是：工作对象有差异，未经抗震设防的建筑物的已经使用年限较经过抗震设防的建筑物要长；鉴定的依据和设防标准有差异，未经抗震设防的建筑物的鉴定标准要比经过抗震设防的建筑物要低。这就提出了已经使用了较长时间而今后使用年限又不可能达到 50 年的现有建筑抗震鉴定的标准问题。

关于不同年限地震作用的取值问题，从概率统计方面来看，与时间变化有关的活荷载（包括楼面活荷载、雪荷载、风荷载）和地震作用等都可用随机过程来进行分析。除地震作用外的活荷载均可用平稳二项式随机过程来描述；而地震作用由于有平静期（能力量积累阶段）和活跃期（能量释放阶段）之分，其随机过程的描述也比较复杂。在编制《89 规范》的过程中，文献［2］、［3］运用地震危险性分析方法对我国华北、西北、西南 45 个城市的地震危险性进行了分析，给出了各个地震烈度在 50 年内可能发生的超越概率，并在此基础上对地震烈度和地震作用的概率模型及其统计参数进行了分析，给出了地震烈度符合极值Ⅲ型分布和地震作用符合极值Ⅱ型分布的结论。运用地震烈度符合极值Ⅲ型分布的概率模型对在 50 年设计基准期内的抗震设计“小震”与“大震”的取值进行了分析，确定了“小震”为在 50 年的超越概率为 63.2%，其重现期为 50 年，也就是 50 年一遇的地震；设防烈度为在 50 年的超越概率为 10%，其重现期为 475 年；“大震”在 50 年的超越概率为 2%～3%，其重现期为 2000 年左右。《2001 规范》和《2010 规范》继续沿用了《89 规范》的研究成果。

为了区分不同重要性建筑和不同抗震性能设计中考虑采用不同设计基准期的需求，运用地震烈度的概率分析给出了不同设计基准期构件截面验算和弹塑性变形验算与设计基准期为 50 年的地震作用取值的关系，详见表 21.1.1 和表 21.1.2。

不同设计基准期构件截面验算与设计基准期为 50 年的地震作用取值的比　表 21.1.1

设计基准期（年）	30	40	50
计算值	0.74	0.88	1.0
建议取值	0.75	0.90	1.0

不同设计基准期罕遇地震变形验算与设计基准期为 50 年的地震作用取值的比　表 21.1.2

设计基准期（年）	30	40	50
建议取值	0.70	0.85	1.0

对于现有建筑的抗震能力评价不能采用同一个标准，需要根据实际情况区别对待和处理，使之在现有的经济技术条件下分别达到其最大可能达到的抗震防灾要求。《建筑抗震鉴定标准》GB 50023—2009 给出了按今后不同使用年限采用不同地震作用水平的抗震鉴定方法和相应的抗震鉴定要求[4]：

(1) 在 20 世纪 70 年代及以前建造经耐久性鉴定可继续使用的现有建筑，其后续使用年限不应少于 30 年；在 20 世纪 80 年代建造的现有建筑，宜使用 40 年或更长，且不得少于30年。后续使用年限30年的建筑（简称A类建筑），应按《建筑抗震鉴定标准》GB 50023—2009规定的A类建筑抗震鉴定方法。

（2）在20世纪90年代（按当时施行的抗震设计规范系列设计）建造的现有建筑，后续合理使用年限不宜少于40年，条件许可时应采用50年。后续使用年限40年的建筑（简称B类建筑），应按《建筑抗震鉴定标准》GB 50023—2009规定的B类建筑抗震鉴定方法。

（3）在2001年及以后（按当时施行的抗震设计规范系列设计）建造的现有建筑，后续合理使用年限宜采用50年。后续使用年限50年的建筑（简称C类建筑），应按现行国家标准《建筑抗震设计规范》GB 50011的要求进行抗震鉴定。

21.2 建筑抗震鉴定的基本要求

21.2.1 现有建筑抗震鉴定的步骤[5]

现有建筑的抗震鉴定是对房屋的实际抗震能力、薄弱环节等整体抗震性能做出全面正确的评价，应包括下列步骤：

（1）原始资料搜集，如勘察报告、施工图、施工记录、竣工图、工程验收资料等，资料不全时，要有针对性地进行必要的补充实测。

（2）建筑现状的调查，了解实际情况与原始资料相符合的程度、施工质量和维护及改造或改变使用功能等状况，并注意有关的非抗震质量问题。

（3）建筑结构现场检测，应根据对建筑工程现场的检查情况和检测的目的，制定检测方案和实施现场检测。

（4）综合抗震能力分析，依据各类建筑结构的特点、结构布置、构造和抗震承载力等因素，采取现有抗震概念的宏观判断和数值计算的综合鉴定方法。

（5）鉴定结论和治理，对建筑整体抗震性能做出评价，对不符合鉴定标准要求的未经抗震设防的建筑提出相应的维修、加固、改造或拆除重建等的抗震减灾对策；对改造和加层的建筑则还应对改造和加层后的是否满足要求进行鉴定，对不满足要求的建筑应提出需要加固的意见。

21.2.2 现有建筑的抗震鉴定的基本要求

根据地震灾害经验和各类建筑物震害规律的总结以及各类建筑物抗震性能的研究成果，给出现有建筑物抗震鉴定的原则和指导思想，对现有建筑物的总体布置和关键的构造进行宏观判断，力求做到从多个侧面来综合衡量与判断现有建筑的整体抗震能力。我们把这方面的抗震鉴定称之为抗震鉴定的基本要求。

1. 建筑的综合抗震能力的判断

以往的抗震鉴定及加固，偏重于构件、部件的鉴定，缺乏总体抗震性能的判断。只要某部位不符合鉴定要求，则认为该部位需要加固处理，增加了房屋的加固面；或者鉴定加固后形成了新的薄弱环节，抗震性能仍不满足“大震”不倒的要求。例如，1976年7月28日唐山大地震中，天津第二毛纺厂总层数为3层的框架结构厂房第2层遭到了较严重的破坏：第2层框架柱头出现塑性铰、箍筋外露、混凝土开裂。由于整个房屋总体房屋不重，而加固时忽视了整体观点仅对第2层破坏的框架柱进行了加固，且对第2层柱的加固没有从基础生根，其局部加固形成新的明显的薄弱层。在1976年11月15日天津宁河

6.9级的强烈余震中，该厂房从底层垮塌；还有的砖房加固时新增的构件引起地基不均匀沉降使墙体开裂以及新增钢筋混凝土抗震墙基础埋深不足而起不到抗弯的作用。因此，要强调整个结构总体上所具有的抗震能力，并把结构构件分为具有整体影响和局部影响两大类，予以区别对待。前者不符合鉴定要求时，则对综合抗震能力影响较大；后者不符合鉴定要求时只影响局部，有的在判断总体抗震能力时可予以忽略，只需结合维修处理。

综合抗震能力还意味着从结构布置、结构体系、抗震构造及抗震承载力两个方面进行综合。新建工程抗震设计时，可从承载力和变形能力两个方面分别或相互结合来提高结构的抗震性能。该原则在抗震鉴定时仍然适用，若结构现有承载力较高，则除了保证结构整体性所需的构造外，延性方面的构造鉴定要求可稍低；反之，现有承载力较低，则可用较高的延性构造要求予以补充。

结构的现有承载力取决于：①长期使用后材料现有的强度标准值；②构件（包括钢筋）扣除各种损伤、锈蚀后实际具有的尺寸和截面面积；③构件承受的重力荷载代表值。

在鉴定标准中引进"综合抗震能力指数"，就是力图使结构综合抗震能力的判断，有一个相对的数量尺度。

2. 建筑现状良好的评定

"现状良好"是现有建筑现状调查中的重要概念，涉及施工质量和维护、维修情况。它是介于完好无损和有局部损伤需要补强、修复二者之间的一种概念。

抗震鉴定时要求建筑的现状良好，即建筑所存在的一些质量缺陷是属于正常维修范畴之内的。现状良好可包括下列几点：

（1）砌体墙无空鼓、酥碱、风化，砂浆较饱满，支承大梁或屋架的墙体无竖向裂缝；

（2）混凝土构件的钢筋无暴露、锈蚀，混凝土无明显裂缝和剥落，构件无较大变形；

（3）木结构构件无明显变形、挠曲、虫蛀、碳化、腐朽或严重开裂，节点无松动；

（4）钢结构构件无较大变形、歪扭以及大面积锈蚀；

（5）构件连接处、墙体交接处等连接部位无明显裂缝；

（6）结构地基基础稳定性较好、无明显的沉降裂缝和倾斜，砖基础无酥碱、松散或剥落；

（7）建筑变形缝或抗震缝的间隙无堵塞。

3. 建筑重点部位与一般部位的划分

基于房屋综合抗震能力的判断，抗震鉴定时需要按结构的震害特征，对影响整体抗震性能的关键、重点部位进行更加认真的检查。这种部位，对不同的结构类型是不同的，对不同的烈度也有所不同。例如：

（1）多层砖房的房屋四角、底层和大房间等墙体砌筑质量和墙体交接处是重点，屋盖的整体性也有重要影响；底层框架砖房，底层是检查的重点，而内框架砖房的顶层是重点，其底层是一般部位。

（2）框架结构的填充墙等非结构构件是检查的重点；8、9度时，框架柱的截面和配筋构造是检查的重点。

（3）单层钢筋混凝土柱厂房，6、7度时天窗架是可能的破坏部位；有檩和无檩屋盖中，支承长度较小的构件间的连接也是检查的重点；8、9度时，不仅要重视各种屋盖系统的连接和支承布置，对高低跨交接处和排架柱变形受约束的部位也要重点检查。

4. 场地条件和基础类别的利弊

现有建筑的抗震鉴定，以上部结构为主，而地下部分的影响也要适当注意。例如：

（1）Ⅰ类场地的建筑，上部结构的构造鉴定要求，一般情况可降低1度采用，但6度时不能再降低。

（2）对全地下室、箱基、筏基和桩基等整体性较好的基础类型，上部结构的部分鉴定要求可在1度范围内适当降低，但不可全面降低。

（3）Ⅳ类场地、复杂地形、严重不均匀土层和同一单元存在不同的基础类型或埋深不同，则有关的鉴定要求相对提高。

（4）8、9度时，尚应检查饱和砂土、饱和粉土液化的可能并根据液化指数判断其危害性。

5. 建筑结构布置不规则时的鉴定要求

现有建筑的“规则性”是客观存在的，抗震鉴定遇到不规则、复杂的建筑，则需采用更仔细的分析方法来鉴定，并注意提高有关部位的鉴定要求。至于规则与复杂的划分，则包含诸多因素的综合要求。

沿高度方向的要求是：

（1）突出屋面的小建筑尺寸不大，局部缩进的尺寸也不大（如 $B_1/B \geqslant 5/6 \sim 3/4$）；

（2）抗侧力构件上下连续，不错位，无抽梁、抽柱、抽墙，且横截面面积的改变不大；

（3）相邻层质量变化不大（如 $m_1/m_2 \geqslant 3/5 \sim 4/5$）；

（4）相邻层刚度及连续三层的刚度变化平缓（如 $K_i/K_{i+1} \geqslant 0.7 \sim 0.85, K_i/K_{i+3} \geqslant 0.5 \sim 0.7$）；

（5）相邻层的楼层受剪承载力变化平缓（如 $2V_{yi}/(V_{y,i+1}+V_{y,i-1}) \geqslant 0.8$）。

沿水平方向的要求是：

（1）平面上局部突出的尺寸不大（如 $L \geqslant b$，且 $b/B < 1/5 \sim 1/3$）；

（2）抗侧力构件、质量分布在本层内基本对称布置；

（3）抗侧力构件呈正交或基本正交分布，使抗震分析可在两个主轴方向分别进行；

（4）楼盖平面内无大洞口，抗震横墙间距满足要求，可不考虑侧向力作用下楼盖平面内的变形。

6. 结构体系的合理性检验

抗震鉴定时，检查现有建筑的结构体系是否合理，可对其抗震性能的优劣有初步的判断。除了在结构布置中的规则性判别外，还有下列内容：

（1）多层砖房、多层内框架和底层框架砖房、钢筋混凝土框架房屋，在不同烈度下有各自的最大适用高度；当房屋高度和总层数超过时，鉴定时要采用比较复杂或专门的方法。

（2）竖向构件上下不连续等，如抽柱、抽梁或抗震墙不落地，使地震作用的传递途径发生变化，则需提高有关部位的鉴定要求。

（3）钢筋混凝土框架结构不宜为单跨结构类型。

（4）要注意部分结构或构件破坏导致整个体系丧失抗震能力或承受重力荷载的可能性。

（5）当同一房屋有不同的结构类型相连，如部分为框架，部分为砌体，而框架梁直接支承在砌体结构上，天窗架为钢筋混凝土，而端部由砖墙承重；排架柱厂房单元的端部和锯齿形厂房四周直接由砖墙承重等。由于各部分动力特性不一致，相连部分受力复杂，要考虑相互间的不利影响。

（6）房屋端部有楼梯间、过街楼，或砖房有通长悬挑阳台，或厂房有局部平台与主体结构相连，或不等高厂房的高低跨交接处，要考虑局部地震作用效应增大的不利影响。

7. 构件形式的抗震检查

抗震鉴定时，要注意结构构件尺寸、长细比和截面形式等与非抗震的要求有所不同。

（1）砌体结构的窗间墙、门洞边墙段等的宽度不宜过小，不应有砖璇式的门窗过梁，不宜有踏步板竖肋插入墙体内的梯段。

（2）单层砖柱厂房不宜有变截面的砖柱。

（3）钢筋混凝土框架不宜有短柱，纵向钢筋和箍筋要符合最低要求；钢筋混凝土抗震墙的高厚比也不宜过大；

（4）单层钢筋混凝土柱厂房不应有Ⅱ形天窗架、无拉杆组合屋架；薄壁工字形柱、腹板大开孔工字形柱和双肢管柱等也不利于抗震。

这些构件，或者承载力不足，或者延性明显不足，或者连接的有效性难于保证，均不利于抗震。

8. 抗震结构整体性构造的判断

建筑结构的多个构件、部件之间要形成整体受力的空间体系，结构整体性的强弱直接影响整个结构的抗震性能。可从下列方面进行检验：

（1）装配式楼、屋盖自身连接的可靠性，包括有关屋架支撑、天窗架支撑的完整性。

（2）楼、屋盖和大梁与墙（柱）的连接，包括最小支承长度以及锚固、焊接和拉结措施等可靠性。

（3）墙体、框架等竖向构件自身连接的可靠性，包括纵横墙交接处的拉结构造、框架节点的刚接或铰接方式，以及柱间支撑的完整性。

9. 非结构构件的震害评定

非结构构件包括围护墙、隔墙等建筑构件，女儿墙、雨棚、出屋面小烟囱等附属构件，以及各种装饰构件。对其倒塌伤人或加重震害的鉴定要求，与新建工程的设计要求大体相当，体现为：

（1）女儿墙等出屋面悬臂构件要锚固，无锚固时要控制最大高度；人流入口尤为重要。

（2）砌体围护墙、填充墙等要与主体结构拉结，要防止倒塌伤人；对于布置不合理，如不对称形成扭转，嵌砌不到顶形成短柱或对柱有附加内力，厂房一端有墙一端敞口或一侧嵌砌一侧贴砌等，均要考虑其不利影响；对于构造合理、拉结可靠的砌体填充墙，可作为抗侧力构件及考虑其抗震承载力。

（3）较重的装饰物与主体结构应有可靠连接。

10. 材料实际强度等级的最低要求

控制现有建筑材料最低强度等级的目的与新建建筑有所不同：

（1）受历史条件的限制，对现有建筑材料强度鉴定的要求略低于对新建建筑的设计要求；

（2）鉴定时控制最低强度等级，不仅可使现有建筑的抗震承载力和变形能力有基本的保证，而且在一定程度上可缩小抗震验算的范围。

综合运用结构抗震的上述概念，即可对结构整体抗震性能作出第一级综合评定，从而简化抗震鉴定工作，提高效率。

21.2.3 建筑抗震能力的综合评价

建筑抗震性能是由结构布置、结构体系、构造措施和结构与构件抗震承载能力综合决定的。不能仅从结构构件承载能力是否满足要求这一个方面来衡量。结构布置的合理性能使结构构件的受力较为合理，在地震作用下减少扭转效应；结构体系的合理性不仅使结构分析模型的建立较符合实际，而且使结构的传力明确、合理和不间断；结构和构件承载力应包括结构变形能力和构件承载能力，结构变形能力又分为"小震"作用下的弹性变形和"大震"作用下的弹塑性变形；结构构造与结构和构件的变形能力及结构破坏形态、整体抗震能力关系很大。对于抗震构造措施严于现行抗震设计规范要求的，若仅个别构件的承载力不满足相应规范的要求，则应根据该层其他构件承载能力的情况和考虑内力重分布及相应的构造措施等进行综合评价。

21.2.4 建筑抗震鉴定应与结构安全鉴定同时进行

建筑抗震鉴定主要是分析地震作用下的抗震能力和相应的破坏状态，在分析中必须考虑恒载、竖向荷载与地震作用的组合，对于高层建筑尚应考虑风荷载的组合，这是现行《建筑抗震设计规范》规定的。在建筑抗震鉴定中仅考虑其他荷载的组合还不能全面的给出所鉴定结构的安全情况，也就不能为结构诊治与加固提供全面的技术依据。这是由于有些结构构件仅需要进行安全鉴定，比如楼（屋）盖的承载力鉴定，还有砌体构件的受压承载力鉴定，砌体墙、柱的高厚比鉴定等。那种认为过分强调应分别进行安全与抗震鉴定的计算或应在满足安全鉴定的基础上再进行抗震鉴定的提法，是把结构安全鉴定和建筑抗震鉴定完全割裂开来，即不符合结构安全与抗震鉴定的实际又会出现交叉与重复及不协调等方面的问题。

所谓同时进行是要求在计算分析的输入时应符合各种荷载的工况，不能随意进行不符合竖向荷载受力情况的等效，根据相应的鉴定标准要求进行各自的评价。但在同时进行中也不能混淆，其最常见的混淆是把《建筑抗震鉴定标准》GB 50023 中的抗震构造要求搬至结构安全鉴定的结构构件构造的安全性评定中，结构构件构造的安全性评定的构造要求应是非抗震设计的构造要求，即现行混凝土结构、砌体结构、钢结构、木结构设计规范中不包括抗震设计的连接与构造要求。

21.3 现有建筑抗震设防目标和标准

无论是对新建工程设计还是对现有建筑的鉴定与加固以及震后恢复重建等，其抗震设防目标和标准是必须明确的。对于新建工程，抗震设防目标和标准是决定抗震设计的全局，是抗震设计应该达到的目标和要求，也是对工程设计所具有的抗震能力进行审核与检验的标准。对于现有建筑，抗震设防目标和标准是决定抗震鉴定和加固的全局，是现有建筑通过抗震鉴定确认是否达到抗震设防的目标和在抗震能力上存在的主要问题及抗震加固的重点，而抗震加固设计是要求现有建筑加固后的抗震能力应该达到相应的设防目标和要求，也是对抗震鉴定与加固是否满足要求进行审核与检验的标准。

21.3.1 抗震鉴定标准的现有建筑的设防目标和设防标准

1. 抗震鉴定标准中现有建筑的设防目标

对于未经抗震设防的现有建筑，《建筑抗震鉴定标准》GB 50023—95 给出的现有房屋经抗震鉴定和加固后的设防标准为在遭遇相当于抗震设防烈度地震影响时，一般不致倒塌伤人或砸坏重要生产设备，经修理后仍可继续使用。这意味着：

（1）不仅要求主体结构在设防烈度地震影响下不倒塌，而且对人流出入口处的女儿墙等可能导致伤人或砸坏重要生产设备的非结构构件，也要防止倒塌。

（2）现有建筑的设防目标低于新建建筑；在设防烈度地震影响下，前者的目标是"经修理后仍可继续使用"，后者的目标是"经一般修理或不经修理可继续使用"，二者对修理程度的要求有明显的不同。

《建筑抗震鉴定标准》GB 50023—2009 的第 1.0.1 条给出了"符合本标准的现有建筑，在预期的后续 50 年内具有相应的抗震设防目标：后续使用年限 50 年的现有建筑，具有与现行国家标准《建筑抗震设计规范》GB 50011 相同的设防目标；后续使用年限少于 50 年的现有建筑，在遭遇同样的地震影响时，其损坏程度略大于按后续使用年限 50 年鉴定的建筑。"

建筑抗震鉴定标准与抗震设计规范一样仅给出了现有丙类建筑设防目标。

2.《建筑抗震鉴定标准》GB 50023—2009 的设防标准

在《建筑抗震鉴定标准》GB 50023—2009 第 1.0.3 条给出了现有建筑应按现行国家标准《建筑工程抗震设防分类标准》分为四类，其抗震措施核查和抗震验算的综合鉴定应符合下列要求：

（1）丙类建筑，应按本地区设防烈度的要求核查其抗震措施并进行抗震验算。

（2）乙类建筑，6～8 度应按比本地区设防烈度提高 1 度的要求核查其抗震措施，9 度时应适当提高；抗震验算应按不低于本地区设防烈度的要求进行。

（3）甲类建筑，应按经专门研究按不低于乙类建筑要求核查其抗震措施，抗震验算应按高于本地区设防烈度的要求采用。

（4）丁类建筑，7～9 度时，应允许按比本地区设防烈度降低 1 度的要求核查其抗震措施，抗震验算应允许比本地区设防烈度适当降低要求；6 度时应允许不做抗震鉴定。

上述规定仅是现有甲类、乙类、丙类和丁类建筑抗震鉴定时所采用的抗震鉴定标准。该鉴定标准应是确保达到现有建筑的设防目标。而实际上现有甲类、乙类建筑的抗震鉴定标准明显高于该鉴定标准给出的设防目标，现有丁类建筑的抗震鉴定标准则低于该鉴定标准给出的设防目标。

3. 现有乙类建筑抗震鉴定标准相应的设防目标[6]

无论是现有乙类建筑抗震鉴定中 6～8 度应按比本地区设防烈度提高 1 度的要求核查其抗震措施，9 度时应适当提高，抗震验算应按不低于本地区设防烈度的要求采用；还是甲类建筑抗震鉴定中应按经专门研究按不低于乙类建筑要求核查其抗震措施，抗震验算应按高于本地区设防烈度的要求采用；都明确了甲类、乙类建筑的抗震鉴定标准高于丙类建筑，至于高的程度有所不同，甲类比乙类更高一些。因此，应分析讨论与现有乙类鉴定标准相适应的抗震设防目标。

(1) 现有乙类建筑中的B类抗震设防标准相应的设防目标

根据乙类建筑的抗震鉴定标准，可得出B类建筑的抗震措施提高1度均较按新建工程丙类建筑的抗震措施还要高的结论。这是由于后续使用年限40年的B类抗震鉴定标准基本是《建筑抗震设计规范》GBJ 11—89的内容，而GBJ 11—89的抗震构造大体与GB 50011—2001规范相同。所以，6～8度应按比本地区设防烈度提高1度的要求核查其抗震措施则意味着核查其抗震措施的要求高于该地区新建工程丙类的抗震措施。

(2) 现有乙类建筑中的A类抗震设防标准相应的设防目标

乙类建筑中的A类需要根据《建筑抗震鉴定标准》GB 50023—2009所给出的各类结构的乙类建筑抗震措施进行分析。

1) 乙类多层砌体房屋的A类建筑构造措施中的构造柱设置与B类建筑相同，也就是说乙类多层砌体房屋的A类建筑6～8度时，按比本地区设防烈度提高1度的要求核查其抗震措施则意味着核查其抗震措施的要求高于该地区新建工程丙类的抗震措施。

2) 乙类多层钢筋混凝土房屋的A类建筑构造措施是按烈度给出的，与B类和C类按抗震等级采用相应的核查抗震措施是有所差异的。关于框架柱箍筋的最大间距和最小直径的比较详见表21.3.1和表21.3.2。

乙类多层钢筋混凝土房屋的A类建筑框架柱箍筋的最大间距和最小直径　表21.3.1

《建筑抗震鉴定标准》GB 50023—2009	7度（0.10g），7度（0.15g）Ⅰ、Ⅱ类场地	7度（0.15g）Ⅲ、Ⅳ场地和8度（0.30g）Ⅰ、Ⅱ类场地	8度（0.30g）Ⅲ、Ⅳ类场地和9度
箍筋最大间距（取较小者）	8d，150mm	8d，100mm	6d，100mm
箍筋最小直径	8mm	8mm	10mm

丙类多层钢筋混凝土房屋的B类建筑框架柱箍筋的最大间距和最小直径　表21.3.2

抗震等级	箍筋最大间距（取较小者）(mm)	箍筋最小直径（mm）
一	6d，100	10
二	8d，100	8
三	8d，150	8
四	8d，150	8

对于总高度不大于25m的丙类框架结构，7度为三级、8度为二级、9度为一级。从表21.3.1和表21.3.2所列的核查抗震措施来看，乙类的A类与丙类的B类多层钢筋混凝土房屋框架柱箍筋的最大间距和最小直径的要求差不多。

3) 现有乙类建筑中的C类抗震设防标准相应的设防目标

后续使用年限50年的乙类现有建筑中的C类，其核查抗震构造措施提高1度，因此其抗震设防目标实际应高于现行国家标准《建筑抗震设计规范》GB 50011的设防目标。

21.3.2　现有中小学校舍乙类建筑鉴定与加固抗震设防目标和抗震验算地震作用取值[6~8]

1. 现有中小学校舍乙类建筑鉴定与加固抗震设防目标

从2008年四川汶川大地震后，在全国抗震设防区范围内进行了中小学校舍抗震鉴定和加固。这是一项从根本上提高中现有中小学校舍工程抗震能力的伟大工程。搞好中小学校舍的抗震鉴定和加固设计是确保提高现有中小学校舍抗震能力的基础工作。要做好中小学校舍的抗震鉴定和加固设计，首先应明确中小学校舍的抗震鉴定和加固设计的设防目标和相应的标准。由于现行的《建筑抗震鉴定标准》GB 50023—2009 仅给出了现有丙类建筑抗震鉴定的设防目标，很有必要对现有中小学校舍乙类建筑鉴定与加固抗震设防目标进行探讨。

根据中小学校舍乙类建筑为人员集中场所，现有中小学校舍乙类建筑鉴定与加固抗震设防目标应高于现行的《建筑抗震鉴定标准》GB 50023—2009 给出的现有丙类建筑抗震鉴定与加固的设防目标。无论是后续使用年限 30 年的 A 类和后续使用年限 40 年的 B 类均不应低于现行国家标准《建筑抗震设计规范》GB 50011 的设防目标。对于后续使用年限 50 年的 C 类应高于现行国家标准《建筑抗震设计规范》GB 50011 的设防目标。

具体的现有中小学校舍乙类建筑鉴定与加固抗震设防目标建议为：现有中小学校舍乙类建筑 A、B 类鉴定与加固抗震设防目标的总体应是当遭受低于本地区抗震设防烈度的多遇地震影响时，主体结构不受损坏或不需修理可继续使用；当遭受相当于本地区抗震设防烈度的地震影响时，可能损坏，经一般修理或不需要修理仍可继续使用；当遭受高于本地区抗震设防烈度预估的地震影响时，主体结构不应发生危及生命的严重破坏、疏散通道和楼梯的破坏不致影响安全使用、非结构构件不应垮塌。对于 C 类，则应是当遭受高于本地区抗震设防烈度预估的地震影响时，建筑结构包括疏散通道和楼梯的破坏状态应控制在中等至严重破坏、非结构构件不应垮塌。

2. 乙类现有建筑的 A 类、B 类抗震鉴定与加固设计抗震验算地震作用取值

地震作用无论在时间、地点和强度上的随机性都是很强的，总结地震作用的特点和震害的经验、教训，以及对各类结构抗震性能的研究，从既安全又经济的抗震原则出发，建筑抗震设计采用的三个烈度水准的设防目标也是与建筑设计基准期 50 年相一致的。对于已使用了 20 年以上，若这些房屋的抗震设防目标同新建房屋相一致，其抗震设防水平有明显的提高，而且也不符合确定抗震设防目标的原则和抗震减灾政策。所以，《建筑抗震鉴定标准》GB 50023—2009 对于丙类现有建筑 A 类和 B 类的抗震验算地震作用取值较 C 类有所降低，大体上与从全国华北、西北、西南 45 个城市地震危险性分析结果的统计概率模型导出的 30 年、40 年和 50 年规定年限的地震作用概率水平相当。

对于现有乙类建筑的抗震设防目标和抗震验算地震作用取值不应与丙类一样，应高于丙类建筑。《建筑抗震鉴定标准》GB 50023—2009 的第 1.0.1 条给出了乙类建筑的抗震验算应按不低于本地区设防烈度的要求。该条文为强制性条文，但从字面上理解不低于为大于和等于均可，虽然明确但不好操作。

结构的抗震性能是由结构体系、结构布置、结构承载能力、变形能力和构造措施等方面综合决定的。其中，结构承载能力大小决定结构在地震作用下构件开裂和钢筋屈服的程度，在同一地震作用下，结构承载能力较小的结构构件会较早的开裂和钢筋屈服，相反，结构承载能力较大的结构构件会较晚的开裂和钢筋屈服。在地震作用下，结构依靠结构构件的承载能力和变形能力来消耗地震的能量。对于同一类结构，若结构承载能力较小，则对变形能力的要求会更高才能满足抗震设防的要求。由于抗震加固后的结构抗震性能取决于良好的概念设计、新增构件或部分与原有构件的连接和共同工作的协调性等。一般来讲，新增构件或部分与原有构件连接后形成的构件变形能力较同类新建工程构件要差，所

以，乙类中小学校舍现有建筑的A类、B类抗震鉴定与加固设计抗震验算中适当提高地震作用取值，这样才能满足中小学校舍乙类建筑为人员集中场所的抗震功能要求。

建议乙类中小学校舍现有建筑的A类、B类抗震鉴定与加固设计抗震验算地震作用取值比本地区的现有丙类建筑要高，应取本地区的设防烈度要求，即与C类建筑抗震鉴定与加固设计抗震验算地震作用取值一样。

21.4 多层砌体房屋抗震鉴定

21.4.1 多层砌体房屋抗震鉴定的一般规定

由于砌体结构在我国建筑工程中使用最为广泛，所以未进行抗震设防的砌体结构房屋最多。这类房屋是采用黏土砖和砂浆砌筑，依靠内外砖墙的咬砌与楼、屋盖形成整体的空间受力体系，其抗震性能相对比较差。在历次的强烈地震中遭到了不同程度的破坏。因此，对砌体房屋的抗震鉴定引起了从事工程抗震和工程设计的科技工作者的高度重视，并对此进行了大量的分析和应用研究。

1. 多层砌体房屋抗震鉴定的检查重点

根据对多层砌体房屋抗震性能的影响程度，来确定现场检查的重点，比如砖块材强度和砂浆强度大小直接影响砌体房屋墙体的受剪承载能力，房屋的总层数越多对抗震能力的要求越高，房屋的横墙数量和间距不仅影响地震作用的平面内传递，而且还影响房屋的抗震能力。多层砌体房屋抗震鉴定时应重点检查的项目和部位主要有：房屋的高度和层数、抗震墙的厚度和间距、墙体的砂浆强度等级和砌筑质量、墙体交接处的连接以及女儿墙和出屋面烟囱等易引起倒塌伤人的部位；7～9度时，尚应检查墙体布置的规则性，检查楼、屋盖处的圈梁，楼、屋盖与墙体的连接构造等。

2. 砖房现状的调查和评估

（1）砖房现状的资料收集

尽可能全面掌握砖房的工作状况是进行鉴定的基础。通常包括：

1）原有勘察、设计和施工资料，了解设计施工年代，当时的材料性能、设计荷载和抗震设防标准，尽可能掌握设计计算书或设计时所使用的软件。

2）实际房屋与原设计（竣工）图的差异，着重了解承重墙体洞口的变化，隔墙位置的变更，实际荷载的大小，以及维修、扩建、改建或加固中增加构件的数量、位置等。

3）使用维修状况，如维修次数，粉刷饰面维修情况，屋面防水层翻修情况。

4）毗邻建筑变化，如基础开挖、主要人行通道、建筑群密集情况的改变等。

5）构件已有的缺陷。

（2）砌体强度检测

抗震鉴定主要是砌筑砂浆强度等级的评估。通常采用回弹仪进行，必要时还可采用点荷测试法对回弹结果进行修正。检测时应有满足评定要求的测点。

（3）主要缺陷调查

1）墙底酥碱面积、高度和深度。

2）裂缝位置、走向、长度、宽度和深度，可根据震害特征侧重检查重点部位。

3）基础沉陷和墙体倾斜状况。

4）饰面、粉刷层剥落和空臌的部位和程度。

5）木构件腐朽、混凝土构件碳化、钢筋锈蚀程度等。

3. 多层砌体房屋的综合抗震能力评定

在建筑抗震鉴定标准中，对多层砖房引入“综合抗震能力”的概念，将房屋的高度和层数、结构体系的合理性、墙体材料的实际强度、房屋整体性连接构造的可靠性、局部易损易倒部位构件自身及其与主体结构连接构造性以及墙体抗震承载能力等要求归纳起来，综合评价整幢房屋的综合抗震能力。其综合抗震能力鉴定方法，对指导这类房屋的抗震鉴定起到了非常重要的作用。

砌体房屋总层数超过规定时，应评为不满足抗震鉴定要求；当仅有出入口和人流通道处的女儿墙、出平面的烟囱等不符合规定时，应评为局部不满足抗震鉴定要求。

4. A类建筑的抗震鉴定方法

A类砌体房屋应采用综合抗震能力的两级鉴定。第一级主要是依据纵、横向墙体的间距进行简化计算，当符合第一级鉴定时，可评为满足抗震鉴定要求；不符合第一级鉴定要求时，应由第二级鉴定做出判断，多层砌体房屋的两级鉴定框图如图 21.4.1 所示。《建筑抗震鉴定标准》GB 50023—2009 给出的第一级鉴定比较简单，通过第一级鉴定可以筛选出满足要求的部分，这样就简化了抗震鉴定的工作量。

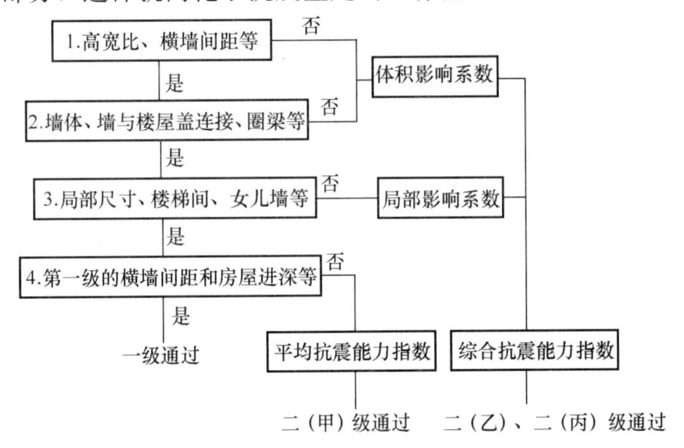

图 21.4.1　A类多层砌体房屋两级鉴定框图

5. B类建筑抗震鉴定方法

B类建筑一般为按《建筑抗震设计规范》GBJ 11—89 设计建造的，而《建筑抗震鉴定标准》GB 50023—2009 关于B类建筑的抗震鉴定方法也是基本采用《建筑抗震设计规范》GBJ 11—89 的有关规定。其抗震承载力分析采用《建筑抗震设计规范》GB 50011 给出的分析方法。由于抗震设计规范的墙体承载力验算要求每个墙段均应满足要求，对于现有建筑的抗震能力评价可采用计入体系和构造影响的“综合抗震能力”分析方法。

21.4.2　A类建筑的抗震鉴定

1. 综合抗震能力的第一级鉴定

第一级鉴定分两种情况。对刚性体系的房屋，从房屋整体性易损部位构造和房屋宽度、横墙间距和砌筑砂浆强度等级来判断是满足抗震要求，当不符合第一级鉴定要求时，才进行第二级鉴定；对非刚性体系房屋，第一级鉴定只检查整体性和易引起局部倒塌的部位，并需进行第二级鉴定。下面对第一级鉴定的主要内容给予说明。

(1) 刚性体系判别

质量和刚度沿平面分布大致对称、沿高度分布大致均匀，立面高差不超过一层，错层时楼板高差不超过0.5m的多层砖房，总高度、总长度、总宽度满足表21.4.1的要求和抗震横墙最大间距满足表21.4.2的要求时，可判为刚性结构体系。

刚性结构体系高、长、宽要求 **表21.4.1**

墙体类别	6度		7度		8度		9度		H/B	H/L
	n	H	n	H	n	H	n	H		
≥240实心墙	8	24	7	22	6	19	4	13	≤2.2	≤1
180实心墙	5	16	5	16	4	13	3	10		
240空斗墙	3	10	3	10	3	10	—	—		
多孔砖墙	5	16	5	16	4	13	3	10		

注：n为总层数，不包括地下室和出屋面小房间；H为室外地面（或半地下室内地面）到檐口高度（m）；B为总宽度，不包括单面走廊的廊宽（m）；L为底层平面的最大长度（m），对于隔开间或多开间设一道横墙的砖房，n减少一层，H降低3m。

刚性体系的最大横墙间距（m） **表21.4.2**

楼、屋盖类别	墙体	6度	7度	8度	9度
现浇或装配整体	≥240实心墙	15	15	15	11
	≥180其他墙体	13	13	10	—
装配式	≥240实心墙	11	11	11	7
	≥180其他墙体	10	10	7	—
木、砖拱	≥240实心墙	7	7	7	4

注：Ⅳ类场地时，表内数值相应减3m或4m以内的一个开间。

对一般的多层砖房，只要层数和高度满足要求，则很容易符合刚性结构体系的要求。这里的刚性体系不同于静力设计的刚性方案，它只是采用底部剪力法进行抗震分析并加以简化的前提。

(2) 整体性判别

房屋的整体性对抗震影响较大，对于多层砖房在构造上的整体性要求，主要是墙体交接处，楼、屋盖在砖墙上的支承长度L_b，以及圈梁的设置（表21.4.3)。

整体性连接要求 **表21.4.3**

序	项目	构造要求
1	墙体布局	平面内封闭，交接处墙内无烟道等竖向孔道
2	纵横墙交接处	无明显裂缝，马牙槎砌筑时有2φ6拉结筋
3	预制板	座浆安置，墙上L_b≥100mm，梁上L_b≥80mm
4	进深梁	L_b≥180mm且有梁垫或圈梁相连
5	木楼盖	无腐朽、开裂且格栅、檩条在墙上L_b≥120mm
6	木屋架	无腐朽、开裂、有下弦，墙上L_b≥240mm，有支撑或望板

现浇楼盖可无圈梁，对装配式和木楼、屋盖砖房，实心砖墙圈梁的设置按表 21.4.4 检查，圈梁构造按表 21.4.5 检查。空斗墙砖房的外墙每层设置，内墙隔开间设置。

圈梁设置要求 **表 21.4.4**

分布	沿高度			沿楼层内墙拉通间距（m）			
烈度	6、7 度	8 度	9 度	6 度	7 度	8 度	9 度
屋盖处	$N>2$ 应设置	必须设置		$S\leqslant 32$	$S_1\leqslant 8$ $S_2\leqslant 16$	$S_1\leqslant 8$ $S_2\leqslant 12$	$S\leqslant 8$
楼盖处	$S_0>8$m 或 $N>4$ 时隔层设置	$S_0>8$m 每层，$S_0\leqslant 8$m 且 $N>3$ 隔层	$S_0>4$m 每层，$S_0\leqslant 4$m 隔层	$S\leqslant 32$	$S\leqslant 16$	$S\leqslant 12$	$S\leqslant 8$

注：S_0 为横墙间距；S 为圈梁的水平间距；S_1 为纵向水平间距；S_2 为横向水平间距。

圈梁构造要求 **表 21.4.5**

序	项 目	构 造 要 求
1	连接	圈梁应闭合，遇洞口应上下搭接
2	标高	与预制板同一标高或紧靠板底
3	截面高度	≥120mm
4	纵向配筋	6、7 度时 4ϕ8；8 度时 4ϕ10；9 度时 4ϕ12

注：圈梁未紧靠板底时，沿高度和楼层内分布的数量视具体情况宜有所增加。

（3）砖砌体的材料强度等级

多层砖房的竖向承载能力和受剪承载能力，主要决定于砖砌体中砖和砂浆的强度等级、纵横墙的连结等。因此，在多层砌体房屋的第一级鉴定中对砖砌体强度等级和砂浆的强度等级分别提出了要求。

对于砖强度等级不宜低于 MU7.5，且不低于砌筑砂浆的强度等级，当砖强度等级低于 MU7.5 时，墙体的砂浆强度等级宜按比实际达到的强度等级降低一级采用。这一规定是基于震害和大量砖墙的抗震试验结果。众所周知，在地震作用下，多层砌体房屋中的墙体出现阶梯的 X 裂缝，这种裂缝是墙体砌筑砂浆的强度等级低于砖的强度等级时才会发生，出现这种裂缝的墙体的承载能力得到了充分发挥和具有一定的抗震能力。相反，若墙体砌筑砂浆的强度等级大于砖的强度等级，则裂缝又穿过砖而直接裂通，其承载能力和抗震能力会大大降低。

墙体的砌筑砂浆的强度等级，6 度时或 7 度时 2 层及以下的砖砌体不应低于 M0.4，7 度时超过 2 层或 8、9 度时不宜低于 M1，砌块墙体不宜低于 M2.5。砂浆强度等级高于砖、砌块的强度等级时，墙体砂浆的强度等级宜按砖、砌块的强度等级采用。

（4）易损部位构件判别

多层砖房中一些部位在地震中容易损坏，虽不致引起整个房屋的倒塌，但可造成人员伤亡或局部的破坏，也应符合局部构造要求（表 21.4.6）。

易损部位构造要求 **表 21.4.6**

序	项　目	6 度	7 度	8 度	9 度
1	承重窗间墙、尽端墙最小宽度（m）	0.7	0.8	1.0	1.5
	非承重外墙、尽端墙最小宽度（m）	0.7	0.8	0.8	1.0
	支承大梁的内墙阳角墙最小宽度（m）	0.7	0.8	1.0	1.5
2	门厅、楼梯间大梁支承长度	≥490mm			
3	无锚固 240 女儿墙最大高度	6～8 度≤0.5m，刚性体系≤0.9m			
4	出屋面小建筑	8、9 度时墙体用 M2.5 砂浆砌筑，屋盖与墙拉结			
5	坡屋顶上的小烟囱	有人流处应设防倒措施，其余也宜设防倒措施			
6	隔墙与承重墙、柱连接	应设拉结，长于 5m 时墙顶应与梁、板拉结			
7	悬臂和一端铰接构件等的嵌固端	应保证稳定且支承构件抗震能力比一般构件提高 25%			
8	房屋尽端的楼梯间和过街楼墙体	抗震能力宜比一般构件提高 25%			

注：大梁指跨度不小于 6m 的梁，出屋面小建筑包括楼、电梯间和水箱间等；悬臂构件包括阳台、雨篷、悬挑楼层等；一端铰接构件指由独立砖内柱支承的构件。

（5）纵横向墙体数量的判别

对于刚性体系、整体性好、易损部位局部构造满足要求的多层砖房，只要依据砂浆强度按表 21.4.7 检验抗震横墙间距 L 和房屋进深 B；对于设计基本地震加速度为 $0.15g$ 和 $0.30g$，应按表 21.4.7 数值采用内插法确定；对于其他墙体的房屋，应将表 21.4.7 的限值乘以表 21.4.8 规定的抗震墙体类别修正系数；通过实际房屋与规定限值的比较即完成其抗震性能的第一级鉴定。

第一级鉴定的抗震横墙间距和房屋宽度限值（m） **表 21.4.7**

楼层总数	检查楼层	砂浆强度等级																			
		M0.4		M1		M2.5		M5		M10		M0.4		M1		M2.5		M5		M10	
		L	B	L	B	L	B	L	B	L	B	L	B	L	B	L	B	L	B	L	B
		6 度										7 度									
二	2	6.9	10	11	15	15	15					4.8	7.1	7.9	11	12	15	15	15		
	1	6.0	8.8	9.2	14	13	15					4.2	6.2	6.4	9.5	9.4	13	12	15		
三	3	6.1	9.0	10	14	15	15	15	15			4.3	6.3	7.0	10	11	15	15	15		
	1～2	4.7	7.1	7.0	11	9.8	14	14	15			3.3	5.0	5.0	7.4	6.8	10	9.2	13		
四	4	5.7	8.4	9.4	14	14	15	15	15					6.6	9.5	9.8	12	12	12		
	3	4.3	6.3	6.6	9.6	9.3	14	13	15					4.6	6.7	6.5	9.5	8.9	12		
	1～2	4.0	6.0	5.9	8.9	8.1	12	11	15					4.1	6.2	5.7	8.5	7.5	11		
五	5	5.6	9.2	9.0	12	12	12	12	12					6.3	9.0	9.4	12	12	12		
	4	3.8	6.5	6.1	9.0	8.7	12	12	12					4.3	6.3	6.1	8.9	8.3	12		
	1～3			5.2	7.9	7.0	10	9.1	12					3.6	2.9	4.9	7.4	6.4	9.4		
六	6			8.9	12	12	12	12	12					6.1	8.8	9.2	12	12	12		
	5			5.9	8.6	8.3	12	11	12					4.1	6.0	5.8	8.5	7.8	11		
	4					6.8	10	9.1	12							4.8	7.1	6.4	9.3		
	1～3					6.3	9.4	8.1	12							4.4	6.6	5.7	8.4		

续表

楼层总数	检查楼层	砂浆强度等级																			
		M0.4		M1		M2.5		M5		M10		M0.4		M1		M2.5		M5		M10	
		L	B	L	B	L	B	L	B	L	B	L	B	L	B	L	B	L	B	L	B
		6度										7度									
七	7			8.2	12	12	12	12	12							3.9	7.2	3.9	7.2		
	6			5.2	23	8.0	11	11	12							3.9	7.2	3.9	7.2		
	5					6.4	9.6	8.5	12							3.9	7.2	3.9	7.2		
	1～4					5.7	8.5	7.3	11									3.9	7.2		
八	6～8					3.9	7.8	3.9	7.8												
	1～5					3.9	7.8	3.9	7.8												
		8度										9度									
二	2			5.3	7.8	7.8	12	10	15					3.1	4.6	4.7	7.1	6.0	9.2	11	11
	1			4.3	6.4	6.2	8.9	8.4	12							3.7	5.3	5.0	7.1	6.4	9.0
三	3			7.4	6.7	7.0	9.9	9.7	14	13	15					4.2	5.9	5.8	8.2	7.7	10
	1～2			3.3	4.9	4.6	6.8	6.2	8.8	7.7	11							3.7	5.3	4.6	6.7
四	4			4.4	5.7	6.5	9.2	9.1	12	12	12							3.3	5.8	3.3	5.9
	3					4.3	6.3	5.9	8.5	7.6	11									3.3	4.8
	1～2					3.8	5.1	5.0	7.3	6.2	9.1									2.8	4.0
五	5					6.3	8.9	8.8	12	11	12										
	4					4.1	5.9	5.5	7.8	7.1	10										
	1～3					3.3	4.5	4.3	6.3	5.3	7.8										
六	6					3.9	6.0	3.9	6.0	3.9	5.9										
	5							3.9	5.5	3.9	5.9										
	4							3.2	4.7	3.9	5.9										
	1～3									3.9	5.9										

注：1. L 指 240mm 厚承重墙横墙间距限值；楼、屋盖为刚性时取平均值，柔性时取最大值，中等刚性可进行相应换算；

2. B 指 240mm 厚纵墙承重的房屋宽度限值；有一道同样厚度的内纵墙时可取 1.4 倍，有 2 道时可取 1.8 倍；平面局部突出时，房屋宽度可按加权平均值计算；

3. 楼盖为混凝土而屋盖为木屋架或钢木屋架时，表中顶层的限值宜乘以 0.7；

4. 自承重墙的现状，可按表中值的 1.25 倍采用。

抗震墙体类别修正系数　　　　表 21.4.8

墙体类别	空斗墙	空心墙		多孔砖墙	小型砌块墙	中型砌块墙	实心墙		
厚度（mm）	240	300	420	190	t	t	180	370	480
修正系数	0.6	0.9	1.4	0.8	$0.8t/240$	$0.6t/240$	0.75	1.4	1.8

注：t 指小型砌块墙体的厚度。

多层砌体房屋符合上述各项规定时，可评为综合抗震能力满足抗震鉴定要求；当遇下列情况之一时，可不再进行第二级鉴定，但应对房屋采取加固或其他相应措施。

①房屋高宽比大于3，或横墙间距超过刚性体系最大值4m；

②纵横墙交接处连接不符合要求，或支承长度少于规定值的75%；

③易损部位非结构构件的构造不符合要求；

④有多项明显不符合要求。

2. 第二级鉴定

（1）第二级鉴定应采用的方法

多层砌体房屋采用综合抗震能力指数的方法进行第二级鉴定时，应根据房屋不符合第一级鉴定的具体情况，分别采用楼层平均抗震能力指数方法、楼层综合抗震能力指数方法和墙段综合抗震能力指数方法等。

1）对于结构体系、整体性连接和易引起倒塌的部位符合第一级鉴定要求，但横墙间距和房屋宽度均超过或其中一项超过第一级鉴定限值的房屋，可采用楼层平均抗震能力指数方法进行第二级鉴定。

2）对于结构体系、楼屋盖整体性连接、圈梁布置和构造及易引起局部倒塌的结构构件不符合第一级鉴定要求的房屋，可采用楼层综合抗震能力指数方法进行第二级鉴定。

3）对于横墙间距超过刚性体系规定的最大值、有明显扭转效应和易引起局部倒塌的结构构件不符合第一级鉴定要求的房屋，当最弱的楼层小于1.0时，可采用墙段综合抗震能力指数方法进行第二级鉴定。

4）房屋的质量和刚度沿高度分布明显不均匀，或7、8、9度时房屋的层数分别超过6、5、3层，可按现行国家规范《建筑抗震设计规范》的方法验算其抗震承载力。

楼层平均抗震能力指数、楼层综合抗震能力指数和墙段综合抗震能力指数应按房屋的纵横两个方向分别计算。当最弱楼层平均抗震能力指数、最弱楼层综合抗震能力指数或最弱墙段综合抗震能力指数大于1.0时，可评定为满足抗震鉴定要求；当小于1.0时，应对房屋采取加固或其他相应措施。

（2）砖房抗震墙基准面积率

楼层平均抗震能力指数和楼层综合抗震能力指数均与楼层的纵向或横向抗震墙的基准面积率有关，下面介绍多层砖房的基准面积率。

所谓多层砖房中的“面积率法”是采用房屋每一楼层总的水平地震剪力，除以该层横向或纵向各片砖墙中的水平净面积之和的总受剪承载力的结果。这是用各楼层的总体验算来代替逐个墙体的验算。当各楼层的层高相等、结构布置整齐、同一方向上砖墙的距离相同、同方向各片砖墙上的洞口大小、位置大体相同，另外各墙肢1/2层高处的平均压应力也大体相同时，才能使各楼层的总体验算与同一层内各个墙肢分别验算的结果基本一致。否则，就会有一定的误差。

1）用楼层单位面积重力荷载代表值表达的多层砖房的层剪力

$$F_{\mathrm{EK}} = a_{\max} G_{\mathrm{eq}} \tag{21.4.1}$$

$$G_{\mathrm{eq}} = 0.85 \Sigma G_i \tag{21.4.2}$$

$$G_i = q_0 A_{\mathrm{d}} \tag{21.4.3}$$

$$F(i)=\frac{G_iH_i}{\sum G_jH_j}F_{EK} \tag{21.4.4}$$

$$V(i)=\sum_{i=j}^{n}F(i) \tag{21.4.5}$$

式中 F_{EK}——结构总水平地震作用标准值；

a_{max}——水平地震影响系数最大值；

G_{eq}——结构等效总重力荷载；

G_i、G_j——分别为集中于质点 i、j 的重力荷载代表值；

q_0——楼层单位面积重力荷载代表值；

A_d——房屋楼层的建筑面积；

H_i、H_j——分别为质点 i、j 的计算高度；

$V(i)$——第 i 层的地震剪力标准值。

当各层重力代表值相等，层高大体一致时，第 i 层的地震剪力标准值可用下式表示：

$$V(i)=\frac{(n+i)(n-i+1)}{n(n+1)}F_{EK}$$

$$=\frac{(n+i)(n-i+1)}{(n+1)}(0.85q_0A_a\alpha_{max}) \tag{21.4.6}$$

式中 n——房屋总层数。

2）楼层受剪承载力

当各片墙 1/2 层高处的平均压应力大体相等时，第 i 层横向或纵向的受剪承载力可用下式表示：

$$V_R(i)=\frac{f_v}{1.2}\sqrt{1+0.45\sigma_0/f_v}A(i)/\gamma_{RE} \tag{21.4.7}$$

式中 $V_R(i)$——第 i 层受剪承载力；

f_v——非抗震设计的砌体抗剪强度设计值；

σ_0——墙体 1/2 层高处的平均压应力；

$A(i)$——第 i 层横向或纵向墙体的净面积和；

γ_{RE}——承载力抗震调整系数。

3）楼层最小面积率

墙体截面验算表达式为：

$$V_R(i)\geqslant\gamma_{Eh}V(i) \tag{21.4.8}$$

式中 γ_{Eh}——水平地震作用分项系数，取为 1.3。

楼层最小面积率 ξ_0 为：

$$\xi_0=\gamma_{Eh}\frac{(n+i)(n-i+1)}{(n+1)}(0.85q_0\alpha\max)/\left(\frac{f_V}{1.2\gamma_{RE}}\sqrt{1+0.45\sigma/f_v}\right) \tag{21.4.9}$$

以上内容是对多层砖房“面积率法”基本思路的概要介绍。对于多层砖房的抗震鉴定中所用的砖房基准面积率，即 TJ 23—77 的“最小面积率”。因新的砌体结构设计规范的材料指标和新的抗震设计规范地震作用取值改变，相应的计算公式也有所变化。为保持与TJ 23—77 的衔接，M1 和 M2.5 的计算结果不变，M0.4 和 M5 有一定的调整。表 21.4.9～表 21.4.11 的计算公式如下：

$$\xi_{0i}=\frac{0.16\lambda_0 g_0}{f_{vk}\sqrt{1+\sigma_0/f_{v,m}}}\cdot\frac{(n+i)(n-i+1)}{n+1} \tag{21.4.10}$$

式中 ξ_{0i}——i 层的基准面积率；

g_0——基本的楼层单位面积重力荷载代表值，取 $12kN/m^2$；

σ_0——i 层抗震墙在 1/2 层高处的截面平均压应力（MPa）；

n——房屋总层数；

$f_{v,m}$——砖砌体抗剪强度平均值，M0.4 为 0.08，M1 为 0.125，M2.5 为 0.20，M5 为 0.28，M10 为 0.40，单位均为 MPa；

f_{vk}——砖砌体抗剪强度标准值，M0.4 为 0.05，M1 为 0.08，M2.5 为 0.13，M5 为 0.19，M10 为 0.27，单位均为 MPa；

λ_0——墙体承重类别系数，承重墙为 1.0，自承重墙为 0.75。

同一方向有承重墙和自承重墙或砂浆强度等级不同时，基准面积率的换算方法如下：用 A_1、A_2 分别表示承重墙和自承重墙的净面积或砂浆强度等级不同的墙体净面积，ξ_1、ξ_2 分别表示按表 21.4.9～表 21.4.11 查得的基准面积率，用 ξ_0 表示“按各自的净面积比相应转换为同样条件下的基准面积率数值”，则：

$$\frac{1}{\xi_0}=\frac{A_1}{(A_1+A_2)\xi_1}+\frac{A_2}{(A_1+A_2)\xi_2} \tag{21.4.11}$$

抗震墙基准面积率（自承重墙） **表 21.4.9**

墙体类别	总层数 n	验算楼层 i	砂浆强度等级				
			M0.4	M1	M2.5	M5	M10
横墙和无门窗的纵墙	一层	1	0.0219	0.0148	0.0095	0.0069	0.0050
	二层	2	0.0292	0.0197	0.0127	0.0092	0.0066
		1	0.0366	0.0256	0.0172	0.0129	0.0094
	三层	3	0.0328	0.0221	0.0143	0.0104	0.0075
		1～2	0.0478	0.0343	0.0236	0.0180	0.0133
	四层	4	0.0350	0.0236	0.0152	0.0111	0.0081
		3	0.0513	0.0358	0.0240	0.0179	0.0131
		1～2	0.0656	0.0418	0.0293	0.0225	0.0169
	五层	5	0.0365	0.0246	0.0159	0.0115	0.0083
		4	0.0550	0.0384	0.0257	0.0192	0.0140
		1～3	0.0656	0.0484	0.0343	0.0267	0.0202
	六层	6	0.0375	0.0253	0.0163	0.0119	0.0085
		5	0.0575	0.0402	0.0270	0.0201	0.0147
		4	0.0688	0.0490	0.0337	0.0255	0.0190
		1～3	0.0734	0.0543	0.0389	0.0305	0.0282
	墙体平均压应力 σ_0（MPa）		$0.06(n-i+1)$				

续表

墙体类别	总层数 n	验算楼层 i	砂浆强度等级				
			M0.4	M1	M2.5	M5	M10
每开间有一个窗的纵墙	一层	1	0.0198	0.0137	0.0090	0.0067	0.0032
	二层	2	0.0263	0.0183	0.0120	0.0089	0.0061
		1	0.0322	0.0228	0.0157	0.0120	0.0089
	三层	3	0.0298	0.0205	0.0135	0.0101	0.0072
		1～2	0.0411	0.0301	0.0213	0.0164	0.0124
	四层	4	0.0318	0.0219	0.0144	0.0106	0.0077
		3	0.0450	0.0320	0.0221	0.0167	0.0124
		1～2	0.0499	0.0362	0.0260	0.0203	0.0155
	五层	5	0.0331	0.0228	0.0150	0.0111	0.0080
		4	0.0182	0.0344	0.0237	0.0179	0.0133
		1～3	0.0573	0.0423	0.0303	0.0238	0.0183
	六层	6	0.0341	0.0235	0.0155	0.0114	0.0083
		5	0.0505	0.0360	0.0248	0.0188	0.0139
		4	0.0594	0.0430	0.0304	0.0234	0.0177
		1～3	0.0641	0.0475	0.0345	0.0271	0.0209
	墙体平均压应力 σ_0（MPa）		$0.09(n-i+1)$				

抗震墙基准面积率（承重横墙）　　表 21.4.10

墙体类别	总层数 n	验算楼层 i	砂浆强度等级				
			M0.4	M1	M2.5	M5	M10
无门窗的横墙	一层	1	0.0258	0.0179	0.0118	0.0088	0.0064
	二层	2	0.0344	0.0238	0.0158	0.0117	0.0085
		1	0.0413	0.0296	0.0205	0.0156	0.0116
	三层	3	0.0387	0.0268	0.0178	0.0132	0.0095
		1～2	0.0528	0.0388	0.0275	0.0213	0.0161
	四层	4	0.0413	0.0286	0.0189	0.0140	0.0102
		3	0.0579	0.0414	0.0287	0.0216	0.0163
		1～2	0.0628	0.0464	0.0335	0.0263	0.0241
	五层	5	0.0430	0.0297	0.0197	0.0147	0.0106
		4	0.0620	0.0444	0.0308	0.0234	0.0174
		1～3	0.0711	0.0532	0.0388	0.0307	0.0237
	六层	6	0.0442	0.0305	0.0203	0.0151	0.0109
		5	0.0649	0.0465	0.0323	0.0245	0.0182
		4	0.0762	0.0554	0.0393	0.0304	0.0230
		1～3	0.0790	0.0592	0.0435	0.0347	0.0270
	墙体平均压应力 σ_0（MPa）		$0.10(n-i+1)$				

续表

墙体类别	总层数 n	验算楼层 i	砂浆强度等级				
			M0.4	M1	M2.5	M5	M10
有一个门的横墙	一层	1	0.0245	0.0171	0.0115	0.0086	0.0062
	二层	2	0.0326	0.0228	0.0153	0.0114	0.0085
		1	0.0386	0.0279	0.0196	0.0150	0.0112
	三层	3	0.0367	0.0255	0.0172	0.0129	0.0094
		1～2	0.0491	0.0363	0.0260	0.0204	0.0155
	四层	4	0.0391	0.0273	0.0183	0.0137	0.0100
		3	0.0541	0.0390	0.0274	0.0210	0.0157
		1～2	0.0581	0.0433	0.0314	0.0249	0.0192
	五层	5	0.0408	0.0285	0.0191	0.0142	0.0104
		4	0.0580	0.0418	0.0294	0.0225	0.0169
		1～3	0.0658	0.0493	0.0363	0.0289	0.0225
	六层	6	0.0419	0.0293	0.0196	0.0146	0.0107
		5	0.0607	0.0438	0.0308	0.0236	0.0177
		4	0.0708	0.0518	0.0372	0.0289	0.0221
		1～3	0.0729	0.0548	0.0406	0.0326	0.0255
	墙体平均压应力 σ_0 (MPa)		$0.12(n-i+1)$				

抗震墙基准面积率（承重纵墙） **表 21.4.11**

墙体类别	总层数 n	验算楼层 i	承重纵墙（每开间有一个门或一个窗）				
			砂浆强度等级				
			M0.4	M1	M2.5	M5	M10
每开间有一个门或一个窗	一层	1	0.0223	0.0158	0.0108	0.0081	0.0060
	二层	2	0.0298	0.0211	0.0135	0.0108	0.0080
		1	0.0346	0.0256	0.0180	0.0139	0.0106
	三层	3	0.0335	0.0237	0.0162	0.0122	0.0090
		1～2	0.0435	0.0325	0.0235	0.0187	0.0144
	四层	4	0.0357	0.0253	0.0173	0.0131	0.0096
		3	0.0484	0.0354	0.0252	0.0195	0.0148
		1～2	0.0513	0.0384	0.0283	0.0226	0.0176
	五层	5	0.0372	0.0264	0.0180	0.0136	0.0100
		4	0.0519	0.0379	0.0270	0.0209	0.0159
		1～3	0.0580	0.0437	0.0324	0.0261	0.0205
	六层	6	0.0383	0.0271	0.0185	0.0140	0.0108
		5	0.0544	0.0397	0.0283	0.0219	0.0167
		4	0.0627	0.0464	0.0337	0.0266	0.0205
		1～3	0.0640	0.0483	0.0361	0.0292	0.0231
	墙体平均压应力 σ_0 (MPa)		$0.16(n-i+1)$				

这里需要指出的是，表 21.4.9～表 21.4.11 所给出的砖房抗震墙基准面积率，是基于楼层单位面积重力荷载代表值 $q_0=12\text{kN/m}^2$ 给出的，当楼层单位面积重力荷载代表值为其他数值时，表中数值需乘以 $q_0/12$。

(3) 楼层平均抗震能力指数的计算

楼层平均抗震能力指数应按下式计算：

$$\beta_i = A_i/(A_{bi}\xi_{oi}\lambda) \tag{21.4.12}$$

式中 β_i——第 i 楼层的纵向或横向墙体平均抗震能力指数；

A_i——第 i 楼层的纵向或横向抗震墙在层高 1/2 处净截面的总面积，其中不包括高宽比大于 4 的墙段截面面积；

A_{bi}——第 i 楼层的建筑平面面积；

ξ_{oi}——第 i 楼层的纵向或横向抗震墙的基准面积率，应按表 21.4.9～表 21.4.11 采用；

λ——烈度影响系数；6、7、8、9 度时，分别按 0.7、1.0、1.5 和 2.5 采用，设计基本地震加速度为 $0.15g$ 和 $0.30g$ 时，分别按 1.25 和 2.0 采用。

(4) 楼层综合抗震能力指数的计算

所谓楼层综合抗震能力指数是在求得楼层平均抗震能力指数的基础，考虑结构体系和局部倒塌部位不满足第一级鉴定要求的影响，其计算公式为：

$$\beta_{ci} = \psi_1\psi_2\beta_i \tag{21.4.13}$$

式中 β_{ci}——第 i 楼层的纵向或横向墙体综合抗震能力指数；

ψ_1——体系影响系数；

ψ_2——局部影响系数。

关于体系影响系数，可根据房屋不规则性、非刚性和整体性连接不符合第一级鉴定要求的程度，经综合分析后确定；也可由表 21.4.12 各项系数的乘积确定。当砖砌体的砂浆强度等级为 M0.4，尚应乘以 0.9。当丙类设防的房屋有构造柱或芯柱时，尚可根据满足表 21.4.21 和表 21.4.22 的程度乘以 1.0～1.2 的系数；乙类设防的房屋，当构造柱或芯柱设置不符合规定时，尚应乘以 0.8～0.95 的系数。

体系影响系数值 **表 21.4.12**

项　目	不符合的程度	ψ_1	影响范围
房屋高度比 η	$2.2<\eta<2.6$	0.85	上部 1/3 楼层
	$2.6<\eta<3.0$	0.75	上部 1/3 楼层
横墙间距	超过表 21.4.2 最大值在 4m 以内	0.90	楼层的 β_{ci}
		1.00	墙段 β_{cij}
错层高度	＞0.5m	0.90	错层上下 β_{cij}
立面高度比	超过一层	0.90	所有变化的楼层
相邻楼层的墙体刚度比 λ	$2<\lambda<3$	0.85	刚度小的楼层
	$\lambda>3$	0.75	刚度小的楼层
楼、屋盖构件的支承长度	比规定少 15%以内	0.90	不满足的楼层
	比规定少 15%～25%	0.80	不满足的楼层

续表

项　目	不符合的程度	ψ_1	影响范围
圈梁布置和构造	屋盖外墙不符合	0.70	顶层
	楼盖外墙一道不符合	0.90	缺圈梁的上、下楼层
	楼盖外墙二道不符合	0.80	所有楼层
	内墙不符合	0.90	不满足的上、下楼层

注：单项不符合的程度超过表内规定或不符合的项目超过 3 项时，应采取加固或其他相应措施。

关于局部影响系数，可根据易引起局部倒塌各部位不符合第一级鉴定要求的程度，经综合分析后确定；也可由表 21.4.13 各项系数中的最小值确定。

局部影响系数值　　　　表 21.4.13

项　目	不符合的程度	ψ_2	影响范围
墙体局部尺寸	比规定少 10%以内	0.95	不满足的楼层
	比规定少 10%～20%	0.90	不满足的楼层
楼梯间等大梁的支承长度 l	$370\text{mm}<l<490\text{mm}$	0.80 0.70	该楼层的 β_{ci}、该墙段的 β_{cij}
出屋面小房间		0.33	出屋面小房间
支承悬挑结构构件的承重墙体		0.80	该楼层和墙段
房屋尽端设过街楼或楼梯间		0.80	该楼层和墙段
有独立砌体柱承重的房屋	柱顶有拉结	0.80	楼层、柱两侧相邻墙段
	柱顶无拉结	0.60	楼层、柱两侧相邻墙段

注：不符合的程度超过表内规定时，应采取加固或其他相应措施。

（5）墙段综合抗震能力指数的计算

横墙间距超过刚性体系规定的最大值、有明显扭转效应和易引起局部倒塌的结构构件不符合第一级鉴定要求的房屋，当最弱的楼层综合抗震能力指数小于 1.0 时，可采用墙段综合抗震能力指数方法进行第二级鉴定。墙段综合抗震能力指数应按下式计算：

$$\beta_{cij}=\psi_1\psi_2\beta_{ij} \tag{21.4.14}$$

$$\beta_{ij}=A_{ij}/(A_{bij}\xi_{oi}\lambda) \tag{21.4.15}$$

式中　β_{cij}——第 i 层 j 墙段综合抗震能力指数；

β_{ij}——第 i 层 j 墙段抗震能力指数；

A_{ij}——第 i 层第 j 墙段在 1/2 层高处的净截面面积；

A_{bij}——第 i 层第 j 墙段计入楼盖刚度影响的从属面积，可根据刚性楼盖、中等刚性楼盖和柔性楼盖按现行国家标准《建筑抗震设计规范》的方法确定。

当考虑扭转效应时，式（21.4.14）中尚包括扭转效应系数，其值可按现行国家标准《建筑抗震设计规范》GB 50011 的规定取该墙段不考虑与考虑扭转时的内力比。

3. 多层砖房抗震鉴定实例

（1）建筑结构概况与鉴定类别

某多层砖房为 5 层（半地下室一层）结构，房屋总高度 16.10m，房屋层高：地下室

2.02m，第1～5层为3.1m。地下室砖墙采用M5混合砂浆砌筑，其余各层砖墙采用M2.5混合砂浆砌筑；楼板为预制钢筋混凝土板。房屋平面图如图21.4.2所示。该房屋建造于1974年，所在城市的抗震设防烈度为8度，该房屋按后续使用30年的A类考虑，运用《建筑抗震鉴定标准》的A类鉴定方法对该房屋的抗震能力进行鉴定。

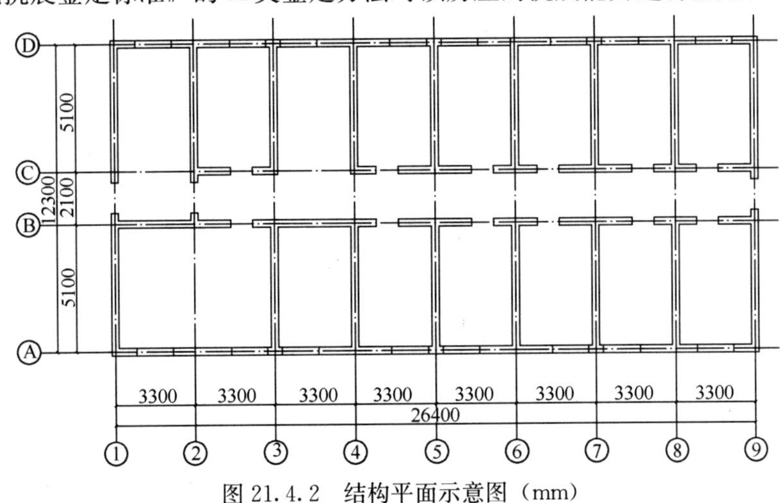

图21.4.2 结构平面示意图（mm）

（2）第一级鉴定

第一级鉴定以宏观控制和构造鉴定为主进行综合评价，其内容有刚性体系、整体性、易损部位及横墙间距与房屋宽度4大项。

1）刚性体系判别

房屋质量和刚度沿平面分布大致对称，沿高度分布大致均匀；房屋高宽比为1.4，总高度小于底屋平面的最大尺寸，抗震横墙最大间距为6.6m，满足《建筑抗震鉴定标准》中刚性体系的要求。通过对墙体砂浆的抽样检测，结果表明墙体砂浆的实际强度能达到原设计规定的强度要求（地下M5混合砂浆砌筑，地上M2.5混合砂浆砌筑）。

2）整体性判断

预制板板缝有混凝土填实，板上有水泥砂浆面层；楼、屋盖构件的支承长度满足《建筑抗震鉴定标准》要求；第3层楼盖设有钢筋砖圈梁，第5层屋盖设有钢筋混凝土圈梁，房屋整体性较好。

3）易损部位构造判别

墙体的局部尺寸大于1.0m，满足《建筑抗震鉴定标准》要求；房屋尽端设楼梯间，对房屋的抗震不利，局部影响系数值为0.8。

4）纵、横墙体数量的判别

由《建筑抗震鉴定标准》知，地下室和1～4层横墙间距与房屋宽度不能满足第一级鉴定的限值，需进行第二级鉴定。

5层　横墙间距　　$[L]=3.9\text{m}>3.3\text{m}$

　　　房屋宽度　　$[B]=6.0\times(1.4+0.8)\times1.25=16.5\text{m}>12.7\text{m}$

5层横墙间距与房屋宽度符合第一级鉴定的限值，即5层满足抗震鉴定要求。

（3）第二级鉴定

1）抗震墙的基准面积率（ξ_i）

抗震墙的基准面积率按《建筑抗震鉴定标准》的规定进行计算，当楼层单位面积重力荷载代表值 g_0 不为 12kN/m² 时，表 21.4.9～表 21.4.11 中数值需乘以 $g_0/12$。各楼层重力荷载代表值 G、单位面积重力荷载代表值 g_0 和修正系数 α 见表 21.4.14。

各层有关计算参数　　表 21.4.14

楼层	G（kN）	g_0（kN/m²）	$\alpha = g_0/12$
地下室	4118.1	11.7	0.98
1层	4469.2	12.7	1.06
2层	4539.9	12.9	1.08
3层	4537.0	12.9	1.08
4层	4537.0	12.9	1.08

纵墙为自承重墙，按《建筑抗震鉴定标准》中墙体类别为每开间有一个窗纵墙查得纵墙基准面积率，并乘以修正系数 α，按《建筑抗震鉴定标准》规定，自承重墙乘以 1.05，各楼层纵墙基准面积率 $\xi_{i纵}$ 见表 21.4.15。

各层纵墙基准面积率　　表 21.4.15

楼层	纵墙基准面积率（$\xi_{i纵}$）
地下室	0.0271×0.98×1.05=0.0279
1层	0.0345×1.06×1.05=0.0384
2层	0.0345×1.08×1.05=0.0391
3层	0.0304×1.08×1.05=0.0345
4层	0.0248×1.08×1.05=0.0281

横墙为承重墙，按《建筑抗震鉴定标准》中墙体类别为无门窗墙查得横墙基准面积率，并乘以修正系数 α，各楼层横墙基准面积率 $\xi_{i横}$ 见表 21.4.16。

各层横墙基准面积率　　表 21.4.16

楼层	纵墙基准面积率（$\xi_{i纵}$）
地下室	0.0347×0.98=0.0340
1层	0.0345×1.06=0.0461
2层	0.0345×1.08=0.0470
3层	0.0393×1.08=0.0424
4层	0.0323×1.08=0.0349
5层	已通过第一级鉴定

2）楼层综合抗震能力指数及鉴定

根据《建筑抗震鉴定标准》，求得各楼层纵墙综合抗震能力指数，详见表 21.4.17。各楼层横墙综合抗震能力指数如表 21.4.18 所示。

各层纵墙综合抗震能力指数　　表 21.4.17

楼层	纵墙面积（m²）	建筑平面面积 A_{bi}（m²）	纵墙基准面积率 $\xi_{i纵}$	纵墙综合抗震能力指数 β_{ci}	鉴定结果
地下室	18.3	351.4	0.0279	1.00	满足
1层	18.3	351.4	0.0384	0.72	差28%
2层	18.6	351.4	0.0391	0.72	差28%

续表

楼层	纵墙面积（m^2）	建筑平面面积 A_{bi}（m^2）	纵墙基准面积率 $\xi_{i纵}$	纵墙综合抗震能力指数 β_{ci}	鉴定结果
3层	18.6	351.4	0.0345	0.82	差28%
4层	18.6	351.4	0.0281	1.00	满足

各层横墙综合抗震能力指数 **表 21.4.18**

楼层	横墙面积（m^2）	建筑平面面积 A_{bi}（m^2）	横墙基准面积率 $\xi_{i纵}$	横墙综合抗震能力指数 β_{ci}	鉴定结果
地下室	21.8	351.4	0.0340	0.97	基本满足
1层	21.8	351.4	0.0461	0.72	差28%
2层	19.5	351.4	0.0470	0.63	差37%
3层	19.5	351.4	0.0424	0.70	差30%
4层	19.5	351.4	0.0349	0.85	差15%

3）薄弱层各墙段的抗震承载力验算

从以上分析可知：地下室和第5层满足抗震鉴定要求，第1～4层不满足抗震鉴定要求。为进一步了解薄弱层各墙段的抗震能力，按照《建筑抗震鉴定标准》GB 50023—2009的要求，对该楼进行抗震承载力验算，图21.4.3～图21.4.6为第1～4层的抗震承载力验算结果。图中所列数值为墙体抗力与荷载效应之比，如果不考虑尽端楼梯间的不利影响，则当该比值小于0.75时，该墙体不满足抗震要求；如果考虑端头楼梯间的不利影响，则当该比值小于0.94时，该墙体不满足抗震要求。图中：带括号的数据是各大面墙体的抗震验算结果，数字标注方向与该面墙的轴线垂直；不带括号的数据是各门窗间墙段的抗震验算结果，数字标注方向与该面墙的轴线平行。

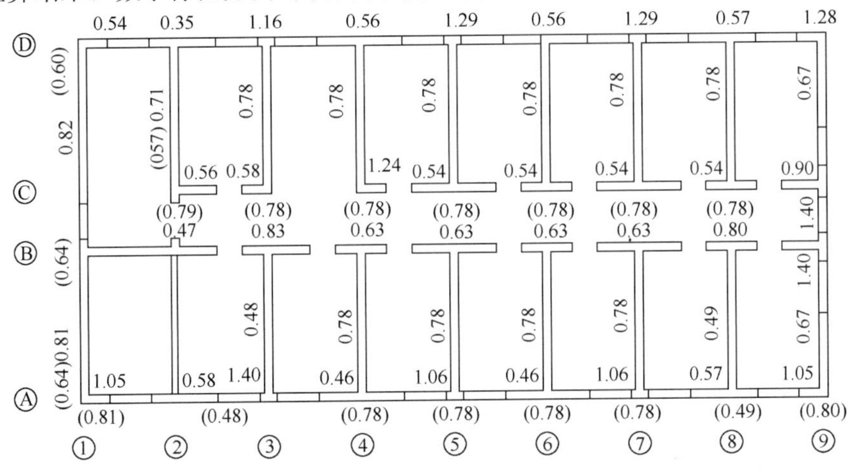

图21.4.3 第1层抗震验算结果（抗力与效应之比）

（4）抗震鉴定结论

通过对该房屋的第一级和第二级的抗震鉴定，可得出以下结论：

1）该幢楼整体性较好，房屋尽端设楼梯间，对房屋的抗震不利。

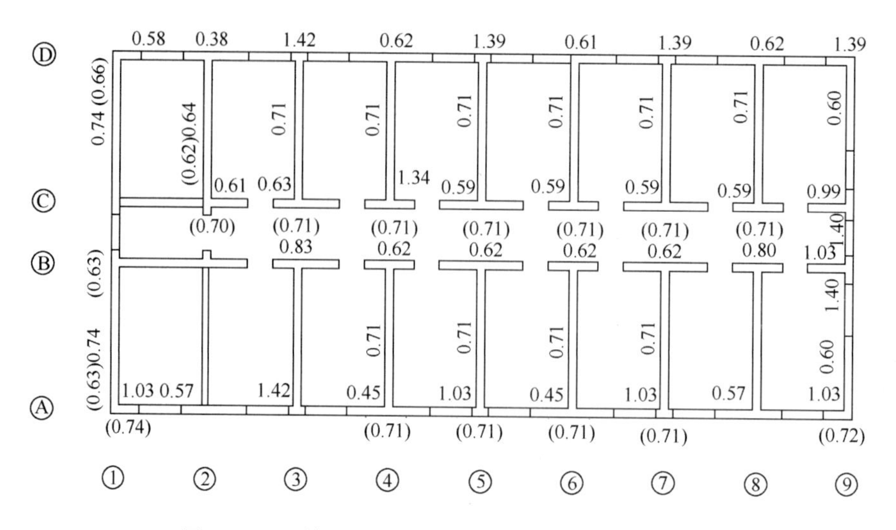

图 21.4.4 第 2 层抗震验算结果（抗力与效应之比）

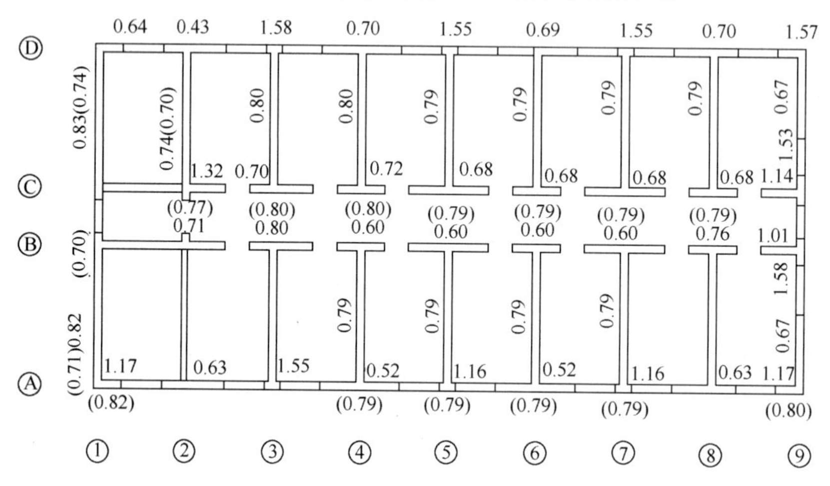

图 21.4.5 第 3 层抗震验算结果（抗力与效应之比）

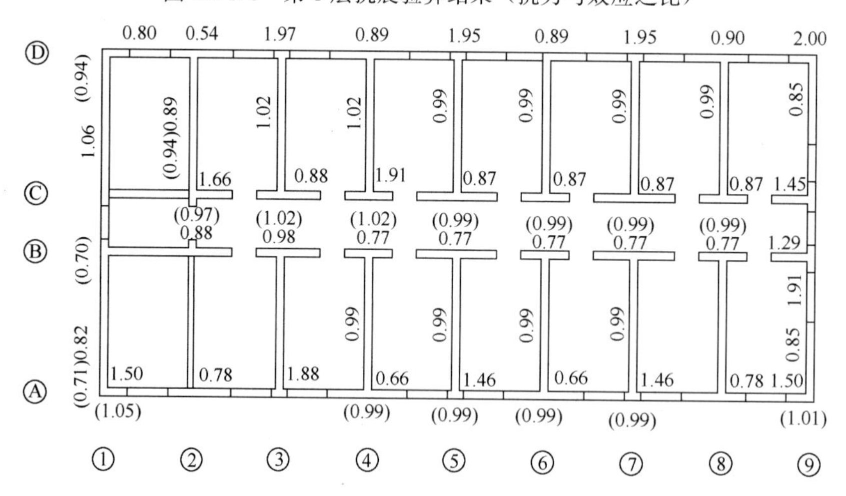

图 21.4.6 第 4 层抗震验算结果（抗力与效应之比）

2）第1～4层不满足《建筑抗震鉴定标准》GB 50023—2009的要求，其中：

①第1层纵、横墙抗震能力低于要求的28%；

②第2层纵、横墙抗震能力分别低于要求的28%和37%；

③第3层纵、横墙抗震能力分别低于要求的18%和30%；

④第4层横墙抗震能力低于要求的15%。

3）对该房应采取必要的抗震加固措施。

21.4.3 B类多层砌体房屋抗震鉴定

1. 多层砌体房屋抗震措施鉴定

总结多层砌体房屋的震害经验，不难得出多层砌体房屋产生震害的原因为：一是砖墙的抗剪强度不足，在地震时，砖墙产生裂缝和出平面的错位，甚至局部崩落；二是结构体系和构造布置存在缺陷，内外墙之间及楼板与砖墙之间缺乏可靠的连接，房屋的整体抗震能力差，砖墙发生出平面的倾倒等。因此，在多层砌体房屋的抗震鉴定中，进行墙体承载力验算是一个重要的方面，另一方面是特别要注意合理的建筑结构布置和抗震构造要求。

（1）房屋总层数和总高度鉴定

大量的震害表明，无筋的砌体房屋总高度超高和层数越多，破坏就越严重。《建筑抗震鉴定标准》GB 50023—2009规定，在总层数和总高度不超过表21.4.19的限值情况下，可采用B类建筑的有关抗震鉴定方法；当多层砌体房屋超过表21.4.19的限值情况时，应采用更准确的分析方法进行鉴定和采用改变结构体系等抗震减灾措施。

砖和砌块承重房屋的层高不应超过3.6m。对于医院、教学楼等横墙较少的砌体房屋，总高度应降低3m，总层数应减少1层，这里指的横墙较少是同一层内开间大于4.2m的房间面积占该层总面积的40%以上；对于各横墙间距虽满足最大间距要求但横墙很少（开间不大于4.2m的房间占房屋楼层总面积不到20%且开间大于4.8m房间占楼层总面积的50%以上为横墙很少）的房屋，应根据具体情况再降低房屋的总高度3m和总层数1层。对于乙类建筑应相对于按本地区设防烈度的丙类房屋的总层数减少1层，高度应降低3m。

B类多层砌体房屋总高度（m）和层数限值　　表21.4.19

砌体类别	最小墙厚（mm）	烈度							
		6		7		8		9	
		高度	层数	高度	层数	高度	层数	高度	层数
实心黏土砖	240	24	八	21	七	18	六	12	四
多孔砖	240	21	七	21	七	18	六	12	四
	190	21	七	18	六	15	五	不宜采用	
混凝土小砌块	190	21	七	18	六	15	五		
混凝土中砌块	200	18	六	15	五	9	三		
粉煤灰中砌块	240	18	六	15	五	9	三		

注：房屋的总高度指室外地面到檐口或屋面坡顶的高度，半地下室可从地下室内地面算起，全地下室和嵌固条件好的半地下室可从室外地面算起；带阁楼的坡屋面时应算到山尖墙的1/2高度处。

历次地震的震害表明，地下建筑的破坏远轻于地面上的结构。其主要原因是地下结构与土体一起振动，只要地下结构整体性好，一般破坏很轻，因此可以把全地下室不作为一层考虑。对半地下室而言，由于有半层砌置在地面以上，窗井等削弱了周围土体对半地下室这一层的约束，这对抗震更为不利，所以有半地下室的房屋总高度从半地下室的室内地坪算起。当半地下室的顶板在室外地面以上半层层高以内、无采光井或半地下室层所开窗洞处均有窗井墙、每道内横墙均延伸到室外窗井处，并与周围挡土墙相连，形成较宽的半地下室层底盘情况时，半地下室层由于有加宽了的每道抗震横墙所嵌固，可以认为是嵌固条件好的半地下室。

对于带阁楼的坡屋顶是否作为一层计入总层数的问题，相对比较复杂，应视阁楼的设置状况确定。对于阁楼只作为屋面（屋架）结构，且不住人，可不作为一个楼层考虑；当阁楼空间较大，并作为居室的一部分，应作为一个楼层考虑。

（2）房屋结构体系合理性鉴定

多层砌体房屋的合理抗震结构体系，对于提高其整体抗震能力是非常重要的，是抗震鉴定时应关注的主要问题。

1）房屋抗震横墙间距

砖墙在平面内的受剪承载力较大，而平面外（出平面）的受弯承载力很低。当多层砌体房屋横墙间距较大时，房屋的相当一部分地震作用需要通过楼盖传至横墙，纵向砖墙就会产生出平面的弯曲破坏。《建筑抗震鉴定标准》GB 50023—2009 规定按所在地区的地震烈度与房屋楼（屋）盖的类型进行横墙的最大间距的鉴定，具体要求详见表 21.4.20。

B 类多层砖房的抗震横墙最大间距（m）　　**表 21.4.20**

楼、屋盖类别	6 度	7 度	8 度	9 度
现浇和装配整体式钢筋混凝土	18	18	15	11
装配整体式钢筋混凝土	15	15	11	7
木	11	11	7	4

注：多层砌体房屋的顶层，最大间距可适当放宽。

《建筑抗震鉴定标准》给出的房屋抗震横墙最大间距的要求是为了尽量减少纵墙的出平面破坏，但并不是说满足上述横墙最大间距的限值就能满足横向承载力验算的要求。

2）房屋总高度与总宽度的最大比值

为了使现有多层砌体房屋有足够的稳定性和整体抗弯能力，对房屋的高宽比应满足：6、7 度时不大于 2.5，8 度时不大于 2.0，9 度时不大于 1.5。对于点式、墩式建筑的高宽比宜适当减小。计算房屋宽度时，外廊式和单面走廊的房屋不包括走廊宽度。

在计算房屋高宽比时，房屋宽度是就房屋的总体宽度而言，局部突出或凹进不受影响，横墙部分不连续或不对齐不受影响。具有内走廊的单面走廊，房屋宽度不包括走廊宽度，但有的因此而不能满足高宽比限值，可适当放宽。

3）结构平立面布置

多层砌体房屋的平、立面布置应规则对称，最好为矩形，这样可避免水平地震作用下的扭转影响。然而对于避免水平地震作用下的扭转仅房屋平面布置规则还是不够的，还应做到纵横墙的布置均匀对称。从房屋纵横墙的对称要求来看，大房间宜布置在房屋的中部，而不宜布置在端头。

砖墙沿平面内对齐、贯通，能减少砖墙、楼板等受力构件的中间传力环节，使震害部位减少，震害程度减轻；同时，由于地震作用传力路线简单，中间不间断，构件受力明确，其简化的地震作用分析能较好地符合地震作用的实际。

房屋的纵横墙沿竖向上下连续贯通，可使地震作用的传递路线更为直接合理。如果因使用功能不能满足上述要求时，应将大房间布置在顶层。若大房间布置在下层，则相邻上面横墙承担的地震剪力，只有通过大梁、楼板传递至下层两旁的横墙，这就要求楼板有较大的水平刚度。

房屋纵向地震作用分至各纵轴后，其外纵墙的地震作用还要按各窗间的侧移刚度再分配。由于宽窗间墙的刚度比窄窗间墙的刚度大得多，必然承受较多的地震作用而破坏，而高度比大于 4 的墙垛其承载能力更差已率先破坏，则对于宽窄差异较大的外纵墙，就会造成窗间墙的各个击破，降低了外纵墙和房屋纵向的抗震能力。因此，要求同一轴线的窗间墙宽度宜均匀，尽量做到等宽度。

4）房屋立面高差和错层

大量的震害表明，由于地震作用的复杂性，体形不对称的结构的破坏较体形均匀对称的结构要重一些。但是，由于防震缝在不同程度上影响建筑立面的效果和增加工程造价等，应根据建筑的类型、结构体系和建筑状态以及不同的地震烈度等区别对待。既有建筑抗震鉴定的原则为：当建筑形状复杂而又不设防震缝时，应选取符合实际的结构计算模型，进行精细抗震分析，估计局部应力和变形集中及扭转影响，判别易损部位和所采取加强措施的有效性；当设置防震缝时，应将建筑分成规则的结构单元。对于多层砌体房屋，当设防烈度为 8 度和 9 度，房屋立面高差在 6m 以上，或房屋有错层，且楼板高差较大，或各部分结构刚度、质量截然不同时，宜检查是否设置了防震缝和缝两侧是否均设置了抗震墙以及缝宽是否为 50～100mm。

5）楼梯间设置位置

由于水平地震作用为横向和纵向两个方向，在多层砌体房屋转角处纵横两个墙面常出现斜裂缝。不仅房屋两端的四个外墙角容易发生破坏，而且平面上的其他凸出部位的外墙阳角同样容易破坏。

楼梯间比较空敞和顶层外墙的无支承高度为一层半时，在地震中的破坏比较严重。尤其是楼梯间设置在房屋尽端或房屋转角部位时，其震害更为严重。

6）跨度较大大梁的支承

多层砌体办公楼和宾馆的门厅往往是大开间，会出现设置跨度不小于 6m 大梁的情况，在抗震鉴定中应检查跨度不小于 6m 大梁的支承，若在砌体结构中出现独立砖柱支撑跨度不小于 6m 大梁的情况，应仔细检查有无出现受压裂缝情况。

7）楼（屋）盖

大量的震害表明，纵横墙较多的多层砖房预制和现浇混凝土楼（屋）盖的震害基本差不多，这是由于纵横墙较多的多层砖房的抗侧力刚度比较大，横向墙体之间的变形比较均匀，不会造成楼（屋）盖的过大变形；但横墙较少的多层砌体结构，在强烈地震作用下的楼板间的变形相对比较大，可能因楼板中部的变形较大而引起外纵墙的外闪。所以，对于横墙较少的教学楼、医院等，应检查楼（屋）盖的类型。

（3）多层砌体房屋材料实际达到的强度等级

多层砌体房屋的抗震承载能力是由墙体设置多少和砌筑块材与砂浆的强度等级决定的，其整体抗震性能除承载能力外还有圈梁与构造柱的设置等。《建筑抗震鉴定标准》GB 50023—2009 对多层砌体房屋的材料强度等级做了以下要求：

1）承重墙体的砌筑砂浆实际达到的强度等级，砖墙体不应低于 M2.5，砌块墙体不应低于 M5。

2）砌体块材实际达到的强度等级，普通砖、多孔砖不应低于 MU7.5，混凝土小型砌块不应低于 MU5，混凝土中型砌块、粉煤灰中型砌块不应低于 MU10。

3）构造柱、圈梁、混凝土小砌块芯柱实际达到的混凝土强度等级不宜低于 C15，混凝土中砌块芯柱实际达到的混凝土强度等级不宜低于 C20。

（4）现有多层砌体房屋的整体连接性构造鉴定

多层砌体房屋的整体连接性构造主要是指纵横墙的连接、构造柱与圈梁的布置以及楼（屋）盖及其与墙体的连接等，这些连接构造直接影响砌体房屋的抗震性能。

1）墙体布置在平面内应闭合，纵横墙交接处应咬槎砌筑，烟道、风道、垃圾道等不应削弱墙体，当墙体被削弱时，应对墙体采取加强措施。

2）多层砖砌体房屋的钢筋混凝土构造柱应按表 21.4.21 进行检查；粉煤灰中型砌块房屋应根据增加 1 层后的层数，按表 21.4.21 进行检查；对于外廊式、单面走廊式的多层砖房，应根据房屋增加 1 层的层数，按表 21.4.21 进行检查，且单面走廊两侧的纵墙均要按外墙的要求设置钢筋混凝土构造柱；对于教学楼、医院等横墙较少的多层砖房，应根据房屋增加 1 层后的层数，按表 21.4.21 进行检查；当教学楼、医院等横墙较少的房屋为外廊式或单面走廊式时，应按表 21.4.21 进行检查，但 6 度不超过 4 层、7 度不超过 3 层和 8 度不超过 2 层时，应按增加 2 层后的层数按表 21.4.21 进行检查。

砖房构造柱设置要求 **表 21.4.21**

<table>
<tr><th colspan="4">房屋层数</th><th colspan="2" rowspan="2">设置部位</th></tr>
<tr><th>6度</th><th>7度</th><th>8度</th><th>9度</th></tr>
<tr><td>四、五</td><td>三、四</td><td>二、三</td><td>—</td><td rowspan="3">外墙四角，错层部位横墙与外纵墙交接处，较大洞口两侧，大房间内外墙交接处</td><td>7、8度时，楼、电梯间的四角</td></tr>
<tr><td>六～八</td><td>五、六</td><td>四</td><td>二</td><td>隔开间横墙（轴线）与外墙交接处，山墙与内纵墙交接处；
7～9度时，楼、电梯间的四角</td></tr>
<tr><td>—</td><td>七</td><td>五、六</td><td>三、四</td><td>内墙（轴线）与外墙交接处，内墙的局部较小墙垛处；
7～9度时，楼、电梯间的四角；
9度时内纵墙与横墙（轴线）交接处</td></tr>
</table>

3）多层混凝土小型砌块房屋的钢筋混凝土构造柱应按表 21.4.22 进行检查；对于外廊式、单面走廊式的多层砖房，应根据房屋增加 1 层的层数，按表 21.4.21 进行检查，且单面走廊两侧的纵墙均要按外墙的要求设置钢筋混凝土构造柱；对于教学楼、医院等横墙较少的多层砖房，应根据房屋增加 1 层后的层数，应按表 21.4.22 进行检查；当教学楼、医院等横墙较少的房屋为外廊式或单面走廊式时，应按表 21.4.22 进行检查，但 6 度不超过 4 层、7 度不超过 3 层和 8 度不超过 2 层时，应按增加 2 层后的层数按表 21.4.22 进行检查。

混凝土小型空心砌块房屋芯柱设置要求　　表 21.4.22

房屋层数			设置部位	设置数量
6度	7度	8度		
四、五	三、四	二、三	外墙转角，楼梯间四角，大房间内外墙交接处	外墙转角，灌实3个孔； 内外墙交接处，灌实4个孔
六	五	四	外墙转角，楼梯间四角，大房间内外墙交接处；山墙与内纵墙交接处，隔开间横墙（轴线）与外纵墙交接处	
七	六	五	外墙转角，楼梯间四角，各内墙（轴线）与外纵墙交接处；8、9度时，内纵墙与横墙（轴线）交接处和洞口两侧	外墙转角，灌实5个孔； 内外墙交接处，灌实4个孔； 内外墙交接处，灌实4～5个孔； 洞口两侧灌实1个孔

4）钢筋混凝土圈梁的布置与配筋

钢筋混凝土圈梁的作用是与钢筋混凝土构造柱一起对砌体墙进行约束，由于现浇楼（屋）盖已经起到了圈梁的作用，所以多层砌体房屋中的现浇楼（屋）盖可不再单设圈梁，但楼板应与相应的构造柱钢筋可靠连接；6～8度砖拱楼（屋）盖房屋，各层均应有圈梁。对多层砖房的装配式混凝土或木楼（屋）盖横墙承重时的圈梁布置与配筋应按表21.4.23检查；纵墙承重时每层均应有圈梁，且抗震墙上的圈梁间距应比表21.4.23适当加密；砌块房屋采用装配式钢筋混凝土楼盖时，每层均应有圈梁，圈梁的间距应比表21.4.23适当加密。

砖房现浇钢筋混凝土圈梁的设置要求　　表 21.4.23

墙类和配筋		烈度		
		6、7	8	9
墙类	外墙及内纵墙	屋盖处及隔层楼盖处均应有	屋盖处及每层楼盖处均应有	屋盖处及每层楼盖处均应有
墙类	内横墙	屋盖处及每层楼盖处均应有，屋盖处间距不应大于7m，楼盖处间距不应大于15m，构造柱对应部位	屋盖处及每层楼盖处均应有，屋盖处沿所有横墙，且间距不应大于7m，楼盖处间距不应大于7m，构造柱对应部位	屋盖处及每层楼盖处均应有，各层所有横墙应有
最小纵筋		4Φ8	4Φ10	4Φ12
最大箍筋间距（mm）		250	200	150

5）多层砌体楼（屋）盖及其与墙体连接

楼、屋盖是房屋的重要横隔，除了保证本身刚度和整体性外，必须与墙体有足够支承长度或可靠的拉结，才能正常传递地震作用和保证房屋的整体性。多层砌体楼（屋）盖及其与墙体连接应符合下列要求：

现浇钢筋混凝土楼板或屋面板伸进外墙和不小于240mm厚内墙的长度均不应小于

120mm，伸进 190mm 厚内墙的长度不应小于 90mm。

装配式钢筋混凝土楼板或屋面板，当圈梁未设在板的同一标高时，板端伸入外墙的长度不应小于 120mm，伸进 240mm 后内墙的长度不宜小于 100mm，伸进 190mm 厚内墙的长度不应小于 80mm；在梁上不应小于 80mm。

当板的跨度大于 4.8m 并与外墙平行时，靠外墙的预制板侧应与墙或圈梁拉结。

房屋端部大房间的楼盖，8 度时房屋的屋盖和 9 度时房屋的楼、屋盖，当圈梁设在板底时，预制板应相互拉结，并应与梁、墙或圈梁拉结。

（5）钢筋混凝土构造柱（或芯柱）的构造与配筋

多层砖房的钢筋混凝土构造柱主要起约束墙体的作用，不依靠其增加墙体的受剪承载力，其截面不必过大，配筋也不必过多。

1）多层砖房抗震鉴定对钢筋混凝土构造柱截面的最小要求为 240mm×180mm，纵向钢筋宜采用 4Φ12，箍筋间距不宜大于 250mm 且在柱上下端部宜适当加密；7 度时超过 6 层，8 度时超过 5 层和 9 度时，钢筋混凝土构造柱纵向钢筋宜采用 4Φ14，箍筋间距不应大于 200mm。房屋四角的构造柱可适当加大截面及配筋。

2）混凝土小型空心砌块房屋芯柱截面不宜小于 120mm×120mm；构造柱最小截面可采用 240mm×240mm，芯柱（或构造柱）与墙体连接处应有拉结钢筋网片，竖向插筋应贯通墙身且与圈梁连接；插筋数量：混凝土小型砌块不应小于 1Φ12，混凝土中型砌块房屋，6 度和 7 度时不应小于 1Φ14 或 2Φ10，8 度时不应少于 1Φ16 或 2Φ12。

3）钢筋混凝土构造柱应与圈梁连接，构造柱的纵筋应穿过圈梁的主筋，保证构造柱纵筋上下贯通。

4）钢筋混凝土构造柱要与砖墙形成整体。钢筋混凝土构造柱与墙体的连接处宜砌成马牙槎，并应沿墙高每隔 500mm 设 2Φ6 拉结钢筋，每边伸入墙内不宜小于 1m。

5）构造柱可不单独设基础（但承重独立柱不包括在内），但应伸入室外地面下 500mm，或锚入浅于 500mm 的基础圈梁内。对于个别地区基础圈梁与防潮层相结合，其圈梁标高已高出地面，在这种情况下构造柱应符合伸入地面 500mm 的要求。

（6）钢筋混凝土圈梁的构造

1）钢筋混凝土圈梁应闭合，遇有洞口应上下搭接。圈梁宜与预制板设在同一标高处或紧靠板底。

2）圈梁的截面高度不应小于 120mm，当需要设置基础圈梁加强基础整体性和刚度时，截面的高度不应小于 180mm，配筋不应小于 4Φ12。

3）当在要求间距设置圈梁部位无横墙时，应利用梁或板缝中配筋替代圈梁。

（7）砌块房屋墙体交接处或芯柱、构造柱与墙体连接处构造

砌块房屋墙体交接处或芯柱与墙体连接处应设置拉结钢筋网片，每边伸入墙内不宜小于 1m，各类砌块墙体沿高度设置应符合下列要求：

1）混凝土小型砌块墙体沿墙高每隔 600mm 设置Φ4 钢筋点焊的钢筋网片；

2）混凝土中型砌块墙体隔皮砖设置Φ6 钢筋点焊的钢筋网片；

3）粉煤灰中型砌块墙体 6 度和 7 度时隔皮砖、8 度时每皮砖设置Φ6 钢筋点焊的钢筋网片。

（8）房屋楼（屋）盖与墙体连接

楼、屋盖是房屋的重要横隔，除了保证本身刚度和整体性外，必须与墙体有足够支承长度或可靠的拉结，才能正常传递地震作用和保证房屋的整体性。

1）楼、屋盖的钢筋混凝土梁或屋架，应与墙、柱（包括构造柱、芯柱）或圈梁可靠连接。梁与砖柱的连接不应削弱柱截面。各层独立砖柱顶应在两个方向均有可靠拉结。

2）坡屋顶房屋的屋架应与顶层圈梁可靠连接，檩条或屋面板应与墙及屋架可靠连接，房屋出入口处的檐口瓦应与屋面构件锚固；8度和9度时，顶层内纵墙顶宜增砌支撑山墙的踏步式墙垛。

（9）房屋中易引起倒塌构件的连接

房屋中易引起倒塌的构件包括非承重隔墙、预制阳台、预制挑檐、附着烟囱、门窗过梁等。

1）后砌的非承重砌体隔墙应沿墙高每隔500mm配置2Φ6钢筋与承重墙或柱拉结，并每边伸入墙内不应小于500mm，8度和9度时长度大于5.1m的后砌非承重砌体隔墙的墙顶应与楼板或梁拉结。

2）预制阳台应与圈梁和楼板的现浇带有可靠连接；钢筋混凝土墙预制挑檐应有锚固；附墙烟囱及出屋面烟囱应有竖向配筋。当上述非结构构件不满足要求时，出入口或人流通道处应加固或采取相应措施。

3）门窗洞口处不应为无筋过梁，过梁支承长度，6～8度时不应小于240mm，9度时不应小于360mm。

4）房屋中砌体墙段的实际局部尺寸不应小于表21.4.24的要求。

房屋的局部尺寸限值（m） **表21.4.24**

部位	烈度			
	6	7	8	9
承重窗间墙最小宽度	1.0	1.0	1.2	1.5
承重外墙尽端至门窗洞边的最小距离	1.0	1.0	1.5	2.0
非承重外墙尽端至门窗洞边的最小距离	1.0	1.0	1.0	1.0
内墙阳角至门窗洞边的最小距离	1.0	1.0	1.5	2.0
无锚固女儿墙（非出入口处）的最大高度	0.5	0.5	0.5	0.0

（10）楼梯间的构造

楼梯间的横墙，由于楼梯踏步板的斜撑作用而带来较大的水平地震作用，破坏程度常比其他横墙稍重一些。横墙与纵墙相接处的内墙阳角，如同外墙阳角一样，纵横墙面因两个方向地面运动的作用均出现斜向裂缝。楼梯间的大梁，由于搁进内纵墙的长度只有240mm，角部破碎后，梁落下。另外，楼梯踏步斜板因钢筋伸入休息平台梁内的长度很短而在相接处拉裂或拉断。为了保证楼梯间在地震时能作为安全疏散通道，其内墙阳角至门窗洞边的距离应符合《建筑抗震鉴定标准》要求。

1）8度和9度时，顶层楼梯间横墙和外墙宜沿墙高每隔500mm设2Φ6拉结钢筋，9度时其他各层楼梯间可在休息平台或楼层半高处设置600mm厚的配筋砂浆带或配筋砖带，砂浆强度等级不应低于M5，钢筋不宜少于2Φ10。

2）8度和9度时，楼梯间及门厅内阳角处的大梁支承长度不应小于500mm，并应与圈梁连接。

3）突出屋顶的楼、电梯间构造柱应伸到顶部，并与顶部圈梁连接，内墙交接处应沿墙高每隔500mm设2Φ6拉结钢筋，且每边伸入墙内不应小于1m。

4）装配式楼梯应与平台板的梁可靠连接，不应采用墙中悬挑式踏步或踏步竖肋插入墙体的楼梯，不应采用无筋砖砌栏板。

2. 抗震承载力验算

（1）水平地震作用的计算

多层砌体房屋水平地震作用的计算可根据房屋的平、立面布置等情况选择采用下列方法：对于平、立面布置规则和结构抗侧力构件在平、立面布置均匀的，可采用底部剪力法；对于立面布置不规则的宜采用振型分解反应谱法，对于平面布置不规则的宜采用考虑水平地震作用扭转影响的振型分解反应谱法。

（2）楼层地震剪力设计值在各墙段的分配，根据多层砖房楼、屋盖的状况分为三种情况：

1）现浇和装配整体式钢筋混凝土楼、屋盖，按抗震墙的侧移刚度的比例分配，第i层第j片抗震墙的地震剪力设计值V_{ij}为：

$$V_{ij}=V_i\frac{K_{ij}}{K_i} \tag{21.4.16}$$

式中　K_{ij}——第i层第j片抗震墙的侧移刚度；

K_i——第i层抗震墙的侧移刚度。

2）木楼、屋盖的多层砖房，按抗震墙从属面积上重力代表值的比例分配，第i层第j片抗震墙的地震剪力设计值V_{ij}为：

$$V_{ij}=V_i\frac{G_{ij}}{G_i} \tag{21.4.17}$$

式中　G_{ij}——第i层第j片抗震墙从属面积上的重力代表值；

G_i——第i层的重力代表值。

需注意的是所谓从属面积乃指对有关抗侧力墙体产生地震剪力的负载面积。

3）预制钢筋混凝土楼、屋盖按抗震墙侧移刚度比和从属面积上重力代表值的比的平均值来分配，第i层第j片抗震墙的地震剪力设计值V_{ij}为：

$$V_{ij}=\frac{1}{2}\left(\frac{K_{ij}}{K_i}+\frac{G_{ij}}{G_i}\right)V_i \tag{21.4.18}$$

当房屋平面的纵向尺寸较长时，在进行纵向地震剪力设计值的分配时，对于预制钢筋混凝土楼（屋）盖可按刚性楼盖考虑，并可按式（21.4.16）分配地震剪力。

（3）截面抗震验算

当所鉴定的多层砌体房屋的抗震构造措施不满足要求时，应考虑构造的整体影响和局部影响系数；其中，当构造柱或芯柱不满足规定时，体系影响系数应根据不满足的程度乘以0.8～0.95的系数。

1）各类砌体沿阶梯形截面破坏的抗剪强度设计值f_{VE}

$$f_{VE}=\xi_N f_V \tag{21.4.19}$$

式中　f_V——非抗震设计的砌体抗剪强度设计值，应按表21.4.25采用；

ξ_N——砌体强度的正应力系数，按表 21.4.26 采用。

非抗震设计的砌体抗剪强度设计值 **表 21.4.25**

砌体类别	砂浆强度等级					
	M10	M7.5	M5	M2.5	M1	M0.4
普通砖、多孔砖	0.18	0.15	0.12	0.09	0.06	0.04
粉煤灰中型砌块	0.05	0.04	0.03	0.02	—	—
混凝土中型砌块	0.08	0.06	0.05	0.04	—	—
混凝土小型砌块	0.10	0.08	0.07	0.05	—	—

砌体强度的正应力系数 **表 21.4.26**

砌体类别	σ_0/f_V								
	0.0	1.0	3.0	5.0	7.0	10.0	15.0	20.0	25.0
黏土砖、多孔砖	0.80	1.00	1.28	1.50	1.70	1.95	2.32	—	—
混凝土小砌块	—	1.25	1.75	2.25	2.60	3.10	3.95	4.80	—
粉煤灰中型砌块 混凝土中型砌块	—	1.18	1.54	1.90	2.20	2.65	3.40	4.15	4.90

2）黏土砖和多孔砖墙体的截面抗震承载力验算，其验算公式采用式（21.4.20）。

$$V \leqslant f_{VE}A/\gamma_{Ra} \tag{21.4.20}$$

式中 V——墙体剪力设计值；

A——墙体横截面面积；

γ_{Ra}——抗震鉴定的承载力调整系数，对于两端均有构造柱、芯柱的承重墙为 0.9，其他承重墙为 1.0；自承重墙的承载力抗震调整系数可采用 0.75。

当按式（21.4.20）验算不满足要求时，除采用配筋砌体提高承载力外，尚可采用在墙段中部增设构造柱的方法，计入设置于墙段中部、截面不小于 240mm×240mm 且间距不大于 4m 的构造柱对承载力的提高作用，按下列简化方法验算：

$$V \leqslant [\eta_c f_{VE}(A-A_c)+\zeta f_t A_c+0.08f_y A_s]/\gamma_{Ra} \tag{21.4.21}$$

式中 A_c——中部构造柱的横截面总面积（对于横墙和内纵墙 $A_c>0.15A$ 时，取 $0.15A$；对于外纵墙，$A_c>0.25A$ 时，取 $0.25A$）；

f_t——中部构造柱的混凝土轴心抗拉强度设计值；

A_s——中部构造柱的纵向钢筋截面总面积（配筋率不小于 0.6%，大于 1.4%时取 1.4%）；

f_y——钢筋抗拉强度设计值；

ζ——中部构造柱参与工作系数，居中设一根时取 0.5，多于一根时取 0.4；

η_c——墙体约束修正系数，一般情况取 1.0，构造柱间距不大于 2.8m 时取 1.1。

3）水平配筋黏土砖、多孔砖墙体的截面抗震承载力验算

水平配筋黏土砖、多孔砖墙体的截面抗震承载力，应按下式验算：

$$V \leqslant \frac{1}{\gamma_{Ra}}(f_{VE}A+0.15f_y A_s) \tag{21.4.22}$$

式中 A——墙体横截面面积，多孔砖取毛截面面积；

A_s——层间墙体竖向截面的钢筋总截面面积。

4）混凝土小砌块墙体截面抗震承载力验算

混凝土小砌块墙的截面抗震承载力，应按下式验算：

$$V \leqslant [f_{VE}A + (0.3f_cA_c + 0.05f_yA_s)\zeta_c]/\gamma_{Ra} \tag{21.4.23}$$

式中 f_c——芯柱混凝土轴心抗压强度设计值；

A_c——芯柱截面总面积；

A_s——芯柱钢筋截面总面积；

ζ_c——芯柱影响系数，按表21.4.27采用。

芯柱影响系数 **表21.4.27**

填孔率 ρ	$\rho<0.15$	$0.15\leqslant\rho<0.25$	$0.25\leqslant\rho<0.5$	$\rho\geqslant0.5$
ζ_c	0.0	1.0	1.10	1.15

注：填孔率指芯柱根数与孔洞总数之比。

无芯柱时，$\gamma_{Ra}=1.0$，$\zeta_c=0.0$；有芯柱时，$\gamma_{Ra}=0.9$。当同时设置芯柱和构造柱时，构造柱截面可作为芯柱截面，构造柱钢筋可作为芯柱钢筋。

3. B类建筑抗震鉴定实例

1）建筑结构概况

该房屋为某小学教学楼，主体3层、局部4层的砖混结构房屋，建筑高度14.4m，工程平面呈矩形，由一道防震缝分为两个独立的结构单元，其中1～9轴线间为局部4层的教室部分，10～15轴线间为2层的教师办公和会议室部分。该建筑结构以纵墙承重为主，楼、屋盖板主要采用预应力空心板，局部为现浇钢筋混凝土板，设置圈梁和构造柱，基础采用条形基础。墙体材料为空心黏土砖，外墙厚370mm，内墙厚240mm。该房屋建于1998年。该建筑上部主体结构的材料强度等级为：砖MU10；砂浆M10；梁、板、圈梁、构造柱混凝土强度均为C20。

该房屋第1层结构平面布置示意图如图21.4.7所示。

2）建筑结构构件材料强度检测

采用回弹法对混凝土构件的抗压强度进行检测，将抽检的混凝土承重梁和构造柱分别划为一个检验批进行评定，检测结果详见表21.4.28和表21.4.29。

混凝土梁抗压强度检测结果 **表21.4.28**

构件名称	强度平均值（MPa）	强度标准差（MPa）	按批量推定结果（MPa）
第1层3-C-D梁	26.1	1.21	$f_{cu,e}=25.6$ $m_{f^c_{cu}}=31.2$ $S_{f^c_{cu}}=3.38$
第1层E-12-13梁	32.7	0.83	
第1层D-14-15梁	27.6	1.44	
第1层D-1-2梁	32.6	0.46	
第2层2/B-13-14梁	34.1	1.17	
第2层13-1/B-2/B梁	37.4	2.22	
第2层D-14-15梁	31.6	0.37	
第2层3-C-D梁	28.4	1.66	
第3层D-7-8梁	31.9	0.73	
第4层D-7-8梁	29.7	0.61	

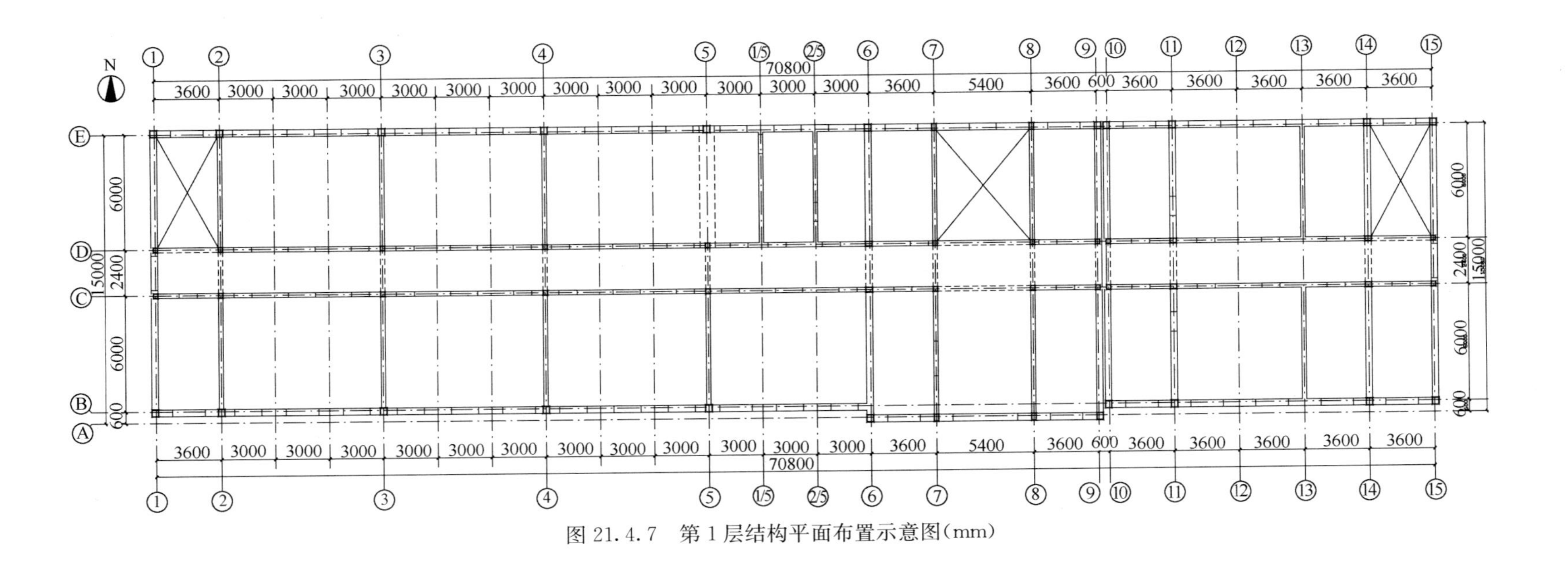

图 21.4.7 第1层结构平面布置示意图(mm)

混凝土构造柱抗压强度检测结果 表 21.4.29

构件名称	强度平均值（MPa）	强度标准差（MPa）	按批量推定结果（MPa）
第1层2-E构造柱	28.1	1.21	$f_{cu,e}=18.4$ $m_{f_{cu}^c}=25.1$ $S_{f_{cu}^c}=4.08$
第1层4-E构造柱	28.9	0.85	
第1层3-E构造柱	28.2	1.02	
第1层15-E构造柱	24.4	2.27	
第1层3-D构造柱	24.7	0.93	
第2层14-D构造柱	31.4	2.00	
第2层3-C构造柱	22.0	2.11	
第3层7-D构造柱	20.9	4.21	
第4层7-D构造柱	24.2	1.25	
第4层8-D构造柱	19.8	1.32	

从表21.4.28和表21.4.29所列的检测结果可以看出，该工程承重梁的抗压强度推定值为25.6MPa，满足混凝土强度等级C20的设计要求；该工程构造柱的抗压强度推定值为18.4MPa，不能满足混凝土强度等级C20的设计要求。

采用回弹法对砖强度进行检测，将该工程抽样按防震缝划分为两个检验批，这里仅列出1～9轴线的检测结果。

1～9轴线第1层～4层砖墙块材强度检测结果 表 21.4.30

取样部位	测区回弹值	测区换算强度值（MPa）	换算强度平均值（MPa）	换算强度最小值（MPa）
第1层E-1-2墙	39.26	9.90	10.19	6.61
第1层E-3-4墙	37.96	8.50		
第1层E-1/5-2/5墙	39.80	10.48		
第1层E-4-5墙	40.04	10.74		
第1层E-7-8墙	39.52	10.18		
第1层D-3-4墙	37.93	8.46		
第1层D-5-1/5墙	37.86	8.39		
第1层C-3-4墙	39.14	9.77		
第2层D-3-4墙	38.46	9.04		
第2层C-2-3墙	38.52	9.10		
第3层7-A-C墙	43.01	13.95		
第3层6-A-C墙	40.42	11.15		
第3层4-D-E墙	36.21	6.61		
第4层D-8-9墙	41.32	12.13		
第4层D-6-7墙	40.96	11.74		
第4层C-6-7墙	42.00	12.86		

由表 21.4.30 所列的检测结果可知，该工程 1～9 轴线间教室部分砖墙块材的材料换算强度平均值为 10.19MPa，满足 MU10 的设计要求。

采用回弹法对承重墙体砌筑砂浆的抗压强度进行检测，将抽样按以下方法划分为三个检验批进行评定，这里仅列出 1～9 轴线的检测结果。

1～9 轴线第 1 层和第 2 层墙体砂浆抗压强度检测结果　　表 21.4.31

取样部位	测区强度代表值（MPa）	测区强度平均值（MPa）	测区强度最小值（MPa）	强度换算值（MPa）
第 1 层 E-1-2 墙	1.92	3.18	1.89	2.53
第 1 层 E-3-4 墙	1.89			
第 1 层 E-1/5-2/5 墙	2.78			
第 1 层 E-4-5 墙	3.01			
第 1 层 E-7-8 墙	3.02			
第 1 层 D-3-4 墙	4.23			
第 1 层 D-5-1/5 墙	5.34			
第 2 层 C-3-4 墙	3.75			
第 2 层 D-3-4 墙	3.76			
第 2 层 C-2-3 墙	2.11			
第 3 层 7-A-C 墙	4.61	3.63	2.87	3.63
第 3 层 6-A-C 墙	3.48			
第 3 层 4-D-E 墙	3.09			
第 4 层 D-8-9 墙	4.57			
第 4 层 D-6-7 墙	2.87			
第 4 层 C-6-7 墙	3.18			

从表 21.4.31 所列的结果可以看出，该工程 1～9 轴线第 1 层和第 2 层墙体砂浆抗压强度换算值为 2.53MPa，第 3 层和第 4 层为 3.63 MPa，均不满足相应的设计要求。

3）结构的安全与抗震能力评价

①结构布置和结构体系

该工程为主体 3 层、局部 4 层的砖混结构房屋，墙体在平面内布置基本对称，同一轴线上的窗间墙宽度分布均匀。该工程为纵墙承重结构体系的教学楼，其构造柱是在纵横墙交接处设置，圈梁仅在纵横墙上设置，使得在一个教室中全部是纵墙承重的预制板，其结构体系和结构传力不够合理。

② 抗震措施

依据现行《建筑抗震鉴定标准》GB 50023—2009 关于乙类建筑 B 类砌体房屋中的规定，对结构的抗震措施进行检查，不满足规范要求的主要是：

该房屋砖抗震横墙的最大间距为 18m，不符合《建筑抗震鉴定标准》GB 50023—2009 关于乙类建筑 B 类装配式钢筋混凝土楼、屋盖的砌体房屋最大横墙间距为 11m 的规定。

该房屋构造柱设置部位为外墙四角、大房间内外墙交接处、教室部分的每三开间横墙与内外纵墙交接处、办公部分的每开间横墙与内外纵墙交接处、山墙与内纵墙交接处、楼梯间四角等，不符合《建筑抗震鉴定标准》GB 50023—2009 关于 8 度区乙类建筑 B 类砌体房屋层数为 3 层时在每开间横墙（轴线）与内、外墙交接处均应设置构造柱的规定。

该房屋每层的内外墙体均设有圈梁，最大横向间距为 9.0m，不符合《建筑抗震鉴定标准》GB 50023—2009 关于 8 度区乙类建筑 B 类砌体房屋的圈梁应设置在楼、屋盖处所有横墙，且间距不应大于 7m 的规定。

③结构安全与抗震承载能力分析

鉴于该工程仅使用了 14 年，按建筑结构设计基准期 50 年计算，其合理使用年限还有 30 余年，该工程为学校建筑的教学楼，属于乙类建筑。对于既有的乙类建筑其抗震设防的要求不应采用《建筑抗震设计规范》GB 50011—2011 的抗震设防要求，应按《建筑抗震鉴定标准》GB 50023—2009 关于乙类建筑 B 类砌体房屋（即后续使用年限不少于 40 年的乙类建筑）进行抗震鉴定。楼面活荷载、风荷载和雪荷载则按现行《建筑结构荷载规范》GB 50009—2001（2006 年版）的规定取值。

④墙体抗震受剪承载力验算

根据《建筑抗震鉴定标准》GB 50023—2009 对地震作用和构件抗震能力的计算方法，对该工程进行墙体抗震受剪承载力验算。鉴于该房屋结构的多项抗震措施均不满足《建筑抗震鉴定标准》GB 50023—2009 第 5.3.1～5.3.11 条的要求，具体验算方法采用综合抗震能力指数的二级鉴定方法。

a）因各楼层构造柱和内墙圈梁的设置以及抗震横墙最大间距均不满足鉴定要求，所有楼层取 0.9×0.9×0.85≈0.7 的体系影响系数。

b）因楼梯间设置在房屋尽端，各楼层均取 0.8 的局部影响系数。

验算结果列于表 21.4.32 中。从表中可以看出，该工程第 1 层至第 3 层的纵、横墙均不满足《建筑抗震鉴定标准》GB 50023—2009 关于 8 度区乙类建筑 B 类砌体房屋的墙体抗震承载力要求。

楼层综合抗震能力指数验算结果 **表 21.4.32**

楼层	体系影响系数	局部影响系数	横向综合抗震能力指数	纵向综合抗震能力指数
1	0.7	0.8	0.43	0.32
2	0.7	0.8	0.47	0.44
3	0.7	0.8	0.59	0.70
4	0.7	0.8	1.70	1.07

⑤墙体受压承载力验算

根据《砌体结构设计规范》GB 50003—2011 对墙体受压承载力的计算方法，对该工程墙体进行受压承载力验算。验算结果表明，该工程墙体中不满足受压承载力要求的墙段主要集中在第 1 层教室部分的个别内墙墙段，其他墙体的受压承载力均满足《砌体结构设计规范》GB 50003—2011 的要求。

⑥梁、板承载力验算

根据《混凝土结构设计规范》GB 50010—2010 对混凝土梁、板承载力的计算方法以及相关预应力圆孔板图集的要求，对该房屋的承重梁及楼、屋盖板进行承载力验算。验算结果表明，该房屋承重梁及楼（屋）盖板的承载力均满足相关规范和标准图集的要求。

⑦墙体高厚比验算

该房屋所有承重墙体的高厚比均满足《砌体结构设计规范》GB 50003—2011 的要求。

⑧结构安全与抗震鉴定结论

综合该房屋的结构布置、结构体系、抗震措施和结构构件的安全与抗震承载能力的鉴定分析结果，该房屋第 1～3 层墙体不满足抗震受剪承载力要求，构造柱和圈梁设置等抗震措施不满足 8 度抗震构造要求；该房屋总体上不能满足《建筑抗震鉴定标准》GB 50023—2009 关于北京市 8 度区乙类建筑 B 类砌体房屋的抗震设防要求，应采取全面的抗震加固措施。

⑨该房屋的抗震加固建议

对第 1 层至第 3 层的所有墙体，采用混凝土夹板墙或双面钢筋网砂浆面层进行加固。若采用钢筋网砂浆面层法加固，尚需进行以下加固：

a）对 1～9 轴线间教室部分每开间的外纵墙与横向轴线相交处均增设混凝土构造柱，并在相应位置增设横向钢拉杆。

b）对 10～15 轴线部分，在第 2 层井字梁与四周墙体交接处未设置构造柱的部位均增设混凝土构造柱，且构造柱应从基础做起。

4. 多层砌体教学楼抗震能力探讨[9]

在多层砌体校舍工程中的教学楼，根据教室使用功能的要求，一般要 3 个开间一个教室，这就形成了横墙较少的房屋。在教学楼工程中，有纵横墙共同承重的结构体系，在一个教室中设置两道横向承重梁，预制板或现浇板放置在横向梁和横向墙上，横向梁由纵向墙体和构造柱支承，形成了纵横墙共同承重的结构体系；也还有纵墙承重的结构体系，由预制的楼（屋）盖直接放置在纵墙上。而纵墙承重的结构体系，由于在教室内没有横向梁，使得房屋楼层的净层高可较纵横墙共同承重的结构体系大一些。在北京市 20 世纪 70 年代至 2001 年有相当数量纵墙承重的结构体系教学楼。仅昌平区的多层砌体房屋教学楼有一半以上为纵墙承重的结构体系。

四川汶川大地震对校舍建筑造成了严重的破坏。教育部和北京市教委在四川汶川大地震后均下达专项文件，明确要求对学校建筑进行大规模的抗震排查。

通过对多层砌体教学楼特别是纵墙承重结构体系的教学楼结构的抗震性能进行分析，探讨这类结构体系教学楼建筑在抗震能力方面存在的主要问题，对搞好抗震加固具有指导作用。

（1）纵墙承重结构体系教学楼的分类

在纵墙承重的结构体系的教学楼中，由于建造年代的差异和建筑层数多少不同还是有一些差异的。

1）由于《建筑抗震设计规范》GBJ 11—89 于 1992 年 7 月以后才正式实施，所以在 1991 年以前按《工业与民用建筑抗震设计规范》TJ 11—78 设计的纵墙承重结构体系的教学楼，其构造柱在纵横墙交接处设置，圈梁仅在纵横墙上设置，使得在一个教室中全部是纵墙承重的预制板。

2）1992 年开始按照《建筑抗震设计规范》GBJ 11—89 和 GB 50011—2001 设计纵墙

承重结构体系的教学楼，其构造柱在纵横墙、外纵墙与每个横向轴线交接处设置，圈梁不仅在纵横墙上设置，而且增加了在构造柱对应部位，使得预制的楼（屋）盖每隔 3m 左右设置 250mm 宽的现浇板带。

1992 年以后建造的总层数为 2、3 层采用纵墙承重的教学楼，也有个别工程的构造柱和圈梁的设置比较差，在一个教室中全部是纵墙承重预制板的情况。

（2）多层砌体房屋的抗震能力分析

总结多层砌体房屋的震害经验，不难得出多层砌体房屋产生震害的原因为：一是砖墙的抗剪强度不足，在地震时，砖墙产生裂缝和出平面的错位，甚至局部崩落；二是结构体系和构造布置存在缺陷，内外墙之间及楼板与砖墙之间缺乏可靠的连接，房屋的整体抗震能力差，砖墙发生出平面的倾倒以及楼梯间垮塌等。

影响多层砌体房屋抗震能力的因素主要是结构布置、结构体系、抗震构造和构件抗震承载力及结构现状质量与损伤等。

1）结构布置

大量的震害表明，房屋为简单长方体的各部位受力比较均匀，薄弱环节比较少，震害程度要轻一些。因此，房屋的平面最好为矩形。当房屋的平面为 L 形、Π形等形状，由于扭转和应力集中等影响而使破坏加重。体形更复杂的就更难避免扭转的影响和变形不协调的现象产生。作为主要抗侧力构件的纵横墙应对称、均匀布置，沿平面应对齐、贯通，同一轴线上墙体宜等宽均匀，沿竖向宜上下连续。相对于内廊式的教学楼，外廊式教学楼因其纵横墙布置不对称，且构造柱和圈梁的设置间距多为 3 个开间的教室，走廊的外纵墙开洞率也较大，这些因素都大大降低了整片墙体的抗震承载力。对于体形复杂的教学楼，采用防震缝将其划分为若干体形简单、刚度均匀的单元较没有设置抗震缝的结构抗震性能要好一些。楼梯间因斜向楼梯梁而刚度增大，又因在顶层的楼梯平台上部为 1 层半高而形成薄弱环节；若楼梯布置在转角和房屋尽端，则楼梯间破坏会加重。

2）结构体系

多层砌体房屋的结构体系中最重要的是承重体系，可分为横墙承重、纵墙承重和纵横墙共同承重的结构体系。

地震震害经验表明，由于横墙开洞少，又有纵墙作为侧向支承，所以横墙承重的多层砌体结构具有较好的传递地震作用的能力。

纵横墙共同承重的多层砌体房屋可分为二种，一种是采用现浇板，另一种为采用预制短向板的大房间。其纵横墙共同承重的房屋既能比较直接地传递横向地震作用，也能直接或通过纵横墙的连结传递纵向地震作用。

因此，采用横墙承重或纵横墙共同承重的结构体系为具有合理地震作用传递途径的结构体系。

纵墙承重的砌体结构，由于楼板的侧边一般不嵌入横墙内，横向地震作用有很少部分通过板的侧边直接传至横墙，而大部分要通过纵墙经由纵横墙交接面传至横墙。因而，地震时外纵墙因板与墙体的拉结不良而成片向外倒塌，楼板也随之坠落。横墙由于为非承重墙，受剪承载能力降低，其破坏也比较严重。

在结构体系方面，房屋沿竖向各楼层间不能存在特别薄弱的楼层，在一个楼层中也不能存在特别薄弱的墙段。在地震作用下，结构的破坏往往从最薄弱的楼层和墙段开始，形成破坏集中的楼层和部位。薄弱墙段的破坏和垮塌将导致该楼层中相邻墙体的破坏与垮塌，而薄弱楼层的破坏和垮塌将导致整个结构的垮塌。

多层砌体房屋的合理抗震结构体系，对于提高其整体抗震能力是非常重要的，是抗震设计和抗震鉴定应考虑的关键问题。

3）房屋楼层和墙体抗震承载力

多层砌体房屋的墙体材料无论是砂浆还是砖块材都是脆性的，使得砌体房屋的抗震性能相对较低。在地震作用下，当墙体分配到的地震剪力超过墙体的开裂强度时，墙体就出现裂缝；之后墙体的裂缝继续开展，当墙体分配到的地震剪力达到墙体的极限受剪承载力时，墙体裂缝已经裂透，缝宽明显加宽，墙体承载力开始下降，在地震作用下墙体的裂缝继续开展而变成滑移错动，在没有构造柱和圈梁约束的情况下破碎的墙体就会散落，楼板在不能得到砌体墙的有效支承情况下而垮塌。

墙体的承载能力与墙体的砌筑材料强度、墙体高宽比、墙体纵横墙交接处的约束、构造柱和圈梁的约束及墙体的压应力等因素有关。

4）抗震构造措施

多层砌体房屋的抗震构造措施，包括设置钢筋混凝土构造柱、圈梁，楼（屋）盖与墙体连接，楼梯间的构造等。其目的都是为了提高房屋的整体抗震性能，对于做到“大震”不倒有着重要的意义。

国内外的模型试验和大量的设置钢筋混凝土构造柱的砖墙墙片试验表明，钢筋混凝土构造柱虽然对于提高砖墙的受剪承载力作用有限，大约提高 10％～20％，但是对约束墙体和防止墙体开裂后砖体的散落能起非常显著的作用。而这种约束作用需要钢筋混凝土构造柱与各层圈梁一起形成，即通过钢筋混凝土构造柱与圈梁把墙体分片包围，能限制开裂后砌体裂缝的延伸和砌体的错位，使砖墙能维持竖向承载能力，并能继续吸收地震的能量，避免墙体倒塌。

钢筋混凝土圈梁是多层砌体房有效的抗震措施之一，钢筋混凝土圈梁具有：

①增强房屋的整体性，由于圈梁的约束，预制板散开以及砖墙出平面倒塌的危险性大大减小了，使纵、横墙能够保持一个整体的箱形结构，充分地发挥各片砖墙在平面内抗剪承载力。

②作为楼盖的边缘构件，提高了楼盖的水平刚度，使局部地震作用能够分配给较多的砖墙，也减轻了大房间纵、横墙平面外破坏的危险性。

③圈梁还能限制墙体斜裂缝的开展和延伸，使砖墙裂缝仅在两道圈梁之间的墙段内发生，斜裂缝的水平夹角减小，砖墙抗剪承载力得以充分地发挥和提高。

④可以减轻地震时地基不均匀沉陷对房屋的影响。各层圈梁，特别是屋盖处和基础处的圈梁，能提高房屋的竖向刚度和抗御不均匀沉降的能力。

楼、屋盖是房屋的重要横隔，除了保证本身刚度和整体性外，必须与墙体有足够支承长度或可靠的拉结，才能正常传递地震作用和保证房屋的整体性。

地震作用除使外墙阳角容易产生双向斜裂缝外，有时在纵横墙相交处产生竖向裂缝。因此，对于墙体的这些部位宜设置拉结钢筋。

楼梯间的横墙，由于楼梯踏步板的斜撑作用而带来较大的水平地震作用，破坏程度常比其他横墙稍重一些。横墙与纵墙相接处的内墙阳角，如同外墙阳角一样，纵横墙面因两个方向地面运动的作用都出现斜向裂缝。楼梯间的大梁，由于搁进内纵墙的长度只有240mm，角部破碎后，梁落下。另外，楼梯踏步斜板因钢筋伸入休息平台梁内的长度很短而在相接处拉裂或拉断。为了保证楼梯间在地震时能作为安全疏散通道，其内墙阳角至门窗洞边的距离应符合规范要求。

5）结构现状质量与损伤

结构现状质量包括结构的施工质量和由于施工质量缺陷与使用环境影响等问题引起的墙体开裂、房屋倾斜、局部下沉、楼板和承重梁等混凝土构件钢筋锈蚀等损伤。

既有多层砌体房屋的施工质量，主要是墙体块材强度、砌筑砂浆强度、钢筋混凝土构件的混凝土强度、钢筋配置等。对于结构的施工质量和损伤等应通过现场检测来确定。

在结构承载力分析中，材料强度的标准值应依据现场实测值，结构或构件的几何参数应采用实测值，并应计入锈蚀、腐蚀、风化、局部缺陷或缺损以及施工偏差等的影响；当结构受到温度、变形等作用，且对其承载力有显著影响时，应计入由此产生的附加内力；结构的侧移、损伤，应计入由此产生的附加内力和对承载力的影响。

在结构抗震能力鉴定中应引入施工质量和结构损伤等对结构抗震能力的影响。

（3）两类纵墙承重体系教学楼抗震能力分析

这里指的两类纵墙承重结构体系的教学楼，第一类是构造柱在纵横墙交接处设置，圈梁仅在纵横墙上设置；在一个教室中全部是纵墙承重的预制板结构体系；第二类构造柱在纵横墙交接处、外纵墙与每个横向轴线设置，圈梁不仅在纵横墙上设置，而且增加了构造柱对应部位，使得预制的楼（屋）盖了每隔3m左右设置250mm宽的现浇板带结构体系。

1）两类纵墙承重体系教学楼的结构体系

①结构传力途径

这两类纵墙承重的砌体结构传力总体上是一样的，但在细微上还是有差异的。

其相同部分是：楼板的侧边没有嵌入横墙内，横向地震作用有很少部分通过板的侧边直接传至横墙，而大部分要通过纵墙经由纵横墙交接面传至横墙；横墙均为非承重墙，受剪承载能力降低。

其差异部分是：第二类在内、外纵墙与横向每个轴线交接处均设置构造柱和在没有横墙的轴线设置现浇板带的结构较第一类构造柱仅在纵横墙交接处设置，圈梁仅在纵横墙上设置的楼板的整体性及平面内刚度有所提高；未设置横墙的轴线现浇板带与构造柱形成刚性连接，形成横向地震作用通过楼板、圈梁和纵向墙体及构造柱联合向横墙传递的机制，较第一类通过纵墙仅经由纵横墙交接面传至横墙的机制要合理一些。

②结构的整体性能

由于在没有横墙的轴线设置的现浇板带的厚度与预制板相同，所以其现浇带的厚度一般均大于《建筑抗震设计规范》GB 50011—2001给出的圈梁厚度不小于120mm的要求，使得这类结构的横向形成了构造柱与现浇板带的刚性连接，其内外纵墙的构造柱又与纵墙上的圈梁相连接，形成了横向间距3.0m左右的纵横向弱框架体系；较构造柱仅在纵横墙交接处设置，圈梁仅在纵横墙上设置的横向9m左右的弱框架体系要合理得多。虽然在内、外纵墙与没有设置横墙的轴线交接处设置构造柱不能提高房屋横向的承载能力，但是增强了房屋结构的纵横向连接和整体性能。

在结构整体性能上，由于第二类增设了横向轴线内外纵墙的构造柱和相应的现浇板带，加强了内外纵墙平面内的约束，使得结构的整体性能较第一类有所提高。

2）结构承载能力

第二类纵墙承重结构的纵墙抗震能力较第一类有所提高。大量的试验研究表明，设构造柱的砌体墙的破坏过程和普通砌体墙有所不同。当达到极限荷载时，墙面裂缝延伸至柱的上下端，出现较平缓的斜裂缝，柱中部有细微的水平裂缝，接近柱端处混凝土破碎，墙体亦呈现剪切破坏。大量的试验表明，虽然设构造柱对砌体墙的抗剪能力提高不多，大约为10%～20%，但是其变形能力可以大大提高。

构造柱对墙体承载力的提高，对于两端均设置构造柱的墙体，其γ_{RE}取为0.9，即受剪承载能力提高10%；对于在墙段中部增设构造柱，《建筑抗震鉴定标准》GB 50023—2009给出了计入设置于墙段中部、截面不小于240mm×240mm且间距不大于4m的构造柱对承载力的提高作用的简化验算方法：

$$V \leqslant [\eta_c f_{vE}(A - A_c) + \zeta f_t A_c + 0.08 f_y A_s]/\gamma_{RE} \tag{21.4.24}$$

式中 A_c——中部构造柱的横截面总面积（对于横墙和内纵墙，$A_c>0.15A$时，取0.15A；对于外纵墙，$A_c>0.25A$时，取0.25A）；

f_t——中部构造柱的混凝土轴心抗拉强度设计值；

A_s——中部构造柱的纵向钢筋截面总面积（配筋率不小于0.6%，大于1.4%时取1.4%）；

f_y——钢筋抗拉强度设计值；

ζ——中部构造柱参与工作系数，居中设一根时取0.5，多于一根时取0.4；

η_c——墙体约束修正系数，一般情况取1.0，构造柱间距不大于2.8m时取1.1。

3）纵墙平面外变形与抗震能力

纵墙承重教学楼的破坏特征是因外纵墙出平面变形过大而引起外纵墙外闪。内、外纵墙与横向每个轴线均设置构造柱和在没有横墙的轴线设置现浇板带的第二类纵墙承重教学楼的纵墙出平面刚度较第一类有所提高。

由于构造柱的刚度较同样截面的砖墙刚度要大得多，所以在内、外纵墙与横向每个轴线均设置构造柱后，使得内外纵墙出平面的刚度有所提高。再加上构造柱与圈梁的共同作用，使得纵墙出平面的承载能力也有所提高。

由于纵墙支承横墙，若纵墙抗震能力很差而过早的退出工作，则失去纵墙支承的横墙就变成了开口墙，其横墙的抗震能力会大为降低。所以适当的增强纵墙的抗震能力有助于提高横墙的抗震能力和房屋的整体抗震能力。

4）结构抗震构造措施

在内、外纵墙与横向每个轴线均设置构造柱和在没有横墙的轴线设置现浇板带的第二类纵墙承重教学楼，由于所增设的构造柱与纵墙沿竖向每隔500mm设置了2Φ6或3Φ6的拉结钢筋，使得构造柱与砖墙形成了整体。其纵向墙体和整个房屋的抗震能力有所提高。

在没有设置横墙的轴线设置现浇板带后，使得纵向圈梁在3.0m左右有横向现浇板带的支承，纵向圈梁与构造柱对纵墙的约束作用得到了很好的发挥。

5）两类纵墙承重体系教学楼抗震能力分析结论

通过上述分析可看出，构造柱仅在纵横墙交接处设置，圈梁仅在纵横墙上设置的第一类纵墙承重的预制板结构体系的结构抗震性能是比较差的。在新建校舍工程中不得采用的。对既有的这类教学楼工程应在检测鉴定的基础上，经过加固与拆除重建的比较后确定应采取的处理措施。

在纵横墙交接处、外纵墙与每个横向轴线交接处设置构造柱，圈梁不仅设置在纵横墙上，而且在构造柱对应部位也设置了图梁，使得预制的楼（屋）盖成为了每隔 3m 左右设置 250mm 宽现浇板带的第二类纵墙承重的结构体系，其抗震性能较第一类要好一些。在新建校舍工程中也应尽量不采用。对既有的这类教学楼应在检测鉴定的基础上，对薄弱的楼层、墙体和楼梯间等应采取相应的加强措施。

21.5 多层钢筋混凝土框架房屋抗震鉴定

在我国未经抗震设防的钢筋混凝土框架房屋的数量相对于多层砌体房屋要少得多，其抗震能力较多层砌体房屋要好一些。这种类型的房屋广泛地应用于工业建筑、公共建筑、办公楼、宾馆和少量的住宅等。这类房屋由于使用功能的要求，往往出现较为薄弱的楼层，在强烈地震作用下遭到了不同程度的破坏甚至倒塌。因此，判断钢筋混凝土框架房屋的薄弱楼层，分析其抗震能力，有助于搞好这类房屋的抗震加固，达到提高其抗震能力和减轻地震灾害的目的。

21.5.1 A 类多层钢筋混凝土框架结构的逐级抗震鉴定

多层钢筋混凝土框架结构的抗震性能与结构体系构件承载能力、结构沿竖向分布的均匀性和结构构件间的连接与构造等因素有关。

《建筑抗震鉴定标准》对 A 类多层框架结构，与多层砖房类似，引进“两级鉴定”的概念，通过对房屋的结构体系、结构构件的配筋构造、填充墙等与主体结构的连接，以及构件的抗震承载力进行综合分析，使相当一部分现有的框架结构，可采用简单的第一级鉴定方法进行抗震鉴定，少数第一级鉴定不能通过的房屋，则继续采用第二级鉴定进行判断。鉴定过程可如图 21.5.1 所示。

1. 框架结构综合抗震能力的第一级鉴定

第一级鉴定包括结构体系、材料强度、配筋构造和连接构造 4 项。

（1）结构体系的鉴定，指框架节点的连接方式（刚接、铰接）和规则性的判别。对 6、7 度，只要是双向框架，则满足鉴定要求。对 8 度和 9 度，还要判断是否满足规则性要求：①平面局部突出的尺寸不大于同一方向总尺寸的 30%；②立面局部缩进的不大于同一方向总尺寸的 25%；③楼层刚度 $K_i/K_{i+1}>0.7$，且 $K_i/K_{i+3}>0.5$，同一层内基本对称；④楼层重力 $G_i/G_{i+1}>0.5$，同一层内基本对称；⑤结构无承重的砌体墙相连。

（2）框架构件的混凝土，实际达到的强度等级，7 度不低于 C13（150 号），8、9 不低于 C18（200 号）。

（3）框架的配筋构造，对 6 度和 7 度Ⅰ、Ⅱ类场地，只要符合非抗震设计要求；梁纵筋在柱内的锚固长度：Ⅰ级钢不少于 $25d$、Ⅱ级钢不少于 $30d$，当混凝土强度等级 C13 时，各增加 $5d$。因为框架结构的震害表明，在一般场地上，遭受 6、7 度的地震影响时，正规设计且现状良好的框架，一般不发生严重破坏。6 度乙类的设防是：框架的中柱和边柱纵向钢筋的总配筋率不应少于 0.5%，角柱不应少于 0.7%，箍筋最大间距不宜大于 8

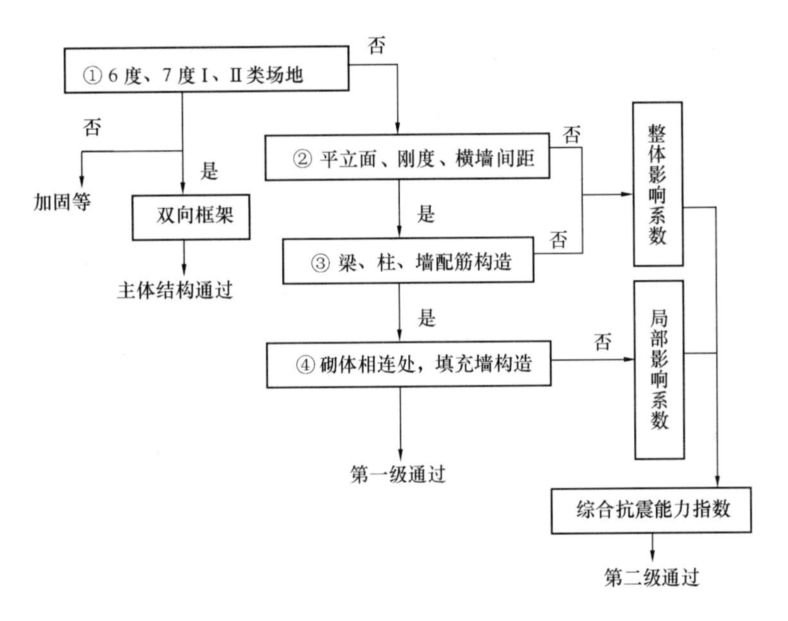

图 21.5.1　多层钢筋混凝土房屋的两级鉴定

倍，纵向钢筋直径不大于 150mm，最小直径不宜小于 6mm。在 7 度Ⅲ、Ⅳ类场地和 8、9 度时，应按表 21.5.1 的要求判断其配筋构造；乙类建筑应按表 21.5.2 的要求判定。

第一级鉴定的配筋要求　　　　**表 21.5.1**

项　　目	鉴定要求		
	7 度Ⅲ、Ⅳ类场地	8 度	9 度
中柱、边柱纵筋	拉筋≥0.2%	总配筋≥0.6%	总配筋≥0.8%
角柱纵筋	拉筋≥0.2%	总配筋≥0.8%	总配筋≥1%
柱上、下端箍筋	ϕ6@200	ϕ6@200	ϕ8@150
梁端箍筋间距（mm）	同非抗震设计	200	150
短柱全高箍筋	同非抗震设计	ϕ8@150	ϕ8@100
柱截面宽度（mm）	不宜小于 300	300 400（Ⅲ、Ⅳ类场地）	400

乙类建筑框架柱箍筋的最大间距和最小直径　　　　**表 21.5.2**

烈度和场地	7 度（0.1g） 7 度（0.15g）Ⅰ、Ⅱ类场地	7 度（0.15g）Ⅲ、Ⅳ类场地 ϕ8 度（0.3g）Ⅰ、Ⅱ类场地	8 度（0.3g）Ⅲ、Ⅳ类场地和 9 度
端箍筋最大间距（取较小值）	8d，150mm	8d，100mm	6d，100mm
箍筋最小直径	8mm	8mm	10mm

（4）框架房屋的连接构造，主要是判断砌体与框架梁、柱连接的可靠性。具体要求是：承重山墙应有钢筋混凝土壁柱与框架梁可靠连接。填充墙每隔 600mm 有 2ϕ6 拉筋与柱相连，黏土砖墙长大于 6m 或空心砖墙长大于 5m，墙顶与梁还要拉结。内隔墙两端应与柱拉结；8、9 度时，内隔墙长度大于 6m，墙顶与梁也要拉结。

（5）对于单向框架，或混凝土强度等级低于C13，或与框架相连的承重砌体结构不符合要求，则8、9度时应予以加固处理。其他要求不符合，可在综合抗震能力第二级鉴定中，利用体系影响系数和局部构造影响系数进一步判断。

2. 框架结构综合抗震能力的第二级鉴定

第二级鉴定的步骤是：①选择有代表性的平面结构；②计算楼层现有的受剪承载力；③考虑构造影响得到楼层综合抗震能力指数；④判断结构的抗震性能。

所谓有代表性的平面结构，一般指两个主轴方向各选一榀；当框架与承重砌体结构相连时，还应取连接处的平面结构；当结构有明显扭转时，则取考虑扭转影响的边榀。

楼层现有的受剪承载力V_y，可按下式计算：

$$V_y = \Sigma V_{cy} + 0.7\Sigma V_{my} + 0.7\Sigma V_{wy} \tag{21.5.1}$$

式中：V_{cy}、V_{my}、V_{wy}分别为框架柱、填充墙框架和抗震墙的层间现有受剪承载力。

框架柱层间现有受剪承载力，取现有混凝土和钢筋的强度标准值、柱和钢筋实有的（扣除损伤和锈蚀后）截面面积及对应于重力荷载代表值的轴向力，按下列两式计算的较小值采用：

$$V_{cy} = (M_{cy}^u + M_{cy}^l)/H_n \tag{21.5.2}$$

或

$$V_{cy} = 0.16 f_{ck}bh_0/(\lambda + 1.5) + f_{yvk}A_{sv}h_0/s + 0.056N \tag{21.5.3}$$

对称配筋矩形偏压柱的现有受弯承载力M_{cy}，大偏心受压时（Ⅰ级钢，$N \leqslant 0.6f_{cmk}bh_0$，Ⅱ级钢，$N \leqslant 0.55f_{cmk}bh_0$）：

$$M_{cy} = f_{yk}A_s(h_0 - a'_s) + 0.5Nh(1 - N/f_{cmk}bh) \tag{21.5.4}$$

小偏心受压时

$$M_{cy} = f_{yk}A_s(h_0 - a'_s) + \xi(1 - 0.5\xi)f_{cmk}bh_0^2 - N(0.5h - a'_s) \tag{21.5.5}$$

对Ⅰ级钢　$\xi = (0.2N + 0.6f_{yk}A_s)/(0.2f_{nmk}bh_0 + f_{yk}A_s)$　(21.5.6)

对Ⅱ级钢　$\xi = (0.25N + 0.55f_{yk}A_s)/(0.25f_{nmk}bh_0 + f_{yk}A_s)$　(21.5.7)

对砖填充墙框架，先按式（21.5.2）～式（21.5.7）计算偏压柱现有受弯承载力M_{cy}，再按下式计算层间现有受剪承载力。

$$V_{my} = \Sigma(M_{cy}^u + M_{cy}^l)/H_0 + \xi_n f_{vk} \tag{21.5.8}$$

以上各式中，ξ_N、f_{vk}分别按现行《建筑抗震设计规范》和《砌体结构设计规范》计算；柱计算刚度H_0，两侧有填充墙时取柱净高的2/3，其他情况取柱净高；N取对应于重力荷载代表值的轴向压力；其余符号按现行《混凝土结构设计规范》采用。

楼层的综合抗震能力指数β，由下式计算：

$$\beta = \Psi_1\Psi_2V_y/V_e \tag{21.5.9}$$

式中：Ψ_1为体系影响系数，当结构体系、梁柱箍筋、轴压比均符合现行《建筑抗震设计规范》的要求时，取1.25，当均符合第一级鉴定的要求时，取1.0，当均符合非抗震设计规定时，取0.8，当结构受损伤或倾斜而修复后，尚需乘以0.8～1.0；Ψ_2为局部影响系数，对与承重砌体相连的框架，取0.8～0.95，对连接不符合第一级鉴定要求的填充墙框架，取0.7～0.95。

楼层的弹性地震剪力V_e，规则的框架可采用底部剪力法计算，地震影响系数按现行《建筑抗震设计规范》的截面抗震验算（第一水准）取值，作用分项系数取1.0；考虑扭转影响的边榀框架，按现行《建筑抗震设计规范》规定的方法计算。

当某楼层的综合抗震能力指数β小于1.0时，该楼层需加固或采取相应的措施。

综上所述，第二级鉴定是以抗震承载力计算为主，并将构造影响用影响系数表示的一种综合分析方法，可使抗震鉴定计算有所简化。

A类建筑抗震鉴定的抗震承载力验算，也可采用现行国家标准《建筑抗震设计规范》GB 50011的方法，其抗震承载力系数按GB 50011承载力抗震调整系数的0.85倍采用，其地震作用计算中的场地特征周期按表21.5.3采用。

特征周期值（s） **表21.5.3**

场地类别	Ⅰ	Ⅱ	Ⅲ	Ⅳ
第一、二组	0.20	0.30	0.40	0.65
第三组	0.25	0.40	0.55	0.85

3. A类多层钢筋混凝土框架房屋鉴定实例

（1）建筑结构概况

某体育馆，修建于20世纪20年代，为坡屋顶仿古建筑。房屋建筑平面示意图如图21.5.2所示，该房屋中部（4～11轴）为2层，两翼（1～4轴及11～14轴）为3层。建筑檐口高度约为10.516m；中部第1层层高为3.506m，第2层层高为7.010m；两翼第1层层高为3.506m，第2层层高为3.657m，第3层层高为3.353m。中部及两翼屋盖均为钢屋架系统。基础为条形混凝土基础，埋深为1.219m。该建筑为现浇钢筋混凝土框架与局部砖砌体（4轴及11轴及局部外墙）混合承重结构，房屋外墙为砖砌填充墙、两翼有部分砖砌框架填充墙和内隔墙时，楼、屋面板均为现浇钢筋混凝土板。

（2）现场检测

本次现场鉴定，对砂浆强度检测采用回弹法检测，并采用贯入法进行校正；砖强度、混凝土强度鉴定均采用回弹法进行检测。经过对现场收集数据分析整理后，综合评定后推定砂浆强度为M2.5级，混凝土强度推定为C11。

房屋梁、柱、楼板外观较好，无倾斜、裂缝现象。混凝土碳化现象明显，接近保护层厚度。外墙现状较好，但两翼填充墙及内隔墙现状一般，有一部分为碎砖墙。

（3）第一级鉴定

本建筑除4轴及11轴的B～E轴间及外墙局部由砌体承重外，其余部位均由多层钢筋混凝土框架承重。由于框架是主要受力构件，同时屋面系统为钢屋架、上部整浇钢筋混凝土屋面板挂瓦，所以本次鉴定对主体结构按框架结构进行鉴定，对屋面系统按钢筋混凝土无檩屋盖系统进行鉴定。根据《建筑抗震鉴定标准》对多层钢筋混凝土房屋及屋盖系统的规定，按结构体系、混凝土构件的构造、填充墙和隔墙与主体的连接、屋盖系统及结构构件抗震承载力，对整幢房屋的综合抗震能力进行两级鉴定。符合第一级鉴定的各项规定时，可评为满足抗震鉴定要求；不符合第一级鉴定时，应由第二级鉴定做出判断。

第一级抗震鉴定是根据地震震害和工程经验所获得的基本鉴定原则和鉴定思想，对现有建筑结构的总体布置和关键构造进行宏观判断，以宏观控制和构造鉴定为主，对房屋的抗震能力进行综合评价。具体内容如下：

1）房屋结构体系

此建筑中的框架部分结构属双向框架，梁柱节点为现浇节点，梁纵筋在柱内锚固长度

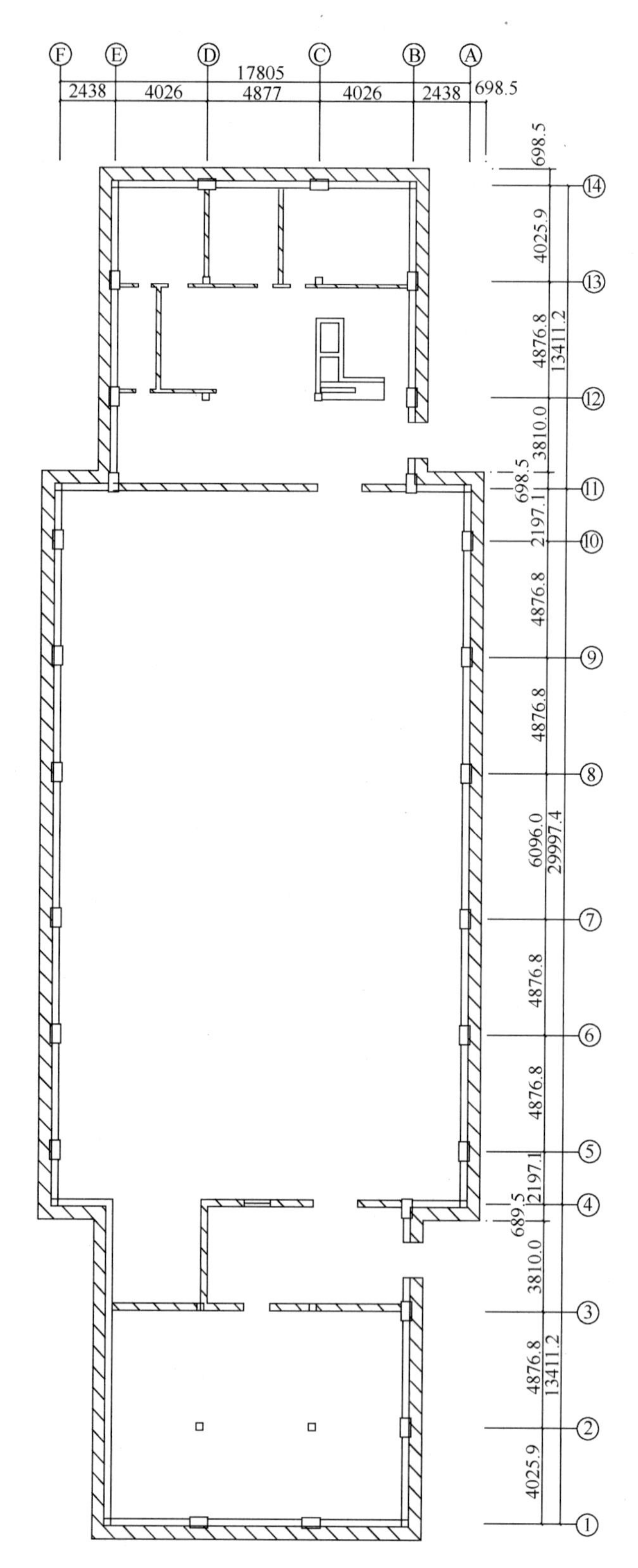

图 21.5.2 某体育馆一层平面示意图(mm)

基本满足非抗震锚固长度的要求，符合《建筑抗震鉴定标准》中关于框架宜为双向式框架，有整浇节点，8度时不应为铰接节点的要求。

房屋平面两翼沿横向局部收进4.877m，无局部突出部分，立面无明显缩进。但由于中部与两翼未设缝，这两部分之间存在错层，相连层刚度存在明显降低现象，同时承重体系中有局部砖砌体与框架混合承重，属于结构体系不规则结构，不符合标准中有关结构体系规则性的要求。

2）混凝土强度等级

经现场检测，框架柱的混凝土强度为C11，不满足《建筑抗震鉴定标准》8度区不应低于C18的要求。

3）梁、柱构造要求

《建筑抗震鉴定标准》规定，框架柱纵向钢筋的总配筋率，8度时角柱不宜小于0.8%，其他柱不宜小于0.6%。

本结构中部：角柱纵向钢筋的总配筋率为0.852%，其他柱的最小纵向钢筋总配筋率为0.796%，满足要求。

两翼：角柱纵向钢筋的总配筋率为0.426%，边跨中柱的最小纵向钢筋总配筋率为0.406%，不满足要求；其他柱为0.792%，满足要求。

《建筑抗震鉴定标准》规定：梁、柱的箍筋应符合：

①在柱的上、下端，柱净高各1/6范围内，8度时，箍筋直径不应小于$\phi 6$，间距不应小于200mm；

②在梁的两端，梁高各1倍范围内的箍筋间距，8度时不应大于200mm。

本结构柱箍筋直径为6.35mm，满足要求；角柱箍筋间距为254mm，其他柱箍筋间距为304.8mm，在柱的上、下端未加密，不满足要求。

本结构梁箍筋直径为6.35mm，箍筋间距为228.6mm，在梁两端未加密，不满足要求。

③框架柱最小截面宽度为381mm，满足8度时不宜小于300mm的要求。

4）填充墙、隔墙与主体连接

本房屋框架填充墙与主体框架梁柱间未设拉结筋，不满足要求；内隔墙间连接也不满足要求。

5）屋盖系统

按照《建筑抗震鉴定标准》的要求及本房屋的跨度、柱距等实际情况，屋盖支撑布置应符合：

①上弦横向支撑在两端开间各有一道；在跨中下弦处设置通长水平系杆；在两端开间跨中设置一道竖向支撑；

②上、下弦横向支撑及竖向支撑的杆件应为型钢；

③横向支撑的直杆应符合压杆要求，交叉杆在交叉处不宜中断。

本房屋屋面系统为三角形钢屋架，屋面板为现浇钢筋混凝土板，现状良好，屋架仅在跨中下弦处设置了一道通长水平系杆。对于现浇钢筋混凝土屋面板可不设上弦横向支撑，但跨中需设置竖向支撑，支撑系统布置不满足要求。

6）第一级鉴定小结

第一级鉴定小结评见表 21.5.4。

第一级抗震鉴定小结 **表 21.5.4**

序号	鉴定项目	是否满足《鉴定标准》
1	房屋结构体系	混合承重，竖向刚度突变，不满足结构体系规则性的要求
2	混凝土等级	不满足
3	梁柱构造要求	两翼角柱及边跨中柱最小纵筋总配筋率不满足，其余满足；加密区箍筋间距不满足
4	填充墙、隔墙与主体连接	不满足
5	屋面系统	缺少跨中竖向支撑，支撑布置不满足

(4) 第二级鉴定

钢筋混凝土房屋采用平面结构的楼层综合抗震能力指数进行第二级鉴定。

楼层综合抗震能力指数可采用下列公式计算：

$$\beta = \psi_1 \psi_2 \xi_y \tag{21.5.10}$$

$$\xi_y = V_y / V_e \tag{21.5.11}$$

式中 β——平面结构楼层综合抗震能力指数；

ψ_1——体系影响系数；

ψ_2——局部影响系数；

ξ_y——楼层屈服强度系数；

V_y——楼层现有受剪承载力；

V_e——楼层的弹性地震剪力。

楼层的弹性抗震剪力，对规则结构可采用底部剪力法计算，地震影响系数按现行国家标准《建筑抗震设计规范》GBJ 11—89 截面抗震验算的规定取值，地震作用分项系数取 1.0；楼层现有受剪承载力，为框架柱、砖填充墙和混凝土抗震墙层间现有受剪承载力之和，按照楼层抗侧力构件现有截面、配筋，取对应于重力荷载代表值作用下的轴向力和材料强度标准值进行计算。

体系影响系数可根据结构体系、梁柱箍筋、轴压比等符合第一级鉴定要求的程度和部位，按下列情况确定：

①当各项构造均符合现行国家标准《建筑抗震设计规范》的规定时，可取 1.25；

②当各项构造均符合第一级鉴定的规定时，可取 1.0；

③当各项构造均符合非抗震设计规定时，可取 0.8；

④当结构受损伤或发生倾斜而已修复纠正，上述数值尚宜乘以 0.8～1.0；

局部影响系数可根据局部构造不符合第一级鉴定要求的程度，采用下列三项系数选定中的最小值：

①与承重砌体相连的框架，取 0.8～0.95；

②填充墙等与框架的连接不符合第一级鉴定要求，取 0.7～0.95；

③抗震墙之间楼、屋盖长宽比超过规定值，可按超过的程度，取 0.6～0.9。

楼层综合抗震能力指数不小于 1.0 时，可评为满足抗震鉴定要求；当不符合时应采取加固或其他相应措施。

对于该体育馆，第二级鉴定采用PKPM系列程序进行辅助计算，荷载取值依据原竣工图纸，构件强度按现场检测强度值进行计算，混凝土强度等级取值为C11。

分析时按楼层整体进行计算，分别考虑中部横纵向、两翼横纵向平面结构。除框架外，考虑部分黏土砖填充墙的作用。计算结果汇总详见表21.5.5。

第二级鉴定计算结果汇总　　表21.5.5

部位	方向	楼层	ξ_y	ψ_1	ψ_2	β	结论
中部	横向	1层	1.329	0.85	0.90	1.017	满足
		2层	0.992	0.85	0.90	0.759	不满足
	纵向	1层	0.975	0.85	0.90	0.746	不满足
		2层	1.412	0.85	0.90	1.080	满足
两翼	横向	1层	0.964	0.80	0.90	0.694	不满足
		2层	1.123	0.80	0.90	0.809	不满足
		3层	0.985	0.80	0.90	0.709	不满足
	纵向	1层	1.007	0.80	0.90	0.725	不满足
		2层	1.173	0.80	0.90	0.845	不满足
		3层	1.083	0.80	0.90	0.780	不满足

对该房屋进行第二级鉴定后发现，除中部横向1层、纵向2层满足外，其余部位均不满足抗震要求；两翼横、纵向各层也均不满足要求。房屋纵向较横向抗震能力稍好。

（5）鉴定结论和处理意见

该房屋按填充墙混凝土框架计算，承载力可以通过，但因混凝土强度较低、梁柱箍筋构造不满足、填充墙与主体无连接，房屋综合抗震能力不能满足8度抗震设防要求。特别是建筑为混合承重体系，在地震作用下若其中一个承重体系受到破坏，则将引起连锁破坏；而且该建筑钢屋架支撑系统不完善，地震时易受到破坏。

根据《建筑抗震鉴定标准》GB 50023—2009对不符合鉴定要求的建筑，可根据其不符合要求的程度、部位对结构整体抗震性能影响的大小，以及有关的非抗震缺陷等实际情况，结合使用要求、城市规划和加固难易等因素的分析，通过技术经济比较，提出相应的加固、改造或更新等抗震减灾对策。

根据房屋鉴定的结果，该房屋的结构体系不规则，混凝土强度低于C13，填充墙、隔墙与主体连接不满足，钢屋架支撑系统不完善，建议：

1）在房屋阴阳角转角处外墙增设纵横向相连的“L”形钢筋混凝土抗震墙。

2）在4轴及11轴改善承重体系，可通过增设钢筋混凝土抗震墙将砖墙承重改为框架-抗震墙承重体系，同时可增强房屋整体抗震能力。钢筋混凝土抗震墙的设置可从基础至看台底，为避免刚度过大，可在墙上均匀地开设一定数量的洞口。

3）对两端开间屋架跨中增设一道竖向支撑。

4）增设填充墙、隔墙与主体的连接做法。

21.5.2　B类钢筋混凝土房屋抗震鉴定

B类钢筋混凝土房屋的抗震鉴定内容可分为抗震构造措施鉴定和抗震承载力验算两部分。

1. 抗震措施鉴定

(1) 钢筋混凝土房屋抗震等级

现有B类钢筋混凝土房屋的抗震等级，应按表21.5.6确定，并按其所属的抗震等级的要求核查抗震构造措施。

现浇钢筋混凝土结构的抗震等级 **表21.5.6**

<table>
<tr><th colspan="2" rowspan="2">结构类型</th><th colspan="9">烈　度</th></tr>
<tr><th colspan="2">6</th><th colspan="2">7</th><th colspan="3">8</th><th colspan="2">9</th></tr>
<tr><td rowspan="2">框架结构</td><td>高度（m）</td><td>≤25</td><td>>25</td><td>≤35</td><td>>35</td><td>≤35</td><td colspan="2">>35</td><td colspan="2">≤25</td></tr>
<tr><td>框架</td><td>四</td><td>三</td><td>三</td><td>二</td><td>二</td><td colspan="2">一</td><td colspan="2">一</td></tr>
<tr><td rowspan="3">框架-抗震墙结构</td><td>高度（m）</td><td>≤50</td><td>>50</td><td>≤60</td><td>>60</td><td>≤50</td><td>50～80</td><td>>80</td><td>≤25</td><td>>25</td></tr>
<tr><td>框架</td><td>四</td><td>三</td><td>三</td><td>二</td><td>三</td><td>二</td><td>一</td><td>二</td><td>一</td></tr>
<tr><td>抗震墙</td><td colspan="2">三</td><td colspan="2">二</td><td>一</td><td colspan="2">一</td><td colspan="2">一</td></tr>
<tr><td rowspan="2">抗震墙结构</td><td>高度（m）</td><td>≤60</td><td>>60</td><td>≤80</td><td>>80</td><td>≤35</td><td>35～80</td><td>>80</td><td>≤25</td><td>>25</td></tr>
<tr><td>一般抗震墙</td><td>四</td><td>三</td><td>三</td><td>二</td><td>三</td><td>二</td><td>一</td><td>二</td><td>一</td></tr>
<tr><td rowspan="2">部分框支抗震墙结构</td><td>落地抗震墙底部加强部位</td><td>三</td><td>二</td><td colspan="2">二</td><td>二</td><td>一</td><td rowspan="2">不宜采用</td><td colspan="2" rowspan="2">不应采用</td></tr>
<tr><td>框支层框架</td><td>三</td><td>二</td><td>二</td><td>一</td><td>二</td><td>一</td></tr>
</table>

注：1. 乙类建筑的抗震等级应提高1度查表；

2. 部分框支抗震墙结构中，抗震墙加强部位以上的一般部位，应允许按抗震墙结构确定其抗震等级；

3. 建筑场地为Ⅰ类时，除6度外可按降低1度对应的抗震等级采取构造措施，但相应的计算要求不降低；

4. 接近或等于高度分界时，应结合房屋不规则程度及场地、地基条件确定抗震等级。

在表21.5.6中的“框架”和“框架结构”有不同的含义。“框架结构”的措施仅对框架结构而言，而“框架”则泛指框架结构、框架-抗震墙结构、部分框支抗震墙结构中的框架。

当框架-抗震墙结构有足够的抗震墙时，其框架部分是次要抗侧力构件，可按框架-抗震墙结构中的框架确定抗震等级。其抗震墙底部承受的地震倾覆力矩不小于结构底部总地震倾覆力矩的50%，也就是框架承受的地震倾覆力矩小于结构总地震倾覆力矩的50%。

(2) 结构体系

现有钢筋混凝土房屋的结构体系应按下列规定检查：

1) 框架结构不宜为单跨框架；乙类建筑不应为单跨框架，且8、9度时按梁柱的实际配筋、柱轴向力计算的框架柱弯矩增大系数宜大于1.1。

2) 结构布置宜符合规则性要求，不规则房屋设置防震缝时，其最小宽度应符合现行国家标准《建筑抗震设计规范》的要求，并应提高相关部位的鉴定要求。

3) 钢筋混凝土框架房屋的结构布置检查，尚应符合下列规定：

①框架应双向布置，框架梁与柱的中线宜重合。

②梁的截面宽度不宜小于200mm，且不宜小于柱宽的1/2；梁截面的高宽比不宜大于4；梁净跨与截面高度之比不宜小于4。

③柱的截面宽度不宜小于300mm，柱净高与截面高度（圆柱直径）之比不宜小于4。

④柱轴压比不宜超过表 21.5.7 的规定，超过时宜采取措施；柱净高与截面高度（圆柱直径）之比小于 4，变形要求较高和Ⅳ类场地上较高的高层建筑的柱轴压比限值应适当减小。

轴压比限值 **表 21.5.7**

类　别	抗　震　等　级		
	一	二	三
框架柱	0.7	0.8	0.9
框架-抗震墙的柱	0.9	0.9	0.95
框支柱	0.6	0.7	0.8

4）钢筋混凝土框架-抗震墙房屋的结构布置尚应符合下列规定：

① 抗震墙宜双向设置，框架梁与抗震墙的中线宜重合。

② 抗震墙宜贯通房屋全高，且横向与纵向宜相连。

③ 房屋较长时，纵向抗震墙不宜设置在端开间。

④ 抗震墙之间无大洞口的楼、屋盖的长宽比不宜超过表 21.5.8 的规定，超过时应考虑楼盖平面内变形的影响。

抗震墙之间楼、屋盖的长宽比 **表 21.5.8**

楼、屋盖类别	烈　度			
	6	7	8	9
现浇、叠合梁板	4.0	4.0	3.0	2.0
装配式楼盖	3.0	3.0	2.5	不宜采用
框支层现浇梁板	2.5	2.5	2.0	不宜采用

⑤抗震墙墙板厚度不应小于 160mm 且不应小于层高的 1/20，在墙板周边应设置梁（或暗梁）和端柱组成的边框。

5）钢筋混凝土抗震墙房屋的结构布置尚应符合下列规定：

① 较长的抗震墙宜分成较均匀的若干墙段，各墙段（包括小开洞墙及联肢墙）的高宽比不宜不于 2。

② 抗震墙有较大洞口时，洞口位置宜上下对齐。

③ 一、二级抗震墙和三级抗震墙加强部位的各墙肢应设置翼柱、端柱或暗柱等边缘构件，暗柱或翼柱的截面范围按现行国家标准《建筑抗震设计规范》的规定采用。

④ 两端有翼墙或端柱的抗震墙墙板厚度，一级不应小于 160mm，且不应小于层高的 1/20，二、三级不应小于 140mm，且不应小于层高的 1/25。

6）房屋底部有框支层时，框支层的刚度不应小于相邻上层刚度的 50%；落地抗震墙数量不宜小于上部抗震墙数量的 50%，其间距不宜大于四开间和 24m 的较小值，且落地抗震墙之间的楼盖长宽比不应超过表 21.5.8 规定的数值。

7）抗侧力黏土砖填充墙应符合下列要求：

①二级且层数不超过 5 层、三级且层数不超过 8 层和四级的框架结构，可考虑黏土砖填充墙的抗侧力作用。

②填充墙应符合框架-抗震墙结构中对抗震墙的设置要求。

③填充墙应嵌砌在框架平面内并与梁柱紧密结合，墙厚不应小于240mm，砂浆强度等级不应低于M5，宜先砌墙后浇框架。

（3）混凝土材料强度

梁、柱、墙实际达到的混凝土强度等级不应低于C20。一级的框架梁、柱和节点不宜低于C30。

（4）框架梁的配筋与构造

钢筋混凝土框架梁的配筋与构造应符合下列规定：

1）梁端纵向受拉钢筋的配筋率不应大于2.5%，且混凝土受压区高度和有效高度之比，一级不应大于0.25，二、三级不应大于0.35。

2）梁端截面的底面和顶面配筋量的比值，除按计算确定外，一级不应小于0.5，二、三级不应小于0.3。

3）梁顶面和底面的通长钢筋，一、二级不应少于2Φ14，且不应少于梁端顶面和底面纵向钢筋中较大截面面积的1/4，三、四级不应少于2Φ12。

4）梁端箍筋实际加密区的长度、箍筋最大间距和最小直径应满足表21.5.9的要求，当梁端纵向受拉钢筋配筋率大于2%时，表中箍筋最小直径数值应增大2mm；加密区箍筋肢距，一、二级不宜大于200mm，三、四级不宜大于250mm。

梁加密区的长度、箍筋最大间距和最小直径　　表21.5.9

抗震等级	加密区长度（采用最大值）(mm)	箍筋最大间距（采用较小值）(mm)	箍筋最小直径
一	$2h_b$，500	$h_b/4$，$6d$，100	$\phi10$
二	$1.5h_b$，500	$h_b/4$，$8d$，100	$\phi8$
三	$1.5h_b$，500	$h_b/4$，$8d$，150	$\phi8$
四	$1.5h_b$，500	$h_b/4$，$8d$，150	$\phi6$

注：d为纵向钢筋直径；h_b为梁高。

（5）框架柱的配筋与构造

框架柱的配筋与构造应按下列要求检查：

1）柱纵向钢筋的最小总配筋率应按表21.5.10采用，对Ⅳ类场地上较高的高层建筑，表中的数值应增加0.1。

柱纵向钢筋的最小总配筋率（%）　　表21.5.10

类　别	抗震等级			
	一	二	三	四
框架中柱和边柱	0.8	0.7	0.6	0.5
框架角柱、框支柱	1.0	0.9	0.8	0.7

2）柱加密区箍筋的间距和直径，应按表21.5.11采用。三级框架柱中，截面尺寸不大于400mm时，箍筋最小直径可采用$\phi6$；二级框架的箍筋直径不小于$\phi10$时，最大间距可采用150mm。框支柱和剪跨比不大于2的柱，箍筋间距不应大于100mm。

柱加密区的箍筋最大间距和最小直径　　表 21.5.11

抗震等级	箍筋最大间距（采用较小值）(mm)	箍筋最小直径
一	$6d$，100	$\phi10$
二	$8d$，100	$\phi8$
三	$8d$，150	$\phi8$
四	$8d$，150	$\phi8$

3）柱的箍筋加密范围：柱端，取截面高度（圆柱直径）、柱净高的 1/6 和 500mm 三者的较大值；底层柱取刚性地面上下各 500mm；柱净高与柱截面高度之比小于 4 的柱（包括因嵌砌填充墙等形成的短柱）、框支柱、一级框架的角柱、需要提高变形能力的柱，取全高。

4）柱加密区箍筋的最小体积配箍率，不宜小于表 21.5.12 规定。一、二级时，净高与柱截面高度（圆柱直径）之比小于 4 的柱的体积配箍率，不宜小于 1.0%。

柱加密区的箍筋最小体积配箍率（%）　　表 21.5.12

抗震等级	箍筋形式	柱轴压比		
		<0.4	0.4～0.6	>0.6
一	普通箍、复合箍	0.8	1.2	1.6
	螺旋箍	0.8	1.0	1.2
二	普通箍、复合箍	0.6～0.8	0.8～1.2	1.2～1.6
	螺旋箍	0.6	0.8～1.0	1.0～1.2
三	普通箍、复合箍	0.4～0.6	0.6～0.8	0.8～1.2
	螺旋箍	0.4	0.6	0.8

注：1. 表中数值适用于 HPB235 级钢筋、混凝土强度不高于 C35 的情况，对 HRB335 级钢筋和混凝土强度等级高于 C35 情况可按强度相应换算，但不应小于 0.4；
2. 井字复合箍的肢距不大于 200mm 且直径不小于 $\phi10$，可采用表中螺旋箍对应数值。

5）柱加密区箍筋肢距，一级不宜大于 200mm，二级不宜大于 250mm，三、四级不宜大于 300mm，且每隔一根纵向钢筋宜在两个方向有箍筋约束；当采用拉筋组合箍时，拉筋宜紧靠纵向钢筋并勾住封闭箍。

6）柱非加密区的箍筋量不宜小于加密区的 50%，且箍筋间距，一、二级不应大于 10 倍纵向钢筋直径，三级不应大于 15 倍纵向钢筋直径。

（6）框架节点核芯区内箍筋的最大间距和最小直径

在《建筑抗震鉴定标准》GB 50023—2009 中钢筋混凝土框架节点核芯区内箍筋的最大间距和最小直径仍然采用《建筑抗震设计规范》GBJ 11—89 的规定（即表 21.5.11）。而《建筑抗震设计规范》GB 50011—2001 和 GB 50011—2010 考虑节点核心区内箍筋的作用与柱端有所不同，其构造要求较 GBJ 11—89（即一、二、三级框架节点体积配箍率分别不宜小于 1.0%、0.8%和 0.6%）有所放松。一、二、三级框架节点体积配箍率分别不宜小于0.6%、0.5%和0.4%，柱剪跨比不大于2的框架节点核芯区不应小于核芯区上、下柱端的较大体积配箍率。

（7）抗震墙墙板的配筋与构造

钢筋混凝土抗震墙墙板的配筋与构造应按下列要求检查：

1）抗震墙墙板竖向、横向分布钢筋的配筋，均应符合表21.5.13的要求。Ⅳ类场地上三级的较高高层建筑，其一般部位的分布钢筋最小配筋率不应小于0.2%。框架-抗震墙结构中的抗震墙板，其横向和竖向分布钢筋最小配筋率不应小于0.25%

抗震墙分布钢筋配筋要求 **表21.5.13**

抗震等级	最小配筋率（百分率）		最大间距（mm）	最小直径
	一般部位	加强部位		
一	0.25	0.25	300	ϕ8
二	0.20	0.25		
三、四	0.15	0.20		

2）抗震墙边缘构件的配筋，应符合表21.5.14的要求；框架-抗震墙端柱在全高范围内箍筋，均应符合表21.5.14底部加强部位的要求。

抗震墙边缘构件的配筋要求 **表21.5.14**

抗震等级	底部加强部位			其他部位		
	纵向钢筋最小量（采用较大值）	箍筋或拉筋		纵向钢筋最小量（采用较大值）	箍筋或拉筋	
		最小直径	最大间距（mm）		最小直径	最大间距（mm）
一	$0.010A_c$ 4Φ16	ϕ8	100	$0.008A_c$	ϕ8	150
二	$0.008A_c$ 4Φ14	ϕ8	150	$0.006A_c$ 4Φ12	ϕ8	200
三	$0.005A_c$ 2Φ14	ϕ6	150	$0.004A_c$ 2Φ14	ϕ6	200
四	2Φ12	ϕ6	200	2Φ12	ϕ6	200

3）抗震墙的竖向和横向分布钢筋，一级的所有部位和二级的加强部位，应采用双排布置，二级的一般部位和三、四级的加强部位宜采用双排布置。双排分布钢筋间拉筋的间距不应大于700mm，且直径不应小于6mm，对底部加强部位，拉筋间距尚应适当加密。

（8）钢筋的接头和锚固应符合现行国家标准《混凝土结构设计规范》GB 50010的要求。

（9）填充墙应按下列要求检查：

1）砌体填充墙在平面和竖向的布置，宜均匀对称。

2）一、二级框架的围护墙和隔墙，宜采用轻质墙或与框架柔性连接的墙板。

3）砌体填充墙与框架采用刚性连接时，应符合下列要求：

①沿框架柱高每隔 500mm 配置 2ϕ6 拉筋，拉筋伸入填充墙内长度，一、二级框架宜沿墙全长设置，三、四级框架不应小于墙长的 1/5 且不小于 700mm。

②墙长度大于 5m 时，墙顶部与梁宜有拉结措施，墙高度超过 4m 时，宜在墙高中部设置与柱连接的通长钢筋混凝土水平墙梁。

2. 抗震承载力验算

现有钢筋混凝土房屋的 B 类抗震鉴定，应根据现行国家标准《建筑抗震设计规范》GB 50011 的方法进行抗震分析，其地震作用计算中的场地特征周期按表 21.5.3 采用。必要时可参照 A 类钢筋混凝土框架结构第二级鉴定的方法对构造的影响进行综合考虑。

《建筑抗震鉴定标准》GB 50023—2009 的 B 类抗震分析与构件抗震承载力验算都是沿用《建筑抗震设计规范》GBJ 11—89 的方法和各项指标，由于现行国家标准《建筑抗震设计规范》GB 50011 对钢筋混凝土框架结构构件的内力调整系数较《89 规范》有较大提高，所以在《建筑抗震鉴定标准》GB 50023—2009 的附录 D 中全部列出了《89 规范》的相应条文。

对于构件各种受力形态下的承载能力，由于《混凝土结构设计规范》GB 50010—2002 与 GB 50010—2010 对 GBJ 10—88 的构件承载力计算也进行了相应修改，所以在该《建筑抗震鉴定标准》的附录 E 中也全部列出了《89 规范》的相应条文。

3. B 类钢筋混凝土框架结构抗震鉴定算例

（1）建筑概况

某房屋建筑设计于 1995 年，为地下 1 层、地上 3 层的现浇钢筋混凝土框架结构，地下 1 层外墙为钢筋混凝土剪力墙，房屋建筑面积 1608.71m²。根据委托方提供的结构设计图纸：该建筑地梁、底板、外墙、柱的混凝土设计强度等级为 C30，梁、板的混凝土设计强度等级为 C25。

该建筑的地基持力层为黏质粉土，砂质粉土②层，地基承载力标准值为 160kPa，基础形式为钢筋混凝土筏板基础。

根据《建筑抗震鉴定标准》GB 50023—2009 规定，该建筑按丙类设防 B 类建筑的抗震鉴定方法进行鉴定。

该建筑立面如图 21.5.3 所示，第 1 层结构平面布置图如图 21.5.4 所示。

图 21.5.3　该建筑北立面

（2）检测结果

1）该建筑外观质量较好，现场检查过程中未发现现浇构件钢筋保护层厚度太薄、钢筋锈蚀、表面蜂窝、麻面等缺陷。

2）现场对该建筑的结构布置与竣工图纸进行了检查比对，未发现该建筑现有承重结构构件布置与竣工图纸不符。

3）该建筑基础整体稳定性较好，现场检查未发现基础不均匀沉降及其引起的上部结构倾斜、开裂等情况。

4）混凝土强度检测

采用钻芯修正回弹的方法对该建筑混凝土构件的抗压强度进行了检测，其检测结构列于表 21.5.15 和表 21.5.16。

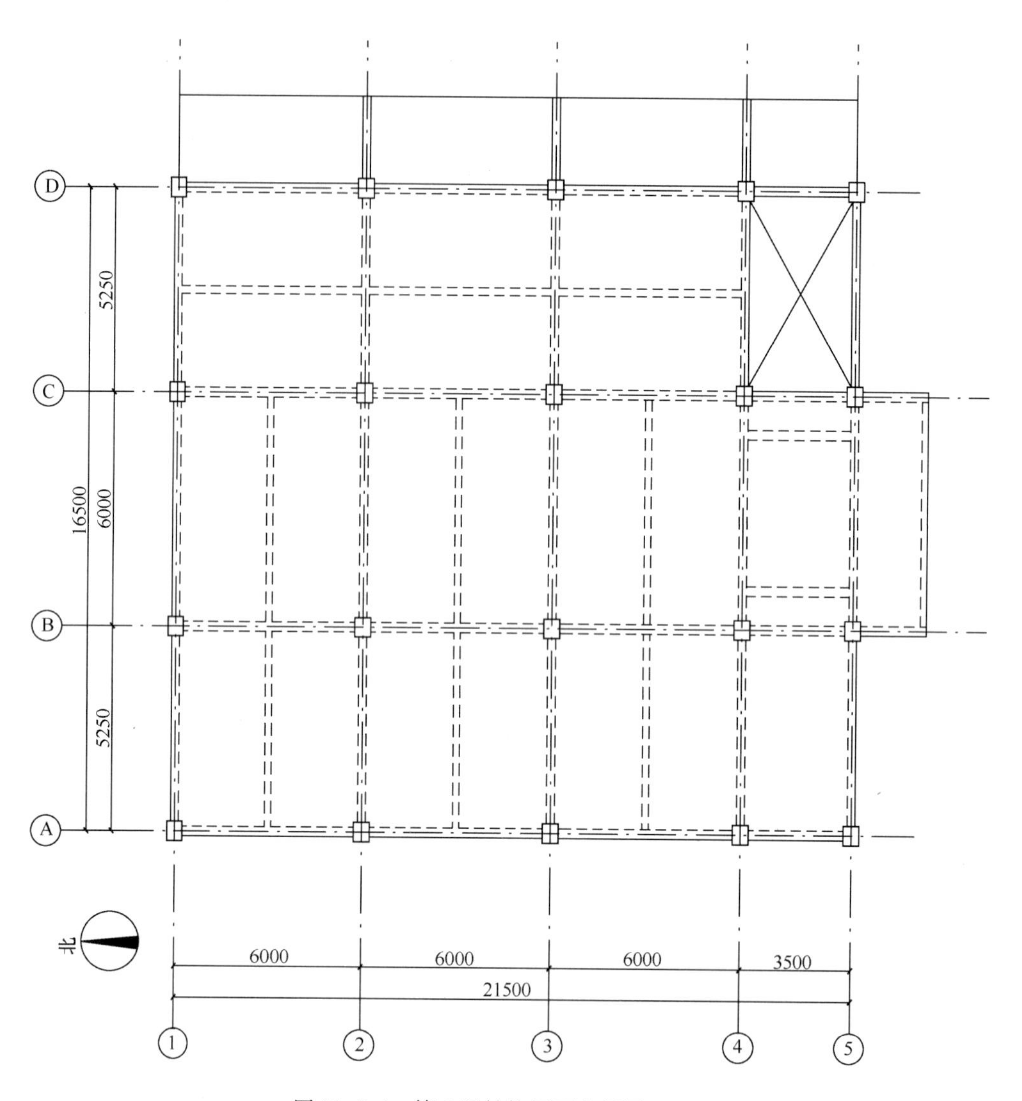

图 21.5.4　第 1 层结构平面布置图（mm）

框架柱混凝土抗压强度检测结果　　　　**表 21.5.15**

构件名称	强度平均值（MPa）	强度标准差（MPa）	按批量推定结果（MPa）
地下 1 层 2-C 柱	51.5	1.80	$f_{cu,e}=39.0$ $m_{f_{cu}^{c}}=47.6$ $S_{f_{cu}^{c}}=5.20$
地下 1 层 2-B 柱	54.1	0.97	
地下 1 层 4-A 柱	51.5	2.39	
地下 1 层 4-B 柱	48.2	2.21	
第 1 层 2-D 柱	44.0	1.24	
第 1 层 3-D 柱	45.5	2.36	
第 1 层 2-B 柱	41.5	1.15	
第 1 层 2-C 柱	43.3	1.65	
第 1 层 3-C 柱	43.2	1.47	

续表

构件名称	强度平均值（MPa）	强度标准差（MPa）	按批量推定结果（MPa）
第1层3-B柱	42.4	0.73	$f_{cu,e}=39.0$ $m_{f_{cu}^c}=47.6$ $S_{f_{cu}^c}=5.20$
第2层3-B柱	43.2	0.50	
第2层3-C柱	45.5	1.54	
第2层4-B柱	45.2	1.03	
第2层4-C柱	54.6	3.54	
第2层2-B柱	57.5	2.14	
第3层1-D柱	50.7	3.29	

梁混凝土抗压强度检测结果 **表21.5.16**

构件名称	强度平均值（MPa）	强度标准差（MPa）	按批量推定结果（MPa）
地下1层D-4-5梁	31.9	1.12	$f_{cu,e}=27.6$ $m_{f_{cu}^c}=32.1$ $S_{f_{cu}^c}=2.72$
地下1层C-1-2梁	31.3	1.29	
地下1层1/1-A-B梁	32.6	1.03	
地下1层B-1-2梁	31.0	1.10	
地下1层1/1-B-C梁	29.5	0.48	
第1层D-4-5梁	33.5	2.27	
第1层1/3-B-C梁	31.7	2.72	
第1层2-B-C梁	30.3	0.65	
第1层B-2-3梁	31.6	1.11	
第1层C-1-2梁	32.3	1.33	
第1层2-C-D梁	33.7	1.91	
第2层D-4-5梁	26.3	1.06	
第3层3-B-D梁	34.5	1.59	
第3层1/C-2-3-梁	35.6	1.88	
第3层2-B-D梁	33.1	3.31	
第3层1/B-2-3梁	35.1	2.13	

从表21.5.15和表21.5.16所列的检测结果可以看出，该建筑框架柱混凝土构件抗压强度按批推定值为39.0MPa，满足设计强度等级C30的要求；梁混凝土构件抗压强度按批推定值为27.6MPa，满足设计强度等级C25的要求。

5）混凝土构件截面尺寸和钢筋配置检测

采用钢卷尺和混凝土钢筋检测仪对该建筑混凝土构件截面尺寸和钢筋配置进行了检测，检测结果表明梁、柱和板的截面尺寸及配筋均满足原设计要求。

（3）结构安全与抗震能力评价

1）结构布置和结构体系

该建筑为地下 1 层、地上 3 层的现浇钢筋混凝土框架结构房屋，地下 1 层外墙为钢筋混凝土剪力墙。该建筑结构布置基本对称，其抗侧力构件布置规则，结构体系合理，结构传力明确。

2）框架柱、梁和地下 1 层外墙配筋及柱轴压比

根据《民用建筑可靠性鉴定标准》GB 50292—1999 和《建筑抗震鉴定标准》GB 50023—2009 对地震作用和构件抗震承载能力的计算方法，对该建筑框架柱、梁和地下 1 层外墙配筋及框架柱的轴压比进行计算。计算结果如图 21.5.5～图 21.5.8 所示。

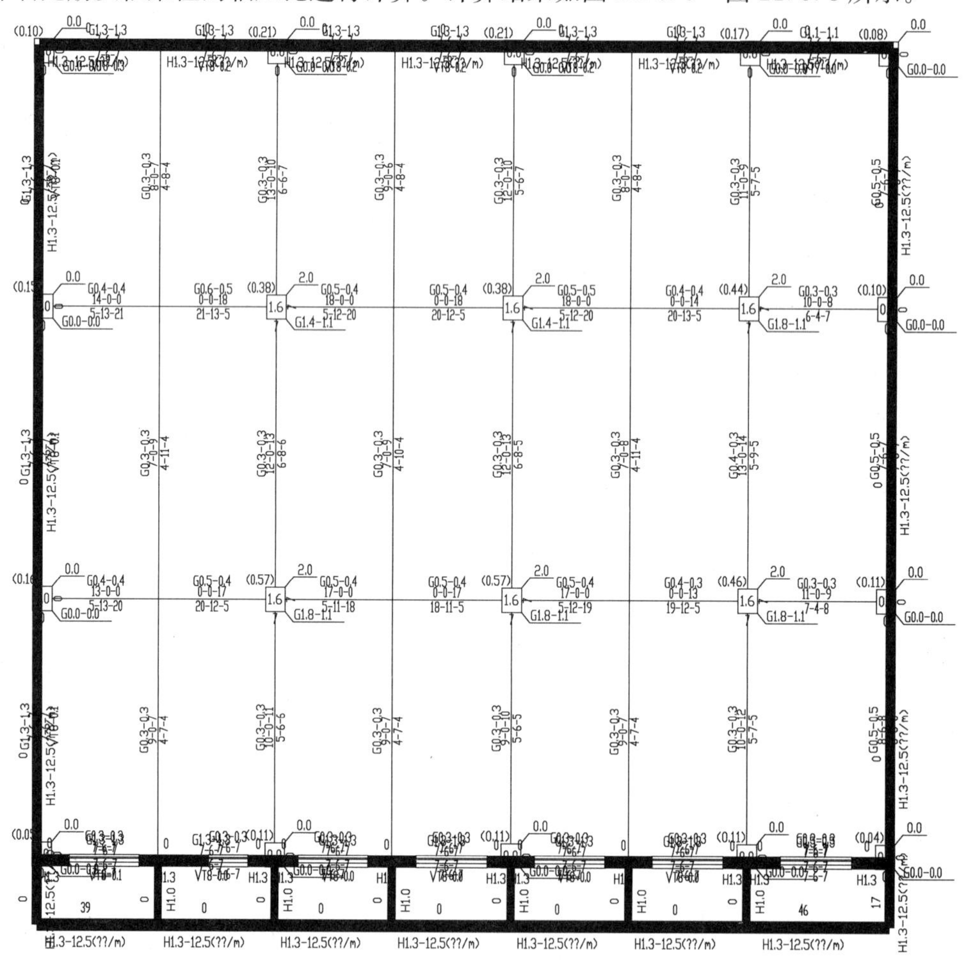

图 21.5.5　地下 1 层梁、柱、墙配筋及柱轴压比验算结果

由计算结果可以看出：

①该建筑框架柱构件最大轴压比为 0.57，小于《建筑抗震鉴定标准》GB 50023—2009 关于建筑抗震等级为二级的框架结构框架柱轴压比限值 0.8 的要求。

②该建筑所有框架柱的钢筋配置均达到《民用建筑可靠性鉴定标准》GB 50292—1999 中规定 a_u 级构件的要求；并满足《建筑抗震鉴定标准》GB 50023—2009 规定的抗震承载力要求。

③地下 1 层钢筋混凝土外墙的钢筋配置均达到《民用建筑可靠性鉴定标准》GB 50292—1999 中规定 a_u 级构件的要求；并满足《建筑抗震鉴定标准》GB 50023—2009 规

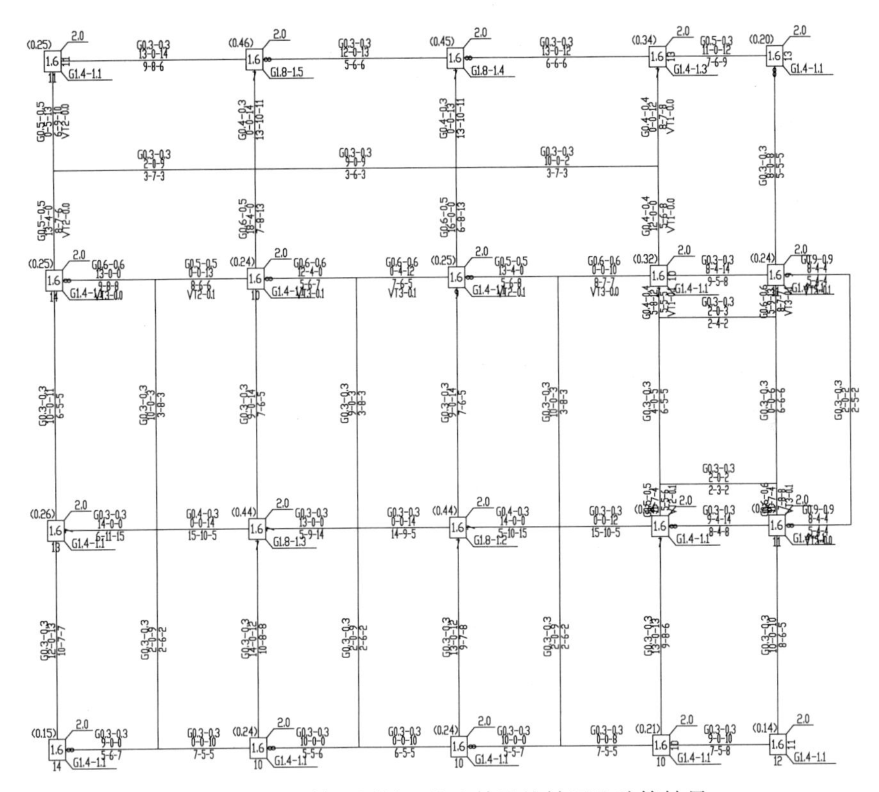

图 21.5.6　第 1 层梁、柱配筋及柱轴压比验算结果

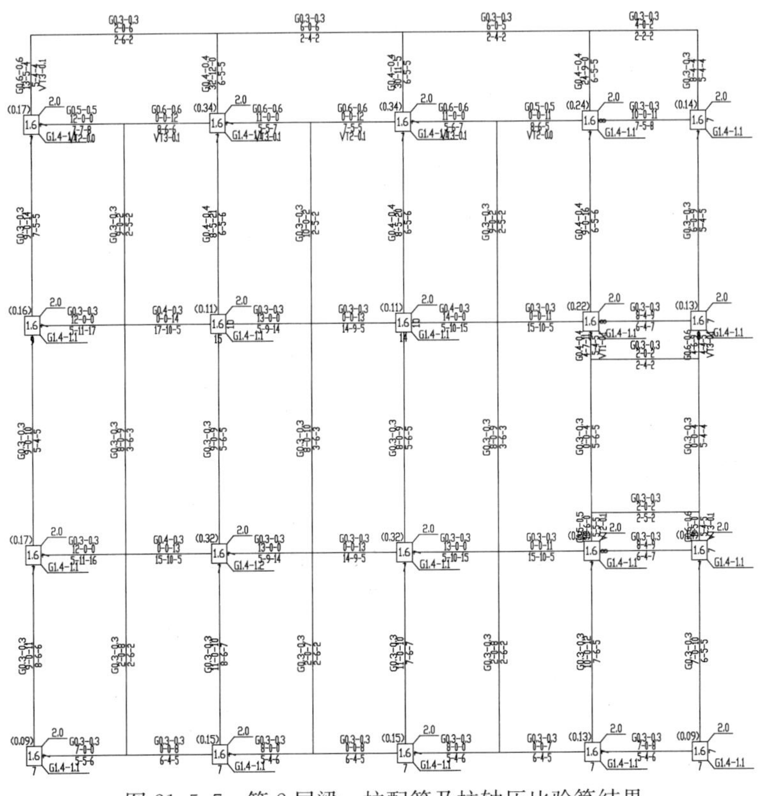

图 21.5.7　第 2 层梁、柱配筋及柱轴压比验算结果

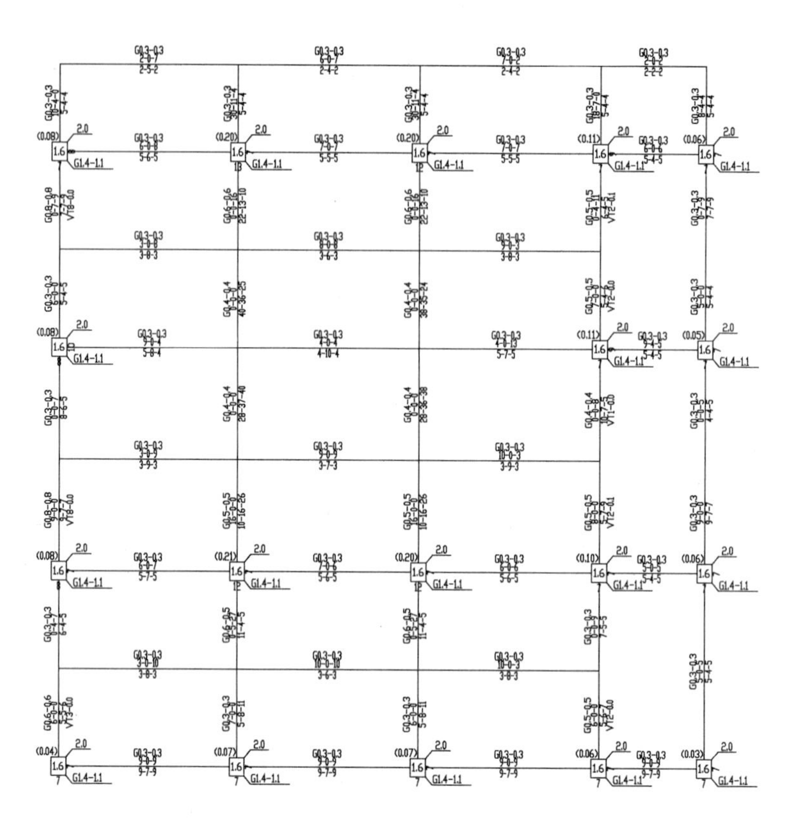

图 21.5.8　第 3 层梁、柱配筋及柱轴压比验算结果

定的抗震承载力要求。

④该建筑所有梁的钢筋配置均达到《民用建筑可靠性鉴定标准》GB 50292—1999 中规定 a_u 级构件的要求；同时均满足《建筑抗震鉴定标准》GB 50023—2009 规定的抗震承载力要求。

3）楼、屋面板承载力验算

根据《民用建筑可靠性鉴定标准》GB 50292—1999 对现浇板的计算方法对该建筑楼（屋）面板的承载力进行验算，验算结果如图 21.5.9～图 21.5.12 所示。

从图 21.5.9～图 21.5.12 所列计算结果可以看出，该建筑所有现浇板的钢筋配置均达到《民用建筑可靠性鉴定标准》GB 50292—1999 中规定 a_u 级构件的要求。

4）结构安全鉴定评级结果

①地基基础子单元

该房屋没有由于地基基础不均匀沉降引起的过大变形，也没有因地基不均匀沉降和地基承载力不足引起的结构构件开裂等，地基变形和地基稳定性达到《民用建筑可靠性鉴定标准》GB 50292—1999 规定的 A_u 级要求，其地基基础子单元的安全性等级评 A_u 级。

②上部结构子单元

该建筑构件承载力、结构侧向位移和整体性等的检测鉴定结果表明，该建筑上部结构子单元的安全性等级评 A_u 级。

③围护系统承重部分子单元

该建筑填充墙现状基本良好，检查中未发现墙体有裂缝、倾斜等现象，其围护系统承

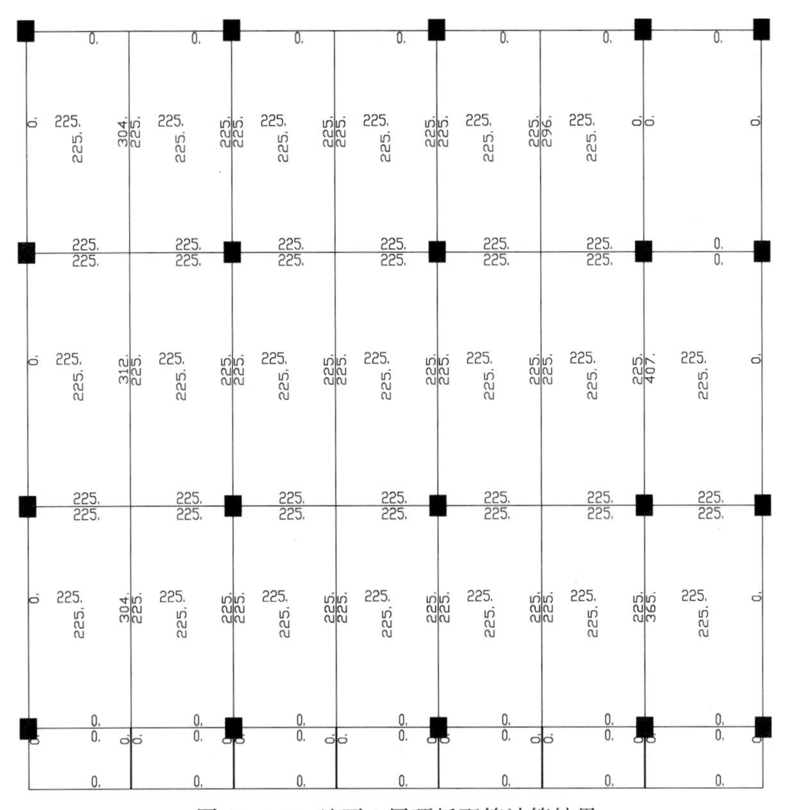

图 21.5.9 地下 1 层顶板配筋计算结果

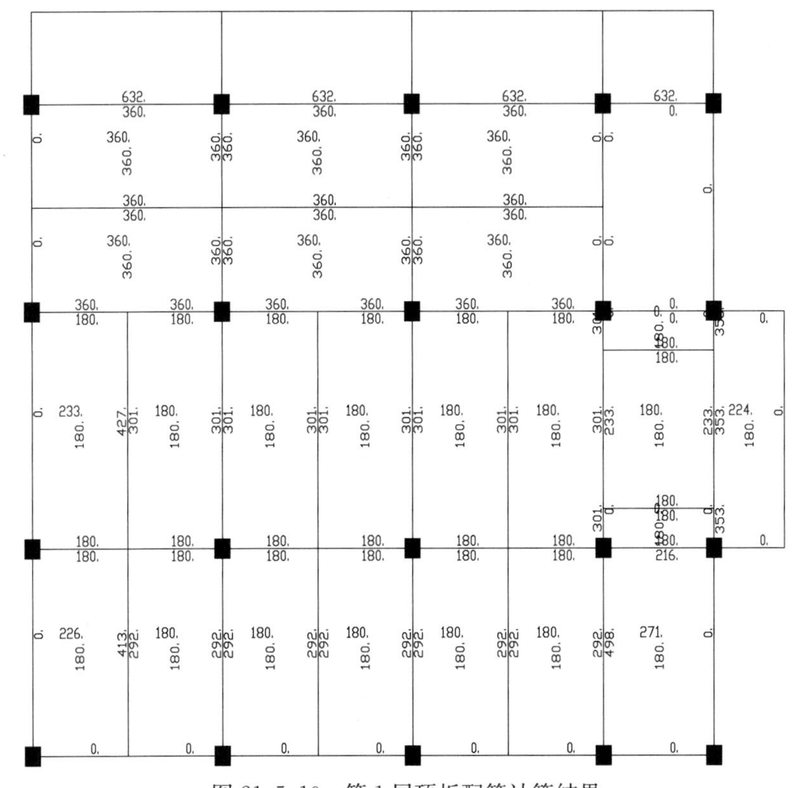

图 21.5.10 第 1 层顶板配筋计算结果

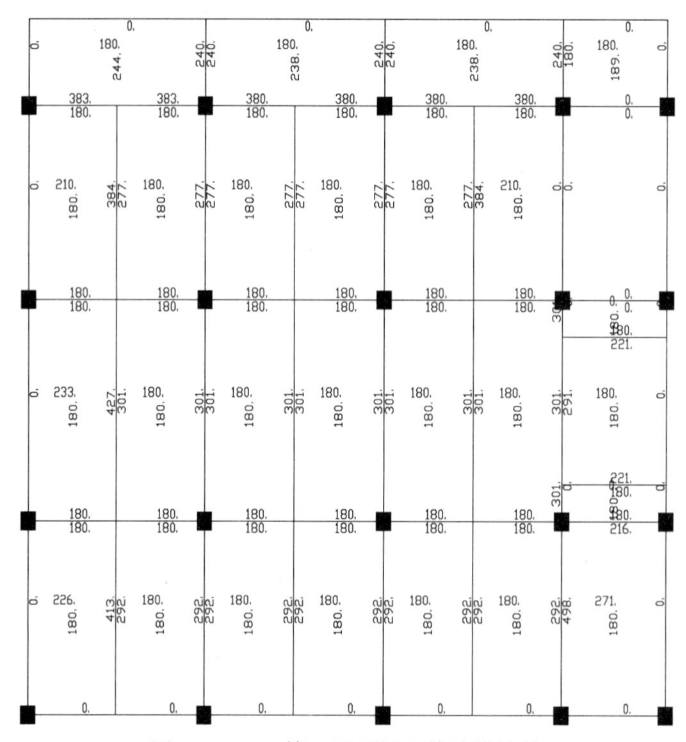

图 21.5.11　第 2 层顶板配筋计算结果

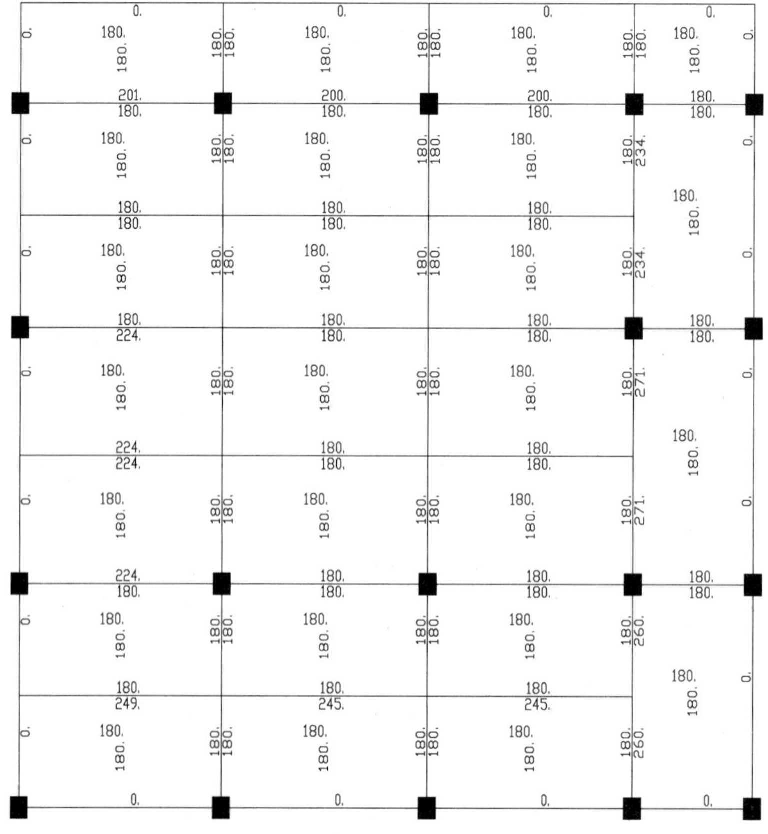

图 21.5.12　第 3 层顶板配筋计算结果

重部分子单元的安全性等级评 A_u 级。

综合该建筑地基基础、上部结构和围护系统承重部分子单元的安全性评定结果，该建筑安全性等级评 A_{su}级。

5）抗震措施鉴定

依据《建筑抗震鉴定标准》GB 50023—2009 中关于丙类设防 B 类建筑的要求，对该建筑的结构抗震构造措施进行检查，结果详见表 21.5.17。

抗震措施鉴定结果 **表 21.5.17**

鉴定项目	鉴定标准要求	现场检查检测	鉴定意见
结构体系及规则性	1）框架结构不宜为单跨框架； 2）平面局部突出部分的长度不宜大于宽度，且不宜大于该方向总长度的 30%； 3）立面局部缩进的尺寸不宜大于该方向水平总尺寸的 25%； 4）无砌体结构相连，且平面内的抗侧力构件及质量分布宜基本均匀对称	框架双向设置； 平立面无突出和缩进； 无砌体结构相连	符合要求
结构体系最大适用高度	45m	11.9m	符合要求
不同结构体系间的连接	应彻底分开	无不同结构体系	符合要求
防震缝设置	体形复杂、平立面特别不规则的建筑结构，可按实际需要在适当部位设置抗震缝，形成多个较规则的抗侧力结构单元。其两侧的上部结构应完全分开	体形简单、平立面规则，无防震缝	符合要求
构件混凝土强度	梁、柱、墙实际达到的混凝土强度等级不应低于 C20	柱为 39.0MPa，梁为 27.6MPa	符合要求
钢筋混凝土框架柱的构造与配筋	截面的宽度和高度均不宜小于 300mm；柱净高与截面高度之比不宜小于 4	框架柱截面均为 500mm×500mm；柱净高与截面高度之比最小为 5.8；轴压比最大为 0.57	符合要求
	柱轴压比：二级小于等于 0.8		
	柱纵筋总配筋率： 1）角柱大于等于 0.9%； 2）中柱、边柱大于等于 0.7%	柱纵筋总配筋率 2.0%	符合要求
	柱箍筋加密区范围： 1）柱端，取截面高度（圆柱直径），柱净高的 1/6 和 450mm 三者的最大值； 2）底层柱为刚性地面上下各 500mm； 3）柱净高与截面高度之比小于 4 的柱（包括因嵌砌填充墙等形成的短柱）	柱箍筋加密区高度为 600mm 和 45d 的较大值	符合要求
	柱箍筋加密区箍筋直径不应小于 8mm，箍筋间距不应大于 8d（d 为柱最小纵筋直径）和 100mm 的较小值	柱箍筋加密区间距 100mm，加密区箍筋直径 10mm	符合要求
	柱加密区箍筋肢距，二级不宜大于 250mm，且每隔一根纵向钢筋宜在两个方向有箍筋约束	柱加密区箍筋肢距为 150mm	符合要求
	柱非加密区的实际箍筋量不宜小于加密区的 50%，且箍筋间距，一、二级不应大于 10 倍纵向钢筋直径	柱非加密区箍筋量为加密区的 50%，箍筋间距为 200mm	符合要求

续表

鉴定项目	鉴定标准要求	现场检查检测	鉴定意见
钢筋混凝土框架梁的构造与配筋	截面宽度不宜小于200mm；截面高宽比不宜大于4；净跨与截面高度之比不宜小于4	截面宽度最小250mm；截面最大高宽比3.1；净跨与截面高度之比最小为5	符合要求
	梁钢筋配置： 1）梁端纵向受拉钢筋的配筋率不应大于2.5%； 2）梁端箍筋加密区长度，取1.5倍梁截面高度和500mm的较大值； 3）梁端箍筋加密区箍筋直径不应小于8mm，箍筋间距不应大于0.25倍梁高、8倍梁纵筋直径和100mm三者中的较小值	梁端纵向受拉钢筋的最大配筋率1.6%； 梁端箍筋加密区长度900mm和1700mm两种，箍筋最小直径8mm，加密区间距100mm	符合要求
	梁纵向钢筋配置：沿梁全长顶面和底面的配筋，一、二级不应少于2Φ14	梁纵向钢筋的配筋最小2Φ20	符合要求
	加密区箍筋肢距，一、二级不宜大于200mm	梁加密区最大箍筋肢距为250mm	不符合要求
节点核心区箍筋设置	框架节点核芯区箍筋最大间距8*d*（*d*为柱最小纵筋直径）和100mm的较小值，二级体积配箍率不宜小于0.8%	直径10mm；框架节点核芯区箍筋最大间距100mm，最小体积配箍率为1.07%	符合要求
抗震墙墙板的配筋和构造	抗震墙墙板横向、竖向分布钢筋的最小配筋率为0.20%；最大钢筋间距300mm，最小直径8mm	最小配筋率为0.54%，钢筋间距为200mm，最小直径为12mm	符合要求
	抗震墙的竖向和横向分布钢筋宜为双排布置。双排分布钢筋间拉筋的间距不应大于600mm，且直径不应小于6mm	钢筋双排布置；拉筋间距为400mm，直径为6mm	符合要求
填充墙布置与构造	填充墙在平面和竖向的布置，宜均匀对称；填充墙应沿框架柱全高每隔500mm设2Φ6拉筋，拉筋深入墙内的长度，宜沿墙全长贯通；墙长大于5m时，墙顶与梁宜有拉结；墙长超过层高2倍时，宜设置钢筋混凝土构造柱；墙高超过4m时，墙体半高宜设置与柱连接且沿墙全长贯通的钢筋混凝土水平系梁	填充墙在平面和竖向的布置均匀对称，沿框架柱全高每隔500mm设2Φ6拉筋，拉筋伸入墙内1000mm	不符合要求

从表21.5.17所列的检查结果可以看出，该建筑框架梁加密区箍筋肢距和填充墙拉结钢筋的设置等抗震措施不满足《建筑抗震鉴定标准》GB 50023—2009中关于8度区丙类设防B类建筑的要求。

6）结构安全与建筑抗震鉴定结论和不满足要求的处理

综合该建筑结构布置、结构体系、构件安全与抗震承载力验算、抗震措施的鉴定结果，该建筑的安全性等级评为A_{su}级；该建筑抗震承载力满足北京8度区丙类设防B类建筑抗震设防的要求，大部分抗震构造措施满足要求，对于不满足的抗震构造建议进行以下处理：

①由于该建筑框架梁的受剪承载力满足要求，则框架梁加密区箍筋肢距不满足的问题可以不进行处理。

②对于填充墙拉结钢筋的设置不满者的问题可区分不同情况处理：对于拆改的填充墙，应按《建筑抗震鉴定标准》GB 50023—2009中B类建筑的要求设置拉结钢筋；对于

不进行拆改的填充墙可先不处理。

参 考 文 献

1 龚思礼，王广军. 中国建筑抗震设计规范发展回顾，中国工程抗震研究四十年. 北京：地震出版社，1989

2 高小旺，鲍蔼斌. 用概率方法确定抗震设防标准. 建筑结构学报，1986

3 高小旺，鲍蔼斌. 地震作用的概率模型及其统计参数. 地震工程与工程振动，1985

4 中国建筑科学研究院主编. 建筑抗震鉴定标准. GB 50023—2009. 北京：中国建筑工业出版社，1995

5 戴国莹. 现有建筑物抗震鉴定加固技术. 建筑科学，1995 年

6 中国建筑科学研究院主编. 建筑工程抗震设防分类标准 GB 50223—2008. 北京：中国建筑工业出版社，2008

7 高小旺，刘佳，高炜. 不同重要性建筑抗震设防目标和标准的探讨. 建筑结构，第三十九卷增刊，2009

8 高小旺，刘佳，高炜. 中小学校舍乙类建筑鉴定与加固抗震设防目标探讨. 建筑结构，第四十卷第 5 期，2010 年 10 月

9 中国工程建设标准化协会标准. 建筑工程抗震性态设计通则 CECS 160—2004. 北京：中国计划出版社，2004

第 22 章　现有建筑的抗震加固技术

22.1　建筑抗震加固技术的有关研究

在 20 世纪 70 年代的海城和唐山大地震后，根据我国 20 世纪 70 年代初以前建造的工业与民用建筑没有进行抗震设防的实际状况，在抗震设防区的城市开展了抗震鉴定和加固工作。房屋和生命线系统的抗震鉴定和加固实践促进了抗震加固技术的研究。2008 年四川汶川地震和 2010 年青海玉树地震后，受损房屋的抗震加固以及全国抗震设防区的中小学校舍抗震鉴定加固实践，促进了一些新的抗震加固技术的应用，丰富了抗震加固的经验。

22.1.1　用外加钢筋混凝土构造柱加固砖墙的抗震性能

在强烈的地震作用下，多层砖房遭到了严重破坏甚至倒塌。因此，采用必要的加固措施提高多层砖房的抗震能力对于减轻地震灾害是非常重要的。在唐山大地震中，位于地震烈度为 10 度区的唐山市区有几幢采用钢筋混凝土构造柱的多层砖房，虽然产生了严重破坏，但没有倒塌。基于这个震害经验，工程抗震研究者提出了采用外加钢筋混凝土构造柱、钢拉杆与圈梁加固多层砖房的方案。为了探讨采用这种加固方案后砖墙的抗震性能和破坏机理，文献［1］进行了采用外加钢筋混凝土构造柱、钢拉杆加固砖墙的试验研究。共进行了 4 组 14 片不同宽度、不同砂浆强度等级、不同墙体压应力的加固墙体和 2 片未加固墙体的抗震试验。

抗震试验结果表明，墙体与外加构造柱的变形协调，能共同工作；钢拉杆的主要作用是保证外加钢筋混凝土柱与砖墙的共同工作，共同约束墙体以阻止开裂后墙体的塌落，从而提高墙体的整体性和抗倒塌能力。

22.1.2　用钢筋网砂浆面层加固砖墙的抗震性能

未经抗震设防的多层砖房中，由于层数和砖墙数量、砌筑砂浆等级的差异，使得一些房屋与抗震设防的要求相差较多。对于这些多层砖墙仅靠外加钢筋混凝土构造柱与钢拉杆加固还不能达到现有建筑的抗震要求。这就提出了采用钢筋网砂浆面层等方法提高墙体的承载能力和变形能力。文献［2］对在砖墙上抹水泥砂浆或钢筋网水泥砂浆面层加固进行了研究。共进行近百片采用上述方法加固砖墙的试验，并与未加固墙体进行了对比。

试验研究表明，由于砖砌体、钢筋网和砂浆面层三者变形和承载能力的差异，三者不可能同时达到极限承载力。其中，水泥砂浆面层首先开裂，然后是砖砌体，最后是钢筋达到屈服，他们达到极限承载力的时间间隔与加固的水泥砂浆与钢筋数量等有关。一般可分为下列两种情况：一是砂浆面层的极限承载力控制，这种情况的钢筋配筋量较少，表现为砂浆面层一开裂，整个墙体即裂通破坏；二是钢筋网的极限承载力控制，这种情况为钢筋网配筋量较多，当砂浆面层开裂时，钢筋网中的钢筋应力尚未达到屈服强度，直到钢筋应力达到屈服强度后整个墙体才达到极限承载能力。

试验研究还表明，钢筋网砂浆面层可大幅度提高原有墙体的抗侧力刚度与受剪承载力，原有墙体的砌筑砂浆强度等级越低，其提高的比率就越大。

22.1.3 用外包角钢加固钢筋混凝土框架柱的抗震性能

未经抗震设防的多层钢筋混凝土框架房屋，在抗震承载能力和变形能力上存在着薄弱环节，这主要是：

（1）柱的抗震承载能力不足。

（2）柱的箍筋直径小且间距大，箍筋又往往采用直角弯钩，加之有的柱轴压比过大，地震中容易产生剪拉、剪压等脆性破坏，使得柱的变形能力差。

（3）梁柱节点核芯区不配置箍筋等。

针对现有钢筋混凝土框架结构中在使用功能上不能增设钢筋混凝土抗震墙的状况，增强框架柱和节点的承载能力、变形能力，能够达到提高框架结构整体抗震能力的目的。文献［3］对外包角钢加固钢筋混凝土柱进行了试验和分析研究。

试验研究表明，外包角钢加固的钢筋混凝土柱是由钢构件与钢筋混凝土共同工作的一种组合柱，它既保持了钢筋混凝土的性质，又兼有钢结构的某些特点。它的主要破坏特点是：

（1）由于外包角钢的抗拉作用，使加固柱的抗裂能力大大提高。在大偏心受压的加固柱中，受拉区混凝土在70%～80%最大荷载时，才出现较明显的初始弯曲受拉裂缝。

（2）在达到极限承载力前，角钢与柱很好地发挥整体作用，扁钢箍与柱面间也无滑动迹象，在即将达到极限承载力时，角钢与柱面间粘结力逐渐丧失，产生相对滑动，但是随着扁钢箍的斜向错位而拉紧角钢，角钢与柱间摩擦力也随之增大。因此，在以后相当长的加荷过程中，受拉角钢的应变并不迅速降低，而受压角钢的应变尚继续增长，使柱的承载能力不致迅速下降。一直到柱端受压区混凝土明显压碎，角钢才逐渐丧失与柱子共同工作的能力。

（3）不论是大偏心受压柱还是小偏心受压柱，加固柱承载能力的迅速减低，均在于受压区混凝土的压碎；但是有外部钢构件包裹的加固柱，不会象原型柱那样出现混凝土剥落崩塌破坏现象。

（4）试验后原型柱的变形集中在柱端的塑性铰区内，柱的其余部分几乎保持直线状态；加固柱的变形沿柱高分布较均匀，整根柱呈明显的弯曲状态。

试验研究还表明，采用外包角钢加固后，柱具有一定的匀质性，呈现比较对称的破坏状态，变形能力可得到较充分的发挥。其层间位移角较未加固柱提高1倍左右，当单纯采用外包扁钢箍加固柱时，也有类似的作用，但效果较差，而且扁钢箍的间距必须很密。

22.2 现有建筑抗震加固的基本要求

现有建筑抗震加固的基本要求是指根据地震震害和工程加固实践等总结得到的基本原则，对现有建筑加固的总体布置和关键构造进行宏观控制，使抗震加固达到预期的效果。

22.2.1 加固目标与抗震验算

现有建筑进行抗震加固的目标是达到《建筑抗震鉴定标准》GB 50023的A、B、C类的抗震设防要求。当然，加固设计时，受到构件尺寸模数化、最低构造要求及施工技术的限制，其综合抗震能力往往高于建筑抗震鉴定标准的规定值，但不应高出过多。同时，还须注意抗震加固与抗震鉴定的密切联系。

1. 抗震加固前必须进行抗震鉴定，仍以提高建筑的综合抗震能力作为衡量加固效果的标志。

2. 抗震加固设计中，结构的抗震验算仍可采用抗震鉴定时的方法，但计算参数要按加固后的状况取值：

（1）对于后续使用年限50年的C类建筑结构，材料性能指标、地震作用、地震作用效应调整、结构构件承载力调整系数均应按现行国家标准《建筑抗震设计规范》GB 50011的有关规定执行。

（2）对于《建筑抗震鉴定标准》GB 50023—2009规定的A、B类建筑结构，其场地特征周期、原结构构件材料指标、地震作用效应调整等按现行国家标准《建筑抗震鉴定标准》GB 50023的规定采用，结构构件的"承载力抗震调整系数"应采用下列"抗震加固的承载力调整系数"替代：

1）A类建筑，加固后的构件应采用根据原有构件按现行国家标准《建筑抗震鉴定标准》GB 50023规定的"承载力抗震调整系数"值采用，新增钢筋混凝土构件、砌体墙体可仍按原构件对待。

2）B类建筑，宜按现行国家标准《建筑抗震设计规范》GB 50011的"承载力抗震调整系数"值采用。

3. 抗震加固的抗震验算应按下列规定进行：

（1）当抗震设防烈度为6度时（建造于Ⅳ类场地的较高的高层建筑除外），以及木结构和土石结构房屋，可不进行截面抗震验算，但应符合相应的构造要求。

（2）加固后结构的分析和构件承载力计算，应符合下列要求：

1）结构的计算简图，应根据加固后的荷载、地震作用和实际受力情况确定；当加固后结构刚度和重力荷载代表值的变化分别不超过原来的10%和5%时，应不计入地震作用变化的影响；在条状突出的山嘴、高耸孤立的山丘、非岩石的陡坡、河岸和边坡边缘等不利地段，水平地震作用应按现行国家标准《建筑抗震设计规范》GB 50011的规定乘以增大系数1.1～1.6。

2）结构构件的计算截面面积，应采用实际有效的截面面积；

3）结构构件承载力计算时，应计入实际荷载偏心、结构构件变形等构造造成的附加内力，并应计入加固后的实际受力程度、新增部分的应变滞后和新旧部分协同工作的程度对承载力的影响。

（3）当采用楼层综合抗震能力指数进行结构抗震验算时，体系影响系数和局部影响系数应根据房屋加固后的状态取值，加固后楼层综合抗震能力指数应大于1.0，并应防止出现新的综合抗震能力指数突变的楼层。采用设计规范方法验算时，也应防止加固后出现新的层间受剪承载力突变的楼层。

22.2.2　加固设计原则

加固设计中需要贯彻以下原则：

（1）加固方案应根据抗震鉴定结果经综合分析后确定，分别采用房屋整体加固、区段加固或构件加固，加强整体性、改善构件受力状况、提高综合抗震能力。

（2）加固或新增构件的布置，应消除或减少不利因素，防止局部加强导致结构刚度或承载力突变。

（3）新增构件与原有构件之间应有可靠连接；新增的抗震墙、柱等竖向构件应有可靠的基础。

（4）加固所用材料类型与原结构相同时，其强度等级不应低于原结构材料的实际强度等级。

（5）对于不符合鉴定要求的女儿墙、门脸、出屋顶烟囱等易倒塌伤人的非结构构件，应予以拆除或降低高度，需要保持原高度时应加固。

22.2.3 加固方案的优化

加固设计中，确定总体加固方案时，要处理好下列几个关系，使加固方案有所优化。

（1）针对鉴定的结果和房屋的实际情况，确定使房屋总体抗震能力达到规定设防要求的关键，确定是整个房屋加固还是区段加固或构件加固，以避免扩大加固量。

（2）对结构的加固，要进行“内加固”或“外加固”的比较，从房屋内部加固便于保持外立面，但加固时对生产、生活的干扰较大；从房屋外部进行加固，干扰较小并可与外立面的更新相结合，但抗震墙间距过大等情况时不容易达到预期效果。

（3）增设抗震墙或支撑等抗侧力构件时，可保持或改变原有的结构体系，使地震作用相应地基本保持或显著加大，要进行二者的比较分析，包括普遍加固方案的比较，结合使用功能的要求和改造等确定。

（4）加固后结构质量、刚度、承载力和变形能力都发生变化，当采用以提高承载力为主的方案时，要使承载力的提高超过因质量、刚度加大导致地震作用的加大；当采用以提高变形能力为主的方案时，要衡量现有承载力是否达到相应的最低要求；在可能的条件下，还可考虑加固后结构自振周期与场地卓越周期之间的关系，避免引起加固后地震作用增大过多。

（5）提高结构抗震安全性与房屋使用功能、外观改善等出现矛盾时，需要通过几种加固方案的比较使之达到综合平衡。

（6）加固方法要便于施工，减少对原结构构件的损伤，已有的损伤也要一并处理，以便在材料消耗、施工工效、环境影响和抗震能力提高之间取得最佳。

22.2.4 加固布置的合理性

合理的加固布置，大致可考虑以下几个方面：

（1）规则性治理。当原结构沿高度和沿平面的构件、刚度等的分布符合规则性要求时，增设构件的布置要保持原有的规则性；原结构在某个主轴或两个主轴方向不符合规则性要求时，可利用增设构件的不规则布置，使加固后的结构消除或减少不规则性。

（2）地震作用传递途径更为合理。可利用新增设的构件保持或改变原有的传递途径，应保持原结构合理的传递途径，消除或减轻原结构传递途径的缺陷。

（3）抗震薄弱层的增强。不仅要防止新增设构件形成新的薄弱层，而且要利用所增设构件的位置、尺寸和厚度的变化，消除薄弱层或减轻原有薄弱层的薄弱程度。

（4）当原有建筑的不同部位有不同类型的承重结构体系时，对不同类型结构相连部位，加固布置要使之具有比一般部位更高的承载力或更强的变形能力。

（5）当原结构构件处于明显不利的状态时，如短柱、强梁弱柱等，加固布置要改善其受力状态，或设法把地震作用吸引到新增设的受力状态合理的构件上。

22.2.5 加固手段的有效性

为使结构整体的综合抗震能力确实得到提高，不致“加而不固”或加固时损伤原构件或加固引起附加内力而使某些部位降低承载力，抗震加固设计及施工中要注意以下几点：

（1）确保新增设的构件与原结构构件有可靠连接，可综合采用增加新旧构件表面粘结力，增设拉结措施、锚固措施等。

（2）考虑加固后构件的实际受力状况、新旧部分受力程度的不同和协同工作的程度，并在加固后构件现有承载力计算中给予相应处理。

（3）增设的竖向结构构件（如抗震墙、柱等）应上下连接，有可靠基础，并考虑新增设构件与原有构件可能的沉降差异。当原结构构件上下不连续时，加固时宜消除不连续性或减少不连续的程度。

（4）注意保护原结构构件及其连接，避免加固时对原有构件承载力的削弱。一旦原有构件受到损伤，应先修补、恢复再进行加固。

22.2.6 地基基础现有承载能力的利用

对于地基基础在静载下未发现问题的现有建筑，6、7度时不作基础抗震鉴定，也就无需加固；8、9度时，只对液化等级为严重且建筑对液化敏感的地基进行处理，对软弱土和明显不均匀土层上的建筑，应采取措施提高上部结构抵抗不均匀沉降的能力。

减少现有建筑地基基础的加固量，一是考虑到地基基础加固的难度较大；二是加固的目标在于设防烈度地震影响下可修，而地震造成的地基震害，如液化、软土震陷、不均匀土层的差异等，一般尚未导致建筑的坍塌或丧失使用价值，采取提高上部结构抵抗不均匀沉降能力的措施，即可减轻结构的震害。

减少对现有建筑地基基础的加固，要充分利用现有地基的潜力，例如：

（1）遇软弱土层时，根据唐山地震的震害，当基础底面下的厚度不大于5m，或8、9度时静承载力标准值分别大于80kPa和100kPa，可不考虑地震作用引起的沉陷。

（2）由于地基土在建筑荷载的长期作用下土体固结压密，土与基础底面接触处发生一定的物理、化学变化，孔隙比和含水量减少，可使黏土、粉土、砂性土、砾石土的地基承载力特征值有一定的提高。因此，当加固后构件所增加的重力不超过地基土长期压密提高值时，可不做地基的抗震验算。

（3）遇有柱间支撑的柱基、拱脚等，需进行抗滑验算时，可考虑基础底面与土的摩擦力、基础侧面的被动土压，有时尚可利用刚性地坪的抗滑力。

（4）加固后，在地震作用下，基础底面的竖向压力超过地基土承载力在10%以内时，可不做地基处理，仅采取提高上部结构抵抗不均匀沉降能力的措施。

22.2.7 减轻非结构构件危害的处理

非结构构件在地震中的破坏后果，大致分两类：其一只影响非结构构件自身，其二则危及生命或重要生产设备。二者的加固要求不同。

前者不符合抗震要求时，通常可结合维修处理；后者必须进行治理，以减轻相关的损失。

对非结构构件的治理，可根据具体情况和使用要求，选用拆除、拆矮、剔缝分开和增设拉结措施等。

22.2.8 材料强度和施工的特殊要求

抗震加固对材料和施工的特殊要求，体现为超强、复核、查缺、防损、防倒等。

超强指加固所用材料，除满足新建工程设计时的最低强度等级外，不应低于现有建筑中被加固构件的材料强度等级。

复核指加固时对构件实际尺寸的测量和核对。因设计上的尺寸与现有建筑的实际尺寸大多有不同程度的差异；当原始资料不全时，加固施工图往往注明“按实际尺寸施工”。这些均需要进行量测，以免因误差过大而降低加固效果或无法施工。

查缺指加固施工时，要检查原结构及其相关工程的隐蔽部位是否有严重的构造缺陷，一旦发现，要暂停施工，会同加固设计者采取有效措施进行处理，方可继续施工。

防损指在原有构件上凿洞、钻孔等施工过程中，要采取有效措施，避免破坏原有钢筋等，并防止误触电源、气源、水源等管线造成事故。一旦损伤构件，要及时修补。

防倒指加固施工前，要充分估计施工中可能造成的房屋倾斜、构件开裂或倒塌等不安全因素，采取相应的临时措施予以防止。

22.3 多层砖房抗震加固技术

22.3.1 多层砖房加固方案的确定

砖房抗震加固时，应根据抗震鉴定的结果，针对房屋存在的具体问题，综合选择合理、有效的加固手段。下面列举一些基本的综合方法。

(1) 多层砖房和底层框架砖房的上部各层，当某楼层承载能力明显不足时，凡属静力荷载下明显不足者，必须对有关墙段用补强、拆换或面层加固；而仅地震作用下明显不足，可选择普遍补强、拆换、面层加固的方案，也可选择集中于若干墙段用面层或板墙加固形成安全区域的加固方案。

(2) 对于承载力明显不足的砖柱（墙垛），可选择在砖柱的单面或双面加设面层的方案，也可选择在柱间增设墙体的方案。

(3) 变形缝一侧的敞口墙，抗震加固时可选择增设墙体、混凝土框的加固方案等。

(4) 整体性不良的各类砖房，一般用圈梁、拉杆、锚杆、构造柱加强，也可用配筋面层或板墙加固外墙替代圈梁和构造柱。

(5) 楼（屋）盖构件支承长度不足时，可选择增设托梁方案，也可选择增强楼（屋）盖整体性的措施。

(6) 承重墙段宽度过小，可选择面层加固，也可结合构造柱加固。

(7) 超高女儿墙、烟囱等可选择降低高度的方案，也可结合屋面防水维修增设锚固措施。

(8) 墙段承载力稍差而整体不良时，可不直接加固墙段而利用构造柱提高其承载力。

22.3.2 抗震加固设计

多层砖房的抗震加固同样可以用“综合抗震承载能力指数”来度量。其中，提高墙段承载力的加固方法同样适用于静力荷载下的加固。加固后楼层（或墙段）的综合抗震承载力指数 β_S，由加固前所具有的承载力指数 β_0，乘以加固增强系数 η 得到：

$$\beta_S = \eta\psi_1\psi_2\beta_0 \tag{22.3.1}$$

式中：构造影响系数 ψ_1、ψ_2 按加固后的状况确定。

多层砖房的抗震加固应符合下列要求：

(1) 加固后的楼层综合抗震能力指数不应小于1.0，且不宜超过下一楼层综合抗震能力的20%；当超过时应同时增强下一楼层的抗震能力。

(2) 同一楼层中，自承重墙加固后的抗震能力不应超过承重墙体加固后的抗震能力。

(3) 对非刚性结构体系的房屋，在选用抗震加固方案时应特别慎重，当采用加固柱或墙垛，增设支撑或支架等保持非刚性结构体系的加固措施时，应控制层间位移，提高其变形能力。

1. 多层砌体房屋的抗震加固方法

在对多层砌体房屋的抗震能力和薄弱环节进行抗震鉴定的基础上，应有针对性的采取抗震加固方法，以确保抗震加固后的房屋满足现有建筑的抗震设防要求。在选择抗震加固方案时，应着重提高房屋的整体抗震能力和加固后房屋沿竖向抗震承载能力的均匀性，避免局部加强后而出现新的薄弱楼层或部位。多层砌体房屋的抗震加固，可采用以下几种方法。

(1) 当房屋抗震承载力不满足要求时，可选择下列加固方法：

1) 拆砌或增设抗震墙：对强度过低的原墙体可拆除重砌；重砌和增设抗震墙的结构材料可采用砖或砌块，也可采用现浇钢筋混凝土。

2) 修补和灌浆：对已开裂的墙体，可采用压力灌浆修补，对砌筑砂浆饱满度差或砌筑砂浆强度等级偏低的墙体，可用满墙灌浆加固。

3) 面层或板墙加固：在墙体的一侧或两侧采用水泥砂浆面层、钢筋网砂浆面层、钢绞线网-聚合物砂浆面层或现浇钢筋混凝土墙加固。

4) 外加柱加固：在墙体交接处采用现浇钢筋混凝土构造柱加固。构造柱应与圈梁、拉杆连成整体或与现浇钢筋混凝土楼、屋盖可靠连接。

5) 包角或镶边加固：在柱、墙角或门窗洞边用型钢或钢筋混凝土包角镶边；柱、墙垛还可用现浇钢筋混凝土套加固。

6) 支撑或支架加固：对刚度差的房屋，可增设型钢或钢筋混凝土的支撑或支架加固。

(2) 房屋的整体性不满足要求时，可选择下列加固方法：

1) 当墙体布置在平面内不闭合时，可增设墙段或在开口处增设现浇钢筋混凝土框形成闭合。

2) 当纵横墙连接较差时，可采用钢拉杆、长锚杆、外加构造柱或外加圈梁等加固。

3) 楼、屋盖构件支承长度不满足要求时，可增设托梁或采取增强楼、屋盖整体性能的措施；对腐蚀变质的构件应更换；对无下弦的人字屋架应增设下弦拉杆。

4) 当构造柱或芯柱设置不符合鉴定要求时，应增设外加柱；当墙体采用双面钢筋网砂浆面层或钢筋混凝土板墙加固，且在墙体交接处增设相互可靠拉结的配筋加强带时，可不另设构造柱。

5) 当圈梁设置不符合鉴定要求时，应增设圈梁；外墙圈梁宜采用现浇钢筋混凝土，内墙圈梁可用钢拉杆或在进深梁端加锚杆代替；当墙体采用双面钢筋网砂浆面层或钢筋混凝土板墙加固，且上下两端增设加强带时，可不另设圈梁。

6) 当预制楼、屋盖不满足抗震鉴定要求时，可增设钢筋混凝土现浇层或增设托梁加固楼、屋盖。

（3）对房屋中易倒塌的部位，可选择下列加固方法：

1）承重窗间墙宽度过小或抗震能力不满足要求时，可增设钢筋混凝土窗框或采用钢筋网砂浆面层、板墙等加固。

2）隔墙无拉结或拉结不牢，可采用镶边、埋设钢夹套、锚筋或钢拉杆加固；当隔墙过长、过高时，可采用钢筋网砂浆面层进行加固。

3）支承大梁等的墙段抗震能力不满足要求时，可增设砌体柱、组合柱、钢筋混凝土柱或采用钢筋网砂浆面层、板墙加固。

4）支承悬挑构件的墙体不符合鉴定要求时，宜在悬挑构件端部增设钢筋混凝土柱或砌体组合柱加固，并对悬挑构件进行复核。

5）出屋面的楼梯间、电梯间和水箱间不符合鉴定要求时，可采用面层或外加柱加固，其上部应与屋盖构件有可靠连接，下部应与主体结构的加固措施相连。

6）出屋面的烟囱、无拉结女儿墙、门脸等超过规定的高度时，宜拆矮墙或采用型钢、钢拉杆加固。

7）悬挑构件的锚固长度不满足要求时，可加拉杆或采取减少悬挑长度的措施。

（4）当具有明显扭转效应的多层砌体房屋抗震能力不满足要求时，可优先在薄弱部位增砌砖墙或现浇钢筋混凝土墙，或在原墙加面层；也可采取分割平面单元，减少扭转效应的措施。

（5）现有的空斗墙房屋和普通黏土砖砌筑的墙厚不大于 180mm 的房屋需要继续使用时，应采用双面钢筋网砂浆面层或板墙加固。

2. 水泥砂浆和钢筋网砂浆面层加固设计

采用钢筋网砂浆面层加固墙体的目的是为了提高墙体的承载能力、变形能力和墙体的整体性能，同时也能增加楼板的支撑长度。

根据大量的试验研究，在统计分析基础上，提出了加固增强系数的计算公式和构造要求。

厚度 t_{w0} 的墙段，其抗震抗剪强度设计值为 f_{VE}，采用水泥砂浆或钢丝网水泥砂浆面层单面或双面加固后，承载力的增强系数 η_{pij} 是：

$$\eta_{pi} = 1 + \sum_{j=1}^{n} (\eta_{pij} - 1) A_{ij0} / A_{i0} \tag{22.3.2}$$

$$\eta_{pij} = \frac{240}{t_{w0}} \left(\eta_{o} + \frac{0.075}{f_{VE}} \left(1 - \frac{t_{w0}}{240} \right) \right) \tag{22.3.3}$$

式中 η_{o}——基准增强系数；η_{o} 依据面层厚度、加固砂浆强度、配筋和原砌筑砂浆等级，按表 22.3.1 采用；空斗墙应双面加固，取表中数值的 1.3 倍；

η_{pi}——面层加固后第 i 楼层抗震能力的增强系数；

η_{pij}——第 i 楼层第 j 墙段面层加固的增强系数；

A_{i0}——第 i 楼层中验算方向原有抗震墙在 1/2 层高处净截面的面积；

A_{ij0}——第 i 楼层中验算方向面层加固的抗震墙 j 墙段的在 1/2 层高处净截面的面积；

n——第 i 楼层中验算方向上的面层加固抗震墙的道数；

t_{w0}——原墙体厚度；

f_{VE}——原墙体的抗震抗剪强度设计值。

面层加固基准增强系数　　表 22.3.1

面层厚度（mm）	面层砂浆强度等级	钢筋网规格（mm）		单面加固			双面加固		
				原墙体砂浆强度等级					
		直径	间距	M0.4	M1.0	M2.5	M0.4	M1.0	M2.5
20	M10	无筋	—	1.46	1.04	—	2.08	1.46	1.13
30		ϕ6	300	2.06	1.35	—	2.97	2.05	1.52
40		ϕ6	300	2.16	1.51	1.16	3.12	2.15	1.65

加固后，墙段刚度有所提高，按下式计算提高系数：

实心墙　$$\eta_K = \frac{240}{t_{w0}}\eta_{K0} + \zeta_P\left(1 - \frac{240}{t_{w0}}\right) \tag{22.3.4}$$

空斗墙　$$\eta_K = 1.67(\eta_{K0} - 0.4) \tag{22.3.5}$$

式中：面层影响系数 ζ_P，单面加固取 $\zeta_P = 0.75$，双面加固取 $\zeta_P = 1.0$；240mm 厚墙刚度提高系数的 η_{K0} 按表 22.3.2 采用。面层加固的构造要求见表 22.3.3 和图 22.3.1。

面层加固时墙体刚度的基准提高系数　　表 22.3.2

面层厚度（mm）	面层砂浆强度等级	单面加固			双面加固		
		原墙体砂浆强度等级					
		M0.4	M1.0	M2.5	M0.4	M1.0	M2.5
20	M10	1.39	1.12	—	2.71	1.98	1.70
30		1.71	1.30	—	3.57	2.47	2.06
40		2.03	1.49	1.29	4.43	2.96	2.41

面层加固构造要求　　表 22.3.3

项　目	要　　求
面层砂浆强度	≥M10（小于时效果不明显）
面层厚度（t）	无筋时 t≥20mm；配筋时 t≥35mm，保护层≥10mm，网片离砖面≥5mm
网片构造	ϕ4～ϕ6；双向间距，实心墙 300mm，空斗墙 200mm
与原构件连接	①与墙体用 ϕ6 锚筋连接：单面为 L 形，间距 600mm；双面为 S 形，间距 900mm； ②四周与楼板、梁、柱、墙用锚筋、短筋、拉结筋连接； ③遇孔洞，单面横向筋弯入洞边锚固，双面时在洞口闭合

3. 钢绞线网-聚合物砂浆面层加固设计

采用钢绞线网-聚合物砂浆面层加固墙体的目的和钢筋网砂浆面层一样，是为了提高墙体的承载能力、变形能力和墙体的整体性能，同时也能增加楼板的支承长度。其加固效果好于钢筋网砂浆面层。

钢绞线网-聚合物砂浆面层与钢筋网砂浆面层加固的主要区别是：采用钢绞线网片，与原有墙体连接采用锚固在砖块上的专用金属胀栓，在墙体交接处需设置钢筋网，加强与左右两端墙体的连接。

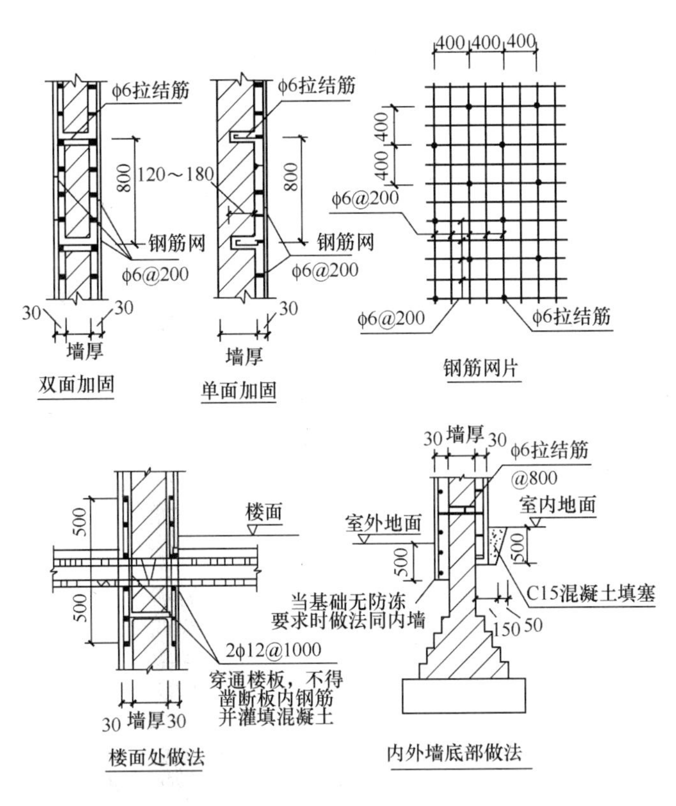

图 22.3.1 面层加固构造（mm）

根据大量的试验研究，在统计分析基础上，提出了加固增强系数的计算公式和构造要求。墙体加固后，有关支承长度影响系数应作相应的改变，有关墙体局部尺寸影响系数可取 1.0；楼层抗震承载力的增强系数可按式（22.3.2）采用，其中，面层加固的基准增强系数，对于黏土普通砖可按表 22.3.4 采用；墙体刚度的基准提高系数，可按表 22.3.5 采用。钢绞线网-聚合物砂浆面层加固的构造要求，见表 22.3.6 和图 22.3.2。

钢绞线网-聚合物砂浆面层加固基准增强系数 **表 22.3.4**

面层厚度（mm）	钢绞线网片		单面加固				双面加固			
			原墙体砂浆强度等级							
	直径（mm）	间距（mm）	M0.4	M1.0	M2.5	M5	M0.4	M1.0	M2.5	M5
25	3.05	80	2.42	1.92	1.65	1.48	3.10	2.17	1.89	1.65
		120	2.25	1.69	1.51	1.35	2.90	1.95	1.72	1.52

钢绞线网-聚合物砂浆面层加固墙体刚度的基准提高系数 **表 22.3.5**

面层厚度（mm）	单面加固				双面加固			
	原墙体砂浆强度等级							
25	M0.4	M1.0	M2.5	M5	M0.4	M1.0	M2.5	M5
	1.55	1.21	1.15	1.10	3.14	2.23	1.88	1.45

面层加固构造要求 **表 22.3.6**

项　目	要　求
聚合物砂浆	Ⅰ级或Ⅱ级
面层厚度（t）	t>25mm，保护层≥15mm
网片构造	ϕ2.5～ϕ4.5
与原构件连接	①墙体应采用专用金属胀栓连接，间距600mm，梅花状布置； ②四周与楼板、梁、柱、墙用锚筋、短筋、拉结筋连接

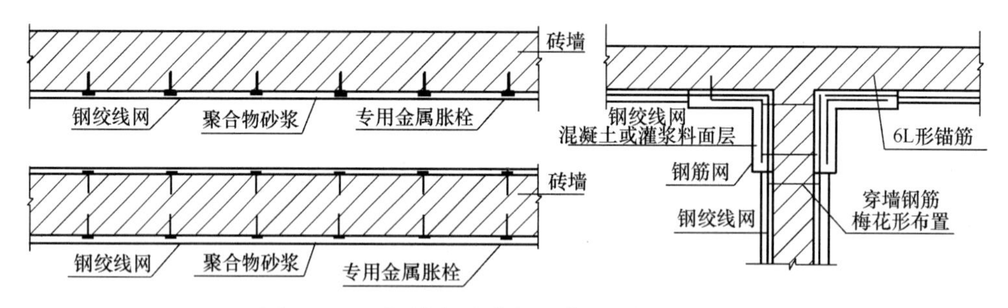

图 22.3.2　钢绞线-聚合物砂浆面层加固墙构造

4. 新增设砖墙段的加固设计

对于因横墙间距过大而承载能力不足或外纵墙开洞率过大而形成局部尺寸不满足和窗间墙过窄等，在使用功能允许的情况下，可采取增设墙段的加固方案。增设砖墙段能提高房屋的承载能力和减少薄弱部位。

新增砖墙段后房屋的抗震能力计算方法是将新增墙段的截面面积计入楼层的抗震能力中。其增强系数，无筋时取 $\eta_{ij}=1.0$；设现浇带取 $\eta_{ij}=1.12$；设焊接网片，240mm 厚墙取 $\eta_{ij}=1.10$，370mm 厚墙取 $\eta_{ij}=1.08$。

新增设砖墙的构造要求见表 22.3.7 及图 22.3.3。

加固后，横墙间距的体系影响系数应作相应改变。楼层抗震能力的增强系数可按下式计算：

$$\eta_{wi}=1+\frac{\sum_{j=1}^{n}\eta_{ij}A_{ij}}{A_{io}} \tag{22.3.6}$$

式中　η_{wi}——增设抗震墙加固后第 i 楼层抗震能力的增强系数；

A_{ij}——第 i 楼层中验算方向增设的抗震墙 j 墙段在 1/2 层高处净截面的面积；

η_{ij}——第 i 楼层第 j 墙段的增强系数；对黏土砖墙，无筋时取 1.0，有混凝土带时取 1.12，有钢筋网片时，240mm 厚墙取 1.10，370mm 厚墙取 1.08；

n——第 i 楼层中验算方向增设的抗震墙道数。

新增设砖墙构造要求 **表 22.3.7**

项　目	要　求
厚度与砂浆	墙厚≥190mm，砂浆≥M2.5 且高于原墙一级
配筋	现浇带高 60mm，纵筋 3Φ6，横向系筋可采用Φ6，沿墙高 0.7～1.0m 一道，焊接网片的纵筋 3Φ4，横向系筋Φ4@150，沿墙高 0.3～0.7 m 一片

续表

项　目	要　　求
基础	埋深宜与相邻砖墙同，宽度取计算宽度的 1.15 倍
与原构件连接	①压顶梁高 120mm，纵筋 4Φ12，箍筋Φ6@150 且与楼、屋盖锚拉； ②两端与原墙体用螺栓、锚筋、构造柱等连接

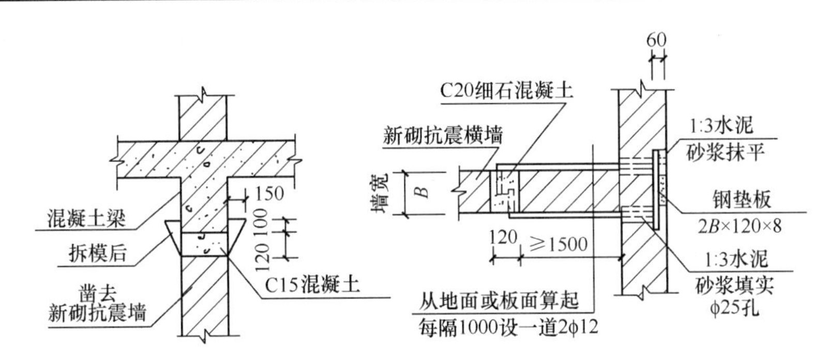

图 22.3.3　新砌墙的连接（mm）

5. 混凝土板墙和新增混凝土墙加固设计

对于因横墙间距过大而承载力不足且在使用功能上又不允许增加较多的砖抗震墙，可采用增设钢筋混凝土墙的方案。对于采用混凝土面层（混凝土板墙）加固砖墙时，面层厚度为 60～100mm，混凝土强度等级 C20，竖向钢筋Φ10～Φ12，横向钢筋Φ6，间距 150～200mm；混凝土板墙应设基础，埋深与原砖墙基础同；混凝土板墙与砖墙的锚筋Φ8，形状同砂浆面层，仅锚拉点在每 m^2 内不少于 2 根。混凝土板墙四周与原结构的连接要求，可参照砂浆面层加固方法。

新增混凝土墙适用于原砖墙的砌筑砂浆不低于 M2.5 的情况，混凝土强度等级 C20，可采用构造配筋；抗震墙应设基础与原有的砌体墙柱和梁板均应有可靠连接。根据试验研究结果，考虑混凝土墙与砖墙工作性能的差异，板墙的增强系数取值，原墙体的砌筑砂浆为 M10 时取 1.8；为 M7.5 时取 2.0；为 M2.5 和 M5 时取 2.5。双面板墙加固且总厚度不小于 140mm 时，其增强系数可按增设混凝土抗震墙加固法取值。

6. 外加钢筋混凝土构造柱、圈梁和钢拉杆加固设计

利用外加构造柱、圈梁和拉杆在三个方向把多层砖房和类似砖房的墙段加以分割包围，主要是加强房屋的整体性，提高抗倒塌能力，这不仅为试验所验证，也已在大震中得到了证明。

（1）综合抗震能力指数的提高。砖房整体性加强后，体系影响系数 Ψ_1 可取 1.0，有关墙段的局部影响系数 Ψ_2 也可取 1.0。

由于设置构造柱后，墙段的承载力略有提高，而延性有较大提高。这样，墙段抗震能力指数尚应乘以加固后的增强系数 η_{ij}。对于不高于 M2.5 砌筑的实心砖墙：墙段一端设置，$\eta_{ij}=1.1$；墙段两端设置，无洞 $\eta_{ij}=1.3$，有一门洞 $\eta_{ij}=1.2$；窗间墙中部设置，$\eta_{ij}=1.2$。对于大于和等于 M5 砌筑的实心砖墙：墙段一端设置，$\eta_{ij}=1.0$；墙段两端和窗间墙中部设置，$\eta_{ij}=1.1$。

（2）外加构造柱布置和构造要求。外加构造柱的设置，可根据鉴定时砖房的破坏等级

估计并参照《建筑抗震设计规范》的规定布置。外加柱一般布置在有横墙的位置，沿房屋全高贯通，受阳台等阻挡时应采取可靠锚固等措施；外加柱与圈梁、拉杆形成墙体的约束系统；其构造要求见表 22.3.8 及图 22.3.4。

外加柱构造要求 **表 22.3.8**

项 目	要 求
截面尺寸	$A \geqslant 0.036m^2$，如 0.24m×0.18m，0.25m×0.15m，0.55m×0.07m，转角加大
材料和配筋	C20，纵筋 4Φ12，箍筋Φ6@200，楼层上下端各加 3 道
基 础	埋深同外墙，或≥1.5m 与冻结深度的较大值
与结构连接	①在楼、屋盖处与圈梁（含原有圈梁、现浇板）、拉杆可靠连接； ②用销键、拉结筋、锚筋等与墙体连接（一层内 2、3 处）； ③内廊无系梁时，内廊两侧加柱或增设系梁

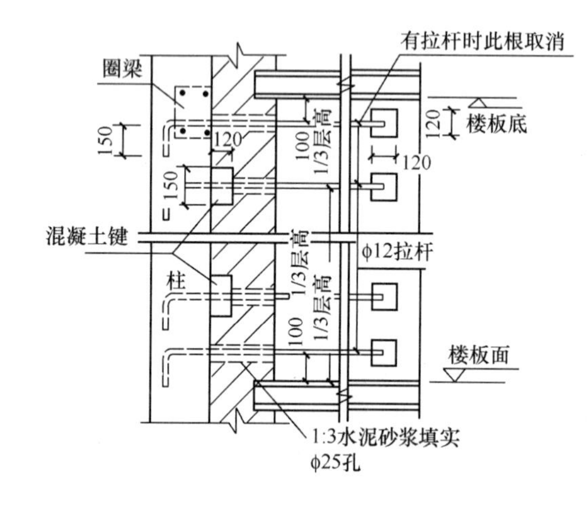

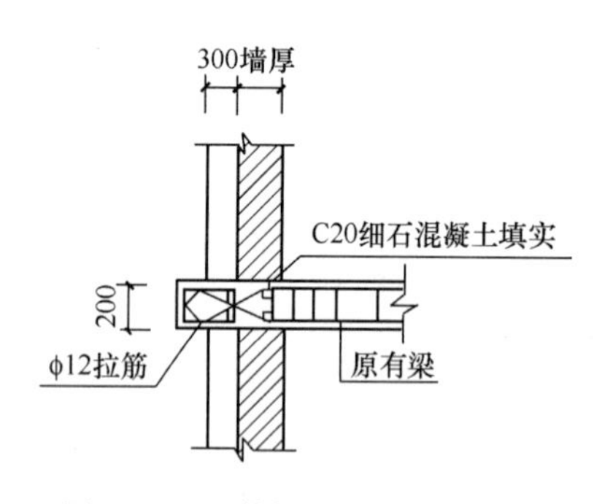

图 22.3.4 外加柱连接构造（mm）

（3）新增圈梁布置和构造要求。新增圈梁的目的有两种，其一是以加强楼、屋盖整体性为主，其二是改善纵横墙连接的可靠性。加固设计时根据砖房鉴定的结果分别选用。

对 A 类砌体房屋，7 度且不超过 3 层时，顶层的圈梁可用型钢制作，型钢截面不小于 [8 或∠75×6。以下仅介绍混凝土圈梁的要求。

对于第一种圈梁，可按表 22.3.9 圈梁设置要求布置。

外加圈梁截面高度不小于 180mm，宽度 120mm。纵筋要求：对 A 类砌体房屋，7、8、9 度时可分别采用 4Φ8、4Φ10、4Φ12；对 B 类砌体房屋，7、8、9 度时可分别采用 4Φ10、4Φ12、4Φ14。箍筋可采用Φ6，间距为 200mm。外加圈梁与墙体采用销键、螺栓连接；圈梁遇阳台、楼梯间不能在同一平面内连通时，应有局部加强措施。

需在内墙上拉通的圈梁可用钢拉杆代替，但数量增多：每开间有横墙，隔开间设不小于 2Φ12（净直径）拉杆；多开间横墙，则每道横墙设不小于 2Φ14 拉杆。拉杆宜按规定锚固于圈梁、外加构造柱内，如直接锚固在墙面上，则应按规定设置扩大接触面的钢垫板。钢拉杆中部应设花篮螺栓张紧（图 22.3.5）。

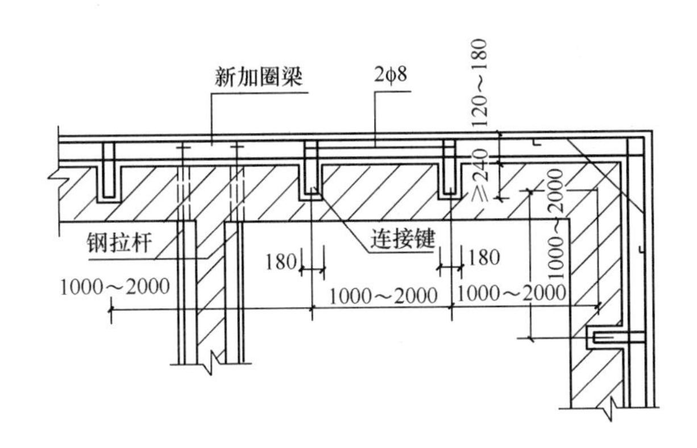

图 22.3.5　圈梁连接构造（mm）

圈梁设置要求　　**表 22.3.9**

分布	外墙			沿楼层内墙拉通间距（m）		
烈度	7 度	8 度	9 度	7 度	8 度	9 度
屋盖处	$n>2$ 应设置	必须设置		同外墙，且纵横墙圈梁水平间距不应大于 8m 和 16m	纵横墙圈梁水平间距分别不应大于 8m 和 12m	纵横墙圈梁水平间距不应大于 8m
楼盖处	横墙间距大于 8m 或层数超过 4 层时，应隔层设置	横墙间距大于 8m 时每层应有，横墙间距不大于 8m 层数不超过 3 层时，应隔层设置	层数超过 2 层且横墙间距大于 4m 时，每层均设置	横墙间距大于 8m 或层数超过 4 层时，应隔层设置且圈梁的水平间距不应大于 16m	同外墙，且圈梁水平间距不应大于 12m	同外墙，且圈梁水平间距不应大于 8m

第二种圈梁，设置要求宜比表 22.3.9 的要求高；构造上的要求也相应加强。例如：7、8 度 5、6 层砖房的上部两层，外墙为 240mm 厚，则圈梁纵向钢筋直径增加 2mm 或每层设圈梁；外墙为 370mm 厚，则每层设圈梁且纵筋直径增加 2mm。

每开间有横墙的砖房，7 度仍每层隔开间设置拉杆时，则 370mm 厚墙为 2Φ14～2Φ16；8 度每层隔开间设置，240mm 厚墙为 2Φ16，370mm 厚墙为 2Φ18～2Φ20；8 度隔层每开间设置，240mm 厚墙为 2Φ12～2Φ14，370mm 厚墙为 2Φ14～2Φ16；8 度每层每开间设置，240mm 厚墙为 2Φ12，370mm 厚墙为 2Φ12～2Φ16。

22.3.3　多层砌体校舍房屋抗震加固探讨[4~6]

1. 多层砌体校舍房屋抗震性能的主要问题

总结北京市部分地区中小学校舍房屋的抗震鉴定结果，在多层砌体校舍房屋的抗震能力上主要存在以下几个方面的问题。

（1）结构布置与结构体系

1）建筑结构平面绝大多数基本上为矩形，对于超过规范长度或结构平面为∟型等不规则的均设置了抗震缝；结构构件-砌体抗震墙布置对称、规则，在地震作用下的扭转影响比较小，对结构抗震有利；但也有一部分教学楼的平面为∟形、Π形。

2）在 8 度设防区的多层砌体校舍工程的建筑总层数多为 2～4 层，总层数为 5 层的极少。6、7、8度时，横墙很少的多层砌体教学楼的建筑总层数不应超过5层、4层和

3层。对于校舍建筑总层数超过总层数限值的，应在综合分析其抗震能力的基础上提出加固等处理建议。

3）楼（屋）盖多为钢筋混凝土预制板，内廊式的房间和走廊多为纵墙承重，由于外纵墙开洞率大和横墙间距大，使得这类房屋的抗震能力大大降低。

4）1992年以前建造的楼房的楼梯间基本设置在端部，且楼梯平台板多为预制板，楼梯间墙体因楼梯斜梁的作用而使刚度增大，楼梯间的预制平台板削弱了楼梯的整体性，使得这些校舍的楼梯间成为了房屋抗震的薄弱环节。

5）外纵墙开洞率大，使得窗间墙的高宽比大于1.0；当外纵墙的窗间墙高宽比大于1.0时，其外纵墙的抗震能力相对较差。

6）外廊建筑的纵墙均为外墙，两个外纵墙的开洞率均比较大，使得外廊建筑的抗震能力较内廊式的多层砌体校舍差。

7）个别房屋结构体系不合理；也有个别结构是局部框架、砌体房屋与单层构件混凝土排架结构组合、砌体房屋上部增设轻钢结构以及阶梯教室等大教室的井字梁楼盖等，其结构体系不合理。一些教学楼的开间为4开间，楼（屋）盖仍采用预制混凝土板，由于其横墙间距大、预制板的水平刚度小而使纵墙变形大产生弯曲破坏。

（2）墙体承压与抗震承载力

既有多层砌体校舍建筑在墙体承压与抗震承载力方面存在的问题主要是：

1）砌筑砂浆强度比较低，特别是20世纪90年代以前建造的一些建筑砂浆强度等级低于M2.5，个别80年代建造的建筑还低于M1，这些校舍建筑的墙体承压与抗震承载力较差。

2）开洞率大的局部墙垛的构件承压与抗震承载力不满足要求。

3）纵墙承重的结构，当横墙间距较大时，其抗震承载力不满足要求。

4）少数建筑的横梁下未设梁垫，其局部承压不满足要求。

5）在结构体系方面存在的预制钢筋混凝土空心板形成纵墙承重和外纵墙开洞率大等问题，削弱了外纵墙的抗震能力，也就削弱了房屋的整体抗震能力。

（3）抗震构造措施

多层砌体校舍房屋在抗震构造措施上与乙类建筑的要求存在一定的差距，特别是1992年以前建造的中小学校舍的抗震构造措施的差距会更大一些。

1）由于《建筑抗震设计规范》GBJ 11—89是1992年7月以后才正式实施，在1992年以前按《工业与民用建筑抗震设计规范》TJ 11—78设置构造柱的多层砌体校舍房屋相对较少，多数横墙很少的教学楼房屋仅在外墙四角、楼梯间四角、内横墙与外纵墙交接处设置横墙。这主要是由于该规范把构造柱作为超高的措施运用。《建筑抗震设计规范》GBJ 11—89和《建筑抗震设计规范》GB 50011—2001把构造柱和圈梁作为约束脆性砖墙而达到提高多层砌体房屋整体抗震能力的措施，按照这两本抗震规范设计的多层砌体校舍的构造柱设置较为合理，但也存在内纵墙构造柱设置偏少的问题。

2）多层砌体房屋校舍中楼（屋）盖多数采用预制钢筋混凝土空心板，其钢筋混凝土圈梁设置非常重要。1992年以前建造的多层砌体房屋校舍圈梁的设置不够合理，基本上是有横墙处才设置圈梁，使得横向圈梁的间距均在9.0m以上。1992年以后建造的多层砌体房屋校舍其圈梁设置较为合理，在纵墙承重的结构体系的每开间构造柱设置的部位采用

250mm宽现浇配筋板带作为圈梁，使得纵横向圈梁与构造柱相连接约束砖墙。

3）多层砌体房屋校舍中部分横墙承重结构的承重梁下没有设置混凝土梁垫，虽然没有出现承重梁下砌体因局部承压不足产生的破坏，但是在地震作用下支承承重梁的墙体是薄弱环节，会率先破坏并导致楼板的垮塌。

2. 多层砌体校舍抗震加固的若干问题

抗震鉴定是确定房屋在抗震能力方面存在的主要问题及其严重程度，以便实施恰当的抗震对策与措施。这些对策包括拆除重建、整体加固和局部加固及必要的维护等。确定房屋采取加固措施后的重点工作之一是搞好抗震加固设计。

（1）良好的抗震加固概念设计应贯彻抗震加固设计的始终

抗震加固设计与新建工程一样，其良好的抗震概念是非常重要的，而良好的抗震概念设计应贯彻抗震加固设计的始终。

1）提高现有建筑的综合抗震能力是抗震加固的基本原则。其综合抗震能力应包括结构布置与结构体系的合理性、结构构件承载能力与变形能力、抗震构造措施的合理性和连接的可靠性等。

在抗震结构方案阶段应根据检测鉴定结果确定原结构抗震能力存在的问题和薄弱环节，探讨和提出使结构达到抗震设防目标所采取的加固方案和关键技术。该加固方案尽可能消除原结构的平面和竖向不规则、结构体系不合理与突出薄弱层等不利抗震的因素。抗震加固方案还应便于施工和减少对环境的影响。

由于地震作用是地面运动，结构抗震性能取决于结构的整体抗震能力而不是个别构件加固越强越能满足要求；而加固设计是结构的整体加固，应从整体上增强结构的抗震能力，避免个别构件失效后对周围构件的影响以及避免加固薄弱楼层后的相邻楼层出现新的薄弱楼层等。

2）抗震加固应确保加固设计措施的有效性，包括应尽可能减少对原结构构件的损坏，新加固构件与原结构应有可靠的连接和锚固，加固后应避免出现新的薄弱层以及在原有构件上加固应保证新构件与原构件的协同工作等。

（2）做好现场检查和补充必要的检测

加固设计单位的项目技术负责人和设计人员应深入项目现场，深入检查结构荷载作用、受损部位情况、变形裂缝、损伤破坏等方面情况和建筑所处环境与使用历史情况等。该项检查既是对结构现状质量的深入了解，又是对检测鉴定报告的内容是否完整是否满足要求的检查。

对结构现状质量的深入了解有助于增强加固设计方案和加固部位实施的有效性和与该建筑功能相结合。

当发现检测鉴定报告有漏项或与现状不同时，应进行必要的补充检测鉴定。

（3）抗震加固设计方案应针对结构抗震存在问题进行合理的选择

应根据所加固建筑的检测鉴定报告给出的结构抗震的主要问题和抗震概念设计的要求，探讨加固设计方案的合理性。加固设计方案合理性的关键是应按照该地区地震烈度、概念设计要求和校舍建筑抗震能力及存在主要问题等进行分析比较。下面探讨可供参考的选择：

1）对于墙体砌筑砂浆小于0.5MPa的总层数为2层的校舍建筑和墙体砌筑砂浆小于

1.0MPa 总层数为 3 层及其以上的校舍建筑，考虑到抗震能力较低和加固量涉及所有的墙体，其抗震加固费用已经超过新建工程的 70%，以及存在由于砂浆强度太低很难达到加固效果等问题，对这类校舍房屋应拆除重建。

2）对于砌筑砂浆不小于 1.0MPa，但不大于 M2.5 的情况，校舍房屋总层数和总高度均在乙类建筑横墙很少或较少的范围内，其砖墙抗震承载能力与抗震设防要求有一定的差距，通过采取加固措施可以使结构的抗震承载力满足要求；在结构体系方面存在预制钢筋混凝土空心板的纵墙承重，或存在井字梁楼（屋）盖等，以及构造柱、圈梁设置不合理等。对于这类校舍工程应从提高房屋的整体抗震能力进行整体加固，包括墙体加固、内外纵墙增设钢筋混凝土构造柱和钢拉杆以及楼梯间三面墙体加固等。

3）对于砂浆强度等级基本满足设计要求，校舍房屋总层数和总高度均在乙类建筑横墙很少或较少的范围内，其墙体抗震承载力也满足设防要求，但存在构造柱、圈梁设置不合理或楼梯间设置在端部等问题的校舍建筑。对于这类校舍建筑应采取提高房屋的整体抗震能力的抗震构造措施进行加固，可采用在内外纵墙增设钢筋混凝土构造柱和钢拉杆以及楼梯间三面墙体加固等的局部加固措施。

4）对于横墙很少的教学楼总层数没有超过规定的限值时，但总高度超过了限值的要求，可按原结构体系进行抗震加固，但应采取较严格的抗震构造措施加强构造柱的配筋、增强预制楼板的刚度和在墙体内的搭接长度、楼梯间特别是顶层楼梯间的三面墙体加固等，在抗震承载力方面也作适当提高。

5）对于横墙很少的教学楼总层数超过规定的限值 1 层时，可考虑在横向和纵向增设一定数量的钢筋混凝土板墙，使其变成钢筋混凝土墙与砖墙的组合结构，其余砖墙可采用钢筋网砂浆面层等方法进行加固以增强与新加混凝土板墙的协调工作和耗能能力。

6）对于横墙很少的教学楼总层数超过规定的限值 2 层及其以上时，可考虑在横向和纵向增设较多数量的钢筋混凝土板墙，使其变成钢筋混凝土墙抗震墙结构。

7）当横墙较多的学生宿舍楼不满足乙类建筑抗震设防要求时，应区分承载能力不满足还是抗震措施不满足而采取相应的加固措施，但对这类结构宜尽量按原砌体结构加固，提供这类结构的整体抗震能力。

8）当具有明显扭转效应的砌体校舍房屋抗震能力不满足要求时，可采取在薄弱部位增设砌砖墙或在原墙增加钢筋网砂浆面层等减少扭转效应的措施。

9）对房屋中非结构构件等不满足要求时，可采取拆除、拆矮和增设拉结等措施。

10）对于所加固建筑存在的承重梁、楼梯梁不满足抗震承载力要求以及楼板开裂等混凝土构件，应采取加固补强的措施；对于存在墙体渗漏等情况，应采取维护措施以确保校舍工程的耐久性。

（4）超过《建筑抗震鉴定标准》GB 50023—2009 规定层数的多层砖房教学楼的抗震加固方案

《建筑抗震鉴定标准》GB 50023—2009 对后续使用 40 年的 B 类和后续使用 50 年的 C 类的乙类校舍建筑的总层数和总高度作了规定。按照《建筑抗震鉴定标准》多层中小学砌体房屋总层数不应超过表 22.3.10 所列的限值，总高度不宜超出表 22.3.10 所列的限值。

中小学砌体房屋的层数和总高度限值（m） **表 22.3.10**

墙体类别		最小厚度（mm）	烈度							
			6		7		8		9	
			高度	层数	高度	层数	高度	层数	高度	层数
普通砖	横墙较多	240	21	7	18	6	15	5	9	3
	横墙较少	240	18	6	15	5	12	4	6	2
	横墙很少	240	15	5	12	4	9	3	—	—
多孔砖	横墙较多	240	18	6	18	6	15	5	9	3
		190	18	6	15	5	12	4	—	—
	横墙较少	240	15	5	15	5	12	4	6	2
		190	15	5	12	4	9	3	—	—
	横墙很少	240	12	4	12	4	9	3	—	—
		190	12	4	9	3	6	2	—	—

注：1. 房屋高度计算方法同现行国家标准《建筑抗震设计规范》GB 50011 的规定；

2. 横墙较少是指同一楼层内抗震横墙间距大于 4.2m 的房间占该层总面积的 40%以上；横墙很少是指同一楼层内抗震横墙间距不大于 4.2m 的房间占该层总面积不到 20%且开间大于 4.8m 的房间占该层总面积的 50%以上。

横墙较多的中小学砌体房屋的乙类建筑一般都是学生宿舍楼，横墙较少的中小学砌体房屋的乙类建筑一般为图书馆、阅览室，而中小学砌体房屋的乙类建筑教学楼是横墙很少的房屋。在 6～8 度抗震设防区，中小学砌体房屋校舍建筑中的教学楼一般均在 5 层及 5 层以下，极个别的为 6 层。根据既有中小学教学楼总层数的实际和对多层砌体房屋抗震能力的分析，提出以下加固方案：

1）对于总层数和总高度均不超过《建筑抗震鉴定标准》规定的，其抗震加固应根据检测鉴定结果给出的房屋抗震能力方面存在的问题从提高整体抗震能力和增加构造约束墙体及增强楼梯间的抗震能力等方面进行。

2）对于总层数不超过但总高度超过《建筑抗震鉴定标准》规定的，其抗震加固可仍按多层砌体房屋的结构体系进行抗震加固，应根据检测鉴定结果给出的房屋抗震能力方面存在的问题，从提高整体抗震能力而采取更严格一些的构造措施进行加固，如增加钢筋网砂浆面层的配筋量、增加墙体构造柱（暗柱）的约束和增强楼梯间的抗震能力等。

3）对于中小学多层砌体教学楼的总层数和总高度均超过《建筑抗震鉴定标准》规定的，其加固方案可根据不同烈度或超过层数的多少而分别对待：

①对于 6、7 度区（不包括设计基本地震加速度为 0.15g）横墙很少的教学楼总层数超过规定的限值 1 层时，可仍按多层砌体房屋的结构体系进行抗震加固，应根据检测鉴定结果中房屋抗震能力方面存在的问题，从提高整体抗震能力而采取更严格的构造措施进行加固，如增加钢筋网砂浆面层的墙体数量、增加墙体构造柱（暗柱）的约束和增强楼梯间的抗震能力等。

②对于 7 度（设计基本地震加速度为 0.15g）、8 度（包括设计基本地震加速度为 0.30g）横墙很少的教学楼总层数超过规定的限值 1 层时，可考虑在横向和纵向增设一定数量的钢筋混凝土板墙，使其变成钢筋混凝土墙与砖墙的组合结构，其余砖墙可采用钢筋网砂浆面层等方法进行加固以增强与新加混凝土板墙的协调工作和耗能能力。

③对于 7 度（基本地震加速度为 0.15g）、8 度（包括设计基本地震加速度为 0.30g）、

9 度横墙很少的教学楼总层数超过规定的限值 1 层但其抗震能力相对较差时，可考虑在横向和纵向增设较多的钢筋混凝土板墙，使其变成钢筋混凝土墙为主的组合结构，其余砖墙可采用钢筋网砂浆面层等方法加固，从而增强与新加混凝土板墙的协调工作和耗能能力。

④对于 8 度（包括设计基本地震加速度为 0.30g）、9 度横墙很少的教学楼总层数超过规定的限值 2 层时，可考虑在横向和纵向墙体全部增设钢筋混凝土板墙，使其变成钢筋混凝土抗震墙的结构体系。

⑤当房屋层数超过最大限值或高度超过最大限值的加固费用超过新建钢筋混凝土框架-剪力墙教学楼结构造价的 70%时，应采取拆除重建的抗震减灾措施。

4）采用钢筋混凝土板墙加固后结构体系的抗震性能

当全部纵横向墙体均为双面钢筋混凝土板墙加固时，则该结构变成了多层钢筋混凝土抗震墙结构。多层钢筋混凝土抗震墙结构的抗震性能，取决于加固方案的合理性，其合理性主要是控制钢筋混凝土墙的高宽比和底部边缘构件的约束作用。

①应控制钢筋混凝土板墙的高宽比

钢筋混凝土墙的高宽比对墙体的抗震性能影响较大。高宽比小于 1.0 的钢筋混凝土墙为低矮抗震墙，其破坏状态为剪切破坏，具有较好的抗剪承载能力但变形能力比较差；高宽比大于 1.0 但小于 2.0 的钢筋混凝土墙为中等高的抗震墙，其破坏状态为剪弯破坏，具有一定的抗震承载能力和变形能力；高宽比不小于 2.0 的钢筋混凝土墙为高的抗震墙，其破坏状态为弯曲破坏，具有较好的抗剪承载能力和变形能力。因此，在改变结构体系的钢筋混凝土板墙加固中应通过开洞口等使板墙的高宽比尽量不小于 2.0，且开洞后的墙肢长度不应大于 8.0m。

②钢筋混凝土板墙的边缘构件

震害和模型试验表明，钢筋混凝土板墙的边缘构件约束能通过增强墙体的承载能力、延缓裂缝向边缘构件的开展而提高墙体的变形能力。对新增钢筋混凝土板墙的底部应设置边缘构件以提高墙体的变形耗能能力，边缘构件应单独配置钢筋与箍筋，并应满足相应抗震构造要求。

③结构抗震分析

由于双面钢筋混凝土板墙的刚度比夹在中间的原有砌体墙要大得多，所以可不考虑原有砖墙的作用，按多层钢筋混凝土抗震墙的变形和受力特点进行整体分析，按各道钢筋混凝土墙的高宽比等计算刚度和分配地震作用。

对于加固设计未改变结构体系的结构，应给出加固后结构抗震能力的分析结果和是否存在薄弱楼层以及对薄弱楼层采取的改善措施等。

5）砌体墙与钢筋混凝土墙组合结构的抗震性能

在多层砌体结构的纵横向增设钢筋混凝土板墙后改变了其结构体系。当在多层砌体结构的纵横向增设一定数量的钢筋混凝土板墙后其改变为砌体墙与钢筋混凝土墙组合结构体系。

文献［7］对砖墙与钢筋混凝土墙组合结构的抗震性能进行了一系列的模型试验和分析研究，研究结果表明砖墙与钢筋混凝土组合结构较多层砌体房屋具有更好的抗震性能。根据这类房屋受力和变形的特点，提出了能满足三个抗震设防水准要求的抗震设计技术及改造措施要求等。下面简要介绍有关研究结果：

①模型试验的结果表明，总层数为 8 层的砖墙与钢筋混凝土墙组合结构具有较好的抗震能力。

②模型试验和分析结果表明，砖墙与钢筋混凝土墙组合结构具有剪弯变形的特征，应建立符合这类房屋变形和受力特征的地震作用分析方法和抗震验算方法。

③模型试验的结果表明，砖墙与钢筋混凝土墙组合结构具有较好的协同工作特征：结构处于弹性状态时，其底层的层间位移较小；砖墙与钢筋混凝土墙开裂后，两种墙体仍能相互约束，表现了较好的协同工作性能。因此，增强砖墙和钢筋混凝土墙的极限变形能力有助于提高这类房屋的整体抗震能力，主要措施是在砖墙的横墙与内纵墙交接处设置构造柱，在钢筋混凝土墙中设置边框柱或暗柱。

④模型试验和分析结果表明，这类房屋底层的抗震能力应给予增强，应将钢筋混凝土墙的底层边框柱或暗柱的竖向钢筋和混凝土墙的竖向分布钢筋适当加大，将底层砖墙构造柱的边柱截面适当加大或设置为异形柱，主筋不宜小于 4Φ16。

6）多层砖房教学楼抗震加固为砌体墙与钢筋混凝土墙组合结构的抗震设计方法

试验与分析表明，砌体墙与钢筋混凝土墙组合结构具有较好的抗震性能，在既有砌体结构具有一定的抗震能力，但总层数和总高度均超过标准规定要求的情况下，应进行将所有纵横墙全部增设双面钢筋混凝土板墙形成钢筋混凝土板墙结构体系，还是对一部分纵横向墙体增设双面钢筋混凝土板墙而形成砖墙与钢筋混凝土墙的组合结构体系的比较，包括抗震性能、加固施工和造价等方面的比较分析，通过比较确定合理的加固方案。

砖墙与钢筋混凝土墙的组合结构有其剪弯型的受力特点，应采用符合这种结构体系的变形和受力特点进行整体分析，可采用类似钢筋混凝土框架-抗震墙结构的协同计算方法。钢筋混凝土板墙为弯曲构件，砖墙为剪切构件，按各道砖墙的高宽比计算各墙段的抗剪刚度，按各道钢筋混凝土墙的高宽比等计算其抗弯刚度，通过各层的楼（屋）盖协同作用计算和分配地震作用。

①砖墙与钢筋混凝土墙的组合结构抗震分析的计算机方法

文献［7］对这类结构的计算机分析方法进行了探讨，分析了抗震墙计算模型中分别输入砖墙与混凝土墙的弹性模量进行计算所出现的问题，也探讨了墙板单元不适用开洞较多的外纵墙等问题。通过分析，提出了选取两种模型，对于砖墙采用抗震规范计算方法，对于混凝土墙，选取一种改进的墙板元。还验证了计算方法的正确性和精度。也可采用SATWE 等程序对砖墙进行等刚度模拟。

②砖墙与钢筋混凝土墙的组合结构抗震分析的简化方法

这类结构抗震分析的简化方法的思路是：

a. 由于这类房屋的周期比较短，可采用底部剪力法计算总的地震作用。

b. 针对这类结构中的钢筋混凝土墙的高宽比在 2.5～4.5 的特点，钢筋混凝土墙应考虑剪切变形，可采用整体墙和小开口墙考虑剪切变形的等效刚度 EI_d 的计算公式。

$$EI_d = EI_w/(1+9\mu I_w/(H^2A_w)) \tag{22.3.7}$$

式中 I_w——钢筋混凝土墙的惯性矩。小洞口整截面墙取组合截面惯性矩，整体小开口墙取组合截面惯性矩的 80%；

A_w——无洞口钢筋混凝土墙的截面面积。小洞口整截面墙取折算面积，整体小开口墙取墙肢面积之和；

μ——截面剪力不均匀系数；

H——钢筋混凝土墙的总高度。

对于砖墙应考虑各墙段高宽比影响的剪切刚度，在计算各层砖墙剪切刚度的基础上综合等效结构的剪切刚度。

c. 根据地震作用为倒三角形分布的情况和边界条件，可求解考虑钢筋混凝土墙剪切变形与砖墙协同工作的微分方程。限于篇幅本书略去有关计算公式。

7）在砖墙与混凝土墙组合结构的内力分析中，考虑剪切变形与不考虑剪切变形的区别

由于砖墙与混凝土墙组合结构中的钢筋混凝土墙的高宽比在2.5～4.5范围，其剪切变形的影响不容忽视，考虑剪切变形与不考虑剪切变形的区别为：

①特征刚度系数λ（$\lambda = H\sqrt{C_{bw}/EI_d}$，$C_{bw}$为砖墙的剪切刚度）

在考虑钢筋混凝土墙剪切变形时，钢筋混凝土墙的弯曲刚度改为考虑剪切变形的刚度。对于同一结构，考虑剪切变形的特征刚度系数较不考虑剪切变形的计算结果要小一些。

②砖墙部分在$\xi = 0$（$\xi = x/H$，x为计算高度）处的地震剪力

如不考虑钢筋混凝土墙的剪切变形，按协同工作分析得到的砖墙底部剪力在$\xi=0$处为0；如考虑钢筋混凝土墙的剪切变形，在各种荷载作用下按协同工作分析得到的砖墙底部剪力在$\xi=0$处不为0。

③砖墙与钢筋混凝土墙的内力分布

考虑钢筋混凝土墙的剪切变形，第1层砖墙与钢筋混凝土墙的剪力略大于不考虑钢筋混凝土墙的剪切变形；第2层以上砖墙与钢筋混凝土墙的剪力略小于不考虑钢筋混凝土墙的剪切变形。

8）多层砖房教学楼抗震加固为砌体墙与钢筋混凝土墙组合结构的抗震构造

①钢筋混凝土板墙加固的布置

抗震墙应在纵向和横向均布置一定数量的钢筋混凝土板墙。板墙墙体布置应遵循分散、对称、均匀、纵横墙相连和纵横向钢筋混凝土板墙的数量相近的原则，单片抗震墙的长度不宜过大，而抗震墙太长，形成低矮抗震墙，就会由受剪承载力控制破坏状态，抗震墙呈脆性，对抗震不利。同一轴线上的连续抗震墙过长时，通过开洞分成若干个墙段，每一个墙段相当于一片独立抗震墙，墙段的高宽比不应小于2。每一墙段可以是单片墙、小开口墙或联肢墙，具有若干个墙肢。每一墙肢的宽度不宜大于8m，以保证墙肢也是由受弯承载力控制，而且靠近中和轴的竖向分布钢筋在破坏时能充分发挥作用。

钢筋混凝土板墙的数量在方案阶段就要合理地确定，不宜过多，钢筋混凝土板墙承担的地震弯矩宜为结构底部总弯矩的30%左右，其横向间距宜为20m左右且不应大于表22.3.11的数值，所加固的墙体均应采用双面钢筋混凝土板墙。

钢筋混凝土板之间楼（屋）盖的长宽比　　表22.3.11

楼（屋）盖类型	烈　度	
	7（0.15g）、8	8（0.3g）
现浇或装配整体式	3	2.5
装配式	2.5	2.0

钢筋混凝土板墙沿竖向应连续，不应中断。为避免刚度突变，板墙的厚度应按阶段变化，使板墙刚度均匀连续改变。厚度改变、混凝土强度等级以及墙的配筋率的改变宜错开楼层。

②钢筋混凝土板墙的基础

新增的钢筋混凝土板墙应做牢固的基础，基础埋深同原砖墙的基础，使其在底部接近为嵌固端，以保证钢筋混凝土板墙的抗侧移刚度。

③钢筋混凝土板墙的构造

对新增钢筋混凝土板墙的底部应设置边缘构件以提高墙体的变形耗能能力，边缘构件应单独配置钢筋与箍筋，并应满足相应板墙抗震加固的构造要求。

④其余的砖墙构造

对于未进行钢筋混凝土板墙加固的其余砖墙，应根据这些砖墙的承载能力和构造情况采取增设构造柱、钢筋网砂浆面层等措施。

对于楼梯间没有进行钢筋混凝土板墙加固的，应采用钢筋网砂浆面层加固。

（5）新增构件与原构件的协调与锚固

对于横墙较少或很少的校舍乙类建筑的抗震加固，应考虑新加构件与原有构件的协调，如对于提高承载能力的墙体加固应采用双面加固，以使加固后的墙体能够较好的协同工作，增加楼板深入墙体的长度。

新增构件与原有构件应有较好的连接与锚固，新增钢筋混凝土板墙和构造柱应有基础。

在抗震加固设计中会遇到多层砖房教学楼超过《建筑抗震鉴定标准》GB 50023—2009 规定层数的加固方案的选择和设计问题。一般来讲拆除超过层数的上部结构是不可取的，进行改变结构体系的抗震加固是设计单位较多采取的方案。然而，对所有纵横向墙体均采用双面增设钢筋混凝土板墙的加固工程量和造价是很大的，也与既安全又经济的抗震设计原则不相适应。

22.3.4 抗震加固实例

1. 房屋建筑概况

设防烈度为 7 度的总层数为 4 层的砌体结构教学楼，层高 3m，室内外高差 0.5m，楼、屋盖为钢筋混凝土预制长向板，纵墙承重。楼、屋盖处外墙设有圈梁，横向圈梁最大间距 9m，圈梁纵筋 4Φ12。外墙厚 370mm，内墙厚 240mm。该教学楼建于 20 世纪 70 年代，在 80 年代对房屋四角、楼梯间及内外墙交接处采取增设钢筋混凝土外加构造柱等方法进行了抗震加固。该建筑平面示意图如图 22.3.6 所示。

经现场检测，墙体砌筑砂浆强度等级：第 1、2 层为 M2.5，第 3、4 层为 M1；砖块材强度等级为 MU10，外加柱混凝土强度等级为 C20。

2. 主要鉴定意见

结构纵向满足鉴定要求；第 1～3 层的横向 3、12 轴的综合抗震能力不能满足鉴定要求，第 1～4 层的横向 6、9 轴综合抗震能力不能满足鉴定要求，外加构造柱设置不满者乙类建筑隔开间设置的要求需进行抗震加固。

3. 加固方案

（1）对所有不满足要求的 3、6、9、12 轴线横墙段均采用 35mm 厚双面钢筋网水泥砂

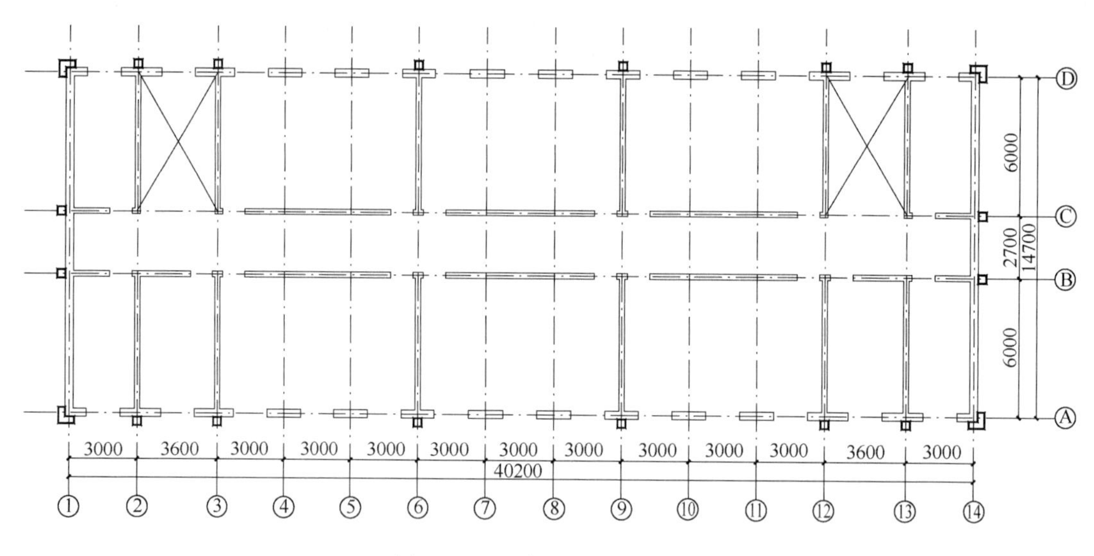

图 22.3.6　建筑平面图（mm）

浆面层加固。

（2）在未设置外加构造柱的 4、5、7、8、10、11 轴线与外纵墙交接处增设构造柱，并设置相应的横向钢拉杆。

（3）对楼梯间的四面墙体均采用 30mm 厚双面钢筋网水泥砂浆面层加固。

22.4　钢筋混凝土房屋的抗震加固技术

22.4.1　混凝土结构加固方案的确定[8,9]

混凝土房屋抗震加固时，应根据该房屋抗震鉴定的结论，针对结构存在的具体问题，综合选择一种或多种加固手段，来达到预期的目标。以下列举了一些基本的综合方法：

（1）对于单向框架，可通过梁端底部钢筋的锚固改变为双向框架体系，也可同时增强楼盖的整体性和增设抗震墙、抗震支撑等，提高另一方向的抗震能力。

（2）单跨框架不符合抗震鉴定要求时，应在不大于框架-抗震墙的抗震墙最大间距且不大于 24m 的间距内增设抗震墙、翼墙、抗震支撑等抗侧力构件或将对应轴线的单跨改为多跨。

（3）框架梁柱配筋不符合鉴定要求时，可采用钢构套加固或钢筋混凝土套加固，也可采用粘贴钢、碳纤维布、钢绞线网-聚合物砂浆面层等方法加固，视具体的施工技术条件和经济条件而定。例如，单层钢筋混凝土柱厂房，除了柱脚用钢筋混凝土套加固外，其余部位用钢构套加固。

（4）框架柱轴压比不符合鉴定要求时，可采用现浇钢筋混凝土套加固。

（5）当结构的总体刚度较弱、地震作用下变形过大或有显著的扭转效应时，可选择增设抗震墙的方案，也可用设置翼墙的方案；对厂房还可选择设置柱间支撑的方案。

（6）当框架梁柱实际受弯承载力不符合鉴定要求时，可采用钢构套、现浇钢筋混凝土套或粘贴钢板等加固框架柱，也可通过罕遇地震作用下的弹塑性变形验算确定对策。

（7）钢筋混凝土抗震墙配筋不符合鉴定要求时，可加厚原有墙体或增设端柱、墙体等。

(8) 当楼梯构件不符合鉴定要求时，可采用粘贴钢板、碳纤维布、钢绞线网-聚合物砂浆面层等方法加固。

(9) 当构件有局部损伤时，首先要恢复原有承载力，然后再做相应的抗震加固。避免因内在缺陷使新增构件不能发挥预期效果。

(10) 厂房柱间支撑的下节点位置不符合要求时，可采用加固柱子的方案，也可加固节点或改善支撑受力的传递等。

(11) 屋面板支承长度不足，可选择增加支托或加强连接的措施。

(12) 砌体墙和柱、梁连接不符合要求，可采取增设拉结钢筋、钢夹套等加强连接；在墙体自身有足够稳定性的情况下，采用柔性连接或脱开的处理方案。

(13) 墙体、工作平台布置成短柱或柱子附加内力过大，可采取剔缝分开、改变布置或加强相应柱子的处理方案。

22.4.2 抗震加固设计

钢筋混凝土框架的抗震加固是以“综合抗震承载力指数”度量的，即通过加固后构件现有抗震承载力来获得结构加固效果的评价。单层钢筋混凝土柱厂房的抗震加固，主要以满足构造要求来度量。

1. 新增混凝土墙或翼墙的加固设计

增设混凝土墙或翼墙的作用是提高整个结构的抗震承载力和抗侧力刚度，并通过内力重分布减少薄弱环节。

框架结构增设钢筋混凝土墙后，结构可作为框架-抗震墙结构计算综合抗震承载力指数。增设翼墙与原框架柱形成的构件，可按整体的偏心受压构件计算。但在计算中，增设的混凝土、钢筋的材料强度，均应乘以折减系数 0.85。此外，增设抗震墙后，抗震墙之间楼、屋盖长宽比的局部影响系数应做相应改变。

抗震墙和翼墙的构造要求见表 22.4.1 和图 22.4.1。

抗震墙和翼墙的构造要求 　　表 22.4.1

项　目	要　求
布置	宜沿轴线布置，翼墙宜两侧对称布置
材料	不低于原构件且不应低于 C20
墙厚	不应小于 140mm
分布筋	竖向和横向均不应小于 0.2%，双排布置
连接	用Φ 10 或Φ 12 锚筋连接，或采用不小于 50mm 厚的细石钢筋混凝土套连接

2. 钢筋混凝土外套加固设计

在原有的钢筋混凝土构件外设钢筋混凝土外套，混凝土可用浇筑或喷射方式扩大原有构件截面，以提高构件的承载能力，这被称为钢筋混凝土外套加固。用这种方法加固框架梁、框架柱和排架柱，其构造要求见表 22.4.2 和图 22.4.2。

试验表明，外套中混凝土和钢筋的应力和原有构件不完全相同。在现有抗震承载力计算中，为简化计算，常将加固的截面作为整体构件截面计算，但新增的混凝土和钢筋的材料强度，均乘以反映实际应力状态的折减系数 0.85。加固后，梁柱箍筋和轴压比等体系影响系数，可取 1.0。

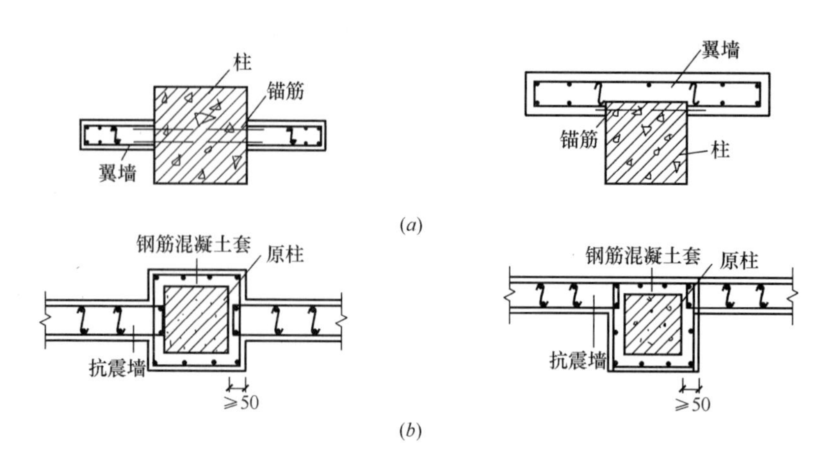

图 22.4.1 增设墙与原框架柱的连接构造

(a) 锚筋连接；(b) 钢筋混凝土套连接

钢筋混凝土外套的构造要求 **表 22.4.2**

项目	要求
纵筋	梁新增纵向钢筋应设置在梁底面和梁上部；柱应在柱周围，柱套纵筋遇到楼板时，应凿洞穿过并上下连接
箍筋	应在纵向钢筋外围设置封闭箍筋，箍筋直径不宜小于Φ 8，间距不宜大于 200mm，在靠近梁柱节点处应加密，梁套的箍筋应有一半穿过楼板后弯折封闭
材料	混凝土强度等级不低于 C20，且不应低于原构件实际的混凝土强度等级；纵向钢筋宜采用 HRB400、HRB335 级钢，箍筋可采用 HPB300 级钢
连接	梁套的纵向钢筋应与柱可靠连接
锚固	柱纵筋根部应深入基础并满足锚固要求，其顶部应在屋面板处封顶锚固

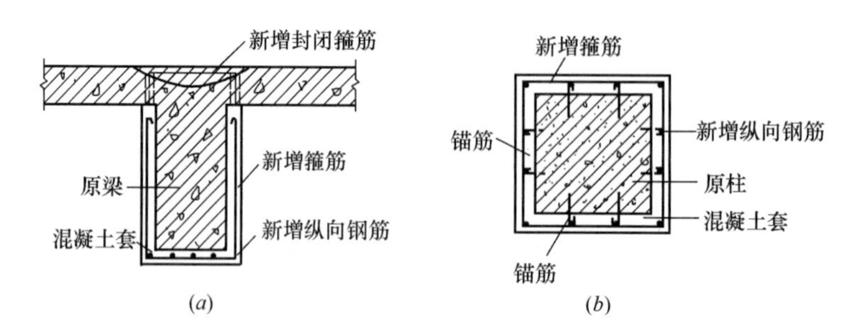

图 22.4.2 钢筋混凝土外套加固

3. 框架梁、柱钢构套加固设计

用角钢和扁钢缀板等制成的钢构架外包原有的钢筋混凝土构件，通过约束原构件而不增大构件截面的加固方法，称为钢构套加固。其设计要点如下：

(1) 综合抗震承载力计算

在综合抗震承载力计算中，加固后梁柱箍筋构造的体系影响系数可取 1.0。

考虑钢构套与原有构件受力的差异，对框架梁，角钢作为纵向钢筋、缀板作为箍筋，但材料强度乘以折减系数 0.80。对框架柱，加固后现有的受弯、受剪承载力为原有的受弯、受剪承载力和钢构套承载力之和。

考虑构套的受力状态，其现有正截面受弯、斜截面受剪承载力分别为：

$$M_{y}=M_{y0}+0.7A_{\alpha}f_{\alpha y}h \tag{22.4.1}$$

$$V_{y}=V_{y0}+0.7f_{\alpha y}(A_{\alpha}/s)h \tag{22.4.2}$$

式中 M_{y0}、V_{y0}——分别为原柱现有正截面受弯、斜截面受剪承载力；

$f_{\alpha y}$——角钢、扁钢的抗拉屈服强度；

A_{α}——柱一侧外包角钢、扁钢的截面面积或同一柱截面内扁钢缀板的截面面积；

h——验算方向柱截面高度；

s——扁钢缀板的间距。

（2）梁柱钢构套的构造要求见表 22.4.3 和图 22.4.3。

梁柱钢构套的构造要求 **表 22.4.3**

项　　目	要　　求
截面	角钢不宜小于∠50×6，缀板不小于 40mm×4mm
缀板间距	不应大于单肢角钢截面最小回转半径的 40 倍，且不应大于 400mm
角钢连接	用于柱的角钢应穿过楼板上下相连且伸到基础顶，顶层的角钢、扁钢应与屋面板可靠连接；用于梁的角钢应与柱角钢焊连或用扁钢绕柱焊连
构套连接	钢构套的角钢与梁柱混凝土表面应采用粘结剂粘接

凿孔并用细石混凝土填实

原梁

⊓形钢缀板

角钢　钢缀板

(a)

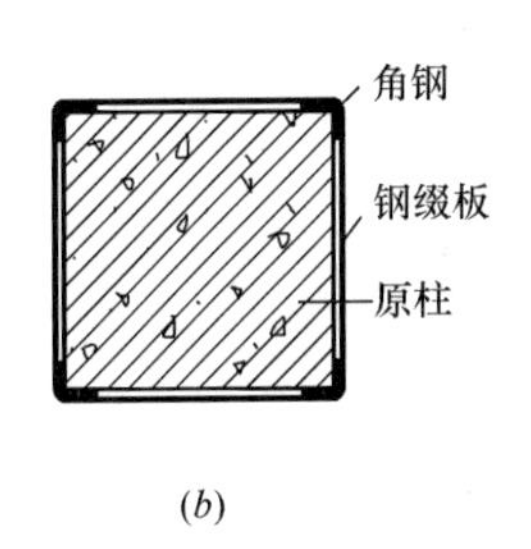

(b)

图 22.4.3　钢构套加固

(a) 加固梁；(b) 加固柱

4. 排架柱钢构套的加固设计

排架柱钢构套的构造，可按烈度和场地分三级：第一级，7 度Ⅲ、Ⅳ类场地和 8 度Ⅰ、Ⅱ类场地；第二级 8 度Ⅲ、Ⅳ类场地和 9 度Ⅰ、Ⅱ类场地；第三级，9 度Ⅲ、Ⅳ类场地。

（1）排架上柱柱顶的钢构套

柱顶钢构套不做抗震验算，但应满足下列构造要求（图 22.4.4）。

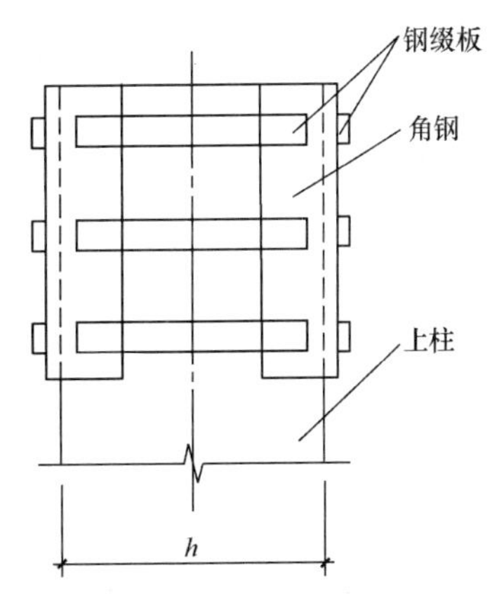

图 22.4.4　柱顶加固

角钢截面，不应小于∟63×6；缀板截面，第一级 A 类厂房－50×6，第一级 B 类厂房－60×6，第二级 A 类厂房－60×6，第二级 B 类厂房－70×6，第三级 A 类厂房－70×6，第三级B类厂房－85×6；钢构套长度不应小于600mm，且不应小于柱截面高度。

（2）排架牛腿钢构套加固

不等高厂房支承低跨屋盖的牛腿，可采用角钢和缀板组成的钢构套加固，也可采用型钢横梁和钢拉杆组成的钢构套加固（图22.4.5）。

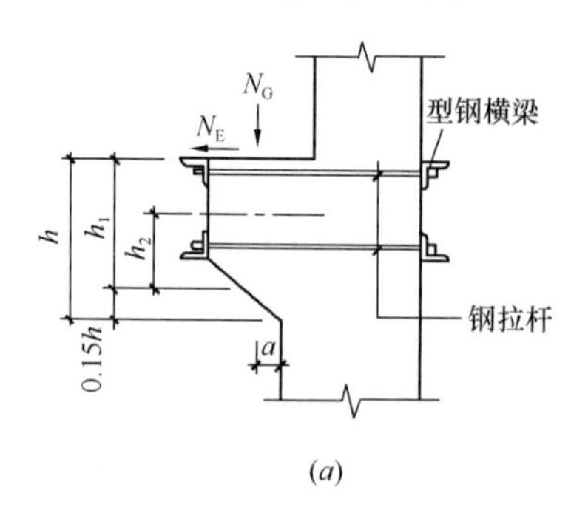

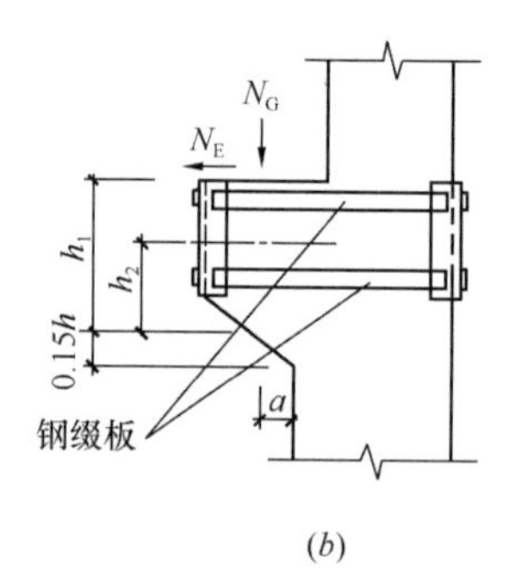

图22.4.5 柱牛腿加固

当低跨的跨度不大于24m且屋面荷载不大于3.5kN/m^{2}时，大量计算发现，对于A类厂房只要钢构套满足下列构造要求，可不做抗震验算（图22.4.5）。

对钢缀板构套，第一级－60×6，第二级－70×6，第三级－80×6。

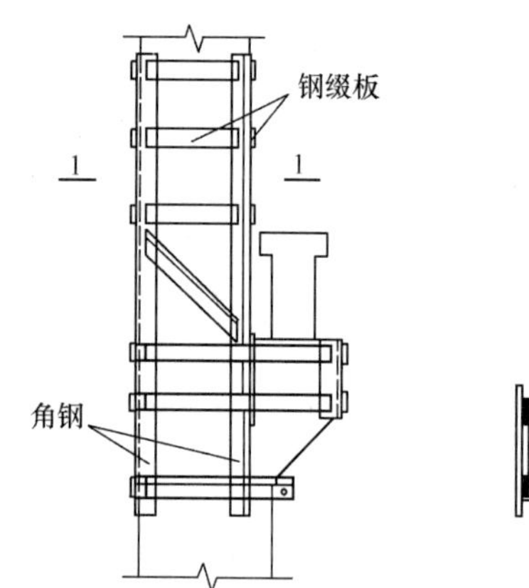

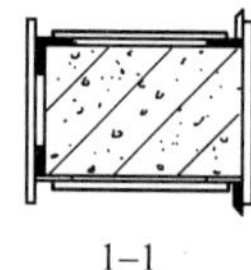

图22.4.6 上柱底部加固

对横梁-拉杆构套，横梁截面：第一级∟75×6（柱宽400mm）和∟90×6（柱宽500mm），第二级为∟90×8（柱宽400mm）和∟110×8（柱宽500mm），第三级为∟110×10（柱宽400mm）和∟125×10（柱宽500mm）；拉杆截面：第一级Φ16，第二级Φ20，第三级Φ25。

对于B类厂房，钢缀板、钢拉杆和钢横梁的截面，可按A类厂房增加15%采用。

（3）上柱底部钢构套

上柱底部的钢构套应与牛腿的钢构套连成一体。其构造应符合表22.4.4和表22.4.5及图22.4.5和图22.4.6的要求，对于B类厂房高低跨上柱底部采用的角钢和钢缀板的截面宜比表22.4.4增加15%。

A类厂房高低跨上柱底部钢构套构造要求 **表22.4.4**

构 造	第一级	第二级	第三级
角钢截面	∟63×6	∟80×8	∟100×12
上柱缀板截面	－60×6	－100×8	－120×10

吊车梁上柱底部钢构套构造要求 **表22.4.5**

构 造		第一级	第二级	第三级
角钢截面	（A类厂房）	—	∟75×8	∟100×10
	（B类厂房）	∟75×8	∟90×8	∟100×12

续表

构　　造		第一级	第二级	第三级
缀板截面	（A类厂房）	—	∟60×6	∟70×6
	（B类厂房）	∟60×6	∟70×6	∟85×6

5. 粘贴钢板加固设计

用环氧树脂为基料的建筑胶，将 2～5mm 厚的钢板粘贴于框架梁、柱等构件上，对构件进行加固，是一种较好的加固方法。它可以作为纵向钢筋提高构件的受弯承载力，又可作为箍筋提高构件的受剪承载力。

这种加固技术的关键是：粘结剂应具有粘结强度高、耐久性、耐高温等性能；施工操作程序和操作方法应确保粘结性能的发展。

目前，粘结剂的性能尚不够稳定，操作技术也有待规范化。通常仍以胀管螺栓作为辅助的粘结手段。

6. 粘贴纤维布加固设计

采用粘贴纤维布加固主要是提高梁、板的受弯承载力和梁、柱的受剪承载力。采用粘贴纤维布加固梁、柱时，应符合下列要求：

（1）原结构构件实际的混凝土强度等级不应低于 C15，且混凝土表面的正拉粘结强度不应低于 1.5MPa。

（2）碳纤维布的受力方式应设计成仅承受拉应力作用。当提高梁的受弯承载力时，碳纤维布应设置在顶面或底面的受拉区；当提高梁的受剪承载力时，碳纤维布应采用 U 形箍加纵向压条或封闭箍的方式；当提高柱受剪承载力时，碳纤维布宜沿环向螺旋粘贴并封闭；当矩形界面采用封闭环箍时，至少环绕 3 圈且搭接长度应超过 200mm。粘贴纤维布在需要加固的范围以外的锚固长度，受拉时不应少于 600mm。

（3）纤维布和胶粘结剂的材料性能、加固的构造和承载力验算，可按现行国家标准《混凝土结构加固设计规范》GB 50367 的有关规定执行，其中，对构件承载力的新增部分，其加固承载力抗震调整系数宜采用 1.0，且对 A、B 类钢筋混凝土加固，原构件的材料强度设计值和抗震承载力，应按现行国家标准《建筑抗震鉴定标准》GB 50023 的有关规定采用。

7. 钢绞线网-聚合物砂浆面层加固设计

采用钢绞线网-聚合物砂浆面层加固主要是提高梁、板的受弯承载力和梁、柱的受剪承载力。采用钢绞线网-聚合物砂浆面层梁、柱时，应符合下列要求：

（1）原结构构件实际的混凝土强度等级不应低于 C15，且混凝土表面的正拉粘结强度不应低于 1.5MPa。

（2）钢绞线网的受力方式应设计成仅承受拉应力作用。当提高梁的受弯承载力时，钢绞线网应设置在顶面或底面的受拉区；当提高梁的受剪承载力时，钢绞线网应采用三面围套或四面围套的方式；当提高柱受剪承载力时，钢绞线网应采用四面围套的方式。

（3）钢绞线网-聚合物砂浆面层加固梁柱的构造，应符合下列要求：

①面层的厚度应大于 25mm，钢绞线保护层厚度不应小于 15mm。

②钢绞线网应设计为仅承受单向拉力作用，其受力钢绞线的间距不应小于 20mm，也

不应大于 40mm；分布钢绞线不应考虑其受力作用，间距在 200～500mm。

钢绞线应采用专用金属胀栓固定在构件上，端部胀栓应错开布置，中部胀栓应错开布置，且间距不宜大于 300mm。

（4）钢绞线网-聚合物砂浆面层加固梁的承载力验算，可按现行国家标准《混凝土结构加固设计规范》GB 50367 的有关规定执行。其中，对构件承载力的新增部分，其加固承载力抗震调整系数宜采用 1.0，且对 A、B 类钢筋混凝土加固，原构件的材料强度设计值和抗震承载力，应按现行国家标准《建筑抗震鉴定标准》GB 50023 的有关规定采用。

8. 砌体墙与梁柱的连接加固设计

当砌体墙与梁柱连接不符合鉴定要求时，通常采用拉结筋增强连接（图 22.4.7*a*），其构造要求是：

（1）拉筋直径Φ6，其长度不应小于 600mm，沿柱高间距不宜大于 600mm。

（2）拉筋一端锚入柱内斜孔或用胀管螺栓焊连。

（3）拉筋另一端弯折后锚入砌体墙的灰缝内，并用 1∶3 水泥砂浆进行墙面抹平。

当墙顶与梁底连接不牢时，除用类似于墙柱的拉结筋加强外，也可用钢夹套（图 22.4.7*b*）加强。钢夹套沿梁轴线按间距 1m 布置；其角钢不小于∟63×6，螺栓不小于 2M12。

9. 女儿墙加固设计

超高的厂房女儿墙、封檐墙，可采用角钢或钢筋混凝土的竖杆加固，其构造要求如图 22.4.8 以及表 22.4.6 和表 22.4.7 所示。对于 B 类厂房，角钢和钢筋的截面面积宜增加 15%。

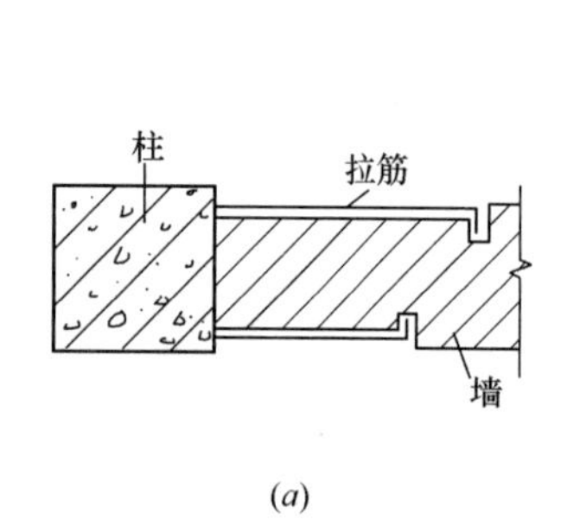

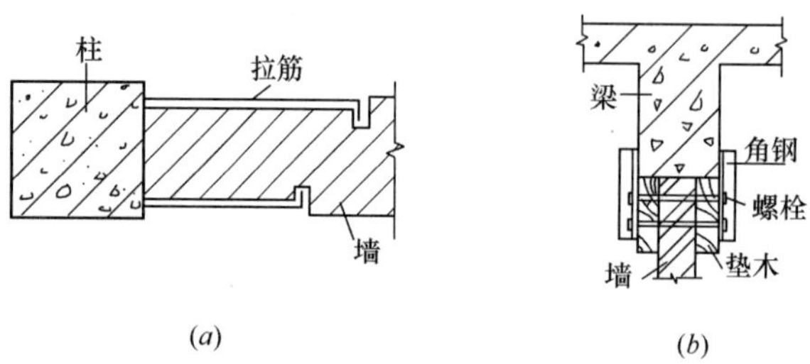

图 22.4.7　砌体墙与梁柱的连接加固
（*a*）拉筋连接；（*b*）钢夹套连接

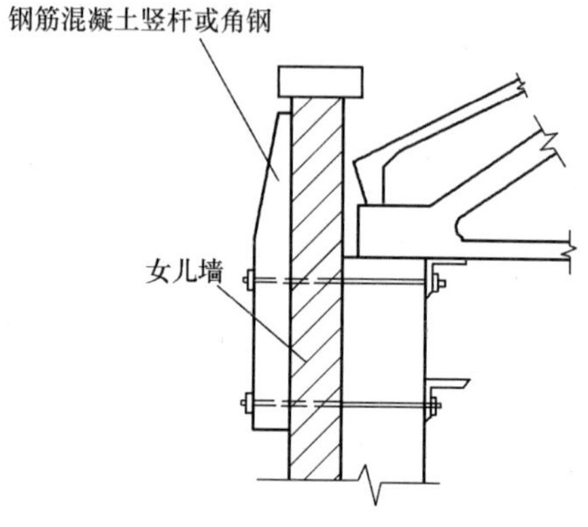

图 22.4.8　女儿墙加固

女儿墙加固竖杆位置和材料　　**表 22.4.6**

项　　目	要　　求
位置	应设置在排架柱对应的墙外
材料	角钢 Q235，混凝土强度等级 C20

A 类厂房女儿墙加固竖杆截面 **表 22.4.7**

截　面		7 度Ⅰ、Ⅱ类场地	7 度Ⅲ、Ⅳ类场地和 8 度Ⅰ、Ⅱ类场地	8 度Ⅲ、Ⅳ类场地和 9 度Ⅰ、Ⅱ类场地	9 度Ⅲ、Ⅳ类场地
角钢	$h \leqslant 1m$	2∟63×6	2∟63×6	2∟90×6	2∟100×10
	$1m < h \leqslant 1.5m$	2∟90×8	2∟90×8	2∟100×10	2∟125×12
竖杆截面	$h \leqslant 1m$	120×120	120×120	120×150	120×200
	$1m < h \leqslant 1.5m$	120×120	120×150	120×200	120×250
竖杆配筋	$h \leqslant 1m$	4Φ10	4Φ10	4Φ14	4Φ16
	$1m < h \leqslant 1.5m$	4Φ10	4Φ14	4Φ16	4Φ16

注：h 为女儿墙、封檐墙高度。

参　考　文　献

1 钮泽蓁，杜麒，崔建友等．用外加钢筋混凝土柱加固砖墙的抗震性能．建筑结构学报，6 卷 2 期，1985

2 楼永林．夹板墙的试验研究与加固设计．建筑结构学报，9 卷 4 期，1988

3 任富栋等．钢筋混凝土框架柱外包角钢加固方法的试验研究．建筑结构学报，7 卷 1 期，1986

4 蔡业志，纵墙承重的多层砌体教学楼房屋抗震能力分析．建筑结构，第 39 卷第 11 期，2009

5 高小旺、高炜、刘佳等．多层砌体校舍建筑抗震检测鉴定若干问题探讨．建筑结构，第 39 卷第 11 期，2009

6 高小旺、高炜、刘佳等．多层砌体教学楼抗震加固为砌体墙与钢筋混凝土墙组合结构的探讨．建筑结构，第 40 卷第 5 期，2010

7 高小旺等．八层砖墙与钢筋混凝土墙组合结构 1/2 比例模型抗震试验研究．建筑结构学报，第 20 卷第 1 期，1999

8 钟益村，高小旺，龙明英．钢筋混凝土框架结构抗震鉴定和加固方法研究．中国建筑科学研究院建筑科学研究报告，1988 年

9 中国建筑科学研究院主编．建筑抗震加固技术规程 JGJ 116—2009．北京：中国建筑工业出版社，2009

第23章　结构抗震试验

23.1　概述

确定一个结构在给定的地震波输入或其他动力作用下的反应问题，即在理论上可以通过数学解析的方法求解，但是，诸如自振周期、振型及能量逸散这样一些结构动力特性或者结构极限承载力、变形能力、延性等这类结构抗震性能问题，由于它们决定于材料的性质、结构形式以及许多细部构造，因而难于用纯粹的理论分析去解决，这就需要借助动力试验方法去直接确定或验证理论分析方法的正确和精度。此外，理论分析时也往往需要根据实验数据提供必要的参数，二者相互验证。在许多场合下，结构动力试验已成为解决工程抗震问题必不可少的手段。随着科学技术和工业水平的不断提高，大型液压振动台，拟动力试验装置和同步激振器等设备的进步以及振动量测与分析仪器的近代化，大大提高了抗震试验技术水平。

在抗震研究工作中理论分析与实验研究一直是相辅相成的两种手段与途径。现代计算机的发展，特别是与新的计算方法、技术相结合，使直接进行结构理论分析的领域有相当的扩大；同样，测试仪器的革新和微处理计算机的广泛应用也使试验领域为之一新，大大提高了试验结果的可靠性和获得数据的范围。事实上，新的试验技术是建立在被试验的模型与计算机的紧密配合基础上，进而有可能提供一个比较接近实际的理论模型。所以模型实验有着广泛的意义。由于在工程结构中材料、构件和细部构造的复杂性，常常难于实现理想的相似条件，因而必要的原型结构试验仍然占有重要的地位。

一般来说结构试验研究的主要任务是：验证理论和计算方法的合理性和有效性；确定弹性阶段的应力与变形状态；寻求弹塑性和破坏阶段的工作性状。结合抗震试验来说主要任务有如下几方面：

1. 确定结构的动力特性，包括结构各阶自振周期、阻尼和振型等动力特性参数；

2. 确定结构或构件在低周往复荷载作用下的恢复力特性，包括承载力、变形性能、滞回特性、耗能能力和延性性能等；

3. 研究结构或构件的破坏机理与破坏特征，验证在设计地震作用下结构的抗震性能；

4. 验证所采取的抗震措施或加固措施的有效性；

5. 在给定的模拟地震作用下测定结构的反应，验证理论模型和计算方法的合理性和可靠性。

抗震试验属于动力试验的一种。由于地震作用是比较低频的振动，因此这里所采用的试验方法和仪器设备都具有低频或超低频的特点。

动力试验按激振方式大体上可分为以下两大类型：

1. 自由振动试验，包括初位移（张拉并突然释放）和初速度试验（小火箭冲击）；

2. 强迫振动试验，包括稳态共振试验（起振机或激振器加振）和瞬态振动试验（爆破或模拟地震振动台）。

就振动现象来说，大体上可归纳为四种：

1. 稳态现象，不管振动现象如何复杂，如果它的振动过程不断重复出现，就称为稳态现象。起振机或其他以一定规律激振的装置会引起这种振动现象。所记录的将为周期的振动波形，而多数情况是正弦波。

2. 过渡现象，指振动从发生一直到稳定状态之前这个过程。例如自由衰减振动试验过程或简谐振动力突加到结构上的开始阶段。

3. 冲激现象，虽然它也是过渡现象的一种，但因其持续时间极短，在工程上常常出现，振动测量上有其特点。

4. 随机现象，地震或爆破属于这种不规则的振动现象。地面或结构物的脉动也属这一类型。其规律性不能从波形上直接看出来，必须用统计的方法分析。

根据不同振动现象的特点，在测量方法与仪器选择方面将有所不同。抗震试验中主要是与稳态现象和随机现象关系密切。

就抗震试验技术的内容而言，它包括结构动力特性的测量技术；拟静力（指低周往复荷载作用）试验技术；利用作用器-计算机联机系统的拟动力试验技术；模拟地震振动台模型试验技术，振动测量与记录仪器选择及应用技术；振动数据采集与分析处理技术以及其他包括爆炸模拟地震、动力光弹性试验及激光全息测振等技术。

进行一次试验通常要通过如下的程序：

1. 研究对象的确定：包括试验目的、荷载形式以及要测量的物理量等。如果是模型试验还包括模型材料和相似常数的选择与设计。

2. 试验荷载的施加：要根据需要选用适宜的设备给结构或模型施加以外力或“运动”。这些要尽可能再现实际荷载的作用。

3. 物理参数的测量：用有效的测量仪器来测定所需要的物理量（包括应力、位移、速度、加速度……）。

4. 数据分析：可以采用模拟式分析仪器把记录信号进行处理，也可以把记录信号数字化或通过模数转换装置输入计算机或专用的数据处理机进行分析。

23.2 结构模型设计与相似条件

在试验研究中，由于试验设备的限制和经济上的考虑，往往用模型试验替代原型结构试验，因而首先遇到如何选择与设计模型的问题。它除了决定于试验的目的与要求以及模型材料和制造可能性外，还必须符合相似条件（即相似律）。只有在符合相似条件的模型上得到的试验结果才能换算到实际结构上去。

23.2.1 相似条件

相似理论是结构模型试验的理论依据，其基本内容是：描述现象的方程式（包括平衡方程、物理方程和边界条件等）与所取基本单位无关，它必定是齐次方程式即方程的两端为同一量纲；如果方程所需的物理量有 n 个，并且在这 n 个量中含有 m 个量纲，则独立的无量纲数群有 $n-m$ 个。每个无量纲数群称做 π 项，这一定律即所谓的 π 定理。在实验力学系统中多采用力、长度和时间（F，L，T）的量纲系统，在表 23.2.1 中给出了常见的力学量的量纲。

几种物理量的量纲 **表 23.2.1**

名称	符号	量纲	名称	符号	量纲
力	F	$[F]$	角度	ϕ	$[O]$
长度	L	$[L]$	压力	p	$[F/L^2]$
时间	t	$[T]$	比重	δ	$[F/L^3]$
线加速度	a	$[L/T^2]$	应变	ε	$[O]$
角加速度	ω	$[1/T^2]$	应力	σ	$[F/L^2]$
密度	ρ	$[FT^2/L^4]$	速度	v	$[L/T]$
质量	m	$[FT^2/L]$	角速度	ω_0	$[1/T]$
力矩	M	$[FL]$	周期	T	$[T]$
弹性模量	E	$[F/L^2]$	频率	f	$[1/T]$
泊松比	μ	$[O]$	阻尼	ζ	$[O]$

根据上述定理，如果参与试验的物理量 x_i 有 n 个并采用统一的单位系统，其物理方程可表示为：

$$f(x_1, x_2 \cdots\cdots, x_n) = 0 \tag{23.2.1}$$

经过无量纲化以后可写为：

$$F(\pi_1, \pi_2 \cdots\cdots, \pi_{n-m}) = 0 \tag{23.2.2}$$

只要模型与原型之间对应的 π 项相等即：

$$\pi_{im} = \pi_{ip} \tag{23.2.3}$$

就可以保证模型与原型相似。而 π_1，$\pi_2 \cdots \pi_{n-m}$ 就是模型设计和安排试验应遵守的“相似条件”。用上述概念推出相似条件的方法称为量纲分析的方法。这一方法的优点是即使描述现象的方程事先还不知道时，它也是适用的。

对于已知物理方程的情况下，相似定理可以表达为另一种形式：

第一，模型与原型的一切同名（量纲相同）物理量之间存在定比例关系，即

$$x_{im}/x_{ip} = C_x \tag{23.2.4}$$

式中：x_{im} 代表模型中的某种物理量（如力、应变、加速度等）；x_{ip} 代表原型中相应的同名物理量；C_x 称为相似常数。

第二，在相似转换时物理方程保持不变。由相似常数 C_x 所组成，无量纲的组合数群，称为相似指数，其值均等于 1。这就是说相似常数并不都是彼此独立的，还必须满足一定的条件。

当物理方程式已知时，用上述定理就可以比较容易地确定出由相似常数所表征的相似条件。在结构模型抗震试验中，大都属于这种情况。这些相似条件在模型设计中应当满足。

由上述相似定理可知，所有相似准则都能够由该物理过程的基本方程组和边界条件或初始条件求得。这种求解通常有三种方法：相似变换法，积分类比法和方程无量纲化法。

按照上述方法和步骤，可以具体推导出在结构模型试验中应遵守的相似条件。它们包括四类，即几何相似、单值条件相似、物理方程相似和平衡方程相似。下面只给出它们的结论。

令各物理量的相似常数（或相似比）分别记为：

$$C_l = \frac{l_m}{l_p}\text{（长度的比例）} \tag{23.2.5a}$$

$$C_F = \frac{F_m}{F_p}（力的比例） \tag{23.2.5b}$$

$$C_t = \frac{t_m}{t_p}（时间的比例） \tag{23.2.5c}$$

$$\vdots$$

上式：下标 m 和 p 分别代表模型和原型。

1. 几何相似条件

要求模型与原型各相应部分的尺寸均成比例，即：

$$\frac{l_{1m}}{l_{1p}} = \frac{l_{2m}}{l_{2p}} \cdots\cdots = C_l \tag{23.2.6}$$

式中：C_l 称为几何尺寸的相似常数或模型比例。几何相似是模型设计的最基本要求。

为简便起见，仅以在小变形情形下的平面问题为例，应变 ε，γ 和位移 u，v 之间存在着如下关系：

$$\varepsilon_x = \frac{\partial u}{\partial x}, \varepsilon_y = \frac{\partial v}{\partial y}, \gamma_{xy} = \frac{\partial u}{\partial y} + \frac{\partial v}{\partial x} \tag{23.2.7}$$

若模型与原型结构相似，依前述方法推知，必须有：

$$\frac{C_\varepsilon C_l}{C_u} = 1, \frac{C_\gamma C_l}{C_u} = 1 \tag{23.2.8}$$

即

$$C_\varepsilon = C_\gamma = \frac{C_u}{C_l} \tag{23.2.9}$$

通常取 $C_u = C_l$，则：

$$C_\varepsilon = C_\gamma = 1 \tag{23.2.10}$$

但对于小变形而言，可以把由变形而产生的位移 u 当做一种独立的物理量看待，可采用不同的 C_u 和 C_l 值。这样可以为模型设计创造更宽裕的条件。注意此时不再有 $C_\varepsilon = C_\gamma = 1$。这只有在线弹性范围内的试验才是允许的。对大位移及稳定问题中，C_ε 必须严格取为 1，仅在这种条件下才能满足全部的几何相似条件。

在相似模型中裂缝应发生在相似的位置上，而裂缝开展尺寸 Δl 的相似常数应满足

$$C_{\Delta l} = C_l \tag{23.2.11}$$

2. 单值条件相似

结构模型试验的单值条件指物体的边界条件和运动的初始条件。在一般情况下，边界条件所给的单值量为物体所受的力或给定的位移等；运动的初始条件所给单值量为开始时表面所给定的位移和速度等。

用应力表示的边界条件为：

$$p_x = \sigma_x \cos \overline{nx} + \tau_{xy} \cos \overline{ny} \tag{23.2.12}$$

$$p_y = \sigma_y \cos \overline{ny} + \tau_{xy} \cos \overline{nx} \tag{23.2.13}$$

式中：p_x 和 p_y 为表面分布外力在 x 和 y 方向的分量。经推导可得以下相似的条件

$$\frac{C_\sigma}{C_p} = 1, \frac{C_\tau}{C_p} = 1 \tag{23.2.14}$$

即：面　　力

$$C_p = C_\sigma \tag{23.2.15a}$$

线分布力

$$C_q = C_p \cdot C_l = C_\sigma \cdot C_l \tag{23.2.15b}$$

集 中 力 $$C_F = C_p \cdot C_l^2 = C_\sigma \cdot C_l^2 \tag{23.2.15c}$$

力 矩 $$C_M = C_F \cdot C_l = C_\sigma \cdot C_l^3 \tag{23.2.15d}$$

体 积 力 $$C_w = C_F / C_l^3 = C_\sigma / C_l \tag{23.2.15e}$$

从上式可见，第一，当几种荷载中只要其中之一（如面力）确定之后，其他荷载都可根据量纲关系求出；第二，根据虎克定律可以把上述各式中的 C_σ 代以弹性模量的相似比 C_E，可知当模型比例和模型材料选定之后荷载比例也就确定了；第三，由公式 $C_w = C_\sigma / C_l$ 说明当模型比例确定之后，模型材料的比重和弹性模量已不能任意选择，给选择材料带来一定限制。这说明在不能忽略体积力作用的模型试验中，模型材料的比重是不能任意选择的。

根据速度 $\dot{u}$ 和加速度 $\ddot{u}$ 的微分关系

$$\dot{u} = \frac{\partial u}{\partial t}, \ddot{u} = \frac{\partial^2 u}{\partial t^2}$$

可推出

$$C_{\dot{u}} = \frac{C_u}{C_t} = \frac{C_l}{C_t} \tag{23.2.16}$$

$$C_{\ddot{u}} = \frac{C_u}{C_t^2} = \frac{C_l}{C_t^2} \tag{23.2.17}$$

式中：C_t 为时间 t 的相似常数。这里的速度包括振动速度和物体中波的传播速度。

3. 平衡条件相似

由动力平衡方程可知：

$$\frac{\partial \sigma_x}{\partial x} + \frac{\partial \tau_{xy}}{\partial y} + w_x = \rho \frac{\partial^2 u}{\partial t^2} \tag{23.2.18}$$

式中 w_x——体积力在 x 方向的分量；

ρ——材料的密度。

可得相似条件为：

$$C_w = \frac{C_\sigma}{C_l} = C_\rho \cdot C_l^3 = C_m \tag{23.2.19}$$

$$C_t = C_l \sqrt{\frac{C_\rho}{C_E}} \tag{23.2.20}$$

由于通常重力加速度的相似常数 $C_g = 1$ 总是满足的，故质量 m 的相似常数 $C_m = C_w$。当结构自重影响可以忽略不计时，这一条件可以不予考虑。

从上式，不难得出以下自振频率的相似常数：

$$C_f = \frac{1}{C_t} = \frac{1}{C_l} \sqrt{\frac{C_E}{C_\rho}} \tag{23.2.21}$$

根据量纲分析还可给出阻尼比 ζ 的相似常数：

$$C_\zeta = 1$$

4. 物理相似条件

前面得出的各相似条件对所有结构模型试验都是适用的。但物理相似条件却根据试验的要求不同和材料的性质不同而有很大区别。

对于弹性各向同性材料，根据虎克定律，得：

$$\varepsilon_{x} = \frac{1}{E}(\sigma_{x} - \mu\sigma_{y}) \tag{23.2.22}$$

$$\gamma_{xy} = \frac{1}{G}\tau_{xy} \tag{23.2.23}$$

式中：E、G 分别为材料的弹性模量和剪变模量。可导出相似条件

$$C_{\mu} = 1$$

$$C_{E} = \frac{C_{\sigma}}{C_{\varepsilon}}, C_{G} = \frac{C_{\tau}}{C_{\gamma}} \tag{23.2.24}$$

当小变形且 $C_{\varepsilon}=\frac{C_{u}}{C_{l}}=1$ 的情形下，则上式变为：

$$C_{E} = C_{G} = C_{\sigma} = C_{p} \tag{23.2.25}$$

即荷载不能任意施加，它必须取与弹性模量的比例相同。但实际上，在弹性范围内的静力试验中为了提高量测精度，往往需要加大模型的荷载以获得较大的变形来减少相对测量误差，此时允许不再满足 $C_{\varepsilon}=1$ 的条件，而原型结构的应变等参数可以按下式换算：

$$\varepsilon_{p} = \frac{C_{l}^{2}C_{E}}{C_{F}} \cdot \varepsilon_{m} \tag{23.2.26}$$

$$\sigma_{p} = \frac{C_{l}^{2}}{C_{F}} \cdot \sigma_{m} \tag{23.2.27}$$

$$u_{p} = \frac{C_{l}^{3}C_{E}}{C_{F}} \cdot u_{m} \tag{23.2.28}$$

同样只要试验是在模型材料的弹性范围以内，忽略 μ 的影响（即 $C_{\mu}\neq1$）则上式仍然是有效的。

以上讨论只适用于弹性材料。对非弹性材料，E 和 μ 不仅决定于材料性质，而且还决定于材料已经达到的变形量。此时 $\left[\frac{E}{\sigma}\right]$ 已不是定数，而是变量 ε 的函数，即 $J=\frac{E\ (\varepsilon)}{\sigma}$，相似条件是

$$J_{m} = J_{p}$$

就是说对非弹性材料的模型试验，只有当原型与模型各自的应变-应力曲线相符合时才能相似。

应当指出，考虑到一切因素满足上述所有相似条件的理想模型和试验是很难的，甚至有时是不可能的，因而实验者的任务就是要根据试验的主要目的，满足主要的相似条件，放弃一些次要的条件，从而达到试验的基本要求。例如对弹性模型试验而言 $C_{\mu}=1$ 的条件影响较小，也难予满足，一般可以不考虑这个条件；条件 $C_{E}=\frac{C_{\sigma}}{C_{\varepsilon}}$ 和 $C_{G}=\frac{C_{\sigma}}{C_{\varepsilon}}$ 只需满足一个，即对拉伸与弯曲为主的模型试验应满足前者，以剪切为主的应满足后者。有时几何相似条件也可灵活掌握，例如对桁架试验只要求各杆件的截面积符合相似条件，至于截面形状无关紧要；而另外一些场合只要求满足刚度相似即可。有关相似条件列于表 23.2.2 中。

相 似 条 件 表 23.2.2

相似常数 \ 模型类别	考虑重力影响	忽略重力影响	相似常数 \ 模型类别	考虑重力影响	忽略重力影响
长度 C_l	C_l	C_l	加速度 C_a	1	$C_E/C_\rho C_l$
时间 C_t	$\sqrt{C_l}$	$C_l\sqrt{\frac{C_\rho}{C_E}}$	密度 C_ρ	C_E/C_l *	C_ρ
			应变 C_ε	1	1
频率 C_f	$1/\sqrt{C_l}$	$\frac{1}{C_l}\sqrt{\frac{C_E}{C_\rho}}$	应力 C_σ	C_E	C_E
速度 C_v	$\sqrt{C_l}$	$\sqrt{\frac{C_E}{C_\rho}}$	弹性模量 C_E	C_E	C_E
			位移 C_u	C_l	C_l
重力加速度 C_g	1	忽略	集中力 C_F	$C_E C_l^2$	$C_E C_l^2$

注：* 表示也可用附加质量的办法来满足质量密度相似条件，使 $(\rho l/E)_m=(\rho l/E)_p$。

在进行动力模型设计时，除考虑长度［L］和力［F］这两个基本物理量外，还需考虑时间［T］这一基本物理量。而且，结构的惯性力常常是作用在结构上的主要荷载，必须考虑模型和原型结构的结构材料质量密度的相似。在材料力学性能的相似要求方面还应考虑应变速率对材性的影响。动力模型的相似条件同样可用量纲分析法得出。表 23.2.2 为动力模型各量的相似常数要求。其中相似常数项下考虑重力影响的一栏为理想相似模型的相似常数要求，从中可看出，由于动力问题中要模拟惯性力、恢复力和重力三种力，对模型材料的弹性模量和比重的要求很严格，为 $C_E/C_g C_\rho=C_l$。通常，$C_g=1$，则模型材料的弹性模量应比原型的小或密度比原型的大。对于由两种材料组成的钢筋混凝土结构模型，这一条件很难满足。曾有人把振动台装在离心机上通过增大重力加速度来调节对材料相似的要求。施加附加质量也是解决材料密度相似要求的途径，但仅适用于质量在结构空间分布的准确模拟要求不高的情况，如房屋结构模型试验。当重力对结构的影响比地震运动等动力引起的影响小得多时，可以忽略重力影响，则在选择模型材料及相似材料时的限制就放松得多。表 23.2.2 中亦列出了忽略重力后的相似常数。

23.2.2 模型设计

1. 模型比例的选择

几何相似是相似理论和模型设计的基本要求。首先要选择适宜的几何相似常数即模型比例。在一般情况下，按相似条件选用小比例模型（即 $C_l=\frac{l_m}{l_p}<1$，如 1∶2，1∶5，1∶10 等整数比），试验是比较可行。在弹性阶段可将模型中得到的结果按相似关系换算到原型结构中去。但是结构的地震反应或承载能力是与材料弹塑性性能、各个节点的连接构造及其刚度等有关，而有时模型中往往很难反映这些因素，以致需要做大比例模型试验，甚至要在实际原型结构上进行所谓足尺结构试验。事实上，由于试验设备的限制和经济上的考虑，足尺结构试验较模型试验更为困难，因此往往需要将二者结合起来，通过足尺试验找出主要影响因素与模拟关系，然后通过一系列模型试验找出一般规律。

在决定模型比例时还要考虑模型材料和结构类型。如果用钢筋混凝土做模型材料时显然比例不能太小；如果实物的细部构造影响不大时就可以做比例较小的模型。此外还要考虑加荷设备与测试仪器的能力、加工条件和费用等因素。尤其加载设备的能力往往成为模型尺寸的主要控制因素。

当自重对应力分布有很大影响时，模型比例的选择会受到模型材料的限制，需满足 $C_l=\frac{C_E}{C_\rho}$ 的条件。因为自重 $F_g=\rho\cdot l^3\cdot g$，故自重的相似常数为：

$$C_{Fg}=C_\rho\cdot C_l^3\cdot C_g \quad (23.2.29)$$

通常 $C_g=1$ 且已知外荷载的相似关系为：

$$C_F=C_E\cdot C_l^2 \quad (23.2.30)$$

若使外荷载与自重都满足相似关系时则要求 $C_F=C_{Fg}$

故
$$C_\rho\cdot C_l=C_E \quad (23.2.31a)$$

或
$$C_l=\frac{C_E}{C_\rho} \quad (23.2.31b)$$

这一条件要求自重对应力有较大影响的动力试验中，模型比例 C_l 不能任意选取，必须符合上式，通常是很难满足的，在一般的结构试验中这一条件只能放弃，或者采用附加质量的办法加以弥补。

在动力模型试验中，模型比例会影响到模型的自振频率，要结合考虑。如表 23.2.2 中所示，一旦模型比例 C_l 选定，则自振频率（或时间）相似常数 C_f 就被确定。因此应用上要尽可能选择适宜的 C_l 使得模型的频率范围与所采用的振动仪器设备（如振动台、起振机、测振仪）的频带相适应，方可获得好的测试结果。

2. 模型材料的选择

在选用模型材料时要考虑以下诸因素：满足相似条件；有足够的量测精度；宜于制作加工且性能稳定；节省费用和试验时间等。

（1）弹性模型试验

弹性模型试验的目的是要从中获得原型结构在弹性阶段的反应及其性状，研究范围仅局限于结构的弹性工作状态。一般说来，弹性模型的制作材料不必和原型结构的材料完全相似，只需模型材料在试验过程中具有完全的弹性性质。但是，弹性模型的试验结果不能推测原型结构超过弹性阶段后的反应及其性状，如混凝土开裂和钢材屈服所产生的影响等。

首先要求与材料性能有关的弹性模量 E、泊松比 μ、比重 δ 或密度 ρ、阻尼 ζ 等物理量满足相似条件，但它们对试验结果的影响程度是不一样的，可以区别对待。

1）弹性模量 E。由关系 $C_E=C_p$ 可知弹性常数与模型荷载有关，这就要求在尽可能宽的范围内 E 保持常数，以便允许施加较大的荷载也不致超出弹性极限；同时模型的 E 小一些则可减小模型荷载，于是加荷设备相应也可以比较简单，但是又不能太低，否则贴应变片的局部强化效应增大会影响测量精度，也会带来“徐变”等不良影响。此外 E 的选择还与试验目的有关，如果想得到清晰的变形形状则要选用 E 小的材料；而要求小变形的试验中就得采用 E 较大的材料，以免变形过大改变了问题的性质。

如前面已经提到的，在动力试验时，E 值还会影响到频率或时间的相似常数 C_f 和 C_t。因此这也涉及量测仪器频带的选择，要综合考虑。

2）材料的比重或密度。它们存在于下面两个关系式中

$$C_\rho\cdot C_l=C_E \quad (23.2.32)$$

$$C_t = \frac{1}{C_f} = C_l\sqrt{\frac{C_\rho}{C_E}} \tag{23.2.33}$$

在静力试验情况下模型材料的比重是次要的，因为此时频率等没有意义，因此 E 和 ρ 可以任意选择，而自重的影响可以用外加力来模拟。但在动力试验的情况下它又是十分重要的因素，因为 C_f 值对激振和量测仪器有较大影响。为了得到适宜的模型自振频率，就必须选择合适的模型材料的 ρ 和 E。实际上 $C_\rho \cdot C_l = C_E$ 的条件很难满足，这给模型材料的选择带来较大限制。

3）泊松比 μ。相似条件要求原型与模型材料的 μ 必须是一样的，即 $C_\mu = 1$。实际不大可能找到既具有理想的 E 值又能满足 $C_\mu = 1$ 的材料。通常在杆件系统中主要是承受轴力和弯矩，μ 的影响较小可以忽略不计；当有较大扭转和剪切作用时则有影响，准确地估计它的影响误差范围是比较困难的。光弹性等模型试验表明 μ 的影响是不大的。

4）阻尼比 ζ。相似条件要求 $C_\zeta = 1$。在试验测定结构动力反应的幅值时阻尼是重要参数，对于频率和振型影响较小，可以忽略不计。

实际上，阻尼是比较复杂的，它由几个因素构成：一般认为包括材料内在的滞回特性（内阻尼），结构不同部位相对位移引起的摩擦（结构阻尼），通过基础扩散的能量（辐射阻尼）等几部分。可见实现阻尼特性的相似是相当困难的。应用上只采用一个单一参数（当量阻尼 ζ）来概括这些因素，试验中也只能使 $C_{\zeta 1} = C_{\zeta 2} = \cdots\cdots = 1$。

（2）破坏试验模型

破坏模型的试验目的是预计原型结构的极限承载力以及原型结构从弹性工作状态直到破坏荷载甚至极限变形时的全过程性能。

在理论上讲，破坏试验模型材料的应力-应变曲线必须与原型相似，而且施加于模型的各类荷载形式与阻尼效应等应当更接近实际；施工中的缺欠如收缩和约束条件等也应在模型中尽量模拟，但实际上往往很难做到完全相似的程度。

实现上述要求有两种途境：第一采用与原型相同的材料，严格地达到了应力-应变关系的一致，但 $C_\rho \cdot C_l = C_E$ 的条件总是不能满足（除非 $C_l = 1$），这对动力试验影响较大，通常采用附加质量的办法加以补救。第二是采用与原型不同的材料来满足 $C_\rho \cdot C_l = C_E$，但破坏机制的特征很难做到模拟原型结构。

由于近年来多致力于钢筋混凝土结构非弹性性能的研究，钢筋混凝土破坏模型试验技术得到很大发展。试验的成功与否在很大程度上取决于模型混凝土及模型钢筋的材性和原型结构材料材性的相似程度。目前来说，钢筋混凝土结构的小比例强度模型还只能做到不完全相似的程度，主要困难是材料的完全相似难以满足。

钢筋混凝土结构的破坏模型要求正确反映原型结构的弹塑性性质，包括给出和原型结构相似的破坏形态、变形能力以及极限承载能力。对模型材料的相似要求就更为严格。理想的模型混凝土和钢筋应与原型结构的混凝土和钢筋具有相似的 σ-ε 曲线且在极限强度下的变形 ε_c 和 ε_y 相等，如图 23.2.1 所示。当模型材料满足这些要求时，由量纲分析得出的钢筋混凝土破坏模型的相似条件如表 23.2.3 中（3）栏中所示。注意这时 $C_{Er} = C_{Ec} = C_{\sigma c}$（下标 r 和 c 分别表示钢筋和混凝土），亦即要求模型钢筋的弹性模量相似常数等于模型混凝土的弹性模量相似常数和应力相似常数。由于钢材是目前能找到的唯一适用于模型的配筋材料，因此 $C_{Er} = C_{Ec} = C_{\sigma c}$ 这一条件很难满足，除非 $C_{Er} = C_{Ec} = C_{\sigma c} = 1$，也就是模型结构

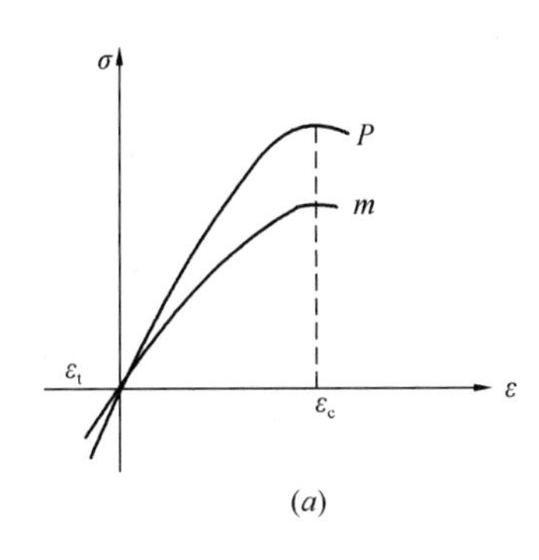

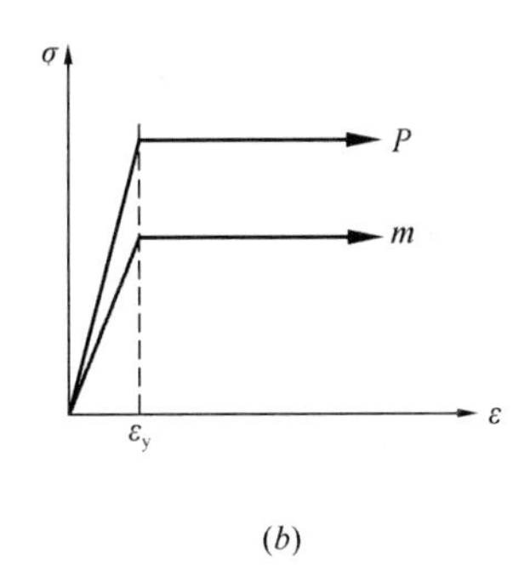

图 23.2.1　理想相似材料的 σ-ε 曲线

（a）混凝土；（b）钢筋

采用和原型结构相同的混凝土和钢筋。此条件下对其余各量的相似常数要求列于表 23.2.3 中第（4）栏。其中模型混凝土密度相似常数为 $1/C_l$，要求模型混凝土的密度为原型结构混凝土密度的 C_l 倍。当需考虑结构本身的质量和重量对结构性能的影响时，为满足密度相似的要求，通常采用在模型结构上加附加质量的办法加以实现。

混凝土的弹性模量和 σ-ε 曲线直接受骨料及其级配情况的影响，模型混凝土的骨料多为中、粗砂，其级配情况亦和原型结构的不同，因此实际情况下 $C_{Ec}\neq1$，$C_{\sigma c}$和 $C_{\varepsilon c}$亦不等于 1，如图 23.2.2 所示。在 $C_{Er}=1$ 的情况下满足 $C_{\sigma r}=C_{\sigma c}$，$C_{\varepsilon r}=C_{\varepsilon c}$，需调整模型钢筋的面积，如表 23.2.3 中（5）栏所示。严格地讲，这是不完全相似，对于非线性阶段的试验结果会有一定的影响。

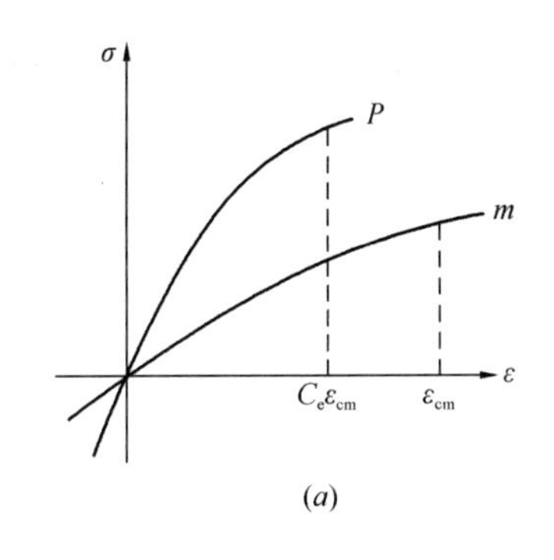

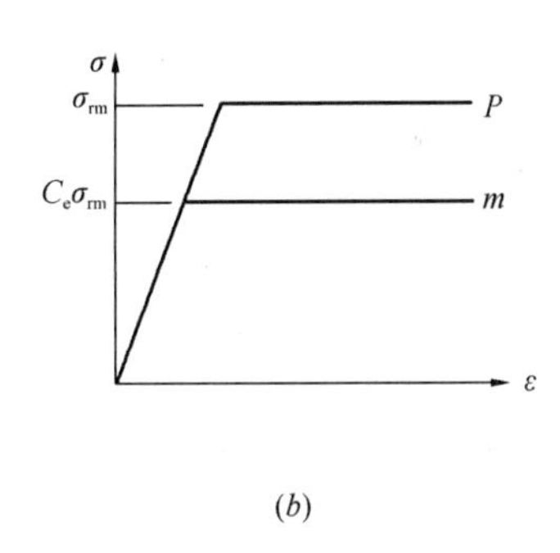

图 23.2.2　不完全相似材料的 σ-ε 曲线

（a）混凝土；（b）钢筋

钢筋混凝土强度模型的相似常数　　**表 23.2.3**

物　理　量 （1）		量　纲 （2）	理想模型 （3）	实际模型 （4）	不完全相似模型 （5）
材料特性	混凝土应力 σ_c	FL^{-2}	$C_{\sigma c}$	1	C_σ
	混凝土应变 ε_c	—	1	1	C_ε
	混凝土弹模 E_c	FL^{-2}	$C_{\sigma c}$	1	C_σ/C_ε
	混凝土波桑系数 ν_c	—	1	1	1
	混凝土密度 ρ_c	FT^2L^{-4}	$C_{\sigma c}/C_l$	$1/C_l$	C_σ/C_l
	钢筋应力 σ_r	FL^{-2}	$C_{\sigma c}$	1	C_σ
	钢筋应变 ε_r	—	1	1	C_ε
	钢筋弹模 E_r	FL^{-2}	$C_{\sigma c}$	1	1

续表

物理量 (1)		量纲 (2)	理想模型 (3)	实际模型 (4)	不完全相似模型 (5)
几何尺寸	线尺寸 l	L	C_l	C_l	C_l
	线位移 Δ	L	C_l	C_l	$C_\varepsilon C_l$
	角变位 β	—	1	1	C_ε
	钢筋面积 A_s	L^2	C_l^2	C_l^2	$C_\sigma C_l^2/C_E$
荷载	集中荷载 P	F	$C_\sigma C_l^2$	C_l^2	$C_\sigma C_l^2$
	线荷载 W	FL^{-1}	$C_\sigma C_l$	C_l	$C_\sigma C_l$
	均布荷载 q	FL^{-2}	C_σ	1	C_σ
	弯矩 M	FL	$C_\sigma C_l^3$	C_l^3	$C_\sigma C_l^3$

结构抗震的模型试验在于应用相似理论来模拟地震对结构物的作用；其主要研究结构在地震作用下动力特性和动力反应与破坏特征等，了解其在不同受力状态下的变化规律与抗震性能，通常采用破坏模型试验。除了一般应遵守上面所讨论的有关相似准则外，在动力反应试验中还应使得在原型与模型上作用的地震波相似（即地面运动的模拟）。一种方法是反应谱相似。地震是无规则的地面运动，在应用上可以简化为单自由度体系的反应谱来处理，这种反应谱表征了地震的频率、振幅和持续时间对体系的影响。令实际地震的平均反应谱用 $(S_v)_p$ 表示，模型地震的反应谱用 $(S_v)_m$ 表示。则：

$$C_{\bar{s}} = \frac{(S_v)_p}{(S_v)_m} \qquad (23.2.34)$$

称为地震相似常数。有了这一数值就可以把模型上得到的相应于各振型时的反应值（变形曲线）换算到原型上去，计算出实际的地震反应。进而把它们按振型叠加起来即为结构对于地震作用的总反应。可见 $C_{\bar{s}}$ 不仅是一个简单的比例尺度，而是表征真实地震和模型所模拟的地震性状之间差别的参数。显然 $C_{\bar{s}}$ 同周期 T 和阻尼 ζ 有关，仅对应某一振型的 T_i 和 ζ_i 相应的 $C_{\bar{s}}$ 才有意义。

目前有些振动台已经可以模拟真实地震，地面运动将用一组宽带随机波序列模拟，其功率谱可由狭带滤波器控制使其能和实际地震一致或者直接对振动台输入真实地震波，但对真实地震波在时间坐标上应加以压缩。

在抗震试验模型选择上另一个重要问题是阻尼特性的相似。在交变荷载作用下，振动阻尼可用滞回曲线包围的面积来表示，这就要求滞回曲线形状和面积在原型与模型上是相似的。简单的比较办法是用原型与模型材料做两根梁使其自由振动并测其振动衰减曲线求阻尼值，二者衰减率相同就认为它们满足了相似条件。

23.3 反复荷载下结构的静力试验

构件及其组合件在周期反复荷载下的静力试验，又称之伪静力试验，有别于通常单调加载下的静力试验，是抗震试验中一种常用的试验方法。它耗资低廉，不需要特殊的复杂加载设备，而且能够仔细观察试件在初始加载直至破坏全过程的受力-变形的变化规律及破损的发展过程，特别是可采用大比例甚至足尺试件，消除了尺寸效应的影响，可真实地模拟实际结构的细部构造，这对抗震结构尤为重要，因而应用十分广泛，居于首位。众所周知，地震产生地面运动是随机的，从而在地震作用下的结构反应也是随机的，从理论上来说，结构构件及其组合件是难以用确定性的加载制度加以概括的。但是多次反复的受力、变形状态是抗震结构构件的主要特征，反映构件在地震作用下的本质，所以周期反复荷载下的静力试验仍是世界各国结构抗震研究中的重要手段，仅以数量而言，居各类抗震试验首位，该类试验研究成果为各国制定或修订抗震设计规范提供了基础和依据。周期反复荷载下的静力试验可以用来研究构件及其组合件的承载力、变形能力和耗能性质及其破坏机制，改进和发展有效的构造措施，以提高结构的抗震性能，减轻地震破坏。在周期反复荷载下静力试验研究的基础上建立构件的恢复力模型及其参数，为结构非弹性地震反应分析提供计算依据。

23.3.1 周期反复加载静力试验的几种加载制度

通常在构件和结构抗震性能试验中，加载制度可以分为：变位移加载，变力加载和变力-变位移加载。

1. 单轴向单向受力的加载制度

(1) 变位移加载

这是目前使用得最多的一种加载制度。所谓变位移加载，即在加载过程中以位移（包括线位移或角位移）作为控制值，或以屈服位移的倍数作为控制值。当构件具有明确屈服点时，一般都以屈服位移的倍数为控制值，当构件不具有明确的屈服点时，也有直接以位移值控制的。在以位移控制的情况下，又可分为变幅加载、等幅加载和混合加载的情况。

变幅加载如图 23.3.1 所示，纵坐标是延性系数 μ 或位移值，横坐标为周次，每一周以后均增加位移的幅值。

等幅加载如图 23.3.2 所示，这种加载制度主要为揭露反复加载循环次数对构件或结构的破坏形态、承载能力和变形性能的影响所采用，通常所谓低周疲劳往往采用这种加载制度。

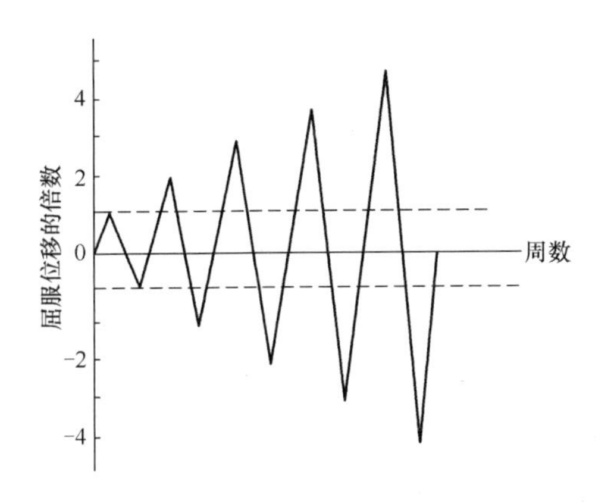

图 23.3.1 变幅变位移加载

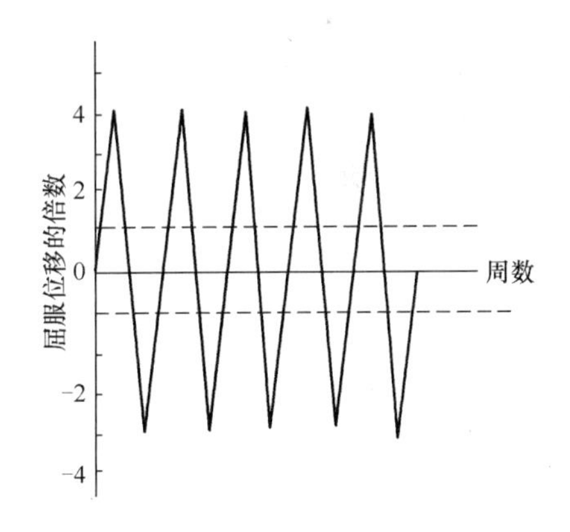

图 23.3.2 等幅等位移加载

混合加载制度是把以上两种结合起来，可以综合地研究构件及其组合件的性能。

如图 23.3.3 (*a*) 所示的混合加载制度中，等幅部分的循环次数，因研究对象而异，从 2 次到 10 次。

图 23.3.3 (*b*) 所示为另一种混合加载制度，两次大幅值之间有几次小循环，甚至是处于弹性阶段的小循环。

(2) 变力加载

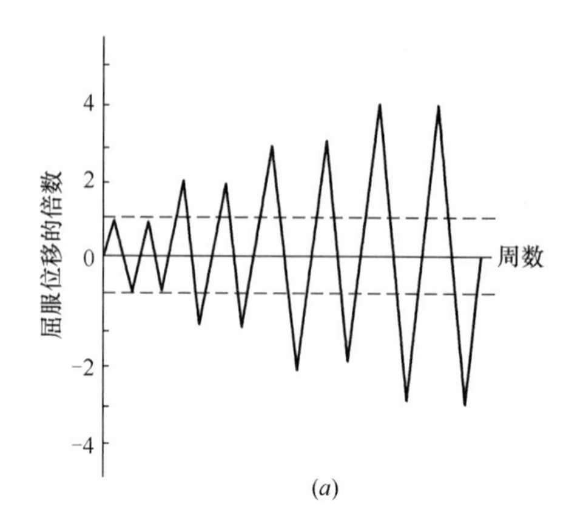

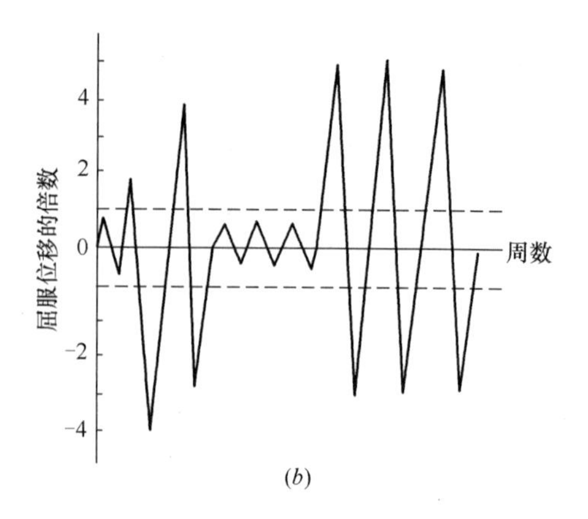

图 23.3.3　混合加载制度

变力加载制度如图 23.3.4 所示，变力加载制度用得比较少。

应该指出，这里所指的变位移或变力加载制度是指控制位移或是控制力进行加载。

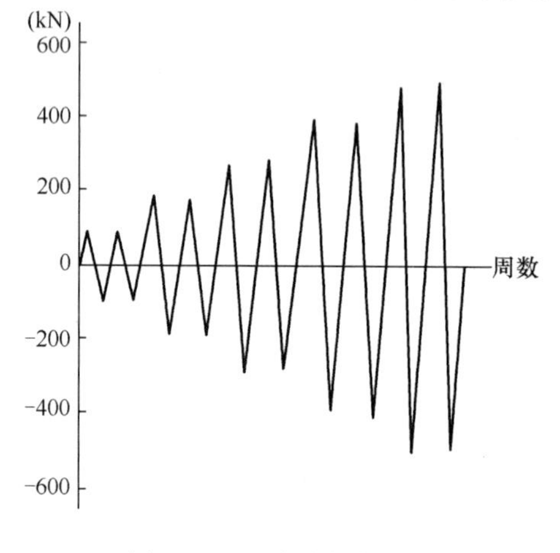

图 23.3.4　变力加载制度

（3）变力-变位移加载制度

这种加载制度是先以力控制再以位移控制。根据试验目的，可以选用不同的加载制度。

2. 双向受力加载制度

在双向受力的情况下，加载制度或路径远比单向加载复杂。

双向反复加载要用两个加载器分别在截面两个主轴方向加力。这时，在 X，Y 方向上分别施加荷载，可以是同步的，也可以不是同步的，应视试验目的而定。双向受力远比单向受力复杂，加载途径就有很多的变化方案。图 23.3.5 表示了不同加载制度举例，其中图 23.3.5（*a*）为一向恒载，一向加载；图 23.3.5（*b*）为先后加载；图 23.3.5（*c*）为交替加载。图 23.3.6 表示不同加载路径，其中图 23.3.6（*a*）X，Y 方向等比例加载；图 23.3.6（*b*）菱形加载；图 23.3.6（*c*）8 字形加载；图 23.3.6（*d*）方形加载，通过组合，可以形成不同变换的加载规则和路径。

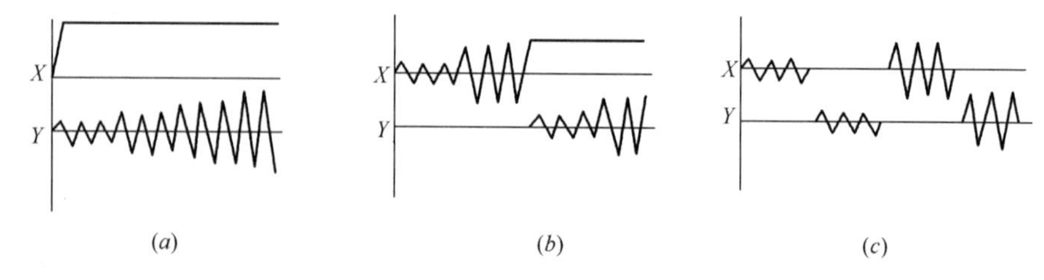

图 23.3.5　双向加载制度

23.3.2　周期反复荷载下静力试验实例

1. 钢筋混凝土柱外包角钢加固的试验研究

为了研究钢筋混凝土柱外包角钢的抗震性能，文献［1］进行了原型柱与原型柱外包

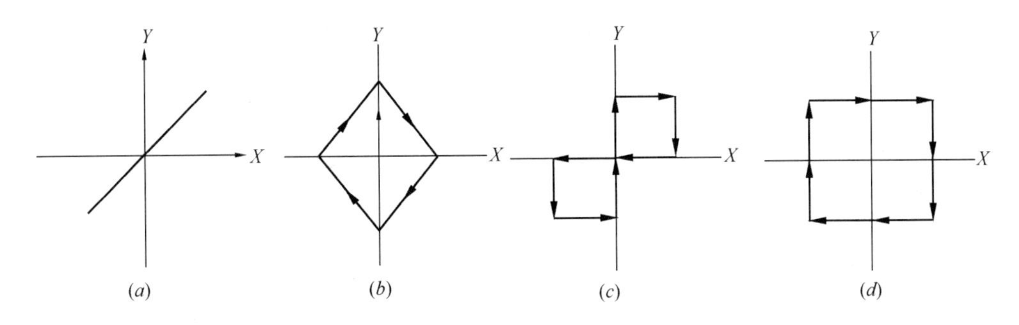

图 23.3.6　双向加载路径

角钢、原型柱与补强加固柱（原型柱破坏后的补强加固柱）对比试验研究。

（1）模型概况和加载程序

试验柱共 4 组 11 根，截面尺寸均为 200mm×200mm，剪跨比均为 3。加固柱的外包角钢和扁钢与柱面间用掺 5%聚醋酸乙烯乳液（重量比）的水泥浆（425 号硅酸盐水泥）粘结。模型柱配筋、轴力等参数列于表 23.3.1，柱几何尺寸如图 23.3.7 所示。

模型柱配筋、轴力等参数　　**表 23.3.1**

组别	试件编号	轴向荷载		纵向配筋				横向配筋					
				钢筋		角钢		柱端加密区			非加密区		
		N (kN)	λ_N	数量	p (%)	数量	p (%)	箍筋	扁钢	ρ (%)	箍筋	扁钢	ρ (%)
Ⅰ	YZ83-1	320	0.52	4φ18	2.54	—	—	φ6.5@100	—	0.71	φ6.5@100	—	0.71
	YZ83-1J					4L25×3	1.43		3×12@100	1.31		3×12@200	0.94
	JZ83-1	188	0.31	4φ12	1.13			φ6.5@200	3×16@50	2.24	φ6.5@200	3×16@200	0.78
Ⅱ	YZ83-2	166	0.18	4φ14	1.54	—	—	φ6.5@200	—	0.71	φ6.5@100	—	0.71
	YZ83-2J					4L25×3	1.43		3φ12@100	1.31		3×12@200	0.94
	JZ83-2			4φ8	0.50			φ6.5@200		1.02	φ6.5@200		0.65
Ⅲ	YZ83-3	455	0.47	4φ18	2.54	—	—	φ6.5@100	—	0.71	φ6.5@100	—	0.71
	YZ83-3J					4L25×3	1.43		3×12@50	2.04		3×12@200	0.94
	JZ83-3							φ6.5@200		1.75	φ6.5@200		0.65
Ⅳ	JZ83-4	400	0.47	4φ18	2.54	—	—	φ6.5@200	3×12@50	1.75	φ6.5@200	3×12@200	0.65
	JZ83-5								3×12@100	1.02			

注：1. YZ 柱——原型柱；YZ-J 柱——补强加固柱（原型柱破坏后的补强加固柱）；JZ 柱——原型加固柱；
2. N——轴向荷载；λ_N——轴压比；p——纵向配筋率；ρ——横向配筋体积率。

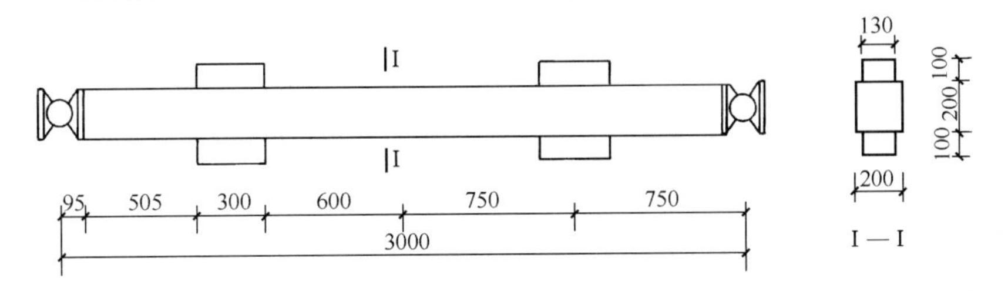

图 23.3.7　模型柱的几何尺寸（mm）

在模型柱的节点处，用两个拉、压千斤顶施加反复的反对称荷载，加载程序按柱端转角近似等幅递进行。对于每级变形量，反复加载两次。

（2）试验结果

1）加固柱的破坏特点。外包角钢加固的钢筋混凝土柱是由钢构件与钢筋混凝土共同工作的一种组合柱，它既保持了钢筋混凝土的性质，又兼有钢结构的某些特点。加固柱的变形沿柱高分布较均匀，整根柱呈现明显的弯曲破坏。

2）加固柱的变形性能。加固柱具有较好的对称破坏性能。这次试验柱的截面均采用对称配筋，并在上、下节点处施加同步的反对称的等侧向力。由于混凝土材料的脆性和非匀质性，原型柱常呈现明显的非对称破坏状态，即在同一截面，在正、反方向侧向力作用下其破坏程度也不相同，其结果是柱的承载能力不能充分发挥作用，变形能力较差。采用外包角钢加固后，柱具有一定的匀质性，呈现比较对称的破坏状态，变形能力可得到较充分发挥。如图 23.3.8 所示为一组转角的滞回曲线。

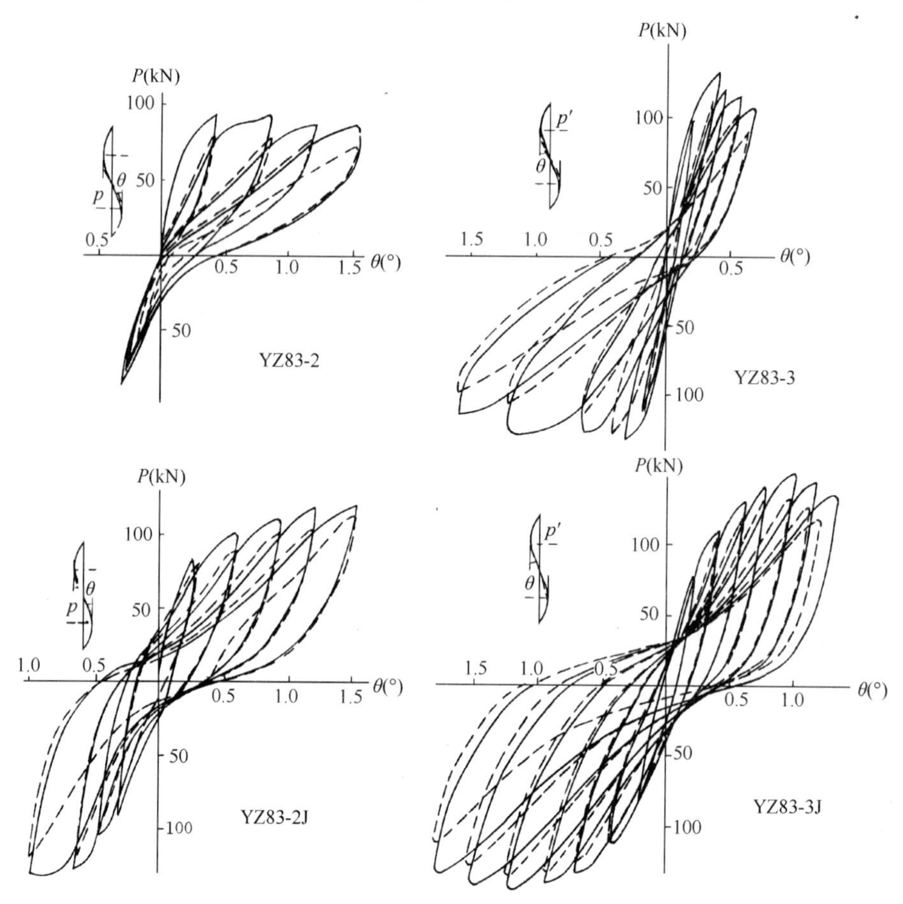

图 23.3.8　原型柱与加固柱转角滞回曲线对称性比较

试验结果表明，用外包角钢修复、加固钢筋混凝土框架柱，是一种简单有效的提高框架承载能力和变形能力的抗震加固方法。

2. 框架梁柱节点

鉴于钢筋混凝土框架结构一般为空间框架结构，文献［2］进行了空间框架梁柱中节点组合体试件在双向反复荷载作用下节点受剪承载力和梁筋粘结锚固性能的试验研究。

(1) 模型状况

模型试件尺寸和配筋如图 23.3.9 所示。试件采用足尺空间框架梁柱中节点组合体。

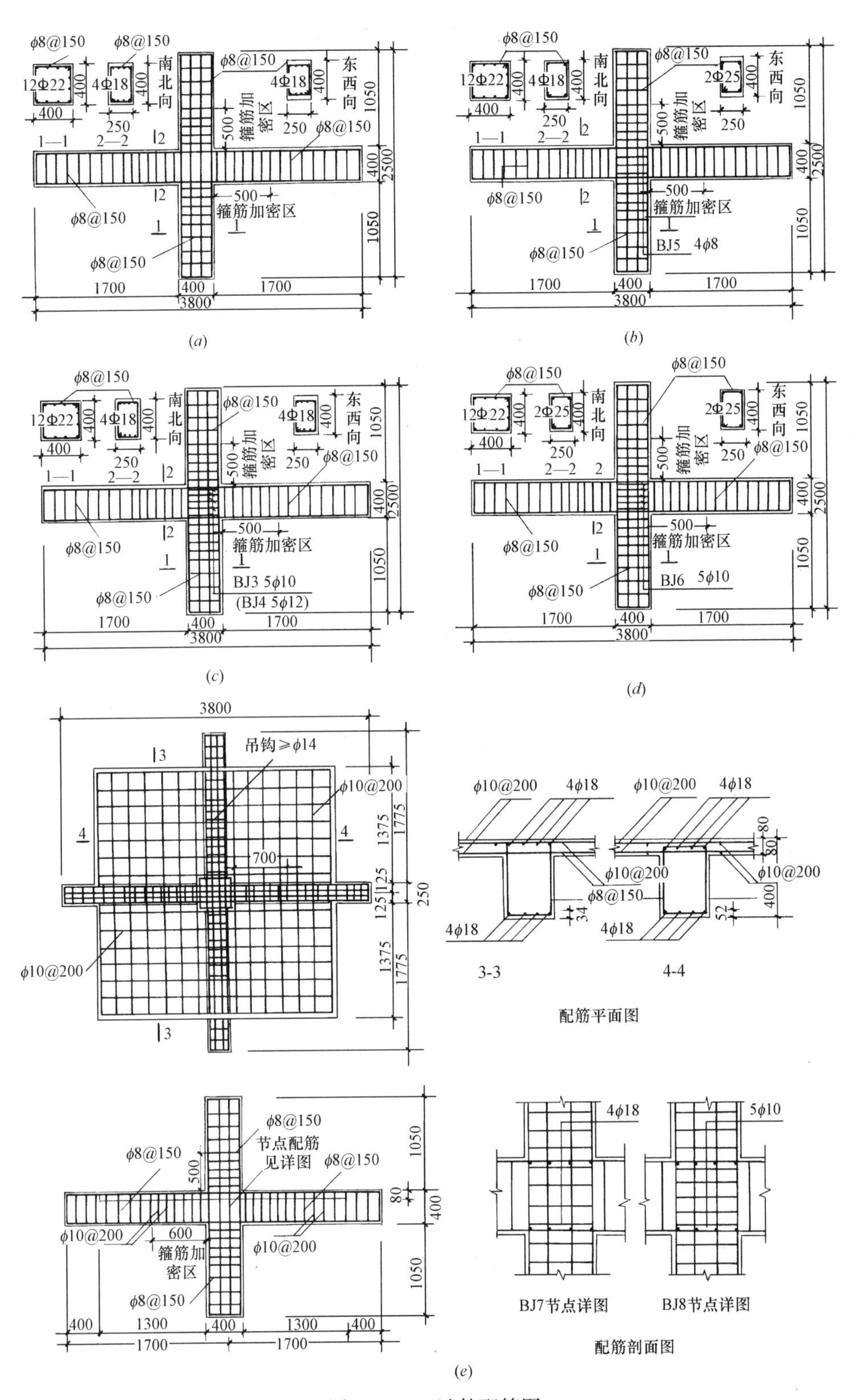

图 23.3.9 试件配筋图

(*a*) BJ1；(*b*) BJ3、BJ4；(*c*) BJ5；(*d*) BJ6；(*e*) BJ7、BJ8

BJ1、BJ3～BJ6 为空间梁柱组合体，BJ7、BJ8 为空间带板梁柱节点组合体。柱截面尺寸为 400mm×400mm，梁均为 250mm×400mm，板厚为 80mm。

试件节点核芯区箍筋体积配箍率分别为 0（BJ1），0.75%（BJ5、BJ7）、1.47%（BJ3、BJ6、BJ8）和 2.12%（BJ4）四种。中柱上均施加 100kN 的轴向力。

（2）加载方案

空间节点试验采用在两主轴梁端施加双向反复荷载方案。采用如图 23.3.10 所示的加载程序。第 1、2 循环的荷载值为南北梁和东西梁分别单向加载至 50%屈服荷载，第 3 循环为双向同时加载。第 4、5、6 循环与第 1、2、3 循环相同，但荷载值为 75%屈服荷载值。第 7、8 循环为双向同时加载至屈服位移。第 9、10 循环为双向同时加载至 2 倍屈服位移。第 11、12 循环为双向同时加载至 4 倍屈服位移。

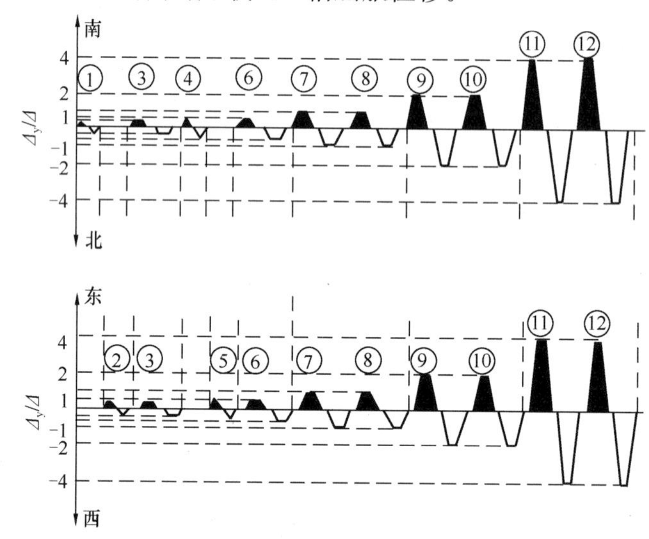

图 23.3.10　试件加载程序

试件试验测试仪表布置如图 23.3.11 所示。试验过程中量测：①梁端荷载和位移值、

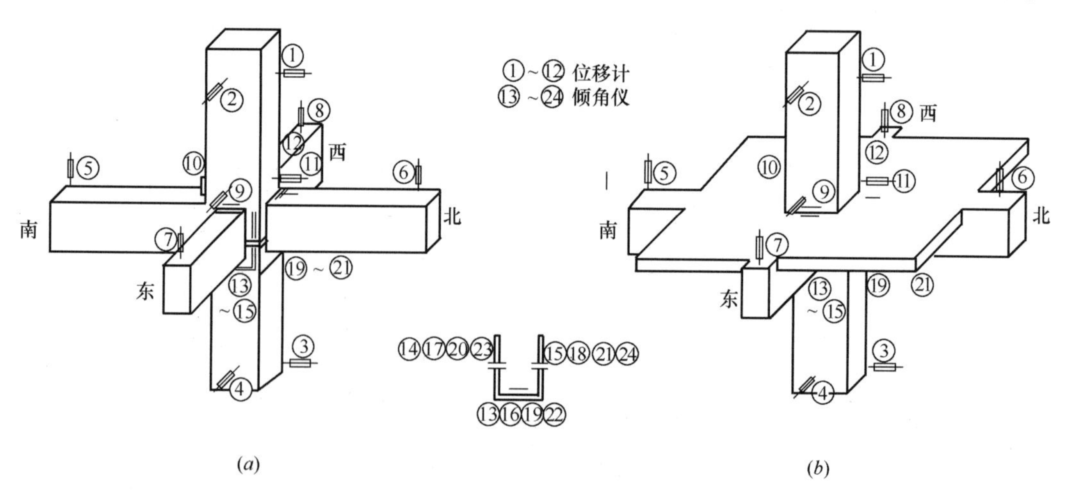

图 23.3.11　试件及测试仪表布置图

（a）BJ1、BJ3、BJ6 试件；（b）BJ7、BJ8 试件

梁筋应变、梁筋通过节点核芯区的粘结滑移；②柱端位移、柱筋应变；③节点核芯区竖向和水平转角、箍筋应变；④试件裂缝分布、裂缝宽度。

（3）空间节点核芯区受剪承载力的试验结果

1）试件裂缝分布。BJ1 的节点核芯区未配箍筋，双向加载至第 6 循环时，出现两条对角主斜裂缝，最大裂缝宽度达 0.40mm。加载到 Δu_y 时，斜裂缝最大宽度达 1.0mm。加载至 $2\Delta u_y$ 时，宽度大于 1.50mm。BJ3、BJ4 节点核芯区配箍率分别为 1.47%和 2.12%，加载至第 6 循环时，斜裂缝最大宽度为 0.05mm，加载至 Δu_y 时为 0.20mm，加载至 $4\Delta u_y$ 时，大于 1.50mm。试验结果表明，控制节点斜裂缝发展程度主要取决于核芯区的箍筋。

BJ5、BJ6 试件加载至第 6 循环时，斜裂缝最大宽度分别为 0.20mm 和 0.15mm；加载至 Δu_y 时分别为 0.50mm 和 0.60mm；加载至 $2\Delta u_y$ 时大于 1.5mm。

BJ7、BJ8 为带板试件，梁上有明显的扭转裂缝。节点核芯区的裂缝宽度比不带板试件（BJ5、BJ3）明显减少，在加载至 $2\Delta u_y$ 时为 0.5mm。这两种试件的试验结果表明，尽管板与节点核芯区交界面上存在着很宽的裂缝，但板对节点核芯区仍存在一定的约束作用。

在各级荷载作用下，节点斜裂缝的最大宽度列于表 23.3.2 中。

试件节点核心区最大斜裂缝宽度值（mm） **表 23.3.2**

试件	节点部位	加载循环数										
		1	2	3	4	5	6	7	8	9	10	11
BJ1	E	0	0	0.05	0.05	0.05	0.4	0.8	1.0	1.2	>1.5	
	S	0	0	0	0	0	0.1	0.4	0.5	0.7	1.2	
	W	0	0	0	0	0	0.05	0.3	0.35	0.35	0.6	
	N	0	0	0		0.05	0.1	0.7	0.9	0.9	>1.5	
BJ3	E	0	0	0	0	0	0			0.45	1.5	1.5
	S	0	0	0	0	0	0.05			0.3	1.0	>1.5
	W	0	0	0.05	0	0.05	0.05			0.35	0.4	0.5
	N	0	0	0	0	0	0			0.35	0.45	0.6
BJ4	E	0	0	0	0	0	0	0.15	0.15	0.15	0.25	0.6
	S	0	0	0	0	0	0	0.1	0.15	0.4	0.4	0.7
	W	0	0	0	0	0.05	0.05	0.15	0.15	0.35	0.5	>1.5
	N	0	0	0	0	0	0	0.15	0.2	0.4	0.45	>1.5
BJ5	E	0	0	0	0	0	0	0.3	0.3	1.5	>1.5	
	S	0	0	0	0.2	0.2	0.2	0.5	0.5	1.0	1.0	
	W	0	0	0	0	0.2	0.2	0.3	0.3	0.8	0.8	
	N	0	0	0.05	0.05	0.05	0.1	0.2	0.25	0.4	1.0	
BJ6	E	0	0	0	0.05	0.05	0.15	0.1	0.1	0.7	>1.5	
	S	0	0	0	0	0	0.15	0.2	0.2	0.2	0.2	
	W	0	0	0	0	0	0	0.4	0.6	0.9	>1.5	
	N	0	0	0.05	0	0.05	0.1	0.1	0.1	0.6	1.0	
BJ7	E	0.05	0.05	0.05	0.1	0.1	0.2	0.2	0.2	0.5	0.5	1.5
	S	0	0	0	0.1	0.1	0.2	0.2	0.2	0.5	0.5	0.8
	W	0.05	0.05	0.05	0.1	0.1	0.2	0.25	0.2	0.4	0.45	1.2
	N	0.05	0.05	0.05	0.1	0.1	0.2	0.25	0.25	0.35	0.5	1.3
BJ8	E	0	0	0.05	0.05	0.05	0.1	0.05	0.05	0.2	0.5	0.8
	S	0	0	0.05	0.05	0.05	0.05	0.1	0.1	0.3	0.5	1.0
	W	0	0	0.05	0.05	0.05	0.1	0.1	0.1	0.25	0.25	0.8
	N	0	0	0.05	0.05	0.05	0.05	0.1	0.1	0.1	0.25	0.8

2）层间剪力与层间转角的关系。将空间试件的节点层间剪力和层间转角的滞回曲线与平面试件相比，可以看出，空间试件的滞回环在加载至 $2\Delta u_y$ 的第 1 循环开始捏缩，而平面试件在加载至 $2\Delta u_y$ 的第 2 循环开始捏缩，表明空间试件节点内梁筋滑移比平面试件更为严重。

3. 两层两跨钢筋混凝土框架

（1）试验概况

钢筋混凝土框架结构在强烈地震作用下，处于反复受荷的状态，其弹塑性变形往往已经超过设计中通常规定的变形标准，而且框架结构的地震反应受到了混凝土裂缝、钢筋粘结滑移、塑性铰区分布、节点核芯变形等一系列复杂因素的影响。因此，深入研究框架结构在周期反复荷载作用下，从弹性、开裂、屈服乃至破坏的全过程中受力、变形、耗能等各方面的问题日益受到人们的重视。

清华大学曾进行了两层两跨钢筋混凝土框架结构在周期反复荷载作用下性能的试验研究，其主要目的就在于：研究框架结构在屈服后的弹塑性变形阶段承载力、变形、耗能等各方面的问题，了解 P-Δ 效应、钢筋粘结滑移等因素对结构性能的影响以及强柱弱梁型框架与弱柱强梁型框架的优劣所在。

框架模型的几何尺寸及配筋如图 23.3.12 所示。三榀模型的几何尺寸相同，但内部配筋有所不同，主要区别是：模型 FR-1、FR-2 主筋配置和方式完全相同，这两个模型设计为强柱弱梁型（FⅠ型），各节点处柱强度与梁强度之比：$\Sigma Mc/\Sigma M_b$＝（2.0～3.35）。考虑到 FⅠ型结构底层柱根部仍会有较严重的破坏，在模型 FR-2 的底层加密了箍筋，以探讨箍筋约束在底层出现塑性铰时对结构强度和变形的影响。模型 FR-3 设计成弱柱强梁型

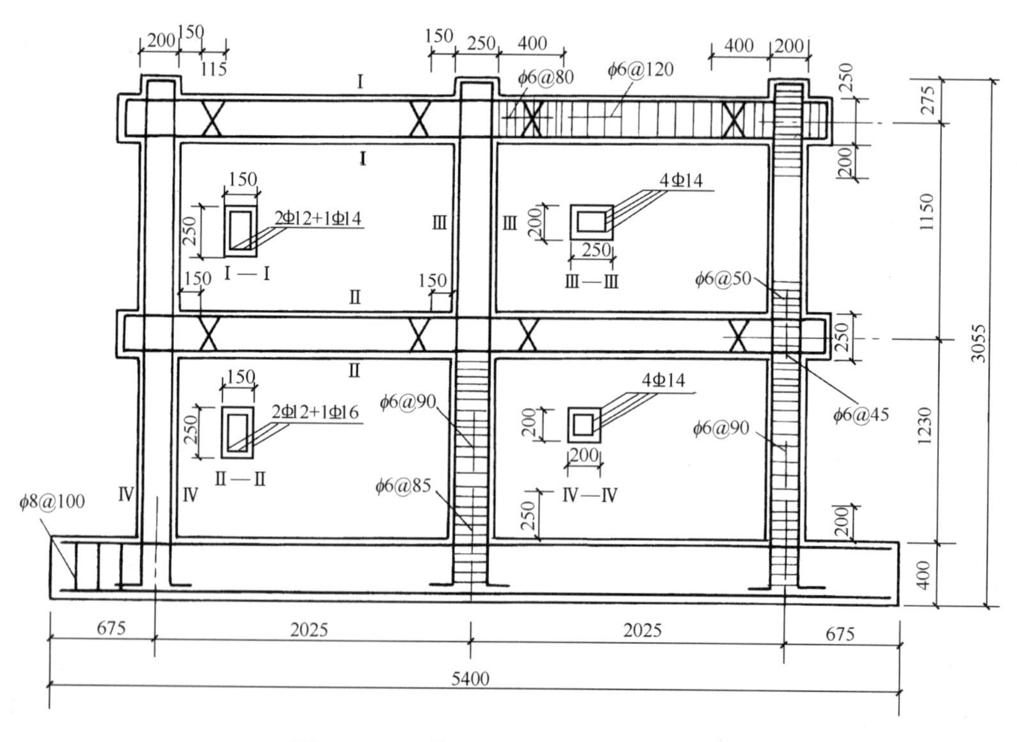

图 23.3.12　模型几何尺寸及配筋（mm）

(FⅡ型)，相应各节点处柱强度与梁强度之比：$\Sigma M_c/\Sigma M_b=$（0.42～0.78）。所有模型的梁、柱均为对称配筋。

（2）试验结果

图 23.3.13 表示模型 FR-2 的荷载 H_2-顶层位移 Δ_2 的滞回曲线。由图中可见，在周期反复荷载下，框架结构表现了与单一构件非常相似的滞回特性。结构加载及卸载刚度随变形增加而逐步降低，反向加载曲线指向历史上曾达到过的最大位移点，并有承载力降低的超前现象。但是，结构卸载时没有明显的滞后现象。

图 23.3.14 表示模型 FR-3 的顶层荷载 H_2-相应位移 Δ_2 的滞回曲线。其主要特征是，滞回曲线的骨架曲线（点线部分）无明显屈服点，且水平荷载达到极限值后，随变形增长，荷载值较大幅度下降，滞回曲线的刚度随变形增长而不断退化。从图 23.3.13 和图 23.3.14 比较中可见，强柱弱梁型的模型 FR-2 滞回曲线比强梁弱柱型的模型 FR-3 的要丰满得多，且强梁弱柱型结构滞回环有明显捏拢现象，也反映了 P-Δ 效应对强梁弱柱型结构的影响要来得严重。

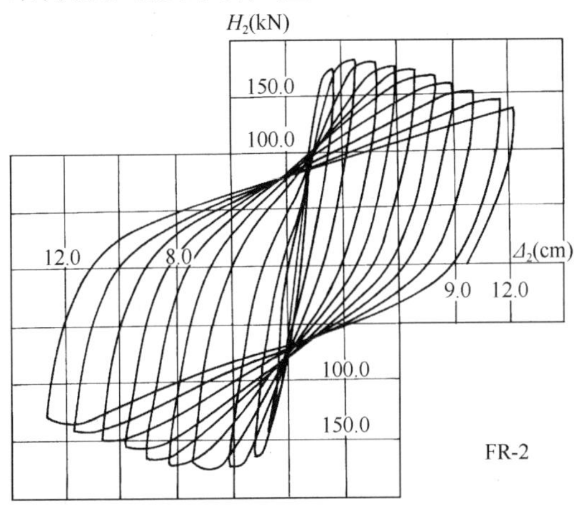

图 23.3.13 荷载-位移滞回曲线

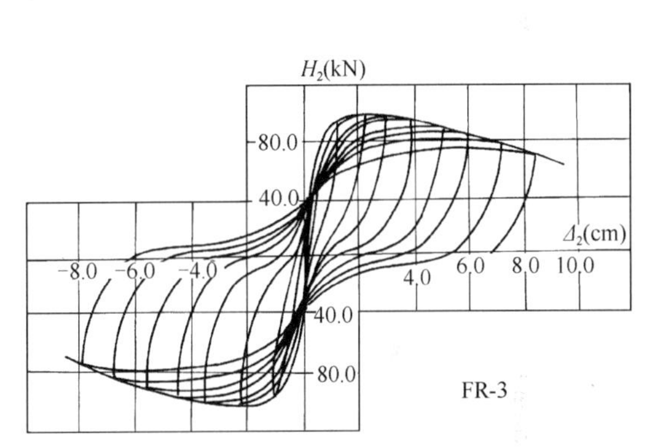

图 23.3.14 荷载-位移滞回曲线

框架模型在试验过程中形成的塑性铰分布如图 23.3.15 所示。塑性铰的分布与模型设计时预测的一致。

三个模型的屈服点、极限点的荷载值和变形值见表 23.3.3。

由于框架结构的骨架线无明显的屈服点，上表中采用“通用屈服弯矩法”来确定骨架线的名义屈服点。

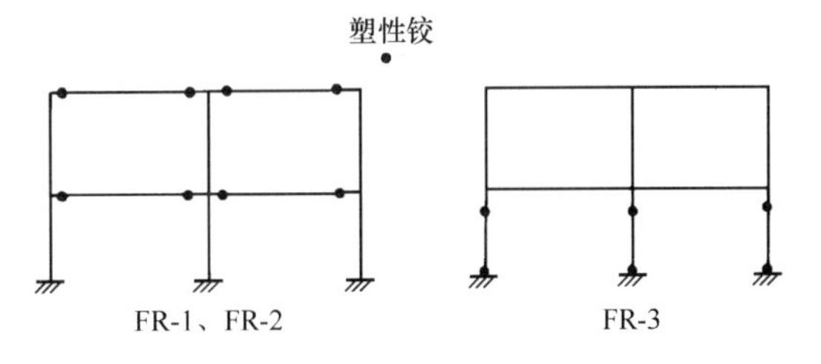

图 23.3.15 塑性铰分布

表 23.3.3

模型号	屈服点		极限点		H_y/H_u	$\beta_\Delta=\frac{\Delta_u}{\Delta_y}$
	H_y（t）	Δ_y（cm）	H_u（t）	Δ_u（cm）		
FR-1	13.50	1.644	16.66	4.067	0.810	2.48
FR-2	15.00	1.582	17.79	4.873	0.843	3.08
FR-3	12.60	0.840	15.13	2.346	0.832	2.79

从表中可以看出，由于模型 FR-2 底层加密了箍筋，延迟了柱塑性铰区混凝土的破坏，所以虽然模型 FR-2 与 FR-1 条件相似，但其变形能力和延性都有较大提高。模型 FR-3 的延性系数介于 FR-1 和 FR-2 之间，这是由于 FR-3 骨架线初始刚度很大，曲线靠近力轴，屈服位移很小所致。很明显，FR-3 无论在承载力和变形方面都与 FR-1、FR-2 相差很多，且 FR-3 模型的骨架线超过极限点后，承载力下降较快，带有脆性性质。因此，在评价结构抗震性能时，应综合考虑其受力状态、耗能性能等方面的因素才更合理。

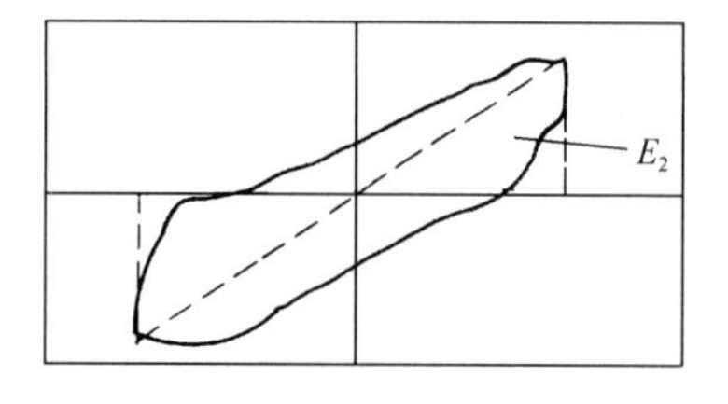

图 23.3.16　滞回环与三角形比较

通常将结构实测的荷载-位移曲线所围的面积作为评价结构耗能能力的指标。

若以滞回环所围面积为能量 E_1，而三角形面积为能量 E_2（如图 23.3.16），则相对能量比为：

$$e = E_1/E_2 \tag{23.3.1}$$

它可以做为一种能量指标进行结构之间耗能能力的比较。

表 23.3.4 为不同阶段结构耗能能力的计算结果，所取的阶段为：极限荷载 P_u 的前一个滞回环，荷载值大约在 $0.95P_u$ 时；极限荷载 P_u 时的滞回环；位移达 $2\Delta_u$ 时的滞回环。

表 23.3.4

阶段 / 模型	上升段 $0.95P_u$			P_u			$2\Delta_u$			说　明
	E_1	E_2	e	E_1	E_2	e	E_1	E_2	e	
FR-1	275.7	412.6	0.668	689.7	691.0	0.998	2441	1705.6	1.431	单位：
FR-2	295.6	399.2	0.741	1225.3	924.7	1.325	2974	1454.0	2.045	kN·cm
FR-3	140.3	193.7	0.724	353.4	354.6	0.997	1011	677.6	1.492	$e=E_1/E_2$

就结构耗能的绝对值看，模型 FR-1 和 FR-2 虽然条件相近，但由于 FR-2 底层配有加密箍筋吸收能量高于 FR-1，而 FR-3 吸收能量远远少于 FR-1 和 FR-2，这表明将框架设计成梁铰结构显然对抗震是十分有利的。

同时从表中可见，相对能量比 e 随变形增加而增加，这反映了在弹塑性阶段，结构不可恢复变形越来越大，因此吸收能量的比率也越来越大。从图 23.3.13 和图 23.3.14 滞回曲线的比较中可见，梁铰结构滞回环比较丰满，柱铰结构滞回环有明显捏拢形象，但由于柱铰结构滞回环的滑动段后，承载能力大幅度提高使吸取能量提高，结果导致两类结构的 e 值相差不大。由此看来，从相对能量比有时不能准确评定结构耗能能力的优劣。

图 23.3.17 表示了各层吸收能量与结构吸收总能之比的关系图，其中横坐标为加载次数 n，纵坐标表示底层和顶层吸收能量在总耗能中的比例 $\overline{E}$。

从图中可见，梁铰结构吸收总能量是由上、下两层共同分担的，而柱铰结构达到极限状态和下降段时，顶层吸收能量不足 5%，结构吸收能量几乎全部是由底层承担的。从这个观点看，柱铰结构吸收能量的能力和性质远比梁铰结构差。

此外，从图中还可看出，在极限状态到达以前，由于结构内力在不断进行重分布，因此顶层和底层吸收能量的比值变化比较大。在极限状态后的大变形循环中，由于结构内部各杆件内力状态的变化较小，所以能量分配比例变化也就很小了。

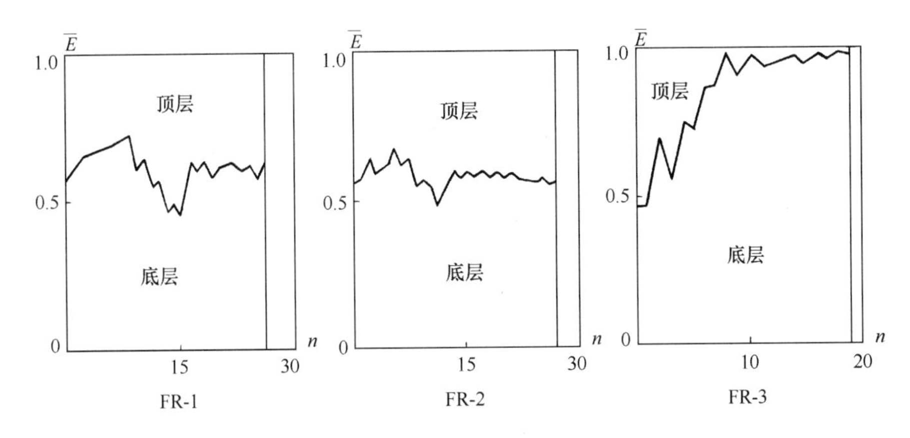

图 23.3.17 能量比值

实验结果表明，粘结滑移转角随滞回次数增加而加大，卸载刚度有所降低，反向加载阶段有滑动现象，并且梁端粘结滑移现象较柱端滑移现象严重。

同时，实验结果表明，节点区钢筋粘结滑移转角 θ_s 在杆端塑性铰区总转角中的比例约在 20%～40%。显然，节点区钢筋粘结滑移转角数值相当可观，如不考虑这个变形，则杆端变形和结构变形都将远小于实际值。

4. 8 层开洞钢筋混凝土剪力墙试验实例[3]

(1) 试验概况

清华大学曾进行了 8 层开洞钢筋混凝土剪力墙在周期反复荷载下的静力试验。

模型是模拟高层大模板现浇剪力墙结构，高宽方向缩比为 1∶10，厚度方向为 1∶4。模型采用工形截面，采用翼缘模拟实际结构中的外墙，模型各层层高均为 29cm，墙体总高为 242cm，墙宽为 100cm，墙厚为 5cm。为加载需要，在模型顶部设置加载梁。模型底部基础是为固定在试验台座上而设置的。

模型共有 7 片，模型分为单排洞口及双排洞口两种。具有单排洞口试件分别编为 S-5、S-6、S-7。双排洞口试件分别为 S-8、S-9。这批试件的试验主要目的是研究开洞、连系梁配筋以及加载方式等因素对剪力墙性能的影响。因此所有模型的墙肢配筋均相同，除端头及洞口边的加强筋外，墙体配筋率一律为 2.5‰。连系梁纵向配筋率分别为 2.4‰、3.1‰及 6.2‰。在同一片墙中，上下各层连系梁配筋均相同。模型外形及墙肢配筋如图 23.3.18 所

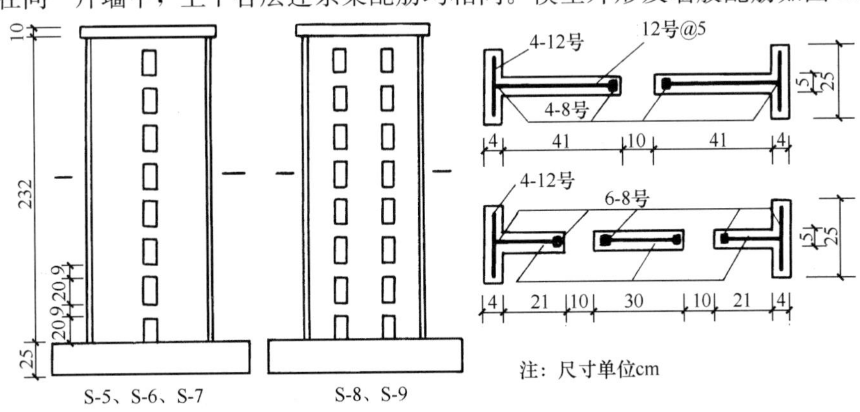

图 23.3.18 试件外形尺寸及截面配筋图

示。连系梁纵向配筋见表23.3.5。连系梁的横向配筋均相同。墙体与连系梁的配筋均采用镀锌钢丝，其物理力学性能列于表23.3.6中。

试件模型试验情况 **表23.3.5**

序 号	试件号	混凝土立方强度(MPa)	连系梁配筋	垂直力(kN)	水平加载方式	破坏类型	极限荷载(kN)
1	S-5	23	1-10#	83	单 向	弯 曲	34.05
2	S-6(1)	21	1-8#	88	单 向	弯 曲	38.77
3	S-6(2)	26	1-8#	88	反 复	弯 曲	38.10
4	S-7	28	2-8#	83	单 向	弯 曲	38.27
5	S-8	26	1-10#	80	反 复	连梁剪坏	33.3
6	S-9(1)	29	1-8#	80	单 向	弯 曲	37.7
7	S-9(2)	33	1-8#	80	反 复	弯 曲	35.8

试件镀锌钢丝性能 **表23.3.6**

序 号	型 号	直 径(mm)	面 积(cm^2)	屈服强度(kg/cm^2)	极限强度(kg/cm^2)	弹性模量(kg/cm^4)
1	8#	4.00	0.1257	3120	4480	2.01×10^6
2	10#	3.50	0.0963	3370	4690	2.03×10^6
3	12#	2.78	0.0616	3040	4410	2.18×10^6

这批试件都施加作用于顶层的集中水平力，以单向加载为主。连系梁为中等强度配筋的S-6、S-9各有一片作周期反复加载对比试验。S-8亦为周期反复加载。所有试件的垂直荷载数值基本相同。有关试件模型的试验情况见表23.3.5。

模型采用豆石混凝土，其配合比为1∶0.61∶1.7∶3.53（重量比：水泥∶水∶砂∶豆石）。制作模型时，先做基础，预留墙插筋，基础和墙体间施工缝经处理。墙体为水平位置浇筑。试验时混凝土立方强度见表23.3.5。

模型试验在静力台座上进行，基础固定。用油压千斤顶加载。施加顶部垂直力的千斤顶顶部装有滚轴，可随试件变形而左右移动，以减少摩擦力并保证垂直荷载的方向不变。在顶层施加的集中力是通过顶层加载梁传到试件上的。倒三角形荷载则通过分配梁实现，每隔一层有一个荷载作用点。由荷载传感器测定力的大小。试验时先加垂直荷载，到达规定数值后维持不变，然后施加水平荷载。在单向加载的模型中水平荷载分级加到塑性铰出现，塑性铰出现后，连续加载到破坏。在反复加载的模型中，每级荷载反复一次，塑性铰出现后按位移控制反复加载直至破坏。在每级荷载下观察裂缝发展情况并记录数据。

（2）试验结果

除试件 S-8 发生连系梁剪切破坏外，其他试件都产生墙肢弯曲破坏形态。

图 23.3.19～图 23.3.21 分别给出了试件 $S\text{-}9_{(2)}$、S-8 和 $S\text{-}6_{(2)}$ 在反复荷载作用下的顶点位移滞回曲线。由图可见，钢筋混凝土开洞剪力墙的滞回曲线与一般钢筋混凝土结构相类似，具有明显的向原点捏拢形状和刚度退化现象。从图中滞回曲线的比较中可以看出，在不同的破坏形态下，试件滞回曲线具有不同的特征。墙肢弯曲破坏的各个模型的滞回曲线形状接近，刚度退化现象比较有规律。例如具有双排洞口的试件 $S\text{-}9_{(2)}$，在顶点位移达到总高度的 1/40 之前，试件能维持反复加载，在第 9 次循环时，荷载仅降低 5%。但开有一排洞口及无洞口的墙在顶点位移为总高度的 1/60 时刚度退化现象已十分严重，荷载不能维持。试件 S-8 虽为双排洞口，但在第三次反向加载时（图 23.3.20 中⑥点）下部连系梁开始出现斜裂缝，发展迅速，在下一个循环中连系梁全部出现斜裂缝，其中部分发生剪切破坏而导致钢筋产生严重滑移，承载能力立即降低，刚度退化严重。在连系梁剪坏的墙中（试件 S-8），刚度退化更加严重，滞回环扁而平，滑移现象严重，耗能能力降低。

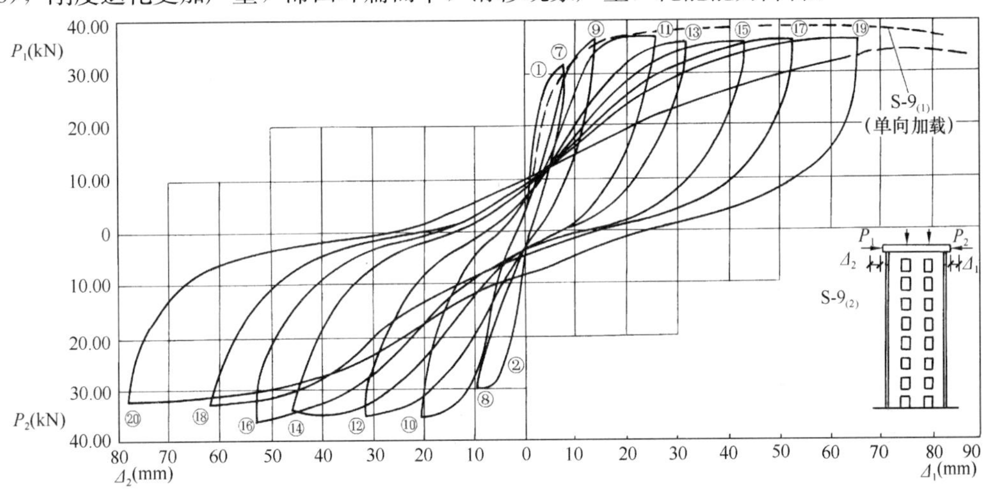

图 23.3.19　$S\text{-}9_{(2)}$ 顶点位移滞回曲线

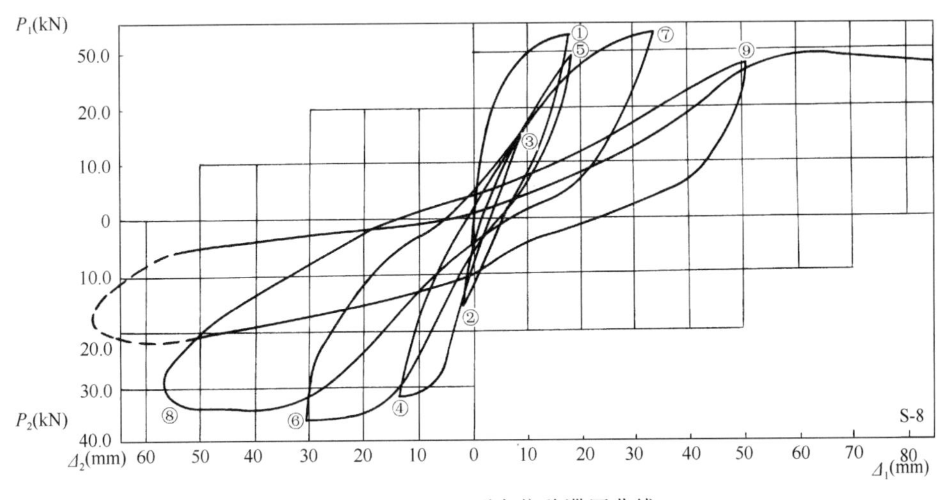

图 23.3.20　S-8 顶点位移滞回曲线

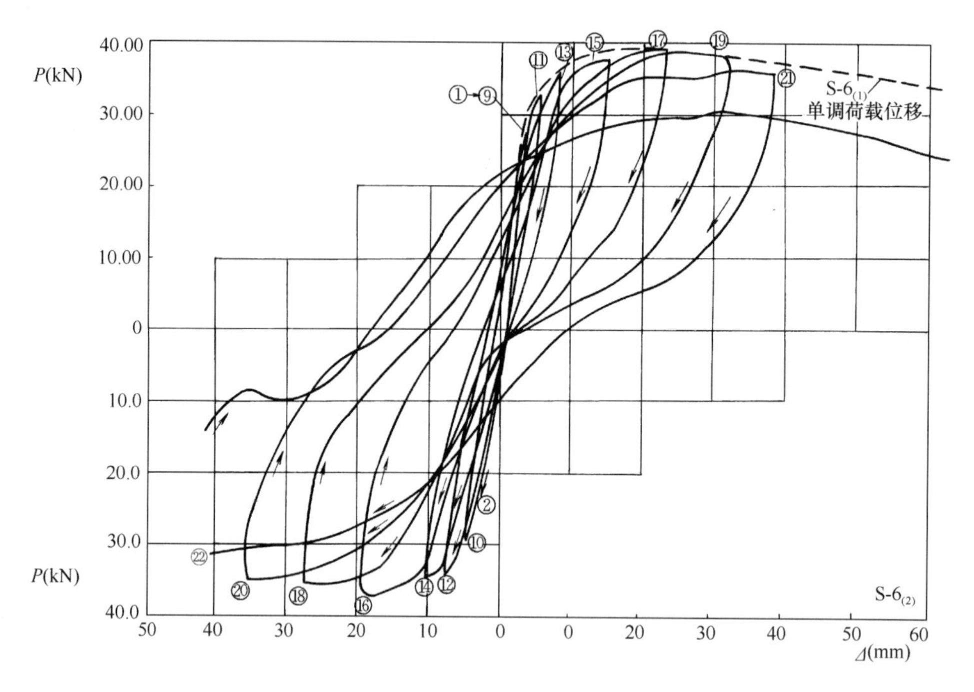

图 23.3.21　S-6₍₂₎顶点位移滞回曲线

图 23.3.19 和图 23.3.21 中将 S-9₍₁₎、S-6₍₁₎的单向加载位移曲线分别与 S-9₍₂₎、S-6₍₂₎在周期反复加载下的顶点位移滞回曲线作了比较，图中虚线是单向加载下的荷载-位移曲线。由图可见，反复加载下位移滞回曲线的包线与单向加载下的位移曲线十分接近，只是在达到最大荷载后，单向加载下的位移曲线变化较平缓，而反复加载下承载能力下降较多，但差值均在 10%以内。

图 23.3.22 和图 23.3.23 给出了试件 S-6₍₂₎与 S-9₍₂₎连系梁钢筋应变滞回曲线。从图中可以看到，第一次荷载循环时，连系梁压区的纵向钢筋产生压应变，反向加载时，产生拉应

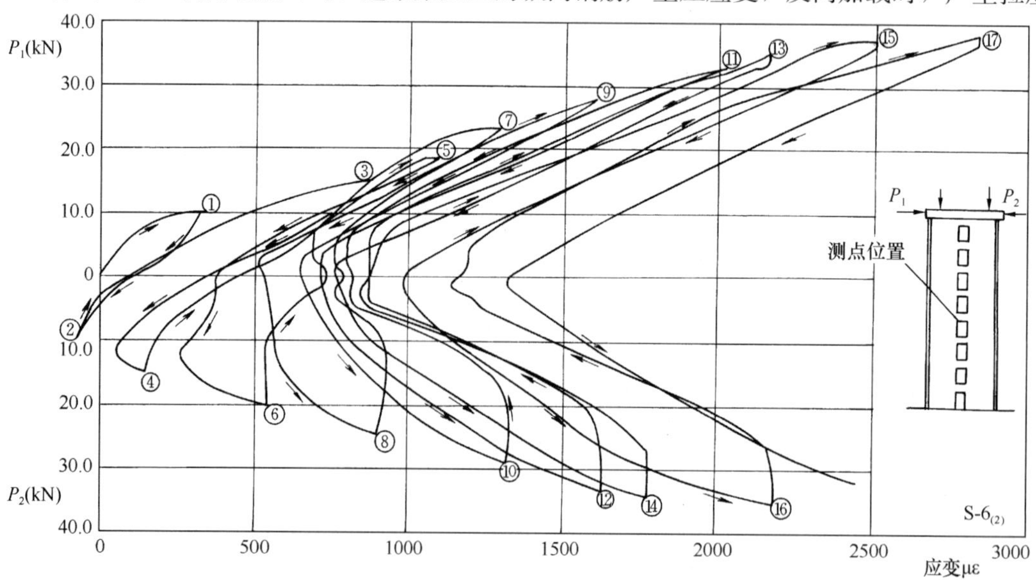

图 23.3.22　S-6₍₂₎连系梁钢筋应变滞回曲线

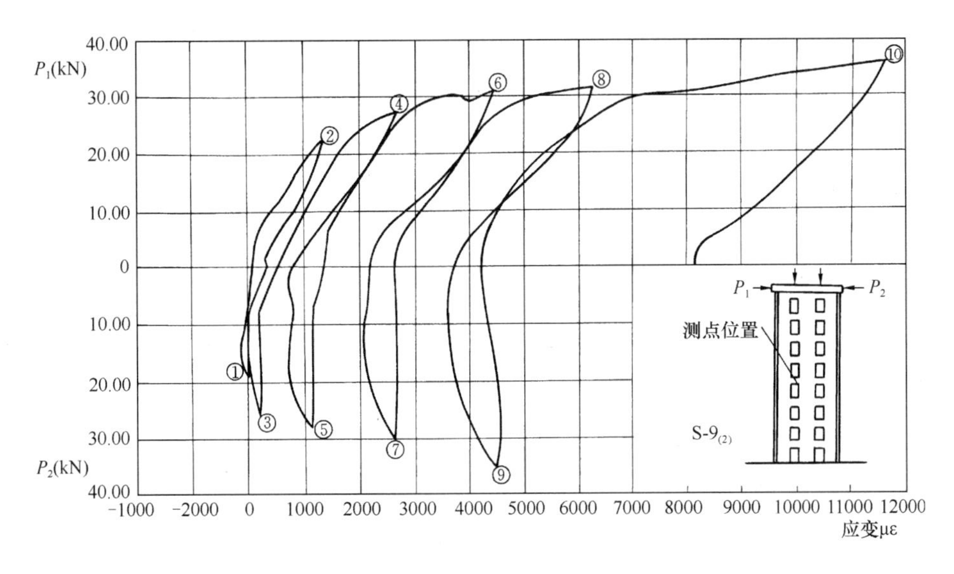

图 23.3.23 S-9(2)连系梁钢筋应变滞回曲线

变，但在以后的各次循环中，无论是正向加载还是反向加载，钢筋始终处于受拉，卸载时拉应变减小，并且随着加载循环次数的增加，累积拉应变相应增大。这个结果与 T. Pauley 的试验[4,5]结果相同。但是，在本项试验中，这些连系梁并未出现斜裂缝。

连系梁的屈服强度对开口剪力墙的承载能力和刚度都有影响。表 23.3.7 给出了 S-5～S-9 各片墙连系梁的屈服层数以及连系梁和墙肢屈服时实测相对荷载 p/p_u 值。试验结果表明，S-5 连系梁屈服早而且屈服的层数多，试件刚度最小，而 S-7 连系梁屈服层数最少，墙的刚度则最大；由于试件 S-8 连系梁屈服强度较弱，则发生屈服的时间较早，且屈服层数也愈多，其试件刚度也小于条件基本相同情况下的 S-9(1)。

墙肢及连系梁屈服荷载 **表 23.3.7**

部　　位	开始屈服荷载 p/p_u（屈服层数）				
	S-5	S-6(1)	S-7	S-8	S-9(1)
连系梁	0.63 (1,2,3,4,5,6,7)	0.76 (2,3,4,5,6)	0.88 (5,7)	0.51 (2,3,4,5,6,7)	0.67 (2,3,4,5,6)
拉　肢	0.83	0.81	0.73	0.63	0.76
压　肢	0.78	0.90	0.82	0.89	0.87

图 23.3.24 表示了试件 S-5 和 S-6(1)实测与计算的 P-Δ 曲线的比较，在计算中曲线是

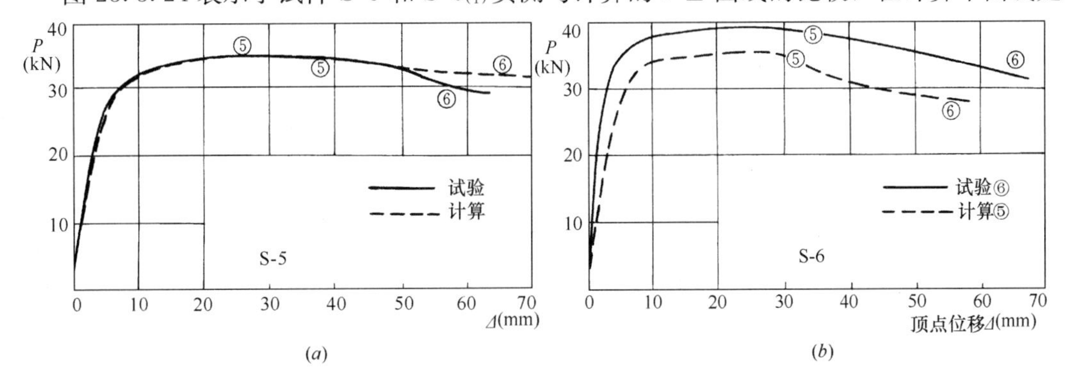

图 23.3.24 模型 S-5、S-6(1)的实测与计算 P-Δ 曲线比较图

按开洞剪力墙简化成壁式框架模型进行非线性全过程分析求得的[6]。从图中可见，计算和实测曲线符合程度良好，只是试件 S-6(1) 的计算结果稍偏低，而且计算得出的连系梁屈服部位与实测结果一致。

23.4 结构拟动力试验

23.4.1 拟动力试验的基本原理

拟动力试验是地震工程研究中的一种试验技术[7~9]。该试验系统称为计算机—加载器联机系统或拟动力试验装置。它较好地解决了用大吨位静力加载设备进行大比例或足尺结构模型的弹塑性地震反应模拟的问题。该方法将结构动力学微分方程的数值解与伪静力试验有机结合起来，首先由计算机计算当前一步的位移反应，然后由加载器强迫结构模型实现这个位移，同时测量结构对应于该步位移的实际恢复力并反馈给计算机，最后计算机再根据这个恢复力和其他已知参数计算下一步的位移反应。这样一步步循环下去直至完成整个地震反应的模拟。图 23.4.1 是目前常用的拟动力试验执行过程。

在拟动力试验中，结构的恢复力是实测的，能够比较准确地反映结构在地震作用下真

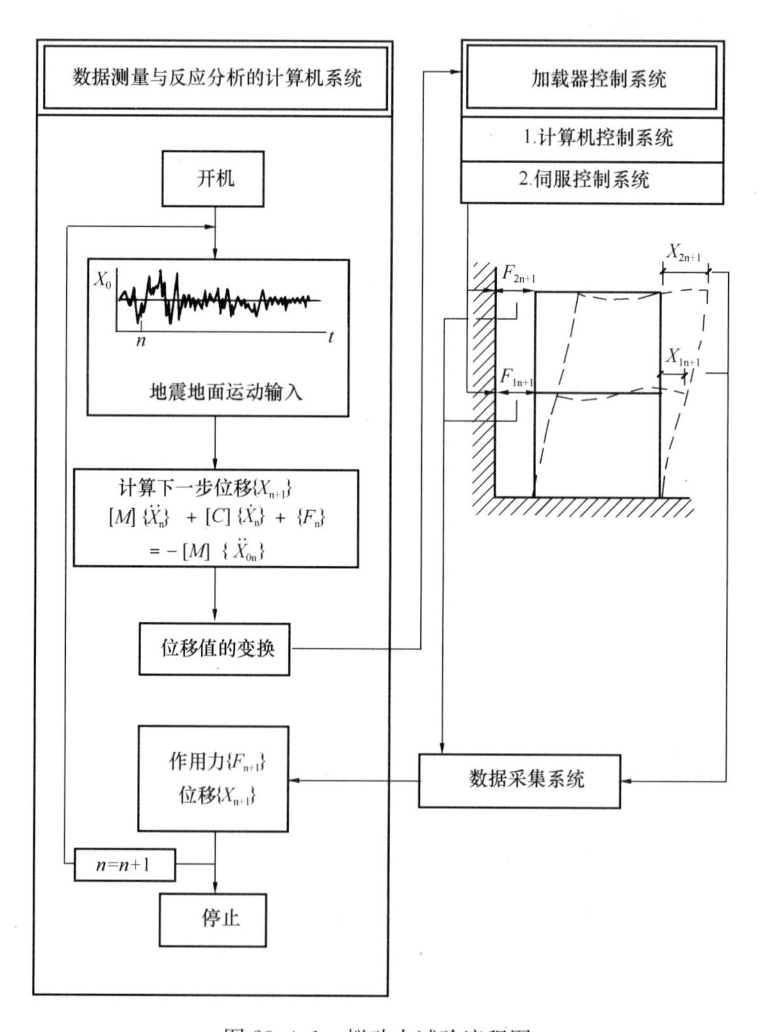

图 23.4.1　拟动力试验流程图

实的受力和变形状态，缓慢地再现地震时的结构反应，可以细致地观察地震作用下引起结构破坏的全过程。众所周知，小比例模型的振动台试验是很难模拟结构的细部构造，而大比例模型或足尺结构的伪静力试验又不能很好反映地震反应过程及其性状，拟动力试验恰好在这方面弥补了振动台试验和伪静力试验的不足。但是，拟动力试验也有其局限性，它的适用范围有一定的限度。在拟动力试验中，地震反应不是定时的，几秒或几十秒的地震作用过程要用几十分钟或几个小时的时间来实现，实质上，拟动力试验仍是一种静力试验，不过它可以缓慢地而非定时地模拟结构的地震反应全过程。因此只有在可以忽略材料应变速率的影响条件下，才能获得较好的试验结果，否则将引起较大的误差。同时，由地震作用所产生的惯性是由试验机（加载器）作为静力荷载来加以实现的，因而它的试验对象较适用于允许假设为离散质量分布的结构物。另外，为实现较好的地震反应模拟，尤其是高振型反应，对试验装置和计算机运算的精度都有较高的要求。

拟动力试验方法是结构动力学的数值计算和拟静力位移控制加载试验的有机结合，该方法的理论依据就是建立在这些学科之上的。归纳起来有以下几个问题：结构动力学模型的建立，数值积分方法的选择及应满足的条件，位移控制加载系统的分析及应满足的条件。

1. 结构动力学模型的建立

在拟动力试验中，试验模型在每一个物理坐标自由度下的位移均由一个独立的位移控制加载器来控制。这样，试验模型的动力学模型必须采用有限自由度的集中参数模型。仅仅做到这一点还不够，因为即使是不太复杂的结构，用有限元法离散为多自由度集中参数模型后，其自由度的数目也还是相当可观的，不可能有那样多的加载器来控制。这样，适合于拟动力试验的动力学模型只能用高度简化的凝聚质量法所建立的模型[10]。这样做的结果是丧失了高阶振型的影响。对于以低阶振型为主的结构地震反应分析来说，这样做是有足够的准确性的。另一方面，如果要模拟的结构本身就带有比分布质量大许多的集中质量，用凝聚质量法建立的动力学模型就更接近实际情况了。有许多工程结构都带有明显的集中质量，用该方法是可行的。

用凝聚质量法建立的动力学模型具有如下的标准数学表达式：

$$[M]\{\ddot{x}\}+[C]\{\dot{x}\}+\{R\}=\{f\} \tag{23.4.1}$$

式中：$\{R\}$表示恢复力，在弹塑性时，它是位移的非线性函数，在线弹性时，它是位移的线性函数，可表示为$[K]\{x\}$，$[K]$就是结构的刚度阵；$[M]$是对角阵；$[C]$一般由经验给定，它对结构的弹塑性地震反应影响不大，但对试验误差的积累却有一定的抑制作用；$\{f\}$是激励向量，由地震动加速度和质量构成。

2. 数值积分方法的选择

由于结构恢复力 $\{R\}$ 的非线性，式（23.4.1）是一个非线性微分方程，一般采用逐步积分法求其位移的数值解。在选择积分方法时，主要考虑其稳定性和精度。逐步积分法可分为两大类，一类是隐式算法，一类是显式算法。一些无条件稳定的逐步积分法，如 Wilson-θ法，Newmark-β法，Houbolt 法等为隐式算法，往往需要用迭代法求解，这在拟动力试验中很难采用。但由于拟动力试验的特殊要求，大多采用显式算法，这种算法目前比较成熟的有中央差分法。它是结构拟动力地震反应试验中广泛使用的显式积分技术。

中央差分法的差分格式为：

$$\left.\begin{aligned}\{\ddot{x}\}_i &= \frac{1}{\Delta t^2}(\{x\}_{i+1} - 2\{x\}_i + \{x\}_{i-1}) \\ \{\dot{x}\}_i &= \frac{1}{2\Delta t}(\{x\}_{i+1} - \{x\}_{i-1})\end{aligned}\right\} \tag{23.4.2}$$

位移解的表达式为：

$$\begin{aligned}\{x\}_{i+1} = &\left([M] + \frac{\Delta t}{2}[C]\right)^{-1}\{\Delta t^2(\{f\}_i - \{R\}_i) \\ &+ \left(\frac{\Delta t}{2}[C] - [M]\right)\{x\}_{i-1} + 2[M]\{x\}_i\}\end{aligned} \tag{23.4.3}$$

用该方法时，只要所选择的积分步长 Δt 满足稳定性条件[11]，其结果的精度是可以保证的。如果当 Δt 较小时，中央差分法的数值计算可能引起相当大的舍入误差，可采用以下措施对中央差分法加以改进。

令

$$\{z\}_i = (\{x\}_i - \{x\}_{i-1})/\Delta t \tag{23.4.4}$$

则可推得：

$$\left.\begin{aligned}\{x\}_{i+1} &= \{x\}_i + \Delta t\{z\}_{i+1} \\ \{z\}_{i+1} &= \left(\frac{[M]}{\Delta t} + \frac{[C]}{2}\right)^{-1}\left[\{f\}_i - \{R\}_i + \{z\}_i\left(\frac{[M]}{\Delta t} - \frac{[C]}{2}\right)\right]\end{aligned}\right\} \tag{23.4.5}$$

Newmark-β 法一般说来是隐式方法，但当 $\beta=0$ 时，$\{x\}_{i+1}$ 中的 $\{\ddot{x}\}_{i+1}$ 项即消失，它就变成显式方法。显式 Newmark-β 法和中央差分法是同样可靠的，它们都具有 $\omega \cdot \Delta t \leqslant 2$ 的稳定性限制。但中央差分法是一种两步法，在某些条件下，它对拟动力试验误差的敏感程度高于显式 Newmark-β 法。在结构拟动力试验中，也可采用线性加速度法，它只用于试验阶段的弹性位移计算。线性加速度法计算简便，但有积分收敛性问题，一般要求时间间隔 Δt 较小，约为结构最小周期的 $\frac{1}{5}$，导致计算工作量大，耗时多。为了克服这一缺点，有时采用改进拟静力法[12]，这实质上是拟静力法和 Newmark-β 法的综合。

3. 位移控制加载系统

拟动力试验加载系统的任务是强迫试验模型实现计算出来的位移。拟动力试验装置应同时采用可实现位移控制的电液伺服加载器。加载器与试验模型连接后构成为一个带弹塑性负载的电液位置随动系统。在整个拟动力试验过程中，这个系统应满足稳定性、准确性、平稳性及快速性的要求。图 23.4.2 表示这个闭环控制系统的系统框图。$G(s)$代表前向通道传递函数，它包括液压缸与试验模型的组合，液控阀及其输入电流控制电路等。$H(s)$代表位移传感器及其放大电路构成的反馈通道传递函数。在这里，影响该系统性能的参数是开环传递函数 $G(s)H(s)$的增益，具体调节参数是供油油压、比例控制放大器和反馈放大器的放大倍数。另外试验模型的刚度变化也会

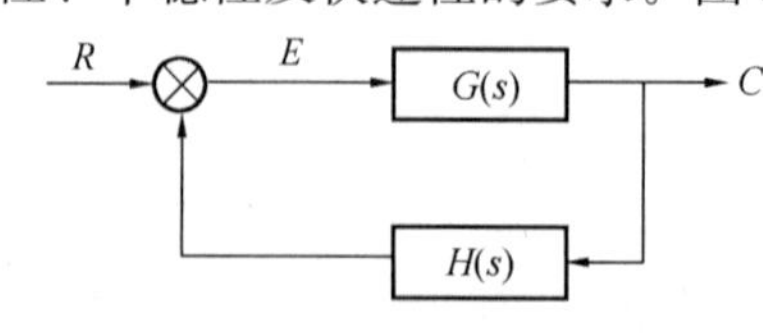

图 23.4.2 液压伺服系统简化框图

引起 $G(s)$的一些变化。

拟动力试验中的控制加载系统首先应满足稳定性要求。所谓稳定性，就是当输入有微小变动时，输出不发生持续或发散振荡的现象。失稳不但使试验失败，还会造成试验模型的无谓破坏和其他事故，所以必须首先保证稳定性。对如图 23.4.2 所示系统，保证稳定性的条件为下述方程的特征根都具有负的实部。

$$1+G(s)H(s)=0 \tag{23.4.6}$$

在拟动力试验中，结构处于塑性或破坏时具有最小的刚度，此时是对稳定性最不利的情况，所以应按该情况调定各可调参数（油压、比例放大器倍数、反馈放大器倍数及微分、积分环节的引入等）保证加载系统的稳定性，这样就可保证整个试验过程不会发生加载系统失稳的事故了。

加载系统应满足的第二个要求是要有尽量小的稳态误差，即输出的稳态值尽量接近要求的值。在图 23.4.2 中，输入 R 是计算位移经数模转换器变换为电压量以阶跃信号的形式送入的。其拉氏变换为 R/S。令 e_s 为输入 R 与输出 C 经 H（s）反馈回来的信号之差，则 $e_s\mid_{t\to\infty}$ 就是稳态误差。根据拉氏变换的终值定理有：

$$\begin{aligned} e_s\mid_{t\to\infty} &= \lim_{s\to 0}\frac{S}{1+G(s)H(s)}\cdot\frac{\overline{R}}{S} \\ &= \lim_{s\to 0}\frac{\overline{R}}{1+G(s)H(s)} \end{aligned} \tag{23.4.7}$$

要求 $e_s\mid_{t\to\infty}$ 尽量小，就要求开环传递函数的增益 $G(0)H(0)$尽量大，或者开环传递函数中含有因子$\frac{1}{S}$。前者意味着增加油压和比例、反馈放大器的放大倍数，后者意味着引入积分环节。

减小稳态误差与保证系统稳定性是有矛盾的，只能在首先满足稳定性的前提下，尽量将准确性提高到满意的程度。在保证稳定性的前提下，稳态误差应小于数模变换器的绝对分辨率。

加载系统在加载过程中还应具有较短的过渡时间和较小的冲击。图 23.4.3 是实测的位移控制加载过程。从开始加载到加载稳定地保持在要求值这一段时间 t_s 就是过渡过程时间，而过渡过程曲线的斜率反映了加载冲击的程度。斜率由 t_s 及阶跃大小共同决定。t_s 的长短主要由开环传递函数的增益决定。为了避免输入较大阶跃信号时可能产生的过大的冲击，对大位移增量加载可采用分步加载的方法，从而达到减小冲击又不过于浪费时间的目的。

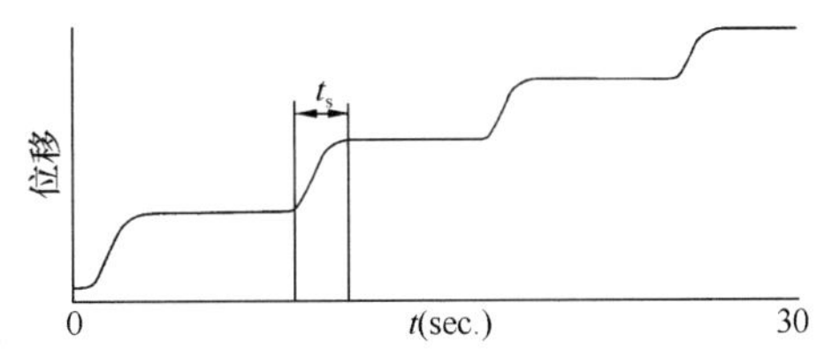

图 23.4.3　试验误差的影响

23.4.2　拟动力试验的误差问题

从理论上说，只要考虑了上面所讨论的那些问题，拟动力试验的结果应该是可靠的，但事实上并非如此。原因有二个方面，一是拟动力试验中的数值积分不单纯是由计算值到计算值，它还要接纳试验反馈回来的数值进行计算，而试验的精度是远远达不到计算机有效字长的精度的；二是数值稳定性分析只说明数值解的误差对截断引入的一般性干扰的有界性问题。换句话说，这里的问题是每一步中可能引入的试验误差比较大，而且具有某种特殊的性质，其结果是稳定的，但数值解的误差也可能大到无法接受的程度。因此有必要就拟动力试验这种特殊情况讨论通常所采用的中央差分法的数值解误差，以及与每一步加载中引入的试验误差的关系，这里称作误差积累以区别于加载系统的试验误差。有关试验误差与误差积累问题在文献[13]中有深入的分析与讨论。

1. 试验误差与误差积累

图 23.4.4 表示每一步加载和测量引入试验误差的过程。$\hat{X}_i$ 是计算的第 i 步位移。它通过加载系统强迫试验模型实现了 $\overline{X}_i$，但由于种种原因，$\overline{X}_i$ 不会完全等于 $\hat{X}_i$，只能是：

$$\overline{X}_i = \hat{X}_i + \varepsilon_i^{\mathrm{d}} \qquad (23.4.8)$$

$\varepsilon_i^{\mathrm{d}}$ 即为实施模型的位移控制加载所引入的位移控制误差。如设模型的真实恢复力特性为 R（X），那么此时模型

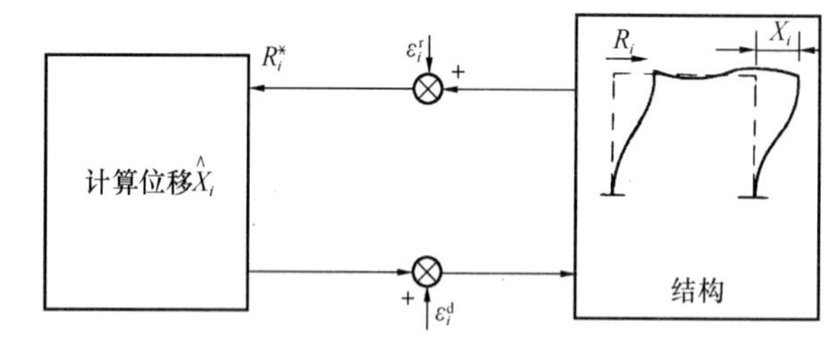

图 23.4.4　位移控制的加载过程

的恢复力应为 R（$\overline{X}_i$）。R（$\overline{X}_i$）由力传感器测出，经放大器和模数转换器送回计算机，成为数值量 R_i^*，R_i^* 也不可能与 R（$\overline{X}_i$）相等，而是：

$$R_i^* = R(\overline{X}_i) + \varepsilon_i^{\mathrm{r}} \qquad (23.4.9)$$

这样本来应该反馈回来的对应于计算位移 $\hat{X}_i$ 的模型恢复力 R（$\hat{X}_i$），最后成为了 R_i^*，二者之差就是当前步引入的试验误差，它将对整个后续的地震反应模拟产生影响。记该试验误差为 ΔR_i，有：

$$\begin{aligned}\Delta R_i &= R_i^* - R(\hat{X}_i) = R(\overline{X}_i) + \varepsilon_i^{\mathrm{r}} - R(\hat{X}_i) \\ &= R(\hat{X}_i + \varepsilon_i^{\mathrm{d}}) - R(\hat{X}_i) + \varepsilon_i^{\mathrm{r}}\end{aligned} \qquad (23.4.10)$$

在弹性变形状态下，由于 R（X）可表示为 $K \cdot X$，故上式可变为：

$$\Delta R_i = K\varepsilon_i^{\mathrm{d}} + \varepsilon_i^{\mathrm{r}} \qquad (23.4.11)$$

以 R_i^* 作为计算用的恢复力，拟动力试验的位移响应计算式为（以单自由度为例）：

$$\begin{aligned}\hat{X}_{i+1} = &\left(M + \frac{\Delta t}{2}C\right)^{-1}\Big[\Delta t^2(f_i - R_i^*) \\ &+ \left(\frac{\Delta t}{2}C - M\right)\hat{X}_{i-1} + 2M\hat{X}_i\Big]\end{aligned} \qquad (23.4.12)$$

假设以式（23.4.3）（单自由度情况）计算的是理想的没有试验误差的拟动力试验的位移 X_{i+1}，那么二者的差为：

$$\Delta X_i = X_i - \hat{X}_i \qquad (23.4.13)$$

则表示实际拟动力试验结果与理想情况的偏差。

将式（23.4.3）和式（23.4.12）代入上式可得：

$$\Delta X_{i+1}=\left(M+\frac{\Delta t}{2}C\right)^{-1}\{[R_i^*-R(X_i)]\Delta t^2+2M\Delta X_i+\left(\frac{\Delta t}{2}C-M\right)\Delta X_{i-1}\} \tag{23.4.14}$$

在弹性变形状态下，将式（23.4.9）、式（23.4.10）、式（23.4.11）代入上式有：

$$\Delta X_{i+1}=\left(M+\frac{\Delta t}{2}C\right)^{-1}[(\Delta R_i-K\Delta X_i)\Delta t^2+2M\Delta X_i+\left(\frac{\Delta t}{2}C-M\right)\Delta X_{i-1}] \tag{23.4.15}$$

式（23.4.14）及式（23.4.15）都说明 ΔX_i 与每一步加载引入的试验误差有确定的关系，其中式（23.4.15）还明确了 ΔX_i 与试验误差 ΔR_i 是原动力学模型的响应与激励的关系，ΔX_i 为误差积累。由这个关系可知，拟动力试验的误差积累不仅与试验误差大小有关，还与动力学模型及试验误差的特性有关。

2. 改善误差积累的方法

拟动力试验的试验误差也可分为系统误差及随机误差。前者有规律可循，后者只服从一定的统计规律。拟动力试验中最主要的系统误差是联机比例系数调得不精确引入的误差，最主要的随机误差则是 D/A，A/D 有限分辨率引入的误差以及量测噪声。此外，还有一种因加载设备非线性特性引入的误差，它也可以归入系统误差。

根据以上对试验产生误差原因的分析，为改善误差积累，可采取以下措施：

（1）应注意联机比例系数的正确调定，在拟动力试验中对此应加以足够重视。

（2）充分发挥各个仪器的动态范围，即让实测的最大物理量尽量接近各仪器的额定最大范围，这样可减小分辨率误差。

（3）尽量选用较高的液压系统供油油压，以减小游隙现象，使整个执行机构的静态误差减小。

（4）合理选择时间间隔 Δt 与模型固有频率 ω 的搭配，建议 $\omega\cdot\Delta t$ 小于 0.4，大于或等于 0.1。

（5）无论实际情况的粘性阻尼影响如何，都应引入粘性阻尼项，并取随频率提高而增大的瑞利阻尼为好，这样在高阶振型中可引入较大的阻尼比，达到减小误差积累的目的。

23.4.3 拟动力试验的实施和程序控制

1. 试验系统流程

试验系统的硬件可分为计算机控制，数据采集，A/D、D/A 转换和电液伺服加载四部分。该系统的软件可分为试验整体控制程序和模数、数模汇编控制程序两部分。在拟动力试验中，计算位移经过 D/A 转换，由电液伺服加载系统施加到结构模型上；另一方面，在实现位移反应的同时，测量结构恢复力，恢复力信号再经过 A/D 转换后反馈给计算机，由计算机进行下一步计算。

图 23.4.5 描述了联机系统中试验误差的形成过程。计算位移 $\hat{X}_i$ 通常不能准确地施加

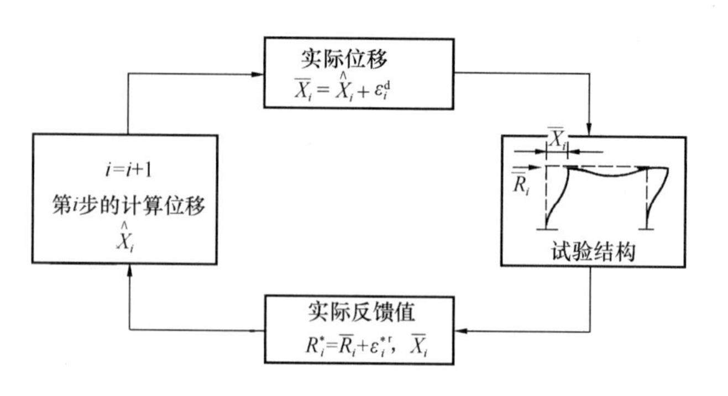

图 23.4.5　试验误差的形成

到结构上，$\hat{X}_i$ 与模型实际位移 $\overline{X}_i$ 之间有一误差 ε_i^d。设对应于 $\hat{X}_i$ 的模型恢复力为 $R(\hat{X}_i)$，对应于 $\overline{X}_i$ 的模型恢复力为 $R(\overline{X}_i)$。$R(\overline{X}_i)$ 由力传感器测出，经放大器和模数转换器送回到计算机，同时它成为数值量 R_i^*。R_i^* 与 $R(\overline{X}_i)$ 之差 ε_i^{*r} 就是第 i 步引入的试验误差，而且这种试验误差具有累积效应。主要的试验误差有联机比例系数误差，有限分辨率误差，以及液压伺服加载系统非线性误差等。这里联机比例系数是指将计算位移的数字量转换为加载控制系统的输入模拟量的比例值。它与位移传感器的标定系数及控制系统的参数有关。联机比例系数误差可能使响应信号越来越大，趋于发散；也可能使响应信号越来越小。一般说来，分辨率最低的环节决定了整个系统的分辨率。在系统所有设备中，目前分辨率最低的是 12 位的 A/D、D/A 转换器。它的转换忽略小于标定值 1/2048 的信号量。而液压加载系统的非线性主要是指加载过程中的游隙现象。它的主要特征是油缸活塞在运动方向发生变化时表现出呆滞行为，导致实测恢复力的误差。试验结果表明，通过精确调整联机比例系数，合理配置和使用测量仪器，对实测恢复力进行修正等措施，可有限减小误差积累。

2. 拟动力试验控制程序概要

拟动力试验完全由计算机控制，自动进行。图 23.4.6 给出了主控制程序 PDT 的框图。试验初始状态量测由汇编子程序 ACQ 完成。主程序中的能量修正系数由弹性脉冲试验确定。能量修正的目的是保证联机系统在试验过程中，处于稳定状态。PDT 程序提供了 3 种动力控制算法，使用时可结合试验模型和试验目的选择其中一种。在动力加载循环中，包含一个硬件控制子程序 PDT1，它是联机试验的执行中枢。它控制试验数据采集，A/D、D/A 转换，电液伺服位移加载以及结构恢复力量测等。由于联机试验的每一步计算结果都对应着一次实际加载，所以程序的可靠性是非常重要的。为此，程序中设置了 4 种控制开关，它们是荷载拉、压最大值控制开关，位移最大值控制开关，位移误差最大值控制开关，以及随机暂停、存贮开关。最后一个开关的设置主要是为了保护试验数据。

23.4.4　结构模型拟动力试验实例

1. 7 层钢筋混凝土框架-剪力墙足尺结构拟动力试验

(1) 试验概况

1981 年按日本和美国合作的大型结构抗震研究计划，在日本完成了一座 7 层钢筋混凝土房屋足尺结构的联机试验。这个试验就是将一个多自由度体系简化为等效单自由度体

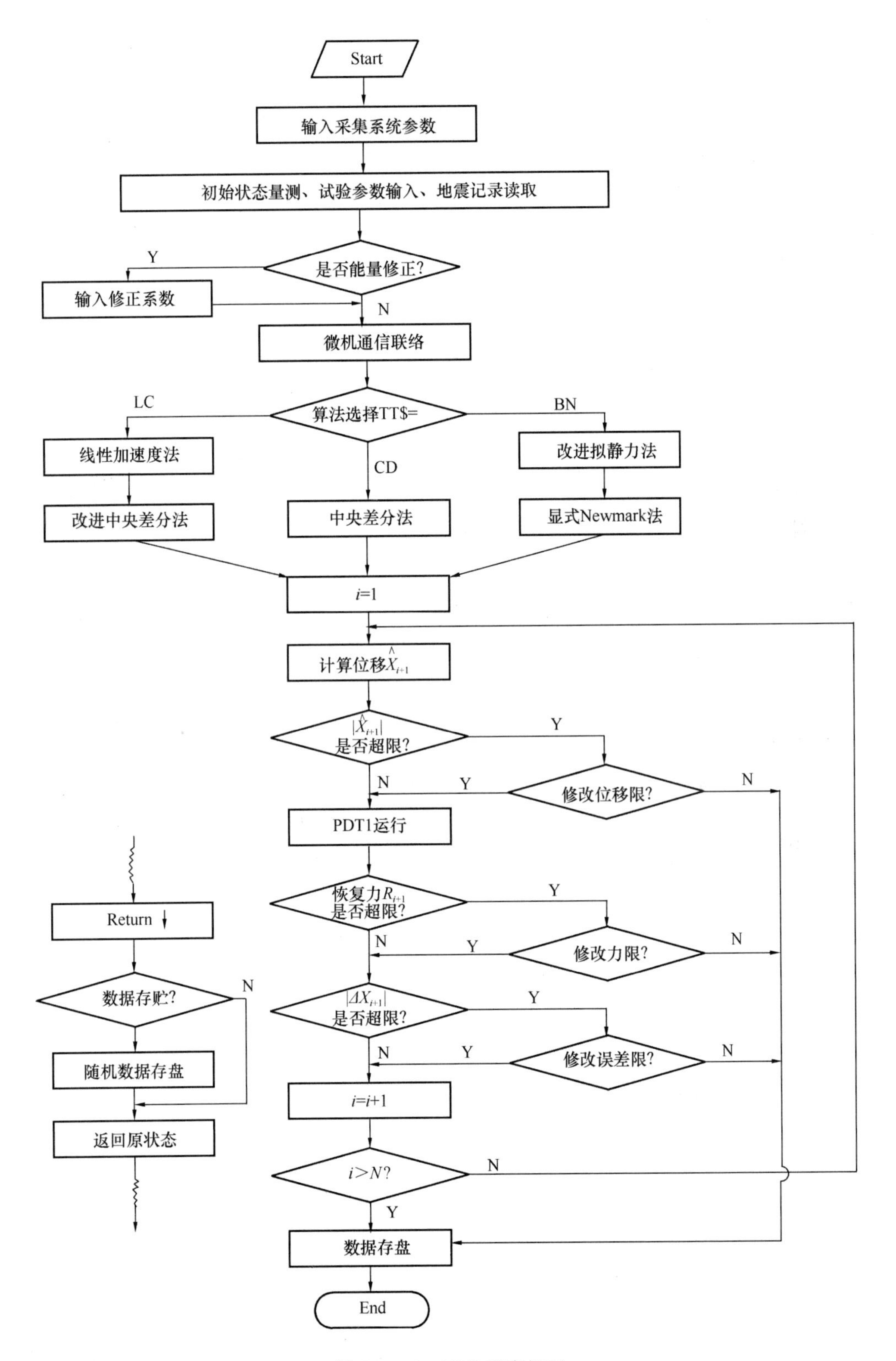

图 23.4.6　PDT 程序框图

系来进行试验工作的实例。整个试验工作是在日本建设省建筑研究所大型结构试验室的试验台座上进行的。

本项联机试验的目的在于：掌握钢筋混凝土框架结构在实际地震作用下的工作性能和破坏机制；研究和探讨结构抗震的分析方法以及检验与验证现有抗震规范的合理性。

试验对象是一座 7 层钢筋混凝土框架-剪力墙足尺结构，如图 23.4.7 所示。该房屋结构平面尺寸为 17m×16m，面积为 272m^2。在水平荷载加力方向为三跨，垂直于加力方向为二跨。框架底层高度为 3.75m，2～7 层高度各为 3.0m，总高度为 21.75m。

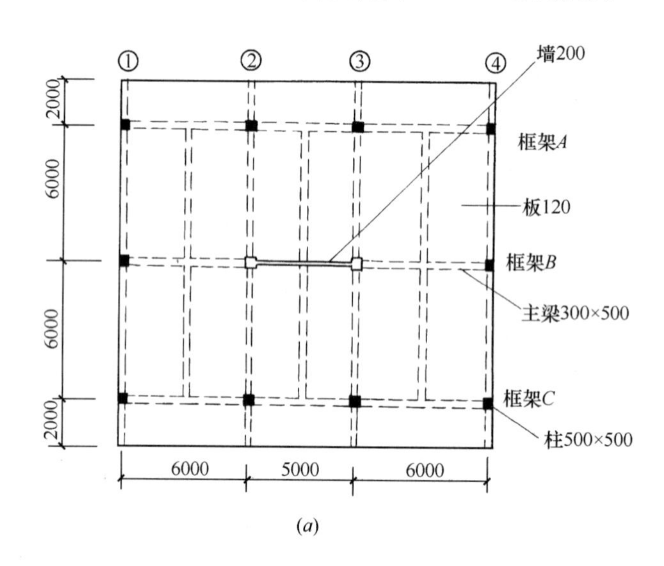

(*a*)

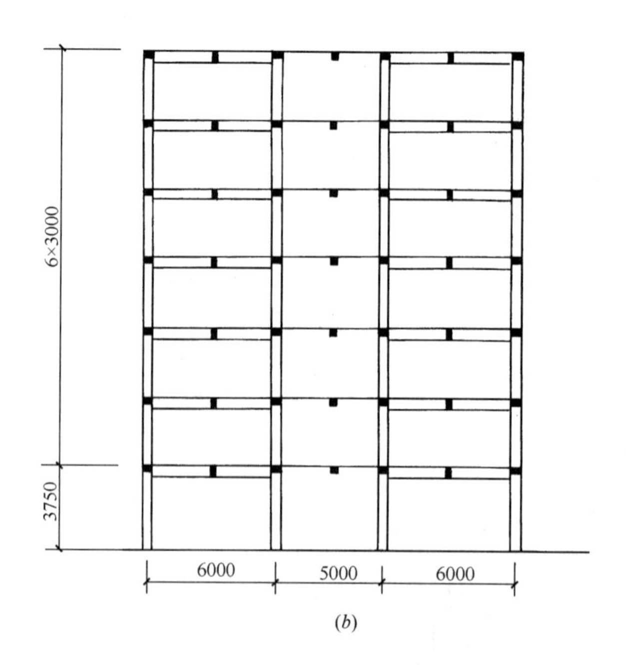

(*b*)

图 23.4.7　钢筋混凝土框架-剪力墙结构的平面图和剖面图（mm）

(*a*) 平面图；(*b*) 剖面图

在 B 轴框架中 1～7 层为等截面壁厚 20cm 的剪力墙，该墙与柱无联系独立设置。柱截面均为50cm×50 cm，主梁截面为 30cm × 50cm，次梁截面为 30cm × 45cm，楼板厚为 12cm。

（2）试验方法

试验结构是一个多自由度体系，但从计算分析中得到，结构从弹性到破坏各个阶段的变形模态变化很少，为此可以将其置换成等效单自由度体系进行试验。

试验时将 7 层钢筋混凝土框架结构固定于大型抗侧力试验台座上，通过钢筋混凝土反力墙借助 8 台电液伺服加载器对结构各层施加横向水平荷载，如图 23.4.8 所示。在结构顶层采用 2 台出力各为±1000kN，冲程为±1000mm 的加载器，在其他各层楼面分别采用一台出力为±1000kN，冲程为 500mm 的加载器。在加载器头部连接加载钢架延伸到屋面及各层楼板的加载控制点，通过屋面及楼面对整个结构施加荷载。试验时外力分布保持倒三角形。

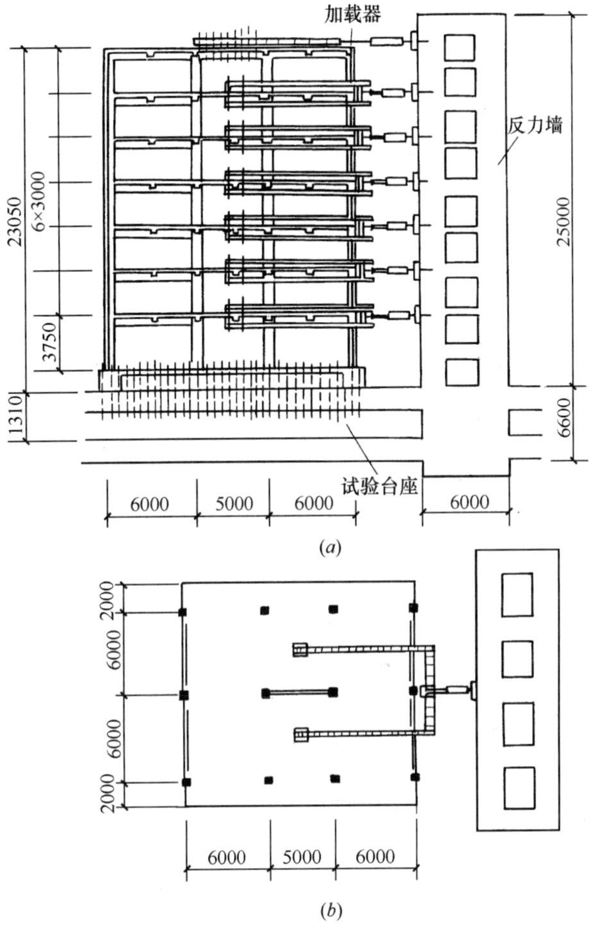

试验时将位于试验结构顶层的加载器按位移控制，该位移量的大小是根据试验结构顶层的位移及其基底剪力，通过等效单质点反应分析求得，而其他各层的加载器是按倒三角形外力分布的各层比例用荷载控制。试验过程中计算机系统仅控制结构顶层加载器的加载位移，其他各层输入加载器的外力与联机系统无关。

图 23.4.8 试验加载设备装置图（mm）

（*a*）试验结构剖面；（*b*）各层平面

（3）试验测点与试验流程

应变测点总共有 541 个，其中在梁、板、柱和剪力墙的钢筋上粘贴了 413 个应变片，混凝土上有 120 个应变片，加载钢架的横梁上有 8 个测点。位移测点共 192 个，其中垂直位移 43 点，水平位移 37 点，梁柱端点转角 104 点，墙体剪切位移 6 点，边梁延伸部分 2 点。电测倾角仪 7 个。加载器的荷载和位移传感器各 8 个。

以上总共测点 756 个，其中 716 个直接输入计算机数据处理系统的硬盘，其余的由便携式电阻应变仪进行采集测量，在试验过程中收集每一时段的试验数据。

试验结构在按倒三角形分布的等效静荷载作用下，不同试验阶段所得各层相对位移及其平均值见表 23.4.1。

不同试验阶段各层位移（mm） **表 23.4.1**

	A	B	C	D	E	F	
时段	50	110	182	241	307	318	平均
7	1.292 (1.000)	2.853 (1.000)	5.252 (1.000)	7.775 (1.000)	22.746 (1.000)	35.581 (1.000)	(1.000)
6	1.097 (0.850)	2.422 (0.849)	4.442 (0.846)	6.555 (0.843)	19.467 (0.856)	30.511 (0.858)	(0.850)
5	0.895 (0.693)	1.976 (0.693)	3.606 (0.687)	5.300 (0.682)	16.137 (0.709)	25.387 (0.713)	(0.696)
4	0.689 (0.533)	1.520 (0.533)	2.757 (0.525)	4.033 (0.519)	12.786 (0.562)	20.246 (0.569)	(0.540)
3	0.481 (0.372)	1.061 (0.372)	1.912 (0.364)	2.779 (0.357)	9.439 (0.414)	15.112 (0.425)	(0.384)
2	0.282 (0.218)	0.622 (0.218)	1.110 (0.211)	1.601 (0.206)	6.172 (0.271)	10.069 (0.283)	(0.234)
1	0.111 (0.086)	0.245 (0.086)	0.432 (0.082)	0.614 (0.079)	3.105 (0.136)	5.239 (0.147)	(0.102)
$M_r u_r$	0.633	0.633	0.627	0.622	0.668	0.676	0.643

注：A：弹性阶段；B：梁端形成屈服；C：转角 1/400；D：剪力墙底部屈服；E：最终屈服；F：形成机构。

由结构变形模态、质量和作用的外力决定等效单自由度体系的底部剪力 V_1 和顶层位移 X_7。

$$(u_r)=\begin{pmatrix}1.00\\0.85\\0.696\\0.540\\0.384\\0.234\\0.102\end{pmatrix},(M_r)=\begin{pmatrix}1.56\\1.73\\1.73\\1.73\\1.73\\1.73\\1.87\end{pmatrix}\text{kN}\cdot\text{s}^2/\text{cm},(F_r)=\begin{pmatrix}217.5F\\187.5F\\157.5F\\127.5F\\97.5F\\67.5F\\37.5F\end{pmatrix}\text{kN}$$

振型参与系数 $\beta=\dfrac{\Sigma M_r u_r}{\Sigma M_r u_r^2}=1.422$

底部剪力 $V_1=\sum_{r=1}^{7}F_r=892.5F$

等效外力 $\widetilde{F}=\sum_{r=1}^{7}F_r u_r=612.4F$

所以 $V_1=1.457\widetilde{F}$

$$X_7 = u_7 \cdot \beta \widetilde{X} = 1.0 \times 1.422 \widetilde{X} = 1.422 \widetilde{X}$$

等效位移 $$\widetilde{X} = \left(\frac{1}{\beta}\right) X = \left(\frac{1}{\beta}\right) \frac{X_r}{u_r}$$

式中 F_r——第 r 层的外力；

u_r——第 r 层规一化振型系数；

X_r——第 r 层位移；

M_r——第 r 层质量。

这样，7 层钢筋混凝土足尺结构按等效单自由度体系进行联机试验的试验流程如下：

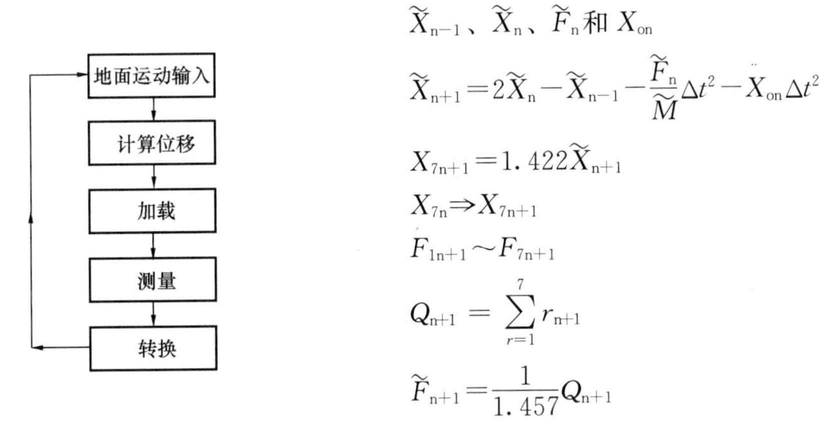

$\widetilde{X}_{n-1}$、$\widetilde{X}_n$、$\widetilde{F}_n$ 和 X_{on}

$$\widetilde{X}_{n+1} = 2\widetilde{X}_n - \widetilde{X}_{n-1} - \frac{\widetilde{F}_n}{\widetilde{M}} \Delta t^2 - \ddot{X}_{on} \Delta t^2$$

$$X_{7n+1} = 1.422 \widetilde{X}_{n+1}$$

$$X_{7n} \Rightarrow X_{7n+1}$$

$$F_{1n+1} \sim F_{7n+1}$$

$$Q_{n+1} = \sum_{r=1}^{7} r_{n+1}$$

$$\widetilde{F}_{n+1} = \frac{1}{1.457} Q_{n+1}$$

（4）试验结果

在进行联机试验前对结构作动力和静力试验，测得有关的试验数据，整个联机试验从弹性到塑性分 4 个阶段进行：

1）PSD-1 试验，以探讨和评价等效单自由度系统分析方法和联机试验的可靠性为目的。

在分析中用 Takeda 的三线型恢复力特性曲线描述结构的滞回特性。试验时控制层间变形转角为 1/7000，输入宫城县冲（N-S）校正地震记录加速度峰值的 0.088 倍，最大加速度峰值为 23.5cm/s^2。图 23.4.9 为 PSD-1 和 PSD-2 试验输入的宫城县冲（N-S）校正地面运动加速度的时程曲线。如图 23.4.10 所示为 PSD-1 试验时结构顶层的位移反应时

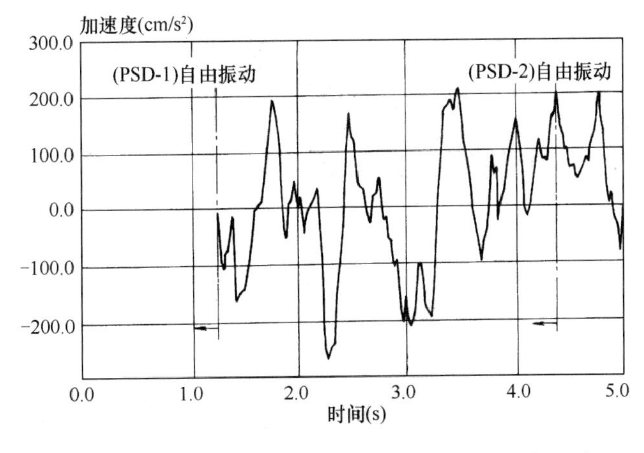

图 23.4.9 PSD-1 和 PSD-2 试验输入地面运动加速度

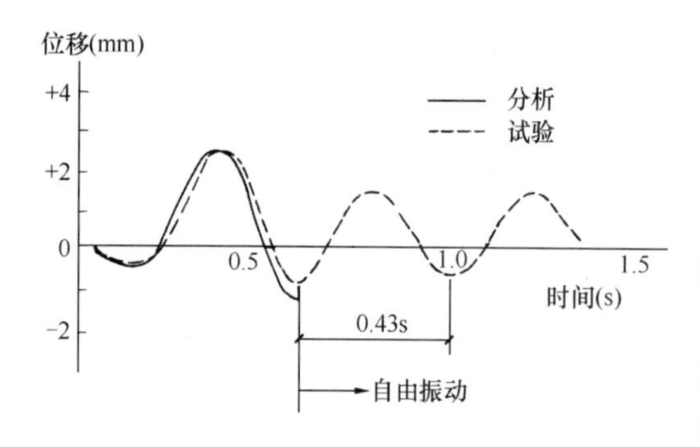

图 23.4.10　PSD-1 试验结构顶层位移反应的时程曲线

程曲线。试验（虚线）持续 1.3s，在 0.5s 以后的 0.8s 里相当于自由振动，分析曲线（实线）在 0.5s 后终止。

从图 23.4.10 中的分析曲线与试验曲线对比可以证明数值分析模拟试验反应的能力。由图中虚线得到单自由度体系的自振周期为 0.43s，与振动试验得到的基本自振周期一致。试验后结构没有发现裂缝。

2）PSD-2 试验，以超过结构混凝土开裂点的 1/400 层间变形转角为控制值。

输入地面运动加速度与 PSD-1 试验时的时程曲线相同，但最大加速度为 105cm/s^2，相当于宫城县冲（N-S）校正地震记录加速度峰值的 0.396 倍。图 23.4.11 表示了实测与计算的顶层位移时程曲线。从图 23.4.11 可见，试验反应与数值分析在地面运动开始输入的 2s 内的相关性是很好的。但超过 2s 后，分析曲线偏离试验曲线将近一倍，这是由于理论分析的开裂荷载比试验结果要低，当按实际开裂荷载计算后，在图 23.4.11 中的点划线与试验曲线（虚线）就比较吻合。

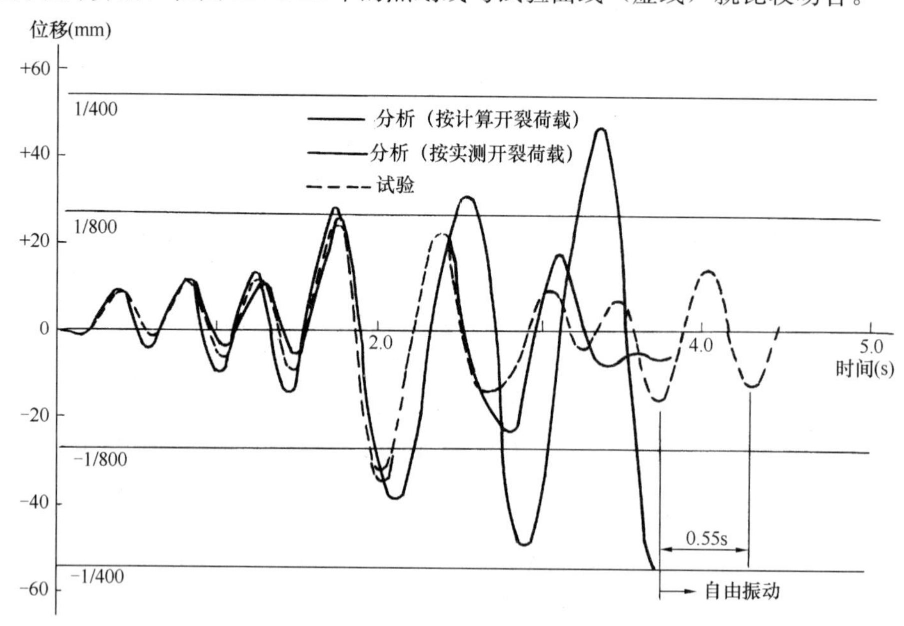

图 23.4.11　PSD-2 试验时结构顶层位移反应时程曲线

试验是用指定的地面运动的前 3.8s 完成的，而在延续的另外 0.7s 是自由振动，自振周期为 0.55s，这是弹性阶段自振周期 0.43s 的 1.28 倍。

试验中裂缝发生在剪力墙的底部、边界梁和板上。

3）PSD-3 试验，以达到结构塑性变形的 3/400 层间变形转角为试验加载的控制值。

用校正后的 1952 年塔夫特（Taft，E—W）地震记录输入，最大地面运动加速度为 320cm/s^2（为实际最大幅值的 0.962 倍），如图 23.4.12 所示。

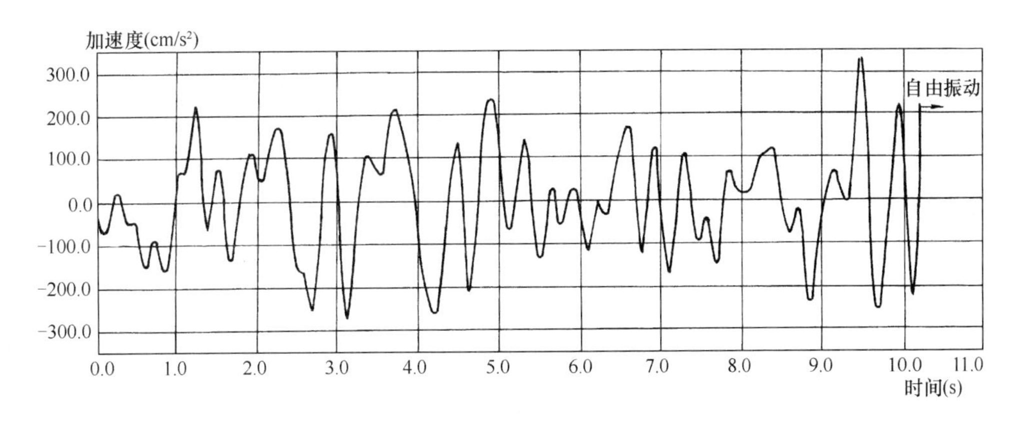

图 23.4.12 PSD-3 试验时输入地面运动加速度时程曲线

图 23.4.13 表示了 PSD-3 试验时结构顶层位移反应的时程曲线。在曲线的前 4s 时间内试验与分析结果非常接近，在 4.5s 时结构顶层的最大位移为 240mm，相应的转角为 1/91。在以后的时间内试验曲线超过分析曲线约 24%。试验与分析两者的误差在于过高估计了 Takeda 模型滞回环的面积，在分析中过大的滞回环引起了更大的滞回阻尼，结果使变形变小。在地面运动输入 10s 以后，试验结构又继续自由振动，这时自振周期延长为 1.16s。

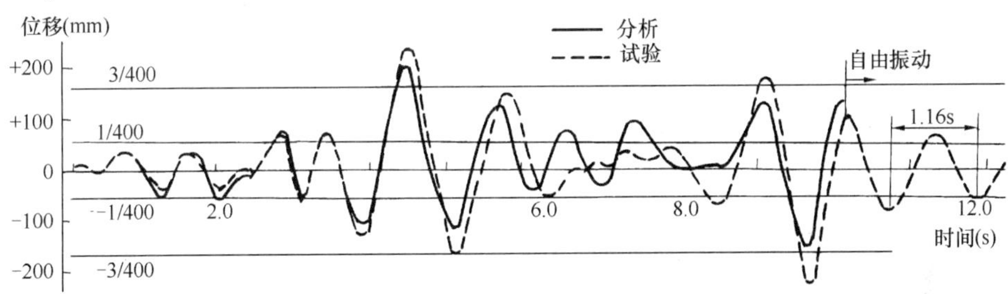

图 23.4.13 PSD-3 试验时结构顶层位移反应时程曲线

在 PSD-3 试验期间，剪力墙底部发生许多剪切和弯曲裂缝，从剪力墙到梁边界连接处的混凝土有碎片剥落，柱端混凝土开始压碎。

4）PSD-4 试验，控制层间变形转角为 1/75。

输入地面运动为 1968 年十胜冲(E—W)分量，最大加速度为 350cm/s^2(为实际最大幅度的 1.914 倍)，如图 23.4.14 所示。

图 23.4.15 表示了实测与计算的在 PSD-4 试验时顶层位移反应时程曲线。由图 23.4.15 可见，在整个时间历程内试验与分析的曲线几乎是相同的，试验时正负方向各自的最大转角为 1/64 和 1/68。

试验时没有观测到新的裂缝，但原有裂缝有很大的发展，在最大

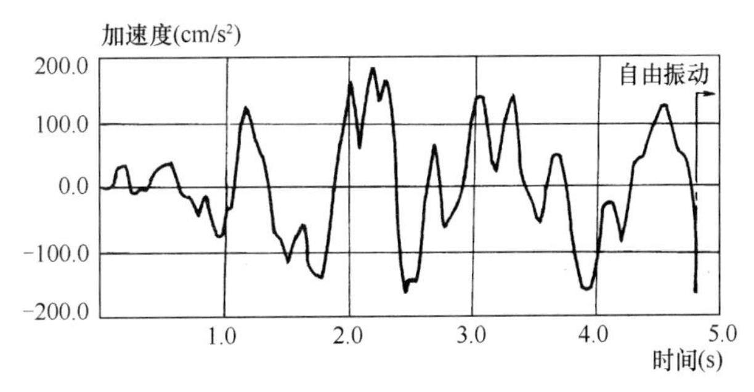

图 23.4.14 PSD-4 试验时输入地面运动加速度时程曲线

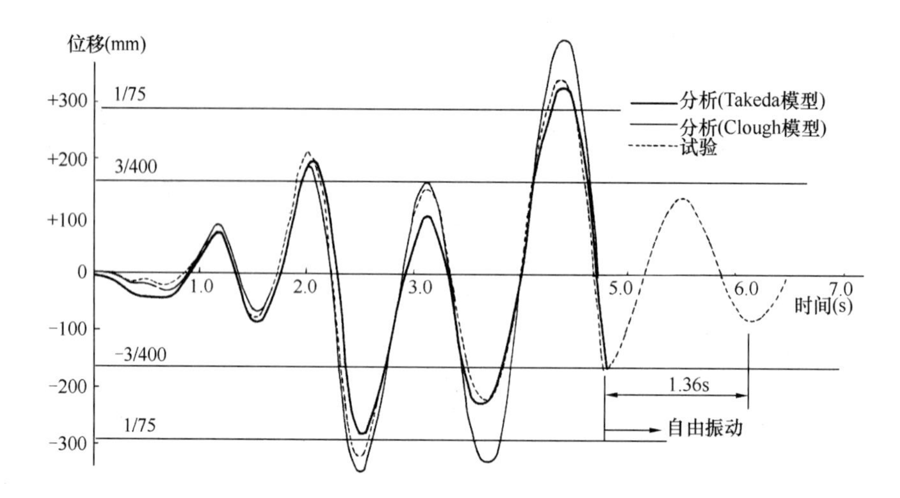

图 23.4.15　PSD-4 试验时结构顶层位移反应时程曲线

位移的平面内边柱底部弯曲裂缝宽度为 4mm，剪切裂缝扩展到剪力墙，裂缝宽度超过 1mm。在试验中边梁继续严重破坏，与剪力墙连接处的混凝土剥落，第 6 层的梁中钢筋屈曲。

在联机试验的最后阶段又进行自由振动试验，测得结构自振周期为 1.36s，是弹性阶段自振周期的 3 倍。图 23.4.16 为 PSD-4 试验时结构顶层位移和基底剪力的关系曲线。

将 PSD-1 到 PSD-4 这 4 个阶段的试验结果列于表 23.4.2。

从表 23.4.2 所列试验结果可以得到几点结论：

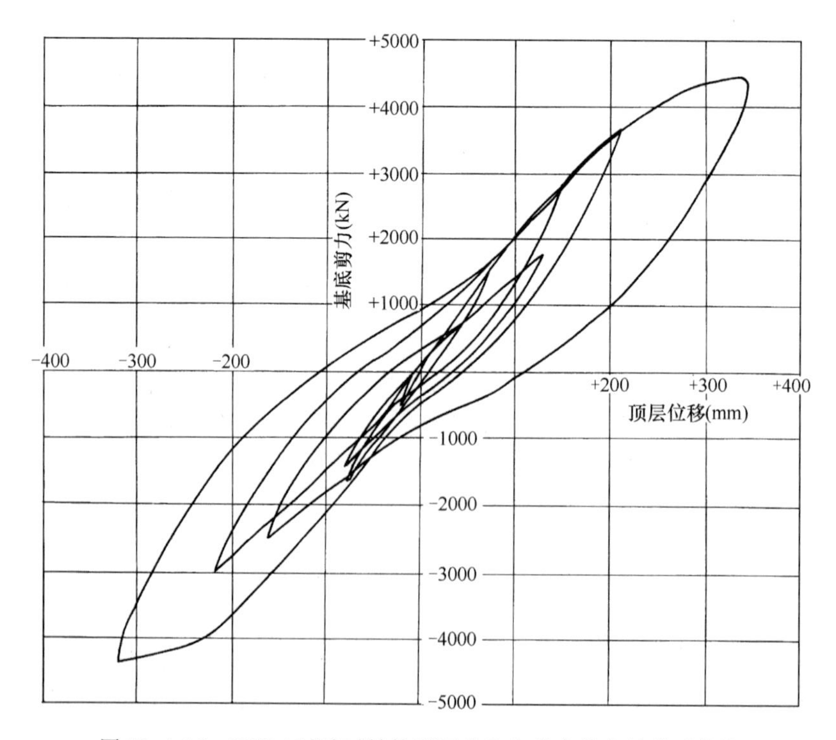

图 23.4.16　PSD-4 试验时结构顶层位移和基底剪力的关系曲线

联机试验的结果 **表 23.4.2**

试验次序	试验条件	试验结果	试验次序	试验条件	试验结果
PSD-1	宫城县冲（NS）校正地震记录 $A_{max}=23.5cm/s^2$ $\zeta=0$ $\Delta t=0.01s$ $\delta_0=\pm3mm$ $R_0=\pm1/7000$	$\delta_t=2.5mm$ $R_t=1/8600$ $V_t=+315kN$ $-153kN$	PSD-3	塔夫特（EW）校正地震记录 $A_{max}=320cm/s^2$ $\zeta=0$ $\Delta t=0.01s$ $\delta_0=\pm163mm$ $R_0=\pm3/400$	$\delta_t=+238mm$ $-223mm$ $R_t=+1/91$ $-1/97$ $V_t=+4143kN$ $-4093kN$
PSD-2	宫城县冲（NS）校正地震记录 $A_{max}=105cm/s^2$ $\zeta=0$ $\Delta t=0.01s$ $\delta_0=\pm55mm$ $R_0=\pm1/400$	$\delta_t=+26mm$ $-33mm$ $R_t=+1/836$ $-1/659$ $V_t=+1944kN$ $-2240kN$	PSD-4	十胜冲（EW）地震记录 $A_{max}=350cm/s^2$ $\zeta=0$ $\Delta t=0.01s$ $\delta_0=\pm290mm$ $R_0=\pm1/75$	$\delta_t=+342mm$ $-321mm$ $R_t=+1/64$ $-1/68$ $V_t=+4325kN$ $-4390kN$

注：A_{max}为输入地面运动最大加速度；ζ为拟动力试验阻尼系数；Δt为数值积分时间间隔；δ_0、δ_t为结构顶层最大水平位移（0为目标，t为实现）；R_0、R_t为最大顶点位移角（δ/总高度）；V_t为总剪力（底部剪力）。

1）由PSD-4试验所得图23.4.16结构顶层位移和基底剪力关系曲线可见，二者之间保持良好的恢复力特性。

2）将试验结果与等效单自由度和多自由度体系分析的典型结果进行比较，如图23.4.17（*a*）、（*b*）所示结果，表明等效单自由度和多自由度体系的位移、弯矩反应一致，但与试验结果相比略有误差，同时注意到结构顶层位移与基底倾覆力矩二者反应的时程趋势极为相似。由图23.4.17（*c*）的基底剪力时程曲线表明，等效单自由度的分析与试验结果也稍有误差，但与按多自由度分析的结果有较大差别，这主要是由于高振型，尤其是第二振型的影响起着主要的作用。

3）结构的变形从弹性到塑性的发展与假定的变形形式一致。

4）由于结构布置有连续的抗震剪力墙，因此每层层间的变形大体相同，结构破坏并非集中在某一楼层。

由此可以认为，对于基本振型起主要作用的结构体系，采用等效单自由度体系进行联机试验（即拟动力试验）是适合的，它是一个可以接受的简便而实用的试验方法。

2. 两层两跨钢筋混凝土框架拟动力试验[13]

（1）试验概况

图23.3.12表示框架模型的结构尺寸及配筋情况。该模型按缩尺比例1∶2.5设计，跨度为202.5cm，上、下层层高分别为115cm和123cm。为了实现梁端塑性铰转移，梁中部分纵筋在离柱表面15cm处交叉弯起，形成潜在塑性铰区。整个模型按强柱弱梁原则设计，构造配筋按二级抗震要求设置。模型材料性能见表23.4.3。

试验中用水平荷载来模拟地震作用，由位移控制，按两个自由度体系进行拟动力试验；通过施加不变轴力来模拟重力作用，边柱轴力150kN，中柱轴力250kN。试验量测数据包括层位移、层恢复力、钢筋应变、节点转角、节点剪切变形以及钢筋粘结滑移等。在地震反应试验前，首先进行单自由度的弹性脉冲试验，以确定能量修正系数；随后进行两个自由度的模型地震反应拟动力试验，此时输入EL-centro 1940NS地震动加速度记录。试验中逐次增大地震波的加速度峰值，相应的加速度峰值依次为0.05*g*、0.2*g*、0.4*g*和0.5*g*。试验模型的参数如下，阻尼比$\zeta_1=\zeta_2=0.05$，层质量$m_1=m_2=47000kg$，每步执

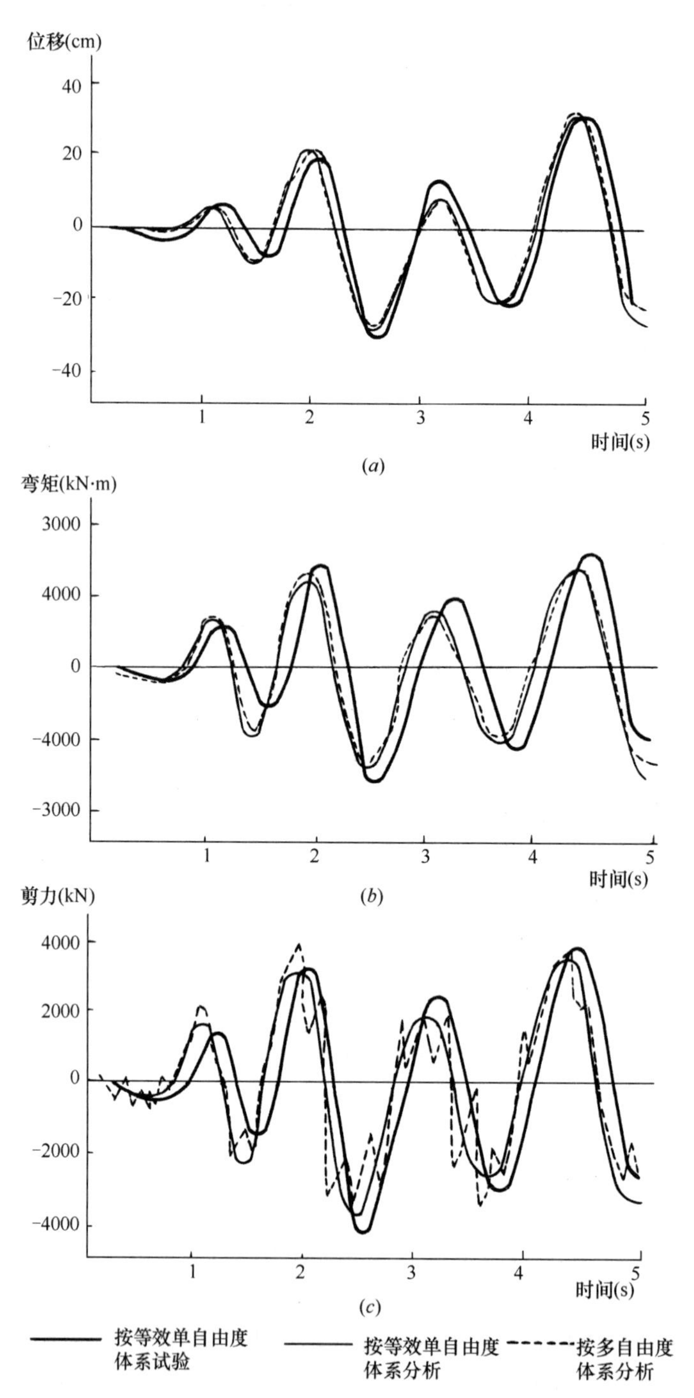

图 23.4.17　等效单自由度、多自由度的分析和等效单自由度试验结果比较

(*a*) 结构顶层位移时程曲线；

(*b*) 基底倾覆力矩时程曲线；

(*c*) 基底剪力时程曲线

行时间为3700ms。

模型材料性能 **表23.4.3**

混凝土	钢筋			
R（$\times10^5$Pa）	直　径	f_y（$\times10^5$Pa）	f_{yk}（$\times10^5$Pa）	E_g（$\times10^{11}$Pa）
373	Φ12	4067	6108	2.107
	Φ14	3812	5858	
	Φ16	3070	4656	

（2）试验结果与分析

图23.4.18表示单顶弹性脉冲试验的位移时程反应曲线，期望曲线与实测曲线十分符合，这表明该联机系统具有良好的控制精度。

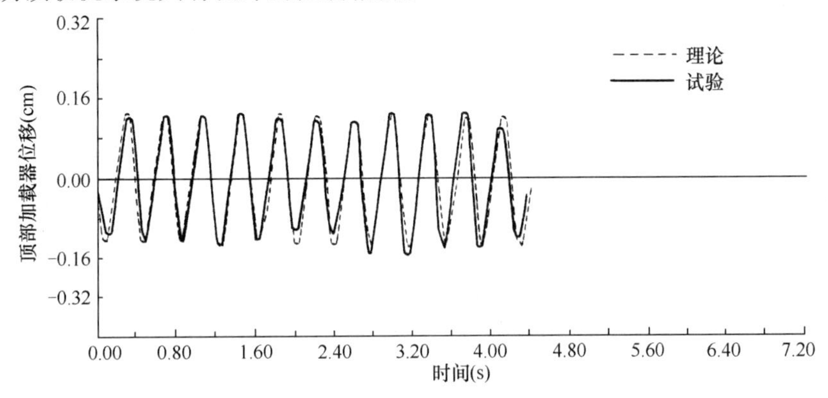

图23.4.18　脉冲试验位移时程曲线

图23.4.19描绘了试验模型在地震作用下的裂缝发展及其破坏形态。从试验过程看，当输入地震波峰值加速度$A_{0max}=0.05g$时，结构基本处于弹性状态，仅在底层柱根部有微小裂缝出现。相应的位移时程反应曲线如图23.4.20所示，其中较大的位移反应与EL-centro地震波的两组高波峰相对应。图23.4.21表示这级荷载下结构底层的层间恢复力曲线。该曲线基本上成直线，表明结构处于弹性状态，这与宏观现象一致。

当输入加速度峰值$A_{0max}=0.2g$时，在底层柱根部以及顶层和底层梁中塑性铰转移处

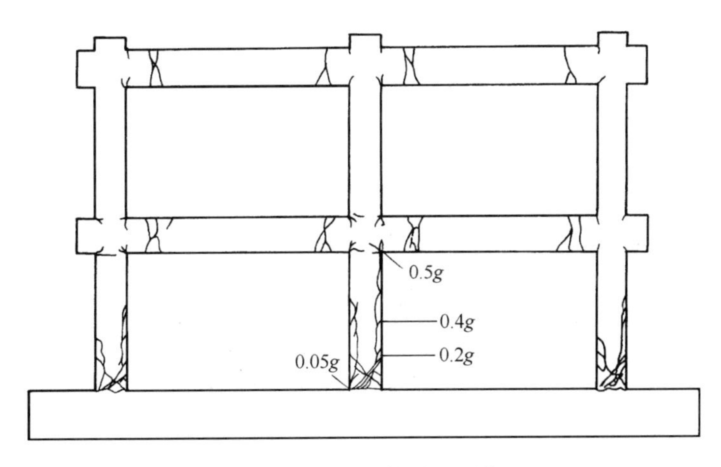

图23.4.19　结构破坏形态

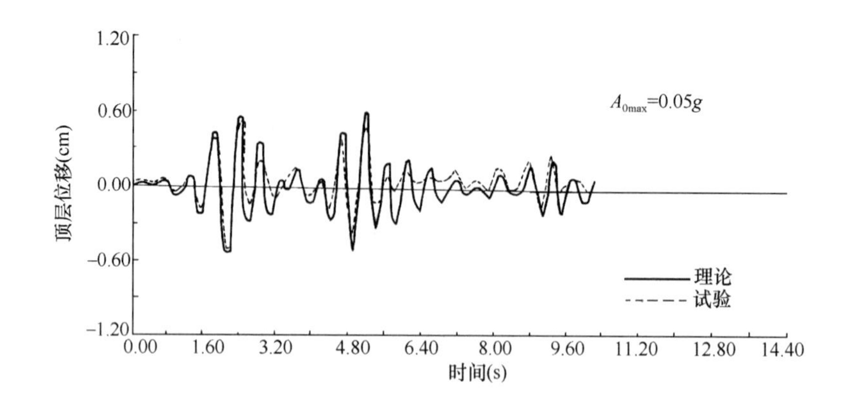

图 23.4.20　结构位移时程反应曲线（$A_{0max}=0.05g$）

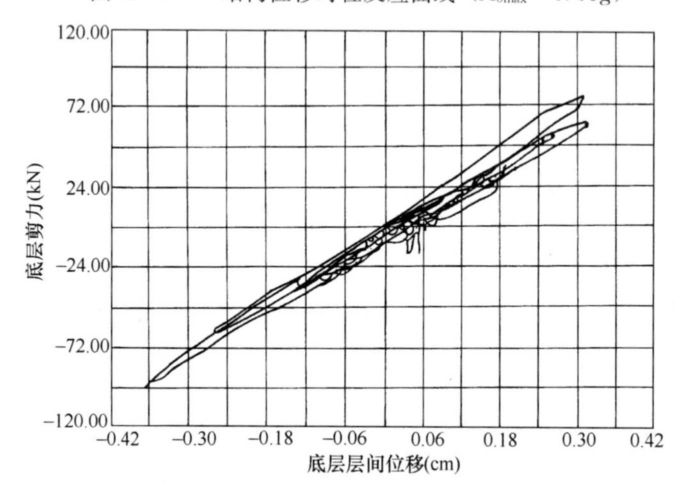

图 23.4.21　结构层间恢复力曲线（$A_{max}=0.05g$）

产生较明显的弯曲裂缝，而且底层中柱根部裂缝又进一步形成弯剪斜裂缝。试验结束后，结构复位，绝大多数裂缝能够闭合，就整体而言，结构并未产生严重破坏。图 23.4.22 表示相应的结构顶层位移时程曲线，与图 23.4.21 相比，振动周期变长、振动次数略有减少。图 23.4.23 为结构底层层间恢复力曲线，根据滞回曲线可知，结构已进入屈服阶段。

当输入加速度峰值 $A_{0max}=0.4g$ 时，原有裂缝进一步发展，底层两边柱根部出现弯剪

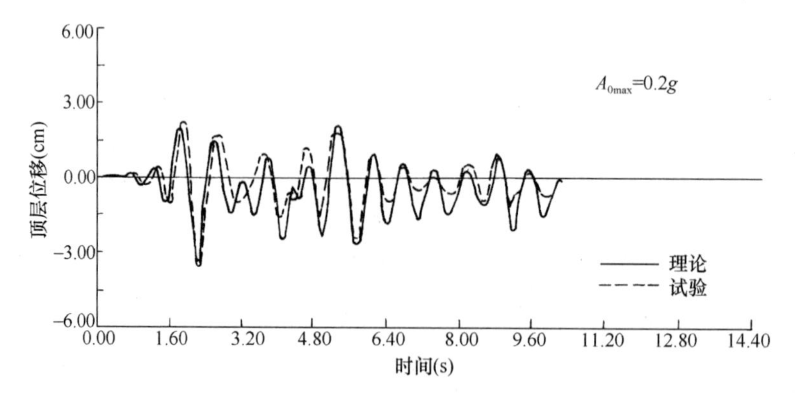

图 23.4.22　结构位移时程反应曲线（$A_{0max}=0.2g$）

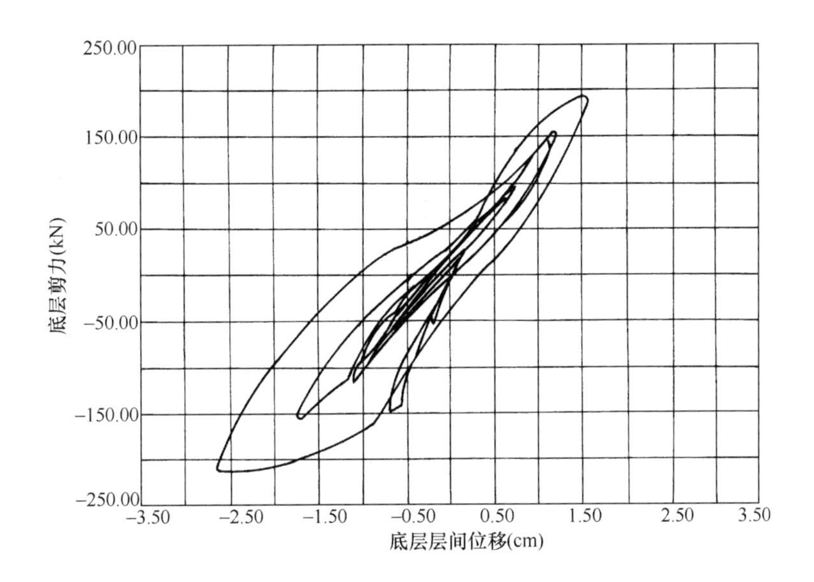

图 23.4.23　结构层间恢复力曲线（$A_{max}=0.2g$）

斜裂缝。随着位移反应的增大，结构反复位移次数的增多，底层中柱根部的斜裂缝沿柱纵筋向上发展，导致钢筋与周围混凝土之间的粘结开裂。与此同时，梁端出现微小弯曲裂缝，节点核芯处出现沿对角线方向的混凝土斜裂缝。图 23.4.24 为结构顶层位移时程曲线。在前两级反应曲线中，在两组较大位移反应峰值之间，曾有一段小幅振荡区。而在本级加载中，由于累积破坏及刚度衰减的影响，原来的小幅振荡区基本上被大幅振荡所取代。这样在 1.6～6.4s 区段内就形成了一个连续的大幅值位移反应带，使得结构破坏严重。图 23.4.25 为底层恢复力曲线，由图可知，此时结构已处于屈服后的强化阶段。

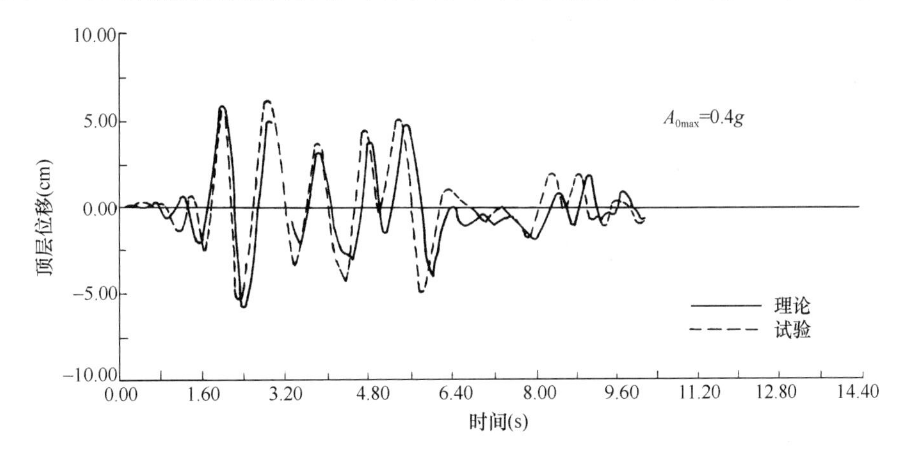

图 23.4.24　结构位移时程反应曲线（$A_{0max}=0.4g$）

3. 东京大学具有偏心的单层单跨钢筋混凝土框架拟动力试验

如果质量中心和刚度中心不重合，结构在强震作用下将产生水平和扭转耦联振动。近年来在日本发生几次强震，某些钢筋混凝土结构房屋由于偏心而遭到严重破坏。日本东京大学工业技术研究所进行了具有偏心的单层钢筋混凝土框架按两个自由度体系的拟动力试验。模型取 1/4 比例，单跨单开间，即刚性板支承在 4 根钢筋混凝土柱上或加 1 片剪力

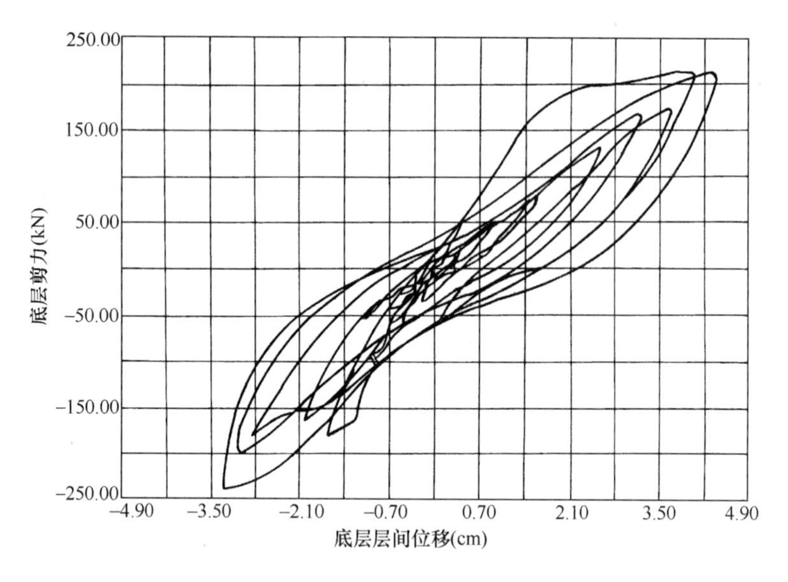

图 23.4.25　结构层间恢复力曲线（$A_{0max}=0.4g$）

墙。试验模型如图 23.4.26 所示。

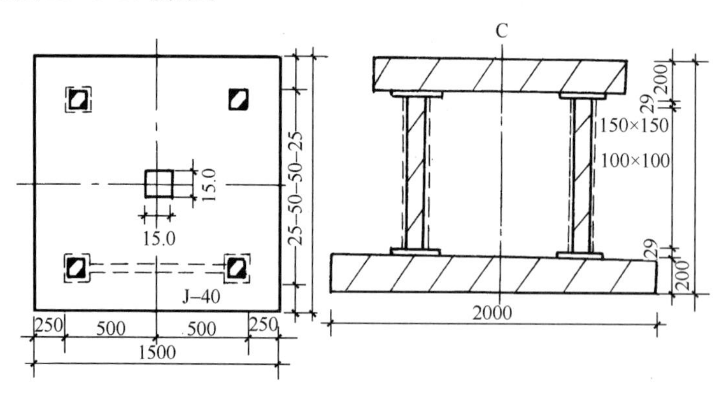

图 23.4.26　扭转耦联地震反应试验模型图（mm）

模型共有 4 个，其中 1 个无偏心。地震波只沿 x 方向输入。地震波采用 Hachinoche 1968NS 地面加速度记录。4 个试验模型的偏心，如图 23.4.27 所示。模型 EFU-01 的偏

框架	EFU–01	EFU–11	EWU–11	EFU–21
平面	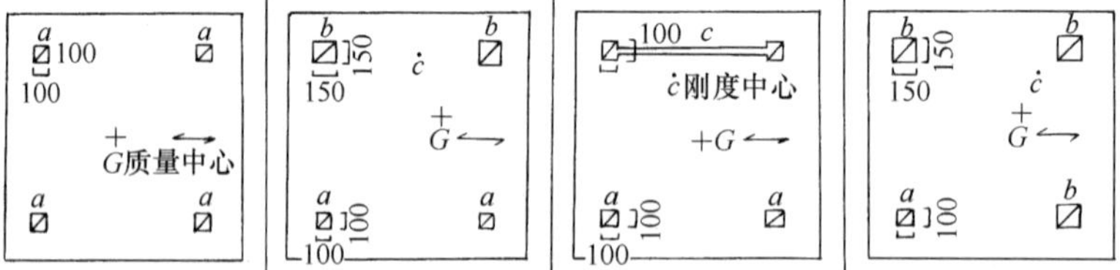 a 100 100 a a a G质量中心	b 150 150 b c G a 100 100 a	100 c c刚度中心 G a 100 100 a	b 150 150 b c G a 100 b
类型	四柱		三柱-墙	四柱
荷载方向	x向			
扭转耦联	非	x向耦联		x、y向耦联

图 23.4.27　模型的偏心

心率 $R_{ex}=R_{ey}=0$；对模型 EFU-11，$R_{ex}=0.54$，$R_{ey}=0$；对模型 EWU-11，$R_{ex}=3.34$，$R_{ey}=0$；对模型 EFU-21，$R_{ex}=R_{ey}=0.18$。偏心率为偏心矩与楼面回转半径之比。框架层间强度与地震波加速度峰值之比 K_y/K_g 为 1.0～1.2。模型偏心情况如图 23.4.27 所示，试验结果见表 23.4.4。

扭转耦联单层框架的拟动力试验结果　　表 23.4.4

框架编号	设计参数						试验值			
	刚度	周期	(sec)	质量	极限承载力	比值			最大位移反应	
	K_x (K_y) (kN/cm)	T_x^{*1} (T_y)	T_1^{*2} T_2 T_3	M (kN·sec²/cm) (t)	V_x (V_y) (kN)	K_y/K_g	最大荷载 V (kN)	K_y/K_g	X_1 (cm)	位移角 R
EFU-01	11 5 (11 5)	0.2 (0.2)	0.2 — —	0.1167 (11.67)	4 2 (4 2)	1.21	4 3.7	1.26	2.33	1/39
EFU-11	34 9 (34 9)	0.2 (0.2)	0.26 0.15 —	0.3538 (35.38)	8 5 (8 5)	1.22	7 4.0	1.05	2.04	1/44
EWU-11	405 8 (11 5)	0.2 (1.19)	1.00 0.16 —	4.111 (411.1)	13 8 (4 2)	0.95	6 6.3	0.46	1.68	1/54
EFU-21	46 6 (46 6)	0.2 (0.2)	0.22 0.20 0.16	0.4724 (47.24)	10 1 (10 1)	1.20	10 5.2	1.25	1.62	1/56

注：*1 非耦联平移周期，*2 扭转耦联周期。

图 23.4.28 表示扭转角与水平位移间的关系。从图 23.4.28 中可见，随着水平位移的增大，扭转角随之增大，而且结构偏心率愈大，扭转角则愈大。角柱位移随着框架偏心率的增加而明显增大，比平移振动的框架遭到更为严重的破坏。

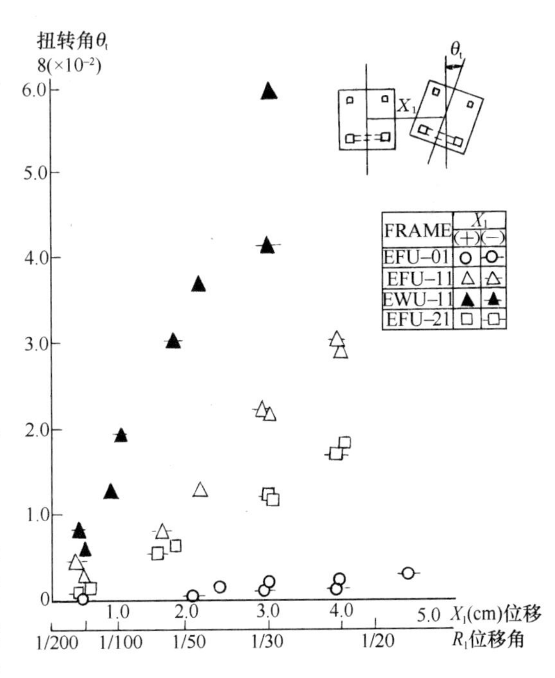

图 23.4.28　扭转角与水平位移间的关系图

模型 EFU-01 由于质心和刚心重合，不发生扭转，其破坏形态主要发生弯曲破坏，裂缝产生在柱上下两端。其他三个模型，由于偏心的缘故，在柱的中间部位发生由扭转引起的斜向剪切裂缝。通过上述试验表明，计算机—加载器联机的拟动力试验系统对研究扭转耦联钢筋混凝土结构的非线性地震反应是有效的，但推广应用于多自由度体系尚须加以改进。

23.5　结构模型的振动台模拟地震试验

一般说来，原型结构的振动试验只能获取结构物在小振幅情况下的动力特性，而结构物在强烈地震作用下往往已处在非弹性阶段。在原型结构上作非弹性试验或破坏试验，最好的办法是利用天然地震，但是既不可以随意控制，也难以预测何时发生地震，而且机会很少。因此，在试验室内利用振动台做模型试验就成为抗震试验研究的另一种主要方法。这一方法虽然很早就被采用，但由于振动台规模的限制，早期主要是在小比例模型上做些弹性和非弹性的地震模拟试验。直到20世纪60年代中期开始，美国、日本等国家逐步建立起来为了做大比例尺模型破坏试验的模拟地震运动的振动台，大大推进了结构非弹性地震反应研究工作。国内近些年来相继建成了中大型模拟地震振动台，积极开展室内模拟地震的结构模型试验研究工作。

23.5.1 地震模拟振动台

地震模拟振动台是为了在模型上再现地震作用的振动装置，它可以模拟地震时地面运动，相当于对结构模型基础按照一定地震波的要求施加一个地面运动。表23.5.1给出了已建成的主要的地震模拟振动台及其性能。

国内外已建成的主要地震模拟振动台 表23.5.1

设置单位	推动方式	台面尺寸(m)	台面重(t)	最大载重(t)	频率范围(Hz)	最大位移(mm)	最大速度(cm/s)	最大加速度(g)	激振力(kN)
中国水利水电科学研究院	油压	5×5	25	20	0.1～120	X：±400 Y：±400 Z：±300	40 40 30	1.0 1.0 0.7	—
同济大学	油压	4×4	10	15	0.1～50	X：±1000 Y：±500	100 60	1.2 0.8	—
同济大学(土木工程防灾国家重点实验室)	液压双向	四台阵 4×6	—	30 每台	0.1～50	X：±50 Y：±50	±100 ±100	1.5 1.5	—
中国建筑科学研究院	液压三向	6×6	40	80	0.1～50	X：±150 Y：±250 Z：±100	±100 ±125 ±80	1.5 1.0 0.8	—
中国核动力研究设计院	液压三向	6×6	—	60	0.1～100	X：±150 Y：±150 Z：±100	±100 ±100 ±80	1.0 1.0 0.8	—
中国地震局工程力学研究所	液压三向	5×5	—	30	0.5～40	X：±80 Y：±80 Z：±50	±60 ±60 ±30	1.0 1.0 0.7	—
广州大学(工程抗震研究中心)	液压三向	3×3	—	15	0.1～50	X：±100 Y：±100 Z：±50	±80 ±80 ±60	1.0 1.0 2.0	—
大连理工大学(水下振动台)	液压三向	3×3	—	10	0.1～50	X：±75 Y：±75 Z：±50	±50 ±50 ±35	1.0 1.0 0.7	—
重庆交通科研设计研究院(桥梁工程结构动力学国家重点实验室)	液压三向	双台阵 3×6	—	35 每台	0.1～50	X：±150 Y：±150 Z：±100	±80 ±80 ±60	1.0 1.0 ±1.0	—

续表

设置单位	推动方式	台面尺寸(m)	台面重(t)	最大载重(t)	频率范围(Hz)	最大位移(mm)	最大速度(cm/s)	最大加速度(g)	激振力(kN)
福州大学	液压 双向	三台阵 主：4×4 2.5×2.5	—	22 10	0.1～50	X：±25 Y：±25	±75 ±75	1.5 1.2	—
美国加州大学伯克利分校	油压	6.1×6.1	40.8	45.4	0～24	X：±152 Z：±51	63.5 23.4	0.67 0.22	X：225×3 Z：113×4
美国陆军工程队	油压	3.7×3.7	6	5.4	0.01～200	X：±140 Z：±70	—	X：22 Z：30	X：340×6 Z：410×9
日本原子能工程试验中心	油压	15×15	400	1000	0～30	X：±200 Z：±100	75 37.5	1.8 0.9	X：30000 Z：33000
日本国立防灾科技研究中心	油压	15×15	160	X：500 Z：200	0～50	±30	—	X：0.55 Z：1.0	900×4
日本建设省土木研究所	油压	6×8	—	100	0～30	±75	60	0.7	250×4
日本电力中央研究所	油压	6×6.5	25	120	0.1～20	±50	—	1.0	300×4
日本科学技术厅国立防灾科学技术中心	油压	6×6	25	75	0～50	X：±100 Y：±100 Z：±50	80 80 60	1.2 1.2 1.0	1000
日本三菱重工高砂研究所	油压	6×6	20	100	0～50	±50	—	1.0	X：300×2 Y：300×2
日本石川岛（播磨)重工业公司	油压	4.5×4.5	20	35	0.1～50	X：±100 Y：±100 Z：±67	75 75 50	1.5 1.5 1.0	2320
日本鹿岛建设技术研究所	油压	4×4	8.5	20	0～30	X：±150 Z：±75	—	X：1.2 Z：2.0	X：100×4 Z：200×4
日本港湾技术研究所	电动	4×3.5	10	30	1～100	±50	—	0.45	180
苏联水工研究所	油压	6×6	25	50	0.1～100	X：±100 Y：±100 Z：±75	60 60 50	1.2 1.2 1.0	1000
南斯拉夫 Kiriland Metodij 大学	油压	5×5	30	40	1～30	X：±125 Z：±50	6 38	0.67 0.40	—

振动台由激振器、台面、控制器、油源等几部分组成，如图 23.5.1 所示。台面尺寸是根据期望最大尺寸的结构模型和振动台投资规模等因素而定，目前世界上已建成的最大

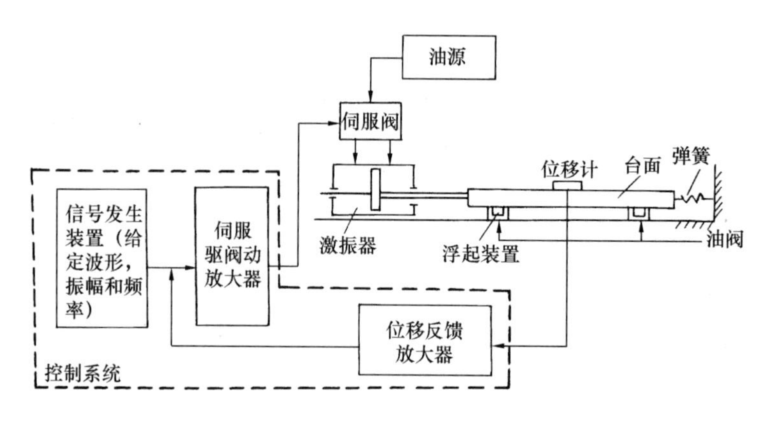

图 23.5.1　振动台组成框图

尺寸的振动台是日本防灾中心的 15m×15m 的大型单向振动台。而能做水平和垂直双向同时振动试验的则是美国加州大学的 6m×6m 的地震模拟台，日本原子能中心也建造了 15m×15m 的双向振动台。建造一个地震模拟台，特别是能做原型结构破坏的台子，投资是很大的。

目前采用的振动驱动系统有两种，一种为电磁式激振器，一种是电液式激振器。激振器的推力取决于可动质量和最大加速度。地震模拟台的特点是需要低频、大出力，因此多数均采用电液伺服系统来推动，如表 23.5.1 所示。电磁台的优点是波形失真小，但体积大、重量重；而电液台波形失真较大，但体积小、重量轻，在低频时能出大推力。电液台低频性能好，频带在 0～80Hz，适于自振频率较低的大模型试验；电磁台频带宽，在 5～1000Hz，适用于小模型和高次振型的试验。

23.5.2　试验方法

目前地震模型台有两种控制方法：模拟控制（模控）和数字计算机控制（数控）。模控是采用闭环位移反馈系统，属于位移误差跟踪模拟控制；数控是利用计算机将输入和台面的反应之间的传递函数求出，用计算机来修正输入指令信号再输入到模控系统中去，以达到台面反应的谱与原始输入讯号的谱相一致，图 23.5.2 是一种控制系统的框图示例。图

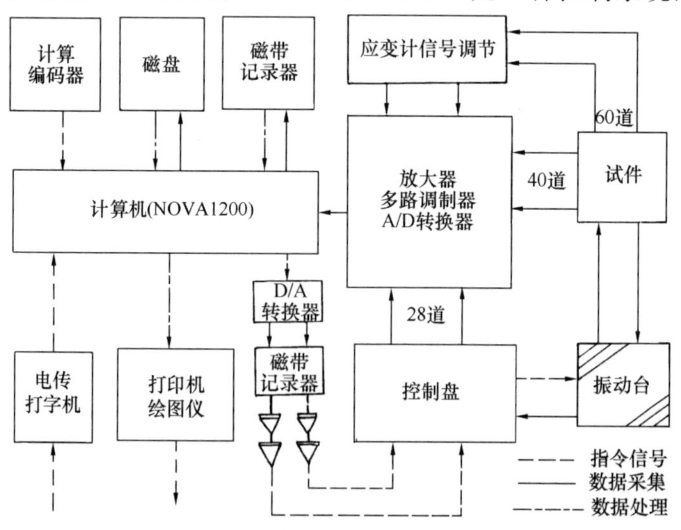

图 23.5.2　振动台控制框图示例

23.5.3 是三向振动台示意图。

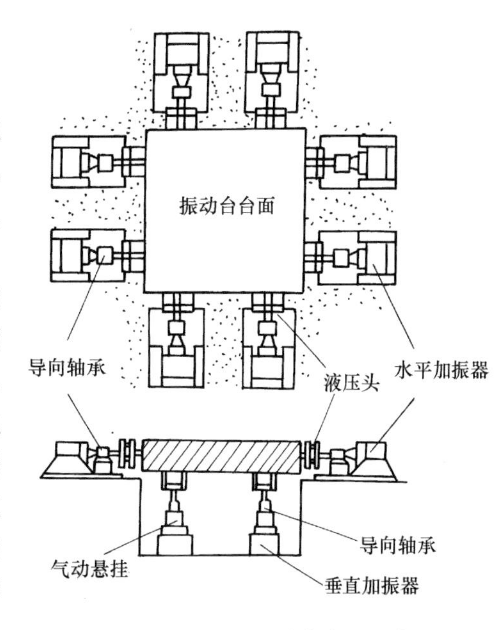

图 23.5.3 三向振动台布置示意图

1. 地震模拟标准

地震时的地面运动是一个宽带的非平稳的随机运动过程，一般持续时间在 15～30s，强度约(0.1～0.6)g，频率范围在 1～25Hz。地震模拟标准可有下面两种不同形式：

(1)时间历程一致：它要求振动台输出的时程曲线与所要求的时程曲线(包括振幅、频率和持续时间)应一致或在允许的误差以内。试验时采用的振动时程曲线可以是任意波也可以是正弦波，根据试验目的而定。这种任意波，试验者可以按照试验要求来设计人工地震波，也可以采用某次地震的实际强震加速度记录。事实上一个典型地面运动是多频的。

(2)功率谱一致：要求振动台给出的振动功率谱与所要求的运动功率谱一致或者在指定的试验误差以内。

2. 试验控制方法

要想在振动台上实现上述要求，则必须采用必要的分析与控制仪器，使得台面运动的时程曲线或功率谱同要求一致，在此条件下获得适宜的输入波。为达到这一目的可以采用模控和数控两种方式。

(1)模控：对于任意波形试验，如图 23.5.4 所示，基本控制设备包括一个任意波形合成器和一个谱分析仪。合成器由串联的电子振荡器组成，单个振荡器输出相加后产生一个任意波形，通过放大后加给激振器。任意波形的特性可以通过改变振荡器的幅度和相位来控制。由谱分析仪把台面输出响应的谱分析出来并与要求的谱相比较。这样反复通过任意波合成器输出迭代调整的方法来校正合成谱的偏差达到要求的程度。在模拟控制中需要通过人工调整来建立试验系统的传递函数，并靠人工操作修正驱动信号，这显然是比较麻烦的。

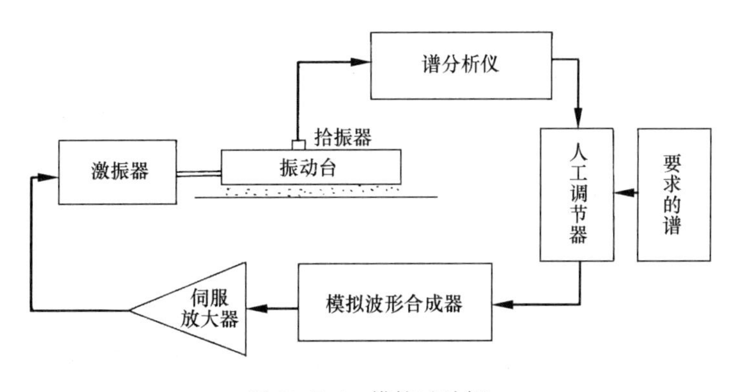

图 23.5.4 模控试验框

（2）数控：数控试验可以采用“传递函数均等法”，包括以下几个步骤。

首先给定试验参数，即要求的振动的幅值、功率谱[$S(\omega)$]、持续时间以及回路的电参数如功率放大器的增益、传感器的灵敏度等。

第二步确定传递函数。系统的传递函数 $H(\omega)$ 定义为：

$$H(\omega) = A(\omega)/E(\omega) \tag{23.5.1}$$

式中：$A(\omega)$ 是输出响应（位移或加速度反馈信号）的傅氏变换；$E(\omega)$ 是输入控制电压信号的傅氏变换。传递函数的计算可由计算机或数据处理机自动完成。

第三步确定驱动输入讯号。

$$E(\omega) = A(\omega)/H(\omega) \tag{23.5.2}$$

实用上这一计算常利用功率谱来表达为：

$$S_E(\omega) = S_A(\omega)/\mid H(\omega)\mid^2 \tag{23.5.3}$$

式中：S_E 和 S_A 分别为输入和输出信号的功率谱。开始传递函数是未知的，要取一个试用的传递函数 $H_0(\omega)$，它可以用稳态正弦或随机激振法得到。第一步中已知试验要求的振动即已知所要求的输出响应 $A_R(\omega)$。于是就得到了第一个输入量值：

$$E_1(\omega) = A_R(\omega)/H_0(\omega) \tag{23.5.4}$$

以 $E_1(\omega)$做驱动便可得到响应 $A_1(\omega)$并可求得传递函数 $H_1(\omega)$，又可得到第二次输入量值：

$$E_2(\omega) = A_1(\omega)/H_1(\omega) \tag{23.5.5}$$

这样循环几次，不断调整 $H_i(\omega)$，直到输出信号的功率谱与所要求的一致为止。此时的 $E_i(\omega)$就是我们要求的输入驱动信号。

上述工作均由计算机进行，一般试验表明迭代三次左右就可以得到满意的结果。图 23.5.5 是这种控制过程框图。

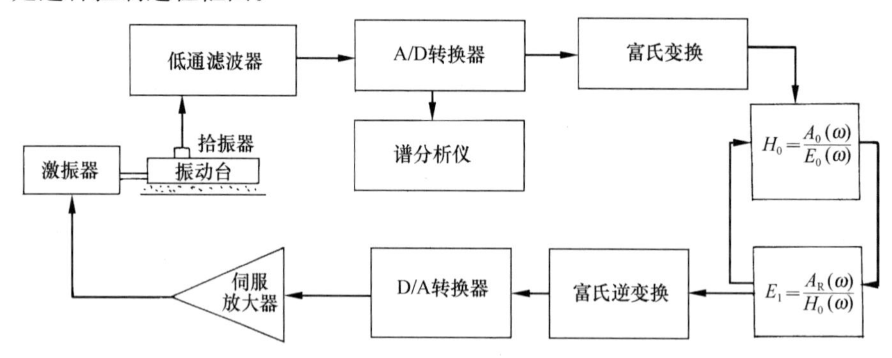

图 23.5.5　数控试验框

3. 量测

振动台试验的量测仪器有加速度、速度、位移和应变等传感器及其放大器与记录仪器。

振动台模型试验的测点和参数一般比较多，要有较好的数据采集和分析设备，这一工作均由计算机来完成。可以是脱机处理或联机处理，联机处理时由模型上各类传感器输出的数据直接经采集系统输给计算机并按照规定的程序分析出所要的结果；脱机处理则要配有多通道磁带记录仪把数据先记录在磁带上，然后再回放给计算机处理。

23.5.3 结构模型地震反应的振动台试验实例

1. 两层单跨钢筋混凝土框架结构振动台试验[14]

为了弄清振动台试验与拟动力试验之间的关系，比较二者试验结果，美日联合研究计划中特意安排了一组两层钢筋混凝土框架结构的对比试验，模型比例取原型的 1/2，模型共为 4 个，振动台试验和拟动力试验各进行 2 个。模型尺寸及其配筋如图 23.5.6 所示。输入的地震波采用 1978 年日本 Miyagi-ken-Ohi 地震记录。试验在日本建设省建筑研究所的振动台上进行，本节只限于讨论振动台试验的结果，有关拟动力试验的结果见 23.5.4 节。

振动台试验的主要结果列于表 23.5.2 中。

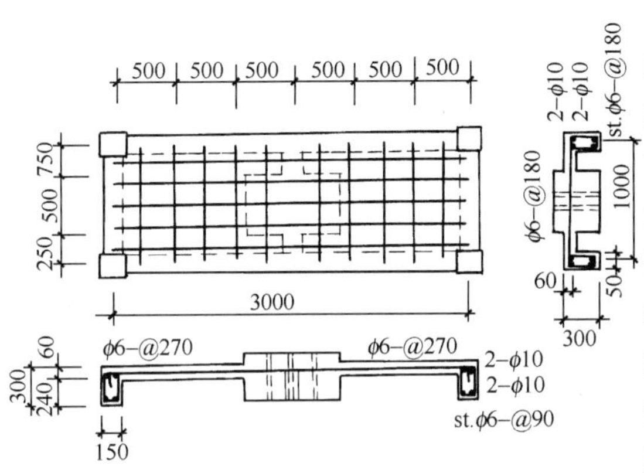

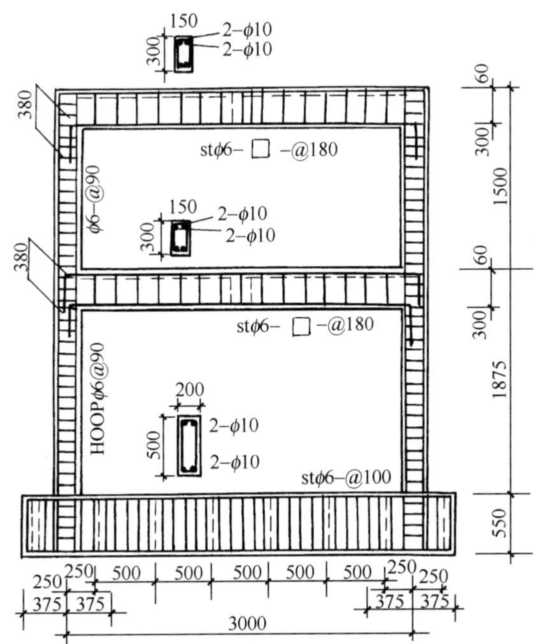

图 23.5.6 二层框架模型图(单位：mm)

图 23.5.7 表示了在 DR10 和 DR20 试验中根据层间剪力与层间位移的滞回环所求的平均层间刚度的变化规律。从图 23.5.7 可见，DR20 试验的层间刚度远小于 DR10 的试验。在 DR20 试验中结构已发生屈服。该振动台模型试验结果表明：①滞变阻尼对结构反应的影响要大于粘性阻尼的影响；②结构刚度和强度对地震反应的影响是相当关键的；③如果在分析中采用了实测的结构刚度和强度，并考虑了应变速度的影响，则分析结果与实测值吻合良好，如图 23.5.8 所示为基底剪力与一层层间位移滞回曲线及层间位移时程曲线。

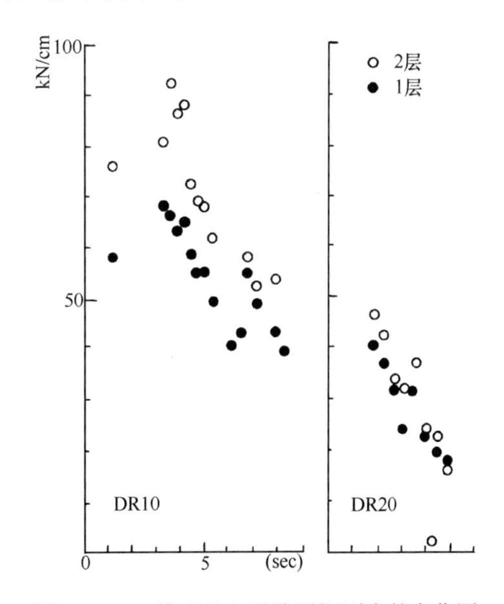

图 23.5.7 模型 D-1 平均层间刚度的变化图

两层框架振动台试验结果 表 23.5.2

输入加速度峰值	位移(mm)				最大剪力(kN)	自振周期(sec)	阻尼比ζ(%)
	最大		峰点至峰点				
	一层	顶层	一层	顶层			
DR10 212Gal	+8.2 −7.5	+11.3 −11.5	15.7	23.8	+47 −48	0.33	3.9
DR20 555Gal	+36.5 −29.0	+48.5 −50.1	65.5	98.6	+80 −70	0.46	6.0

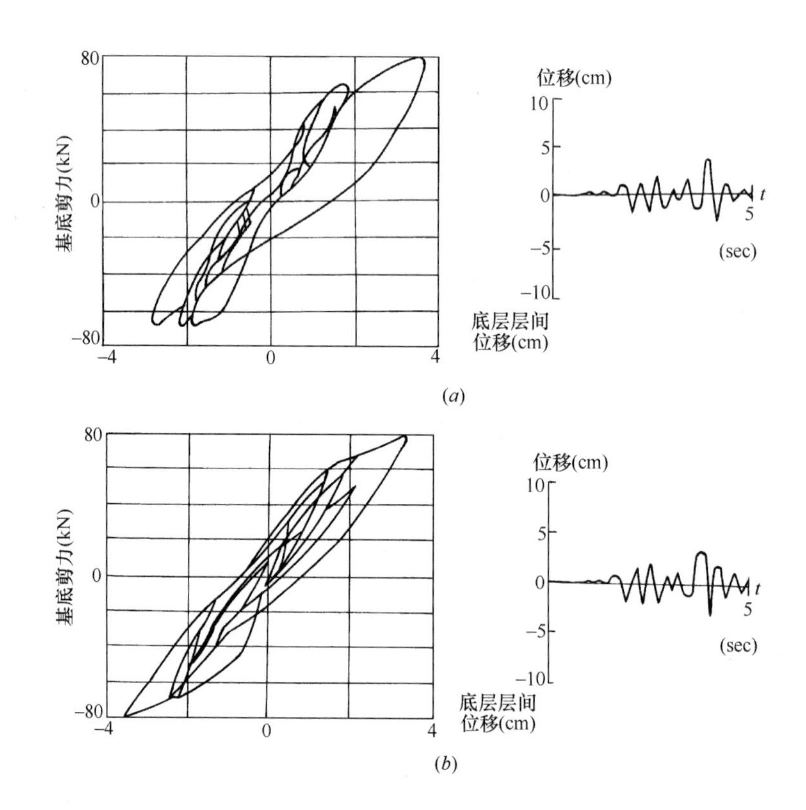

图 23.5.8 模型 D-1 试验与分析的滞回曲线的比较

(a) 振动台试验结果；(b) 分析结果

2. 7 层钢筋混凝土框架-剪力墙结构振动台试验

美日两国联合研究 7 层钢筋混凝土框架-剪力墙结构的抗震性能。美国伯克利加州大学进行了比例为 1/5 的钢筋混凝土框架-剪力墙结构模型的模拟地震振动台试验，以便能与在日本建设省建筑研究所进行的足尺结构拟动力试验结果相比较。试验的足尺结构平面与剖面图如图 23.4.7 所示。试验时振动台的输入信号分别采用 Miyagi-ken-Ohi 1978 NS (MO) 和 Taft 1952 (T) 的地面加速度记录。根据模型相似关系，时间坐标比取为$\sqrt{5}$。Miyagi－ken－Ohi 1978 NS 和 Taft 1952 地震波原记录的持续时间分别为 45s 和 30s。

1/5 比例模型的模拟地震反应试验主要结果列于表 23.5.3 中。

1/5 比例模型地震反应试验主要结果 **表 23.5.3**

序号	试验编号	输入加速度峰值	频率和阻尼比		最大顶点位移 $H\%$	最大反应			
						最大剪力 $G\%$		最大倾覆力矩 $GH\%$	
			试验前	试验后		结构	墙	结构	墙
1	MO9.7	Miyagi-ohi 9.7%g	4.75Hz 1.44%	—	0.09	17.5	14.0	11.5	6.4
2	MO14.7	Miyagi-ohi 14.7%g	3.41Hz 3.7%	—	0.20	27.3	21.0	18.2	8.8
3	MO24.7	Miyagi-ohi 24.7%g	—	2.63Hz 6.9%	0.61	41.7	29.6	27.1	11.5
4	MO28.3	Miyagi-ohi 28.3%g	2.63Hz 6.9%	2.50Hz 7.5%	0.93	46.8	31.4	30.9	11.5
5	T39.6	Taft 39.6%g	2.56Hz 7.5%	2.33Hz 7.7%	1.47	50.8	33.7	33.7	9.0
6	T46.3	Taft 46.3%g	1.96Hz 8.3%	—	1.83	47.8	28.4	30.5	6.7

表 23.5.3 中的频率值是根据自由振动试验测得的。本项试验进行了 62 次，前 42 次是试探性的，包括了谐波振动、自由振动和输入低加速度峰值地震波的振动台试验。随后进行了 10 次振动台试验，逐次加大输入地震波的加速度峰值，直到剪力墙根部完全发生弯曲破坏为止。然后，对剪力墙底部破坏部位进行修复，又进行 10 次试验。在表 23.5.3 的 T39.6 试验之后，剪力墙已发生严重破坏，并进行了修复。表 23.5.3 中的 T46.3 试验是本项试验计划中的最后一次，使结构产生较大的位移，并且结构已严重破坏。

图 23.5.9 表示 1/5 比例模型地震反应试验实测的底部剪力与顶点位移的包络线，同时也表示出足尺结构拟动力试验的实测结果和根据 1979UBC 规范及 ATC3—06 暂行规定所要求的最小刚度和承载力。

从图 23.5.9 中可见，模型具有良好的抗震性能，它的刚度、承载力和耗能能力都超

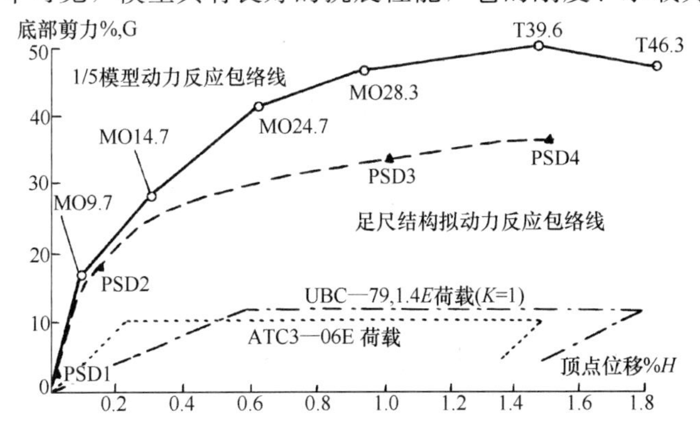

图 23.5.9 底部剪力—顶点位移包络曲线图

——1/5 比例模型振动台试验；---- 足尺结构拟动力试验；—·—按 UBC—79 规范；·········按 ATC3—06 暂行规定

过 UBC—79 规范和 ATC3—06 暂行规定所要求的数倍。在顶点位移达到 1.8%模型高度的情况下（此时最大层间位移发生在首层，其值为 2.4%层高）抵抗剪力和倾覆力矩的能力仍能维持，而总共经历了五十多次循环后其耗能能力也仍能维持。

值得注意的是，在 1/5 比例模型振动台试验以前所作的理论分析结果与实测反应不一致，特别是整个结构的抗侧力的极限承载力差别较大。结构承载力的理论值低于实测值较多，产生差异的主要原因有二：①板中钢筋对框架梁的承载力有明显影响，在原有分析中未考虑，从而低估了框架梁的承载力；②结构的三维空间性能显著地提高了结构抗侧力承载力。为了探讨实测最大承载能力高于计算值的原因，曾利用极限平衡方法，按以下三种不同的假设机构进行了分析：①假定剪力墙根部截面屈服后所形成的塑性铰绕剪力墙中心轴转动。在此假定下，垂直于剪力墙的横梁不参与工作，即未考虑三维空间工作。②假定剪力墙根部截面屈服后，墙的两边侧将发生较大垂直位移，并认为一侧受拉，另一侧受压，二者位移值相等，墙根部处的塑性铰仍绕墙中心轴转动。由于墙的二边侧垂直位移较大，与两侧框架的相应部位产生不均衡位移，因而引起垂直于剪力墙的横梁参与工作。③假定剪力墙根部处形成塑性铰，并绕着墙受压边框中心轴转动，这与实际振动台试验现象一致。由此在剪力墙受拉和受压二边侧产生的垂直位移值不同，拉侧较大而压侧较小，因而导致与拉侧和墙中心线上相交的横梁发生屈服，由此产生的不平衡剪力传递给剪力墙，使剪力墙增加垂直轴力，从而提高了剪力墙的抗弯强度。

根据极限平衡方法，将按三种破坏机构求得的结果列于表 23.5.4 中。在表 23.5.4 中，将荷载分为倒三角形和均匀分布两种类型。

侧向极限承载力 **表 23.5.4**

破坏机构 / 荷载	内功（K·in）			外功（K·in）			侧向力 F（K）		
	1	2	3	1	2	3	1	2	3
倒三角形	4694	5118	5658	$122F$	$122F$	$122F$-506	38.5	41.9	50.5
均匀分布	4694	5118	5658	$101F$	$101F$	$101F$-506	46.5	50.7	61.0

从表 23.5.4 中可见，按第三种破坏机构求得的极限荷载，比按第一种破坏机构（通常采用的）求得的约增加 31%。对于第三种破坏机构而言，其内功的分配如表 23.5.5 所示。

按第三种破坏机构计算时内功的分配 **表 23.5.5**

构 件	内功（K·in）	比值（%）	构 件	内功（K·in）	比值（%）
主梁（正弯矩）	799.4	14.1	柱	255.2	4.5
主梁（负弯矩）	2205.6	39.0	剪力墙	1750.0	30.9
横向梁	648.0	11.5	共 计	5658.2	100.0

板中钢筋对梁弯曲强度的影响如图 23.5.10 所示。在图 23.5.10 中分别采取了应变沿板翼缘宽度范围内的不同分析规律。从图 23.5.10 的曲线表明，板中钢筋对梁的极限弯矩值有明显的影响。

从表 23.5.4 所列结果与图 23.5.10 的比较中可见，地震反应试验测得的侧向极限承载力 53.9kips（按 T39.6 试验实测值），比较接近于按第三种破坏机构的荷载为倒三角形分布求得的 50.5kips。从上述的分析表明，忽略三维空间作用的影响，则导致低估框架-剪力墙结构的侧向极限承载力。

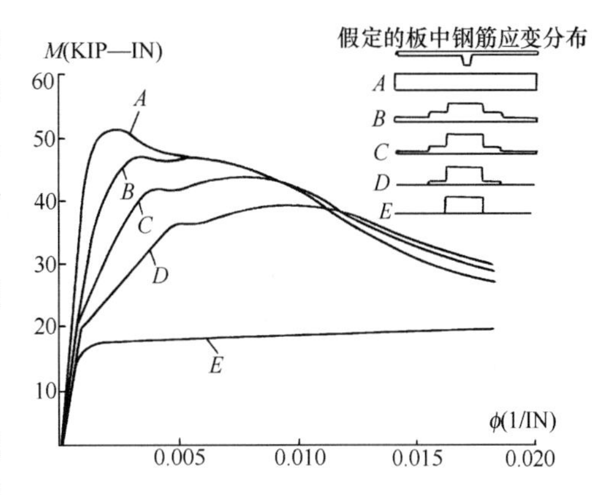

图 23.5.10　梁 G3 弯矩-曲率关系图

3. 3 层钢筋混凝土结构空间地震反应振动台试验

（1）试验概况

由于地震时地面的运动是多维运动，地震荷载对结构的作用是空间的。此外，结构的非对称性（例如刚度偏心和质量偏心）等因素的影响，结构的地震反应不限于平面反应，往往是空间的，结构构件将同时承受两个方向的弯矩、扭矩和轴力的共同作用，此时其抗震性能与单轴的抗震性能有很大的差别。因此，当结构反应进入弹塑性状态后，用它的平面反应很难准确地反映其抗震性能，很有必要研究结构的空间弹塑性地震反应。

为了分析研究由于质量偏心和斜向水平地震输入所引起的结构在弹塑性阶段的空间反应，清华大学曾对两个缩比为 1/15 的 3 层、两跨、两开间的框架结构模型进行了地震模拟振动台试验。

框架试验模型是根据我国现行设计规范，按缩比为 1/15 进行设计的。楼板采用聚氯乙烯板代替，它满足楼板在其自身平面内无限刚性的假定，但忽略了楼板参与框架工作的影响，因此，可认为是理想化的钢筋混凝土框架结构。

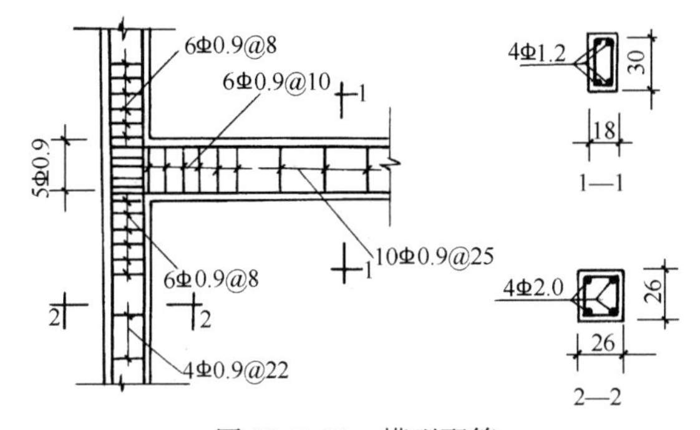

图 23.5.11　模型配筋

模型的横向柱距为 300mm，纵向柱距为 400mm；第一、二和三层的层高分别为 200mm、220mm 和 220mm；梁和柱截面尺寸分别为 18mm×30mm 和 26mm×26mm。

模型钢筋采用镀锌钢丝，它具有明显的屈服台阶，钢筋骨架采用锡焊焊接。模型的配筋及构造要求按烈度为 8 度地震区进行设计，配筋情况见图 23.5.11。模型用水泥砂浆制作。模型的材性指标见表 23.5.6。

材 料 的 力 学 性 能　　　　表 23.5.6

砂浆力学性能	水泥	砂	配合比	立方强度	弹性模量	
	325 号	中砂	1∶2.4∶0.6	23.5MPa	2.35×10^4MPa	
镀锌钢丝力学性能	型号	直径（mm）	面积（mm^2）	强度（MPa）		弹性模量（MPa）
				屈服强度	极限强度	
	14 号	2.2	3.80	331.1	367.9	2.09×10^5
	18 号	1.2	2.13	343.5	392.4	1.9×10^5
	20 号	0.9	0.64	—	—	—

模型设计成强柱弱梁型框架结构，$\sum_{i} M_{ci} / \sum_{i} M_{bi} = 2.8 \sim 5.2$，其中 $\sum_{i} M_{bi}$ 和 $\sum_{i} M_{ci}$ 分别为节点梁端和柱端截面所能承担的极限弯矩之和。试验模型共 2 个，分别以 FR1 和 FR2 表示。

结构模型的地震模拟试验是在 1.5t 电磁激励式振动台上进行的，在模型的每层楼板上放置铅块作为附加质量。第一、二层配重 120kg，第三层配重 60kg。模型 FR1 每层楼板上的附加质量均偏心放置，质量中心仅在模型纵轴上有偏心，偏心距为 15cm，以模拟由质量偏心引起的结构空间反应。模型 FR2 在振动台面上斜向放置，模型的纵轴与振动台地震波输入方向成 60°夹角，以模拟框架结构承受双向地面运动的作用。

输入的地震波信号为 El-Centro（1940，NS）地震波。试验采用逐级放大激振幅值的方法，以便明确获得模型在弹性、开裂、屈服和破坏各阶段的动力反应。模型 FR1 的激振幅值分别为 0.09g、0.271g、0.686g、1.04g、1.887g 和 2.228g，模型 FR2 的激振幅值分别为 0.11g、0.227g、0.608g、1.108g 和 1.872g，g 为重力加速度值。在每次地震激励停止后，都采用微小幅值的白噪声进行激励，以测定模型在当前阶段的频率、振型及阻尼比。

试验时在模型纵轴方向中间框架一侧各层分别安装了量测纵、横两方向加速度反应的压电晶体式加速度计，另一侧各层仅安装量测横向加速度反应的加速度计。加速度信号采用多通道磁带记录仪记录。此外，还用红外激光测位移装置量测了模型与各加速度测点相应的纵、横轴两方向的位移。

（2）试验结果

模型 FR1 在台面输入加速度峰值为 0.686g 的地震波以后，首先在底层柱的下端部发现纵向弯曲裂缝，四个角柱根部还出现了横向弯曲裂缝。当输入加速度峰值为 1.04g 的地震波后，模型的纵向第一、二层梁端和横向两边框架的第一层靠近角柱的梁端出现裂缝，远离质心的纵向边框架第一层角柱的上端部也发现裂缝。当输入加速度峰值为 2.228g 的地震波后，模型的大部分梁柱节点出现严重破坏。模型 FR1 的宏观破坏现象表明，角柱裂缝发展比中柱严重，而纵向梁端裂缝比横向梁端裂缝严重。

模型 FR2 在输入台面加速度峰值为 0.608g 的地震波后，在所有底层柱根部都形成了可观察到的裂缝。当台面加速度峰值为 1.108g 后，第一层的所有横向梁端和大部分纵向梁端出现裂缝。当输入台面加速度峰值为 1.872g 后，大部分柱端出现裂缝。

模型 FM2 与本次试验模型参数相同，沿其纵轴方向输入相同的地震波[15]。由于 FM2 无质量偏心，结构反应为平面反应，其破坏裂缝都集中在节点的纵向梁端，除底层柱根在破坏时才出现裂缝外，其余柱端均无裂缝。这说明，由于质量偏心或二维地面运动，导致结构的空间地震反应，结构柱受多维内力的作用，承载力降低，即使是强柱弱梁型结构，柱也变成了薄弱环节，底层柱较早地屈服，结构的抗震性能变差。

图 23.5.12 给出了两个试验模型的前 6 个频率随台面地震波峰值的增大而下降的规律。图中横坐标为该实测值的前一次地震模拟试验的输入加速度峰值 A_g，纵坐标为各阶频率 f_i 与其相应的初始值 f_0 的比值。从图中可以看出，各阶频率的下降趋势基本一致。

实测数据的分析表明，在有质量偏心的模型 FR1 中，结构纵向振动（与地震波方向一致）主要受纵向振动为主（受扭转振动耦联影响）的第一和第四振型的影响，扭转振型

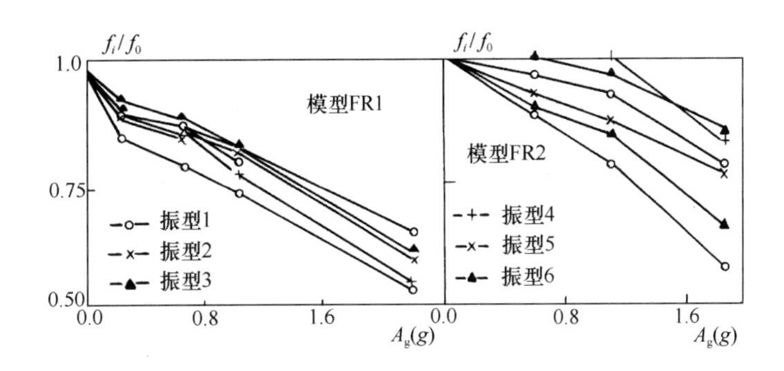

图 23.5.12　模型的各阶频率相对下降实测值

（第三和第七振型）的影响次之；与此相反，扭转振型对结构的扭转振动的影响最大，纵向振型次之；而横向振型对结构的纵向振动和扭转振动几乎没有什么影响。对斜向输入地震波的模型 FR2，结构的纵向和横向振动均主要受第一、第四振型的影响。

图 23.5.13 为模型 FR1 在输入地震波加速度峰值为 2.228g 时，纵向中间框架边柱顶层处的位移反应在前 1s 的轨迹图。从图中可以看出，由于质量偏心引起的模型的扭转振动而产生的非激振方向的位移高达激振方向位移的 60％左右。

图 23.5.14（a）、（b）分别为模型 FR2 在激振加速度幅值的 1.872g 时顶层位移轨迹图和底部剪力轨迹图。由图可知，虽然最大反应方向与激振方向基本一致，但其轨迹均由一些扁平环所组成，原因可能是模型构件进入非线性阶段的时刻有先有后，进入非线性阶段的构件不对称于质量中心，即结构的刚度中心与质量中心产生了偏离。所以模型的反应不完全沿激振方向。

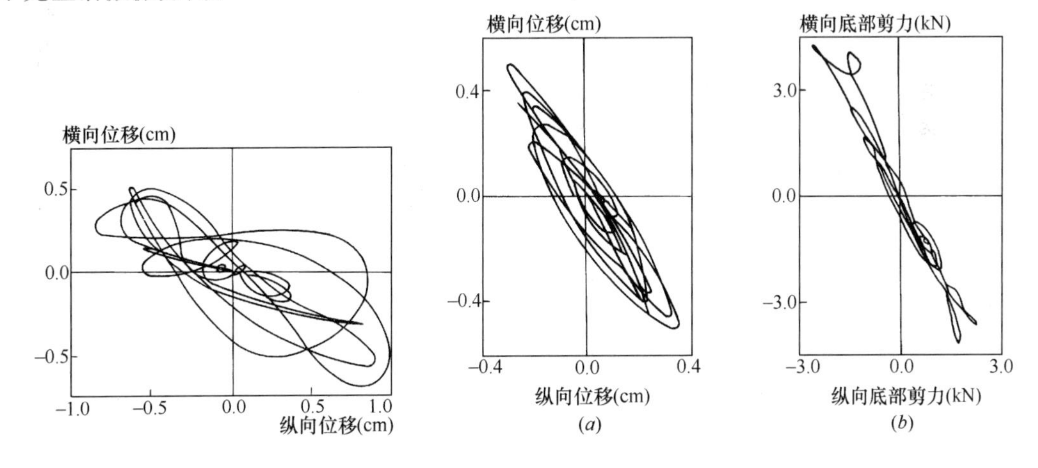

图 23.5.13　模型 FR1 边柱顶点位移轨迹图（A_g＝2.228g）

图 23.5.14　模型 FR2 的顶层反应轨迹图（A_g＝1.872g）
（a）位移轨迹图；（b）底部剪力轨迹图

图 23.5.15 和图 23.5.16 分别给出了模型 FR1 和 FR2 的各层最大层剪力（或扭矩）与最大层间位移（或层间扭转角）的关系曲线。从图中可以看出：两个模型的层间刚度为第一层最大，层间位移第二层最大，这与第一层层高比其他两层略低有关，模型 FR1 层间扭转角为第一层最大，第三层最小。从这两图中还可以看出：层间刚度随着裂缝的开展

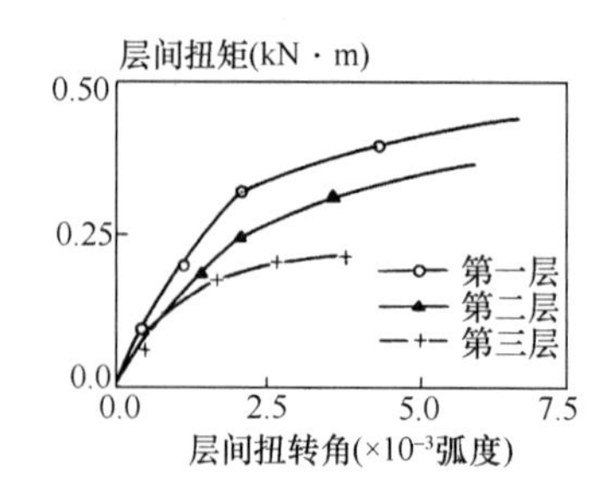

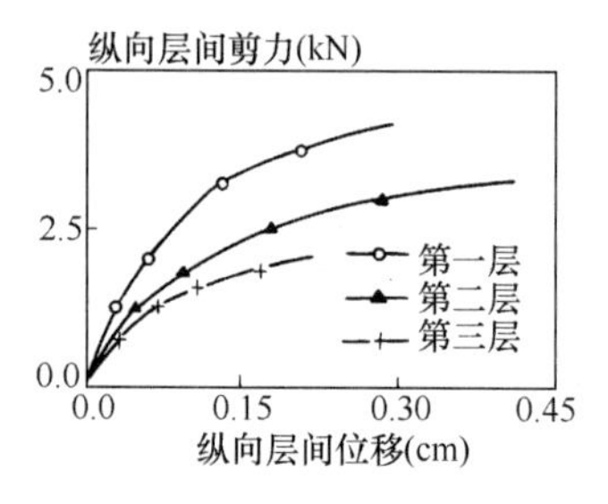

图 23.5.15 模型 FR1 的各层层间刚度变化曲线

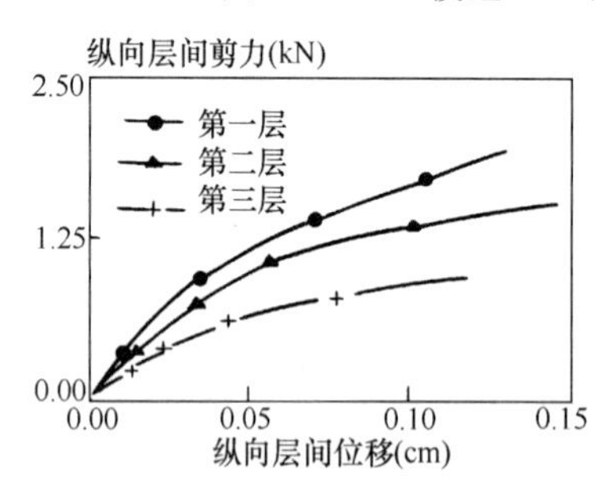

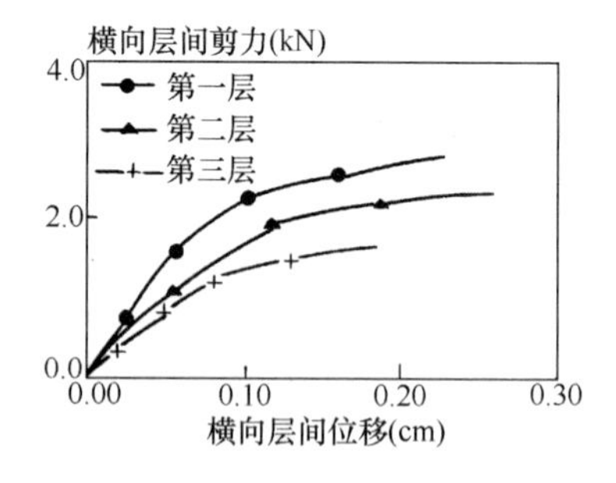

图 23.5.16 模型 FR2 的各层层间刚度变化曲线

和塑性变形的发展而下降。

图 23.5.17 还给出了模型顶层位移和底部剪力之间的关系曲线。可以看出，模型 FM2 较模型 FR1 和 FR2 有较高的承载力和刚度。FR1 和 FR2 在经过多次地震反应试验后经历了弹性、开裂、屈服和趋于破坏几个阶段。尽管 FM2 也经历了上述几个阶段，而且经历了比 FR1 和 FR2 要大得多的地震波激励，但仍表现出较好的承载力。这一试验结果与所观察到的试验现象——FM2 仅在梁端出现破坏裂缝，而 FR1 和 FR2 在梁端和柱端均有破坏裂缝。因此，对空间反应的框架结构，如何保证强柱弱梁的真正实现还需进行更深入的研究。

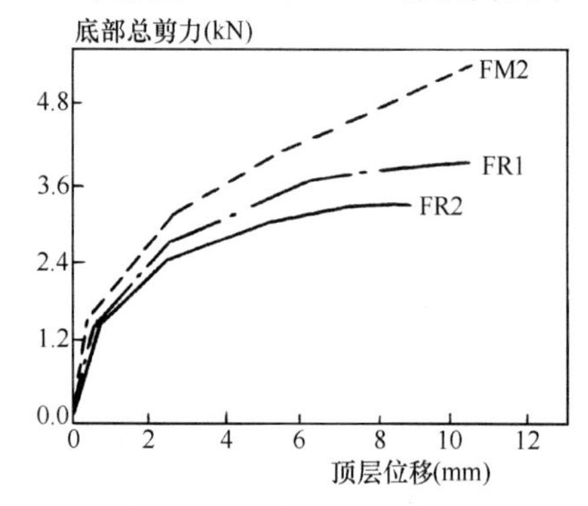

图 23.5.17 模型的底部剪力与顶层位移关系曲线

图 23.5.18 为模型第三层测点实测和计算的弹塑性反应时程曲线的比较图。输入的台面加速度峰值为 1.887g。从位移反应时程曲线来看，主振方向（纵向方向）的计算结果的幅值稍大于实测值，两者在相位上相当一致，但横向方向的计算反应时程曲线稍滞后于实测反应时程曲线。从加速度反应时程曲线来看，纵向反应比横向反应符合得更好。总的说来，计算反应时程曲线与实测反应时程曲线有良好的吻合性。

在弹塑性反应计算中，考虑到试验模型经多次激振后裂缝的开展和塑性变形的发展，对梁、柱截面的初始刚度乘以 0.7 的折减系数。单元的扭转变形和轴向变形在弹性范围内考虑，即仅考虑双向弯矩的相互耦合作用。

由于质量偏心或双向地面运动引起的结构空间作用，将加剧结构的地震反应。偏心结

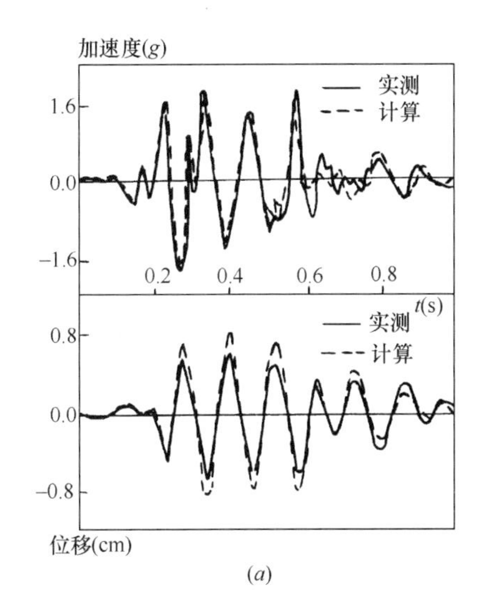

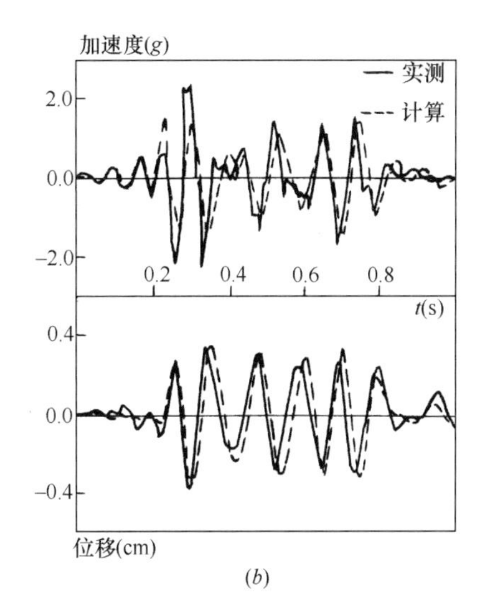

图 23.5.18　模型 FR1 在弹塑性阶段与计算的顶层反应时程曲线（$A_g=1.887g$）

（a）纵向反应；（b）横向反应

构的扭转振动将随着结构的塑性变形发展而越来越大。对于空间反应的框架结构，即使是强柱弱梁型的，由于柱受双向弯矩等作用而成为结构的薄弱环节。

与平面反应的结构模型相比，在相同的激振水平下，承载力降低，位移增大，抵抗地震的能力变差。

试验结果同样表明，结构仅按平面结构在两方向分别进行地震反应分析进行设计，而不考虑结构构件的多轴内力同时作用的塑性耦合的影响，是偏于不安全的，有可能因两方向地震的共同作用或质量中心与刚度中心不重合引起的空间反应而破坏，应在设计中加以重视。

4. 16 层钢筋混凝土框筒-核心筒结构模拟地震的振动台试验

（1）试验概况

清华大学对缩比为 1/8 的 16 层钢筋混凝土框筒-核心筒结构模型进行了模拟地震的振动台试验，着重研究了钢筋混凝土框筒-核心筒结构在不同阶段的空间动力特性和地震反应及其破坏形态。

为了使试验模型更接近于实际结构，首先按我国当时的抗震设计规范[16]设计了一个 16 层的框筒-核心筒结构作为原型结构，如图 23.5.19 所示。

在原型结构中，外框筒的角柱截面尺寸取 550mm×550mm，中柱截面尺寸取 400mm×400mm，梁截面尺寸取 400mm×600mm，核心筒的剪力墙厚为 160mm，连梁高 0.8m，楼板厚为 200mm，混凝土强度等级为 C30。

原型结构按 8 度设防，建筑场地土类别为Ⅱ类。

根据原型结构的尺寸和配筋，按照相似关系进行模型的设计。模型的几何缩比为1/8。结构模型总高度为 6.00m，每层层高为 0.375m，楼层平面尺寸为 1.80m×1.50m。采用镀锌钢丝作配筋，柱配置 4 根 14 号镀锌钢丝，梁内钢筋对称配置，上下各配两根 14 号镀锌钢丝，梁柱箍筋均配 18 号镀锌钢丝，间距 20mm。核心筒壁内在水平向和竖向各配置

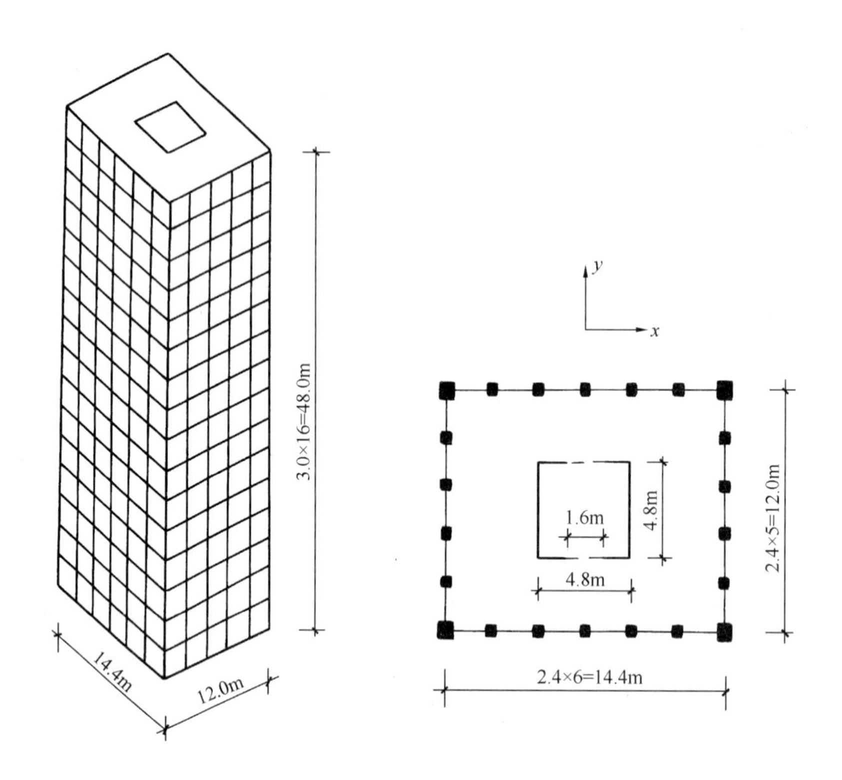

图 23.5.19　16 层钢筋混凝土框筒-核心筒原型结构图

间距 50mm 的 16 号镀锌钢丝。钢丝的力学性能见表 23.5.7。

钢丝的力学性能　　**表 23.5.7**

型　号	直　径 (mm)	面　积 (mm^2)	屈服强度 (MPa)	极限强度 (MPa)	弹性模量 (MPa)
14 号	2.2	3.8	361.1	465.0	2.11×10^5
16 号	1.6	2.0	367.0	438.2	1.86×10^5
18 号	1.2	1.1	315.7	383.2	1.92×10^5

模型中外框筒的梁和柱由豆石混凝土制成，核心筒和楼板由水泥砂浆制成。豆石混凝土和水泥砂浆的力学性能见表 23.5.8。

豆石混凝土和水泥砂浆的力学性能　　**表 23.5.8**

类　别	水泥标号	砂	配　比	立方体强度 (MPa)	弹性模量 (MPa)
豆石混凝土	525	中　砂	水泥∶水∶砂∶石子 1∶0.47∶1.12∶3.06	33.5	2.97×10^4
水泥砂浆	525	中　砂	水泥∶水∶砂 1∶0.49∶2.67	29.5	2.03×10^4

为了满足相似条件，在模型每层楼层上放置了 300kg 的铅块作为附加质量。

在模型两个主轴方向 x、y 上每隔一层均布置了加速度传感器，并在 x 方向上第 4、8、12、16 各层处布置了两个加速度传感器，分别装在楼层两端以监测模型的扭转效应。

本次试验是在中国水利水电科学研究院的三维振动台上进行的。台面输入的地震波波形采用 1940 年的 EL-Centro 南北向和东西向地震加速度记录，原记录的持续时间为 46s。按照相似理论的要求[17]，同时考虑到模型材料的容重相似关系未能得到满足，模型的刚度相对偏大，并且由于受试验条件的限制，人工附加质量配置得不够，所以输入地震波的时间压缩比取为 1/6。模型的长轴方向为 x 方向，输入 EL-Centro 1940NS 向波形；短轴方向为 y 方向，输入 EL-Centro 1940 EW 向波形。

为了详细观测模型在各个阶段动力特性的变化，每次输入地震波之后均做一次白噪声激励。在振动台试验之前，还对模型进行了敲击试验。

（2）试验结果

当 x、y 方向输入的地震波加速度峰值分别为 $0.346g$ 和 $0.095g$ 时，外框筒第 2、3、4 层的柱根部及核心筒第 2、3、4 层底部施工缝处都有水平裂缝形成，而在核心筒第 3 层连梁端部出现了斜裂缝。特别值得注意的是，在核心筒的第 1、2 层出现了几条明显的纵向裂缝，裂缝由楼板处开始一直延伸到剪力墙中部。当输入 x、y 方向加速度峰值分别为 $0.37g$ 和 $0.276g$ 的地震波后，外框筒除了继续在第 2、3、4 层柱根出现裂缝并将原有裂缝开展加宽外，裂缝开始向上部发展，在第 6、7、8 层柱根出现水平裂缝；核心筒主要是在第 2、4、5 层连梁端部出现了新的斜裂缝。并在第 2、3、4、5 层底部施工缝处出现水平裂缝。当 x、y 方向输入加速度峰值为 $0.606g$ 和 $0.366g$ 的地震波后，外框筒的新裂缝主要在第 3、4、6 层的柱根出现，第 2 层角柱的表皮混凝土发生剥落；核心筒则在底层又出现新的纵向裂缝，第 2、3、4、5 层连梁端部的斜裂缝已经上下贯通。

从裂缝的分布及开裂情况表明，在外框筒中，角柱由于同时受到双向弯曲的作用，破坏是最为严重的，柱根已形成通缝，并发生混凝土剥落。外框筒的裂缝都出现在柱端，只有个别梁端有裂缝出现，说明在框筒结构中由于裙梁的刚度和强度较大，柱子实际上成为结构的薄弱环节。外框筒的裂缝主要集中在第 2、3、4 层的柱根部，而底层柱子却完好无损，这是因为底层剪力主要由核心筒承担，外框筒受力较小，所以底层柱子并未破坏。在核心筒中，尽管制作时加强了洞口上方连梁的配筋，连梁端部仍然有裂缝出现，并在核心筒墙体底部施工缝处出现了水平裂缝。但是，特别值得注意的是，在第 1、2 层出现了几条明显的纵向裂缝，裂缝由楼板处开始一直延伸到核心筒墙体中部。对此尚无令人满意的解释，有待作进一步的研究。

根据上述分析，可以看出：①由于裙梁的刚度和强度较大，框筒结构实际上已经成为强梁弱柱型结构，柱子是结构的薄弱环节；②在框筒-核心筒结构中，底部剪力大部分由核心筒来承担，使得外框筒的薄弱层上移，外框筒的底层是安全的；③在核心筒中，连梁的配筋方式及其相应构造措施，应使其具有足够的延性，以便能吸收较多的能量。

表 23.5.9 列出了敲击试验和各次白噪声激励所得到的模型的前 6 阶自振频率，其中 f_1、f_3、f_5 是 x 方向的自振频率，f_2、f_4、f_6 是 y 方向的自振频率。

模型实测自振频率（Hz） **表 23.5.9**

试验序号	f_1	f_2	f_3	f_4	f_5	f_6
1	5.3	5.7	—	—	—	—
2	4.5	4.9	16.5	20.1	31.5	43.9

续表

试验序号	f_1	f_2	f_3	f_4	f_5	f_6
4	2.8	3.4	8.9	11.4	16.7	22.6
9	2.7	3.2	8.4	10.8	15.7	21.1
11	2.6	3.2	8.2	10.8	15.5	21.0
15	2.3	3.2	7.7	10.8	14.3	20.6
17	2.3	3.2	7.7	10.8	14.2	20.6
19	2.3	2.9	7.3	10.3	14.2	20.5
21	2.2	2.9	7.1	10.3	14.0	20.5
23	2.2	2.9	7.1	10.3	13.4	20.1

从表中可以看到，敲击试验所得到的频率比白噪声激励得到的频率偏高，这主要是因为敲击试验的能量较小所致。事故发生后，模型的前6阶频率均有明显下降，下降幅度为30.6%～48.5%。由此可见，事故对模型的影响是相当严重的。事故以后的几次地震反应试验，模型的频率几乎没有变化，说明这几次振动并未造成模型的进一步损伤，模型结构刚度并未有明显的下降，这与观察到的裂缝开展情况是一致的。再往后随着输入地震波加速度峰值的增大，模型的频率又略有下降。图23.5.20表示了模型前3阶频率的变化过程。

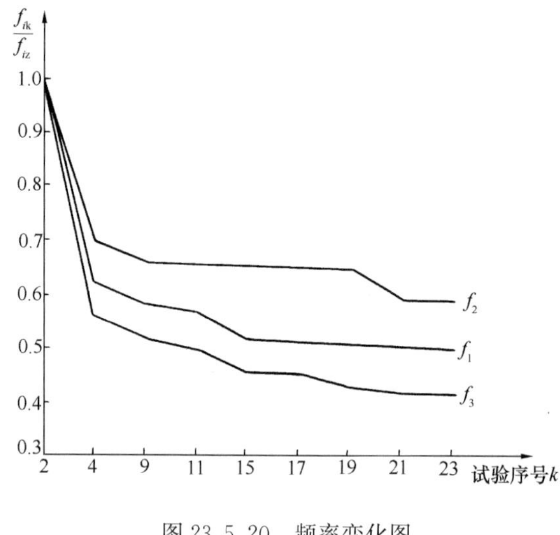

图23.5.20　频率变化图

模型平面和质量分布对 x、y 轴是对称的，因而在弹性阶段模型的水平振动与扭转振动是相互独立的，在结构模型未出现裂缝前，利用白噪声激励振动所测得的模型频率只有模型水平振动的自振频率而无扭转频率。但是，当模型进入弹塑性阶段以后，由于裂缝的出现和钢筋的屈服的不对称性，使结构的刚度中心发生偏移，水平振动与扭转振动产生耦合现象，所以在此情况下，利用各次白噪声激励所测得的模型的频率模态不仅仅含有模型的水平平移振动分量，还包含有扭转振动的分量。

表23.5.10列出了在 x、y 方向输入加速度峰值为0.236g和0.093g的地震波后，所进行的白噪声激励振动试验测得的模型水平平移振动与扭转振动的耦合情况。此时，结构模型已有裂缝产生。

x方向平移振动与扭转振动的耦合　　**表23.5.10**

楼层	振型Ⅰ		振型Ⅲ		振型Ⅴ	
	x向平移分量(mm)	扭转分量(10^{-3}rad)	x向平移分量(mm)	扭转分量(10^{-3}rad)	x向平移分量(mm)	扭转分量(10^{-3}rad)
16	15.008	−2.716	−3.544	1.227	1.756	−0.587
12	10.899	0.181	0.618	−0.074	−2.141	0.321
8	7.142	0.899	1.878	0.220	0.010	−0.102
4	4.051	0.659	1.594	−0.329	2.604	0.093

表 23.5.11 列出了根据第 19 次振动时测点的传递函数得到的各测点分别由 x 方向平移振型和扭转振型引起的 x 方向反应的量值。

振型Ⅰ引起的测点 x 方向反应值 **表 23.5.11**

测　点	4	7	10	13
平移分量 x_Δ	4.049	7.284	10.896	14.696
扭转分量 x_θ	0.323	0.553	0.243	1.950
x_θ/x_Δ (%)	8.0	7.6	2.2	13.3

从表 23.5.11 中可以看到，当模型进入弹塑性阶段以后，水平振型与扭转振型的耦合程度还是比较明显的，在振型引起的 x 方向反应中，扭转振型引起的反应与水平振型引起的反应之比可达 13%左右。

随着模型开裂和钢筋的屈服，模型进入弹塑性阶段，利用白噪声激励所测得的第一、二阶模态阻尼比都呈上升趋势，约由 2.7%增加到 7.9%。

在本次振动台模型试验中，只利用加速度传感器直接记录各层测点的绝对加速度时程曲线，为了获得各层测点的位移时程曲线，将实测加速度时程曲线通过两次积分运算求出绝对位移时程曲线，然后与台面位移时程曲线相减，得出相对于振动台台面的各层测点位移时程曲线。

表 23.5.12 列出了各次双向输入地震波时模型顶层的最大位移反应值。

顶层最大位移反应值 **表 23.5.12**

试验序号		10	12	14	16	18	20	22
x 方向	顶层最大位移 $D_{x.max}$(cm)	0.90	1.49	1.74	2.27	2.86	3.61	4.49
	台面加速度峰值 $A_{x.max}$(g)	0.236	0.260	0.346	0.370	0.469	0.606	0.702
	$\gamma_x=D_{x.max}/A_{x.max}$	3.81	5.73	5.03	6.14	6.10	5.96	6.40
y 方向	顶层最大位移 $D_{y.max}$(cm)	0.46	0.72	1.00	1.37	1.82	2.52	3.57
	台面加速度峰值 $A_{y.max}$(g)	0.093	0.186	0.095	0.276	0.310	0.366	0.466
	$\gamma_y=D_{y.max}/A_{y.max}$	4.95	3.87	10.53	4.96	5.87	6.89	7.66
y/x	$A_{y.max}/A_{x.max}$	0.394	0.715	0.275	0.746	0.661	0.603	0.664
	$D_{y.max}/D_{x.max}$	0.511	0.483	0.575	0.603	0.636	0.698	0.795

表中试验数据表明，随着台面加速度峰值的增大，模型顶层的最大位移也逐渐增加，但顶层最大位移不是随着台面加速度峰值的增大而单调增加，呈现出不规则的变化。这是因为在弹塑性阶段，当双向输入地震波时，模型在一个方向的反应不仅与该方向输入的地震波有关，而且与另一个方向的地震波有关，具有明显的双轴耦合效应。

模型进入弹塑性阶段以后，由于结构平面刚度中心偏离质量中心，产生水平平移与扭转的耦联振动，使在水平激励作用下模型也有扭转反应。表 23.5.13 列出了各次双向输入地震波时模型顶层角位移和角加速度的最大值。从表中可见，随着台面加速度峰值的增大，模型顶层的角位移和角加速度最大值也逐渐增加。

表 23.5.14 列出了两次单向输入地震波和各次双向输入地震波时台面加速度峰值和模型顶层加速度反应最大值。

顶层最大扭转反应值　　　　表 23.5.13

试验序号	10	12	14	16	18	20	22
$\theta_{max}(10^{-2}rad)$	0.201	0.408	0.871	0.566	0.697	1.016	1.379
$\omega_{max}(rad/s^2)$	1.735	1.844	2.381	4.726	4.689	8.270	9.727
$A_{x,max}(g)$	0.236	0.260	0.346	0.370	0.469	0.606	0.702
$\gamma_\theta=\theta_{max}/A_{x,max}(10^{-2})$	0.852	1.569	2.517	1.530	1.486	1.677	1.964
$\gamma_\omega=\omega_{max}/A_{x,max}$	7.352	7.092	6.880	12.773	9.998	13.647	13.856

顶层最大加速度反应值　　　　表 23.5.14

试验序号	x 方向			y 方向			y/x	
	$a_{x,max}$	$A_{x,max}$	$\beta_{x,a}=\frac{a_{x,max}}{A_{x,max}}$	$a_{y,max}$	$A_{y,max}$	$\beta_{y,a}=\frac{a_{y,max}}{A_{y,max}}$	$\frac{A_{y,max}}{A_{x,max}}$	$\frac{a_{y,max}}{a_{x,max}}$
7	0.271g	0.110g	2.46	—	—	—	—	—
8	—	—	—	0.342g	0.127g	2.69	—	—
10	0.502g	0.236g	2.13	0.180g	0.093g	1.94	0.394	0.359
12	0.567g	0.260g	2.18	0.338g	0.186g	1.82	0.715	0.596
14	0.665g	0.346g	1.92	0.163g	0.095g	1.71	0.275	0.245
16	0.940g	0.370g	2.54	0.395g	0.276g	1.43	0.746	0.420
18	1.099g	0.469g	2.34	0.538g	0.310g	1.74	0.661	0.490
20	1.079g	0.606g	1.78	0.939g	0.366g	2.57	0.603	0.870
22	1.257g	0.702g	1.79	0.713g	0.466g	1.53	0.664	0.567

从表 23.5.14 可以看到，与单向输入地震波时的情况不同[18]，双向输入地震波时顶层加速度放大系数并不是随着台面加速度峰值的增加而单调下降，其变化比较复杂，造成这种现象的主要原因可能是扭转效应的影响。由于水平平移与扭转的耦联振动，模型的加速度反应不仅取决于台面加速度，还与模型的扭转角加速度有关。

表 23.5.15 列出了两次单向输入地震波和各次双向输入地震波时模型 x、y 两个方向的最大底部剪力。图 23.5.21 为 x、y 方向最大底部剪力与最大顶层位移间关系曲线图。从图 23.5.21 中可以看到，在最后一次地震反应试验中，模型结构在 x 方向基本上已处于极限承载力状态，而在 y 方向则尚未达到极限承载力状态，这与震后观察到的模型裂缝发展与破坏状况是一致的。

最大底部剪力　　　　表 23.5.15

试验序号	x 方向			y 方向		
	$GA_{x,max}$ (kN)	$V_{x,max}$ (kN)	$\beta_{x,Q}=\frac{V_{x,max}}{GA_{x,max}}$	$GA_{y,max}$ (kN)	$V_{y,max}$ (kN)	$\beta_{y,Q}=\frac{V_{y,max}}{GA_{y,max}}$
7	10.35	11.25	1.09	—	—	—
8	—	—	—	11.95	14.12	1.18
10	22.20	12.61	0.57	8.73	8.66	0.99
12	24.46	17.86	0.73	17.50	11.90	0.68
14	32.55	21.59	0.66	8.96	9.95	1.11
16	34.81	21.93	0.63	25.97	16.99	0.65
18	44.12	24.83	0.56	29.16	17.98	0.62
20	57.01	26.48	0.46	34.43	24.16	0.70
22	66.04	26.85	0.41	43.84	27.45	0.63

23.5.4 结构振动台试验与拟动力试验的比较

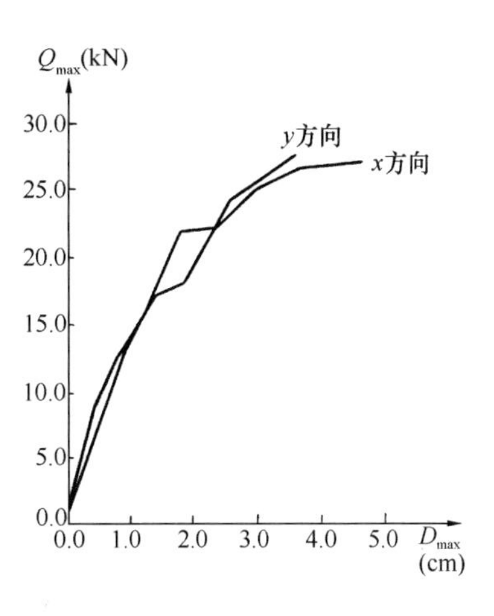

图 23.5.21 最大底部剪力-最大顶层位移关系曲线

如前所述，为了研究拟动力试验与振动台试验之间的相互关系，日本建设省建筑研究所曾专门进行了两层钢筋混凝土框架模型的试验。试验模型如图 23.5.6 所示。振动台试验的主要结果已在上节中给出。两层框架模型的拟动力试验结果列于表 23.5.16 中。

从表 23.5.2 与表 23.5.16 的比较中可见：①模型 D-1（振动台试验）与模型 P-1 和 P-2（拟动力试验）的最大位移在输入地震波加速度峰值为 212Gal 水平下（DR10）基本相等。②在输入地震波加速度峰值为 555Gal 水平下（DR20），拟动力试验的 P-1 和 P-2 的最大位移值大于振动台试验 D-1 的 1.4～1.7 倍，而最大峰点到峰点位移则大 1.2～1.4 倍。③在模型 D-1 最大底部剪力，一般都大于模型 P-1 和 P-2，在 DR-10 试验中约大 1.2～1.5 倍，而在 DR-20 试验中约大 0.95～1.1 倍。④在 DR-10 试验中，模型 D-1 的基本周期比模型 P-1 和 P-2 约小 10%；而 DR-20 试验中基本相等。⑤模型 D-1 和 P-1 与 P-2 破坏的裂缝图基本相似，但振动台试验的模型 D-1 裂缝发展稍轻，如图 23.5.22 所示。

两层框架拟动力试验结果 **表 23.5.16**

输入加速度峰值		位移(mm) 最大 一层	位移(mm) 最大 顶层	位移(mm) 峰点至峰点 一层	位移(mm) 峰点至峰点 顶层	最大剪力(kN)	自振周期(sec)	阻尼比 ζ(%)
DR10 212Gal	P-1 h=0	+9.3 −8.1	+12.3 −11.8	17.4	24.1	+38 −36	0.36	2.9
	P-2 h=3%	+7.5 −10.4	+9.7 −14.1	17.9	23.8	+31 −32	0.36	2.4
DR20 555Gal	P-1 h=0%	+58.4 −30.1	+82.7 −43.1	78.2	109.2	+76 −73	0.47	—
	P-2 h=3%	+58.4 −41.8	+81.1 −57.3	99.6	137.2	+78 −72	0.46	8.4

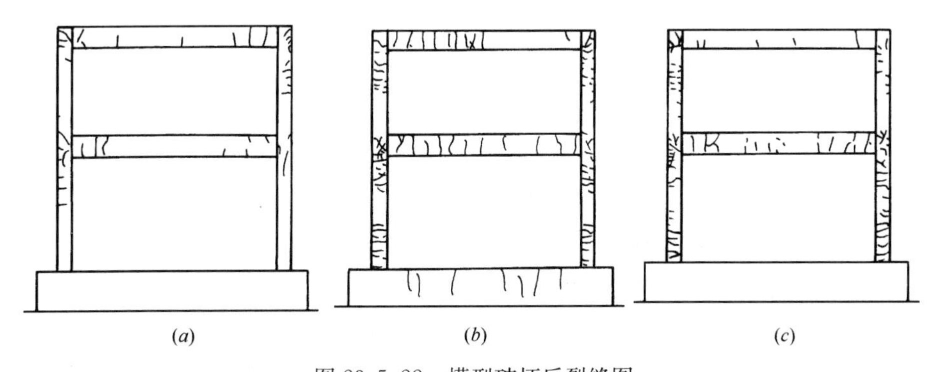

图 23.5.22 模型破坏后裂缝图

(a) 模型 D-1，(b) 模型 P-1；(c) 模型 P-2

图 23.5.23 表示模型 P-1 和 P-2 平均层间刚度的变化规律。从图 23.5.7 和图 23.5.23 的比较中可见，在 DR-10 试验中，模型 D-1 的一层初始层间刚度比模型 P-1 和 P-2 约高 1.2～1.8 倍，而二层的初始层间刚度二者基本相等。在 DR-20 试验中初始层间刚度都是低于 DR-10 试验的。

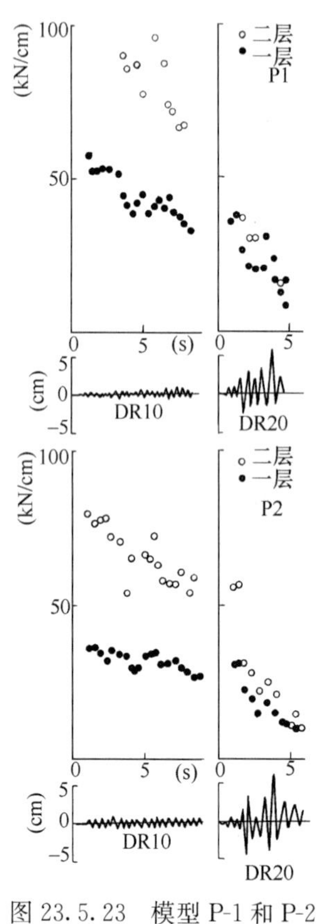

图 23.5.23　模型 P-1 和 P-2 平均层间刚度的变化图

图 23.5.24 表示实测和理论分析的拟动力试验底部剪力-顶点位移的滞回曲线图。从图 23.5.24 比较中可见，实测结果与理论分析较吻合，但与振动台试验测得的滞回曲线有差异。这表明，如果在分析中采取实测刚度和强度，并考虑应变速度的影响，则理论分析能与试验结果相符合。因此，恢复力特性应精确确定。

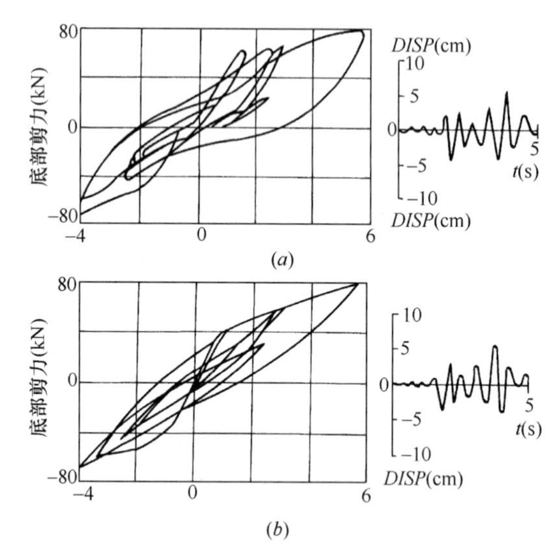

图 23.5.24　拟动力试验与分析的滞回曲线的比较

（a）实测；（b）理论分析

23.6　原型结构物的现场动力试验

1. 激振法

激振法又称共振法，是一种较完善的测定结构动力特性的方法，在抗震试验中得到比较普遍的应用。随着起振机控制装置的改进，稳速和同步性能的不断提高，不仅可以比较准确的测得多阶平移振动的振型参数，而且可以进行扭转振型参数的测定。无论是高层房屋，或是水坝、桥梁及各种构筑物，都可以应用这一方法。近年来在我国利用这一方法对一系列的高层建筑、大型煤气罐、发射塔、海港码头和海洋石油平台等结构的动力性能进行了试验研究，取得了较好的成果。

这一方法是利用能产生稳态简谐振动的起振机，使被测建筑物发生周期性的强迫振动，同时测建筑物振动反应的幅值（可以是位移、加速度或其他参量）。当起振机的频率（即旋转速度）由低到高的改变（扫频）时，就可以记录到一组振幅-频率关系曲线（图 23.6.1）。强迫振动的频率 p 可以从安装在起振机马达上的测速仪上读出；振幅 A 由安装在建筑物上的测振仪记录曲线给出。根据共振原理，当起振机激振频率与结构的自振频率相重合（即$p=f$）时，反应振幅会出现极大值，即所谓共振，并且在图 23.6.1 的曲线上出现峰值。如果结构是多自由度体系，则会对应每一阶振型出现多个峰值。这种曲线称为共振曲线，曲线上共振峰点对应的频率 f_1、f_2……即为共振频率。在小阻尼的情况下，可以近似地认为，共振频率与结构自振频率相等。由此可见只要由实测得到 p-A 曲线，则结构的自振频率就可求得，同时阻尼也可以从这条曲线中算得。

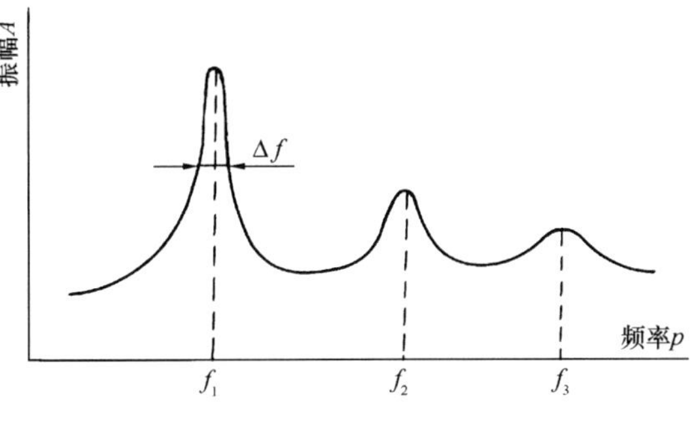

图 23.6.1　共振曲线示意图

（1）激振设备

1）激振器类型与选择

激振法要求一种能提供稳态正弦振动的激振装置做振源。适于这种要求的起振机或激振器有下面几种类型：

机械式起振机的机械部分主要由两个带有偏心质量的圆盘构成，故也称做旋转重量偏心锤式起振机。其原理是当两偏心锤做反向水平旋转时，两个偏心质量就各自产生一个离心力 P_0（沿半径方向）：

$$P_0 = mr\omega^2 \tag{23.6.1}$$

式中　$m=\dfrac{G}{g}$——偏心质量（G 为偏心块重量）；

r——偏心矩；

ω——旋转角速度（圆频率）。

如图 23.6.2 所示，这两个力在 x 方向的分力永远是数值相等而方向相反，彼此抵销；在与之垂直的 y 方向的两个分力则合成一个按正弦规律变化的简谐力 P。

$$P = 2P_0\sin\omega t$$

于是起振机的机械出力可按下式计算：

$$P_{\max} = 2P_0 = 2\frac{Gr}{g}\omega^2 \tag{23.6.2}$$

通过改变偏心块重量 W 或调节起振机直流电机的转速 ω，就可以使起振机获得不同的激振力。通常是采用可卸换的几组重量不等的铅块来改变 G；用调速装置来调节直流电机的转速。

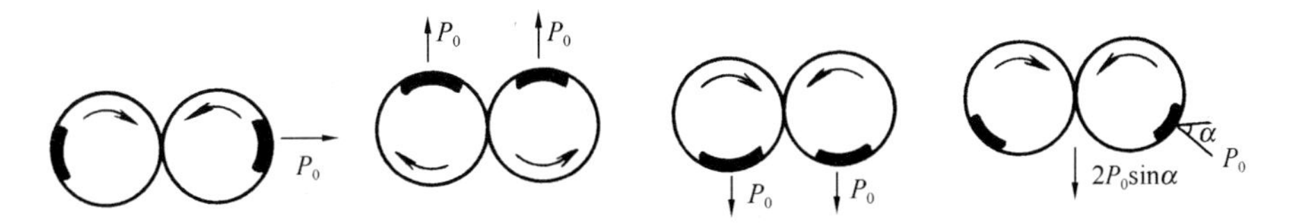

图 23.6.2　起振机原理

为了提高测试精度，近年研制的起振机都配有调速、稳速和数字测速装置，普遍采用了闭环反馈控制系统，使稳速精度可达到 0.5%～0.1%。从后续的数据分析中会看到，起振机稳速精度愈高，则测试的结果精度也愈高。从计算阻尼的公式可知，半功率带宽 $\Delta f=2\zeta f_0$（此处 ζ 为阻尼比，f_0 为自振频率）。假定被测结构的阻尼为 2.5%，自振频率为 1Hz（这相当于一般高层房屋的情形），则要求 $\Delta f=0.05$Hz。换句话说，为了共振曲线不致失真，如果需要半功率带宽 Δf 以上部分能测出 10 个稳定的数据点，那么就要求频率分辨率不小于 0.005Hz，即要求起振机的稳速精度要达到 5‰以上。显然对于更小阻尼比的低频结构，要求起振机应该有更高的稳速精度。否则就不可能测得准确的共振曲线，也就难于计算出准确的自振频率和阻尼比值。近年来除了稳速与测速精度不断得到提高以外，还研制出能多台同步运转的起振机。它不仅有利于加大激振力和方便激振点的布置，而且可以将两台起振机放置在建筑物平面的两端，使其二者反向转动时则激起扭转振动，扩大了试验用途。

表 23.6.1 列举了国内外几种主要起振机的性能。

几种主要机械式起振机性能表　　　　表 23.6.1

指标项目 \ 型号	QZJ-1（中）	VG-1（美）	BCS-A-200（日）	BCS-B-75（日）	ZD-1（中）	EX-3000（日）	EX-12000（日）	B-2（苏）	UN AM（墨）	CS46（中）
频率范围(Hz)	0.5～10	0.5～10	0.2～20	0.2～15	2～40	2～20	0.7～13	0.4～8	1～20	5～35
稳速精度	0.1%	0.1%	0.5%		≤1%					
单机最大出力(kN)	26	22.5	30	100	30	20	200	1000	50	20
低频 1Hz 时出力(kN)	3.10	4.40	8.00		0.40					很小
可否同步	可同步	可同步	可同步	可同步	不同步	不同步	不同步	不同步		不同步
同步角差与同步频带	±5°(0.5～10Hz)	±5°(0.2～8Hz)								
单机重量（t）	0.16	0.16	2.2	2.6	0.2	1.8	7			0.2
材　料	铝	铝	钢	钢						
出力方向	只水平向	只水平向	只水平向		水平垂直扭转三用	只水平向	水平垂直两用		水平垂直两用	两用

对于一般的结构，上述机械式起振机已满足使用要求。但对于特别高柔的结构，如超高层建筑，自振周期在 4、5s 以上，显然采用上述机械式起振机在这种低频情形出力就太小了，以致激不起振动。为此国外曾研制了利用反作用力原理，采用液压系统传动与伺服控制的起振机，其工作简图如图 23.6.3 所示。改变控制伺服阀电流大小即可控制作动器

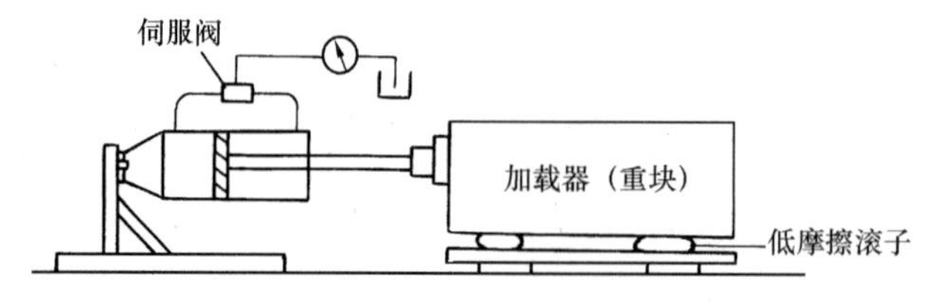

图 23.6.3　电液起振机简图

的运动，改变电流频率即可调节作动器的频率。利用激振器的反作用力传递到楼板上，激起建筑物振动。这种激振器可以有很好的低频工作性能，可等位移或等加速度激振，出力也比较大。其已在超高层建筑动力试验中应用。

对于这种极低频的激振，也可采用悬吊“振子”的方法，如图 23.6.4 所示。“振子”的周期和出力可按下式计算：

周期 $$T_p = 2\pi\sqrt{\frac{l}{g}} \tag{23.6.3}$$

出力 $$P = \frac{4\pi M}{gT_p^2}x \tag{23.6.4}$$

式中 l——“振子”长度；

M——“振子”重量；

x——“振子”振幅。

只要改变振子悬挂长度 l，就可以得到不同的激振频率。

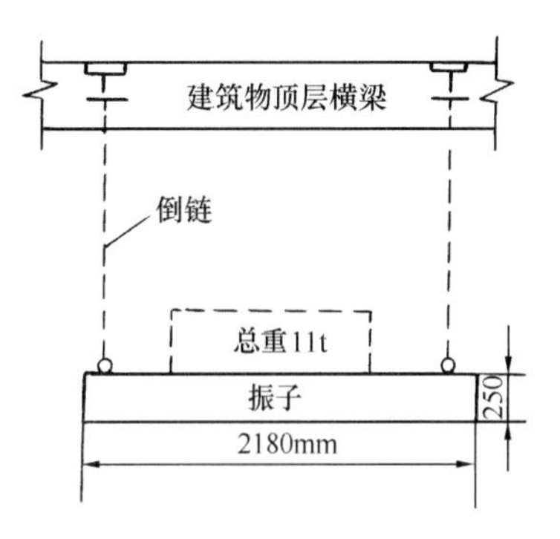

图 23.6.4 “振子”激振法示意图

常见的电磁式激振器有动圈式电磁激振器，包含励磁线圈和工作线圈，通过频率发生器和功率放大器产生的交变电流推动工作杆运动。特点是重量轻，频带宽，控制方便。缺点是一般出力较小，且需要有一个固定支承点。不适于原型结构激振。

激振器的选用，首先决定于被测建筑物的自振频率范围，起振机的频宽必须超过它。其次要考虑起振机的出力，出力太小激不起所要求的振动。一般建筑物，在共振频率点起振机的出力应不小于 1kN 左右。多层和高层建筑以及高柔构筑物可用大出力机械式起振机；小比例模型或地基基础试验可用小出力机械式起振机；塑料或轻金属模型可用电磁激振器；如做扭转振动试验则需使用同步起振机。

2）激振器的布置与安装

起振机的位置，在结构平面上一般尽量布置在质量或刚度中心处，以激起横向或纵向的平移振型。当需要兼做扭转试验时，应尽量把两台同步起振机放在结构物的两端，使其同相旋转时激起平移振动，反向旋转时激起扭转振动。当只有一台起振机时，也可以把它放在建筑物一端，同时激起平移和扭转振动；然后再移置于房屋中部激振，相互比较分析。在沿建筑物高度方向上，尽量把起振机放到顶部，以得到更大的振幅。如使用多台同步起振机，也可将两台起振机分别布置在不同高度上，有利于激起高振型，但要防止把起振机布置在振型曲线的节点上。

起振机同建筑物要通过地脚螺栓牢固地与被测结构物连结。一种方法是根据起振机底架螺栓孔的位置事先在建筑物上预埋螺栓，一种方法是在固定位置预留一块钢板，然后在钢板上焊接固定螺栓。也有用膨胀螺栓把起振机固定在混凝土楼板上的做法。

（2）数据分析

1）共振曲线的获得

如前所述，共振试验是在结构上作用一个按正弦变化的、作用于单一方向的力，它的频率可以精确地保持在某一值 f_i；这时对它所激起的结构进行测量，记录到相应的振幅 A_i，于是在振幅-频率曲线图上得到一个点。然后将起振机频率调到另一个值，重复进行测量，得到一系列数值，这样继续下去直到画出整个频率-位移反应曲线，即共振曲线为止。应当注意的是，测量的点数要划分得合适，在共振峰附近测点要密些，远离共振的区段可以稀些，为此在逐点测量以前应开动起振机，频率由低到高扫频一次，从反应振幅的记录曲线上就可以初步判定共振峰的位置。只要起振机频率稳定性较好，则将直接测得的数据点连接起来，就可以得到较光滑的共振曲线。为了提高精度，也可通过回归分析方法来处理这种试验曲线。

应当指出，由于大多数起振机的出力是随频率 f^2 而变化的，记录到的反应曲线是在非恒定激振力作用下的值。因此在绘制共振曲线之前要把直接记录到的，相应于各频率 f_i 的振幅值 A_i 做相应的修正，即 A_i/f_i^2。图 23.6.5 是根据实测记录整理的共振曲线示例。

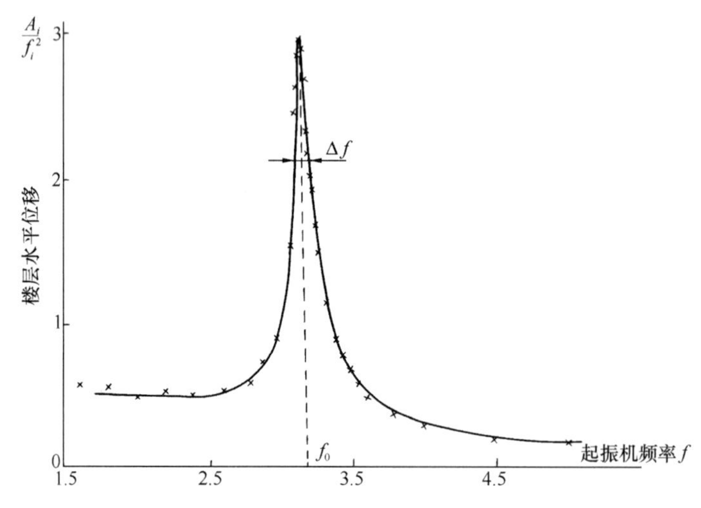

图 23.6.5　共振曲线示例

2）动力特性参数的确定

自振周期：如前所述，由共振曲线可以求得对应于峰点的共振频率 $\omega_r=2\pi f_r$，一般认为结构的自振频率 ω_0 与 ω_r 相等。严格说由于阻尼的存在，ω_0 稍低于 ω_r，但差别不大，实用上就不予考虑了（图 23.6.6）。自振周期 $T=\frac{2\pi}{\omega_0}$。

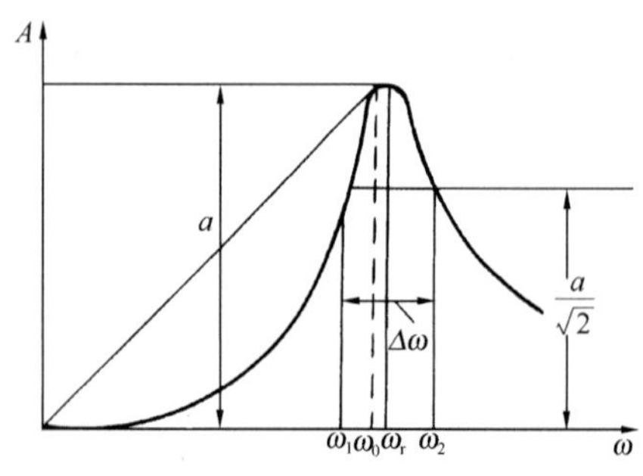

图 23.6.6　由共振曲线计算频率和阻尼

通常结构物具有平移、扭转、平面外空间振动等多种振型，相应于这些不同振型存在各自的自振频率。困难的问题是它们会在共振曲线上同时存在，而且无法直接区分开来。这要借助于对比横向平移激振与扭转激振得到的两组共振曲线或者参考记录到的振型形状才能识别出来。

阻尼比：振动分析中用阻尼比 ζ 代表阻尼的大小，通常用百分率表示（%）。利用共振曲线求阻尼比，首先要确定峰点的共振频率 ω_r（图

23.6.6)，然后在最大振幅值 a 的 $1/\sqrt{2}$高度上引平行于横坐标的截线并与共振曲线相交于两点，得到该两点的横坐标分别为 ω_1 和 ω_2，于是阻尼比可按下式求出：

$$\zeta=\frac{\omega_2-\omega_1}{2\omega_r}=\frac{\Delta\omega}{2\omega_r} \tag{23.6.5}$$

这一公式系根据单质点体系的简谐振动解求得的。但是，这一方法只有在小阻尼比的情况下才是正确的。

值得指出的是，通过试验来确定结构阻尼还会出现另一些困难。如不同振型的自振频率彼此很接近，则就可能很难利用上述办法来精确地确定阻尼值。在这种情况下自由衰减振动记录会出现拍的现象，用张释法求阻尼也会出现困难。

振型：结构的自振频率 ω_0 确定之后，欲求相应的振型形状，就要沿建筑物高度方向相距一定距离地点布置若干个拾振器，然后使起振机稳定在自振频率 ω_0 的情况下，记录下各点的振幅 X（i），求取这些数值相对于顶点的比值就可以绘出振型形状。显然对于高阶振型拾振器测点就要相对多些，如果基础转动影响较大时，则还应扣除它的数值。当要测量的是扭转或平面外空间振型时，拾振器还要在平面上沿长度方向布置。

严格说来，要想激出一个线性系统某一正则振型，只有在广义激振力沿结构做一定分布时才有可能。然而在振型还没有确定之前并不知道合适的分布究竟应该怎样。因此这个问题的真正解决，要求不断改变力的分布以逼近它所激出的振型。这就给试验技术带来复杂的问题。事实上只能用有限个激振点来近似。

2. 自由振动法

这种方法是借助外荷载使结构产生一定的初位移（或初速度），然后突然卸去荷载，结构便产生自由衰减振动，记录下振动衰减曲线，根据动力学理论就可以求出结构的自振周期和阻尼，因此也称它为“张拉释放”法。

图 23.6.7 是结构自由振动时位移振幅衰减曲线，可以由拾振器检测并记录下来。根据自由振动的运动方程可知，在小阻尼情形下，位移衰减曲线用下式给出：

$$x=Ce^{-\zeta\omega_0 t}\cos\omega_0 t \tag{23.6.6}$$

C 是常数，决定于初位移值 x_0 或初速度 v_0。由此即可求得结构的自振周期和阻尼等数值。

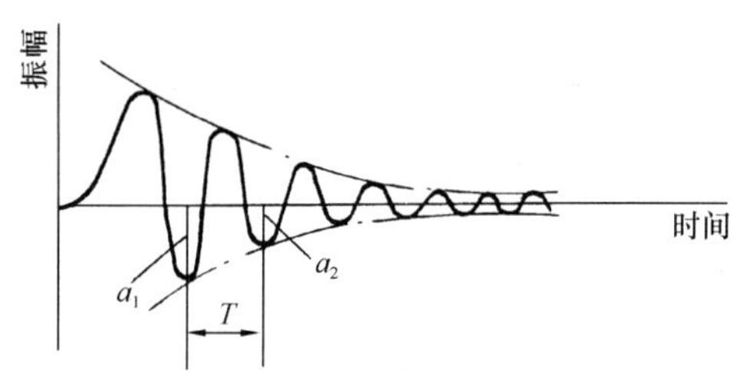

图 23.6.7 结构自由振动时位移振幅衰减曲线

自振周期：由上式可知，位移衰减曲线是一简谐振动，它的频率 ω_0 即是结构的自振频率。于是只要在记录曲线图（图 23.6.7）的时间坐标上，量取两个波峰之间的时间 T 即是结构的自振周期，也可求得自振频率 f_0 或圆频率 ω_0：

$$T=\frac{2\pi}{\omega_0}=\frac{1}{f_0} \tag{23.6.7}$$

阻尼比：结构自由振动在小阻尼比情况下是振幅按对数衰减的简谐振动，因此按图 23.6.7 中时间 t 时刻的波峰位移值 a_1 和相隔一个周期 T 的相邻波峰位移 a_2（$t+T$ 时刻）可得以下关系式：

$$a_1=Ce^{-\zeta\omega_0 t} \tag{23.6.8}$$

$$a_2 = Ce^{-\zeta\omega_0(t+T)} \tag{23.6.9}$$

于是

$$\frac{a_1}{a_2} = e^{\zeta \cdot 2\pi} \tag{23.6.10}$$

则可得阻尼比

$$\zeta = \frac{1}{2\pi}\ln\frac{a_1}{a_2} \tag{23.6.11}$$

由此可见，只要从位移记录曲线上读取任意相邻两个振幅值 a_1 和 a_2，然后用上式就可求出结构的阻尼比。由于在外力突然释放的初期会出现振动过渡状态而波形较乱，读取时应从过渡状态消失以后开始。如果读取的是相距 n 个周期时刻的两振幅 a_1 和 a_2，计算阻尼比值时只要将上式除以 n 即可。

振型：张拉释放或撞击可能同时激起几个振型，但是高振型一般阻尼较大，在短时间内就消失了，只剩下基本振型。因此采用这种方法一般得不到高振型的结果。严格说对一多质点体系，只有在每个质点上作用一个相应于振型 X（i）分布的力，然后再突然卸荷才能得到要求的振型，但实际上是难以实现的。一般只张拉一点，作为求第一振型的近似，然后沿结构物高度记录不同点的位移，量取同一时刻各点的振幅值并连接起来就得到振型形状。

在实际试验时，为了使结构物产生一个自由振动，常用以下几种方式：

（1）张拉释放装置

图 23.6.8（a）是常用的一种简便的张拉释放装置。开动绞盘则通过钢丝绳牵拉结构物使其产生一个初位移；当拉力足够大时钢棒被拉断，荷载突然卸掉结构便开始做自由振动。调整钢棒断面即可获得不同的初位移。对于大比例模型试验则可采用如图 23.6.8（b）所示的悬挂重物的办法，剪断铅丝来突然卸荷。另外也可以利用千斤顶施加推力的办法，在着力点上附加一根小梁，把小梁推断实现突然卸荷。

（2）撞击或小火箭

撞击是使结构在瞬间受到冲击，产生一个初速度，然后做自由衰减振动。通常利用打桩设备（图 23.6.9a）和撞击设备（图 23.6.9b）来施加这种冲击荷载。对于海港码头结构也可利用船舶停靠或牵引来作为冲击或张拉手段。应注意做到使作用力的全部持续时间尽可能比结构自振周期为短，这样引起的振动才是整个初速度的函数，而不是力大小的函数。

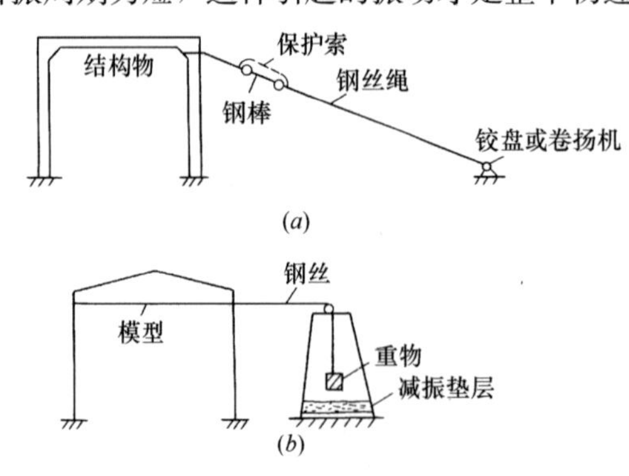

图 23.6.8　张拉释放装置

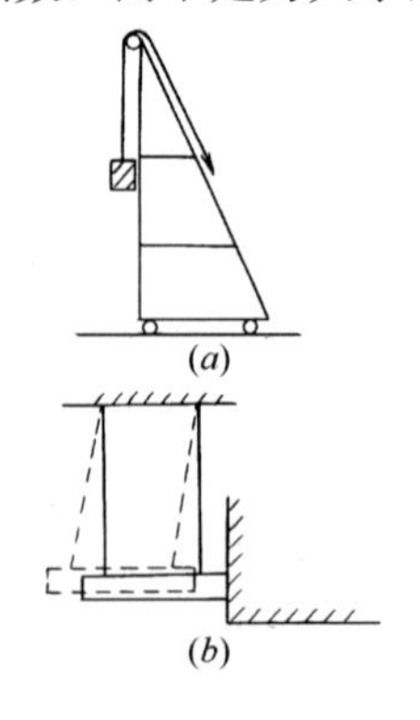

图 23.6.9　打桩和撞击设备

近年来已经利用专门设计的小火箭作为冲击设备。在试验中也收到较好的效果，尤其对烟囱、高桥墩一类高耸结构更为适用。小火箭由壳体和喷嘴两部分组成，底座有法兰板与建筑物固定。试验时火药点火燃烧后高压气体由喷嘴高速喷出，其反作用力通过底座给建筑物一个冲击力，故又可称为反冲激振器。力的大小和作用时间可以事先计算与设计。国内已研制的有四种型号，推力分别为 10～40kN，持续作用时间均为 0.05s。

3. 脉动法

利用建筑物周围大地环境的微小振动（俗称脉动）作为激励而引起结构物的脉动反应，来测定结构物的自振特性，称之脉动法，它是常用的一种方法。它不需用起振设备，又不受结构型式和大小的限制，简单易行，它使用常用的宽频带测振仪，找出结构的基频是比较容易的。但如果不对随机的脉动信号进行数据处理，要得到高阶振型的自振参数，往往需要进行繁重的频谱分析计算，这就使得脉动量测所能得到的数据受到限制。近些年来随着计算技术的发展，尤其是快速傅里叶变换方法的出现以及一些专用的谱分析仪和数据处理机的相继问世，为脉动信号数据处理提供了分析手段；应用随机振动理论和数据分析方法，可以获得较完整的结构动力特性参数，从而扩大了这种方法的应用。

（1）地面脉动的特征与反应

在任何地点、任何时间和任何情况下，用高灵敏度的测振仪都能测出地面的极微弱的震动波形来。它的幅值很广，从千分之几个 μm 到几个 μm（1μm 即 $\mu m=10^{-3}mm$），它的频带较宽从 0.01s 到 10s。人们把这种在没有地震条件下还存在着的大地微动统称为地面脉动或环境振动。

地面脉动的主要特征为随机性。从理论上，它几乎满足影响因素极为众多而又无一突出的随机变量的要求；从现象上，它完全满足每一段都不完全重复的随机过程要求。只要在排除特殊干扰因素（如车辆或机械在很近的地方干扰）之后，它完全可以看作是各态历经平稳随机过程，这是少有的可以随时取样的地振动，而且时间可以任意长、次数任意多。它没有特定的传播方向，没有特定的震源。

由于地面脉动是随机的，它所包含的信息反应了地基的微幅振动特性，但这一信息中同时又包含了许多噪声，因此必须采取随机过程的处理方法，以大量数据的统计为基础，否则难以得到所需要的信息。如图 23.6.10 所示为地表脉动在不同地基上的记录及其频谱曲线，图中分别代表 4 种硬软不同的地基。从图中可见，频谱具有很简单的形状，图 23.6.10(*a*)是Ⅰ类地基，以基岩或坚硬土层为代表，主要频

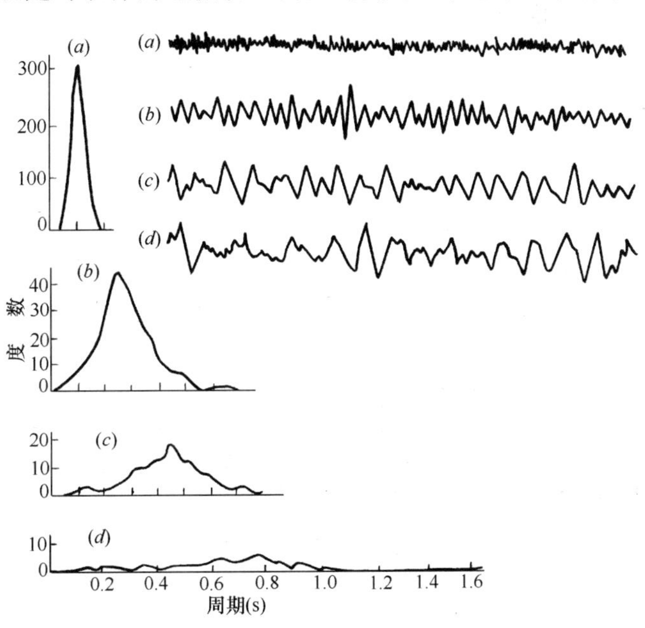

图 23.6.10　地基环境振动典型记录[19]

率成分为0.1～0.2s周期的振动，但有时在完整基岩上主要频率成分也很广，可以包括0.1～0.6s中大多数分量；图23.6.10(*b*)是Ⅱ类地基，以洪积层为代表，土层坚硬且较厚，主要成分为0.3～0.4s周期的振动；图23.6.10(*c*)是Ⅲ类地基，以冲积层为代表，土层松软较厚，主要成分是0.4～0.6s周期的振动；图23.6.10(*d*)是Ⅳ类地基，以人工填土和沼泽地为代表，土层异常松软而且很厚，主要成分为0.6～0.8s周期的振动。同时，地基愈硬，位移振幅则愈小、愈软则振幅愈大。

统计各地面脉动多次测量结果发现脉动波近于“白噪声”，具有无限多个频率的振动组成而且在$-\infty<\omega<\infty$范围内各频率成分是等强的特性。并且一定的地区和地基土壤条件具有脉动卓越周期，它表征着该地区地基土壤的部分特性。日本的金井清等对地震动的卓越周期曾进行过深入研究，认为脉动振动的卓越周期即为地表层的自振周期，而同一地基的脉动振动与地震动的频谱有相似形状，因而地震动的卓越周期也为地表层的自振周期。

通过建筑物的振动测量早发现建筑物上也存在类似的微幅振动，称之建筑物的脉动反应；而且发现脉动反应波形中包含着该建筑物的自振特性，在脉动波形中近似“拍”的区段振动的频率就代表结构物的自振频率。因此把这种利用建筑物脉动反应波形来确定结构自振频率的方法称之为脉动法。用脉动法测定建筑物自振频率的原理是与测定土壤的“卓越周期”类似，也与起振机的共振法有相似之处。不难理解，建筑是坐落在地面上，地面脉动对建筑物的作用也类似于起振机是一种强迫激励，只不过这种激励不再是稳态的简谐振动而是近似于白噪声的多种频率成分组合的随机振动$X(t)$。当地面各种频率的脉动波通过建筑物后，与建筑物自振频率相近的脉动波就被放大突出出来（类似于共振），同时也掩盖频率不相适应的部分脉动波（建筑物相似于一个滤波器）。因此脉动反应波形$y(t)$中最常出现的频率往往就是建筑物的固有自振频率，而“拍”振是它的一种表征形式。可以沿建筑物高度方向布置拾振器测点，如图23.6.11所示，把各高程点上的水平向脉动波形同时记录在一张图上，则可进行建筑物的整体脉动分析。脉动测试与分析的框图如图23.6.11所示。

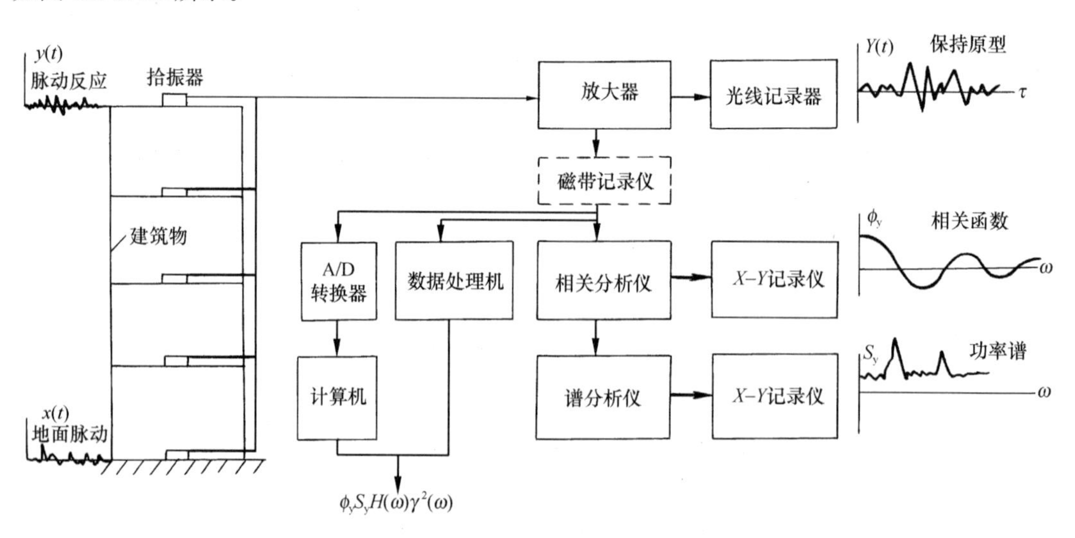

图23.6.11　脉动测试与分析仪器框图

这种从建筑物脉动反应波形的时程曲线上直接判求结构自振周期的方法已经沿用多

年。但不难看出，如果不对随机的脉动信号进行数据处理，一般只能找到基频或较低频率，要得到其他动力参数或高阶振型数据是困难的。但随着计算机的发展，数据处理机和谱分析仪的出现，为进行随机信号处理创造了条件，提高了脉动法的精度和全面提供结构动力参数的可能性。

由于地面脉动和建筑物的脉动都是随机过程，所以一般随机振动特性要从全部事件的统计特性的研究中得出。这些统计特性包含：幅值域的平均值 E、均方值 D、方差 σ、概率 P 和概率密度 p；时差域的自相关函数 ϕ_{xx}（τ）；频率域的自动率谱 S_{xx}、互谱 S_{xy} 和凝聚函数 γ_{xy}^2。根据随机振动理论，作为输入的地面脉动随机过程的功率谱 S_{xx} 与作为这一输入反应的建筑物脉冲（输出）的功率谱 S_{yy} 存在如下的关系：

$$S_{yy}(\omega)=|H(j\omega)|^2S_{xx}(\omega) \tag{23.6.12}$$

对于单质点线性体系和小阻尼比的情况下，频率响应函数 H（$j\omega$）可以表示如下，且注意到地面脉动近似于白噪声（即 S_{xx}（ω）$=S_0$，常数），则：

$$S_{yy}(\omega)=\frac{1}{\left[1-\left(\frac{\omega}{\omega_0}\right)\right]^2+\left(2\zeta\frac{\omega}{\omega_0}\right)^2}S_0 \tag{23.6.13}$$

这表明建筑物脉动信号的功率谱代表着结构物的自振特性，功率谱图上的峰值对应着结构的固有频率。同理，也可以对建筑物脉动信号进行相关分析、传递特性分析等，求得更多的自振参数，而且多自由度体系也可类似地应用这种方法。这就是利用建筑物脉动信号测定自振特性的主要原理与依据。在进行上述分析中我们基于两种假定：

1）假定地面脉动的频谱是较平坦的，近似有限带宽白噪声，即它的功率谱值是一个常数。图 23.6.12 是实际测得的一个地面脉动功率谱（峰值是地面土壤的卓越频率）。

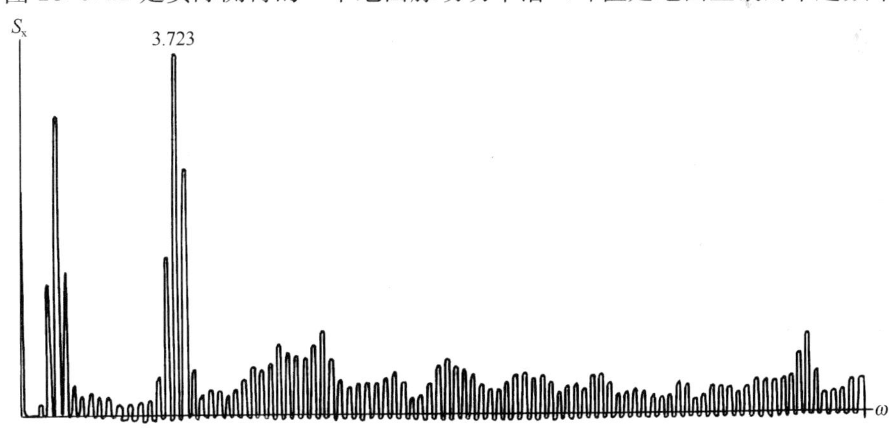

图 23.6.12　某处地面脉动的功率谱

2）假设建筑物的脉动是各态历经的平稳随机过程。由于建筑物脉动的主要特征与信号时间起点的选择关系不大，同时因为它本身动力特性的存在，因此可以认为建筑物脉动是一种平稳随机过程。实践表明又可把它看做是各态历经的，只要我们有足够长的记录时间，单个样本上的时间平均可以用来描述这个过程的所有样本的平均特性。

（2）脉动信号的量测

脉动信号是通过拾振器输给放大器，一般称这种专门设计的仪器为脉动仪，它具有较高的灵敏度和适宜的频带宽，放大后的信号可以输给光线记录器记录下来（图 23.6.11)。然后从记录波图上直接分析结构的自振特性。这是比较常规的脉动量测程序。

采用普通的宽频带放大器记录脉动位移信号，对于分析结构基频是可以了。但为了记取高阶自振频率就必须采取其他措施，否则从宽频放大器输出记录中是很难识别出来的。一个有效措施是直接记录结构的脉动加速度，可以提高放大器的高频灵敏度。

如果采用相关或谱分析的方法来确定自振参数，则放大器输出的信号要经过专门的数据分析仪器进行处理。一般有脱机和联机两种处理方式，前者放大器的输出信号要先经过磁带记录仪记录下来，回来以后再输给分析仪器，后者则在现场把放大器输出送给实时相关与谱分析仪进行处理，因此联机处理也是一种实时处理方式。不过联机处理需要把量测与分析仪器都运到现场，国外已经有了为此目的设计的测振车，因此在一般条件下多采用脱机处理方式。在量测建筑物脉动时必须注意下列几点：①脉动记录里不应有机械等有规则的干扰或仪器电源等带进的杂音，为此观测时应避开机器等以保持脉动记录的“纯洁”；②拾振器应沿高度和水平向同时布置，并放置在主要承重构件部位；③每次观测必须持续足够长的时间并且重复几次，注意观察记录是否有主谐量出现；④一般量测脉动位移，容易判别结构的基频，如果具备滤波选频分析条件则记录脉动速度会更易于识别高次频率；⑤为了分析相位确定振型，拾振器必须事先放到一点上进行归一化，把相位求得一致并记录下相对幅值比率。

(3) 脉动法现场测量实例[20]

1983 年 9 月和 1984 年 9 月，清华大学土木工程系的高层建筑动力特征实测组与香港理工学院土木及结构工程系合作对香港几幢高层建筑进行了二次现场脉动试验。共进行了 5 幢高层建筑的测试。下面介绍合和中心的测试结果。

1) 建筑结构概况

合和中心是当时香港最高的建筑物。建造在香港岛的北面岩石的斜坡上，是一幢 65 层的圆形建筑。共有 2 个入口，南面入口对着坚尼石道，一进入就是第 17 层。它北面的入口对着皇后大道东，进入大厦的底层。图 23.6.13 为该房屋的平、剖面图。

合和中心为钢筋混凝土框筒结构。典型平面直径为 44m 的圆。从第 58 层往上，直径缩为 36m。在建筑物的中间有 3 层中心圆的核心墙，相互之间用放射形的墙连接而加强。3 个核心筒的半径分别为 3.479m、6.579m 和 9.385m。外圆和内圆的垂直单元梁和板连接在一起，同时来抵抗水平与垂直荷载。

在第 17 层以下，建筑平面也与高塔部分不同，除了主体圆形外还有两翼部分。如图 23.6.13 (*b*) 所示。主体与两翼部分用缝隔开，圆塔部分可以独立地进行测试试验。

2) 加速度传感器的位置

脉动测试主要集中在圆塔的主体部分。为了测量平移振动，将传感器尽可能地放在圆的中心。从第 65 层到底层，传感器之间的层间间隔大约在 10 层左右。测量方向第一次是平行于内核的核心墙，第二次是垂直于内核的核心墙，它们各自相应为东西方向和南北方向。

为了测扭转振动，传感器放置在建筑物的两端。为了测垂直振动，将两对传感器放在第 10 层和第 32 层的 C19 和 C43 柱旁。另外，还有一些辅助的测点来检查两翼建筑对主体圆塔的影响。

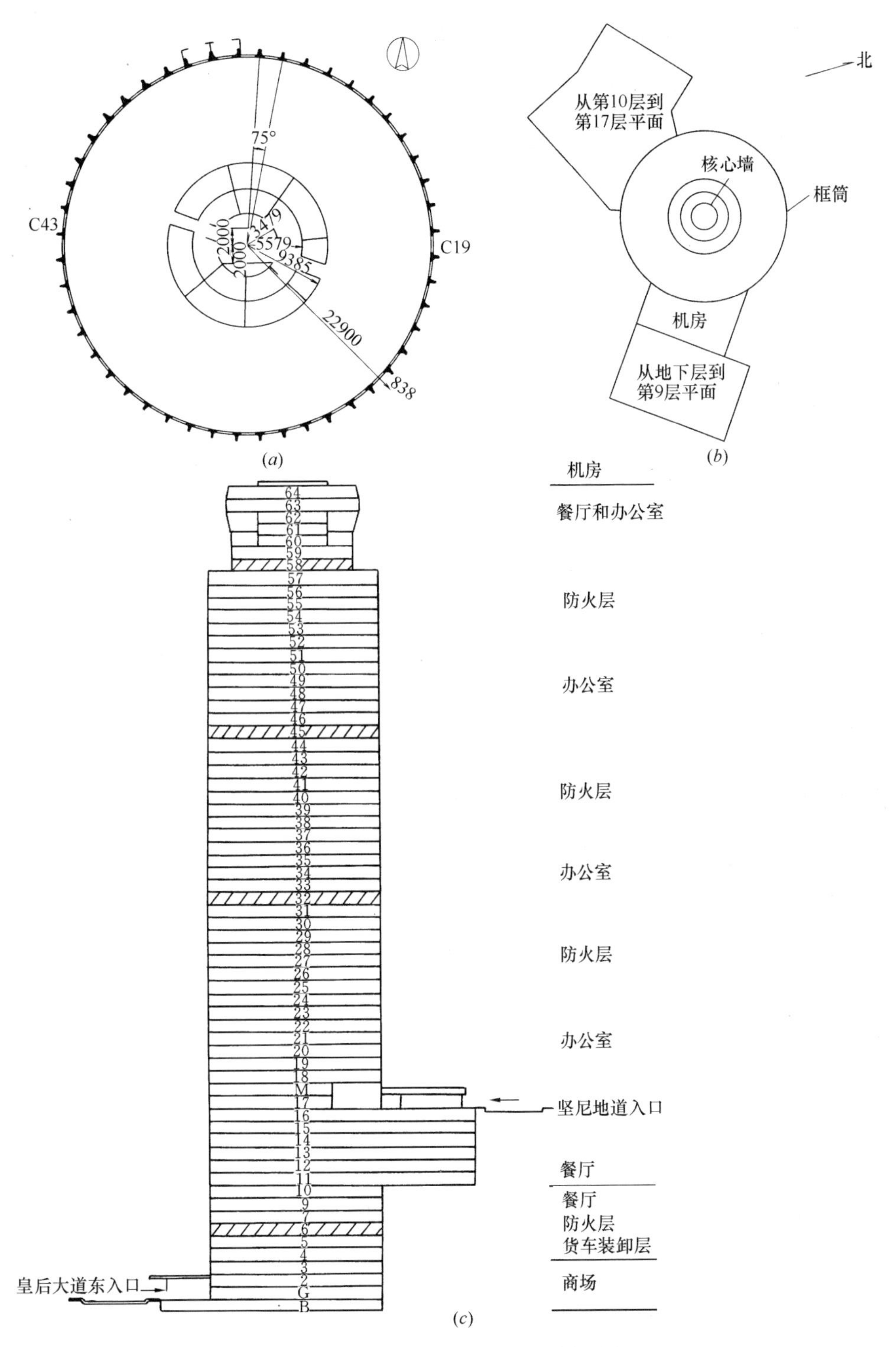

图 23.6.13　合和中心平面、剖面图

（a）合和中心典型层平面图；（b）合和中心在 17 层以下的平面布置示意图；（c）合和中心剖面示意图

3）脉动测试结果

表 23.6.2 列出了所测得的 12 个平移振动频率和 2 个扭转振动的频率及部分阻尼比。表 23.6.3 和表 23.6.4 列出了东西方向 6 个平移振动的振型，表 23.6.5 和表 23.6.6 列出

了南北方向 6 个平移振动的振型。表 23.6.7 和表 23.6.8 列出了扭转振动的振型。

前 6 个平移振动与前 2 个扭转振动的频率和部分阻尼比　　表 23.6.2

振型	平移振动（南北方向）					
	第一振型	第二振型	第三振型	第四振型	第五振型	第六振型
频率（Hz）	0.452	1.16	2.85	4.05	5.40	6.94～7.03
阻尼比（%）	—	—	—	—	—	—

振型	平移振动（东西方向）						扭转振动	
	第一振型	第二振型	第三振型	第四振型	第五振型	第六振型	第一振型	第二振型
频率（Hz）	0.445	1.62	2.95	4.17	6.03～6.05	7.34～7.45	1.27	3.41
阻尼比（%）	1.4	0.75	1.0	—	—	—	0.8	0.8

合和中心前三阶东西方向平移振动的振型　　表 23.6.3

楼层	东西方向的平移振动					
	第一振型 f=0.445Hz		第二振型 f=1.62Hz		第三振型 f=2.95Hz	
	幅值	振型	幅值	振型	幅值	振型
65 层	1.00		1.00		1.00	
57 层	0.77		0.34		−0.07	
47 层	0.57		−0.22		−0.38	
37 层	0.38		−0.51		−0.03	
29 层	0.23		−0.48		0.31	
21 层	0.11		−0.35		0.39	
10 层	0.03		−0.08		0.17	
6 层			−0.03		0.07	

合和中心第四到第六阶东西方向平移振动的振型　　表 23.6.4

楼层	东西方向的平移振动					
	第四振型 f=4.17Hz		第五振型 f=6.03～6.05Hz		第六振型 f=7.34～7.45Hz	
	幅值	振　型	幅值	振　型	幅值	振　型
65 层	1.00	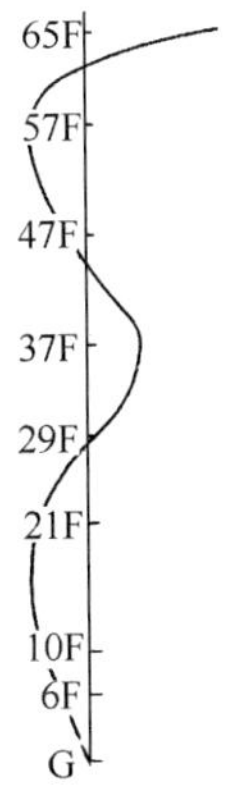	1.00	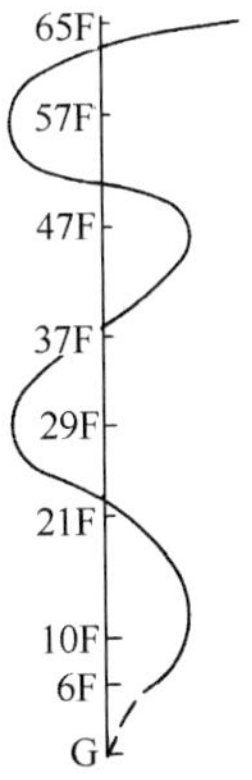	0.98	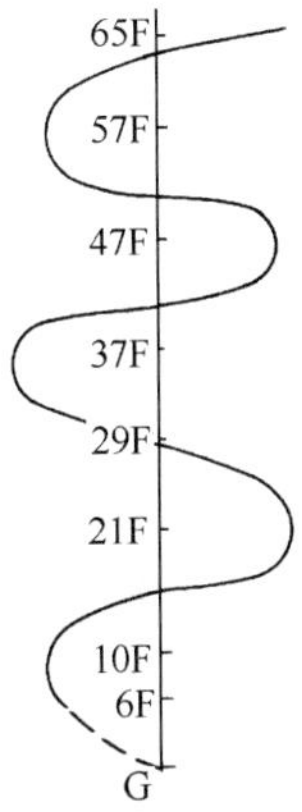
57 层	−0.35		−0.65		−0.71	
47 层	−0.07		−0.63		0.91	
37 层	0.42		−0.18		−1.00	
29 层	0.11		−0.64		0.00	
21 层	−0.34		−0.29		0.94	
10 层	−0.30		−0.57		−0.78	
6 层	−0.15		−0.32		−0.68	

合和中心前三阶南北方向平移振动的振型　　表 23.6.5

楼层	南北方向的平移振动					
	第一振型 f=0.452Hz		第二振型 f=1.61Hz		第三振型 f=2.85Hz	
	幅值	振　型	幅值	振　型	幅值	振　型
65 层	1.00	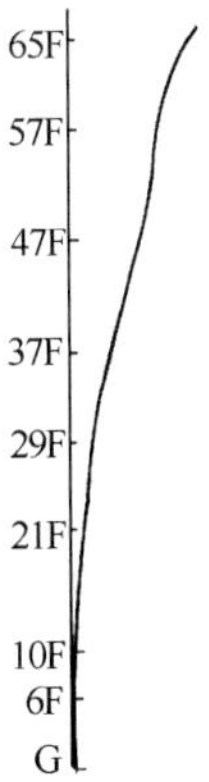	1.00	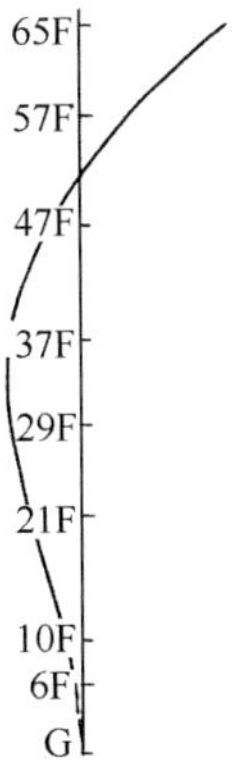	1.00	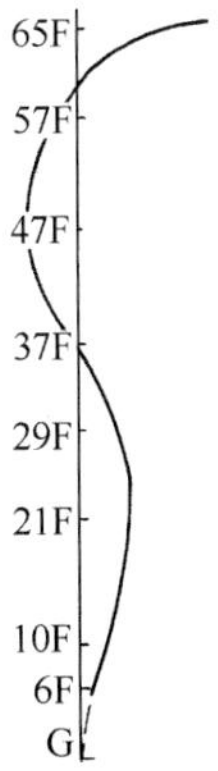
57 层	0.75		0.30		−0.08	
47 层	0.58		−0.23		−0.37	
37 层	0.36		−0.49		0.02	
29 层	0.20		−0.46		0.32	
21 层	0.10		−0.30		0.36	
10 层	0.03		−0.06		0.10	
6 层	0.01		0.02		0.02	

合和中心第四到第六阶南北方向平移振动的振型 **表 23.6.6**

楼层	南北方向的平移振动					
	第四振型 f=4.05Hz		第五振型 f=5.40Hz		第六振型 f=6.94～7.03Hz	
	幅值	振　型	幅值	振　型	幅值	振　型
65 层	1.00	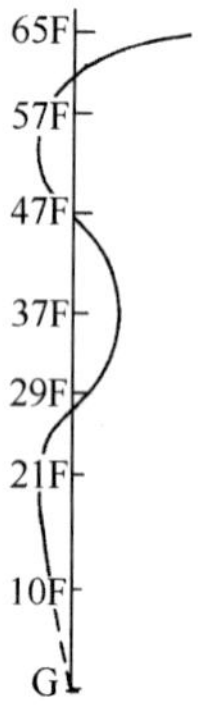	1.00	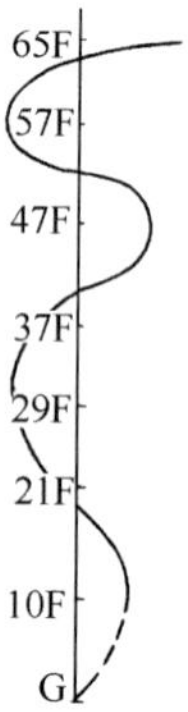	1.00	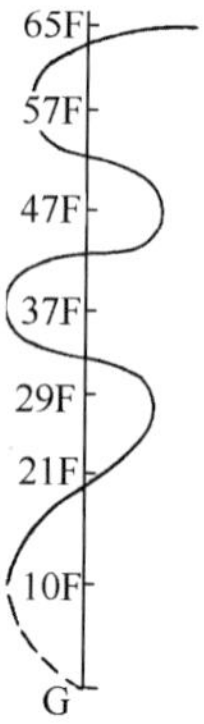
57 层	−0.37		−0.62		−0.54	
47 层	−0.01		0.71		0.71	
37 层	0.38		−0.35		−0.79	
29 层	0.01		−0.60		0.61	
21 层	−0.39					
10 层	−0.21		0.48		−0.72	

合和中心第一扭转振动的振型（f=1.27Hz） **表 23.6.7**

楼层	幅　值		振　型
	C43	C19	
58 层	−0.96	1.00	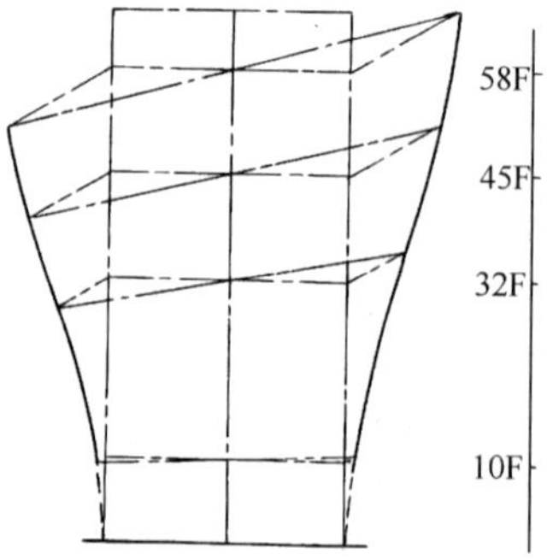
45 层	−0.42	0.84	
32 层	−0.73	0.50	
10 层	−0.02	0.06	

合和中心第二扭转振动的振型（f=3.41Hz）　　　　表 23.6.8

楼层	幅值		振型
	C43	C19	
58 层	−0.99	1.00	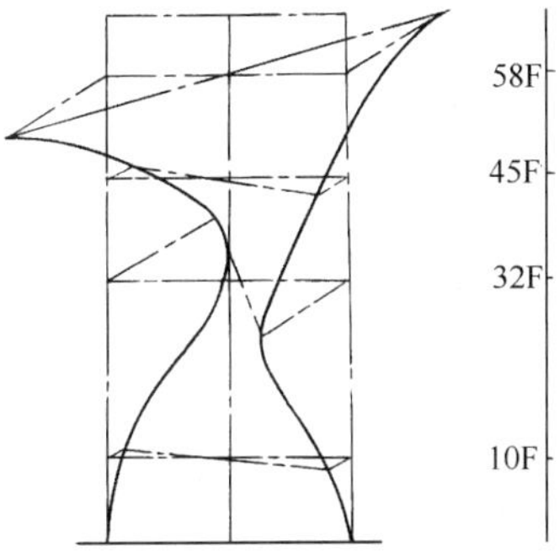
45 层	0.18	−0.29	
32 层	1.06	−0.85	
10 层	0.10	−0.18	

（4）脉动法与其他激振法实测结果的对比[19]

表 23.6.9 列出了用脉动法与其他激振法实测得到的结构基本周期与阻尼比。表中实测数据的对比表明，用脉动法测得的结构自振特性与其他激振方法如起振器冲击、地震及爆破等所测得的结果符合良好，脉动法实测数据具有良好的精度和可靠性。

脉动法与其他强迫振动法实测结构自振特性的对比　　　　表 23.6.9

建筑类别	编号	主要结构	激振实测结果			脉动实测结果		观测方向
			基本周期(s)	阻尼比	激振方法	统计法		
						周期	阻尼比	
砖石民用建筑	1	3 层砖石房屋(办公室)	0.34	0.06	起振机	0.31	0.042	短轴向
	2	3 层砖石房屋(宿舍)	0.25	0.15	起振机	0.25	0.13	短轴向
多层钢筋混凝土框架房屋	3	13 层装配式钢筋混凝土框架房屋(宾馆)	0.53	0.032	起振机	0.53	0.032	短轴向
	4	13 层浇筑钢筋混凝土框架房屋	0.725	0.029	起振机	0.70	0.029	短轴向
	5	11 层浇筑钢筋混凝土框架房屋(办公室)	0.51	0.044	起振机	0.49	0.036	短轴向
	6	12 层浇筑钢筋混凝土框架房屋(主结构 6 层，屋顶钟楼 6 层)	0.63	0.04	起振机	0.64	0.021	短轴向
大跨度公用建筑	7	礼堂(40m 高)	0.555	0.045	起振机	0.556	0.058	沿中轴
工业建筑	8	煤矿洗选车间(8 层钢筋混凝土框架结构)	0.421	0.058	冲击	0.43	0.03	纵　向
	9	棉纺厂机织车间(单层钢筋混凝土排架)	0.2	0.064	起振机	0.23	0.087	沿排架向
	10	轧钢车间(单层多跨钢筋混凝土排架)	0.92	0.02	冲击	0.90	0.024	沿排架向
	11	水电站发电车间(单层混凝土排架)	0.53	0.027	地震及爆破	0.534	0.022	沿排架向
	12	炼钢车间(单层单跨混凝土排架)	0.675	0.03	冲击	0.665	0.026	沿排架向
钢筋混凝土排架	13	变电站出线架	0.468	0.04	地震	0.45	0.02	沿排架向
冶金建筑	14	炼钢高炉(容量 255m³)	0.318	0.03	起振机	0.318	0.015	垂直斜桥向
	15	炼钢高炉(容量 1442m³)	0.455	0.022	冲击	0.431	0.04	垂直斜桥向
铁路桥梁	16	铁路桥(三跨连续桁架，120m 跨度)	0.50	0.026	起振机	0.51	0.028	横向
水工建筑	17	混凝土大头坝	0.189	0.05	地震及爆破	0.193	0.05	沿河流向

4. 人工地震动的现场结构试验实例

（1）人工地震动的产生

采用地面或地下爆炸引起地面运动的，都称之为人工地震动。人工地震动的产生可以用核爆炸或化学爆炸的方法。用爆炸方法产生的地面运动具有以下特征：地面运动加速度峰值随装药量的加大而增高，且随离爆心愈远迅速下降，而地面运动持续时间则愈长。因此，要使人工地震动特性接近天然地震，尤其是要接近强烈地面运动，满足对建筑物承受天然强地震动作用的效果，必然要求装药量很大，否则人工地震动与天然地震动总是相差甚远。仅以 1981 年在湖北某地进行过数次大装药量的爆炸现场试验为例，在接近爆心处，地面运动加速度峰值可高达几十个 g，但持续时间只有 0.1s，且主脉冲只有一个。主脉冲作用时间只有持续时间的 1/10 左右。在距离爆心 100 多米处，地面运动加速度的主脉冲就有两个以上，峰值虽大幅度降低，但持续时间则延长为 0.4s 以上，主脉冲作用时间也达 0.15s 左右。为改进爆炸的地震动特性，使接近于天然地震，可采用密闭爆炸和多振源连续延滞爆炸的技术，可使地面运动持续时间增加和加速度峰值随爆心距离增加的衰减规律变慢。

（2）加固的 3 层内框架砖房结构人工地震动激振法现场试验

1）试验方法

1981 年清华大学在湖北某地距爆心 132m 处建造两幢 3 层内框架砖房，其中一幢为抗震加固后房屋。图 23.6.14 表示了试验房屋的现场位置及其测得的地面运动加速度记录。本项试验目的是：

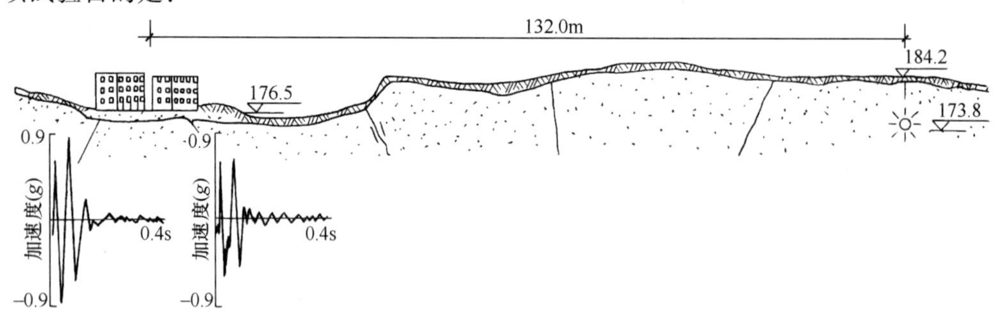

图 23.6.14　试验砖房离爆心位置图及地面运动加速度

用接近于实际结构尺寸的试验结构对多层内框架结构在地震作用下的破坏规律及机理进行试验研究；研究多层内框架砖房的抗震加固措施的效果；探讨利用爆炸地震波对结构进行地震反应试验的试验方法。

本项试验采用缩尺比例为 1∶2 的试验结构，对加固（608 号）和未加固（607 号）两个试验结构同时进行了试验以资对比。试验结构以在 1975 年海城地震中破坏的典型 3 层内框架砖房为原型，加固措施为外壁柱及基础加固。未加固砖房 607 号和加固砖房 608 号的结构如图 23.6.15 所示。

共进行了两次不同当量的爆炸试验。

根据经验公式得到的两次爆炸荷载的场地地震动加速度 a、速度 v 以及当量烈度的估算值见表 23.6.10。

量测内容有：

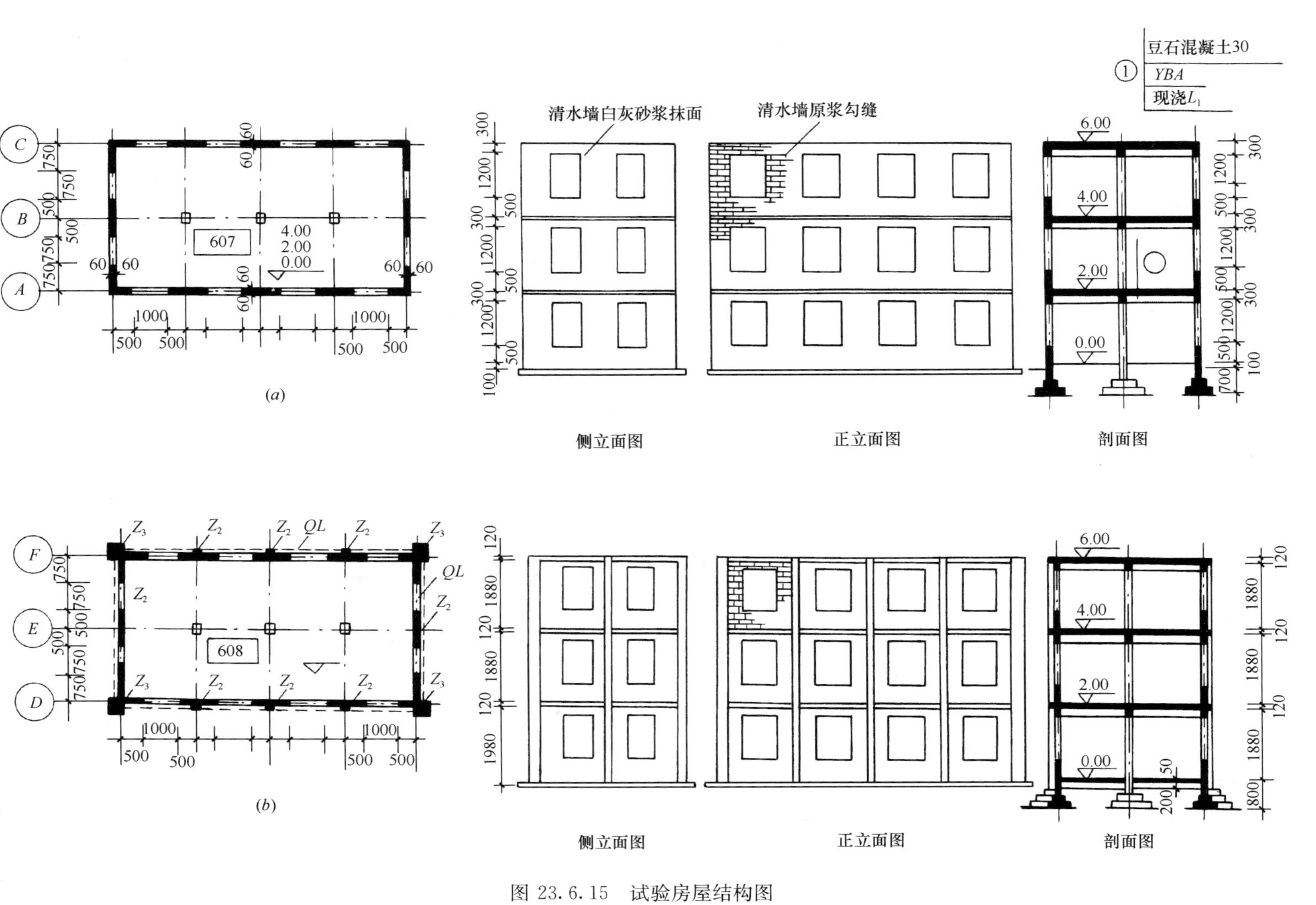

图 23.6.15 试验房屋结构图

(a) 未加固房屋（607 号）；(b) 加固房屋（608 号）

两次爆炸荷载的估算结果 **表 23.6.10**

顺　次	加速度 a（m/s²）	速度 v（m/s）	当量烈度（°）
1	0.5g	6.73	7
2	4.9g	37.19	9

场地地震动加速度；607 号、608 号试验结构各楼层及屋顶横轴方向的加速度；607 号、608 号各层山墙中间部位的墙体应变；607 号、608 号钢筋混凝土内柱及加固壁柱的钢筋应变。

测点布置如图 23.6.16 所示。

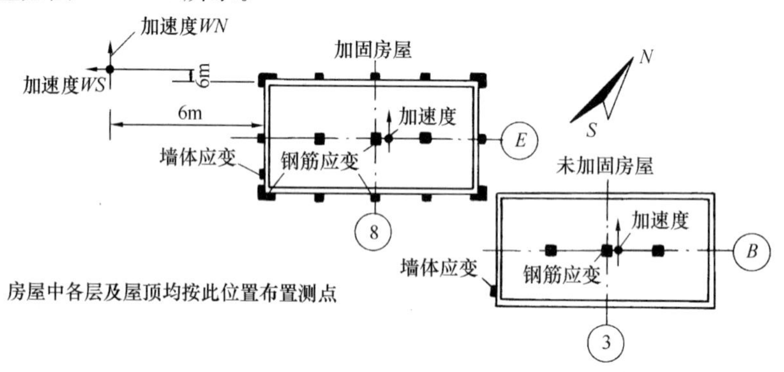

图 23.6.16　测点布置

采用 27 型电阻丝式加速度传感器，输出信号经动态应变仪放大后输入磁带记录仪，测应变的电阻应变片输出信号经动态应变仪放大后输入光线示波器。放大器及记录仪器放置在距试验结构 40m 的岩洞中。传感器、应变片与放大器之间用四芯屏蔽电缆连接。试验量测全部遥控。

在爆炸地震试验场采用远距离遥控测试的各种动态信号往往受电磁波及各种因素如温、湿度变化，测试导线过长，爆炸时产生的场效应等因素的干扰，其最主要的后果是导致记录波形基线飘移和高频白噪声的混频干扰，给试验数据的整理带来困难。为此，对记录结果作了滤波及波形校正调整，其处理框图如图 23.6.17 所示。

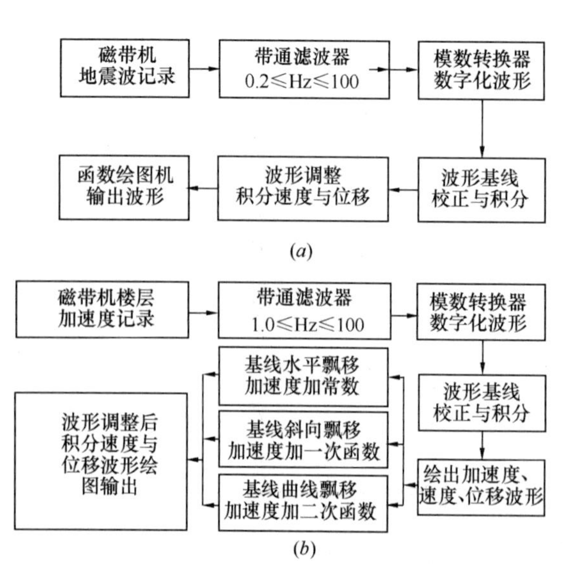

图 23.6.17　滤波及波形调整框图

（a）爆炸地震场地加速度波校正与调整框图；

（b）楼层动力反应加速度波形校正与调整框图

2）试验结果

图 23.6.18 分别表示了场地和 607 号与 608 号房屋的加速度、速度和位移的实测时程曲线。

图 23.6.19 分别表示了 607 号砖房中柱和 608 号房屋中、边柱钢筋应变实测时程曲线。

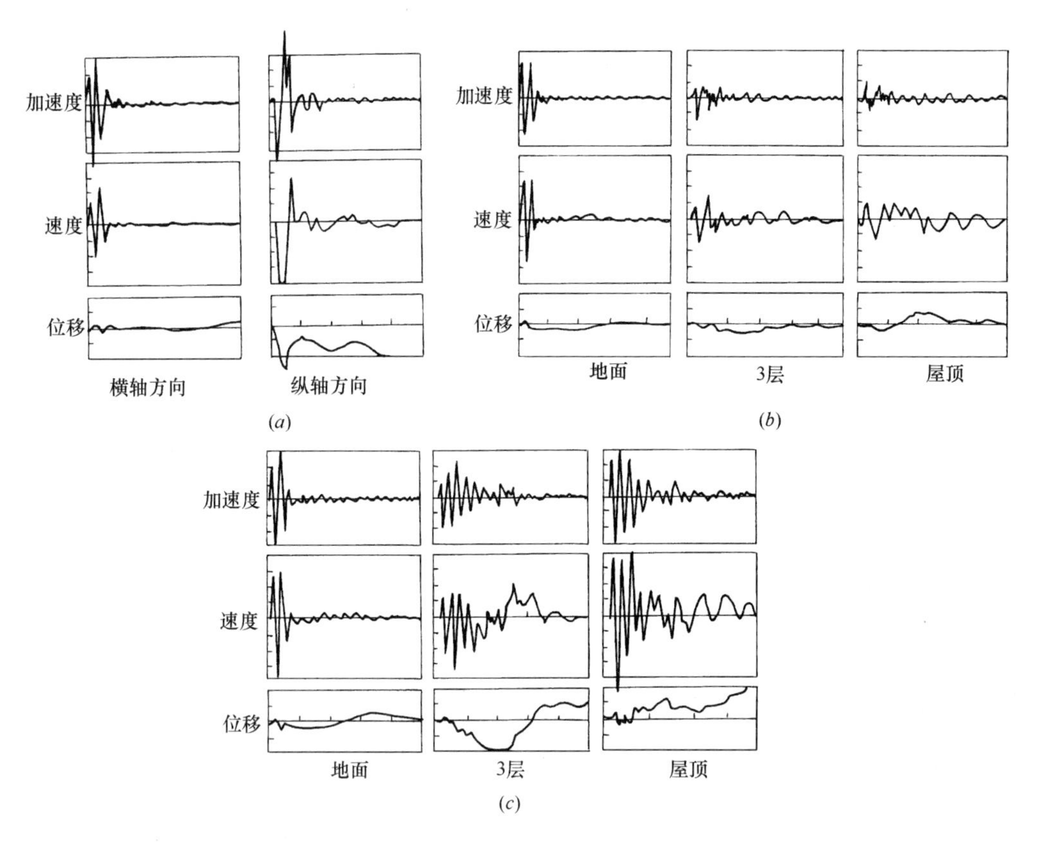

图 23.6.18　场地及结构的加速度、速度、位移记录

（a）场地；（b）607 号；（c）608 号

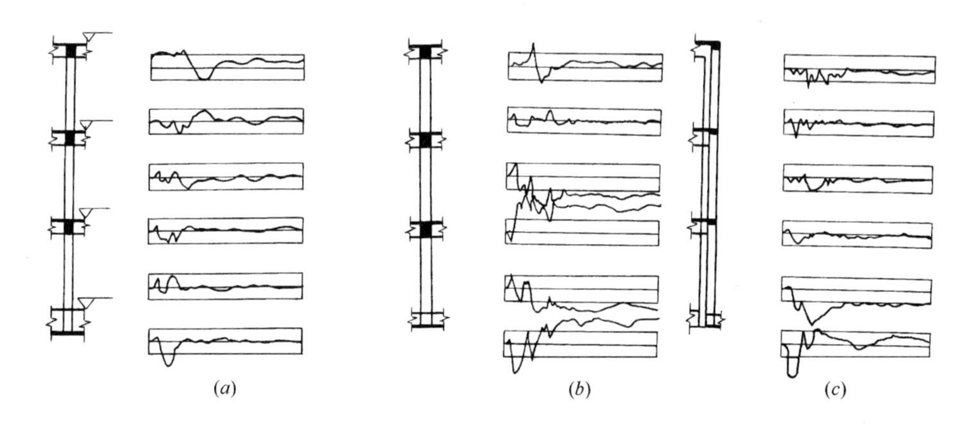

图 23.6.19　钢筋应变记录

（a）607 号中柱；（b）608 号中柱；（c）608 号边柱

图 23.6.20 表示了 608 号砖房山墙体应变的实测时程曲线。

现场试验结果表明，未加固砖房的震害与唐山地震时内框架砖房的震害基本一致，即“上重下轻”。房屋墙体出现水平裂缝，并沿墙体最小截面处的砖缝延伸，顶层裂缝较宽并贯通墙体，底层墙体轻微开裂。加固房屋的山墙 2、3 层窗口的角部有斜向剪切裂缝，其中 3 层一侧窗口的裂缝延伸到外加构造柱的边缘。此外，钢筋混凝土内框架柱均未发现裂

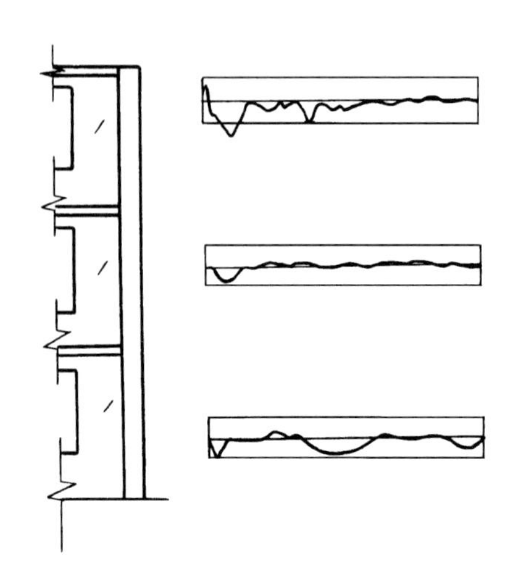

图 23.6.20　山墙墙体应变记录（608 号）

缝。根据在试验房屋所处地点实测的场地爆炸地震动时程曲线求得的反应谱如图 23.6.21 所示。

表 23.6.11 列出了试验房屋的自振频率和阻尼比，表中同样给出了自振频率的计算值。表中的数据表明，计算结果与实测值有良好的吻合性。

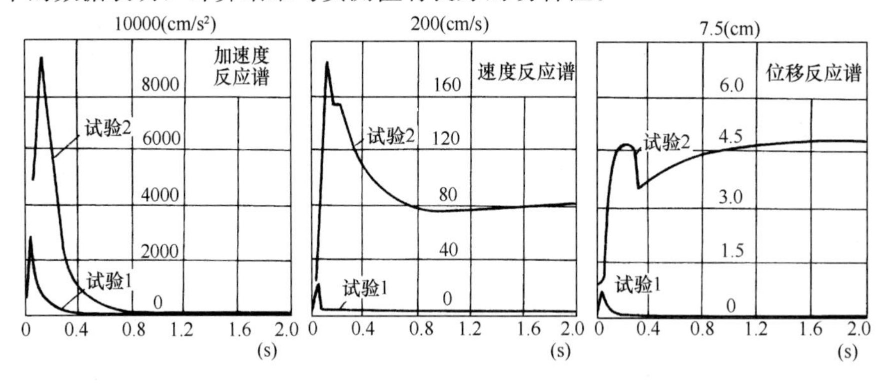

图 23.6.21　爆炸地震动反应谱

试验房屋的自振频率和阻尼比　　**表 23.6.11**

项　目	加固房屋		未加固房屋	
	一振型	二振型	一振型	二振型
试验前	7.1Hz	20.8Hz	8.3Hz	25.6Hz
试验后	6.7Hz	19.2Hz	7.7Hz	21.7Hz
计算值	7.1Hz	19.9Hz	7.9Hz	22.4Hz
实测阻尼	0.018	0.028	0.018	0.036

参　考　文　献

1　任富栋，田家骅，钟益村等．钢筋混凝土框架柱外包角钢加固方法的试验研究．建筑结构学报，(7) 1，1986

2　陈永春，高红旗等．双向反复荷载下钢筋混凝土空间框架梁柱节点受剪承载力及梁筋粘结锚固性能的试验研究．建筑科学，1995

3 方鄂华，李国威．开洞钢筋混凝土剪力墙性能的研究，清华大学抗震抗爆工程研究室，钢筋混凝土结构的抗震性能，科学研究报告集第 3 集．北京：清华大学出版社，1981

4 T. Pauley, A. R. Santhakumar. Ductile Behaviour of Shear Walls Subjected to Reversed Cyclic Loading, Proc. of 6th World Conference on Earthquake Engineering, Vol. Ⅱ

5 T. Pauley. Coupling Beams of Reinforced Concrete Shear Walls, Journal of ASCE, Vol. 79, No. ST3, Mar. 1971

6 冯世平，沈聚敏．钢筋混凝土杆系结构的非线性全过程分析．建筑结构学报，No. 4，1989

7 Takanashi, K., et al., Non-Linear Earthquake Response Analysis of Structures by a Computer-Actuator On-Line System, Bull. of Earthquake Resistant Structure Research Center, Inst. of Industrial Science, University of Tokyo, No. 8, 1975

8 McClamroch, N. H., Serakos, J. and Hanson, R. D., Design and Analysis of the Pseudo—Dynamic Test Method, Report UMEE 81R3, Department of Civil Engineering, The University of Michigan, 1981

9 Shing, P. B. and Mahin, S. A., Pseudodynamic Test Method for Seismic Performance Evaluation Theory and Implementation, UCB/EERC—84/01, University of California, Berkeley, 1984

10 Clough, R. W. and Penzien, J., Dynamics of Structures, Mc Graw Hill, 1975

11 K. J. Bathe, E. L. Wilson, Numerical Methods in Finite A Element Analysis, Prentice Hall, 1975

12 印文铎．两层钢筋混凝土框架结构拟动力地震反应试验研究．土木工程学报，1990 年 8 月

13 何逊南，宝志雯，张天申，沈聚敏．计算机—加载器联机拟动力试验技术的研究．清华大学结构工程研究所，1989. 3

14 沈聚敏．日美两国的钢筋混凝土足尺结构模拟试验研究．国际学术动态，No1，1986

15 霍晓明．钢筋混凝土框架模型地震反应的试验研究．清华大学硕士论文，1987 年

16 中华人民共和国国家标准．建筑抗震设计规范 GBJ11—89. 北京：中国建筑工业出版社，1989

17 朱伯龙主编．结构抗震试验．北京：地震出版社，1989

18 沈聚敏．结构模型的振动台试验研究．北京：清华大学出版社，1990

19 胡聿贤著．地震工程学．北京：地震出版社，1988

20 宝志雯，高赞明等．香港几幢高层建筑的脉动试验．北京：清华大学出版社，1985